1 MONTH OF
FREE
READING

at

www.ForgottenBooks.com

By purchasing this book you are eligible for one month membership to ForgottenBooks.com, giving you unlimited access to our entire collection of over 700,000 titles via our web site and mobile apps.

To claim your free month visit:

www.forgottenbooks.com/free768240

ISBN 978-0-483-18653-8
PIBN 10768240

MÉMOIRES

DE

L'ACADÉMIE IMPÉRIALE DES SCIENCES

DE

SAINT-PÉTERSBOURG.

—

VIIᵉ SÉRIE.

—

TOME II.

(Avec 27 Planches.)

══

SAINT-PÉTERSBOURG, 1860.

—

Commissionnaires de l'Académie Impériale des sciences:

à St.-Pétersbourg,	à Riga,	à Leipzig,
MM. Eggers et Comp.,	M. Samuel Schmidt	M. Léopold Voss

Imprimé par ordre de l'Académie.

Mai 1860.

C. Vessélofski, Secrétaire perpétuel.

Imprimerie de l'Académie Impériale des sciences.

TABLE DES MATIÈRES·
DU TOME II.

185335

MÉMOIRES

DE

L'ACADÉMIE IMPÉRIALE DES SCIENCES DE ST.-PÉTERSBOURG, VIIᵉ SÉRIE.

TOME II, Nᵒ 1.

PULKOWAER BEOBACHTUNGEN

DES

GROSSEN COMETEN VON 1858.

———

ERSTE ABTHEILUNG.

BEOBACHTUNGEN AM REFRACTOR

angestellt von

Otto Struve,

Mitgliede der Akademie.

ZWEITE ABTHEILUNG.

BEOBACHTUNGEN AM HELIOMETER

nebst

UNTERSUCHUNGEN ÜBER DIE NATUR DES COMETEN

von

Dr. A. Winnecke,

Adjunct-Astronomen der Hauptsternwarte.

———

Mit 6 Tafeln.

———

Gelesen am 29. April 1859.

St. PETERSBURG, 1859.

Commissionäre der Kaiserlichen Akademie der Wissenschaften:

in St. Petersburg	in Riga	in Leipzig
Eggers et Comp.,	Samuel Schmidt,	Leopold Voss.

Preis: 1 Rbl. 50 Kop. = 1 Thlr. 20 Ngr.

Gedruckt auf Verfügung der Kaiserlichen Akademie der Wissenschaften.

K. Vesselofski, beständiger Secretär.

Im December 1859.

Buchdruckerei der Kaiserlichen Akademie der Wissenschaften

ERSTE ABTHEILUNG.

—

BEOBACHTUNGEN AM REFRACTOR

ANGESTELLT

von Otto Struve.

———

Der Comet wurde in Pulkowa zum ersten Mal am 16. August im Refractor in geringer Höhe über dem Nordhorizonte gesehen. Seine Erscheinung bot damals ausser der überraschenden Helligkeit nichts bemerkenswerthes dar. Am 19. August erkannten wir ihn zum ersten Mal mit blossem Auge. Während des ganzen Augusts hinderten, mit Ausnahme der genannten beiden Tage, dichter Rauch, der von den in der Umgegend Pulkowa's brennenden Morästen aufstieg, jede Beobachtung. Die Aufzeichnungen in meinem Tagebuch beginnen daher erst den 2. September.

In dem nachfolgenden sind die Zeiten durchweg in Pulkowaer Sternzeit ausgedrückt. An den einzelnen Tagen sind Messungen und Schätzungen durcheinander aufgeführt. Hiezu ist zu bemerken dass sämmtliche angegebenen Richtungen auf effectiven Messungen und Ablesungen am Positionskreise beruhen; von den Distanzen ist aber ein grosser Theil geschätzt. Behufs dieser Schätzungen wurden die Micrometerfaden, die sich immer deutlich auf den durch den Cometen gebildeten Hintergrunde sehen liessen, in bestimmte Abstände von 10″, 20″, 30″ oder auch von ganzen Minuten, je nach dem Bedürfnisse, gestellt und das zu bestimmende Stück mit diesen Abständen verglichen. Nur in wenigen Fällen, die auch jedesmal besonders angegeben sind, wurde der bekannte Durchmesser des Feldes als Vergleichsgrösse benutzt. Welche Distanzen geschätzt sind und welche auf vollständigen Micrometermessungen beruhen, erkennt man leicht daran, dass bei den gemessenen Quantitäten sich auch ihr Werth in Umgängen der Micrometenschraube ausgedrückt findet, während bei den Schätzungen nur die Secunden, ohne Bruchtheile, angegeben sind.

September 2. $20^h 30^m - 20^h 50^m$.

Der Abstand des Kerns vom Südende des Cometen auf $1'_,5$ geschätzt. Die Breite des Cometen auf dem Parallel des Kerns beträgt $3'_,5$. Die mittlere Richtung des Schweifs, in wenigen Minuten Abstand vom Kern, wurde gemessen: auf der vorangehenden Seite zu $350°9$, auf der nachfolgenden zu $21°7$. Der Durchmesser des kreisrunden Kerns geschätzt auf $2'' - 3''$.

Anmerkung. Eine während der Beobachtung eilig hingeworfene Skizze stimmt mit diesen Angaben sehr gut überein und deutet zugleich darauf hin dass ein dunklerer Zwischenraum in der Mitte des Schweifs schon in $3'$ Entfernung vom Kern bemerkt wurde.

September 12. $21^h 30^m$.

Der Himmel leicht bewölkt, aber der Schweif konnte doch durch zwei Durchmesser des Suchers verfolgt werden. Aus Ablesungen am Declinationskreise wurde seine Länge $2°5$ gefunden. Der Schweif auf der vorangehenden Seite ein wenig concav ausgebogen und weniger scharf begränzt als auf der nachfolgenden. Der Kern erscheint elliptisch, die grosse Achse, auf $6''$ geschätzt unter dem Positionswinkel $7°7$, die kleine Achse $3''5$. Keine Spur von Ausstrahlungen am Kern. Abstand des Kerns von der südlichen Begränzung der Nebelmasse zu ein Viertel Feld von Vergr. III oder zu $1'7$ geschätzt. Auf dem Parallel des Kerns, Breite der Nebelmasse $= 0,6$ Feld von Vergr. III oder $4'0$.

Anmerkung. Die bemerkte Ellipticität des Kerns ist möglicherweise durch seine nur wenige Grade betragende Erhebung über dem Horizonte hervorgebracht. Eine beigefügte Skizze zeigt den Cometen viel mehr in die Länge gestreckt als am 2. September.

September 13. $19^h 40^m$.

Bei höherem Stande des Cometen ist der Kern sehr schlecht begränzt. Was etwa als Kern zu bezeichnen wäre, zeigt keine sichere Abweichung von der Kreisform. Der Durchmesser dieses Kreises ist nur auf $4''$ bis $5''$ zu schätzen.

September 17. $20^h 0^m$.

Der Kern auf $3'' - 4''$ im Durchmesser geschätzt, kreisrund aber nicht sehr bestimmt. Abstand des Kerns von der Spitze des Nebels kaum $0'5$, aber ein schwächerer Nebeldunst, etwas länglich in der dem Schweif entgegengesetzten Richtung, bis auf $3'$ Abstand vom Kern erkannt. Letzteres war schon von mir am Abend vorher an einem dreifüssigen Münchener Fernrohr bemerkt. Der Schweif auf der vorangehenden Seite viel schwächer und unbestimmter als auf der nachfolgenden; in der Mitte zwischen den beiden Schweifhälften entschieden dunklerer Zwischenraum, der nur mit schwacher Nebelmasse gefüllt zu sein scheint.

September 18. $18^h 50^m - 20^h 10^m$.

Der Kern erscheint bei heller Dämmerung, trotz seines niedrigeren Standes, dem blossen Auge heller als α Ursae maj.

Am Kern erscheint, erheblich heller als der übrige Comet, ein fächerförmiger Ansatz, durch den sich in zwei Richtungen hellere Lichtstreifen durchziehen. Abwechselnd mit Vergr. II und IV wurden folgende Schätzungen erhalten:

Durchmesser des Kerns 2″.

Abstand, Kern bis Spitze des Cometen 25″.

Breite der Nebelmasse auf dem Parallel des Kerns 1′,5.

»   »   »   bei 4′ Abstand vom Kern 3′,0.

Richtung der hellsten Ausstrahlung im Fächer 221°.

Ausdehnung derselben 12″.

Nächsthelle Ausstrahlung in der Richtung 142°.

Richtung der äussersten Spitze des Fächers

auf der vorangehenden Seite 246°

»   »   nachfolgenden   »   112°.

Entfernung der Spitzen vom Kern 8″.

In der Entfernung einer Minute vom Kern beginnt die Theilung des Schweifs.

Die schwache nach Süden gerichtete Nebelhülle hatte ihre grösste Ausdehnung, von ungefähr 3′, in der Richtung 162°· Auf dem Parallel des Kerns war sie 4′ breit, wovon 1′,5 auf die vorangehende Seite, 2′,5 auf die nachfolgende fallen.

September 24. Taf. II.

Der Comet wurde mit blossem Auge aufgesucht und erkannt um $18^h 33^m$, wo die Sonne also nur 6 bis 7 Grad unter dem Horizonte stand. Das Aussehn des Fächers am Kern hat sich seit der letzten Beobachtung erheblich verändert, indem er sich besonders nach der nachfolgenden Seite hin in eine scharfe Spitze verlängert hat. Im Innern des Fächers wurde nur eine hellere Ausstrahlung bemerkt. Ausserdem zeigt sich heute in grösserer Entfernung vom Kern ein heller fast linienartiger Bogen, dessen Scheitel genau nach Süden liegt, der Glanz dieses scharf begränzten Bogens übertrifft erheblich den der angrenzenden Nebelmasse; an seinen Enden geht er aber allmälig in den Schweif über, so dass letzterer gewissermassen die Fortsetzung desselben zu bilden scheint.

Messungen und Schätzungen

1. Am Kern und Fächer.

$18^h 55^m$ Durchmesser des Kerns 2″

Vorangehende Spitze des Fächers. Richtung 247°, Abstand 8″

Hellste Richtung 200°, dabei eine Ausdehnung von 12″

Anfangsrichtung der Fächergränze auf der nachfolgenden Seite 91°
dabei Ausdehnung 12″

Nachfolgende Spitze: Richtung 49°, Abstand 16″.

2. Am Halbbogen.

$19^h 34^m$ In der Richtung nach Süden und gleichfalls auf beiden Seiten im Parallel des Kerns: Abstand 25″.

Ende des Bogens auf der vorangehenden Seite: Richtung 300°, Abstand 40″

»   »   »   »   » nachfolgenden   »   Richtung 70°, Abstand 45″.

3. Am Schweif.

Richtung der Tangente:

Auf dem Parallel des Kerns, vorangehend 330°

»   »   »   »   » nachfolgend 39°

In 2′ Abstand vom Kern, vorangehend 340°
nachfolgend 29°

In 6′ Abstand vom Kern, vorangehend 348°
nachfolgend 14°

Breite des Schweifs bei 2′ Abstand ungefähr 2′,5

»   »   »   » 6′   »   » 5′

Die Theilung des Schweifs fängt erst an bei 2 bis 3 Minuten Abstand vom Kern.

4. An der südlichen Nebelhülle.

Hauptrichtung unter 169°, dabei Ausdehnung 3′

Ausdehnung auf dem Parallel des Kerns, vorangehend 1′,5
nachfolgend 2,5

Anmerkung. Ueber die äussere Begränzung des Cometen in der Nachbarschaft des Kerns, wurden um $19^h 15^m$ einige Schätzungen angestellt. Später ergab sich dass damals noch die Dämmerung zu stark gewesen war, so dass ich theilweise den hellen Halbbogen für die Begränzung angesehen hatte. Am folgenden Tage ergänzte ich aus der Erinnerung: Abstand der äusseren Gränze des Cometen im Parallel des Kerns auf der vorangehenden Seite 35″, auf der nachfolgenden 50″, und diese Angaben, für deren Genauigkeit ich nicht einstehen kann, sind in der Zeichnung II benutzt worden.

September 27. $20^h 35^m$.

Der südliche Auswuchs des Cometen war heute im Sucher leicht zu erkennen. Seine grösste Längenausdehnung betrug ungefähr 5′, in der Richtung 172°, welche auch nahezu mit der Richtung der hellsten Ausstrahlung im Fächer zusammenfiel. Der Halbbogen war mehrere Secunden breit und durchaus symmetrisch um den Kern belegen.

September 29. $18^h 55^m - 20^h 0^m$.

Im Innern des ersten Fächers hat sich jetzt ein zweiter gebildet, der in seiner Achse mit der das letzte Mal bemerkten helleren Ausstrahlung im Fächer nahezu zusammenfällt. Der symmetrisch um den Fächer belegene Halbbogen hat an Breite erheblich zugenommen und zwar nach innen zu, so dass er sich dem Fächer genähert hat, und das ihn von demselben trennende dunklere Intervall viel kleiner geworden ist, als wie es zwei Tage früher war. Wolken und Wind stören die Messungen.

Messungen und Schätzungen.

1. Am Fächer.

Vorangehende Spitze, Richtung 315°, Abstand 7″
Nachfolgende   »   »   86°,   »   15″
Abstand auf dem Parallel des Kerns, vorangehend 12″
»   »   »   »   »   »   nachfolgend 14″
»   in der Richtung nach Süden 14″
Vorangehende Spitze des innern Fächers 244°
Nachfolgende   »   »   »   » 165°

2. Am Halbbogen.

Aeussere Begränzung, Abstand in der Mitte 2″80 = 27″3
»   »   »   auf dem Parallel des Kerns, vorangehend 3′13 = 30″5
»   »   »   »   »   »   »   »   nachfolgend 3,40 = 33,1
Vorangehendes Ende, Richtung 313°.
Nachfolgendes   »   »   62°.
Richtung der Tangente in der Mitte 97°.

Die Breite des Halbbogens ist gleich der Breite des dunkleren Intervalls, das ihn vom Fächer trennt. Sein Glanz ist in der Mitte am stärksten.

Der die beiden Schweifhälften trennende dunkle Zwischenraum, beginnt beim Kern selbst und ist scharf begränzt. Seine Breite beträgt im Anfange 12″, die Richtung der vorangehenden Seite wurde gemessen zu 5°3, die der nachfolgenden Seite zu 10°8.

September 30. Taf. II.

Das Aussehn des Cometen hat sich seit gestern wenig verändert. Zwischen $18^h 50^m$ und $19^h 40^m$ wurden folgende Schätzungen und Messungen erhalten.

1. Am Fächer.

Vorangehende Spitze, Richtung 313°, Abstand 10″
Nachfolgende   »   »   83°,   »   20″

Abstand auf dem Parallel des Kerns, vorangehend 13″
» . » » » » » nachfolgend 16″
Vorangehende Spitze des innern Fächers, Richtung 247°, Abstand 13″
Nachfolgende · » » » » » 155 , » 13″

2. Am Halbbogen.

Richtung der Tangente in der Mitte 94°
Abstand in der Mitte 2′95 = 28″8
» auf dem Parallel des Kerns, vorangehend, 3′23 = 31″5
» » » » » » nachfolgend, 4,08 = 39,7
Breite des dunklen Zwischenraums zwischen Fächer und Halbbogen = 6″.

Die Richtung der vorangehenden Seite des dunklen Zwischenraums zwischen den beiden Schweifhälften wurde heute gemessen zu 9°0, die der nachfolgenden Seite zu 17°3. Um $19^h 40^m$ war der Kern des Cometen einem nördlich folgenden Sterne 9ter Grösse so nahe gerückt, dass er gut mit demselben verbunden werden konnte. Diese Verbindung wurde durch Messung von 8 Distanzen und 12 Positionswinkeln, zwischen $19^h 40^m$ und $20^h 15^m$ ausgeführt. Diese Messungen, auf ein mittleres Moment reducirt, geben:

für $19^h 55^m 48^s$ Pulk. Sternzt. Richtung des Cometen vom Stern aus = 209° 54′1,
Distanz » » » » » = 4′ 38″01,
oder $\Delta \!\!R = - 2' 40''1$ Δ Decl. $= - 4' 1''0$

Bei der Reduction ist auf Refraction Rücksicht genommen; für Parallaxe sind aber noch die Correctionen anzubringen in $\!\!R$ + 0,606 p, in Decl. + 0,851 p.

Der Vergleichstern kommt in den Bessel'schen Zonen Nr. 468 vor. Von der dort gegebenen Position ausgehend, finden wir für den heutigen Tag die scheinbare Position des Sterns[1] $\!\!R = 13^h 9^m 6''38$, Decl. $= + 30° 5' 44''1$.

Nach Anbringung der oben gegebenen Differenzen (für $\!\!R$ in Zeit verwandelt), haben wir somit um $19^h 55^m 48^s$ Pulk. Sternzeit

$\!\!R$ Com. $= 13^h 8^m 55''70 + 0,0404$ p.
Decl. Com. $= + 30° 1' 43''1 + 0,851$ p.

Nach beendigter Ortsbestimmung wurden noch folgende Beobachtungen über das Aussehen des Cometen gemacht:

Abstand des Kerns von der Südspitze des Cometen 45″
» » » » » äusseren Begränzung des Cometen
auf dem Parallele des Kerns, vorangehend 60″
» » » » » nachfolgend 80″.

---

1) Aus zwei Beobachtungen am hiesigen Meridiankreise hat Dr. Winnecke für den mittlern Ort dieses Sterns 1858,0 gefunden: α = 13^h 9^m 5^s,11, δ = + 30° 5′ 55″,0. Hieraus ergiebt sich für den oben angeführten scheinbaren Ort des Vergleichsterns, so wie des Cometen, eine Correction von + 0^s,11 in $\!\!R$ und von + 0′,1 in Decl.

· Der schwache südliche Nebeldunst hatte seine Hauptrichtung unter $169°$ und konnte in derselben bis auf $8'$ Abstand vom Kern verfolgt werden.

Zur Bestimmung der Dimensionen des Cometen in der Nachbarschaft des Kerns und der anfänglichen Richtung des Schweifs können noch folgende Beobachtungen über die Stellung des Vergleichsterns in der Nebelmasse dienen.

Um $19^h 42^m 12^s$ Pulk. Stzt., Vergleichstern am nachfolgenden Rande des Schweifs

»		52	10	»	»	»	in der Mitte der nachfolgenden Schweifhälfte
»	20	3	58	»	»	»	am nachfolgenden Rande des dunklen Streifen
»		10	1	»	»	»	am vorangehenden » » » »
»		29	53	»	»	» ·	am vorangehenden Rande des Schweifs.

Die nachfolgende Begränzung des Schweifs erschien durchweg sehr scharf, während die vorangehende schon in wenigen Minuten Entfernung vom Kern sehr verwaschen war, indem das Licht allmälig abfiel. Aus diesem Grunde kann die letzte Zeitangabe nur auf eine vergleichsweise geringere Genauigkeit Anspruch machen.

Heute wurde, zum ersten Mal mit blossem Auge, deutlich ein mit dem Hauptschweife einen spitzen Winkel bildender schmaler Nebenschweif gesehn, welcher um $20^h 20^m$ Sternzeit gerade auf η Ursae maj. gerichtet war und auch bis in die Nachbarschaft dieses Sterns verfolgt werden konnte. Seine hellste Stelle hatte er nicht etwa auf dem Punkte, wo er von dem Hauptschweife abzweigte, sondern etwa auf ein Drittel der Entfernung von demselben bis η Ursae. Seine Breite verändert er nur sehr wenig in der ganzen Ausdehnung.

Zur genaueren Verzeichnung des Schweifes wurden heute noch folgende Einstellungen verschiedener Punete seiner Begränzung, am Sucher des Refractors gemacht, die für die mittlere Epoche $21^h 5^m$ gelten.

Kern, $\text{Æ} = 13^h 9^m 36^s$ Decl. $= 29° 58'$

Æ vorangeh. Begränzung	Decl. gemeinschaftlich	Æ nachfolgende Begränzung	
$13^h 9^m 28^s$	$30° 10'$	$13^h 10^m 16^s$	
9 35	30 20	10 37	
9 40	30 35	11 2	
9 47	30 55	11 35	Auf diesem Parallel verschwand die letzte Spur der Theilung des Schweifs.
9 26	31 37	12 22	Hier schon die vorangehende Seite sehr unbestimmt.
9 31	32 53	13 38	
10 2	34 47	15 0	
9 37	36 37	15 29	
8 38	37 59	15 59	
	41 2	15 2	Bei diesen beiden Einstellun-
	44 7	10 59	gen auch die nachfolgende Seite schon sehr unbestimmt.

Die Stelle der nachfolgenden Begränzung des Schweifs, deren Position durch $\mathbb{R} =$ $13^h 15^m 59^s$, Decl. $= 37° 59'$ gegeben ist, bezeichnet nahezu den Ort, wo der auf η Ursae maj. gerichtete Nebenschweif seinen Anfang nimmt.

Anmerkung. Die beiden letzten Einstellungen bei beiden Schweifhälften, dürfen wohl nicht als äusserste Begränzungspunkte des Schweifs gelten, sondern bezeichnen nur näherungsweise die Richtung der Gränzen des hellsten Lichts in demselben; während die ersten Bestimmungen, wo die Gränze scharf zu erkennen war, wirklich dazu dienen können die Form und Ausdehnung des Cometen zu ermitteln.

Mit dem blossen Auge konnten die letzten Spuren des Schweifs bis in die Nachbarschaft der Sterne ζ und ε Ursae maj. verfolgt werden. Hieraus würde sich die Länge des Schweifs auf beiläufig 25° ergeben und seine Breite am Ende auf ungefähr 4°.

October 4.

In der Nacht wurde es spät auf kurze Zeit klar. Um 2^h Morgens reichte der Schweif entschieden über Θ Bootis hinaus, während der Kern noch unter dem Horizonte sich befand. Hiernach wäre die Länge des Schweifs auf mindestens 35° zu schätzen; wahrscheinlich darf sie aber noch erheblich grösser angenommen werden, da die Luft nicht vollkommen durchsichtig war.

October 5. Taf. III.

Beim Beginn der Beobachtungen befand sich der Kern nahezu auf dem Parallel von Arcturus, anfangs etwas nördlich, später südlich vorangehend. Zur Verbindung der beiden Himmelskörper beobachtete ich 4 Paar Differenzen der $\mathbb{R}$ und 3 der Decl., welche mir folgende Relation ergaben:

$$\text{Um } 19^h 44^m 4^s \text{ Pulk. Stzt. } \mathbb{R}\mathcal{L} = \mathbb{R} \text{ Arcturus} - 2^m 8{,}^s122$$
$$\text{Decl.}\mathcal{L} = \text{Decl. Arcturus} - 0' 12{,}''80$$

Da die beiden Objecte so nahe auf demselben Parallele waren, kann der Einfluss der Refraction vernachlässigt werden. Unter zu Grunde Legung der Position von Arcturus nach dem Nautical Almanac haben wir somit um

$$19^h 44^m 4^s \text{ Pulk. Stzt. } \mathbb{R}\mathcal{L} = 14^h 7^m 4{,}^s32 + 0{,}0378 \, p. \quad \text{Decl.}\mathcal{L} = +19° 55' 0{,}''0 + 0{,}846 \, p.$$

Den Durchmesser des Kerns schätzte ich heute zu 5″. Am Fächer und Halbbogen wurden folgende Schätzungen und Messungen erhalten:

$$20^h 0^m - 20^h 15^m$$

1. Am Fächer.

Vorangehende Spitze, Richtung 329°, Abstand 12′

Nachfolgende   »   »   88°   »   12′

Abstand, auf dem Parallele des Kerns, vorangehend 17″

»   in der Richtung nach Süden 14″.

2. Am Halbbogen.

Abstand, auf dem Parallele des Kerns, vorangehend, $4''_{,}22 = 41''_{,}0$

   »   »   »   »   »   » nachfolgend, $5,32 = 51,8$

   »   in der Richtung nach Süden $3''_{,}76 = 36''_{,}6$

Der Halbbogen war erheblich breiter als früher, und nur durch einen, kaum 4″ breiten, etwas dunkleren Zwischenraum vom Fächer getrennt.

Die südliche schwache Nebelhülle hatte heute eine Ausdehnung von wenigstens 10′, in der Richtung 185°. Der dunkle Zwischenraum zwischen den beiden Schweifhälften ist heute erheblich breiter als Sept. 30., aber an den Rändern mehr verwaschen und theilweise mit Nebelmaterie gefüllt. Er beginnt gleich beim Kerne und schliesst sich fast der ganzen Breite nach an die nördliche Begränzung des Fächers an. Seine mittlere Richtung wurde an der vorangehenden Seite zu $33^{\circ}_{,}0$, an der nachfolgenden zu $38^{\circ}_{,}5$ gemessen.

Die Breite des Cometen betrug, in 5 Minuten Abstand vom Kern, ungefähr 6′, von welchen $1'_{,}5$ auf die vorangehende Schweifhälfte, $1'_{,}5$ auf den dunklen Zwischenraum und $3'_{,}0$ auf die nachfolgende Schweifhälfte kommen.

Auch dem blossen Auge erschien heute die vorangehende Seite des Schweifs viel verwaschener wie früher.

Der am 30. Sept. bemerkte Nebenschweif, wurde auch heute sehr deutlich gesehn. Um $20^h 15^m$ hatte er eine vollkommen verticale Richtung, indem er sich vom Hauptschweife an einer Stelle abzweigte die etwa einen halben Grad nach Norden von ε Bootis abstand. Der Hauptschweif erstreckte sich auch heute über Θ Bootis hinaus und hatte an seinem Ende eine Breite, die dem Abstande von ε bis ζ Ursae maj. gleich kam, also mindestens von 4°.

Anmerkung. Durch die Verbindung des Cometen mit Arcturus, war an diesem Abende die günstigste Zeit für die Beobachtung der Erscheinungen am Kopfe desselben, für diesen Zweck unbenutzt geblieben. Nach Beendigung jener Verbindung zeigten sich schon am Horizonte Wolken und es musste daher geeilt werden die vorstehenden Bestimmungen zu sammeln. Möglicherweise sind mir aus diesem Grunde einige Details entgangen. Um $20^h 20^m$ verschwand der Comet hinter dichten Wolken.

October 7. Taf. III.

Seit der letzten Beobachtung scheinen wesentliche Veränderungen am Kopfe des Cometen vorgegangen zu sein. Der Kern erscheint elliptisch und im Fächer ist eine dunkle enge halbkreisförmige Spalte zu bemerken, deren Zusammenhang nur durch einen vom Kern ausgehenden mehrere Secunden breiten helleren Strahl unterbrochen wird, der, allmälig an Intersität verlierend, bis über den äusseren Halbbogen hinaus verfolgt werden kann. Auf dem von dieser Spalte nach innen belegenen Theile des Fächers ist das Licht nicht gleichförmig, sondern zeigt, ausser dem erwähnten Strahle, einen erheblich helleren Fleck, von 4″

Durchmesser, in nordwestlicher Richtung vom Kern. Auf der nachfolgenden Seite läuft der Fächer in zwei Spitzen aus, die nahezu von gleicher Helligkeit sind. Von den drei Spitzen des Fächers ziehen sich Lichtfäden zu den hellsten Stellen des Schweifs hin. Der Halbbogen geht allmälig in den Schweif über.

Messungen und Schätzungen.
$$20^h 0^m - 20^h 45^m.$$

1. Am Kern und Fächer.

Grosse Achse des Kerns, Richtung 237°, Ausdehnung 6″
Kleine » » » Ausdehnung 3″
Heller Fleck im Fächer, Richtung 290°, Abstand 6″
Mittlerer Abstand der dunklen Spalte, vorangehend 12″
» » » » » nachfolgend 10″
Richtung des vom Kern ausgehenden langen Strahls 222°.5
» der nordwestlichen Spitze des Fächers 323°
» » südöstlichen » » » 122
» » nordöstlichen » » » 72
Begränzung des Fächers
in der Richtung 323°, Abstand 2″.57 = 25″.0
» » » 303 » 2,62 = 25,5
» » » 227 » 2,30 = 22,4
» » » 187 » 2,33 = 22,7
» » » 129 » 3,23 = 31,5
» » » 75 » 1,96 = 19,1

2. Am Halbbogen.

Richtung der äussersten deutlich erkennbaren Theile des Halbbogens
auf der vorangehenden Seite 359°
» » nachfolgenden » 101
Begränzung des Halbbogens
in der Richtung 355°, Abstand 7″.33 = 71″.3
» » » 316 » 5,47 = 53,2
» » » 244 » 4,36 = 42,4
» » » 189 » 4,55 = 44,2
» » » 101 » 7,80 = 75,9

Die Breite des dunklen Zwischenraums zwischen Fächer und Halbbogen beträgt heute nahezu die Hälfte von der des hellen Halbbogens oder beiläufig 7″.

Der südliche Nebeldunst hat heute nur eine Ausdehnung von 8′ in der Richtung des Declinationskreises.

Für den dunklen Zwischenraum zwischen den beiden Schweifhälften, der jetzt viel breiter geworden, aber zum Theil mit Nebelmaterie gefüllt ist, wurde gefunden:

Richtung der vorangehenden Seite 35°,0

»   » nachfolgenden   »   50,0

Diese Richtungen sind die mittleren bis etwa 6′ Abstand vom Kern.

Mit blossem Auge wurden noch folgende Beobachtungen über den Schweif hinzugefügt. Der Nebenschweif ging einen halben Grad nördlich bei α Coronae vorbei und erstreckte sich durch das ganze Sternbild der Corona. Die Breite des Hauptschweifs ist in der Höhe von α Coronae gleich dem Abstande zwischen ι und Θ Coronae oder nahezu 6°. Die letzten Spuren des Hauptschweifs lassen sich verfolgen bis etwa 2° jenseits ι Draconis.

October 8.

Vom 7. auf den 8. October hat sich das Licht des Halbbogens sehr concentrirt, so dass derselbe der Breite nach kaum die Hälfte des dunklen Zwischenraums, der ihn vom Fächer trennt, einnimmt. Im Aussehen des Fächers und der ihn begränzenden Theile sind keine wesentlichen Veränderungen bemerkt. Aber der Kern erschien heute wieder kreisrund. Der vom Kern ausgehende helle Strahl, der gestern bis über die äussere Begränzung des hellern Halbbogens zu verfolgen war, erstreckte sich heute, mit abfallendem Lichte, nur bis zur Mitte des dunklen Zwischenraums. Messungen und genauere Wahrnehmungen konnten heute keine gewonnen werden. ·

October 9. Taf. IV.

Bei günstiger Luft konnten heute die Details der Erscheinungen am Kopfe des Cometen recht scharf wahrgenommen werden. Kern sehr präcise und kreisrund. Der vom Kern ausgehende Strahl konnte wieder bis einige Secunden jenseits der äussern Begränzung des hellen Halbbogens verfolgt werden. Ein anderer noch intensiverer aber kürzerer Strahl ging, am Kern einen spitzen Winkel mit dem längern Strahle bildend, diesem voraus, und in fast nördlicher Richtung, etwas aus der regelmässigen Begränzung des Fächers heraustretend, lag noch ein heller Lichtpunkt (a), in wenigen Secunden Abstand vom Kern und von geringem Durchmesser. Die vorgestern bemerkte Spalte war heute auf der nachfolgenden Seite verschwunden und hatte auf der vorangehenden eine unregelmässige Gestalt angenommen. Näher zur Peripherie des Fächers und ungefähr in der Richtung des kurzen hellen Strahls, zeigte sich noch eine dunklere Stelle, gewissermassen ein Loch im Fächer, dessen Gränzen aber verwaschen und unbestimmt waren. Zwischen diesem Loch und der Spalte war ein auffallend heller Punkt (b) zu sehen, von ein Paar Secunden Durchmesser, aber nicht scharfer Begränzung. Auf der nachfolgenden Seite des Fächers waren

noch die beiden Spitzen zu erkennen; die nordöstliche hatte aber sehr an Licht abgenommen und war entschieden sehr viel schwächer als die östliche. Ueber den dunklen Zwischenraum zwischen Fächer und Halbbogen finden sich keine spezielleren Angaben in meinem Tagebuche; nach der noch denselben Abend angefertigten Zeichnung muss aber geschlossen werden dass dieser Zwischenraum wenig auffallend gewesen ist; es scheint dass
der helle Bogen sich nach innen ausgedehnt hat und mit allmälig abnehmendem Lichte dem
Fächer anschliesst.

Messungen und Schätzungen
$19^h 12^m - 20^h 40^m$.

1. Am Kern und Fächer.

Durchmesser des Kerns $0{,}28 = 2{,}7$
Hellster kurzer Strahl, Richtung 243°, Ausdehnung $0{,}66 = 6{,}4$
Langer Strahl, Richtung 218°
Heller Punkt (*a*), Richtung 340°
     »   »   (*b*), Richtung 290°, Abstand $1{,}59 = 15{,}5$
Nördlich vorausgehende Spitze des Fächers, Richtung 344°
Südlich folgende   »   »   »   126°
Begränzung des Fächers:

in der Richtung		337°,	Abstand	$4{,}06 =$	$39{,}5$
» » »		304	»	3,60 =	35,0
» » »		253	»	3,01 =	29,3
» » »		211	»	2,53 =	24,6
» » »		192	»	2,75 =	26,8
» » »		125	»	4,18 =	40,7

2. Am Halbbogen.

Aeussere Begränzung des Halbbogens:

in der Richtung		348°,	Abstand	$7{,}81 =$	$76{,}0$
» » »		317	»	5,85 =	56,9
» » »		279	»	5,32 =	51,8
» » »		230	»	4,38 =	42,6
» » »		199	»	4,50 =	43,7
» » »		178	»	5,35 =	52,1
» » »		119	»	8,54 =	83,1

Bei den 4 Richtungen 230° — 119°, war die Begränzung viel weniger bestimmt als
bei den vorhergehenden Richtungen, und besonders bei der letzten Richtung ist der angegebene Abstand nur als Schätzung anzusehn.

Der südliche Nebeldunst hat sein Aussehn seit vorgestern nicht verändert.

In 5 Minuten Abstand vom Kern wurde die ganze Breite des Schweifs auf 6′ geschätzt. Von diesen kommen 1,5 auf den vorangehenden hellen Theil, 2′ auf den dunkleren Streif, und 2,5 auf den nachfolgenden hellen Theil. Der dunklere Streif ist sehr unbestimmt begränzt und viel mehr mit Nebelmaterie gefüllt, wie früher, daher auch keine Messungen über seine Richtung angestellt werden konnten.

Um $20^h 40^m$ machte Lieutenant Smysloff mit blossem Auge eine sorgfältige Verzeichnung der Sterne, durch welche der Schweif passirte. In demselben waren besonders zwei dunklere Streifen auffallend, welche sich in der Nachbarschaft von α Coronae zu einer Spitze vereinigten und nahe bei κ und ζ Coronae vorbeigingen. Vom Nebenschweif wurde heute nichts bemerkt.

October 13.

Der Kern hat seit der letzten Beobachtung sein Aussehn und Grösse nicht geändert, aber das Aussehn aller Theile am Kopfe des Cometen ist wesentlich verschieden. Besonders ist auffallend, dass die ganze Nebelmasse, um Kern und Fächer, bedeutend an Ausdehnung zugenommen hat. Vom Kerne ausgehend zeigen sich deutlich zwei Strahlen, die fast senkrecht zu einander stehn und den Fächer in drei Seetoren theilen, von denen der mittlere merklich helleren Glanz hat, als die beiden Seitenflügel. Die innere Begränzung des linken Seitenflügels ist sichtlich mehr gekrümmt, als die des rechten Flügels. Die äussere Begränzung des Halbbogens ist an beiden Seiten noch ziemlich deutlich zu erkennen, in der Mitte aber verschwimmt sie ganz mit der umgebenden Nebelmasse. Die Breite des dunkleren Zwischenraums zwischen Fächer und Halbbogen, wurde etwa auf die Hälfte der Breite des Halbbogens geschätzt, doch war auch dieser Zwischenraum theilweise mit Nebel gefüllt und daher weniger abstechend. Die Begränzung des helleren Halbbogens konnte auf beiden Seiten bis zu dem vom Kern durch die Fächerspitzen gezogenen Richtungen verfolgt werden und verfloss weiter hin ganz mit den hellsten Schweiftheilen.

Messungen und Schätzungen.

$19^h 45^m — 20^h 20^m$.

1. *Am Kern und Fächer.*

Durchmesser des Kerns 3″

Vorangehende Fächerspitze, Richtung 19°, Abstand 3,05 = 29,7

Nachfolgende　　　　　»　　　　　» 128　　　　» 　　2,64 = 25,7

Richtung des nordöstlichen Strahls 307°

　　　　»　　　　　» südöstlichen　　» 212°

Begränzung des Fächers:

　　　　in der Richtung des nordöstlichen Strahls 2,14 = 20,8

　　　　»　　»　　　　»　　　» südöstlichen　　» 1,62 = 15,8

Der nordöstliche Strahl ist in seinem Beginn heller als der südöstliche, sein Licht fällt jedoch rasch ab, so dass er nur bis wenig über die Begränzung des Fächers hinausragt, während der andere noch durch den ganzen helleren Halbbogen hindurch verfolgt werden kann und sich erst in der äussern Nebelumhüllung verliert.

2. *Am Halbbogen.*

Aeussere Begränzung des Halbbogens:

in der Richtung   19°, Abstand 6′17 = 60″0

»   »   »   303   »   4,48 = 43,6

»   »   »   213   »   3,97 = 38,6

»   »   »   155   »   4,95 = 48,2

In der Richtung der nachfolgenden Fächerspitze, oder bei 128°, konnte der Abstand des Halbbogens nicht mehr sicher gemessen werden, er schien etwas grösser zu sein als in der Richtung der vorangehenden Spitze.

Bei der Richtung 336° oder 156° vom Kern aus, schätzte ich die Breite der ganzen Nebelmasse auf der vorangehenden Seite = 1,6 des Abstandes vom Kern bis zur äussern Begränzung des Halbbogens, auf der nachfolgenden Seite zu 2,5 Mal denselben Abstand Hieraus ergiebt sich, da jener Abstand auf den beiden Seiten respective, nach den vorstehenden Messungen, zu 50″ und 48″ angenommen werden muss, für die angegebene Richtung die Ausdehnung des Cometen

auf der vorangehenden Seite zu   80″

»   »   nachfolgenden   »   » 120″

In dem Abstande von 3′ wurde die Breite des Cometen auf 6′ — 7′ geschätzt. Von diesen kommen beiläufig 1′ auf die dem Schweife vorangehende schwache Nebelmasse, 1′5 auf den hellsten Theil der vorangehenden Schweifhälfte, 2′ auf den dunklen Zwischenraum und 2′5 auf die nachfolgende Schweifhälfte.

Um 20ʰ 20ᵐ mussten die Beobachtungen am Fernrohre, wegen der Unruhe und Undeutlichkeit der Bilder in der Nähe des Horizonts geschlossen werden. Lieutenant Smysloff verzeichnete aber noch mit blossem Auge den Lauf des Schweifs zwischen den Sternen. Die letzten Spuren desselben glaubte ich auf halbem Wege zwischen α Herculis und α Lyrae zu erkennen. Die Breite des Schweifs hatte seit dem 9. October noch merklich zugenommen; von dunklen Streifen in denselben war heute nichts zu erkennen.

BEOBACHTUNGEN AM HELIOMETER

NEBST

BEMERKUNGEN ÜBER DIE NATUR DER COMETEN

´ VON

Dr. A. Winnecke.

Die auffallenden Gestaltsveränderungen, welche manche Cometen während der kurzen Zeit ihrer Sichtbarkeit uns darbieten, haben zu einer beträchtlichen Anzahl von Versuchen geführt, in das Wesen dieser Erscheinungen einzudringen; aber es hat lange gedauert, bis man dahin gekommen ist, selbst in rohen Zügen die Mehrzahl der complicirten Einzelnheiten des Phänomens nach bestimmten Annahmen über das Gesetz der wirkenden Kräfte zu construiren, um dann aus der Uebereinstimmung dieser Construction mit den Beobachtungen die Entscheidung über die Richtigkeit der gemachten Annahmen zu erhalten. Es scheint, als ob der erste einigermassen gelungene Versuch, eine derartige Entscheidung zu erlangen, Brandes zuzuschreiben ist, der in mehreren sehr lesenswerthen Aufsätzen diesen Gegenstand behandelt hat. Er geht dabei von Ideen über die Natur der wirkenden Kräfte nach Olbers aus, Ideen, die sich übrigens zum Theil schon bei frühern Schriftstellern, namentlich bei Hooke, finden, freilich nicht ausgesprochen mit der dem grossen Bremer Astronomen eigenthümlichen Klarheit. Auf gleichem Fundamente beruht die meisterhafte Theorie der Erscheinungen eines Cometen, welche Bessel bei Gelegenheit der Wiederkehr des Halley'schen Cometen im Jahre 1835 entwickelt und mit so glänzendem Erfolge auf seine Wahrnehmungen an diesem Gestirne angewandt hat. Wollte man zugeben, dass sie wirklich alle damals beobachteten Phänomene erklärte, was nicht der Fall ist, so sind doch die bekannt gewordenen Beobachtungen nicht vollständig genug, Auskunft über manche Erscheinungen zu geben, die der Theorie nach stattfinden sollten. Hieraus folgt, dass die Wahrnehmungen an andern Cometen zu Rathe gezogen werden müssen, um die Wahrscheinlichkeit der dieser Theorie zu Grunde liegenden Annahmen ins rechte Licht zu setzen oder die Nothwendigkeit der Hinzufügung gewisser Motoren klarer erkennen zu lassen. Es ist aber das vorliegende Material in dieser Beziehung äusserst dürftig und es wird nur für wenige frühere Cometen gelingen, Gründe für und wider mit Gewissheit aus den spärlichen Beobachtungen abzuleiten.

Für den grossen Cometen von 1858 hat Dr. Pape eine Vergleichung der Erscheinungen mit der Theorie nach Bessel in einer vortrefflichen Abhandlung, Astr. Nachrichten 1172—1174 gegeben, auf die ich im Folgenden öfter zurückkommen werde, sei es um etwas hinzuzufügen, sei es um Zweifel gegen die Legitimität einiger Deductionen vorzubringen, die aber in den meisten Fällen sich auf das Fortführen der Untersuchung bis zum bestimmten numerischen Resultate beziehen, also das Wesen nicht berühren. Eine vollständige Vergleichung der Bessel'schen Theorie mit den Erscheinungen dieses Cometen, muss aber verschoben werden, bis alle Wahrnehmungen vorliegen, um das Subjective vom Objectiven sicherer trennen zu können. Um sie auszuführen, ist eine weitere Entwickelung der Theorie nöthig, da letztere bei dem in diesem Falle stattfindenden Werthe der Constanten, in dem Endresultate, wegen der nur genähert ausgeführten Umformungen, nicht alle wünschenswerthe Schärfe gewährt. Die Bemerkungen, die meinen Beobachtungen nachgefügt sind, bitte ich anzusehen, als Beiträge zu einer solchen Vergleichung, hervorgegangen aus dem Bedürfnisse, jene Wahrnehmungen in dem Zusammenhange zu übersehen, der nach dem Zustande unserer jetzigen Kenntnisse über diese Dinge zu erreichen ist.

Die Form, in der ich die Beobachtungen des Cometen von 1858 angeben werde, ist die einer getrennten Aufführung der Wahrnehmungen über die einzelnen Bestandtheile desselben in chronologischer Ordnung, eine Trennung, die zur leichtern Uebersicht wesentlich beiträgt. Die gegebenen Beschreibungen sind bloss Abschriften der Notizen, die an den betreffenden Abenden gemacht wurden, freilich nicht am Fernrohre selbst. Es sind jenes vielmehr Ausführungen der unmittelbar bei der Beobachtung niedergeschriebenen kurzen Bemerkungen, deren Sinn und Deutung dem Gedächtnisse dann noch völlig gegenwärtig war. Nur in einzelnen, wenigen Fällen, habe ich mir eine Aenderung erlaubt, dann nämlich, wenn der Ausdruck zu Missverständnissen hätte Anlass geben können. Selbst Worte, die ich bei reiflicher Ueberlegung nicht zur Bezeichnung eines gesehenen Phänomens anwenden würde, z. B. Loch, für den dunklen Fleck im Sector, habe ich unverändert darin aufgenommen; sie geben wenigstens eine Vorstellung des unmittelbaren Eindrucks und ich denke, diese Erwähnung genügt, um vor Missdeutung gesichert zu sein. Den Beobachtungen über die physische Beschaffenheit des Cometen habe ich die Ortsbestimmungen des Gestirnes am Meridiankreise und die nur ausnahmsweise angestellten Vergleichungen mit Fixsternen an den Ringen des Heliometers, vorangeschickt. Die für die Beobachtungen der physischen Eigenthümlichkeiten selbst angewandten Hülfsmittel muss ich etwas näher beschreiben, da die Beurtheilung der Wahrnehmungen und Messungen selbst davon beeinflusst wird.

Das Fernrohr des Heliometers hat, bei 7,4 Zoll Oeffnung, 10,2 Fuss Brennweite und kann in Bezug auf die Schärfe der Bilder zu den recht guten gerechnet werden. Zu der schwächsten vorhandenen Vergrösserung, die sehr nahe 60 f. ist, wurde ein neues Diaphragma angefertigt und in diesem ein Netz aus je drei sich rechtwinklig kreuzenden, dicken Fäden ausgespannt, so dass die Seiten der dadurch im Gesichtsfelde gebildeten Quadrate je fünf Minuten waren. Diese Fäden zeigen sich selbst bei ganz dunklem Himmel ohne jegliche künstliche Erleuchtung völlig deutlich im Felde, geben also eine Scale zur Abschätzung der Dimensionen von Nebelgebilden, die jeder directen Messung spotten. Die scheinbare Dicke eines Fadens ist $21''\!,5$ und es sind durch Vergleichung damit einzelne Bestimmungen kleiner Quantitäten gemacht, jedoch nur bei so grosser Helligkeit des Himmelsgrundes, dass die Fäden ganz scharf gesehen wurden. Bei den in München construirten Heliometern ist auch der Ocularkopf um die Axe des Fernrohrs beweglich und besitzt einen getheilten Positionskreis, den man bis auf die Minute ablesen kann. Es gaben also diese dicken Fäden zugleich ein treffliches Mittel, die Richtung des Schweifes in der Nähe des Kernes zu bestimmen, und mit Ausnahme zweier, sind alle später aufgeführten Messungen der Position des Schweifes auf diese Weise angestellt. In analoger Weise hatte die zweite 122 f. Vergrösserung ein Kreuz aus sehr feinen Fäden erhalten, womit durchweg die Bestimmung der Richtungen der Seetoren und Gebilde im Kopfe ausgeführt ist, während der Himmelsgrund noch hell genug war, sie deutlich zu zeigen. Diese Messungen durch den eigentlichen Heliometerapparat selbst auszuführen würde höchst schwierig gewesen sein, bei der eigenthümlichen Perturbation des Urtheils und des Sehens, die bei dem Messen mit Doppelbildmicrometern entsteht, so oft sich zwei lichte Scheiben theilweise decken, vorzüglich aber zu zeitraubend.

Die Ausmessung der Dimensionen der Seetoren und des Kernes beruht allein auf dem Heliometer als solchem, unter Anwendung verschiedener Vergrösserungen, je nach dem Zustande der Luft, bis zu der stärksten vorhandenen, nahe 335 f. Die Bestimmungen des Kerndurchmessers sind jedoch fast immer mit 237 f. Vergr. ausgeführt. Zu den Beobachtungen des Schweifes und den Einzeichnungen desselben auf den Harding'schen Atlas habe ich mich eines Münchener Cometensuchers von 3 Zoll Oeffnung bedient, unter Anwendung einer 15 f. Vergr.; nur ganz ausnahmsweise wurde ein 30mal vergrösserndes Ocular gebraucht. Auch der Sucher des Heliometers von 1,9 Zoll Oeffnung, der bei 19 f. Vergrösserung $1° 52'$ Gesichtsfeld hat, wurde im Anfange der Erscheinung zur Abmessung der Dimensionen des Schweifes angewandt.

Ortsbestimmungen des Cometen.

Im September war die Höhe des Cometen bei seiner untern Culmination während einiger Wochen grösser als $5°$, so dass der Versuch, seine Position am Meridiankreise zu bestimmen, nicht allzu gewagt erschien. Von grossem Nutzen war bei der Mehrzahl dieser Beobachtungen ein schwächeres, nur 90fach vergrösserndes Ocular, welches Herr Brauer, der Mechaniker der Sternwarte, eigens zu diesem Zwecke für das Fernrohr des Repsold'schen Meridiankreises construirt hat. Selbst mit dieser Vergrösserung erschien der Comet am 2. Sept. bei hinreichender Beleuchtung des Feldes ziemlich schwach, so dass mit den

stärkern Ocularen wahrscheinlich eine Beobachtung nicht möglich gewesen wäre. Um die
Unsicherheit einigermaassen zu eliminiren, die unsere Refractionstafeln bei der Reduction
so beträchtlicher Zenithdistanzen auf wahre, zurücklassen, wurden an jedem Tage mehre
Sterne mit beobachtet, die entweder in den Catalogen scharf bestimmt sich vorfanden, oder
deren genaue Position sich aus den frühern Pulkowaer Beobachtungen bei ihrer obern Culmination herleiten liess. Im Allgemeinen hat sich gezeigt, dass in den Refractionen keine
beträchtlichen Unregelmässigkeiten stattgefunden haben, und es ist der Betrag der an die
Cometenpositionen angebrachten Correctionen, die aus der Vergleichung der so bestimmten
Abweichung dieser Sterne mit den Declinationen nach den Catalogen folgen, meist weit
geringer als ihr wahrscheinlicher Fehler.

Um einen beiläufigen Ueberblick über die Sicherheit der absoluten Positionen zu erhalten, habe ich den wahrscheinlichen Fehler einer Beobachtung des am häufigsten angewandten Sternes 31 Leon. min. aus der Uebereinstimmung der einzelnen beobachteten
Coordinaten untereinander abgeleitet. Es wurde für den mittlern Ort des Sternes gefunden:

1858 September	2	Rectasc. $= 10^h 19^m 39{,}77$	Decl. $= + 37° 25' 61{,}9$
	11	39,49	60,5
	12	39,74	60,4
	16	39,69	61,3
	18	39,76	57,9
	24	39,57	53,1
Im Mittel 1858,0		$10^h 19^m 39{,}67$	$+ 37° 25' 59{,}2$

und daraus der wahrsch. Fehler einer Beobachtung in Rectascension $\pm 0{,}076$, in Declina-
tion $\pm 2{,}19$; der Ort des Sternes nach den Catalogen ist 1858,0 $10^h 19^m 39{,}68 + 37°$
$25' 59{,}8$.

Es wird nun der wahrscheinliche Fehler eines Cometenortes einerseits beträchtlich
geringer sein, weil er relativ bestimmt ist, andererseits wird aber die Beschaffenheit des
Cometenkernes, seine grosse Verwaschenheit in so beträchtlicher Zenithdistanz und die dadurch herbeigeführte Unsicherheit der Pointirung, denselben vergrössert haben und ich bin
zu der Meinung geneigt, dass der wahrscheinliche Fehler der nachstehenden Meridianbeobachtungen vielleicht grösser ist, als der für 31 Leonis gefundene Werth. Jedenfalls
werden gute Micrometermessungen aus jener Zeit genauere Resultate geben können, vorausgesetzt, dass die Vergleichssterne neu bestimmt sind. Den Meridianbeobachtungen füge
ich noch die wenigen Micrometermessungen hinzu, die ich angestellt habe; sie beruhen auf
Vergleichungen des Cometen an verschiedenen Ringen des Heliometer mit Sternen, deren
Ort von mir im Meridiane neu bestimmt ist, wo es nöthig schien.

Meridianbeobachtungen des grossen Cometen von 1858.

Datum.	Mittl. Zt. Pulk.	$\alpha \, ⚃$	$\delta \, ⚃$	log. f. p.
1858 Sept. 2	$11^h 54^m 48{,}7$	$10^h 41^m 48{,}81 +$	$34° 28' 43{,}2$	9,999
— 11	11 44 44,6	11 7 11,98	35 57 59,8	9,998
— 12	11 44 22,7	11 10 45,73	36 5 46,9	9,998
— 16	11 45 7,3	11 27 17,50	36 26 12,0	9,997
— 17	11 45 57,3	11 32 4,22	36 27 29,9	9,997
— 18	11 47 6,1	11 37 9,80	36 26 30,1	9,997
— 24	12 1 51,3	12 15 36,73 +	35 8 19,8	9,999

Ringmicrometerbeobachtungen.

Mittl. Zt. Pulk.	$\Delta\alpha$ $^{⚃ - *}$	$\Delta\delta$	$\alpha \, ⚃$	log. f. p.	$\delta \, ⚃$	log. f. p. Vergl.
Sept. 30 $6^h 50^m 52{,}6$	$-0^m 23{,}41$	$-2' 23{,}1$	$13^h 8^m 43{,}08$	8,588 +	$30° 3' 21{,}1$	9,879 4
Oct. 5 7 6 13,7	$-1\ 58{,}40$	$-2\ 17{,}8$	14 7 14,10	8,553	19 52 55,9	9,908 2
9 7 27 42,0	$-0\ 36{,}73$	$+0\ 50{,}4$	14 57 26,27	8,527 +	7 16 21,4	9,931 3
13 6 59 34,7	$-8\ 18{,}23$	$+2\ 3{,}7$	15 44 10,30	8,504 —	6 41 1,0	9,943 1

Mittlere Positionen der Vergleichssterne für 1858,0.

Sept. 30	$13^h 9^m 5{,}11 +$	$30° 5' 55{,}0$	Reps. Meridkr.	2 Beob.	
Oct. 5	14 9 11,15 +	19 55 25,3	Tabulae reduct.		
— 9	14 58 1,44 +	7 15 41,1	Reps. Meridkr.	2 Beob.	
— 13	15 52 26,70 —	6 42 54,0	» »	3 Beob.	

Bemerkungen:

Sept. 11. Die volle Secunde der Rectascension unsicher.

Sept. 12. Eine Wolke, die den Cometen bedeckte, ging gerade vor dem Mittelfaden von ihm weg.

Sept. 16. Sichere Beobachtung.

Sept. 18. Unruhige Luft. Sterne gross und verwaschen.

Sept. 24. Ausserordentlich unruhig. Der Kern des Cometen scheinbar über 30" gross.

Oct. 9. Der Vergleichsstern 8^m wurde beim Eintreten in den hellen Schweifmantel um $20^h 45^m$ Sternz. fast unsichtbar, so dass die Vergleichungen nicht fortgesetzt werden konnten.

Oct. 13. Nur eine Vergleichung bei $3\frac{3}{4}°$ Höhe des Cometen.

Kern des Cometen.

Sept. 2. 21^h Sternz. Der Comet stand heute in der Nähe von 46 und 47 Fl. Leon. min., so dass die Helligkeit des Kernes bequem und sicher mit diesen Sternen verglichen werden konnte. Im Sucher macht der Kern einen etwas stärkern Lichteindruck als 47 Fl., nach Argelander 6ter Grösse, und nach Art der veränderlichen Sterne mit einander ver-glichen, würde ich den Kern 4—5 Stufen heller schätzen. Er war sehr beträchtlich schwächer als 46 Fl., 4. Grösse nach Argelander. Dem blossen Auge erscheint der Kopf des Cometen viel heller als 46 Fl. Als der Comet und Cor Caroli gleiche Höhe hatten, waren sie für das blosse Auge an Helligkeit nahe gleich, Cor Caroli ein wenig heller.

Sept. 4. 20^{h}9^m Sternz. Comet sehr schön gesehen; mit der stärksten 335 f. Ver-grösserung ist ein schlecht begränzter, doch entschieden scheibenartiger Kern da. Durch-messer nach drei gut harmonirenden Messungen 6,″55 in einer Richtung nahe senkrecht auf die Schweifaxe.

Sept. 11. 20^{h}10^m : Sternz. Der Kern ist eine gut begränzte planetarische Scheibe, die vielleicht ein wenig heller in der Mitte ist. Durchmesser = 7,″47. 2 Beob.

Sept. 12. Im Sucher ist der Kern fast genau so hell, als ξ Ursae maj., beträchtlich schwächer als ν Ursae. Den ersten nennt Argelander 4. 3^m, den zweiten 3. 4^m. Durch-messer = 7,″29. 4 Beob. Der Kern scheint genau kreisförmig zu sein.

Sept. 13. 19^{h}40^m Sternz. Gleich beim Hineinsehen in das Fernrohr erscheint mir die planetarische Scheibe erheblich kleiner, als die Tage vorher, was die Messungen be-stätigen. Kern gut begränzt. Durchmesser in der Richtung des Schweifes 4,″03. 4 Beob. Senkrecht auf diese Richtung 4,″43. 4 Beob.

Sept. 16. Dem blossen Auge macht der Kern den Eindruck eines Sternes heller, als die glänzendsten der beträchtlich höher stehenden Bärensterne. Im Sucher scheint der Kern so ziemlich die Helligkeit von ν Ursae maj. zu haben, doch ist die Vergleichung aus-serordentlich schwierig wegen der grossen Verschiedenheit des zu vergleichenden Lichtes. Oben erscheint er etwas röthlich, wahrscheinlich eine Folge der Diffraction. Durchmesser, wie immer, wo nicht ausdrücklich das Gegentheil bemerkt ist, in der Richtung des Schwei-fes = 3,″46. 2 Beob.

Sept. 18. D = 1,″63. 3 Beob. bei ruhiger und schöner Luft. Der Kern erschien heute so klein, dass ich den vierfachen Durchmesser mass, eine Methode, deren Anwendbarkeit Messungen der Jupitersatelliten zeigen, die ich auf diese Weise am Bonner Heliometer ausgeführt habe. Die Begränzung desselben war vortrefflich; der Durchmesser sicher grös-ser als die Scheibe der hellen Bärensterne.

Sept. 19. D = 2,″60. 2 Beob. Luft ziemlich unruhig.

Es wurde heute wieder der vierfache Durchmesser gemessen, so wie von jetzt an im-mer. Der Kern scheint mir ganz rund zu sein und ist ziemlich gut begränzt.

Sept. 22. 19^{h}15^m Sternz. D = 2,″31. 2 Beob. Luft sehr unruhig.

Sept. 24. 19^{h}28^m Sternz. D = 1,″98. 2 Beob. Der Comet war bei der unreinen Luft schwach und äusserst unruhig.

Sept. 29. 19^{h}33^m Sternz. D = 2,″69. 2 Beob.

Kern ziemlich scharf begränzt und mit schwächerer Vergrösserung schwer von dem sehr hellen Lichte des innern Sector zu unterscheiden. Die Helligkeit desselben im Sucher ist bei weitem geringer, als die von Cor Caroli, gar nicht nach Art der veränderlichen Sterne durch Stufenschätzung vergleichbar; der Unterschied beträgt wohl $\frac{3}{4}$ Grössen.

Sept. 30. $18^h 48^m$ Sternz. $D = 2{,}''04$. 3 Beob.

Der Comet ist 36^m nach Sonnenuntergang schon vortrefflich dem blossen Auge sichtbar. Kern gut begränzt im Fernrohre; Messungen mit 335 f. Vergr. Im Cometensucher zeigt er sich bedeutend schwächer als Cor Caroli.

Oct. 5. Der Kopf war für das blosse Auge fast so hell als der dicht daneben stehende Arctur; im Fernrohre der Kern ungemein viel schwächer.

Oct. 7. $19^h 11^m$ Sternz. $D = 2{,}''62$. 3 Beob.

Oct. 8. $20^h 0^m$: Sternz. $D = 3{,}''45$. 2 Beob.

In heller Dämmerung ziemlich gut begränzt, rund und planetarisch. Ein Planet würde in dieser Zenithdistanz nicht besser begränzt erscheinen.

Oct. 9. $D = 2{,}''79$. 3 Beob.

Kern in heller Dämmerung rund und gut begränzt; mit der zweitstärksten Vergrösserung messe ich den Kern so, dass er bestimmt nicht zu klein gemessen wird. Herr Wagner fand später aus einer Einstellung $D = 3{,}''18$. Als es dunkler wurde kam es Herrn Wagner und mir vor, als sei der Kern elliptisch, die grosse Axe etwa senkrecht auf die Richtung des Schweifes; die Begränzung der Bilder war aber weit schlechter geworden.

Oct. 13. $19^h 50^m$: Sternz. $D = 3{,}''23$. 2 Beob.

Der Kern scheint der Erinnerung nach beiläufig dieselbe Grösse zu haben, wie früher; seine Begränzung war für den tiefen Stand ganz erträglich.

Kopf des Cometen.

Im Anfange meiner Beobachtungen mittelst des Heliometers zeigte der Kopf des Cometen keine auffallenden Erscheinungen; der Kern hob sich als eine sehr plötzlich bedeutend hellere, schlecht begränzte, planetarische Scheibe von einem ziemlich gleichmässig hellen Nebelstoffe ab, der in der Richtung zur Sonne gut begränzt erschien und gegen anderthalb Minuten vom Kerne abstand; die äussere Begränzung hatte eine annähernd parabolische Krümmung, vergl. Fig. von Sept. 2.

Sept. 4. Scheitelradius der Coma $1{,}'3$.

Sept. 12. Scheitelradius der Coma $1{,}'7$.

Sept. 16. Das Aussehn des Schweifes und der Coma hat sich nicht unwesentlich verändert. Während früher keine irgend erhebliche Lichtansammlung stattfand, ist heute die folgende Seite des Kopfes bedeutend heller, als die vorhergehende. Der Kern ist umgeben von einer sehr hellen Nebelmasse, die in der dem Schweife entgegengesetzten Richtung sich auf etwa $40''$ vom Kerne entfernt, dann umbiegt und den eigentlichen Schweif bildet. Ausserdem bemerke ich eine zweite sehr viel schwächere Umhüllung, die sich etwa $2{,}'5$ in der Richtung zur Sonne vom Kerne entfernt und die hellere Nebelmasse umgiebt, so aber, dass sie auf der nachfolgenden Seite erheblich breiter ist, als auf der vorhergehenden.

Dort unterscheidet man sie in einigen Minuten Abstand vom Kopfe nicht mehr, während sie hier auf ein halbes Feld der 60 f. Vergr. (13') zu verfolgen ist. Siehe Skizze für Sept. 16. Diese Umhüllung scheint mir in südöstlicher Richtung etwas aufgewulstet zu sein. Im Durchschnitte des Kernes ist die helle Nebelmasse 1,'5 breit, die schwache aber gegen 4'.

$22^h 5^m$ Sternz. Im Cometensucher bemerkt man von diesen Eigenthümlichkeiten des Kopfes Nichts.

Sept. 17. Auch heute ist die nachfolgende Seite des Kopfes die hellere.

Länge des Scheitelradius der hellern Nebelmasse 25", Breite im Durchschnitt des Kernes 1,'3
»   »   »   » schwachen »   3,'5, » »   »   »   » 4'.

Es bezog sich so rasch wieder, dass der Durchmesser des Kernes nicht gemessen werden konnte.

Sept. 18. $19^h 30^m$ Sternz. Das Aussehen des Cometen ist überraschend, vergl. die Figur für heute. Die rechte Seite ist viel heller; während die grössere Helligkeit rechts ziemlich stetig schwächer wird, je mehr man sich vom Kerne entfernt, hört sie links eine oder anderthalb Minuten unter dem Kerne fast plötzlich auf.

Den Abstand der hellern Nebelmasse v. Kerne in der Richtung des Schweifes schätze ich zu 20"
»   »   » schwachen »   »   » » »   »   »   » » 2,'7

In der hierauf senkrechten Richtung durch den Kern, Breite der hellen Nebelmasse 1,'5.
» »   »   »   »   » » » »   » schwachen »   5,'5.

Sept. 19. Zu einer beiläufigen Skizze ist nur notirt: der Raum in der Mitte zwischen den beiden Schweifästen in heller Dämmerung sehr schwach.

Sept. 22. Der Kern schien heute eine fächerartige, breite Ausstrahlung zu haben (vergleiche die Figur für Sept. 22); es bewölkte sich aber so rasch, dass nichts Sicheres ermittelt werden konnte. Heller Mondschein und Dämmerung.

Sept. 24. $18^h 31^m$ Sternz. Der Comet zeigt beim Einstellen sich in der Gestalt $abck$, (siehe die Figur). Keine Spur der Schweifumhüllung, Vergrösserung 169 f. Als es dunkler wurde kam allmälig die früher gesehene Figur der Umhüllung des Kernes ebenfalls zum Vorschein; die ausgeführte Skizze gilt für $19^h 14^m$ Sternzeit. Gemessen wurde:

Richtung $ka = 175°5$ 5 Beob.
» $bc = 282,4$ 5   »

Länge $ka = 16''$, $kb = 9''$, $kc = 15''$, $km = 34''$, nach Schätzungen durch Vergleichung mit den dicken Fäden auf die früher angegebene Weise.

Die Linie bc ist im Originale definirt: als die Linie vom äussersten Punkte links unten am Sector nach dem symmetrisch gelegenen Punkte der rechten Seite.

Länge $on = 1,'3$.

Von der schwachen Umhüllung konnte ich heute Nichts erkennen. Heller Mondschein.

Sept. 25. $18^h 54^m$ Sternz. Wesentlich hat sich das Aussehen des Cometen nicht geändert; $ka = 17''$, $kb = 8''$, $kc = 16''$, Bedeutung der Buchstaben wie gestern. Starker Sturm und nicht ganz reiner Himmel.

$20^h 45^m$. $ka = 21\rlap{,}''0$, 2 Einstellungen am Heliometer.

Es ist jetzt sehr klar und man sieht trotz des tiefen Standes die schwache Hülle; sie ist aufgebläht in der Richtung 140°, 1 Mess. und scheint concentrisch mit dem kleinen Sector. Es wird dieser Positionswinkel und die Bemerkung durch die um $18^h 45^m$ gemachte Skizze vom Sector bestätigt, bei der die Richtung des Parallels angegeben ist; daraus würde $p = 145°$ folgen.

Abstand der schwachen Umhüllung vom Kerne in dieser Richtung $3'$, im Parallel des Kernes, vorgehend $2'$, nachfolgend $3'$.

Sept. 27. Es wurde erst ordentlich heiter, als der Comet schon sehr tief stand; die Unruhe der Luft erlaubte keine Detailbeobachtungen über die Ausstrahlungen, die übrigens wesentlich sich nicht geändert zu haben scheinen. So die Notiz jener Nacht. Zwei gleichzeitig entworfene Skizzen zeigen aber übereinstimmend beträchtliche Aenderungen gegen früher; denn nach ihnen waren Erscheinungen, die am 29. Sept. beschrieben sind, schon damals vorhanden; ich meine die Andeutung eines grössern Sectors, oder besser einer ringförmigen Verdichtung in der Schweifmaterie vor dem Sector. Da aber bei der schlechten Luft keine erträgliche Bestimmung der Dimensionen möglich gewesen ist, so gebe ich diese Skizzen nicht.

Abstand der schwachen Hülle vom Kern in der Richtung der Aufblähung $2\rlap{,}'7 - 3'$. Im Parallel des Kernes vorgehend $1\rlap{,}'3$, folgend $2\rlap{,}'5$. Breite des hellen Stromes in dieser Richtung $1\rlap{,}''7$.

Sept. 29. $19^h 20^m$ Sternz. Die Excentricität des Kernes gegen die Seetoren, in der Richtung (beiläufig) senkrecht auf den Schweif, hat sich sehr verkleinert; er war mit schwächerer Vergrösserung von dem sehr hellen Lichte des innern Sector schwer zu unterscheiden. Dieser letztere erschien mir ziemlich gleichmässig hell; wenn eine Differenz vorhanden war, so möchte die vorangehende Seite die hellere sein. Die Begränzung des Sectors war scharf abgeschnitten nach allen Seiten. Unmittelbar daran schloss sich ein zweiter, nahezu symmetrischer Sector von schwächerm Lichte, dessen Intensität aber noch die des Schweifes in seinen hellsten Theilen übertraf. Die Begränzung dieses Sectors bestand aus einem beträchtlich hellern, nach aussen sehr scharf abgeschnittenen Ringe von $4''$ Breite. Ob davor ausser der schwachen Umhüllung, noch Nebelmasse war, wie eine gleichzeitig entworfene Skizze zeigt, erinnere ich mich nicht bestimmt [1]).

Abstand des Randes des hellen Sectors vom Kerne in der Richtung des Schweifes $d = 11\rlap{,}''8$. 2 Beob.

---

1) Diese Notiz wurde 9^h Abends niedergeschrieben; am Morgen heiterte es sich wieder auf und ich finde zu dieser Stelle bemerkt:

$17^h 12^m$ Mittl. Zeit. Vor dem zweiten Sector ist allerdings noch Nebelmasse und ich schätze die Breite derselben zu $\frac{1}{5} - \frac{1}{4}$ des Abstandes der beiden Sectoren von einander, also $4 - 5''$ und ferner hierzu am 30. Sept.:

Dies ist doch wohl ein Irrthum; heute ist ausser der schwachen Umhüllung vor dem zweiten Sector bestimmt kein Nebel.

Abstand des äussern Randes des Ringes vom Kerne in gleicher Richtung:
$d' = 26\overset{''}{,}5$. 3 Beob.

Es bewölkte sich leider so rasch wieder, dass die Zeit nicht hinreichte, auch über die äussere schwächere Umhüllung etwas zu ermitteln.

Sept. 30. $18^h 50^m$ Sternz. Der innere Sector ist über $252\overset{°}{,}3$, 3 Beob., ausgebreitet; die absolute Richtung seiner Begränzungen nach links und rechts lässt sich aus den Einstellungen nicht ableiten, weil der Nullpunkt nicht bestimmt wurde. Eine halbe Stunde später erhielt ich:

Positionswinkel Kern bis äusserste Spitze des innern Sectors $\begin{cases} \text{rechts } 70\overset{°}{,}3,\ 2\ \text{Bcob.} \\ \text{links } 328,3,\ 2\ \text{Beob.} \end{cases}$

Ferner wurde gefunden $d = 14\overset{''}{,}4$. 3 Beob.

$\qquad\qquad\qquad d' = 26\overset{''}{,}3$. 3 Beob.

Letztere Messung ist weniger sicher als gestern, weil es schon ziemlich dunkel wurde. Die Bedeutung der Buchstaben ist dieselbe, wie Sept. 29; ich werde diese Bezeichnung auch im Folgenden anwenden.

Schwache Umhüllung: Richtung der Aufblähung $164\overset{°}{,}6$, 1 Beob., Abstand vom Kerne in dieser Richtung $4\overset{'}{,}7$.

Abstand vom Kerne in der dem Schweif entgegengesetzten Richtung $4\overset{'}{,}3$.

In der Richtung senkrecht hierauf durch den Kern $\begin{cases} \text{folgend } 5\overset{'}{,}3 \\ \text{vorgehend } 3\overset{'}{,}5. \end{cases}$

Im Cometensucher war sie trefflich zu sehen und ihre Farbe erschien darin im Vergleich zu dem gelblichen Lichte des Schweifes und Kopfes bläulich. Contrast?

Oct. 5. $20^h 0^m$. Es heiterte sich auf eine halbe Stunde auf, jedoch nicht völlig, da der Comet häufig von Wolken bedeckt war. Der innere helle Sector hat seine Form beträchtlich verändert; er ist nicht mehr durch Bogen begränzt, die sich der Kreisform nähern, sondern in der auf die Axe des Schweifes senkrechten Richtung etwas eingedrückt, so dass die Begränzung Aehnlichkeit hat mit dem nicht geschlossenem Theile der Glockenlinie. Im Innern des Sectors war eine sehr merkwürdige dunklere Stelle, etwa unter dem Positionswinkel 270° vom Kerne ab, deren nähere Untersuchung die Kürze der Zeit verhinderte. Die Spitzen der Seetoren waren heute nicht so weit unterhalb des Kernes verlängert, als am 30. Sept.

Der zweite Sector hat sich nicht so stark verändert, die Figur scheint dieselbe zu sein, nur ist der dunklere Ring unmittelbar am innern Sector schmäler geworden.

Es ergab sich $d = 13\overset{''}{,}8$ 2 Bcob.

$\qquad\qquad\quad d' = 31{,}4$ 1 Beob.

Die äussere Umhüllung schien mir sich gar nicht verändert zu haben; der Abstand der Begränzung derselben in der Richtung der Aufblähung war $5'$.

Oct. 7. Bei heftigem Stürme klärte es sich nach einem starken Regengusse um 6^h

auf; der Comet war, als ich ihn um $19^h 0^m$ Sternz. einstellte, schon sehr gut mit freiem Auge zu sehen und sein Schweif etwa $\frac{1}{2}°$ weit zu verfolgen.

Innerer Sector. $19^h 40^m$. $d = 20{,}''0$. 2 Beob.

Positionswinkel: Kern bis äusserste Spitze $\begin{cases} \text{rechts } 130°{,}6. \text{ 3 Beob.} \\ \text{links } 336{,}8. \text{ 3 Beob.} \end{cases}$

Es ist heute ein zahnförmiger Auswuchs an der rechten Seite des innern Sectors. Die vorangehende Seite des Zahnes ist vom Kerne um einen seiner Durchmesser $= 3''$entfernt und es beträgt die Breite desselben an der Basis $0{,}3 - 0{,}4$ des Abstandes der äussersten rechten Spitze des Sectors vom Kerne.

Länge desselben gleich Dreiviertel vom Scheitelradius des Sectors.

Positionswinkel der äussersten Spitze des Zahnes vom Kerne: $67°{,}4$. 2 Beob.

Positionswinkel der Richtung des Zahnes selbst: $61{,}4$. 2 Beob.

Die Lichtstärke dieser Erscheinung war vielleicht etwas schwächer, als die des Sectors selbst.

Das Loch und der secundäre Kern. Um $19^h 15^m$ bemerkte ich eine Ausströmung vom Kerne innerhalb des kleinern Sectors in der Richtung $318°{,}9$. 3 Beob. Als es dunkler wurde, nahm diese Ausströmung mehr die Form eines secundären schwächern Kernes an, dessen Entfernung vom Hauptkerne $2{,}''7$ (einen Durchmesser des Kernes) betrug.

$19^h 50^m$. Positionswinkel des secundären Kernes vom Hauptkerne aus: $303°{,}1$. 2 Beob.

Dieser Lichtknoten war umgeben von einem halbkreisförmigen Raume, dessen Helligkeit bei weitem schwächer war, als die des übrigen Sectors. Die Lage des secundären Kernes darin war analog der des hellern Kernes im hellen Sector.

Richtung des Scheitels dieses dunklen Sectors vom Hauptkerne ab $= 295°{,}5$. 3 Beob., der Scheitelradius desselben beträgt etwa $\frac{2}{3}$ von dem des hellen Sectors. Im nordöstlichen Theile des Sectors war noch ein dunkler Fleck; Herr Wagner, welcher ihn zuerst bemerkte, sah ihn mit mehr Bestimmtheit als ich.

Grosser Sector. $20^h 0^m$. $d' = 38{,}''8$. 3 Beob.

Er hat sich nicht wesentlich geändert; der lichte Streif rings in ihm, war etwa halb so breit, als der Abstand seiner äussern Begränzung vom innern Sector. Correspondirend der dunklen Stelle im innern Sector zeigte sich in derselben Richtung eine nicht unbedeutende Schwächung des Lichtes im äussern Sector, aber im Verhältniss bei weitem schwächer. Der Schweif ging bestimmt nicht um den äussern Sector; er schloss sich an die Seiten desselben an, wie es in der Figur für diesen Tag angegeben ist. Später, bei tieferem Stande konnte man übrigens diese Gewissheit nicht erlangen und Herrn Wagner schien er bis vor den Sector zu liegen, obgleich dieser zuvor eher der Meinung war, dass die verlängerte Richtung der Schweifbegränzung den Sector schnitte.

Die schwache Umhüllung wie früher. Positionswinkel der Aufblähung $175°{,}5$, Abstand vom Kerne in dieser Richtung $7{,}'5$.

Abstand vom Kerne in der Senkrechten auf die Schweifaxe durch den Kern $\begin{cases} \text{vorgehend } 3' \\ \text{folgend} \quad 6',5. \end{cases}$

Oct. 8. Es wurde gegen Abend ganz schön heiter, Comet eingestellt um $18^h 40^m$ Sternzeit; ausser dem Kerne und dem innern Sector Nichts weiter sichtbar.

Innerer Sector. $19^h 30^m$ $d = 23'',3$. 3 Bcob.

Positionswinkel. Kern bis äusserste Spitze $\begin{cases} \text{rechts } 120°,2 \\ \text{links} \quad 330,0 \end{cases}$

Die Fläche desselben erscheint nicht mehr gleichmässig, sondern gefleckt, ohne dass man jedoch ausser dem grössern dunklen Loche Bestimmtes erkennen könnte. Vom Kerne ging ein heller Streifen aus, etwa in der Richtung des Apex des Sectors, aber so ungewiss, wenn man die Richtung einstellen wollte, dass eine Messung nicht gelang. Der dunkle Fleck war wohl noch symmetrischer zum Nebenkerne geworden, als gestern, auch hatte er sich offenbar vergrössert. Vom andern gestern gesehenen Flecke konnte ich heute keine Gewissheit erlangen. Die Begränzung des Sectors nach dem Schweife zu, war bei weitem nicht so scharf als früher. Es erscheint die ganze Trennungslinie ausgezasert, gleichsam, als wenn die Materie des Sectors dort jetzt an der ganzen Fläche in den Schweif überströmte. Der Zahn, vielleicht der erste Durchbruch, war gänzlich verschwunden.

Der secundäre Kern. Bei dem ersten Hineinblicken in das Fernrohr auffallend und der Positionswinkel messbar; vier Einstellungen ergaben ihn $306°,2$, Abstand vom Kerne $1\frac{1}{2}$ Durchmesser dieses. Sein Licht war übrigens bei weitem matter, als das des Hauptkernes, auch sein Durchmesser kleiner.

Aeusserer Sector $19^h 30^m$. $d' = 37'',3$. 3 Beob.

Vorn sehr gut begränzt, auch an den Seiten. Die Enden scheinen sich jetzt viel allmäliger in den Schweif zu verlaufen, als früher; sie reichen auch weiter hinab. Die Breite der hellen und dunklen Zone des Sectors (Ring) gleich. Siehe die Figur. Eine dem dunklen Theile im innern Sector entsprechende Lichtabschwächung bemerkte ich heute nicht. Ob sich Materie des Schweifmantels bis vor den äussern Sector erstrecke, liess sich nicht mit Gewissheit wahrnehmen. In der Dämmerung schien es mir so, später konnte ich sie nicht bemerken.

Die äussere Umhüllung. Positionswinkel der Aufblähung = 180°. 1 Beob., Abstand der Begränzung derselben vom Kerne in dieser Richtung $9'$.

Abstand vom Kerne in der Senkrechten auf die Schweifaxe durch den Kern $\begin{cases} \text{links} \quad 4' \\ \text{rechts } 8' \end{cases}$

Oct. 9. $d = 29'',1$. 3 Beob.

Positionswinkel. Kern bis äusserste Spitze $\begin{cases} \text{rechts } 123°,6. \text{ 3 Beob.} \\ \text{links} \quad 346,7. \text{ 3 Beob.} \end{cases}$

Der secundäre Kern verdient heute diesen Namen kaum; es ist vielmehr das äussere hellere Ende der jetzt noch mehr verdichteten Nebelmaterie, die den untern linken Rand des Sectors bildet und in den Fleck hinein pyramidenförmig sich zuspitzt. Abstand dieser Spitze vom Kerne $2\frac{1}{4}$ Kerndurchmesser. Unmittelbar am Kerne liegt ein nierenförmiges, helles Gebilde, das zum Theil den dunkeln Sector begränzt. Die Begränzung desselben ist überhaupt wulstförmig.

Der dunkle Fleck hat sich vergrössert, so dass jetzt der kleinste Abstand zwischen den äussern Rändern von Fleck und innerm Sector nur einen Kerndurchmesser beträgt. Vom Kern geht ein hellerer Strahl aus, ungefähr in der Richtung zum Apex des Sectors.

Aeusserer Sector $d' = 39''{,}6$. 1 Beob.

Die beiden Zonen desselben sind noch gleich breit. Die Verwaschenheit beider Sectoren nach dem Schweife hin hat zugenommen. Vor dem äussern Sector glaube ich heute den Schweifmantel noch zu erblicken, aber sehr schmal, nur wenige Secunden breit.

Die äussere Hülle. Positionswinkel der Aufblähung 184°. 1 Beob. Abstand des aussern Randes vom Kerne in dieser Richtung 8,5, senkrecht auf die Schweifaxe durch

den Kern $\begin{cases} \text{links} & 3'{,}5 \\ \text{rechts} & 9'{,}5. \end{cases}$

Oct. 13. $19^h 50^m \pm$ Sternz. Nach einem warmen, stürmischen Tage heiterte es sich plötzlich von Nordwest auf; der Comet war schon gut mit blossem Auge zu sehen, als die Wolken ihn verliessen.

Innerer Sector $d = 18''{,}4$. 2 Beob.

Kern bis äusserste Spitze $\begin{cases} \text{rechts} & 136°{,}5. \ 2 \ \text{Beob.} \\ \text{links} & 0{,}1. \ 2 \ \text{Beob.} \end{cases}$

Er verlief sich nach links (nördlich) in eine lange gebogene Spitze in den Schweif hinein; die Länge war wohl anderthalbmal so gross, als der Scheitelradius des Sectors. Nach rechts ist die Begränzung nach dem Schweife zu ziemlich geradlinig. Das Loch im linken Theile des Sectors glaube ich noch zu erkennen, jedoch war es nicht mehr möglich völlige Gewissheit hierüber zu erlangen.

Am Kern zeigte sich da, wo früher der nierenförmige Auswuchs gewesen war, eine längliche Verdichtung und der ganze Theil des Sectors in dieser Richtung $p = 305°{,}2$, 2 Beob., war heller als die andern Partien.

Aeusserer Sector $d' = 34''{,}5$. 2 Beob. schwierig.

Dieser sowohl, wie der innere Sector, waren noch wohl begränzt; die hellere Zone des äussern Sectors war aber jetzt nur $\frac{2}{3}$ des Abstandes des äussern Randes vom innern Sector.

Schweif des Cometen.

Sept. 2. Ueber Ausdehnung und Aussehen des Schweifes ist heute Nichts notirt; der Positionswinkel p des Schweifes ist zu drei verschiedenen Malen gemessen und die geringe Uebereinstimmung der Resultate beweist, dass die Auffassung der Mittellinie des Schweifes grössere Schwierigkeiten gemacht hat, als an spätern Tagen. Ich bemerke hier gleich zu Anfange der Bestimmungen über die Richtung des Schweifes, dass ich mich immer bestrebt habe, die Mittellinie der Figur desselben einzustellen. Bei andern bekannt gewordenen Messungsreihen, die denselben Gegenstand betreffen, ist die Richtung des dunkeln Raumes im Schweife eingestellt, welche mit der von mir gemessenen Richtung keineswegs zusammenfiel. Die zu den Betrachtungen und Messungen über den Schweif angewandte Vergrösserung des Heliometers war fast immer die schwächste vorhandene; nur wenige Male sind stärker vergrössernde Oculare angewandt. Das schon früher erwähnte Netz aus dicken Metallfäden machte die Bestimmung der Richtung des Schweifes ziemlich leicht, da sie auf dem hellen Grunde immer vortrefflich ohne jegliche Beleuchtung sichtbar waren; nur zweimal habe ich mich des eigentlichen Heliometerapparates bedient, um die Richtung des Schweifes zu bestimmen. Ich fand, dass die Sicherheit der Beobachtungen damit durchaus nicht grösser war; denn die Helligkeit des Kopfes überwog das Licht des Schweifes in den entferntern Partien zu sehr. Wohl aber war der dadurch herbeigeführte Zeitverlust ein so bedeutender, dass bei der kurzen Dauer .der vortheilhaften Sichtbarkeit des Cometen, zumal in den letzten Tagen seiner Erscheinung, die nöthige Zeit nur durch Aufopferung anderer Bestimmungen hätte gewonnen werden können.

Die Messungen vom 2. Sept. sind:

Pulk. Sternz. 20^h 35^m $p = 5°35$ 4 Beob.

     0   24   0,98   5 »

     0   51   5,77   3 »

Die letzte Bestimmung wurde mit dem Heliometer als solchem gemacht, ist aber nur einseitig gemessen, wesshalb ich sie im Folgenden nicht weiter gebrauchen werde, sondern als Resultat dieses Abends $p = 3°16$ für 22^h 29^m Sternz. gültig, annehmen werde.

Sept. 4. 20^h 29^m Sternz. $p = 1°54$. 8 Einst.

Es wurde der Positionswinkel durch Einstellen des Cometenkopfes in die Mitte des Schweifes 18' vom Kerne entfernt, gemessen. Die Länge des Schweifes beträgt fünf bis sechs Zehntel vom Durchmesser des Feldes im Sucher des Heliometer, also 1° 2'. Unmittelbar nach dieser Bestimmung starker Nebel, der bei dem tiefen Stande des Cometen ihn völlig auslöschte.

Sept. 11. 20^h 10^m Sternz. $p = 356°89$. 6 Beob.

Sept. 12. 20^h 15^m Sternz. $p = 354°15$. 6 Beob.

Für's blosse Auge erstreckt sich der Schweif bis auf $\frac{2}{5}$ der Entfernung des Cometen von ψ Ursae maj. und seine Richtung geht knapp $\frac{3}{4}°$ links von diesem Sterne vorbei; daraus Länge = 3°8, $p = 354°$. Im Sucher des Heliometer konnte ich ihn durch 1,6 Felder verfolgen, also Länge 3°0.

Gegen Morgen betrachtete ich den Schweif im Cometensucher. Er reicht darin durch das ganze Gesichtsfeld, aber auch nicht weiter, woraus sich die Länge zu 3°2 ergiebt. Seine Helligkeit scheint mir in der Richtung senkrecht auf die Längenaxe allenthalben genau gleich zu sein; wenn ein Unterschied da ist, so ist die Mitte heller. An beiden Seiten des Schweifes ist ein schmaler sehr schwacher Lichtstreif.

Sept. 13. 20^h 10^m Sternz. $p = 354°46$. 1 Beob.

Sept. 16. 20^h 50^m Sternz. $p = 354°77$. 6 Beob.

Die Vertheilung der Helligkeit im Schweife hat sich wesentlich verändert; die nachfolgende Seite desselben ist beträchtlich heller, als die vorgehende. Die letztere zeigt sich auch im Cometensucher bei grösserer Entfernung vom Kopfe weniger scharf begränzt, als die erstere. Eigenthümlich ist, dass die freilich sehr vage Trennungslinie der hellern Materie von der schwächern nicht in der Axe des Schweifes liegt (vergl. Fig. 1) sondern schräg hindurch geht und ein spitz zulaufendes, gleichsam keulenförmiges, helleres Stück aus dem Schweife absondert, dessen Länge 0,7 des Cometensucherfeldes = 2°,2 beträgt, während die schwachern Theile sich fächerförmig ausbreiten und wohl noch 0,8 Feld = 2°,5 weiter zu verfolgen sind.

Länge des Schweifs im Sucher des Heliom. = 1,95 Feld = 3°,7, im Cometens. = 4°,9, fürs blosse Auge 5°,5.

Breite des Schweifes nach Schätzung im Heliometer:

Abstand vom Kopfe:	*Breite des Schweifes:*	*Breite der schwächern Umhüllung:*
5′	7′,0	8′,3
13′	9,5	10,3
26′	14,0	?

In 26′ Abstand war die schwächere Umhüllung nicht mehr sicher von der hellern Nebelmasse zu unterscheiden.

Sept. 17. 20^h 0^m Sternz. p = 355°,70. 2 Einst.

0 15   »   355,80. 6 Einst.

Es bezog sich nach den beiden ersten Einstellungen völlig, wurde aber später wieder heiter, so dass eine neue Messungsreihe anzustellen möglich war.

2^h 15^m Sternz. Im Cometensucher ist der Schweif wohl einen Grad weiter, als gestern zu verfolgen, wie sich aus seiner Lage gegen die ihn Tags vorher begränzenden Sterne ergiebt. Ich bemerke aber noch einen sehr schwachen Ausläufer, der vier Grad weiter geht und in der Richtung des hellern Theils des Schweifes liegt, von ihm aber durch einen dunklen Raum von 20′ Länge getrennt. Dieser neue schwache Schweif endigt einen Grad links (im Fernrohre) von 59 Ursae maj. Etwa ebenso weit lassen sich auch die äussersten Schweifspuren mit blossem Auge verfolgen. Positionswinkel des Nebenschweifes hiernach 350° ±, Länge 8°.

Sept. 18. 20^h 10^m Sternz. p = 356°,31. 6 Beob.

Die Farbe des hellen Schweifes ist gelblich, die des matten scheint mir etwas in's Bläuliche zu spielen. Endpunkt der Mitte des schwachen Schweifes α = 172° 47′ δ = + 44° 24′ (Aeq. 1800, wie bei allen derartigen Angaben im Folgenden), Breite am Ende 18′. Verlängert man die Richtung dieses Schweifes bis an die nachfolgende Seite des Hauptschweifes, so erhält man für den Absprossungspunkt α = 173° 13′ δ = + 40° 36′.

Sept. 19. 19^h 35^m Sternz. p = 356°,47. 6 Beob.

14^h,8 Mitti. Zeit. Endpunkt der Mitte des schwachen Schweifes α = 174° 20′ δ = + 44° 3′.

Sept. 24. $23^h 15^m$ Sternz. $p = 4°,55$. 6 Beob.

Der Comet war bei der unreinen Luft schwach und äusserst unruhig.

Sept. 25. $20^h 30^m$ Sternz. $p = 4°,47$. 6 Beob.

Der Schweif ist in der Mitte viel dunkler als an den Seiten; diese verlaufen allmälig in den Himmelsgrund. Im Heliometer wird geschätzt:

$5'$ Abstand vom Kopfe, Breite des Schweifes $6',3$

10 » » » » » » 9

26 » » » » » » 11,7

Sept. 26. Es wurde gegen Morgen klar, bezog sich aber wieder, als ich den Schweif kaum mit Hülfe des Cometensuchers in den Harding'schen Atlas eingetragen hatte. Man kann aus dieser Einzeichnung ableiten:

$$\alpha \not\!\!k = 187° 38' \quad \delta \not\!\!k = + 34° 8'$$

Coordinaten des folgenden Schweifrandes: $\quad \alpha = 188° \ 2' \quad \delta = + 36° 0'$

188 4   38 0

187 55   40 0

Coordinaten des vorgehenden Schweifrandes: $\alpha = 187° 42' \quad \delta = + 36° 0'$

187 14   38 0

186 56   40 0

Abstand vom Kerne:	*Breite des Schweifes:*
$10'$	$10'$
$30'$	$13'$
$60'$	$17'$
$120'$	$23'$
$180'$	$30'$
$240'$	$36'$
$300'$	$41'$
$360'$	$46'$

Sept. 27. $22^h 15^m$ Sternz. $p = 8°,66$. 8 Beob.

Im Heliometer: Entfernung vom Kerne: $5'$ Breite des Schweifes: $6'$

» » » $10'$ » » » $8',5$

» » » $26'$ » » » $11'$

» » » $53'$ » » » $13',5$

Die dunkle schmale Zone in der Mitte des Schweifes, in fast dem Himmelsgrunde gleichem Lichte, ist heute sehr auffallend.

Sept. 29. $19^h 45^m$ Sternz. $p = 14°,64$. 6 Beob.

Der fast schwarze Streif in der Mitte des Schweifes, der jetzt erheblich mehr hervortritt, als zu Anfange seiner Erscheinung, war sehr auffallend. Die Richtung desselben fällt nicht völlig mit der des Schweifes zusammen, sondern der Positionswinkel ist etwa 5° kleiner, also $p = 11°$. Seine Dunkelheit wird je näher zum Kopfe, je grösser und unmittelbar am Kerne ist diese Zone nicht viel heller, als der umgebende Himmelsraum, wobei jedoch die Wirkungen des Contrastes zu berücksichtigen sein werden. Als es später in der Nacht wieder heiter wurde, trug ich mit Hülfe des Cometensuchers die Lage des Schweifes in die Harding'schen Charten ein. Die nachfolgende Seite des Schweifes erschien im Cometensucher viel besser begränzt als die vorgehende und heller; der schwarze Streif war auch in diesem Fernrohre sehr auffallend.

In der Einzeichnung des Cometen ist für Rectasc. ein Fehler begangen, wegen der Leerheit der Harding'schen Charten in dieser Gegend, so dass für Dimensionen in der Nähe des Kopfes nichts Sicheres daraus abzuleiten ist. Für weiter entfernte Punkte ergiebt sich:

Coordinaten des Schweifrandes: $\delta = 34°0'$ folgend: $\alpha = 195°2'$ vorgehend: $\alpha = 194°17'$

36 0	»	195 20	»	194 19
38 0		195 30		194 16
40 0	»	195 28	›	194 14

Abstand vom Kerne:	Breite des Schweifes:
60′...............	23′
120′...............	31′
180′...............	36′
240′...............	40′
300′...............	47′
360′...............	52′

Sept. 30. $19^h 55^m$ Sternz. $p = 17°,44$. 5 Beob.

Die schmale dunkle Zone theilt den Schweif in zwei ungleiche Hälften, so dass die vorangehende die kleinere ist; den Positionswinkel derselben ergaben drei Einstellungen zu $15°,1$.

Im Heliometer fand sich: Abstand vom Kopfe: 5′ Breite des hellen Schweifs: 5′

»	»	»	10	»	»	»	»	7′
»	»	»	26	»	»	»	»	14,5

die schwache Umhüllung steht von der hellen ab:

Entfernung vom Kopfe: 5′ vorgehend: 2′ folgend: 4,0

»	»	»	10	»	1	»	2,3

In 26′ Abstand nicht mehr bestimmbar.

Das allmälige Auslaufen der vorangehenden Schweifseite und die viel schärfere Begränzung der folgenden wird immer auffallender.

Aus den Einzeichnungen des Schweifes in den Harding'schen Atlas ergaben sich folgende Daten:

Coordinaten des Schweifrandes: $\delta = 34°0'$ folgend: $\alpha = 197°45'$ vorgehend: $\alpha = 196°42'$

36 0	»	198 2	»	196 34

Coordinaten des Schweifrandes: $\delta = 38° 0'$ folgend: $\alpha = 198°\ 9'$ vorgehend: $\alpha = 196° 21'$

	40 0	»	198 9	»	196 10
	42 0	=	198 4	=	—
	44 0	„	197 47	„	
	46 9	=	197 16	=	

Breite des Schweifes:

Abstand vom Kerne:	*Breite des Schweifes:*
180′	43′
240′	52′
300′	64′
360′	72′
420′	77′
480′	82′

Endpunkt der Mitte des schwachen Schweifes $200° 36'\ +42° 2'$ Breite 16′.

Coordinaten der Mitte 198 29   36 0

199 12   38 0

199 52   40 0

Absprossungspunkt vom Hauptschweife: 197 8 $+33\ 9$.

Länge des Schweifes fürs blosse Auge 19°.

Oct. 5. $20^h 12^m$ Sternz. $p = 38°,31$. 4 Bcob.

Breite des Schweifes im Helium. Abstand vom Kerne: 5′ Breite: 5′,5

»   »   » 13′ »   8′

»   »   » 26′ » 14′

Der dunkle Raum in der Mitte des Schweifes war bedeutend breiter geworden; er schloss sich, wie immer, unmittelbar an den Kern an. Mit blossem Auge gesehen, gewährte der Comet einen überaus prachtvollen Anblick. Der gelbliche, starkgekrümmte Hauptschweif war bis etwa einen Grad über die Sterne $\Theta, \iota, \varkappa$ Bootis zu verfolgen und ging durch diese Gruppe, so dass seine Länge in gerader Linie gemessen über 34° betrug.

Den zweiten Schweif sah ich heute zum ersten Male mit blossem Auge; er ging in der Mitte zwischen μ und β Bootis hindurch, war 20′—30′ breit und stand, so weit sich beurtheilen liess, vertical.

Punkt in der Axe: $\alpha = 226° 54'$ $\delta = +40° 0'$ Aeq. 1840,0.

Die Stelle, wo seine Verlängerung den nachfolgenden Schweifrand traf, lag etwa 5° vom Kerne entfernt; die Helligkeit des Hauptschweifes löschte sein mattes Licht auf 1°—2° Abstand von ihm, aus.

Oct. 7. $19^h 55^m$ Sternz. $p = 48°,11$. 6 Beob.

$20^h 15^m$. Der schwache Schweif geht fürs blosse Auge $\frac{3}{4}°$ rechts von α Coronae vorbei. Der helle Schweif endete erst einen Grad jenseits $\varkappa$ und ι Bootis, die in ihm standen, war also über 40° lang. ψ Herculis und β Bootis standen gleichzeitig in ihm, so dass seine Breite in 27° Abstand vom Kopfe 8°— 9° betrug.

Oct. 8. $19^h 45^m$ Sternz. $p = 54°79$. 6 Beob.

Die Zone im Innern des Schweifes ist heute bei weitem nicht mehr so dunkel als früher; an den Rändern des Schweifes und auf zwei bis drei Minuten Abstand von ihnen ist die Helligkeit, wie immer, sehr viel grösser.

Im Abstande vom Kerne 13′ Breite des Schweifes 13′

    „   »   »   » 26′ »   »   » 15′

·Der Schweif liess sich bis 2° über ψ Herculis hinaus verfolgen, woraus seine Länge sich zu 35° ergiebt. In der Nähe von α Coronae, das auf der linken Schweifgränze stand, also in 20° Entfernung vom Kerne, war der Schweif 7° breit. Höchst auffallend war die säulenartige Schichtung der obern Schweifpartien. Den zweiten Schweif konnte ich durchaus nicht wahrnehmen.

Oct. 9. $20^h 16^m$ $p = 60°17$. 6 Beob.

Die gleichmässige Färbung der Axe des Schweifes hat noch zugenommen.

Fürs blosse Auge beträgt die Länge des Schweifes 37°; es hatte sich die gestern bemerkte Schichtung und säulenartige Structur des obern Theiles vom Schweife noch mehr ausgebildet. Die beiden hellsten Säulen hatten eine gemeinschaftliche Spitze in α Coronae, von wo sie divergirend aufstiegen, so dass die eine durch τ Coronae, die andere durch ϰ Coronae ging. Dort waren sie $\frac{1}{2}$°— $\frac{3}{4}$° breit. Sie hatten viel Aehnlichkeit mit Nordlichtstrahlen und verlängerten und verkürzten sich wie diese mit grosser Schnelligkeit. Später als der Comet untergegangen war, bemerkte man von diesen Strahlen Nichts; der nördliche Himmel war aber durch Nordlichtschein sehr hell.

Oct. 13. $20^h 1^m$ $p = 82°13$. 5 Beob.

Der Schweif ist entschieden schwächer geworden, jedoch konnte man noch Spuren davon jenseit α Herculis wahrnehmen, woraus eine Länge von 30° folgt.

Vom Kerne nach Dimension und Helligkeit.

In nachstehender Tabelle findet sich die Zusammenstellung der beobachteten Durchmesser des Kernes, nachdem sie mittelst der nach meinen Elementen des Cometen (Bulletin de l'Académie, tome XVII pag. 299) berechneten Abständen Δ desselben von der Erde auf eine Entfernung gleich der mittlern der Sonne von uns reduzirt sind.

Die Richtungen, in denen diese Durchmesser beobachtet wurden, sind der grossen Mehrzahl nach die der Axe des Schweifes; eine merkbare Abweichung der Figur des Kernes von der Kreisgestalt habe ich bei guter Begränzung der Bilder nicht bemerkt. Bei unruhiger Luft schien zuweilen eine Ellipticität angedeutet. Am 13. Sept. beziehen sich die Durchmesser auf die Richtung der Schweifaxe und der hierzu senkrechten.

Scheinbare Durchmesser des Kerns in der Entfernung $= 1$.

1858 Sept. 4	10,13	3 Beob.	log. $\Delta = 0,1896$
11	9,97	2 »	0,1256
12	9,49	4 »	0,1148
13	5,12	4 »	0,1043
13	5,63	4 »	0,1041
16	4,05	2 »	0,0681
18	1,80	3 »	0,0427
19	2,78	2 »	0,0289
22	2,22	2 »	9,9831
24	1,85	2 »	9,9694
29	1,98	2 »	9,8862
30	1,44	2 »	9,8491
Oct. 7	1,46	3 »	9,7459
8	1,89	2 »	9,7380
9	1,51	3 »	9,7335
9	1,72	1 »	9,7335
13	1,78	2 »	9,7421

Es zeigt sich hier ein auffallender Gang in den Zahlen. Von Sept. 4—12 scheint die Grösse der planetarischen Scheibe im Kopfe sich nicht wesentlich geändert zu haben; wenigstens ist die Uebereinstimmung der in diesem Zeitraume beobachteten Durchmesser des Kernes durchaus befriedigend bei Annahme der Constanz derselben. Aber vom 12. auf 13. Sept. zeigt sich eine gewaltige Verminderung des wirklichen Durchmessers und diese Verminderung dauert fort bis zum 18. Sept. Von diesem Tage an bis zum Schlusse der Beobachtungen ist die Uebereinstimmung der einzelnen Messungen der Art, dass man mit Rücksicht auf die Schwierigkeit der Beobachtungen, veranlasst durch die immer beträchtliche Zenithdistanz des Cometen und die ihn ungleichartig umgebenden Lichtmassen, wohl die Beständigkeit des wirklichen Durchmessers des Cometenkernes in dieser Periode aus ihnen folgern darf. Zieht man die nach Sept. 16 vorhandenen 11 Bestimmungen in ein Mittel zusammen, so ergiebt sich:

Durchmesser des Cometenkernes in der Entfernung $1 = 1,86$,

oder nahe 186 geogr. Meilen.

Der mittlere Fehler eines Durchmessers wird 0,28, also der mittlere Fehler des Resultats 0,09. Bei der Unmöglichkeit die constanten Fehler der Durchmesser zu berücksichtigen, wird die Unsicherheit aber weit grösser sein. Wollte man den Versuch machen, den constanten Fehler nach bekannten Methoden zu eliminiren, so würde man auf ein absurdes Resultat geführt werden, wie auch ohne weiteres Rechnen schon der Ueberblick sämmtlicher Zahlen, verglichen mit den jedesmaligen Abständen des Cometen von der Erde, lehrt. Das fast plötzlich eintretende Verringern des Durchmessers des Kernes scheint sicher durch die Beobachtungen constatirt und es ist höchst merkwürdig, dass es der Zeit nach sehr nahe mit dem Beginne der stärker hervortretenden Ausströmungen in der Nähe des Kernes und den eigenthümlichen Lichtanhäufungen im Schweife zusammenfällt.

Ende September und Anfang October habe ich das Licht der kleinen Kernscheibe immer als gleichförmig hell gefunden, während in den ersten Beobachtungen über den Kern sich ein Hellerwerden der planetarischen Scheibe nach der Mitte zu angedeutet findet. Ist dies vielleicht das Durchschimmern des später gemessenen eigentlichen Kernes durch eine grössere sehr condensirte Nebelumhüllung, welche später in die Schweifmaterie überging, oder war die Beschaffenheit des Kernes Anfang September und in spätern Tagen identisch und sein Kleinerwerden nur Folge der Ausströmungen? Vielleicht geben die Beobachtungen des Cometen mit sehr grossen Instrumenten Anlass, hierüber zu entscheiden, insofern in ihnen auch noch später möglicherweise das ungleichförmige Aussehen des Kernes wahrgenommen ist, was sich mittelst der wenig starken Vergrösserungen des Heliometers bei so geringen Dimensionen der Scheibe nicht mehr erkennen liess.

Die Messungen des Kernes gelangen am besten in der Dämmerung, vorzüglich im October, wo bei grösserer Dunkelheit das helle Licht des innern Sectors sehr störend wurde. Es ist mir überhaupt auffallend gewesen, wie die feineren Details der verwickelten Lichtgebilde im Kopfe so unvergleichlich viel schwerer bei weiter vorgerückter Nacht zu erkennen waren.

Aus der Vergleichung des Kernes mit benachbarten Fixsternen in kleinern Fernröhren ergiebt sich nachstehende Zusammenstellung seiner scheinbaren Helligkeit:

Sept. 2	$5^m\!,4$	Abstand von der Sonne		0,836
12	3,8	» » »	»	0,700
16	3,6	» » »	»	0,655
18	3,4	» » »	»	0,635
29	3,7	» » »	»	0,579
30	$<\!<3^m$	» » »	»	0,579

Später sind bei der überwältigenden Menge merkwürdiger Erscheinungen, welche der Comet darbot, diese Vergleichungen nicht weiter fortgesetzt. Von Stampfer sind vor mehren Jahren die Formeln, welche den Zusammenhang zwischen Helligkeit, Durchmesser und der sogenannten Weisse (Albedo) eines Himmelskörper geben, in einem sehr interessanten Aufsatze auf die Planeten und ihre Systeme angewandt. Ganz besonders merkwürdig scheint mir das darin gefundene Resultat, dass mit Ausnahme von Mars, diese Albedo für alle Planeten und Monde nicht sehr verschieden sein kann. Es lassen sich allerdings gegen einzelne Daten, die Stampfer zu Grunde legt, z. B. die mittlere Helligkeit der Jupitersmonde, Einwendungen machen: immerhin wird man keine bedeutenden Differenzen in der Reflectionsfähigkeit der Planeten und Monde unsers Systems finden, wenn man auch schärfere Bestimmungen anwendet.

Ganz verschieden verhält es sich mit den sogenannten Kernen der Cometen; ihre Reflectionsfähigkeit scheint durchweg sehr viel geringer, als die der Planeten zu sein. Nennt man $\varkappa$ das Verhältniss zwischen der von Stampfer für die Mehrzahl der Planeten gefundenen Albedo und der unseres Cometenkernes, so findet sich: ·

$$
\begin{aligned}
\text{Sept. } 2 \quad & \varkappa = 0,0013 \\
\text{» } 12 \quad & 0,0028 \\
\text{» } 16 \quad & 0,0137 \\
\text{» } 18 \quad & 0,0645 \\
\text{» } 29 \quad & 0,0161
\end{aligned}
$$

es ist also $\varkappa$ immer ein sehr kleiner Bruch. Trotz der so bedeutenden Sprünge der Zahlen[1]) scheint angedeutet zu sein, dass die Reflectionsfähigkeit bei der Annäherung zur Sonne zugenommen hat, ein Resultat, welches aus andern Gründen keineswegs unwahrscheinlich wäre, aber dennoch nur mit grosser Vorsicht aufzunehmen ist, weil Lichtentwickelungen im Cometen selbst, für deren Dasein Manches spricht, dabei nicht berücksichtigt sind. Ich führe diese Folgerung nur an, weil sie vielleicht Veranlassung geben könnte, in Zukunft diesen Punkt mehr zu beachten.

Aus der geringen Grösse der Constante folgt ferner, dass es nicht möglich war, den Cometen am Tage in unsern Mittagsfernröhren bei seiner obern Culmination wahrzunehmen. Dawes hat den Cometen einmal, Oct. 8, einige Zeit vor Sonnenuntergang aufgefunden und in Berlin ist es Dr. Bruhns gelungen, denselben noch eine Stunde nach Sonnenaufgange im Fernrohre wahrzunehmen; aber die Versuche seine obere Culmination zu beobachten, scheinen allenthalben misslungen zu sein. Mit dem Fernrohre des Pulkowaer Meridiankreises von 5,8 Zoll Oeffnung, versehen mit einer 90 f. Vergrösserung, war der Comet bestimmt bei seiner obern Culmination nicht wahrnehmbar, obgleich es bei ruhigen Bildern keine Schwierigkeit macht, Sterne sechster Grösse zwei und eine halbe Stunde vor Sonnenuntergang damit zu beobachten. Ich habe ihn öfters eingestellt, zuletzt am Tage seines Perihels, wo die Luft ausgezeichnet rein war und keine Vorsichtsmaassregel (als lange Aufsatzröhren, Bedecken des Kopfes mit einem Tuche, etc.) versäumt wurde, ihn zu erblicken.

Vom Kopfe.

Die Beobachtungen des Kopfes enthalten so viel völlig Neues, dass es vergebene Mühe wäre, auf eine Erklärung der Gesammterscheinungen zu sinnen, ehe alles Dahingehörige, was vor und nach dem Perihele wahrgenommen ist, bekannt wird; besonders werden die Erscheinungen von Wichtigkeit sein, die der Comet während der vielen Wochen gezeigt hat, wo man ihn auf der Südhemisphäre bei zunehmenden Abstande von der Sonne beobachten konnte. Nichtsdestoweniger werden einige Betrachtungen über diese Phänomene auch schon jetzt nicht ohne Interesse sein.

---

1) Der Werth für Sept. 18 ist vorzugsweise durch den von den übrigen Messungen beträchtlich abweichenden scheinbaren Durchmesser des Cometen so gross ausgefallen.

Stellt man die Abstände des Kernes vom Scheitel der hellen Umhüllung zusammen, so ergeben meine Beobachtungen folgende Werthe für diese Grösse:

	d	log. Δ	n
Sept. 4	1,3	0,1898	0,492
» 12	1,7	0,1151	0,694
» 24	34″	9,9518	0,972
» 29	26,5	9,8562	0,998
» 30	26,3	9,8472	0,993
Oct. 5	31,4	9,7661	0,922
» 7	38,8	9,7451	0,895
» 8	37,3	9,7375	0,887
» 9	39,6	9,7330	0,885
» 13	34,5	9,7427	0,925

Δ ist die Entfernung des Cometen von der Erde, n die jedesmalige perspectivische Verkürzung einer nahezu in der Richtung zur Sonne vom Cometen aus gelegenen Linie. Damit finden sich die auf die Entfernung von uns $= 1$ reducirten unverkürzten Werthe der Quantität d, denen ich das Quadrat der jedesmaligen Entfernung r des Cometen von der Sonne beifüge:

	$\frac{\Delta d}{n}$	rr
Sept. 4	4,1	0,649
» 12	3,2	0,489
» 24	31″	0,352
» 29	19,5	0,335
» 30	18,6	0,335
Oct. 5	19,9	0,349
» 7	24,1	0,361
» 8	23,0	0,369
» 9	24,2	0,378
» 13	20,6	0,423

Eine ganz ausserordentliche Verkleinerung dieser Grösse mit der Annäherung zum Perihele ist also durch die Beobachtungen bewiesen. In der obigen Zusammenstellung habe ich mehre zwischen Sept. 12—24 geschätzte Werthe, die man übrigens unter den Beobachtungen der einzelnen Tage findet, übergangen, weil mir die Art und Weise der Schätzung an diesen Tagen zu unsicher schien. Von Sept. 29 sind die angesetzten Werthe die beliometrisch gemessenen Abstände des grossen äussern Sectors vom Kerne; es ist möglich, dass sich an einzelnen Tagen noch hellerer Nebelstoff vor ihm befand; trotz meiner beständigen Aufmerksamkeit hierauf ist es mir aber nicht gelungen, völlige Gewissheit darüber zu erlangen (siehe unter andern die Beob. Sept. 29 und Sept. 30). An andern Tagen scheint

sogar ein Ueberragen dieses Sectors über das Schweifparaboloid stattgefunden zu haben,
so dass die Zahlen von Sept. 29 bis zu Ende, wohl nicht mehr als einige Secunden fehlerhaft sein können, wenn man sie als Ausdruck der grössten Entfernung des hellen Schweif-
nebels vom Cometenkerne nach der Sonne zu auffasst. Nach der von Bessel gegebenen
Theorie der Cometenschweife findet zwischen dieser grössten Entfernung $= \varepsilon$, der Geschwindigkeit $= g$, mit der die Theilchen aus der Wirkungssphäre des Cometen austreten
und der Kraft μ, mit welcher die Sonne auf die Theilchen wirkt, der einfache Zusammenhang statt, dass

$$\varepsilon = f + \frac{rr\, gg}{2(1-\mu)}$$

f bezeichnet den Radius der Wirkungssphäre des Cometen, r seine Entfernung von der
Sonne. Sämmtliche Bessel'sche Entwickelungen beziehen sich nur auf Erscheinungen, die
ausserhalb dieser Wirkungssphäre des Cometen vor sich gehen, und so liegt auch bei dieser
Formel die Hypothese zum Grunde, dass ε, jene weiteste Entfernung, f übertrifft. Die Vergleichung des Ausdrucks mit den oben angeführten gemessenen Werthen von ε giebt zu
einigen nicht zu übergehenden Betrachtungen Veranlassung. Die einzige darin enthaltene
Grösse, deren Veränderungen bekannt sind, ist der Radiusvector des Cometen; das Quadrat desselben habe ich für jeden Tag in der oben angeführten Uebersicht der Werthe von
ε den Beobachtungen hinzugefügt. Ein Blick auf diese Zahlenreihe genügt, um zu zeigen,
dass die Variationen desselben nicht genügen, die beobachteten Veränderungen zu erklären,
dass man also, vorausgesetzt die Formel sei anwendbar, g oder μ ebenfalls als veränderlich
ansehen muss. Man sieht nun leicht, dass die Quantität $1-\mu$ positiv bleiben muss, so lange
Theilchen, die bei ihrem Ausströmen aus der Wirkungssphäre einen spitzen Winkel mit der
Richtung des Radiusvector machen, später von der Sonne aufwärts sich bewegen, wie es
bei unserm Cometen der Fall war. Man muss also entweder eine sehr bedeutende Abnahme von g oder eine beträchtliche Vergrösserung von $1-\mu$ zulassen. Die letztere Annahme erscheint sehr unwahrscheinlich. Herr Dr. Pape hat in seiner in der Einleitung angeführten Abhandlung überzeugend gezeigt, dass die Grösse μ von Sept. 28—Oct. 8 constant
geblieben ist für Theilchen, die in den ersten Septemberwochen den Kern verlassen und
den Bestandtheil des hier besprochenen Kopfnebels gebildet haben müssen; aber gerade für
jene Zeit müssten wir diese Verschiedenheit annehmen, was also nicht gestattet ist. Nennt
man den Winkel mit dem Radiusvector unter dem ein Theilchen die Wirkungssphäre des
Cometen verlässt G, so ist, wie ich später zeigen werde, die Gränze der Quantität $g \sin G$
von Sept. 12—Oct. 8 eine Constante gewesen, wenigstens sehr nahe constant, um nicht
zu viel zu sagen. Will man also die Abnahme von ε durch die Abnahme der Ausströmungs-
geschwindigkeit erklären, so muss man annehmen, dass anfänglich die Theilchen zur Sonne
in beträchtlich spitzern Winkeln mit der Richtung des Radiusvectors aus der Wirkungssphäre ausgeströmt sind, als später. Dies hat nun in der That stattgefunden; trotzdem hat
eine derartige Compensirung in unserm Falle sehr wenig Wahrscheinlichkeit, wenn man

die Veränderungen der Zeitfolge nach genauer betrachtet. Mir scheint vielmehr das Ergebniss dieser Bemerkungen zu sein, dass die der Theorie entnommene Formel den Modus der Veränderungen nicht wiedergiebt, sei es, dass die ihr zu Grunde liegende Voraussetzung, es liege dieser grösste Abstand vom Kerne ausserhalb der Wirkungssphäre des Cometen, irrig ist, sei es, dass der Theorie noch Etwas hinzugefügt werden muss.

Was den ersten Punkt betrifft, so wird sich schwerlich etwas nur einigermaassen Sicheres darüber sagen lassen. Bessel stellt in seiner Abhandlung über den Halley'schen Cometen eine hierauf bezügliche Rechnung an, nämlich bis wie weit sich die Attractionssphäre dieses Cometen von der Erde aus gesehen, erstreckt haben würde, wenn er die Masse gehabt hätte, die nach Laplace die Gränze der Masse des merkwürdigen Cometen von 1770 gewesen ist, und findet dann, dass die äussersten Schweiftheilchen des Cometen auf der Sonnenseite sich allerdings schon beträchtlich weiter vom Cometen entfernt hatten, als diese Entfernung. Es scheint mir aber, als habe diese Betrachtung nicht einmal den geringen Werth, den Bessel ihr zweifelnd zugesteht; denn zwischen Masse und Repulsivkraft des Kernes besteht durchaus kein Zusammenhang, über den wir irgend eine Aufklärung hätten und wenn wir etwas vermuthen können, so ist es, dass die Repulsivkräfte die Attractionskräfte der Intensität nach ausserordentlich überwiegen.

In Betreff der andern Möglichkeit bemerke ich, dass allerdings ein Umstand existirt, auf den Bessel bei der Darlegung seiner Ansichten durchaus keine Rücksicht genommen hat; ich meine die ursprüngliche Beschaffenheit des ganzen Cometenkörpers, seine Constitution. Bessels Theorie ist eine partielle Entwickelung der Erscheinungen, welche der Comet während einer im Verhältniss zu der Umlaufperiode, die man im Allgemeinen anzusehen hat als Cyclus der in analoger Weise wiederkehrenden Entwickelungen, kleinen Zeit zeigt. Für einen beliebigen Zeitpunkt nehme man an, dass die Ausströmungen des Kernes beginnen: seine Theorie wird uns während jenes Zeitraumes in den Stand setzen, die Lage der ausgeströmten Theilchen im Weltenraume anzugeben, natürlich nur insofern, als vernachlässigte Factoren, wie gegenseitige Einwirkung der Theilchen auf einander, widerstehendes Mittel etc., wirklich einen verschwindenden Einfluss haben. Aber in dem Augenblicke, wo wir die Ausströmungen beginnen lassen, war der Comet nicht bloss Kern, wie mit Gewissheit aus allem über Cometen vorliegenden Materiale gefolgert werden kann, und über die Veränderungen, welche die andern Theile des Cometen erleiden, giebt die Theorie keinen Aufschluss. In grössern Entfernungen von der Sonne sind die Cometen sich der Kugelgestalt nähernde Nebelmassen, mit mehr oder weniger grösserer Verdichtung in der Mitte; durch die Einwirkung der Sonne scheint dann bei der Annäherung zu ihr eine Störung des Gleichgewichts der Kräfte im Cometenkerne zu entstehen, die zu bisweilen ausserordentlich energischen Ausströmungen Anlass giebt. Dadurch bildet sich der Schweif. Was wird aber inzwischen aus der Nebelumhüllung, der sogenannten Atmosphäre des Kernes, deren Vorhandensein beim Gleichgewichte der Kräfte, die jene ungeheuren Ausströmungen veranlassen, wohl keinem Zweifel unterliegt? Es möchte schwer sein, darüber etwas einigermaassen Sicheres beizubringen, da den Vermuthungen durch Messungen fast gar kein Anhaltspunkt gegeben ist.

Bei dem grossen Cometen von 1858 ist der Hergang der Veränderungen etwa folgender. Donati beschreibt den Cometen bei seiner Entdeckung als einen Nebel von nahe 3′ Durchmesser von durchaus gleichförmigem Lichte[1]); dieses Aussehen scheint er auch während der Monate Juni und Juli beibehalten zu haben. Als ich den Cometen zuerst am 16ten August im grossen Refractor der Sternwarte sah, war schon eine sehr bedeutende Verdichtung der Nebelmasse gegen die Mitte vorhanden, die mit der Helligkeit eines Sternes fast sechster Grösse glänzte. So weit ich mich erinnere war eine bemerkenswerthe excentrische Lage nicht wahrzunehmen. Ueber Dimensionen sind damals keine Beobachtungen gemacht; sie würden auch bei der dem Horizonte so äusserst nahen Lage des Cometen keinen Werth haben. Anfang September war ein leidlich begränzter Kern vorhanden, der Schweif schon beträchtlich entwickelt und es trat die enorme Abnahme des Scheitelradius der Nebelhülle ein, die die obenstehenden Beobachtungen ergeben. Ich bin äusserst gespannt, was die Beobachtungen nach dem Perihele über die Ausdehnung der Nebelmaterie vor dem Kerne lehren werden; einstweilen kann man nur nach analogen Erscheinungen bei älteren Cometen suchen. Nun zeigte nach den Beobachtungen John Herschels der Halley'sche Comet nach dem Perihele im Januar 1836 Erscheinungen, die so frappant das Inverse von dem sind, was die Beobachtungen für den Donati'schen Cometen vor dem Perihele andeuten, dass der Gedanke an eine gemeinsame Erklärung derselben gerechtfertigt erscheint.

Der Halley'sche Comet wurde am Cap der guten Hoffnung erst im letzten Drittel des Januar wieder aufgefunden und eins der merkwürdigsten Phänomene, welches sogleich an ihm bemerkt wurde, war eine Zunahme des Abstandes des Scheitels der paraboloidisch den Kern umgebenden hellern Nebelmasse von diesem von täglich fast 21″,[2]) so dass an eine directe Verbindung dieser Veränderungen mit der Zunahme des Abstandes des Cometen von der Sonne ebensowenig zu denken ist, als bei den Veränderungen die der Donati'sche Comet in den ersten Septemberwochen gezeigt hat. Indirect wird sie allerdings der Grund sein und John Herschel hält für die wirkende Ursache eine bei der Entfernung von der Sonne allmälig eintretende Abkühlung des Cometenkernes bis zu einem Punkte, wo die um ihn vorhandenen gasartigen Dünste anfangen, sich auf ihm zu condensiren.

---

1) *Comptes rendus*, Vol. XLVII. Nr. 17.

2) *Results of astr. observ. made at the Cape of good Hope*, pag. 404 sqq. Herschel zieht aus der raschen Zunahme der Dimensionen der Umhüllung verbunden mit ihrer Grösse am 25. Jan. den Schluss, dass am 21. Jan. Mittags der Comet nur aus dem Kerne und einer mehr oder weniger hellen Coma bestanden haben könne und führt eine zu keinem andern Orte zu findende Beobachtung von Boguslawski an, wonach dieser am Morgen des 22. Jan. den Cometen als einen Stern 6m, als hellen verdichteten Punkt, der mit 140 f. Vergrösserung eines 4 f. Fernrohres keine Scheibe zeigte, gesehen hat. Am andern Morgen war dieser Stern nicht mehr da; es wird aber nicht gesagt, ob und in welcher Gestalt Boguslawski dann den Cometen gesehen hat. Beobachtungen aus jener Zeit scheinen sehr selten zu sein. Nach vielem Suchen habe ich endlich Messungen von Müller in Genf gefunden, wonach mir die an sich sehr unwahrscheinliche Wahrnehmung von Boguslawski höchst zweifelhaft wird; völlig ist sie allerdings nicht dadurch widerlegt, da am betreffenden Morgen der Comet in Genf nicht beobachtet ist. Man findet Muller's Ortsbestimmungen in den *Memoirs of the Royal astr. soc.* Vol. XII.

Es bildet sich also zuerst eine Nebelschicht unmittelbar in Berührung mit dem Kerne, die allmälig bis auf immer grössere Entfernung vom Centralkörper sich erstreckt und ähnlich wie die Nebel, welche in sehr stillen Nächten unsere Thäler und Ebenen bedecken, eine wohlbegränzte Oberfläche hat. Auf analoge Weise würde man den Hergang der Sache bei der Annäherung zur Sonne sich zu denken haben, so dass vielleicht die Haupteinwirkung derselben auf den Kern dann erst beginnt, wenn die schützende Hülle zum Theil in Gasform übergegangen ist, wie die Erscheinungen bei unserm Cometen anzudeuten scheinen. Mehr als diese ganz allgemeinen Umrisse zu geben, erlaubt die Mangelhaftigkeit der vorhandenen Beobachtungen nicht; es scheint jedoch, als hätten die Ausströmungen des Kernes schon begonnen, bevor die Modification des Aggregatzustandes der Hülle stattgefunden hat, obgleich die gewaltigen Licht- also auch wohl Stoffausströmungen vom Kerne sich erst nach dem Verschwinden der Nebelmasse vor demselben zeigten. Es wird von hohem Interesse sein, bei künftigen Cometenerscheinungen die Lichtabstufungen in der Nebelmasse von Tage zu Tage mit gewaltigen Fernröhren zu untersuchen, da es hiernach nicht unmöglich sein dürfte, die ersten Entwickelungen des Schweifes schon dann zu beobachten, wenn der Comet noch seine gewöhnlich runde oder ovale Form nicht verloren hat[1]).

Der Comet von 1744, der in so vieler Beziehung die grösste Analogie mit dem Donati'schen gezeigt hat, bot Cheseaux ähnliche Erscheinungen dar. Seine Worte darüber sind folgende:

«J'ai remarqué que l'atmosphère de la comète est toujours allé en diminuant de grandeur, dès le 13 Déc. jusques au 29 Févr..... les vapeurs de l'atmosphère, qui en Déc. et au commencement de Janvier environnaient la tête presque de tous côtés également et sphériquement, se sont peu à peu retirées derrière, comme si elles eussent été entrainées parmi celles de la queue, en sorte, que le 17 Février il n'y en avait presque point sur le devant de la tête etc.»[2]).

Nach den angeführten Beobachtungen über die Variation des Abstandes der Nebelmaterie vom Kerne und den Betrachtungen, die daran geknüpft sind, scheint mir die weitere Erörterung unnöthig, dass die Formel, welche diesen Abstand mit μ und g in Verbindung setzt, zur Bestimmung dieser Grössen aus den Beobachtungen jener Abstände nicht geeignet ist. Es sind also die von Bessel im 11ten und 13ten Paragraphen seiner Schrift, von Pape im 11ten Abschnitte seiner Abhandlung hierauf gegründeten Zahlenangaben, vorzüglich aber die weitern $g \sin G$ betreffenden Schlüsse nur mit der allergrössten Zurückhaltung aufzunehmen, wenn man sie nicht lieber ganz verwerfen will. Bei der Besprechung der schwachen Umhüllung werde ich hier Hingehöriges noch einmal berühren.

---

1) Vergleiche die merkwürdigen Zeichnungen des Biela'schen Cometen aus dem Jahre 1852 von Otto Struve *Recueil de mémoires des astr. de Poulcova, Vol. II.* Leider sind sie, weil die Richtung vom Cometen zur Sonne beiläufig mit der Verbindungslinie der beiden Köpfe zusammenfiel, nicht völlig entscheidend, da man auch an gegenseitige Wirkung dieser auf einander denken kann.

2) Cheseaux, *traité de la comète, qui a paru en 1743 et 1744,* pag. 145.

Die Bemerkungen, welche ich den Beobachtungen über die wunderbaren Lichterscheinungen im Kopfe hinzuzufügen habe, sind, wie schon erwähnt, nur wenige. Gleich zu Anfange trat die Analogie mit den Wahrnehmungen hervor, die über Ausstrahlungen am Kerne des Halley'schen Cometen und des im Jahre 1744 erschienenen, vorliegen und führte zur Aufmerksamkeit auf Erscheinungen, durch welche man hoffen durfte, Aufschluss über die Zulässigkeit der damals von Bessel so meisterhaft durchgeführten theoretischen Erklärung derselben zu erhalten. Die Ausströmungen des Halley'schen Cometen sind übrigens schon im Jahre 1682 von Hooke bemerkt und ausführlich beschrieben; trotz eines vortrefflichen Auszuges aus diesen Beobachtungen von Robert Grant[1]) der damit von neuem auf sie aufmerksam zu machen suchte, scheint man dieselben weniger beachtet zu haben, als sie bei ihrer Wichtigkeit verdienen[2]). Im Jahre 1835 hatte Bessel auffallende Veränderungen der Richtungen, in denen die Lichtmassen ausströmten, bemerkt und es wahrscheinlich gemacht, dass diese Veränderung zurückzuführen sei auf eine pendelartige Schwingung des ausströmenden Kernes um die Richtung zur Sonne in der Ebene der Bahn. Man hat diese Folgerungen hie und da als etwas unumstösslich Bewiesenes aufgestellt; hinwiederum fehlt es nicht an gewichtigen Stimmen, die gegen die überzeugende Beweiskraft der damaligen Beobachtungen sich ausgesprochen haben. Ein sorgfältiges Vergleichen der um jene Zeit an verschiedenen Orten angestellten Beobachtungen hat mich ebenfalls um die Ueberzeugung von ihrer beweisenden Kraft gebracht, welche ich vormals hatte und ich denke ein aufmerksames Durchlesen der Worte von Bessel am Schlusse des betreffenden Paragraphen seiner Abhandlung[3]) zeigt, dass er selbst keineswegs seine Beobachtungen für so überzeugend hielt, wie es seine Meinung nach andern Stellen des Aufsatzes zu sein scheint. Es ist nicht meine Absicht, hier näher in eine vergleichende Zusammenstellung der Beobachtungen des Halley'schen Cometen aus jener Zeit einzugehen; es genügt die Bemerkung, dass Einwendungen, die sogleich gegen Beobachtungsreihen über die Richtungslinien der Seetoren des grossen Cometen von 1858 vorgebracht werden sollen, in demselben, wenn nicht grössserm Maasse, auch für den Halley'schen Cometen gelten.

Eine Hauptschwierigkeit zeigt sich, sobald man bei unserm Cometen die zu messende Mittellinie des Lichtscheines definiren soll, oder angeben will, welche Richtung an einem bestimmten Tage dafür einzustellen ist. Ein Blick auf die Figuren, besonders auf die nach

---

1) *Monthly Notices of the Royal astr. Society.* Vol. XIV, pag. 77 sqq.

2) *Posthumous Works of Robert Hooke,* pag. 160 sqq. Die ausführlichen Beschreibungen und die Gleichnisse von Hooke «like a stream of flame, blown of a candle by a blowpipe, ascending or bending upwards just as such blown flame of a candle will do, if it be made with a gentle blast» «like a stream of light, or flame, or fuzee» lassen gar keinen Zweifel über das analoge Verhalten dieser Ausströmungen im Jahre 1682 und 1835. Im Jahre 1835 vergleichen verschiedene Beobachter die Ausströmung einer Flamme, einer brennenden Rakete etc. In Bezug auf das erste Gleichniss hat die Zusammenhaltung mit Struve's prächtigen Zeichnungen, welche den in einem besondern Werke erschienenen Beobachtungen des Halley'schen Cometen im Jahre 1835 beigefügt sind besonderes Interesse. Hooke's physische Beobachtungen vom Cometen des Jahres 1680 zeigen ebenfalls Wahrnehmungen ungewöhnlicher Lichterscheinungen.

3) *Astron. Nachrichten.* Bd. XIII, pag. 196.

den Beobachtungen Otto Struve's ausgeführten, wird genügen diese Behauptung 'zu rechtfertigen. Die aussere Begränzung der Seetoren wich meistens sehr wesentlich von der Kreisform [1]) ab und die immer excentrische 'Lage des Kernes war im Verlaufe der Erscheinung beträchtlichen Veränderungen unterworfen. Ausserdem traten Modificationen in der Helligkeit der verschiedenen Theile ein, die das Urtheil stören mussten, so dass ich der Ueberzeugung bin, dass diese sogenannte Mittellinie, wenn man sie einstellen will, sich auf correspondirende Punkte der Seetoren nicht beziehen kann, also Rück-schlüsse auf vielleicht vorhandene Schwingungen des Kernes nicht erlaubt. Es liegen zwei ausgedehnte, mit grosser Sorgfalt auf den Sternwarten zu Altona und Dorpat ausgeführte Messungsreihen über die Mittellinie der Seetoren vor. Man kann keinen bessern Beweis für die eben aufgestellte Meinung finden; es zeigt sich ganz evident, dass verschiedene Beobach-ter in verschiedenen Fernröhren hier ganz andere Mittellinien der Seetoren eingestellt ha-ben. Ist nun die grössere optische Kraft des einen Fernrohrs in diesem Falle genügender Grund, die damit bestimmten Richtungen als die wahren aufzufassen? ich denke, nicht, son-dern die Ursache der Divergenz liegt in der oben angedeuteten Unmöglichkeit, diese Mit-tellinie scharf zu definiren. Aenderungen der Richtung der Seetoren erscheinen übrigens nach den Beobachtungen als nicht ganz unwahrscheinlich, aber eine Spur von Gesetzmässig-keit wird schwerlich in ihnen gefunden werden.

Auf die besprochene Schwierigkeit in der Bestimmung der Richtung des Sectors war ich gleich in den ersten Tagen unmittelbar durch die Messungen selbst geführt worden, so dass ihre Einstellung aufgegeben und dafür die Richtung der Begränzung der Seetoren nach dem Schweife zu, beobachtet wurde. Es scheint, als wenn man hierdurch während der er-sten Woche nach dem Perihele zu ziemlich sicheren Resultaten hat gelangen können, da die Krümmung dieser Begränzungslinien nicht sehr stark und einigermaassen einander ahnlich war. Wollte man nun noch annehmen, dass die vorhandenen Veränderungen des Sectors an angulärer Ausdehnung gleichartig auf beiden Seiten der Mittellinie gewesen seien, so würde man aus dem Mittel der beiderseitig beobachteten Richtungen auf reelle Verände-rungen in der Lage des Sectors schliessen können. Wie weit diese Voraussetzung richtig sein mag, wage ich nicht zu beurtheilen. Jedenfalls ist der Umstand sorgsam zu beachten, dass im Anfange der Erscheinung die rechte Seite des Sectors eine beträchtliche, commaför-mige Verlängerung im Vergleich mit der linken zeigte, was sich allmählig umkehrte, so dass am 13. October die linke (nördliche) Seite sehr bedeutend im Vergleich mit der rechten verlängert war. Die Anknüpfung dieser Thatsache an die nach der Bessel'schen Theorie erforderliche Art und Weise des Ueberströmens der vom Kerne ausgehenden Theil-chen in den Schweif, über die Näheres bei Gelegenheit der Besprechung der Lichtverthei-lung im Schweife gesagt wird, liegt auf der Hand.

---

1) Hierin irren einzelne, mir zu Händen gekommene Abbildungen des Cometen, welche fast genaue Kreisform für die Umrisse der Sectoren geben, sehr wesentlich.

Eine Zusammenstellung der beobachteten Richtungen der Begränzung des Sectors ist folgende:

Richtungswinkel Kern bis äusserste Spitze rechts:

Sept. 30..... 70°,3.....2 Beob......⊙ = 18°,5.....Diff. 51°,8
Oct.   7.....130,6.....3   »   .... 53,5..... » 77,1
  »   8.....120,2.....3   »   .... 59,6..... » 60,6
  »   9.....123,6.....3   »   .... 65,9..... » 57,7
  »   13.....136,5.....2   »   .... 85,8..... » 50,7

Richtungswinkel Kern bis äusserste Spitze links:

Sept. 30.... 328°,3.....2 Beob......⊙ = 18°,5.....Diff. 309°,8
Oct.   7.....336,8.....3   »   .... 53,5..... » 283,3
  »   8.....330,0.....3   »   .... 59,6..... » 270,4
  »   9.....346,7.....3   »   .... 65,9..... » 280,8
  »   13..... 0,1.....2   »   .... 85,8..... » 274,3

Die Richtung vom Cometen zur Sonne ist mit ⊙ bezeichnet.

Nimmt man die halbe Summe je zweier zusammengehöriger Richtungen, so findet sich:

Sept. 30.....199°,3   ⎧ + 0°,8
Oct.   7.....233,7   Differenz mit der Richtung   ⎪ + 0,2
  »   8.....225,1   des verlängerten Radvect.   ⎨ − 14,5
  »   9.....235,1   ⎪ − 10,8
  »   13.....248,3   ⎩ − 17,5

Die anguläre Grösse der Sectoren ergiebt sich ferner aus der Differenz der beiden ersten Reihen:

Sept. 30.........258°,0
Oct.   7.........206,2
  »   8.........209,8
  »   9.........223,1
  »   13.........223,6

Ich stelle in gleicher Weise hier die beobachteten Abstände der äussern Begränzung der Sectoren vom Kerne, gemessen in der Richtung des Schweifes, zusammen:

Innerer Sector:

Sept. 24....18ʰ 42ᵐ Sternz..... 16″..... Schätz.
  »   25....18 55   »   .... 17″.....   »
  »   25....20 45   »   ....21″,0.....2 Beob.
  »   29....19 20   »   ....11,8.....2   »
  »   30....19 10   »   ....14,4.....3   »
Oct. 5....20 0   »   ....13,8.....2   »

Oct. 7....$19^h 40^m$ Sternz.....$21\overset{''}{,}0$.....2 Beob.
» 8....19 30   »   ....23,3.....3 »
» 9....20 0   »   ....29,1.....3 »
» 13....19 40   »   ....18,4.....2 »

Äusserer Sector:

Sept. 24....$19^h 10^m$ Sternz.....$26\overset{''}{,}5$.....2 Beob.
» 30....19 10   »   ....26,3.....2 »
Oct. 5....20 0   » . ....31,4.....2 »
» 7....20 0   »   ....38,8.....2 »
» 8....19 30   »   ....37,3.....2 »
» 9....20 0   »   ....39,6.....2 »
» 13....19 40   »   ....34,5.....2 »

Die einzelnen Einstellungen stimmen mit seltenen Ausnahmen bis auf die Secunde unter einander, so dass die Schwankungen in der Grösse des innern Sectors reell sind. Die Deutung derselben hat keine Schwierigkeit, seit durch Beobachtungen auf südlicher gelegenen, so unvergleichlich mehr vom Wetter begünstigten Sternwarten, ein Loslösen und Entwickeln mehrer Seetoren vom Kerne aus, constatirt ist.

Die Erklärung des den äussern Sector begränzenden hellern Reifen, führt zur Annahme der sich einer Kugelschale nähernden Gestalt des Sectors; der ringförmige hellere Streif wurde anfänglich nicht wahrgenommen, es müssen sich also die Wände dieser Schale allmälig verdünnt haben. Die Analogie führt auf eine ähnliche Gestalt für den oder die innern Sectoren, bej denen die Verdünnung der Wände später wahrscheinlich auch eingetreten ist. Es giebt dieses eine Anschauung über die Art der Entstehung des merkwürdigen dunklen Flecks, die ich aber nur angedeutet haben will, ohne sie im Entferntesten zu vertreten. Eher möchte ich der Ansicht sein, dass der mit dem Namen secundärer Kern bezeichnete Lichtknoten, gleichfalls mit Repulsivkräften in Bezug auf die den Sector constituirenden Massen begabt gewesen sei. Das mit Gewissheit bemerkte Aufwulsten der Ränder des dunklen Flecks am 9. Oct. scheint auf etwas Derartiges hinzudeuten. Der secundäre Kern, der diesen Namen am 7. und 8. October mit einigem Rechte verdiente, hat sich in den Tagen, wo ich ihn sah, fortwährend vom Hauptkerne entfernt. Es wurde seine Relation zum Hauptkerne gefunden:

Oct. 7....$p = 303\overset{\circ}{,}1$....Entfernung $= 1$ Durchmesser des Hauptkernes
» 8........306,2....   » $1\frac{1}{2}$ »   »   »
» 9........306,1....   » $2\frac{1}{4}$ »   »   »
»13........305,2....   »   2   »   »   »

Die Richtung zur Sonne hat sich in dieser Zeit um $33°$ verändert; die Beobachtung vom 13. Oct. gehört eigentlich nicht mehr hierher, da der secundäre Kern verschwunden war und sich in der angegebenen Richtung nur eine starke Verdichtung der Nebelmasse zeigte.

Der grosse Fleck und sein excentrischer Lichtpunkt scheinen aber nur deutlicher hervortretende Erscheinungen von Veränderungen in der Textur der Seetoren gewesen zu sein. Ihr Licht wurde ungleichförmiger, sie erschienen gefleckt, hellere Streifen durchzogen sie und es verlor sich die scharfe Begränzung nach dem Schweife zu; die letztere Erscheinung schien durch das merkwürdige zahnartige Gebilde vom 7. Oct. eingeleitet zu werden.

Von der schwachen Umhüllung.

Am 16. Sept. bemerkte ich zuerst, dass der Kopf des Cometen eingehüllt war in eine sehr zarte, bläuliche Nebelmasse, deren Wahrnehmung in Vergleich mit der Sichtbarkeit des hellen Nebelstoffes, der den Kern in parabolischer Form umgab und den eigentlichen Schweif bildete, Schwierigkeiten machte, so dass ich im Cometensucher an diesem Abende noch Nichts davon bemerken konnte, obgleich ich das Dasein am Heliometer bei schwacher Vergrösserung kurz vorher constatirt hatte. Der äussere Umriss hatte gleichfalls eine parabolische Form; von einer scharfen, bestimmten Begränzung war jedoch keine Rede. In der Richtung zur Sonne entfernte sich die Umhüllung beträchtlich weiter vom Kerne des Cometen, als der helle Schweifnebelstoff, erreichte jedoch den grössten Abstand von demselben nicht in dieser, sondern in einer etwa 30° verschiedenen Richtung, wodurch die Lage zu Kern und Hauptschweif unsymmetrisch wurde. Die Schenkel des Schweifes divergirten stärker, als die der schwachen Umhüllung, so dass jene sich in geringer Entfernung unterhalb des Kopfes schon an den Schweif anschloss und nicht weiter von ihm zu unterscheiden war, eine Entfernung, die aber vermöge der erwähnten Nichtsymmetrie verschieden war auf den beiden Schweifästen.

Die Erscheinung, dass der Kern in der schwachen Umhüllung beträchtlich excentrisch lag, hat sich während der ganzen Dauer der Erscheinung des Cometen erhalten. Bis September 25 finde ich keine directe Schätzung des Abstandes der Ränder vom Kerne in einem Durchschnitte senkrecht auf die Axe des Hauptschweifes aufgezeichnet; es sind nur beiläufig die Abstände vom Kerne angegeben, in denen sich die matte Umhüllung nicht mehr von der hellen Nebelmasse unterscheiden liess. Für die spätern Beobachtungen sind die Schätzungen folgende:

$$\text{Sept. 25 vorgehend: } 2', \text{ folgend: } 3' \; \frac{v}{f}\text{: } 0{,}67$$

» 27	»	1,3	»	2,5	0,52
» 30	»	3,5	»	5,3	0,66
Oct. 7	»	3	»	6,5	0,46
» 8	»	4	»	8	0,50
» 9	»	3,5	»	9,5	0,37

Wenn auch die absolute Leichtigkeit der Wahrnehmbarkeit der Umhüllung eine sehr verschiedene war, hervorgerufen durch Mondschein und Veränderlichkeit der Höhe und des Standes des Cometen zur Dämmerung, so werden doch die Relativzahlen $\frac{v}{7}$ einigermaassen frei von diesen Einflüssen sein. Bei der Schwierigkeit der Schätzung jener Abstände wird man die angedeutete Zunahme der excentrischen Lage als nicht unzweifelhaft erwiesen ansehen können: die Beobachtungen lassen aber eine Abnahme dieser Excentricität als ziemlich unwahrscheinlich erscheinen. Hierdurch wird ein Erklärungsgrund für die Erscheinung zurückgewiesen, der in dem nach der Bessel'schen Theorie geforderten Hinüberströmen der Theilchen nach der in der Bahn vorgehenden Hälfte der Cometenhülle vor dem Perihele gefunden werden könnte, indem die dadurch bedingte grössere Lichtstärke dieser Hälfte bei so schwachen Erscheinungen sich hauptsächlich durch eine grössere Ausdehnung ihrer Sichtbarkeit geäussert haben könnte. Es hätte dann aber bei den letzten Beobachtungen, die schon beträchtliche Zeit nach dem Perihele angestellt sind, sich eine Modification zeigen müssen; wenigstens war die entsprechende Umwandlung im Hauptschweife schon eingetreten.

Den Positionswinkel p der Richtung des grössten Abstandes der schwachen Umhüllung vom Kerne habe ich an mehren Tagen genähert bestimmt. Die Schätzung Sept. 16 führe ich in nachstehender Zusammenstellung nicht auf, da sie kein Vertrauen verdient.

$$\text{Sept. } 18 \ldots p = 135° \ldots \text{Zeichnung} \ldots p_o = 177° \ldots p_o - p = +42°$$
$$\text{»} \quad 25 \ldots \ldots 140 \ldots 1 \text{ Beob.} \ldots \ldots 186 \ldots \ldots \ldots + 46$$
$$\text{»} \quad 30 \ldots \ldots 165 \ldots 1 \quad \text{»} \quad \ldots \ldots 199 \ldots \ldots \ldots + 34$$
$$\text{Oct. } 7 \ldots \ldots 175,5 \ldots 1 \quad \text{»} \quad \ldots \ldots 233,5 \ldots \ldots \ldots + 58$$
$$\text{»} \quad 8 \ldots \ldots 180 \ldots 1 \quad \text{»} \quad \ldots \ldots 240 \ldots \ldots \ldots + 60$$
$$\text{»} \quad 9 \ldots \ldots 184 \ldots 1 \quad \text{»} \quad \ldots \ldots 246 \ldots \ldots \ldots + 62$$

p_o ist der Positionswinkel der Richtung zur Sonne.

Supponirt man, wie es genähert gestattet sein wird, dass die Linie, deren Positionswinkel durch vorstehende Messungen fixirt ist, in der Bahnebene des Cometen sich befunden hat, so findet sich folgende Zusammenstellung der Richtung dieser Linie in jener Ebene:

$$\text{Sept. } 18 \ldots u = 314°,2 \ldots u_o = 10°,2 \ldots u_o - u = 56°,0$$
$$\text{»} \quad 25 \ldots \ldots 320,8 \ldots \ldots 30,3 \ldots \ldots \ldots 69,5$$
$$\text{»} \quad 30 \ldots \ldots 344,4 \ldots \ldots 45,6 \ldots \ldots \ldots 61,2$$
$$\text{Oct. } 7 \ldots \ldots 357,8 \ldots \ldots 67,3 \ldots \ldots \ldots 69,5$$
$$\text{»} \quad 8 \ldots \ldots \quad 3,0 \ldots \ldots 70,2 \ldots \ldots \ldots 67,2$$
$$\text{»} \quad 9 \ldots \ldots \quad 7,4 \ldots \ldots 73,0 \ldots \ldots \ldots 65,6$$

u und u_o sind die p und p_o entsprechenden, auf die Ebene der Cometenbahn reducirten Richtungen.

Bedenkt man die Unsicherheit, der diese nur auf je einer Einstellung der immer schlecht zu bestimmenden Richtung beruhenden Messungen unterworfen sind, so wird man die Unterschiede dieser letzten Zusammenstellung ohne weiteres den Messungen zuschreiben können. Die Beständigkeit der Relation der fraglichen Richtung zur Richtung des jedesmaligen Radiusvectors ist ein bemerkenswerthes Ergebniss. In einem spätern Theile dieser Bemerkungen werde ich ein analoges Resultat für die Anfangsrichtung des Hauptschweifes ableiten, dessen Constatirung von Bedeutung für die Anschauung über die Wirkung der Sonnenkraft ist.

Den grössten Abstand vom Kerne auf der Vorderseite des Kopfes lässt nachfolgende Zusammenstellung übersehen:

Grösster Abstand der schwachen Umhüllung vom Kerne:

Sept. 16 . . . . 2,5 . . . . Entf. = 1 3,7
»   17 . . . . 3,5 . . . .   »   4,8
»   18 . . . . 2,7 . . . .   »   3,5
»   25 . . . . 3,0 . . . .   »   2,6
»   27 . . . . 2,75 . . .   »   2,2
»   30 . . . . 4,7 . . . .   »   3,4
Oct.   5 . . . . 5,0 . . . .   »   3,2
»   7 . . . . 7,5 . . . .   »   4,6
»   8 . . . . 9,0 . . . .   »   5,5
»   9 . . . . 8,5 . . . .   »   5,2

Hinzugefügt ist der auf die Entfernung = 1 reducirte Werth der jedesmal geschätzten Grösse. Sept. 25, 27, 30 störte der Mond sehr; auch Sept. 17, 18 war er noch über dem Horizonte, so dass keine Andeutung einer merklichen Variabilität dieser Grösse durch die Beobachtung gegeben ist. Hierin besteht eine wesentliche Differenz zwischen dem Verhalten dieser Umhüllung und der dem Ansehen nach aus ähnlichem Stoffe, wie der Hauptschweif bestehenden innern Enveloppe, von der schon die Rede gewesen ist. Ich muss hier darauf aufmerksam machen, dass die Distinction zwischen diesen beiden Nebelmassen, wie sie von mir gemacht ist, mir unumgänglich nothwendig erscheint. Eine solche Verschiedenheit des Lichtes nach Intensität und Farbe, wie die bei diesen Umhüllungen stattfindende, deutet mit Bestimmtheit darauf hin, dass die Verschiedenheit auch dem Stoffe nach vorhanden ist, so dass bei Schlüssen auf die bewegenden Kräfte eine Unterscheidung strenge gefordert wird. Es ist dieses ein Fundamentalsatz, der vielleicht schon bei Besprechung der Variationen in den Abständen des Scheitels des hellen Schweifparaboloids vom Kerne, hätte vorangestellt werden sollen.

Vom schwachen, schmalen Schweife.

Das Wahrnehmen der schwachen Umhüllung am 16. Sept. führte mich auf die Idee, ob sie vielleicht die erste Spur der Entwickelung eines zweiten Schweifes sei in der der Sonne zugewandten Richtung, eine Erscheinung, die so viel mir bekannt, nur bei den Cometen von 1680, 1824, 1845 und 1851 wahrgenommen ist. Die Folge davon war ein sorgsames Untersuchen der Nachbarschaft des Cometen in Bezug auf sehr schwache Schweifspuren, das allerdings zu einem negativen Resultate für jene erste Idee führte, aber Veranlassung wurde zur Auffindung eines schmalen, schwachen Ausläufers aus dem Hauptschweife, dessen Existenz sich am 18. und 19. Sept. bestätigte. Das Aussehen des Cometen an diesen Tagen zeigen Fig. 2 und 3.

Die Lichtstärke des neuen Schweifes war in seiner ganzen Ausdehnung ziemlich gleich; auch senkrecht auf die Axe konnte kein deutlicher Unterschied der Helligkeit bemerkt werden, weder damals, noch später, als er sich zugleich mit dem Hauptschweife zu enormer Länge ausgedehnt hatte. In unmittelbarer Nähe des Hauptschweifes war keine Spur von ihm zu sehen nach einstimmigem Zeugnisse der Gesammtheit der Beobachtungen, was wohl einfach der so erheblich grössern Lichtstärke jenes zuzuschreiben ist, welche den überhaupt kaum wahrnehmbaren Schein in grosser Nähe auslöschte. Verlängert man die Richtung des Nebenschweifes aber, so erhält man für die Entfernung des Absprossungspunktes vom Kopfe:

$$\text{Sept. } 18 \ldots. 3\overset{\circ}{.}9 \ldots. \text{Entf.} = 1 \ldots. 5\overset{\circ}{.}1$$
$$\text{» } 19 \ldots. 3{,}8 \ldots. \quad \text{» } \ldots. 4{,}6$$
$$\text{» } 30 \ldots. 3{,}7 \ldots. \quad \text{» } \ldots. 3{,}3$$
$$\text{Oct. } 5 \ldots. 5{,}0 \ldots. \quad \text{» } \ldots. 3{,}2$$

Es ist das Kleinerwerden des Abstandes des Punktes, wo von der Erde aus gesehen die beiden Schweife aus einander liefen, vom Kopfe, eine nothwendige Folge der veränderten Lage der Erde gegen die Ebene der Cometenbahn, wenn die Mittellinien beider Schweife als darin liegend angesehen werden. Am 18. Sept. stand die Erde dieser Ebene noch sehr nahe und einige Tage früher wäre es unter jener Voraussetzung ganz unmöglich gewesen, die beiden Schweife getrennt zu erblicken.

Aus den Seite 29 — 33 angeführten Beobachtungen lassen sich die Positionswinkel p dieses Schweifes ableiten; s sei die zugehörige Entfernung des beobachteten Punktes im Schweife vom Kopfe, p_0 die Richtung zur Sonne um die Beobachtungszeit.

$$\text{Sept. } 18 \ldots s = 7° 43' \ldots p = 354° 55' \ldots p_0 = 357° \ 7' \ldots p_0 - p = +\ 2° 12'$$
$$\text{» } 19 \ldots\ldots 7 \ 25 \ldots\ldots 356 \ 17 \ldots\ldots 357 \ 53 \ldots\ldots\ldots + \ 1 \ 36$$
$$\text{» } 30 \ldots\ldots 5 \ 56 \ldots\ldots 14 \ 27 \ldots\ldots 18 \ 55 \ldots\ldots\ldots + \ 4 \ 28$$
$$\text{» } 30 \ldots\ldots 12 \ 13 \ldots\ldots 14 \ 1 \ldots\ldots 18 \ 55 \ldots\ldots\ldots + \ 4 \ 54$$
$$\text{Oct. } 5 \ldots\ldots 24 \ 30 \ldots\ldots 29 \ 46 \ldots\ldots 41 \ 44 \ldots\ldots\ldots + 11 \ 58$$
$$\text{» } 7 \ldots\ldots 18 \ 18 \ldots\ldots 43 \ 38 \ldots\ldots 53 \ 35 \ldots\ldots\ldots + \ 9 \ 57$$

Der Schweif war also rückwärts gebeugt gegen die Verlängerung des Radiusvectors. Der Gang in diesen Zahlen verschwindet, sobald man von p und p_0 zu den entsprechenden in der Bahnebene des Cometen gelegenen Winkeln u und u_0 übergeht:

$$\text{Sept. } 18 \ldots u = 179° \, 17' \ldots u_0 = 191° \quad 0' \ldots u_0 - u = + \, 11° \, 43$$
$$\text{» } \quad 19 \ldots\ldots 185 \quad 8 \ldots\ldots 193 \quad 22 \ldots\ldots\ldots + \quad 8 \quad 14$$
$$\text{» } \quad 30 \ldots\ldots 215 \quad 47 \ldots\ldots 225 \quad 56 \ldots\ldots\ldots + 10 \quad 9$$
$$\text{Oct. } \;\; 5 \ldots\ldots 226 \quad 38 \ldots\ldots 241 \quad 26 \ldots\ldots\ldots + 14 \quad 48$$
$$\text{» } \quad \;\, 7 \ldots\ldots 237 \quad 11 \ldots\ldots 247 \quad 21 \ldots\ldots\ldots + 10 \quad 10$$

Nach der Bessel'schen Theorie ist man im Stande aus der Grösse der Rückbeugung der Axe des Schweifes, die man in beträchtlichen Entfernungen vom Kopfe beobachtet hat, die Grösse der auf die Schweiftheilchen wirkenden Sonnenkraft μ zu bestimmen. Es sei φ die beobachtete Zurückbeugung, ξ die Projection der zugehörigen Entfernung auf den Radiusvector, so ist diese Verbindung gegeben durch:

$$\tan \varphi = g \sin G \left\{ \frac{r \sqrt{2}}{\sqrt{(1-\mu)} \sqrt{\xi}} - \frac{4 \, r \, e \sin \upsilon}{3 \sqrt{p} \, (1-\mu)} \right\} + \frac{2 \sqrt{2p}}{3 \, r} \frac{\sqrt{\xi}}{\sqrt{(1-\mu)}}$$

g, G, haben dieselbe Bedeutung, wie oben und r, υ, e, p sind die durch die Elemente des Cometen gegebenen Grössen: Radiusvector und wahre Anomalie zur Beobachtungszeit, Excentricität und Parameter. Diese Formel will ich mit den obigen Daten vergleichen.

Die beiden ersten Beobachtungen werde ich ausschliessen, da wegen der ungünstigen Lage der Erde zum Cometen die Beobachtungsfehler zu bedeutend vergrössert auf φ übergehen, dagegen drei Gleichungen nach Herrn Dr. Pape's Berechnung mit anführen, die aus Herrn Auwers Beobachtungen dieses Schweifes folgen. Man hat dann nachstehende Gleichungen, wenn Kürze halber $\sqrt{\frac{1}{1-\mu}} = \alpha$ und $g \sin G = \beta$ gesetzt wird.

		I	II
Sept. 30	$\beta(2,476 \, \alpha - 0,013 \, \alpha^2) + 0,541 \, \alpha = 0,179$	$= + 0,013$	$= - 0,009$
Oct. 1	$\beta(1,509 \, \alpha - 0,054 \, \alpha^2) + 0,949 \, \alpha = 0,258$	$+ 0,039$	$+ 0,041$
» 4	$\beta(1,486 \, \alpha - 0,170 \, \alpha^2) + 0,964 \, \alpha = 0,290$	$+ 0,010$	$+ 0,014$
» 5	$\beta(1,713 \, \alpha - 0,206 \, \alpha^2) + 0,781 \, \alpha = 0,264$	$- 0,014$	$- 0,018$
» 7	$\beta(1,999 \, \alpha - 0,289 \, \alpha^2) + 0,671 \, \alpha = 0,179$	$+ 0,032$	$+ 0,032$
» 10	$\beta(1,604 \, \alpha - 0,395 \, \alpha^2) + 0,893 \, \alpha = 0,355$	$- 0,076$	$- 0,074$

Von Herrn Dr. Pape ist in seiner mehrfach erwähnten Abhandlung die Constanz der Grösse α für den Hauptschweif während des Zeitraumes Sept. 28 — Oct. 8 völlig erwiesen; an spätern Tagen traten augenscheinlich wesentliche Aenderungen in demselben ein, so dass die Rückschlüsse auf α zu unsicher werden. Bei dem schwachen Schweife wird man hiernach mit grosser Wahrscheinlichkeit ebenfalls α als constant annehmen können. Wenn die beobachteten Punkte der Axe des Schweifes entsprächen, so wäre $\beta = 0$ zu setzen; nach der Bessel'schen Theorie muss man aber schliessen, dass auch bei dem Nebenschweife die in der Bahn vorgehende Seite die hellere gewesen ist und dass die schwächern Partien dieses Schweifes uns ganz entgangen sind, so dass sich die obigen Gleichungen nicht auf die Axe beziehen, sondern ihnen vielmehr ein kleiner positiver Werth von β zukommt. Die Grösse β wird man ebenfalls als wesentlich constant anzunehmen haben nach Analogie mit dem Hauptschweife, für den die Beständigkeit der Gränzen von g sin G später nachgewiesen werden soll. Durch die Einführung eines kleinen positiven Werthes von β gewinnt die Darstellung der Gleichungen allerdings ein wenig, aber so unbedeutend, dass jene Ansicht hierdurch durchaus nicht unterstützt wird.

Es würde bei allen diesen Voraussetzungen, zumal wenn man die geringe Schärfe der Beobachtungen bedenkt, unnöthige Mühe sein, die Grössen von β und α zu suchen, welche in aller Strenge als die wahrscheinlichsten sich aus den Gleichungen ergeben; ich habe mich daher mit einer genäherten Auflösung begnügt und finde dass $β = + 0,05$ und $α = + 0,29$ ihnen Genüge thun. Es bleiben dann die unter I angesetzten Fehler übrig. Nimmt man $β = 0$, so lässt $α = + 0,315$ die unter II angegebenen Fehler zurück.

. Die Darstellung der Beobachtungen des schwachen, fast geradlinigen Schweifes erfordert also eine enorm grosse abstossende Kraft der Sonne; dem zuerst gegebenen α entspricht $μ = — 10,9$. Man könnte nun weiter gehen und die Geschwindigkeit der Theilchen bestimmen, wenn man die Ausdehnung des diesem schwachen Schweife zugehörigen Nebels auf der Sonnenseite des Kernes kennte. Es ist nicht ganz unwahrscheinlich, dass die schwache Umhüllung die ihm entsprechende Nebelmasse ist; da aber auch gewichtige Gründe dagegen vorzubringen sind, und ich die Entfernung, bis zu der man die schwache Hülle wahrnehmen konnte, für etwas Subjectives halte, so führe ich die daraus sich ergebende sehr beträchtliche Geschwindigkeit der aufsteigenden Schweiftheilchen nicht an. Herr Dr. Pape hat die betreffenden Zahlen in seiner Abhandlung für den Haupt- und Nebenschweif zusammengehalten. Es findet ein auffälliges Uebereinstimmen zwischen der Zeit des ersten Sichtbarwerdens des Hauptschweifes und den Momenten, wo Anfangs October am Ende des Hauptschweifes befindliche Theilchen den Kern verlassen haben müssten. Auch die äussersten, Mitte September wahrnehmbaren Theilchen des Nebenschweifes, also zur Zeit der ersten Sichtbarkeit desselben, hätten danach etwa um dieselbe Zeit den Kern verlassen. Es ist aber dieses nicht mehr als ein zufälliges Zusammenfallen. Denn nach dem, was so eben bemerkt wurde und was früher über die Variabilität der Grösse ε gesagt ist, würde es ein Leichtes sein, für die Zeiten, welche die Schweifpartikelchen zum Aufsteigen gebraucht haben, ganz bedeutend verschiedene, gleich wahrscheinliche Werthe zu geben je nachdem man eine dieser Grössen für einen bestimmten Tag anwendete. Es ist ferner nicht zu übersehen, dass dem abgeleiteten Resultate ausserdem noch eine Annahme über den Winkel G zu Grunde liegt, die man augenblicklich schwerlich über die Subjectivität der Meinung erheben kann. Dass man den schwachen Schweif erst Mitte September wahrgenommen hat, dafür ist schon oben als Ursache die Projection auf den Hauptschweif im Anfange der Erscheinung angegeben; hinreichenden Grund für seine Nichtsichtbarkeit würde auch ohnedies in dem ungünstigen Stande des Cometen zur Dämmerung zu finden sein. Das Gleiche muss man für die Wahrnehmung der ersten Spuren des Hauptschweifes anführen. Es kommt noch hinzu die beträchtliche perspectivische Verkürzung, in der der

Schweif uns im August erscheinen musste; denn Aug. 4 sah man die wirkliche Länge des Schweifes bis auf ein Achtel verkürzt, Aug. 19 bis auf ein Fünftel. Es hat vielleicht ciniges Interesse die Verkürzungen n des Schweifes während der Dauer seiner Sichtbarkeit übersehen zu können. Nachstehende Tafel enthält dieselben unter der Voraussetzung einer Zurückbeugung der Anfangsrichtung des in der Bahnebene gelegenen Schweifes von 6° gegen die Richtung zur Sonne für dem Kopfe nähere Theile.

Sept. 2	$n = 0{,}453$	Sept. 16	$n = 0{,}801$	Sept. 30	$n = 0{,}993$
» 3	0,471	» 17	0,827	Oct. 1	0,984
» 4	0,492	» 18	0,852	» 2	0,971
» 5	0,515	» 19	0,876	» 3	0,956
» 6	0,539	» 20	0,898	» 4	0,940
» 7	0,564	» 21	0,919	» 5	0,922
» 8	0,590	» 22	0,939	» 6	0,907
» 9	0,616	» 23	0,957	» 7	0,895
» 10	0,642	» 24	0,972	» 8	0,887
» 11	0,668	» 25	0,984	» 9	0,885
» 12	0,694	» 26	0,993	» 10	0,887
» 13	0,721	» 27	0,998	» 11	0,895
» 14	0,748	» 28	1,000	» 12	0,908
» 15	0,775	» 29	0,998	» 13	0,925

Die Erscheinung von zwei oder mehren deutlich getrennten Schweifen, welche von der Sonne abgewandt sind, scheint eben so selten zu sein, als die schon erwähnten merkwürdigen Wahrnehmungen von der Sonne zugekehrten Cometenschweifen. Es liegt das wohl im Wesentlichen in der beträchtlichen Schwierigkeit, die Nebenschweife bei ihrer grossen Lichtschwäche wahrzunehmen, zumal die Cometen in der Zeit, wo diese Erscheinungen am leichtesten zu bemerken sein würden, meistens eine solche Lage zur Erde haben, dass sie in dunkler Nacht nicht beobachtet werden können. Ich bin überzeugt, dass man bei grösserer Aufmerksamkeit in Zukunft diese interessanten secundären Schweife öfter wahrnehmen wird. Wie leicht diese schwachen Scheine dem Beobachter entgehen, davon ist der geradlinige Schweif des Donati'schen Cometen Zeuge, über den, soviel mir bekannt, nur noch Beobachtungen aus Göttingen und Cambridge U. S. vorliegen. Die Zertheilung des Hauptschweifes am obern Ende im October, der man den Namen von Nebenschweifen gegeben hat, ist von diesem, seit Mitte September wahrgenommenen, aber ohne Zweifel schon länger vorhandenen zweiten Schweife ein total verschiedenes Phänomen. Jene Zerspaltung der obern Partien des Schweifes, seine säulenartige Schichtung, wurde hier ebenfalls bemerkt. Siehe die Beob. Oct. 8 und 9.

Bei dem grossen Cometen von 1811 findet sich ein zweiter Schweif nur von einem der vielen Beobachter, von Olbers erwähnt, der seit dem 9. October deutliche Spuren davon wahrnahm. Olbers geht auf seine Beobachtungen über die Schweiferscheinungen nur ganz beiläufig ein und beschränkt sich hauptsächlich auf das, was der Kopf gezeigt hat, ein Umstand der sehr zu bedauern ist bei dem Werthe, den diese Notizen haben würden. So sagt er nicht einmal, auf welcher Seite des Hauptschweifes er den Nebenschweif erblickt habe. Es lässt sich nur eine Vermuthung darüber aufstellen, indem er erwähnt, dass ihm die von Cheseaux gegebene Erklärung der winklichten Einbucht bei dem Cometen von 1744 [1]) auf den Cometen von 1811 zu passen schiene, der auf der rechten (nachfolgenden) Seite eine analoge Erscheinung gezeigt habe. Es wurde aber der zweite Schweif bei dem prächtigen Cometen von 1744 auf der nachfolgenden Seite (der wahren Bewegung nach) wahrgenommen.

Bei dem Cometen von 1577 hat Cornelius Gemma vom 28. Nov. an mehrfach einen zweiten Schweif wahrgenommen [2]), der, wie die beiden eben besprochenen, beträchtlich mehr zurückgebeugt war, als der Hauptschweif, so dass die Sonnenkraft eine erheblich kleinere für ihn sein musste, als für diesen. Die einzige, dem schmalen Schweife des Donati'schen Cometen völlig entsprechende Erscheinung, ist die des Cometen von 1807. Er zeigte einen geraden, schmalen und schwachen Schweif, bei weitem weniger zurückgebeugt, als der gekrümmte hellere und übertraf den Hauptschweif an Länge, wie es bei unserm Cometen gleichfalls stattfand. Auch der Comet von 1843 hat nach indischen Berichten [3]) am 11. März zwei Schweife gehabt. Der neue war fast doppelt so lang, aber schwächer als der seit März 6 gesehene ältere Schweif; die Nachricht ist aber so unvollkommen, dass man nicht einmal mit Bestimmtheit daraus ableiten kann, auf welcher Seite des Hauptschweifes sich dieser Ausläufer gezeigt hat. Vierzehn Tage später war der Nebenschweif nicht wahrnehmbar, falls die Mittellinie beider Schweife, wie zu vermuthen ist, in der Bahnebene des Cometen lag, so dass man in Europa eine derartige Erscheinung nicht bemerken konnte.

Vom hellen Schweife.

Aus den beobachteten Dimensionen des Cometenschweifes in der Nähe des Kopfes werde ich zuerst einige Folgerungen ziehen. Ueber die Art wie diese Schätzungen gemacht wurden, ist das Nöthige gleich zu Anfange erwähnt; es folgt daraus unmittelbar, dass die Genauigkeit der Messungen beschränkt ist, was vorzüglich für die Abstände a vom Kopfe des Cometen gilt, falls sie 15' beträchtlich überschreiten, übrigens zum Theil in der Natur der Sache begründet ist. Ich lasse jetzt hier die Messungen in chronologischer Ordnung folgen, wobei ich mit b die geschätzte Breite bezeichne:

---

1) Cheseaux, *traité de la comète* etc. pag. 153 ... je remarque encore, que cette espèce de coude, que j'avais aperçu dans la queue de la comète le 9 Janv. et quelques autres jours, n'était autre chose, que cette seconde queue, qui dans ses commencements était beaucoup moins séparée de la première.» Man kann eine Erklärung aus ähnlichen Gründen auch für einen am Cometen von 1858 bemerkten Knick gelten lassen. Siehe Beobachtungen von Heis, *Astr. Nachr.* Nr. 1169.

2) Beschreibung und Abbildung pag. 26 seiner Schrift: *De prodigiosa specie naturaque cometae etc. anni 1577.*

3) *Astron. Nachr.* 493, nach Beobachtungen von Cleribew, teacher of astronomy and physics to native youth.

Beobachtete Dimensionen des Schweifes in der Nähe des Kopfes.

Sept. 12...$a = 10'$...$b = 6{,}5$...$a' = 18{,}8$...$b' = 8{,}5$
» 16...... 5 ......7 ...... 7,3...... 8,2
                13 ...... 9,5...... 19,0..... 11,1
                26 ..... 14 ...... 38,0..... 16,4
» 25...... 5 ......6,3...... 4,4..... 5,4
                10 ......9 ...... 8,8..... 7,8
                26 ..... 11,7...... 22,8..... 10,1
» 27...... 5 ..... 6 ...... 4,0..... 4,8
                10 ..... 8,5...... 8,0..... 6,7
                26 ..... 11 ...... 20,6..... 8,7
                53 ..... 13,5...... 42,2..... 10,8
» 30...... 5 ..... 5 ...... 3,5..... 3,5
                13 ..... 7 ...... 9,2..... 4,9
                26 ..... 14,5...... 18,4..... 10,2
Oct. 5...... 5 ..... 5,5...... 3,2..... 3,2
                13 ..... 8 ...... 8,3..... 4,7
                26 ..... 14 ...... 16,5..... 8,2
» 8...... 13 ..... 13 ...... 8,0..... 7,1
                26 ..... 15 ...... 16,0..... 8,2

Die zweite und dritte Columne enthält die Messungen, wie sie schon oben unter den jedesmaligen Daten aufgeführt sind, die vierte und fünfte hieraus abgeleitete Grössen, die unmittelbar unter einander vergleichbar sind. Sie sind auf die Entfernung $= 1$ des Cometen
von der Erde und die senkrechte Lage seiner Schweifaxe gegen unsere Gesichtslinie bezogen.

Aus dieser Zusammenstellung ergeben sich durch einfache Interpolation für den Abstand $a' = 15'$ vom Kerne des Cometen folgende Werthe der zugehörigen Breite b' des
Schweifes:

Sept. 12.........$b' = 8'$
» 16........... 10
» 25........... 9
» 27........... 8
» 30.:.......... 9
Oct. 5........... 8
» 8........... 8

Mit Rücksicht auf die Schärfe der Messungen kann hieraus mit beträchtlicher Sicherheit die Constanz der Durchmesser des auf die Axe des Cometen im angegebenen Abstande vom Kopfe senkrechten Querschnitts gefolgert werden. Es hat sich aber im Ver-

laufe der fast vier Wochen umfassenden Beobachtungsreihe die Lage unserer Gesichtslinie sehr erheblich geändert. Am 8. September ging die Erde durch die Ebene der Cometenbahn, so dass jene Breite des Schweifes anfänglich nahe für die auf der Bahnebene senkrechte Richtung gilt; gegen die Mitte October aber sahen wir den Durchmesser, der in der Cometenbahnebene selbst lag. Die einfache Folgerung hieraus ist, dass der auf die Axe senkrechte Durchschnitt des Schweifes in der Nähe des Cometenkopfes kreisförmig war, zugleich aber auch, dass die Gränze von g sin G während dieser Zeit constant geblieben ist, falls man sich nicht zu der höchst unwahrscheinlichen Hypothese bequemen will, die Schwankungen der Gränze von g sin G seien derartig gewesen, dass sie die durch die Abweichungen des Querschnitts von der Kreisform herrührenden Veränderungen des projicirten Durchmessers aufheben.

Herr Dr. Pape folgert aus seinen Beobachtungen, dass der Schweif in sehr beträchtlicher Entfernung vom Kopfe in der Ebene der Bahn eine erheblich grössere Ausdehnung gehabt habe, als in der darauf senkrechten Richtung. Ich sehe in der That nicht recht, wie man diese Folgerung vermeiden kann für die Theile des Schweifes, die weit vom Kopfe entfernt waren; denn jene enorme Zunahme der Breite des Schweifes Ende Sept. und Anfang Oct. durch eine Zunahme der Gränze von g sin G erklären zu wollen, geht nach dem oben Beigebrachten nicht. Wir werden also auf eine merkwürdige Figur des Schweifes geführt: in der Nähe des Kernes sind die Querschnitte Kreise, in grösserer Entfernung davon beträchtlich abgeplattete Curven, deren grösster Durchmesser wahrscheinlich in der Bahnebene liegt.

In den ersten Tagen meiner Beobachtungen habe ich über die Vertheilung der Helligkeit im Schweife keine Aufzeichnungen gemacht, wahrscheinlich weil sich nichts Auffallendes in dieser Beziehung zeigte. Erst am 12. Sept. findet sich die Bemerkung, dass der Schweif im Cometensucher in der Richtung senkrecht auf die Längenaxe überall gleich hell sei, vielleicht sogar in der Mitte heller als an den Seiten. Es ist diese Bemerkung in entschiedenem Widerspruche mit den Angaben einiger englischen Beobachter für denselben Tag, deren einer (Breen) den Schweif «considerably fainter near the axis than at the sides» nennt, der andere (Burr) sagt: «the sides of the tail were more brilliant than the central portions». Ich erkläre mir diese Verschiedenheit daraus, dass meine Angabe für Sept. 12 sich auf weiter vom Kopfe entfernt liegende Theile des Schweifes bezieht, als die der erwähnten Beobachter; denn auch später, als die Verschiedenheit des Lichtes sehr gross ward, waren die Nüancirungen in grösseren Entfernungen vom Kopfe nicht so scharf ausgesprochen. Jedenfalls kann man hiernach annehmen, dass an diesem Tage der Unterschied der Helligkeit an den Rändern und in der Axe noch nicht sehr bedeutend war. Am 16. September hatte sich das schon geändert. Die vorhergehende Seite war beträchtlich schwächer, als die nachfolgende, ganz wie es nach der Bessel'schen Theorie der Vertheilung der vom Kern ausströmenden Massen der Fall sein musste. Wenige Tage vorher waren die Ausströmungen des Kernes für uns sichtbar geworden und hatten an Intensität zugenommen. Auf die eigenthümliche Form des hellern Theils des Schweifes, der gleichsam als ein Sonderschweif (vergl. Fig. 1) im andern darin zu stecken schien, glaube ich noch in so fern aufmerksam machen zu müssen, als analoge Erscheinungen gegen Oct. 8 in weit bestimmteren Zügen sich dem Beobachter aufs Neue darboten.

Am 19. Sept. wurde der Comet ziemlich früh am Heliometer eingestellt und die Mitte noch sehr schwach gefunden, während zu beiden Seiten die Schweifmasse schon vortrefflich sichtbar war. Zwei damals gemachte Skizzen zeigen die rechte Seite als viel heller und über doppelt so weit sichtbar in der hellen Dämmerung, als die linke. Der dunkle Raum in der Mitte ist sehr erheblich breit gezeichnet im Vergleich mit der Breite der Schweifäste. Die Figuren habe ich jedoch nicht copirt da sie von keinen Abschätzungen der einzelnen Theile begleitet sind. Das bedeutend stärkere Hervortreten des rechten Schweifastes nach Breite und Helligkeit findet sich im September fast immer notirt; später finde ich keine Notizen darüber, aber die Skizzen zeigen, dass im October das Verhältniss nahe gleich gewesen ist, vielleicht sich sogar umgekehrt hat, wie es der Theorie nach der Fall sein soll. Der Comet passirte Ende September sein Perihel und von da an beginnt das vorwiegende Ueberströmen der Theilchen nach dem linken (im astr. Fernrohre) Schweifaste [1]). Die dunkle Zone in der Mitte des Schweifes, trat vom 19. Sept. an immer auffälliger hervor und wurde allmälig schmaler. Die grösste Schmalheit und zugleich stärkste Dunkelheit erreichte sie etwa um die Zeit des Perihels des Cometen; am 29. und 30. September war sie sehr schmal und fast scharf abgeschnitten von der beiderseits anliegenden hellern Nebelmasse. Die seitlichen Lichtströme nahmen gegen den Rand hin noch allmälig an Licht zu. Die Schärfe der Begränzung, sowie die intensive Dunkelheit des Kanals verringerte sich bei grösserm Abstande vom Kern beträchtlich, ähnlich wie die Helligkeit der leuchtenden Nebelmasse des Schweifs ein Maximum in der Nähe des Kerns erreichte und allmälig sehr viel schwächer wurde. In wie weit hier Contrast noch mit ins Spiel kommt, wird sich schwer ermitteln lassen. Als am 5. Oct. sich der Himmel auf kurze Zeit aufheiterte, war die dunkle Zone schon wieder sehr viel breiter geworden und dieses Zunehmen der Breite in der auf die Längenrichtung des Schweifes senkrechten Richtung dauerte in den darauf folgenden Tagen fort.

Die Erklärung, die man von der im Schweife sehr vieler Cometen bemerkten dunklen Zone gegeben hat, ist bekannt. Man hat sich danach den Schweif des Cometen als einen conoidischen Mantel, gleichmässig angefüllt mit Nebelmasse, vorzustellen, dessen Dicke im Vergleich mit dem Durchmesser des conoidischen Körpers gering ist. Ferner nimmt man an, dass die Nebelsubstanz völlig durchsichtig ist, eine Annahme, die, wenngleich gewiss nicht streng richtig, sich der Wahrheit doch genügend für diese Betrachtungen nähern wird. Es hat unter dieser Voraussetzung, sobald man einmal eine Annahme über die Dicke des

---

1) Siehe den Ausdruck für die auf die Richtung des Radiusvectors senkrechte Coordinate *Astr. Nachr.* Bd. XIII, pag. 219.

Schweifmantels im Verhältniss zum Radius des Schweifkörpers gemacht hat, keine Schwierigkeit die Vertheilung der Helligkeit im Schweife zu berechnen.

Betrachten wir die Vertheilung des Lichtes in einem zur Axe des Schweifes senkrechten, unendlich dünnen Querschnitte, dessen Figur sich in den dem Kerne nähern Theilen
des Schweifes von der Kreisform bei unserm Cometen nicht wesentlich entfernt haben kann,
und nehmen an, dass die Schweifaxe senkrecht auf die Gesichtslinie steht, sowie dass der
Durchmesser des Querschnitts im Verhältniss zur Entfernung vom Beobachter unbedeutend ist. Es sei dann das Verhältniss der Dicke des mit leuchtender Schweifmaterie angefüllten Raumes zum Radius des Querschnitts $\frac{1}{d}$, so sehen wir das Maximum der Helligkeit $= \sqrt{(2d-1)}$ in dem Abstande $\frac{1}{d}$ vom Rande des Schweifes und allgemein wird die
Helligkeit h für die Entfernung von der Mitte $= \sin\psi$

$$h = d\cos\psi - (d-1)\cos\psi'$$

wobei zwischen ψ und ψ' die Gleichung stattfindet :

$$\sin\psi = (1 - \frac{1}{d})\sin\psi'$$

Als Einheit der Lichtstärke liegt die Helligkeit in der Axe zu Grunde. Fig. 5 veranschau-
licht die Vertheilung der Helligkeit in der Projection des Querschnitts, die hiernach stattfinden würde, wenn $d = 10$ genommen wird, für die eine Hälfte des Schweifes. Die Ordi-
naten sind den Helligkeiten proportional, die zu den als Abscissen aufgetragenen Entfernungen von der Axe gehören.

Ein Blick auf diese Figur und die Zeichnungen des Cometen reicht hin, um zu zeigen,
dass diese Vertheilung der Helligkeit der wirklich beobachteten durchaus nicht entspricht.
Der Comet zeigte breite, helle Streifen zu beiden Seiten des dunklen Kanals, so breit,
dass sie während längerer Zeit die Breite der dunkeln Zone sehr erheblich übertrafen:
unsere Figur giebt nur schmale helle Streifen, deren Dimensionen von dem dunklern
Theile des Schweifes vielmal übertroffen wird. Eine Veränderung in der hier willkührlich
angenommenen Dicke des Mantels nähert die berechnete Vertheilung des Lichtes der
wirklich beobachteten nicht. Für eine grössere Dicke rückt allerdings das Maximum der
Helligkeit mehr nach innen; aber auch die Differenz der Helligkeiten wird geringer, was
gewiss nicht der Fall bei unserm Cometen war und es bleibt die Vertheilung noch immer
weit von derjenigen, die wirklich stattgefunden hat, entfernt. Für eine geringere Dicke rückt
das Maximum der Helligkeit noch mehr nach aussen und die helle Zone wird schmäler.

Es entspricht also bei näherm Eingehen die einfache Hypothese den Beobachtungen
unsers Cometen durchaus nicht; die Sache wird aber eine andere, wenn man einen Schritt
weiter geht und gestützt auf Beobachtungen bei ältern Cometen, wo mindestens zwei
Schweifconoiden in einander gesteckt haben müssen, annimmt, dass der Schweif aus sehr
vielen, in einander gesteckten Mänteln bestanden hat, deren Dicke sehr gering war und
die durch einen verhältnissmässig grossen Raum von einander getrennt wurden. Es ist dies

eine Hypothese, welche durchaus im Einklange ist mit den Ideen, die über Schweifbildung der Cometen von Olbers und Bessel geäussert sind, in so fern auch danach eine hierdurch bedingte Verschiedenartigkeit der emittirten Stoffe zur Erklärung mancher andern Erschei. nungen verlangt wird. Die Vertheilung der Helligkeit in einem Querschnitte unter den obigen Annahmen zu berechnen, hat wiederum nicht die geringste Schwierigkeit, sobald man sich über die willkührlichen Grössen geeinigt hat. Figur 4 zeigt die Helligkeitscurve für den einfachen Fall, wo $\frac{1}{d}$ für alle Conoiden constant und ein Hunderttausentel des Ra. dius des grössten Conoides beträgt; ausserdem ist angenommen, dass 80 Conoiden in ein- ander stecken, je ein Hundertel des Radius von einander entfernt, so dass im Innern ein Raum, dessen Radius zwei Zehntel des grössten Halbmessers beträgt, von leuchtender Ne. belmasse leer bleibt. Wie man sieht, entspricht die auf diese Weise erlangte Vertheilung der Helligkeit schon ziemlich nahe derjenigen, die unser Comet in den letzten Tagen Sep- tembers zeigte. Vielleicht müsste der Uebergang von der dunkeln Zone zum breiten, lichten Seitenstrome weniger schroff sein; das zu erreichen hat aber gar keine Schwierig- keit, wenn man die für alle Conoide als gleich angenommene Dicke aufgiebt. Näher darauf einzugehen würde aber ganz unnöthige Weitschweifigkeit sein bei der Unvollkommenheit der vorliegenden Data.

In der Curve geben die Punkte die Stellen an, wo wirklich die der dadurch bezeichneten Ordinate proportionalen Helligkeiten stattfinden; in dem Raume zwischen je zwei Punkten ist die Helligkeit eine bedeutend geringere. Es müssen also hiernach die lichten seitlichen Ströme des Schweifs aus abwechselnd hellen und dunkeln Streifen bestehen, deren Breite abhängig ist von der Dicke des mit Nebelstoff angefüllten Mantels und dem Abstande je zweier von einander. Nimmt man diese Entfernung so klein, dass die undeutlichen Bilder der einzelnen hellen Streifen im Fernrohre in einander fliessen, so wird man ein conti- nuirlich gegen den Rand hin an Licht zunehmendes helleres Band erblicken[1]), im andern Falle muss man den Schweif streifig sehen mit grösserer oder geringerer Deutlichkeit, die also Function jenes Abstandes und der Kraft der angewandten Telescope ist.

Der Donati'sche Comet hat wirklich dieses streifige Aussehen gezeigt[2]), wenngleich nicht sehr auffällig, so dass es von vielen Beobachtern nicht erwähnt wird. Sehr auffällig ist aber die Erscheinung bei dem schönen Cometen von 1769 gewesen. Messier in seiner Beschreibung dieses Cometen kommt mehrfach darauf zurück und ich kann nicht umhin, einige der betreffenden Stellen hier anzuführen[3]):

«Sept. 4. La queue depuis le noyau jusqu'à huit degrés de distance environ était par- tagée suivant sa longueur par de parties lumineuses et par d'autres, qui étaient obscures; ces traces lumineuses et obscures étaient dans des directions parallèles.

---

1) Ist der Abstand im Verhältniss zur Dicke nicht klein, so treten am äussern Rande einige leicht zu über- sehende Modificationen gegen Fig. 5 ein.

2) The Substance of the tail appeared streaky in the direction of its length, Lassell. *Monthly Notices* Vol. XIX, pag. 21.

3) *Mémoires de l'Académie de Paris pour 1773* pag. 401 seqq.

Sept. 5. La queue depuis le noyau jusqu'à dix ou douze degrés de distance était formée par des rayons de lumière parallèles entr'eux; ils étaient très sensibles à la lunette achromatique de trois pieds et demi; le milieu de la queue était obscurci.

Sept. 8. Les deux bords de la queue étaient d'une lumière très vive, composés de rayons lumineux et dirigés en ligne droite, comme je l'avais observé la nuit du 30 Août et les jours suivants; ces effets étaient ce matin bien plus sensibles, que les nuits précédentes. Le milieu de la queue dans cette étendue de quinze degrés était obscurci.

Oct. 26. La queue de la Comète était brillante auprès du noyau, mais il ne fut pas possible d'y remarquer les mêmes effets, que j'avais observés la nuit du 30 Août et les jours suivants, ce qui pouvait provenir, de ce que la queue n'avait pas assez de lumière et qu'elle était moins longue».

Man kann hierher in gewisser Weise auch die Beobachtungen von Cheseaux über den Schweif des grossen Cometen von 1744 rechnen, auf die ich später noch einmal zurückkommen werde [1]).

Bei dem Cometen von 1811 scheint die einfache Hypothese eines hohlen Conoids die Erscheinungen im Allgemeinen recht gut zu erklären; auch erkannte Herschel durch seine mächtigen Telescope keine Andeutung von streifigem Aussehen, obgleich er die Nebelmasse des Schweifes in dieser Beziehung aufmerksam untersucht hat. Er vergleicht sie vielmehr mit der «milky nebulosity of the nebula in the constellation of Orion [2])».

Fasst man nun unter Zugrundelegung der obigen Hypothese die Gesammtheit der Erscheinungen der Lichtvertheilung im obern Theile des Schweifs der Zeit nach zusammen, so wird man finden, dass unter nicht unwahrscheinlichen Annahmen über die Entfernung der Schweifmäntel und ihrer Dicke Alles in Einklang zu bringen ist. Man hat sich vorzustellen, dass die Ausströmungen in der Weise begannen, dass sie anfangs einen beträchtlich dicken conoidischen Mantel bildeten, welcher später sich in eine Anzahl von einander gesonderter Mäntel theilte, deren Abstand von einander etwa bis zur Zeit des Perihels im Wachsen begriffen war, so wie die Dicke derselben im Abnehmen. Nach dem Perihele trat das umgekehrte Verhältniss ein.

Die Mitte der dunkeln Zone fiel mit der die äussere Begränzung der Schweifäste halbirenden Linie nicht zusammen. Am 29. Sept. schätzte ich die Differenz der Richtungen zu 5°, so dass der Positionswinkel des Kanals der kleinere war; am 30. September betrug die Differenz der gemessenen Positionswinkel beider Richtungen 2°,3 in demselben Sinne. Es ist dies übrigens im Grunde nur die schon früher erwähnte Erscheinung des stärkern Hervortretens der nachfolgenden Schweifhälfte und die dort gegebene Erklärung bezieht sich auch unmittelbar hierauf. Ich bin leider nicht auf die wiederholte Messung dieses Unterschiedes bedacht gewesen, der durch die Art seiner Variation zu einer interessanten Bestätigung des angeführten Grundes hätte Anlass geben können.

---

1) Cheseaux, *traité de la Comète* etc. pag. 158 seqq.
2) W. Herschel, *Observation of a comet*, London 1812, pag. 14.

Auf die Bestimmung der Richtung des Schweifes habe ich während der ganzen Dauer der Erscheinung des Cometen viel Sorgfalt verwandt, da sie für die Beantwortung mancher Fragen, welche die nach Bessel zu supponirende Polarkraft der Sonne betreffen und für die Feststellung der keineswegs bislang erwiesenen Annahme, dass die Axe des Cometenschweifs sich in der Bahnebene des Cometen befindet, von grosser Wichtigkeit ist. Unter Axe verstehe ich die Mittellinie der wirklichen Figur des Cometenschweifs, für die also, wenn man voraussetzt, dass der Kern auf beiden Seiten des Radiusvectors gleichmässig in den Schweif ausströmt, das erste Glied der von Bessel gegebenen Formel für die Tangente des Winkels, welchen die Linie von einem Punkte im Schweife zum Kerne mit der Verlängerung des Radiusvectors macht, verschwindet. Kann man annehmen, dass die Figur des Cometenschweifs die eines durch Rotation um die Längenaxe entstandenen conoidischen Körpers ist, wie nach dem früher Angeführten für unsern Cometen in der Nähe des Kernes, worauf sich die nachfolgenden Betrachtungen beschränken, erlaubt ist, so ist die Mitte der scheinbaren Figur die Projection dieser Axe, vorausgesetzt, dass die Entfernung des Cometen von uns sehr gross im Vergleich mit dem Durchmesser des Schweifes ist. Meine Messungen beziehen sich alle auf diese Mittellinie der scheinbaren Figur und ich glaube, dass die Annahme der Mitte der dunkeln Zone für die Richtung der Axe irrig ist. Man könnte es vielleicht für nicht ganz unwahrscheinlich halten, dass der Schweif durch die Ebene der Cometenbahn dergestalt in zwei Hälften zerlegt wird, dass sie sich nicht der Figur, sondern der Masse nach gleich sind; aber in diesem Falle ist die verworfene Annahme in unserm Falle noch mehr fehlerhaft. Ein näheres Eingehen auf die erwähnte Möglichkeit ist aber bei dem Mangel aller hiezu brauchbaren Beobachtungen völlig unmöglich.

Es möge nun zunächst hier die Zusammenstellung aller beobachteten Positionswinkel der Anfangsrichtung des Schweifes folgen:

	Sternz.	p		p_0	$p_0 - p$
Sept. 2	$22^h 29^m$	$3°16$	9 Beob.	$357°50$	$-5°66$
» 4	20 29	1,54	8 »	356,33	$-5,21$
» 11	20 10	356,89	6 »	354,47	$-2,42$
» 12	20 15	354,15	6 »	354,52	$+0,37$
» 13	20 10	354,46	1 »	354,67	$+0,21$
» 16	20 50	354,77	6 »	355,70	$+0,93$
» 17·	20 0	355,70	2 »	356,27	$+0,57$
» 17	0 15	355,80	6 »	356,37	$+0,57$
» 18	20 10	356,31	6 »	356,92	$+0,61$
» 19	19 35	356,47	6 »	357,63	$+1,16$
» 24	23 15	4,55	6 »	4,22	$-0,33$
» 25	20 30	4,47	6 »	5,85	$+1,38$
» 27	22 15	8,66	8 »	10,50	$+1,84$

Sternz.	p		p_0	$p_0 - p$
Sept. 29....$19^h 45^m$....	$14°64$....6 Beob.....		$15°78$....	$+1°14$
» 30....19 55	$17,44$....5 »	....	$18,82$....	$+1,38$
Oct. 5....20 12	$38,31$....4 »	....	$41,73$....	$+3,42$
» 7....19 55	$48,11$....6 »	....	$53,50$....	$+5,39$
» 8....19 45	$54,79$....6 »	....	$59,65$....	$+4,86$
» 9....20 16	$60,17$....6 »	....	$65,87$....	$+5,70$
» 13....20 1	$82,09$....5 »	....	$85,77$....	$+3,68$

Die fünfte Columne enthält die für die jedesmalige Zeit der Beobachtung berechneten Positionswinkel p_0 der Verlängerung des Radiusvectors des Cometen, die sechste die Differenz der Columnen fünf und drei, welche verschwinden müsste, wenn der Schweif der Sonne genau entgegengesetzt gewesen wäre.

Der aufsteigende Knoten der Cometenbahn liegt in $165° 19'$; es befand sich also die Erde am Morgen des 8. Sept. in seiner Bahnebene, so dass wir durch obigen Beobachtungen in den Stand gesetzt sind, zu prüfen, ob die Axe des Cometenschweifs wirklich in dieser Ebene gelegen ist. Es muss nämlich für diesen Tag unter jener Voraussetzung $p_0 = p$ sein und für die Zeit vorher die Differenz der beiden Grössen das entgegengesetzte Zeichen haben, wie nachher. In der That sind die Werthe $p_0 - p$ Anfang September negativ und werden vom 15. September an positiv. Eine kleine Ausweichung der Axe aus der Bahnebene scheint jedoch angedeutet zu sein, wenngleich die Beobachtungen der ersten Tage noch nicht die später erreichte Sicherheit haben.

Es hat mir von Interesse geschienen, die vorhandenen dürftigen Notizen über die Richtung von Cometenschweifen durchzugehen, um auch bei andern Cometen die Verification der Hypothese über die Lage des Schweifes in der Bahnebene zu versuchen. Die Annahme des Stattfindens jener Lage ist für viele Untersuchungen über die Figur der Schweife unumgänglich nothwendig; sie würden nicht ausführbar sein, wenn sich ihre Unrichtigkeit ergäbe, vorausgesetzt, dass es nicht während der Dauer der Beobachtungen des betreffenden Cometen gelungen wäre, die Lage der Ebene, in welcher die Axe des Schweifes wirklich liegt, zu ermitteln; ein im Allgemeinen nicht wahrscheinlicher Umstand. Ueber ältere Cometen finden sich einige hierher gehörige Daten in dem sehr lesenswerthen Aufsatze über Gestalt der Cometenschweife von Brandes, der in dem zweiten Hefte seiner «Unterhaltungen für Freunde der Physik und Astronomie» enthalten ist. Die beiden ersten Notizen sind diesem Werke entnommen.

Für den Cometen von 1590 scheinen die Beobachtungen anzudeuten, dass die Erde etwas später durch die Ebene des Schweifes gegangen ist, als durch die Ebene der Bahn; die Beobachtungen zeigen aber nicht die Uebereinstimmung, wonach diesem Resultate grosses Gewicht gebührte.

Bei dem Cometen von 1618 geben Cysat's Zeichnungen und Beschreibungen mit ziemlicher Sicherheit zu erkennen, dass die Mittellinie des Schweifs in der Bahnebene lag.

Von dem ersten Galle'schen Cometen finde ich in den Berliner Beobachtungen[1]) folgende Messungen der Richtung des Schweifs:

$$1839 \text{ Dec. } 10 . . p = 293° 30' . . p_o = 289° 50' . . p_o - p = - \quad 3° 40'$$
$$1840 \text{ Jan. } 7 . . . . . 306 \; 42 . . . . . . 319 \quad 6 . . . . + 12 \; 24$$
$$» \quad 12 . . . . . 320 \; 10 . . . . . . 318 \; 36 . . . . - \quad 1 \; 34$$
$$» \quad 13 . . . . . 316 \; 42 . . . . . . 318 \; 19 . . . . + \quad 1 \; 37$$
$$» \quad 15 . . . . . 318 \; 16 . . . . . . 317 \; 36 . . . . - \quad 0 \; 40$$

p_o ist wieder die Richtung zur Sonne. Die Beobachtung vom 7. Jan. ist wohl 10° irrig.

Der aufsteigende Knoten der Bahn liegt nach Peters und O. Struve in 119° 58', so dass die Erde am 20. Januar durch diese Ebene ging. Die Messungen scheinen keine Andeutung der Lage des Schweifs in einer andern, als der Bahnebene, zu enthalten.

Der berühmte Comet von 1843 gehört ebenfalls hierher; die Erde befand sich am 22. März in seiner Knotenlinie, zu einer Zeit, wo er der Gegenstand der Beobachtung von fast allen damals lebenden Astronomen war. Merkwürdigerweise bin ich aber nicht im Stande gewesen, mehr als eine einzige hinreichend bestimmte Angabe über die Richtung des Schweifes aus jener Zeit aufzufinden. Knorre in Nikolajew beobachtete am 17. März das Ende des Schweifs in 87° 30' Æ und — 13° 30' Decl., 46° vom Kerne entfernt. Den Positionswinkel dieses Punktes am Cometenkopfe findet er 99° 6', nur 33' verschieden von dem Positionswinkel der Verlängerung des Radiusvectors. Auch bemerkt er, dass er keine Abweichung des Schweifes, vom grössten, durch Sonne und Comet gehenden, Kreise habe erkennen können[2]). Die Mittellinie des Schweifes muss also sehr nahe sich in der Bahnebene befunden haben. Die Nähe der Erde bei der Knotenlinie scheint mir ein Umstand zu sein, der von mehren Astronomen bei Betrachtungen über die Natur dieses Schweifes übersehen ist.

Der Comet von 1844 — 1845, dessen Erscheinung auf der Südhalbkugel eine sehr prachtvolle gewesen ist, hat zwei Schweife gezeigt, von denen der eine schwächere der Sonne nahezu entgegengesetzt war, der andere hellere sich von ihr abwandte. Die Erde ging am 18. Januar 1845 durch die Bahnebene des Cometen und es finden sich Angaben von Maclear über den Positionswinkel des Cometenschweifs sowohl vor dieser Zeit als nachher; leider löschte der helle Mondschein von Januar 18—27 das Licht der beiden Schweife völlig aus.

Die Messungen über die Richtung des Schweifs und ihre Vergleichung mit dem Positionswinkel der Richtung zur Sonne, sind folgende[3]):

$$1844 \text{ Dec. } 30 . . p = 112° 30' . . p_o = 115° 35' . . p_o - p = + \quad 3° \; 5'$$
$$» \quad 31 . . . . . 111 \; 15 . . . . . . 114 \quad 3 . . . . + \quad 2 \; 48$$
$$1845 \text{ Jan. } 6 . . . . . 101 \quad 5 . . . . . . 103 \; 45 . . . . + \quad 2 \; 40$$
$$» \quad 29 . . . . . \; 94 \; 24 . . . . . . \; 81 \; 13 . . . . - 13 \; 11$$

1) *Berliner Beobachtungen*, Bd. II, pag. 190.
2) *Astr. Nachrichten* Nr. 477.
3) *Monthly Notices* Vol. VI, Nr. 16, 17.

$$1845 \text{ Jan. } 30 . . p = 92° 48' . . p_o = 81° \ 5' . . p_o - p = -11° 43'$$
$$\text{» } 31 . . . . . 90 \ 53 . . . . . . 80 \ 59 . . . . - \ 9 \ 54$$
$$\text{Febr. } 1 . . . . . 94 \ 48 . . . . . . 80 \ 54 . . . . -13 \ 54$$

Die Messung vom 31. Januar ist die sicherste, die beiden Daten für Jan. 29 und 30 werden beträchtlich unsicher genannt.

Für den zweiten Schweif fehlen die Positionswinkel vor Jan. 29 ganz; am 11. Januar wird angegeben, dass er der Richtung des Hauptschweifs entgegengesetzt gewesen sei; die spätern Messungen beziehen sich nicht auf die Axe der Nebelmasse, so dass im Allgemeinen nur daraus hervorgeht, dass die Schweifè einen von 180° abweichenden Winkel mit einander gemacht haben. Herr Waterston, der diesen Schweif in Bombay ebenfalls bemerkt hat[1]), nennt ihn am 16. Januar «almost directly opposite to the proper tail», bemerkt aber, dass Jan. 25 die beiden Schweife einen merklichen Winkel mit einander gebildet hätten. Man kann aus diesem Allen auf die Lage der Axe beider Schweife in der Ebene der Cometenbahn schliessen.

Von Oudemans[2]) besitzen wir eine Reihe trefflicher Messungen der Positionswinkel des Schweifs vom dritten Cometen des Jahres 1853. Ich führe hier nur diejenigen auf, welche directen Bezug auf den hier verfolgten Zweck haben:

$$1853 \text{ Aug. } 5 . . p = 69° 35' . . p_o = 59° 49' . . p_o - p = - 9° 46'$$
$$\text{» } \ 6 . . . . . 66 \ 20 . . . . . . 59 \ 24 . . . . - 6 \ 56$$
$$\text{» } \ 9 . . . . . 61 \ 28 . . . . . . 58 \ 11 . . . . - 3 \ 17$$
$$\text{» } 10 . . . . . 59 \ 36 . . . . . . 57 \ 51 . . . . - 1 \ 45$$
$$\text{» } 11 . . . . . 57 \ \ 6 . . . . . . 57 \ 31 . . . . + 0 \ 25$$

Die Oudemans'schen Beobachtungen brechen hier ab und die der Zeit nach nächste Bestimmung, welche ich habe finden können, ist eine Einstellung des Cometenkernes in die Mitte des Schweifs am Königsberger Heliometer von Peters[3]). Sie giebt:

$$\text{Aug. } 20 \quad p = 53° 50' \quad p_o = 56° 51' \quad p_o - p = + 3° 1'$$

Nach den Leidener Messungen hat sich die Erde am 10. August in der Ebene des Schweifes befunden und es wird das Zutrauen, was dieses Resultat nach der vortrefflichen Uebereinstimmung der Beobachtungen unter einander zu verdienen scheint, nur durch die Beobachtung von Peters etwas beeinträchtigt, die zu erkennen giebt, dass der Gang der Zahlen $p_o - p$ vielleicht zu gross aus den Leidener Einstellungen hervorgeht. Es ist aber nicht zu übersehen, dass sich die Messungen von Oudemans auf die Anfangsrichtung des Schweifes beziehen, während die Messung von Peters für einen nicht unbeträchtlich vom Kerne entfernt liegenden Punkt gilt. Die Erde war am 13. August Mittags in der Knotenlinie, so dass auch bei diesem Cometen, ähnlich wie bei dem diesjährigen, eine geringe Neigung der Bahnebene gegen die Ebene, in welcher die Axe des Schweifes lag, angedeutet ist.

---

1) *Monthly Notices.* Vol. VI. Nr. 14.
2) *Astron. Nachrichten.* Nr. 885.
3) *Astron. Nachrichten.* Nr. 946.

Die Zeit der Beobachtungen des Cometen 1857 VI schliesst den Durchgang der Erde durch die Bahnebene des Cometen nicht ein; da aber während längerer Zeit die Richtung des Schweifes so gut wie genau mit der Verlängerung des Radiusvectors zusammenfiel und die Erde in den letzten Tagen der Bahnebene schon recht nahe stand, so darf man auch diesen Cometen wohl als Beweis für die beiläufige Richtigkeit der besprochenen Hypothese anführen.

Aus Allem, was hier zusammengestellt ist, kann man den Schluss ziehen, dass die Axe der Cometenschweife nahezu in der Bahnebene liegt, aber in manchen Fällen einen kleinen Winkel damit bildet, der sich bei günstiger Gelegenheit der Bestimmung durch Beobachtung gewiss nicht entziehen wird, nachdem man einmal aufmerksam darauf geworden ist. Wie man sich in diesen Fällen eine solche Erscheinung erklären könnte, ist Seite 60 schon angedeutet.

Die Beobachtungen des Positionswinkels der Anfangsrichtung des Schweifes des grossen Cometen von 1858 aus den ersten Tagen Septembers können zu Schlüssen über die wirkliche Zurückkrümmung des Schweifes in der Ebene der Cometenbahn nicht dienen, da kleine Beobachtungsfehler ungemein vergrössert werden, auch die angedeutete Ausweichung der Axe aus der Bahnebene das Resultat enorm entstellen würde. Ich habe daher die Messungen erst vom 16. September ab den zur Erkennung der Rückbeugung nöthigen Reductionen unterworfen, wodurch folgende Werthe gefunden wurden:

$$\text{Sept. } 16 .. u = 179° 30' .. u_0 = 185° 16' .. u_0 - u = + 5° 46'$$

	Datum	u		u_0		$u_0 - u$	
»	17	184	30	187	45	+3	15
»	17	185	18	188	8	+2	50
»	18	187	3	190	15	+3	12
»	19	186	55	192	45	+5	50
»	24	208	32	207	34	−0	58
»	25	205	45	210	18	+4	33
»	27	212	4	216	42	+4	38
»	29	219	51	222	36	+2	45
»	30	223	39	225	45	+2	6
Oct.	5	237	33	241	26	+3	53
»	7	241	55	247	21	+5	26
»	8	245	36	250	11	+4	35
»	9	247	53	253	2	+5	9
»	13	260	6	263	50	+3	44

Der auf die Bahnebene reducirte beobachtete Winkel ist mit u bezeichnet, u_0 entspricht der Verlängerung des Radiusvectors. Die Uebersicht der Zahlen $u_0 - u$ führt auf das interessante Resultat, dass die Zurückbeugung oder die Neigung der Anfangsrichtung des Schweifs gegen den Radiusvector einen nahezu beständigen Werth während der Dauer dieser Messungen gehabt hat, wie es nach dem oben angeführten Ausdrucke für diese Neigung um die Zeit des Perihels genähert der Fall sein muss, falls µ sich nicht ändert. Das Mittel aus allen Differenzen ist $+ 3° 46'$. Herr Dr. Pape, der auf diesen bemerkenswerthen Umstand schon aufmerksam gemacht hat, findet ein etwas grösseres Resultat; diese Vergrösserung ist durch die Hinzuziehung von auf die Axe des dunkeln Kanals im Schweife bezogenen Positionswinkeln entstanden. Der Rückschluss auf die Constanz der Grösse µ oder der auf die Schweifpartikel wirkenden Sonnenkraft, ist ein sehr wichtiges Ergebniss dieser Untersuchung. Ich glaube aber nicht, dass man weiter gehen und die Näherungsformel, die nur für beträchtliche Werthe von ξ gilt, zur Schätzung des numerischen Werthes von µ anwenden darf. Die Figur des Cometen in der Nähe des Kopfes war so beschaffen, dass man für sehr erheblich verschiedene Abstände vom Kerne fast genau dieselben Positionswinkel des Schweifes bekam; Messungen bei $3'$ und $30'$ Abstand müssen noch ziemlich identische Resultate gegeben haben, besonders, wenn man wirklich den dunkeln Kanal als Axe des Schweifes annehmen wollte, da dieser längere Zeit in der Nähe des Kopfes ganz gerade war. Man könnte also für µ ungemein verschiedene Werthe erhalten, da φ Function der Variabeln ξ ist, je nachdem man die Messungen für einen dieser Punkte als gültig ansähe. Aus den obigen Beobachtungen lässt sich aber direct die Ungültigkeit der Formel für so kleine Werthe von ξ ableiten. Vernachlässigt man nämlich die verhältnissmässig geringe Variation von r in dem Zeitraume jener Beobachtungen, so müsste die Grösse µ sich derart geändert haben, dass sie die Aenderung von ξ genau compensirt hätte, wenn ξ im Verlaufe der Beobachtungen variabel gewesen ist, wie es wirklich der Fall war. Denn es beziehen sich meine Messungen immer auf einen $13'$ vom Kerne des Cometen entfernt liegenden Punkt und dieser Entfernung entsprechen bei den verschiedenen Abständen des Cometen von der Erde und den Aenderungen in der Projection beträchtlich verschiedene Werthe von ξ. Die oben geforderte Ausgleichung zwischen diesen Aenderungen von ξ und µ ist aber mehr als unwahrscheinlich.

Ueber das Aussehen des Cometenschweifs fürs blosse Auge habe ich wenig mehr zu sagen, als in der Beschreibung der Erscheinungen enthalten ist. Herr Dr. Pape hat seine Beobachtungen, welche sich hierauf beziehen, mit der Bessel'schen Theorie in Verbindung gebracht und dadurch eine treffliche Bestätigung mancher darin theoretisch begründeten Sätze durch die Erfahrung erhalten, so dass die Theorie selbst dadurch wesentlich an Wahrscheinlichkeit gewonnen hat. Eine beträchtliche Verbesserung der so gefundenen Resultate wird man erst erhalten können, wenn die auf verschiedenen Punkten der Erde während der ganzen Zeit der Sichtbarkeit des Cometen gesammelten Beobachtungen über den Schweif vorliegen werden und die Unsicherheit aus den Bessel'schen Formeln entfernt ist, die durch die Voraussetzung eines beträchtlichen Werthes von µ im Vergleich mit $g \sin G$ entsteht.

Sehr merkwürdig erscheint mir die eigenthümliche, säulenartige Schichtung, welche der Schweif in seinen obern Theilen vom 8. October an zeigte und deren Aehnlichkeit mit

Nordlichtstrahlen durch das scheinbare Verlängern und Verkürzen derselben in sehr kurzen Zeiträumen noch mehr hervortrat. Leider war die Erscheinung so schwach, dass sie
sich einigermaassen exacten Beobachtungen ganz entzog; besonders war es nicht möglich,
über die Vertheilung des Lichtes senkrecht auf die Längenaxe etwas zu ermitteln. Für
durch Beobachtung hinreichend sicher entschieden halte ich aber, dass der Convergenz-
punkt der Strahlen nicht im Kopfe des Cometen lag, sondern beträchtlich oberhalb. Es ist
dies ein Grund, weshalb die Wahrnehmungen am Schweife des grossen, so unvergleichlich
viel hellern Cometen von 1744 durch Cheseaux und mehr als 20 anderen Personen in Lausanne und Bern in den Nächten des 8. und 9. März, vielleicht nicht die Analogie haben,
dass eine Zusammenstellung Aufklärung für unsern Cometen verschaffte. Bei den Beobachtungen von Cheseaux war aber der Kopf des Cometen sehr tief unter dem Horizonte und
die Bemerkung: «que ces rayons étaient dirigés à un point sous l'horison, tel à peu près,
que celui où devait être la Comète» (pag. 164) hat daher nicht die gehörige Beweiskraft.
Die Beobachtung von Cheseaux ist von einigen Astronomen aus Gründen bezweifelt worden, die positiven Wahrnehmungen von unbefangenen und glaubhaften Beobachtern gegenüber nicht haltbar sind, und als solchen wird jeder Cheseaux anerkennen müssen, der
seinen *Traité de la comète, qui a paru en* 1743 *et* 1744 nebst den beigefügten schätzbaren
Anhängen studirt hat. Zur Vergleichung mit den vom grossen Cometen des Jahres 1858
dargebotenen eigenthümlichen Erscheinungen im obern Theile des Schweifes setze ich seine
Wahrnehmung im Auszuge aus der etwas seltenen Schrift hierher. Cheseaux erzählt, dass
er mit einem Freunde in einen Garten hinabgestiegen sei, von dem man freie Aussicht
nach Osten gehabt, um den Cometen zu beobachten. Dieser habe zuerst den Cometen erblickt, den ihm noch Gebäude verdeckt hätten und zu seinem Erstaunen gesagt, dass er statt
zweier Schweife jetzt deren fünf erblicke. Er beschreibt dann die Erscheinung folgendermaassen:

«Je découvris en effet cinq grandes queues, en forme de rayons blanchâtres, qui
s'élevaient les unes plus, les autres moins obliquement sur l'Horison jusques à la hauteur
de 22° et en occupant autant en amplitude. Ces rayons avaient environ 4° de largeur, mais
ils s'étrécissaient un peu par le bas. Leurs bords étaient assez distincts et rectilignes:
chacun d'eux était composé de 3 bandes; celle du milieu était plus obscure et le double plus
large que celles des bords . . . . L'entre-deux des rayons était sombre comme le reste
du Ciel. Cependant dans le bas il y avait une lumière semblable à celle de l'extrémité de
ces rayons, comme si elle eût été l'extrémité d'autres rayons plus courts. Outre ces cinq
queues bordées de bandes blanches il y en avait une sixième fort courte, dans la quelle on
ne remarquait pas des bandes, peut être parce qu'elle était fort basse[1]».

Es werden dann detaillirt die Sterne angegeben, durch welche die einzelnen Strahlen
gegangen und das Ganze durch zwei Zeichnungen erläutert. Die ersten Spuren von einer

---

1) Cheseaux, *traité de la comète,* pag. 158 sqq.

eigenthümlichen Zerstreuung des Schweiflichtes in den obern Partien und der Trennung des Schweifes in mehre Arme findet sich übrigens in Cheseaux Bemerkungen schon Mitte Januar erwähnt.

Bemerkungen zu den Lithographien.

Es ist von mehren Astronomen versucht worden, die merkwürdigen vom Donatischen Cometen entwickelten Erscheinungen durch bildliche Darstellungen zu fixiren. Obgleich bislang nur ein Theil dieser Abbildungen nach Pulkowa gelangt ist, so lässt sich doch im Allgemeinen schon sagen, dass bei weitem nicht alle diese Darstellungen in späterer Zeit erfolgreich bei den Betrachtungen über die Natur des Cometen angewandt werden können. Zum Theil lassen sich auffallende Unrichtigkeiten direct nachweisen, entstanden entweder durch nicht hinreichende optische und micrometrische Hülfsmittel oder durch Täuschungen bei zu niedrigem Stande des Cometen. Als ein auffallendes Beispiel der letztern Classe sind die beiden ersten Zeichnungen des Cometen nach Beobachtungen auf dem Collegio Romano anzuführen. Am 4. September ist der Comet als ganz rund gezeichnet, ähnlich den Nebelflecken, die von Herschel plötzlich sehr viel heller und kernig in der Mitte genannt werden. An diesem Tage war hier der Schweif des Cometen schon fürs blosse Auge sehr auffallend und seine Länge wurde im Sucher des Heliometers auf mehr als einen Grad geschätzt. Die Zeichnung für den 12. September giebt den allgemeinen Umriss der Figur als eiförmig, was ganz bestimmt nach den gleichzeitigen Pulkowaer Beobachtungen und Zeichnungen irrig ist; auch die Gestalt des Kopfes für den 16. September ist ohne Zweifel falsch. Es kann nicht die Absicht sein, hier eine kritische Betrachtung der verschiedenen Darstellungen zu geben: nur dies eine sei noch bemerkt, dass die Zeichnungen von Bond diejenigen sind, welche in jeder Beziehung alle andern bislang bekannt gewordenen weit überragen.

Manche der in den vorliegenden Abbildungen vorhandenen Fehler werden nicht dem Astronomen, sondern dem Künstler, welcher die Übertragung der Zeichnungen ausgeführt hat, zur Last fallen, oder in der Natur des angewandten Vervielfältigungsmodus begründet sein. Die beigefügten Abbildungen nach den Pulkowaer Zeichnungen entsprechen aus gleichen Gründen zum Theil den gehegten Erwartungen ebenfalls nicht; denn trotz wiederholter Correcturen und Retouchirungen ist es nicht gelungen, einmal begangene Fehler völlig zu beseitigen, sowie auch der allgemeine Ton der Figuren sich bei den wirklichen Abdrücken im Vergleich mit dem der vorgelegten Correcturblätter sehr verschlechtert hat. Um diese Uebelstände soviel als möglich unschädlich zu machen, möge Folgendes hier erwähnt werden.

Tafel I. Die Abdrücke dieser Platte sind höchst verschieden ausgefallen. Während bei manchen kaum etwas zu wünschen übrig bleibt in der Art und Weise des Verlaufens des Cometenschweifes in den Himmelsgrund, der Schwäche der obern Partien des Hauptschweifes und dem Hervortreten des Nebenschweifes, sind auf andern Abdrücken die Lichter so stark ausgefallen, dass sie für die obern Theile des Schweifes eine völlig irrige Vorstellung von dem Cometen geben. Auch tritt auf diesen Abdrücken der schwache Schweif viel zu sehr, so wie die hellern Theile, die den Kopf bilden, bei weitem nicht stark genug hervor.

Tafel II. Figur für Sept. 24. Die linke Schweifhälfte ist in den mittlern Partien zu schwach gehalten; der dunklere breite Hof um den Kern im Fächer ist Phantasie des Lithographen. Figur für Sept. 30. Das Verlaufen der linken Schweifhälfte in den Himmelsgrund hat man sich ähnlich, wie dasjenige der rechten vorzustellen; auch ist der dunkle Reifen, nahe der äussern Begränzung, oben rechts (im Positionswinkel von 130°) zu tilgen.

Durch ein eigenes Zusammentreffen von Umständen wurden erst die Originalzeichnungen für diese Platte bei einer Feuersbrunst zerstört und nachdem sie wieder so gut als möglich hergestellt waren, traf die danach angefertigten positiven Copien bei dem Lithographen das gleiche Schicksal. Bei dem letzten Brande wurden auch die andern Originale für Platte I—IV so schwer beschädigt, dass einzelne der gleichzuerwähnenden Irrthümer wahrscheinlich daraus entstanden sind.

Tafel III. In der Figur für October 5 ist der schmale helle Bogen über dem Fächer völlig zu tilgen und der Halbbogen etwa bis dorthin nach innen ausgedehnt zu denken. Die Figur für October 7 ist folgendermaassen zu modificiren. Man denke sich die schräge Stellung des Cometenkörpers fort, so dass die Lage des Schweifes analog der der nebenstehenden Figur wird und verstärke die Helligkeit der rechten Schweifhälfte in seinen untern Partien ein wenig. Der dunkle Kanal neben dem schwalbenschwanzartigen Gebilde an der rechten Seite des Fächers ist ganz zu tilgen und die gekrümmte Gestalt des Strahls beträchtlich der geradlinigen zu nähern. Ausserdem sind die Abstände der äussern Begränzung des Halbbogens vom Kerne nach den Seite 10 angeführten Messungen zu bestimmen, wonach also die begränzende Linie um etwa die Hälfte der Breite der gezeichneten Ausdehnung nach innen fallen würde. Den nach aussen übrig gebliebenen Raum hat man sich als mit ganz schwachem Nebeldunste angefüllt vorzustellen.

Tafel IV. Der zahnförmige Auswuchs an der rechten Seite des Fächers in der Figur für October 9 ist bei manchen Abdrücken unverhältnissmässig lichtstark ausgefallen; er war nur mit Mühe wahrnehmbar. Dagegen tritt der Nebenkern nicht bestimmt genug hervor, so wie denn überhaupt auf allen Platten die Lichtstärke des Kernes und der Sectoren im Vergleich zu dem Schweiflichte nicht stark genug hervortritt.

Tafel V. Es sind hier im Allgemeinen die scharfen Striche, welche zuweilen die Gebilde des Kopfes begränzen, zu tadeln; auch ist der Kern häufig nicht scharf genug herausgekommen, sowie das Verhältniss der Helligkeiten des den eigentlichen Schweif constituirenden Nebelstoffs zur schwachen Umhüllung nicht richtig getroffen ist. Die letztere ist verhältnissmässig viel zu lichtstark, auch zu gut begränzt gerathen. In Betreff des jedesmaligen Maassstabes werden die Originalmessungen etwaige Undeutlichkeiten beseitigen.

Tafel VI. In der Figur für Oct. 7 tritt der kleinere dunkle Fleck viel zu bestimmt hervor; er war nur mit grosser Mühe wahrnehmbar. Der secundäre Kern ist durch eine anliegende irrige, dunklere Schattirung zu bestimmt gerathen. Die Zeichnung für Sept. 16 drückt gar nicht aus, was sie soll. Es lag ein helleres Stück im Cometenschweife, dessen begränzende Linie etwa dem Rectascensionstriche für 171° entspricht; auch tritt der Kern nicht stark genug hervor. In der Zeichnung für Sept. 19 ist die Richtung des schwachen Schweifes verfehlt, in der Originalzeichnung geht allerdings die verlängerte Richtung desselben ebenfalls nicht durch den Kopf des Cometen, aber entfernt sich bei weitem nicht so beträchtlich davon als in der Copie.

9*

24 Sept.

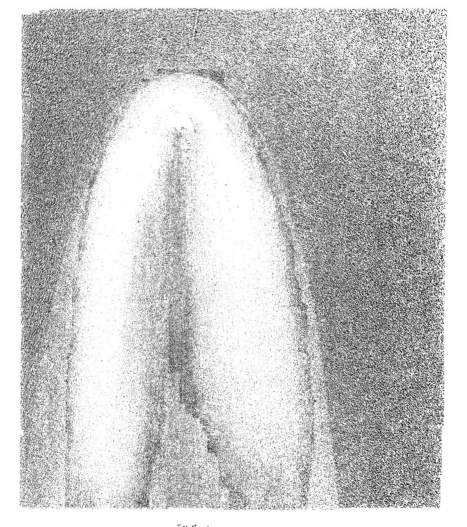

30. Sept.

5   6   7. Min.

5 Oct.

1 Oct.

7 Min.

9 Oct.

Sec. 60   40   20   0   1   2.

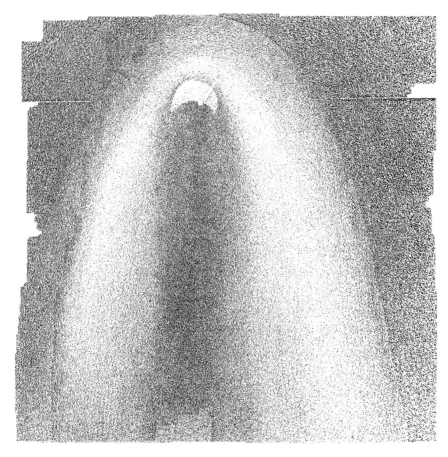

15 Oct.

12 Sept.

18 Sept.

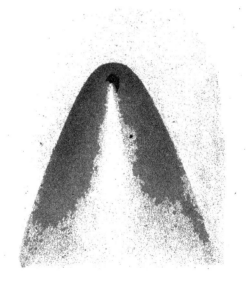

Tab V.

Grosser Comet 1858.

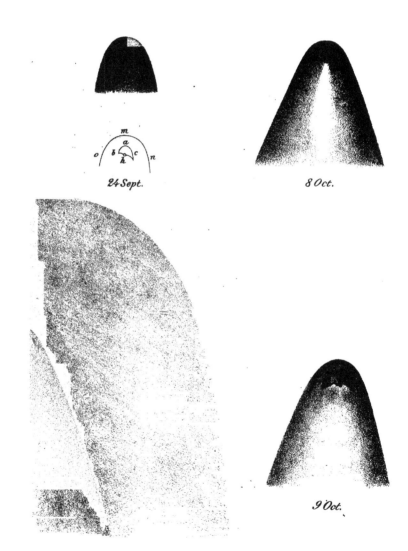

24 Sept.

8 Oct.

9 Oct.

7. Oct.

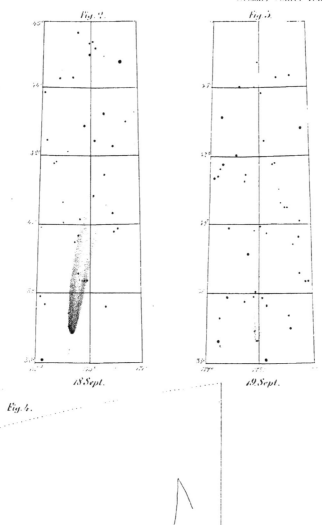

Tab.VI.

Grosser Comet 1858.

Fig. 2.

Fig. 3.

18. Sept.

19. Sept.

Fig. 4.

MÉMOIRES

DE

L'ACADÉMIE IMPÉRIALE DES SCIENCES DE ST.-PÉTERSBOURG, VIIe SÉRIE.

TOME II, N° 2.

MISSBILDUNGEN.

———

ERSTE SAMMLUNG.

(Mit 8 Tafeln.)

———

Von

Dr. med. et chir. **Wenzel Gruber.**

———

Der Akademie vorgelegt am 12. August 1859.

St. PETERSBURG, 1859.

Commissionäre der Kaiserlichen Akademie der Wissenschaften:

in St. Petersburg	in Riga	in Leipzig
Eggers et Comp.,	Samuel Schmidt,	Leopold Voss.

Preis: 1 Rbl. 40 Kop. = 1 Thlr. 17 Ngr.

Gedruckt auf Verfügung der Kaiserlichen Akademie der Wissenschaften.

K. Vesselofski, beständiger Secretär.

Im December 1859.

Buchdruckerei der Kaiserlichen Akademie der Wissenschaften.

Inhalt.

——

Anatomisches Institut. St. Petersburg im August 1859.

MISSBILDUNGEN.

Von

Dr. med. et chir. **Wenzel Gruber.**

I.
Anomalien bei Finger- und Zehen-Ueberzahl.

Ueberzahl der Finger und Zehen, sei es an Individuen, die mit anderweitigen Missbildungen behaftet waren, oder auch nicht, ist oft beobachtet worden. Dieselbe kann nur an einer Hand oder einem Fusse, aber auch an beiden Händen und beiden Füssen eines und desselben Individuums vorkommen. Mehr als 7 Finger an einer Hand und mehr als 9 Zehen an einem Fusse sind nicht beobachtet worden. In den meisten Fällen ist nur ein Finger oder eine Zehe überzählig. Normale Anzahl der Mittelhand- und Mittelfuss-knochen ist dabei öfterer, deren Ueberzahl seltener vorhanden. In beiden Fällen können letztere normal, aber auch einer oder einige davon aus zwei bestehen, die in verschiede-nem Grade mit einander verschmolzen sind. Die Zugabe soll häufiger am Ulnarrande der Hand oder Fibularrande des Fusses, weniger häufig an den entgegengesetzten Rändern, seltener zwischen den Fingern oder Zehen oder ausser der Reihe stattfinden. Die über-zähligen Finger oder Zehen sind bald rudimentär, bald vollkommen ausgebildet und stehen mit den Mittelhand- oder Mittelfussknochen an verschiedenen Stellen derselben, meistens an deren Finger- oder Zehenende, oder selbst mit einer Phalange eines der äussersten Fin-ger oder einer der äussersten Zehen, entweder durch ein Gelenk oder durch einen Haut-stiel in Zusammenhang. Finger- und Zehen-Ueberzahl scheint häufiger mit anderweitigen Missbildungen als ohne diese vorzukommen. Die Neigung dieser Missbildung zur Erblich-keit ist durch fremde und eigene Erfahrung constatirt.

Unter einer Reihe von Fällen mit der Zahl 6, die ich unter verschiedenen Modifica-tionen bei Embryonen, Kindern und Erwachsenen beobachtete, sah ich mehrmals Dupli-cität der Endphalange des Daumens. Diese Art Duplicität sah ich ausser anderen Fällen auch bei einem 23jährigen Artillerie-Unteroffizier als Beweis, dass sie zum Kriegsdienst nicht untauglich mache. Die überzählige Endphalange war fast so gross als die normale, articulirte an der Radialseite des Grundes der letzteren und mit dieser gemeinschaft-lich an der Grundphalange. Beide Endphalangen und die Grundphalangen waren durch eine gemeinschaftliche Gelenkkapsel vereinigt. Zwei überzählige Zehen an einem Fusse sah ich bis jetzt nur·in einem Falle. Diese Ueberzahl betraf den linken Fuss eines in Prag lebenden Idioten, an dem ich deutlich 6 Mittelfussknochen und 7 Zehen unterscheiden konnte, während der andere Fuss und die Hände normal gebildet waren. Die 2. und 3. Zehe war am 2. Mittelfussknochen eingelenkt, der selbst wieder aus zwei mit einander verschmolzenen bestand.

1851 wurde mir aus der Entbindungsanstalt des Erziehungshauses in St. Petersburg von dem Director derselben, Professor J. Schmidt, ein vollkommener ausgetragener männlicher *Embryo* zugesandt, der ausser 6 Fingern an jeder Hand und 6 Zehen an jedem Fusse mit einem Hirnbruche an der rundlichen Hinterhauptsfontanelle, dessen Bruchsack die Hirnhäute ohne *Cutis*, und dessen Inhalt eine kleine Portion des rechten Hinterlappens des Gehirnes und der hineingeschobene *Processus falciformis major* der **Dura mater** bildeten, und mit einer Spalte im hinteren Theile des Gaumens behaftet war. Die Missbildung wurde von mir, nach vorausgeschickter Gefässinjection, einer Untersuchung unterzogen, um zu erfahren, wie es sich denn eigentlich mit den Muskeln, Gefässen und Nerven in solchen Fällen verhalte. Die Untersuchung des Halses, der Brust, des Bauches, des Beckens und der Extremitäten bis zur Ellenbogen- und Knieregion lieferte allerdings nichts Abweichendes. Allein am Kopfe fand ich den seltenen Fall der Theilung des linken Parietale durch eine Quernath in zwei Hälften, und an den Unterarmen, den Händen, den Unterschenkeln und den Füssen mehrere Anomalien, die genug interessant sind, um bekannt zu werden.

Knochen-Anomalien. (Tab. I. Fig. 1.)

Die Knochen des Kopfes waren auf beiden Seiten nicht gleich. Der Kopf war deshalb schief, rechts mehr nach vorn, links mehr nach hinten ausgedehnt. Am Gaumengewölbe rückwärts sah man eine Längsspalte.

Unter den Schädelknochen, welche in ihrer Entwickelung ungewöhnlich vorgeschritten erschienen, so dass mit Ausnahme der Hinterhauptsfontanelle die übrigen Fontanellen ganz oder fast ganz verstrichen waren, zeichnete sich nur ein einziger, d. i. das linke Parietale, durch ein ganz seltenes anomales Verhalten aus. Das linke Parietale war nämlich durch eine von vorn nach hinten gehende, vollständige Quernath (α) in zwei Stücke, ein oberes (a) etwas grösseres und ein unteres (b) getheilt [1]. Dadurch gewinnt vorliegender Fall um so mehr an Interesse, als bis jetzt meines Wissens und wenn man von den Fällen bei hydrocephalischen Köpfen (Murray, Meckel) absieht, nur noch 4 — 5 Fälle mit durch eine Quernath ganz getheilten Parietalia bekannt sind. So besass Winslow ein Parietale eines Erwachsenen mit einer Quernath, von

---

[1] Ich erwähnte dieses Falles bereits in meinen Abhandlungen a. d. menschl. u. vergl. Anat., St. Petersburg 1852, 4° p. 113., weil ich vorlegenden Aufsatz, den ich nach Berlin 1851 sandte, damals zum Drucke in Müller's Archiv bestimmt hatte.

welchem Tarin[1]) eine Beschreibung und Abbildung lieferte; so gedachte van Doeveren[2]) eines Kindskopfes, an dem das linke Parietale auf eine ähnliche Weise getheilt war; endlich wurde in der Knochensammlung des Prof. Gotthardt zu Bamberg ein Kopf von einem 30—50jährigen Manne mit einer solchen Quernath an den Parietalia aufbewahrt, den J. F. Meckel erwähnte und später Sömmerring[3]) beschrieb und abbildete. Vielleicht gehören hierher auch die Scheitelbeine an dem Kopfe des sechsmonatlichen Kindes, über den J. F. Meckel[4]) ausführlich spricht. Dazu zu rechnen ist ein theilweise erhaltener Schädel mit einer Quernath des einen Parietale, der zu meiner Zeit im anatomischen Museum zu Prag sich befand.

Die Mittelhand enthielt 6 Knochen, die ganz vollständig gebildet waren. Dagegen glich der 6. dem 5., der 5. und 4. dem 4. gewöhnlicher Fälle. An dem 3. mangelte der Fortsatz der Basis. Deren Verbindung mit den einzelnen Knochen der unteren Handwurzelreihe erwies sich, mit Ausnahme des 1., als eine von der gewöhnlichen verschiedene. So verband sich der 2. mit dem *Os multangulum majus* und *minus*, der 3. mit dem letzteren und dem *O. capitatum*, der 5. und 6. mit dem *O. unciforme*. Von den 6 wohlgebildeten Fingern der Hand hatte auch der 6. drei Phalangen. Dieser erreichte mit der Spitze seiner Endphalange die Mitte der Mittelphalange vom 5. Finger.

Der rechte Mittelfuss besass 6 Knochen, wovon der 5. die Fusswurzel nicht erreichte, sondern mit seinem auf Kosten der seitlichen Flächen zugeschärften hinteren Ende zwischen die sich berührenden Bases des 4. und 6. eingeschoben war. Die Verbindung des Mittelfusses mit der Fusswurzel war nur in so fern eine anomale, als statt des 5. der gewöhnlichen Fälle hier der 6. die Verbindung mit dem Würfelbeine einging. Der linke Mittelfuss hatte nur 5 Knochen, also die normale Anzahl, nur war der 5. ungewöhnlich dick, besonders an dem Köpfchen, das gleichsam doppelt erschien. Jede der Zehen eines jeden Fusses hatte die normale Phalangen-Zahl, jede Phalange war normal entwickelt. Rechts entsprach je eine Zehe je einem Mittelfussknochen, links artikulirten die 5. und 6. am 5. Mittelfussknochen.

Muskel-Anomalien.

a. An der Rückenseite des rechten Unterarmes.

Extensor ulnaris. Inserirte sich an den 6. Mittelhandknochen.

Extensor radialis longus. Seine Sehne theilte sich in zwei, wovon die eine in den Daumenkopf des *Interosseus ext. I.* sich verlor.

Extensor digitorum. Hatte drei Bäuche, deren jeder nur in eine Sehne für den 2., 3. und 4. Finger überging.

Extensor dig. minim. proprius. Spaltete sich nach seinem Durchtritte durch die

[1]) Osteograph. Paris 1752 praef. p. 28. pl. V.
[2]) Spec. observ. acad. Groning. et Lugd. Batav. 1765. p. 195.
[3]) Tiedemann's und Treviranus Zeitschr. Bd. II. H. 1. 1826. p. 1. Tab. 1—2.
[4]) Handb. d. pathol. Anat. Bd. I. 1812. p. 338.

5. Scheide des *Lig. carpi dorsale* in drei Sehnen, wovon zwei am 5. Finger sich inserirten, die dritte am 6. Finger sich ansetzte.

Extensor dig. ind. proprius. War nur rudimentär, indem er schon am *Lig. carp. dorsale*, entsprechend der Scheide, die sonst dieser Muskel passirt, endigte.

An der Hand wurde letzterer durch einen überzähligen, zweiköpfigen Muskel, *E. d. i. p. biceps supernumerarius*, substituirt. Derselbe entstand mit zwei bandartigen Köpfen, und zwar mit dem einen von dem *Lig. carp. dorsale*, dort, wo der eigentliche, aber hier rudimentäre Muskel endigte, mit dem anderen von der Basis des 6. und 5. Mittelhandknochen und dem Hackenbeine; jener lief in schiefer, dieser in querer Richtung zur Basis des Zeigefingers, woselbst sie sich vereinigten und bald darauf in eine Sehne übergingen, die auf normale Weise am Zeigefinger sich ansetzte.

b. An der Rückenseite des linken Unterarmes.

Extensor digitorum. Theilte sich in vier Bäuche, wovon drei in eben so viele Sehnen für den 2., 3. und 4. Finger, der vierte aber in zwei für den 5. und 6. Finger übergingen.

Extensor dig. minim. proprius. Fehlte vollständig, so wie die für diesen bestimmte · Scheide im *Lig. carp. dorsale.*

Abductor poll. longus. War doppelt.

Extensor poll. minor und der *Extensor dig. ind. proprius.* Fehlten gänzlich.

Der Mangel dieser drei fehlenden Muskeln am Rücken des linken Unterarmes (einer in der ersten, die anderen in der zweiten Schicht) wurde durch einen dem *Extensor digitorum pedis brevis* analogen Muskel ersetzt, den ich auch *Extensor digitorum manus brevis anomalus* nenne. Derselbe hatte die Gestalt eines länglichen Vierecks, von dessen vier Winkeln eben so viele Muskelbäuche nach vier Richtungen divergiren. Sein Muskelkörper lag auf der Handwurzel und den Bases des 3. und 4. Mittelhandknochen, ohne mit diesen zusammenzuhängen, vielmehr durch etwas Bindegewebe und Fett getrennt, in schiefer Richtung von dem Ende der *Ulna* nach vor- und abwärts zu den bezeichneten Mittelhandknochen, bedeckt von den Sehnen des *Extensor digitorum (longus)*. Die vier Bäuche liessen sich in zwei vordere oder Radial- und zwei hintere oder Ulnarbäuche scheiden. Jene sind platt, spindelförmig; diese bandartig und breiter. Der obere grössere Radialbauch ging bald in eine lange Sehne über, die hinter dem *Extensor poll. major* zum Daumen verlief und daselbst so, wie der *Extensor poll. minor* der gewöhnlichen Fälle, endigte, war also dessen Substitut. Der untere Radialbauch ging auch bald in eine aber zartere Sehne über, welche sich am Zeigefinger, wie die eines normalen *Ext. ind. proprius*, inserirte, ersetzte sonach diesen Muskel. Der untere Ulnarbauch verlief in querer Richtung an der Handwurzel, oberhalb der Verbindung dieser mit der Mittelhand, nach rückwärts gegen den Ulnarrand der letzteren, war bis dahin fleischig, ging, am 6. Mittelhandknochen angekommen, in eine Sehne über, die zwar mit der des *Extensor digitorum*

sich verband, jedoch am 6. Finger im ferneren Verlaufe sich so verhielt, wie der gewöhnliche *Ext. dig. minim. proprius* am 5., daher als Ersatz für diesen anzusehen ist. Er war
zugleich der längste Bauch. Der obere Ulnarbauch war der kürzeste, breiteste und
dickste, endigte am *Lig. carpi dorsale* und der Handgelenkkapsel fleischig, an der Sehne
des *Extensor ulnaris* sehnig. Am Muskelkörper ging zwischen den Faserbündeln der einzelnen Bäuche zugleich eine Kreuzung vor sich. Die des oberen Ulnarbauches setzten
sich in die beiden Radialbäuche fort, die des unteren, nachdem sie den unteren Radialbauch gekreuzt hatten, in den gleichnamigen oberen. Nimmt man den oberen Ulnarbauch
als solchen an, so wäre der Muskel ein radialfaserig vierbäuchiger; erklärt man aber
denselben als Ursprungstheil des ganzen Muskel's, so hat man es mit einem drei-
bäuchigen gegen die äussersten Finger ausstrahlenden Muskel zu thun, dessen Stützpunkt am Ende des Unterarmes sich befindet, was offenbar das Richtigere ist. Da dieser
Muskel mit seinen drei Bäuchen drei eigene Strecker (des Daumens, Zeige- und
kleinsten Fingers) substituirt, die hier nicht nur anomaler Weise zu einem gemeinschaftlichen Muskel sich vereinigen, sondern auch als solcher zu einem Handmuskel sich verkürzt haben; so wird er dadurch an der Hand ein Analogon des *Extensor digitorum
brevis* am Fusse.

c. An der Volarseite beider Unterarme.

Palmaris longus. Fehlte beiderseits.

Flexor digitorum sublimis. Schickte rechterseits vier Sehnen für den 2. bis 5.
Finger, linkerseits nur drei für den 2. bis 4. Finger; gab somit rechterseits dem 6. Finger, linkerseits dem 5. und 6. Finger keine Sehne.

Flexor poll. longus. Vereinigte sich beiderseits mit der Sehne des *Flexor digitorum
profundus* zum Zeigefinger.

Flexor digitorum profundus. Theilte sich beiderseits in 4 Bäuche, wovon drei in
eben so viele Sehnen für den 2. bis 4. Finger übergingen, der vierte eine Sehne abschickte,
die nach nochmaliger Theilung an den 5. und 6. Finger sich ansetzte.

d. An der Rückenseite beider Hände.

Interossei externi. An jeder Hand sind fünf vorhanden. Davon inserirte sich der
I. an die Radialseite der ersten Phalange des 2. Fingers und die Sehne des *Extensor digitorum,* der II. an dieselbe Stelle des 3. Fingers, der III. an die Ulnarseite desselben, der
IV. und V. an die Ulnarseite des 4. und 5. Fingers. Rechterseits setzte sich der III. mit
einem zweiten Fascikel auch an die Radialseite des 4. Fingers. Sonach besass der 2., 4.
und 5. Finger nur einen *Interosseus ext.,* der 3. aber zwei. Die Achse der Hand kann daher
auch im vorliegenden Falle durch den 3. Finger gezogen gedacht werden.

In diese Region gehört auch der oben beschriebene anomale *Extensor dig. ind.
propr. biceps supernumarius,* der den *Extensor dig. ind. proprius* des rechten Unter-

armes ersetzt, so wie der oben beschriebene *Extensor digitorum brevis anomalus*, der die drei *Extensores proprii* des linken Unterarmes substituirt.

e. In der Hohlhand beider Seiten.

Muskeln des *Hypothenar*. Diese und der *Palmaris brevis* entsprachen dem 6. Finger eben so, wie dieselben in gewöhnlichen Fällen dem 5. Finger.

Lumbricales. In jeder Hand sind vier. Sie inseriren sich zum Theil auf anomale Weise. So gingen der I. und II. allerdings an die Radialseite des 2. und 3. Fingers, allein der III. war in zwei Fascikel getheilt, wovon der eine an der Ulnarseite des 3., der andere an der Radialseite des 4. endigte, und der IV. inserirte sich an die Ulnarseite des 4. Für den 5. und 6. Finger fehlten dieselben.

Interossei interni. An jeder Hand sind vier. Davon war der III. zweiköpfig. Der I. inserirte sich an die Ulnarseite des 2., der II. an die Radialseite des 4., der III. vom 4. und 5. Mittelhandknochen, also zweiköpfig entsprungene, an die Radialseite des 5., der IV. an die Radialseite des 6. Fingers.

f. An beiden Unterschenkeln.

Extensor digitorum pedis longus. War jederseits um eine Sehne für die 6. Zehe vermehrt.

Peroneus III. War rechterseits mit seiner Insertion auf den 5. und 6. Mittelfussknochen nach aussen gerückt.

Plantaris. Fehlte beiderseits.

Flexor digitorum longus. Hatte rechterseits eine 5. Sehne mehr für die 6. Zehe.

g. An der Rückenseite beider Füsse.

Extensor digitorum brevis. Hatte beiderseits vier Bäuche, wovon der äusserste die Sehnen für die 4. und 5. Zehe, aber keine für die 6. abschickte.

Interossei externi. Wie im normalen Zustande waren drei, die an die Fibularseite der 2. bis 4. Zehe auf die bekannte Weise sich ansetzten. Der *Interosseus externus IV*. fehlte auch rechts, weil daselbst der 5. und 6. Mittelfussknochen gegen die Rückenseite einander fast völlig genähert waren.

h. Am Plattfusse beider Seiten.

Flexor digitorum brevis. Schickte beiderseits drei Sehnen zur 2. bis 4. Zehe ab.

Lumbricales. Waren vier.

Interossei interni. Waren rechterseits fünf, linkerseits vier.

Die Muskeln des äusseren Ballens entsprachen rechts dem 6. Mittelfussknochen und der 6. Zehe, links dem 5. Mittelfussknochen und der 6. Zehe.

Gefäss-Anomalien.

a. Beider Unterarme und Hände.

Die Arterien waren an beiden Extremitäten gleich anomal angeordnet. Eine davon hatte einen höheren Ursprung. Auch war ihre Zahl um 2 vermehrt.

Durch einen höheren Ursprung machte sich die *Radialis* bemerkbar. Sie entstand von der *Brachialis* noch im *Sulcus bicipitalis internus* der Oberarmregion oberhalb jenes aponeurotischen Fascikels, den die Sehne des *M. biceps* zum inneren Muskelvorsprunge der Ellenbogenregion abgiebt.

Die überzähligen Arterien waren die *Mediana (profunda)* und eine dicke *Anastomose (inosculatio)* zwischen der *Interossa interna* und der *Ulnaris*. Erstere war eine von den Endästen, in die sich die *Brachialis* in der Ellenbogenregion theilte, verlief mit dem *N. medianus* an dessen Radialseite in die Hohlhand; letztere entstand aus der *Interossea interna*, bevor sich diese unter den *M. pronator quadratus* verbirgt, lag im unteren Theile des *Sulcus ulnaris* des Unterarmes und vereinigte sich mit der *Ulnaris*, bevor diese die Hohlhand erreichte.

Die *Mediana* und der *Ram. vol. superf. art. ulnaris* gaben zwar die oberflächlichen Hohlhandgefässe ab, allein zur Bildung eines oberflächlichen Hohlhandbogens kam es nicht. Eine jede theilte sich in ihre Aeste, die nach wiederholter Theilung als Palmararterien an den Fingern sich verzweigten. Die *Mediana* theilte sich in zwei Aeste, wovon der eine drei Zweige für die beiden Seiten des Daumens und die Radialseite des 2. Fingers, der andere zwei für die Ulnarseite des 2. und die Radialseite des 3. Fingers abgab. Der *Ram. vol. superf. art. ulnaris* spaltete sich in vier Aeste, wovon die ersteren drei, gabelförmig in je zwei Zweige getheilt, für die Ulnarseite des 3. bis für die Radialseite des 6. Fingers bestimmt waren, der letzte, ohne weiter getheilt zu werden, als Palmararterie am Ulnarrande des 6. Fingers endigte.

b. Beider Unterschenkel und Füsse.

Unter den beiderseits gleich angeordneten Arterien war nur die *Tibialis antica* und die *Peronea* anomal. Erstere endigte bereits in der Unterschenkelmuskulatur, letztere ersetzte mit dem das *Lig. interosseum* durchbohrenden und sehr starken auf die Rückenseite des Fusses tretenden Aste daselbst vollkommen die *Tibialis antica* und wurde sonach *Pediaea*.

Die *Venen* zeigten nichts Ungewöhnliches.

Nerven-Anomalien.

a. Beider Unterarme und Hände

Anomalien wiesen nur die an der Ulnarseite der Hand sich vertheilenden durch Mehrzahl von Zweigen nach, und zwar für die Hohlhand der *Ram. vol. superf. nerv.*

ulnaris, für den Rücken der *Ram. dorsalis* desselben. Ersterer spaltete sich in drei Aeste, also um einen mehr als gewöhnlich. Davon gab der eine für die Ulnarseite des 4. Fingers und die Radialseite des 5. Fingers, der andere für die Ulnarseite des 5. und die Radial-seite des 6., der dritte für die Ulnarseite des 6. je einen Hohlhandzweig. Letzterer theilte sich in 7, also um 2 mehr als gewöhnlich, die, von der Ulnarseite des 3. Fingers angefangen, die Seiten aller übrigen bis zum 6. mit Rückenzweigen versahen.

b. Beider Unterschenkel und Füsse.

Der *Cutaneus surae* versorgte jederseits die äussere Hälfte des Fussrückens, so wie alle äusseren Zehen, von der Fibularseite der 3. angefangen, mit Dorsalzweigen. Der *Plantaris externus* gab durch seinen *Ram. superf.* den äussersten Zehen, von der Fibular-seite der 4. angefangen, die Plantarzweige.

Vorliegender Fall mit Finger- und Zehen-Ueberzahl gehört zu jenen, die zu-gleich mit anderweitigen Missbildungen vorkommen.

Durch das Vorkommen einer queren Theilung seines linken Parietale in zwei fast gleiche Hälften, reiht er sich den grösseren Seltenheiten an. An der Hand scheint eigentlich der 4. Finger mit dem entsprechenden Mittelhandknochen der überzählige zu sein, wofür sein Bau, so wie jener dem normalen ganz ähnliche Bau des 5. und 6. Mit-telhandknochens und deren Artikulation am Hakenbeine sprechen, die sich gerade so ver-hält, wie die zwischen letzterem und dem 4. und 5. Mittelhandknochen gewöhnlicher Fälle. An dem Fusse ist die 5. Zehe die überzählige, wofür die unvollkommene Entwickelung des 5. Mittelfussknochens rechterseits, so wie die Articulation des 4. und 6. mit dem Wür-felbeine einsteht, die so wie die zwischen dem letzteren und dem 4. und 5. Mittelfuss-knochen normaler Fälle sich verhält.

Die Muskulatur zeigt die meisten und darunter mehrere ganz neue Anomalien, besonders an den oberen Extremitäten.

Einzeln vorkommender Mangel eines der drei *Extensores,* d. i. des *Extensor dig. ind. proprius, Extensor poll. minor* oder *Extensor dig. minim. proprius,* ist eben so eine bekannte Sache, wie der Ersatz dieser durch andere, entweder normale, oder selbst anomale eigen-thümliche Muskeln. Niemals wurde aber der Mangel dieser drei Extensoren an einer und derselben Extremität eines und desselben Individuums und deren Ersatz durch einen gemeinschaftlichen und auf die Hand verkürzten beobachtet. Diese Beobach-tung ist um so interessanter, als man dadurch über die Bedeutung und Analogie der drei angeführten *Extensores proprii* der gewöhnlichen Fälle beziehungsweise zur Muskulatur der unteren Extremität Aufschluss erhält. Lage, Ursprung, Theilung und Insertion des neuen anomalen Muskels sprechen für eine Analogie mit dem *Extensor digitorum pedis brevis,* wesshalb ich jenen auch *Extensor digitorum manus brevis anomalus* nannte. Während dem also ein Muskel aus einer oberflächlicheren Schichte der Beugeseite des Unterarmes in dem auf dem Plattfuss verkürzten *Flexor digitorum ped. brevis* an der unteren Extremität sich wiederholt, haben die angegebenen drei Muskeln, grösstentheils aus einer tieferen Schichte der Streckseite des Unterarmes, ihr Analogon an der unteren Extremität in dem auf den Rücken des Fusses verkürzten *Extensor digitorum pedis brevis*. Der Muskel an der Beugeseite des Unterarmes kann sich nie auf die Hand verkürzen, was bei jenen an der Streckseite ausnahmsweise, wie vorliegender Fall beweiset, geschehen kann.

Auch ist ein auf die Hand verkürzter *Extensor dig. ind. propr. biceps* bei Vorkommen des gewöhnlichen, wenn auch rudimentären, noch nicht beschrieben worden.

Die Anordnung der *Interossei* ist allerdings anomal, allein nicht anders, als sie auch schon in anderen und sonst normalen Fällen beobachtet wurde. Sie beweiset, dass die Achse der Hand durch den 3. Finger, die des Fusses durch die 1. Zehe gehe.

Die Muskulatur des Ulnarballens der Hand und des Fibularballens des Fusses entspricht dem 6. Finger und der 6. Zehe. Desshalb dürfte in ähnlichen Fällen, die am Leben bleiben, bei gewünschter Entfernung des einen überzähligen Gliedes gerade die des äussersten Fingers oder der äussersten Zehe, abgesehen von grösserer Verunstaltung, ohne Beeinträchtigung der Function der ganzen Hand oder des Fusses kaum möglich sein, was durch Entfernung des zunächst gelagerten Fingers oder der zunächst gelagerten Zehe vermieden werden könnte.

Die beschriebene anomale Anordnung der Gefässe an den oberen Extremitäten kommt allerdings auch an sonst wohlgebildeten Individuen öfters vor. Die *Mediana* wurde längst beschrieben; das Vorkommen einer dicken *Anastomose* zwischen der *Interossea interna* und *Ulnaris* in seltenen Fällen habe ich bekannt gemacht [1]. Allein in sofern bietet diese Beobachtung einiges Interesse, als sie dafür zu sprechen scheint, dass Ueberzähligkeit der Finger nicht bloss Abgabe überzähliger Zweige der sonst normalen Gefässe der Hand, sondern Ueberzahl der Gefässe bereits am Unterarme und Anomalien schon am Oberarme bedinge. Auch hat Otto [2] an der linken oberen Extremität eines *Monstrum perochirum et peroscelum*, das aber 6 Finger an jeder Hand besass, den Ursprung der *Radialis* schon aus der *Axillaris* und eine überzählige *Anomala* (*Mediana*) am Unterarme beschrieben und abgebildet.

Eben so bekannt ist das angegebene Verhalten der Arterien der unteren Extremitäten auch bei sonst normalen Fällen; bleibt aber doch interessant, da es beiderseits symmetrisch war und sonst nur selten vorkommt.

Das beschriebene Verhalten der Nerven liess sich wohl schon im Voraus diagnosticiren.

---

[1] W. Gruber. Neue Anomalien. Berlin 1849. p. 22.
[2] A. G. Otto. Monstr. sexcent. descript. anat. Vratislaviae 1841. p. 147. Tab. XIX. Fig. 3. Fol.

II.

Proencephalus mit Defecten. (Tab. I. Fig. 2.)

Im Juli 1854 erhielt ich von Dr. Krassowsky in St. Petersburg einen völlig ausge-
tragenen männlichen *Fötus*, der durch *Hydrenencephalocele*, Spaltbildungen und
Defecte missgebildet war.

Ich zergliederte die Missbildung, nach vorhergegangener Gefässinjection, in allen
ihren Theilen. Von den damals aus meinen Untersuchungen gewonnenen Resultaten
werde ich im Folgenden nur die mittheilen, welche irgend eine Abweichung ergaben.

Die Missbildung hat an ihrer Stirnregion einen grossen Sack hängen; zeigt eine
rechtseitige Nasenflügelspalte, eine linkseitige Lippenspalte zugleich mit linkseitiger Gaumenspalte; weiset Defecte der rechten oberen Extremität mit Ausnahme der Schulter, Defecte am linken Zeigefinger und linken Ringfinger, Defect
des rechten Fusses, Defect des linken Unterschenkels und Fusses auf; und besitzt am rechten Unterschenkel ein knollenartiges Anhängsel.

Der Sack der Stirnregion steht durch einen Stiel mit dem Schädel in Verbindung.
Der Stiel sitzt entsprechend der Stirnnath und darüber nach rechts hinaus auf, unmittelbar
über der Nasenwurzel bis gegen die Stirnfontanelle. Derselbe fluctuirt, ist mässig gefüllt,
daher etwas zusammengefallen. Die Haut des Schädeldaches setzt sich auf ihn ohne Unterbrechung fort und seine Wände bestehen ausser dieser aus den Hirnhäuten, welche
durch eine Spalte in der Stirnnath mit einem grossen Theile aus der Schädelhöhle als
Hernialsack vorgelagert sind. Der Inhalt des Sackes ist theils Serum, theils der grösste
Theil der Vorder- und Oberlappen des Gehirnes. Bei horizontaler Lage misst der Sack
vom Stiele zu seinem Ende $5\frac{1}{2}''$ und in querer Richtung $5''$. Bei derselben Lage misst der
Stiel in querer Richtung $1\frac{3}{4}''$. Der Umfang des Sackes beträgt $12''$, der des Stieles $4\frac{3}{4}''$.
Die Spalte am Schädel ist ein $1''$ weites Loch, das unmittelbar über der Nasenwurzel und
$8'''$ von der Stirnfontanelle entfernt sitzt. Der Sack war ein angeborenes *Hydrenencephalocele*.

Wegen vorhandener linkseitiger Gaumenspalte stehen die Mund- und linke Nasen-
höhle im Zusammenhange.

Die defecten Finger haben keine Nägel.

Der knollenartige Anhang am rechten Unterschenkel hängt durch einen schmalen Stiel mit der *Crista tibiae*, $5 - 6'''$ oberhalb dem unteren Ende der *Tibia*, zusammen.
Derselbe besteht aus der Haut, Fett und Bindegewebe.

Knochen.

Dem rechten Schulterblatte fehlt der Gelenkknopf; die übrigen Knochen der
rechten oberen Extremität feblen ganz. Der rudimentäre linke Zeigefinger ent-

hält nur die obere Hälfte der Grundphalange. Der rudimentäre linke Ringfinger hat eine vollständige Grundphalange und das Basalstück der Mittelphalange. Die Enden der rechtseitigen Unterschenkelknochen sind abgerundet. Das untere Tibiofibular-gelenk zwischen beiden ist zugegen. Das Ende des linken Oberschenkelknochens besitzt keine *Condyli*, ist abgerundet und seitlich comprimirt. Die übrigen Knochen der linken unteren Extremität, so wie die des Fusses der rechten unteren Extremi-tät fehlen.

Muskeln.

M. latissimus dorsi dexter. Er entspringt normal, inserirt sich anomal. 1″ vor sei-nem Ende wird er sehnig und ist daselbst 8″′ breit. Damit setzt er sich an den 4. Rippen-knorpel und an den Brustbeinrand im Zwischenraume des 3. und 4. Rippenknorpels. Er schliesst sich an den unteren Rand des *M. pectoralis major* an und seine Sehne verwächst mit der des letzteren.

M. serratus anticus major dexter. Er entspringt von allen 12 Rippen, ist somit un-gewöhnlich entwickelt.

M. pectoralis major dexter. Er entspringt normal mit der *Portio clavicularis*, nur bis zum 4. Rippenknorpel herab von dem Brustbeine und von den oberen vier Rippenknor-peln mit der *Portio sternocostalis.* Er inserirt sich an die untere Hälfte der hinteren Lippe des äusseren Randes und an die hintere Fläche des unteren Winkels des Schulterblattes. Die untersten Fasern der *Portio sternocostalis* gehen in den *M. serratus anticus major* über.

M. pectoralis minor dexter. Fehlt.

M. deltoideus dexter. Hat keine Clavicularportion. Er ist mit der *Portio clavicularis* des *M. pectoralis major* am Ende verwachsen und inserirt sich an das mittlere Drittel der hinteren Lippe des äusseren Schulterblattrandes.

M. subscapularis dexter. Er ist wenig entwickelt. Seine Fasern entspringen vom unteren Theile des äusseren Schulterblattrandes, und inseriren sich an den oberen Schul-terblattrand, an den oberen Schulterblattwinkel und an den inneren hinteren Schulter-blattrand.

M. supraspinatus dexter. Er ist sehr entwickelt. Er inserirt sich an die untere Fläche des *Acromion.*

M. infraspinatus und *teres minor dexter.* Sind mit einander verschmolzen und inseriren sich an die Wurzel des *Acromion.*

M. coraco-scapularis dexter. Ersatzmuskel der sonst vom *Processus coracoideus* ent-stehenden Muskel. Er entspringt sehnig vom *Processus coracoideus* und inserirt sich an die grössere untere Hälfte der inneren Lippe des äusseren Schulterblattrandes bis zum un-teren Winkel herab. Er ist dreieckig und dick.

Vom *Caput longum* des *M. biceps brachii dexter* ist keine Spur zu sehen.

Die Sehne des *M. flexor digitorum sublimis* geht am verkümmerten linken Ring-

finger in das Hautanhängsel des letzteren über; setzt sich am verkümmerten linken Zeigefinger
an das Ende der rudimentären Grundphalange. Die Sehne des *M. flexor digitorum profundus* inserirt sich am verkümmerten Ringfinger an die rudimentäre Mittelphalange, am
verkümmerten Zeigefinger an das Ende der rudimentären Grundphalange. Der *M. extensor
digitorum* schickt auch zu den verkümmerten Fingern seine Sehnen. Der *M. extensor di-
giti indicis proprius* schickt seine Sehne zur rudimentären Grundphalange des verkümmerten
Zeigefingers.

M. tensor fasciae latae sinister. Fehlt.

M. gracilis sinister. Ist mit dem *M. adductor magnus femoris* verschmolzen.

M. sartorius sinister. Ist ganz rudimentär, entsteht membranös von dem äusseren
Drittel des *Arcus cruralis* und vereinigt sich mit dem Anfange der Endsehne des *M. adductor magnus femoris.*

M. extensor quadriceps cruris sinister. Endiget am vorderen, dem äusseren und
inneren seitlichen Umfange des unteren Endes des Oberschenkelknochens.

Mm. semitendinosus, semimembranosus und *biceps femoris sinister.* Sind zu einer
einzigen Muskelmasse verschmolzen, deren sehniges Ende in zwei Portionen getheilt ist,
wovon die äussere grössere an den äusseren Umfang des unteren Endes des Oberschenkelknochens, die innere kleinere, mit der Sehne des *M. adductor magnus* verschmolzene, an den
inneren Umfang dieses Endes sich ansetzt. Das *Caput breve* des *M. biceps femoris* fehlt.

M. tibialis anticus dexter. Endiget am unteren Ende der *Tibia.*

Mm. extensor hallucis longus und *extensor digitorum dexter.* Sind verschmolzen
und endigen sehnig theils an der *Tibia*, theils an der *Fibula.*

Mm. peroneus longus und *brevis dexter.* Sind verschmolzen und endigen am unteren Ende der *Fibula.*

Mm. gastrocnemius externus, gastrocnemius internus und *soleus dexter.* Sind von
einander isolirt, entspringen wie gewöhnlich und gehen in eine breite Achillessehne über,
welche am unteren Unterschenkelende endiget.

M. plantaris dexter. Seine Fleischportion ist lang, stark, bis 3''' breit. Er entspringt
vom *Planum popliteum* des Oberschenkelknochens $3\frac{1}{2} - 4'''$ über dem Ursprunge des *M.
gastrocnemius externus* und einwärts von diesem, endiget in eine Sehne, welche mit dem inneren Rande der Achillessehne sich vereiniget. Dieser Muskel tritt somit mehr als 3.
Kopf des *M. gastrocnemius* auf.

Die tiefe Schicht der Muskeln der hinteren Unterschenkelregion ist zu einer
sehr dünnen Muskelmasse verschmolzen, an der sich keiner der diese bildenden Muskeln
für sich isoliren lässt.

Gefässe.

Arteria anonyma. Sie ist weniger dick als die *Art. carotis sinistra.* Bevor sie sich
in ihre zwei Aeste theilt, giebt sie von ihrer linken Seite die *Art. thyreoidea ima (Neu-*

baueri) ab. Diese verläuft zuerst quer vor der Luftröhre nach links hinüber, biegt sich dann rechtwinklig um und steigt zur linken Seite der Luftröhre im *Sulcus tracheo-oesopha-geus* zum linken Schilddrüsenlappen aufwärts.

Art. subclavia dextra. Sie hat einen geringeren Durchmesser als die linke, giebt dieselben Aeste, wie die der normalen Fälle, und auch die *Art. transversa scapulae* ab.

Art. axillaris dextra. Sie ist schwächer als die linke. Ihre beiden Endäste sind die *Art. subscapularis* und *thoracica longa*. Erstere theilt sich in die *Art. circumflexa scapulae* und *deltoidea*.

Art. radialis sinistra. Sie giebt in der Gegend der Insertion des *M. pronator teres* einen anomalen Zweig ab, der den *Ramus superficialis nerv. radialis* begleitet und in der Haut des Handrückens endiget.

Art. mediana antibrachii profunda sinistra. Sie begleitet, wie in anderen Fällen, den *Nervus medianus* in die Hohlhand und theilt sich in die Hohlhand-Fingerarterien für den Daumen, den verkümmerten Zeigefinger und die Radialseite des Mittelfingers, während der *Ram. vol. superficialis art. ulnaris*, welcher sich mit ersterer zum oberflächlichen Hohlhandbogen nicht verbindet, die Hohlhand-Fingerarterien für die Ulnarseite des Mittelfingers, für den verkümmerten Ringfinger und den kleinen Finger abschickt.

Art. renales. Rechtseitige sind zwei, wovon die überzählige, obere, kleinere im Bereiche des Ursprunges der *Art. mesenterica superior* von der *Aorta abdominalis* entsteht. Beide dringen durch den *Hilus* in die Niere. Linkseitige sind drei, wovon die obere und mittlere die überzähligen sind. Die mittlere entsteht von der *Aorta abdominalis* im Bereiche des Ursprunges der *Art. mesenterica superior*; die obere von derselben im Bereiche des Ursprunges der *Art. coeliaca*. Die mittlere und untere verlaufen durch den *Hilus* in die Niere; die obere senkt sich in diese durch die vordere Seite des oberen Endes ein.

Art. iliaca externa sinistra. Ihr Durchmesser ist kleiner als der derselben an der rechten Seite.

Art. cruralis sinistra. Ihr Durchmesser ist kleiner als der derselben an der rechten Seite. Sie endiget mit zwei Zweigen, wovon der kleinere durch den *Canalis femoro-popliteus* verläuft, der grössere eine *Art. perforans* ist. Beide verlaufen, bedeckt von der Sehne der hinteren Muskelmasse des Oberschenkels, abwärts, vereinigen sich bogenförmig und bilden am Ende des verkümmerten Oberschenkels ein Netz.

Art. profunda femoris sinistra. Sie verhält sich ganz normal.

Art. tibialis antica und *postica dextra.* Sie verzweigen sich in der Musculatur und Haut des Unterschenkels.

Art. peronea dextra. Fehlt.

Vena cruralis sinistra. Ist doppelt.

Vena saphena interna sinistra. Fehlt.

Nerven.

Plexus axillaris dexter. Endiget mit zwei Aesten.

Am verkümmerten rechten Unterschenkel sind alle Nerven vorhanden, die in normalen Fällen gefunden werden.

Nervus ischiadicus sinister. Endiget in der verschmolzenen Muskelmasse der hinteren Oberschenkelregion.

Nervus saphenus major sinister. Fehlt.

III.

Aortenwurzel und Lungenarterie ein gemeinschaftlicher Stamm. — Communication der Herzkammern durch ein Foramen anomalum in dem dem Conus arteriosus entsprechenden Theile des Septum ventriculorum bei einem an Cyanose verstorbenen 17jährigen Jünglinge. (Tab. II. Fig. 1 — 5.)

Am 10. August 1854 übersandte mir Dr. Kade, praktischer Arzt in St. Petersburg und Arzt im Marien-Hospitale daselbst, das Herz eines jungen Individuums, welches an Cyanose gestorben war. Das Herz war, ohne Nachtheil für die Untersuchung, an zwei Stellen eingeschnitten. Die grossen Gefässe waren theils über ihrer Einmündung in das Herz abgeschnitten, theils eine kurze Strecke unberührt erhalten. Die *Arteriae pulmonales* waren bald nach ihrem Ursprunge quer, der *Arcus aortae* links von der *Arteria anonyma* mit Erhaltung der Insertion des *Ligamentum aorticum,* schief durchschnitten.

Der Mittheilung der Resultate meiner Untersuchungen werde ich die Krankengeschichte vorausschicken, die mir der behandelnde Arzt Dr. Kade eingesandt hat.

A. Krankengeschichte.

Michael Iwanow aus Kronstadt, 17 Jahre alt, trat am 2. August 1854 in das Marien-Hospital ein.

Stark entwickelte Cyanose des Gesichts und der Hände; kurze beschleunigte und erschwerte Respiration, Herzklopfen; schwache heisere Stimme; Schmerz beim Drucke auf die *Regio epigastrica* und mässiger Durchfall waren die Symptome beim Eintritte des Kranken. Sie konnten bei der damals bestehenden Epidemie den Verdacht der Cholera erzeugen. Dieser Verdacht wurde durch die *Anamnese* und die Resultate der weiteren Untersuchung aufgehoben.

J. litt von Kindheit auf an Herzklopfen, Athmungsbeschwerden und cyanotischer

Hautfärbung. Die Endglieder der Finger zeichneten sich durch eine Trommelklöppel ähnliche Gestalt mit übermässiger Convexität ihrer Nägel aus. In der letzten Zeit hatte er
einige Male an unbedeutenden Blutungen aus der Nase gelitten. Die Zunge hatte eine
livide Färbung, war aber warm. Die Pulsationen des Herzens waren verstärkt. Schon
bei aufgelegter Hand war eine ungewöhnliche Erschütterung der Thoraxwand durch dieselbe fühlbar. Bei der Auscultation ergab sich eine bedeutende Verstärkung des Herz-
schlages; ein in so fern gestörter Rhythmus der Herztöne, dass der erste Ton vorwaltend,
der zweite ungewöhnlich kurz und die Pause kaum wahrnehmbar war; aber kein Geräusch
trotz wiederholter Untersuchung. Ausser grossblasigem Knistern in den untersten, hintersten Partien, wie bei *Oedem*, ergab sich in den Lungen nichts Abweichendes. Erbrechen
und Krämpfe fehlten gänzlich. Der Kranke befand sich in dem äussersten Zustande der
Prostration. Aus diesem *Symptomencomplex* schloss Dr. Kade auf einen angeborenen
Herzfehler — vermuthete aber Offengebliebensein des *Foramen ovale* oder des *Ductus arteriosus Botalli*. —

Am 3. August war der Zustand derselbe. Gegen Abend nahm aber der Durchfall zu.

Am 4. August trat verstärkter Durchfall und noch grössere Prostration, gegen Abend
Sopor, Bewusstlosigkeit und Sprachlosigkeit ein.

Am 5. August wurde vollständige Bewusstlosigkeit beobachtet und der Puls nur noch
etwas gefühlt. Um 2 Uhr Nachmittags erfolgte der Tod.

Am 7. August nahm Dr. Kade die pathologisch-anatomische Section der Leiche
vor. Welche Resultate diese lieferte, weiss ich nicht. Dr. Kade schickte mir aber das
herausgenommene Herz zur Untersuchung, deren Resultate im Nachstehenden enthalten
sind.

B. Befund des Herzens und der grossen Gefässe.

Das Herz (Fig. 1. A.) ist an seiner Spitze ungewöhnlich stumpf, an der vorderen
Fläche seines Kammertheiles ungemein und auffallend gleichmässig convex. Durch ersteres unterscheidet sich seine Gestalt von der gewöhnlicher normaler Herzen, durch
letzteres gleicht sie der hypertrophischer Herzen. Sonst weicht seine Gestalt von der gewöhnlicher Herzen nicht ab.

Die vorgenommenen Messungen ergaben folgende Resultate:

Die Länge des Herzens .... $= 4''$ $9'''$ *Par. M.*
« Höhe « « am Vorkammertheile .... $= 1$ $4 — 6$
« Länge « « am Kammertheile .... $= 3$ $3 — 5$
« Breite « « am Vorkammertheile .... $= 3$
« grösste Breite des Herzens am Kammertheile .... $= 4$ 6
« Dicke des Herzens am Vorkammertheile .... $= 1$ 4
« grösste Dicke des Herzens am Kammertheile .... $= 3$
« Höhe der rechten Vorkammer .... $= 1$ 4

	$1''$	$6'''$ Par. M.
Die Höhe der linken Vorkammer	1	6''' Par. M.
« Breite « rechten « hinten	1	4 — 6
« « « linken «	1	6
« Dicke der rechten « ohne Herzohr	1	2 — 3
« « « linken « « «	1	4
» Länge « rechten Kammer vorn	3	6
« « « « « hinten	3	
« « « linken « vorn	3	
« « « « « hinten	3	3
« Breite « rechten « vorn	bis 2	9
« « « « « hinten	bis 1	6
« « « linken « vorn	bis 1	9
« « « « « hinten	bis 3	
« Länge des rechten unteren Kammerrandes	4	6
« « « linken oberen Kammerrandes	4	
« grösste Entfernung des rechten Kammerrandes von der vorderen Längsfurche	3	3
« grösste Entfernung des linken Kammerrandes von der hinteren Längsfurche	1	3
« grösste Entfernung des rechten Kammerrandes von der hinteren Längsfurche	1	9
« grösste Entfernung des linken Kammerrandes von der hinteren Längsfurche	2	9
Der Umfang der rechten Kammerbasis von einer Längsfurche zur andern	5	9
« Umfang der linken Kammerbasis von einer Längsfurche zur andern	4	3
« Umfang der rechten Kammer vom vorderen zum hinteren Theile der Kreisfurche	7	6
« Umfang der linken Kammer vom vorderen zum hinteren Theile der Kreisfurche	7	6
Die Länge der Kammerscheidewand von deren membranösem Theile zur Herzspitze in der rechten Kammer	2	6
« Länge der Kammerscheidewand von deren membranösem Theile zur Herzspitze in der linken Kammer	2	3 — 4
« Länge der Kammerscheidewand von dem anomalen Loche zur Herzspitze in der rechten Kammer	2	6
« Länge der Kammerscheidewand von dem anomalen Loche zur Herzspitze in der linken Kammer	2	

Die Dicke der Wände der rechten Vorkammer . . . . = bis $1\frac{3}{4}'''$ *Par. M.*
«   «   «   «   « linken   «   . . . . = $\frac{1}{2}$—$1\frac{1}{3}$
«   «   «   «   « rechten Kammer an ihrer Basis . . . = $5\frac{1}{2}$—6
«   «   «   «   «   «   « $\frac{3}{4}''$ über ihrer Spitze = $8\frac{1}{2}$—9
«   «   «   «   «   «   « an ihrer Spitze . . . = $3\frac{1}{2}$—4
«   «   «   «   « linken   «   an ihrer Basis . . . . = $4\frac{1}{2}$
«   «   «   «   «   «   « $\frac{3}{4}''$ über ihrer Spitze =   5
«   «   «   «   «   «   « an ihrer Spitze . . . =   2
«   «   « Kammerscheidewand, die dem grösseren Theile
   der rechten Kammerhöhle entspricht . . . . =   3 — 6
« Dicke der Kammerscheidewand, die dem kleineren Theile
   der rechten Kammerhöhle oder dem arteriösen Kegel
   entspricht . . . . =   4 — 8

Aus diesen Messungen geht hervor:

1. Das Herz unseres Individuums ist so lang als das eines Erwachsenen, bestimmt aber breiter und dicker als das normale eines Erwachsenen, jedenfalls übermässig gross für ein 17jähriges Individuum.

2. Der Vorkammertheil ist verhältnissmässig zum Kammertheile zu niedrig.

3. Die Dicke der Seitenwände der linken Kammer gleicht der des normalen Herzens eines Erwachsenen, die Dicke der Wände der Vorkammern überwiegt die des normalen Herzens eines Erwachsenen nur um ein Geringes, die der Seitenwände der rechten Kammer die derselben eines Erwachsenen aber um das Zwei- bis Dreifache, und die der Kammerscheidewand die dieser eines Erwachsenen um $\frac{1}{6}$—$\frac{3}{8}$. Jedenfalls überwiegt die Dicke der Wände an allen Stellen mehr oder weniger übermässig die der Wände eines normalen Herzens eines 17jährigen Individuums.

4. Das Herz würde somit, falls es einem Erwachsenen angehört hätte, mit partialer, d. i. mit rechtseitiger Kammerhypertrophie behaftet gewesen sein; und ist, mit Rücksicht auf die Jugend des Individuums, dem es angehört, total *hypertrophisch*.

Die Capacität der Vorkammerhöhlen ist geringer, die der Kammerhöhlen aber gleich der derselben Höhlen eines Erwachsenen. Es würde somit, wenn das Herz einem Erwachsenen angehört hätte, einfache rechtseitige Kammerhypertrophie zugegen gewesen sein. Jedenfalls ist die Capacität aller Höhlen grösser, als die des normalen Herzens eines 17jährigen Individuums. Es ist somit totale *Dilatation* mit excentrischer *Hypertrophie* zugegen.

Das Gewicht des Herzens beträgt 11 Unc. Das Herz war somit um $\frac{1}{2}$ Unc. schwerer als das normale Herz eines 70jährigen Greises, und um $2\frac{1}{2}$ Unc. schwerer als das eines Individuums von 15 — 20 Jahren, wenn wir uns an das von Clendinning aufgestellte mittlere Gewicht halten.

Die Vorkammern (*Atria*).

Die *Sinus* (Fig. 1. 2. *a. b.*) und die *Auriculae* (Fig. 1. 2. α. β.) derselben sind normal gestaltet. Ihre Wände sind stellenweise etwas dicker als die bei einem Erwachsenen. Die Capacität derselben ist grösser als die eines Individuums von gleichem Alter, aber geringer als die eines Erwachsenen. Die *Auricula dextra* (Fig. 1. 2. α.) ist 11''' lang, von oben nach unten 9''' breit und bis 6''' dick. Die *Auricula sinistra* (Fig. 1. 2. β.) ist 1½'' lang, von oben nach unten 7''' breit und 5½''' dick. An jeder Vorkammer werden dieselben Oeffnungen und an denselben Stellen, wie in gewöhnlichen Fällen, bemerkt. Nur zwischen den rechten Lungenvenenöffnungen der linken Vorkammer kommt eine dritte kleine überzählige (Fig. 2. γ.) vor. Die *Vena cava superior* hat eine Weite von 7 — 8''', die *Vena cava inferior* eine Weite von 9 — 10''' und die *Vena coronaria magna* eine Weite von 4½'''. Die *Valvula Eustachii* ist stark, undurchbrochen und bis 3''' breit. Die *Valvula Thebesii* ist sehr dünn, siebförmig durchbrochen, aber so breit, dass sie die Oeffnung der *Vena coronaria magna* grösstentheils bedeckt. Das *Tuberculum Loweri* ist gut ausgeprägt. Das *Septum atriorum* ist vollständig, nirgends durchbohrt. Die *Fossa ovalis* an dem *Septum* des rechten *Sinus* ist von einem deutlichen *Annulus Vieussenii* umgeben. Die *Valvula foraminis ovalis* hat das *Foramen* zur Bildung der *Fossa ovalis* vollständig geschlossen. Eine vorn in der *Fossa* befindliche Spalte, die die *Valvula* und der *Annulus* bilden, endiget blind.

Mit Rücksicht auf die Jugend des Individuums sind beide Vorkammern als mässig dilatirt und in ihren Wänden als hypertropisch anzusehen.

Die Kammern (*Ventriculi*).

Diese sind normal gestaltet. Die Capacität ihrer Höhlen gleicht der derselben bei einem Erwachsenen. Die Spitze der Höhle der rechten Kammer überragt die der linken. Die Wände beider Kammern (Fig. 3. 4. α.) sind absolut dicker als die eines Herzens eines gleich alten Individuums; die Seitenwände der rechten Kammern und das *Septum ventriculorum* sind sogar absolut dicker als die eines Erwachsenen. Der *Conus arteriosus* der rechten Kammer ist gegen seinen Ausgang enger. Seine hintere Wand, welche von der vorderen, oberen und kleineren Abtheilung des *Septum ventriculorum* (Fig. 3. β.) dargestellt wird, ist kürzer als gewöhnlich und oben defect. Dieselbe erscheint in der rechten Kammer als ein Dreieck, dessen vorderer und hinterer Rand 1½'' lang und dessen oberer Rand 10 — 12''' breit ist. Der Defect dieses Septumtheiles wird durch einen tiefen und weiten Ausschnitt hervorgebracht, der vom oberen Rande desselben bis 11 — 12''', von seinem unteren Winkel nach abwärts durch seine ganze Dicke dringt (Fig. 3. γ.). Die *Musculi papillares* und *Trabeculae carneae* verhalten sich so, wie in anderen und gewöhnlichen Fällen. Die sogenannte *Pars membranacea* der grösseren Abtheilung des *Septum ventriculorum* sitzt an der gewöhnlichen Stelle, ist durchscheinend, aber kleiner als gewöhnlich. Dieselbe liegt vom Defecte oder Ausschnitte der kleineren Abtheilung 6 — 7''' entfernt, und ist davon durch eine so breite und 2 — 2½''' dicke Muskelmasse geschieden. Jede Kammer hat ihr eigenes *Ostium venosum s. atrio-ventriculare*, das rechts mit der *Valvula tricuspidalis* (Fig. 3. δ.), links mit der *V. bicuspidalis* (Fig. 4. γ.) versehen, und überhaupt jederseits ganz normal eingerichtet ist. Der Umfang des rechten beträgt 2¾'', der des linken 2½'', ist also um 1'' geringer als der bei einem Erwachsenen, aber grösser als bei einem gleich alten Individuum. Jede der Kammern hat **einen Ausgang neben der Scheidewand.** Derselbe ist rechts abgerundet dreieckig, links oval; hat dort einen Umfang von 2'' — 2'' 2''', hier einen solchen von 2'' 4''' — 2'' 6''. Beide Ausgänge und dadurch **beide Kammern communiciren** durch den oben genannten und als abgerundet dreieckiges oder halbovales **Loch** (Fig. 3. γ., Fig. 4. β.) auftretenden Defect des vorderen oberen und kleineren Theiles des *Septum ventriculorum* mit einander, sind aber nicht die eigentlichen *Ostia arteriosa*. Ueber diesen Ausgängen und dem Loche zwischen beiden liegen erst dieselben, aber sie sind zu einem einzigen *Ostium arteriosum commune* verschmolzen. Das *Ostium arteriosum commune* ist ein querovales **Loch**, dessen Durchmesser von einer Seite zur andern 1½'', von vorn nach hinten 1'', und dessen Umfang etwa 4'', d. i. etwa 1'' weniger als der Umfang beider *Ostia arteriosa* eines Erwachsenen, beträgt. Dasselbe besitzt nur **zwei**, aber sehr grosse, dicke, keine *Noduli* aufweisende *Valvulae semilunares* (Fig. 3. 4. ε. ζ., Fig. 5. *a. b.*), wovon die eine, **die rechte** (ε. *a.*), die rechte Hälfte des Umfanges, die andere, **die linke** (ζ. *b.*), die linke Hälfte des Umfanges desselben einnimmt. Jede *Valvula* ist 1'' breit und an ihrem freien Rande 1½'' lang. Der mittlere Theil der rechten kann über die linke ½'' nach links, und der der linken kann unter der rechten ½'' nach rechts hinübergezogen werden. Wegen ihrer zu bedeutenden Grösse für den Umfang des *Ostium arteriosum commune* erscheinen sie **schlaff,** in ihrer Quer- und Längsrichtung **gerunzelt.** Desshalb können sie auch in die Kammern umgeschlagen werden, wodurch **Klappen-Insufficienz** bedingt ist. Auf der unteren Fläche des vorderen Endes der *Valvula semilunaris sinistra* und somit an dem in die rechte Kammer sehenden Theile sitzt eine runde, 3 — 4''' im Durchmesser haltende, sogenannte **Klappen-Vegetation.** Die Spalte (Fig. 5. α.) zwischen beiden entspricht der Mitte des *Ostium arteriosum commune* und zwar in der von hinten nach vorn und etwas nach links gehenden Richtung. An ihrem **vorderen und hinteren Drittel** stossen die freien Ränder der *Valvulae semilunares* an einander, an ihrem **mittleren Drittel** deckt aber die *Valvula dextra* die *V. sinistra* von oben her. Die **Spalte** hat einen geschlängelten Verlauf. Da der freie und zur Bildung eines Loches zwischen beiden Kammern ausgeschnittene Rand des *Septum ventriculorum* von rechts nach links und vor dem grössten Querdurchmesser des *Ostium arteriosum commune* unter diesem vorbeizieht, so wird die vordere kleinere Hälfte des *Ostium* der rechten Kammer die hintere grössere Hälfte der linken Kammer; der vordere Theil der Spalte und der *Valvulae semilunares* über der rechten Kammer (Fig. 3.), der mittlere Theil derselben über dem anomalen Loche zwischen der rechten und linken Kammer, und der hintere grössere Theil derselben über der linken Kammer (Fig. 4.) zu liegen kommen. Das abgerundet dreieckige oder halbovale *Foramen anomalum* zwischen beiden Kammern (Fig. 3. γ., Fig. 4. β.) wird oben von den *Valvulae semilunares*, seitlich und unten an seiner Spitze von dem 2 — 4''' dicken Ausschnitt der vorderen und oberen Abtheilung des *Septum ventriculorum* begrenzt Dasselbe ist oben in transversaler Richtung 6 — 7''' und dann auch in vertikaler Richtung 6 — 7''' weit. Sein rechter Rand liegt, wie gesagt, 6 — 7''' von der *Pars membranacea* der grösseren Abtheilung des *Septum ventriculorum*, und seine Spitze 11 — 12''' von dem unteren Winkel der kleineren Abtheilung des *Septum ventriculorum*, oder dem Eingange in den *Conus arteriosus* der rechten Kammer, entfernt. Das *Foramen anomalum* dieses Falles ist wohl zu unterscheiden von dem *Foramen anomalum* in der grösseren Abtheilung des *Septum ventriculorum*, welches in anderen Fällen zuweilen in Folge des Defectes der *Pars membranacea septi ventriculorum* auftritt. Wie das *Ostium arteriosum commune* vorliegenden Falles durch theilweisen Defect beider arteriöser Faserringe an der Stelle, wo sie an einander stossen, mit der oberen vorderen kleineren Abtheilung des *Septum ventriculorum* in Zusammenhang stehen und die *Valvula semilunaris sinistra* der *Art. pulmonalis* und die *V. semilunaris dextra (anterior)* der *Aorta* sitzt, bedingt wird; eben so ist auch das *Foramen anomalum* unter demselben durch diesen Defect und die dadurch herbeigeführte Unmöglichkeit einer Vereinigung des genannten Theiles des *Septum ventriculorum* mit den arteriösen Faserringen bedingt.

Mit Rücksicht auf das Alter des Individuums sind beide Kammern dilatirt, beide, namentlich aber die rechte, sehr bedeutend excentrisch hypertrophisch.

Die Gefässe.

Das *Ostium arteriosum commune* mündet in einen einzigen gemeinschaftlichen Gefässstamm (Fig. 1. *B.*), der durch Verschmelzung des grössten Theiles des Stammes der *Arteria pulmonalis* und der *Radix aortae* entstanden ist. Das gemeinschaftliche Gefässrohr ist im Durchschnitte queroval, von vorn nach hinten comprimirt. Dasselbe zeigt an seinem *Bulbus* einen rechten und linken *Sinus Valsalvae* (Fig. 5. *a. b.*), deren jeder bis 10'' tief ist, ist darüber 1'' 6''' und vor seiner Theilung 1'' 8''' von einer Seite zur anderen, 1'' von vorn nach hinten dick. Es ist 1½'' lang, theilt sich dann in zwei Aeste, einen rechten und einen linken. Der rechte Ast ist der *Arcus aortae* (Fig. 1. *e.*), der linke das Endstück der *Art. pulmonalis* (Fig. 1. *f.*). Jener ist 11''' breit und 10'' dick, dieser 10''' breit und 9''' dick. Der *Arcus aortae* giebt 10 — 12''' über seinem Ursprunge die *Art. anonyma* (Fig. 1. *g.*) ab. Das Endstück der *Art. pulmonalis* ist 4 — 6''' lang und theilt sich dann in die 6''' dicke *Art. pulmonalis dextra* (Fig. 1. 2. *h.*) und in die 5''' dicke *Art. pulmonalis sinistra* (Fig. 1. 2. *i.*), deren Richtung des Verlaufes eine normale ist. Von der Mitte der vorderen Wand· des Anfanges der *Art. pulmonalis sinistra* entsteht das *Ligamentum aorticum o.* der obliterirte *Ductus arteriosus*

Botalli (Fig. 1. 2. 3. *k.*), welcher an der concaven Seite des *Arcus aortae*, 10 — 12‴ nach rechts vom Ursprunge der *Art. anonyma*, aus der convexen Seite, entfernt, sich inscrirt. Er ist 5 — 6‴ lang. Die *Art. coronaria cordis dextra* (Fig. 5. β.) entspringt über dem rechten *Sinus Valsalvae*, 3‴ hinter dem vorderen Ende der *Valvula semilunaris dextra*. Die *Art. coronaria cordis sinistra* (Fig. 5. γ.) entsteht über dem hinteren Ende des linken *Sinus Valsalvae* und ½ — 1‴ über der hintersten Insertion der *Valvula semilunaris sinistra*. Wie sich ausser der *Art. anonyma* die übrigen Stämme aus dem *Arcus aortae* verhalten haben, weiss ich nicht, da sie bereits abgeschnitten waren.

Verschmelzung der *Radix aortae* mit dem grössten Theile der *Arteria pulmonalis* zu einem Stamme, nebst Communication beider Kammern unter seinem Ursprunge aus beiden, bedingten *Cyanose*. Sie und Klappen-Insufficienz erzeugten Dilatation, sie und die Art *Stenose* der Ausgänge der Kammern in das *Ostium arteriosum commune* Hyperthrophie des ganzen Herzens.

IV.

Herz mit Defect seines Septum ventriculorum. — Fortsetzung der Arteria pulmonalis communis nach Abgabe beider Arteriae pulmonales und beider Arteriae subclaviae als Aorta descendens. — Theilung der Aorta ascendens in beide Arteriae corotides allein. — Duplicität der Vena cava superior und Vena azygos.

Den bekannten und seltenen Fällen, in welchen die *Arteria pulmonalis* als *Aorta descendens* sich fortsetzt, nachdem sie früher entweder die Lungenäste allein, oder diese und zugleich die *Subclavia sinistra*, oder die Lungenäste, die *Carotis sinistra* und *Subclavia sinistra* abgegeben hat, kann ich einen neuen Fall zugesellen, der sich von jenen dadurch unterscheidet, dass ausser beiden Lungenästen beide *Subclaviae* abgegeben werden, während die *Aorta* (ascendens) nur in die beiden *Carotides* sich theilt und durch keinen Ast mit der *Arteria pulmonalis communis* und ihrer Fortsetzung der *Aorta descendens* in Verbindung steht, dass dabei Mangel des *Septum ventriculorum cordis*, Duplicität der *Vena cava superior* und der *Vena azygos* zugegen ist (Tab. III. Fig. 1.).

Unter mehreren Leichen von neugeborenen Kindern, die mir von der Entbindungsanstalt des Findelhauses am 19. Januar 1859 zugeschickt wurden, und die ich den Studirenden zu ihren Präparirübungen bestimmt hatte, fand ich, bei meiner Revue, bei der Leiche eines weiblichen Kindes Deformität des Herzens und der grossen Gefässe. Die Kinderleiche wurde den Studirenden abgenommen, injicirt und untersucht. Die Resultate dieser Untersuchungen theile ich im Folgenden mit:

Das Kind hatte geathmet und mochte eine längere Zeit nach der Geburt gelebt haben, war wohl genährt, ohne cyanotische Färbung, ohne äusserliche Deformitäten, aber mit *Staphyloma corneae* beider Augen behaftet. Die Länge seines Körpers betrug 19″ *Par. M.* Unter der *Dura mater* befand sich ein beträchtlicher Bluterguss. Das Gehirn zeigte nichts Abweichendes. Der Speisekanal, die Leber, die Milz und das *Pancreas* verhielten sich normal. Dasselbe kann von den Respirationsorganen, von der Schilddrüse und der *Thymus* gesagt werden. Am rechten Lungenflügel war der obere vom mittleren Lappen vorn nicht geschieden. Die Harnwerkzeuge waren normal mit Ausnahme der zu tiefen Lage beider Nieren, namentlich der rechten, von der durch einen Zwischenraum getrennt, die rechte Nebenniere an gewöhnlicher Stelle gelagert war. Die Geschlechtstheile verhielten sich normal.

Bedeutende Deformitäten, oder doch Abweichungen, zeigten aber das Herz und die Gefässe.

Das Herz (Nr. 3.) hat eine Länge von $1\frac{3}{4}''$; eine Breite von $1\frac{1}{4}''$ an der breitesten Stelle seines Ventrikeltheiles und eine Dicke von bis $\frac{3}{4}''$. Seiner vorderen Fläche fehlt der *Sulcus longitudinalis.* Mehr entwickelt ist die rechte als die linke Herzhälfte. Es enthält wie gewöhnlich 4 Kammern, d. i. 2 *Atria* und 2 *Ventriculi.*

Das rechte *Atrium* (Nr. 3') ist unverhältnissmässig zum linken gross, dilatirt und hat eine sehr weite *Auricula.* Seine Länge von vorn nach hinten beträgt $1\frac{1}{4}''$, wovon 8‴ auf die *Auricula* kommen, seine hintere Höhe und Breite betragen 8‴. Die *Auricula* ist von oben nach unten bis 7‴ breit und 4 — 5‴ dick. Von den gewöhnlichen *Ostia* geht eins ab und ein neues kommt hinzu. Es fehlt nämlich ein besonderes *Ostium* für die *Vena coronaria cordis,* und es kommt das *Ostium* für die *Vena cava superior sinistra* hinzu, das am linken Ende seiner hinteren Wand und 6‴ von dem *Ostium* für die *Vena cava superior dextra* entfernt liegt. Die *Valvula Eustachii* fehlt. Das linke *Atrium* ist kleiner, hat nur eine 4 — 5‴ lange und 3‴ von oben nach unten breite *Auricula.* Es hat nur 3 *Ostia,* nämlich 2 *Ostia* für die 4 Lungenvenen, wovon je 2 in einen Ast verschmolzen einmünden, und das *Foramen ovale.* Das *Ostium atrio-ventriculare* fehlt und ist nur durch einen kurzen, trichterförmigen Blindkanal angedeutet. Das *Septum atriorum* ist durch ein 3‴ weites *Foramen ovale* durchbohrt.

Der rechte *Ventrikel* ist gross, dilatirt; der linke ist klein. Jener hat bis 2‴, dieser bis $3\frac{1}{2}‴$ dicke Wände. Der rechte *Ventrikel* hat einen *Conus arteriosus,* an dem die Wand, welche die kleinere, vordere obere Abtheilung des *Septum ventriculorum* gewöhnlicher Fälle darstellt, 3 — 5‴ hoch und $1\frac{1}{2}‴$ dick ist. Derselbe hat ein *Ostium venosum s. atrio-ventriculare* und ein *Ostium arteriosum.* Ersteres ist sehr weit, mit der *Valvula tricuspidalis* versehen, letzteres führt in die *Arteria pulmonalis* und zeiget 3 *Valvulae semilunares.* Der linke *Ventrikel* hat nur ein *Ostium arteriosnm,* das in die *Aorta* führt, enger als das des rechten ist, aber wie gewöhnlich 3 *Valvulae semilunares* besitzt. Sein *Ostium venosum* und die *Valvula bicuspidalis* fehlen vollständig. Der Zugang zu beiden *Ostia arteriosa* ist durch die übrig gebliebene kleinere, den *Conus arteriosus* des rechten *Ventrikels* ergänzende Abtheilung des *Septum ventriculorum* geschieden. Die grössere Abtheilung des *Septum ventriculorum* fehlt, wodurch eine Spalte entsteht, durch die beide *Ventrikel* mit einander communiciren. Durch ein starkes, aber durchbrochenes Muskelbalkennetz in der unteren Hälfte der Spalte und zwei, aus der Spitze derselben hervorstehende, grosse Musculi papillares, welche Sehnenfäden zum Scheidewandzipfel der *Valvula tricuspidalis* abschicken, ist dieses *Septum* theilweise noch rudimentär vorhanden.

Aus dem Herzen entspringen, wie gewöhnlich, zwei Arterien, d. i. die *Aorta* und die *Arteria pulmonalis communis*; allein erstere existirt nur als *Aorta ascendens*, die sich nur in die beiden *Carotides* theilt, keinen *Arcus aortae* bildet und nicht als *Aorta descendens* sich fortsetzt, während letztere, nach Abgabe der *Art. pulmonalis dextra* und *sinistra*, mit ihrem offen gebliebenen *Ductus arteriosus* als rechte permanent gebliebene *Aorta* einen *Arcus* darstellt, der anomaler Weise beide *Subclaviae* absendet und als *Aorta descendens* weiter verläuft.

Die *Aorta ascendens* (*A.*) entspringt wie die *Aorta* gewöhnlicher Fälle aus dem linken *Ventrikel*, wird dann vom Anfange der *Arteria pulmonalis communis* gekreuzt, steigt von links und unten, mit einer starken Krümmung nach vorn und einer schwachen Krümmung nach rechts, vor der *Art. pulmonalis dextra* und dem unteren Drittel der *Trachea* aufwärts und theilt sich unter dem mittleren Drittel der Länge der letzteren spitzwinklich in die gleich starken *Carotis dextra* (*a.*) und *sinistra* (*a'.*). Ihr *Bulbus* hat, wie gewöhnlich, 3 den 3 *Valvulae semilunares* entsprechende *Sinus Valsalvae*. Ueber dem rechten, vorderen ist eine Oeffnung, die in die einzige *Arteria cordis coronaria* führt. Letztere entspricht der *A. c. c. dextra* der gewöhnlichen Fälle; eine der *A. c. c. sinistra* entsprechende fehlt. Beide *Carotides* verzweigen sich auf normale Weise. Zwischen der *Aorta ascendens* und der *Arteria pulmonalis communis* existirt kein Verbindungszweig. Die *Aorta ascendens* ist bis zur Theilung in die *Carotides* 1″ lang und $3\frac{1}{2}‴$ dick (im injicirten Zustande). Der Durchmesser jeder *Carotis* beträgt $1\frac{1}{2}‴$.

Die *Arteria pulmonalis communis* (*B.*) entspringt aus dem rechten *Ventrikel* und zwar aus dessen *Conus arteriosus*, kreuzt von vorn her und von unten und rechts nach oben und links den *Bulbus aortae*, liegt dann neben der *Aorta ascendens* links, verläuft auf-, dann rück- und endlich ab- und lateralwärts über den *Bronchus sinister*, erreicht in der Gegend des 4. oder 5. Brustwirbels die linke Seite der Wirbelsäule und setzt sich von da als *Aorta descendens* (*B''.*) weiter fort. Dadurch bildet sie einen *Arcus* (*B'.*), der eine obere, untere, vordere linke und hintere rechte Seite zeigt. Sie ist $4\frac{1}{2}-5‴$ dick.

Ihr Anfang besitzt 3 *Sinus*, denen die 3 *Valvulae semilunares* im Innern entsprechen.

Von ihrem Ursprunge $\frac{1}{2}″$ entfernt, entstehen einander vis-à-vis von ihren Seitenwänden gleich über ihrer unteren Wand die *Arteria pulmonalis dextra* (*b.*) und *sinistra* (*b'.*). Diese haben einen ganz normalen Verlauf. Die *A. p. dextra* ist $8-9″$ lang und $2‴$ dick; die *A. p. sinistra* ist $5‴$ lang und $1\frac{1}{2}‴$ dick.

Vom Ursprunge der *Art pulmonales* 9''' nach rückwärts und abwärts entfernt, zur linken Seite der *Trachea* und des *Oesophagus*, auch theilweise hinter diesen, entstehen von der hinteren rechten Seite des Endes des *Arcus* und über dessen Uebergang in die *Aorta descendens* die *Arteriae subclaviae* knapp neben einander, und so, dass die *A. s. sinistra* (c'.) etwas höher und links, die *A. s. dextra* (c.) etwas tiefer und rechts abgeht. Beide *Subclaviae* liegen im Anfange auf der Wirbelsäule hinter dem *Arcus art. pulm. communis*. Sie divergiren unter spitzen Winkeln vom *Arcus*, und von einander bogenförmig nach auf- und lateralwärts. Die *Subclavia sinistra* verläuft weniger, die *S. dextra* aber mehr gekrümmt. Die *Subclavia sinistra* steigt 2 — 3''' lateralwärts von der *Trachea* und dem *Oesophagus*, mit ihrer unteren Hälfte bis 3''' Abstand vom *Arcus art. pulm. comm.* entfernt, bogenförmig nach aufwärts und links. Die *Subclavia dextra* aber steigt hinter der *Trachea* und dem *Oesophagus* nach aufwärts und rechts. Jede *Subclavia* giebt 2½ — 3''' medianwärts die *Arteria vertebralis* und alle die Aeste und Zweige ab, die die *Subclavia* normaler Fälle absendet. Die *Subclavia dextra* ist bis zur Lücke zwischen den *Mm. scaleni* 1½'', die *S. sinistra* bis zur selben 1'' lang. Jede beider ist 2''' dick.

Die *Arteria axillaris* und die übrigen Arterien beider oberen Extremitäten verhalten sich normal.

Die *Aorta descendens* hat einen gewöhnlichen Verlauf. Die Aeste ihrer *Pars thoracica* verhalten sich normal. Unter den Aesten der *Pars abdominalis* sind aber einige anomal. So entstehen die *Art. coronaria ventriculi sinist. sup.* mit der *Art. lienalis* von dem einen, die *Art. hepatica* und *Art. mesenterica superior* von einem anderen gemeinschaftlichen Aste. So entspringen die *Art. renales* viel tiefer als gewöhnlich, erst über der Theilung jener *Pars abdominalis* in die *Art. iliacae*, und zwar die *A. r. dextra* 1''' darüber von der vorderen Wand, die *A. r. sinistra* von der linken Seitenwand derselben. Unter den Aesten und Zweigen der *Art. iliacae* bieten nur die *Art. umbilicales* Abweichungen dar, indem die *A. umbilicalis sinistra* ganz fehlt und nur die *A. u. dextra* vorhanden ist.

Unter den Venen sind nur die Stämme der *Vena cava superior*, der *V. azygos* und der *V. cava inferior* anomal.

Die *Venae anonymae* vereinigen sich nicht wie gewöhnlich, sondern jede mündet für sich in das *Atrium dextrum* des Herzens. Es tritt somit der Fall ein, den man Duplicität der *Vena cava superior* zu nennen pflegt. Die *Vena cava superior dextra* (C.) hat einen der gewöhnlichen *Cava superior* analogen Verlauf, und eine gleiche Einmündung in das *Atrium dextrum*. Die *Vena cava superior sinistra* (C'.) steigt schief nach einwärts herab, liegt dann auf der linken Seite des *Arcus* der *Art. pulmonalis communis*, später vor der *Art. pulmonalis sinistra* und den *Venae pulmonales sinistrae* an der linken Seite des *Sinus* des *Atrium sinistrum* hinter seiner *Auricula*, krümmt sich dann um den Stamm beider linken *Venae pulmonales* zur hinteren Wand des *Atrium sinistrum*, verläuft an dieser quer nach rechts und mündet in das linke Ende der hinteren Wand des *Atrium dextrum*.

Wie auf der rechten Seite eine *Vena azygos dextra (f.)* in die *Vena cava superior dextra* in deren hinterer Wand mündet, indem sie früher einen Bogen über dem rechten *Bronchus* bildet, eben so mündet auf der linken Seite eine *Vena azygos sinistra (f'.)*, nachdem sie einen Bogen über dem *Bronchus sinister* und der *Art. pulmonalis sinistra* gebildet hatte, in die hintere Wand der *Vena cava superior sinistra.* Es ist somit in unserem Falle auch ein Verhalten zugegen, das man als Duplicität der *Vena azygos* bezeichnet.

Die *Venae iliacae communes* vereinigen sich erst in der Gegend des Abganges des gemeinschaftlichen Astes für die *Art. hepatica* und *mesenterica superior* aus der *Aorta abdominalis*, und nachdem jede die *Vena renalis* und *suprarenalis* der entsprechenden Seite aufgenommen hatte, zur *Vena cava inferior.* Dabei geht die *V. i. sinistra* unter jenem Arterienaste vor der *Aorta* nach rechts zur Vereinigung mit der *V. i. dextra* hinüber.

V.

Kanalartige Spalte im Septum ventriculorum des Herzens über seiner Spitze bei einem an Cyanose verstorbenen 36jährigen Menschen.

In einer der Kliniken, später in einer der Abtheilungen des Hospitales der medico-chirurgischen Akademie, in St. Petersburg lag ein 36jähriger Soldat, S. J., an Cyanose vom 21. April bis 10. Mai 1858 krank. Derselbe starb an zuletzt genanntem Tage.

Die eingesandte Krankengeschichte enthielt über das, worüber ich gern Aufschlüsse erhalten hätte, nichts. Ich kann sie wegen Mangelhaftigkeit überhaupt nicht mittheilen. Nach anderweitigen Erkundigungen soll der Kranke früher nie cyanotisch gewesen sein. Seit 10 Jahren litt er aber an Dyspnoe, was man auf einen Schlag schob, den er damals auf die Brust erhalten hatte. Derselbe war in dieser Zeit Koch und hatte sich sehr dem Trunke ergeben.

Die Leiche sollte, aus mir unbekannten Gründen, nicht secirt werden. Ich drang auf die Section, welche folgende Resultate lieferte:

Der Körper ist robust, oedematös; das Gesicht von bläulicher Färbung.

Die *Sinus* der *Dura mater*, die Gefässe der *Pia mater* strotzen vom schmierigen Blute. Das Gehirn ist sehr blutreich, schlaff, zähe. Die Hirnhöhlen enthalten eine mässige Quantität *Serum*.

Die Venen des Halses strotzen von Blut.

Beide Lungenflügel sind stark emphysematös. Am äusseren Umfange des oberen linken Lappens ist eine narbige Einziehung und darunter ein verkreideter *Tuberkel* zu sehen. Der rechte Lungenflügel ist ganz, der linke rückwärts fest mit der Brustwand verwachsen.

Im Peritonealsacke ist eine bedeutende Menge *Serum* enthalten. Die Schleimhaut des Magens ist hypertrophisch und zeigt an dessen Grunde eine *Erosion*. Die Schleimhaut des Darmkanales ist normal. Die Leber, die Milz und das *Pancreas* sind nicht verändert. Die Harn- und Geschlechtswerkzeuge verhalten sich normal.

Das Herz ist länger, besonders breiter und an seiner Spitze stumpfer als gewöhnlich. Es ist schlaff, seine Höhlen sind dilatirt, seine Wände eher dünner als gleich dick denen eines normalen Herzens. Dasselbe ist 5½″ *Par. M.* lang, am Kammertheile bis 4½″ breit, an den Seitenwänden der rechten Kammer 1¼ — 2‴, an den Seitenwänden der linken Kammer bis 4‴, am *Septum ventriculorum* 4 — 5‴ dick. Das *Septum atriorum* ist vollstäudig. Die Vorkammern, die Kammern, ihre *Ostia*, Klappen sind ganz normal. Die grossen Gefässe sind normal. Die Klappen sind sufficient. Der *Ductus arteriosus Botalli* ist obliterirt.

Schon glaubte ich auf das Auffinden einer Krankheit oder eines Bildungsfehlers des Herzens und der Gefässe, die Cyanose bedingen oder bedingen sollen, verzichten zu müssen, als ich bei ganz genauer Untersuchung des *Septum ventriculorum* auf eine Communication beider Kammern stiess. Bei der Untersuchung der Maschen der von starken Balkenmuskeln gebildeten Netze des *Septum ventriculorum* in der rechten Kammer über der Herzensspitze mit·einer Sonde, konnte ich sie aus weiteren in engere Maschen und endlich durch eine kanalartige Spalte bis in die linke Kammerhöhle führen. Nach Durchschneidung der oberflächlichen Balkenmuskelnetze in der rechten Kammer sieht man gegen den hinteren Rand des *Septum*, 6‴ über der Herzensspitze, eine enge spaltenförmige Oeffnung als rechten hinteren Eingang in die kanalartige Spalte. Die kanalartige Spalte durchdringt 6‴ über der Herzensspitze von hinten nach vorn und von rechts nach links das *Septum*, um mit einer Oeffnung als linker vorderer Ausgang in einer engen Masche des Balkenmuskelnetzes der linken Kammerhöhle 6‴ über der Herzensspitze auszumünden. Die kanalartige Spalte ist 6 — 7‴ lang und so weit, dass sie eine Sonde von 1½‴ Durchmesser fassen kann. Das Herzfleisch ist hier nicht erkrankt, auch ist keine Spur eines etwaigen Risses nachzuweisen. Die kanalartige Spalte ist daher ein angeborener Bildungsfehler.

Die Frage «ob die kanalartige Spalte eine der Cyanose bedingenden Ursachen gewesen sei oder nicht» möchte ich eher mit «Nein» als mit «Ja» beantworten. Die Spalte in unserem Falle ist wohl viel zu eng und durchdringt viel zu schief das *Septum*, als dass sie eine zur nachtheiligen Vermischung beider Blutmassen genügende Blutmenge hätte durchlassen können. Diess ist um so mehr anzunehmen, als nach Rokitansky Mangelhaftigkeit des *Septum ventriculorum* Cyanose nicht bedingen muss.

Als Ursache der Cyanose in unserem Falle würde somit nur noch das Lungenemphysem übrig bleiben.

VI.

Fälle einseitigen Nierenmangels bei Erwachsenen.

Wahrer einseitiger Nierenmangel bei übrigens wohlgebildeten Individuen ist bisweilen beobachtet worden. Es scheint, dass derselbe dennoch nur selten vorkomme, namentlich nur selten bei Individuen, welche ein höheres Lebensalter erreicht haben, angetroffen werde. Mir wenigstens sind seit 17 Jahren nur zwei bis drei Fälle mit einseitigem Nierenmangel bei Männern vorgekommen.

Wegen der Seltenheit dieses Mangels bei erwachsenen und anderweitig nicht oder scheinbar nicht missgebildeten Individuen, nehme ich keinen Anstand, die von mir beobachteten Fälle zu beschreiben.

I. Fall.

Linkseitiger Nierenmangel bei einem 40jährigen Manne.

In das anatomische Institut der medico-chir. Akademie in St. Petersburg wurde i. J. 1850 die Leiche dieses Mannes gebracht, der im Hospitale für Arbeiter an Lungenentzündung gestorben war. Die Leiche wurde wegen ihres guten Aussehens zur Präparation für meine topographisch-anatomischen Vorlesungen bestimmt. Da ich aber bald vom linkseitigen Nierenmangel mich überzeugte, so stand ich von der Präparation zur Vorlesung ab, und benutzte sie einzig und allein zur Ausmittelung der Art und Weise des genannten Defectes.

Die linke Niere und der linke Harnleiter fehlten vollständig. Von irgend einem Rudimente derselben war keine Spur. Die linkseitigen Nierengefässe fehlen auch vollständig. Vorhanden sind: die rechte Niere, die beiden Nebennieren und der rechte Harnleiter.

Die rechte Niere hat die gewöhnliche Lage. Sie reicht bis zur Höhe des oberen Randes der rechten 11. Rippe und des oberen Randes des 12. Brustwirbels aufwärts und steht abwärts $1\frac{3}{4}''$ vom Kamme des Darmbeines entfernt. Sie hat eine Länge von $4\frac{1}{2}''$, eine Breite von $2''$ und eine Dicke von $1\frac{1}{4}''$. Sie kann somit grösser als die gewöhnlicher Fälle nicht angenommen werden, obgleich beginnender *Morbus Brightii* ihrer Textur nicht zu verkennen ist. Ihre Gestalt, die Lage ihres *Hilus* weicht nicht von jener der Nieren gewöhnlicher Fälle ab.

Das rechte Nierenbecken ist normal. Der rechte Harnleiter ist auch normal bis hinab zur Kreuzung mit den *Vasa iliaca*; von da aber bis $\frac{1}{4}''$ von seiner Einsenkung in die Harnblase hier und da erweitert. Die der Harnblase zunächst gelegene Erweiterung hat $\frac{1}{2}''$ im Durchmesser. Das genannte $\frac{1}{4}''$ lange Endstück ist wieder verengert. Er durchdringt wie gewöhnlich die Blasenwand und mündet an der rechten Seite und an der gewöhnlichen Stelle des Grundes in die Harnblase.

Die rechte Nebenniere ist so wie im gewöhnlichen Zustande beschaffen.

Die linke Nebenniere liegt am Lendentheile des Zwerchfelles, entsprechend der unteren Hälfte des letzten Brustwirbels, dem letzten Lendenwirbel und der Region des oberen Randes der letzten Rippe, von der Mittellinie eben so weit entfernt als die rechte, schief von hinten, aussen und oben nach vorn, innen und unten. In dieser Richtung ist sie 2″ lang, in der von oben nach abwärts 1½″ breit. An dem abgerundeten, äusseren hinteren oberen Ende besitzt sie einen ähnlichen Eindruck, wie die rechte am unteren inneren; an dem inneren vorderen unteren Ende erscheint sie fast quer abgeschnitten. Sie hat eine länglich runde Gestalt und zwei Flächen, ist platter als die rechte.

Die rechten Nieren- und Nebennierengefässe verhalten sich so, wie sie auch in anderen und gewöhnlichen Fällen sich verhalten können. Es sind nämlich zwei Nierenschlagadern da, eine hintere grössere und eine vordere kleinere. Erstere entsteht wie die einfache normaler Fälle an gewöhnlicher Stelle von der *Aorta abdominalis.* Letztere geht vor dieser von dem vorderen, seitlichen Umfange der *Aorta abdominalis* ab, theilt sich in zwei Aeste, wovon der eine für die Niere als deren überzähliger Ast bestimmt ist, der andere als mittlere Nebennierenschlagader, die sonst unmittelbar aus der *Aorta abdominalis* entspringt, zur Nebenniere verläuft. Die Nieren- und Nebennieren-Blutadern verhalten sich normal.

Die linken Nebennierengefässe bestehen aus einer Nebennieren-Schlagader und einer Nebennieren-Blutader. Die Nebennieren-Schlagader entspringt vom vorderen seitlichen Umfange der *Aorta abdominalis*, gegenüber dem Ursprunge der überzähligen vorderen rechten Nieren-Schlagader. Sie verläuft quer nach links, liegt mehr nach ab- und rückwärts als die entsprechende Blutader, und verliert sich zuletzt an der vorderen und besonders an der hinteren Fläche der Nebenniere und in dem diese umgebenden fetthaltigen Bindegewebe. Dieselbe ist 1½″ lang und ½—¾‴ dick. Sie entspricht der *Art. suprarenalis media s. aortica* gewöhnlicher Fälle. Die Nebennieren-Blutader kommt aus dem vorderen Ende der Nebenniere, verläuft in etwas schiefer Richtung von links nach rechts und abwärts vor der *Aorta abdominalis* zur *Vena cava inferior*, um an deren linkem Umfange und tiefer unten als die rechte Nieren-Blutader einzumünden. Die Richtung ihres Verlaufes ist eine von der gewöhnlicher Fälle etwas verschiedene. Dieselbe ist 1¾″ lang, 2—3‴ d. i. zweimal weniger dick als die rechte Nieren-Blutader.

Die Harnblase hat eine Länge von 5″, am Grunde eine Breite von 4½″, allmälig gegen den Scheitel eine solche von bis 3″ und eine Dicke von 2½″. Ihr Grund ist rechts, d. i. an der Seite der Einmündung des einzigen Harnleiters als eine stumpf zugespitzte und mächtige Ausbuchtung ausgezogen, von welcher die rechte Wand in schiefer Richtung zum Scheitel aufsteigt. Die linke Blasenhälfte ist grösser als die rechte, ihr fehlt die Grundausbuchtung, sie ist gleichförmiger weit als die rechte und hat eine steil aufsteigende Seitenwand. Sie gleicht einer weiblichen Harnblase, welcher die linke Grundausbuchtung mangelt. Der solide *Urachus* liegt in einer ungewöhnlich breiten Bauchfellfalte und bildet damit nicht nur ein ungewöhnlich breites, sondern auch ein ungewöhnlich starkes *Ligam entum suspensorium*. Er entsteht $3/4''$ unterhalb dem Scheitel und $1/2''$ von der Mittellinie nach rechts gerückt von der vorderen Blasenwand. Die mittlere Längsfascrportion der äusseren der drei Schichten der Muskelhaut verläuft von der vorderen Blasenwand zur hinteren um den rechten Umfang des Scheitels. Im Blasengrunde ist unr eine einzige, d. i. die rechte Harnleiteröffnung zu sehen, die an gewöhnlicher Stelle in der rechten Hälfte des Blasengrundes sitzt. Da nur ein Harnleiter, d. i. der rechte, durch die Blasenwand dringt, so ist auch nur die rechte Harnleiterfalte zugegen; da nur die Blasenöffnung des rechten Harnleiters zugegen ist, so ist auch nur der rechte Schenkel des *Trigonum vesicae Lieutaudii* vorhanden, welcher, wie gewöhnlich, schief nach ein- und vorwärts zum Eingange in die *Pars prostatica urethrae* sich fortsetzt, aber sehr entwickelt ist. Die linke Harnleiteröffnung, die linke Harnleiterfalte und der linke Schenkel des *Trigonum Lieutaudii* fehlen vollständig.

Die Harnröhre ist normal. Der *Colliculus seminalis* der *Pars prostata* hat auf seiner Höhe die gewöhnlichen drei Oeffnungen. Allein die des linken *Ductus ejaculatorius* ist sehr verengt, die des rechten *Ductus ejaculatorius* und die des kleinen Weber'schen Organ's (*Vesicula prostatica*) sind auffallend weit, letztere ist spaltenförmig und ein- bis zweimal grösser als die anderer Fälle.

Unter den Geschlechtstheilen zeigen einige davon Abweichungen. So ist der linke Hode in Folge eines chronischen *Hydrocele* grossentheils verödet; der linke Samengang bis zum *Ductus ejaculatorius* obliterirt und in einen sehr dünnen Faden umgewandelt; die linke Samenblase bis auf ein kleines Rudiment verkümmert; der linke *Ductus ejaculatorius* zwar durchgängig, aber ungemein verengert; der rechte Samengang an seiner Zusammenmündung mit der Samenblase ungewöhnlich erweitert; die rechte Samenblase $3''$ lang, der rechte *Ductus ejaculatorius* sehr ausgeweitet.

Unter den übrigen Organen zeigen die meisten keine Abweichung. Pathologisch verändert sind die Lungen und die Milz; jene sind hepatisirt, diese ist zu einem mässig grossen und verhärteten *Tumor* degenerirt. *Pneumonia* war die Todesursache.

II. Fall.

Linkseitiger Nierenmangel bei einem 35jährigen Manne.

Am 7. Februar 1855 kam die Leiche dieses Mannes, der plötzlich gestorben war, zur gerichtlichen Section, die im anatomischen Institute der medico-chir. Akademie vorgenommen wurde. Bei der Untersuchung der Bauchhöhle vermisste man in der linken Nierenregion die Niere. Der damalige Professor der gerichtlichen Medicin, Eug. Pelikan, liess mich zur Section rufen, um zu untersuchen, wie es sich mit der linken Niere verhalte. Prof. Pelikan stand von der Section der Harn- und Geschlechtsorgane ab, und überliess mir diese zur weiteren Untersuchung.

Die Resultate meiner Untersuchung sind folgende:

Die linke Niere und der linke Harnleiter fehlen vollständig. Zugegen sind die rechte Niere, beide Nebennieren und der rechte Harnleiter.

Die rechte Niere liegt an gewöhnlicher Stelle. Sie ist 6″ lang, am oberen Drittel 3″, am mittleren und unteren Drittel 2½″ breit und 1½″ dick. Sie ist somit vergrössert, und zwar in Folge des mehr als im I. Falle vorgeschrittenen *Morbus Brightii*.

Beide Nebennieren liegen an gewöhnlicher Stelle, sind eher kleiner als die normaler Fälle.

Von linken Nierengefässen ist keine Spur vorhanden.

Das rechte Nierenbecken ist vergrössert, namentlich sehr lang. Der rechte Harnleiter ist an verschiedenen Stellen 2½ — 4‴ weit. Er senkt sich an gewöhnlicher Stelle in die rechte Hälfte des Harnblasengrundes ein.

Die Harnblase ist kegelförmig, von vorn nach hinten nur etwas comprimirt. An der rechten Seite ihres Grundes fehlt eine Ausbuchtung, ihre linke Seite ist etwas mehr gewölbt als die rechte.

Der rechte Hode ist vergrössert, der linke verkleinert. Der linke Nebenhode ist bis auf seinen Kopf verkümmert. Der rechte Samengang und die rechte Samenblase sind ebenfalls vergrössert. Vom linken Samengange und der linken Samenblase existirt auch nicht eine Spur.

Acutes Lungenoedem wurde als Ursache des Todes aufgestellt.

———

Die Unmöglichkeit ein Nierenrudiment mit oder ohne ein solches des Harnleiters auf irgend einer Seite als Folge von Bildungshemmung aufzufinden; die Unmöglichkeit ein Nieren- oder Harnleiterrudiment als Folge einer *Atrophie* bedingenden Krankheit nachzuweisen; der Mangel der linkseitigen Nierengefässe und der Abgang jeder Spur irgend welcher dagewesener, später aber obliterirter Gefässe; endlich das Fehlen der linkseitigen Harnleiteröffnung in der Harnblase und des linken Schenkels des *Trigonum Lieutaudii* sprechen für wahren und vollständigen einseitigen Nierenmangels in beiden Fällen.

Die bemerkenswerthen Veränderungen, welche der Hode, Nebenhode, der Samengang und die Samenblase der linken Seite in beiden Fällen erlitten haben, können allerdings mit dem linkseitigen Nierenmangel in keinem Zusammenhange stehen. Im I. Falle sind sie durch das *Hydrocele*, welches *Atrophie* und *Obliteration* bedingte, erklärt; im II. Falle hat man es mit wirklichen Defecten zu thun. Sind sie nur reine Zufälligkeiten?

Die Granularentartung der vorhandenen Niere in beiden Fällen scheint zu beweisen, dass diese, in Folge der Uebernahme der Function der fehlenden Niere, mit der Zeit leiden müsse.

III. Fall.

Rechtseitiger Nierenmangel bei einem Manne.

Ende des Jahres 1852 fand ich bei einem Manne die linke Niere mit einem Harnleiter. Zu dieser gingen zwei Arterien. Sie war vergrössert, 6″ 8‴ lang. Die rechte Niere vermisste ich. An ihrer Stelle fand ich Fett. Beide Nebennieren waren zugegen.

Diese wenigen in meinen Tagebüchern über diesen Fall aufgezeichneten Bemerkungen lassen schliessen, dass es mir nicht gestattet war, ausreichende Untersuchungen darüber vorzunehmen. Sie sind unzureichend, um zu bestimmen, ob der Nierenmangel wirklich ein angeborener war. Es muss desshalb unentschieden bleiben, ob dieser Fall hierher zu rechnen sei, oder nicht.

VII.

Fälle tiefer Lage der rechten Niere bei Erwachsenen.

Angeborene tiefe Lage der rechten Niere habe ich in letzterer Zeit in zwei Fällen bei Männern beobachtet.

I. Fall.

Lage der rechten Niere über dem Beckeneingange bei einem alten Soldaten.

Im November 1858 benutzte ich die Leiche dieses Mannes zu meinen Vorlesungen über Splanchnologie. Bei der Präparation fand ich die linke Niere und die beiden Nebennieren an den gehörigen Orten. In der rechten Nierenregion vermisste ich die Niere.

Die rechte Niere lag im Beckeneingange, und zwar in dem Winkel, den der rechte *M. psoas major* mit dem Lendenstücke der Wirbelsäule bildet. Dieselbe reichte bis zum *Ligamentum intervertebrale* zwischen dem dritten und vierten Lendenwirbel aufwärts, bis unter das *Promontorium* abwärts, und an dem vierten und fünften Lendenwirbel bis zur Medianlinie einwärts. Sie bedeckte die *Vasa iliaca communia*, den Anfang der *Vasa iliaca externa* und *interna* und die *Vena cava inferior*. Durch *Hydronephrose* ist dieselbe bei fast gänzlichem Schwinden ihrer Substanz zu einem ovalen 3½ — 4″ langen Sacke entartet, der an dem unteren Drittel seiner vorderen Fläche (Stelle des *Hilus renalis*) in das Nierenbecken sich fortsetzte.

Der rechte Harnleiter mit dem Nierenbecken hatten eine Länge von 7″.

Diese rechte, zu einem Sacke entartete Niere erhielt zwei Arterien, deren geringer Durchmesser durch Umwandlung der Niere in einen Sack bedingt wurde. Die obere davon entsprang von der *Aorta abdominalis*, $^3/_4''$ unter dem Ursprunge der *Art. mesenterica inferior*. Die untere entstand 4''' unter der ersteren von der *Aorta abdominalis* und $^1/_2''$ über deren Theilung in die *Art. iliacae communes*. Erstere verlor sich im oberen Ende des Sackes, letztere in seiner hinteren Wand. Die Vene mündete in die *Vena cava inferior*.

II. Fall.

Lage der rechten Niere in der Beckenhöhle bei einem Soldaten mittleren Alters.

Bei der pathologisch-anatomischen Section der Leiche dieses Mannes, welche von Dr. Besser im Mai 1859 vorgenommen wurde, stiess man auf eine anomale Lage der rechten Niere. Dr. Besser setzte mich davon sogleich in Kenntniss, und unterliess auf mein Ersuchen die Fortsetzung der Section.

Ich nahm die Injection der Gefässe vor meiner Untersuchung vor, und werde die Resultate der letzteren im Nachstehenden mittheilen

Die linke Niere hat die gewöhnliche Lage. Ihre Gestalt ist fast normal, nur befindet sich der *Hilus* mehr an der vorderen Fläche. Ihre Länge beträgt $4^1/_2''$, ihre Breite $2^1/_2''$, ihre Dicke 8'''. Dieselbe zeigt keine pathologische Veränderung.

Der linke Harnleiter ist $10^1/_2 - 11''$ lang.

Beide Nebennieren befinden sich am gehörigen Orte. Somit ist die rechte Nebenniere mit der entsprechenden Niere nicht mit in das Becken hinabgerückt.

Die rechte Niere hängt an den Nierengefässen wie eine Frucht an ihrem Stiele.

Sie liegt im rechten hinteren Seitenwinkel des Einganges und der oberen Hälfte der Beckenhöhle vor der rechten *Symphysis sacro-iliaca*, hinter der Harnblase rechts neben dem *Rectum*, vor dem *Promontorium* und dem Kreuzbeine, über die Medianlinie des letzteren hinaus nach links, ausserhalb dem Bauchfellsacke. Ihr oberes Ende liegt $1^3/_4''$ unterhalb der Theilung der *Aorta abdominalis* in die *Art. iliacae communes*, medianwärts von dem Ursprunge der *Art. iliaca externa* und dem *M. psoas*, vor der Theiluug der *Art. iliaca communis dextra* in ihre beiden Aeste und vor der unteren Hälfte des rechten Seitentheiles des Körpers des 5. Lendenwirbels. Ihre vordere Fläche ist vom Bauchfelle überzogen und durch die *Excavatio recto-vesicalis* des Bauchfellsackes von der Harnblase geschieden. Die Mitte ihrer hinteren Fläche stösst an die *Vasa hypogastrica*.

Dieselbe hat die Gestalt eines ovalen, von vorn nach hinten comprimirten Körpers. Ihr *Hilus* befindet sich in der Medianlinie der oberen Hälfte der vorderen Fläche.

Sie erstreckt sich von der Mitte der Höhe des Körpers des 5. Lendenwirbels bis zum 2. oder 3. Kreuzbeinwirbel abwärts, ist 4'' lang, $2^1/_2''$ breit und $^3/_4''$ dick.

Beim Aufblasen der Harnblase wird sie um die Höhe eines halben Zolles aus der Beckenhöhle allmälig herausgeschoben, ist somit eine Art beweglicher Niere.

Ihre Substanz ist normal.

Der rechte Harnleiter verläuft vor der Medianlinie der unteren Hälfte der Niere zur Harnblase und ist 5″ lang.

Die rechte Niere besitzt eine Arterie und eine Vene. Die *Art. renalis dextra* hat einen Durchmesser von 3‴. Sie entspringt aus dem Winkel der Theilung der *Aorta abdominalis* in die *Art. iliacae communes*, oder theilweise von da und theilweise von der *Art. iliaca communis dextra* vor und rechts von der *Art. sacralis media*, die von der hinteren Seite der *Aorta abdominalis* über ihrer Theilung, oder von dem Anfange der *Art. iliaca communis sinistra* entsteht, und auf der vorderen Fläche des Kreuzbeines neben der Medianlinie nach links ihren Verlauf fortsetzt. Sie verläuft von da fast vertikal zur Niere abwärts und theilt sich 4‴ über deren oberem Ende in zwei Aeste, einen vorderen und einen hinteren. Der vordere etwas stärkere Ast begiebt sich zum *Hilus* der Niere, theilt sich ³⁄₄″ unter seinem Ursprunge aus dem Stamme in zwei starke Zweige, einen äusseren und inneren, wovon jener am äusseren Rande, dieser am inneren Rande des *Hilus*, in mehrere Nebenzweige getheilt, in die Niere sich einsenkt. Der hintere Ast, welcher nur 4—6‴ lang ist, dringt in das obere Ende der Niere ein. Die *Vena renalis dextra* kommt mit ihren Zweigen, die vor der *Arteria* liegen, aus dem *Hilus*, verläuft mit ihrem Stamme medianwärts von der *Arteria* aufwärts und mündet in die *Vena iliaca communis sinistra* 9—10‴ unterhalb der Vereinigung dieser mit der *V. i. c. dextra* zur *Vena cava inferior*. Die *Art. renalis dextra* ist bis zum oberen Ende der Niere 1³⁄₄″, bis in den *Hilus renalis* 2³⁄₄—3″ lang und 3‴ dick. Die *Vena renalis dextra* hat etwa eine Länge von 2″ und ist an ihrer Einmündung nur 3‴ dick.

VIII.

Zwei Fälle von Thoracogastrodidymus.

Eine der Varietäten der Zwillingmissbildungs-Art «Thoracogastrodidymus» hat folgende Kennzeichen:

«Zwei Köpfe, zwei mehr oder weniger geschiedene Hälse, seitlich verschmolzene einfache, aber sehr breite Brust, Bauch und Becken, zwei obere und zwei untere Extremitäten, bei normaler Flächenansicht des ganzen Körpers, und normalem Baue der Köpfe, Hälse und der Extremitäten».

Ich hatte Gelegenheit, einen männlichen Fall dieser zwar bekannten, aber seltenen Varietät in Prag 1844 zu zergliedern. Die Resultate seiner Zergliederung habe ich in einer ausführlichen Monographie veröffentlicht [1]).

---

[1]) W. Gruber. Anatomie eines *Monstrum bicorporeum* «eigenthümlicher *Thoracogastrodidymus*». Prag 1844. 4°. Mit 6 Tafeln.

Seit dieser Zeit habe ich, und zwar in St. Petersburg, noch zwei aber weibliche
Fälle zur Zergliederung erhalten.

Diese 3 Fälle weisen viele Gleichheiten, aber auch so manche Unterschiede
auf. Um letztere zu erfahren, werde ich der Beschreibung des Prager Falles die der
beiden St. Petersburger Fälle vergleichungsweise anreihen. Ich glaubte dies um so
mehr thun zu müssen, als diese Varietät in dieser Anzahl zur allseitigen und beliebigen
Verwendung nicht leicht einem und demselben Anatomen zu Gebote stehen dürfte.

I. Fall.

Weiblicher Thoracogastrodidymus. (Tab. III. Fig. 2., Tab. IV. Fig. 1 — 5.)

Kennzeichen: Die der Varietät, aber ein kegelförmiger Höcker zwischen beiden
Hälsen, einfacher After.

Todt geboren im Mai 1858 in der Staniza Presnogor'kowskaja des 3. Linienregi-
mentes des Sibirischen Kosakenheeres von der 42jährigen Kosakenfrau Maria Ossipowa;
im anatomischen Institute im März 1859 angelangt.

Arzt Kostriz sandte diese Zwillingsmissbildung nebst einem Berichte an die
medico-chirurgische Akademie. Derselbe hatte die Zwillingsmissbildung leider schon theilweise secirt, Manches zerschnitten und entfernt, was in seiner Ganzheit hätte erhalten bleiben
müssen. Der Schnelligkeit, mit der die Section vorgenommen worden zu sein scheint, hat
man es wahrscheinlich zu verdanken, dass Vieles übrig blieb, was noch zur Untersuchung
geeignet war. Aus dem eingelieferten Berichte erfährt man nur Weniges.

Bewegungen der Missbildung sollen noch im Anfange des Geburtsactes gefühlt, zuerst
die Füsse und zuletzt die Köpfe geboren worden sein, und die Dauer der Geburt 6 — 7
Stunden betragen haben. Vor 13 Jahren soll die Mutter ein Mädchen geboren haben.
Ob dieses normal oder missgebildet war, wird im Berichte nicht angegeben. Der Sec-
tionsbefund, den Kostriz beifügte, laborirt an Unrichtigkeiten, muss somit unberücksichtigt bleiben. Immerhin sind wir Herrn Kostriz für die Zusendung dankbar.

Aeussere Formation.

Die äussere Formation ist die der Varietät. Es sind zwei Brustwarzen, ein
einfacher Nabel, einfache, normale äussere Geschlechtstheile zugegen. Die Hälse sind aber
bis zu ihrer Basis geschieden, und am oberen Ende des Brustkorbes sitzt ein kegelförmiger Höcker (Tab. III. Fig. 2. a.), der hinten zwischen die Hälse aufwärts raget. Dadurch ist dieser Fall von dem Prager und dem anderen Petersburger Falle verschieden. Der kegelförmige Höcker ist von vorn nach hinten etwas comprimirt, 9‴
hoch, 1″ 9‴ an seiner Basis breit und 1″ 3‴ an derselben dick. Die Länge der Missbildung
beträgt 16″ Par. M., die Breite in der Schulterregion derselben beläuft sich auf 6″ 9‴.

Innere Formation.

Knochen. (Tab. IV.)

Das Skelet besteht aus: 2 normal gebauten Köpfen; 2 normal gebauten Wirbelsäulen; 1 einfachen, aber breiteren Brustbeine; 24 Rippen, die stärker und länger sind als
gewöhnlich; aus sämmtlichen Knochen 2 oberer und 2 unterer Extremitäten, unter welchen nur die Schlüsselbeine länger und die Hüftbeine grösser sind; ferner aus 12 intermediären Rippenbögen; 2 Zungenbeinen; aus 1 intermediären Schlüsselbeine mit 1 intermediären Schulterblatte.

Die Wirbelsäulen (Fig. 1. 2.) kehren ihre Flächen und Seiten so, wie die eines normalen Individiums ihre Flächen und Seiten richten. Die linke Seite der rechten Wirbelsäule
sieht gegen die rechte der linken. Am Kreuzbeine stossen die Wirbelsäulen an einander,
von da auf- und abwärts divergiren sie von einander. Am Halstheile sind sie durch einen
bedeutenden Zwischenraum völlig von einander geschieden, am Brusttheile werden sie
durch die intermediären Rippenbögen (Fig. 1. *c.*, Fig. 2. *b.*) von einander gehalten, am
Lendentheile sind sie durch quere Bänder (Fig. 1. *d.*, Fig. 2. *c.*), die von den Querfortsätzen der einen Wirbelsäule zu den der anderen hinüberspringen, vereiniget, am Steiss-
beintheile endlich durch einen einem halbovalen Ausschnitt gleichenden Zwischenraum
getrennt. Nur der 8. Brustwirbelkörper der rechten Wirbelsäule ist gebrochen.

Das einfache, aber sehr breite knorplige Brustbein (Fig. 1. *a.*, Fig. 3. *b.*) hat an
seinem *Manubrium* jederseits ein Schlüsselbein eingelenkt. Von dem mittleren Drittel seines oberen, zwischen den Schlüsselbeinen 15''' breiten Randes schickt dasselbe einen plat-
tenartigen, ganz knorpligen Fortsatz (Fig. 1. α., Fig. 3. δ., Fig. 4. *b.*) nach auf- und
rückwärts. Dieser ist 6''' hoch, an der Basis am Brustbeine 5''', gegen sein oberes
Ende allmählig 3''', an diesem aber wieder 4''' breit, und so dick wie das Brustbein selbst.
An seinem quer abgestutzten Rande sitzt jederseits eine Gelenkgrube zur Articulation
mit den vorderen Gelenkköpfen des intermediären Schlüsselbeines.

Die intermediären Rippenbögen (Fig. 1. *c. c. c. c. c. c.*, Fig. 2. *b. b. b. b. b. b.*) entsprechen 12 mit einander verschmolzenen Rippenpaaren, d. i. den verschmolzenen 12 linken Rippen des rechten und den rechten' 12 Rippen des linken Körpers. Jeder Rippenbogen hat an jedem Ende ein *Capitulum* und *Tuberculum*, welche sich mit den Wirbelsäulen
auf gewöhnliche Weise durch Gelenkkapseln vereinigen. Jeder Rippenbogen, mit Ausnahme des untersten, ist von oben nach unten comprimirt, an seiner oberen Seite schwach
convex, an der unteren Seite schwach concav und so gekrümmt, dass der vordere concave
Rand nach vorn in die Brusthöhle, der hintere convexe Rand nach hinten sieht. Der hintere Rand der oberen Rippenbögen besitzt in seiner Mitte einen breiten, dreieckigen, plat-
tenartigen, die folgenden bis zum 10. einen dreiseitig pyramidalen, der 11. einen abge-
stutzt vierseitigen, seitlich comprimirten Fortsatz. Der 12. Rippenbogen ist schmal mit
vorderer concaver und hinterer convexer Fläche, an der in der Mitte ein kleiner Höcker

sitzt. Die hinteren Ränder und deren Fortsätze an den 10 oberen Rippenbögen sind wie etwas dachziegelförmig über einander gelagert. Ihre Fortsätze liegen unter einander wie die *Processus spinosi* der Wirbel. Sämmtliche Bögen sind an ihrem Körper und Fortsatze verknöchert. Ihre Länge nimmt von oben nach unten ab, eben so die Breite. Erstere variirt von $6''' — 1''$, letztere von $1''' — 3'''$.

Das intermediäre Schlüsselbein (Fig. 1. *b.*, Fig. 3. *a.*, Fig. 4. *a.*) ist ein mässig gekrümmter (oben convex, unten concav), völlig knöcherner starker Balken, der das Ansehen wie das eines Röhrenknochens hat, der über der Mitte der Brustapertur und des oberen intermediären Rippenbogens in sagittaler Richtung liegt, und vom Fortsatze des *Manubrium* des Brustbeines bis zu den *Processus acromiales* des intermediären Schulterblattes sich erstreckt. Dasselbe ist durch Verschmelzung des linken Schlüsselbeines des rechten Körpers mit dem rechten des linken entstanden, deren Scheidung durch einen engen Spalt zwischen den vorderen und hinteren Gelenkköpfen angedeutet ist. Man unterscheidet an demselben einen Körper (α), ein vorderes und ein hinteres Ende. Die vordere Hälfte des Körpers ist dreiseitig prismatisch mit oberer convexer Fläche und einem unteren sehr scharfen Kamm. Das hintere Drittel desselben ist von oben nach unten comprimirt, unten convex, oben concav. Die obere Fläche besitzt gegen das vordere Ende eine tiefe Rinne, welche zwischen den *Condyli anteriores* in den Spalt des vorderen Endes sich fortsetzt. Jedes Ende besitzt 2 *Condyli*. Die *Condyli anteriores* (Fig. 3., 4. $\beta.\beta.$) sind von einer Seite zur anderen comprimirt, höher ($3'''$) als dick ($1\frac{1}{2}'''$), sehr abgerundet an ihren überknorpelten Gelenkflächen und stärker als die hinteren. Die *Condyli posteriores* (Fig. 3., 4. $\gamma.\gamma.$) sind von oben nach abwärts comprimirt, breiter oder dicker i2''') als hoch ($1\frac{3}{4}'''$), mit platten oder schwach concaven Gelenkflächen versehen, die schief gegen einander gestellt sind. Die *Condyli anteriores* articuliren an den Gelenkgruben des Fortsatzes des *Manubrium* des Brustbeines und sind damit durch zwei schlaffe, von einander geschiedene Gelenkkapseln, verbunden. Die *Condyli posteriores* articuliren an den Enden der *Processus acromiales* des intermediären Schulterblattes, und sind damit durch zwei straffere von einander getrennte Gelenkkapseln vereiniget. Das Schlüsselbein ist $1''\ 10''' — 2''$ lang. Seine Breite in der Mitte und hinter dieser beträgt $1 — 1\frac{1}{2}'''$ und nimmt an den Enden allmälig bis $4'''$ zu. Seine Dicke von oben nach abwärts beträgt vorn $3'''$, vor der Mitte $2'''$, an der Mitte $1\frac{1}{2}'''$, hinter der Mitte $1''$, hinten $1\frac{3}{4}'''$, wird also gegen die Enden allmälig breiter und dicker.

Das intermediäre Schulterblatt (Fig. 2. *a.*, Fig. 3. *c.*, Fig. 4. *c.*, Fig. 5.) ist durch Verschmelzung zweier Schulterblätter, d. i. des linken vom rechten Körper und des rechten vom linken Körper, entstanden. Diese haben sich an ihren äusseren Rändern und an den *Processus coracoidei* vereiniget. Dasselbe hat seine Lage am Rücken der Zwillingsmissbildung zwischen den beiden Wirbelsäulen, hinter den oberen intermediären Rippenbögen, erstreckt sich aber theilweise darüber hinaus auch aufwärts in den Zwischenraum der Hälse, um daselbst mit dem hinteren Ende des intermediären Schlüsselbeines dem oben

genannten kegelförmigen Höcker zur Grundlage zu dienen (Fig. 1. 2.). Es ist eine gekrümmte Knochenplatte von der Gestalt eines halbirten runden Schildes mit zwei
Flächen, zwei Rändern, zwei Winkeln und drei starken in drei lange Fortsätze endigen-
den Kämmen. Von den Flächen ist die vordere concav, ohne Leisten (Fig. 3. c.); die
hintere convex, mit drei Kämmen versehen (Fig. 5.). Die vordere bildet eine flache
Grube, *Fossa subscapularis communis.* In ihrer Medianlinie oben besitzt sie ein *Foramen
nutritium.* Die hintere ist durch die drei Kämme in vier Gruben, zwei laterale und
zwei mediane getheilt, wovon die ersteren die *Fossae supraspinatae* (Fig. 4. λ., Fig. 5. εε.),
die letzteren die *Fossae infraspinatae* (Fig. 4. μ., Fig. 5. ζ. ζ.) sind. Alle vier sind
dreieckig, convergiren gegen den oberen Rand und die Medianlinie und werden allmälig
enger und tiefer. Jede der lateralen hat gegen das innere Ende ein *Foramen nutritium.*
Gegen das obere Ende hat die rechte mediane ein, die linke mediane drei *Foramina nutri-
tia.* Kleiner sind die lateralen, grösser die medianen Gruben. Von den beiden Rändern
ist der obere (Fig. 4. δ., Fig. 5. a. a.) durch einen Fortsatz in zwei, einen rechten und
einen linken, getheilt, deren jeder etwas schief nach aus-, vor- und abwärts verläuft, und
ein- bis zweimal ausgebuchtet und scharf ist; der untere und seitliche (Fig. 4. ε., Fig. 5. b.)
halbkreisförmig und mit einem Randknorpel belegt, der in der Mitte $2\frac{1}{2}'''$ breit ist, und
gegen die Winkel des Schulterblattes allmälig sich verschmälert. Die beiden Hälften des
oberen Randes sind analog den oberen Rändern zweier normalen Schulterblätter; die beiden Hälften des unteren seitlichen Randes sind analog den inneren Rändern derselben.
Jeder der beiden Winkel (Fig. 5. γ. γ.) ist ein abgerundeter und fast rechter. Sie sitzen
seitlich an der Grenze zwischen dem oberen und dem unteren seitlichen Rande und entsprechen den oberen Winkeln zweier normalen Schulterblätter. Von den drei Kämmen
liegen der mediane (Fig. 5. c.) in der Mittellinie der hinteren Fläche, die lateralen
(Fig. 5. d. d.) näher dem oberen Rande als der Mittellinie. Der mediane steigt gerade
aufwärts, beginnt über dem Randknorpel niedrig, wird allmälig höher und nach rückwärts
vorspringender, und setzt sich über den oberen Rand des Schulterblattes hinaus als mittlerer Fortsatz desselben fort. Die lateralen und noch stärkeren Kämme sind schief stehende dreieckige Platten, welche gegen das obere Ende des medianen Kammes und gegen
die Mitte des oberen Randes, ohne beide zu erreichen, convergiren. Sie beginnen niedrig
am Randknorpel, werden schneller als der mediane höher und rückwärts vorspringender,
sind mit ihrem Rande nach auf- und rückwärts, mit ihrer vorderen Fläche nach aufwärts,
mit ihrer hinteren Fläche nach abwärts gekehrt, und als seitliche hintere Fortsätze ausgezogen. Der mediane Kamm ist gleich den verschmolzenen hinteren Lefzen der äusseren
Ränder der Schulterblätter; die lateralen Kämme aber sind die *Spinae scapularum.* Von
den drei Fortsätzen ist der mittlere (untere vordere) hakenförmig, die beiden seitlichen (hinteren oberen) hornförmig. Der mittlere Fortsatz (Fig. 4. ζ., Fig. 5. a.) erhebt sich zuerst vertikal und beugt sich dann rechtwinklig nach vorn um. Sein vertikaler Schenkel ist dreiseitig prismatisch mit einer vorderen und zwei seitlichen Flächen,

sein horizontaler Schenkel aber mehr abgerundet und seitlich etwas comprimirt. Ganz knorplig ist der letztere, nur am oberen Ende knorplig der erstere. Der mittlere haken-förmige Fortsatz ist gleich den verschmolzenen *Processus coracoidei et condyloidei scapularum*. Die seitlichen längeren und stärkeren Fortsätze (Fig. 1. β. β., Fig. 3. ε. ε., Fig. 4. δ., Fig. 5. β. β.) sind Verlängerungen des inneren hinteren Winkels der *Spinae scapularum*, die um ihre Achse und dann hornförmig nach auf- und vorwärts gekrümmt erscheinen. Sie sind länglich vierseitige, am Ende abgerundete Platten, welche zuerst von unten nach oben und dann seitlich comprimirt sind. Ihre untere hintere Fläche, welche die Fortsetzung derselben an der *Spina scapulae* ist, wird durch Achsendrehung allmälig zur bleibenden äusseren, und ihr freier Rand zum concaven unteren Rande. Man kann an jedem einen rückwärts und aufwärts steigenden und einen nach vorwärts gekrümm-ten Theil unterscheiden. Ersterer ist ganz knöchern, letzterer noch knorplig. Die rückwärts und aufsteigenden Theile beider convergiren hinter dem mittleren Kamme gegen einander, ohne sich zu erreichen, und begrenzen dadurch seitlich ein kartenherz-förmiges Loch (Fig. 5. δ. δ.), durch das an der vorderen Basis der mittlere Kamm zum mittleren Fortsatze seinen Verlauf fortsetzt. Der vorwärts gekrümmte Theil verläuft parallel neben dem der anderen Seite, davon durch eine lange und enge Spalte geschieden. Das Ende beider Fortsätze articulirt an einer Gelenkfläche der *Condyli posteriores* des intermediären Schlüsselbeines, und ist damit durch straffere Gelenkkapseln vereini-get. Die seitlichen Fortsätze des intermediären Schulterblattes sind die *Processus acromiales*.

Es betragen:

Die Höhe des intermediären Schulterblattes.................. =	1″		
« Breite « « « .... = 1	2	‴	
« « seines Randknorpels in der Mitte .... =	2¹/₂		
« Höhe des mittleren Kammes ....bis =	1¹/₄		
« Länge jedes lateralen Kammes mit dem *Processus acromialis*... = 1	8		
« « des *Processus acromialis* allein.................. =	9 — 10		
« « des ganzen hornförmigen Theiles desselben .... =	6 — 7		
« « des knorpligen Theiles desselben.................. =	5		
« Breite jedes lateralen Kammes......................bis =	2¹/₄		
« « des knöchernen aufsteigenden Theiles des *Processus acro-mialis* an der Wurzel .... =	1³/₄		
« Breite an dem Ende desselben...................... =	2³/₄		
« « von oben nach unten des knorpligen Theiles desselben. =	2		
« Dicke des knöchernen Theiles desselben .... =	¹/₂		
« « des knorpligen Theiles desselben.................. =	1		
« Höhe des mittleren Fortsatzes........................ =	3¹/₂		
« « des Knorpels davon .... =	1¹/₂		

. Die Höhe des vertikalen Schenkels . . . . = 2 $'''$

    Breite desselben vorn . . . . = 2$\frac{1}{4}$

  «   «   «   seitlich . . . . = 2$\frac{1}{2}$

    Länge des horizontalen Schenkels . . . . = 2

    «   des theilweise frei als horizontaler Schenkel vorstehenden, theil-
weise auf dem vertikalen Schenkel aufliegenden Knorpels . . . . = 4$\frac{1}{4}$

«   Breite der Basis jeder lateralen Grube . . . . = 6

«   «   «   «   jeder medianen Grube . . . . = 8

    Höhe des herzförmigen Loches zwischen den *Processus acromiales* . . . . . = 3$\frac{1}{2}$

    Breite desselben . . . . = 2$\frac{3}{4}$

Vergleichen wir das Skelet des Petersburger Falles mit dem des Prager Falles, so ergeben sich folgende Unterschiede:

1. Das intermediäre Hüftbein des Prager Falles fehlt im Petersburger vollständig, so dass das Becken nur aus 2 Hüftbeinen, 2 Kreuzbeinen und 2 Steissbeinen besteht.

2. Statt des rudimentären auf dem *Manubrium* des Brustbeines vertikal sitzenden intermediären Schlüsselbeines des Prager Falles, das ich damals unrichtig als zweites Brustbein gedeutet hatte, ist im Petersburger Falle ein vollkommen ausgebildetes und sagittal liegendes Schlüsselbein zugegen.

3. Statt des kleinen das rudimentäre intermediäre Schulterblatt repräsentirenden Knorpels des Prager Falles ist im Petersburger Falle ein vollkommen ausgebildetes knöchernes intermediäres Schulterblatt zugegen.

4. Im Prager Falle bilden nur die 8 oberen der 12 Paare medialer Rippen völlige Bögen, im Petersburger Falle ist aber jedes Paar derselben zu einem Bogen verschmolzen, und es sind somit 12 intermediäre Rippenbögen vorhanden.

Muskeln.

Darüber habe ich nur Weniges mitzutheilen, weil diejenigen Stellen, wo Verschiedenheiten vorkommen konnten, bereits theilweise zerschnitten waren, die übrigen Stellen nur normale Anordnung der Muskulatur nachwiesen.

Die *Mm. subcutanei colli mediales* gehen in der Mitte in einander über, überkreuzen sich vorn und hinten.

Die *Mm. sternocleidomastoidei mediales* setzen sich an den Brustbeinfortsatz und an das vordere Drittel des intermediären Schlüsselbeines.

Die *Mm. sternohyoidei* und *sternothyreoidei mediales* kommen vom vorderen Ende des intermediären Schlüsselbeines und von dem Brustbeinfortsatze.

Die *Mm. omohyoidei mediales* haben statt des unteren Bauches eine lange Sehne, womit sie sich an den oberen Rand des intermediären Schulterblattes inseriren.

Die *Mm. scaleni mediales* verbinden sich bogenförmig unter dem intermediären Schlüsselbeine.

Die *Mm. cucullares mediales* heften sich mit einer Portion an das hintere Drittel des intermediären Schlüsselbeines; die an das Schulterblatt sich ansetzende Portion war abgeschnitten.

Die *Mm. levatores scapulae mediales* inseriren sich an die Winkel und an die seitlichen Theile des unteren und seitlichen Randes des intermediären Schulterblattes.

Der membranartige Muskel, welcher die *Fossa subscapularis communis* ausfüllt, entspringt vom unteren seitlichen Rande des intermediären Schulterblattes. Seine meisten Fasern verlaufen quer, die oberen scheinen sich jederseits an eine auf dem mittleren Fortsatze liegende Kapsel anzusetzen. Er ist der *M. subscapularis communis.*

Die *Mm. supraspinati* und *infraspinati mediales*, wovon nur noch die Insertionstheile übrig, die anderen abgeschnitten waren, inseriren sich an die Kapsel am mittleren Fortsatze.

Zwischen den medialen Rändern der Steissbeine ist ein membranartiger querer Muskel ausgespannt.

Wie sich noch andere Muskeln, welche an den medialen Seiten beider Körper, von dem Zwischenraume beider Hälse abwärts, liegen, verhalten haben, weiss ich oben angegebener Gründe halber nicht.

Eingeweide.

Ich kann nur über jene berichten, welche ich noch vorgefunden habe.

Zunge, *Pharynx*, *Oesophagus*, Magen sind doppelt. Das *Duodenum* ist auch doppelt, am Ende aber verwachsen und ein durch eine Scheidewand in zwei Hälften geschiedenes Rohr. Wie sich der Dünndarm und der Dickdarm, mit Ausnahme des Mastdarmes, verhalten habe, weiss ich nicht. Der Mastdarm ist einfach. Wie sich die Leber verhalten habe, weiss ich nicht; sie war nach Kostriz einfach, mag aber so wie die im Prager Falle beschaffen gewesen sein. Milz und *Pancreas* sind doppelt.

Kehlkopf, Luftröhre, Lungen, Schiddrüse und *Thymus* sind doppelt. Wie im Prager Falle ist der rechte Ast der rechten Luftröhre und der linke Ast der linken der längere und weitere. Jede Lunge hat zwei Flügel. Der rechte der rechten Lunge hat 4, der linke derselben hat 2 Lappen. Jeder Flügel der linken Lunge hat 2 Lappen. Jeder Lungenflügel liegt in seinem eigenen Pleurasacke. Im Prager Falle hatte jede Lunge zwei Flügel, doch waren nur 3 Pleurasäcke, weil der mittlere derselben die zwei medianen Lungenflügel beherbergte. Die rechte Schilddrüse hat ein mittleres Horn. Jede *Thymus* besteht aus zwei Hälften.

Nieren giebt es zwei, eine rechte für den rechten Körper und eine linke für den linken Körper. Letztere ist normal und liegt zur linken Seite der Wirbelsäule; erstere hat den *Hilus* an der vorderen Fläche und liegt in der Beckenhöhle zur rechten Seite des Mastdarmes. Der rechte Harnleiter ist $1\frac{3}{4}''$ der linke $3\frac{3}{4}''$ lang. Harnblase und Harnröhre sind normal. Nebennieren sind zwei, eine rechte für den rechten Körper und eine linke für den linken Körper. Erstere liegt zur rechten Seite der rechten Wirbelsäule, letztere zur linken Seite der linken Wirbelsäule an den gewöhnlichen Stellen.

Die Geschlechtstheile sind weiblich. Sie verhalten sich denen normaler Fälle gleich.

Doppeltes Herz.

Es sind zwei Herzen, ein rechtes und ein linkes, zugegen. Sie liegen in einem gemeinschaftlichen Herzbeutel, der vor den medianen und zwischen den lateralen Pleurasäcken seine Lage hat. Beide stehen durch Verschmelzung ihrer Vorkammern mit einander in Verbindung; und sind so gekehrt, dass sie ihre Lungenherzen medianwärts zu einander, ihre Körperherzen aber lateralwärts kehren. Die Abtheilungen des linken Herzens haben desshalb eine normale, die des rechten Herzens aber eine verkehrte Lage.

Das rechte Herz, welches breiter und kürzer ist als das linke, besteht nur aus 2 Kammern, d. i. aus 1 Vorkammer und 1 Herzkammer. Aus demselben entspringt nur 1 Arterie, in dasselbe mündet nur 1 Vene. Nur das mediale Ende der Vorkammern steht durch 2 Oeffnungen mit dem linken Herzen im Zusammenhange. Die Vorkammer ist in querer Richtung 1″ breit und ist gleichbedeutend der Lungenvenen- und Hohlvenenkammer eines normalen Herzens, dem das *Septum atriorum*, ohne Zurücklassung irgend einer Spur, fehlt. Dieselbe hat ausser einer vorderen lateralen (rechten) und vorderen medialen (linken) *Auricula* noch eine hintere mediale. An ihrem medialen (linken) Ende steht sie mit der medialen (rechten) Vorkammer des linken Herzens durch zwei Oeffnungen, eine vordere kleinere und eine hintere grössere, in Verbindung. Dieses Ende ist von dem der Vorkammer des linken Herzens theilweise durch einen vertikalen, seitlich comprimirten, von vorn nach hinten oben 2 — 3‴, unten 1‴ breiten und 5 — 6‴ hohen Muskelbalken geschieden, der zwischen den genannten Oeffnungen gelagert ist. In der lateralen (rechten, aber Lungenvenen-) Hälfte der oberen Wand ist eine Oeffnung für sämmtliche Venen der rechten Lunge. In der unteren Wand, aber mehr im medialen (linken, aber Hohlvenen-) Theile sitzt die venöse Oeffnung (*Ostium atrio-ventriculare*) der Herzkammer. Eine grössere Oeffnung für die Kranzvenen des rechten Herzens ist nicht aufzufinden. Die Herzkammer wird durch eine sehr schmale, mehr medianwärts als lateralwärts gelagerte Scheidewand, die aber nur bis zur Mitte ihrer Höhe aufwärts reicht, in zwei, oben durch eine hohe Spalte mit einander communicirende, ungleiche Hälften, eine grössere laterale (rechte, aber Aorten-) und eine kleinere mediale (linke, aber Lungen-) Neben-Kammer abgetheilt. Dieselbe hat nur 2 Oeffnungen, 1 *Ostium arteriosum* und 1 *Ostium venosum*. Das *Ostium arteriosum* liegt am lateralen (rechten) Winkel seiner Basis, ist mit 3 *Valvulae semilunares* versehen, entspricht der lateralen Nebenkammer und führt in den gemeinschaftlichen Stamm für die *Art. pulmonalis* und *Aorta* des rechten Körpers. Das *Ostium venosum s. atrio-ventriculare* befindet sich medianwärts vom letzteren an der Basis der Herzkammer und am hinteren Umfange der 6 — 7''' hohen Spalte, wodurch beide Nebenkammern über dem rudimentären *Septum ventriculorum* mit einander communiciren. Dasselbe kann ein Rohr von 4½''' Durchmesser fassen. Es ist von einer vielzipfligen Klappe umgeben, die durch viele Sehnen mit 8 starken und langen *Musculi papillares* zusammenhängen, welche an der vorderen Wand der Herzkammer seitlich von der Communicationsspalte ihrer Nebenkammern sitzen.

Das linke Herz ist vollkommen normal, mit Ausnahme der Verschmelzung und Communication des hinteren Endes seiner medialen (rechten, Hohlvenen-) Vorkammer durch 2 Oeffnungen mit der Vorkammer des rechten Herzens. Seine ganze Länge beträgt 1'' 10''' — 2'', wovon auf den Herzkammertheil 1'' 4 — 5''' kommen. Seine Breite am letzteren misst 1''. Es ist somit länger und schmäler als das rechte Herz. Sehr weit und 1½'' von vorn nach hinten lang ist die mediale (rechte, Hohlvenen-) Vorkammer, weil die einfache *Vena cava superior* und *inferior*, die sie aufnimmt, die gemeinschaftlichen Venen für beide Körper sind, die zunächst ihr Blut in den Hohlvenensack des linken Herzens ergiessen. Die mediale (rechte) Vorkammer hat ausser den Communicationsöffnungen in das rechte Herz ein *Ostium ven. cav. sup.* in der oberen, und ein *Ostium ven. cav. inf.* in der hinteren Wand. Eine besondere Oeffnung für die Kranzvenen dieses Herzens war nicht aufzufinden. Die laterale (linke) Vorkammer hat 4 *Ostia ven. pulm.* der linken Lunge. Jede derselben hat eine *Auricula*, wovon die der medialen (rechten) ungewöhnlich gross ist. Das *Septum atriorum* ist vom *Foramen ovale* durchbohrt, das an seinem oberen, hinteren und unteren Umfange eine sehr dünne und schlaffe *Valvula for. oval.* sitzen hat. Beide Herzkammern sind ganz normal und durch ein vollständiges *Septum ventriculorum* geschieden. Jede hat ein *Ostium arteriosum* und *venosum*, jenes jederseits mit 3 *Valvulae semilunares*, dieses an der medialen (rechten) mit der *Valvula tricuspidalis*, an der lateralen (linken) mit der *Valvula bicuspidalis* versehen. Jenes führt aus der medialen (rechten) Herzkammer in die *Art. pulmonalis*, aus der lateralen (linken) in die Aorta.

Vergleichen wir das doppelte Herz des Petersburger Falles mit dem des Prager Falles, so ergeben sich folgende Unterschiede und Analogien:

1. Die Lage beider Herzen zu einander war in beiden Fällen gleich. Das doppelte Herz befand sich in beiden Fällen in einem gemeinschaftlichen Herzbeutel. Die Verschmelzung der Herzen war im Prager Falle vollkommener.

2. Das rechte Herz im Petersburger Falle war breiter und kürzer als das linke; um die Hälfte des linken kleiner im Prager Falle. Es hatte im Petersburger Falle 2; im Prager Falle 3 Kammern. Die theilweise in zwei getheilte Herzkammer des Petersburger Falles hatte 2 *Ostia*, 1 *arteriosum* und 1 *venosum*; die einfache Herzkammer des Prager Falles hatte 3 *Ostia*, 2 *arteriosa* und 1 *venosum*. In beiden Fällen war nur 1 *Ostium* für die Lungenvenen des rechten Körpers zugegen.

3. Das linke Herz im Prager Falle war beziehungsweise zum rechten viel grösser als im Petersburger Falle. Der Hohlvenensack verschmolz mit dem des rechten Her-

zens im Prager Falle zu einem beiden Herzen gemeinschaftlichen; im Petersburger Falle mündete einer in den anderen durch Durchbruch ihrer Wände. Sonst war in beiden Fällen dieses Herz vollkommen normal.

Gefässe.

Von den Gefässen kann ich, aus angegebenen Gründen, nur die wichtigsten Stämme beschreiben.

Der rechte gemeinschaftliche Schlagaderstamm für die *Art. pulmonalis* und *Aorta* krümmt sich über den lateralen (rechten) *Bronchus* der rechten Luftröhre zur lateralen (rechten) Seite der rechten Wirbelsäule, verläuft eine Strecke abwärts, geht dann vor dieser medianwärts in den Wirbelsäulen-Zwischenraum, um mit der *Aorta thoracica* des linken Körpers zur gemeinschaftlichen *Aorta thoracica* zu verschmelzen. Derselbe giebt über der hinteren und über der medialen (linken) *Valvula semilunaris* und den entsprechenden *Sinus Valsalvae* die beiden *Art. coronariae cordis* ab. Von seinem Ursprunge $^3/_4''$ entfernt entsteht in der Gegend des unteren Endes der Luftröhre von der Convexität seines *Arcus* ein kurzer aber starker Ast, der sich in drei Zweige, d. i. in einen oberen, die *A. carotis medialis dextra* (*sinistra* des rechten Körpers), einen mittleren, die rudimentäre *A. subclavia medialis dextra* (*sinistra* des rechten Körpers) und einen unteren, die *A. pulmonalis medialis dextra* (*sinistra* des rechten Körpers) theilt. Gleich neben dieser lateralwärts entsteht die *A. carotis lateralis dextra* (*dextra* des rechten Körpers). Noch weiter lateralwärts, aber von der concaven Seite des *Arcus* entsteht die *A. pulmonalis lateralis dextra* (*dextra* des rechten Körpers). Weiter abwärts, aber von der convexen Seite und $3'''$ unter der *A. carotis lateralis dextra* entspringt die starke *A. subclavia lateralis dextra* (*dextra* des rechten Körpers). Bis zur gemeinschaftlichen *Aorta thoracica* ist der gemeinschaftliche rechte Schlagaderstamm $2^3/_4''$ lang und in seinem Anfangstheile bis $4'''$ dick.

Die linke *Aorta* ist bis zur *Aorta thoracica communis* so läng wie der rechte gemeinschaftliche Schlagaderstamm, aber nur $3'''$ weit. Sie entspringt aus der lateralen (linken) Herzkammer des linken Herzens, krümmt sich über den lateralen *Bronchus* der linken Luftröhre, verläuft an der lateralen Seite der linken Wirbelsäule abwärts, geht vor dieser medianwärts und vereiniget sich zur *Aorta thoracica communis* mit dem rechten gemeinschaftlichen Schlagaderstamm. Ueber der medialen (rechten) und der lateralen (linken) *Valvula semilunaris* und *Sinus Valsalvae* giebt sie die beiden *Art. coronariae cordis* wie im gewöhnlichen Zustande ab. $7-8'''$ über ihrem Ursprunge aus dem Herzen entsteht ein Ast von $2'''$ Länge und $2^1/_2''$ Breite, der sich in zwei, d. i. in den *Truncus anonymus* und in die *A. carotis lateralis sinistra* (*sinistra* des linken Körpers) theilt. Die medianwärts von letzterer gelagerte *A. anonyma* ist $4'''$ lang und spaltet sich in die *A. carotis medialis sinistra* (*dextra* des linken Körpers) und in die rudimentäre *A. subclavia medialis sinistra* (*dextra* des linken Körpers). Von der convexen Seite des *Arcus* und $4'''$ lateralwärts und abwärts vom Aste für die *A. anonyma* und *A. carotis lateralis sinistra* entspringt die *A. subclavia lateralis sinistra* (*sinistra* des linken Körpers).

Die *Aorta thoracica communis* ist 1¼″ lang und setzt sich durch ein einfaches *Ostium aorticum* des Zwerchfelles in die einfache gemeinschaftliche *Aorta abdominalis* fort.

Die gemeinschaftliche *Aorta abdominalis* verläuft vor der Medianlinie des Zwischenraumes der Lendentheile der Wirbelsäulen abwärts und theilt sich in zwei Aeste, einen rechten und einen linken, die *A. iliacae communes*, welche vorzugsweise als *A. umbilicales* (*dextra* und *sinistra*) sich fortsetzen, und ausser einigen unbedeutenden überzähligen Zweigen dieselben abgeben, wie die *A. iliacae communes* gewöhnlicher Fälle. Die einfache *A. coeliaca* entspringt von derselben an gewöhnlicher Stelle und theilt sich anfänglich auch nur in 3 Aeste. Die einfache *A. mesenterica superior* entsteht 2½—3‴ unterhalb der ersteren. Diese giebt gleich nach ihrem Ursprunge die 1⅓″ lange *A. renalis sinistra* ab. Die einfache *A. mesenterica inferior* entspringt ½″ über der Theilung der *Aorta abdominalis* in die *A. iliacae communes*. Gleich über dem Theilungswinkel der *Aorta abdominalis* kommt von deren vorderer Wand die ½″ lange *A. renalis dextra*, an der die rechte Niere, wie eine Frucht am Stiele, hängt.

Das Verhalten der Arterien für die rechte Lunge ist oben angegeben. Die *Arteria pulmonalis sinistra* (*communis*) entspringt, verläuft und theilt sich wie die eines normalen Falles, giebt also die *Art. pulmonalis medialis sinistra* (*dextra* des linken Körpers) die *A. p. lateralis sinistra* (*sinistra* des linken Körpers) ab und setzt sich mit dem weiten *Ductus arteriosus Botalli* zur *Aorta sinistra* fort.

Die *Vena cava superior* und die *Vena cava inferior* sind einfache, beiden Körpern aber gemeinschaftliche Stämme. Die *Vena azygos dextra* geht durch ein eigenes Loch des Zwerchfelles neben dem *Ostium oesophageum dextrum* desselben und lateralwärts von diesem, und mündet in den Stamm der Venen der rechten Lunge. Dass die vier Venen der linken Lunge mit vier *Ostia* in die laterale Vorkammer des linken Herzens, also normal, münden, habe ich oben angegeben. Die vier Venen der rechten Lunge vereinigen sich zu einem ½″ langen Stamme, welcher durch ein einfaches *Ostium* in die Vorkammer des rechten Herzens mündet und gleich nach seinem Entstehen die *Vena azygos dextra* aufnimmt.

Viele andere Gefässe muss ich übergehen, weil diejenigen, welche sich normal verhalten, unberücksichtigt gelassen werden können, diejenigen aber, welche an missgebildeten Stellen vorkamen, wegen Zerschnittensein der letzteren, nicht mehr untersucht werden konnten.

Vergleichen wir diese Gefässe des Petersburger Falles mit denen des Prager Falles, so ergeben sich folgende Verschiedenheiten und Analogien:

1. Im Petersburger Falle entspringt aus dem rechten Herzen ein einfacher Schlagaderstamm; im Prager Falle zwei, eine *A. pulmonalis* und *Aorta*. Der gemeinschaft-

liche Stamm des Petersburger Falles giebt dem rechten Herzen zwei *Art. coronariae;* die *Aorta* des Prager Falles giebt demselben Herzen nur eine *Art. coronaria.*

2. Im Petersburger Falle sind in der oberen Hälfte zwei *Aortae thoracicae,* in der unteren Hälfte eine gemeinschaftliche *Aorta thoracica;* im Prager Falle waren zwei *Aortae thoracicae.*

3. Im Petersburger Falle ist nur eine *Aorta abdominalis;* im Prager Falle sind deren zwei etc.

4. In beiden Fällen verhalten sich die Lungenvenen beider Körper etc. ähnlich.

Die Nerven müssen, aus oben angegebenen Gründen, übergangen werden.

II. Fall.
Weiblicher Thoracogastrodidymus. (Tab. V. — VIII.)

Kennzeichen: Die der Varietät, kein Höcker zwischen beiden Hälsen, aber eine doppelte Geschlechtsöffnung und ein doppelter After.

Todt geboren, von der Polizei aufgefunden, zur gerichtlichen Section im April 1857 in das anatomische Institut der medico-chirurgischen Akademie gebracht, von dem Professor der gerichtlichen Medicin, Eugen Pelikan, mir zur Untersuchung überlassen.

Aeussere Formation.

Die Köpfe sind an ihren medialen Seiten plattgedrückt, der rechte ist aber dicker von einer Seite zur anderen, und der linke höher als der andere. Die Hälse sind wie im Prager Falle nur an ihrer oberen kleineren Hälfte von einander geschieden. Der breite und dicke *Thorax* zeigt zwei Brustwarzen. Der breite Bauch weiset einen einfachen Nabel auf. Die rechte Rumpfhälfte ist etwas voluminöser als die linke; im Prager Falle war die linke die entwickeltere. Der Schamberg (Tab. VI. Fig. 1. *a.*) ist eine 1″ breite, flache Erhöhung, von der jederseits ein labienähnlicher Wulst (Tab. VI. Fig. 1. *b. b.*) ausgeht, der halbmondförmig gekrümmt zum entsprechenden After nach rückwärts verläuft und hier verflacht endiget. Jeder Wulst ist 15‴ lang, 3 — 4‴ dick und 3 — 4‴ vorspringend. Beide Wülste stehen vorn 3 — 4‴, in der Mitte ihrer Länge 7‴, hinten 6‴ von einander ab. In dem Raume zwischen den Wülsten liegen die *Labia majora* (Tab. VI. Fig. 1. *c. c.*), welche hinten durch eine Commissur nicht sich vereinigen. In der Schamspalte sind wie bei einem normal gebauten Kinde die *Labia minora* (Tab. VI. Fig. 1. *d. d.*), die *Glans* der *Clitoris*, der Scheidenvorhof (Tab. VI. Fig. 1. *e.*), die einfache Harnröhrenmündung und der Scheideneingang mit einem circulären *Hymen* (Tab. VI. Fig. 1. *f.*) befindlich. Dieser Scheideneingang muss zum Unterschiede eines zweiten, vorderen, *Introitus vaginae ant.* genannt werden. Hinter der Schamspalte, diese an ihrem hinteren Theile bedeckend, hängt vom *Perineum* zwischen den hinteren Enden der genannten Wülste ein viereckiger Hautlappen (Tab. VI. Fig. 1. *h.*)

nach vor und abwärts herab. Derselbe ist in querer Richtung 5''', in der anderen Richtung 4''' breit und 1½''' dick. Er zeigt zwei freie Flächen und drei freie Ränder. Der hintere mit dem *Perineum* verwachsene Rand ist davon durch eine Querfurche abgegrenzt. Schlägt man den Hautlappen zurück, so sieht man zwischen der vorderen Seite seiner Basis und dem vorderen Scheideneingange eine trichterförmige Vertiefung, die in einen zweiten Scheideneingang von 1¼ — 1½''' Durchmesser, der hinterer, *Introitus vaginae post.* zu nennen ist (Tab. VI. Fig. 1. *g.*), endiget. Der Hautlappen schützt den Eingang zu den hinteren inneren Geschlechtstheilen, wie die *Labia* den Eingang zu den vorderen. Hinter den Hautlappen liegt eine 10''' lange, 6 — 8''' breite, flache, viereckige Erhöhung (Tab. VI. Fig. 1. *k.*), welche vorn und seitlich von Rinnen eingefasst ist, hinten in eine seichte Depression übergeht. In jeder Seitenrinne ist eine elliptische Spalte, die 3''' hinter dem Hautlappen liegt und einen Cylinder von 2½''' fasst, zu sehen. Es sind das die beiden After (Tab. VI. Fig. 1. *i. i.*).

Der vorliegende Fall ist somit durch zwei hinter einander liegende Scheideneingänge, die zu zwei von einander geschiedenen inneren Geschlechtsapparaten führen, und durch zwei After, die die Endigungen zweier Mastdarme sind, ausgezeichnet. Dadurch unterscheidet sich derselbe von dem Prager und dem I. Petersburger Falle; durch den Abgang eines Höckers zwischen den Hälsen ist er ausserdem von letzterem verschieden. Abgesehen vom Geschlechte gleicht er übrigens am meisten dem Prager Falle.

Die Messungen der Missbildung lieferten folgende Resultate:

Länge am rechten Körper .... = 14''	9'''	
« « linken « .... = 15		
Höhe der oberen Spalte (zwischen den Köpfen und Hälsen) .. = 3	6	
Länge des Rumpfes von der oberen Spalte bis zur Schamfuge = 5	3	
« « « « « « « zum *Perineum* = 6	3	
« der unteren Spalte (zwischen den unteren Extremitäten = 5		
Breite von einer Schulter zur anderen .... = 5		
« der Brust von einer Achselhöhle zur anderen .... = 4		
Grösste Breite der Brust .... = 4	6	
« « des Bauches .... = 3	9	
Grösster Abstand der Hüften .... = 3 — 3''	3	
« « « *Trochanteren* .... = 3	4	

Innere Formation. (Tab. VI. Fig. 2. 3. 4.; Tab. VII., VIII.)

Knochen. (Tab. VI. Fig. 2. 3. 4.)

Das Skelet besteht aus 2 Köpfen, 2 Wirbelsäulen, 1 Brustbeine, 12 Paaren lateraler Rippen und 12 Paaren theilweise zu intermediären Rippenbögen verschmolzenen medialer

Rippen, 2 Zungenbeinen, 2 vollständigen oberen und 2 vollständigen unteren Extremitäten, 1 intermediären Schlüsselbeine, 1 intermediären Schulterblatte und 1 intermediären Hüftbeine.

Die Knochen jedes Kopfes sind vollzählig und normal.

Jede Wirbelsäule besteht aus der gewöhnlichen Anzahl normaler Wirbel, d. i. aus 7 Hals-, 12 Brust-, 5 Lenden-, 5 Kreuzbein- und 4 Steissbeinwirbeln. Jede Wirbelsäule zeigt ausser den 4 normalen Krümmungen in der Medianebene noch 4 Seitenkrümmungen, d. i. die erste an ihrem Hals- und dem oberen Brusttheile, die zweite an ihrem Lenden- und unteren Brusttheile, die dritte an ihrem Kreuztheile und die vierte an ihrem Steisstheile. Die erste und die dritte kehren ihre Convexität medianwärts, also denselben der anderen Wirbelsäule zu; die zweite und vierte kehren ihre Convexität lateralwärts.

Nur an dem oberen Theile des Kreuztheiles, d. i. an dem ersten und zweiten Kreuzbeinwirbel stossen die Wirbelsäulen seitlich an einander und sind daselbst durch eine Gelenkskapsel vereiniget. Im Brusttheile werden sie durch die medialen Rippen, am 3. und 4. Kreuzbeinwirbel durch die rundliche Abtheilung des intermediären Hüftbeines auseinander gehalten und mittelbar mit einander gelenkig vereiniget. Am Halstheile, am Lendentheile, am untersten Kreuztheile und am Steisstheile sind sie durch mehr oder weniger grosse Zwischenräume völlig von einander geschieden. Sie divergiren von ihrer Kreuzbeinverbindung auf- und abwärts. Der Abstand der Divergenz wird aber keineswegs um so grösser, je höher oben oder tiefer unten die Stellen der Wirbelsäulen von deren Verbindung an den Kreuzbeinen liegen. Sie entfernen und nähern sich vielmehr stellenweise. Von der Verbindung bis zu den 1. Lendenwirbeln aufwärts nimmt der Abstand beider Wirbelsäulen allmählig zu und beträgt hier 2″ 3‴; von da bis zu den 2. und 3. Brustwirbeln nimmt der Abstand allmählig ab und misst hier 9½ — 10‴; von da bis zu den Köpfen aber wieder allmählig zu. Unter der Verbindung beträgt der Abstand zwischen den 3. Kreuzbeinwirbeln 1½ — 2‴, zwischen den 4. Kreuzbeinwirbeln 4‴, zwischen den 5. Kreuzbeinwirbeln 5‴. Der Abstand steigt zwischen den 1. Steissbeinwirbeln plötzlich auf 1″, beträgt zwischen den 2. und 3. Steissbeinwirbeln 1″ 1½‴, wird aber zwischen den 4. Steissbeinwirbeln wieder kleiner, d. i. 11‴. Die Wirbelsäulen beschreiben durch ihre schlangenförmigen Seitenkrümmungen und deren symmetrische Stellung die Figur einer Lyra. Keiner der Wirbel ist gebrochen. In den beiden anderen Fällen war Bruch des einen Wirbels zugegen.

Das Brustbein ist ungewöhnlich breit und noch ganz knorplig. Die medialen Rippen (Fig. 2. No. 1 — 12) zeigen nachstehendes Verhalten:

Sie liegen am Rücken zwischen den Brusttheilen der Wirbelsäulen, mit deren medialen Seiten sie durch die gewöhnlichen Gelenkskapseln und Bänder vereinigt sind, die unteren aber auch theilweise im Lendenzwischenraume der Wirbelsäulen. Das 1. Paar ist zu einem 10‴ langen, 2‴ breiten und 1½‴ dicken Querbalken, das 2., 3. und 4. Paar sind zu Bögen von 8′′′, 10′′′ und 14′′′ Länge, von einer dem 1. Paar ähnlichen Breite und Dicke, und das 5. Paar ist zu einem Vförmigen knöchernen Triangel verschmolzen, dessen Schenkel 15′′′ lang, 4½′′′ breit, 1′′′ dick und dessen einem Fortsatze ähnliche Spitze 8′′′ lang sind. Das 6. Paar, wovon jedes 1″ 8′′′ lang, 2′′′ breit und 1′′′ dick ist, bildet durch Verwachsung des 6′′′ langen Endes jeder Rippe ebenfalls einen nach oben offenen Triangel, und steht mit dem anderen Ende des ihm, dem 7. und 8. Paare gemeinschaftlichen Rippenknorpels in Verbindung, der unten in der Mitte einen Verknöcherungspunkt von der Grösse eines Stecknadelkopfes besitzt. Das 7. Paar ist von zwei von einander getrennten, aber mit dem oberen Theile des Seitenrandes des gemeinschaftlichen Rippenknorpels vereinigten, ähnlich langen, breiten und dicken Rippen gebildet. Das 8. Paar ist ähnlich beschaffen, und am unteren Theile jedes Seitenrandes mit dem gemeinschaftlichen Rippenknorpel vereinigt. Das 9. Paar besteht aus zwei isolirten Rippen von 1″ 8′′′ Länge, 1″ Breite und Dicke, deren Knorpel durch ein kleines Zwischenknorpelstück unter einander vereinigt sind. Das 10., 11. und 12. Paar bestehen aus isolirten, mit Knorpeln versehenen Spitzen, wovon jede des 10. Paares 1″ 8′′′ lang, bis 2′′′ breit und 1″ dick, jede des 11. Paares 1″ 4″ lang, 1″ dick und breit, jede des 12. Paares 9′′′ lang 1′′′ breit und 1½′′′ dick ist. Die Bögen des 2. — 5. Paares sind von oben nach abwärts wie in einander geschoben. Die Schenkel des 5. und 6. verwachsenen Paares und alle Rippen der übrigen Paare convergiren mit ihren unteren Spitzen gegen die Medianlinie. Die zunächst obere ist in den Zwischenraum jeder zunächst unteren von oben nach unten eingeschoben. Unter allen Rippen ragen das 10. und 11. Paar am meisten abwärts. Die isolirten medialen Rippen gleichen im Baue den normalen Rippen. Die Bögen, zu welchen manche Rippenpaare verschmolzen sind, haben 2 *Capitula* und 2 *Tubercula*. Die medialen Rippen bilden den mittleren Theil der hinteren Wand des Brustkorbes und mit den Enden und Knorpeln der unteren Paare auch theilweise den mittleren Theil der hinteren Wand des Gerüstes des Bauches.

Das Verhalten der medialen Rippen in diesem Falle ist von dem der medialen Rippen im Prager und I. Petersburger Falle dadurch verschieden, dass im ersteren nur die 4 oberen Paare zu intermediären Rippenbögen und überhaupt nur die 6 oberen Paare mit einander verwachsen sind, während im Prager Falle die 8 oberen Paare und im I. Petersburger Falle sogar alle 12 Paare zu ebenso vielen intermediären Rippenbögen sich vereinigt haben.

Die Zungenbeine sind normal.

Jede der oberen und der unteren Extremitäten hat die normale Anzahl Knochen.

Das intermediäre Schlüsselbein (Fig. 2. No. 13., Fig. 4. *a*.) ist ein rippenähnlicher, seitlich comprimirter, schwach gekrümmter, oben convexer, unten concaver, oben abgerundeter, unten zugeschärfter, 1″ 3″ langer, ½″ dicker, vorn 1¼′′′, in der Mitte ³⁄₄ — 1′′′, hinten vor seinem Ende 2′′′ von oben nach unten breiter Knochenbalken. Dasselbe liegt in sagittaler Richtung im Grunde der oberen Körperspalte, unter der Halscommissur, nur von der Haut und den *Musculi subcutanei colli mediales* bedeckt, 1″ 3‴ über der oberen Apertur des Brustkorbes. An sein vorderes Drittel setzen sich die *Musculi sternocleidomastoidei mediales* an,. an sein hinteres Ende auch die Sehne eines tiefen Bündels vom *M. cucullaris medialis dexter.* Sein vorderes Ende liegt tiefer, sein hinteres höher. Jenes ist durch das *Ligamentum sterno-claviculare* an die Mitte des *Manubrium* des Brustbeines, dieses durch das *Ligamentum scapulo-claviculare* an das intermediäre Schulterblatt angeheftet.

Das *Lig. sterno-claviculare* (Fig. 4. *d.*) ist ein biscuitförmiges, von vorn nach hinten comprimirtes, fast vertikal stehendes Band. Es entsteht theils am vorderen Ende des Schlüsselbeines, theils aus den Sehnen der *Mm. sternocleidomastoidei mediales* und endiget am mittleren Drittel des oberen Randes des *Manubrium* des Brustbeines. Dasselbe ist 6 — 7‴ lang, am oberen Ende 2″, über der Mitte seiner Länge 1‴, am unteren Ende $3\frac{1}{2}$ — 4‴ breit. Das *Lig. scapulo-claviculare* (Fig. 2. γ.) ist ein längeres und dünneres, membranartiges Band, das von dem hinteren Ende des Schlüsselbeines zur Spitze und den Seitenrändern des intermediären Schulterblattes abwärts steigt und daselbst sich befestigt.

Das intermediäre Schlüsselbein dieses Falles ist durch seine Lage, Gestalt, Grösse, Verbindung und Vollkommenheit wesentlich verschieden von dem der beiden anderen Fälle. Es liegt nämlich zwar sagittal wie das des I. Petersburger Falles, allein mehr nach aufwärts gegen die Köpfe gerückt, während es im Prager Falle vertikal am Brustbeine sitzt. Es ist ein rippenähnlicher, im Prager Falle aber ein dreieckiger und im I. Petersburger Falle ein Knochen, der das Aussehen eines Röhrenknochens hat. Es ist kleiner als das des I. Petersburger Falles und grösser als das des Prager Falles. Es steht mit dem Brustbeine und dem intermediären Schulterblatte nur mittelbar in Verbindung, während dasselbe im Prager Falle am Brustbeine, im I. Petersburger Falle sogar am Brustbeine und Schulterblatte articulirt. Es ist nur rudimentär wie das des Prager Falles.

Das intermediäre Schulterblatt (Fig. 2. No. 14.) ist eine dreieckige, mit einem runden und $2\frac{1}{2}$‴ breiten Verknöcherungspunkte versehene, von vorn nach hinten comprimirte Knorpelplatte, also nur ganz rudimentär. Dasselbe liegt unter der Haut in der Musculatur, hinter den zwei oberen intermediären Rippenbögen mit seiner unteren Hälfte und den *Mm. scaleni mediales* mit seiner oberen Hälfte, $\frac{1}{2}$″ unter dem hinteren Ende des intermediären Schlüsselbeines, daselbst durch das *Lig. scapulo-claviculare* und mehrere an dasselbe sich inserirende Muskel aufgehangen. Dasselbe zeigt eine obere Spitze, eine untere auf den zweiten intermediären Rippenbogen gestützte Basis, zwei Seitenränder, eine vordere und hintere Fläche. Dasselbe ist von der Spitze zur Basis etwas wellenförmig gekrümmt. Seine Länge beträgt 7‴, seine Breite an der Basis 5‴, seine Dicke $\frac{1}{2}$ — $1\frac{1}{2}$‴.

Es hat Aehnlichkeit mit dem knorpligen intermediären rudimentären Schulterblatte im Prager Falle, ist aber völlig verschieden von dem im I. Petersburger Falle, wo es aus zwei völlig ausgebildeten, aber verschmolzenen Schulterblättern besteht.

Das intermediäre Hüftbein (Fig. 2. No. 15., Fig. 3. *f.*) ist eine von vorn nach hinten comprimirte Platte von einer ganz eigenthümlichen Gestalt, die nicht im Entferntesten eine Aehnlichkeit mit der eines Hüftbeines hat, obgleich dasselbe nur als Rudiment der beiden medialen mit einander verschmolzenen Hüftbeine gedeutet werden kann. Die Platte hat nämlich die Figur eines Kartenherzens, das seine Spitze nach aufwärts, seine Basis nach abwärts kehrt und an der Mitte der letzteren eine runde kleine Platte angewachsen hat. Die grosse obere kartenherzförmige Abtheilung (α.) zeigt eine obere Spitze, eine untere Basis, zwei Seitenränder, die unter abgerundeten Winkeln in letztere übergehen, und zwei Flächen, eine vordere und eine hintere. Die Spitze ragt bis zur Höhe des oberen Umfanges der 3. Lendenwirbel hinauf. Die Basis ist tief ausgebuchtet und hat in ihrem mittleren Drittel die rundliche untere Abtheilung aufsitzen. Die Seitenränder sind S förmig gekrümmt, oben concav, unten convex. Die vordere Fläche ist in der Richtung von oben nach unten und von einer Seite zur anderen schwach convex, und an den mittleren $^2/_4$ des unteren Drittels eine Gelenkfläche; die hintere in diesen Richtungen seicht concav. Mit den oberen $^2/_3$ ihrer vorderen Fläche liegt dieselbe über der Kreuzbeingegend, mit dem unteren $^1/_3$ derselben hinter und auf den medialen Theilen des 1. und 2. Wirbels beider Kreuzbeine, damit seitlich durch einen Bänderapparat verbunden. Mit ersterer Portion hilft sie den mittleren Theil der hinteren Wand des Gerüstes des Bauches bilden, mit der letzteren Portion die hintere Wand der Beckenhöhle verstärken. Die untere kleine rundliche Abtheilung (β.) ist, wie gesagt, mit der Mitte der Basis der oberen grossen verwachsen, und an der Verwachsungsstelle etwas eingeschnürt. Dieselbe zeigt eine vordere kleinere, concave oder platte, in die Beckenhöhle sehende Fläche und eine hintere grössere, convexe Fläche, so wie einen unvollständig kreisrunden Rand, der unten frei, seitlich mit Gelenkflächen versehen, und daselbst auf Kosten der vorderen Fläche vor- und medianwärts zugeschnitten ist. Diese Abtheilung ist zwischen die 3. und 4. Wirbel der Kreuzbeine von hinten bis in die Beckenhöhle keilförmig eingeschoben und hilft die hintere Wand der Beckenhöhle und den Beckenausgang ergänzen. Das intermediäre rudimentäre Hüftbein liegt somit mit der oberen Hälfte seiner Länge über der Kreuzbeingegend hinter und im Lendenzwischenraume der Wirbelsäulen; mit dem oberen Theile der unteren Hälfte in der Kreuzbeingegend hinter den beiden oberen Wirbeln, mit dem unteren Theile derselben zwischen den 3. und 4. Wirbeln der beiden Kreuzbeine. Dasselbe hat eine Höhe von 13''', wovon 9''' auf die kartenherzförmige Abtheilung und 4''' auf die rundliche Abtheilung kommen, eine Breite von 6''' an der Basis der ersteren und von 4''' an der Mitte der letzteren und eine Dicke von $1^1/_2 - 2'''$. Dasselbe ist am grössten Theile der kartenherzförmigen Abtheilung noch knorplig, sonst schon knöchern. Der verknöcherte Theil ist biscuitförmig $5^1/_2'''$ lang; oben 4''', in der Mitte $3^1/_4'''$, unten $3^1/_2'''$ breit. Dasselbe articulirt durch die Gelenkfläche an der kartenherzförmigen Abtheilung mit der hinteren Fläche der medialen Theile der 1. und 2. Kreuzbeinwirbel, durch die Gelenkflächen am Rande der unteren rundlichen Abtheilung mit den medialen Enden der 3. und 4. Kreuzbeinwirbel.

Im Prager Falle war ein dem Hüftbeine dieses Falles analoger Knochen zugegen. Letzterer hatte aber die Gestalt des *Manubrium* des Brustbeines mit einem viereckigen Fortsatze an dem oberen Rande, und war ganz zwischen die Kreuzbeine eingeschoben. Im I. Petersburger Falle fehlte derselbe gänzlich.

Den Brustkorb bilden 67 Knochen, d. i. 12 Paare Brustwirbel, 12 Paare lateraler Rippen, 4 intermediäre Rippenbögen + 2 Paare verwachsener medialer Rippen + 6 Paare isolirter Rippen und 1 Brustbein; während im Prager Falle nur 65, im I. Petersburger Falle nur 61 denselben zusammensetzten.

Wie im Prager Falle tragen auch in diesem Falle, ausser den 5 Paar Lendenwirbeln, die unteren medialen Rippen und das intermediäre Hüftbein zur Bildung des an der hinteren Wand des Bauches befindlichen Gerüstes bei.

Das Becken (Fig. 3.) bilden, wie im Prager Falle, 2 Hüftbeine, 2 aus 5 Wirbeln bestehende Kreuzbeine, 2 aus 5 Wirbeln bestehende Steissbeine und 1 intermediäres Hüftbein, allein letzteres trägt zur unmittelbaren Begrenzung der Beckenhöhle nur mit einem Theile der kartenherzförmigen Abtheilung und der unteren rundlichen Abtheilung bei. Die Knochen des Beckens hängen, ausser der *Synchondrosis pubis*, den *Capsulae* der beiden *Articulationes sacro-iliacae laterales* und anderen Bändern, noch durch die *Capsula art. sacro-iliacae intermediae* zusammen. In der *Art. sacro-iliaca intermedia* stossen die Gelenkflächen beider Kreuzbeine und des intermediären Hüftbeines so an einander, dass von der Beckenhöhle aus eine Gelenkspalte sichtbar wird, die sich unten in zwei von einander divergirende Schenkel theilt (γ.). Oben articuliren nämlich die ersten beiden Wirbel beider Kreuzbeine an einander, und an ihrer hinteren Fläche mit der kartenherzförmigen Abtheilung des intermediären Hüftbeines; unten articuliren die 3. und 4. Wirbel beider Kreuzbeine mit der zwischen sie geschobenen rundlichen Abtheilung des intermediären Hüftbeines.

Muskeln. (Tab. VI. Fig. 4.)

Die Muskeln der Köpfe, sämmtliche laterale Muskeln des Doppelstammes, viele mediale Muskeln des letzteren, alle Mukeln der oberen und der unteren Extremitäten sind normal.

Unter den Muskeln an den Hälsen sind folgende anomal:

Die *Mm. subcutanei colli mediales*. Sie gehen mit ihrer mittleren grossen Portion in einander bogenförmig über, überkreuzen sich mit der kleineren vorderen und hinteren Portion, und verlieren sich mit den kleineren vorderen Portionen zwischen den lateralen am Brustbeine und in der *Fascie* des *M. pectoralis major*. Ihr Verhalten gleicht dem derselben Muskeln in den beiden anderen Fällen.

Die *Mm. sternocleidomastoidei mediales (e. e.)*. Sie bestehen nicht aus zwei besonderen Portionen und endigen am vorderen Drittel des intermediären Schlüsselbeines 5''' breit und kurzsehnig, theilweise im *Lig. sterno-claviculare*, das sie verstärken helfen. Durch ihr Nichtgeschiedensein in zwei Portionen und den Mangel einer unmittelbaren Insertion an das Brustbein sind sie von denselben Muskeln der beiden anderen Fälle verschieden.

Die *Mm. sternohyoidei mediales (f. f.)*. Sie gehen hinter dem vorderen Drittel der Länge des Schlüsselbeines unter diesem, und ohne sich an dasselbe zu inseriren, in einander über. Der durch ihre Verschmelzung gebildete Muskelbogen ist 2″ 3‴ lang, 1½ — 2‴ breit. Durch diesen bogenförmigen Uebergang in einander und ihren Nichtansatz an das intermediäre Schlüsselbein sind sie von denselben Muskeln der beiden anderen Fälle verschieden.

Die *Mm. omohyoidei mediales (g. g.)*. Sie gehen gleichfalls unter dem Schlüsselbeine, ohne sich an dasselbe anzusetzen, fleischig in einander über. Der dadurch gebildete Muskelbogen liegt knapp hinter dem von den *Mm. sternohyoidei mediales* gebildeten, ist so lang wie der Bogen der letzteren, aber nur 1‴ breit. Sie verhalten sich ähnlich wie dieselben des Prager Falles, aber verschieden von denselben des I. Petersburger Falles, in welchem sie in eine Sehne endigen, die sich an das intermediäre Schulterblatt ansetzt.

Die *Mm. sternothyreoidei mediales (h. h.)*. Dieselben liegen hinter dem *Lig. sternoclaviculare*, unter dem vorderen Drittel des intermediären Schlüsselbeines und unter den von den *Mm. sternohyoidei* und *omohyoidei* gebildeten Bögen. Jeder derselben entspringt 2 — 3‴ breit von der gewöhnlichen Stelle der *Cartilago thyreoidea* und strahlt gegen die Medianlinie und gegen das Brustbein aus. Die Fasern der oberen Bündel beider gehen bogenförmig in einander über, die der unteren Bündel setzen sich an das *Manubrium* des Brustbeines, wohl auch an das laterale Schlüsselbein an, nachdem sie sich früher theilweise überkreuzt hatten. Durch ihre Verschmelzung und Ueberkreuzung bilden sie eine Art vierseitigen, am oberen und den seitlichen Rändern ausgebuchteten Vorhanges, der am oberen Rande 2″ 4‴ — 2″ 6‴, an den seitlichen Rändern 1″ 10‴ lang und in seiner Medianlinie eine Höhe von 1″ 3‴ besitzt. Im Prager Falle gingen dieselben allerdings auch theilweise in einander über, allein sie setzten sich an das intermediäre Schlüsselbein, nicht an das Brustbein. Im I. Petersburger Falle setzten sie sich an das intermediäre Schlüsselbein und an den Brustbeinfortsatz, allein sie gingen nicht in einander über. Das Verhalten dieser Muskel ist somit von demselben der beiden anderen Fälle verschieden.

Die *Mm. scaleni mediales*. Sie bilden jederseits nur eine Muskelmasse, welche oben bogenförmig oder quer in die der anderen Seite übergeht, unten, sich überkreuzend, an den 1. intermediären Rippenbalken sich ansetzt. Die Muskelmasse sieht wie eine quere, zwischen den Halstheilen beider Wirbelsäulen ausgespannte und vertikal über den 1. intermediären Rippenbalken stehende Wand aus, die 7 — 8‴ hoch, oben 10‴, unten 6‴ breit und 1‴ dick ist. Ihre Anordnung ist gleich der derselben im I. Petersburger Falle; unterscheidet sich aber von der derselben im Prager Falle. Im letzteren waren nämlich die *Mm. scaleni antici mediales* isolirte Muskeln, die sich normal verhielten. Nur die zwei anderen waren zu einer Muskelmasse verschmolzen, die ähnlich der im vorliegenden Falle angeordnet war.

Die *Mm. levatores scapulae mediales.* Jeder entspringt mit zwei Bündeln von den Querfortsätzen des 1. und 2. Halswirbels und mit einem kurzen Bündel von dem Querfortsatze des 7. Halswirbels, und inserirt sich an das mittlere Drittel des Seitenrandes und an den oberen Theil der vorderen Fläche des intermediären rudimentären Schulterblattes. Ihre Anordnung ist, was Zahl und Ursprung der Bündel anbelangt, von dem Prager Falle verschieden.

Unter den Brustmuskeln sind als anomal hervorzuheben:

Die *Mm. serrati antici majores mediales.* Sie liegen am Rücken der Missbildung und sind sehr rudimentär. Jeder entsteht mit nur 2 Bündeln, nämlich mit einem oberen ganz kurzen 4 — 7''' langen und 1 — 2'' breiten und einem unteren sehr langen. Das obere Bündel entsteht von der Mitte des 1. und 2. intermediären Rippenbogens, knapp neben dem der anderen Seite, und inserirt sich an der vorderen Fläche des intermediären Schulterblattes. Das untere entsteht von der 8. und 9. medialen Rippe, verschmilzt mit dem der anderen Seite und inserirt sich an den unteren Rand des intermediären Schulterblattes. Im Prager Falle fehlten diese Muskeln.

Die *Mm. intercostates mediales.* Sie sind verticale oder schiefe Bündel, welche zwischen den intermediären Rippenbögen und den intermedialen Rippen ausgespannt sind.

Unter den Bauchmuskeln sind anomal:

Die *Mm. recti abdominis mediales.* Sie sind zu einem unpaaren Muskel verschmolzen, der von der die hintere Fläche des kartenherzförmigen Theiles des intermediären Hüftbeines überziehenden *Fascie* schmal entspringt, zuerst hinter und auf dem vereinigten Ursprunge der *Mm. obliqui abdominis externi mediales* liegt, dann in den dreieckigen Raum zwischen diesen und den *Mm. obliqui abdominis interni mediales* vor dem *M. transversus abdominis medialis* aufwärts steigt, und sich mit 6 — 8 Bündeln an die unteren medialen Rippen inserirt.

Die *Mm. obliqui abdominis externi mediales.* Sie entspringen, mit einander verwachsen, von der Spitze und den Rändern der kartenherzförmigen Abtheilung des intermediären Hüftbeines. Nachdem sie sich in der Medianlinie überkreuzt und getheilt haben' steigt jeder schief aus- und aufwärts zu den medialen Rippen, von dem der anderen Seite durch einen dreieckigen Raum geschieden, empor, um sich daselbst anzusetzen.

Die *Mm. obliqui abdominis interni mediales.* Sie entspringen vor den *Mm. obliqui externi* von den Seitenrändern und der vorderen Fläche der kartenherzförmigen Abtheilung des intermediären Hüftbeines, ohne sich zu überkreuzen, steigen vor den *Mm. obliqui externi* schief nach auf- und auswärts zu den medialen Rippen, durch einen dreieckigen Raum von einander geschieden, empor.

Die *Mm. transversi abdominis mediales.* Sie sind zu einem unpaaren, queren Muskel verschmolzen, der seitlich vor den *Mm. obliqui interni*, in der Mitte vor den *Mm. recti* liegt.

Die *Mm. quadrati lumborum mediales.* Sie entspringen von der vorderen Fläche der kartenherzförmigen Abtheilung des intermediären Hüftbeines, steigen vor dem *M. transversus* hinauf und inseriren sich an die untersten medialen Rippen.

Die Anordnung der unten in 5 Schichten, oben in der Mitte in 2, seitlich in 4 Schichten liegenden Bauchmuskeln dieses Falles gleicht in vielen Stücken der derselben des Prager Falles; allein dadurch, dass die *Mm. recti* zu einem unpaaren Muskel verschmolzen sind, der nicht vom intermediären Hüftbeine entsteht, dass die *Mm. obliqui interni* von den *Mm. transversi* getrennt sind und letztere nur einen unpaaren Muskel darstellen, ist sie von der des letzteren verschieden.

Das *Diaphragma* hat die Gestalt eines Halbmondes, dessen concaver hinterer Rand mit dem mittleren Theile der hinteren von den medialen Rippen gebildeten Wand des Brustkorbes ein grosses Loch bildet, in dem die hintere Abtheilung der Leber liegt. Dasselbe besteht aus einem doppelten Lumbaltheile, einem rechten und linken Costaltheile, einem medialen Sternaltheile und einem einfachen einem Kleeblatte ähnlich geformten *Centrum tendineum.* Jeder Lumbaltheil besteht aus einer lateralen und medialen Hälfte mit den gewöhnlichen drei Schenkeln. Es zeigt ein *Foramen venae cavae inf.*, zwei *Hiatus aortici* und zwei *Foramina oesophagea.* Das *Foramen venae cavae* liegt in der Medianlinie und durchbohrt die Basis des mittleren Lappens des *Centrum tendineum* vor dessen hinterem Rande. Die *Hiatus aortici* liegen an gewöhnlicher Stelle. Die *Foramina oesophagea* vor diesen und lateralwärts.

Die Anordnung des *Diaphragma* in diesem Falle ist von der desselben im Prager Falle verschieden. So war im Prager Falle das Loch zwischen dem *Diaphragma* und der mittleren hinteren Wand des Brustkorbes durch eine aus Bindegewebe und wenigen Muskelfasern bestehende, stärkere *Membran* ausgefüllt. Auch lagen die *Foramina oesophagea* vor den *Hiatus aortici* medianwärts.

Unter den Rückenmuskeln erweisen sich als anomal:

Die *Mm. cucullares mediales.* Jeder Muskel entspringt auf normale Weise. Die obere Hälfte der oberen Rückenportion verliert sich im Bindegewebe unter der Haut zwischen den Hälsen. Die untere Hälfte der Rückenportion geht bogenförmig in die der anderen Seite über. Nur ein tiefes Bündel des rechten Muskels setzt sich mit einer sehmalen 4''' langen Sehne an das hintere Ende des intermediären Schlüsselbeines an; ein anderes mit einer membranartigen Sehne an die Spitze des intermediären Schulterblattes. Die untere Brustportion endiget kurzsehnig $\frac{1}{2}''$ breit neben der Medianlinie der hinteren Fläche des intermediären Schulterblattes.

Ihre Anordnung unterscheidet sich von der derselben im Prager Falle dadurch, dass im letzteren die Bündel zum intermediären Schlüsselbeine und Schulterblatte fehlten.

Die *Mm. latissimi dorsi mediales.* Sie liegen in dem dreieckigen Raume zwischen den Brustportionen der *Mm. cucullares.* Jeder entspringt von der *Fascia lumbodorsalis* und mit Zacken von den vier unteren medialen Rippen, verläuft medianwärts, geht hinter der Insertion der zu einem unpaaren Muskel verschmolzenen *Mm. recti abdominis mediales* theils bogenförmig in den Muskel der anderen Seite über, theils überkreuzt er sich mit demselben und bildet von da an einen unpaaren Muskel. Dieser steigt in der Medianlinie vertikal aufwärts, kreuzt die mit einander verschmolzenen unteren Portionen der *Mm. rhomboidei majores* und inserirt sich an das untere Ende der hinteren Fläche des intermediären Schulterblattes. Die Breite am unpaaren Theile beträgt 1 — 2'''.

Im Prager Falle inserirten sich diese Muskeln an die medialen Rippen und Rippenbögen, waren dort somit noch verkümmerter.

Die *Mm. rhomboidei minores mediales.* Sie entspringen normal und inseriren sich an das untere Drittel des Seitenrandes des intermediären Schulterblattes. Sie sind am Ursprunge 5''', am Ansatze 3''' breit.

Die *Mm. rhomboidei majores mediales.* Sie entspringen wie gewöhnlich und sind am Ursprunge 10''' breit. Mit den oberen Bündeln setzen sie sich an die Winkel des intermediären Schulterblattes, mit den unteren, $\frac{1}{2}''$ breite Schicht bildenden Bündeln aber gehen sie in einander über.

Das Verhalten der *Mm. rhomboidei* ist ähnlich dem derselben im Prager Falle.

Die *Mm. serrati postici superiores mediales.* Sie entspringen auf gewöhnliche Weise und inseriren sich an die vier oberen intermediären Rippenbögen.

Im Prager Falle beschränkt sich ihre Insertion auf die oberen drei intermediären Rippenbögen.

Unter den Muskeln der *Regio ano-perinealis* sind merkwürdig:

Die *Mm. sphincteres ani externi.* Von jeder Steissbeinspitze entspringt ein Muskel welcher an der medialen Seite des entsprechenden Afters vorwärts verläuft, vorn theilweise in den *Constrictor cunni etc.* endigt, theilweise auf die laterale Seite des entsprechenden Afters sich umbeugt, gegen die Steissbeinspitze rückwärts verläuft, hier seinen Ursprung durch- und überkreuzt und hinter dem Raume zwischen den beiden Aftern in den Muskel der anderen Seite übergeht.

Zwischen beiden Aftern liegt ein vierseitiger Muskel, der vielleicht als ein aus der Verschmelzung der *Mm. levatores ani mediales* entstandener zu deuten ist.

Unter den Hüftmuskeln sind folgende als anomal hervorzuheben.

Die *Mm. psoae majores mediales.* Sie sind schwache Muskeln, welche auf gewöhnliche Weise entspringen und an die vordere Fläche der kartenherzförmigen Abtheilung des intermediären Hüftbeines sich ansetzen. Ihre Anordnung ist ähnlich der derselben im Prager Falle.

Die *Mm. iliaci interni mediales.* Sie sind zu einem schwachen, unpaaren, länglich dreieckigen Muskel verschmolzen. Dieser unpaare Muskel entspringt theils von der Spitze und unter dieser von der vorderen Fläche der kartenherzförmigen Abtheilung des intermediären Hüftbeines, theils von den untersten Bündeln des unpaaren *M. transversus abdominis medialis*, steigt auf der Medianlinie der vorderen Fläche der genannten Abtheilung des intermediären Hüftbeines herab und verliert sich vor den beiden Kreuzbeinen im Bindegewebe der Beckenhöhle.

Im Prager Falle fehlten diese Muskeln ganz.

Die *Mm. glutaei mediales*. Am Beckenausgange und dem Raume, welcher hinten und oben von dem intermediären Hüftbeine, seitlich von den beiden unteren Kreuzbeinwirbeln und den beiden Steissbeinen gebildet wird, sich zwischen beiden Aftern nach ab- und vorwärts fortsetzt und mit dem viereckigen vom vorderen Rande des *Perineum* herabhängenden Lappen endiget, liegt unter der Haut eine Muskelmasse, die aus sich überkreuzenden Schichten besteht. Sie entsteht von den oben genannten Knochen und verliert sich im genannten Hauptlappen. Diese Muskelmasse ist als die *Mm. glutaei mediales* zu deuten, die unter einander verschmolzen sind.

Im Prager Falle waren sowohl die Muskeln beider Seiten als die einzelnen Strata derselben besser geschieden, auch ihre Endigung eine andere.

Von den medialen Muskeln fehlen, wie in den anderen beiden Fällen: die *Mm. subclavii, Mm. serrati postici inferiores mediales* und *Mm. pyramidales abdominis.* Auch fehlten: die *Mm. scapulares mediales*, deren mehrere im I. Petersburger Falle sich vorfanden.

Eingeweide.

Verdauungsorgane.

Zunge etc., Schlundkopf, Speiseröhre, Magen und Darmkanal sind doppelt. Die Leber ist einfach. *Pancreas* und Milz sind doppelt. Das *Peritonaeum* bildet sieben Säcke.

Die Zungen etc. und Schlundköpfe sind normal.

Jede Speiseröhre liegt hinter der Luftröhre mehr medianwärts, hinter dem medialen Luftröhrenaste, medianwärts von der *Pars descendens* des *Arcus aortae* (die rechte) oder des *Arcus arteriae pulmonalis* (die linke), kreuzt die *Aorta thoracica* und dringt vor- und lateralwärts vom *Hiatus aorticus* durch das *Foramen oesophageum* des *Diaphragma*.

Beide Magen sind normal gebaut. Sie liegen in der *Regio epigastrica*, der eine in der rechten, der andere in der linken Hälfte derselben, quer und so, dass sie ihren Grund lateralwärts, ihren *Pylorus* medianwärts gegen einander kehren. Durch die dazwischen geschobenen oberen Querstücke der beiden *Duodena* sind beide von einander getrennt. Sie verhalten sich so, wie in den beiden anderen Fällen.

Jeder Darmkanal besteht aus einem Dünndarme und einem Dickdarme. Jeder Dunndarm beginnt vom entsprechenden Magen mit einem kurzen oberen Querstücke des *Duodenum*, das gegen dasselbe des anderen medianwärts verläuft, damit verschmilzt, rechtwinklig in seinen absteigenden Theil übergeht, aber ohne ein unteres Querstück zu bilden, in das *Jejunum* und dieses in das *Ileum* sich fortsetzt. Jeder Dickdarm weiset ein *Coecum*, drei Colonstücke und ein *Rectum* auf, welches durch seinen eigenen After ausmündet. Beide Darmkanäle sind theils isolirt, theils mit einander verschmolzen, im letzteren Falle aber doch durch eine Scheidewand im Innern in zwei Darmrohre getrennt. Ersteres ist an den oberen Querstücken der *Duodenua*, an den unteren $^8/_9$ der Dünndärme und an den $^1/_2''$ langen Endportionen der *Recta*; letzteres ist an dem noch übrigen Dünndarmstück und fast an dem ganzen Dickdarme der Fall. Die Scheidewand im verwachsenen Dünndarme ist $10'''$ von ihrem Anfange entfernt, in einer Strecke von $4''$ nach und nach von 9 runden, $2'''$ weiten Löchern durchbohrt, wodurch beide Darmkanäle mit einander communiciren. Die Scheidewand im Dickdarme ist vollständig. Der Lage dieser Scheidewand im Innern entsprechend ist der Darm vorn und hinten am äusseren Umfange mehr oder weniger tief gefurcht. Die Scheidewand besteht aus der Schleimhaut und den circulären, nicht den longitudinalen Muskelfasern beider Darmkanäle. Jeder Darmkanal hat im absteigenden Theile des *Duodenum* eine Oeffnung für den *Ductus choledochus* und *pancreaticus* und ist übrigens so, wie im normalen Zustande, gebaut. Beide Dünndärme liegen mit ihrem Anfange zwischen den medialen Enden der Mägen, d. i. in der Medianlinie; mit ihrem unteren Ende vor dem unteren Ende der linken Niere, d. i. in der linken lateralen Längsgrube der hinteren Bauchwand, und mit ihren Windungen in der ganzen Bauchhöhle und vor den Dickdärmen. Beide verwachsenen Dickdärme beginnen vor dem unteren Ende der linken Niere in der linken lateralen Längsgrube der hinteren Bauchwand mit den *Coeca*, liegen mit den *Cola* und der *Flexurae coli iliacae* in der medianen Längsgrube der hinteren Bauchwand, mit den *Recta* in der Mitte der Beckenhöhle, zwischen dem vorderen und dem hinteren inneren Geschlechtsapparate und endigen mit den unter der *Fascia pelvis* getrennten, dritten Portionen der *Recta* durch zwei After. Die *Cola ascendentia* liegen an der medialen Seite der linken Wirbelsäule, die *Cola descendentia* hinter den *Flexurae coli iliacae* an der medialen Seite der rechten, die *Cola transversa* oben, unter der hinteren Leberabtheilung. Die Darmkanäle haben daher eine von der normaler Fälle verschiedene, verkehrte Lage. Jeder Darmkanal ist $6' 8''$ lang, wovon $5' 5''$ auf den Dünndarm, $1' 3''$ auf den Dickdarm kommen. Es verhält sich somit die Dünndarmlänge zur Dickdarmlänge wie $4,333:1$ und die Darmlänge überhaupt zur Körperlänge wie $5,333:1$.

Durch totale Verdopplung und verkehrte Lage des Darmkanals zeichnet sich dieser Fall aus. Im Prager Falle war nur der grösste Theil des Dünndarms doppelt, und, mit Ausnahme der oberen Querstücke der *Duodena*, zu einem, durch eine vollständige Scheidewand in zwei besondere Darmrohre getheilten Darmkanal verwachsen, das $5''$ lange Endstück des Dünndarmes und der Dickdarm waren aber einfach. Auch hatte der Darmkanal eine Lage, die der normaler Fälle ähnlich ist. Im I. Petersburger Falle mag der Darmkanal sich ähnlich verhalten haben. Bestimmt nur einfach war das *Rectum*.

Die Anordnung der Darmkanäle in diesem Falle ist somit von der derselben in den beiden anderen Fälle wesentlich verschieden.

Die einfache, aber mit zwei Gallenblasen versehene Leber ist gleich weit nach rechts und links gelagert. Durch die *Fossa transversa* wird sie eine $3\frac{1}{4} - 3\frac{1}{2}''$ in querer Richtung, $1\frac{1}{2}''$ in der anderen breite und $\frac{3}{4} - 1''$ dicke vordere grosse und in eine $1\frac{1}{2}''$ in querer Richtung, $1\frac{1}{4}''$ in der anderen breite und $1''$ dicke, mit dem mittleren Theile des hinteren oberen Randes der ersteren vereinigte hintere kleinere Abtheilung geschieden. Die vordere grosse Abtheilung liegt unter dem *Diaphragma*, an dasselbe durch das *Ligamentum suspensorium* aufgehangen, welches deren obere vordere Fläche in zwei ganz gleiche Hälften scheidet. Die hintere kleinere Abtheilung liegt theilweise in der Bauchhöhle, theilweise in dem Loche zwischen dem *Diaphragma* und dem medianen, von den medialen Rippen gebildeten Theile der hinteren Brustwand und darüber in der Brusthöhle, dort vom *Peritoneum*, hier von der *Pleura* überzogen, im Loche von beiden befestigt. Die vordere Abtheilung besitzt ausser einer seichten Längsgrube für die Gallenblasen, welche an der Mitte des hinteren Theiles der unteren Fläche, $\frac{3}{4}''$ über dem vorderen unteren Rande, befindlich ist und ausser zwei warzenförmigen Erhöhungen zur Seite dieser Grube, keine anderen Furchen und Erhöhungen. Die *Vena umbilicalis*, welche in den rechten Ast der *Vena portae* mündet, durchbohrt nämlich diese Leberabtheilung in der Mitte vom vorderen Rande bis zum rechten Ende der *Porta*, liegt somit in einem Kanale, nicht in einer Furche. Die hintere Abtheilung hat an ihrer unteren Fläche zwei *Tubercula caudata*, an ihrer kegelförmigen, in der Brusthöhle liegenden Spitze zwei, durch senkrechte Spaltung der letzteren, entstandenen Läppchen. Die *Vena cava inferior* durchbohrt diese Abtheilung und der *Ductus venosus* verläuft zur rechten Seite derselben vom rechten Aste der *Vena portae* zur *Vena cava inferior*.

Die normal gebauten Gallenblasen liegen in der genannten Längsgrube neben einander. An dem Grunde, der allseitig frei über die Grube hervorragt, mit dem *Peritoneum* überzogen und $\frac{1}{2}''$ vom vorderen unteren Leberrande entfernt ist, sind sie von einander geschieden, am Körper und Halse, die nur an der unteren Seite einen Peritonealüberzug erhalten, verwachsen, ohne dass ihre Höhlen mit einander communiciren.

Aus jeder Gallenblase entsteht ein *Ductus cysticus*, der mit einem lateralwärts hinzukommenden *Ductus hepaticus* einen *Ductus choledochus* bildet. Die beiden *Ductus choledochi* steigen neben einander in der Mitte des *Lig. hepatico-duodenale commune* ab, divergiren am Ende und münden nach früherer Aufnahme des entsprechenden *Ductus pancreaticus* in den absteigenden Theil der *Duodena*, der rechte in das rechte, der linke in das linke *Duodenum*. Sie haben lateralwärts die *Arteria hepatica dextra* und *sinistra*, rückwärts und etwas rechts den einfachen Stamm der *Vena portae* neben sich. Der Stamm der letzteren entsteht aus zwei *Venae mesentericae*, zwei *Venae lienales etc.* und theilt sich in der *Porta hepatis* in einen rechten und linken Ast.

Die Leber dieses Falles hat viele Aehnlichkeiten mit der im Prager Falle. Der I. Petersburger Fall mochte sich auch auf ähnliche Weise verhalten haben.

Das *Pancreas* ist doppelt wie im I. Petersburger Falle. Im Prager Falle fehlte es.

Die Milz ist doppelt wie im I. Petersburger Falle. Im Prager Falle war nur die linke zugegen.

Das *Omentum minus* und das *O. majus* sind doppelt. Die *Omenta minora* hängen durch das *Lig. hepatico-duodenale commune* mit einander zusammen. Jederseits ist eine *Bursa omentalis minor* und *B. o. major* zugegen, die mit einander durch das *Foramen pancreatico-gastricum*, im gut ausgebildeten *Lig. pancreatico-gastricum*, und mit jenen der anderen Seite durch ein *Foramen* hinter dem *Lig. hepatico-duodenale*, nicht aber mit dem grossen Peritonealsacke zusammenhängen.

Das *Mesenterium* ist ebenfalls doppelt. Jedes geht von der linken Wirbelsäule aus. Das rechte setzt sich oben in das linke *Mesocolon* und das linke in das rechte *Mesocolon* fort. Beide convergiren, wodurch zwischen beiden der Mesenteriumsack des *Peritoneum* entsteht. Die Portionen, welche sich zu dem aus zwei Därmen verschmolzenen Dünndarmstücke begeben, vereinigen sich erst am Darm, die anderen vereinigen sich schon früher, theilen sich aber neuerdings und gehen zu den isolirten Dünndärmen. Diese Vereinigung der *Mesenteria* geht an zwei Stellen, die nicht weit von den *Coeca* entfernt sind, gar nicht vor sich. Dadurch entstehen Löcher, durch die der Mesenterialsack mit dem grossen Peritonealsack communicirt.

Das *Mesocolon* und das *Mesorectum* sind auch doppelt. Das rechte schmälere *Mesocolon* geht von der medialen Seite der rechten Wirbelsäule, das linke *Mesocolon* von der medialen Seite der linken Wirbelsäule; das rechte *Mesorectum* von dem rechten Kreuzbeine und das linke *Mesorectum* von dem linken Kreuzbeine aus. Das rechte *Mesocolon* setzt sich oben in das linke *Mesenterium*, unten in das rechte *Mesorectum;* das linke oben in das rechte *Mesenterium*, unten in das linke *Mesorectum* fort. Die medialen Blätter beider *Mesocola* tapeziren die mediane Längsgrube der Bauchhöhle, und die medialen Blätter beider *Mesorecta* den hinteren mittleren Beckenraum aus. Beide *Mesocola* und *Mesorecta* convergiren gegen den aus zwei Därmen verschmolzenen Dickdarm und geben ihm den serösen Ueberzug. Dadurch entsteht hinter den *Cola* und hinter den *Recta* der Mesocolonsack des *Peritoneum*, welcher in der medianen Furche des Bauches bis in die Beckenhöhle herab seine Lage hat und an seinem oberen Ende links mit dem Mesenterialsacke und durch diesen mittelbar mit dem grossen Peritonealsacke communicirt.

Das *Peritoneum* bildet somit in diesem Falle, ausser dem grossen Sacke, vier *Omental-*, einen *Mesenterium-* und einen *Mesocolon-*Sack, d. i. sieben Säcke. Im Prager Falle fehlte der Mesocolonsack; der Mesenteriumsack aber communicirte mit den *Bursae omentales* beider Seiten.

Respirationsorgane. (Tab. VII. Fig. 2., Tab. VIII.)

Kehlkopf, Luftröhre, Lungen, Schilddrüse und Thymus sind doppelt. Die Pleurasäcke sind dreifach.

Wie in den beiden anderen Fällen ist der laterale Luftröhrenast der längere und stärkere.

Jede Lunge hat zwei Flügel, wovon der laterale der kürzere, breitere und dickere, der mediale der längere und schmälere ist. Die lateralen Flügel beider Lungen haben 2 Lappen, der mediale rechte hat nur 1, und der mediale linke 2 Lappen. Die medialen Flügel liegen höher als die lateralen. Der rechte laterale Flügel ist der voluminöseste, kleiner ist der linke laterale, noch kleiner der linke mediale, am kleinsten der rechte mediale. Im Prager Falle war die Lungenflügellappung eine andere.

Beide Schilddrüsen sind normal.

Die rechte *Thymus* hat 3 und die linke 4 über einander liegende Lappen (Tab. VII. Fig. 2., Nr. 5. 5.). Im I. Petersburger Falle waren auch 2, im Prager Falle nur 1 *Thymus*.

Die *Pleurae* bilden 3 Säcke, 2 *Mediastina* und 3 *Cava mediastinorum*. Von den drei Pleurasäcken sind zwei die lateralen, einer der mediane. Die lateralen verhalten sich denen eines normalen Kindskörpers gleich. Der mediane liegt im hinteren Theile des mittleren Brustraumes, hat vorn das *Pericardium*, hinten die mediane Längsgrube des Brustkorbes und seitlich beide Wirbelsäulen zur Grenze. Er endiget über der oberen Brustapertur nicht abgeschlossen, sondern fliesst innerhalb derselben mit seiner ganzen Weite, mit dem Halstheile des *Pericardium* zusammen, um damit einen gemeinschaftlichen Sack (Tab. VII. Fig. 2. *A. A.*) zu bilden. Jeder laterale Sack enthält einen lateralen Lungenflügel, der mediane Sack aber beide mediale Lungenflügel, die sich theilweise in die ihm und dem *Pericardium* gemeinschaftliche Abtheilung hinauf erstrecken. Die drei Pleurasäcke bilden zwei *Mediastina*, beide *Mediastina* aber drei *Cava mediastinorum*, zwei laterale hintere und ein medianes vorderes. Die lateralen entsprechen den *Cava mediastinorum posteriora* zweier Körper, das mediane aber den *Cava mediastiorum anteriora* derselben, die, zu einem einzigen unpaaren verschmolzen, den Brusttheil des Herzbeutels mit dem Kammertheile des Herzens, beide *Thymus* u. s. w. enthalten.

Im Prager Falle waren auch drei Pleurasäcke zugegen, allein der mediane mündete nicht in das *Pericardium*. Im I. Petersburger Falle waren hingegen vier Pleurasäcke, zwei laterale und zwei mediane vorhanden, wovon jeder einen Lungenflügel enthielt.

Harnorgane. (Tab. VII. Fig. 1.)

Nieren (No. 1. 1'.) sind zwei zugegen, wovon die eine dem rechten, die andere dem linken Kindskörper entspricht. Jede liegt zur lateralen Seite ihrer Wirbelsäule an gehöriger Stelle.

Aus jeder Niere kommen 2 Harnleiter, die mit 2 Nierenbecken beginnen, so dass 4 Harnleiter und 4 Nierenbecken vorhanden sind. Die zwei Harnleiter der rechten Niere (No. 2.) verschmelzen unter der Mitte ihrer Länge zu einem einfachen, aber erweiterten, welcher durch eine einfache Oeffnung an gehöriger Stelle in die Harnblase mündet. Die zwei Harnleiter der linken Niere (No. 2'.) bleiben vom Anfange bis zum Ende getrennt und münden durch zwei besondere, unter einander liegende Oeffnungen, linkerseits in die Harnblase.

Die Harnblase (No. 3.) ist einfach, hat 3 Harnleiteröffnungen, nämlich eine rechte und zwei linke, ist sonst normal nur grösser.

Die Harnröhre ist einfach, normal und mündet an gewöhnlicher Stelle über und vor dem *Introitus vaginae* der vorderen inneren Geschlechtsorgane.

Nebennieren giebt es zwei, eine rechte und eine linke, welche auf und über den entsprechenden Nieren an gewöhnlichem Orte liegen.

In beiden anderen Fällen lagen die rechten Nieren tiefer, und zwar im Prager Falle über dem Becken, im I. Petersburger Falle im Becken. In diesen beiden Fällen waren nur zwei Harnleiter zugegen.

Geschlechtsorgane. (Tab. VII. Fig. 1.)

Die weiblichen Geschtsorgane sind doppelt. Sie liegen hinter einander und sind desshalb vordere und hintere zu nennen. In der Beckenhöhle sind sie durch die *Recta* von einander geschieden, am Ausgange des Beckens aber stossen die *Vaginae* beider an einander. Jeder dieser Apparate mündet durch eine besondere Oeffnung nach aussen.

Die vorderen Geschlechtsorgane (No. 4.) entsprechen vollkommen den der normalen Fälle. Die *Ovarien* (*a. a.*), die *Tubae Fallopianae* (*b. b.*), der *Uterus* (*d.*) mit seinen *Ligamenta lata* und *rotunda* (*c. c.*), die *Vagina* (*e.*), der *Mons Veneris*, die *Labia majora*, die *Labia minora*, das *Vestibulum*, der *Hymen*, die *Clitoris*, die Bartholinischen Drüsen (γ.) verhalten sich, bis auf unwesentliche Abweichungen, normal. So ist der *Mons Veneris* ungewöhnlich breit, so fehlt den *Labia majora* ihre *Commissura posterior*, so ist der *Hymen* ein *H. circularis*, so sind die Bartholinischen Drüsen ungewöhnlich gross. Die *Ovarien*, die *Tubae*, der *Uterus* erhalten wie gewöhnlich vom grossen Bauchfellsacke ihren serösen Ueberzug, und letzterer ist durch die gewöhnlichen Excavationen von der Harnblase und den *Recta* geschieden.

Die hinteren Geschlechtsorgane (No. 6.) sind im nur verkümmerten Zustande zugegen. Sie bestehen: aus zwei *Ovarien*, zwei *Tubae*, einem *Uterus*, einer *Vagina* und einem viereckigen, vom *Perineum* herabhängenden, den *Introitus* dieser *Vagina* bedeckenden Hautlappen. Sie liegen auf dem medianen Theile der hinteren Beckenwand und über dem Felde des Beckenausganges, das sich vom intermediären Hüftbeine, zwischen den Steissbeinen und beiden Aftern bis zum hinteren Ende der Schamspalte der vorderen Geschlechtsorgane erstreckt, mit den *Ovarien* und *Tubae* hinter dem Mesocolonsacke des *Peritoneum*, mit dem *Uterus* unter dessen Ende, und mit dem unteren Theile der *Vagina* hinter und unter der *Vagina* der vorderen Geschlechtsorgane zwischen den Endportionen beider von einander divergirenden *Recta*.

Jedes der *Ovarien* (a'. a'.) ist ein halbmondförmig gekrümmter, 8 — 9''' langer 1½ — 2''' breiter, von vorn nach hinten comprimirter und ¼''' dicker Körper, welcher seinen concaven Rand dem der anderen Seite zukehrt und mit seinen Enden die der anderen Seite fast erreicht. Beide liegen vertikal auf der kartenherzförmigen Abtheilung des Hüftbeines, hinter dem Mesocolonsacke des *Peritoneum*.

Die *Tubae* (b'. b'.) erscheinen als solide, von vorn nach hinten comprimirte, 7 — 9''' lange, ½ — ¾''' breite Stränge, welche an der hinteren Seite der *Ovarien* beginnen, vertikal nebeneinander und theilweise vor einander zum *Uterus* abwärts steigen und mit diesem verschmelzen. Sie liegen vor der *Articulatio sacro-iliaca intermedia* der beiden Kreuzbeine, vor dem rundlichen Theile des Hüftbeines und hinter dem Mesocolonsacke des *Peritoneum*.

Der *Uterus* (d'.) ist ein von vorn nach hinten comprimirter, 9 — 10''' langer, am Körper 4''', am Halse 1 — 2''' breiter, 1½''' am Körper, ½''' am Halse dicker rhomboidaler solider Körper, der unter dem Mesocolonsacke, an dem oberen Ende noch mit einem Ueberzuge von diesem versehen, hinter den *Recta* liegt.

Die *Vagina* (e'.) ist am oberen Drittel ein solider, ven vorn nach hinten comprimirter, dreiseitiger, plattenartiger Körper (α.), welcher verschmälert in den *Uterus* sich fortsetzt; an den unteren zwei Dritteln aber ein Kanal (β.), der mit einer besonderen Oeffnung, *Introitus vaginae post.*, hinter dem *Introitus vaginae ant.* ausmündet. Der solide Theil liegt knapp hinter den verschmolzenen *Recta;* der kanalförmige Theil aber unter und hinter der *Vagina* der vorderen Geschlechtsorgane, damit verwachsen, und zwischen den geschiedenen Endportionen der *Recta* (No. 5.). Der solide Theil ist 4''' lang, unten 3½''', allmählig nach oben 1''' breit; der kanalförmige Theil ist 8''' lang, am *Introitus* 1¼ — 1½''', übrigens 3½''' weit.

Die Schleimhaut des letzteren zeigt viele Falten, die in Gestalt von Bienenwaben Netze und Zellen bilden. Der *Introitus vaginae post.* besitzt kein *Hymen*.

Der viereckige, den *Introitus vaginae post.* von hinten und unten her bedeckende Hautlappen ist schon oben beschrieben worden. Er kann vielleicht als verkümmerte und verschmolzene *Labia* gedeutet werden.

Im Prager und I. Petersburger Falle waren nur einfache, dort männliche, hier weibliche Geschlechtsorgane zugegen.

Herz und Gefässe. (Tab. VII. Fig. 2., Tab. VIII.)

Herz. (Tab. VII. 2. *B.*, Tab. VIII. Fig. 1. 2. No. 1.)

Es ist nur ein Herz zugegen, welches durch seine eigenthümliche Gestalt, ungewöhnliche Grösse, merkwürdige Eintheilung, besondere Lage, durch Abgabe und Aufnahme einer grösseren Zahl von Gefässstämmen von einem normalen verschieden ist.

Das Herz hat bei der Ansicht von vorn die Gestalt einer Sanduhr (Tab. VIII. Fig. 1.) mit eiförmigen, oben in sagittaler, unten in transversaler Richtung verlängerten Hälften; bei der Ansicht von hinten die Gestalt eines aus vier Säcken, d. i. einem oberen und unteren eiförmigen und zwei lateralen würfelförmigen, bestehenden gemeinschaftlichen grossen Sacke (Tab. VIII. Fig. 2.).

Seine grösste Länge misst vorn 2″ 3‴, hinten 2″ 9‴; seine grösste Breite 2″—2″ 4‴; seine grösste Dicke 1″ 4‴.

Durch den *Sulcus circularis*, welcher fast in der Mitte sich befindet, wird das Herz schon äusserlich in einen oberen oder Vorkammerabschnitt und in einen unteren oder Kammerabschnitt getheilt. Durch Einschnürungen am Vorkammerabschnitte wird auch dieser schon äusserlich in einen eiförmigen Sack, d. i. in das *Atrium venarum cavarum commune*, und in zwei würfelförmige seitliche Säcke, d. i. in das *Atrium pulmonale dextrum* und *sinistrum*, geschieden und jede der letzteren durch eine tiefe Einschnürung wieder in Nebensäcke, in einen *Sinus pulmonalis* und eine *Auricula* abgetheilt. Wegen Mangel an Furchen lässt der Kammerabschnitt äusserlich nicht erkennen, in welche Abtheilungen seine Höhle geschieden ist.

Das Herz liegt ganz vertikal und so, dass die Medianlinie des Körpers dasselbe in zwei ganz gleiche Seitenhälften schneiden würde, wonach es sich von der Medianlinie gleich weit nach rechts und links erstrecken muss. Es liegt mit dem Kammerabschnitte in der Brusthöhle; mit dem *Sulcus circularis* vorn au niveau der oberen Brustapertur, seitlich und hinten unter dieser; mit dem eiförmigen Sacke des Vorkammerabschnittes am Halse und reicht vom Zwerchfelle bis unter die Halscommissur und das intermediäre Schlüsselbein aufwärts. Es liegt mit dem Kammerabschnitte in der vorderen medianen gemeinschaftlichen Höhle der *Mediastina*, hinter der vorderen Wand des Brustkorbes, vor dem medianen Pleurasacke; mit dem Vorkammerabschnitte in dem gemeinschaftlichen, vom Herzbeutel und dem medianen Pleurasacke gebildeten Sacke, theils in der Brusthöhle, grösstentheils im medianen Theile der verwachsenen Hälse, hinter dem von den *Mm. sternothyreoidei mediales* gebildeten Vorhange zwischen den Luftröhren, Speiseröhren, den *Thymus*, den medialen Lungenflügeln und gewissen Gefässen und Nerven, vor den medialen Seiten der Wirbelsäulen und der sie vereinigenden und durch Verschmelzung der *Mm. scaleni mediales* beider Seiten entstandenen medianen Scheidewand unter der Halscommissur und den daselbst befindlichen Theilen: als unter dem Schlüsselbeine, gewissen Muskeln, Gefässen und Nerven.

Das Herz erhält für seine Substanz vier Arterien, d. i. die *Coronaria dextra ant.* aus der *Aorta ascendens dextra*; die *Coronaria sinistra ant.* und *C. sinistra post.* aus der *Aorta sinistra;* und endlich die *Arteriola atrii pulm. sinist.* aus der *Pulmonalis lateralis* der *Pulmonalis communis sinistra.* Aus seiner Substanz kommen die *Vena cordis mediana* und andere kleine Venen.

Vorkammerabschnitt. (Tab. VII. Fig. 2. *B.*, Tab. VIII. Fig. 1. 2. *A.*)

Der Vorkammerabschnitt ist ein aus 3 — 5 Säcken und Nebensäcken bestehen-
der, gemeinschaftlicher, in seiner Wand $\frac{1}{2}'''$ dicker Sack, der 12 Oeffnungen besitzt, d. i.
4 Körpervenen-, 6 Lungenvenen- und 2 *Atrio-ventricular*-Oeffnungen, und im Innern allenthalben mehr oder weniger starke *Trabeculae carneae* zeigt.

Seine grösste Höhe beträgt vorn 1″ 1‴, hinten 1″ 9‴; seine grösste Breite 2″ 4‴;
seine grösste Dicke 1″ 4‴.

Der mittlere oder obere oder vordere Sack ist das *Atrium venarum cavarum commune* (Tab. VII. Fig. 2. *B.*; Tab. VIII. Fig. 1. *A.*, Fig. 2. *A. a.*). Dasselbe liegt über der
Mitte des Kammerabschnittes, an seiner Basis vorn zwischen den Arterienstämmen des
Herzens, hinten zwischen den *Atria pulmonalia*. Es hat die Gestalt eines Eies, das in sagittaler Richtung länger als in transversaler Richtung breit ist. Es ist grösser als die *Atria
pulmonalia*. Seine Höhe beträgt 12 — 13‴; seine Dicke in sagittaler Richtung 16‴, diese
in transversaler Richtung 14‴. Ausser zwei weiten seitlichen Eingängen in die *Atria pulmonalia*, besitzt dasselbe noch 5 Oeffnungen, nämlich: die Oeffnung für die *Vena cava superior*, für die *Vena cava inferior*, für die *Vena coronaria mediana* und 2 Oeffnungen in den
Kammerabschnitt. Das *Ostium ven. cavae sup.* sitzt in der Mitte der Grenze zwischen
der oberen und hinteren Wand, und ist $3\frac{1}{2}'''$ weit. Das *Ostium ven. cavae inf.* sitzt an
der hinteren Wand zwischen den *Atria pulmonalia*, 1″ unter dem *Ostium ven. cavae sup.*, 4‴
über dem *Sulcus circularis* und ist 4‴ weit. Das *Ostium venae cordis medianae* sitzt rechts
unter dem *Ostium venae cavae inf.* als halbmondförmige Spalte, welche eine Sonde von $1\frac{1}{2}'''$
Durchmesser fasst. Die zwei *Ostia atrio-ventricularia* liegen unten in seiner Basis.
Weder eine *Valvula Eustachii* noch eine *Valvula Thebesii* sind vorhanden.

Die seitlichen oder unteren oder hinteren Säcke sind die *Atria pulmonalia* (Tab.
VIII. Fig. 2. *A. b. b*'.) deren jeder wieder in den *Sinus pulmonalis* und die *Auricula*
durch eine tiefe Einschnürung abgetheilt wird. Jedes *Atrium pulmonale* (*b. b*'.) liegt
über dem seitlichen Theile der Basis des Kammerabschnittes zur Seite der Basis des *Atrium
venarum cavarum commune* in dem Winkel zwischen dem ersteren und dem letzteren, hinter
den aus dem Herzen tretenden Arterienstämmen, von einander hinten durch eine 9‴ hohe
und 4‴ breite, das *Ostium ven. cavae inf.* enthaltenden, Furche geschieden. Dasselbe hat
die Gestalt eines von vorn nach hinten comprimirten Würfels, dessen mediale Seite mit
dem *Atrium venarum cavarum commune* und dessen untere Seite mit dem Herzkammerab-
schnitte verwachsen, dessen übrige Seiten aber frei sind. Die Höhe eines jeden beträgt 10″;
die Dicke in sagittaler Richtung 7 — 9‴, die Dicke in transversaler Richtung bis 1″. Jede
Auricula (α. α'.) entwickelt sich von dem unteren lateralen Theile der hinteren Wand des
entsprechenden *Atrium*, knapp über dem *Sulcus circularis*, steht quer und etwas gekrümmt
lateralwärts hervor, und bedeckt von hinten her die Wurzel der aus dem Herzen tretenden Arterienstämme. Die *Auricula dextra* ist 6‴ in transversaler Richtung, 5‴ in vertika-

ler Richtung und 3''' in sagittaler Richtung dick. Die *Auricula sinistra* ist vor ihrem Ende beträchtlich eingeschnürt, 7 — 8''' in transversaler Richtung lang; 4''' an der Basis und 7''' am Ende in vertikaler Richtung und 3''' in sagittaler Richtung dick. Ausser den zwei Eingängen, dem weiteren in das *Atrium ven. cavarum commune*, dem engeren in die *Auricula*, hat der *Sinus dexter* 4, und der *Sinus sinister* 3 Oeffnungen. Von den vier Oeffnungen des *Sinus dexter* ist die eine das *Ostium ven. cav. accessoriae*, die anderen drei sind die *Ostia ven. pulm. dext.* Das *Ostium ven. cav. accessoriae* sitzt an dem oberen hinteren Theile der lateralen Wand des *Sinus* und ist 2''' weit. Von den *Ostia ven. pulm.* sitzen: das grössere *Ostium ven. pulm. commune* des lateralen rechten Lungenflügels an der lateralen oberen hinteren Ecke; das *Ostium ven. pulm. inf.* des medialen rechten Lungenflügels knapp daneben und das *Ostium ven. pulm. sup.* desselben Lungenflügels, ziemlich weit davon entfernt, an der oberen Wand. Von den drei Oeffnungen des *Sinus sinister* liegen: das *Ostium ven. pulm. commune* des lateralen linken Lungenflügels an der lateralen oberen hinteren Ecke; das *Ostium ven. pulm. inf.* des medialen linken Lungenflügels hinten neben dem lateralen Rande der oberen Wand, und das *Ostium ven. pulm. sup.* desselben Lungenflügels vorn neben dem lateralen Rande der oberen Wand.

Kammerabschnitt. (Tab. VIII. Fig. 1. *B.*, Fig. 2. *B.*)

Der Kammerabschnitt stellt, wie gesagt, einen transversal gelagerten, von vorn nach hinten comprimirten, vom unteren Rande nach aufwärts und von den Enden zur Mitte allmälig dicker werdenden eiförmigen Sack; oder kurzen, breiten, von vorn nach hinten comprimirten Hohlkegel dar, dessen Wände bis $1\frac{1}{2}$''' dick, viele *Trabeculae carneae*, wenige *Musculi papillares* zeigen. An demselben unterscheidet man: eine vordere convexe und eine hintere platte Fläche; einen unteren convexen, stumpfen Rand, eine obere Basis mit einem vorderen und hinteren convexen Rande und 6 Oeffnungen, d. i. 4 *Ostia arteriosa* und 2 *Ostia atrio-ventricularia*. Weder die vordere noch die hintere Fläche zeigt einen besonders ausgeprägten *Sulcus*. Der untere Rand ist an seiner Mitte nicht ausgeschnitten. Es liegen: über der Mitte der Basis das *Atrium ven. cav. commune*; hinten über den Seitentheilen derselben die *Atria pulmonalia*; vor den *Atria pulmonalia* in den Seitentheilen der Basalwand jederseits die 2 *Ostia arteriosa*; zwischen diesen und den *Atria pulmonalia* in der Basalwand die *Ostia atrio-ventricularia*.

Seine Grösse ist aus Nachstehendem ersichtlich:

Die Höhe der Mitte vorn beträgt................... 1'' 2 — 3'''
«   «   «   « hinten «   1   1
« Breite beträgt............................. 2
« Dicke an der Basis beträgt ....· 1
« Länge des unteren Randes beträgt.............. 2   4

Die Länge des vorderen Randes beträgt .... 2″ 6‴

«   «   « hinteren   «   «   2   4

«   «   « Theiles des vorderen Randes zwischen dem Ursprunge der Ar-
        terienstämme beträgt.. 1

« Länge jedes Theiles dieses Randes vor dem Ursprunge der Arterienstämme
        beträgt 8

Durch 4 unvollständige *Septa*, wovon die 2 der Medianlinie näheren mediale,
die 2 davon entfernteren laterale genannt werden können, wird die ganze Kammerhöhle in 5 kleinere Höhlen geschieden, wovon die mittlere die mediane, die zunächst
liegenden 2 mediale und die an den äussersten Enden gelagerten 2 laterale genannt
werden können. Die *Septa* steigen von der Basis zum unteren Rande in vertikaler Richtung und von der vorderen Wand zur hinteren in sagittaler Richtung durch die Höhle.
Am oder doch gegen ihr oberes Ende sind sie defect und mit einem Loche versehen.
Die medialen *Septa* sind länger und breiter und haben grössere Löcher, die lateralen
Septa sind kürzer und schmäler und besitzen kleinere Löcher. Die medialen *Septa*
stehen von der Medianlinie 4‴ und von einander 8‴, die lateralen *Septa* stehen 4—5‴
von den medialen *Septa* und 3‴ von der lateralen Wand der Kammerhöhle ab. Die mediane Höhle ist die weiteste; um die Hälfte weniger breit und auch kürzer sind die medialen Höhlen, am engsten und kürzesten aber sind die lateralen Höhlen. Die mediane und die medialen Höhlen sind in Hinsicht ihrer Gestalt einem vierseitigen
Keile nicht unähnlich, die lateralen aber haben eine kegelförmige oder dreiseitig
pyramidale Gestalt.

Von den 6 *Ostia* der Basalwand der Kammerhöhle will ich die 2 mittleren *mediana*, die 2 angrenzenden *medialia*, und die 2 am seitlichsten gelegenen *lateralia* nennen. Die *Ostia mediana*, welche in das *Atrium ven. cav. commune* führen, sind die *Ostia
atrio-ventricularia;* die *medialia*, welche in die *Aortae* leiten, die *Ostia arteriosa aortica;* und die *Ostia lateralia*, durch die man in die *Arteriae pulmonales* gelangt, die *Ostia
arteriosa pulmonalia.*

Die *Ostia atrio-ventricularia* liegen in der Mitte, die *Ostia arteriosa* seitlich und
vorn an der Basalwand. Von den *Ostia atrio-ventricularia* ist das eine sehr gross, das
andere klein. Das *Ostium atrio-ventriculare magnum (s. sinistrum)* ist quer elliptisch in
transversaler Richtung 8—9‴, in der anderen etwa 4—5‴ weit und mit einer *Valvula
multicuspidalis* versehen, deren Sehnen von Muskelbalken und Papillarmuskeln beider
Wände, namentlich der hinteren, des Kammertheiles des Herzens entstehen. Dasselbe verbindet den *Ventr. med.* mit dem *Atr. ven. cav. comm.* Das *O. atrio-ventr. minus (s. dextr.)*
liegt neben dem rechten Pole des *O. atrio-ventriculare magn.*, ist rundlich, 2½‴ weit und mit
einer *Valv. multicuspidalis* versehen. Sie führt aus dem hinteren medialen Theile der Basis des *Ventriculus medialis dexter* in das *Atrium ven. cav. commune.* Von den *Ostia arteriosa*, die rundlich sind, entsprechen die *aortica* den *Ventriculi mediales*, die *pulmonalia*

den *Ventriculi laterales.* Das *Ostium arteriosum aorticum dextrum* besitzt 2, das *Ostium arteriosum aorticum sinistrum* und jedes der *Ostia arteriosa pulmonalia* je 3 *Valvulae semilunares.* Die *Ostia atrio-ventricularia* verbinden somit das *Atrium ven. cav. commune* unmittelbar mit dem *Ventriculus medianus* und dem *Ventriculus medialis dexter.* Nur der *Ventriculus medialis dexter* hat zugleich ein *Ostium atrio-ventriculare* (medianwärts) und ein *Ostium arteriosum* (lateralwärts). Nur 2 *Ostia* haben die *Ventriculi laterales,* wovon das eine in den *Ventriculus medialis,* das andere in die *Arteria pulmonalis* führt; 3 *Ostia* besitzt der *Ventriculus medianus,* wovon das obere in das *Atrium ven. cav. commune,* die seitlichen in die *Ventriculi mediales* leiten; 3 *Ostia* hat auch der *Ventriculus medialis sinister,* wovon das obere in die *Aorta,* das mediale in den *Ventriculus medianus,* das laterale in den *Ventriculus lateralis sinister* führt; 4 *Ostia* endlich hat der *Ventriculus medialis dexter,* wovon das basale mediale ihn mit dem *Atrium ven. cav. commune,* das basale laterale ihn mit der *Aorta dextra,* das (untere) mediale ihn mit dem *Ventriculus medianus,* das (untere) laterale ihn mit dem *Ventriculus lateralis dexter* in Verbindung setzt.

Herzbeutel.

Der Herzbeutel hat im Bereiche der oberen Brustapertur eine quer ovale Oeffnung, wodurch er mit dem medianen Pleurasacke zusammenfliesst, und mit diesem am Halse einen gemeinschaftlichen Sack von 1″ 3‴ Höhe und 1″ 9‴ Breite bildet, welcher bis zur Halscommissur und dem intermediären Schlüsselbeine aufwärts, bis zu den Luft- und Speiseröhren, zu den medialen Halsgefässen und Halsnerven seitwärts sich erstreckt. Sein Brusttheil liegt im medianen, gemeinschaftlichen, vorderen Mittelfellraume, und enthält den Kammerabschnitt des Herzens. Sein mit dem medianen Pleurasacke zusammengeflossener Halstheil (Tab. VII. Fig. 2. *A. A.*) erstreckt sich bis zur Halscommissur und dem intermediären Schlüsselbeine aufwärts, bis zu den Luft- und Speiseröhren und zu den medialen Halsgefässen und Halsnerven lateralwärts. Derselbe enthält den Vorkammertheil des Herzens, die Anfänge der Arterienstämme, einen Theil des Stammes der *Vena cava superior* und die oberen Theile der medialen Lungenflügel.

In den beiden andereren Fällen war ein doppeltes Herz mit einem einfachen, aber geschlossenen Herzbeutel zugegen, folglich existirt in Beziehung dieser Organe zwischen jenen und diesem Falle keine Analogie.

Gefässe. (Tab. VII. Fig. 2., Tab. VIII Fig. 1. 2.)

Arterien.

Aus jedem seitlichen Theile des Kammerabschnittes des Herzens entspringen symmetrisch zwei Arterienstämme, ein medialer und ein lateraler. Beide steigen jederseits neben einander und vor dem *Atrium pulmonale* und seiner *Auricula* derselben Seite aufwärts, jedoch so, dass der mediale Arterienstamm mehr nach rückwärts gelagert ist als der laterale. Die Arterienstämme der einen Seite divergiren allmälig im Aufsteigen von denen der anderen Seite. Ihr oberer Abstand beträgt je $1''\, 3 - 4'''$, während ihr unterer Abstand nach ihrem Ursprunge, am *Sulcus circularis* des Herzens nur $1''$ misst. Die rechten Arterienstämme sind etwas schwächer als die linken. Von den rechten ist der laterale, von den linken der mediale der stärkere. In Hinsicht ihrer Stärke folgen sie so auf einander: Rechter medialer ($2\frac{1}{2}'''$ im Durchm.), rechter lateraler ($3\frac{1}{4} - 3\frac{1}{2}''$), linker lateraler ($3\frac{1}{2}''$), linker medialer ($3\frac{1}{2} - 4'''$).

Die medialen Arterienstämme sind die *Aortae*, die lateralen die *Arteriae pulmonales communes*. Es wird somit eine rechte und eine linke *Aorta;* eine rechte und eine linke *Arteria pulmonalis communis* zu beschreiben sein.

Rechte Arterienstämme und ihre Verzweigungen.

Rechte Aorta (rechter medialer Arterienstamm).

Die Aorta dextra (Tab. VIII. Fig. 1. *C.*) entspringt aus dem *Ventriculus medialis dexter*, steigt medianwärts von der *Pulmonalis communis dextra*, dann etwas gekrümmt vor dieser, ferner vor dem *Bronchus medialis dexter* und vor dem unteren $\frac{1}{7}$ der *Trachea dextra* aufwärts, um sich in die *Carotis lateralis* (a.) und die *Carotis medialis dextra* (a'.) spitzwinklig zu theilen. Gleich über ihrem Ursprunge über dem *Sinus anterior* und der *Valvula semilunaris anterior* giebt sie die *Coronaria cordis dextra anterior* (α.) ab. Die *Carotis lateralis dextra* (*dextra* der norm. Fälle) nimmt $1\frac{1}{4}'''$ über ihrem Ursprunge den *Ductus Botalli* (c.) auf, und die *Carotis medialis dextra* (*sinistra* der norm. F.) giebt $3 - 3\frac{1}{2}'''$ über ihrem Ursprunge von ihrer hinteren Wand die *Thyreoidea medialis dextra* (*sinistra* der norm. F.) (k.) ab. Uebrigens verzweigen sich beide $1\frac{3}{4} - 2'''$ (injicirt) dicke *Carotides* so, wie die *Carotis dextra* und *sinistra* der normalen Fälle.

Die *Aorta dextra* bildet somit keinen *Arcus* und setzt sich nicht als *Aorta descendens* fort. Sie vertritt nur den Theil des Anfangsstückes der *Aorta* normaler Fälle, der *Aorta ascendens* oder *Radix aortae* genannt wird.

Rechte *Arteria pulmonalis communis* (rechter lateraler Arterienstamm).

Die *Pulmonalis communis dextra* (Tab. VIII. Fig. 1. *D', D''*; Fig. 2. *F.*) entspringt aus dem *Ventriculus lateralis dexter* und liegt lateralwärts neben und vor der *Aorta ascendens* derselben Seite. Sie steigt zwischen der *Aorta ascendens* und *Vena cava accessoria* auf-, vor- und lateralwärts, krümmt sich über dem *Bronchus lateralis dexter* und über der *Pulmonalis lateralis dextra* nach rückwärts und steigt zwischen der *Vena azygos* (lateralwärts) und dem *Oesophagus dexter* (medianwärts) zur lateralen Seite der rechten Wirbelsäule herab, um diese an deren 4. oder 5. Brustwirbel zu erreichen, und als *Aorta descendens* (Fig. 1. *D'''*.), die schwächer als die der anderen Seite ist, sich fortzusetzen. Sie übernimmt somit dadurch, dass sie den *Arcus* und die *Aorta descendens* bildet, die Rolle der eigentlichen *Aorta*.

Die $6'''$ lange *Pars ascendens* des *Arcus* (Fig. 1. *D'*.) giebt von der hinteren Wand ihres Endes die zwei *Pulmonales,* die *P. lateralis dextra* (Fig. 2. *h.*) und *P. medialis dex-tra* (Fig. 2. *g.*) ab. Erstere entspringt knapp über der letzteren, jene zugleich lateral-wärts, diese medianwärts. Die 2''' dicke *P. lateralis dextra* läuft vor, dann über den *Bronchus lateralis dexter* unter dem *Arcus* der *Vena azygos* zum lateralen rechten Lungen-flügel. Die schwächere *P. medialis dextra* läuft quer zwischen der *Aorta ascendens* vor dem *Bronchus medialis dexter* zum medialen linken Lungenflügel.

Vom eigentlichen *Arcus* (Fig. 1. *D''*.) entstehen der *Ductus Botalli;* ein gemein-schaftlicher Ast für die *Subclavia lateralis dextra, Mammaria interna dextra* und *Thyreoidea inferior lateralis dextra;* die *Vertebralis lateralis dextra* und die rudi-mentäre *Subclavia medialis dextra.*

Der *Ductus Botalli* (Fig. 1. *c.*) entspringt von der medialen und theilweise von der concaven Seite des *Arcus* 4 — 5''' über dem Ursprunge der *Pulmonales,* läuft quer median-wärts und senkt sich in den Anfang der *Carotis lateralis dextra* ein. Derselbe ist 2''' lang und 1½''' dick. Der genannte gemeinschaftliche Ast (Fig. 1. *d.*) entsteht weiter rück-wärts als dieser und von der oberen convexen Seite des Bogens. Er theilt sich sogleich in einen lateralen und medialen, wovon ersterer die *Subclavia lateralis dextra* (Fig. 1. *e.*), die sich zur rechten oberen Extremität auf gewöhnliche Weise fortsetzt und daselbst normal sich verzweigt, letzterer die *Mammaria interna* (Fig. 1. *g.*) und die *Thyreoidea inferior lateralis dextra* (Fig. 1. *f.*) abgiebt. Die *Vertebralis lateralis dextra* (Fig. 1. *i.*) entspringt 1''' hinter dem Ursprunge dieses Astes und 2¼''' hinter dem des *Ductus Botalli* von der medialen Seite des *Arcus.* Sie ist 1 — 1½''' dick. Die rudi-mentäre *Subclavia medialis dextra* (Fig. 1. *m.*) entsteht, 2½ — 3''' von dem Ursprunge der *Vertebralis lateralis dextra* entfernt, in der Gegend des 2. Brustwirbels, an der Grenze seiner hinteren und medialen Wand, verläuft schief vor der Wirbelsäule und hinter dem *Oesophagus dexter* nach ein- und aufwärts zur intermediären, beide Hälse vereinigenden, musculösen Wand, vertheilt sich in mehrere Zweige und endigt als *Vertebralis medialis dextra.* Sie ist 1''' dick.

Die *Aorta thoracica dextra* (Fig. 1. *D'''*.) läuft wie gewöhnlich in der Brusthöhle vor der rechten Wirbelsäule herab, und durch den *Hiatus aorticus dexter* des *Diaphragma* in die Bauchhöhle, wird zuerst von dem *Oesophagus dexter* gekreuzt und liegt zuletzt rück- und medianwärts von demselben. Dieselbe giebt dieselben Zweige, wie die normaler Fälle ab.

Die 1½''' dicke *Aorta abdominalis dextra* verläuft vor der rechten Wirbelsäule herab und theilt sich am 4. Lendenwirbel in zwei Aeste, in einen sehr starken latera-len als ihre Fortsetzung, d. i. die *Iliaca communis lateralis dextra,* und in einen schwa-chen medialen Ast, d. i. die rudimentäre *Iliaca communis medialis dextra.*

Von ihrem Anfange bis zu ihrer Theilung giebt sie ihre Aeste in nachstehender Reihenfolge ab: Die *Coeliaca dextra,* welche sich in die gewöhnlichen vier Aeste spaltet; gleich darunter die rudimentäre *Mesenterica superior dextra,* welche die mediane

Längsgrube der hinteren Bauchwand überspringt und mit der *Mesenterica superior sinistra*, $\frac{1}{2}''$ nach deren Ursprunge, sich vereiniget; unter dieser, $2'''$ davon entfernt, von ihrer lateralen Seite die einfache *Renalis dextra;* noch $9 — 10'''$ tiefer von ihrer vorderen und lateralen Seite die *Mesenterica inf. dextra*, deren Ende mit dem der anderen Seite im Becken durch eine grosse Schlinge sich vereiniget u. s. w.

Die *Iliaca communis lateralis dextra* ist $7 — 8'''$ lang und theilt sie wie gewöhnlich in zwei Aeste, deren Fortsetzungen und Verzweigungen im Becken und an der rechten unteren Extremität sich so verhalten, wie dieselben normaler Fälle; aber ihre *Hypogastrica* giebt keine *Umbilicalis* ab. Die rudimentäre *Iliaca communis medialis dextra* ist ein schwacher Zweig, der $6'''$ unter der *Mesenterica inferior dextra* von der *Aorta abdominalis* abgeht, medianwärts und abwärts zum intermediären Hüftbeine und von da ins Becken herabsteigt, um sich daselbst und an den hinteren inneren Geschlechtsorganen zu verlieren. Nicht weit von ihrem Ursprunge giebt sie die *Sacralis media dextra* ab.

Linke Arterienstämme und ihre Verzweigungen.

Linke *Aorta* (linker medialer Arterienstamm).

Die *Aorta sinistra* (Tab. VIII. Fig. 1. *C'. C''.*, Fig. 2. *E.*) ist viel stärker als die rechte und stärker als alle Arterienstämme überhaupt. Dieselbe entspringt aus dem *Ventriculus medialis sinister*, steigt medianwärts von der *Pulmonalis communis sinistra*, vor dem *Sinus cordis sinister* und der *Auricula sinistra*, weiter oben vor der *Pulmonalis medialis sinistra*, dem *Bronchus medialis sinister* und dem unteren Theile der *Trachea sinistra* auf-, vor- und lateralwärts, krümmt sich über dem *Bronchus lateralis sinister* und die *Pulmonalis lateralis sinistra* nach rückwärts, und steigt endlich, neben dem *Oesophagus sinister* lateralwärts gelagert, zur linken Wirbelsäule abwärts, um deren laterale Seite in der Gegend des 4. oder 5. Brustwirbels zu erreichen und von da als *Aorta descendens sinistra* (Fig. 1. *C'''*.) sich fortzusetzen. Sie bildet somit, wie in gewöhnlichen Fällen, einen *Arcus* und die *Aorta descendens*.

Die $8 — 9'''$ lange *Pars ascendens* des *Arcus* (Fig. 1. *C'.*) giebt über dem *Sinus Valsalvae anterior* und über der *Valvula semilunaris anterior*: die *Coronaria cordis sinistra anterior* (Fig. 1. β.) und aus dem *Sinus Valsalvae lateralis* selbst die *Coronaria cordis sinistra posterior* (Fig. 2. γ.) ab.

Vom eigentlichen *Arcus* (Fig. 1. *C''*.) entstehen: die *Carotis lateralis* (Fig. 1. *b.*) und *medialis sinistra* (Fig. 1. *b'.*); ein kurzer gemeinschaftlicher Ast für die *Thyreoidea inferior lateralis sinistra*, *Subclavia lateralis sinistra* und *Mammaria interna sinistra;* die *Vertebralis lateralis sinistra* und die rudimentäre *Subclavia medialis sinistra*. Derselbe nimmt aber auf: den *Ductus Botalli*.

Die beiden *Carotides* entstehen von der convexen Seite des Anfanges des *Arcus* und sind so dick, wie die der anderen *Aorta*. Auch giebt die *Carotis medialis sinistra* wie die *Carotis medialis dextra* von ihrer hinteren Wand und $3 — 3\frac{1}{2}'''$ über ihrem Ursprunge

die *Thyreoidea inferior medialis sinistra* (Fig. 1. *l.*) ab. Der genannte gemeinschaftliche Ast (Fig. 1. *d'.*) entspringt 4 — 4½''' hinter dem Ursprunge der *Carotides* an der
Grenze zwischen der convexen und medialen Seite des *Arcus.* Derselbe theilt sich sogleich
in einen medialen und lateralen Ast. Der mediale Ast ist die *Thyreoidea inferior
lateralis sinistra* (Fig. 1. *f'.*). Der laterale Ast theilt sich wieder in zwei, einen vorderen, *Mammaria interna sinistra* (Fig. 1. *g'.*), und einen hinteren, *Subclavia lateralis
sinistra* (Fig. 1. *e'.*). Die *Mammaria interna sinistra* giebt die *Transversa scapulae*
(Fig. 1. *h.*) ab. Die *Subclavia lateralis sinistra* verläuft und verzweigt sich an der oberen linken Extremität auf normale Weise. Die *Vertebralis lateralis sinistra* (Fig. 2. *k.*)
entspringt knapp hinter dem gemeinschaftlichen Aste. Die rudimentäre *Subclavia medialis sinistra* (Fig. 1. *m'.*, Fig. 2. *l.*) entsteht 3 — 3½''' weiter abwärts von der medialen Seite, verläuft und vertheilt sich wie die *Subclavia medialis dextra* und endigct wie diese
als *Vertebralis medialis sinistra.* Der *Arcus* nimmt 3''' rückwärts vom Ursprunge der *Carotides* an seiner lateralen und concaven Seite den *Ductus Botalli* (Fig. 1. *c'.*) auf.

Die *Aorta thoracica sinistra* (Fig. 1. *C'''.*), als Fortsetzung der *Aorta,* verläuft und
vertheilt sich auf ähnliche Weise wie die *Aorta thoracica dextra,* als Fortsetzung der *Pulmonalis communis dextra.*

Die *Aorta abdominalis sinistra* ist 3''', also doppelt so dick als die *Aorta abdominalis dextra.* Die beträchtliche Dicke dieser *Aorta* ist in der Abgabe der unpaaren *Umbilicalis* begründet. Sie läuft vor der linken Wirbelsäule herab und verschmälert sich vom
5. Lendenwirbel an plötzlich in die auf dem linken Kreuzbeine herabsteigende *Sacralis
media sinistra.* Ihre Aeste entstehen in nachstehender Reihenfolge: Die *Coeliaca sinistra* von ihrer vorderen Seite; 1''' tiefer die starke *Mesenterica superior sinistra* von
ihrer vorderen Seite; wieder 1''' tiefer die *Renalis sinistra superior* von ihrer lateralen
Seite; 8''' unter dieser die *Renalis sinistra inferior; 2''' unter dieser die *Mesenterica
inferior sinistra* von ihrer vorderen und medialen Seite u. s. w.; endlich am 4. Lendenwirbel von ihrer lateralen Seite ihre Fortsetzung die *Iliaca communis lateralis sinistra,*
welche sich in die gewöhnlichen zwei Aeste spaltet, deren Zweige im Becken und an der
linken unteren Extremität auf normale Weise sich verhalten. Ihre *Hypogastrica* giebt
die sehr starke unpaare *Umbilicalis sinistra,* ab. Die *Iliaca communis medialis sinistra* fehlt.

Linke *Arteria pulmonalis communis* (linker lateraler Arterienstamm).

Die *Pulmonalis communis sinistra* (Tab. VIII. Fig. 1. *D.*, Fig. 2. *F'.*) ist 13''' lang.
Sie entspringt aus dem *Ventriculus lateralis sinister,* steigt lateralwärts von der *Aorta sinistra,*
unten mehr nach vorn, oben mehr nach hinten gerückt, vor dem lateralen Theile des *Sinus
atrii sinistri* und der *Auricula sinistra* aufwärts und senkt sich in die laterale und concave
Seite des *Arcus aortae.* Sie giebt 4 — 5''' über ihrem Ursprunge, von ihrer medialen Seite,
nahe der concaven Seite die 1½''' dicke *Pulmonalis medialis sinistra* (Fig. 2. *g'.*) ab.

Diese läuft hinter der *Pars ascendens* der *Aorta sinistra*, vor dem *Oesophagus sinister* und dem *Bronchus medialis sinister* zum medialen linken Lungenflügel, $3'''$ nach Abgabe dieser Arterie theilt sich die *Pulmonalis communis* in einen lateralen vorderen und medialen hinteren Ast. Der laterale vordere ist der $4 - 5'''$ lange, $2\frac{1}{2}'''$ dicke *Ductus Botalli* (Fig. 1. *c'*.), welcher auf beschriebene Weise endiget; der mediale hintere ist die $1\frac{3}{4} - 2'''$ dicke *Pulmonalis lateralis sinistra* (Fig. 2. *h'*.). Diese krümmt sich gleich nach ihrem Ursprunge lateralwärts und verläuft hinter dem *Ductus Botalli* vor dem *Bronchus lateralis sinister* zum lateralen linken Lungenflügel. Von der medialen Seite ihrer Krümmung giebt diese *Pulmonalis lateralis sinistra* eine kleine *Arteria cordis* (Fig. 2. β.) ab, welche an der hinteren Fläche des *Sinus atrii sinistri* sich verzweigt.

Venen. (Tab. VII. Fig. 1., Tab. VIII. Fig. 1. 2.)

Körpervenen.

Die *Vena cordis mediana* (Tab. VIII. Fig. 2. δ.). Sie verläuft in der Medianlinie der hinteren Fläche des Kammerabschnittes aufwärts, und mündet durch ein spaltenförmiges *Ostium* in das *Atrium venarum cavarum commune* unterhalb dem *Ostium ven. cav. inf.* Ausser dieser giebt es noch andere kleinere Herzvenen, die in den Vorkammerabschnitt münden.

Die *Vena cava superior* (Tab. VII. Fig. 2. *a.*; Tab. VIII. Fig. 1. *E.*, Fig. 2. *C.*). Dieselbe ist ein $9'''$ langer, $2\frac{1}{2} - 3\frac{1}{2}'''$ weiter Stamm, der unter der Halscommissur und unter dem intermediären Schlüsselbeine beginnt, vertikal in der Medianlinie der Doppelmissbildung am Halse abwärts steigt und an diesem im *Atrium venarum cavarum commune cordis*, an der Grenze zwischen der oberen und hinteren Wand desselben, ausmündet. Ihre unteren zwei Drittel liegen in dem von dem Halstheile des Herzbeutels und des medianen Pleurasackes gebildeten gemeinschaftlichen Sacke (Tab. VII. Fig. 2. *A. A.*); ihr oberes Drittel aber ausserhalb dieses Sackes. Der genannte Sack schickt nämlich vom oberen Theile der hinteren Wand in der Medianlinie eine vertikale Duplicatur, *Ligamentum ven. cav. sup* , nach vorwärts, die sich in ihre Blätter theilt und die *Vena cava superior* einhüllt. Sie führt das Blut aus dem ganzen linken Kopfe, ganzen linken Halse, der linken oberen Extremität, der medialen Hälfte des rechten Kopfes und des rechten Halses, des medianen und linken lateralen Theiles der Brust zurück. Sie entspricht somit so ziemlich der *Vena cava superior* des einen Körpers ╼ den Aesten der *Vena anonyma sinistra* eines zweiten Körpers.

Die vorzüglichsten Stämme und Aeste, die sie aufnimmt, sind folgende:

Die *Azygos intermedia* (Tab. VIII. Fig. 2. *c.*). Sie läuft in der Mitte der medianen Längsgrube der hinteren Wand der Brusthöhle aufwärts und öffnet sich in der hinteren Wand der *Vena cava*, $3'''$ über deren Ausmündung in das *Atrium venarum cavarum commune.* Ihre Verzweigungen entsprechen jenen der *Vena azygos* und *Vena hemiazygos* des einen Körpers ╼ der *Vena hemiazygos* eines zweiten.

Die *Iugularis interna medialis dextra* (Tab. VII. Fig. 2. *c.*; Tab. VIII. Fig. 1. *n.*, Fig. 2. *e.*). Sie öffnet sich an der rechten Wand des oberen Endes der *Vena cava*.

Ein Communicationsast (Tab. VII. Fig. 2. *e.e.*; Tab. VIII. Fig. 1. *o.*, Fig. 2. *f.*) zwischen der *Iugularis interna lateralis dextra* und der *Vena cava superior*. Derselbe entsteht von der *Iugularis interna lateralis dextra* (Tab. VII. Fig. 2. *f.*), 2′″ über ihrer Verbindung mit der *Subclavia dextra*, verläuft über dem *Arcus* der *Pulmonalis communis dextra* vor den beiden *Carotides* und der *Trachea* unter der *Glandula thyreoidea* nach auf- und medianwärts, nimmt zwei *Subthyreoideae* auf, und mündet unter der *Iugularis interna medialis dextra* in die *Vena cava*.

Ein 4′″ langer gemeinschaftlicher Ast (Tab. VII. Fig. 2. *b.*; Tab. VIII. Fig. 1. *p.*, Fig. 2. *d.*), der sich an der linken Wand des oberen Endes der *Vena cava* öffnet und aus der *Iugularis interna medialis sinistra* (Tab. VII. Fig. 2. *c'*; Tab. VIII. Fig. 1. *q.*, Fig. 2. *e'.*) und der *Anonyma sinistra* entsteht.

Die *Anonyma sinistra* (Tab. VII. Fig. 2. *d.*; Tab. VIII. Fig. 1. *r.*, Fig. 2. *f.*) nimmt aber: die *Iugularis interna lateralis sinistra* (Tab. VII. Fig. 2. *f'.*), die *Subclavia sinistra* (Tab. VII. Fig. 2. *g'.*), die *Mammaria sinistra* (Tab. VII. Fig. 2. *α.*) u. s. w. auf, läuft wie der Communicationsast, zwischen der *Ingularis interna lateralis dextra* und *Vena cava*, auf- und medianwärts, ist aber viel stärker wie dieser.

Die *Vena cava inferior*. Dieselbe ist ein 2″ langer und 4$\frac{1}{2}$′″ weiter Stamm, welcher aus der Vereinigung der *Iliaca comm. later. sinistra*, aus der rudimentären *Iliaca comm. med. sin.* und aus dem medialen Aste der *Iliaca comm. dext.* etc. entsteht. Die *Iliaca comm. later. sin.* entsteht aus der *Iliaca ext.* und *Hypogastrica*, die die gewöhnlichen Aeste und Zweige von der unteren linken Extremität und aus dem Becken aufnehmen, verläuft lateralwärts von der *Aorta abdom. sin.* bis 3′″ unter dem Ursprunge der *Art. mesenterica superior* herauf, dann unter dieser und vor der *Aorta* medianwärts, um, bevor sie die *Aorta* kreuzt, die zwei *Renales sinistrae* und die *Suprarenalis sinistra* einmünden zu lassen, und, nachdem sie dieselbe gekreuzt hat, sogleich die schwächere und rudimentäre *Iliaca communis medialis* aufzunehmen, welche ihre Zweige aus dem Becken und aus der medianen Längsgrube der hinteren Wand des Bauches erhält. Der dadurch entstandene 14′″ lange Stamm steigt in genannter Längsgrube schief aufwärts und dringt in die hintere Leberabtheilung vor ihren hinteren $\frac{2}{5}$, um hier sogleich den 6′″ langen medialen Ast der *Iliaca communis lateralis dextra* aufzunehmen. Die so gebildete *Vena cava inferior* liegt nun mit ihren unteren $\frac{3}{4}$ (1$\frac{1}{2}$″) theils in der kleineren Leberabtheilung, wo sie kleinere Lebervenen aus dieser und den *Ductus venosus* aufnimmt, theils über und hinter der Mitte der grossen Leberabtheilung, von der sie zwei grosse Lebervenen empfängt, dringt dann durch das *Foramen quadrilaterum* des Zwerchfelles, steigt mit ihrem letzteren $\frac{1}{4}$ (6′″) im Herzbeutel, nur vorn von dessen serösem Blatte überzogen, vertikal aufwärts und mündet 1″ unterhalb der *Vena cava superior* in der Mitte der hinteren Wand des *Atrium ven. cav. commune* in dessen Höhle (Tab. VIII. Fig. 2. *D.*).

Die *Vena cava accessoria* (Tab. VIII. Fig. 1. *F.*, Fig. 2. *H.*). Dieselbe ist ein 4‴
langer, $2\frac{1}{2}$ — 3‴ dicker Stamm, der durch Vereinigung der *Anonyma dextra* und der
Vena azygos (*dextra*) als Fortsetzung des Hauptstammes der *Iliaca communis lateralis dextra* entstanden ist. Die *Iliaca communis lateralis dextra* entsteht aus der
Iliaca externa und *Hypogastrica*, deren Aeste und Zweige sich wie gewöhnlich verhalten,
verläuft lateralwärts von der *Aorta abdominalis dextra* aufwärts und theilt sich in der Gegend des 3. Lendenwirbels in einen schwachen medialen und starken lateralen Ast.
Der mediale Ast läuft hinter der *Aorta* medianwärts, nimmt die *Vena suprarenalis dextra* auf und verbindet sich mit der *Vena cava inferior*. Der starke laterale Ast, nachdem
er über und unter dem Abgange des medialen Astes je eine *Renalis dextra* aufgenommen
hatte, dringt an der lateralen Seite der *Aorta* durch den *Hiatus aorticus dexter* des *Diaphragma*, und setzt sich in der Brusthöhle lateralwärts von der *Aorta thoracica dextra* als
Azygos dextra (Tab. VIII. Fig. 1. *t.*, Fig. 2. *G.*) fort. Diese krümmt sich über dem *Bronchus lateralis dexter* nach vorn und verbindet sich mit der *Anonyma dextra* (Tab. VII.
Fig. 2. *h.*; Tab. VIII. Fig. 1. *s.*), welche die mit der *Vena cava superior* durch einen langen Ast verbundene *Iugularis interna lateralis dextra* (Tab. VII. Fig. 2. *f.*), *Subclavia
dextra* (Tab. VII. Fig. 2. *g.*) aufnimmt. Beide bilden die *Vena cava accessoria*, welche
vor dem *Bronchus lateralis dexter* und den *Vasa pulmonalia lateralia dextra* lateralwärts und
etwas rückwärts von der *Arteria pulmonalis communis dextra* abwärts steigt und am oberen
Theile der lateralen Wand des *Sinus pulmonalis dexter cordis* in desssen Höhle sich öffnet.

Lungenvenen (Tab. VIII. Fig. 2.).

Pulmonales giebt es 6, wovon 3 der rechten und 3 der linken Lunge angehören,
die der rechten in den rechten *Sinus pulmonalis cordis*, die der linken in den linken *Sinus
pulmonalis cordis* münden. Von den 3 ist die eine die *Pulmonalis lateralis*, die anderen
sind die *Pulmonales mediales*. Jeder der 2 *Pulmonales laterales* (o. o'.) entsteht aus dem
lateralen Lungenflügel mit zwei Zweigen, die sich zu einem 2‴ langen gemeinschaftlichen Aste verbinden, der in dem oberen hinteren lateralen Winkel je eines *Sinus pulmonalis cordis* sich öffnet. Die *Pulmonales mediales* kommen von den medialen
Lungenflügeln, wovon die 2 *Pulmonales mediales dextrae* (m. n.) an der oberen Wand
des *Sinus pulmonalis dexter*, die *Pulmonales sinistrae* (m'. n'.) an derselben Wand des *Sinus
pulmonalis sinister* ausmünden.

Lymphgefässe.

Konnten nicht untersucht werden.

Das Gefässsystem dieses Falles ist verschieden von dem der beiden anderen Fälle.

Nerven.

Sie verhalten sich auf ähnliche Weise wie die im Prager Falle.

Erklärung der Abbildungen.

Tab. I.

Fig. 1.

Linkes durch eine Quernath getheiltes Parietale
eines Embryo.

a. Oberes Stück.
b. Unteres Stück.
α. Quernath.

Fig. 2.

Proencephalus mit Defecten.

Tab. II.

Herz mit einem Foramen im Septum ventriculorum. Verschmelzung der Radix aortae
und der Arteria pulmonalis communis zu
einem gemeinschaftlichen Stamme.

Fig. 1.

Vordere Ansicht.

A. Herz.
B. Gemeinschaftlicher Stamm f. d. Radix aortae
und Art. pulm. communis.
a. Rechtes Atrium.
b. Linkes Atrium.
c. Rechter Ventrikel.
d. Linker Ventrikel.
e. Arcus aortae.
f Art. pulm. communis.
g. Art. anonyma.
h. Art. pulm. dextra.
i. Art. pulm. sinistra.
k. Ligamentum aorticum.
l. Vena cava superior.
m.m. Ven. pulm. sinistrae.

α. Rechte Auricula.
β. Linke Auricula.

Fig. 2.

Hintere Ansicht.

a.—m.m. wie Fig. 1.
n. n. Ven. pulm. dextrae.
o. Ven. cav. inferior.
α.—β. wie Fig. 1.
γ. Ven. pulm. tertia dextra.

Fig. 3.

Ansicht der rechten Ventrikelhöhle.

a. Rechter Ventrikel ⎫
b. Linker   «   ⎬ aufgeschnitten.
                      ⎭
c. Rechtes Atrium.
d. Linke Auricula.
e. Gemeinschaftlicher Stamm f. d. Radix aortae
und Art. pulm. communis.
f. Arcus aortae.
g. Art. pulm. communis.
h. Art. pulm. dextra.
i. Art. pulm. sinistra.
k. Lig. aorticum.
l. Art. anonyma.
m. Ven. cav. superior.
α. Grössere Abtheilung des Septum ventriculorum.
β. Kleinere Abtheilung des Septum ventriculorum.
γ. Foramen anomalum im Septum ventriculorum
δ. Valvula tricuspidalis.

ε. Valvula semilunaris dextra.

ζ. Valvula semilunaris sinistra.

Fig. 4.

Ansicht der linken Ventrikel-Höhle.

a. Linker Ventrikel.

b. Lappen der vorderen Wand des aufgeschnittenen rechten Ventrikels.

c. Linker Sinus.

d. Linke Auricula.

e. Arcus aortae.

f. Art. pulm. communis.

g. Art. pulm. dextra.

h. Art. pulm. sinistra.

i. i. Ven. pulm. sinistrae.

k. Ven. cav. inferior.

α. Septum ventriculorum.

β. Foramen anomalum im Septum ventriculorum.

γ. Valvula tricuspidalis.

δ. Ostium atrio-ventriculare sinistrum.

ε. Valvula semilunaris dextra.

ζ. Valvula semilunaris sinistra.

Fig. 5.

Querdurchschnitt des gemeinschaftlichen Stammes f. d. Radix aortae und Art. pulm. communis über dem Bulbus.

a. Valvula semilunaris dextra und Sinus Valsalvae.

b. Valvula semilunaris sinistra und Sinus Valsalvae.

α. Spalte zwischen beiden.

β. Oeffnung der Art. coronaria cord. dextra.

γ. «   «   «   «   « sinistra.

Tab. III.

Fig. 1.

Herz mit Defect seines Septum ventriculorum, zugleich mit wichtigen Anomalien der Arterien- und Venenstämme.

1. Schilddrüse.

2. Luftröhre.

3. Herz.

3'. Rechtes Atrium.

3''. Linke Auricula.

3'''. Ventrikel-Abschnitt.

4. 4. Lungenflügel.

5. Speiseröhre.

A. Aorta ascendens.

B. Art. pulm. communis.

B'. Arcus derselben.

B''. Aorta descendens (von derselben gebildet).

C. Ven. cav. superior dextra.

C'. Ven. cav. superior sinistra.

a. Art. carotis dextra.

a'. Art. carotis sinistra.

b. Art. pulm. dextra.

b'. Art. pulm. sinistra.

c. Art. subclavia dextra.

c'. Art. subclavia sinistra.

d. Ven. jugularis int. dextra.

d'. Ven. jugularis int. sinistra.

e. Ven. subclavia dextra.

e'. Ven. subclavia sinistra.

f. Ven. azygos dextra.

f'. Ven. azygos sinistra.

α. Art. vertebralis dextra.

α'. Art. vertebralis sinistra.

β. Art. thyreoidea inf. dextra.

β'. Art. thyreoidea inf. sinistra.

γ. Ven. subthyreoidea dextra.

γ'. Ven. subthyreoidea sinistra.

Fig. 2.

Thoracogastrodidymus. I. Fall.

a. Höcker zwischen den Hälsen.

Tab. IV.

Thoracogastrodidymus. I. Fall. Skelet.

Fig. 1.

Kopf- und Stamm-Skelet. Vordere Ansicht.

a. Brustbein (knorplig).

b. Intermediäres Schlüsselbein.

c. c. c. c. c. c. Intermediäre obere Rippenbögen.

d. d. d. Ligamenta zwischen den medialen Querfortsätzen der Lendenwirbel beider Wirbelsäulen.

α. Knorpliger Brustbeinfortsatz.

β. β. Processus acromiales des intermediären Schulterblattes.

Fig. 2.

Dasselbe. Hintere Ansicht.

a. Intermediäres Schulterblatt.
b. b. b. b. b. b. Intermediäre untere Rippenbögen.
c. c. c. c. c. Ligamenta zwischen den medialen Querfortsätzen der Lendenwirbel beider Wirsäulen.

Fig. 3.

Intermediäres Brust-, Schlüsselbein-, Schultergerüst. Ansicht von oben und vorn.

a. Intermediäres Schlüsselbein.
b. Brustbein.
c. Intermediäres Schulterblatt.
d. d. Laterale Schlüsselbeine.
α. Schlüsselbeinkörper.
β. β. Processus condyloidei anteriores desselben.
γ. γ. Processus condyloidei posteriores desselben.
δ. Knorpliger Brustbeinfortsatz.
ε. ε. Processus acromiales des intermediären Schulterblattes.

Fig. 4.

Dasselbe. Seitliche Ansicht.

a. Intermediäres Schlüsselbein.
b. Brustbeinfortsatz.
c. Intermediäres Schulterblatt.
α. Körper des intermediären Schlüsselbeines.
β. Processus condyl. ant. dexter desselben.
γ. Processus condyl. post. dexter desselben.
δ. Oberer rechter Rand des intermediären Schulterblattes.
ε. Unterer Rand des intermediären Schulterblattes.
ζ. Verschmolzene Processus coracoideus und condyloideus desselben.
η. Spina dextra desselben.
ϑ. Processus acromialis dexter desselben.
ι. Mediane Crista der hinteren Fläche desselb.
ϰ. Ausschnitt zwischen dem Processus acromialis dexter und dem verschmolzenen Processus-coracoideus und condyloideus.
λ. Fossa supraspinata dextra.
μ. Fossa infraspinata dextra.

Fig. 5.

Intermediäres Schulterblatt. Hintere Ansicht.

a. a. Obere Ränder.
b. Unterer Rand.
c. Mediane Crista.
d. d. Spinae.
α. Verschmolzene Processus coracoideus und condyloideus.
β. β. Processus acromiales.
γ. γ. Winkel.
δ. δ. Kartenherzförmiges Loch zwischen den Wurzeln der Processus acromiales.
ε. ε. Fossae supraspinatae.
ζ. ζ. Fossae infraspinatae.

Tab. V.

Thoracogastrodidymus II. Fall.

Fig. 1.
Vordere Ansicht.

Fig. 2.
Hintere Ansicht.

Tab. VI.

Thoracogastrodidymus II. Fall.

Fig. 1.
Regio ano-perinealis.

a. Mons veneris.
b. b. Labienähnliche Wülste.
c. c. Labia majora.
d. d. Labia minora.
e. Vestibulum.
f. Introitus vaginae ant.
g. Introitus vaginae post. (in der eine Sonde steckt).
h. Viereckiger Hautlappen am Perineum.
i. i. After.
k. Flache Erhöhung zwischen den Aftern.

Fig. 2.
Stamm-Becken-Skelet. Hintere Ansicht.

1 — 4. Intermediäre obere Rippenbögen.
5 — 6. Triangelförmige Rippenbögen.
7 — 12. Mediale Rippen.

13. Hinteres Ende des intermediären Schlüssel-
    beines.
14. Intermediäres Schulterblatt.
15. Intermediäres Hüftbein.
α. Kartenherzförmige Abtheilung desselben.
β. Rundliche Abtheilung desselben.
γ. Lig. scapulo-claviculare.

Fig. 3.
Becken.
a. a. Lendentheile der Wirbelsäulen.
b. b. Kreuzbeine.
c. c. Steissbeine.
d. d. Laterale Hüftbeine.
e. e. Oberschenkelknochen.
f. Intermediäres Hüftbein.
α. Kartenherzförmige Abtheilung.
β. Rundliche Abtheilung.

Fig. 4.
Musculatur der intermediären Halsregion.
a. Intermediäres Schlüsselbein.
b. Brustbein.
c. c. Laterale Schlüsselbeine.
d. Lig. sterno-claviculare.
e. e. Mm. sternocleidomastoidei mediales.
f. f. Mm. sternohyoidei mediales.
g. g. Mm. omohyoidei mediales.
h. h. Mm. sternothyreoidei mediales.
i. i. Mm. sternohyoidei laterales.
k. k. Mm. sternothyreoidei laterales.
l. l. Mm. sternocleidomastoidei laterales.

Tab. VII.
Thoracogastrodidymus II. Fall.
Fig. 1.
Harn- und Geschlechtsorgane.
1. Rechte Niere.
1'. Linke Niere.
2. Rechte Harnleiter.
2'. Linke Harnleiter.
3. Harnblase.
4. Vordere weibliche Geschlechtsorgane.
5. Recta.
6. Hintere weibliche Geschlechtsorgane.
a. a. Ovarien des vorderen Geschlechtsapparates.

b. b. Tubae Fallopianae des vorderen Geschlechts-
    apparates.
c. c. Ligamenta rotunda des vorderen Ge-
    schlechtsapparates.
d. Uterus des vorderen Geschlechtsapparates.
e. Vagina des vorderen Geschlechtsapparates.
a'. a'. Ovarien des hinteren Geschlechtsapparates.
b'. b'. Tubae Fallopianae des hinteren Geschlechts-
    apparates.
d'. Uterus des hinteren Geschlechtsapparates.
e'. Vagina des hinteren Geschlechtsapparates.
α. Solider Theil der Vagina post.
β. Kanalartiger Theil der Vagina post.
γ. Rechte Glandula Bartholiniana d. Vagina ant.

Fig. 2.
Halsorgane.
1. Brustbein.
2. 2. Laterale Schlüsselbeine.
3. 3. Schilddrüsen.
4. 4. Luftröhren.
5. 5. Thymus.
6. 6. 6. 6. Art. carotides.
7. 7. Art. subclaviae laterales.
8. 8. Plexus axillares.
A. A. Gemeinschaftlicher Sack des Halstheiles des
    Herzbeutels u. des medianen Pleurasackes
B. Atrium venarum cavarum commune.
C. Linker medialer Lungenflügel.
a. Ven. cav. superior.
b. Gemeinschaftlicher Ast d. Ven. jug. int. me-
    dialis sinistra u. d. Ven. anonyma sinistra.
c. Ven. jugularis int. medialis dextra.
c'. Ven. jugularis int. medialis sinistra.
d. Ven. anonyma sinistra.
e. e. Communicationsast zwischen der Ven. cav.
    sup. u. d. Ven. jug. int. lateralis dextra.
f. Ven. jugularis int. lateralis dextra.
f'. Ven. jugularis int. lateralis sinistra.
g. Ven. subclavia dextra.
g'. Ven. subclavia sinistra.
h. Ven. anonyma dextra.
α. Ven. mammaria interna sinistra.
β. β. β. β. Ven. subthyreoideae.
β'. β'. β'. Ven. thyreoideae mediae.

Tab. VIII.

Thoracogastrodidymus II. Fall. Respirationsorgane, Herz, Gefässe.

Fig. 1.   Vordere Ansicht.

1.   Herz.
2. 2.   Schilddrüsen.
3. 3.   Luftröhren.
4. 4.   Lungen.
4'.4'. Mediale Lungenflügel.
4".4". Laterale Lungenflügel.
5. 5.   Speiseröhren.
A. A'. A". Vorkammerabschnitt.
A.   Atrium ven. cav. commune.
A'.   Auricula dextra.
A".   Auricula sinistra.
B.   Kammerabschnitt.
C.   Aorta ascendens dextra.
C'.   Aorta sinistra.
C".   Arcus aortae sin.
C"'.   Aorta descendens.
D.   Art. pulm. communis sinistra.
D'.   Art. pulm. communis dextra.
D".   Arcus derselben.
D"'.   Aorta descendens derselben.
E.   Ven. cav. superior.
F.   Ven. cav. accessoria.
a.   Art. carotis lateralis dextra.
a'.   Art. carotis medialis dextra.
b.   Art. carotis lateralis sinistra.
b'.   Art. carotis medialis sinistra.
c.   Ductus Botalli dexter.
c'.   Ductus Botalli sinister.
d.   Gemeinschaftlicher Ast der Art. subclavia,
        thyreoidea inf. u. mammaria int. der rech-
        ten Seite.
d'.   Gemeinschaftlicher Ast der Art. subclavia,
        thyreoidea inf. u. mammaria int. der lin-
        ken Seite.
e.   Art. subclavia lateralis dextra.
e'.   Art. subclavia lateralis sinistra.
f.   Art. thyreoidea inf. lateralis dextra.
f'.   Art. thyreoidea inf. lateralis sinistra.
g.   Art. mammaria interna dextra.
g'.   Art. mammaria interna sinistra.

h.   Art. transversa scapulae sinistra.
i.   Art. vertebralis lateralis dextra.
k.   Art. thyreoidea inferior medialis dextra.
l.   Art. thyreoidea inferior medialis sinistra.
m.   Art. subclavia medialis dextra.
m'.   Art. subclavia medialis sinistra.
n.   Ven. jugularis int. medialis dextra.
o.   Communicationsast zwischen d. Ven. cav.
        superior und Ven. jug. interna lateralis
        dextra.
p.   Gemeinschaftlicher Ast der Ven. jug. in-
        terna medialis sinistra und anonyma si-
        nistra.
q.   Ven. jugularis int. medialis sinistra.
r.   Ven. anonyma sinistra.
s.   Ven. anonyma dextra.
t.   Ven. azygos (dextra).
u.   Ven. jugularis int. medialis dextra.
v.   Ven subclavia dextra.

Fig. 2.

Hintere Ansicht.

1. 1. 1. Herz.
2. 2.   Lungen.
2'. 2'. Mediale Lungenflügel.
2". 2". Laterale Lungenflügel.
3.   Linke Luftröhre.
3'.   Lateraler rechter Bronchus.
3".   Lateraler linker Bronchus.
A.   Vorkammerabschnitt.
B.   Kammerabschnitt.
C.   Ven. cav. superior.
D.   Ven. cav. inferior.
E.   Aorta sinistra.
F.   Art. pulm. communis dextra.
G.   Ven. azygos (dextra).
H.   Ven. cav. accessoria.
a.   Atrium ven. cav.
b.   Atrium pulmonale dextrum.
b'.   Atrium pulmonale sinistrum.
c.   Ven. azygos intermedia.
d.   Gemeinschaftlicher Ast der Ven. jugularis
        interna medialis sinistra und anonyma
        sinistra.
e.   Ven. jugularis int. medialis dextra.

f.   Ven. anonyma sinistra.

f'.   Communicationsast zwischen der Ven. cav. superior und Ven. jugularis interna lateralis dextra.

g.   Art. pulm. medialis dextra.

g'.   Art. pulm. medialis sinistra.

h.   Art. pulm. lateralis dextra.

h'.   Art. pulm. lateralis sinistra.

i.   Art. subclavia lateralis sinistra.

k.   Art. vertebralis lateralis sinistra.

l.   Art. subclavia medialis sinistra.

m.   Ven. pulm. medialis dextra superior.

m'.   Ven. pulm. medialis sinistra superior.

n.   Ven. pulm. medialis dextra inferior.

n'.   Ven. pulm. medialis sinistra inferior.

o.   Stamm der Ven. pulm. laterales dextrae.

o'.   Stamm der Ven. pulm. laterales sinistrae.

α.   Auricula dextra.

α'.   Auricula sinistra.

β.   Ramus art. pulm. lateralis sinistrae zum Atrium pulm. sinistrum.

γ.   Art. coronaria cord. sinistra posterior.

δ.   Ven. cord. mediana.

Berichtigungen.

S. 46. Z. 3 v. u. l. Knochen st. Kochen.

S. 61. Z. 17 v. o. l. Geschlechtsorgaue st. Geschtsorgane.

Tab. I

Fig. 2.

Fig. 1.

$\frac{1}{1}$

$\frac{1}{2}$

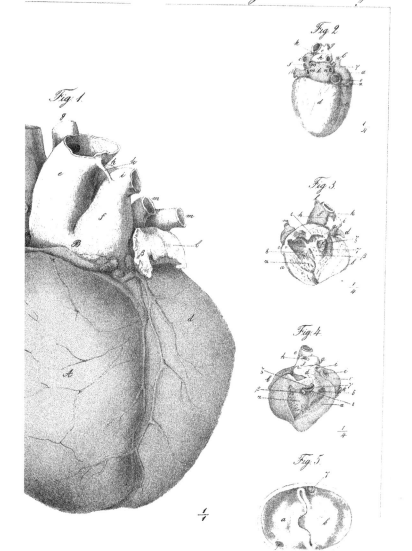

Fig. 1.

Fig. 2.

Fig. 3.

Fig. 4.

Fig. 5.

Fig. 1.

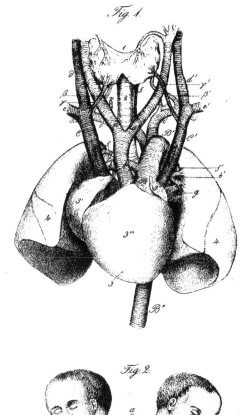

$\frac{1}{1}$

Fig. 2.

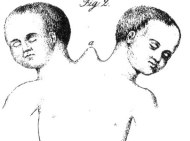

$\frac{1}{4}$

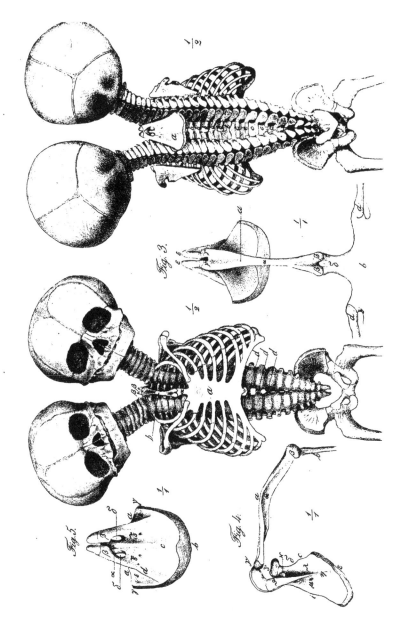

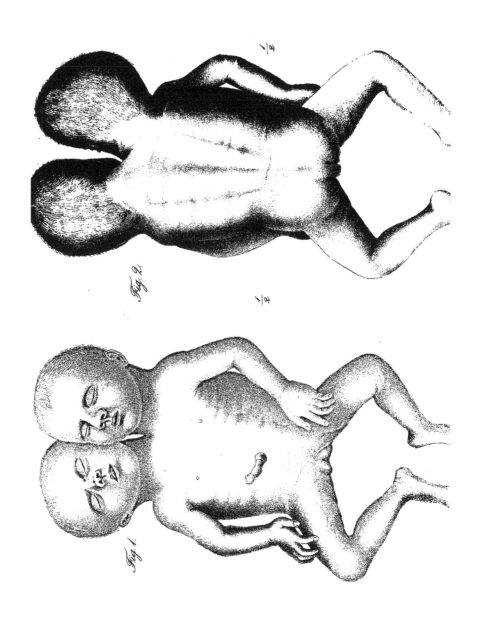

½

½

Fig. 2.

Fig. 1.

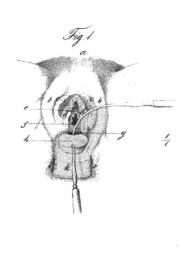

Fig. 1.

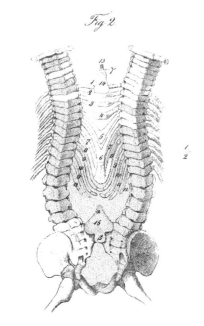

Fig. 2.

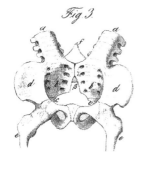

Fig. 3.

Fig. 4.

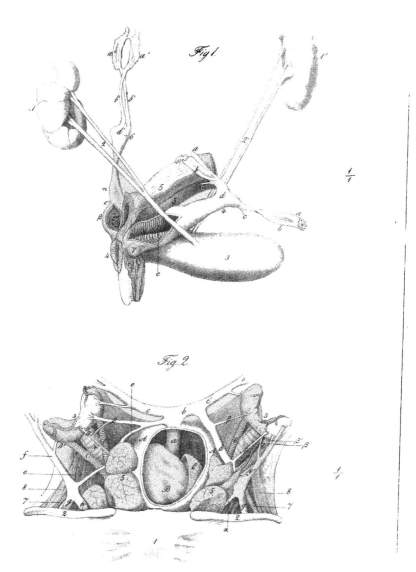

Fig 1.

$\frac{1}{1}$

Fig. 2.

$\frac{1}{1}$

Tab.VIII.

l'Acad. Imp. des sc. VII.e Ser.

Gruber Missbildungen.

Fig. 1.

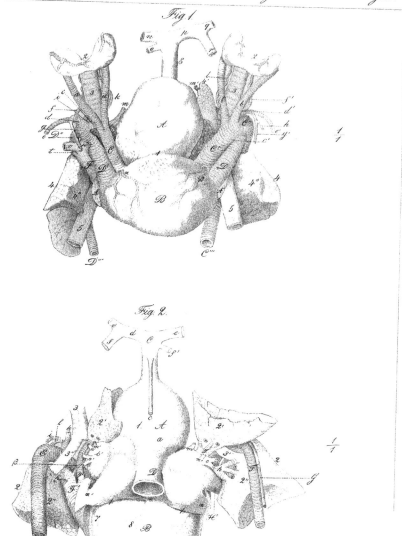

Fig. 2.

MÉMOIRES

DE

L'ACADÉMIE IMPÉRIALE DES SCIENCES DE ST.-PÉTERSBOURG, VIIᵉ SÉRIE.

TOME II, Nᵒ 3.

BEITRAG ZUM VERSTÄNDNISS

DES

LIBER CENSUS DANIAE.

VON

C. Schirren.

Analyse und Kritik

der Schrift Georgs von Brevern: Der Liber Census Daniae und die Anfänge der Geschichte Harriens und Wirlands (1219—1244).

Der Akademie vorgelegt am 20. Mai 1859.

St. PETERSBURG, 1859.

Commissionäre der Kaiserlichen Akademie der Wissenschaften:

in St. Petersburg	in Riga	in Leipzig
Eggers et Comp.,	Samuel Schmidt,	Leopold Voss.

Preis: 1 R. 15 Kop. = 1 Thlr 8 Ngr.

Gedruckt auf Verfügung der Kaiserlichen Akademie der Wissenschaften.

K. Vesselofski, beständiger Secretair.

Im December 1859.

Buchdruckerei der Kaiserlichen Akademie der Wissenschaften.

Vorbemerkung.

Die nachfolgende Analyse und Kritik hatte zunächst die Aufgabe, den akademischen Richtern über den Preis Demidow die Beurtheilung eines aus Specialuntersuchungen mühsam hervorgearbeiteten Werkes zu erleichtern. Demnächst mochte bei der historischen Bedeutung des Liber Census Daniae die Veröffentlichung dieses «Beitrages zu seinem Verständniss» gerechtfertigt erscheinen, so wenig es auch im Verlaufe dreier ihm zugemessener, durch Berufsarbeiten ohnehin lebhaft in Anspruch genommener Monate dem Verfasser hatte gelingen können, bei Behandlung eines sehr spröden Stoffes, strengeren Ansprüchen auch in der Form gerecht zu werden. Wenn dann vollends die Kaiserl. Akademie der Wissenschaften ihm die Ehre hat anthun wollen, seine Schrift in den Bestand ihrer Memoiren aufzunehmen, so kann nur eine sechsmonatliche Abwesenheit aus dem Reiche erklären, wie der Verfasser es sich habe versagen müssen, die hastig abgefasste Schrift vor der Veröffentlichung einer Revision und Feile zu unterwerfen. Es war ihm nach der Heimkehr nur vergönnt, einige Beiträge zum Druckfehlerverzeichniss zu liefern und in dieser kurzen Vorrede dringend um dessen Benutzung zu bitten, vor Allem zu folgenden Correcturen: S. 86. Z. 17. v. u. st. zur Zeit l. zum Zins; S. 120. Z. 16. v. o. st. Namen l. Normen. Das expttit aber auf SS. 125 und 126. wird verständlich nur bei Vergleichung mit dem Facsimile auf S. 62. Z. 17.

Dorpat, im November 1859.

Kurze Inhaltsübersicht.

———

Druckfehler.

S. 6 Z. 14 v. u. st. Rückhalte l. Rückhalt.
- 22 - 18 v. u. - der Nachtrag l. den Nachtrag.
- 23 - 11 v. o. - hist. L. l. hist. I.
- 26 - 16 v. u. - Wenn die l. Wenn dann.
- 26 - 9 v. u. - leben l. lebten.
- 30 - 11 v. o. - in seinen l. seinen.
- 33 - 9 v. u. - Suertoghae l. Suortoghae.
- 43 - 7 v. o. - vermuthlich l. vornemlich.
- 46 - 9 v. o. - diese besonderen l. diesen besondere.
- 53 - 4 v. o. - entwickeln l. ermitteln.
- 54 - 4 v. o. - ruinarum l. ruianorum.
- 54 - 11 v. o. - sie bereiten vor l. bereiten sie vor.
- 56 - 10 v. u. - zu einem l. zu jenem.
- 57 - 14 v. o. - festern l. festen.
- 57 - 20 v. o. - darvedir l. darvndir.
- 74 - 12 v. o. - Urkunden l. Urkunde.

S. 75 Z. 17 v. o. st. reichten l. reichen.
- 83 - 1 v. u. - de zene l. de Jene.
- 86 - 17 v. u. - zur Zeit l. zum Zins.
- 89 - 4 v. u. - Hermodus l. Hermodus,
- 99 - 17 v. u. - in der Frage l. der Frage.
- 102 - 12 v. u. - toil l. Koil.
- 103 - 15 v. o. - nach l. noch.
- 105 - 10 v. o. - Uutial l. Untial.
- 105 - 11 v. o. - dominus l. dominus rex.
- 110 - 1 v. o. - Besitztitel l. Besitzer.
- 118 - 16 v. u. - patronynisch l. patronymisch.
- 120 - 16 v. o. - Namen l. Normen.
- 127 - 13 v. o. - sonst nur aus l. sonst aus.
- 129 - 4 v. o. - angedeutet, liegen l. angedeutet
liegen.
- 129 - 17 v. o. - gut geführtes l. gut gefügtes.
- 131 - 4 v. u. - in kraft l. in Kraft.

BEITRAG

ZUM

VERSTÄNDNISS DES LIBER CENSUS DANIAE.

Von C. Schirren.

———

Einleitung.

Die Einsicht erst, wie Staaten und Colonien geworden sind, eröffnet das volle Verständniss ihrer Entwickelung, und so lange historische Continuität ihr Recht behauptet, wird die Gegenwart Licht verlangen und empfangen auch von der ältesten Zeit. Aus diesem Verlangen erklärt sich die Ungeduld, mit welcher die Nachkommenschaft jener Männer, die vor sieben Jahrhunderten in den nunmehr russischen Ostseeprovinzen eine deutsche Colonie zu gründen unternahmen, der zusammenhängenden Darstellung der Ereignisse entgegensieht, welche vom Anfang herabgeführt haben zu dem, worin heute das Geschick dieser Landschaften sich vollzieht. Dieser Ungeduld begegnet seit langem ein bedächtiges Vorarbeiten, zu langsam, um überall gewürdigt zu werden, zu erfolgreich, als dass besonnene Richter sich täuschen könnten über Ziel und Wege.

Es ist von glücklicher Bedeutung für den Fortgang ernstgemeinter Forschung, dass dem jüngsten Werke, welches die livländische Geschichte darzustellen unternimmt, gleichzeitig eine jener gründlichen Untersuchungen[*]) zur Seite tritt, welche eine Fülle bewegten Lebens vor Augen ruft dort, wo der historische Tourist nur einem armseligen Schein der Oberfläche vorüber geeilt ist. Auf den ersten Blick freilich scheint es eine unfruchtbare Mühe. Um die Geschichte einer kleinen Provinz zu entziffern, werden selten benutzte Pergamentblätter und einige hundert Urkunden zergliedert, verglichen und vielfach erörtert: Namen reihen sich an Namen; Hypothese wird gegen Hypothese gewogen; allein der Gewinn ist

---

[*]) Studien zur Geschichte von Liv- Est- und Kurlands von Georg von Brevern. 1ster Band. Der Liber Census Daniae und die Anfänge der Geschichte Harrien und Wirlands (1219-1244). Dorpat (Leipzig bei L. Voss) 1858.

nicht ein trocknes Nichts: eine erinnrungsreiche Vergangenheit tritt uns vor die Seele und
wo es ihr an lebendiger Wahrheit etwa gebricht, da trägt nicht die nüchterne Untersuchung die Schuld, vielmehr die Untersuchung ist nicht nüchtern genug geblieben.

An drei Documente vorzüglich ist die älteste Geschichte der drei Ostseeprovinzen
gebunden; an das älteste, an die Chronik Heinrich's des Letten, Livland; an das jüngste,
die Reimchronik, Kurland[1]); zwischen beiden fällt Estland der «Liber Census Daniae» zu.
Für die Geschichte erschöpfend ausgebeutet ist noch keines, am wenigsten das Document,
auf dessen Deutung die Einsicht beruht in die ältere Geschichte der deutschen Colonie in
Estland. Seit Suhm es veröffentlichte in den *Scriptores Rerum Danic.* VII, seit Knüpffer und
Paucker es wieder abdruckten, und die *Antiquités Russes*[2]) ein Facsimile, das *Livländische
Urkundenbuch*[3]) eine Nachbildung des Facsimile brachten, hat fast nur ein Gelehrter
im Lande es hineingezogen in seine Forschung[4]). Freilich so bedeutsam es schien, so
schwierig war es zu deuten; war es doch auch dänischen Gelehrten nicht gelungen, den
Schlüssel zu finden. Und welchen Gewinn für die livländische Geschichte mochte eine tiefer eingehende Forschung versprechen, sobald man nur wusste: es war ein officieller Ka-
taster, begonnen unter Waldemar II., hinausgeführt bis in das 5te, 6te, 7te Jahr-
zehent des XIII. Jahrhunderts? Erst, wer die Geschichte Harriens und Wirlands im Einzelnen zu erforschen unternahm, der wurde gezwungen, sich an die Lösung zu wagen.

Nicht erst heute hat sich der Verfasser der vorliegenden Arbeit dieser Geschichte zu-
gewendet. Seit seinen Untersuchungen vom Jahr 1842[5]) hat er sie nicht aus den Augen
verloren und mit gereifter Vorliebe kehrt er zu ihr zurück, jetzt wo er eine Reihe neuer
Untersuchungen eröffnet, welche bestimmt sind, die drei Ostseeprovinzen zu umfassen und
vielfach einzugreifen in die Geschichte der Nachbarstaaten, namentlich Russlands.

---

[1]) Beide in den Scriptores rerum Livonicarum. 1ter Band. Riga und Leipzig 1853.

[2]) Tome deuxième. Copenhague 1852.

[3]) Liv- Est- und Curländisches Urkundenbuch nebst Regesten. Herausgegeben von Georg von Bunge. 1ter
Band. Reval 1853.

[4]) Busse in den Mittheilungen aus dem Gebiete der Geschichte Liv- Est- und Curlands, herausgegeben von
der Gesellschaft für Geschichte der russischen Ostseeprovinzen.

[5]) Archiv für die Geschichte Liv- Est- und Curlands. Band I.

A Analytischer Theil.

Der erste Band dieser Studien bringt Untersuchungen über den Liber Census Daniae und die Anfänge der Geschichte Harriens und Wirlands von 1219—1244. Er zerfällt in drei coordinirte Abtheilungen, davon die erste die in der Landrolle vorkommenden Namen, die zweite die in der Landrolle erkennbaren historisch-politischen Momente, die dritte die Geschichte Estlands in den angegebenen Ort- und Zeitgrenzen behandelt. Vorausgestellt ist eine *Einleitung* (S. 1—14) mit dem Zweck, den Character des Documents zu bestimmen, welches den Mittel- und Stützpunkt der ganzen Untersuchung bildet. Die seit Jahrhunderten in Estland hergebrachten Landrollen erscheinen dem Verfasser gleichsam als eine den veränderten Verhältnissen je sich anpassende neue Ausgabe des alten Liber Census, dem selbst wieder ein »älteres Verzeichniss dieser Art» vorausgegangen sei. So bildet jenes älteste uns erhaltene Document ein Ganzes für sich, auch ohne Zusammenhang mit den übrigen Bestandtheilen des L. C. D. Und nicht einmal Alles, was heute zu jener estnischen Landrolle gerechnet wird, ist gleichzeitigen und gleichartigen Ursprungs. Das Verzeichniss estnischer und litauisch-preussischer Landschaften auf Fol. 41a. ist aus inneren Gründen in frühere Zeit zu setzen und «wol nur die historische Notiz eines Privatmannes.» Ist es nun aber, nach Suhms Angabe, im Stockholmer Codex von derselben Hand geschrieben, so folgt: in der ganzen Handschrift liegt nur eine Copie vor, welche nach Klemming's Meinung (Antiq. Russ. II. p. XV.) immerhin der Zeit von 1260—1270 angehören mag, während das Original viel früher entstanden sein kann. Aus äusseren, namentlich paläographischen, Gründen wird darum das Alter des Documents nicht wohl sich bestimmen lassen; «von grösserer Wichtigkeit dafür wird sein Inhalt sein.» Denn «einmal lässt sich voraussetzen, dass in der Landrolle vorkommende Orts- und Personennamen gleichfalls in andern Urkunden vorkommen. Dann aber werden auch die aus der Landrolle erkennbaren historisch-politischen Momente nothwendig in irgend welchem Zusammenhange mit der uns bekannten Entwickelung der Ereignisse in Harrien und Wirland stehen.» Aus den angedeuteten Momenten das Alter der Landrolle zu ermitteln, ist nun die nächste Aufgabe des Verfassers.

Erste Abtheilung.

Die in der Landrolle vorkommenden Namen S. 14—63.

In 10 §§. und einem Anhange werden diejenigen Namen besprochen, welche in Urkunden des XIII. Jahrhunderts sich wiederfinden, so dass aus Combinationen mehr oder weniger sichre Schlüsse zu erwarten sind. Vornan stehen Ulricus Balistarius und Robert de Sluter, beide im L. C. als Besitzer von Gütern genannt, welche 1249 dem Bisthum Reval eingewiesen wurden. Nun aber lässt sich aus verschiedenen Andeutungen folgern, der König Erich Plogpenning habe damit eine ältere Dotation Waldemar's nur bestätigt, und damit wird für die Abfassung der Landrolle der äusserste Termin vom Jahre 1249 zurückverlegt in das Jahr 1241 als das Todesjahr Waldemar's oder, da der König bereits im März starb, die Verbindung aber zwischen Reval und Schonen mit dem Herbste nothwendig aufhörte, so wird die Landrolle, welche von dem Anspruch der Kirche auf jene Güter noch nichts verzeichnet, im Herbst 1240 bereits abgefasst gewesen sein. — Ferner bezeichnet der L. C. unter den Güterbesitzern in Harrien wie in Wirland, auch das Kloster Guthvallia auf Gothland. Eine Urkunde Erich Glippings vom J. 1259 verleiht ihm die vom Herzog Kanut oder von den Deutschen (a Theutonicis) erworbenen und gekauften Güter. Unter Theutonici wird die Urkunde wol die deutschen Besitzer vor 1238 verstanden haben; ein Kloster aber hat den Uebergang Estlands an dänische Herrschaft sicher nicht vorübergehen lassen, ohne für seinen Landbesitz die königliche Bestätigung einzuholen. Nun verzeichnet der L. C. unter allen Gütern nur bei einem den Kauf als Besitztitel: die früheren Käufe somit mussten durch Lehnbriefe bereits bestätigt gewesen sein. Der Kauf jenes einen Guts gehörte demnach wol in die Zeit des Uebergangs von einer Herrschaft zur andern, und er kann nicht viel älter sein, als die Landrolle, weil sonst eine Belehnung schon wäre erworben worden. Nach dem Tode Volquin's im Sept. 1236 wird der Schwertorden Belehnungen nicht mehr ertheilt haben. Der D. O. hat das in Harrien und Wirland sicher noch weniger gethan, da Hermann von Salza dem Papste die Abtretung dieser Landschaften an Dänemark zugesagt hatte. Alle diese Erwägungen veranlassen, die Aufnahme der Landrolle nicht später anzusetzen, als 1240.

Durch ähnliche Combinationen nun sucht der Verf. die Verhältnisse zu fixiren und dabei die Zeit zu ermitteln, wie und wann noch andre Besitzer in ihren im *L. C.* verzeichneten Besitz getreten sein mögen, und er hebt in ausführlicher Untersuchung hervor den Dux Canutus, den Mag. Burguardus, Nicolaus den Bruder des B. Balduin, Theod de Kivael, die Buxhövden, Thider. de Cokaenhus und zum Schluss die Domini Saxo, Tuvo Palnisun, Tuco, Henricus de Brakel. Der Anhang verzeichnet Harrisch-Wirische Vasallen, deren Geschlechts- oder Beinamen in der Landrolle oder in Urkunden bis an den Ausgang des XIII. Jahrhunderts angegeben sind, oder die den Titel Domini oder Milites führen. Aus allen Betrachtungen ergiebt sich dem Verfasser das Resultat: die Landrolle gehöre der Zeit unmittelbar nach Abschluss des Vertrags von Stenby (1238) an.

Zweite Abtheilung.
Die in der Landrolle erkennbaren historisch-politischen Momente
S. 64—92.

Für dieses Resultat nun bietet die zweite Abtheilung weitere Belege. Bei der Betrachtung der Landrolle nämlich drängt sich gleich anfangs die Ueberzeugung auf, wie ihre Abfassung «in allen Einzelheiten aus einem und demselben Gedanken hervorgegangen, wie sie nur einem bestimmten, ganz eigenthümlichen Gesichtspuncte der Landesgeschichte angehören kann.» Sie bringt Angaben, welche für eine gewöhnliche Landrolle keine Bedeutung hätten. Nicht nur, dass die Landeseintheilung, welche ihr zu Grunde liegt, in dieser Weise nach 1238 nicht wieder hervortritt, nicht nur, dass nach den Aufzeichnungen des *L. C.* der König an Domänen nur 830 Haken besitzt, während eine Randbemerkung 1895 Haken vom Orden an ihn übergehen lässt, — der Verf. schliesst daraus auf eine Massenbelehnung von Seiten des Königs unmittelbar nach dem Vertrage von Stenby, — bei weitem tiefer ein greift die Angabe umfassender Besitzveränderungen: das Verzeichniss zahlreicher expulsi und remoti, ein Verzeichniss, welches der Anfertigung der Landrolle unmittelbar musste vorher gegangen sein. Denn «waren einmal nach der oberherrlichen Sanction der gerade bestehenden Besitzverhältnisse ein paar Jahre ins Land gegangen, so hatte eine derartige Erinnerung weiter keinen verständlichen Zweck. War es doch nicht um historische Notizen zu thun, sondern um eine sichere Kenntniss der Personen, die zur Lehensfolge verpflichtet waren, um Kenntniss der Grösse ihres Besitzes, als Massstab der Verpflichtung eines Jeden.» Da ist es nun doppelt bezeichnend, wie das Verhältniss jener Besitzveränderungen verschieden ist in den beiden Landschaften. «In Harrien finden wir 15 Vasallen, die offenbar in dieser Weise gewaltsam in den Besitz von Gebieten gekommen. Dagegen erscheinen in Wirland nur 7 an die Stelle Vertriebener getreten. Von den 15 harrischen Vasallen werden an dem Namen als Dänen 6, die übrigen 9 als Deutsche erkannt. In Wirland sind von den 7 nur 2 Dänen, die übrigen 5 Deutsche. In beiden Landschaften aber sind sie aus angesehenen Geschlechtern; entweder sie führen bekannte Geschlechtsnamen oder ihrem Namen steht der Titel Dominus vor. Und auffallender noch ist die zwischen beiden Landschaften bemerkte Verschiedenheit in Betreff der Vertriebenen selbst. In Harrien tritt meist nur ein neuer Vasall an die Stelle von 5 oder 6 Vertriebenen. In Wirland gestaltet sich dies ganz anders, indem hier überhaupt höchstens 8 solcher früheren Besitzer genannt werden.» Nur darin ist Uebereinstimmung: in Harrien, wie in Wirland zeigen die Namen der Vertriebenen Deutsche an und, da fast allen der

Geschlechtsname fehlt, sowie der Titel Dominus, so liegt die Vermuthung nahe: es waren
Deutsche geringen Herkommens. Nicht alle ferner sind in gleicher Weise um den Besitz
gekommen; die einen heissen expulsi, die andern nur remoti. Läge eine Reihe allmälig er-
folgter gewaltthätiger Besitznamen vor, so wäre eine solche Unterscheidung nicht wohl begreiflich. So aber erscheint eine grosse Zahl Besitzlicher gleichzeitig von demselben Loose
betroffen und nur, je nachdem sie sich zeitig fügten oder einen vergeblichen Widerstand
versuchten, werden sie verschieden bezeichnet. «Prüft man nun die Geschichte der beiden
Landschaften vor dem Vertrage zu Stenby und bis zum Schluss der 60er Jahre des Jahrhunderts, über die hinaus man die Landrolle doch unmöglich ansetzen kann, so findet sich
durchaus keine andre Begebenheit, die uns die Schlüssel zu jenen Besitzveränderungen
geben könnte, als dieser Vertrag selbst. Durch ihn erhielt König Waldemar die Landschaften Harrien und Wirland zurück, die er 1219 erobert. Letztere war ihm schon 1225
von den auf eigne Faust kämpfenden deutschen Pilgern und Stiftsvasallen entrissen worden, während er Erstere um 2 Jahre später an die Schwertbrüder verlor, die dann die
Oberherrschaft in beiden Landschaften sich aneigneten. Der Besitztitel des Ordens in Betreff der Landschaften war ein verschiedener. Wirland war, nach der Besitznahme durch
die Deutschen, von der dänischen Statthalterschaft dem Legaten Wilhelm, später, unter
päpstlicher Autorisation, dem Orden übergeben worden. Auf Harrien hatten die Dänen dagegen eigentlich nie, auch nicht einmal zu Gunsten des Legaten, verzichtet. So war Waldemar
in seinem Rechte, wenn er in Harrien keine von allen dort seit 1227 vorgekommenen Be-
sitzverleihungen anerkannte.» Liess er den einen oder den andern der deutschen Vasallen
sitzen, wie jenen Rob. de Sluter, so mochte er dazu bewogen sein durch besondre Verwendung. In Wirland dagegen war die Verleihung gewissermassen gedeckt durch die
päpstliche Autorität. Auch waren des Ordens Vasallen in Wirland «wol bessrer Herkunft»,
als die geringen Deutschen in Harrien: wo diese hilflos der dänischen Restauration gegen-
überstanden, da fanden jene Rückhalte an den mächtigen verwandten Geschlechtern der
livländischen Stifter. Es war dann nur die Wirkung der ersten, wilden Zeit jener Restauration, wenn doch auch einige Wirländer von ihrem Besitz kamen. Der ganze Umschwung
aber begreift sich nur dann, wenn man ihn nicht ansieht als die erste Wirkung und unmittelbare Folge der dänischen Restauration, wie der Tractat von Stenby sie ermöglichte. Sodann gedenkt der *L. C.* in einigen Fällen als Besitztitels des Kaufes: war aber die Lehnsbestätigung — und den Ansichten jener Zeit nach war sie der beste Rechtstitel, wie heute
die vollzogene gerichtliche Corroboration — bereits vor längerer Zeit erfolgt, so hatte
eine solche Erwähnung durchaus keinen Grund. «Konnten somit die in der Landrolle angegebenen Vertreibungen und Entfernungen nur in Folge des Vertrags von Stenby geschehen, mussten die Käufe dagegen demselben vorangegangen sein — während nach dem
J. 1240 Niemand mehr ein practisches Interesse an einer Kenntniss dieser Verhältnisse
hatte, — so möchte wol anzunehmen sein, wie die Landrolle jedenfalls zwischen dem Herbst
1238 und dem Herbst 1240 angefertigt sein müsse.» Und das wird dann weiter noch

wahrscheinlich aus der Notiz: non a rege, absque rege, sine rege, wie sie sich in Harrien bei 9, in Wirland bei 13 Grundbesitzern findet, bei denen sonst keines vorhergegangenen Besitzwechsels, noch eines gegen sie erhobenen Rechtsanspruchs erwähnt wird, so dass die Notiz nur soviel bedeuten kann, «es habe der Besitzer für diese Haken zwar einen früheren Lehnbrief, vom dänischen König indessen die Belehnung noch nicht erhalten.» Ein Zustand aber, wie er sich in diesen Angaben darstellt, kann nur ein ganz provisorischer gewesen sein und lässt somit wiederum nothwendig auf die Zeit gleich nach dem Vertrage von Stenby schliessen. Für das Uebergangsmässige in den von der Landrolle notirten Besitzverhältnissen sprechen nicht minder die verschiedenen Besitztitel derselben Personen, wie sie bald als Vertriebene, bald als Verkäufer, bald als Aftervasallen erscheinen, mitten unter dem Drang einer Zeit, wie der Vertrag von Stenby sie zum Theil kennzeichnet, zum Theil herbeiführt. Und ganz unter derselben Ungunst noch nicht consolidirter Verhältnisse erscheint der Besitz der Kirche an ihren Gütern, deren viele in Händen Privater sich finden, woraus dann der Schluss gerechtfertigt erscheint, der *L. C.* sei aufgenommen vor der Ernennung Thorkill's zum Bischof und vor seiner Dotirung von dänischer Seite im Herbst und Sommer 1240. Denn der König dotirt ihn mit neuen Gütern und lässt die Vasallen im Besitz des von ihnen ergriffenen Kirchenlandes. Aber nicht nur das Dotationsgut des Stifts, auch die Güter von Parochialkirchen erscheinen im Besitz von Usurpatoren und, wenn die Landrolle gelegentlich bemerkt, ein bewohnter Ort sei wohlgeeignet zur Anlage von Kirche und Gottesacker, so spricht sich darin die Absicht der dänischen Verwaltung aus, die Zahl der Kirchen zu vermehren, eine Absicht, die nur noch nicht zur Ausführung hat kommen können. Wird endlich mit der Notiz, bei Waerkaela liege ein heiliger Hain, auf eine gewissermassen officielle Bedeutung des Heidenthums hingewiesen, wie sie später in einer Landrolle wohl schwerlich am Orte war, so lässt sich schon daraus in Verbindung mit der «Nichterwähnung irgend welcher bischöflichen Güter der Schluss ziehen, die Landrolle sei angefertigt, bevor B. Thorkill nach Reval gekommen, überhaupt an eine nähere Ordnung der kirchlichen Verhältnisse gedacht worden.»

Alle Unsicherheit aber im Besitz, aller Besitzwechsel privater, wie kirchlicher Güter verlangte dringend eine Ordnung, als die lange bestrittenen Landschaften durch den Vertrag von Stenby im J. 1238 förmlich an Dänemark fielen. Die erste Bedingung zur Ordnung war Einsicht in die bestehenden Verhältnisse und ihren begonnenen Umschlag. Diese Einsicht konnte gewonnen werden nur durch Erneurung einer älteren Landrolle im angegebenen Sinne. Die detaillirte Verzeichnung der unsichern oder noch schwankenden Besitztitel war unerlässlich, denn «noch zur Zeit der Redaction des Waldemar-Erichschen Lehnrechts (1315) war die Belehnung eine rein persönliche; sie konnte nicht sämmtlichen Vasallen einer Landschaft in Bausch und Bogen durch einen Act ertheilt werden, sondern war jedem Vasallen insbesondere für seinen Besitz zu verleihen.» Erst wenn der Besitz gesichert war, trat die Verpflichtung zur Leistung der Dienste, die sich auf ihn begründete, in Kraft. Im Herbste 1240 nun rücken bereits die harrisch-wirischen Vasallen

unter des Königs Banner zu einem Angriffskriege gegen Pleskau. «Die Anfertigung der
Landrolle wird daher wahrscheinlich im Jahr 1239, spätestens im Frühjahr 1240, been-
·det gewesen sein.»

Dritte Abtheilung.
Die Anfänge der Geschichte Harrien's und Wirland's (1219-1244).
S. 93—300.

Die dritte Abtheilung zerfällt in 4 Abschnitte, davon der erste die Eroberung Estlands durch die Dänen (1219—1225), der zweite die päpstliche Statthalterschaft in Wirland (bis 1227), der dritte die Herrschaft des Ordens in Harrien und Wirland (bis 1238),
der vierte die dänische Restauration in den genannten Landschaften (1238-1244) behandelt.

I. Eroberung und Besetzung Harrien's und Wirland's durch die Dänen
(1219—1225). S. 93—131.

Im August 1216 erscheint zum ersten Male ein grösseres, deutsches Heer vor den
Dörfern der Repeler: drei Jahre darauf landet Waldemar und baut die Burg bei Reval.
So begegnen sich im Osten des baltischen Meeres die Deutschen und Dänen, die schon im
übrigen, wendischen Quartier an verschiedenen Orten, zu verschiedenen Zeiten feindlich
gegen einander gestanden. Es ist ein Kampf um die Herrschaft über die See; von Dänemark mit allen Chancen des Erfolgs begonnen, mit einheitlichem Nachdruck, im Besitz des
südlichen Schwedens, der westlichen Inseln, Jütlands, zum Theil noch des baltischen Süd-
ufers, während die Deutschen auf getrennten Kampfplätzen isolirt erscheinen, in verschiedenen Landschaften, in wechselnden Gruppen, nicht selten mit auseinanderfahrenden Interessen. Die Operationen der feindlichen Mächte unterscheiden sich frühe schon darin:
die Dänen kommen und gehen; die Deutschen beginnen sofort, wenn auch anfangs nur
spärlich, sich bleibend niederzulassen. Darin aber wieder begegnen sich ihre Tendenzen:
die Unterwerfung des heidnischen Landvolks beginnt mit der Knechtung unter den geistlichen Zehnten. Den Bischöfen in Livland setzt Waldemar in Harrien und wol auch in
Wirland dänische Bischöfe entgegen. Den deutschen begegnen dänische Missionäre neben
den geistlichen mit weltlich-politischen Ansprüchen. Den deutschen Verkündern des Worts
geht mehr als einmal das Ordensheer zur Seite oder eine Schaar kühner Parteigänger. Sofern dadurch den Dänen vorgearbeitet wird in der Unterjochung der Esten, betheuern sie
ihre Erkenntlichkeit, sofern dadurch deutsche Herrschaft sich ausbreitet, antwortet Waldemar durch Schliessung des Hafens von Lübeck; er hält jenseit der See deutsche Bischöfe und deutsche Pilger zurück. Die deutsche Colonie kommt in so grosse Bedrängniss,
dass B. Albert selbst dem König die Obervogtschaft anträgt; allein Widerwille der Ansiedler, eigne Noth vor Esten und Oeselern, zwingt die Dänen, dem Anspruch freiwillig
zu entsagen. Im J. 1223 wird dann ein Aufstand des Landvolks im Norden nur mit Hilfe

der Deutschen niedergeschlagen; im Frühling desselben Jahres geräth der König in die Gefangenschaft des Grafen Heinrich; während seiner Haft rücken die Deutschen gegen Odempäh vor, erobern Dorpat, züchtigen die Heiden ringsum: das Land erfreut sich vorübergehender Ruhe; selbst die Dänen unter der Wirkung dieser Ereignisse gehen daran, ihre junge Eroberung zu organisiren; dänische Vögte lassen sich unter den Esten nieder; damals wahrscheinlich wurden die estnischen Landschaften in Kirchspiele getheilt, wurden Kirchen erbaut und dotirt, als die Niederlage bei Möln Lübeck aus der dänischen Herrschaft befreit und bleibend den Verkehr sichert zwischen dem deutschen Mutterlande und seinen entfernten Colonien.

II. Bischof Wilhelm von Modena und die päpstliche Statthalterschaft in
Wirland (1225—1227). S. 131—159.

Um diese Zeit, wol im Frühling 1225, landet als päpstlicher Legat, von Bischof Albert erbeten, die Landtheilungen zwischen den Bischöfen und dem Orden zu bestätigen und zu beenden, Wilh. v. Modena, in Riga. Er durchzieht die neubekehrten Landschaften, predigend und ermunternd, sucht den Frieden zu befestigen zwischen Eroberern und Unterworfenen, zwischen Bischöfen und Rittern, zwischen Deutschen und Dänen. Schon damals mochte er wähnen, «hier an der fernen baltischen Küste einen christlichen Staat aufrichten zu können, in dem Liven, Letten, Esten, Dänen und Deutsche nebeneinander, durch den Glauben unter kirchlicher Herrschaft vereint, in Frieden wohnten». Die Täuschung freilich währte nur kurz. Die Esten sannen wieder auf Empörung. Ihre Aeltesten aus Wirland sandten gegen die Dänen um Hilfe nach Ungannien an die Deutschen. Das waren kühne Parteigänger, bestimmt die dänische Colonie aus ihren Fugen zu bringen und auf eigne Faust die deutsche Conföderation auszubreiten bis an den finnischen Meerbusen. Von Odempäh drangen sie in Wirland ein: Lehnsleute des Bischofs, mit reisigen Knechten, wahrscheinlich begleitet von einer Schaar Pilger, mit ihnen Johann von Dolen. Die Burgen wurden genommen, die Dänen verjagt, und als der Legat, um Frieden zu stiften, von den Streitenden die Landschaften Wirland, Jerwen, Harrien und die Wieck überantwortet verlangt unter päpstlichen Schutz, da müssen sich die Dänen dem Ansinnen des Deutschgesinnten fügen; nur die Burg Reval halten sie einstweilen besetzt. Im Januar des J. 1226 tritt der Legat seine zweite Reise an in die nunmehr dem Papst gewonnenen Landschaften; er ordnet die Verhältnisse; er überlässt den Dänen Harrien, dem Bischof Albert die Wieck; über Rotalien, Jerwen und Wirland setzt er zum päpstlichen Statthalter den Magister Johannes. So glaubt er alle Interessen zu versöhnen und kehrt im März nach Riga zurück. Allein die Deutschen brechen den Frieden. Joh. von Dolen überfällt Wirland mit seinen Genossen und fast gleichzeitig setzen sich die Dänen gegen Rotalien und den Mag. Johannes in Bewegung und gerade, als der Kampf wieder ausbricht, muss der Legat die junge Colonie verlassen. Die Bewegung ist wieder allgemein und die Beute dem Stärksten sicher.

In dieser Bewegung nun sucht der Orden, sich neu zu consolidiren. In den dänischen Landschaften hofft er ungetheilten Besitz zu erobern. Gegen die Dänen ruft ihn der Mag. J o - h a n n e s zu Hilfe. Kraft päpstlicher Stellvertretung wird ihm die Vogtei übertragen über die päpstlichen Landschaften. Von zwei Seiten erneuert sich der Angriff: die Deutschen aus Wirland, die Schwertbrüder mit ihren Pilgerschaaren aus Jerwen vereinigen sich vor Reval; die Burg muss sich ergeben; die Dänen verlieren den letzten Fussbreit Landes. Im päpst- lichen Namen nimmt der Orden Besitz von Jerwen und Wirland: über Repel und Harrien herrscht er unbeschränkt nach dem Recht des Eroberers.

III. Herrschaft des Ordens in Harrien und Wirland (1227—1238). S. 160-258.

§ 1. Uebergang von der Vogtei zur Herrschaft (1227—1228). S. 160-178.

Allein das Recht des Ordens zur Herrschaft bleibt nicht unbestritten; die Dänen be- haupten, alles Land ihm geräumt zu haben «nur zu Handen des Papstes». Zweierlei ist nun dem Orden zur Aufgabe gestellt: im factischen Besitz sich zu behaupten, im rechtlichen sich bekräftigen zu lassen. Um zunächst das Gewonnene zu behaupten, fesselt er die Deut- schen, die mit ihm gezogen sind, an sich durch Belehnung mit Land und Leuten, mit Zins und Zehnten. Als dann die Dänen das Landvolk zum Aufstand bringen, der Aufstand un- terdrückt wird, da darf sich der Orden jeder Rücksicht gegen den alten Feind entbunden erachten. Unter welcher Bedingung auch ihm die dänischen Landschaften übertragen waren, der Friedensbruch hebt jeden älteren Tractat auf; Bischof A l b e r t selbst enthält sich des Ein- spruchs und König Heinrich bestätigt dem Orden die gewonnenen Landschaften zu ewigem Besitze. Mag auch der Orden vom Kaiser mehr gehofft, mag er, in seiner Erwartung der Reichsstandschaft getäuscht, schon damals, vielleicht im Einverständniss mit dem Bischof, an eine Verbindung mit den Rittern des deutschen Hauses zu Jerusalem gedacht, mag andrer- seits der König W a l d e m a r schon damals am päpstlichen Stuhl um einen Ausspruch zu dänischen Gunsten geworben haben: es liegen die Merkmale vor, wie rüstig der Orden fortfuhr, sich in dem neuen Besitze zu befestigen, als sollte er ihn nie wieder verlieren.

§ 2. Innere Zustände und Entwickelungen. S. 178-205.

Immer fester vor Allem wollte er die deutschen Parteigänger an sich binden. Lange Zeit waren die Pilger meist so rasch fortgezogen, als gekommen; spärlich liessen einige sich nieder in den Stiftern, dann mehrere, und im J. 1228 werden die Vasallen A l b e r t s schon nicht ohne Einfluss gewesen sein. Mächtiger noch waren sie seit 1224 im Stifte Dor- pat. War doch ihr Stand gleichsam zusammen mit dem Bisthum ins Leben getreten; «Be- stehen und Sicherheit des Stifts, gegenüber den eben bezwungenen Esten und so nah an der russischen Grenze, beruhten hauptsächlich auf der Macht der Vasallen». Am zahlreich- sten aber hatten die Deutschen sich niedergelassen in Harrien und Wirland, dort schon unter der dänischen Herrschaft, später auch im Gefolge des Ordens, nicht alles angesehene

Geschlechter, «denn dazu war die Stellung des Ordens um jene Zeit noch zu gering, zu wenig unabhängig» und «dem Orden war durch die Lage der Dinge verwehrt, wählerisch zu sein». Anders in Wirland. «Ministerialgeschlechter des Bremischen Erzstifts, so wie andre Niedersächsische, Holsteinische und auch Westphälische Vasallen und Stadtbürger finden sich hier in der 10 Jahre später abgefassten Landrolle. Sie hatten auf eigne Faust das Land besetzt, anfangs gegen den Willen des päpstlichen Legaten, hernach mit Zustimmung des von ihm eingesetzten Statthalters. Von diesem hatten sie ihre Lehnbriefe». — «Dazu standen sie in engster Verbindung mit den Vasallen in den beiden Stiftern (Dorpat und Riga)». — «Die Harrischen Vasallen des Ordens hatten von ihm erst Land und Leute empfangen. Die Wirländer dagegen brachten ihm Land und Leute». — «Ihre sociale, wie ihre politische Stellung war dem Orden gegenüber daher eine ganz andre, als die seiner Harrischen Vasallen. Sie mögen sogar sich zum Lehnseide gegen ihn gar nicht verpflichtet haben, so lange er noch nicht von König Heinrich, im Namen des Reichs, Wirland zum Geschenke erhalten». — «In dieser ihrer eigenthümlichen Lage war der Boden gegeben für frühzeitige, kräftige Entwickelung politischen Corporationsgeistes, der als Keim nun einmal überall in den Deutschen jener Zeit lag». «Zwar von einer Harrisch-Wirischen Ritterschaft kann im J. 1228 noch nicht die Rede sein». «Die Landschaften, seit 1228 nie wieder unter verschiedener Herrschaft, sind sich erst nachmals so nahe getreten, obzwar ihre gesonderte, ritterschaftliche Verfassung auf so kleinem Raume fortdauerte, als Wirkung jener anfänglichen, schroffen Unterschiede». «Welcher Art freilich sich die innere Verfassung der Wirländischen Vasallen gestaltet, ist jetzt nicht mehr zu erkennen». «Nur dass sie beim Uebergehen unter die dänische Herrschaft den Kern abgaben für die landständische Stellung, welche die estnischen Vasallen schon um die Mitte des Jahrhunderts einnehmen. Auf ihrem festen Grunde sollte später das deutsche Element die nach dem Frieden von Stenby sich eindrängenden Dänen vollständig assimiliren».

Ich habe diese Stellen wörtlich citirt, weil sie den Kern von der Auffassung des Verfassers enthalten; sie geben das Thema inmitten aller Variationen. In ihnen bietet der Verfasser den Schlüssel zum Verständniss sowol jener älteren Geschichte, wie des Documents, mit dessen Prüfung er seine Untersuchungen eröffnet. Von ihnen aus wendet er sich allmälig wieder dem Ausgangspunkte, dem L. C. D., entgegen und den Verhältnissen, welche in diesem sich abspiegeln.

Denn für die Normirung der Stellung, in welcher die wirischen Vasallen fortan zu ihre Lehnsherren stehen sollen, ist nun die Zeit der Ordensherrschaft entscheidend. Die Belehnungen waren nicht allmälig erfolgt; sie machten sich massenweise. Da konnte nicht jeder Lehnbrief in jedem einzelnen Falle die Stellung normiren. Wenn schon 1252 der dänische König ein Landrecht anerkennt, ein deutsches und nicht, wie selbstverständlich ist, ein dänisches, so deutet das auf eine durchgreifende Consolidirung der Lehnverhältnisse, mindestens in Hinsicht des Erbrechts. Die Grundsätze, welche nachmals im Waldemar-Erichschen Recht (1315) nur bestätigt werden, sind meist wol unter Volquin, zwar nicht erst gefunden, aber durch »mündlichen oder schriftlichen Vertrag formulirt worden». Und auf einen solchen Vertrag deutet die alte Erzählung bei Brandis von einem Landtage im J. 1228. Ein Landtag war geboten, um äussere, wie innere Verhältnisse zu ordnen. Die neue Stellung, welche der Orden einnahm, seine Vogtei namentlich über Wirland und Jerwen, bedurfte der Bekräftigung der Mitstände. Dazu waren ihm die estnischen Landschaften vom König Heinrich erst eben übertragen; er musste sich zu Recht setzen mit seinen mächtigen Vasallen. Damals wol entschied sich ihre Stellung. Und nach der Norm, wie sie der Landtag von 1228 gab, hat selbst Bischof Nicolaus, der Nachfolger Alberts, den Vasallen des Stifts jene Urkunde von 1232 erlassen, in welcher ihr Erbrecht gesichert wird. Für die von Harrien und Wirland aber wird es sicher zu mehr gekommen sein, als zu Bestimmungen über das Erbrecht. Zur Entscheidung streitiger Lehnsfälle ist wol damals schon der Landesrath in Wirland entstanden, gewählt von den Vasallen, zugleich um sie politisch zu vertreten. Denn weder einen Fürsten, noch einen Statthalter, noch, bei der erst geringen hierarchischen Ausbildung des Ordens, einen Ordensgebietiger hatten die Wirischen im Lande. Vielleicht wurden selbst Mannrichter, judices vasallorum, eingeführt. Der Landesrath aber war wol der oberste Lehnshof, von ihm ging die Berufung an die allgemeine Landesversammlung, an die livländischen Stände. Wie keinen Fürsten, noch Statthalter, so gab es in Wirland wol auch keine Vögte, und wenn überdies die Esten als «subditi» der Vasallen bezeichnet werden, so scheint diesen schon vor 1228 die Gerichtsbarkeit über das Landvolk zugestanden zu haben. Auch dieses Ausnahmerecht bedurfte beim Uebergang unter die Ordensherrschaft der förmlichen Bestätigung. Nur mochte zur selben Zeit, um die Willkür des Gerichtsherren zu beschränken, das älteste, sog. livische Bauerrecht, (Paucker Quellen ff. S. 84 ff.) für Harrien und Wirland recipirt worden sein, ein vorletzter Schritt in die volle Rechtsgemeinschaft dieser Landschaften mit dem übrigen Livland. Denn auch damit finden die Wechselbeziehungen noch nicht ihren Abschluss. In oder vor das J. 1228 gehört sicher noch der Entwurf eines dem rigischen nachgebildeten Stadtrechts (Bunge Archiv I, 3 ff.), da im Eingange beim Namen des Bischofs Albert der Zusatz«piae memoriae» fehlt. Zwar hat man den Satz: si quis burgensium conqueritur principi, auf den dänischen König bezogen, allein der «princeps» ist um so weniger durchaus nur der König, als dieser der Stadt, welche 1248 überdies das lübische Recht erhalten sollte, schwerlich von seinen Feinden ein Recht erborgt hätte. Es hat dies Document vielmehr zu gelten als ein Manifest der Reveler und Wirländer über die Stadtrechte, die sie annehmen wollen «in Revalia et in circumpositis regionibus», zu einer Zeit, wo sie wol gedachten, in Wirland sich einen Sammelpunkt zu schaffen, und wir besitzen in ihm die erste Andeutung für die Gründung Wesenbergs, das schon durch den Namen deutschen Ursprung verräth. — Wenn so in der kurzen Zeit der Ordensvogtschaft die Organisation der estnischen Landschaften in merklicher Energie sich vollzieht, so vermisst man die Ordnung nur eines Verhältnisses: was war aus der Kirche geworden in dieser Zeit weltlicher Händel? «Die Dänen hatten, so lange sie im Besitze von Harrien, Repel und Wirland waren, in verschie

denen Gegenden des Landes, in den Dörfern Kirchen und Kapellen erbaut, Geistliche ein-
gesetzt, ihnen Einkünfte aus dem Kirchdorfe, den Zehnten von andern Dörfern zugewiesen». Ob Wirland freilich schon damals von ihnen die Parochialeintheilung erhalten, von
welcher der L. C. Zeugniss ablegt, wird billig bezweifelt. Jedenfalls waren von den Deutschen die dänischen Priester verjagt worden, wie später aus Reval der dänische Bischof.
Der L. C. giebt den Beleg, wie am Schluss der Ordensperiode die Kirchdörfer des wirländischen Antheils von Repel und des eigentlichen Wirlands fast insgesammt in Privat-
händen waren; von dänischen Dotationen der Bischöfe enthält er überdies keine Spur. Zog
nun auch der Orden — dazu gezwungen durch die geistlichen Bedürfnisse der Zeit —
deutsche Priester ins Land, ja, liess er die von den Dänen herbeigezogenen Cistercienser
von Guthvallia nicht nur in Besitz, sondern gestattete ihnen, ihren Besitz noch zu mehren:
für Herstellung bischöflicher Gewalt in beiden Landschaften scheint er nichts unternommen zu haben. Auch war die Aufgabe schwierig. Die Metropolitangewalt von Lund anzuerkennen, dazu mochten sich die Deutschen am wenigsten verstehen. Ob Bischof Albert die
päpstliche Vollmacht, Bischöfe zu consecriren, auf jene einem andern Erzstift untergeordneten Landschaften auszudehnen das Recht hatte, war mindestens zweifelhaft. Auch strebte
der Orden vor Allem nach Freiheit von bischöflicher Obergewalt; mit dem Bischof von Oesel
hatte er 1228 einen Vertrag geschlossen, der ihn dort wenigstens von der weltlichen Su-
prematie der Kirchenfürsten befreite. Möglich, dass er demselben Bischof die geistliche
Gewalt in Harrien und Wirland zu übertragen gedachte, wie später, 1241, in Watland. So
lange er noch nicht reichsfürstliche Hoheit besass, durfte er kaum einen eigenen Bischof
herbeiwünschen in seine Territorien.

§ 3. Aeussere Geschichte bis zum Vertrage von Stenby (1228—1238). S. 205—258.

Denn die grössere Gefahr — er hat es zum öftern erfahren — droht ihm nicht von
weltlichen, sondern von geistlichen Feinden. Gegen jene hat er sein Schwert, und König
Waldemar berechnet zu klug, um mit Gewalt zu erzwingen, was er ohne Schwertstreich
vom päpstlichen Hof sich zugesprochen erwartet. Während der Orden in Estland seine
Herrschaft befestigt und sich sein Recht bekräftigen lässt von den Kaisern, ist die dänische
Politik thätig in der römischen Curie. Im J. 1229 erscheint als päpstlicher Legat der Car-
dinal Otto in Dänemark. Er ist den Kaiserlichen so verhasst, dass er in Deutschland ihren
Nachstellungen kaum noch entgeht. Von diesem Feinde des Kaisers und Reiches wird auf
die Nachricht von Bischof Alberts Tode der Mönch Balduin v. Alna nach Riga gesandt. Im
J. 1232 hat ihm dänischer Einfluss vom Papst das Bisthum Semgallen und die Legaten-
würde für Estland und Livland eingetragen. Nur wenige Tage später weist eine päpstliche
Bulle die Bischöfe Nicolaus und Hermann, sowie den Orden an, diesem neuen Stellvertreter des Papstes die zwischen Deutschen und Dänen streitigen Landschaften zu übergeben. Der päpstlichen Drohung zu begegnen, sucht der Orden noch einmal Schutz beim
Kaiser für sich und seine Vasallen (homines suos); seine einzigen Vasallen aber sind die

Deutschen in Harrien und Wirland. Der Kaiser verheisst ihm den erbetenen Schutz; nur
der «homines» gedenkt die kaiserliche Resolution nicht weiter; ja, sie zählt die Landschaften des Ordens auf und vergisst zwar nicht Jerwen, allein Harrien, Repel und Wirland
fehlen. In so bedrängter Lage setzt der Orden seine Hoffnung noch einmal auf den Papst;
auch lässt sich die Curie bereden. Der feindliche Legat muss weichen; von Neuem wird
Wilh. v. Modena nach Livland beordert; selbst über die Bisthümer Reval und Wirland
soll er verfügen: der Metropolitanrechte von Lund wird nicht mit einer Silbe gedacht.
Freilich, rasch wie der Umschlag, folgt wieder der Rückschlag. Vielleicht hatte der feindliche Mönch in Rom doch noch den dänischen Sieg entscheiden helfen. Im Nov. 1234 er-
ging eine päpstliche Vorladung an den Bischof von Riga, an die Stadt, an den Orden: sie
sollten unter Anderm «die eigenmächtige Besitznahme unter Schutz des heil. Petrus stehender Landschaften verantworten». Jede Appellation war ausgeschlossen, die Vorgeladenen
mussten erscheinen.

Im Sept. 1235, zu Viterbo, wurde der Process instruirt; der Kardinalbischof von Sabina
führte die Untersuchung, die Anklage Balduin v. Alna. Im Febr. 1236 fällte der Papst das Urtheil: «Es sollte der Orden das Schloss von Revel und die Landschaften Repel, Harrien, Wirland
und Jerwen dem Legaten Wilhelm zu Handen des Römischen Stuhls übergeben». Alle
in diesen Landschaften von den Bischöfen, vom Mag. Johannes, von dessen Vicar Hermodus vergabten Zehnten waren zu widerrufen. Es schien der herbste Schlag zu sein für
den Orden, für seine Vasallen. Denn jener verlor grade die Landschaft, auf welche er gehofft hatte, seine politische Selbstständigkeit zu gründen, und diese verloren mit dem Zehnten den Rechtstitel ihrer Lehen. Allein so einfach durch päpstlichen Spruch wurden tiefbegründete Verhältnisse nicht umgeworfen. «Zum mindesten abenteuerlich war es, wenn
man den Deutschen zumuthete, ihr Blut an den fernen baltischen Gestaden vergossen zu
haben, mit keinem andern Zwecke, als dort einen rein geistlichen Staat zu gründen». Am
wenigsten vom Legaten Wilhelm konnte man erwarten: er würde dazu die Hand bieten.
Es trat eine Zeit ein unentschlossenen Harrens. Ereignisse erst sollten entscheiden für
oder gegen. Und da nun war es von tiefster Bedeutung auch für die Geschichte von Harrien und Wirland, als am 22. Sept. 1236 das deutsche Heer der Schwertritter fast vernichtet wurde von den Litauern. Denn da der nun fast leiblose Orden die zuvor schon vergeblich
angestrebte Vereinigung mit dem deutschen Orden um jeden Preis zu erlangen gedrängt
war, entschloss er sich, des Papstes Zustimmung zu erkaufen und als Preis Reval und die
estnischen Landschaften zu zahlen. König Waldemar sollte sie wiederhaben. Band doch den
Hochmeister keine Ehrenpflicht an den Besitz der estnischen Landschaften; lag ihm doch
weniger an dem Besitz der nördlichen Küste, als daran, die baltischen Heiden von der
Düna her im Rücken fassen zu können und mit Dänemark in gutem Einvernehmen zu bleiben. «Im Mai (1237) war die Vereinigung vollzogen und besiegelt. Der livländische Orden
hatte das beste Fundament seiner weltlichen Herrschaft verloren». Allein er war mit dem
deutschen Orden nicht sowol verbunden, als absorbirt von ihm; seine Geschicke vollzogen sich

jetzt nicht einzig mehr in Livland. Anders war die Stellung der harrisch-wirischen Vasallen. Für sie war der Hochmeister keine Autorität; suchte er sie zu zwingen, so standen sie auf und ihnen zur Seite schaarten sich wol die stiftischen Vasallen, vielleicht auch die Pilger. «Gütliche Vereinigung konnte daher allein zum Ziele führen und das um so leichter, als der Legat beauftragt war, die Landschaften vorläufig zu Handen des Papstes zu nehmen. Möglich war solches jedoch nur, wenn man den Vasallen den Besitzstand garantirte, sowie Erhaltung sonstiger Rechte und Freiheiten». Nur standen da die Landschaften nicht mit gleichen Ansprüchen neben einander. In Wirland schrieben sich die Belehnungen zum Theil vom päpstlichen Statthalter und dessen Vicar her. In Harrien dagegen waren die dänischen Statthalter nur offenbarer Gewalt gewichen, dänische Vasallen waren verdrängt worden; seine Vasallen ins Land zu setzen, hatte der Orden kaum ein Recht aufzuweisen gehabt. «Ihnen darum, Dänemark gegenüber, Garantien zu gewähren, war vollkommen unmöglich». Es war genug gewonnen, wenn man die Wirländer gewann, wenn man ihnen Schonung versprach für diejenigen in Harrien Belehnten, die sie zu ihren Befreundeten und Verwandten zählten. Die ganz gegen Dänemark Compromittirten entgingen ihrem Loose wol nur, indem sie ihre Besitzungen Wirländern auftrugen oder der Orden wies ihnen Land in der Ordenslandschaft Jerwen ein oder es that das der Bischof von Oesel und der Wieck. So wurde der Uebergang vorbereitet.

Auf wiederholte Mahnung des Pabstes erschien der Legat in Schonen am königlichen Hoflager zu Stenby. Dorthin war auch Hermann Balke gekommen. Am 7. Juli 1238 wurde der Tractat unterzeichnet: «Das Schloss zu Revel, die Landschaften Repel, Harrien Wirland und Jerwen wurden, in Grundlage der päpstlichen Entscheidungen, als rechtmässiges Besitzthum des Königs angesehen». Ein Kriegsbündniss gegen die Heiden sollte die eben noch Verfeindeten vollends nähern. Dafür räumte dann der König dem Orden die Landschaft Jerwen ein mit aller weltlichen Gerechtigkeit, zum Theil mit der geistlichen; nur das Diöcesanrecht wurde dem Revaler Bischof vorbehalten. Was sonst noch stipulirt wird, ist von untergeordneter Bedeutung. Auch liegt in dem Vertrag, Liwl. Urk. n. 160, wol nur das Hauptinstrument vor. Wenigstens noch ein Abkommen muss getroffen worden sein, das der überwiegenden Mehrzahl der Vasallen den Besitz garantirte. «Es geht das schon daraus hervor, dass authentisch (im L. C.) überliefert ist, wie der Orden dem König von den 5800 Haken der beiden Landschaften nur 1895 zu unmittelbarem Besitz übergab; die übrigen 3900 wurden daher dänischer Seits als im Privatbesitz befindlich anerkannt in den Händen eben derer, die zur Zeit der Irrungen unter der Ordensfahne gestanden». Den Vasallen, die im Besitz blieben, wurde wol aber auch ihr Landrecht gesichert, während die politische Stellung des Vasallenstandes nach aussen theils durch den Hauptvertrag, theils durch die Lage der Dinge vorgezeichnet war. Denn aus der Kriegsgemeinschaft des Ordens und des Königs ergab sich für die Zukunft der engste Verband grade zwischen dem Orden und jenen Vasalien; nur dass diese fortan unter eigenem Banner auszogen. Ausserhalb Livlands konnten somit die Vasallen mit dem Orden nur dieselben Freunde und Feinde haben. Iu innern Zwistigkeiten stauden sie unabhängig zur Seite. Und das wol,» wies ihnen, bei ihrer engen Verbrüderung mit den Vasallen der Stifter, eine vermittelnde Stellung in den livländischen Verhältnissen an». Andrerseits gab es fortan keinen Grund mehr zur Feindschaft zwischen den Landschaften und Dänemark. Die Macht Dänemarks hatte sich draussen an den Deutschen gebrochen. Schwerlich dachte Waldemar einen erfolglosen Kampf von Neuem zu versuchen. So liess er trotz der wieder angetretenen Herrschaft alles deutsch bleiben in Estland. Selbst die wenigen dort nunmehr belehnten Dänen erscheinen bald germanisirt. Nur die unterworfenen Esten bleiben Esten. — Scheinbar nur hatte der Orden verloren. Freilich ein «Jahrhundert sollte noch hingehn, bis Harrien und Wirland wieder unter den Orden kamen, wieder in den deutschen Reichsverband eintraten». Doch sind sie auch dieses Jahrhundert dem Orden eine Stütze gewesen und ihnen selbst war die dänische Zeit nur eine Zeit der Entwicklung ihrer staatlichen Stellung und ihrer Rechte.

IV. Wiederherstellung der dänischen Herrschaft in Harrien und Wirland (1238—1244). S. 258-300.

Zunächst nun hatte Dänemark die Aufgabe, den wiedergewonnenen Besitz förmlich anzutreten. Wol in demselben Jahre noch erschien Herzog Kanut in Estland, nicht, wie erzählt wird, um mit dem Orden gegen die Russen zu ziehn — denn die Eroberung von Isborsk und Pskow fällt zwei Jahre später —, sondern um im Namen des Königs Besitz zu nehmen von Estland. Die Uebergabe vollzog wol der Vicelandmeister Dietrich von Gröningen; den Herzog aber begleitete wahrscheinlich der Legat Wilhelm; wenigstens ist er am 1. August in Reval und seiner Einwirkung wird es zuzuschreiben sein, wenn die «Neugestaltung ohne allzuheftige innere Erschütterungen vor sich gegangen». Als er dann im Herbst 1238 das Land verlassen musste, waren die Vasallen wol schon gewonnen. Sofort begann die Ordnung der Verhältnisse im Lande. An einer Landrolle, aufgenommen zur Zeit der Ordensherrschaft, erläuterten die Commissarien des Ordens den dänischen Bevollmächtigten die Besitzverhältnisse; nach Anleitung derselben Landrolle wiesen sie dem Könige die nicht verlehnten 1895 Haken ein. Um dann nach Vollzug der äussern Uebertragung die innern Verhältnisse zu fixiren, bildete sich der Herzog wol einen Lehnhof aus vornehmen Dänen und Deutschen, die ihn nach Reval begleitet hatten, vielleicht auch aus einigen Wirländern und Harriensern, die sofort die Lehnsbestätigung erhielten. Beisitzer mögen eben die vom L. C. mit dem Titel «Domini» Bezeichneten gewesen sein und einige Knappen. Das Resultat liegt im L. C. vor. In Harrien, namentlich aber in Repel, selbst in dem wirländischen Antheil von Repel, wurden Viele ihrer Lehen verlustig erklärt und vertrieben, entweder als eidbrüchige königliche Vasallen oder, weil sie keine Lehnbriefe aufweisen konnten, oder, nachdem der Lehnhof ihre Briefe annullirt hatte und kein mächtiger Fürsprecher für sie eingetreten war. «Sämmtliche auf diese Weise eingezogenen Lehen wurden indessen nicht zu der Domaine geschlagen, sondern wieder verlehnt und zwar einmal den Gliedern des Lehnhofs, sodann andern Rittern.» Es blieb dann noch über diejenigen

zu entscheiden, welche, wie Dietrich v. Kiwel, Kirchengut in Besitz hatten ohne Lehnbriefe des Ordens oder mit solchen. Die Letzteren liess man im friedlichen Besitze; auch
die ersteren sind es später geblieben. «Für den Augenblick jedoch wurden solche Fälle
vermuthlich weiterer Entscheidung vorbehalten, da sie noch in der Landrolle angedeutet
sind.» Und dasselbe war der Fall, «wo wider die gegenwärtigen Besitzer von Andern recht-
mässige Ansprüche gemacht wurden, wie namentlich gegen Dietrich von Kiwel und
Dietrich von Kokenhusen.» Wer unter den Letztern Kaufbriefe oder ererbte Lehnbriefe aufwies, der blieb ohne weiteres im Besitze. Eine letzte Kategorie endlich bildeten
diejenigen, namentlich Wirländischen, Vasallen, welche «keine Lehnbriefe des Ordens vorgewiesen oder überhaupt die Erneuerung der Belehnung noch nicht nachgesucht, oder in
Betreff derer sonst eine Schwierigkeit sich fand, die der unmittelbaren Lehnsbestätigung
durch den königlichen Statthalter im Wege war. Viele derselben hatten in Beziehung auf
ihre anderweitigen Besitzungen dieselbe erhalten». Alle diese Fälle nun bezeichnet der L.
C. besonders». Die Erneuerung der Belehnungen aber für die alten Ordensvasallen, die
neuen unmittelbaren Belehnungen im Namen des Königs werden von dem Stellvertreter desselben wol noch im Jahre 1239 vollzogen worden sein». Darauf wurde dann die Landrolle
vorläufig geschlossen, und die Vermittelung Dietrichs von Gröningen nahm ein Ende.
Im Herbst 1239 kehrte dann wol auch der Herzog heim, wahrscheinlich begleitet von einigen Vasallen und mit einer Abschrift der Landrolle. Auf der Reichsversammlung zu
Wardingborg im Frühjahr 1240, wenn nicht schon im Winter vorher, verständigte sich
der König mit den Abgeordneten der Vasallen. Damals sicher ist die Rechtsgleichheit der
beiden Ritterschaften von Harrien und Wirland hergestellt worden; damals vielleicht wurden die Beschlüsse von 1228 über Verhältnisse des Lehnrechts, die später im Waldemar-
Erichschen Recht in ausführlich ergänzter Redaction vorliegen, schriftlich näher verzeichnet.
Sie rührten darum aber nicht von Waldemar her, so geläufig sie später unter seinem Namen
gingen. Er hatte nichts zu thun, als die einstige Vereinbarung der Vasallen mit dem Orden
zu bestätigen. Nur mochte er damals schon gestatten, was auch das Recht von 1315 frei-
stellte, dass bei Thronveränderungen jährlich nur ein Drittel der Vasallen nach Dänemark
zu segeln habe, um die Lehnserneuerung zu erlangen; das Motiv gehört seiner Zeit an:
die Noth vor den Heiden. Sicher auch damals bestätigte er den Vasallen die Gerichtsbarkeit in Hals und Hand und sicherte ihnen den Besitz der Güter, die sie der Kirche entnommen. Erst, als im Frühling 1240 die Abgeordneten — wofern sie überhaupt nach
Dänemark gekommen — heimgekehrt waren, ging der König an die Organisirung der
kirchlichen Verwaltung. Wenigstens Reval sollte seinen Bischof erhalten, allein der Zehnte,
der ihm zustand, war längst und überall in Estland verlehnt an Weltliche. «Ihn einzuziehn,
war weder rathsam, noch überhaupt möglich.» Die Neubekehrten einem zweiten Zehnten
unterwerfen, war vollends gewagt, auch wenn man es mit dem Papst aufnehmen wollte,
der sie eifrig in Schutz nahm. «Man ergriff einen Mittelweg und bestimmte dem Bischof den
Zehnten von allen Zehnten, sowol in den Besitzungen der Vasallen, als in den Domänen.»

Dann als der ripensche Domherr, Thorkill, «ein reiner Däne», zum Bischof bestimmt war, fügte man zu diesem mässigen Einkommen eine Landdotation, als grade dem König 80 Haken anfielen durch den Tod zweier harrischen Vasallen, Robert de Sluter und Lydger. «Diese Dotation empfing Bischof Thorkill im Namen seiner Kirche» und vor der Abreise das Versprechen weiterer 40 Haken in Wirland. Im Oct. 1240 erschien der neue Bischof in Estland, von den Vasallen schwerlich sehr freundlich empfangen. Denn jene Zehenturkunden hatten die Gemüther der Deutschen wenig für den König gestimmt. Hatte der Orden doch erst eben, nach der Unterwerfung des Landes östlich von der Narowa den Bischof von Oesel eingeladen, die geistliche Jurisdiction dort anzutreten gegen Einweisung des Zehnten vom Zehnten, der jedoch nicht treffen sollte die Felder der bereits in Koporje belehnten Burgmannen. So erklärt sich, wie schon nach zwei Jahren Abgeordnete der Vasallen und der Bischof vor dem König erscheinen und dieser nun den Streit zu schlichten unternimmt. Wie er dabei den Bischof anweist, sich bei den Forderungen an seine Diöcesanen streng an die Gewohnheit des dorpater Stifts zu binden, da scheint darin ein Sieg sich auszusprechen des deutschen politischen Elements im Vasallenstande.

Welche Ereignisse sonst noch die ersten Jahre der dänischen Restauration ausfüllten, sämmtlich sind sie von minderm Belange für Estland und doch in allen tritt eins zu Tage: die Aufgabe der harrisch-wirländischen Landschaft ist enge Verbindung mit den rein deutschen Colonien in Livland. Denn Schutz vor Russen und andern Feinden gewährt nur der Orden. Als 1244 der König Erich wieder einmal zur Heerfahrt rüstet — vielleicht gar gegen die livländische Conföderation —, und das Kriegsvolk schon sich zu sammeln beginnt in Ystad, um die Schiffe zu besteigen, da wendet er plötzlich wieder um gegen den Erbfeind des Reichs; nur weniges Kriegsvolk sendet er hinüber nach Reval; mit der Masse des Heeres stellt er sich auf gegen Lübeck.

B. Kritischer Theil.

Einleitung:
Kritik der Methode des Verfassers.

Aus der vorausgehenden Uebersicht, in welcher ich versucht habe, den Gang der «Studien» mit ihren Resultaten möglichst treu darzustellen, ergibt sich für den Kenner der Documente, auf welche die Untersuchungen sich gründen, Aufgabe wie Methode des Verfassers im Allgemeinen. Einmal nämlich leuchtet es ein, wie der Verf. möglichst viel urkundliche Daten nach verschiedenen Verhältnissen, namentlich causalen, aneinander zu fügen gesucht hat zu einer historisch möglichst zusammenhängenden Darstellung, so dass die von ihm darauf verwandte Mühe dem Verfahren des Mosaikarbeiters verglichen werden mag. Sodann auch ergibt sich auf den ersten Blick, wie er, bemüht ein altes Muster herzustellen, das nur noch in vereinzelten, zerrissenen Bruchtheilen sich kundgab, wie er mehr oder weniger mit kühnen Ergänzungsversuchen sich hat helfen müssen, und zwar um so kühneren, je mehr ihm daran lag, die zerstreuten Theile einem irgend harmonischen Ganzen einzufügen. Er selbst hat sich die Art der Aufgabe nicht verhehlt, die ihm dabei gestellt war; auch erwartet er im Interesse der Restauration, die er nur begonnen zu haben meint, strenge Kritik.

Die erste Aufgabe eingehender Kritik aber ist dies: zu ermitteln, in welchen Gliedern eines wissenschaftlichen Gefüges Vorzüge und Mängel einander so nahe treten, dass sie sich fast organisch bedingen; sodann wird sie an gewählten Beispielen die Consequenzen dieser Bedingungen darlegen.

Nun hat offenbar grade, was sonst ein Vorzug ist, das Streben nämlich nach äusserlich abgemessener Anordnung, wo es sich geltend macht auch bei kaum ausreichenden Combinationsdaten, den Verfasser fehlgreifen lassen schon in der Gliederung seines Stoffes. Denn von dem ursprünglichen Zweck, die Zeit der Abfassung der Landrolle zu bestimmen, abgelenkt «durch neue Gesichtspunkte, durch Fragen, die Anregung gaben zu einer Reihe

von Skizzen,» hat er einige dieser Skizzen «zusammengeschmolzen» und der eigentlichen
Arbeit über die Landrolle «angehängt, so gut es eben gehen wollte.» Dieses Princip der
äusseren Anfügung verschuldet es dann, wenn drei Abtheilungen nebeneinanderstehen, co-
ordinirt durch den gleichen Titel der «Abtheilung«, in der That aber nur in zwei gleich-
geordnete Gruppen zerfallen. Denn entweder bilden I und II die eine, während ihnen gegenüber der zweiten nur III zufällt. Oder es fällt II hinüber nach III, als dessen Einleitung
gleichsam, und I bleibt isolirt für sich stehen. I und II behandeln nur den Inhalt des *L. C.*,
obzwar getrennt, jenes die im Document verzeichneten Namen, dieses die aus demselben
erkennbaren historisch-politischen Momente. III aber, die Geschichte Harriens und Wirlands, verbindet die Ergebnisse von I und II mit andern Momenten innerhalb eines weiter-
gespannten Rahmens. — Dieselbe Unsicherheit des Stand- und Gesichtspuncts verräth
sich sodann in der Einleitung. Sie leitet, strenge gefasst, nur die beiden ersten Abtheilungen ein; um auf die dritte zu verweisen, wiederholt sie nur nebenhin einige der Vorrede
entlehnte Bemerkungen.

Dieser Bruch in präciser Gliedrung des Stoffs — den nun zum Theil die Kritik des
Buchs an sich tragen muss, wie das Buch selber — liesse sich übersehen, wäre er nicht
Symptom eines inneren Fehlers. Ueberall, wo auch in der Nähe die Umrisse verschwim-
men, schliessen wir auf unzureichendes Licht oder Mangel an Haltung. Dieser Ausfall
an beiden aber ist oft nur die Folge überspannter Anstrengung, beides zu gewinnen, und
der Schein äusserer Consequenz verräth oft am raschesten den Mangel an innrer.

Nur mit Unrecht dürfte man dem Verfasser das grosse Verdienst abstreiten wollen,
durch seine Combinationen Leben hineingebracht zu haben in eine oft unterschiedslos hin-
und hergewendete Masse von Daten. Nicht nur, dass er die vorher nur allgemein erkannten Anfänge und darum die Grundzüge der harrisch-wirischen Geschichte zuerst mit Schärfe
fixirt hat; von seiner Darstellung verbreitet sich ein Widerschein des Lebens auch in die
benachbarten Colonien und ihre fast erstorbene Vergangenheit. In meist sicher umschriebenen Gruppen scheidet er frühe schon die später vollends auseinanderfahrenden Interessen und deren Vertreter; die äussere wie die innere Politik einiger Glieder der livländischen Conföderation verfolgt er aufwärts an fast unmerkbaren Zeichen in ihre schwankenden Anfänge und mit geduldiger Feinheit führt er halb unsichtbare Linien mitten durch
ein verwirrtes Gewebe. Allein dieses unläugbare Verdienst wird oft fast aufgewogen durch
gleich unläugbare Mängel. So richtig die lebendigen Ansätze erfasst sind, so künstlich muss
sich der Fluss ihrer Entwickelung abdämmen; dem Schema, das einmal passt, soll sich die
wunderbare Fülle der Geschichte bequemen; der Formel, die ein Problem löst, jedes andre
verwandte und, wo die Linien im Schnörkel verfolgt werden, da gilt nicht selten ein belie-
biges Ende als Ablauf eines beliebigen Anfangs.

Das Bestreben, überall einen Zusammenhang herzustellen, hat nicht ohne Einfluss
bleiben können auf die Form selbst der einzelnen Darstellung. So wohl der Verfasser im
Allgemeinen jenen fatalen, historischen Stiel vermieden hat, der mit marionettenhafter

Lebendigkeit die armseligen Blössen des Thatsächlichen verwirbelt, so hat sich doch mitten in wohl abgemessene Uebergänge zuweilen eine inhaltlose Phrase gedrängt, und die Gründlichkeit ist geopfert dem Bestreben, augenblicklich Getrenntes um jeden Preis zu vermitteln. So dort, wo der Verf. S. 94 das erste Einschreiten der Dänen in Estland schildert. Nachdem die Deutschen den Angriff gegen die Esten begonnen haben, wird «deren ganzem Stamme noch ein andrer, bei weitem gefährlicherer Feind erweckt — König Waldemar II., den seine Dänen mit Recht den Sieger nannten. Schon seit ein paar Jahrhunderten hatten die Esten oft genug die Küsten Dänemarks und Schwedens als Seeräuber heimgesucht. Ihrerseits wissen die Chronisten dieser Länder von manchem kühnen Zuge nach den estnischen Küsten zu erzählen. Die alte Lust dazu erwachte neu bei den Dänen, als sie vernahmen, wie die Deutschen sich an der Düna festgesetzt, von dort aus siegreich nach Norden vordrangen». — «Ein erster Zug Waldemars gegen die Oeseler (1206) blieb ohne Folgen. Die harten Kämpfe mit Deutschen und Slawen in den Elbeländern zogen darauf seine Blicke von dem heidnischen Osten ab. Die Fortschritte, welche die Deutschen im nächsten Jahrzehnt in Livland machten, lenkten indessen des Königs Aufmerksamkeit wieder dahin. Jetzt konnte es nicht weiter um einen Strafzug gegen die Seeräuber bloss sich handeln, um eine Ausplünderung der Küstenlandschaften. Auch die Dänen sollten an jenen Ostseestaaten festen Fuss fassen, für immer ihr siegreiches Banner neben dem Kreuze dort aufpflanzen». Der Verfasser, dessen vorzüglichste Aufgabe es wird, den fast mit der dänischen Landung beginnenden Sieg der deutschen Principien über die dänischen in seinem meist unaufhaltsamen Fortgange darzustellen, ihm heisst das dänische Banner ein siegreiches, das für immer soll aufgepflanzt werden, da doch sofort in den ersten Jahren die dänische Colonie sich nur mit deutscher Hilfe behauptet. Oder ist das vom dänischen Standpunkt gesprochen, von welchem Standpunkt denn heissen die Dänen für die Esten ein viel gefährlicherer Feind, als die Deutschen? So spricht doch der Geschichtschreiber selbst, der Thatsachen vergessend, nur bedacht auf stilistische Steigerung. Und dieser «mächtigere, gefährlichere» Feind wagt S. 251 nur, zur Demonstration zu rüsten, aus Furcht vor den Deutschen, und S. 287 gar ist für die Dänen die Zeit der Kreuzfahrt vorüber; es ist lange her, in Waldemars Jugend, als sie noch streitbar aufzogen «an den südlichen Ostseegestaden, in den Elbeländern», warum nicht in Estland? S. 287 freilich ist nicht S. 94, der Verf. fühlt, seine ganze Darstellung verbiete, die Dänen einen gefährlicheren Feind zu nennen; nicht die 20 Jahre: die 200 Seiten haben sie weniger gefährlich gemacht. Es sind das nicht kleinliche Zufälligkeiten; es sind Symptome. Ein Schriftsteller beherrscht in dem Maasse, wie seinen Stoff, seinen Standpunkt. Allein vollends bedenklich ist die Motivirung der dänischen Feldzüge. Da ist nur zweierlei möglich: entweder sie ist eitel Phrase oder sie entscheidet über eine wichtige, historische Frage. Von den Beziehungen der nordischen Völker zu den Esten vor 1219 will der Verfasser nicht reden; sie liegen ihm ausser aller Geschichte. Allein woher dann die Einsicht in Waldemars Motive? Erst war zu ermitteln, wem die Initiative gebührt, den Dänen oder den Deutschen? Denn das ist nicht eine müssige Frage. Mag es auch nur Vermuthung genannt werden, Meinhards Unternehmen habe in Verbindung gestanden mit der Weihe Fulcos durch Alexander III. zum Glaubensboten der Finnen und Esten (Pabst, Meinhart I, 20, 21), mögen die Züge Kanuts, wie die dänischen Chronisten sie verzeichnen, auch herabgedrückt werden zu blossen Raubzügen: die ersten Capitel der Origines Livoniae lassen sich nicht wegdeuten und trotz Pabst (M. II, 50) wird der Satz: «promiserunt aliqui de Teutonicis et quidam de Danis et de Normannis et de singulis populis exercitum se adducturos» am wenigsten gezwungen so lauten: es hätten etliche deutsche, etliche dänische und normannische, sowie Kaufleute andrer Nationen (die grade im Lande waren, — und warum dürfte nicht an die Russen gedacht werden?) versprochen, mit einem Kriegstrupp zu Hilfe zu kommen. Allein diese und andre Zeugnisse des ältesten Chronisten stehen zurück vor Zeugnissen viel grösserer Beweiskraft, die, wenn sie einmal im Zusammenhange geprüft sind, die älteste Geschichte der livländischen Colonien neu begründen werden. Der Verfasser hat sie gestreift, ohne sie erfassen zu wollen. In einer Anmerkung erklärt er die estnische Benennung der Deutschen. Die Erklärung ist nicht neu und jedenfalls ernster gemeint, als S. 206 Anm. 3 der Scherz über den Katersachs als Kadakasachs oder Herrn von Wachholder, der an den alten deutschen Kather, Kothsassen um eine ihm zukommende Gevatterschaft zu bringen gemeint ist. S. 153 Anm. 1 heisst es: «Noch heutiges Tages bezeichnet dem Esten das Wort «Saks» den Herrn, den Gebieter, das Wort «Saksama» aber Deutschland, im Allgemeinen das Ausland. Darin allein möchte schon ein Beweis liegen für das Vorherrschen des sächsischen Stammes unter den Eroberern der estnischen Landschaften» und S. XI bringt aus Eike von Repgows Zeitbuch der Nachtrag: «bi sines vader keiser Heinrikes tiden wart Liflande kersten unde bedwungen van den Sassen.» Nun hat wol der sächsische Stamm an der Düna nicht weniger gewogen, als am finnischen Meerbusen und von seiner Ankunft im Süden haben die Esten erfahren, noch ehe sie ihn im eignen Lande sahen; auch benannt werden sie ihn haben, sobald sie von ihm erfuhren und doch schwerlich mit anderm Namen, als nachmals? Kam ihnen aber der Name aus dem Süden, wie der Benannte selbst, wie erklärt es sich, dass die Deutschen bei den Letten nicht Sachsen heissen? Und in den Chroniken und Urkunden der Einwanderer selbst erscheint der Name nur mitunter. Gleich in den ersten Zeilen der Origg. Liv. I, 2 lesen wir von «Teutonici mercatores»; II, 6. II, 8. erklärt sich die «Saxonum acies» und «turba», denn II, 3 war Berthold eben «in Saxoniam» gezogen und von dort mit Pilgern heimgekommen. Die bedeutsamste Bezeichnung wäre II, 8 der «Saxonum Deus», allein ihr steht gegenüber die «ars Theutonica» in XXVII, 3. XXVIII, 5. 6. Das «sachsen lant» in V, 847. 914. der Reimchronik verschwindet fast ganz vor den «dutschen landen» 255 ff., den «dutschen», 149 ff., den «dutschen Schwertern», 1581. Auch ist es nicht denkbar, die Esten, die kühnen Seeräuber an den Küsten von Gothland und Dänemark, hätten von den Deutschen nicht eher vernommen, als bis sie an der Düna erschienen oder gar in Estland. Es ist eine alte, historische Ermittlung, dass zwei nicht gar zu entlegene Völker sich nennen, lange

BEITRAG ZUM VERSTÄNDNISS DES LIBER CENSUS DANIAE.

ehe sie sich persönlich kennen; schwerlich haben die Esten die Deutschen Sachsen genannt, erst nachdem sie von der Herkunft der Mehrzahl unter ihnen erfuhren. Nun ist es aber bekannt, dass den nördlichen Völkern die Deutschen fast ausschliesslich «Sachsen» heissen. Die Beweise sind überall zur Hand. Selbst die isländischen Schriften reden fast nur von «Saxland» (Werlauff, symbolae ad geogr. medii aevi ex monum. isl. 1821, p. 9); die Donau ist der Grenzfluss zwischen Griechenland und Saxland (S. R. D. II, 36); der Rhein Grenzfluss zwischen Fraklands und Saxlands (Symb. p. 11; cf. Hauksbók in den Ant. Russ., II, 430); von Saxland gelangt man östlich nach Ungarn (Hauksbók p. 441; cf. das Buch des Bisthums Skalholt, Ant. Russ. II, 445) und noch bei Hauk Erlendson († 1334) heisst es: «Germania riki heitir þat er vèr köllum Saxland» (Ant. Russ. II, 438), wie im XIV in der hist. L. abgedruckt in Hist. de Piratis Jomensibus ed. Sveinbjörn Egilsson. 1842. p. 374: «Saxonia s. Germania hodie Saxlandia (Saxonum terra) vocatur, quam inter et Graeciam fluvius ille magnus, Danubius, intermeat.» Es ist dann im höchsten Grade wahrscheinlich: der sächsische Name der Deutschen kam zu den Esten von den Dänen her. Und damit ist nur der Ansatz gewonnen zum Nachweis einer ganzen Reihe von Wechselbeziehungen. Es ist an der Zeit, sie einmal kritisch zu verfolgen, so sehr durch kritiklose Behandlung die Frage in Misscredit stehen mag. Man wird ihre Merkmale wiederfinden in den ältesten, unter dem Landvolk gangbaren Münzen, in Richtung und Art seines Handelsverkehrs, in manchen Momenten selbst seines gesellschaftlichen Lebens, unter Verhältnissen, in welchen man sie bisher kaum geahnt hat, so nahe sie mitunter der Oberfläche liegen. Oder man hat sie übersehen wollen, und auch der Verfasser will nichts von ihnen wissen. Nur hätte er dann nicht gelegentlich rückgreifen dürfen in eine Zeit, welche principiell ausgeschlossen blieb aus seiner Untersuchung. Nicht ohne Untersuchung durfte er, vom Interesse an Motivirungen getrieben, seine Darstellung so wenden, als gäbe es sicher keine Continuität zwischen den alten dänischen Fahrten nach Estland und Waldemars Seezug, als wäre Zusammenhang einzig in den Pilger- und Handelszügen der Deutschen, als predigten päpstliche Bullen die Kreuzfahrt nicht früher nach Estland, als Livland.

Dasselbe Bedürfniss subjectiv-befriedigender Motivirung, wie es zuweilen zum Abschluss drängt ohne gründliche Voruntersuchung, verleitet den Verfasser gelegentlich, moderne Vorstellungen zurückzutragen in eine wesentlich anders disponirte Zeit. Nur so erklärt sich, trotz S. 209 Anm. 6, die später zu besprechende Charakteristik Balduins v. Alna; so die für nöthig erachtete Beleuchtung Waldemars, S. 249: «er habe bei dem Bestreben, seine Herrschaft über deutsche Landschaften auszudehnen, nie die Absicht gehabt, dänisches Recht, dänische Sprache und Sitte dort einzuführen», während S. 273 der Erzbischof von Lund und die dänische Geistlichkeit beschuldigt werden, die deutschen Geistlichen durch Dänen allmälig zu ersetzen: «man erinnre sich nur, wie die Priester der beiden Nationen sich zwanzig Jahre früher, bei der ersten Bekehrung des Landes, bekämpft.»

Dasselbe Bedürfniss wird gelegentlich Anlass, über dem Entfernteren das Näherlie-

gende zu übersehen. Wo der Verfasser berichtet, der Erzbischof von Lund habe im J.
1221 die vom Bischof Albert erbetene dänische Vogtei über Livland rückgängig zu machen versprochen, da meint er, die Deutschen hätten «vielleicht mit einem Kriegszug gegen
Reval» gedroht. Die Quellen bieten dafür keinen Anhalt und die Deutschen begnügen sich
S. 114 am Ende mit sehr mässigem Erfolge. Das Zugeständniss erklärt sich einfach aus
der unmittelbar vorhergegangenen Belagerung Revals durch die Oeseler, vielleicht auch
durch den neuen, estnischen Theilungsvertrag zwischen Orden und Bischof (Origg. Liv.
XXIV, 2), und sowol ausreichend als quellengemäss gibt die Motivirung P. E. Müller,
vita Andreae Sunonis. 1830 (Programm, auch abgedr. in Kolderup-Rosenvinge, Samling
af gamle danske Love, IV, p. XLIII): «Quum igitur Andreas intelligeret, Danos totum istum
tractum propriis viribus tueri non posse, legatis episcopi Rigensis suam operam ad pristi-
nam libertatem ipsi restituendam pollicitus est, hac scil. conditione, ut iunctis viribus paganos impugnarent.» — S. 234 beruft sich der Verfasser auf eine apokryphe Angabe von
Brandis, um das Widerstreben des Papstes gegen die Vereinigung der beiden Ritterorden
durch dänische Machination zu erklären, während doch der Papst bei seinen im Livl. Urkh.
144, a. 1236 angedeuteten Plänen ohne weiteren Antrieb den deutschen Orden viel mehr
zu fürchten hatte, als die Schwertritter mit ihrem einen Drittel am Lande und ihrer hie-
rarchisch mehr untergeordneten Stellung. Livl. Urkh. 149 zeigt, welchen Ausweg der Papst
im eignen Interesse gefunden. — Es hätte den Verfasser behutsamer machen sollen, wenn
er selbst gelegentlich erfuhr, wie ein ihm zu spät bekannt gewordenes Datum seine künstlichen Motivirungen umstürzte. S. 217 lässt er Wilhelm von Modena aus herzlichem
Verlangen, die livländischen Schwierigkeiten an Ort und Stelle zu Gunsten der Deutschen
zu lösen, sein Bisthum Modena zum Opfer bringen, und muss nun p. XII aus Ughelli
nachtragen, dass Wilhelm seit 20 Jahren mit seinem Capitel in Hader gelebt und daher
das «Opfer».

Der schwankende Werth solcher Motivirungen verräth sich noch auffallender, wenn
der Verfasser gelegentlich denselben Vorgang in verschiedenem Zusammenhange auf verschiedene Weise deutet. S. 77 will er die Getödteten der Landrolle offenbar in den inneren
Wirren umkommen lassen, wenn er, wie einer Anomalie, erwähnt, dass ihrer zwei auf
Wirland kommen, nur einer auf Harrien. S. 236 meint er die nur von Brandis gemeldete Betheiligung der harrisch-wirischen Vasallen an der Schlacht gegen die Litauer, Sept.
1236, dadurch wahrscheinlicher machen zu können, dass die Getödteten der Landrolle
«vielleicht» in dieser Schlacht gefallen wären. Zuweilen tritt der Widerspruch noch greller
hervor. S. 40 Anm. 4 lesen wir die viel zu hochgespannte Behauptung, «die Landrolle ertheile den Titel Dominus mit Sorgfalt», mit so fein gemessener Unterscheidung, «dass
sich mit einiger Bestimmtheit schliessen lasse: wenn Jemand einmal ohne diesen Titel, ein
andres Mal mit demselben vorkomme, so gehe die erstere Angabe der Zeit nach vorher.»
Trotzdem gilt dem Verfasser S. 25 ff. Kanutus, den die Landrolle einfach nur so bezeichnet, als «Dux Canutus». — S. 197 wird aus dem Umstand, dass in dem Entwurf eines

rigischen Rechts für die Revaler und Wirländer beim Namen des Bischofs Albert der Zusatz «piae memoriae» fehlt, geschlossen, der Entwurf könne spätestens vom J. 1228 datiren, während ein andres, freilich «auffallendes» Beispiel dem Verfasser nicht unbekannt war (S 207 Anm. 2), dass dieser Zusatz auch zuweilen und grade, wo man ihn am ersten erwartet hätte, fehlte. S. 193, 255 begnügt sich der Verfasser nicht, das «subditi» der Urk. 165 allgemein mit «Untersassen» wiederzugeben: sondern es werden ihm dadurch die Esten zu «vollkommnen Unterthanen» und das Recht der Herren über Hals und Hand wird dadurch wahrscheinlich gemacht; S. 295 Anm. 1 dagegen sieht er sich bewogen, die «subditi» der Urk. 172 als «Diöcesanen» zu interpretiren. — Es ist dann nur ein gefähr-licher Schritt weiter, wenn S. 169 sich kategorisch ausspricht: «Vor Allem musste Bestä-tigung der Lehen zugesagt werden, in die gewiss schon vollständige Herrschaft über die unterworfenen Esten begriffen war»; ganz so wie S. 21—25 den Güterbesitz des Klosters Guthwallia in Estland schon vor dem Jahre 1225 wahrscheinlich zu machen sucht, S. 129 aber, wo es sich um eine Stütze für weitere Combinationen handelt, die Wahrscheinlich-keit bereits zur Gewissheit gereift ist: «Denn sicher ist, dass damals das Kloster in Har-rien und Wirland bedeutende Güter erwarb.» — Es begreift sich um so leichter, wie der Verfasser, wo er nach Beweisen sucht, von zwei gleich grossen Chancen, statt beide gleich gegen einander zu wägen, diejenige vorzieht, welche zu seiner Conjectur passt. So folgert er daraus, dass der «Dominus Tuvo Palnisun» in Urkk. von 1257 und 1259, aber nicht später vorkomme: er werde wol nicht viel länger gelebt haben. Mit demselben Recht liesse sich daraus, dass er nicht früher vorkommt, folgern: der L. C., in welchem er eine bedeutende Stelle einnimmt, könne nur kurz vor 1257, nicht aber schon 1239 ent-worfen sein. Denn 20 Jahre vorwärts sind in diesem Falle grade eben so wahrscheinlich, wie 20 Jahre rückwärts oder eines ist so unwahrscheinlich, wie das andre, oder vielmehr, für keines von beiden lässt sich durch ein blosses argumentum a silentio etwas darthun. Von der Vorliebe des Verfassers für diese Art von Beweis werde ich noch zu sprechen haben. Nun lässt sich zwar einem sonst exact gefügten, historischen Beweise durch eine von zwei gleichen Chancen zur Noth ein Abschluss geben, allein, sobald auch die übrigen Glieder nur hypothetischen Werth haben, wird nichts gewonnen, als die Balance für eine Gruppe von Möglichkeiten.

Derselben Combinationsmethode ist es dann zuzuschreiben, wenn der Verfasser, um eine Muthmassung plausibel zu machen, absichtlich oder unabsichtlich seinen Beweis im Halbdunkel führt. So weiss der kritische Leser, der sich durch ein Spiel halber Andeu-tungen nicht fangen lässt, kaum zu erklären, was S. 45 gemeint ist in den Worten: «Ganz zufällig ist auch wohl nicht die Uebereinstimmung in den Stammwappen einerseits der Buxhövden, andrerseits der von der Roop, wie dieses letztere Geschlecht in jüngster Zeit sein altes Wappen wieder angenommen.» Ahnte der Verfasser das Wie dieses Zu-sammenhanges der ältesten Zeit mit der jüngsten, so durfte er es nicht verchweigen, so eigenthümlich wäre es. Hatte das Geschlecht der Roop sein «altes» Wappen in der That «wieder» angenommen, so konnte dabei der Zufall gar nicht gewaltet haben. Für die Wahl der Ausdrücke giebt es nur eine Erklärung: der Zusammenhang ist dem Verfasser so dunkel gewesen, als er dem Leser jedenfalls bleiben wird, und es ist nichts plausibler geworden. — Eigenthümlich gezwickt ist die Erörterung auf S. 78: «In Wirland verschwinden daher die wenigen dänischen unter den zahlreichen deutschen Vasallen. Das vollkommne Widerspiel davon findet nun freilich in Harrien nicht gerade statt. Indessen erscheinen die Deutschen hier immer in einem sehr viel geringeren numerischen Verhältnisse, obschon an Zahl die Dänen weit überwiegend.» Das heisst kurz und deutlich: In Harrien, vorzüglich aber in Wirland, gab es bei weitem mehr Deutsche, als Dänen. Ein Unterschied also bestand, allein weder ein vollkommnes, noch überhaupt irgend ein «Widerspiel.» Wozu dann die unklare, gewundne Formulirung eines einfachen Verhältnisses? Dem ungeübten Leser schiebt sie für einen Unterschied einen Gegensatz unter. — Wo der Verfasser S. 189 die angebliche Landesversammlung von 1228 bespricht und sich scheut, die Aufzeichnung eines vollständigen Lehnrechts zu behaupten, da hilft er sich mit einem Mittelwege: «Das Resultat, sagt er, jener Verabredung bildete dann ein vielleicht theils schriftliches, theils nur traditionelles Recht für's ganze Land, ein Landrecht. Dieses wurde von Volquin nunmehr den Wirländern bloss bestätigt, den Harriensern zum Theil bestätigt, zum Theil verliehen.» «Dieses,» somit das theils geschriebene, theils traditionelle Landrecht. Wie aber sollte ungeschriebnes, traditionelles Recht «bestätigt» werden, als etwa in so allgemeiner Zusicherung, dass es dazu der Vereinbarung auf einem Landtage schwerlich bedurfte. Allein wie vermag «traditionelles Recht» überhaupt «Resultat» zu sein einer förmlichen Verabredung? Aus verabredeten Sätzen mögen sich traditionelle Ergänzungen entwickeln, allein diese sind nicht selbst Resultat der Verabredung. Wenn die S. 187 noch dazu setzt: «die schriftliche Abfassung war vielleicht nicht einmal durchaus erforderlich; in die Köpfe jener Zeit gruben sich die wenigen, einfachen Rechtssätze tief ein», und wenn S. 186 bei den vielen particulären, im Lande geltenden Erbrechten eine Vereinbarung für unvermeidlich geboten hält, so hat es dem Verfasser offenbar nicht geliugen wollen, das Verhältniss klar zu fassen. Selbst die Hypothese von den alten, specifisch disponirten Köpfen hilft wenig. So einfach die wenigen Rechtssätze sein mochten, sie waren ja eben vielfach: nur daher das Bedürfniss einer Vereinbarung. So wurden sie also vereinfacht — das wird der Verfasser gemeint haben. Nun leben aber im Gedächtniss offenbar die alten, traditionellen Rechtssätze, die vielfachen: im einen Kopf diese, im andern jene. Konnte es nun demselben, alterthümlich disponirten, Gedächtnisse so leicht werden, die erst vereinbarten, einfachen sofort zu fassen und so «tief» zu bewahren, dass eine Aufzeichnung «nicht einmal erforderlich» war? Es hat aber diese unklare Deduction nur den Zweck, die Hypothese von einem Landtag im J. 1228 plausibler zu machen. — Denselben Character trägt S. 196—198 die Erörterung über das älteste rigische Stadtrecht, wie es für die Revalienses und Wironenses entworfen wurde. Es wünscht der Verfasser glaublich zu machen, einerseits, dass Reval vor 1228 eine «wirkliche Stadt» noch nicht war, andrerseits, dass 1228 die Wirländer einer «Stadt» bedurften. Schon vor 1219 mochte in Reval «ein Hafenmarkt» bestanden haben, doch nur für den Sommer; «in der schweren Zeit von 1223—1227 hätte Waldemar kaum daran denken können, diesem Orte ein Stadtrecht zu verleihen»; erst seit der Herrschaft des Ordens erhält Reval «wieder Sicherheit und Frieden». Andrerseits bedürfen die Wirländer eines «festen Rückzugpunkts» gegen Aufstand und feindlichen Einfall: «eine blosse Burg genügte nicht, es war vielmehr neben derselben das Entstehen einer Stadt wünschenswerth». Freilich «dass in einem eben erst heidnischer Barbarei entrissenen Lande Städte nur dort entstehen konnten, wo der Handel eines Stapelplatzes, eines Haltpunkts bedurfte, das brauchten jene Vasallen grade nicht vorauszusehen». Mit einem Worte, der Verfasser erklärt dieselbe Stadt für nothwendig, für wünschenswerth, für unmöglich. Denn die Stadt ist doch ein Bedürfniss, wenn die Burg «nicht genügt», obwol der Leser nicht versteht, warum «nicht genügt». Und bloss «wünschenswerth» wird die Stadt nur, weil sie doch eben nicht unentbehrlich und freilich auch so gut, wie unmöglich ist. Es hat aber diese Unklarheit nur den Erfolg, flüchtigen Lesern plausibel zu machen, wie die eine Stadt, in der sich alle Bedingungen zur Stadt schon frühe gefunden hatten, eine «wirkliche Stadt» noch nicht war, zu einer Zeit, wo an einer andern Stelle, der es an allen Bedingungen zur Stadt fehlte, eine Stadt auf förmlichen Beschluss fundirt wurde. — Ich erlaube mir, da ich auf die Frage nicht weiter zurückkomme, eine weitere sachliche Bemerkung. Man wird dem Verfasser die deutsche Gründung Wesenbergs mit dem deutschen Namen zugeben müssen. Zum Nachweis konnte das Kirchdorf Wesenberg, nahe der Trave, angeführt werden, das als «Wispircon» bereits in dem von Adamus Brem., Gesta Hamm. eccl. pontif. II, 15b (Mon. Germ. Scr. VII, 310), erhaltenen Fragment einer transalbingisch-sächsischen Grenzscheide Karls d. Gr. vorkommt und auf welches wol auch der Burchardus de Wesenberghe im Necrol. Hamb. (S. R. D. V, 411; cf. Hamb. Urkh. 664 und Studien S. 60 Anm. 2) zu beziehen ist. Auch das muss zugegeben werden, wie zuweilen Städte bestimmten Personen ausdrücklich zur Gründung übergeben wurden. Im Uebrigen aber wird man bei jenem Document zunächst doch an die Küstenlandschaften denken, namentlich wenn als Motiv ausdrücklich hervorgehoben wird: «ut, sicut in Riga, unum ius habent peregrini cum urbanis et urbani cum peregrinis, sic et nos habeamus». In Estland aber hat es sicher ebenso vorübergehende Stadtansätze gegeben an Orten, die urkundlich nicht oder kaum mehr nachzuweisen sind, wie in Livland. Ich erinnre nur an Livl. Urkb. III, 563b, a. 1296, wo Helmold von Lode den Lübeckern Befreiung ertheilt von Zoll und Ungelt und Strandrecht in portubus, aquis, aquarum fundis et ripis und dieselben Freiheiten in Anspruch nimmt für die derzeitigen und künftigen Einwohner «opidorum et civitatum nostrarum scil. Lodenrodhe et Cokgele». Selbst diese beiden Orte würden besser, als Wesenberg, zur Angabe passen: «in Revalia et circumpositis regionibus» und das Mitinteresse der Wirländer an jeglicher Steigerung des Seeverkehrs mit Lübeck wäre Motiv genug für ihre Betheiligung. Am besten freilich bleibt jenes Document vorläufig auf sich beruhen.

Wie in diesem Falle ein urkundliches Datum war übersehen worden, das wenigstens in eine Combination von Möglichkeiten Aufnahme erwarten konnte, so hat der Verfasser noch öfter unzweideutige, positive Momente absichtlich oder unabsichtlich bei Seite gelassen, obwol in Folge dessen seine Schlüsse sich in Sprüngen bewegen oder geradezu fehlzielen. Meist erklärt es sich aus einseitig gespannten Intentionen. Als Beispiel im Kleinen füge ich die Behauptung von S. 200 an: «Hätte eine Estenburg sich dort (bei Wesenberg) befunden, so wäre in dem estnischen Namen (Rakwere) die Bezeichnung Linn gewiss erkennbar geblieben», als wäre in den Origg. Liv. nichts gemeldet von einem «castrum Odempe» (XII, 6), einem «castrum Warbole» (XV, 8), einem «castrum Lone» (XXVII, 6) und andern. Bedenklicher ist das Bestreben, auf jede noch so entfernte Andeutung die wirischen Vasallen in den Vordergrund treten zu lassen, wo ein unbefangner Blick zur Seite gelehrt hätte, wer an ihre Stelle gehörte. So wird S. 151 die Urk. 98 mit übertriebenem Nachdruck eine Verbindungsschrift genannt und die «ceteri Theutonici in Livonia», «da so weder die Rigaer, noch die Vasallen Bischof Alberts genannt werden konnten», sollen vorzüglich Johann v. Dolen und seine Genossen, die Vasallen des Bischofs von Dorpat, «jene Eroberer Wirlands», bedeuten. Es sind doch sicher nur die Pilger, so viel ihrer damals in Livland oder vielmehr in Riga sich befanden; das Schreiben ist aus Riga ergangen. Dieselben Wirländer sollen überall gemeint sein, wo der Helfershelfer des Ordens bei der Einnahme Revals gedacht wird. Wenigstens eine Prüfung verdiente die Angabe des Chron. Eccl. Rip. (S. R. D. VII, 192), welche dem Verfasser bekannt sein musste, da er S. 25 Anm. 2 von derselben Seite ein Citat bringt. Es heisst dort nach der Gefangennahme des Königs Waldemar durch den Grafen Heinrich von Schwerin: «Interea Revalia capitur a Teutonicis, Rigensibus et Comite». Der L. C. führt unter den Vertriebenen manche Namen auf, welche um die Mitte des XIII. Jahrhunderts in schwerinschen Urkunden wiederkehren, und an das Chron. Eccl. Rip. reiht sich gleichsam bestätigend die Angabe des Erzbischofs von Lund in der Bulle Gregors IX. (Livl. Urkh. 146, a. 1236): «tandem, captivato rege praedicto, fratres militiae Christi in Livonia et quidam alii ipsi terrae vicini violenter occupantes eandem, eiectis inde episcopis ff.». Mit dieser Bezeichnung werden wol eher Auswärtige gemeint sein, als die Wirländer, welche im Lande selbst sassen. Der Verfasser hält ausschliesslich sie fest.

Es ist zu bedauern, dass er, trotz der ihm selbst nicht verborgenen Gefahr, oft in die Irre zu gehen, verschmäht hat, gewisse Zeichen zu befragen, die ihn öfter zurechtweisen konnten. An einer andern Stelle werde ich darthun, welchen Werth für seine «Studien» eine feste, topographische Basis gehabt hätte. So wenig, wie darauf, hat er auf die Lage des Landvolks vor Ankunft der Dänen eingehen wollen; schon oben habe ich davon gesprochen. Eine gewisse Scheu hat ihn fern gehalten von den älteren Zeiten; er meint, es gebe da keine Geschichte: die Quellen wenigstens sind oft ergiebiger, als für die späteren Zeiten. Auch hat er sich solcher Schlüsse nicht enthalten, die zum Theil in jener Vorzeit ihre Stütze suchen. So ist S. 135, 138, 193 von einem 1228 bereits vollzogenen «völligen

Untergange der echten Stammältesten» die Rede, ohne dass festgestellt war, welehe Stellung die Aeltesten einnahmen. Die Origg. Liv., die Reimchronik, die Urkunden enthalten manchen Fingerzeig. Wie hat der Verfasser sich das Verhältniss gedacht? Wurden die «echten Stammältesten» gewählt oder war ihre Würde erblich? Die Hypothese von ihrer systematischen Verdrängung durch die Dänen schwebt in der Luft, ehe diese Frage beantwortet ist. — S. 194 Anm. 2 erklärt der Verfasser: «näher auf die Verhältnisse der Esten zu ihren deutschen Herren einzugehen, ist hier nicht der Ort», dennoch entscheidet er S. 85 Anm. 1 fast ohne Prüfung die Stellung der Esten.

Die Intention auf ein künstlich gesetztes Ziel hat ihn ungerecht gemacht nicht nur gegen den Gewinn aus einer eifrigen Durchforschung der älteren Zeit, sie hat ihn seinen Blick oft auch abwenden lassen von der gleichzeitigen Geschichte der Nachbarprovinzen, wo er mehr als einmal den Schlüssel gefunden hätte für grössere oder geringere Probleme, deren Lösung für Estland er nun durch schwebende Hypothesen hat suchen müssen. Konnte schon die Geschichte der «Urzeit» ihn belehren, wie es dem Landvolke frühe an Geld nicht fehlte, so rechtfertigt sich S. 280 Anm. 1 die Behauptung: «Mit Geld wurde der Zehnte gewiss von den Esten nicht abgelöst», um so weniger, als Livl. Urkh. 430 im J. 1272 eine Geldablösung des Zehntenkorns für die Semgallen ausdrücklich stipulirt wurde; es sollte ihnen freistehen bei Kornmangel «vor enen iegliken lop twe artinck Rigis silvers to betalene, oder twe marde oder achte gra vel». — S. 130 vermuthet der Verfasser: «In den alten Estenburgen hauseten (schon 1224) wahrscheinlich dänische Vögte mit einigen Gewaffneten, um die Esten im Zaume zu halten». Aus Urkunden aber wissen wir, dass Vögte unter dem erst eben dem Zehnten unterworfenen Landvolke nicht «hauseten», sondern nur zu Zeiten erschienen. So heisst es 1241 im Vertrag mit den Oeselern (Livl. Urk. 169): «Advocatum ad Secularia indicia semel in anno, eo scil. tempore, quo census colligitur, recipient» und noch im J. 1272 erschienen unter den Semgallern die Vögte jährlich nur drei Mal (Livl. Urkh. 430). — Selbst bei Betrachtung der äusseren Politik verengt sich die Auffassung des Verfassers im harrisch-wirischen Horizont. So hätte die päpstliche Politik von 1225 eine viel umfassendere Bedeutung erhalten bei mehr Bedachtnahme darauf, dass in demselben Jahre der Papst Honorius III. auch die Preussen in seinen unmittelbaren Schutz zu nehmen trachtete (Cod. dipl. Pr. I, 16; Livl. Urkh. 71). — Der Ansatz (S. 207) zur Characterisirung der Politik, welche den verschiedenen Landschaften verschiedene Bedingungen und Aufgaben stellte, wird zu rasch wieder aufgegeben. In der Geschichte jener Zeit aber war es entscheidend, das Dorpat, Wirland, das spätere Erzstift, Curland, dass die Bischöfe und der Orden, jeder andre Berührungen, Befürchtungen, zum Theil andre Interessen hatten. Die Beurtheilung des Bischofs Hermann wäre gewiss gerechter gewesen, wenn der Verfasser sich lebhafter hätte erinnern wollen, wie ihn weder die dänischen, noch die litauischen Händel, um so mehr die russischen, berührten. Der eigenthümlichen Stellung des deutschen Ordens ist er bei der Beurtheilung des Vertrags von Stenby im Ganzen gerecht geworden; es ist ihm nicht entgangen, wie dieser

Orden alle Aufmerksamkeit auf Litauen zu concentriren hatte, schon weil es nunmehr die Ordensbesitzungen schied. Nur hätte er bemerken sollen — und vielleicht bringt die versprochene Studie über den Bischof Gottfried von Oesel diesen Nachtrag — wie der Orden in Oesel und in der Wieck eine so entscheidende Flankenstellung behauptete, dass er zum Voraus den Rückfall Estlands an seine Macht berechnen konnte. Kaum etwas Anderes hat so tiefgreifend die livländische Geschichte bestimmt, als die vielseitige Stellung des Ordens und in den Zusammenhang dieser Geschichte dringt tiefer ein, nur wer jede Wandelung in dieser Stellung scharf ins Auge fasst.

Wenn so der Verfasser nicht alle Hilfsmittel erschöpft, welehe die Quellen an die Hand geben zur bessern Orientirung, so befremdet desto mehr die Zuversicht, mit welcher er in seinen Deductionen Argumente a silentio einflicht, deren Beweiskraft um so niedriger steht, je mehr Lücken die uns zugekommene Tradition hat. Zur Zeit der Landrolle kann nach seiner Meinung das Cistercienser-Kloster der Nonnen von S. Michael noch nicht bestanden haben, «da es sonst gewiss mit seinen Besitzungen verzeichnet worden wäre». Allein für gewiss ist das nicht eher zu halten, als bis erwiesen ist, der L. C. verzeichne alle Besitzungen im dänischen Estland und sei vollständig auf uns gekommen. Auch, wenn der Beweis vorläge: da mitunter, wie Fol. 50b. bei Reihen von Ortsnamen die Namen der Besitzer — wol aus Nachlässigkeit des Schreibers — fehlen, so gilt die Nichterwähnung nicht als Beweis des Nichtbesitzes. — Zuweilen macht der Verfasser die Beweiskraft eines solchen Arguments abhängig von der Gunst oder Ungunst einer Hypothese. In einem Falle, S. 235, beweist ihm das Schweigen der Reimchronik gegen das apokryphe Zeugniss des Brandis gar nichts; im andern Falle, S. 291 Anm. 1 muss sich das Zeugniss der Woskres. Annalen von der Reimchronik todtschweigen helfen lassen. An einer Stelle beweist die Nichterwähnung eines Namens in einer Urkunde die Nichtbetheiligung; ein andres Mal vermag sie nichts zu beweisen. Vom Legaten Wilhelm schweigt die Vereinigungsurkunde Gregors IX., obwol sie der Fürsprache der Bischöfe von Riga, Dorpat und Oesel ausdrücklich gedenkt; dennoch soll S. 236 Anm. 4 der Legat erst den Papst für die Verschmelzung der Orden gestimmt haben. Urkundlich erscheint vor Gregor IX. nur Balduin als Ankläger der livländischen Herren, obwol es Anlass genug gab, auch andrer zu erwähnen, falls sie auftraten: der Verfasser lässt dänische Abgeordnete «wahrscheinlich» mitthätig sein. Zuweilen sind deutliche Zeugnisse zwar nicht übersehen, aber aus unmotivirter Unschlüssigkeit der Beweiskraft entkleidet worden. So heisst es S. 212 Anm. 1: «Urk. 118. Aus dieser Bulle geht hervor, dass im Anfange 1232 die Bisthümer Reval und Wirland ohne Hirten waren, leider lässt sich nicht erkennen, ob sie vakant oder nur deren Bischöfe abwesend». Dennoch bezeugt die dem Verfasser bekannte Urkunde 146, a. 1236, die Bischöfe wären vom Orden ejicirt worden und S. 167 Anm. 3 bemerkt er selbst, von 1226 bis 1240 geschehe eines Revaler Bischofs keine Erwähnung. Hier durfte der Beweis a silentio sicher in Kraft treten und hier gerade misstraute ihm der Verfasser.

Als sollte für solche Vorsicht der Leser entschädigt werden, umwebt der Verfasser

Personen, von denen wir wenig wissen, mit einem phantastischen Scheinleibe und sucht mit seltner Ausdauer aus ihrer Erwähnung und Nichterwähnung, aus vereinzelten Worten in Urkunden, am meisten aus der Stellung, welche er in seiner Geschichtsbildung ihnen anweist, die Motive ihrer Handlungen zu errathen: er octroyirt ihnen einen Character. Bei Kanut, S. 128, 260—270 ist vielleicht das Aeusserste geleistet, ihn an dem Ort und der Zeit unterzubringen, wo und wann urkundlich oder durch deutliche Zeugnisse nichts von ihm gemeldet wird. Die Combinationen, durch welche die einzelnen Annahmen plausibel gemacht werden, sind zum Theil fein berechnet: überzeugt haben sie den Verfasser gewiss erst nach längerer Gewöhnung. In dieselbe Kategorie gehört der Bischof Wessel S. 163, 165, 167; in dessen Lebensgeschichte abermals ein argumentum a silentio eine einschneidende Rolle spielt; zum Theil der Mag. Johannes, S. 155; selbst der Erzbischof Andreas von Lund. Denn dieser hat S. 273 «möglicherweise ein christliches Estland, ausschliesslich unter dänischen Priestern und ohne fremdländischen Herrenstand, im Plane gehabt, das dann von den Bischöfen als Häuptern der bekehrten Esten verwaltet werden sollte». Von der Einsetzung der beiden ersten dänischen Bischöfe reden, soviel mir erinnerlich, nur zwei Stellen. Die eine, Origg. Liv. XXIII, 2, lautet so: «Rex et Episcopi — — in locum Episcopi praedicti Theoderici capellanum suum Wesselinum substituerunt». Der Verfasser paraphrasirt S. 99: «dieses benutzend (den Tod Theodorichs) hatte Waldemar sofort und ohne weitere Rücksicht auf Bischof Albert seinen eignen Kaplan Wessel zum Bischof von Reval ernannt und zugleich zum Suffragan des Erzbischofs von Lund». Jedenfalls hätte es richtiger geheissen, wie bei Müller, (Vita Andreae Sunonis, p. XLIII): «Archiepiscopus consecravit»; vergl. zum Ueberfluss Livl. Urk. 146. Die zweite Stelle lautet beim Albericus ad a. 1215 so: «Postea additi sunt duo, scil. Wescelo, Ep. Rivalie, et unus de Dacia, Ostradus, Ep. Wironiae». Der Verfasser benutzt diese Angabe — mir wenigstens ist eine andere nicht bekannt — zu folgender Diatribe. S. 277: In Urk. 166 erklärt der König die Dotation des Bisthums «ohne weitres dem König» verfallen «liesse sich einmal das Capitel oder ein Bischof einfallen, ihm sich zu widersetzen»; die Erwähnung eines wirischen Bisthums in derselben Urkunde ist nur ein Fechterstück des Königs. «Er hatte dabei nur die Absicht, von vorn herein zu erklären, wie eine Wiederbelebung des Bisthums Wirland allein vom König ausgehen könne und bloss unter denselben Bedingungen, die er bei dem Bisthum Revel zur Geltung gebracht. Eine solche Vorsicht konnte nothwendig erscheinen. Denn vor 20 Jahren hatte Erzbischof Andreas ohne den König das Bisthum Wirland errichtet und den Ostradus zum Bischof ernannt. Es galt daher die königliche Prärogative dem Primas und auch dem Papst gegenüber zu sichern». Freilich! hatte doch Andreas von einem ausschliesslich von Bischöfen verwalteten Estland geträumt. «Seine Pläne aber, wenn er (der Verfasser selbst setzt diese Worte hinein) sie wirklich gehabt haben sollte, waren an den deutschen Schwertern zerschellt, abgesehen von ihrer innern Unausführbarkeit». Abgesehen, wird man versucht hinzuzusetzen, von der Phantasie des Verfassers. Aus zwei gleich dürftigen Notizen sind selten kühnere Folgerungen gezogen. Zwar sucht der Verfasser nie wissentlich zu täuschen; nicht selten warnt er den Leser, ihm nicht Alles aufs Wort zu glauben: denn dieses oder jenes sei nur eben eine Vermuthung; allein wozu dieser verschwenderische Aufwand von Möglichkeiten, um kaum eine armselige Wahrscheinlichkeit zu erjagen? Unter den Persönlichkeiten, welche es sich gefallen lassen müssen, einen Character zu erhalten, fahren namentlich zwei recht übel, der Bischof Hermann v. Dorpat und der Mönch Balduin v. Alna. Dem Einen mangelt es an Muth, dem Andern an Tugend. Es begegnet dabei dem Verfasser dasselbe, wie beim Legaten Wilhelm: ein Nachtrag verdirbt ihm die Rechnung. An der Beredung des Bischofs Albert, des Ordens, der rigischen Bürger, der Pilger: sie wollten mit den Dänen nicht Frieden schliessen ohne Lübeck, nimmt Bischof Hermann nicht Theil. «Vielleicht mochte er im Jahre 1224 von König Waldemar die Möglichkeit, sein Stift in Besitz zu nehmen, nur gegen eidliches Versprechen friedlicher Gesinnung erhalten haben. Ueberhaupt scheint er nicht sehr unternehmend gewesen zu sein». So S. 151. — S. XI muss den Nachtrag bringen, dass Bischof Hermann am 20. Sept. 1226 in Cöln war und «vielleicht zur Zeit jenes Vertrages (Frühj. 1227) noch nicht nach Livland zurückgekehrt». Das «vielleicht» sollte mindestens «wahrscheinlich» heissen, denn in andern Fällen gestattet der Verfasser weder späte Herbst-, noch zeitige Frühjahrsfahrten über das Meer. Dem Bischof Hermann freilich hilft dieser Nachtrag wenig: er bleibt des Mangels an Muth verdächtig, so dass ihn die Wirländer «vielleicht nicht zum Bischof mochten» und er selbst «schwerlich Willens war, sich in eine so häklige Sache und gar König Waldemar entgegen, einzulassen». Der Makel bleibt einmal auf ihm sitzen: nach S. 170 im Frühjahr 1228 hält er sich «vielleicht absichtlich von allem Gebahren entfernt», obschon der Satz vorher ihn ausser Landes vermuthet und eine Anm. derselben Seite nachweist, wie er am 20. Sept. 1226 «sicher» in Cöln, am 18. Dec. 1227 «wol gewiss» in Erfurt, im Juni 1228 «wahrscheinlich» noch nicht in Riga war.

Trotz Allem ist er noch glimpflich abgekommen, wenn man ihn mit dem «Mönch Balduin» vergleicht. Welcher ränkevolle, betrügerische, bestechliche Schurke das gewesen, ist kaum zu glauben. Als er S. 208, 209. in Livland auftritt, «behauptet er in diesen Ländern die Stelle des Papstes zu vertreten» (Livl. Urk. 103: Nos vero, domini papae vices in hac parte gerentes ff.); in die Wahlstreitigkeiten des rigischen Erzstifts zwar mag er sich nicht gemischt haben, wenigstens ist das «nicht ersichtlich»; aber «mit der Stadt Riga, wie es scheint auch mit den übrigen Livländern, geräth er in heftigen Streit. Die Kuren sollen hierzu die Veranlassung gewesen sein». Das nämlich beweisen die Urkunden 103—106. Allein der Verfasser gesteht, «durchaus zu der Ansicht zu neigen: er habe dabei nur der Gründung eines deutschen Staats an der baltischen Küste entgegenwirken wollen». «Denn sein Benehmen in Bezug auf Kurland, im Jahre 1234, als Wilhelms abermalige Ernennung zum Legaten bekannt geworden, beweiset, scheint mir, wie wenig ehrlich er es mit den Kuren gemeint». Dieses Benehmen besteht in der Belehnung von 56 rigischen Bürgern mit Land in Kurland und in der Stipulation für die Kuren: «Inter haec omnia salva erit libertas neophitorum de terris memoratis» (Livl. Urk. 135). Wo liegt nun der Anlass zur schlimmen Beschuldigung? Allein, wie perfid! Als (ihm) Wilhelms Ernennung zum Legaten bereits bekannt ist, übt er noch einmal Functionen, die ihm — freilich doch kraft des erhaltenen Amts zustanden. Also abermals, wo liegt der Beweis seiner Bosheit? Und vollends, was S. 209 (ich will selbst hinzusetzen: ihm) schon bekannt ist, das ist S. 219 «noch nicht zur Kenntniss der Livländer gekommen». Denn «nur so erklärt sich, wie die Rigaer noch kurz vor Beginn der Schiffahrt im Frühling des Jahres 1234 sich hergegeben, von ihm die Belehnung in Kurland anzunehmen«. Die feilen Bürger, dass sie nicht von dem wirischen Adel gelernt, wie man ehrlich zu Land kommt! Und frägt man nun, woher der Verfasser folgert, ganz Livland hätte noch nichts von Wilhelms Ernennung gewusst, während sie (Balduin) schon bekannt war, so ist die Antwort: ebendorther, woher er es hatte, dass Balduin S. 211 seine «Erhöhung» zum Bischof von Semgallen dem Einfluss des dänischen Königs verdankte, — dass er S. 213 vergebens erwartete, die Neubekehrten und die Dänen würden für ihn zu den Waffen greifen, dass er S. 214 in Riga «vielleicht bestochen wurde», denn «der Bestechung war der habsüchtige Mönch gewiss nicht unzugänglich», dass S. 215 «sein Ruf durch seine Thätigkeit in Livland in mehr als damals gewöhnlichem Maasse gelitten». Alles aus derselben Quelle: aus der Phantasie des Verfassers. Und bis ans Ende verfolgt den Mönch Balduin die rächende Geschichte. Aus seinen Ränken scheint er S. 230 «keine grossen Vortheile gezogen zu haben, es sei denn, dass sie in Geld bestanden». Mag er auch später, um 1239, Erzbischof geworden und mit dem byzantinischen Kaiser Balduin II. auf einem Kreuzzuge gewesen sein: «immer hatte er Alles, was er 1232 gewonnen, unwiederbringlich im J. 1236 verloren». Was Wunder, wenn mit ihm fiel, was ihm anhing! Der L. C. verzeichnet Güterverkäufe «Nicolai, fratris episcopi Balduini». Wie Nicolaus zu Gütern in Wirland gekommen, begreift sich. «Es versteht sich, S. 31, dass man anfangs, so lange Balduin zu fürchten gewesen war, die gewöhnlichen Mittel (also in Riga Geld, in Wirland Land) angewandt hatte, um seinen Widerstand zu beschwichtigen. Diesem Umstand hatte vermuthlich sein Bruder Nicolaus seine Güter in Estland zu verdanken gehabt». Nun, nach 1236, sieht sich, S. 230, selbst Nicolaus «veranlasst, die Besitzungen, welche ihm sein Bruder in Wirland verschafft, zu verkaufen und das Land zu verlassen». Es ist, nach dem «Comes de Suerthoghae», der zweite Verkäufer im L. C., den der Verfasser verurtheilt, gezwungen zu verkaufen. Damit endet die Geschichte vom Mönch Balduin.

Wie disharmonisch diese Zergliederung historischer Gebilde berühre; die Disharmonie liegt im Zersetzten selbst. Wo an widerstrebenden Bestandtheilen nur ein gewisser Schein des Zusammenhangs den innern Zwiespalt verdeckt hat: da tritt er hervor, sobald der Schein wegfällt. Weder Berechnung, noch Intuition oder Divination vermögen jeden spärlichen Rest zerstreuter Atome zu einem Spiegelbild ihres entschwundenen Lebens zu verbinden. Auch ist das nicht das Problem der Geschichtschreibung. Zwar auch an kaum merkbaren Zeichen soll sie den Geist einer hingegangenen Zeit verstehen lehren und ihre

Zeugen gruppiren nach einem inneren Gesetze. Allein wo die Zeichen fehlen und trügen, da wird ein Gesetz nur errathen für eine errathene Erscheinung: die Combination wird zum Spiel. Geschichtlichen Werth erhält sie erst durch innre Nothwendigkeit. Der Historiker soll zu warten wissen, bis die Nothwendigkeit unverkennbar sich kundgibt: nur den Weg gleichsam zur Offenbarung soll er ihr bereiten, das weit Zerstreute soll er in einen Blick fassen und geduldig die Anzeichen natürlicher Wahlverwandtschaft erharren. Je zerstreuter freilich und unbestimmter die Daten, je schwerer die Einsicht in ihre natürliche Beziehung: um so eilfertiger die Befriedigung, wenn nun zuerst einige sich abheben von der ungegliederten Masse, sich nähern, scheinbar ergreifen und zu Gruppen formen, um so energischer der Verdruss an unerwarteter Störung, um so kühner das Verlangen, dem Hemmniss zu entkommen, um so rascher der unvermittelte Sprung aus dem Möglichen ins Wahrscheinliche, aus dem Wahrscheinlichen ins Wirkliche.

Die Methode, die so verfährt, verräth sich daran: überall sorgt sie für Motive, für jedes Problem weiss sie eine Lösung; nirgends gibt sie einen unmessbaren Rest zu.

Der Kritik ist ihr gegenüber eine weitläufige Aufgabe gestellt, sobald sie jedes einzelne Treffliche vom Falschen, alles Richtige vom Irrthum sondern soll; überdies bessert sie dann oft, ohne zu heilen, dem Gärtner gleich, der eine üppige Verzweigung sorglich durchmustert, stutzt und stützt, verwirft und bestätigt; wo sie kann, ist es besser: sie dringt mit einem Schnitt dem System an die Wurzel, scheidet dort die schadhafte Stelle von den gesunden und überlässt Stamm und Krone der allmäligen Wirkung.

Auf den L. C. ist die Untersuchung des Verfassers begründet; von ihm geht sie aus; zu ihm kehrt sie zurück. An seinem Inhalt misst sich die älteste harrisch-wirische Geschichte: sein Inhalt wiederum misst sich an dieser. Denn das ist bei den «Studien» neben dem Fehler äusserer Anordnung der innere: was an einer Stelle beweisen soll, wird an andrer bewiesen im Zusammenhange mit dem, was es selbst erst beweist. Beide Gruppen der Untersuchung durchflechten sich so mannigfach, dass es am einfachsten ist, die gemeinsame Basis zu prüfen. Damit wird zugleich eine gewisse, äussere Einheit gewonnen und es wird bei der Prüfung von Abtheilung I und II nur darauf ankommen, zugleich Abtheilung III in Rücksicht zu nehmen. Dann aber zerfällt die Betrachtung in drei grosse Capitel: sie prüft die Conjecturen des Verfassers über das Alter des L. C.; sie prüft die Anschauungen, auf welche die Annahme vom einheitlichen und officiellen Ursprung des L. C. sich beruft; endlich prüft sie an äussern und innern Merkmalen das Document selbst, um ein begründetes Urtheil zu gewinnen über seinen Character und Ursprung.

Der erste Versuch somit, sich zu orientiren und einen festen Anhaltspunkt zu gewinnen, ist auf die Personennamen des L. C. gerichtet. Gelang an ihnen der Nachweis, der L. C. gehöre in die Zeit unmittelbar nach dem Vertrage zu Stenby, so konnte um so zuverlässiger der zweite Beweis angetreten werden, der bestimmt war, jenen Vertrag in deutlichen Causalzusammenhang mit der Landrolle zu setzen. Wir haben darum zunächst Schritt vor Schritt den ersten Nachweis zu prüfen.

I. Kritik der Deductionen des Verfassers zur Zeitbestimmung des Liber Census.

Die Reihe eröffnet § 1. Ulricus Balistarius. Nach Livl. Urk. 203 verleiht im J. 1249 der König dem Bischof von Reval 14 Haken in Kuate, welche vordem Ulricus Balistarius besessen. Ob diese Schenkung ursprünglich schon ins Jahr 1243 fällt, ist jedenfalls nicht mehr zu ermitteln. Begnügt man sich mit dem, was urkundlich feststeht, so liegt die Folgerung allerdings nahe: da im L. C. ein Ölric 10 Haken in Kuaet besitzt, ohne dass dabei eines Anspruchs der Kirche gedacht wird, so sei der L. C. abgefasst vor dem J. 1249, zu einer Zeit, wo die erwähnten Haken noch in Privatbesitz waren. Allein, die Frage ist, wollte der L. C. eines Anspruchs der Kirche erwähnen? Bezieht nicht eben der Verfasser die Notiz «dos ecclesie» fast durchgängig auf Parochialwidmen? Endlich, stimmt etwa die Hakenzahl? Und ist Kuate auch wirklich Kuaet? Wenn aber, warum dürfte das Gut nicht 24 Haken gezählt haben, davon 14 aus dem Besitze Ölrics ausgeschlossen, 10 ihm geblieben wären? Weder zu kaufen, noch einzutauschen, noch den Heimfall abzuwarten brauchte der König; im dänischen Lehnssystem — wenn man es so nennen will — stand dem König der jährliche Widerruf frei. Ferner ist selbst die Identität von Ölric und Ulricus Balistarius nicht erwiesen. Wenn aber, verzeichnet der L. C. ihn etwa als eigentlichen Herrn der 10 Haken in Kuaët? Der Text im Facsimile Fol. 42b. wenigstens gibt Anlass zum Zweifel:

Nach Anleitung der Handschrift lässt sich nur zweierlei folgern: Entweder die beiden Namen bezeichnen nur eine Person: Thideric Ölric, etwa wie Livl. Urk. 374 im Jahr 1263 als «camerarius» von Dünamünde Conradus Olricus nennt; die graphische Analogie bietet dann L. C. Fol. 43b.

Oder Thiderie war im Besitz beider Güter, davon er die 10 Haken in Kuaet dem Ölric verpachtet oder unter irgend welcher Bedingung vergeben hatte. Zu dieser Auffassung fordert nämlich der Zusatz «habet» auf. Ich finde ihn sonst nur noch viermal gebraucht und immer mit der angegebenen Bedeutung: Fol. 47a. «Thideric de Kinael. Martaekilae. XII. Sarnae VI. Johannes et Walter hos habent de Thiderico quos ecclesia de jure possidet»; Fol. 50a. «Thidericus de Kivael. Sellaegael. XLV. Gesse. VI. quos habet thidric ab eo»; Fol. 54a. «Bernard de bixhouaet. Wakalae. XXII. non a rege. Jan rufus habet»; (hier also genau wie im fraglichen Falle;) und ib. Fol. 54a. «D^{us} rex. Obias. XX. de quibus thideric de Kyuael habet X». Zwei andre Stellen, Fol. 47a. und 54a, an welchen das Praeteritum «habuit» steht, beweisen weder für noch gegen. Durchläuft man nun die citirten Angaben, so tritt, mit Ausnahme einer, in allen ein Thideric auf, verschieden von Thid. de Kyuael, wie Fol. 50a unwiderleglich darthut, so dass ich auch ihn, nicht diesen, im zweiten Thideric von Fol. 47a vermuthe, vollends da in ähnlichen Fällen im L. C. sonst der Name nicht wiederholt, sondern vom Fürwort vertreten wird, wie Fol. 50a. «Thideric de Kivael. Gesse. VI. quos habet Thidric ab eo»; Fol. 54a. «Henric de Wispen. Roilae. XVI. quos Temmo habuit cum eo». Wie? wenn nun dieser Thideric, der Fol. 47a. Güter verliehen hat, welche von Rechtswegen der Kirche gehören, — nicht auf ihn, sondern auf Thideric von Kyuael, der diese im Namen der Kirche vergebenen Güter wider Recht in Besitz nimmt, wird sich die Anklage in den Worten «de jure» beziehen — wenn nun derselbe Thideric auch Fol. 42b. im Namen derselben Kirche 10 Haken in Kuaet dem Ölric vergibt oder verpachtet, ohne dass eines Rechts der Kirche an diesen 10 Haken besonders erwähnt zu werden brauchte, da dieses Recht von keinem Thideric de Kyuael war beeinträchtigt worden? und wenn nun der Thideric auf Fol. 50a. die 6 Haken in Gesse von Thideric de Kyuael zugewiesen erhalten hat zum Ersatz der 6 Haken in Sarnae von Fol. 47a.? Sind das nicht Muthmassungen, so gut wie andre? Und mag nicht dieser Thideric ein bischöflicher Vogt gewesen sein oder wahrscheinlicher — während einer Sedisvacanz — der Verwalter im Namen des Capitels? Ich weiss, dass sich Manches dagegen sagen lässt; allein die Combination des Verfassers wird dadurch nicht gekräftigt, dass eine andre auf gleich hypothetischen Stützen ruht. Ich habe nur zeigen wollen, wie unsicher es schon mit dem ersten Beweise des Verfassers bestellt ist und — dass ich es gleich anfangs sage — dieser erste, wie er denn auch schon von Andern versucht wurde, ist von allen noch der wenigst unsichere oder, wenn er gelten darf, der einzige. Ich denke das im Verlaufe darzuthun.

Auf Ulricus Balistarius folgt § 2. Robertus de Sluter. Er besitzt in der Landrolle vorzüglich die Dörfer Rutae, Jakowoldal, Saintakae. Nun verlehnt laut Livl. Urk. 206 abermals im Jahre 1249 der König dem Bischof «dotis nomine» 80 Haken «apud Revaliam» in den Döfern Obwald, Ruts (Ruchs), Sammitkertel (Sunitnuele), welche vordem Robertus de Sluck (die Variante nach Thorkelin hat: Robertus de Sluter) besessen und in den Dörfern Chokere (Kecnere), Pesack (Pacacu), Caries (fehlt bei Thorkelin), Wamal, «quondam Luttgardo (Lettardo) attinentes»; ferner 40 Haken in Wironia in villa Salgalle. Livl. Urk. 474 weist die Dörfer Jakewold und Rittogh 1281 im Besitze des Stiftes nach.

Von den Dörfern, welche in der Urk. 206 dem Lettard zugeschrieben werden, hat der Verfasser im L. C. keines im Besitz eines gleichnamigen Vasallen auffinden können; ihn selbst glaubt er im Lydgerus wiederzuerkennen, der 20 Haken in Vow, ursprünglich eine dos ecclesiae, von Will. de Keting erkauft hatte. Das Dorf Salgalle endlich identificirt er richtig mit Sellaegael, das der L. C. im Besitz des vielgenannten Th. de Kyuael verzeichnet. «Die Schenkung, soweit man sie verfolgen kann, betrifft somit Dörfer, die, als die Landrolle angefertigt wurde, noch im Privatbesitze waren. Nach der Neubegründung des Bisthums Reval im J. 1240 konnten aber jedenfalls die demselben damals und später verliehenen Güter unmöglich mehr in Privathände übergehen».

Brechen wir hier ab, um zu prüfen, wie weit bis hierzu der Beweis des Verfassers geschlossen ist. Schon mit dem Namen jenes Robertus stossen wir auf Bedenken. Die Landrolle und Thorkelin nennen ihn de Sluter; der Verfasser dagegen recipirt für die Urk. die Lesart Sluck. Beide Namen kommen auch sonst vor und sind daher auseinanderzuhalten.

Ich führe nur beispielsweise an:

1) *Euerardus Sluc de Werle*. a. 1198. Erhard, Regg. hist. Westf. № 576; ferner in Livland: *Albertus Sluc*. a. 1215; nach der plausiblen Conjectur von Hansen zu Origg. Liv. XIX, 5; Альбракъ Слоукъ, cons. Rig. a. 1229. Livl. Urk. 101; *Albertus Sluc*, fr. ord. min. in Riga. a. 1323. Livl. Urk. 693, 694.

2) *Theodericus, miles de Slute (Sluter)* a. 1211. Hamb. Urkdb. 384; *Hinricus Sluter* im Necrolog des Klosters Wienhausen, Zeitschr. des hist. Vereins f. Niedersachsen. 1855. p. 207. *Johannes Slutere*, cons. opidi Greuenaluesshagen. a. 1325; dieselbe Zeitschr. 1853. p. 114. *Detmarus Slutere*, procons. noue ciuit. Osuabrugensis. a. 1366. Ebendaselbst 1853. p. 120—121 ff. und hier im Lande: *Hinricus Slutere*, Reval., Livl. Urk. 640.

Trotzdem mag man die Identität des Robert der Urkunde mit dem Robert des L. C. zugeben; selbst die nicht wol stimmenden Ortsnamen mag man identisch setzen: auch dann aber wird der Beweis gelungen sein, erst, wenn auch die Güter des Lettardus nachgewiesen sind. Der Verfasser will nur Caries in Käris wiedergefunden haben, allein der L. C. verzeichnet es im Besitze des D^us Tuko Wrang. Es hätte Fol. 43a. Kariskae. V. im Besitz von Hilddewarth beigezogen werden können. Ich komme auf diese Frage noch zurück.

Jedenfalls verhält es sich eigen mit den königlichen Landanweisungen an das revalsche Stift. Vier Urkunden sind uns erhalten, eine vom J. 1240, drei vom J. 1249. Ihr wesentlicher Inhalt ist dieser. In Livl. Urk. 166, a. 1240 verleiht König Waldemar dem Bischof Thorkill (recipienti nomine ecclesiae) für seine Kirche «octoginta uncos in Revalia, insuper — quadraginta uncos in Wironia». Die angewiesenen Güter werden nicht specificirt. Livl. Urk. 203, a. 1249 8. Apr. verleiht König Erich demselben Bischof «in sortem dotis quatordecim uncos in Kuate» etc. Nach Arndt (II, 44) hat das Bisthum

schon 1243 14 Haken Landes erhalten. In der dritten Urkunde, Livl. Urk. 206, a.
1249 11. Sept. weist der König demselben Bischof an «octoginta uncos apud Revaliam
dotis nomine» (es folgen die Namen der Güter Obwald, Ruts etc.), — — insuper autem concedimus ipsi episcopo quadraginta uncos in Wironia in villa, quae dicitur Salgalle». In Livl. Urk. 207, a. 1249 21. Sept. endlich bestätigt König Erich demselben
Bischof eine gewisse Anzahl Haken: «octoginta uncos in Estonia, quadraginta infra miliare
a castro Revalia pro pecoribus alendis, quadraginta in locis sibi competentibus in Wironia, quas sibi et ecclesiae suae ratione dotis (rex Waldemarus) contulit, ei confirmamus»: der königliche Präfect zu Reval wird angewiesen, dem Bischofe die bezeichnete
Hakenzahl «absque mora et contradictione» einzuweisen. Es drängen sich bei der Vergleichung dieser Urkunden mehrfache Bedenken auf:

    1) keine ist im Original erhalten; sie finden sich nur nach alten Copien abgedruckt
       bei Huitfeld, Thorkelin, Pontoppidan.

    2) In Urk. 207 bestätigt Erich eine Schenkung seines verstorbenen Vaters an
       einen auf dessen Antrieb consecrirten Bischof, Urk. 206 dagegen spricht er
       davon, der verstorbene Waldemar habe Estland erobert; er aber (Nos ff)
       habe Thorkill präsentirt, der dann vom Erzbischof Uffo von Lund couse-
       crirt worden und dem er dann die Einweisung der benannten Güter verspro-
       chen. Man wird versucht, Urk. 206 für untergeschoben zu halten, um so mehr,
       als die Jahrszahl gerade bei Thorkelin, der doch den Namen Robert de
       Sluter richtig bringt, falsch ist, und eine auffallende, oft wörtliche Ueberein-
       stimmung besteht zwischen Urk. 166 und 206, in welcher, abgesehen von der
       Benennung der einzuweisenden Güter, nur die namentliche Bezeichnung des
       Erzbischofs von Lund eine nennenswerthe Abweichung bildet. Diese Ueberein-
       stimmung freilich hat der Verfasser mit ausreichender Wahrscheinlichkeit dar-
       aus erklärt: schon 1240 habe Erich gleichzeitig mit Waldemar eine mit
       Urk. 166 gleichlautende Urkunde erlassen, wie das in einem andern Falle
       durch Livl. Urk. 165 bezeugt ist. Allein damit wird nur ein Theil der Be-
       denken gehoben: die Widersprüche zwischen Urk. 207 und 206 bleiben be-
       stehen und

    3) In Urk. 166, a. 1240 weist Waldemar 80 Haken bei Reval, 40 in Wirland
       an; in Urk. 206, a. 1249 vollzieht Erich diese Anweisung; in Urk. 207 be-
       stätigt er (confirmamus) eine Anweisung Waldemars, die nun aber nicht
       80+40, sondern entweder 80+40+40 oder 40+40 Haken umfasst. Das eine
       stimmt zu der früheren Anweisung so wenig, wie das andre und auffallen müssen
       überdies in Urk. 207 die 40 Haken Viehweide.

Auch diesen Widerspruch freilich hat der Verfasser lösen wollen, nur, wie mir scheint,
ohne Erfolg. Die Schenkung vom 11. Sept. 1249 (Urk. 206) bezweckt nach ihm eine Dotation der Kirche; die Schenkung vom 21. Sept. 1249 (Urk. 207) nur eine Anweisung

von Tafelgütern für den Bischof. Er beruft sich dabei auf den in der letztern Urkunde gebrauchten Ausdruck «ad sustentationem» im Gegensatz zu dem «dotis nomine» der Urk. 206. Der Ausdruck zwar findet sich, allein der vom Verfasser übergangene Nachsatz hebt die vermuthete, specifische Bestimmung auf, wenn es heisst: «constare volumus universis, quod ad sustentationem octoginta uncos in Estonia etc., quas sibi et ecclesiae suae ratione dotis contulit, ei confirmamus». Es ist also in Urk. 207 doch eine Dotation der Kirche beabsichtigt, wie man andrerseits in Urk. 206 eine Andeutung von specieller Versorgung des Bischofs finden könnte in den Worten «ipsi episcopo», sofern sie nicht zu interpretiren sind: eidem episcopo. Ich werde später auf die Dotation des Bisthums zurückkommen; hier erwähne ich nur, dass für den Unterhalt des Bischofs auch vor 1249 bereits gesorgt war. Nicht nur durch Urk. 172, a. 1242 mit der Ergänzung in Urk. 173: «de censu s. de annona, iam superius memorata, carnes seu alia ad usum nostrum et expensas necessaria praeparari facimus et operari»; sondern recht eigentlich auch für den Tisch des Bischofs war der Zehnte vom Zehnten bestimmt (Livl. Urk. 165), wie Urk. 475 kenntlich genug mit den Worten andeutet: «ad mensam ipsius». Wie also 9 Tage nach Anweisung von 120 specificirten Haken (falls Urk. 206 für echt gelten soll) eine neue Anweisung von 160 oder resp. 80 ohne Specificirung erfolgen konnte, bleibt ein Räthsel, so lange man nicht die Lösung suchen darf in den Worten von Urk. 207: «absque mora et contradictione». Denn aus ihnen lässt sich folgern, die früheren Anweisungen hätten Verzögerung und Widerspruch gefunden und wären deshalb vom König widerrufen oder sistirt worden, der dann seinem mit den Localverhältnissen vertrauten Präfecten in Reval den Auftrag gegeben, nunmehr auch für schleunige Anweisung der nur allgemein nach Hakenzahl bemessenen Schenkung Sorge zu tragen. Eine solche Sinnesänderung des Königs im Verlaufe von nur 9 Tagen setzt freilich die Anwesenheit einiger Vasallen, am besten des Präfecten selbst, am königlichen Hoflager voraus. In diesem Falle nun wäre der Robert de Sluter der Urk. 206 im Besitze geblieben.

Kehren wir nun zurück zur Prüfung der Angaben der Urk. 206 an den Angaben des L. C., so meine ich, der Verfasser hätte von seinem Standpuncte aus einen Schritt weiter gehen müssen. So corrumpirt nämlich die Ortsnamen in Urk. 206 sein mögen: es gab ein noch unversuchtes Mittel, sie im L. C. wiederzufinden. Der Verfasser hat sich durch den Lydgerus irre leiten lassen, der doch mit seinem erkauften Besitze von Vow um so weniger in Betracht kommt, da die Güter Lettards bei Reval zu suchen sind. Eher verhilft auf die Spur der Lichard von Fol. 46a., ich setze die Stelle wörtlich her:

	Lillaeuerae. IIII. et lichard. V.	Remotus. Jon morae
Dns	Pasies. VI.	Albert de osilia.
tuui	Kallaeuaerø. XV.	
palnis	Waerael. XII. et lichard. V.	
	Parenbychi. X et conradus juuenis. VII.	

Das Pesack der Urkunde wird man um so sichrer in Pasies wiederfinden dürfen, als Paucker dazu das Dorf Pasick, jetzt eine Hoflage unter dem Gute Jaggowal, zur schwedischen Zeit Domkirchenland, beizieht; Wamal wird als Waerael zu deuten sein; für das verderbte Chokere (Cecnere) könnte Kallaeuerø, vielleicht Lillaeuerae gelesen werden; Caries endlich fehlt bei Thorkelin ganz. Diese Identificirungen wären jedoch für sich von geringem Gewichte, wenn nicht die Hakenzahl genau stimmte: Achtzig Haken sollten die der Kirche angewiesenen Güter Roberts de Sluter und Lettards enthalten, die Güter Roberts umfassen nach dem L. C. Fol. 46b. 8+17+8=33 Haken; dazu das Land im Besitz Tuui Palnisons mit 4+6+15+12+10=47 Haken; ergibt zusammen genau 80 Haken. Ob Lichard zur Zeit der Abfassung des L. C. von den genannten Dörfern erst oder nur noch 10 Haken besessen, wird sich schwer entscheiden lassen: aber sein Name ist durch den L. C. wenigstens in deutliche Beziehung gesetzt zu jenen Landstücken. Es wäre nun wichtig, zu ermitteln, ob jener Tuni Palnisson in Beziehungen zur Kirche gestanden. Ein Tuno, Episc. Ripensis, der 1222—1223 in Estland thätig gewesen (Hamsfortii Chronol. Sec., S. R. D. I, 286) ist dem Verfasser nicht unbekannt geblieben; so lange nicht andre Gründe dem L. C. einen wesentlich späteren Ursprung zuschreiben, könnte man versucht sein, in ihm den D^{us} Tuni Palnisun wiederzufinden. Auf eine andre Spur leitet das Fragmentum enumerationis territtoriornm Daniae in S. R. D. V, 618: «Episcopus Tuni palni iones fres». Tuni palnison zu lesen verhindert schon der Zusatz fres; ich werde an andrer Stelle nachweisen, dass zwar dies Fragment im Allgemeinen nicht leibliche Brüder meine; allein die Genossenschaft, welche durch die Bezeichnung fratres angedeutet wird, schliesst die Blutsverwandtschaft nicht aus und es liegt nahe, den Episc. Tuui und Palni als leibliche Brüder zu nehmen. Dann dürfte auch die Annahme gestattet sein, der Tuni Palnison des L. C., den der Verfasser identisch setzt mit dem T. Palnison miles der Urkk. 299, 337 wäre ein Sohn jenes Palni, ein Neffe des Bischofs Tuui und nach seinem Oheim benannt gewesen. Dass er dann unter Thorkill als Vogt des Bischofs oder des Capitels Güter der Kirche verwaltet oder in irgend einer Art Lehn gehabt hätte, könnte nicht befremden und es läge dann ein ähnlicher Fall vor, wie bei dem Gute Kuaet und bei Thideric. Näher jedoch scheint mir eine andre Annahme zu liegen. Hält man nämlich fest, der König sei bei Anweisung der in Urk. 206 benannten Güter, ob nun aller oder eines Theils, auf Widerstand gestossen und habe seinen Präfecten in Reval angewiesen, an Ort und Stelle für Ersatz zu sorgen, so findet diese Auffassung eine nicht verächtliche Bestätigung, sofern es gelingt im L. C. einen äquivalenten Gütercomplex nachzuweisen, zu dem die Kirche ausdrücklich in Beziehung gesetzt wäre. Nun aber liest man fast unmittelbar nach jenem Absatz von Fol. 46a. auf Fol. 46b. Folgendes:

Dos Ecclesiae

	Jeelleth. XIIII.	Expulsi
Dns Saxo	Jukal. VIII.	Gerard et frater ejus Winric.
	Silmel. V.	Fretric. ludulf. Henric.
	Periel. X.	
	Haeunopo. III.	
	Maleiafer. VII.	

Es sind das $14 + 8 + 5 + 10 + 3 + 7 = 47$ Haken, also genau soviel, als die im Besitz des «Dus Tuui palnis» verzeichneten. Das Aequivalent wäre dadurch gefunden und deutlich genug gekennzeichnet durch die Notiz: «dos ecclesie». Ja, ich gehe einen Schritt weiter und behaupte, von Fol. 46b. Z. 1 an sei fast nur Kirchengut verzeichnet bis ans Ende des Absatzes, bis Fol. 47b. Z. 3. Davon später. In diesem nämlichen Absatz aber und zwar gleich in dritter Reihe steht auch Robert de Sluter mit seinen benannten Besitzungen verzeichnet. Man könnte nun das «dos ecclesie» für die meisten der folgenden Güter gelten lassen: dann brauchte ein Anspruch der Kirche bei Robert de Sluter nicht erst noch besonders bezeichnet zu werden und es wäre nur die Frage, ob Robert die der Kirche verliehenen Güter nunmehr als ihr Verwalter oder Lehnsmann behalten oder die Kirche verdrängt habe, — eine Frage, die ebenso für den Dus Saxo gälte, allein zu beantworten wäre nur im Zusammenhange mit der andern, ob unter den Expulsi, oder unter welchen, Kirchenvögte und — Vasallen zu verstehen seien, oder ob sie aus ihrem zeitweiligen Besitz gesetzt wurden, um die Kirche eintreten zu lassen. Wenn aber so dargethan ist, wie die Beweisführung des Verfassers nicht geschlossen und das von ihm erhaltene Resultat darum illusorisch ist, so gehört die Bemerkung noch her, dass selbst für das letzte durch Urk. 206 der Kirche angewiesene Gut, Salgalle in Wironia (Sellaegaelae des L. C.) in der Landrolle das Anrecht der Kirche notirt stehen dürfte, da ein Blick auf das Facsimile zeigt, wie das Fol. 50a. an den Rand gesetzte «dos ecclesie» nicht sicher an den zunächststehenden Ortsnamen haftet.

Und so lässt sich denn aus dem L. C., mit Hilfe plausibler Deutungen, statt des Beweises für ein höheres Alter sehr wol der Beweis deduciren, das Dokument müsse abgefasst sein erst nach der in Urk. 206 verzeichneten Dotation.

§. 3 behandelt den Güterbesitz des Klosters Guthwallia. Man wird dem Verfasser Recht geben, wenn er die Notiz Huitfeldts, König Erich habe 1248 dem Kloster Land in 9 Dörfern von den Deutschen gekauft, getrennt wissen will von der urkundlichen Bestätigung dieser Güter durch König Erich Glipping im J. 1259 (Livl. Urk. 340). Allein gegen die Folgerungen: weil der L. C. nur von einem Gute den Erwerb durch Kauf bezeichne, müsse die Lehnsbestätigung für die übrigen schon vorher erfolgt sein, diese Bestätigung aber könne nur vom Orden herrühren und jedenfalls vor dem Sommer 1236, so wie gegen die Behauptung, unter den «Teutonicis», von welchen König Erich gekauft habe, müssten die Vasallen zur Zeit der Ordensherrschaft verstanden werden, — ist zu bemerken: einmal, dass der L. C., soweit er Estland betrifft, Notizen, wie über den Kauf von Gütern, nur ebenso gelegentlich und ebenso wenig systematisch bringt, wie der dänische Theil des sog. L. C., sodann, dass allerdings — es ist das später nachzuweisen — noch zur dänischen Zeit eine derartige Scheidung bestand zwischen den vom König nach dänischer Weise Belehnten und den «Teutonici», dass auch zur dänischen Zeit die Bezeichnung «Teutonici» ihre Erklärung findet. Man wird gegen den Verfasser aufrecht halten dürfen: nach dem Besitzstande des Klosters Guthvallia allein zu schliessen, könne der L. C. nicht vor 1248 abgefasst sein.

§. 4 bringt unter der Ueberschrift «Dux Canutus» Erörterungen über den Kanutus der Landrolle. Wie noch an andern Stellen des Buchs, die von Kanut handeln, hat es dem Verfasser nur durch peinlich geschraubte Combinationen gelingen können, auch nur die Möglichkeit eines im L. C. erwähnten Landbesitzes des Herzogs darzuthun und im günstigsten Falle wäre dann die natürlichste Folgerung gewesen, entweder der L. C. sei älter, als der Vertrag von Stenby oder er bestehe aus ungleichzeitigen Fragmenten. Alle eignen Argumentationen endlich schlägt der Verfasser durch die Behauptung S. 40 Anm. 1: «Die Landrolle ertheile den Titel Dominus mit Sorgfalt». Ist das der Fall und wird auch dem rex der Titel «Dominus» vorgesetzt, wie heisst es dann von dem in Estland an Rang dem Könige nächst Stehenden einfach Kanutus? «Die lange Reihe harrischer Dorfschaften, die auf den Namen Kanuts verzeichnet sind» beweist überdies nicht, was sie beweisen soll. Einmal ist es fraglich, wie lang die Reihe ist. Paucker zwar theilt dem Kanutus alle 18 Ortschaften zu von Palikyl bis Mataros, allein unzweideutig bezieht sich sein Name nur auf die 10 ersten; die 8 übrigen könnten nach Analogie andrer graphischer Gruppen selbst dem Thideric puer Odwardi zugewiesen werden; vielleicht stehen sie für sich ohne Besitzer, wovon dieselbe Seite, wie ja noch andre Stellen der Landrolle, fernere Beispiele bietet. Jedenfalls hätte der Verfasser nicht verschweigen sollen, dass der «Dux Kanutus», trotz seiner 18 Güter, nur 1 von 14 Haken besitzt, 1 von 13, vielleicht 3 von 10, 2 von 6, 5 von 5, 1 von 4, 3 von 3, 1 von 2, 1 von 1. Wie erklärt sich ein so dürftig zerstückelter Grundbesitz bei dem «Dux Canntus»? Zwar hat man nach dem Verfasser darin nur einen Rest einstiger Besitzungen zu sehen. Allein aus den Vergleichungen von Fol. 43a.: Kanutus — Calablae V. mit Fol. 42b.: Dominus rex — Calablia V., Fol. 43a.: Kanutus — Natamol V. mit Fol. 42b.: Dominus rex (?) — Natamol VI ergibt sich: entweder die Verleihung ist verhältnissmässig jung und der L. C. verzeichnet dasselbe Landstück zweimal, vor und nach der Verleihung, oder der König hat von zwei Landstücken die Hälfte zurückbehalten und dem Herzog nur die andre Hälfte, in beiden Fällen armselige 5 Haken, verliehen. Zwar sind die Parcellen in Harrien kleiner, als in Wirland (vergl. Tab. I), allein auch dort fehlt es nicht an mittelgrossen Gütern und wo ist nun die Spur jener «grossen Besitzungen in Harrien», welche nach S. 129 Kanut, der Sohn des Königs Waldemar, erhält, zu einer Zeit, wo «einige deutsche Krieger in der

Umgebung Revals belehnt wurden»? So werden wir denn statt des «Dux Canutus» am besten den einfachen Kanutus des L. C. festhalten, dem es im dänischen L. C. an Namensvettern nicht fehlt, wo sie gleichfalls verzeichnet stehen ohne besondern Titel, als: Knut touaesun. Knut styghsun (S. R. D. VII, p. 538, 539), während es vom «dux Canutus» p. 536 heisst: Dux Kanutus — und diesem nichtherzöglichen Kanut stehn dann gleichsam noch erläuternd zur Seite im Bisthum Merseburg vom Ende des XII. bis in das erste Drittel des XIV., vermuthlich aber um die Mitte des XIII. Jahrhunderts die «fratres de progenie Knutonum», mächtige Landkäufer, Burgenbauer, Raubritter und doch auch nicht Herzöge (Chron. Episcoporum Merseburg. in Mon. Germ. Scr. X, 191, 192).

§. 5. Die Bedenken des Verfassers gegen den Mag. Burguardus als Ordensmeister sind vorläufig gerechtfertigt. Nur hätte er nicht argumentiren sollen: «Konnte Burchard für seine Person dem Gesetze nach nicht Grundherr sein, so konnte auch sein Name nicht, statt des Ordens, angeführt werden. Die Landrolle ist ja augenscheinlich ein officielles Aktenstück». In einem «officiellen Aktenstück», das einen Belehnten mit «nos», einen andern mit dem Titel «auarissimus» bezeichnet, konnte wol auch der Magister noch einen Platz finden. Auch hätte der Verfasser anmerken sollen, wie durch den sofort drauf folgenden Mattil Risbit die Frage wieder schwankend wird. Denn Livl. Urk. 258a. bezeichnet Mathias Risebith als Ordensbruder. Nun mag er das allerdings bei Abfassung des L. C. noch nicht gewesen sein, allein der «Ordensbruder» neben dem «Magister» wirkt jedenfalls zurück auch auf dessen Character und obzwar mir Magister des XIII. Jahrhunderts in Fülle zu Gebot stehen, die nicht Ordensmeister waren, so gestehe ich, mich eines entschiedenen Bedenkens nicht erwehren zu können, ob damals die livländischen Ordensmeister die Ordensstatuten so gewissenhaft einhielten; der König von Dänemark aber, falls er besondre Interessen hatte, sie zu vergessen, hat sie sicher nicht gewissenhafter geachtet. Wenigstens Kaufschlag verschiedenster Art wurde getrieben — und nicht minder gegen die beschwornen Statuten — von Schwertbrüdern, wie von Rittern des deutschen Ordens, und Ordensbrüder verstanden nur zu gut, Reichthümer zu sammeln. Das lehren das Chron. Alberici und Livl. Urkb., denn rührt das Zeugniss auch von Feinden des Ordens her, wenigstens ist es nicht widerlegt worden: Chron. Alber. ad a. 1232: «Isti ab Ep. Theodorico primo fuerunt instituti et, cum dicant se Templariorum ordinem tenere, in nullo tamen subjiciuntur Templariis, sed cum sint mercatores et divites, et olim e Saxonia pro sceleribus banniti, jam in tantum excreverunt, quod se posse vivere sine lege et sine Rege credebant»; Livl. Urk. 585 (Klage d. Stadt Riga v. Ende d. XIII. Jahrhunderts): «Item ponitur, quod dicti magister et fratres, cum milites reputari et esse velint, contra militarem decentiam mercationes omnes, immo tanquam penestici (revenditores) vilissimum genus mercationis exercent, poma, caules, raphanum, cepe et alia his similia vendentes». Den Orden aber am päpstlichen Hofe auch privaten Landbesitzes anzuklagen, dazu mochten sich livländische Geistliche und Mönche am wenigsten entschliessen, da sie sich bewusst waren, in dieser Beziehung wenigstens die Canones und Ordensregeln gleich übel eingehalten zu haben.

§. 6 behandelt den Nicolaus, fr. Episcopi Balduini. Zwei Gründe bestimmen den
Verfasser, aus Rücksicht auf ihn die Landrolle in die Zeit des Vertrags von Stenby zu
setzen: die Erwähnung, dass Thid. de Kyuael Güter von ihm gekauft, also noch nicht
sich bestätigen lassen (es wird sich später ergeben, warum ich dergleichen Notizen so systematisch, wie der Verfasser, nicht behandeln mag) — sodann der Umstand, dass man ihn
grade als fr. Balduini bezeichnet, da Balduin doch 1234 das Land bereits verlassen
habe. Eigentlich ist die zweite Erwägung, sobald die erste wegfällt, müssig. Allein eine
Frage des Verfassers verlangt Antwort: «Wer sollte dort (in Harrien und Wirland) in den
funfziger oder sechziger Jahren des Jahrhunderts noch Balduins gedacht haben»? Ich
sollte meinen: Alle, die ihn gekannt hatten, vorzüglich Mönche und Geistliche, warum hätten sie ihn nach 20 Jahren so völlig vergessen? Allein vor Allem ist es wenig rathsam,
jede Bezeichnung im L. C. in die Zeit seiner Abfassung zu setzen: vieles wurde sicher aus
älteren Aufzeichnungen eingetragen und bloss aus dem Kopfe ist doch der L. C. nicht zu-
sammengeschrieben.

§. 7. Theodoricus de Kivael. Eigenthümlich, freilich locker, ist des Verfassers
Hypothese über Thid. de Kyuael. Seinen Namen soll er vom Kiulo der Landrolle haben.
Man findet den Ort auf den letzten Zeile von Fol. 42b., es steht dort: «In parochia koskis»
und darunter «Kíulo. XVI. occisus». Will man überall über eine so fatale Angabe conjici-
ren, so hat Pauckers Vermuthung am wenigsten gegen sich: er sieht den «occisus» im Dominus Heilardus in der dritten Columne von Fol. 43a.; legt man nämlich Fol. 42b. oben
an Fol. 43a., so kommt das «occisus» über Heilardus zu stehen und findet wenigstens sein
Subject. Ich halte aus mehreren Gründen einen Restaurations- oder Combinationsversuch
für vergeblich; es wird der Schreiber an dieser, wie unzweideutig an manchen andern
Stellen, eine Angabe einzufügen oder nachzutragen vergessen haben. Der Verfasser dagegen lässt zwar den «occisus» bei Seite, meint aber, «aufmerksame Prüfung des Facsimile lasse
erkennen, wie als Besitzer Thidericus, puer Odwardi, anzusehen sei». Ich bedaure, dass
die beiden, wenn ich nicht irre, einzigen Male, da der Verfasser das Facsimile zu Rathe gezogen, ihm das eine Mal keinen, das andre einen höchst problematischen Aufschluss gegeben haben. Blieb er sich consequent, so musste er nach Analogie unter den Besitzungen
des Klosters Guthwallia auch Rung. V. aufzählen (cf. Fol. 47b. letzte Zeile, verglichen mit
Fol. 48a.); er hat das unterlassen. Er folgert nun, «puer» bedeute «in diesem Falle» vielleicht
nicht Knappe, sondern Sohn. Man wird ihm die Wahl freigeben müssen. Nun aber, da er den
Thideric als Sohn Odwards ansieht, folgert er weiter, schon dieser habe sich nach dem
Besitze von Kiulo Kievel genannt und sei nicht ein Lode gewesen, denn unter den Lode
(denen S. 38 Anm. 2 ein witziger Wink über ihre Herkunft gegeben wird), komme der
Taufname Thideric nicht vor. So muss die in Betreff des «puer» willkürliche Wahl bei
gleichen Chancen den Ausschlag geben für eine ganze Reihe von Folgerungen, davon aber
jede wieder erst neuer Hypothesen zur Stütze bedarf und ihrerseits abermals weitere Folgerungen nach sich zieht, wie denn nun für die Zeit des L. C. das Geschlecht der Lode

auf Wirland beschränkt wird (S. 38 Anm. 2). Die doppelte Bezeichnung, einmal als Thiderie, puer Odwardi, ein anderes Mal als Thideric de Kyuael, erklärt sich der Verfasser so: «wer den Dominus Odwardus kannte, musste daher auch den Geschlechtsnamen
des Thideric wissen und brauchte denselben nicht schon auf der nächsten Seite anzuführen. Dagegen konnte es wol nothwendig erscheinen, weiter hin, nach einem längeren
Zwischenraum, wo des Dominus Odwardus nicht weiter Erwähnung geschieht, den Thideric, wo er wieder in der Landrolle vorkommt, mit dem Zunamen de Kivel zu bezeichnen». Nun sollte ich meinen, Thideric de Kyuael war durch seinen ungeheuren Landbesitz bekannter, als sein angeblicher Vater und der Verfasser vergisst vollends den «officiellen» Character der Landrolle oder, was jedenfalls mehr wiegt, er vergisst die Domini
Otto, Ywarus, Haelf und so Viele, bei denen die Landrolle nie für nöthig findet, den
Geschlechtsnamen beizufügen; am schlimmsten endlich, er vergisst den Dominus Odwardus selber. Zwar will er mit dem Allen nicht eine bestimmte Behauptung aufstellen, allein
das eben wird zuletzt so bedenklich, dass er seine Vermuthungen im Verfolg oft mit der
Wirkung von Behauptungen ausstattet. Weiter soll nun dieser Thidericus in der Landrolle «zwar schon als selbsständig belehnt erscheinen, indessen noch nicht mit der Ritter-
würde bekleidet», wie Urk. III, 179a. im J. 1245 und Urk. I, 270 im J. 1254 neben seinem
Bruder Heinrich. Der Verfasser hält demnach daran fest, im L. C. komme kein Ritter vor,
ausser gekennzeichnet als «Dominus». Warum freilich heisst es denn puer Odwardi und
nicht Domini Odwardi, warum Odwardus neben Dominus Odwardus, warum Villel-
mus Ketting neben Dominus Willelmus de Keding; warum einfach Jan Scokaemann,
da dem Verfasser die nahe Beziehung der Familie zum dänischen Königshause bekannt
war, warum einfach Thideric de Cokaenhus? Die Erklärung, die eine andre Stelle
bringt: «wenn Jemand einmal ohne, das andre Mal mit diesem Titel vorkomme, gehe die
erstere Angabe der Zeit nach vorher», passt wenig zur Annahme von der einheitlichen
Entstehung des «officiellen Aktenstücks», am wenigsten aber, um Einen hervorzuheben,
z. B. auf den Thidericus von Kokenhusen. Und nach allen diesen gewundenen Combinationen steht der Verfasser nun erst vor der Hauptfrage: nach dem Alter der Landrolle.
Das eine Moment nun findet er eben darin: im L. C. erscheine Thid. de Kyuael noch
nicht, in einer Urk. vom J. 1245 bereits als miles; der L. C. ist also vor 1245 zu setzen.
Ich habe bereits gezeigt, warum diese Folgerung illusorisch ist. Das zweite Moment ist
folgendes: im J. 1271 verkaufen Nicol. Molteke und seine Brüder die Güter Mart, Sarn
und Apones den Scerembeke; nun verzeichnet der L. C. Fol. 47a.:

| *Thideric de* | Martaekilae. XII. | *Johannes et Walter* hos habent de *Thiderico*, |
| *Kiuael* | Sarnae. VI. | quos ecclesia de jure possidet. |

Man wird somit die Landrolle «kaum früh genug ansetzen können, da diese nämlichen Güter 1271 bereits ererbte» Moltekesche Güter waren, «da doch die mächtigen Molteke
gewiss nicht Aftervasallen der Kivel gewesen waren». Dagegen ist vorläufig dreierlei zu
bemerken: einmal sind Martaekilae XII und Sarnae VI die ganzen Dörfer Mart und Sarn?

sodann, warum sollten nicht die Johannes et Walter der Landrolle eben Molteke gewesen sein? Einen Johannes de Moltico finde ich als «testis» erwähnt in einer Urk. des
Dominus Woldemar de Rostock. a. 1277, bei Schönemann, Cod. für die pract. Di-
plomatie. I, № 112. Endlich übersieht der Verfasser, dass auch aus mächtigen Geschlechtern — vollends einem über so viele Länder ausgebreiteten, wie das der Molteke war —
jüngre Söhne und Vetter sich leicht zu Aftervasallen hergeben mochten; ja er vergisst den
von ihm selbst S. 83 zum Aftervasallen des Dominus Otto creirten D^{us} Godscalcus, einen Ritter, den er überdies zu wichtigen, diplomatischen Sendungen verwendet. Denn
mochten diese besonderen Zeitverhältnisse bewogen haben, den Schutz eines Mächtigen
zu suchen, wer sagt uns, wie oft oder wie selten, im Grossen oder im Kleinen, ähnliche
Verhältnisse sich wiederholten? Vor Allem warum sollten nicht die Molteke die benannten Güter selbst erst 1270 gekauft und 1271 wieder veräussert haben? Weniger zweideutig ist das dritte Moment des Verfassers: der L. C. erwähnt des Landbesitzes von
Heinr. von Kiwel nicht; 1257 dagegen ist dieser Besitzer von Atten, im L. C. vielleicht
Aitol oder Attol im Besitze des Königs: also fällt der L. C. vor 1257. Damit nun oder,
da Heinr. von Kiwel auch bereits 1254 als dänischer Vasall vorkommt, mit 1254 als
Grenze hätte der Verfasser sich begnügen sollen. Allein damit war ihm wenig gedient: so
drängt er zum Schluss mit einem «wahrscheinlich» noch einmal das erste Moment in den
Vordergrund und will als äusserste Grenze das Jahr 1245 festhalten. Denn eben um dieses
Resultat zu erhalten, wurden die Deutungen vom Dominus Odwardus und dessen puer
Thidericus erzwungen.

Dieses Gewebe von Hypothesen, scheint mir, löst sich von selbst auf vor den Ergeb-
nissen einer weniger gekünstelten Erwägung. Zunächst nämlich wird der Dominus Odwardus wol bleiben müssen, wofür man ihn bisher gehalten hat, ein Odwardus de Lode.
Eine Grenzscheide (Livl. Urk. 439b.) des Bischofs Hermann und Capitaneus Letgast, von
Bunge zwischen die Jahre 1275 und 1285 gesetzt, zieht die Grenze zwischen der Wieck und
Harrien von Süden nach Norden im Ganzen nachweisbar, wie noch heute, bis sie nach Wassalem
abgebeugt und einen Theil des westlichen Kirchspiels Nissi, so wie das ganze Kirchspiel Kreutz
umgangen zu haben scheint, so dass es dem Bisthum Oesel zufiel Die Urkunde nun lässt in
einer alten Anmerkung den Grenzfluss Sawoia zwischen den Dörfern Kerethemeke und
Lenechte fliessen, sowie der Sumpf Fenckenso zwischen Hellenbeke und Lenechte zu liegen kommt. Man wird in Lenechte vielleicht das Leuetae (Lenetae) des L. C. erkennen
dürfen; der L. C. verzeichnet es im Besitz des D^{us} Odwardus. Nun heisst es ferner im
Text: «molendinum Kirrevere, quondam domini Odvardi de Loden submersi», und
in der Anmerk. «Molendinum, situm inter villas Lummede et Kirrievere, quod molendinum quondam spectabat ad Odvardum de Loden». Dies Lummede aber ist wol das
Læmæch (Læmæth), welches die Landrolle gleichfalls im Besitz des Dominus Odwardus
verzeichnet. Endlich besitzt derselbe nach der Landrolle Laiduscae. XVIII, Helmold
Lode aber 1296 (Livl. Urk. 563b.) Lodenrodhe et Cokgele und die parochia Ledenrode

gehörte nach Livl. Urk. III, 818 in alter Zeit zur marchia Laydis. Da nun der D^{us} Odwardus als submersus und an einer andern Stelle als in glacie interfectus bezeichnet wird, somit wahrscheinlich in der grossen Litauerschlacht auf dem Suudeis im J. 1270 umkam, so sieht man, wie ein Odwardus de Loden in der zweiten Hälfte des XIII. Jahrhunderts eben in der Gegend besitzlich war, in welcher die Landrolle den D^{us} Odwardus verzeichnet. Es wird darum dieser dem Geschlecht der Lode zugezählt bleiben müssen. Will man den Umstand, dass unter den Lode ein Thideric sonst nicht vorkommt, durchaus zum Beweis gelten lassen, der Thideric puer Odwardi könne ein Sohn des D^{us} Odwardus de Lode nicht gewesen sein, so mag man vorläufig den puer als Knappen deuten; er kann das ebensowol sein, als ein Sohn. Nur hat man ihn in jedem Fall auseinanderzuhalten mit Th. de Kyuael. Damit freilich wird dem Verfasser eine nicht unwichtige Stütze für den Rest seiner Combinationen entzogen. War nämlich der D^{us} Odwardus ein Lode und nicht ein Kiwel, so wird dieser Name von draussen ins Land gekommen sein: sonst liesse es sich kaum erklären, wie auch der Bruder Heinrich nach einem von Thideric besessenen Gute benannt wurde. Dass das Geschlecht übrigens in Estland nicht allein besitzlich war, lehrt der Lib. Don. Mon. Sor. (S. R. D. IV, 514), laut welchem im J. 1296 «Petrus Niclessön, miles, dapifer illustris Erici Regis» dem Kloster zwei Höfe schenkt, einen in Kungstveld, einen andern in Calfsholte: «has autem curias habuit ipse a nobili viro Domino Henrico de Kiwel, Milite, de Esthonia justa et legitima emptione sua». Woher aber die Kiwel stammen, das meine ich — so wenig auch damit der Ursprung des Namens entdeckt ist — gibt Livl. Urk. 281 wenig zweideutig an, wenn es heisst: «dilecti filii nobiles viri Otto de Luneborch et Tydericus de Kiwel fratres Rigensis et Revaliensis dioecesis». Lehrberg p. 166 und Bunge, Urkh. interpunctiren: «Kiwel, fratres Rig.» ff., allein in welchem Sinne könnten fratres Vasallen genannt werden? Denn fest steht, von beiden war keiner Ordensbruder.

Ich erlaube mir bei einer zur Frage gehörenden Bemerkung eine Abschweifung. In der Verpfändungsurkunde des Revaler Bischofs Johann an die Revalischen Vasallen (Livl. Urk. 474, a. 1281) heisst es, die Einkünfte der zu Pfand gesetzten Güter sollten niedergelegt werden in «Domu fratrum in Revalia». Sollte damit eine Art Adels- oder Ritterhaus bezeichnet sein, so konnte jene päpstliche Bulle unter den fratres auch Adelsgenossen verstanden haben; allein von einem solchen Ritterhaus findet sich fast so wenig eine Spur, wie von einer solchen Bedeutung des Wortes fratres. Auch an eine Ordenscomthurei ist kaum zu denken, so erwünscht das den Freunden der Unterschrift im Cod. Bergm. der Reimchronik wäre. Von einer so auffallenden Beziehung des Bischofs zum Orden, wie sie darin sich aussprüche, ist sonst, soviel ich weiss, nichts überliefert; in keiner seiner Urkunden treten Ordensbrüder als Vermittler auf oder als Zeugen, und schwerlich dürften sie, wo der Zusammenhang nicht unzweideutig auf sie führte, kurzweg als «fratres» bezeichnet worden sein. Man hat daher im «domus fratrum» das Haus eines Mönchsordens zu sehen und zwar nicht der Prediger- oder Mindern-Brüder, sondern der Cistercienser von

Dünamünde, die gleichfalls in der Stadt selbst besitzlich waren. Denn Bischof Johannes war wol Cistercienser, wenn schon mir augenblicklich dafür nur zwei indirecte Beweise zu Gebote stehen: 1) wohnte er der von König Erich 1283 dem Kloster Dünamünde vollzogenen Güterbestätigung als Zeuge bei (Livl. Urk. 486a.); 2) was wol mehr Beweiskraft hat, stellte er seine erste uns erhaltene Urkunde nach Ankunft im Lande zu Kalamek aus, einer Besitzung des Convents von Dünamünde (Livl. Urk. 467). Das «domus fratrum» dürfte somit nicht helfen, die «fratres» der Urk. 281 zu erklären.

Man hat darum die Interpunction anders zu setzen und zu lesen: Otto de Luneburg et Thidericus de Kiwel fratres, ff. Der Verfasser selbst scheint so gelesen zu haben, wenn er S. 39 die beiden als Schwäger bezeichnet, wie Goetze im Albert Suerbeer. 1854. p. 147 als Stiefbrüder; allein warum vermied er die einfache Uebersetzung: «Brüder»? Doch nicht wegen der abweichenden Beinamen? Die deutschen Urkunden des XIII. Jahrhunderts geben Belege genug an die Hand, dass solche, die unzweideutig Brüder waren, verschieden zubenannt wurden. Ich wähle einen besonders prägnanten aus einer Urkunde des Bischofs Luderus von Werden vom J. 1242: es traten da drei Brüder auf, mit folgenden Namen: Hermannus dictus Cluvinghus, Hermannus de Haghene, Hildemarus Schukke und, um jeden Ausweg einer andern Deutung abzuschneiden, setze ich die betreffende Stelle her: «— Dus Hermannus dictus Cluvinghus et Alheidis uxor sua et filii ipsorum et Dus Hermannus de Haghene, predicti Hermanni frater, impignoraverunt Helmerico preposito de Ebbekestorpe pro C marcis arg. nomine ejusdem Eccl. bona sita in villa Othendorpe etc. — — Et ut talis obligatio ipsi monasterio a nemine valeat infringi in ipsa suum prestitit consensum Hildemarus Schukke predicti Cluvinghi frater, a quo idem Cluvinghus in pheodo tenet omnia predicta. Consensit etiam Hildeburgis uxor predicti Hildemari et duo filii ipsius» etc. Die Urkunde hat beiläufig noch das Interesse, dass sie uns einen livländischen Pilger, Hildemarus Scoke (Livl. Urk. 109, 125, a. 1231, 1232) in seiner Verwandtschaft aufführt, zu der dann wol auch der Henricus de Athenthorp des L. C. gehört, wie denn als Vorfahr der Schukke ein Hildemar de Othenthorp sehon a. 1162 die Urkunde Heinrichs des Löwen über den Lübecker Zoll unterzeichnet (Zeitschr. des histor. Vereins f. Niedersachsen. 1855. p. 359, 361 ff.). Diesem Beispiel zur Seite werden nun wol auch Otto von Lüneburg und Thidericus de Kiwel als Brüder gelten dürfen und eine obzwar unbeträchtliche Stütze erhält dies noch an dem Umstande, dass auch in der Branche Kiwel der Name Otto vorkommt, so a. 1306 Theod. et Otto de Kivele (Livl. Urk. 621, cf. auch Reg. 713). Schwerlich aber wird man darum, der engen Beziehung der Brüder Thideric und Heinrich zu Dänemark zum Trotz, die Kiwel in Estland einrücken lassen von Odempäh aus. Gegen diese Hypothese Busses hat sich der Verfasser mit Recht erklärt: Der Namen des Guts Kuivelmoise mag ebensowol aus späterer Zeit herrühren. Aber auch, ob das Kiulo der Landrolle in irgend einer Beziehung zu den Kiwel gestanden, scheint mir mindestens sehr fraglich. Man hat oft mit grossem Unrecht die Geschlechtsnamen der ältesten Vasallen in Livland von einheimischen Oertern abgeleitet, da doch sogar manche jener Ortsnamen, welche gewöhnlich für einheimisch gelten, von draussen ins Land gebracht sind.

§. 8. Heithenricus, Henricus, Bernard de Buxhöwden. Da der Verfasser die Anfertigung der Landrolle «kaum später, als 1240» ansetzen will aus Rücksicht auf die in ihr vorkommenden Namen der Buxhövden, «falls nämlich die Bischöfe wirklich zu diesem Geschlechte gehörten», — da er andererseits in «genealogische Forschungen» sich einzulassen nicht gesonnen ist, — die Beweiskraft der Namen aber im Allgemeinen, wie nicht minder in diesem Falle, nur durch genealogische Forschungen normirt werden kann, so sehe ich mich nicht veranlasst, dem Verfasser in seine vorläufig doch nur illusorischen Erörterungen zu folgen und zwar um so weniger, als günstigsten Falls von einem eigentlichen Beweise für das Jahr 1240 als Grenze nimmer die Rede sein kann.

§. 9. Thidericus de Cokaenhus. Der Verfasser kommt nach verschiedenen Erörterungen zu der Folgerung: «da Sophia v. Kokenhusen (vermählt mit Thidericus) schon im J. 1254 Wittwe war, Theod. de Cokaenhus aber urkundlich 1245 nicht mehr vorkommt, — so wird die Landrolle wol früh in den vierziger Jahren schon angefertigt gewesen sein». Er bedient sich dabei abermals eines Argumentum a silentio, dem wenig Beweiskraft zusteht. Wenn, als er schrieb, der dritte Band des Livl. Urkh. noch nicht vorlag, so wusste er nichts von einer urkundlichen Erwähnung Thiderichs de Cokaenhus im J. 1245: im ersten Bande datirt die letzte Urkunde (Livl. Urk. 163), in welcher er lebend vorkommt, von 1239. Jeder neue Nachtrag zum Livl. Urkh. kann ein neues, unerwartetes Datum bringen. Auf diesem Wege kommt man somit zu keiner präcisen Altersbestimmung des L. C. Im günstigsten Falle durfte Thiderichs Tod allgemein vor 1254 angesetzt werden und auch das nicht mit irgend welcher Sicherheit. Denn, dass er vor 1254 todt war, folgert der Verfasser nur daraus, dass seiner nicht erwähnt wird in der Belehnung der Sophia durch die Grafen von Holstein. Warum aber hätte «nothwendig seiner Zustimmung zu dem Handel erwähnt werden müssen»? Kennen wir etwa die Verwandtschaften der Sophia, die Motive ihrer Belehnung, das Recht, nach welchem sie belehnt wurde? Der Verfasser ist in seiner Deduction nicht genau genug verfahren. Der Satz über die Sophia enthält drei falsche Behauptungen und eine gewagte: «In der betreffenden Urkunde bestätigen die Grafen von Holstein in Riga der Frau Sophia von Kokenhusen den Lehnbesitz verschiedener im Holsteinschen belegener Güter, welche dieselbe von dem Vasallen und Begleiter der Herzöge, Bernhardus de Hoja, erworben». Nun ist die Urk. 261 nicht in Riga, sondern vor der Reise nach Riga in Oldenburg ausgestellt. Das ist nicht irrelevant, denn Thideric konnte gleichzeitig in Livland noch am Leben sein. Sodann heisst in Urk. 261 der frühere Besitzer der «in teutschen Landen» gelegenen Güter Bernhardus de Hoja; in Urk. 267 vom 16. Apr. 1254 datum in Riga nennt sich dagegen der Begleiter der Herzöge Bernardus de Heyda. Sind beide durchaus für identisch zu halten? Die Familie de Hoya ist bekannt; die der Heide ist ganz von ihr zu scheiden.

Auch in Riga erscheint noch a. 1262 (Livl. Urk. 367) ein D^{us} Lu. Heide als Zeuge; Livl. Urk.
1096, a. 1374 nennt einen hercn «Gobele van der Heide» als Gesandten «van Darbete» ff.
War Bernard de Heyda derselbe mit Bernard de Hoje, warum untersiegelte er dann
nicht Urk. 261? Wahrscheinlicher doch war dieser schon vor Belehnung der Sophia gestorben und mag nicht Sophia die Tochter gewesen sein, die dem Vater im Lehn naeh-
folgte? Der Verfasser freilich schreibt, Sophia habe diese Güter von Bernardus de Hoja
«erworben» und verdunkelt damit, wol unabsichtlich, das Verhältniss; jedenfalls konnte er
nur einen lebenden Bernardus de Hoie wiederfinden im Bern. de Heyda. Die Urkunde
dagegen weiss nichts von Erwerbung; die Worte passen vielmehr grade zur Nachfolge im
Lehn: «zu wissen, dass die güter, welche Herr Bernhardt von Hoje in ortern des Teutschen landes von uns zu lehn besessen erkannt wird, wir nunmehr frauen Sophien zu
kokenhausen lehnweise zu besitzen vergönnet und nachgelassen haben». Der
Beweis somit, Thid. de Cokaenhus müsse schon vor 1254 gestorben sein, erscheint in
jeder Beziehung illusorisch. Was der Verfasser sonst vermuthet, gehört nicht zur Sache.
Dass der Comes Burchardus de Kucunois der Urk. vom 21. Juli 1224 in einen Comes
Burch. de Aldenborch und Theodor. de Kucunois zu verdoppeln ist, wird man zugeben, da der Comes Borcardus nach der Stelle, die er unter den Zeugen der Urk. 83 einnimmt, nicht wol zu den «vasalli ecclesiae» gerechnet werden darf. Es bleibt nur auffallend,
wie auch im Transsumt bei Dogiel. V, № 12 in jener ersten der drei Urkunden von
1224 «comes B. de Kutimor», in den folgenden Comes B. de Aldenborch vorkommt.
— Problematischer ist die Vaterschaft Theodorichs de Cokaenhus am Miles Albertus
de Kukanois; wo liegt die grössere Chance für die Vaterschaft, als für die Brüderschaft?
Selbst ob der Th. de Kukanois der Urk. 416 identisch ist mit dem Thid. de Kukanois
der Origg. Liv. und der älteren Urkunden, liesse sich in Frage ziehen, da seiner Belehnung
nur durch den Bischof Nicolaus gedacht wird; er mag ein Sohn jenes ältern, vom Bischof
Albert Belehnten gewesen sein und Sophia war dann des Letzteren Schwiegertochter,
womit alle auch sonst nicht überzeugenden Erörterungen über ihre Heirathsunfähigkeit im
J. 1269 wegfallen. Da jedoch lediglich eine Lehnserneuerung durch Bischof Nicolaus
gemeint sein mag, so liegt natürlich ein zwingender Grund nicht vor, den Thid. de Kok.
von 1218 bis 1245 in Vater und Sohn zu verdoppeln. Man sieht nur, auf wie unsicherm
Boden derartige Conjecturen sich bewegen.

§. 10. Schluss. Zum Schluss lässt der Verfasser «noch einige Namen folgen, die dazu
dienen können, Licht auf die Zeit der Abfassung der Landrolle zu werfen». Wie wenig
die Erörterung über den D^{us} Tuvo Palnisun beweist, habe ich an andrer Stelle besprochen. Es bleiben sodann die Domini Saxo und Tuco, endlich Henricus de Brakel.
Die Behauptung, der L. C. war «gewiss» schon vor 1254 abgefasst, da in diesem Jahre der
D^{us} Saxo in Urkunden als «Capitaneus» vorkommt, beruht auf der Combination zweier Annahmen: einer möglichen von der Identität der beiden Personen, mit einer unwahrscheinlichen, der L. C. hätte den D^{us} Saxo «ohne Zweifel» als Capitaneus bezeichnet, wenn er

es schon damals gewesen. Allein in der ganzen Landrolle findet sich nicht *eine* amtliche Bezeichnung und wenn Saxo, falls er der Capitaneus war, consequent mit dem Titel Dominus versehen wurde, so war das am Ende genug Ehre. — Ein D^us Tuco Wrang ist 1251 Camerarius des Königs Abel, Nicolaus Danus Vasall der Grafen von Holstein und — hätte dazu gesetzt werden können 1265 ihr Advocatus in Itzehö (Hamb. Urkb. 682). «Man kann, meint der Verfasser, annehmen, wie nicht leicht Jemand als Harrisch-Wirischer Vasall in jenen Landschaften lebte und zugleich Camerarius in Seeland oder Jütland oder aber Vasall im Holsteinischen gewesen». Nun aber steht die Identität der beiden Nicolai Dani — so hiessen gewiss manche Leute — nicht fest. Vor Allem: was verhindert, das zu statuiren, was der Verfasser für unvereinbar hält? Ich habe oben des Heinrich de Kiwel gedacht mit seinem Besitz hüben und drüben. Und was dem «Dux Canutus» gelang, warum sollte das nicht auch niedriger gestellten Vasallen gelungen sein? Endlich aber, was bedeutet das Postulat «lebte». Wo ist der Beweis, dass alle, die der L. C. als Besitzer verzeichnet, in Estland auch gelebt haben? — Mit Henr. de Brakel kommt der Verfasser selbst zu keinem Resultat. Ich erwähne daher nur, dass der Name im L. C. nicht feststeht; man könnte auch Brauel lesen, ein Name, der im Livl. Urkb. Reg. 1000 wiederkehrt, wenn im J. 1346 König Waldemar III. dem S. Michaeliskloster den Besitz der Mühlen bestätigt, welche ihm «v. Brauel» verliehen. Die Lesart Brakel oder Bracel hat vom graphischen Standpunkte am wenigsten für sich. Wenn der Verfasser gelegentlich erwähnt, unter den Ministerial-Geschlechtern des bremer Erzstifts würden die Brakel nicht genannt, wol aber 1250—60 unter den pommerschen Vasallen, so erlaube ich mir gelegentlich die Ergänzung: Joh. de Brakele, Zeuge in einer Urkunde des Bischofs Siegfried I. von Hildesheim, a. 1221 in Koken. Die Winzenburg und deren Vorbesitzer. 1833. Urk. № IV, a., — Joh. de Brakele, cellerarius, Zeuge in einer Urkunde des Bischofs Conrad von Hildesheim, a. 1239 in Volger, Urkunden der Bischöfe von Hildesheim. 1846. № 18; später selbst Bischof von Hildesheim 1257 † 14. Sept. 1261; Mooyer, Nekrolog des Klosters Dorstadt im Archiv des Niedersächs. Vereins. 1849. p. 403.

Was der Verfasser sonst bringt, greift nicht in den Beweis ein. Ich bin ihm gefolgt bis dahin, wo das letzte Beweismittel sich erschöpft. Der Versuch, die Landrolle unmittelbar an den Vertrag zu Stenby zu knüpfen, ist nicht gelungen. So fein mitunter die Deductionen: es fehlt ihnen an ungesuchter Beweiskraft. Sie haben den Zirkel enger gezogen, in welchem der Ursprung des Dokuments liegt: den einen Punkt, den sie suchten, haben sie nicht zu fixiren vermocht. Selbst wo eine Wahrscheinlichkeit auftaucht, wird sie niedergedrückt durch eine Unwahrscheinlichkeit. Die Untersuchung ist lange nicht geschlossen.

Sie wird darum weiter zu führen sein nach einer umfassenderen Methode, zu der es an Ansätzen in den «Studien» nicht ganz fehlt. So natürlich nämlich der Versuch, einzelne Namen hervorzuheben; — so bald er **das** Ziel verfehlt, muss er vertauscht werden mit einem andern. Die Masse der Namen muss hereingezogen werden in die Untersuchung. Zwar das ist eine Riesenarbeit, die auf den ersten Blick selbst vergeblich scheinen könnte. Denn in livländischen Urkunden kehren, sicher nachweisbar, nur wenig Namen wieder. Gegen die Lesart Henricus de Brakel (Livl. Urk. 73, 101a, 169a, 200a, a. 1225—1248) erheben sich Bedenken; die Identität von Thid. de equaest oder ekrist mit Thid. de Escerde (Livl. Urk. 61, a. 1224 ff.) bezweifle ich entschieden. Es bleiben dann nur etwa:

> Theod. de Cokenois (Livl. Urk. 84, 101a, 179a, a. 1226—1245).
>
> Heidenricus de Bekkeshouede (Livl. Urk. 169, 389, a. 1241—1265).
>
> Henricus de Bekkeshouede (Livl. Urk. 389, a. 1265).
>
> Theodericus de Kivele (Livl. Urk. 179a, 281, 299, a. 1245—1257).
>
> Mattil Risbit (Livl. Urk. 258a, a. 1253).
>
> T. Ballison (Livl. Urk. 299, a. 1257); D^{us} Thuuo Paltessun (Livl. Urk. 337, a. 1259).
>
> D^{us} Odwardus de Lode (Livl. Urk. 389, a. 1265).
>
> D^{us} Hermannus de Terevestevere (Livl. Urk. 258, a. 1253).
>
> (cf. L. C. Par. Toruaestaeuaerae. Hermannus — Torpius XX.)
>
> Herbertus (Livl. Urk. 337, a. 1259); D^{us} Harbertus (Livl. Urk. 389, a. 1265).
>
> Vielleicht Kerchau Klench (Livl. Urk. 422, a. 1271).
>
> (cf. L. C. Gerhard Klingae.)

Schon diese wenigen Namen umschreiben zudem ein halbes Jahrhundert und es liessen sich lange Reihen anführen, die noch auf viel spätere Zeiten gehen. Der Verfasser hat sie sicher erwogen, soweit sie ihm zugänglich waren. Ich führe nur beispielsweise aus dem ältesten, rigischen Schuldbuche (Perg. Cod.), aus welchem das Livl. Urkdb. nur einen Auszug gibt, an:

> a. 1289. Fol. 17b. Joh. de hamele. cf. L. C. Jan de hamel.
>
> a. 1290. Fol. 27a. Thidericus de rakeuere. } cf. L. C. Thideric swort.
>
> od. a. 1296. Fol. 36a. Thidericus niger. } Rakeuerae. VI.

Allein diesem mässigen Gewinn steht die Aussicht zur Seite, durch fortgesetzte Combinationen aus livländischen, hildesheimischen, meklenburgischen und andern Urkunden viel weiter zu kommen. Die eingeleitete Untersuchung habe ich aus Mangel an Zeit nicht durchführen können; ich habe aber die Ueberzeugung gewonnen: der reichhaltige, obzwar spröde Stoff des L. C. werde sich endlich fügen bei einer erschöpfenden, methodischen Behandlung, deren Gesichtspunkte ich mir anzudeuten erlaube. Zunächst muss die Behandlung isolirter Namen zurückstehen. Die Combination hat auszugehen von Massen und Gruppen. Auf Taf. IVa. b. und V habe ich das bezügliche Material des L. C. für Jeden, der die Untersuchung ergreifen will, geordnet. Es sind nachzutragen nur von Fol. 49a. Lvbrict Polipae; 42b. Hilward et Thideric; 54a. Temmo; 47a. Johannes et Walter;

von Verkäufern: 44b. Heilardus; 46a. Henricus comes de Suorthoghac; 49a. bernard; 50a., 51a. Nicolaus, frater episcopi Baldwini; 51a. Thideric swort; 53b. Willelmus de Keting; von Todten: 49a. bernard; 52a. Willelmus. Aufmerksame Prüfung wird zuerst die identischen Namen entwickeln: namentlich ergibt sich mit Sicherheit aus Taf. IVa. b. die Identität von D^{us} Saxo und D^{us} Saxi u. a. nebst einer Reihe Vertriebener. Sodann heben sich aus der Masse kleine Gruppen Verwandter ab; der L. C. verzeichnet etwa ein Dutzend, nämlich unter den Besitzern: Fol. 42b. Hermann et duo fratres eius; 43a. Thideric puer Odwardi; 43b. filii Surti; 44b. Wibaern, Taemma frater eius; 45b. Herbart et II fratres sui; 47a. Huith cognatus Lamberti; 47a. Richard gener Leonis; 49a. Adam, filius Regneri, 50a., 51a. Nicolaus, fr. episcopi baldwini; 53b. Robertus, frater D^i Eilardi; — und unter den Vertriebenen Fol. 44a. Herbort; Thomas frater eius; 46b. Gerard et frater eius Winric; 51b. Albernus, frater Godefrit; dazu kommen noch 49a. relicta bernardi; 51b. relicta hercher; kaum dagegen 46b. heredes Domini Villelmi Fritrik et Vinrik. — Neben den Verwandtschaften lässt der L. C. gewisse Gruppen an gemeinsamem Besitz erkennen und zwar Fol. 42b. Herman et duo fr. eius; 45b. Herbart et II fratres sui; 45b. Thitmar Garcon Grath; 46a. auarissimus Eilardus et D^{us} Tuu Palnissun; 47a. Henricus Stenhackaer et Lambertus; 47a. Johannes et Walter; 48a. Johannes et Guthaescalk; 53a. D^{us} Saxo et Henricus lapicida; 54a. Henric de Wispen und Temmo. Ist etwa der Lambertus von 47a. derselbe, dessen einstiger Mühlenbesitz 46b. so angelegentlich hervorgehoben wird, so wird ihm und den bei Abfassung des L. C. anscheinend besonders Betheiligten durch Vermittlung von Henricus lapicida (Stenhackaer) auch der D^{us} Saxo genähert.

Ferner wird die Untersuchung Gruppen von Namen zu bilden haben nach ihrer localen Herkunft. Als rohen Ansatz stelle ich beispielsweise eine mecklenburgisch-pommersehe Gruppe zusammen:

a. 1227. Albernus de Plote, capell. Zverin. (Lüb. Urkb. I, 42). (neben ihm als Zeuge Theod. Scacmann.) a. 1244. Godefridus de Plote, miles Zwerin. (Lüb. Urkb. I, 103).	cf. L. C. Alhernus, fr. Godefrit.
a. 1231. D^{us} Engellardus de Gustekowe. (Lüb. Urkb. I, 49.	cf. L. C. D^{us} Engelardus.

Dass die «Expulsi» und «Remoti» durchgängig in Person am Ort sassen, ist nicht erwiesen.

a. 1243. Henricus Angern; Urk. v. Wrastisl. III., dux dyminensis (Cod. dipl. Pomer. 333).	cf. L. C. hænrich fan angær.

a. 1250—60. Henricus de Reno (vom Verf. angef. S. 53; } cf. L. C. Hen-
    Cod. Dipl. Pomer. p. 53).   ric. de Rin.

a. 1253—57. D^{us} Guttan dictus mordere, miles des Fürsten } cf. L. C.
    Jaromer II. ruinaorum. (Lüb. Urkb. I, 215; Fa- } Kunstmorth.
    bricius, Rüg. Urk. II, 60—66).

a. 1283. Stochvisch, miles Zverin. (Lüb. Urkh. I, 446). } cf. L. C. Jon Stockfisk.

        Einen Joh. Stockuisch a. 1320 verzeichnet Lisch, Me-
klenb. Urkk. II, 178, p. 272.

a. 1289. Lodewicus Keding, miles, Urk. v. Pribezl., domi-
    nus de Bellegard (Lisch, Meklenb. Urkk. I, 86).

Es sollen das natürlich noch keine Identificirungen sein; aber sie bereiten vor. Dieser Gruppe gesellt sich vielleicht noch zu Hermannus fraetaeland; L. C. Fol. 54b.
Schwerlich hat er den Namen von der kleinen Burg Fredeland, welche der Bischof Phi-
lipp von Ratzeburg im J. 1214 bei Treiden erbaute und die, soviel mir bekannt, nur
in den Origg. Liv. und zwar zum letzten Male im J. 1219 (indirect) erwähnt wird (Origg.
Liv. XVIII, 3, 8. XXI, 7. XXIII, 7). Die Stadt Vredelande aber, jetzt Friedland, in Meck-
lenburg-Strelitz, wurde erst 1248 gegründet (Cod. Pomer. dipl. 219 Anm.); nun mochte
schon vorher ebendort ein Ort dieses Namens, ohne Stadtgerechtigkeit, existirt haben; in
jedem Falle verdient der Name Beachtung. Und eben dieser Gruppe schliesse ich noch
an den Henricus, comes de Suortoghae von Fol. 46a. Ob der comes Henricus de Sve-
rin gemeint ist, welchen man auch den schwarzen Heinrich, Henric den Sorte nannte
(Suhm, IX, 436), ist nicht gleich zu entscheiden; dass dänische Quellen ihm bei der Einnahme Revals Betheiligung zuschreiben, habe ich oben nachgewiesen. Der Name Suortoghae geht wol auf Schwartau, nördlich von Lübeck; in die Trave mündet der Fluss
Swartowe; und für die Namensform finden sich Analogien in Mecklenburg und Pommern;
ich führe nur an aus Fabricius, Rüg. Urkk. 35. Dirsecowe und 47. Dyerscogh; 48. Sub-
bezowe und 47. Zobizogh; 35, 37. Gvisdowe und 47. Guizdogh; 48. Pansowe und 47.
Panzogh; 48. Gribenowe und 47. Gribbinogh; 52. Cristow und 47. Cristogh ff. ff.

    Eine andre Gruppe gehört nach Hildesheim und ins Mindensche mit den Familien
Visen oder Weise (a. 1200. Urkk. des Stifts Walkenried. 41, 42), mit den Ekessen (cf.
L. C. Equaest und Ekrist) von 1149 an (in Hildesheim, bei Koken. Die Winzenburg.
1833. Urkk. № II), unter ihnen Dietrich v. Ekessen, der 1228—1234 bischöflich
mindenscher Truchsess war, 1236 dagegen nicht mehr, obwol noch 1252 am Leben (Zeitschr. des Niedersächs. Vereins. 1851. p. 200. 1853. p. 103) und D^{us} Conr. de Ekers-
ten a. 1268 in Minden (a. a. O. p. 103); mit den Jochen, so Fred. de Juchen, miles des Bischofs von Verden a. 1230 (Zeitschr. d. Niedersächs. Vereins. 1854. p. 151);
mit den Puster, Rittern zu Minden und Bürgern zu Stadthagen a. 1250—1266 (Zeitschr.
d. Niedersächs. Vereins. 1853. p. 55. 1855. p. 96, 97, 99); mit den Ulsen und Oberg

und vielen andern in Estland um die Zeit des L. C. ansässigen Familien. Hildesheim ist eine wahre Wiege livländischer Einwandrer gewesen.

Im Zusammenhange mit ähnlichen Nachweisen sind die deutschen Ortsnamen zu beachten, welche in Livland oder schon draussen zu Familiennamen geworden sind. In vielen Fällen werden selbst estnische Ortsnamen richtiger daher erklärt, und ich habe wenig Zutrauen zu Ableitungen, wie die der Tolcks vom Gute Tolks. Welche älteste Besitzver· änderungen müssten dabei z. B. vorausgesetzt werden, wenn der L. C. Fol. 52a. als Besitzer von Tolkas. XX. Thid. de equaest verzeichnet und im Besitz ganz andrer Grundstücke bereits erwähnt Fol. 42b. einen Paeter Tolk; 49b. Waerner Tolk? Mit grossem Recht sträuben sich die deutschen Genealogen gegen dergleichen Ableitungen und man hat wohl zu beachten, welche Personennamen des L. C. in Niedersachsen und Westfalen als Ortsnamen vorkommen, wie nicht nur die vielbesprochenen Buxhöwden, Brakel ff., sondern Stuhr, Stade, Kating, Kehding, Beuer, Springe, Hameln, Rethen, Wispon, Moringen, Nörten, Enger, Anger, Oelde, Meckings, Clingen ff. (Dahlen, Schermbeck, Uelsen ff.); vergl. auch die Flüsse: Hunte, Alard, Nogat ff.

Allerdings kommt man mit derartigen Combinationen nur langsam dem Ziele näher und bedarf grosser Resignation. Der Gewinn aber ist auch viel umfassender, als blosse Altersbestimmung des L. C. Den Zusammenhang nämlich für alle zerstreuten und in Gruppen verbundenen Personalnotizen hat endlich die genealogische Forschung zu finden. Zwar ist sie noch wenig vorgeschritten. Allein kaum von einer andern dürfte die ältere innre Geschichte dieser Provinzen so überraschende Aufschlüsse erwarten. Man hat sich noch immer zu wenig gewöhnt, sie als Geschichte einer Colonisation zu behandeln; man übersicht, wie die Familien- und Partei-Gruppen im Lande ihre Ansätze und Motive zum mindesten eben so oft draussen hatten, als drinnen. Die deutschen Genealogen arbeiten uns dabei in die Hände. Männern, wie Ledebur, verdanken wir schon manchen schätzbaren Fingerzeig, andern, wie Mooyer, die Anhäufung reichen Materials. Es kann für den Verfasser im Allgemeinen kein Vorwurf sein, dass er derartige Untersuchungen nicht angegriffen oder nicht weitergeführt hat. Ihre Resultate hätten ihn erst nach Jahren entschädigt für die Arbeit und gewiss bringt jede Aufgabe ihre eigne Oeconomie mit sich. Erwähnen aber musste er mindestens ein Problem, dessen Lösung vielleicht Licht verbreiten wird über die Mitte und das dritte Viertel des XIII. Jahrhunderts, über die Verhältnisse, welche im L. C. sich wiederspiegeln, über die kirchlichen Wirren und über die politische und Familienparteiung. In Harrien und Wirland verzeichnet der L. C. als mächtigsten Grundbesitzer nächst dem König Thideric de Kiuael. Er ist vorgedrungen in den äussersten Osten: Urkunden lehren uns, wie er mit seinem Bruder Otto de Luneburg in Watland ein Bisthum zu errichten trachtete. Hat der Episc. Kapoliensis, Fridericus de Haseldorp, in Verbindung gestanden mit ihm, oder in Verwandtschaft? (Vergl. vorzüglich Busse, in den Mittheilungen. V, 427—438 und Napiersky, ebendas. VIII, 109—114, 505—509.) Vor Allem wer war der Episc. Vironensis, Theoderich, Franziskaner Ordens? Das reiche von

Mooyer (Mittheilungen. IX, S. 3—30 und 126—128) zusammengetragene Matèrial gibt
noch keinen Aufschluss; es zeigt ihn nur in den Jahren 1248, 1250—55, 1257—58,
1260—63, 1265, 1267, 1269—71 in Deutschland. Vier Eventualitäten sind zu erwä-
gen: 1) entweder der Episc. Vironensis hat mit Wirland nichts zu schaffen; möglich, aber
sehr unwahrscheinlich; 2) er ist von dänischer Seite destinirt: das ist entschieden zu bezweifeln, namentlich, weil er im Jahr 1247 zum Bischof ernannt wurde, wie die Zählung
der Amtsjahre in seinen Urkunden darthut; noch 1249 aber heisst es in der königlich dänischen Dotation der revaler Kirche: «Die 40 Haken zu Salgalle in Wirland blieben dem
Bischof von Reval, donec Wironensi ecclesiae provisum fuerit in praelato»; 3) der Episc.
Vironensis war nur Titularbischof: dafür spräche die ungewöhnliche Eingangsformel seiner
Urkunden: «bonitate divina Episc.», so wie dass er gar nicht ins Land gekommen zu sein
scheint oder, endlich 4) er gehört einer grossen deutschen Vasallengruppe an und steht zu
Thid. de Kyuael in freundlicher oder feindlicher Beziehung, so wie seine Ernennung für
Wirland irgend zusammenhängt mit der Errichtung eines deutschen Bisthums in Watland.
Dann aber ist Alles, was ihn angeht, von einschneidender Bedeutung für die Geschichte
Estlands. Auch er weist zurück auf Hildesheim. Sein Testament, das er lange vor seinem Tode, im J. 1257, aufsetzte, ist uns erhalten: es zeigt ihn uns als privatim mit Land
Begüterten: es nennt uns seine Verwandten, die Canonici von Hildesheim: «Hartmannus
scholasticus, germanus noster; magist. Johannes, consanguineus noster» und auch die
übrigen in der Urkunde benannten Personen sind wohl zu beachten. Seines Bruders Johann, Franziskaner gleich ihm, erwähnt das Chron. Egmundanum (cf. Mittheilungen IX,
128). So bedenklich auch die sofortige Identificirung des magister Johannes mit dem
bekannten Statthalter des Legaten Wilhelm wäre, so wünschenswerth ist eine unermüd-
liche Prüfung dieser Verwandtschaften; zum mindesten wird sie einen werthvollen Beitrag
geben zur hildesheimisch-livländischen Familiengeschichte.

    Kehren wir zu den Beweisführungen des Verfassers zurück, dem es nicht gelungen
ist, mit Hilfe der Personennamen die Abfassung der Landrolle dem Stenby'er Vertrage so
nahe zu rücken, als er wünschte, so wird nun die Last des Hauptbeweises für seine Auffassung
den übrigen Momenten des Documents zufallen und es ist um so strenger zu prüfen, ob
diese wenigstens die Beziehung zu einem Vertrage so unverkennbar ausdrücken, dass zugleich die Lücken der ersten Beweisreihe gedeckt erscheinen. Es hat aber von den Untersuchungen des Verfassers über die historisch politischen Momente der Landrolle ein
Theil die Aufgabe, die versuchte Altersbestimmung noch zu erhärten; ein andrer dagegen
ist enge bereits verflochten in die Deductionen des dritten Abschnitts. Der Verfasser hat diese
zweiseitige Gruppirung jener «historisch-politischen» Merkmale wenig beachtet und auch
darin die äussere Anordnung getrübt. Ich werde den §§. des zweiten Abschnitts nur soweit folgen, bis es sich um die Prüfung gewisser Grundanschauungen handelt, auf welchen
die ganze Reihe von Beweisen für den «einheitlichen, officiellen» Character der Landrolle
ruht; diese Anschauungen werde ich sodann gesondert nach ihrem innern Zusammenhange

prüfen. Es gelten somit die folgenden Betrachtungen über einen Theil des zweiten Abschnitts nur als Anhang zur Prüfung des ersten.

In § 1 sucht der Verfasser das von ihm ermittelte Alter der Landrolle aus gewissen Localbenennungen zu erhärten. Aus der «alten Landeseintheilung», wie sie der L. C. noch festhält, während nach 1238 die Landschaft Repel wenigstens ganz verschwindet, so wie aus der politisch gleichsam noch nicht fixirten Bedeutung des Namens Harrien, geht für ihn hervor: «die Landrolle gehöre in die Jahre, die gleich auf den Vertrag von Stenby folgten».

Soll diese Folgerung irgend gestattet sein, so müssten wir vor Allem die Bedeutung der «alten Landeseintheilung» kennen. Ich werde nachweisen, dass sie uns unklar ist. Allein schon die Behauptungen, aus welchen die Folgerung gezogen wird, sind unrichtig. Der Name Reval bezeichnet noch lange nach 1238 die Landschaft. Dem Verfasser scheint nur die Urk. 239, a. 1252 beigefallen zu sein mit ihrer Anrede: «hominibus nostris in Revalia et Wesenbergh constitutis» und ich gebe ihm Recht, wenn er die beiden festern Orte und nicht die Landschaften, bezeichnet meint; allein schon die «meliores de Revalia» in der Urkunde des Königs Erich Glipping (Livl. Urk. 352, a. 1260) machen seine Folgerung rückgängig und gegen sie erhebt sich ein wahrer Damm von Beweisen. Ich will mich dabei nicht auf die Stelle der Reimchronik berufen, in welcher dieselbe Landeseintheilung vorgetragen ist, welche nach dem Verfasser mit 1238 aufhört, V. 2048 ff.

> Der vant darvedir einen rat,
> Das haryen, reuele, wierlant,
> Dem konige wart in sine hant.

Denn es ist von mir selbst (Verfasser der Reimchronik, in den Mittheilungen VIII) zugestanden, die Reimchronik habe Urkunden benutzt und in den angeführten Versen gerade lässt sich ein weiterer Beweis dafür finden. Allein schwerlich ist der Ausdruck, V. 6715: «Reuele, das gute lant» einer Urkunde entlehnt und man wird es mit dieser Bezeichnung um so eher genau nehmen dürfen, da sie noch 1348 wiederkehrt. Vor 1238 finde ich folgende Benennungen: Livl. Urk. 100, a. 1228 Urk. Heinrichs, des Römischen Kaisers: «provinciam Rivelae, cum castro dicto Rivelae, nec non omnes provincias Jerve, Harrien, Wironiam»; Livl. Urk. 133, a. 1234 Bulle Gregors IX.: «in Revalia, Vironia et quibusdam aliis terris»; Livl. Urk. 145, a. 1236: Gregor IX.: «omnem munitionem castri Revaliae, Revaliam quoque, et Harriam, Wironiam, Gerwam»; Livl. Urk. 160, a. 1238 Vertrag von Stenby: «munitio et civitas Revaliensis, et ipsa Revalia et Gierwia et Wironia et Hargia, quae omnia sunt in Estonia». — In der zweiten Hälfte des XIII. Jahrhunderts: Livl. Urk. 352, a. 1260 königliche Urk.: «meliores de Revalia»; Livl. Urk. 459, a. 1278 königliche Urk.: «in terra nostra Revaliae et Estoniae»; Livl. Urk. 457, a. 1278: «Ey(lardus) miles dictus de Oberg, capitaneus illustris Regis Daciae per Revaliam et Wironiam»; Livl. Urk. 491, a. 1284 Urk. des Bischofs von Reval und der

estnischen Vasallen: «universi vasalli terrae Revaliae». — In der ersten Hälfte des XIV.
Jahrhunderts: Cod. dipl. Pr. II, 107, a. 1323 Urk. des Bischofs und Capitels von Erm-
land: «in Reualiam terram regis Daciae»; in den Verkaufsurkunden über Estland aus den
Jahren 1333, 1346, 1349 und zwar Livl. Urk. 756a. «terram Revaliensem»; Livl.
Urk. 864 «super venditione terrae Revaliae»; Livl. Urk. 892 «ducatum Estóniae seu
totam terram Revaliensem»; im J. 1348 Livl. Urk. 889 nennt sich der Ordensmeister
«capitaneus terre Revaliensis». — So viel man diesen Stellen an Beweiskraft zu nehmen,
geneigt sein mag: die Behauptung des Verfassers entbehrt jeglicher Begründung, S. 66:
«Revel ist und bleibt seitdem (seit 1238) die Bezeichnung ausschliesslich der Stadt
und Burg».

Nun aber soll es erst noch gelingen, die widerstrebenden Angaben der Origg. Liv.
und der Urkunden über die älteste Landeseintheiluug in Uebereinstimmung zu ordnen.
Ich habe mich bei historisch-topographischen Untersuchungen, welche das Ländergebiet
vom finnischen Meerbusen bis an die Südgränzen der litauischen Stämme umfassen, zur Genüge überzeugt, dass überall die alten Districtsnamen in fixe Gränzen nicht gezwängt werden
können. Ausgegangen sind sie in den meisten Fällen von einzelnen Oertern oder enge
umschriebenen Localen und mit dem Lande Reval verhält es sich wol nicht anders: sie haben sich dann allmälig ausgedehnt und greifen vielfach in einander über. Andrerseits, so
wenig fest sie zu umschreiben sind, so zäh erhalten sie sich in der Ueberlieferung und
auch, wo man sie fast ein Jahrhundert lang in Urkunden vergebens gesucht hat, tauchen
sie unerwartet wieder auf. Ich begnüge mich, an einigen Stellen der Origg. Liv. zu zeigen,
mit welchem Unrecht man diese alten Districte wie moderne Kreise behandelte. Aus der
bekannten Notiz XXIII, 7: «acceptis obsidibus de quinque provinciis Wironiae» sollte man
folgern, «provincia» sei der District einer «terra» und für Estland gleichbedeutend mit Kile-
gunden. Aus XV, 7: «Saccalensis provincia, quae Aliste vocatur», schliesst man somit
auf eine «terra Saccala» und die Stellen XV, 1: «Saccalensis provincia vicinior», XV, 7:
«Saccalensis provincia», XX, 2: «in Saccalam iam baptizatam convocantes ad se seniores
eiusdem provinciae», lassen sich zur Noth so deuten, dass der Widerspruch vermieden wird,
allein XX, 6: «iverunt in Saccalam et acceperunt seniores eiusdem provinciae sibi duces»
gestattet keinen Zweifel: hier ist offenbar die terra Saccala «provincia» genannt. Dieselbe
Flüssigkeit der termini verräth sich in XX, 2: «provinciam Harrionensem» und daneben
«provincias illius terrae» und XXIV, 2: «provincias Harrionenses», ferner XX, 6: «provincias regionis illius (Gerwen)» und XXIII, 6: «seniores eiusdem provinciae Gerwanensis» ff.
— Und, wie mit der Bezeichnung der Districte, so ist es mit ihrer Benennung. Eine Karte,
auf welcher die Districtsnamen der Origg. in fixen Gränzen verzeichnet stehen und die vom
Annalisten beschriebenen Züge aus Landschaft in Landschaft sich verfolgen lassen, ist
heute noch, trotz aller Versuche, ein ungelöstes Problem, das man nicht lösen wird, wol
aber umgehen, sobald man die Gränzen flüssig macht und die Namen nicht nur neben, sondern auch übereinander ansetzt.

Nicht ohne vorläufiges Misstrauen wird man darum die noch so willkommene Uebereinstimmung der Origg. und des L. C. Fol. 41b. prüfen müssen, wenn jene von 5 Provinzen Wirlands sprechen, dieser verzeichnet: «In Wironia ,V Kiligunde». Der Verfasser
freilich hat sich von ihr leiten lassen, wenn er als Provinzen Wirlands ansieht: Repel,
Maum, Alaetagh, Askalae, Laemund und wenn er gleichzeitig Lemmun Kyl. mit Schweigen
übergeht: die topographische Prüfung hätte ihn vor der letzten Inconsequenz gewarnt.
Und überdies ist um ihren Preis wenig gewonnen. Denn von den 5 Provinzen nennen
die Origg. Liv. XXIV, 1 nur eine: «prima provincia, quae Pudymen vocatur», offenbar
identisch mit ,XXIII,,7: «Pudurn», und diese gerade kennt der L. C. nicht. Um eine fixe
Landeintheilung zu erhalten, rechnet der Verfasser sodann zu Harrien 3 Kylegunden und
zugleich Parochien. Der Text weiss von jenen nichts und zählt nur Parochien auf. Es
leitete dabei die Rücksicht auf Fol. 41b.: «Harriaen. III Kilig.», nur mussten dann conse-
quenterweise auch in Wirland die Parochien, nicht die Kylegunden gezählt werden. Ferner sind ihm Uomentakae, Ocrielae, Repel Kylegunden von Repel in Anleitung von Fol.
41b.: «In Reuaelae. III Kilig.», allein von der Ueberordnung einer Landschaft Repel über
die genannten Kylegunden entdeckt man im L. C. keine Spur und es wäre in der That ein
wunderliches «altes» System, wenn der Name Repel 1) eine eigne Landschaft; 2) eine Provinz dieser Landschaft; 3) eine Provinz einer andern Landschaft (Wirland) bezeichnete.
Gilt es, sich in Hypothesen zu bewegen, so hätte sich dem Verfasser vielleicht eine weniger gezwungne geboten, sobald er nicht das Land Reval mit dem J. 1238 streichen wollte.
War nicht Revel etwa der alte, einheimische Name, in dessen Domäne erst mit der dänischen Einwanderung, vielleicht schon in Veranlassung der wiederholten dänischen «Raubzüge» zwei andere Benennungen eindrangen, um ihn zuletzt fast zu verdecken, und sind
nicht Harrien und Wirland dänische Namen? — Nicht minder befremden die Angaben:
«Alaetagh mit der gleichnamigen Parochie»; — «Ascalae mit der gleichnamigen Parochie»:
der L. C. erwähnt Parochien weder bei Alentakae, noch Askaelae. Es ist ein Zusatz des
Verfassers um der Symmetrie willen. Das richtige Verständniss wird dadurch nicht erzwungen und jeder weitere Schritt in dieses Labyrinth führt in neue Irrwege. Begnügt
man sich mit unbefangner Vergleichung, so lässt sich nur ein ganz allgemeines Resultat
wahrscheinlich machen: dass nämlich Fol. 41b. die Kylaegundae des übrigen L. C. nicht
nur der Orthographie, sondern auch der Sache nach nicht kenne: dass die Kiligunden von
Fol. 41b. vielmehr den Parochien des L. C. entsprechen.

Fol. 41b.			L. C.		
		Hakenz.			Hakenzahl
Wironia.	5 Kil.	3000	Haeriae	Par. Hacriz.	480
Reuaelae.	3 »	1600		» Kolkis	407
Harriaen.	3 »	1200		» Juriz	203
			Uoment. Kyl.	» Keykel	486

		Hakenzahl
Repel Kyl.	Par. Jeelleth	431
	» Kusala	198
Ocrielae Kyl.	» Waskael	269
Repel Kyl. In Uiron.	» Toruæstaeuæræ	508
	» Halelae	768
Maum Kyl.	» Maum	560
Alentakae Kyl.		324
Askaelae Kyl.		218
Laemund Kyl.	» Vov.	394
Lemmun Kyl.		164

Kilig. 11. Hakenz. 5800.   Kylaeg. 10 (oder 9). Paroch. 11. Hakenz. 5410.

Allein, sobald man nun versucht, die Parochien, als den Kiligunden entsprechend, unter die Landschaften Wironia, Reuaelae, Harriaen einzuordnen, beginnen die Probleme. Zählt man von oben nach unten, so wird die Parochie Toruaestaeuaçrae von der Landschaft Reuaelae getrennt; verlegt man sich aufs Wählen, so ist kaum Aussicht, die rechte Wahl zu treffen. Dazu lehrt uns der L. C. selbst noch an einem Beispiele, wie vielfach die alten Benennungen waren, denn Fol. 48a. Z. 6—11 wird man sicher im Zusammenhange so zu lesen haben: «In holki pøthraeth, alio nomine: Ocrielae Kylaegund»; und die Versuchung «pøthraeth» auf das Pudurn der Origg. zu beziehen scheitert nur an topographischen Hindernissen. Es ist aber völlig eitel, unter allen diesen schwankenden Verhältnissen an einer gelegentlichen Conjunctur einzelner Namen den Stempel eines bestimmten Jahrzehents erkennen zu wollen. Der § 1 ist daher völlig zu streichen.

Mit ähnlich lockern Verhältnissen beschäftigt sich der § 2: Vertheilung des Grundbesitzes. Wie im § 1 die Namen der Districte, so bildet in § 2 die Hakenzahl die Grundlage der Untersuchung. Nun wird die Hakenzahl verzeichnet sowol vom eigentlichen L. C., als von dem Vorblatt und endlich von einzelnen Randbemerkungen zum Texte. Die älteste Aufzeichnung glaubt der Verfasser in Fol. 41b. zu erkennen; sie gehört in das J. 1225. Denn (S. 10) sie gedenkt bereits der Theilung Wegele's, ist also jünger als 1224; andrerseits erwähnt sie der «fratres militiae Christi», gehört somit vor 1237. Nun aber drangen 1225 die Deutschen in Wirland ein; da die Aufzeichnung dessen nicht erwähnt, so fällt sie in die Jahre 1224, 1225. Dagegen ist einzwenden: Fol. 41b. gilt dem Verfasser als Notiz eines Privatmannes; da wenigstens dürfte das Argumentum a silentio nichts beweisen. Und warum sollte der Privatmann von der Vereinigung der Orden sofort erfahren, nachdem sie vollzogen war? Konnte nicht die einst gewohnte Bezeichnung sich noch Jahre lang unter den Nachbaren erhalten? Mecklenburgische Urkunden und das Zehentregister von Ratzeburg hätten das dem Verfasser lehren können, und grade für die «fratres militiae Christi». Und aus dieser «Notiz eines Privatmannes» meint nun der Verfasser die Summe der Haken in Estland um 1225 entnehmen zu dürfen; freilich mit eigenthümlichem Zugeständniss. «Bei allen folgenden Untersuchungen, sagt er (S. 67 Anm. 4) werde ich immer von dieser Zahl von 5800 Haken ausgehen». Es heisst nämlich Fol. 41b.: In Wironia — 3000 uncorum, — — Revaelac 1600; Harriaen 1200 unci. «Es versteht sich, dass dieselbe nur auf einer ungefähren Abschätzung beruhen konnte, und daher nicht eine authentische ist — wie die auf wirkliche Abschätzung beruhende Zahlenangabe in der Landrolle. Für meinen Zweck aber ist auch die ungefähre Zahl zu brauchen, — da sie nur zu dienen hat, um den Unterschied zwischen der ganzen Ausdehnung des Landes und den um 1238 verlehnten Besitzungen darzustellen». Das heisst: es wäre höchst erwünscht, kennten wir die Gesammtzahl der Haken um 1225 und enthielte der L. C. die Gesammtzahl der 1238 verlehnten Haken; zwar hat um 1225 (oder irgend zu anderer Zeit) nur ein Privatmann die Hakenzahl und zwar nur so ungefähr geschätzt, allein um zu messen, wie viel von dem Gesammtbestande des Landes 1238 verliehen war, dazu reicht auch eine solche Notiz aus. Mit derart gewonnenen Daten darf eine gründliche Forschung nie operiren; der Verfasser hat das im Grunde gefühlt; daher die seltsame Wahl der Ausdrücke: «ungefähre Abschätzung», statt einfach: Schätzung, und «wirkliche Abschätzung» statt: Zählung. Sobald aber der Gegensatz so scharf präcisirt wurde, konnte von einer Benutzung der 5800 Haken nicht mehr die Rede sein. Warum scheute der Verfasser die Mühe, die Hakensumme aus dem L. C. zu ermitteln? Ich habe sie oben verzeichnet; die Differenz beträgt zwar kaum 400, allein es ist nicht das Verdienst der falschen Methode, wenn sie gelegentlich einmal nicht völlig fehltrifft.

Gleich wenig glückt der Versuch, durch Vergleichung der Hakenzahl das relative Alter des L. C. und seiner Randbemerkungen zu ermitteln und aus der so ermittelten Relation wieder Rückschlüsse zu wagen. In der Randbemerkung Fol. 48a. wird die Summe der vom Orden dem König abgetretenen Haken zu 1895 angegeben und zwar sind 280 ohne Localangabe notirt, sodann 15 in Laidus, 900 in Harrien mit Einschluss derer in Hetkyl, 400 in Wirland, 300 in Alentaken; zum Schluss heisst es: «et nunc habet Dominus Rex in Estonia septingentos et XVII». Nun ermittelt der Verfasser aus der Landrolle, zur Zeit ihrer Abfassung gehörten zu den Domänen nur hoch etwa 830 Haken; daraus wird gefolgert: seit dem Vertrage von Stenby habe die dänische Krone «bereits über 1000 von den ihr unmittelbar gehörigen Haken zu neuen Verlehnungen oder geistlichen Dotationen verwandt. Damit hatte es aber noch nicht ein Ende». Denn der Schluss obiger Randbemerkung lehrt, wie zur Zeit, als sie niedergeschrieben wurde, dem König nur noch 717 Haken blieben. Wann das der Fall war, ist jetzt zu bestimmen kaum möglich. Indessen lässt sich annehmen, die Randbemerkung sei nicht um vieles jünger, als die Landrolle selbst. Denn eine weitere, ähnliche Glosse besagt, der an dieser Stelle unter den Vasallen angeführte Dominus Eilardus besitze 176 Haken». Prüfen wir also zuerst die Tragkraft dieses «denn».

Es heisst Fol. 50a.

Der erste Ansatz .C. et IX ist offenbar die Summe der dabei stehenden Besitzungen 31+32+24+18+4=109. Die 40 Haken aber in Wirland finden sich Fol. 52a.

Nämlich 20+16+4=40. So vergebens man nun endlich in Harrien nach den 27 Haken sucht, die einem Dominus Eilardus verliehen wären, so drängt sich doch sofort jene bedeutsame Stelle auf, Fol. 47b.

Dem Verfasser war es bereits aufgefallen, dass in jener Randbemerkung eine so besondre Theilnahme für den Besitz des D^{us} Eilardus sich aussprach; er vermuthet daher S. 69 Anm. 1: «Vielleicht hatte die Aufnahme der Landrolle unter seiner Aufsicht Statt gehabt» und nennt ihn «eine bedeutende Persönlichkeit.» Bei näherer Prüfung hätte der Verfasser manchen Schritt weiter gethan. Ich werfe jetzt die Frage nicht auf, wie den Besitzer von Uianra etc. die «officielle Landrolle» mit «nos», die Randbemerkungen mit seinem Namen bezeichnen mochten. Es handelt sich zunächst um die Zeitbestimmung. Da ist es nun auffallend, dass nicht alle Besitzungen des D^{us} Eilardus summirt sind. Schon zu der Gruppe, welcher die Randbemerkung unmittelbar angefügt ist, gehört wahrscheinlich noch, wie ich später erweisen werde, «Paeitis XVII.», sodann verzeichnet die vorangehende Seite «Dominus Eilardus. Lopae VIII. Apur. VI». Verzichten wir nun auch auf den «Dominus Heilardus. Pickuta IX» auf Fol. 43a., und bleiben Fol. 44b. «Heilardus», 45b. und 53b. «Eilardus» und, wie sich am ehesten versteht, Fol. 46a. «auarissimus Eilardus» bei Seite, ja opfern wir endlich noch «Paeitis», so haben wir immer noch die 14 Haken von Fol. 49b. dem D^{us} Eilardus zuzuschreiben. Dagegen sind ihm die 40 Haken in Wirland zwar angewiesen, aber der L. C. bringt sie zugleich in Beziehung zu

Thid. de Kyuael. Berücksichtigt man ferner, wie der Schreiber der Randglosse das «nos» des L. C. durch einen Namen ersetzt, so begegnen sich nun drei widersprechende Folgerungen: 1) der Glossator mag seine Notiz vor Abfassung der Landrolle verfasst haben: er verzeichnet die 40 Haken in Wirland, die später an Thid. v. Kiwel fallen; er kennt noch nicht die Belehnung des D^us Eilardus mit 14 Haken auf Fol. 49b.; oder 2) er zog seine Summen, während er zerstreute Notizen zur «Landrolle» verband; 3) er trug in die bereits vollendete Liste früher oder später, doch immer noch zu einer Zeit, wo er das «nos» zu deuten wusste, entweder nach fremder Angabe oder nach eigner, nachlässiger Summirung, seine Glosse ein. Möglich ist eins, wie das andre. Schwerlich aber steht eine der drei Möglichkeiten der Gewissheit so nahe, dass aus ihr Folgerungen gestattet sind auf die Zeit der zweiten Randbemerkung.

Ich beschränke mich daher auf folgende Bemerkungen. Der Verfasser ermittelt aus der Landrolle einen königlichen Besitz von c. 830, nach meiner Zählung sind es gegen 1050 Haken; freilich nach dem Facsimile und nicht nach Pauckers Ausgabe. Dazu aber kommen nun vielleicht noch in Repel Par. Fol. 46a 26 vom L. C. ohne Angabe des Besitzers verzeichnete Haken, in Par. Halelae ebenso 170 (Fol. 50b.); in Par. Maum (Fol. 50b.) 49 Haken, zusammen 245, so dass die Gesammthakenzahl des königlichen Landes nach dem L. C. fast 1300 betrüge. Zwar behaupte ich durchaus nicht, all jenes herrenlose Land sei des Königs gewesen; allein das Gegentheil vermag der Verfasser nicht zu beweisen und doch sind ohne diesen Beweis seine Deductionen illusorisch. Ferner besass der König zwar in Harrien 900 Haken, allein mit Einrechnung derer in Hetkyl; wir wissen aber nicht, wieviel in Hetkyl lagen; im L. C. wird es nicht verzeichnet und wollte man es durch Namensanklang nachweisen, so wäre das Resultat im besten Falle hypothetisch. Von den notirten 280 meint der Verfasser, sie hätten in Ocrielae Kyl. gelegen, allein im L. C. zählt das ganze Kylagund nur 269, davon 222 dem König gehören. Endlich, was heisst: 717 Haken in Estonia? Der Verfasser zwar behauptet S. 272, man habe die beiden Landschaften Harrien und Wirland «officiell» als Estland bezeichnet; nur werden die Belege vermisst. Zwar im Vertrage von Stenby heisst es: «Revalia et Gierwia et Wironia et Hargia, quae omnia sunt in Estonia»; also schon mit dem bedenklichen «officiellen» Einschluss von Jerwen; allein ich finde, dass Estonia ebenso oft und auch «officiell» Harrien mit Ausschluss von Wirland bedeute; cf. Livl. Urk. 165, a. 1240: «Ericus — omnibus Estoniam, Wironiam et Gerviam inhabitantibus»; somit gleich nach dem Vertrage von Stenby, und im J. 1266 erhält Königin Margaretha (Livl. Urk. 395) «omnes terras Estoniae et Wironiae», und 1298 heisst es Livl. Urk. 573: «vasalli nostri — in Estonia et Wironia constituti». Man sieht, wie die «officielle» Consequenz nicht eben gross ist und wie manche Unklarheit, mancher Widerspruch zu beseitigen sind, ehe Schlüsse gestattet sind, wie diejenigen, auf welche der Verfasser seine Hypothesen gründet. Es ist bei Behandlung alter Zeiten und Verhältnisse gefährlich, einzelne Merkmale zu einem System zu gruppiren und nun in dieses System auch widerstrebende oder höchst schwankende Angaben zu ver-

weben. Der § 2 hat die Untersuchung wenig gefördert, so weit er die Hakensummen behandelt; sein übriger Inhalt findet später die Erledigung.

Bevor ich mich nun zur Prüfung der eigentlichen Grundstützen eben dieses Systems
wende, hebe ich aus den folgenden §§., die dann erst ihre Berücksichtigung finden werden,
zwei Fragen zu kurzer, einleitender Behandlung hervor.

Die erste betrifft den § 3 und die Vertriebenen und Entfernten. Woher zunächst die
verschiedene Bezeichnung? Der Verfasser meint, die Entfernten wären gutwillig gegangen.
Allein der Ausdruck «expulsus» lässt durchaus nicht einzig auf gewaltsame Entfernung
schliessen; cf. Liber Don. Mon. Sor. (S. R. D. IV, 503): «Quidam vero Joh. dictus Co-
quus — intravit per indicia iniusta, tam ecclesiastica quam forensia et eiectis So-
rensibus nostris, occupavit ea detinuitque». Eher liesse sich an eine Parteinahme für die
«expulsi» denken, während die «remoti» den Schreiber nicht kümmerten oder gar feindlicher Partei angehörten. Allein neben andern Bedenken verhindert diese Erklärung der
Umstand, dass der D[us] Engelardus, obzwar in verschiedenen Districten einmal «expulsus», einmal «remotus» genannt wird. Mir scheint die Erklärung einfach in der Uebersetzung zu liegen: «remotus», versetzt. Der Verfasser selbst spricht gelegentlich von Ent-
schädigungen, welche der Orden einigen Vertriebenen in Jerwen zuweisen mochte. So oft
nun und sofern Vertriebene irgendwo durch ein Aequivalent von Land entschädigt wurden,
hätten sie «remoti» gehiessen, im andern Falle «expulsi». Weiter folgert der Verfasser
aus dem Verzeichniss der «expulsi und remoti»: die Verhältnisse wären sehr verschieden
gewesen in Harrien und in Wirland. In Harrien sind 15 Vasallen gewaltsam in ihren Besitz
gekommen, in Wirland nur 6 an die Stelle früher Vertriebener, nur einer an die Stelle
Entfernter getreten. Noch grösser ist der Unterschied in Betreff der Vertriebenen. «In
Harrien tritt gewöhnlich an die Stelle von 5 oder 6 Vertriebenen oder Entfernten nur ein
neuer Vasall. In Wirland gestaltet sich dies ganz anders, indem hier überhaupt höchstens
8 solcher, früherer Besitzer genannt werden». Der Verfasser ist lange nicht genug in das
Detail dieser Verhältnisse eingegangen. Ich werde später auf die Gegensätze im Landbesitz in Harrien und Wirland zurückkommen. Welche tiefbegründete Differenz aber setzen
die folgenden Relationen voraus: In den ersten drei Parochien Harriens kommen auf 1 Besitzer von Land, das Andern genommen ist, gegen 3 Vertriebene, gegen 3 Güter und über
$27\frac{1}{2}$ Haken; in Wirland nur $1\frac{1}{2}$ Vertriebene, etwa $1\frac{1}{3}$ Gut, $25\frac{1}{2}$ Haken; — dagegen auf
einen Vertriebenen in Harrien noch nicht 1 Gut, c. $9\frac{1}{2}$ Haken; in Wirland gleichfalls
nicht ganz 1 Gut, allein fast 18 Haken. Also nicht nur die Zahl der Vertriebenen ist verschieden in beiden Landschaften: ihr Landbesitz ist in beiden ein andrer gewesen. Dem
Verfasser ist das entgangen; er hat also auch keine Antwort darauf. Und ebenso ohne
Lösung bleiben andre Probleme. War wirklich der Vertrag von Stenby die Veranlassung
eines von oben her, oder gar nach Vereinbarung bewirkten Besitzwechsels, so ist schwer
zu begreifen, wie bei den Gütern des Königs nicht ein «expulsus», nicht ein «remotus» verzeichnet wird, obwol Güter genug «absque rege», eines selbst «contra regem» besessen werden.

Nun liesse sich allenfalls einwenden, beim König bedurfte es der Angabe eines Besitztitels gar nicht, natürlich vom Standpunkte des Verfassers. Allein, wie erklärt sich, dass auch auf den nächstreichen Grundbesitzer auf Thid. de Kivael nicht ein «expulsus», und nur ein, oder, wenn man will, doch ein «remotus» fällt und zwar im wirischen Repel, während er auch im harrischen Repel Besitzungen hat. Ihn zu den Deutschen zu zählen, hilft wenig, denn er hat doch einen «entfernt». Zur Uebersicht der wichtigeren in Frage kommenden Verhältnisse verweise ich auf Tafel III und, indem ich mir die Antwort noch vorbehalte, knüpfe ich an die erste zum Vorspiel die zweite Frage: Erklärt sich nicht etwa der Unterschied der «expulsi» und «remoti», der Unterschied des Landbesitzes in Harrien und Wirland durch wesentlich verschiedene Besitztitel? § 5 hat, fast ohne die Frage zu würdigen, mit Nein geantwortet. Leider kann grade die Prüfung von der Berechtigung dieses Nein nur auf weiten Umwegen ans Ziel führen. Zum Glück geht dabei der Weg mitten durch die grössere Hälfte der Studien; den Nachtheil wiegt ein Vortheil auf und mit dem Urtheil über des Verfassers altes, estnisches Lehnssystem vollzieht sich zugleich das Urtheil über die Anfänge der Geschichte von Harrien und Wirland.

II. Kritik der Auffassungen des Verfassers vom dänisch-estnischen Lehnssystem, von den kirchlichen Dotationen und den Infeudationes decimarum.

Es ist gefährlich, gesellschaftliche und politische Institute nach einem fixen Begriff zu messen, der ihnen besten Falls zukommt erst in den Stadien der Reife. Meist entwickeln sie sich aus unscheinbaren Anfängen und, was sie später specifisch kennzeichnet, ist ihnen nicht immer eigen gewesen. Je natürlicher zudem ihr Grund, um so mehr gehören sie verschiedenen Ländern eigenthümlich an und durchlaufen in den einzelnen oft zu gleicher Zeit verschiedene Phasen. Dies gilt auch vom Institut des Lehnwesens. Die Vertrautheit mit dem Namen hat oft die Einsicht in die Sache verdorben. Seine Stadien aber bezeichnet schon eine der ältesten Aufzeichnungen des Lehnrechts, der «Liber feudorum», in gedrängten Zügen, wenn es heisst L. F. 1, § 1 «Antiquissimo enim tempore sic erat in Dominorum potestate connexum, ut, quando vellent, possent aufferre rem in feudum a se datam. Postea vero eo ventum est, ut per annum tantum firmitatem haberent. Deinde substitutum est ut usque ad vitam fidelis produceretur. Sed cum hoc jure successionis ad filios non perveniret, sic progressum est, ut ad filios deveniret etc. etc.». Diese Erörterung lehrt uns vier Stadien kennen, zwei ziemlich rudimentäre, so dass das eigentliche Lehnsystem begründet erscheint erst mit dem dritten. Nun lässt es sich erweisen, dass zu jener Zeit des XIII. Jahrhunderts, da das deutsche Lehnwesen aus dem dritten Stadium bereits überging in das vierte Stadium, in Dänemark das System erst noch zwischen den beiden rudimentären Phasen schwankte und anscheinend zuerst in Estland unter dem deutschen Einfluss, der später ganz Dänemark ergreifen sollte, hinüberlenkte gegen das dritte Stadium. Darin liegt das hohe Interesse der harrisch-wirischen Entwickelung auch für die Geschichte Dänemarks und für die Geschichte des Lehnwesens im Allgemeinen. Es ist von Nachtheil gewesen für die Darstellung in den «Studien», dass der Verfasser diese Verhältnisse nicht deutlich erkannt hat und es wird meine Aufgabe sein, zu zeigen, wie sich von diesem ihm unbekannten Standpunkte die älteste estnische Geschichte wesentlich anders und lebendiger gliedert, als in seiner schematisch-gekünstelten Auffassung.

Seit langem hat man gestritten, ob Dänemark ein dänisches Lehnwesen besessen. Zum öftern hat die herrschende Ansicht ihren Umschlag erfahren. So gross die Ehrfurcht Schilters vor dem urfeudalen Skandinavien gewesen war, gegen «die sächsischen Doctoren des Rechts», sollte erst wieder Kofod Ancher das Gesetzbuch des heil. Olaus, die Hirdskraa, in die Schranken rufen mit dem nackten Ausspruch c. 13: «thui at hans erge og odal er alt landet: nam. eius (regis) possessio et allodium est tota terra». Der kühne Anlauf freilich brach noch vor dem Ziele zusammen. Gegenüber der grossen Rechtsfiction von c. 13 stellte sich in c. 4 die nüchterne Scheidung von des Königs «Erfe Eigner» und den «Kongdomsins jarder» und das angekündigte System scheiterte an der Wahrnehmung, wie die Lehnsmannen vom ersten bis zum letzten, bis auf den «ridder» und «gest», Löhnung (stipendia) erhielten oder, wenn ausnahmsweise Land, so nur in einem jedem Amt stehend zugemessenen Markwerth; cf. Ancher, Opuscc. minora. 1775. p. 3—26. In seinem Dänischen Lehnrecht hat Kofod Ancher das rechte Maass des dänischen Lehnwesens gewissenhaft niedergelegt für Jeden, der es gewissenhaft zu verwenden wüsste. Ist es doch schon bezeichnend, dass die königlichen Prinzen frühe die Herzogthümer, welche durch königlichen Willen an einen ihres Geschlechts kamen, wie erbliche Alode hielten und noch unmittelbar nach Waldemars II. Ableben Erbtheilungen, mit Prinzenhader im Geleite, das dänische Reich bedenklich erschütterten, §§ 15—20. Der eigentliche Lehnsmann aber war ein Königsmann, oder besser ein königlicher Beamter, § 53. Nach dänischem Recht kam Keinem das «dominium utile» zu: von seinem Lehn genoss er nur vorausbestimmte Früchte; den Rest hatte er dem König in Rechnung zu stellen. Im günstigsten Falle umfasste die Belehnung ein Menschenleben: weit überwogen die Gnadenlehne, welche der König nur darum vor Ablauf von Jahr zu Jahr nicht einzuziehen pflegte, damit der Lehnsmann zuvor zum herkömmlichen Jahrestermin Rechenschaft ablegte von seiner Verwaltung § 49. Und § 59 räumt offen ein, das dänische Lehn sei andrer Natur gewesen, als die Lehne im Allgemeinen, mit denen es am Ende gemein hatte nur dies: dass es den Belehnten zur beschränkten Nutzniessung von Lehnsgütern berechtigte gegen genau normirte Leistungen oder Dienste.

Die Nachfolger übersahen diese Thatsachen und hielten sich nur an die Scheinmerkmale, aus welchen auch Ancher den Ursprung eines einheimischen Lehnsadels hatte herleiten wollen. So setzt Tyge Rothe, Nordens Statsforfatning I, 207 ff. den Anfang des Lehnwesens in Kanut des Gr. Zeit, der über ein grosses Heer verfügen wollte und darum viele Kriegslehen austheilte und er beruft sich auf das Vederlags rett: «operae pretium duxit statuere, ut rex s. princeps stipendia militibus suis subministraret», worauf nur unmittelbar folgt: «ut illi, censu stipendario percepto, — — omnimodis fideles existerent». Dass «stipendium» seit jener Zeit nicht mehr Lohn, sondern Lehn bezeichne, behauptet freilich Vedel Simonsen, Adelshist. p. 125. Allein der Irrthum ist überzeugend aufgedeckt worden von N. M. Petersen. Bonde, Bryde og Adel in den Annaler for Nord. Old-Kyndighed. 1847. p. 228—327. Nirgends spricht das Vederlags rett von Landanweisung an die Heermannen (hærmænd); wo Land erwähnt wird, da kommt es ihnen eigen zu und, was sie vom König erhalten: das Stipendium, bedeutet nach wie vor Löhnung; denn überall setzt für das «stipendia» der lateinischen Uebersetzung der Originaltext des Vederlag retts: «mále»; «mále» aber ist nur Sold, «málamenn» sind Söldner; den englischen Chronisten sind daher gleichbedeutend die «danici huscarli, stipendiarii, solidarii» und jene «stipendia» heissen bei ihnen «danegæld». Den schlagendsten Beweis endlich — von tiefgreifender

Bedeutung namentlich für die Zeit Waldemars und darum für die estnische Geschichte — bietet eine Stelle des Jyske lov 3, 6: «Hvar thær kunungs mæn aeræ æthæ biskups, hvat hældær the have et bo ethæ fleræ, tha æræ the skyldughæ at havæ fullæ vapn, ok faræ i lething å theræ eghen kost, ok takæ theræ måle». «Des Königs Mannen oder des Bischofs, mögen sie einen Hof (bo) besitzen oder mehrere, sind verpflichtet, vollgerüstet und mit eigner Zehrung auszuziehn; dafür erhalten sie ihre Löhnung». Ich constatire vor Allem, dass die «Kunungs mæn», die homines regis noch zur Zeit des jütischen Gesetzes im Sold des Königs standen. Ob sie Land besassen und wieviel, kam nicht in Betracht. Gelegentlich hatten sie welches vom König, allein als eigen und nicht zu Lehn. Der König, wenn er Anhänger suchte, verschenkte von seinem Lande; war es ihm nicht minder um Geld zu thun, so verkaufte er; verlehnt hat er in alter Zeit selten, cf. Saxo Gr. ed. Müller. p. 711 über Svend Grade: «regios vicos complures comparandi sumtus gratia venditabat». «Kongens mand» wurde Niemand um Landbesitz: nur um den Schutz und die Rechte zu erwerben, die mit dieser Stellung verknüpft waren. Die Königsmannen zwar bildeten frühe eine Art Adel, aber weder einen Erb- noch Lehnsadel; sie waren geadelt durch ihr Amt. Jeder Bonde, jeder freie Odalbesitzer konnte Heermann werden; allein jeder Heermann, sobald ihm der kostspielige Kriegsdienst zur Last wurde, nicht minder wieder Bonde. Daher noch geraume Zeit nach Erlass des jütischen Gesetzbuchs kein Rückfall von Lehnen nach des Lehnmanns Tod an den König, denn Lehn ist im jütischen Gesetze stets nur das Amt, welches der König überträgt.

Nicht anders verhält es sich mit dem Institut der «styreshavne», welches seit Huitfeld als Mannlehn ist missdeutet worden, zunächst in Anleitung irrthümlicher Etymologie, denn bei der Uebersetzung mit «Steuermannsgut» verwechselte man «styris» mit «styrir» und «hafn» (schwed. hamn, isl. höfn) mit «hafnæ». «Styreshafnæ» bezeichnete ursprünglich wol den Platz am Steuer, sodann das Amt, endlich den Küstenbezirk, der ein «havne» ausrüstete, wie denn im XV. Jahrhundert «styreshavne» übersetzt wird mit «navigii officium». Die königliche Löhnung für dies erbliche Amt bestand in Korn; in Schweden auch in Geld: daher im Södermannalag: «styremans pæningæ». Von Landbelehnung ist abermals nicht die Rede. Wol war auch der Steuermann ein Adelsmand; er sollte ein Pferd und volle Rüstung haben; er besass wol oft mehrere Höfe, allein nicht als Lehn vom König: es war sein Alod.

Ein genuin dänisches Lehnwesen dagegen mochte sich etwa nur aus der Stellung der Verwalter königlicher Güter entwickeln. Doch waren die «bryden» vor Allem Amtleute des Königs. Sie übten königliches Recht, aber es war ihnen nicht zu Lehn übertragen; sie hatten keine Jurisdiction über die Untersassen; sie verwalteten des Königs Güter, ohne eins zu besitzen; wie der König mochte jeder bonde sich seine bryden wählen. Selbst wo die Vögte und Amtleute (die officiales) Amtsgüter erhielten (officialgaarden), da schalteten sie mit diesen etwa nur, wie der Pfarrer mit seiner Würde. Erst allmälig entwickelten sich aus dieser Stellung die beschränkten Lehnverhältnisse, auf welche die citirten §§ aus Anchers Lehnrecht deuten.

Der rechte Lehnsadel aber tritt auf, erst als die Seerüstungen eingehen und das In-
titut der «styreshavne» verschwindet, vorzüglich zu Christophs II. Zeit. Da zeigt sich
die mächtige Wirkung des deutschen Lehnwesens: vergebens suchen Waldemar Atter-
dag und Margaretha den Strom zu hemmen. Seit 1326 ist der Umschlag entschieden,
seit jenem Lehnsbriefe, in welchem der «schleswigsche» Waldemar Ludwig Albrektsen
und dessen Erben in Amindsyssel und Jellingsyssel sammt allen königlichen Gerechtsamen
bedachte. Vor jenem Jahr sucht man nach ähnlichen Briefen, in dänischen Diplomatarien
wenigstens, vergeblich.

Nur in Estland hat sich der Umschwung längst schon vollzogen; das dänische System
ist völlig dem deutschen erlegen und in diesem Vorgang liegt eine der weitergreifenden
Bedeutungen harrisch-wirischer Geschichte.

Dem Verfasser ist dieser Process entgangen, weil er nichts gemerkt hat vom Gegensatz, auf den er sich gründet. Erfüllt sich aber ihm die älteste estnische Geschichte fast
ganz von der Wirkung deutschen Lehnwesens, so hat eine nüchterne Prüfung nach den
Spuren dänischer Institute zu suchen, so frühe diese untergegangen sein mögen im ungleichen Ringen. Am meisten nun kennzeichnet das dänische System der «Kunungs mand». Nach
den «homines regis» fragen wir darum zunächst in estnischen Urkunden. «Homines» wenigstens treten uns sofort entgegen, mit verschiedener Stellung und sehr verschieden gedeutet.
In den «Studien» selbst spielen sie ihre Rolle und wir prüfen ihre Bedeutung. Vor Allem
ist der Beweis zu führen, dass in den Urkunden unter «homines» nie schlechtweg Vasallen
verstanden werden. Eines Beweises sollte es freilich nicht erst bedürfen; allein da die
Urkunde, auf welche es am meisten ankommt, selbst von einer Autorität anders gedeutet
ist, als sie verlangt, gedeutet zu werden, so muss ich den Umweg wählen. Man liest nämlich in Bunges Geschichtl. Entwickelung der Standesverhältnisse in Liv-, Est- und Kurland. 1838., wie folgt: I, § 7 Anm. 46 «Wo ein ritterbürtiger Vasall Mann genannt wird,
da lautet der Plural immer Mannen, nicht Leute und im Lateinischen wird von ritterbürtigen Vasallen nie der Ausdruck homo, homines, sondern vir, viri gebraucht»; dagegen
II, § 4 Anm. 44 «Im Plural Mannen, zuweilen aber auch Leute, z. B. in der Urkunde
Christians I. v. Dänemark, a. 1252: «unsern Lüden in Reval und Wesenberg besittlich»,
endlich II, § 4 Anm. 46: «Der lateinische Ausdruck vir ist bezeichnender als der deutsche
Mann, denn der letztere wird auch von Unfreien gebraucht, ersterer aber nicht, indem
statt dessen homo vorkommt».

In Urkunden, die Estland betreffen, werden nun unter «homines» zunächst ohne Zweifel Unfreie oder Untersassen verstanden in folgenden Stellen: Livl. Urk. 270, a. 1254.
Vergleich des Bischofs Thorkill von Reval mit dem Convent von Dünamünde: «— Nobis
autem et hominibus nostris de Sagentake — — — similiter hominibus de Raseke —
— homines ipsorum», ganz wie in der Urkunde der Markgrafen Johann und Otto v.
Brandenburg, a. 1238. Livl. Urk. 161: «homines illos — qui villas incoluerint — —
nulli etiam hominum liceat piscari», und in der Urk. des Capitan. Saxo über einen Grenz-

streit, Livl. Urk. 299, a. 1257: «homines ipsorum, qui morantur in Padis». Dieselbe
Bedeutung hat das Wort in Dänemark; so heisst es, wol der wörtlich vorgebrachten Bitte
des Klosters Sora entsprechend, in einer Urk. Gregors IX., a. 1234 bei Thorkelin, I,
124: «hominum ad vestrum servitium commorantium», und in der Vereinbarung des
Bischofs von Roeskilde und der Bürger von Kopenhagen, a. 1254 bei Thorkelin, I, 197 ff.
mit bedeutsamer Unterscheidung: ohne Einwilligung des Bischofs dürfe weder die communitas, noch ein Bürger etwas veräussern, versetzen, vertauschen «Principi aut militi vel
bomini Dominorum qui vulgariter dicitur Herræmæn». Noch deutlicher spricht sich
die Scheidung von «vasalli» und «homines» aus in Livl. Urk. 519, a. 1287, wenn die lübischen
Sendboten berichten, was Odwardus de Lode ihnen gemeldet: «ipsis dedi litteras ad vasallos, qui homines suos pro praedictis bonis miserant».

Ich bleibe hier einen Augenblick stehen, um mit Hilfe dieser Zeugnisse dem Verfasser ein erstes, bedenkliches Missverständniss nachzuweisen. Ich finde es dort, wo er das
Verhältniss des Ordens zu Wirland bespricht, wo er den Orden nach einem unabhängigen
Besitzthum streben lässt, so dass Volquin den Kaiser angeht um Aufnahme in des Reiches
Schutz für den Orden und «dessen Vasallen» (homines suos) S. 213, und, wo es dann wei-
ter S. 214 heisst: «Aber die Mannen (homines) des Ordensmeisters, unter denen nur die
harrisch-wirischen Vasallen verstanden sein konnten, sind in der Kaiserlichen
Resolution nicht genannt. Ja, dieselbe zählt sehr sorgfältig alle dem Orden garantirten
Landschaften auf, lässt aber Harrien, Repel und Wirland aus, Jerwen allein neben den livländischen Landestheilen aufführend». Daran knüpfen sich dann Folgerungen über den
Umschlag der kaiserlichen Politik, über den überhandnehmenden dänischen Einfluss und
über den grossen Verlust des Ordens. Leider sind die Folgerungen alle illusorisch, nur
weil das eine Wort «homines» gründlich missverstanden wurde. In eine einfache Stelle ist
dadurch eine höchst geschraubte Auffassung hineingetragen. Die betreffende Urk. 127
nämlich resümirt anfangs die Bitte des Ordens: «supplicant, ut personam suam fratres et
homines suos et successores eorum, cum omnibus bonis eorum ff.: sub protectione et defensione nostra et imperii recipere dignaremur», und darauf erfolgt der Bescheid: «Nos
igitur — praefatum magistrum, fratres et successores eorum cum domibus, possessionibus
et omnibus bonis suis ff. ff.». Nun könnte man, falls es sich lohnte, annehmen, im Trans-
sumpt wären an der zweiten Stelle die Worte «homines suos» durch ein Versehen ausgefallen. Oder, wenn es so schwer fiele, die «homines» auf das zu deuten, was doch am nächsten liegt, gäbe die ältere Urkunde desselben Kaisers Friedrich II. (Livl. Urk. 90, a.
1226) eine Erklärung an die Hand mit der Stelle: «quia propter paganos vicinos valde ac
prope se positos et pro speciali defensione quorundam hominum regionis illins de novo
in Christo credentium benignitatis nostrae subsidium erat eis plurimum oportunum», wo
unter den homines offenbar das Landvolk verstanden wird. Zugleich lehrt diese ältere
Urkunde mit dem Passus: «memoratum magistrum et milites Christi, fratres ejus, ac successores eorum ff.», wie auch in der spätern Urkunde die «successores» nicht auf die «ho-

mines», sondern auf den magister und die fratres zu beziehen sind. Endlich, dass zwar Heinrich der Sohn Friedrichs II. (Livl. Urk. 100, a. 1228) dem Orden den Besitz von Repel, Harrien, Wirland und Jerwen zugestanden, würde um so wahrscheinlicher machen, dass ein solches Zugeständniss vom Kaiser selbst nicht ausgegangen war, so dass dieser dem Orden a. 1232 nicht mehr und nicht weniger bestätigt hätte, als schon 1226 in Urk. 90. Den besten Fingerzeig jedoch, was unter den «homines» des Ordens zu verstehen sei, bietet die Bulle Gregors IX. über die Vereinigung der beiden Orden (Mittheilungen VIII, 139) mit den Worten: «cum prefati mag. et fratres strenuam et famosam habeant in sua domo familiam omni thesauro preciosius arbitrantem animam pro illo ponere, qui suam pro redemptione fidelium noscitur posuisse», und, wenn so die homines des Ordens eben nur als das Ordensgesinde erscheinen, das wol mitkämpft und dient, ohne doch die Ordensregel angenommen zu haben, so wird in der päpstlichen Bulle die volle Analogie zum kaiserlichen Schreiben auch darin gefunden, dass, ebenso wie in diesem die «homines», so die «familia» im Eingange zwar erwähnt, in dem eigentlichen Vereinigungsausspruch selbst weiter nicht mit einer Silbe notirt wird. So sehr verstand es sich von selbst, mochte der Orden auch, um im vollen Genuss seiner Freiheiten zu bleiben, für sein Gesinde den Mitschutz der ihm verliehenen Privilegien erbitten, dass, was ihm zugestanden wurde, ohne weiteres sein Gesinde mitbetraf. Die homines also sind das Ordensgesinde und nicht die harrisch-wirischen Vasallen.

Nachdem so ins Bewusstsein zurückgerufen, was unter «homines» zunächst verstanden werde, und zugleich nachgewiesen ist, wie in den Urkunden «homines» und «vasalli» auseinandergehalten werden, ist der speciellere Beweis zu führen, dass auch die «homines regis» unterschieden werden von den «vasalli regis». Am deutlichsten auch für den ganz Uneingeweihten ergibt sich das aus Livl. Urk. 572, a. 1298, der Vereinigung des rigischen Capitels und des dänischen Königs gegen den Orden, wenn es heisst: «hominibus, quos idem dominus rex ad hoc deputare seu nominare voluerit, ex parte nostrae ecclesiae in feudum dimittantur». Dadurch sollen, so lautet die Bedingung, die homines des Königs zu Vasallen der rigischen Kirche werden und dieser den Lehnseid leisten; — «civitas etiam nostra Rigensis et castra — quaecunque rehabere poterimus ab ipsis fratribus, quocumque modo assignentur seu aperta sint advocato et hominibus ipsius domini regis ff. — — Volumus — ipsa guerra ex toto sopita, cum ipso domino rege et ejus vasallis et fidelibus pacem et concordiam tenere». Dies Gelöbniss konnte sich natürlich nicht auf die «homines regis» beziehen, die Vasallen der Kirche werden sollten, allein ebenso wenig auf irgend welche «homines regis», sondern es geht ohne Frage auf die Vasallen in Estland. Und was jene «homines» waren, lehrt vollends die Gegenurkunde des Königs, Livl. Urk. 573, a. 1298: «ipsi Rigensi ecclesiae in auxilium homines nostros cum armis et dextrariis — mittere et cum ipsis et capitaneo ac vasallis nostris omnibus in Estonia et Vironia constitutis contra fratres — astare ecclesiae». — Dieselbe Unterscheidung kennt eine Urkunde der Königin Margaretha, Livl. Urk. 469, a. 1280: «Margaretha — omnibus hominibus et vasallis domini Regis per Revaliam constitutis», ferner eine Urkunde Königs Erichs, Livl. Urk. 475, a. 1281, in welcher die Vereinbarung des Bischofs und der Landbesitzer in Estland über den Zehnten und das Sendkorn (Livl. Urk. 467) bestätigt wird: «homines nostros ac vasallos, in Estonia existentes; — — homines nostri et vasalli; — Estones, in terris praedictorum vasallorum nostrorum residentes»; so dass man sieht, wie für beide Gruppen zusammen eher der Ausdruck «vasalli», als «homines», gewählt wurde.

Ist somit eine sehr deutliche Scheidung auch in königlichen Urkunden dargethan, so hat man nun überall, wo nur von «homines regis» die Rede ist, nicht Vasallen, sondern in königlichem Sold Stehende, ob nun Civil-Beamte oder Bewaffnete zu sehen und mir wenigstens ist keine Urkunde bekannt, in welcher man gezwungen wäre, die «homines regis» auf Vasallen zu deuten. Zunächst kommen zwei Urkunden in Betracht, vom J. 1248 und 1262. In der ersteren (Livl. Urk. 199) verleiht König Erich der Stadt Reval das lübische Recht: «ceterum volumus, ut si aliquis alium intra terminos civitatis volneraverit, ut super hoc secundum consilium consulum civitatis ac hominum nostrorum emendetur». Offenbar ist damit die Ausübung königlicher Vogtschaft gemeint. In der zweiten Urkunde (Livl. Urk. 370, a. 1262) schreibt Königin Margaretha: «Domino B. capitaneo ceterisque hominibus domini regis, per Revaliam constitutis S. — Volumus, quatinus dilecti nobis fratres praedicatores terrae vestrae ortum, pascua et prata, quae pacifice possederint ab antiquo, — habeant et possideant». Dabei ist zu bemerken, dass der «Capitaneus» zu den «homines regis» gehörig gilt, denn, obzwar einerseits Vasall, war er andrerseits königlicher Beamter. Sodann wäre es eine eigenthümliche königliche Deferenz, wenn eine ganze Vasallenschaft aufgefordert würde, Leute in Besitz zu lassen, die der König belehnt hat. Dagegen ist der Fall sehr einfach, wenn es sich nur um die königlichen Beamten und das königliche Gesinde in Reval handelt: die «terra vestra» ist das königliche Gebiet in und nächst um die Stadt, soweit es von den «homines regis» zum Theil verwaltet, zum Theil in Pacht, zum Theil vielleicht in Lehn gehalten wird. Dass die Predigermönche aber bei der Stadt angesessen waren, lehrt zum Ueberfluss Livl. Urk. 382: sie hatten ihr «claustrum» und «ortos» in Reval und dazu ein «pratum, situm juxta stagnum regis». Aber auch abgesehen von dieser localen Berührung, werden in ähnlichen Fällen nicht die Vasallen, sondern nur die Beamten vom König instruirt; einen Beleg gibt Livl. Urk. 522, a. 1288, wo König Erich in Anlass der Lehnsbestätigung für Lene de Scerembeke und deren Söhne anordnet: «prohibemus, ne quis advocatorum nostrorum vel eorundem officialium ff.», diese aber waren eben auch «homines regis».

Andrerseits lässt sich der Nachweis führen, wie die eigentlichen Vasallen in Estland, wo von ihnen die Rede ist, entweder als «vasalli» oder in andrer entsprechender Weise bestätigt werden. Zu den Belegen, die bereits eingeschlossen liegen in den angeführten Urkunden, kommt aus früherer Zeit die auch sonst wichtige Urkunde Livl. Urk. 165, a. 1240, in welcher Erich dem Bischof den Zehnten vom Zehnten zuerkennt. Die Urkunde ist, ihrer Tendenz gemäss, gerichtet sowol an die «homines regis», als an die Vasallen; daher heisst es im Eingang mit Vermeidung der einen, wie der andern Bezeichnung: «Ericus — — omnibus Estoniam, Wironiam, Gerviam inhabitantibus S.», ganz wie im Livl. Urk. 459, a. 1278: «Ericus — — advocato suo Revaliensi, ceterisque Revaliam et Esthoniam inhabitantibus», oder Livl. Urk. 315, a. 1257: «Christ. — omnibus in Revalia constitutis S.» und Livl. Urk. 480, a. 1282: «Margaretha — dilectis sibi in Christo omnibus per Esthoniam constitutis». Im Verlauf der Urk. 165 aber werden die Einwohner Estlands näher angegeben: «Mandamus universis et singulis militibus, castrensibus, vasallis et feodatariis»; Suhm IX, 703 übersetzt: «alle Riddere, Høvedsmænd, Lehnsmænd og Vasaller»; die «homines regis» aber sind hier enthalten in den «milites» und castrenses. Häufiger wiegt der Ausdruck «vasalli» vor seit den sechziger Jahren, so Livl. Urk. 389, a. 1265: «Margaretha — dilectis dominis Odwardo de Looth, Heidenrico de Bechshovede et Henrico, fratri suo, et Eggeberto S. — —»; sie sollen «cum cap. Reval. ac aliis vasallis filii nostri domini regis, qui vobis placuerint», die Grenzen von Stadt und Burg Reval ordnen und, was sie bestimmen, soll unweigerlich gelten; cf. dazu Livl. Urk. 513, a. 1287: «Agnes regina — viris honestis Dominis Odwardo de Lodoe ff. regis Daciae illustris vasallis fidelibus S.»; Livl. Urk. 512, a. 1287: «Agnes regina — Fretherico cap. ceterisque vasallis regiis Revaliae S.»· Zuweilen, wo nicht die ganze Gemeinschaft der Vasallen gemeint ist, kommt der Ausdruck «meliores» vor. Wie in Livl. Urk. 284, a. 1255 König Christoph I. den Revalern das lübische Recht verleiht «consilio meliorum regni nostri»; wie in Livl. Urk. 395, a. 1266 König Erich der Margaretha die Landschaften Estland und Wirland übergibt «de consensu et consilio meliorum regni», so heisst es nun auch speciell von Estland von Seiten des Königs im J. 1260, Livl. Urk. 352: «constituti in presentia nostra et meliorum regni nostri meliores de Revalia» und in der Bestimmung Königs Erich Menved über die Getreideausfuhr vom J. 1297, Livl. Urk. 565: «nec, postquam carius emitur, huiusmodi prohibitio fieri debet, nisi ex consilio et consensu advocati nostri principalis, ibidem qui pro tempore fuerit, civium Revalensium et terrae eiusdem meliorum». Im Lande selbst treten die «homines» vollends in den Hintergrund. In einer Grenzscheidung vom J. 1257, Livl. Urk. 299 erklärt der Capit. Saxo: «Ordinata sunt haec coram vasallis Domini regis in Revalia»; so nennt der Bischof von Reval a. 1280, Livl. Urk. 467 die «regis vasallos», a. 1283, Livl. Urk. 487 die «nobiles domini nostri regis vasallos» und spricht 1281, Livl. Urk. 474 von «vasallis illustris domini nostri regis, viris nobilibus»; — so heisst es Livl. Urk. 491, a. 1284 in der Schutz- und Trutzerklärung des Bischofs und der Vasallen: «Joh., D. Gr. Rev. Ep., Consiliarii Domini regis Daciae per Esthoniam constituti, nec non et universi vasalli terrae Revaliae»; Livl. Urk. 337, a. 1259: «Universitas vasallorum suorum (des Königs) per Esthoniam constituta», sagen die Aussteller der Urkunde von sich.

Ich habe diese Urkunde ans Ende gesetzt, weil man aus ihr versucht werden könnte, andre Schlüsse zu ziehen. Ich werde nämlich zeigen, wie die Aussteller nur einen kleinen Theil der estnischen Vasallen bildeten und zwar — wenn ich so sagen darf — eine dänische

Partei. Dabei liesse sich dann etwa behaupten, es wären unter ihnen vorzüglich «homines regis» zu verstehen: so dass der spätre Ausdruck «vasalli» ganz gleichbedeutend an die Stelle des früher mehr gebräuchlichen «homines regis» getreten wäre. Der Name hätte somit gewechselt, nicht die Sache. Dagegen ist jedoch mehreres zu bemerken: einmal kommen, wie oben dargethan ist, noch in späteren Urkunden «homines e t vasalli» neben einander vor. Sodann bezeichnet das Jahr 1252 für die Stellung der «homines», wenigstens eines grossen Theils, eine entscheidende Epoche: in dieses Jahr fällt nach meiner Ansicht der erste, bedeutende Sieg des deutschen Lehnprincips über das dänische System der Königsmannschaft. Die Urkunde gehört zu denen, auf welche die bisherige Deduction hinge-arbeitet hat und in deren Deutung ich mich in einem entschiedenen Gegensatze zum Verfasser finde.

Ich meine vorzüglich die Urkunden (Livl. Urk. 239, a. 1252), in welcher der König seinen «hominibus» ihre Güter nach Landrecht erblich überlässt, und aus früherer Zeit Livl. Urk. 172, a. 1242, in welcher der König mit Zustimmung seiner «homines» dem Bischof eine fixe Abgabe von je 20 Haken zusichert, trotzdem dass «huic compositioni non interfuerunt quidam nobis infeudati».

Durch Combination dieser Urkunden erhält der Verfasser seltsame Schlüsse. Das in Urk. 239 erwähnte Landrecht meint er für seine Hypothese vom Landtag a. 1228 benutzen zu dürfen und der eben notirte Schlusspassus von Urk. 172 muss ihm dienen, nicht nur die Grundzüge, sondern selbst einzelne Motivirungen des Waldemar-Erichschen Rechts in die Zeit des Vertrags von Stenby, zum Theil selbst auf das Jahr 1228 zurückzuverlegen. Es ist dann begreiflich, dass an solche Annahmen noch weitere kühne Folgerungen sich reihen, wie von einem alten Recht der Vasallen über Hals und Hand, von einem alten wirischen Landrath u. dergl. m. Die richtige Deutung jener beiden Urkunden wird erleichtert durch eine Prüfung, wie weit zurück die urkundlich beglaubigten Spuren einiger dieser Institute reichen. Bezeichnend für die allmälige Entwickelung des Landraths sind zunächst die Urkk. 299 (L. Urk. vol. III), 440a., 569a. u. a. In Urk. 299, a. 1257 bestimmt der Capit. Saxo die Grenze zwischen dem Dorfe Athen (bei Thorkelin; Alten bei Bunge) und Padis mit der Bemerkung: «ordinata sunt haec coram vasallis domini regis in Revalia»; in Urk. 440a. v. J. 1275 wird diese Grenzscheidung bestätigt vom Capit. Eylardus und untersiegelt «sigillo nostro una cum sigillis aliorum dominorum presentium» (cf. Urk. 453a.: «nostro et aliorum fide dignorum militum atque clericorum sigillis ff.»); im J. 1298 endlich erfolgt in Urk. 569a. abermals eine Bestätigung durch den Capit. Eylardus, diesmal mit Zuziehung von 12 estnischen Vasallen, als «consiliariis domini regis in Esthonia». Im J. 1298 war also der Landrath entschieden in anerkannter Function. Allein factisch bestanden hat er vielleicht schon 1275: die erwähnte Urk. 440a. nämlich ist von 6 Vasallen untersiegelt; führen sie nun auch nicht den Titel von königlichen Räthen, so hat man doch zu bedenken, dass von den verordneten Zwölf 6 aus Harrien, 6 aus Wirland genommen wurden und dass die Grenzscheidung nur Harrien anging; endlich darf eine rückwirkende Beweiskraft nicht ganz versagt werden dem Waldemar-Erichschen Recht § 29 (Ewers; Cap. 42, 1. Paucker), wo es heisst: «Wor de Rath nicht althe samende Is, wor er mher Is cyn, wen de helfte, de mögen Ordell steden». Eine andre Frage aber ist, ob 1275 der Landrath bereits von Dänemark anerkannt war. Dagegen spricht schon die Nichtbezeichnung der Zeugen in Urk. 440a. als «consiliarii» und noch mehr entscheidet, dass bei den Händeln zwischen estnischen Vasallen und Lübeck wegen geübten Strand-rechts die königlichen Mahn- und Drohbriefe vom J. 1287 Livl. Urk. 512, 513 der «con-siliarii» durchaus nicht gedenken, während sie doch im nämlichen Jahre im Bericht der lübischen Gesandten erscheinen, Livl. Urk. 519: «assistentibus Consulibus terrae et vasallis domini regis Daciae, qui pauciores erant, quam nobis complaceret» und weiter: «lit-teram ad dominum regem, quae fuit sigillis domini episcopi de Revalia, capitanei, consu-lum terrae et oppidi Revaliae sigillata». Die Versammlung der «consules terrae» aber wird auch gemeint sein, wenn die Vasallen, laut derselben Urkunde, hartnäckig festzuhalten entschlossen sind an der «jurisdictio terrae suae». Ich glaube, in Allem einen noch fortwir-kenden Gegensatz der Landeseinrichtungen mit den königlichen Regierungsprincipien er-kennen zu dürfen und dieser Spannung waren ähnliche Missverhältnisse lange schon vor-ausgegangen. Jedenfalls reichten urkundliche Spuren eines systematisch eingerichteten Landraths über das J. 1275 nicht zurück. Noch weniger wird das behauptet werden dür-fen von genau formulirten Sätzen des Waldemar-Erichschen Rechts. Es ist ein ent-schiedenes Verdienst des Verfassers, neuerdings Nachdruck gelegt zu haben auf den spe-cifisch deutschen Character dieses Rechtsbuchs. Er hat diesem Verdienste Abbruch gethan durch die Hypothese von einer förmlichen Vereinbarung im J. 1228 über gewisse Sätze des Lehnrechts. Zwar ein Landrecht hatte sich allmälig herausgebildet und allgemeine Geltung erlangt; nach urkundlichen Belegen bereits 1252. Das Bewusstsein davon spricht sich mit grossem Nachdruck im J. 1284 aus in dem Schutz- und Trutzbündniss der «vasalli terrae Revaliae», Livl. Urk. 491, wenn es heisst: «deinde in omnibus ius nostrum pro-prium quod a dominis nostris habemus secundum antiquas leges terrae nostrae ad invicem volumus communiter defensare et si etiam aliquis ipsas antiquas leges nostras et jus nostrum antiquum infringere attemptaverit compromisimus illud defendere una manu». Allein die wiederholte Berufung auf das «jus antiquum», trotz der Notiz «quod a dominis nostris habemus», lässt mit Wahrscheinlichkeit folgern: wenn überhaupt, so waren nur wenige Bestimmungen aufgezeichnet und bestätigt und man trotzte am meisten doch auf ein ungeschriebenes Landrecht. Der Verfasser hat denn auch keine andern urkund-lichen Spuren einer schriftlichen Abfassung, noch weniger einer totalen oder theilweisen Geltung des Waldemar-Erichschen Rechts für die Mitte des XIII. Jahrhunderts finden können, als eine höchst illusorische, wenn er aus Urk. 172 folgert, im J. 1242 habe sich ein nicht ganz unbeträchtlicher Theil der estnischen Vasallen am königlichen Hoflager be-funden. Die Veranlassung nun sucht er in der dänischen Restauration, wie der Vertrag von Stenby sie herbeiführte und er beruft sich dazu auf das Waldemar-Erichsche Recht.

nach welchem «bei einem Regierungswechsel im ersten Jahre nur $\frac{1}{3}$ der Vasallen her-
überschiffen sollte, um die Lehnserneuerung zu erbitten, im folgenden Jahre wieder $\frac{1}{3}$ und
ebenso im nächstfolgenden». Darin, meint er, «haben wir es ohne Zweifel mit einer Bestimmung König Waldemars zu thun». «Selbst die Motivirung durch Hinweisung auf die
stets drohende Gefahr von den Heiden, Litauern, Russen und Karelen, gehört wol dieser
ersten Zeit. Ebenso deutet auf diese Anfänge die Verpflichtung der Vasallen, das Land
gegen die Heidenschaft zu vertheidigen, ein Ausdruck, der in dem Umfange schwerlich im
XIV. Jahrhundert noch gebraucht worden wäre». Es ist nicht leicht zu verstehen, was
der Verfasser mit «dem Umfange» gemeint hat; sicher war es ihm bekannt, wie das ganze
XIV. Jahrhundert hindurch und bis in die Mitte des XV. die Urkunden genug zu erzählen
wissen vom Kampf gegen die Heidenschaft und was bedeuteten denn anderes die fortdau-
ernden Kreuzpredigten? Da das Waldemar-Erichsche Recht von 1315 datirt ist, so
wird es am Nachweis genügen, wie noch 1300 und im ersten Viertel des XIV. Jahrhunderts dieselben Befürchtungen und Rücksichten bestanden, welche der Verfasser für das
J. 1315 so sehr veraltet hält, dass er den §, der sich auf sie bezieht, nach 1240 zurückzuverlegen unternimmt. Im J. 1300, Livl. Urk. 591, wird Reval vom allgemeinen dänischen Interdict absolvirt aus folgenden Gründen: «Quum tamen civitas et dioecesis prae-
dictae — ab antiquis finibus dicti regni non modicum distare noscuntur, positae sunt inter
neophitos et plurimos etiam infideles — — cum praesertim ad id per Ruthenos, Ca-
relos, Ingeros, Warthenos (Woten?) et Lethuinos, qui sunt in locis circumpositae regionis, eos quasi iugiter impugnantes, quotidie impellantur ff.». Als im J. 1303 König
Erich seinem Bruder Christoph das Herzogthum Estland verleiht, da soll dieser es
schützen gegen die Heidenschaft, «imod de W christne oc andre Fiender», Huitfeld, I, 321.
Im Livl. Urk. 632, a. 1310 soll Reval stärker befestigt werden, «quae quidem civitas tyran-
norum satis patet insidiis crebrisque paganorum molestatur insultibus»; vergl. über die
Heiden überdies Livl. Urk. 616, 630; Regg. 713, 737 und vor Allem Livl. Urk. 680, a.
1321, wo König Christoph die estnischen Vasallen auffordert, binnen zwei Sommern zur
Huldigung herüberzukommen, mit dem Zusatze: «So auer mitler tid de Rüssen oder heiden iuw begunden antofechten, dat efft sin mochte, und opentliche pericul edder drin-
gende nöde upstünden, um welckerer de reise iuwer aller to uns in einer tid to don mochte
kamen in eine verstieringe unsers genomeden Estlandes, wi dann di capitainen, de wi
dencken iuw to senden, to unser nöttigkeit und iuwer provitte mit iuw von iuwer reise
schickede metigen in velen edder in wenigen, willen wi eigentlick und festig holden». Man
sieht: es ist nicht ein ausgeschriebener § des Rechts von 1315, sondern eine selbständige
Veranlassung und Motivirung. Diesen Zeugnissen gegenüber wird dann wol der fragliche
§ dem Jahr 1315 verbleiben dürfen.

Nun aber deutet von dem eben besprochenen Standpunkt der Verfasser die Urk. 172 derart (S. 293—295), es hätten die estnischen Vasallen unter einander berathen und im Frühjahr 1242 mit dem Bischof ohne Erfolg über eine feste Kornrente verhandelt; Ende Mai

oder im Juni desselben Jahres wäre dann nach den Bestimmungen des Waldemar-Erich-schen Rechts ein zweites Drittel ihrer zur Lehnsbestätigung nach Dänemark gesegelt, wo sie am 20. Juni am Hoflager des Königs auf Laland urkundlich (eben nach Urk. 172) nach-gewiesen seien. Gleichzeitig reiste der Bischof hinüber und der König übernahm die Ver-mittlung, in Folge deren jener Landtagsbeschluss durch einen Vertrag bestätigt wurde. In der darüber ausgestellten Urkunde (Urk. 172) bezeugt König Erich: mit Zustimmung «seiner Vasallen» erhalte der Bischof eine gewisse Kornrente von je 20 Haken, sowol von den «freien königlichen Gütern, als von den Lehngütern», und solle, bis der König selbst nach Estland komme, keine weitern Forderungen erheben, überhaupt in seinen Ansprüchen sich richten nach der Sitte und Gewohnheit des Stifts Dorpat. Das war dann «ein Sieg des deutschen politischen Elements im Vasallenstande». Die Urkunde schliesst: obgleich «einige Vasallen» am Vertrage nicht Theil genommen, seien sie doch alle gebunden, «ein Beweis, wie die Vasallen damals einen Beschluss nur dann als bindend für Alle ohne Aus-nahme ansahen, wenn alle in denselben eingestimmt, oder aber der Beschluss der grossen Mehrheit vom König als Oberlehnsherrn bestätigt war». Denn der Verfasser trägt (S. 295 Anm. 2), nicht ganz consequent, Scheu, unter den sogleich zu erörternden «quidam infeu-dati» alle in Estland zurückgebliebenen Vasallen, zwei Drittel der Gesammtheit, zu verste-hen. Zugleich lehre die Urkunde, «dass die Esten, welche die Kornrente doch eigentlich traf, durchaus nicht vorgängig befragt worden wären». Freilich lehrt die Urkunde noch sicherer, dass auch die Vasallen nicht befragt wurden. Die ganze Deduction des Verfassers bewegt sich zwischen Missverständnissen. Soweit der Character des geistlichen Zehnten in Frage kommt, werde ich sie später besprechen. Hier handelt es sich nur um die Con-statirung gewisser Verhältnisse im Lehnsystem. Zum Theil richtet sich die Auffassung des Verfassers durch innere Kritik. Im Frühling 1242 soll ein Landtagsbeschluss gefasst sein; auf Laland bestätigt ihn der König und auch der Bischof fügt sich; dennoch ist alles nur provisorisch; der König will selbst erst in Estland Alles ordnen und später wird am Ende dem Bischof doch eben nur soviel zugestanden, als schon 1242. Auf zwei Stellen der Urkunde hat die Kritik sich zu richten: «Nos cum consensu hominum nostrorum in partibus Esthoniae commorantium ff.» und zum Schluss: «Quia huic compositioni non interfuerunt quidam nobis infeudati, praecipimus tam illis, quam omnibus aliis in-feudatis, quatenus compositionem hanc ratam habeant et inviolabiter observent». Sobald man festhält die Scheidung der Begriffe «homines» und «vasalli» oder «infeudati», steht fest auch die Erklärung. Die Bungesche Reg. 193 zwar übersetzt, wie der Verfasser: «weil einige der Lehnsleute nicht zugegen gewesen»; dann, sollte ich meinen, hätte es im Text heissen müssen: quia huic compositioni non interfuerunt quidam nobis infeudatorum; so, wie es da steht, wird «non quidam infeudati» gleich sein mit «nulli infeudati» und die Fol-gerung ist: es hatten an der Vereinbarung die «Vasallen» nicht Theil genommen. Es sind dann auch am 20. Juni 1242 auf Laland keine Vasallen gewesen: die Reise des zweiten Drittels war vom Verfasser nur conjicirt worden aus der Vordatirung vom Waldemar-

Erichschen Recht § 1 und aus der, mindestens zweideutigen, eben besprochenen Stelle. Es ist dann auch nirgends die Rede von sonst einstimmig verlangten Landtagsschlüssen. Es ist überhaupt nicht die Rede von irgend einem Landtagsbeschlusse. Nichts desto weniger verlangt der König, alle Vasallen sollten sich fügen (sowol die «nobis infeudati», als die «aliis infeudati»); freilich nur vorläufig; er verspricht, selbst hinüberzukommen; bis dahin soll der Bischof seine Ansprüche nach denen des Bischofs von Dorpat abmessen. Das ist dann allerdings eine Concession für die Deutschen, allein noch nicht ein Sieg des deutschen Elements; denn kein Deutscher, da kein Vasalle, war befragt worden. Die Anordnung war ausgegangen nur vom König und den homines regis. Ich habe dargethan, was die gewesen. Wir haben durchaus kein Recht, diese Bezeichnung in dieser Urkunde locker zu deuten. Auch wissen die Vasallen nichts von einer Verfügung, an welcher sie Theil genommen. Das lehrt Livl. Urk. 337: «praesertim cum ab illustribus regibus Daciae, praedecessoribus vestris, haec tamquam in mandato meminimus recepisse, ut spiritualia jura Rev. ecclesiae secundum formam et modum ecclesiae Tharbat. exerceri debeantur»; denn dass nicht nur diese eine Verfügung, sondern die ganze ältre Bestimmung gemeint ist, ergibt sich aus einer vorausgehenden Stelle derselben Urkunde: «Nos vero, his intendentes articulis, quae prius tamquam sine forma et ordine extiterant, in melius cepimus reformare» und eben erst 1259 kommt es zu einer Art förmlichen Beschlusses unter den Vasallen.

Dieser Beschluss bestätigt sodann meine Auffassung von der Stellung der dänischen und der deutschen Partei in Estland, von dem tiefbegründeten Gegensatz des dänischen Königsrechts und der dänischen Königsmannschaft gegen das deutsche Lehnwesen. Denn zwar wird der Vergleich 1259 geschlossen von der «Universitas vasallorum snorum (sc. regis) per Estoniam constituta», ja, es wird der gemeine Character des Beschlusses mit grossem Nachdruck hervorgehoben: «quod factum tam capitanei vestri, quam ex communi consensu omnium vestrorum vasallorum, tum in Revalia existentium ac terram vestram disponentium, — — universitate nostra consentiente — —», allein gerade diese Ostentation, mit welcher eine Uebereinstimmung affectirt wird, ist verdächtig, wie es denn auch mit entschiedener Abschwächung zum Schluss heisst: «facta sunt autem haec praesente et consentiente Domino Jacob Ramessun, tunc capitaneo, et approbante tum divitum tum pauperum universitate» und das wahre Verhältniss durchdringt aus der Klage: «de sinodali domini episcopi Revaliensis percavalcatione, quae, quia confuse et minus discrete dicto domino percavalcabatur», vollends endlich im Schlusspassus: «petimus — ut ratihabitione a vobis in perpetuum confirmetur, ne quod universali consensu multorum honestorum rationabiliter fuerat ordinatum, per invidiam duorum vel trium segniter infirmetur». Schwerlich wäre eine Opposition von zweien oder dreien erst noch zurückzuweisen gewesen; es ist wol noch ein grosser Theil jener Partei gemeint, welche an der «Vereinbarung» von 1242 gar keinen Antheil hatte und der doch war vorgeschrieben worden, sich zu fügen. Noch im Jahre 1260 will sie sich nicht fügen; der König muss

ihr mit Verlust ihrer Lehngüter drohen (Livl. Urk. 352). Mit Unrecht würde man besondres Gewicht legen auf die Bezeichnung «universitas vasallorum»; wie wenig wörtlich das
zu nehmen ist, lehrt wol die Abschwächung in «universalis consensus multorum» und, wenn
auch der König in seiner Bestätigung den Ausdruck braucht: «meliores de Revalia nomine
communitatis promiserunt», so ist das nur eine von ihm beliebte Steigerung, um die
Rechtskräftigkeit der Verfügung noch zu erhöhen. Denn eine «universitas» ist lange keine
«communitas»; mit «universitas» wird jede beliebige Gruppe von Personen bezeichnet und
wenn König Erich die Urk. 172 mit der Anrede «Universitati vestrae» beginnt, so sind
doch nur die gemeint, denen er seinen Gruss sagt: «Omnibus hoc scriptum cernentibus», ganz
wie in kaiserlichen, bischöflichen u. a. Urkunden, z. B. Livl. Urk. 110, 112, 114, 125, 126. —
Dennoch ist in der Urk. vom J. 1259 ein merkwürdiger Fortschritt angedeutet gegen die
Urk. vom J. 1242. In dieser zeigt sich der Gegensatz des Königs zu seinen deutschen
Vasallen (und dieser zum dänischen Bischof) in voller Schärfe: der König hat keine Partei
ausser seinen «homines» und er stützt sich einzig auf diese. Im J. 1259 sind offenbar
«Vasallen» betheiligt an der Vereinbarung; bedürfte es erst des Beweises, so fände man
ihn in einigen der Unterschriften. Nur ist 1259 die Scheidung zwischen den deutschen
Vasallen und den dänischen nicht völlig überwunden, so sehr für letztere die Bezeichnung
«homines regis» vermieden ist und sich hinter der gemeinsamen Bezeichnung «vasalli» deckt.
Viele «homines regis» werden zugleich Vasallen ursprünglich gewesen oder seit 1242 geworden sein: dass eine eigentliche Verschmelzung der beiden Gruppen noch nicht stattgefunden hat, das belegt deutlich der Passus: «consensu omnium vasallorum, tum in Revalia existentium ac terram vestram disponentium»; es ist dabei ein mittlerer Ausdruck
gewählt, der zwar auf deutsche Vasallen wenig passt, dagegen die Rechtsstellung andeutet,
in welcher zum König dessen «homines» standen: sie waren ja ursprünglich zum Theil
Verwalter des königlichen Guts.

Zwischen diese beiden Urkunden, die von 1242 und die von 1259, in welchen einerseits die volle Spannung des dänischen und deutschen Elements, andrerseits eine wenn
auch noch widerstrebende Amalgamirung erkannt wird, fällt nun die merkwürdige Urkunde
Livl. Urk. 239 vom J. 1252, in welcher der Verfasser indirect eine königliche Bestätigung
des einheimischen, nach ihm wahrscheinlich 1228 schriftlich formulirten Lehnrechts für
sämmtliche, estnische Vasallen sieht. Nach allem Vorangeschickten wird es bei blosser
Einsicht in den Text klar sein, wie eine solche Deutung nicht zugegeben werden darf. Es
heisst: «Omnibus hominibus nostris, in Revalia et Wesenbergh constitutis, omnia bona sua jure hereditario, quod vulgariter dicitur lanrect, dimisimus libere possidenda,
quia ipsorum iura confirmare in omnibus potins volumus, quam infirmare — — — prae-
sentes litteras dictis hominibus nostris contulimus». Eine alte deutsche Uebersetzung
hat das Richtige getroffen, wenn sie schreibt: «allen unsern Leuten» (N. N. M. XI, 285)
und Bunges Geschichtliche Entwickelung kann den Satz II. § 4 Anm. 44: «Im Plural
Mannen, zuweilen aber auch Leute, wie in der Urk. Christians I. von 1252» getröst

streichen, namentlich in Erinnerung des Ausspruchs I. § 7 Anm. 46 «von ritterbürtigen Vasallen kommt im lateinischen nie der Ausdruck homo vor». Denn der lateinische Text hat eben den Ausdruck «homines» und es ist nicht Ausnahme, sondern Consequenz, wenn die deutsche Uebersetzung «Leute» schreibt. Es sind eben nicht Vasallen, sondern «homines regis, Kunungs mæn»; wie sie zwar auch im flachen Lande sassen, allein durch Verhältnisse und Amt vorzüglich gebunden waren an die Nähe von Reval und Wesenberg. Woher sie das Land haben, das sie nunmehr erblich behalten dürfen; ob es Gnadenlehne waren, oder zum Theil Alode, das lässt sich zunächst nicht ermitteln. Der König aber will ihre Rechte mehren, nicht schwächen, denn gegenüber den mächtigen deutschen Vasallen sind sie unvermögend in ihrer unsichern dänischen Lehnsstellung. Der König begibt sich seines dänischen Rechts gegen sie; er will das Land, so viel sie von ihm haben, nicht mehr das Recht behalten einzuziehen alle Philippi-Jacobi; er will: sie sollen in Allem berechtigt sein gleich den Deutschen; daher formulirt er ihnen nicht weiter, was sie an Rechten erwerben: sie sollen ihre Güter besitzen nach «Landrecht». Was den Deutschen gilt, soll ihnen gelten. So lange man in dieser Urkunde eine Bestätigung des «Lehnrechts» für die deutschen Vasallen suchte, so lange war man geneigt, die schriftliche Fixirung gewisser Sätze des Lehnrechts zu behaupten, denn was sollte Bestätigung eines nicht deutlich formulirten, nicht controlirbaren Rechts? Bei ruhiger Deutung liegt in der Urkunde vielmehr der Beweis, es habe kein schriftliches von den dänischen Königen bestätigtes Recht gegeben, sonst hätte der König seine «homines» an dieses gebunden. So, da es nun in seinem Interesse lag, sie den Deutschen gleichzustellen, ertheilte er ihnen das «Landrecht», wie diese es genossen. Sie sollten für ihn stehen unter dem Schirm und Schutz derselben Traditionen, unter welchen die Deutschen gegen ihn geschaart waren.

Eine der frühsten Früchte dieses völligen Umschlags in der Stellung der «homines regis», die Land unter irgend welchem Titel besassen, liegt vor in der Urkunde vom Jahr 1259. Im J. 1242 konnte der König sich berufen nur auf die Zustimmung seiner «homines»; im J. 1260 hat er einen Rechtsvorwand gefunden, dieselben «homines» bereits als «communitas» zu bezeichnen, wie sie selbst sich eine «universitas vasallorum» nennen. So bilden sie für ihn einen viel mächtigeren Hebel, wenn überhaupt, den Widerstand der deutschen Vasallen zu brechen. Und diese selbst scheinen sich zu fügen; denn, 1242 noch in voller Scheidung von den «homines», sind 1259 ihrer viele schon neben den einstigen «homines» inbegriffen in jener «universitas» und dem König scheint seine Berechnung allmälig einzuschlagen; soviele zunächst auch, wenigstens in einzelnen Fragen, in offener Opposition gegen ihn stehen. An förmliche Organisation der Landesverfassung ist schon darum in jener Zeit kaum zu denken. Ich habe gezeigt, wie diese urkundlich erst 1275 erkannt wird. Dann freilich hat sich ein zweiter Umschwung vollzogen. Die dänische Partei der alten «homines regis» hat doch nicht vermocht, die deutschen Vasallen, selbst nicht unter das beschränkte Königsrecht von Dänemark zu bringen; sie selbst ist dem mächtigen Schwerpunkt der Interessen gefolgt; die deutsche Gruppe hat sie herübergezogen zu sich und im

J. 1287, Livl. Urk. 519, erklärt, allen königlichen Mahnungen zum Trotz, sogar der königliche Capitaneus im Lande: «quod et quales et quantae litterae transmitti possent, tamen vasalli vellent apud iurisdictionem terrae suae remanere». Damit ist denn ein wahrer Sieg des deutschen Elementes vollzogen.

Diese innere Consolidirung einer zuvor von allerlei Wirrsal heimgesuchten Provinz lässt sich im Einzelnen ihrer Entwickelung leider nicht verfolgen aus einem Mangel der Quellen. Es führt aber dieser Mangel, wie gewöhnlich, die Versuchung mit sich, Gegensätze schematisch zu constatiren und ebenso schematisch zu lösen. Denn je spärlicher die Daten: um so grösser der Ausfall an Mitgliedern: um so schroffer in ihrer Isolirung erscheinen einzelne Trümmer der Ueberlieferung mit dem Scheincharacter von Extremen. Bestände ihre natürliche Verbindung, so zeigte sich vielleicht gegentheils ihr Anspruch auf Geltung begründet nur in ihrer Mittelstellung. Um so sorgsamer ist jedes Anzeichen zu prüfen, sobald es gerechtes Misstrauen einflösst in ihre extreme Bedeutung; um so bereitwilliger soll jeder schematische Gegensatz gemildert werden, wo immer die Quellen noch eine Spur von Uebergängen verrathen.

Es hiesse darum den obzwar tiefbegründeten Unterschied deutscher und dänischer Lehnstellung überspannen, wenn nun auf ihn und seine endliche Ueberwindung die ganze älteste innre Geschichte von Harrien und Wirland bezogen würde. Es wäre eine Anomalie sonder Gleichen in der Geschichte, wenn ein von halbwilden Eingeborenen bewohntes Land, voll Sümpfen und Wäldern, in den Besitz zum Theil isolirter Gruppen von Einwanderern übergegangen wäre einzig nach demselben saubern Grundschema, welches ursprünglich, wie es scheint, den Beziehungen halbwilder Eroberer zu unterjochten Culturstämmen entwachsen war. Zum Glück gestatten die lückenhaften Quellen eben noch die Einsicht, wie diese Anomalie nicht in den Thatsachen begründet, sondern fingirt ist erst durch methodische Uebertragung jüngerer Zustände auf ältere Zeit und einseitige Interpretation der Ueberlieferungen. Soweit die mir gesetzte Aufgabe es zulässt, werde ich davon wenigstens eine Andeutung geben dürfen, auch ohne mich von der Betrachtung der «Studien» zu trennen.

Zwei Grundirrthümer folgen dem Verfasser durch alle Deductionen, welche die Besitztitel am Lande und die geistlichen Zehnten betreffen. Einmal will er für die erste Hälfte des XIII. Jahrhunderts kaum einen Besitz anerkennen, ausser Lehnbesitz; sodann lässt er zu Lehn übertragen nicht sowol Land, als die am Lande haftenden Zehnten. Im L. C. findet er (S. 266 seiner Studien) nur zwei unbedeutende Alode verzeichnet und lässt dahingestellt, wie die Besitzer dazu gekommen; zwar weiss er (S. 281) aus der Zehenturkunde vom J. 1240 (Livl. Urk. 165), dass es damals Belehnte gab, welche ihr Land selbst bauten, also nicht nur mit dem Zehnten belehnt waren; allein aus derselben Urkunde folgert er (S. 278), alles Land in Estland wäre zerfallen in «Königliches oder freies Land» und in «zu Lehen ausgetheiltes», so dass sich «selbst von einem freien, unmittelbaren, unabhän-

gigen Besitz der alten Eigenthümer des Bodens, der Esten, keine Spur finde». Um das
erste Viertel des XIII. Jahrhunderts giebt es für ihn nur ein einziges Mittel, die Pilger im
Lande zu fesseln: Belehnung (S. 161). Selbst in Wirland, zur Zeit, wo es zuerst unter
den Orden kommt, kennt er keine andern Besitzrechte, als verbriefte (S. 182). Meldet
der L. C. von Güterverkauf, so ist das ein Beweis, dass zur Zeit seiner Abfassung «das
Verkaufen der Lehen bereits gewohnheitsrechtlich gewesen» und S. 82 nennt er es «überhaupt vollkommen unwahrscheinlich, dass in der ersten Hälfte des XIII. Jahrhunderts in
einem eben unterworfenen, steter Kriegsgefahr ausgesetzten Lande eine (so) grosse Zahl
Alodien zugelassen worden seien. Und wie liesse es sich nur erklären, dass bei der Art
und Weise der Eroberung der beiden Landschaften, namentlich Wirlands, durch die Deutschen, ein Theil der neuen Grundherren Alodien erworben, während die andern blossen
Lehnbesitz erhielten?»

Bei der Prüfung dieser Ansichten geht man am Zweckmässigsten aus von den zerstreuten, positiven Angaben, aus welchen sich, so schwierig ihre richtige Deutung sein
mag, am ehsten Aufschluss wird gewinnen lassen über die thatsächlichen Verhältnisse.
«Nur von Königlichem oder freiem Lande und von Land, das zu Lehn ausgetheilt ist», soll
die Zehenturkunde vom J. 1240 etwas wissen. Es heisst in ihr: «Mandamus universis et
singulis militibus, castrensibus, vasallis et feodatariis sive terram nostram quae libera
dicitur, sive quamcunque aliam terram iure feodali vel quocunque alio titulo de-
tineant, ut ex illis decimas decimarum persoluere Episcopo Revaliensi non omittant; quia licet
alicui terram uel uncos iure feodali concessisse dinoscimus, semper tamen decimam partem
decimarum episcopo persolvendam excepimus et excipimus». Darnach hat sich zu richten Jeder «seu praefectus noster sit seu alius quocunque nomine censeatur, qui terram
colit vel decimas a suis subditis recipit»; sowol die «advocati», als «alii infeudati».
Die Urkunde ist anscheinend mit Umsicht abgefasst und mit Berücksichtigung verschiedener
Besitztitel; das bezeugt gleich der Eingang, in welchem wir — und der spätere Inhalt bestätigt das — sowol königliche Beamten und «homines regis», als eigentliche Vasallen angeredet finden; überall auch tritt uns die Rücksicht entgegen auf die verschiedenen Beziehungen, in welchen die Besitzer und Nutzniesser zu dem ihnen zukommenden Lande
stehen. Andrerseits scheint in der zweiten Hälfte der Urkunde, vielleicht nicht ohne Absicht, eine gewisse Unklarheit zu herrschen: ob nun der verordneten Steuer unterworfen
sein sollten auch die Besitzer von Aloden. Mitverstanden wenigstens könnten sie sein
auch schon wenn es heisst: «quocunque alio titulo», obwol die Mahnung zum Schluss gerichtet ist nur an die «advocati et alii infeudati». Die Entscheidung in dieser Frage wird
abhängen von der «terra nostra, quae libera dicitur». Das folgende «terram uel uncos»
verhilft nicht zur Erklärung; denn bedeutete auch etwa «unci» den Baueracker, «terra» das
Land ohne Bauern, so versteht man immer nicht, wie gerade dasjenige Land «libera» geheissen haben solle, das keine Bauern hatte. Helmersen (Geschichte des livländ. Adels-
rechts. 1836. § 7 Anm. 7) erklärt den Ausdruck durch Domäne. Diese Definition adop-

tirt der Verfasser mit einer characteristischen Wendung. «Was die Domänen betrifft», sagt er S. 267, «so betrugen sie ursprünglich, d. h. in Grundlage des Vertrags von Stenby, 1895 Haken. Dieser Besitz war es, vermuthe ich, der in der Zehenturkunde von 1240 vom König als «terra nostra quae libera dicitur» bezeichnet wurde, im Gegensatze zu den Ländereien, deren Besitz schon in Stenby den Vasallen vorbehalten worden». Das «dicitur» deutet jedenfalls genugsam an, man habe es mit einer technischen Bezeichnung zu thun: es müsste also alle königliche Domäne so geheissen haben, so viel von ihr nicht vergeben war. Wie aber unvergebene Domänen mitbetroffen werden sollten von Zehentverordnungen, ist schwer zu begreifen. Vor Allem aber inwiefern passt auf Domänen die Bezeichnung «frei»? Der «mansus liber» ist doch nur die von Abgaben und Lasten freie Hufe; wie konnte nun königliches Land frei heissen, weil es Domäne geblieben, das heisst: nicht verlehnt war? Ausserdem was ist gemeint mit den «Domänen»? Das Konungslef oder das Patrimonium des Königs oder beides? In einer spätern Zehenturkunde vom J. 1242 (Livl. Urk. 172) wiederholt sich dieselbe Bezeichnung, nur mit etwas anderm Ausdruck: «tam de omnibus liberis bonis nostris, quam de ceteris in partibus Esthoniae infeudatis». Der Ausdruck wäre viel bedenklicher. Nun aber liest der Abdruck bei Thorkelin, abweichend von Huitfeld, nur: de omnibus liberis bonis und lässt den Zusatz nostris fort. Damit ist mindestens deutlich gezeigt, wie Thorkelin den Ausdruck verstanden wissen wollte und es ist nicht zu übersehen, dass im selben Sinne Suhm. IX, 703 die Urk. 165 übersetzt: «ente de havde frie Jord, Lehnjord, eller vnder hvad navn de besad deres Jord». Nach dänischer Rechtsfiction gehörte dem König alles Land, freilich nicht im deutschen Feudalsinne. Es könnte daher nicht befremden, wenn er selbst Alode einschlösse in die «terra nostra», denn «nostra» wird mindestens aufgewogen durch den Zusatz: «quae libera dicitur». Dass Alode von jener Steuer betroffen waren, unterliegt keinem Zweifel: im J. 1281 (Livl. Urk. 475) kauften sich die Vasallen für die bestehenden und künftig einzurichtenden Alode vom Zehnten des Zehnten los; indem sie dem Bischof 60 Haken auf ewige Zeiten einweisen; die Bauern aber auf den Gütern der Vasallen sollten dem Bischof das Sendkorn nach wie vor entrichten nach Maassgabe der Hakenzahl, für welche sie ihren Herren zehnteten. Damit nun durch die Verdrängung der Bauern und Einrichtung neuer Alode auf einstigem Bauerlande dem Bischof nicht Abbruch geschehe, verpflichteten sich die Herren, ihre Bauern sitzen zu lassen und, falls man sie gewaltsamer Verdrängung anklage, sich durch einen körperlichen Eid zu reinigen. Damit war freilich stets erneuerter Anlass zum Hader zwischen dem Bischof und den Vasallen gegeben. Noch zu Anfang des XVI. Jahrhunderts heisst es in der öfter angeführten Note (Bunge. Archiv. I, 307) gegen die Ansprüche des Bischofs: «Item dat Szentkorn van denn Nyenn hovenn welck gudt mann eynen Nyen Hoff lecht upp woste haken Den holde wy dat he vry szy bsunder wor men dat bowyszenn kan Dat men nye Houe In dorpere lecht vnnd de bure affgeszat szyn vnnd nicht wedder upp wuste landt geszat szyn. Dar deme Herenn szyn Szentkorn mede vorüüllet werde Dat de Zene sulkende deyt demme Herenn szyn Szentkorn geve edder

syck mydt eme vordrege». Es kehren hier, nur unter andrer Benennung, dieselben Unterscheidungen wieder, wie in der Zehenturkunde von 1240 und in der Vereinbarung von
1281: die «terra et unci» stehen sich zur Seite, wie die «woste haken» und die «dorpere»;
die «nova allodia» sind die «Nyenn houe». Die «woste haken, selbst de man buwet», werden
genugsam erklärt durch den Gegensatz (Livl. Urk. 1824, a. 1410) der «besatten haken»
oder noch deutlicher, wenn es anderswo heisst: «van eynem ysliken besatten wanhafftighen
haken». Es ist derselbe Gegensatz, wie er seit dem X. Jahrhundert oft ausgedrückt wird
durch den «mansus absus» gegen den «mansus vestitus». Durch die Vereinbarung des Bischofs Johann mit der Ritterschaft (Livl. Urk. 1824) werden die «wustenn haken vryg ge-
koft» von jeder bischöflichen Steuer; daher heisst es in einer andern Urkunde: «de wustenn
hakenn de syn vryg».

Schwerlich hat neben «terra nostra» der Zusatz «quae libera dicitur», einen andern
Sinn, als dass das Land frei war von weltlichem Zins und Leistungen; das «praedium li-
berum» aber ist eben ein Alod. Es unterscheidet sich von dem durch Verlehnung über-
kommenen Lehnsgut, sowie von dem einem Mächtigeren übertragenen und nun nicht mehr
als Alod, sondern als beneficium oder Zinsgut (terra censualis) recipirten vorher freien
Landgut, das nicht minder in jener älteren Zehenturkunde berücksichtigt ist, wenn es
heisst: «quocumque nomine censeatur».

Ein streng geschlossener Beweis ist damit allerdings nicht gegeben; allein wird nicht
überdies durch die Urk. 239, a. 1252: «Omnia bona sua iure hereditario, quod vulgariter dicitur laurect, dimisimus libere possidenda», vernehmlich darauf hingedeutet,
dass in Estland Güter und zwar viele Güter besessen wurden nach anderem, als Lehnrecht?

Es kann meine Aufgabe nicht sein, den Nachweis zu führen, wie in Wirland Allodial-
besitz entstanden sei; noch ist der Nachweis nicht geführt, wie der Lehnbesitz entstand.
Der Verfasser meint zwar, der Orden habe bereits 1225 lauter Grundherren mit verbrieften Rechten vorgefunden. Ich erlaube mir, das entschieden zu bezweifeln. Eine durchgreifende Lehnsordnung in einem Lande, welches die erste Hälfte des XIII. Jahrhunderts
fast ununterbrochen von Krieg heimgesucht war, in welches zu wiederholten Malen von
verschiedenen Seiten eroberde Parteien gegen die Eingeborenen und gegen einander vordrangen, ist ein viel schwerer zu begreifendes Problem, als ein unverbrieftes Hin- und
Herstossen der Besitzer, bis endlich seinen Besitz behielt, wer zuletzt ausharrte. Wenn
es dann um das Jahr 1281 in Harrien-Wirland bereits so viele Alode gab, dass die Vasallen zur Ablösung eines Procents der Früchte dem Bischof 60 Haken einweisen mussten —
wenn andrerseits schon 1238 (Livl. Urk. 156) zwischen dem Bischof von Oesel und dem
Orden über Alode besonders stipulirt wurde, so glaube ich nicht zu irren, wenn ich, statt
mit der Zeit neben Lehnsgütern Alode allmälig entstehen zu lassen, annehme, ein grosser
Theil der Beneficien sei entstanden erst durch Uebertragung von Aloden und deren modi-

ficirten Rückempfang. Der Verfasser selbst weiss zu berichten, wie kühn die Vasallen des dorpatschen Stifts auf eigne Hand einfielen in Wirland: es war das nicht nur im Sinne jener Zeit, sondern jeder kriegerischen Einwanderung in noch unoccupirtes Land. Als ob es damals nicht so gut Squatters gegeben hat, wie heute, und als ob die englische Regierung in Australien gleich in den jungen Zeiten der Ansiedlung die Squatters aus dem Lande fortfegte, weil sie nicht verbrieft waren? Sie liess sie gewähren und gab ihnen am Ende selbst noch die Briefe, ohne die sie sich doch behauptet hätten. Die Alode wurden in Wirland während der Kriegszeit nicht «zugelassen», sondern sie machten sich ohne Erlaubniss. Meint der Verfasser, der so grosses Gewicht darauf legt, dass es vor Allem ankam auf Wehrkraft des Landes, die Dänen hätten darum nach dem Vertrag von Stenby einen Kreuzzug unternommen gegen die Eindringlinge? Gewiss sie jagten sie fort, wo die Gelegenheit gut war. Viele aber mussten sie sitzen lassen und unter den Besitzern des L. C. sind sicher nicht wenige verzeichnet, die keine bessern, noch schlechtern Besitztitel hatten, als die «expulsi», und die nicht gar zu ängstlich darauf sannen, ihr Recht sich verbriefen zu lassen. Sie verbrieften es sich selbst, einer dem andern, mit Handschlag, und die dänischen Könige haben sich zuletzt fügen müssen.

Für die Dänen Sold, für die Deutschen freie Beute an Land und Gut: das war die Lockung für das Kriegsvolk. Statt dessen beginnt der Verfasser den ersten Kriegszug mit ängstlicher Belehnung. Kaum ist S. 97, 98 Waldemar gelandet, so vertheilt er an die Vornehmeren unter den Kriegsleuten Burglehen gegen die Verpflichtung die Burg zu vertheidigen, denn es war das ein sicheres, vielleicht das einzige Mittel, tapfre, dem Zwecke gerade solcher Eroberungen entsprechende Krieger in dem fernen, heidnischen Lande zurückzuhalten», und «solcher castrenses erwähnt schon die erste harrisch-wirische Zehenturkunde von 1240». Der Verfasser beruft sich auf die Vertheilung der Lehen bei Odempäh (Origg. Liv. XXVIII, 8). Allein der König von Dänemark war nicht Bischof von Dorpat, noch seine «Burglehn» «Provinciae». «Castrenses» sind sonst nicht eben die «vornehmsten» feudatarii: sie gehören zu den Dienstleuten, zu den Kriegsbeamten, wenn man will, und das «feudum castrense» und «burgense» nicht zu den edlen Lehen. Die dänischen «castrenses» vollends liessen sich anfangs sicher genügen am «stipendium»; das Land, so viel sie erhielten, war nur Zugabe gegen den Hunger. Der Verfasser, sobald die Gelegenheit sich bietet, spinnt dieselben Erwägungen fort: «es konnte ja, S. 99, das Kreuz des Priesters nicht ohne das Schwert des Lehnsmannen bestehen». Immer fehlt es den Dänen an Kriegsvolk (S. 119); denn: «eigentliche Belehnungen in deutscher Weise mögen überhaupt nicht häufig bei den Dänen vorgekommen sein», S. 129 ff. ff. Diese starre Consequenzmacherei, die nirgends weniger hingehört als in jene Zeiten, hat sich zwar ein gewisses Schema geschaffen, eine Schablone, unter welcher sie die Geheimschrift der «Landrolle» zusammenhängend lesen zu können vermeint; allein, je mehr gekünstelte Einheit hineingetragen ist in die Urkunde und in die Zeit, von der sie Zeugniss ablegt, um so mehr ist an Einsicht verloren in die ungekünstelte Willkür und Bewegung der Verhältnisse. Was ist diesem Verlust gegenüber gewonnen durch jenen apokryphen Landtag von 1228? Welcher künstlichen Stütze bedarf auch nur diese eine Lieblingsidee, wie wenn nun S. 192 Anm. 1 für das Jahr 1277 Nachdruck gelegt wird auf den Passus in Urk. 453: «quoniam, Divina providente clementia, in m nisterium terrae Livoniensis constituti sumus» und die sofort folgenden Worte — sie sind in die «Studien» nicht aufgenommen — den erkünstelten Eindruck sofort verwischen:« ad propagandam ibidem in gentibus fidem Christi». Was soll der vorzeitige Landrath von S. 197? Was vor Allem jener abenteuerliche Lehnshof, creirt vom apokryphen Kanutus, um den L. C. zu Stande zu bringen? Weil 1238 in Preussen und Livland Jeder angewiesen wird, «sein Recht gerichtlich zu verfolgen», so soll für Harrien-Wirland jener «Lehnhof» schon vorbedacht gewesen sein! Und als nun der Lehnhof herübergesegelt ist, da zieht er Lehn auf Lehn ein, nicht etwa zu Besten des Königs; auch ohne den König — denn der L. C. ist älter, als des Königs Bestätigung — verschreibt er es auf seine Namen (S. 262—265). Das sind dann die strengsten Consequenzen jenes Lehnssystems, von dem die Urkunden schweigen.

Allein dieses an sich enge System schnürt nun der Verfasser noch enger zusammen. Zwar, dass ein nicht geringer Theil der in Livland und Estland von König, Orden und Bischöfen verliehenen Beneficien in Zehnten bestand, bedarf kaum des Nachweises. Nur wo sind die Beweise, dass diese Art «beneficium» den eigenen Landbesitz der deutschen Einwandrer fast gänzlich ausschloss? Der Verfasser hat sich für diese Auffassung entschieden und mit gewohnter Consequenz an ihr festgehalten, leider nicht mit befriedigender Klarheit. Namentlich die Bedeutung der geistlichen Zehnten ist schwankend gefasst. Zuletzt sind sie ganz verschlungen in die «decimae infeudatae». Gleich anfangs schwankt ihr Verhältniss zur Zeit und die Stellung der Eingeborenen bleibt unklar. «Hatte man, schreibt der Verfasser S. 201, der kirchlichen Landdotationen nicht geachtet, so geschah es in noch geringerem Maasse mit dem allgemeinen päpstlichen Verbote, die Zehnten der Kirche nicht zu entfremden. Der Zebute war die erste Abgabe, die man den Neubekehrten auferlegt, und blieb auch die einzige, bis wiederholte Empörungen einen Vorwand gaben, noch einen weiteren Zins zu verlangen. So lange die Neubekehrten frei und im Besitze des Landes waren, konnten die eingedrungenen Deutschen fürs Erste keinen andern Vortheil von der Eroberung haben, als die Besitznahme des Zehnten — Entweder es musste den Deutschen gestattet werden, sofort das Grundeigenthum an sich zu reissen, die bisherigen Besitzer gleich in Fröhner zu verwandeln oder den Unterworfenen wenigstens einen schweren Zins aufzuerlegen. Oder man musste ihnen erlauben, sich den eigentlich der Kirche gebührenden Zehnten zuzueignen». S. 169 dagegen heisst es mit Bezug auf das Landvolk: «Hatten die Wirländer doch das Land nicht bloss mit dem Schwerte gewonnen, sondern auch mittelst Lehnbriefen der päpstlichen Statthalter auf Zins und Zehnten. Wer aber den Zehnten, den Zins zu Lehen hatte, war Herr, wenn auch nicht Eigenthümer des von den Pflichtigen bebauten Landes. Vor Allem musste Bestätigung der Lehen zugesagt werden, in die gewiss schon vollständige Herrschaft über die unterworfenen Esten begriffen war». War es in der That unmöglich, dass Eroberer und Besiegte frei nebeneinander auf freien Aeckern sassen? Ist der Fall nie vorgekommen in der Geschichte? Gab es nie ein Drittes ausser Nichtbesitz der Einwanderer am Lande und Knechtschaft der Eingeborenen? Vor Allem aber, wie verträgt sich die «vollständige Herrschaft über das Landvolk» von S. 169, wie die Belehnung mit dem Zehnten sie begründete, mit der «freien Stellung der Neubekehrten und ihrem Besitz am Lande» auf S. 201, so lange sie nur den Zehnten zu tragen hatten? Wie soll man vereinbaren, dass der mit dem Zehnten Belehnte nicht Eigenthümer, aber Herr des Landes war, dessen Besitz in Händen der freien, obzwar mit dem Zehnten belasteten Eigenthümer blieb? Wessen war denn das Eigenthum? War S. 201 der Zehnte die erste Abgabe und blieb lange «die einzige»; was bedeutet dann S. 169 die bedenkliche Nebenstellung: «wer den Zehnten, den Zins zu Lehen hatte», und was S. 274 der Satz: «Bestand doch in dem Zehnten und einem gewiss anfangs nur geringen Zinse, sowie in der Heerfolge der Esten, der einzige Vortheil, ja der einzige Gegenstand der Belehnung»? Damit ist der Ansatz zu neuen Consequenzen gefunden und S. 202 sind sofort sämmtliche Zehnten vergeben, uneinlösbar, ohne Aussicht auf Heimfall, so dass der Bischof, als er restaurirt wird, sich begnügen muss mit dem Zehnten vom Zehnten.

Diese Auffassung mit ihrem tiefgreifenden Irrthum beherrscht nun die älteste Geschichte von Estland. «Man ergriff, S. 275, einen Mittelweg und bestimmte dem Bischof den Zehnten von allen Zehnten» und nur wenige Zeilen darauf steht aus der betreffenden Urkunde ausgeschrieben: «denn, wenn der König Jemandem Land zu Lehn gegeben, so sei doch immer jener dem Bischof zu zahlende Zehnte vom Zehnten ausgenommen gewesen». Wie vermochte der Verfasser die schlagende Beweiskraft dieser Stelle zu verkennen: von einem nun erst ergriffenen Mittelweg sei nicht die Rede? Und fiel ihm denn nicht hier gerade, in diesem Zusammenhange, die Urkunde ein, in welcher der Orden den Bischof Heinrich von Oesel aufffordert seine Jurisdiction über die Länder zwischen Estland und Russland auszudehnen (Livl. Urk. 169a., a. 1241)? Dort waren gewiss erst wenig Zehnte vergeben: dennoch werden dem Bischof nur die «decimae decimarum» angetragen, offenbar als Tafelgelder und zur Bestreitung der Synodalreisen: denn einer fixen Dotation bedurfte es nur für neuerrichtete Bisthümer. Nicht mehr aber und nicht minder, wie ich schon an andrer Stelle erwiesen, bedeutete von Anfang an auch für den Bischof von Reval der Zehnte vom Zehnten, den Moses vorgesehen und die Canones kennen. Dagegen wäre es fast uncanonisch gewesen, auf diese Art des Zehnten die Dotation zu beschränken. Es ist darum nur ein weiterer Fehlgriff, wenn S. 276 «der Zehnte vom Zehnten aus Harrien und Wirland nicht genügend erscheinen konnte, ein Bisthum auszustatten, geschweige denn zwei». — «Es sah daher König Waldemar sich veranlasst, vielleicht von dem Erzbischof Uffo dazu angeregt, — dem Bisthum Reval eine Landdotation zu versprechen». Kaum ein Bisthum ist anders dotirt worden. Selbst in den sächsischen Ländern waren nur einige vorzüglich auf Zehnten gesetzt und auch die nicht ausschliesslich; dort aber ge-

schah es noch am häufigsten und gerade dort war es früh am schwersten, den Zehnten
einzutreiben. Im Allgemeinen galten in gewissen Ländergruppen gewisse stehende Normen.
Wenn 1238 (Llvl. Urk. 156) die Oeselsche Kathedralkirche mit 300 «unci de mediocribus»
bedacht wird, so liegt offenbar dasselbe Schema zu Grunde, nach welchem 1170 Heinrich
der Löwe im transalbinischen Slawenlande drei Bisthümer mit je 300 «mansi» dotirt
hatte (Urkdb. des Bisthums Lübeck No. 8). Und, wenn dieser Dotation noch hinzugefügt
wird der «census slauorum», nämlich «de uncô tres mansurae, quod dicitur Kuriz et soli-
dus unus», so liegt die Analogie auf der Hand und aus dem Cod. dipl. Pomer. und andern
Diplomatarien lässt sich die Zahl solcher Beispiele verzehnfachen. Es wiederholen sich
dieselben Ansätze in diesen Provinzen. Den Opferpfennig findet man wieder in Kurland
schon 1252, Livl. Urk. 240. Den drei Maass Korn vom Uncus entspricht das dorpatsche
Sendkorn (Livl. Urk. 173) und nicht minder das estnische: denn die Esten haben zu entrichten «de quolibet unco duas mensuras» (Kylemeth). Der Verfasser freilich, wenn ich
S. 294 Anm. 1 und S. 296, wornach ein «unendlich grosser Unterschied» bestehen soll
zwischen der dorpatschen und der revalschen Synodalabgabe, recht verstehe, scheint das
Verhältniss dieser Abgaben nicht näher geprüft zu haben. Vor Allem die Differenz der dorpatschen von der estnischen vermag ich nicht zu erkennen. Wie die fixe Dotation, so beruhen auch die übrigen geistlichen Abgaben, so mannigfach angesetzt sie auf den ersten
Blick in den verschiedenen Landschaften erscheinen, im Allgemeinen auf einer gemeinsamen Norm, die nicht einmal für diese Provinzen speciell erfunden war. Die Ablösung
des Zehnten durch eine verglichene Abgabe, ein Pactum, war fast in allen Provinzen im
Osten der Elbe gebräuchlich. Sie findet sich früh auch in Livland, wenn im J. 1211 den
Liven auferlegt wird de «quolibet equo» ein «modius pro decima» (Origg. Liv. XV, 6). Als
daher im J. 1240 (Livl. Urk. 165) der königliche Befehl ausdrücklich ergeht: die Vasallen
sollten dem Bischof den Zehnten vom Zehnten geben, da tritt an dessen Stelle sofort im
J. 1242 ein Pactum (Livl. Urk. 172): von je zwanzig Haken nämlich ein Talent Roggen
und ein Talent Gerste, d. h. ein «nanale talentum». Nun galten bei geistlichen Steuern
zwanzig Haken auch sonst als eine gewisse Einheit, wie denn um die Mitte des XIII. Jahrhunderts in Preussen die Parochialgeistlichen ausser andern Einkünften vom Landvolk den
Zehnten von 20 Haken erhielten. Vertreten ferner jene 2 Talente von 20 Haken den
Zehnten vom Zehnten, so betrug von derselben Hakenzahl der Zehnte 20 Talente, d. h.
1 Talent vom Haken. Auch dieser Ansatz ist durchaus nicht beschränkt auf Estland.
Dieselbe Abgabe erheben das rigische Capitel, der Orden, die Stadt gemeinsam von den
Kuren nach der Vereinbarung von 1230, nämlich von jedem uncus ½ nauale talentum
Roggen und ebensoviel von jeder «erpica» oder von einem Pferde ½ talentum; von 2 Pferden 1 talentum (Livl. Urk. 105), und das war schon 1214 der Zehnte «secundum Lati-
norum consuetudinem» (Origg. Liv. XVIII, 3). Es frägt sich nun, nach welcher Norm
1259 der Synodalzehnte berechnet war: er belief sich per Haken auf 2 Külmet (Livl. Urk.
337) und die Vasallen waren ihm ebenso, wie die Esten unterworfen (Livl. Urk. 352, a.

1260). Als jene sich dann mit 60 Haken von den auf ihren Aloden ruhenden geistlichen
Abgaben lösten, mussten die Eingeborenen nach wie vor, «prout consueverunt solvere ab
antiquo», 2 Kylemeth vom Haken entrichten. Wenn man für jene Zeit das Loof zu 6
kleinen Külmet ansetzen darf, 1 Loof Roggen aber gleichkömmt 120 ₶, so entsprechen
20 ₶ einem Külmet oder 20 Külmet gehen auf 1 S₶. Wurden nun, nach dem Ansatz von
1259 und 1281 bei 2 Külmet per Haken, 20 Külmet oder 1 S₶ auf 10 Haken gerechnet,
so ist das dieselbe Abgabe, wie sie im J. 1242 angesetzt war mit 2 S₶ von 20 Haken und
das eine Pactum, wie das andre, vertritt den Zehnten vom Zehnten. Allerdings ist Manches in dieser Berechnung hypothetisch: in jedem Falle aber werden die 2 Külmet Roggen
per Haken in Estland der entsprechenden Abgabe in Dorpat gleichstehen, denn diese betrug, ausser der Abgabe von Heu, per Haken $\frac{1}{2}$ Külmet Roggen, $\frac{1}{4}$ Weizen, 1 Hafer, was
zusammen etwa $1\frac{1}{2}$ Külmet Roggen gleichkommt.

Die einseitige Ansicht von fast ausschliesslicher Belehnung mit Zehnten verfolgt den
Verfasser noch in andre Deductionen. Es war canonische Vorschrift, wie die Kathedral-
kirchen, so sollten auch die Parochialkirchen fix dotirt werden, und der Bischof war soweit
zur Fürsorge verpflichtet, dass er dem Parochialgeistlichen selbst besondre Tafelgüter aus-
zusetzen hatte. Berichten somit die Origg. Liv., der Bischof Hermann habe den Priestern Kirchen angewiesen und sie reichlich mit Korn und Feldern begabt, so durfte das
nicht so gewendet werden, wie S. 126: «Hierunter versteht der Annalist aber wohl hauptsächlich eben nur (hauptsächlich? oder nur?) den Zehnten von den diesen Kirchen zuge-
theilten Dörfern. Denn er fügt hinzu, es sei von Hermann dafür gesorgt worden, dass
Vasallen und Priester das Nöthige erhielten, das Versprochene ihnen geleistet werde». Die
Urk. Balduins Livl. Urk. 135, a. 1234 zeigt, dass in neueroberten oder zu erobernden
Ländern selbst an «Vasallen» verliehen wurden «unci cum decimis et omni iure», mit Aus-
nahme der Gerichtsbarkeit (judicium); an der buchstäblich zu nehmenden Dotation von
Priestern mit Korn und Land lässt keinen Zweifel zu Livl. Urk. 240, a. 1252.

Am schlimmsten aber ist es mit der «Zehentverleihung» in Wirland. Wir haben schon
erfahren, wie für den Bischof kein Zehnte mehr übrig geblieben war. Und, wer sollte es
glauben? der Legat Wilhelm, derselbe, der einen geistlichen Staat begründen wollte, ein
Reich und eine Heerde, er «verlehnt in den von ihm aus päpstlicher Machtvollkommenheit
verwalteten Landschaften an zahlreiche Deutsche den Zehnten und hilft somit in Jerwen und namentlich in Wirland recht eigentlich den Vasallenstand begründen» (S. 151).
Freilich, in diesem Falle lässt sich der Legat freisprechen. Die angezogene Urk. 145 weiss
nichts von Verlehnungen unmittelbar von ihm aus; alle schreibt sie den Bischöfen zu, dem Johannes clericus, dessen Vicar Hermodus (dem Orden?), und wem sie zufallen, ob Deutschen,
vollends ob zahlreichen Deutschen, davon — so wahrscheinlich das sonst ist — schweigt
sie. Dass viele Zehnten vergeben wurden, ist allerdings erwiesen, auch, dass der Papst
ihren Widerruf verlangte; nur die furchtbaren Folgen, wie der Verfasser sie sich denkt,

sind höchst überraschend. «Die harrisch-wirischen Vasallen, heisst es S. 228, 230, 231, sollten geradezu jedes Titels beraubt, ihrer Lehen und des Einkommens aus denselben d. h. des Zehnten, verlustig erklärt werden. Letzterer Schlag traf auch die stiftischen Vasallen. Uebrigens hatten nicht weniger Kaiser und Reich ihr Anrecht auf die von den Deutschen eroberten Baltischen Lande zu verlieren». Also «den Deutschen muthete man zu, ihr Blut an den fernen baltischen Gestaden vergossen zu haben mit keinem andern Zwecke, als dort einen rein geistlichen Staat zu gründen. Konnte man dies nur ernstlich für möglich halten im Lande dieser wilden Liven, Letten, Esten, die eben mit der Schärfe des Schwerts unter das Kreuz gebeugt, nicht dazu durch das Wort bekehrt worden? Und grade dies scharfe Schwert sollte nun stumpf, der Arm, der es geschwungen, kraftlos gemacht werden? Denn es liess sich schwerlich voraussetzen, jene Völker seien allein durch die alljährlich zu erwartenden, aber jedenfalls immer wieder fortgehenden Pilger im Zaum zu halten. Dass die Dänen aber in genügender Zahl selbst auch nur Harrien und Wirland colonisiren dürften, daran war vollends nicht zu denken. Die Schwertbrüder wieder zu einer blossen geistlichen Miliz herabzudrücken, war durchaus unmöglich» — Halten wir inne in diesen düsteren Phantasien und trösten uns mit dem Verfasser: es war nicht so ernst mit dem Widerruf der Zehntenverleihung; sie kamen «fast nie und nirgends in Ausführung». Allein wozu dann dieser Lärm? Prüfen wir, wie weit die Thatsachen einen Untergang der livländischen Conföderation auch nur im ersten Schreck befürchten liessen: denn weniger konnte nicht erfolgen, wenn die Vasallen im Erzstift und in Harrien und Wirland ruinirt und der Orden herabgedrückt wurde zu bloss geistlicher Miliz. Es ist wahr, im J.1236 am 24. Februar (Livl. Urk. 145) hatte für Harrien und Wirland und Jerwen der Papst die Entscheidung gesprochen; es war dem Orden befohlen: «infeudationes, quas fecerunt in terris eisdem, non differant reuocare», so nämlich liest der Verfasser auf den ersten Anschein mit vollem Recht für «renouare». Allein es ist schon fraglich, wie ernst das gemeint sei, wenn es zum Schluss heisst: «Ideoque fraternitati tuae (dem Legaten Wilhelm) per apostolica scripta mandamus, quatenus, quod a nobis super praemissis ordinatum est, facias inviolabiliter observari, omnes alienationes et infeudationes decimarum, quas iamdicti episcopi et J. clericus et Hermodus vicarius eiusdem fecisse noscuntur, revocare (so steht diesmal im Text selbst) procurans». Es wird zum Schluss des Ordens also nicht mehr erwähnt. Nun ist zweierlei möglich: entweder der zweite Befehl wiederholt nur den ersten, dann ist es mit dem Widerruf der Ordensverlehnungen nicht ausdrücklich genug gemeint; — oder die beiden Anordnungen sind zu trennen, dann sind die «infeudationes» des Ordens, da sie ohne Zusatz dastehen, nicht als Zehntenverleihungen zu betrachten und es hat dann der Verfasser ohne Grund S. 274 behauptet, dem Beispiel des päpstlichen Statthalters in Wirland wäre der Orden mit Zehntenverleihungen in Harrien gefolgt. Dann aber wird auch die Conjectur «reuocare» für «renouare» bedenklich. Ueber Landverleihungen hatte der Papst unmittelbar nicht zu entscheiden: er war da nur Schiedsrichter oder Vermittler der weltlichen Feinde. Anders war es mit den vergebenen Zehnten:

da hatte er ein geistliches Recht zu wahren und dem Erzstifte Lund die Verfügung über die ungeschädigten, geistlichen Früchte zu sichern. Hier also befiehlt er zu revociren. Dort trägt er dem Orden auf zu renoviren, d. h. er soll sich mit dem König um Bestätigung seiner Lehen vertragen, oder die in fremdem Gebiet Belehnten herübernehmen auf Ordensland. Wird aber damit nicht die ganze Folgerung des Verfassers illusorisch? Ueberdies ist am 13. März 1238 von dem Anbefohlenen noch nichts in Ausführung genommen (Livl. Urk. 159) und im Vertrage von Stenby (Livl. Urk. 160) wird die ganze Frage nur insofern berührt, als es heisst: «Insuper Dominus archiepiscopus Lundensis cum consensu capituli sui et dictus legatus pro bono pacis omnia, quae receperunt iam dicti fratres hactenus in dictis terris, sive de decimis, sive de aliis ad iura episcopalia pertinentibus, eis integre dimiserunt». Die Folgerung ist einfach; urkundenmässig (Livl. Urk. 145, 160) steht nur dies fest: die Zehntenverleihungen waren vom Papst aufgehoben, der Vertrag von Stenby stipulirt um des Friedens halber nur den Verzicht auf Nachrechnung wegen der bisher an geistlichem Gute vom Orden genossenen Früchte; die Landverleihungen, die weder den Papst, noch den Erzbischof von Lund kümmerten, bleiben, — vielleicht obwol, vielleicht weil die Vertragsurkunde über sie nichts stipulirt, — jedoch zum Theil nur, bestehen; die Entscheidung über die Alode wurde vollends der Zeit überlassen. Der Orden konnte es jedenfalls nicht übernehmen, aus fremdem Lande die zu verjagen, welche unter seiner Vogtei sich auf eigne Faust dort niedergelassen hatten; mochte der König zusehen, wie er mit ihnen; mochten sie sorgen, wie sie mit dem König fertig würden,

Eine Behauptung des Verfassers gestehe ich nicht mit Sicherheit deuten zu können. Wo, S. 228, vom Widerruf der Zehntenverleihungen in Estland die Rede ist, da heisst es: «Letzterer Schlag traf auch die Stiftischen Vásallen»; gemeint sind wol die Vasallen des rigischen Stifts oder aller Stifter in Livland. Sofern nur die mit estnischen Zehnten Bedachten verstanden werden, ist nichts dagegen einzuwenden, als dass die Einziehung sie doch nicht als «Stiftische» Vasallen traf. Ich vermuthe aber, es habe der Verfasser allen Ernstes eine allgemeine Zehnteneinziehung und einen totalen Ruin des Vasallenstandes in allen Provinzen gefürchtet. Für eine solche Besorgniss jedoch bietet Livl. Urk. 145 nicht den mindesten Anhalt. Vielleicht hat dann die Lectüre von Livl. Urk. 144 nachgewirkt. Allein auch hier ist die Rede nicht von den bestehenden Provinzen. Es heisst von den Ländern, die etwa noch mit Hilfe der Kreuzfahrer (pauperum crucesignatorum) erobert würden: «Circa personas vero et terras, quas Dominus ad fidem vocaverit, taliter provideas — — nec infeudantur decimae et terra sine nostro beneplacito nullatenus dividatur». Der Schlusssatz vollends, der einer Theilung der Bischöfe mit dem Orden vorbeugen soll, beweist, wie es sich einzig um künftige Eroberungen handelt.

Erkennen wir so einen zwiefachen Besitztitel am Lande, so wird nun zu prüfen sein: berücksichtigt der L. C. nur einen oder beide; verzeichnet er nur Lehngüter oder auch das Alod? Selbst der Verfasser hat, wie wir sehen, diese Frage nicht ganz unterdrückt. Wenigstens streift sie im zweiten Abschnitt den § 5 an der Stelle, von welcher ich absetzte, um im Zusammenhange die Grundanschauungen zu prüfen, von welchen die Antwort auch auf diese Frage abhängt. Der Verfasser will als Alod nur zwei kleine Grundstücke gelten lassen, eins im Besitz des Conrad Høfskae, das andere im Besitz der Mönche von Dünamünde. Im letztern Falle hat ihn der Pauckersche Abdruck irregeführt; es muss gelesen werden

Monachi de Dynaeminnae. Jarvins. X. et Uillølemp V. proprios
Dominus Rex. Waskael. XXI. et in curia Domini Regis VI.

Das heisst: Uillølemp, den ich Tab. V eingetragen, allein mit Absicht nicht mitgezählt habe, besass im Dorfe Jarvius, davon dem Convent von Dünamünde 10 Haken gehörten, 5 Haken, doch nicht vom Kloster in Lehn oder Pacht, sondern als proprios uncos; in Waskael aber hatte er vom König 6 Haken: die schärfere Bezeichnung «proprios» ist somit, um Missdeutung auszuschliessen, von zwei Seiten veranlasst. Dasselbe gilt von der Stelle:

Conrad Høfskae. Uvalkal. XXXII. et IIII proprios.

Es wird damit deutlich gemacht: 32 Haken hatte er zu Lehn, 4 Haken aber in demselben Dorfe zu eigen. Nun meint der Verfasser, da die Landrolle das Alod mit diesem Ausdruck kennzeichne, so könne mit den häufig wiederkehrenden Beisätzen «absque rege, sine rege, non a rege», dieselbe Art des Besitzes nicht gemeint sein. Der Grund ist nicht überzeugend. Wo kein Missverständniss zu besorgen war, da genügte irgend eine Bezeichnung, aus der man sah: das Gut sei nicht vom König zum Lehn gegeben. Auch behaupte ich durchaus nicht, jede ähnliche Notiz gehe auf Alod, schon, weil ich weder nach der einen, noch nach der andern Seite dem L. C. eine auffallende Consequenz zuschreibe: selbst die Kenntniss vom Besitztitel jedes Landstücks muss ich ihm abstreiten. Besondre Notizen stehen anscheinend nur dort, wo ein besondres Interesse sich concentrirte, vielleicht einmal aus Laune, ein andersmal durch Zufall. Die Deutung des Verfassers befriedigt jedenfalls am wenigsten. Nach ihm besagen alle drei Ausdrücke absque, sine, non a rege «nur soviel, es habe der Besitzer für diese Haken zwar einen frühern Lehnbrief, vom dänischen König indessen die Belehnung noch nicht erhalten — vielleicht sogar noch nicht nachgesucht». Der Verfasser hat dabei seine Hypothese vom Lehnhof aus dem Auge verloren. Der Lehnhof sollte ja die Rechtstitel untersuchen; warum setzte er nicht alle, die um Bestätigung nicht einmal nachgesucht, sofort vom Lande, wie so viele Vertriebene? Der Verfasser meint, er hatte seine Gründe. Allein der L. C. soll ja vom Lehnhof herrühren: von «königlicher» Bestätigung ist somit noch nirgends die Rede. S. 265, 266 löst uns das Räthsel; wir lesen: «Eine letzte Kategorie bildeten endlich diejenigen, namentlich wirländischen, Vasallen, die aus irgend welchem Grunde keine Lehnbriefe

des Ordens vorgewiesen oder überhaupt die Erneuerung der Belehnung noch nicht nachgesucht, oder in Betreff derer sonst eine Schwierigkeit sich fand, die der unmittelbaren
Lehnsbestätigung durch den königlichen Stellvertreter im Wege war. Viele derselben hatten in Beziehung auf ihre anderweitigen Besitzungen dieselbe erhalten (der Verfasser verweist auf Abth. II, § 5). Es konnte sich demnach in diesen Fällen nur noch um
eine directe Genehmigung des Königs handeln, um den Besitz vollständig anzuerkennen». Man beachte wol, S. 82 heisst es: sie hätten die Bestätigung noch nicht «vom
König» erhalten, S. 265: «vom königlichen Statthalter». Die Lösung für diesen Widerspruch, oder wenn man will, die Erklärung dieser Differenz, ist sehr einfach. S. 82 ist
früher geschrieben, als S. 265 und nicht sorgsam genug revidirt. Man sieht deutlich: die
Hypothese vom Lehnhof ist dem Verfasser erst nachträglich gekommen; ich vermuthe:
weil er fühlte, bei der Auffassung von II, § 5 sei die Lehre vom «einheitlichen, officiellen
Aktenstück» nicht zu retten. Diese Rettung sollte der Lehnhof übernehmen; allein die
Schwierigkeit ist dadurch nur modulirt, nicht gehoben. Entweder die Landrolle ist jünger,
als die königliche Bestätigung, dann begreift man die häufigen Ausdrücke: «absque, sine,
non a rege» nicht, oder: sie ist älter, dann müsste es überall und darum nirgends heissen:
«non a rege». Der Ausweg, den der Verfasser vorschlägt, ist unklar: «es fand eine Schwierigkeit statt»; «es konnte sich nur um eine directe Genehmigung des Königs handeln, um
den Besitztitel vollständig anzuerkennen». Wie hat man sich dabei das Verhältniss des
apokryphen Lehnhofs, von dem «unmittelbare» Bestätigungen ausgehen, zum König zu
denken? und wie ungeschickt würde ein rechtlich unentschiedner Besitztitel bezeichnet
durch die gewählten Ausdrücke? «Non a rege» heisst doch einfach «nicht vom König», und
nicht «noch nicht vom König»? Und was heissen: «sine rege oder absque rege»? Consequent müsste der Verfasser erklären: nicht vom König, wol aber vom königlichen Statthalter und dann wiederum müsste das fast überall stehen und darum nirgends. Viel einfacher ist die Erklärung: «non a rege» bezeichnet einen Lehnbesitz, der nicht vom König
war übertragen worden; von wem? war in den meisten Fällen gleichgiltig oder unbekannt;
nur, wo ein besondres Interesse stattfand, wurde hämisch bemerkt: «nescitur a quo». «Sine
rege» aber und «absque rege» bezeichnet ein Alod, auf dessen Bestand man etwa nicht rech-
nete oder im Allgemeinen den unsichern Besitztitel. Weder bei offenbaren königlichen
Lehen, noch bei gesichertem Alod bedurfte es einer Bemerkung; an beide Besitztitel vertheilt sich die übrige Masse der Grundstücke.

Nur nach einer Seite glaube ich im L. C. eine ziemlich stetige Consequenz zu entdecken: in der Scheidung nämlich der «expulsi» und «remoti». Wäre der Ausdruck belie-
big gebraucht, so fänden sich vielleicht mehr gleichnamige in beiden Kategorien, obwol
ich zugebe, dass auch in jeder Gruppe für sich nur wenig Namen sich wiederholen. Der
einzige «expulsus», der offenbar zugleich als «remotus» verzeichnet wird, ist der Dⁿˢ Engelardus oder Engaelard miles und er erscheint so in zwei verschiedenen Districten.
Ich steigere daher die Differenz der Ausdrücke und sehe, wie schon erwähnt, nicht mit dem

Verfasser in den «remoti» gutwillig Gewichne, in den «expulsi» gewaltsam Vertriebne, da im einen, wie im andern Falle weder der Verlust des Betroffenen geringer, noch der Rechtstitel des Nachfolgers kräftiger würde: mir sind die «remoti» vielmehr Belehnte, «expulsi» Besitzer auf eigne Faust und in der zwiefachen Bezeichnung erkenne ich gewissermaassen eine Wirkung des zwiefachen, im Lande zu Recht bestehenden Besitztitels. «Remoti» heissen jene, nicht weil sie vertrieben, sondern weil sie versetzt werden; sie erhalten vom Orden oder im Allgemeinen von ihren Lehnsherren anderswo ein Aequivalent an Land; die meisten wol vom Orden als dessen Vasallen, denn ich stimme dem Verfasser bei: die dänische Restauration habe zu diesen Versetzungen den bedeutendsten Anstoss gegeben. Dann aber werden wir in Urk. 145, a. 1236 nicht zu lesen haben «revocare»; vielmehr ist eben der Befehl des Papstes vollzogen: «infeudationes, quas fecerunt in terris eisdem, non differant renovare» und, wenn es sich bei der Unzuverlässigkeit der Turgeniew schen Abschriften um eine Correctur handelt, so schlage ich entschieden vor: «removere». — Ist diese Auffassung begründet, so erklärt sich, selbst im Sinne des Verfassers, um so besser das verschiedene Verhältniss der Entfernten in Harrien und Wirland; dort nämlich kommen (sofern jeder zweimal gezählt wird, der zweimal genannt ist) in den 3 ersten Parochien, in Uoment. und Repel Har. 65 aus dem Besitz und von diesen sind 25 «remoti»; in vier Districten: Ocrielae, Alentakae, Askalae, Laemund gibt es weder expulsi, noch remoti. in Repel Wir., Maum und Laemund ist unter 12 nur 1 «remotus». Die «remoti» verhalten sich somit zu den «expulsi» in jenen Landschaften wie 1: $1_{,5}$, in diesen wie 1: $11_{,0}$. Nicht, weil diejenigen, welche sonst «remoti» gewesen, d. h. gutwillig gewichen, wären, in Wirland «wo ein Heerd viel mächtigerer Opposition war», länger widerstanden und dadurch «expulsi» wurden, sondern: weil in Wirland der Alodialbesitz noch von den Ordenszeiten überwog und der Orden das Land bereits von mächtigen Geschlechtern nach Landrecht occupirt fand. So musste aus Wirland nur ein Belehnter anderswo entschädigt werden, während 11 Ansiedler auf eigne Faust den dänischen Ansprüchen erlagen.

Im Zusammenhange mit dieser Auffassung empfehle ich ein eigenthümliches Verhältniss zur Prüfung. Mir ist dazu bisher die Zeit nicht zugemessen gewesen; ich habe daher, wie schon in einem ähnlichen Falle, Jedem, der an die Frage geht, das Material in Taf. I, II, III vorbereitet. Ist es nämlich schon bezeichnend, wenn unter den Vertriebnen (expulsi und remoti) in Harrien jeder nur 9 Haken, in Wirland 18 besessen, so gewinnt dies Verhältniss tiefre Bedeutung nach sorgsamer Prüfung aller Grundbesitzverhältnisse im Osten und Westen. Die Summe der grossen Grundstücke von 20 und mehr Haken beläuft sich beispielsweise in den 3 ersten Parochien von Harrien auf wenig über 9% des gesammten Grundbesitzes; die Summe der mittleren Grundstücke von 10—19 Haken auf fast 44%; der kleinen Grundstücke von 9 und weniger Haken auf 47%. In Repel Wir. dagegen in derselben Reihenfolge auf 61%, 24%, 15%. Dazu sind in den entsprechenden Kategorien die einzelnen Grundstücke im Mittel grösser in Wirland als in Harrien. Auf ein grosses Grundstück kommen hier $25^1/_4$, in Wirland fast 30 Haken; auf ein mittleres in

Harrien $12\frac{1}{2}$, in Wirland $12\frac{3}{4}$, auf ein kleines dort $5\frac{1}{5}$, hier $6\frac{2}{5}$. Ich wage die Vermuthung: diese Differenzen seien begründet im Vorherrschen der Alode in Wirland, der Lehen in Harrien. Zur Entscheidung kann die Frage erst gebracht werden durch tief eingehende Untersuchungen, die zugleich die Verhältnisse des Landvolks berücksichtigen und auch die folgenden Jahrhunderte umfassen. Ich empfehle sie angelegentlich der Erwägung und habe wenigstens darlegen wollen, wie mannigfach die Gesichtspunkte sind, die ein so reichhaltiges Document, wie die «Landrolle» eröffnet.

Trotz ihres nicht officiellen Ursprungs. Denn vergebens haben wir bisher nach dessen Merkmalen gesucht. Weder der Beweis, das Document folge unmittelbar auf den Vertrag von Stenby, ist gelungen, noch hat sich jenes eben durchmusterte System von Anschauungen so consequent bewährt, als erforderlich war, die Consequenz des L. C. zu erweisen. Es wird aber der Gegenbeweis abgeschlossen sein, sobald nun drittens eine genaue Prüfung des Documents nach äussern, nicht minder, wie nach innern Merkmalen, seinen nicht «officiellen» Character und Ursprung beleuchtet.

III. Kritische Erörterungen über Character und Ursprung des Liber Census.

Dem Verfasser zwar erscheinen Untersuchungen über das Alter einer Handschrift, über Foliirung u. dgl. ziemlich nichtssagend. In diesem Falle nicht ganz mit Unrecht, da Blattzählung in einem, wie nunmehr erwiesen ist, falsch foliirten Codex irre geleitet hätte. Allein, um ein Urtheil zu gewinnen über Inhalt und Ursprung eines schriftlichen Documents ist es zuletzt doch unerlässlich, auch seine äussern Merkmale so scharf ins Auge zu fassen, als Beschaffenheit und Gelegenheit gestatten. Vielleicht hätte sich der Verfasser dieser Aufgabe weniger bereitwillig entzogen, wenn ihm Klemmings Beschreibung des Codex bekannt geworden wäre (vergl. «Studien» S. 9). Man findet sie in der Antiquarisk Tjdsskrift. 1849—1851. p. 266—270 unter der Ueberschrift: Meddelande om Konung Valdemars Jordebok, af G. E. Klemming. Utdrag af ett bref, d. Stockholm, d. 18de Nov. 1851. Leider befriedigt die Mittheilung wenig und eine ausführlichere ist zunächst nicht zu erwarten, da dies eben der in den Ant. R. t. II Vorrede in Aussicht gestellte Aufsatz zu sein scheint. Der bezügliche Band der Zeitschrift kann nämlich erst Ende 1852 geschlossen sein, weil im Anhang p. XXXIII ein Mitgliederverzeichniss für die Jahre 1851 und 1852 abgedruckt ist, und, da Rafn seine Vorrede vom 3. Sept. 1852 datirt, so hat er nur eben dieselbe Mittheilung in Aussicht stellen wollen, aus der wir nun einige dürftige Aufschlüsse gewinnen. Die Ant. Russ. melden, wie Klemming dazu kam, den sog. L. C. D. als blossen Bestandtheil in einen grösseren Codex der Stockholmer Bibliothek wieder einzufügen. Die Schicksale der Handschrift erzählt er selbst folgender Weise: Im Jahre 1705 habe J. G. Sparfvenfeldt dem Antiquitäten-Cabinet zu Stockholm einen damals bereits defecten Codex (seitdem A. 41.) geschenkt. Es fehlten, wie sich nunmehr an einer alten, von späterer Tintenbezifferung halb verdeckten, Bleistiftpaginirung von 1600 nachweisen lässt, die Blätter 1, 8—53, 129—136, 153. Aus ihnen war das «Jordebok» so zusammengesetzt, dass Blatt 1 als Vorsatzblatt diente, Blatt 8—38 wurden zu 1—31, Blatt 129—136 zu 32—39, Blatt 39—53 zu 40—54; 153 bildete das Schlussblatt. Vier Blätter, 54—57, waren, obzwar dem Inhalt nach verwandt, übersehen worden und sassen noch im Sparfvenfeldtschen Codex. Dass Sparfvenfeldt selbst die bezeichneten Blätter ausgeschnitten und zu seinem «Jordebok» zusammengebunden, das ergibt sich aus der neuern Paginirung in Zügen seiner Hand und aus der Notiz auf seinem neugeflickten Codex: «Boken är 463 åår gammal: 1694» (das Buch ist 463 Jahre alt, nämlich 1231 +463=1694). Auch diesen neuen Codex, das «Jordebok», schenkte Sparfvenfeldt demselben Cabinet, wo beide getrennt bewahrt und benutzt wurden, bis neulich Klemming den Zusammenhang beider Codices entdeckte. Welche fata der ungetrennte Codex gehabt, ehe er in Sparfvenfeldts Hände kam, ist nicht zu ermitteln. Möglicherweise hat ihn Stephanius besessen, wenn man eine Andeutung in der Vorrede zur Resp. Daniae beachtet, sowie zwei kurze, chronologische Auszüge in den Noten zu seiner Ausgabe des Saxo Gr. p. 251, 252. Vielleicht rührt die Bleistiftpaginirung von ihm her. — Restaurirt bildet der Codex nunmehr einen Pergamentband von 153 Blättern 8°., obwol er ursprünglich 165 Blätter enthielt oder, wenn man annimmt, er habe mit ½ Bogen begonnen, wie er mit ½ Bogen schliesst, 168 Blätter. Die Handschrift gehört in die J. 1260 —1270. Der Inhalt ist folgender:

> Blatt 1. Auf 1a. stehen einige verlöschte Zeilen; es war das Vorblatt zum «Valdemars Jordebok» in Sparfvenfeldts Anordnung.

> » 2—7. Kalendarium; vollständig.

>> 2 Blätter, die 2 letzten des ersten Bogens vor der Blattbezeichnung mit Bleistift, wahrscheinlich leer; in alter Zeit ausgeschnitten.

>> 1 Blatt, das erste von Bogen 2; wahrscheinlich leer; in alter Zeit ausgeschnitten.

> » 8—57. «Jucia Anno domini M°. CC°. XXXI° ff. ff.» (L. C. D.). und zwar:

>> Blatt 8—38. «Jucia A° domini M°. CC°. XXXI° factum est hoc scriptum» ff. bei Langebek. S. R. D. (VII, 517— 536). 1—62.

>> » 39—53. «Lyungby. LX. marc. — — De Guthaes bohaeret CCC marc.» ff. S. R. D. (VII, 543—553). 79 —108.

>> » 54—57. (Fragmentum enumerationis territoriorum Daniae ff.) S. R. D. (V, 615—612.)

>> 1 Blatt, das letzte von Bogen 7, zwischen 53 und 54, in alter Zeit ausgeschnitten. Ob unbeschrieben?

> » 58—64. (Chronicon Danicum ab An. 1074 usque ad 1219) S. R. D. III, 259—265.

>> 1 Blatt, das vierte von Bogen 9, in alter Zeit ausgeschnitten; wol leer.

> » 65b.—66. (Nomina regum Daniae a Dan ad Ericum Glipping. 1259.) S. R. D. I, 19—20.

> » 67—84a. «Incipit provincialis». Verzeichniss der dem Römischen Stuhl untergeordneten Provinzen, Erz- und Bisthümer.

Blatt 84b. Verzeichniss von Kaiser- und Königreichen.

» 85—90a. Verzeichniss der Päpste von Christus bis auf Gregor V.

2 Blätter, die beiden letzten von Bogen 12; in alter Zeit aus-geschnitten; wol leer.

» 91—97a. De regis filio captivato atque in carcerem truso et inde liberato.

» 97a.—98a. «Theologische Disticha».

» 98b. Expositio XII lapidum quibus fundamenta et muri facti sunt.

Nur zwei Abschnitte: De iaspide. De safiro.

» 99—104a. Regeln für Mönche des Benedictinerordens; Klemming bemerkt dazu: Nicht die regula S. Benedicti; bricht mitten im Satze ab.

» 104b. Unbeschrieben.

2 Blätter, die 2 letzten von Bogen 14; in alter Zeit ausgeschnitten; wol leer.

» 105—126. Continuacio distinctionum, quas dominus innocencius papa III composuit sub figuris de sacramentis misse.

» 127—128. (Navigatio ex Dania per mare occidentale orientem versus) S. R. D. V, 622—623.

» 129—136. «Jsta bona scotauit haquinus palne sun domino Regi'Christoforo». S. R. D. (VII, 536—542) 63—78.

und zwar:

Blatt 129a. «Ista bona scotauit haquinus» ff. S. R. D. (VII, 536) 63.

» 129b.—133a. Descripcio cuiusdam partis terre falstrie. S. R. D. (VII, 536—540) 64—71.

» 133b. Unbeschrieben. S. R. D. (VII, 540) 72.

» 134. «Terra domini Regis in Lalandia». S. R. D. (VII, 540 —541) 73—74.

» 135a. Unbeschrieben. S. R. D. (VII, 541) 75.

» 135b.—136a. «⁋ Hec sunt nomina villarum in ymbria». S. R. D. (VII, 541—543) 76—79.

» 136b. Unbeschrieben. S. R. D. (VII, 543) 80.

(Darauf kommt bei Langebek p. 81 leer; p. 82: «In Wironia. V. Kiligunde» ff.

» 137—151. Explicatio Alarum, Cherubim et pennarum.

Klemming bemerkt dazu: dieser Titel ist in Handschrift von 1600 auf Blatt 137a. geschrieben; im Uebrigen ist diese Seite leer; Blatt 137b. enthält die Zeichnung eines Cherub.

Blatt 151b. Unbeschrieben.

    1 Blatt, das letzte von Bogen 20, in alter Zeit ausgeschnitten; wol leer.

    2 Blätter, die beiden ersten von Bogen 21, der bloss 4 Blätter hatte, in alter Zeit ausgeschnitten, wol leer.

»   152. «Istut scriptum est de testamento domine Margarete in leeto egritudinis, dum uiuit nichil expositum fiet de testamento» ff.

»   152b. Unbeschrieben.

»   153. Schlussblatt; auf 153a. eine flüchtige Copie von, oder ein Entwurf zum Cherub von Blatt 137; 153b. unbeschrieben.

Für unsre Untersuchung gewinnen wir aus dieser Beschreibung zweierlei. Einmal lernen wir die fragmentarische Zerrissenheit des sog. Liber Census Daniae kennen. Sodann erforschen wir: der Codex, aus welchem unsre «älteste estnische Landrolle» stammt, rührt von Geistlichen her. Ob er in Estland geschrieben wurde, ist schwer zu ermitteln; ich möchte mich dafür entscheiden. Für diese Frage dürfte das Testament der dᵃ Margaretha Winke enthalten. Im Uebrigen scheinen die Excerpte einen Cistercienser zu verrathen. Wenigstens widerspricht dem weder die angebliche Regel des Benedictinerordens, noch die Continuatio distinctionum Innocenz des III. Und einen solchen am ehsten musste die «Explicatio Alarum Cherubim» interessiren, da wol die Schrift des Alanus ab Insulis über Jesaias VI «de sex alis Cherubim» gemeint ist. Bis jedoch einmal die nähere Prüfung des Codex ermöglicht ist, sind wir mit unsern Untersuchungen auf die publicirten Fragmente gewiesen und schwerlich könnten wir in der Frage nach Ursprung und Character des estnischen L. C, an äusseren, wie selbst inneren Merkmalen hinreichend nahe treten, wäre nicht grade der Estland betreffende Theil von der Kopenhagener Alterthums-Gesellschaft im zweiten Bande der Antiquités Russes im trefflichsten Facsimile nachgebildet.

Leider hat der Verfasser kaum einen Blick hineingeworfen; zu Zeiten, scheint es, hat er seine Existenz gar vergessen, so wenn er sich S. 12 für die Uebereinstimmung der Schriftzüge von Fol. 41b. und den folgenden Blättern auf Suhm beruft, da doch das Facsimile da war, mit eignen Augen geprüft zu werden. Dafür hat er seiner Arbeit die Ausgabe von Knüpffer und Paucker (der Güterbesitz in Estland zur Zeit der Dänen-Herrschaft ff. 1853.) durchgängig zu Grunde gelegt. Mindestens hätte er der Lithographie im Livl. Urk. den Vorzug geben sollen, da er dann nur gelegentlich Missgriffen ausgesetzt war, wie etwa, wenn Fol. 45b. gelesen wird «Thitmar garcon grath» statt «Thitmar garcon conrath», wo doch ein Blick auf die verschiedenen Anfangszeichen der beiden letzten Namen und vollends die Vergleichung mit Fol. 51b. Z. 9 «contra regem» ausreichten, die zudem ganz gewöhnliche Abkürzung zur Lösung zu bringen. Bunges Abdruck jedoch hat den grossen Vorzug, die Stellung der Zeilen nicht zu verrücken, wogegen die Ausgabe

Pauckers sie mit sorgloser Willkür arrangirt. Ueberdies ist hier die Lesart der Namen unzuverlässig. Beispielshalber setze ich eine kleine Liste einfacher corrigenda her:

> Fol. 42a. l. Kazwold, st. Kaxwold; Hakriz st. Hakroz.
>
> Fol. 42b. l. Tois st. Tors; Kiriuær st. Kirmær; Hanaras st. Hanaros; liuas st. Linas; Raiklæp st. Raiklap.
>
> Fol. 43a. l. Selkius st. Selknis; Sarnius st. Sarmus; Kariscae st. Kariskae; Salandaus st. Salandaris; Kaiu st. Kain; Tomias st. Tonnas; Tamias st. Tannas; Coriakiuæ st. Coriacmæ; Rasiueræ st. Rasmeræ; et Hildelempæ st. Aehilde lempe (das lehrt unwiderleglich die Vergleichung mit Fol. 51a. Z. 14: «et thetwardus; also ein Personennamen statt eines Ortsnamens).
>
> Fol. 43b. l. Maechius st. Maethcus ff. ff.

Welche ärgern Missgriffe die Benutzung der Pauckerschen Ausgabe fast unvermeidlich macht, wird sich aus der folgenden Beschreibung des Facsimile ergeben.

Die «estnische Landrolle» bildet in dem Stockholmer Codex in 8°. eine eigne Gruppe von Blättern und zwar gehören ihr an die Fol. 40—53 (im Facsimile: 41—54). Voraus geht ihr derjenige Theil des L. C., welchen die S. R. D. VII, 517 ff. mit der Paginirung p. 1—79 veröffentlichten; p. 80, im restaurirten Codex Fol. 136b., ist unbeschrieben; ebenfalls unbeschrieben ist Fol. 40a. (41a.); auf 40b. (41b.) beginnen die Aufzeichnungen über Estland. Wenn so die Integrität des Anfangs sicher gestellt ist, so wird dagegen von Fol. 53 (54), dessen Rückseite die letzten Notate der uns erhaltenen «Landrolle» anfüllen, der Uebergang zu dem folgenden «fragment. enumerationis territ. Dan.» (S, R. D. V, 615 —621) durch ein seit Altem ausgeschnittenes Blatt bezeichnet, das immerhin noch einige Angaben über Estland enthalten haben mochte. Im Verlauf werde ich die Foliirung nur nach dem Facsimile citiren.

In diesem durch seinen Inhalt zusammenhängenden Theil des Codex, Fol. 41—54, hält jede Octavseite 21 sauber gezogene Horizontallinien, die zu beiden Seiten von senkrechten gefasst sind, über welche sie nach links und rechts nur oben, in der Mitte, und unten zu je zwei hinaustreten. Ausnahmsweise zählt Fol. 41b. nur 20 Linien, ebenfalls nur 20 Fol. 50a.; doch sieht man im letztern Fall, wie der Schreiber die oberste Linie nur vergessen hat. Von den 21 Linien ist die Mehrzahl beschrieben; doch zählt jede Seite eine oder mehrere freigelassne: 1, 2, 3, 4, 5, 6, einmal selbst 8, ein andres mal 9. Mitunter, wo es an Raum gebrach, ist unter oder zwischen den Linien geschrieben; fast durchgängig links, gelegentlich auch rechts, treten über die senkrecht fassenden Linien die Namen der Besitzer hinaus; eingerückt sind sie nur Fol. 42a., 42b., 54a., 54b., ganz fehlen sie an der gewohnten Stelle Fol. 50b.

Nicht gleichmässig durchgeführt ist die Innerliniirung. Während Fol. 49b. der Perpendiculärstrich rechts ganz fehlt, und von einfachen Senkrechten gefasst sind Fol. 41b., 42b.—47a., 53b., 54b., haben links eine gedoppelte Senkrechte: Fol. 42a., 47b., 48a.

(sogar eine dreifache) 49a., 50a., 51a., 52a., 53a., 54a.; rechts eine gedoppelte Senkrechte: Fol. 48b., 50b., 51b., diese drei wol nur der Symmetrie wegen, während die Doppelfassung auf den Fol. rectis bestimmt war, Initiale aufzunehmen, die freilich bald durchgängig, bald hier und da zur Seite treten: hineingesetzt sind sie Fol. 42a. (doch gelegentlich sammt Minuskeln; auch sind es nicht, wie sonst, Initiale der Orts-, sondern der Personennamen). 48a., 49a., 50a., 51a., 54a.; dagegen nur ausnahmsweise, und zwar 2 mal, auf Fol. 52a.; consequent aber zur Seite gesetzt Fol. 53a.

Auf den ersten Blick meint man die Handschriften zwischen Fol. 52b. und 53a. scheiden zu müssen: genauere Prüfung zeigt, dass die Abweichung wol nur von feinerer Feder herrührt und kleinerm, gedrängterm Zuge, während gelegentlich, wie 53a. Z. 15 in «godaefrit» die alten Züge deutlich durchblicken und auf den letzten Seiten die Schrift der ersten Blätter unverkennbar und fortlaufend wiederkehrt.

Es lässt sich somit die Betheiligung zweier oder mehrerer Hände nicht sicher nachweisen und auch die Unregelmässigkeiten in Liniirung und Anordnung erscheinen nicht bedeutend genug, um sie verschiedenen Schreibern beizumessen: zum Theil sind sie bedingt durch die verschiedenen Gruppen der Orts- und Personennamen und durch den Versuch, diese nach verschiedenen Principien zu ordnen.

Dagegen nöthigen die Abweichungen und Unregelmässigkeiten zur Annahme: die Arbeit sei mit Unterbrechungen fortgeführt und nicht völlig beendet. Denn einmal fehlen von Fol. 49a. an die rothen Tincturen, wodurch gelegentlich ein Initial ganz ausfällt, wie Fol. 51a. Z. 4 im Ortsnamen — bias, wie Fol. 54a. Z. 19; 53b. Z. 4; 54b. Z. 2 das I u. dgl. m. Sodann aber sind Fol. 46a. für die Zeilen 9—12 ein Besitzer, Fol. 50b. sämmtliche Besitzer nicht eingetragen, mit Ausnahme derjenigen, welche in den Innerraum zu stehen kamen. Selbst Fol. 42b. Z. 10 dürfte, nach dem rothen Ansatz zu schliessen, ein Name ausgefallen sein. Dass es andrerseits Nachträge gab, scheint sich aus den kleingeschriebenen Beisätzen «non a rege» zu ergeben, welche auf denselben Seiten neben grossgeschriebenen Noten gleicher Bedeutung vorkommen, wie Fol. 50a., 51a. In ähnlichen kleinen Characteren findet sich sonst nur Fol. 50b. die Ueberschrift «ecclie». Alle aber scheinen mir von der Feder notirt, welche Fol. 52b., 53a. kennzeichnet; das einzige «da» auf Fol. 53b. Z. 4 halte ich für eine viel später angebrachte seinsollende Correctur. In den Fol. 50b. ausgefallenen Personennamen, wie in den besprochenen Beisätzen dürfte die einzige Andeutung gefunden werden, der Stockholmer Codex enthalte nur die Copie einer «estnischen Landrolle». Doch ist die Folgerung nicht zwingend.

Dieselbe Einheit der Anordnung, die, trotz aller Unregelmässigkeiten, aus den bisher besprochenen Merkmalen erkannt wird, beherrscht nun auch die Anordnung des Textes und zwar abermals trotz aller Unregelmässigkeiten.

Im Allgemeinen nämlich ist zwischen je zwei Besitzern und den ihnen zugeschriebenen Gütercomplexen je eine Zeile freigelassen, mit den auffallenden Ausnahmen in der zweiten Hälfte von Fol. 42b. und ganz Fol. 43a.; nachlässig ist noch die Anordnung auf

Fol. 43b.; sonst sind nur vereinzelte Ausnahmen zu notiren auf Fol. 44a. Z. 18; — 44b.
Z. 8, 11, 14; — 45b. Z. 16, 17; — 49b. Z. 3, 6, 12, 13, 15, 16, 17; — 50a. Z. 14,
16; — 51b. Z. 14; — 52a. Z. 7; — 53a. Z. 11, 13, 19; — 53b. Z. 6, 17; — 54a.
Z. 9; — Fol. 54b. endlich ist die Trennung nur noch anfangs beobachtet. Man sieht, die
Absicht ging offenbar darauf, die Zeile überall freizulassen; an manchen Stellen lässt sich
erkennen, wodurch der Verfasser während des Schreibens oder nachträglich sich veranlasst
sah, sie auszufüllen. Die grösste Spalte ist Fol. 47b. geblieben, nacheinander 6 Zeilen;
vorher geht die Aufzeichnung: D^{us} rex nobis ff.; es scheint: der Raum wurde freigelassen,
um spätere Güterverleihungen, die etwa erwartet wurden, vielleicht schon erbeten waren,
nachtragen zu können.

Mögen wir nun die Copie eines gleich vollständigen Originals vor uns haben oder das
Original selbst: auch im letzteren Falle wird man sich die Landrolle nicht ganz aus dem
Gedächtniss oder nach mündlichen Aussagen niedergeschrieben zu denken haben. Im einen Falle aber, wie im andern erklären sich die vorkommenden Inconsequenzen. Stellte
der Schreiber von Zetteln vereinzelte Notizen zusammen, so suchte er möglichst zu com-
biniren. Lag ein Original vor, so war es jedenfalls nicht zweckmässiger geordnet, als das
erhaltene Exemplar, vielleicht noch verworrner, und der Copist übernahm dann, es über-
sichtlicher zu arrangiren. Man sieht, wie gut ihm das auf der ersten Seite gelungen; offenbar sollte jede Seite in drei Columnen zerfallen: links stehen die Besitzer, in der Mitte
die Güter; rechts die Vertriebenen, gelegentlich auch die Mitbelehnten. Allein schon auf
der folgenden Seite gerieth der Schreiber in Verlegenheit, selbst ins Gedränge; gleich oben
in der 3. und 4. Zeile, wo man liest:

> herman et duo. Tois VIII. Aeuerard. VIII et duos
> fratres eius.   Item in toil X.

Vermuthlich las man ursprünglich

> herman.   Tois VIII. Aeuerard VIII. et duos
> fratres eius.   Item in Koil X.

sowie auch Fol. 43a. der Name des Besitzers Hilddewarth auseinandergesetzt und von
einem Gutsnamen durchbrochen ist. Der Schreiber zog «et duo» nach links hinüber; dann
aber, wie es auch uns geht, wurde er unschlüssig: vielleicht bezog es sich doch nicht auf
Hermann, sondern auf Aeuerard; so wiederholte er es rechts, wo es ursprünglich gestanden hatte. Es war doch noch ein Versuch, sich zurechtzufinden. Je weiter aber, um so
grösser die Verwirrung. Von Z. 11 beginnen nebeneinander 4 Columnen; in der ersten,
zur Linken, stehen anfangs die Besitzer; dann rücken drei Güternamen hinein: schwerlich
hat Paucker sie in der rechten Reihe gelesen; sie werden ursprünglich wol erst auf «Com-
payas», vielleicht auf «soka», frühestens auf «Hanaras» gefolgt sein. Die zur Linken der einzelnen Columnen senkrecht herablaufenden, punctirten Linien knüpfen die Ortsnamen, welche
sie begleiten, durchaus nicht unzweideutig an den «Dominus rex»: sie sollen, wie man Fol.

42a., 44a., 44b. ff. sieht, vielmehr nur die Columnen scheiden und erscheinen Fol. 43a. mit Vorbedacht nach dem Lineal deutlich ausgezogen. Ob diese Seite (43a.) sich durch den räthselhaften Ausgang der vorhergehenden (42b.) unmittelbar an sie anschliesst oder ob ein Ausfall anzunehmen ist, darüber — so wahrscheinlich mir das letztere ist — wird sich schwerlich definitiv entscheiden lassen. Auffallend erinnert an die letzte Zeile von

Fol. 42b. Kinlo. XVI. occisus

die letzte Zeile von

Fol. 54a. Roilae. XVI. quos temmo habuit cum eo. occisus est.

Am buntesten durcheinandergeschrieben ist Fol. 43a. Man erkennt ziemlich sicher, wie auf dem Blatt, das dem Abschreiber vorlag, die Namen der Besitzer nicht übersichtlich hervortraten, sonst hätte der Copist sie nicht zum grössten Theil so offenbar erst während des Copirens hineingepasst. Bis an die Hälfte der dritten Columne könnte man vermuthen, der Schreiber habe nur Ortsregister vor sich gehabt und copirt, sodann nachträglich von sich aus die Besitzer eingeschrieben, bald links, bald rechts vor die Einfassung, bald über sie hinaus, so offenbar nach Hartinan. Allein daneben ist für Henricus de helde eine Zeile absichtlich gespart worden, wie weiter unten für Basilius. Fritric·de stathae wiederum und ganz offenbar Hild-devarth müssen eingetragen sein, erst als die Ortsnamen, auf welche sie sich beziehen, bereits verzeichnet standen. Beachtet man, mit welcher Sorgfalt bei henricus de helde und Basilius die Beziehung zu den betreffenden Gütern graphisch nachgewiesen ist, so wird man schwerlich mit Paucker die acht ersten Namen der zweiten Columne als selbstverständlich auf Kanutus beziehen und noch weniger hild-devarth mehr zuschreiben, als die V Haken von Kariscae.

Ich glaube, alle diese Unsicherheit erklärt sich am besten durch die Annahme, der Schreiber habe Notizen verschiedener Anordnung selbst erst zusammengestellt; ja, es lassen sich gelegentlich Rückschlüsse wagen auf ihre Beschaffenheit. So, meine ich, wird auf den Originalzetteln für Fol. 42a.—43b. die Parochialeintheilung gefehlt haben. Entweder nämlich hat eine Verrückung der Art stattgefunden oder sie waren gleich ursprünglich nicht nach Parochien geordnet. Im letztern Falle setzte erst der Schreiber an möglichst passende Stellen die Namen der Parochien als Ueberschrift, so dass mancher Ort unter falscher Ueberschrift stehen musste, wie denn z. B. das Dorf Juriz in der Parochie Juriz vermisst, in der Rubrik der Parochie Kolkis dagegen gefunden wird. Namentlich Fol. 43b. scheinen die Worte «in parochia juriz» ihren ganz ungewöhnlichen Platz am Rande, jenseits der linken Verticalen, erhalten zu haben, erst als das Verzeichniss der Besitzer und Güter bereits vollständig etwa bis Zeile 9 eingetragen war. Von da ab sodann zieht sich die Parochialeintheilung regelmässig und bequem durch bis ans Ende.

Ueberhaupt tritt man mit 43b. aus dem ärgsten Gedränge. Noch freilich ist nicht volle Klarheit gewonnen. Wie sich der «Dominus rex» mit «Nicolaus danus de arus» in den Besitz der verzeichneten fünf Güter theilt, — ob der «expulsus» zu «Cosins» oder zu «hermæ», der «remotus» zu «hermæ» oder zu «Koy» gehört, — ist nicht zu ermitteln. Fortan aber gelingt die Anordnung besser; das Schema von Fol. 42a. tritt deutlich wieder ein und fast nur noch ein Missverständniss kehrt öfter wieder: gelegentlich nämlich wird eine Zeile von der Gruppe getrennt, der sie zukommt, und der nächstfolgenden beigeschrieben und zwar in folgenden Fällen:

Fol. 46b. Z. 20, 21.

(20) D̅n̅s tuki   Kaeris. VI. et arnald. 11. | Expulsi h'edes D̅n̅i villelmi.
(21) wrang   Kallis senkau. III. et ion scakaeman. III. fritrik et
                                                        ⌐winrik
wo offenbar zu lesen ist: Expulsi heredes dni villelmi fritrik et winrik.

Fol. 47b. Z. 18—21.
(18) tuni leøs. Gabriel. XIIII. Expulsus Thideric nogat.
leer (19)
(20)   Rung. V.   et iohannes.
leer (21)
wo offenbar zu lesen ist: Expulsus Thideric nogat et iohannes.

Fol. 48a. Z. 13—15.
(13) (Monachi de dynae) Minnae. Jarvius. X. et uillølēp. V. proprios.
leer (14)
(15)   Vvaskael. XXI. et in curia domini regis. VI.
wo offenbar zu lesen ist: et uillølemp. V. proprios et in curia d̅i̅ regis. VI. Uillølemp ist anscheinend Personenname. Die 6 Haken in curia domini regis aber können schon deshalb nicht zu Vvaskael und dem Besitzer von Vvaskael gehören, weil dieser eben der König selbst ist.

Ein anderes Beispiel, wie der Schreiber mit seiner Anordnung zuweilen auch später nicht bequem zurechtkommt, gibt Fol. 50a. Z. 6—10.

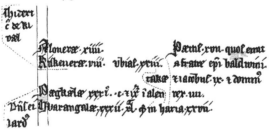

Paeitis soll offenbar in den Besitz des D^us Eilardus hinabgezogen werden; die Worte dagegen: «quos emit a fratre ep̄i baldwini» gehören höchst wahrscheinlich zu «vbias XXIII»; wie ein Vergleich mit Fol. 51a. Z. 4—9 lehrt.

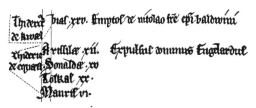

Man sieht, dass vor «bias» das «Uutial» fehlt. Schwerer lässt sich entscheiden, ob «et jacobus IX et dominus IIII» zu Vbias, zu Paeitis oder zu Paegkaelae zu ziehen ist; mir ist der zweite Fall der wahrscheinlichste. Der Schreiber übersah wol auf dem verworrnen beschriebenen Originalzettel «vbias» und schrieb das nachfolgende Paeitis; dann wieder traf sein Auge die Worte «quos emit», welche er schon hingeschrieben hatte, als er seines Irrthums gewahr wurde; darauf zog er Paeitis durch Punkte zum Dominus Eilardus hinab; schrieb sodann in die nächste Zeile gleich hinter Kiskeuerae VIII den Ortsnamen «vbias. XXIII» und führte nun rechts davon den unterbrochenen Satz «a fratre epi baldwini» weiter aus.

Ich bin so weit in diese Einzelheiten eingegangen, weil sie unabweisbar feststellen, der Schreiber habe die ernste Absicht gehabt, zu einer klaren Anordnung zu kommen, die ihm denn auch im Ganzen gelingt. Durchgängig ist dies der Eindruck nach sorgfältiger Prüfung: er arbeitet sich aus der Verwirrung heraus, nicht aber, als hätte er eine übersichtliche Anordnung verwirren helfen. Am wahrscheinlichsten ist mir: er stellte zerstreute Notizen selbst erst zusammen. Lag ihm ein bereits zusammenhängendes Original vor, so war dieses — ich wiederhole es — so übel geordnet, dass es dem Abschreiber die Orientirung wesentlich erschwerte. Will man sich nun die damalige «officielle» Statistik nicht nachlässiger betrieben denken, als die Privatarbeit eines Mönches oder irgend eines Geistlichen, so entscheidet das Resultat der bisherigen Prüfung gegen die Annahme einer «officiellen Landrolle». Allein zu den bisher beachteten äusseren Gründen tritt eine Reihe nicht minder gewichtiger innerer. Auch sie sprechen dem L. C. diejenige Einheit der Anlage ab, welche man von einem «officiellen Aktenstück» selbst alter Zeit verlangen darf.

Ich will dabei nicht zurückkommen auf die Nonchalancen in Bezeichnung der angeführten Personen, nicht auf die Inconsequenz in ihrer Betitelung. Ich will nur aufmerksam machen auf gewisse Fehler in der Anordnung der Ortsnamen, noch mehr auf einige auffallende Wiederholungen. Dabei wird mir freilich die Schlussprobe fehlen, allein ich finde nicht Zeit, sie zu liefern, und der Verfasser hat sie für sich selbst nicht übernehmen wollen. Es hat ihm nämlich eine feste, topographische Basis entbehrlich geschienen. Mit grossem Nachtheil, wie die folgenden Bemerkungen zeigen werden, und auch noch in weiterm Sinne. Er hat das selbst erfahren können bei mancher Frage; ich erinnre nur an die im L. C. vergeblich gesuchten Güter Lettards. Der genaue, topographische Nachweis ist nirgends unentbehrlicher, als wo es ankommt auf Identificirung von Ortsnamen. Woher Arndt II, 49 Anm. c. seine Notiz hat, weiss ich nicht anzugeben, aber es ist sehr glaublich, dass schon 1375 die Livländer eine Vereinigung schliessen mussten über gewisse Namen von solchen Dörfern, die in den Specialbullen nicht richtig getroffen waren, weil die päpstlichen und kaiserlichen Cancelleien die eigenthümliche Benennung der Orte sehr ungestalt und unkenntlich ausgedrückt hatten. Es wird dem Verfasser nicht entgangen sein, wie der Knüpffer-Pauckersche Nachweis zum öftern stockt, sich in luftigen Muthmaassungen bewegt, selbst ganz aussetzt, bis endlich wieder Boden gewonnen wird. Mitunter hat das seinen Grund in der irrthümlichen Meinung, jeder Ort werde im L. C. nur einmal genannt, so dass dann identische Namen künstlich auseinandergehalten werden. Zuweilen haben die Erklärer an Lösung ihrer Aufgabe verzweifelt und eine Versetzung der ursprünglichen Oerterreihen geargwohnt. Nicht einmal sämmtliche Grenzen der Kylaegunden und Parochien zu fixiren, ist ihnen gelungen. Eine auch nur flüchtige Beschäftigung mit dem L. C. genügt zur Einsicht, wie ein nördlicher Theil von Jerwen hineingezogen ist in die Notata, und wie die östliche Grenze des dänischen Estlands vollends unbestimmt bleibt. Ich mache nur auf den letzteren Umstand aufmerksam: noch heute wissen wir nicht, wie weit das Alentakae der «Landrolle» reicht. Paucker will es, der Erwähnung von Narvia zum Trotz, nicht bis an die Narowa hinausrücken, und steht doch vor den meisten Ortsnamen rathlos. Mit Knüpffer deutet er Walsaræværæ auf Wasifer, da es doch sicher am westlichen Ufer der Narowa in Wallisaar gefunden wird. Ich trage darum kein Bedenken, Narvia auf die Gegend von Narwa zu beziehen; ich halte es selbst für äusserst wahrscheinlich, dass Alentakae östlich über den Fluss hinausreichte. Die Bedenken dagegen sind mir bekannt; wir wissen von Ordensansprüchen auf Watland, nichts von einem Besitze der Dänen. Allein was wissen wir überhaupt von der alten Geschichte jener Landschaften? Eine Vereinbarung bestand zwischen König und Orden, die gemeinsamen Eroberungen zu theilen. Reicht Alentakae ins Watland, so wird damit ein neuer Anhalt gewonnen für die Zeitbestimmung des L. C. Und wenigstens eine Reihe von Ortsnamen scheint dafür zu sprechen. Ich nenne nur solche, die Paucker im Westen der Narowa vergebens gesucht hat: Eteus = Itowskaja an der Luga; Pategas = Padoga und Podashskaja an der Luga bei Jamburg; Kircanaos = Kerrikunem; Ragwas = Ragowicy; NO. von Jamburg, oder Rakowesh; Rikalae = Rakulizy; Waerkun (oder Waerkim) = Woronkina; S. von Koporje, davon nördlich der Fluss Woronka vorbeigeht, Kawal = Kaibala, Kaibalowa; Hvalet = Woles, Wolossowa ff. Wie früh die Deutschen sich festgesetzt jenseits der Narowa, lehrt Livl. Urk. 169a., a. 1241, wo der Orden dem Bischof von Oesel gegen den Zehnten vom Zehnten die Jurisdiction anträgt in den Ländern: Watland,

Nouve (Nu = Newa), Ingrien, Carelen; bereits war dort eine Burg errichtet, Burglehen waren vertheilt, wol bei Koporje; das noch heute weiter östlich gelegene «russische Koporje» lässt auf seinen alten, deutschen Gegensatz schliessen. Auf das Watland, auf Ingrien, auf Carelien bezieht sich dann die Bitte der Brüder Thid. v. Kiwel und Otto v. Luneborch um einen Bischof (Livl. Urk. 281, 283b.). Den Dänen hat Thid. v. Kiwel anscheinend wenigstens so nahe gestanden, wie dem Orden. Wir stossen da auf Fäden, deren Verlauf noch viel zu wenig verfolgt ist, sowol vor-, als rückwärts. Es ist bisher, auch zum Nachtheil andrer Untersuchungen ganz übersehen, wie der Name Alentaken weit im Osten sich wiederfindet. Ich will damit einen topischen Zusammenhang nicht gradeweg behaupten; allein der etymologische macht auch den topischen in gewissem Sinne wahrscheinlich. Etymologisch aber dürfte Alentaken identisch sein mit Ladoga, das nicht nur in der Form Aldeigia, sondern im deutschen Munde (Livl. Urk. 413, 414, a. 1269) als Aldagen (Ladoga) genau entspricht dem Altaken (Alentaken) der Urk. 805, a. 1341.

Erscheinen auch dergleichen topische Combinationen zu weit gegriffen für den engeren Zweck des Verfassers, so war es für ihn doch unerlässlich, die innre Topographie des L. C. zu fixiren. Wenigstens wäre ihm dabei aufgefallen, was ihm nun völlig entgangen ist. Ich habe von den drei ersten Parochien des L. C. gesprochen und der topographischen Verwirrung in ihren Rubriken; selbst diese Verwirrung hat der Verfasser nicht bemerkt, da er S. 87, 88 das Dorf Juriz vergeblich sucht. Ihre Lösung kann erwartet werden nur durch strengen topographischen Nachweis. Und auch nur er vermöchte endgiltigen Aufschluss zu geben über die Bedeutung folgender Confrontationen, wo alles, was eine Beziehung zu einander verräth, gesperrt gedruckt ist :

Fol. 43a. (Har. Par. Kolkis). Hilddewarth. Salandaus VIII.	‖	Fol. 49a. (Repel. Wiron.) Walterus. Salda VIII. post bernardum cum relicta eius.
Fol. 43a. (ib.) Kanutus. Palikyl V.	‖	Fol. 43a. Fritric de stathae. Pankyl V.
Fol. 43a. (ib.) Fritric de stathae. harco. III. Mustaen. V.	‖	Fol. 45a. (Uoment. Kyl.). Dns Elf. Harkua. V. Mustuth. III.
Fol. 42a. (Par. Hakriz). Dus Odwardus. Howympae. VII. Exp. Henricus Carbom etc.	‖	Fol. 45b. (Par. Kolkis). Henricus. Wahumperae. IIII. et filii Surti III.
Fol. 42b. (Har. Par. Hakriz). (dus rex?) laelleuer. V.	‖	Fol. 46a. (Repel Har. Par. Jeelleth) Dns tuni Lillaeuerae. IIII. et palnis Lichard. V.

Fol. 43b. (Par. Juriz). || Fol. 49b. (Repel. Wiron.).

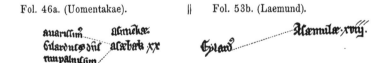

Fol. 45a. (Uoment.).	||	Fol. 45b. (Uoment.).
Thid. de Wosilki. XII. Re-		Herbart et Wasal. V.
Cokænhus motus Herbart		II fratres sui
halfpapae.		

Fol. 50b. (Repel. Wir. Par. Halelae). || Fol. 53a. (Askaelae).
Dus Saxo.   Kermae. VI.   Dus Saxo.   Hermaes. VI.

Fol. 43a. (Par. Kolkis).	||	Fol. 48b. (Ocrielae).	||	Fol. 51b. (Maum).
Henricus de Helde.		Rex. Sauthael. V.		Henricus. Satael.
Sataial. V.				V. non a rege.

Fol. 42b. (Par. Hakriz).	||	Fol. 43a. (Par. Kolkis).	||	Fol. 46a. (Repel. Har.).
Thidericus puer Od-		(dus rex ?) Rapal		Reppel. VIII. Con-
wardi. Rakal VIII.(?)		VIII.		radus non a rege.

Schon in dieser Reihe verrathen sich so auffallende Wiederholungen, dass meist nur, um ihre Bedeutung zu bestimmen, eine topographische Prüfung das letzte Wort haben müsste; den «officiellen Character der Landrolle» dürfte sie schwerlich mehr retten. Und eben weil sie zu dieser Einsicht geführt hätte, durfte sie nicht principiell ausgeschlossen werden. Selbst ihrer letzten Beglaubigung aber bedarf die folgende zweite Reihe kaum: sie legt zu offen dar, wie eine «Landrolle» im Sinne des Lehnsystems unmöglich beabsichtigt war: die Wiederholungen drängen sich zu deutlich auf; mitunter sieht man, wie sie aus der Absicht hervorgegangen sind, Besitzlichkeiten derselben Person in verschiedenen Districten, nur ohne Plan und Consequenz, zusammenzustellen. Das ist beispielsweise der Fall:

Fol. 46a. (Uomentakae). || Fol. 53b. (Laemund).

Mit offenbaren Wiederholungen sind zum Theil Abweichungen in der Hakenzahl verbunden, die sich am besten erklären aus der Benutzung verschiedener Notizen an verschiedenen Stellen:

Fol. 50a. (Repel. Wiron.). || Fol. 51a. (Maum).

Thidericus	Podrys. XXVI.		Thid.	(U) bias
de	Arkenallae. XXVII.		de	XXV.
Kivael	Alouerae. XIIII.		Kivael	Emptos
	Kiskeuerae. VIII.	Pacitis quos		de Nicol.
	Vbias XXIII.	emit a fratre		frē epī
		epī baldwini		baldwini

Wozu noch zu vergleichen ist Fol. 54a. (Laemund) Dᵘˢ Rex. Obias. XX, de quibus Thid. de Kyuael habet X. Am deutlichsten tritt die Wiederholung hervor:

Fol. 50a. (Repel. Wiron.). || Fol. 53a. (Askalae).

Thid. de   **Podrys XXVI.**   Ricardus. Purdus. XXVI. quos
Kivael   tenet Thid. de Kyuael iniuste.

                               Dᵘˢ Rex   Purdis. VI.

Fol. 43a. (Har. Par. Kolkis). || Fol. 46b. (Repel Kyl.).

Silmus V. fritric de stathae.   Dᵘˢ Saxo. Silmel. V. Exp.
                                          fretric.

Aunapo. II. henricus de helde. || Dᵘˢ Saxo. Hæunopo. II. Exp.
                                          Henric.

                         || Fol. 42b. (Par. Hakriz).

Kanutus. Calablæ. V. || (dᵘˢ rex   Calablia. V.
Kanutus. Natamol. V. || (dᵘˢ rex)   Natamol. VI.
                         || Fol. 43a. (Par. Kolkis).

Thid. puer Odwardi. Sicaleth IX.   Henricus. Sicalöth IX.

Fol. 49b. (Repel. Wiron. Par. Tor- || Fol. 50a. (Repel. Wir. Par. Halelae).
uaestaeuaerae).

Dᵘˢ Eilardus. Lopae. VIII.   Dᵘˢ Eilardus. Lopae. IIII.

Wer den L. C. zu deuten unternahm, durfte die Fragen nicht übersehen, die sich bei der Betrachtung solcher Confrontationen aufdrängen. Wozu die offenbaren Wiederholungen mit Vor- und Rückdeutung? Wozu wird Henricus (de Helde) in einer Parochie als Besitzer angeführt von 2 Haken in Aunapo, in einer andern offenbar für dieselben Haken als Vertriebner? Ein Fall liesse sich vielleicht übersehen; die ganze Reihe ignoriren, rettet nicht den «officiellen Charakter des Aktenstücks». Sollte die Angabe der expulsi den Besitztitel nachweisen helfen, wozu dann die Notiz über die 5 Haken in Pirsø, welche Huith einst besessen und die nun Alber gehören, wenn sie nicht bei Alber verzeichnet wurden?

Fol. 46a. (Repel. Har. Par. Jeelleth). || Fol. 47a. (Repel. Har. Par. Jeelleth).

Pirsø VIII. | Alber. V.   Huith   Køhoy. XV. qui et
                             cognatus   in Pirsø V habuit.
                             Lamberti

Woher dann werden einmal frühere Besitztitel «expulsi» oder «remoti» benannt und heisst es ein andres Mal nur: «quos illi et illi habuerunt; quos Temmo habuit cum eo. occisus est.» ff. ff.? Dem Verfasser freilich sind die meisten Incongruenzen entgangen.

Und wol der schwerste Vorwurf, der ihn treffen könnte, liegt eben darin, dass er überall von einem «officiellen Aktenstück» ausgeht, ohne der inneren Momente nur zu er- wähnen, die zum wenigsten sehr ausseroffizmässig sind. Soviel man der Unwissenheit, Nachlässigkeit, Laune abschreibender Mönche aufbürden mag, schwerlich werden sie jene Wiederholungen erfunden haben? Schwerlich haben sie einen Namen gestrichen, um dafür «Nos» zu setzen: Fol. 47b. Dominus Rex nobis ff. Mag auch der Abschreiber der Belehnte gewesen sein oder Theil genommen haben am Genuss der Belehnung, welcher Wahnwitzige hätte aus einem «officiellen» Dokument seinen Namen gestrichen, wo er das «nos» doch dabeisetzen mochte? Oder wer, den der König mit der Aufnahme der «Land- rolle» betraute und zugleich mit Land bedachte, hätte sich begnügen wollen mit einer so naiv mönchischen Bezeichnung seiner Ansprüche. Und welch' cordialer Mönchswitz ge- hörte dazu, in eine für den König bestimmte Landrolle die Titulatur zu setzen: «auaris- simus Eilardus»? Denn was hilft es, hier einen Nachtrag zu behaupten, wenn die übrigen Räthsel durch die Annahme von Nachträgen nicht gelöst werden? Ich will weder von der offizwidrigen einen Mühle, noch von der einen projectirten Kirche reden, noch von dem heiligen Haine, was aber soll endlich in einer königlich-officiellen Landrolle der Gerard Klingae, der in seinem Besitz sich behauptet «contra regem», hatte er seine gewapp- neten Reiter per Haken etwa contra regem zu stellen? Freilich, um diesen Stein des An- stosses kann man sich herumwinden, vielleicht auch um den nächsten, um den dritten, aber statt aller endlos gewundenen Erklärung, warum auch nicht einmal die Frage: wo sind die schlagenden Beweise für das «officielle Aktenstück» und ist es nicht einfach ein nicht- officielles?

Wir werden damit gedrängt endlich noch die, wenn ich sie so bezeichnen darf, äus- seren Gründe des Verfassers zu prüfen, in welchen er das Bedürfniss einer «Landrolle» basirt meint. Denn, da er die inneren nur gelegentlich deutet und ohne methodische Prü- fung, fällt um so grösseres Gewicht auf den Zusammenhang jener mit urkundlich sonst er- wiesenen Verhältnissen. In einem Falle hat sich die Combination nicht bewährt: die Zeit kennt ein so consequentes, Alles beherrschendes Lehnsystem, wie es der Verfasser in den L. C. zum Theil hineindeutet, zum Theil erst aus ihm herausdeutet, in Estland wenig- stens nicht. Es ist zum Mindesten fraglich, ob dem dänischen König um die Mitte des XIII. Jahrhunderts bereits darum zu thun war, eine specielle Controle zu üben über Land- besitz und Lehnverhältnisse, die sich wider seinen Willen entwickelt hatten und sich so zu behaupten, offenbar entschlossen zeigten. Der Verfasser freilich wird das nicht zugeben. Wenigstens eins steht ihm unabweisbar fest: es bedurfte der Einsicht in die speciellsten Güterverhältnisse: denn alles kriegerische Vermögen beruhte auf dem Vasallenstande, und die Heeresfolge wurde bemessen nach der Zahl der Haken. Wir müssen ihm folgen in

seïne Deductionen; es handelt sich, zu prüfen, ob damals schon die Heeresfolge nach den
Haken normirt wurde: auch einen Umweg werden wir nicht scheuen, wenn er ans Ziel
führt. Begründet darum der Verfasser zum Theil auf dieses Moment den principiellen Unterschied der estnischen Landrolle vom dänischen L. C., so werden wir jene mitwürdigen
lernen in der Beurtheilung dieses.

Besonders eingehende Untersuchungen dänischer Gelehrter über den L. C. D. sind
mir nicht bekannt geworden. Der Verfasser bezieht sich S. 8 fast einzig auf Dahlmanns
Ansicht: Geschichte von Dänemark I, 396; er hätte noch I, 375 beiziehen sollen, wo erwähnt wird «des lückenhaften Registers der Einkünfte aus den königlichen Domänen, welches wir unter dem Namen eines Erdbuchs besitzen». Denn damit wird die Sammlung
jener Notizen immer noch richtiger bezeichnet, als durch die Hypothesen von S. 396.
Wenn nämlich Waldemar den L. C. aufnehmen liess mit der Absicht, leichtsinnig ver-
äussertes oder irgend abhanden gekommenes königliches Besitzthum einzuziehen, — obwol
des Königs Anliegen, wie die päpstliche Bulle eine andre Deutung gestatten — so muss
es befremden in dem ganzen umfangreichen Documente nur auf zwei Seiten, p. 61, 62,
und zwar nur fünf ziemlich deutliche Usurpationen königlichen Landguts notirt zu finden
und ausserdem nichts, als die unspecificirte Angabe auf p. 48: «in quorum possessione tunc
erat dominus rex, quia non erant alienatae». Es hat aber wol Dahlmann den L. C. D.
einer näheren Prüfung nicht unterzogen, sonst durfte er Aufzeichnungen, die zum Theil
sich selbst dem Jahre 1231 zuschreiben, zum Theil erst in die Zeit Christophs fallen,
nicht als Ausfluss einer Politik ansehen, auf welche nach seiner eignen Angabe König
Waldemar erst 1240 verfallen war; sonst hätte er auch nicht so kurzweg um Einkünfte
aus königlichen «Domänen» reden dürfen, da die Aufzeichnungen weder den Unterschied
des königlichen «patrimonium» vom Konunglef, noch diejenigen Einkünfte ausser Augen
lassen, welche aus wesentlich andern und sehr verschiedenen Quellen flossen. Dem Verfasser der «Studien» ist eine ältere Auffassung entgangen, obwol sie in Suhms Einleitung
besprochen wird; sie resümirt sich kurz in dem von Luxdorf für den L. C. D. vorgeschlagenen Titel «Regum Daniae» statt Regni Daniae «Catastrum». Was auch an diesem Titel
fehlgegriffen sein mag, der Wink, den er giebt, führte zum richtigen Verständniss. Um so
mehr muss es befremden, dass der Verfasser ohne eigentliche Voruntersuchung in einen
ganz andern Weg ablenkte. Er geht S. 2 von dem Unterschiede aus, der zwischen dem
dänischen und dem estländischen Theil bestehe: in jenem ständen die einzelnen Grundstücke «fast ausschliesslich» nach ihrem Schätzungswerthe und ohne Angabe der Besitzer;
in diesem wären neben dem Landmaass der einzelnen Güter in Haken vorzüglich die Namen dermaliger, so wie verdrängter, Besitzer verzeichnet. Sodann erläutert er S. 8, mit
halber Wendung gegen Dahlmann, seine Auffassung ausführlich dahin, dass ihm das
«Erdbuch König Waldemars eher eine Grundlage zu sein scheine für die von diesem
Fürsten theils neugeschaffene, theils vervollständigte Organisation des Kriegsdienstes. Letzterer ruhte auch in Dänemark, wie überall, in jenem Grundbesitze. (Dass dies,

so allgemein gefasst, ein Irrthum ist, habe ich schon oben erwiesen.) Um die Kriegsfolge festzustellen, war daher eine genaue Kenntniss seiner Vertheilung nothwendig. Nicht die Person des Besitzers kam hier jedoch in Betracht, sondern ganz ausschliesslich der Bodenwerth der einzelnen Güter. Denn es galt nicht die Bestimmung zu leistenden Reiterdienstes — sondern nach alter dänischer Sitte — von Schiffen und zu ihnen gehörender Mannschaft. Zu dem Ende waren alle Grundstücke zu Mark Goldes oder Silbers veranschlagt und angenommen, dass zu einer gewissen Summe in Mark eine entsprechende Zahl Schiffe und Schiffsleute von dem Verbande der betreffenden Güter zu stellen sei. Davon blieben nur diejenigen Grundstücke ausgenommen, deren Besitzer sich zum Ritterdienste verpflichteten, was vermuthlich erst unter Waldemar II. zur Geltung kam. Der Kampf mit den Deutschen mochte ihm den Nutzen schwerbewaffneter Reiterei gezeigt haben. Wol nicht in bloss zufälligem Zusammenhange hiermit sind im L. C. D. für das eigentliche Dänemark die Namen bloss der Grundstücke verzeichnet mit Angabe ihres Abschätzungswerths. Ausnahmsweise nur kommen einige Personennamen vor, wahrscheinlich Solcher, die Ritterdienste leisteten».

Schwerlich hat der Verfasser sich irgend eines der in Frage kommenden Verhältnisse in ausreichender Klarheit und Schärfe gegenständlich gemacht. Auch abgesehen von näherer Prüfung des Documents, welchem eine so prägnante Bedeutung sollte abgewonnen werden, musste es einleuchten, wie die Dänen wol schon, ehe «Waldemar die schwere Reiterei von den Deutschen erlernte», zur Vertheidigung nicht minder gerüstet sein mussten, wie zum Angriff, zum Angriff nicht minder zu Lande, als zur See. Was nützten ihnen dabei Schiffe und Schiffsleute? Und meint der Verfasser in der That, jene von ihm beachtete Art der Kriegsleistung erstreckte sich von der Küste durchs ganze Land und wäre doch auch, seit sie das innere Land traf, dieselbe geblieben und unter demselben Namen dieselbe Sache? Wenn er schon so irrthümlich eine besondre Art der Kriegsfolge zu allgemein durchgreifender Bedeutung erhebt, so wird ihm der Boden für seine Conjecturen vollends entzogen durch sorgsame Zergliederung des Documents selbst, auf welches dem Scheine nach seine Behauptungen sich stützen. Der gefährlichste Gegenbeweis liegt in einfacher Inhaltsangabe des L. C. D. Schon die oberflächlichste Prüfung zeigt es in mindestens 7 Bruchstücke zerfallen, die deutlich von einander geschieden sind durch Aufzeichnungen nicht verwandten Inhalts oder durch unbeschriebene Seiten. Es scheiden sich dergestalt von einander: 1) S. R. D. VII, 1—20; 2) VII, 22—62 und 79—80; 3) 81—108 (die estnische «Landrolle»); 4) V, 615—621; 5) VII, 63—71; 6) VII, 73—74; 7) VII, 76—77. Und bei näherer Prüfung des Inhalts sondern sich nun noch kleinere Unterabtheilungen, die nur durch gewisse, gemeinsame Gesichtspunkte zum Theil zusammengehalten werden. Das lehrt die folgende Uebersicht:

S. R. D. VII, 1—19. Jucia Anno Domini M° CC° XXX° factum est hoc scriptum. Verzeichniss der Dörfer und Grundstücke nach Haerets, die wieder untergeordnet sind den Sysaeln. Das Land, gemessen

nach seinem Werth in Mark Goldes, gelegentlich Silbers, zuweilen nach Attingen ($\frac{1}{8}$ boel) mit beigesetztem Markwerth,
auf königlichen Gütern auch nur nach Landmaassen. Verzeichnet werden daneben wie auch in den folgenden Fragmenten,
die Abgaben an Weizen, Roggen, Honig, Lämmern, Schafen,
Schweinen, Gänsen, Enten, Stockfischen, Butter, Käse, Salz,
Wadmal; mitunter Naturalabgaben vom Navigium, wie p. 10:
«Item de quodam navigio dimidium fothaer mellis et X salmones»; die Einkünfte aus Zöllen, so p. 13: «pro theloneo equorum. CCCL^{ta} marce et amplius»; die Steuern (der Pachtzins)
der «coloni», Steuern fast jeder ersinnlichen Form und jeden
Namens; selbst wingift (don gratuit) nach bereits fixirter Norm;
p. 19. Verzeichnet wird, was dem König seine Verwalter an
exactiones zu entrichten haben, so p. 6. Verzeichnet werden
die «seruitia noctis» mit ihrem Aequivalent in Mark Getreides
oder es heisst: «VI marce argenti cum itur in expeditionem; —
X marce puri de quaersaet»; — oder p. 11: «Quærsætæ mæn
Tuki et frater suus. II marce annuatim»; «Quærsætæ mæn»
aber sind diejenigen, welche sich von der Kriegsfolge durch
eine Steuer ablösen. Mitunter finden sich Personen namentlich
bezeichnet und durchaus nicht nur in wichtigeren Fällen, wie
wenn es heisst: «Ibidem habet Nicholaus Slæt nauigium regis
in quo sunt XLII hafnae»; sondern in höchst irrelevanter Veranlassung: «molendinum autem petri ulke ualuit IIII^{or} marcas
auri sed iam destructum est».

S. R. D. VII, 20.   Auszug aus einer Urkunde über den Kauf gewisser nach Landmaass bezeichneter Güter vom Abt Hermann von Herseueld;
mit dem urkundlichen Schlusssatz: Anno incarnationis Domini.
M° CC° XVII°.

VII, 21.   Unbeschrieben.

VII, 22—26.   Patrimonium nostrum in feonia circa 400 marcas auri secundum antiquam estimacionem. Abtheilungen: haeret. Der Inhalt im Allgemeinen, wie auf p. 1—19.

VII, 27—28.   — — Hee sunt possessiones quas dominus rex habuit in
Syn-drehæret in langlandia. Verzeichniss mehrerer Güter
nach dem Werth in Mark Goldes; nebst Angabe, aus wessen
Besitz sie durch Kauf an den König gekommen sind; anscheinend Auszüge aus Urkunden, wie ganz unzweifelhaft p. 28
oben.

S. R. D. VII, 28.   Laland. Nur die Namen von 4 hærets. Der König muss keine Einnahme von dort gehabt haben, oder, wahrscheinlicher: es fehlte dem Schreiber an Notizen darüber.

VII, 29—31.   Falstria. Abtheilungen: haeret. Die Steuern und Einkünfte aus jedem haeret verzeichnet, durcheinander: Naturalabgaben, Geldsteuern, Zolleinkünfte, Fährgeld. Von p. 30 an fortlaufende Aufzeichnungen nach folgendem Schema: Babæthorp habet hænrich bowithsun ad ualorem X marc. ff., einmal heisst es gar: Item in eklef habet Christiarn mask vnam mansionem parum ualentem.

p. 31: Hec commutavit D^{us} rex ab episc. othoniensi dans in feonia et recipiens in falstria ff., wol Auszug aus einer Urk.

VII, 32—37.   Syaland. Abtheilungen: hæret. Werth der Grundstücke oder Marc. oder Ören mit dem ausdrücklichen Zusatz «in censu».

p. 32. «Ibidem est aqua que vocatur brething et ualet X oras arg. quolibet anno». Mitunter Angaben über die jährliche Aussaat, über den Ertrag des Grasschnitts, über die Kopfzahl an Vieh, das auf den verschiedenen Weiden Futter findet.

Gelegentliche Angabe der Besitzer neben dem König, oder Bemerkung, von wem der König gekauft hat.

VII, 38.   Möön etc. Einkünfte an Weizen, Butter, Käse, Geld.

VII, 39—42.   Scania. Abtheilungen: hæret. Angabe der servitia noctium, des Mitsumærsgyalds; «item pro redempcione expedicionis XL. marcas puri».

p. 39, 40—41. Zwei Grenzscheiden in nordischer Sprache; die zweite beispielsweise mit dem Eingang: Thettæ ær skial mællæ bondæ mark oc Kununglef ff.

VII, 43.   Halland. Abtheilungen: hæret. Inhalt, wie bei Scania.

p. 43. Item M. salmones de amne qui uocatur laghæ. Item de Johanne swensun XXX. salmones pro quærsætae.

VII, 44.   Lystær. Bleking. Am Rande links läuft das Verzeichniss der hærets, rechts davon: hee sunt possessiones regis Waldemari I. in Swethia ff. mit Angabe des Landmaasses in Octonarien ($^1/_8$ boel), nebst verschiedenen Personalnotizen über frühre Besitzer, über Vererbung und zum Schluss: «Et sciendum quod omnes predictas possessiones dedimus duci Kanuto preter hereditatem bulizlaui»; unzweifelhaft aus der Verleihungsurk. ausgeschrieben, namentlich, wenn man beachtet, was unmittelbar davorsteht: «mater regis waldemari II».

S. R. D. VII, 45.   Burghændæholm. Mit nur einem Ort und einer Notiz: Hwæ-
                thæn. XX marcas arg.

VII, 45—49.   Ista pertinent ad Kununglef ff.
                p. 45 unmittelbar hinter der Notiz aus Bornholm — so dass
man deutlich den Character der lockeren Compilation höchst
verschiedenartiger Notizen durchblickt — beginnt das Verzeichniss der Grundstücke, welche in den einzelnen Landestheilen, von Jucia an ff., zum Konunglef gehören. Es sind nur
Namen, ohne Landmaass, ohne Schätzung; nur selten von einer Bemerkung begleitet; oft fehlen selbst die Namen der ganz
summarisch bezeichneten Güter, wie p. 48. «Omnes terre et
silue ceteraque eis attinencia in quorum possessione tunc erat
dominus rex quia non erant alienata. — — Item multe insule
habitate et inhabitate circumiacentes blekyngh» ff.

VII, 50—53.   Hec sunt nomina insularum, offenbar der Inseln, auf die schon
p. 48 hingedeutet wird, denn p. 52 schliesst das Verzeichniss
ihrer Namen mit der Bemerkung: «Et dicitur quod tot sunt insule circa blekyngh quot sunt dies in anno». — Es sind Inseln,
vorzüglich bestimmt zur Jagd des Königs; bei jeder ist angegeben, welches Wild angetroffen wird: Hirsche, Bären, Eber,
Hasen; bei mehreren liest man «hus»: es ist damit wol eine
hütte gemeint; bei zweien ist verzeichnet «clostær».
Eine neue Liste beginnt p. 52 mit der Ueberschrift: Item insule minores.

VII, 53—54.   Rechts von dem die erste Columne hoch zur Hälfte füllenden
Inselverzeichniss steht eine detaillirte Liste der Ausgaben,
welche der Unterhalt des Königs und seines Hofes im Winter
mit sich bringt: «Procuratio hiemalis domini Regis est de dua-
bus noctibus». ff. Es sind Leistungen, welche den einzelnen,
übrigens nicht specificirten Oertern auferlegt waren, so dass
jedem der Aufwand für 2 × 24 Stunden oblag.

VII, 55—58.   Hii sunt redditus in hallandia ad dominum regem.
                Geld- und Naturaleinkünfte verschiedenster Art, geordnet nach
Provinzen (herred), mit Schlussangabe für jede über die Zahl
der rustici, der naves und namentlicher Bezeichnung von deren Inhabern: hec provincia habet M. DCC. XI. rusticos. et
duas naves. quarum altera s. dan habet XXVI. hafnae. Nauis
andree habet. XXXII. ff. ff. Darauf folgt die Schätzung der

Gesammteinkünfte des herred in Mark Silbérs: Summa illius provinciae CIII. marce. et XVI. solidi. ff. ff.

p. 58. Folgt zum Schluss die Summe aller königlichen Einkünfte aus Halland, sodann ein Verzeichniss der Strafgefälle: «subactores de causis ff.»; endlich die Summe der navigia und hafnae.

S. R. D. VII, 59— 60. Landæmærkæ byrius i stænfnæsundæ. ff. Ein Verzeichniss in nordischer Sprache der Landmarken der einzelnen Provinzen von Halland in derselben Reihe, in welcher sie sich p. 55—58 folgen.

VII, 60— 62. In fiæræ (Halland) in parochia Slep. anno domini M. CC. LIIII. quando dominus Rex Christoforus occurrebat regi norwegie ff. Auszüge aus Urkunden.

VII, 79— 80. (Bei Langeh. S. R. D. ist p. 78 auf p. 79 zu verlegen, wie dort auch bemerkt wird.) Jucia. Ripae. DCCCC. marc. den. Die Einkünfte aus den einzelnen Provinzen von Jütland, Fühnen, Seeland, Schonen in Mark Goldes.

VII, 81. Unbeschrieben.

VII, 82—108. L. C. für Estland.

V, 615—621. Verzeichniss der hæret von Dänemark, mit Angabe für jedes der Zahl der aratra und dem Schluss: Hec est summa. duo milia. C. nonaginta.

Sodann: Mön habet CCXL^{imo} marcas.

Verzeichniss von Städten mit Beisatz von marc. danic.

Sodann. ohne Absatz: Vvendel sysel

Episcopus Omerus

Aghi et Jon isti tres fratres; ein scheinbar räthselhaftes langes Verzeichniss von Personen, die zu 2, 3, 4 als fratres neben einander gestellt sind. An Mönche zu denken, verbietet schon die Stelle:

Abosysel

Kanutus rex ⎫ fres.
Eric Cristoforus ⎭

Auch leibliche Brüder sind sicher nicht gemeint. Es bleibt somit nur ein dritter Fall: die fratres sind hafnæbrøthræ, Glieder desselben hafnælag, derselben Vereinigung von bonden, welche je ein hafn zu leisten hatten. Das hafn war eine Einheit: die Stellung eines bewaffneten und mit der erforderlichen Zehrung versehenen Mannes.

S. R. D. VII, 63.   Ista bona scotauit Haquinus palne sun domino Regi Christoforo.
Verzeichniss der Grundstücke mit Angabe des Landwerths in
Mark Goldes: In Kalundæburgh. XVIII. marcas auri in terra ff.

VII, 64—71.   Descripcio cuiusdam partis falstrie.
Verzeichniss von Ortschaften mit Angabe der boolzahl, der
Mark und Ören und namentlicher Specificirung der Besitzer.

VII, 72.   Unbeschrieben.

VII, 73.   Terra Domini Regis in lalandia; die Angaben, wie auf p. 64
—71; nur ist kein Besitz, ausser dem des Königs, notirt.

VII, 75.   Unbeschrieben.

VII, 76.   Hec sunt nomina uillarum in ymbria.
Ortschaften mit Angabe der Zahl der Mansi.
Sodann: Hec sunt nomina uillarum Sclau. mit Angabe der Zahl
der unci, mitunter auch des jährlichen Ertrags an Geld.

VII, 77.   Redditus in ymbria incipiunt in festo S. Michaelis.
Angabe des jährlichen Einkommens in Mark. den. aus den ein-
zelnen Ortschaften.
Tot houae habemus in ymbria; specificirt.
Tot houae concessimus hominibus nostris, specificirt, mit na-
mentlicher Angabe.
Iste sunt uillé Sclauorum. Zahl der unci und Namen der Be-
sitzer der nillae.

Zum Schluss: Summa reddituum domini Regis in annona de tota terra ymbrie.
LXXXIIII^{or} marce annone et IIII pund.

Das Ergebniss, meine ich, ist unwidersprechlich einfach, so dass es eines Commentars
kaum bedarf. Es besteht der sog. L. C. aus formell und materiell höchst ungleichen
Bruchstücken, die zwar äusserlich zu einander gehören, allein durchaus nicht ein Ganzes
bilden. Unter welchen Verhältnissen, zu welchen Zeiten die einzelnen Fragmente niedergeschrieben sind, ist für unsre Untersuchung zunächst gleichgiltig. Wie bereits in der
Uebersicht des Inhalts erwähnt ist, bestehen einige Capitel in Auszügen aus Urkunden, so
auf p. 20, 27, 28, 60, 61. Ueberall fast beherrscht das Interesse des Königs Maass und
Form der Notizen. Es handelt sich fast ausschliesslich um seine Einkünfte in verschiedenster Form. Der Kirche vollends wird nur vorübergehend gedacht, etwa nur in Beziehung zu ihm; nirgends wird ihre Dotation verzeichnet, wol dagegen königliches Einkommen
aus Kirchengut oder es wird bemerkt, wo mit dem königlichen Schatz die Kirche gewissermaassen concurrirt, wie p. 11, 40 ff. Einzig in der descr. cuiusdam partis falstrie p. 64
—71 wird des bischöflichen Landbesitzes erwähnt, allein eben in diesem Bruchstück sind
neben dem König überhaupt alle Besitzenden specificirt. Drängt sich darum auch hier die

die überwiegende Mehrzahl namentlich bezeichneter Personen, so fehlt es doch sonst nicht an gelegentlicher Benennung. So, wenn an verschiedenen Stellen, p. 20, 31, 37, 44, 60, 61, 62 einstige Besitzer von Gütern, die nachmals an den König übergingen, genannt sind und des Besitztitels des Königs dabei gedacht wird, dürfte daraus der Wink zu gewinnen sein, wie auch in der estnischen «Landrolle» die Verzeichnung der expulsi und remoti, des Güterkaufs und der Gütervererbung, nicht gar zu straff nach der Schnur rechtlicher Zweckmässigkeit zu messen ist. Die dänischen Fragmente mögen etwa 130 Besitzer namhaft machen, also nicht weniger, als die freilich kleinere estnische Landrolle. Am nächsten steht dieser die mehrfach erwähnte descr. falstriae mit ihren 175 Besitzern, davon mehrere, — wie in der estnischen Rolle — zwei, drei und mehr Mal wiederkehren; auch das ganze Schema hat etwas Verwandtes: «Ekaebiargh. I bool. III. marcas. Rex habet VI. oras. Petaer benedictsun. XII oras et solidum. Petaer thrulssun. X. solidos.»

Schon daraus wird sich der Verfasser überzeugen können, dass, wenigstens hier, nicht nur «ausnahmsweise» nur «einige Personennamen» vorkommen, noch weniger aber die Benannten «solche sind, die Ritterdienste leisteten». Und welche Ritter wären ferner p. 36 der Thruls uillicus. III. marcas und der Asmund uillicus. II. marcas arg. oder welche Ritterleistungen wären p. 38 die IIII^{or} pondera butiri und die casei, p. 53 die porci salsi, porci vivi, boues salsi, oues salse und anderswo die galline, anseres, stockfiskae etc. etc.? Warum wird denn der expeditio gedacht fast nur, wo ihre Ablösung in Geld oder Naturalien notirt wird, in Honig oder in Lachsen? Und wenn der Verfasser ernstlich an Ritter dachte, warum, da er doch bei der estnischen Landrolle so viel Gewicht darauf legt, fiel es ihm nicht ein, nach der Zahl der Domini auch in der dänischen Landrolle zu fragen? Ich finde unter hundert und einigen zwanzig — einige Namen sind mir vielleicht entgangen — 38 mit einem Namen bezeichnet, 46 patronynisch benannt, 30 sonst mit doppelten, zum Theil dem Local entlehnten Namen, endlich Sophia regina, eine domina, Godefridus comes, Magister Olef und 5 domini, darunter beiläufig den d^{us} ducco p. 77 und d^{us} Woghan bald mit, bald ohne diesen Titel p. 6, 64 (3), 65, 71, 78.

Schlagend aber widerlegt sich die Auffassung des Verfassers durch das Fragment in den S. R. D. V, 615—621. Ich habe bereits in der Uebersicht des Inhalts die lange Liste der fratres als ein Verzeichniss von hafnæbrothræ erklärt. Der Verfasser nun meint «da es sich in Dänemark nur ausnahmsweise um Reiterdienst handelte, dagegen um Schiffe und die dazu gehörende Mannschaft, wo dann eine einer gewissen Summe in Mark entsprechende Zahl Schiffe und Schiffsleute von dem Verbande der betreffenden Güter zu stellen war, so kam die Person des Besitzers dabei gar nicht in Betracht». Nun wissen wir zwar aus dem Jyske lov 3, 11, wie der bonde, der 1 Mark Goldes Land besass, ein threthingshavne, d. h. ein Drittel eines havne, ausrüstete, besass er halb soviel: ein sexthingshavne ff. Allein einmal ist diese Relation um die Mitte des XIII. Jahrhunderts schwerlich in voller Geltung gewesen, sodann lehrt sie vielmehr, wie viel es auf genauer Notirung des Landbesitzes der Einzelnen ankommen musste, grade für die Leistung des havne. Und eben jenes Fragment bietet den Beleg, wie bei dieser Leistung die Person so wenig zurückstand, dass vielmehr ein Verzeichniss von hafnæbrøthræ entworfen wurde, deren je 3 oder 4 eine Leistung auszurichten hatten, ohne dass dabei der Landbesitz der Einzelnen erst noch ausdrücklich specificirt ist. Es fällt aber darauf um so grösseres Gewicht, wenn nun unwiderleglich sich nachweisen lässt, wie zwischen den verzeichneten Mark und den navigia und hafnæ des L. C. eine Relation durchaus nicht Statt hat. Die beste Gelegenheit zu solchem Nachweis bieten die Verzeichnisse über Halland p. 43 und p. 55—58.

p. 43.		p. 55.				
Fyæræ	80 marc. arg.	103 marc. 16 sol. || 2 navigia mit 58 hafnæ. || 1711 rustici.				
		(à 26 u. 32)				
Vviskærdal	40 » »	40 » — »	1 » » 28 »	513 »		
Haenöflæ	80 » »	94 » — »	2 » » 65 »	1500 »		
		(à 40 u. 25)				
Farthusæhæret	60+10	122 » — »	2 » » 77 »	1326 »		
		(à 35 u. 42)				
Aræstathhæret	50 » »	100 « — »	2 » » 75 »	? »		
		(à 33 u. 42)				
Halmstathhæret	50 » »	40 » — »	2 » » 56 »	726 »		
		(à 16 u. 40)				
Thundröshæret	40 » »	80 » — »	3 » » 74 »	1020 »		
		(à 25, 26 u. 23)				
Höxhæret	(über 60) »	103 » — »	4 » » 98 »	1120 »		
		(à 24, 25, 26 u. 23)				

Eigentlich hätte es einer solchen Zusammenstellung nicht bedürfen sollen. Denn, wenn es p. 55 schon in der ersten Zeile heisst: «hii sunt redditus in hallandia ad dominum regem», und zum Schluss der Uebersicht: «Habet autem summa redditus domini regis in Hallandia DCCVIII marcas arg. exceptis causis trium marcarum et XL marc. excepta piscatura lagheholm et excepta liberacione expeditionis» und vollends: «Sunt autem in hallandia in XVIII nauigiis DXXXIII (die Summe oben gibt nur 531) hafnae seu totidem marce argenti», so ist bis zur äussersten Evidenz dargethan, dass die im L. C. verzeichneten Mark zu den hafnæ nicht in entferntester Beziehung stehen und andrerseits gerade derjenige Markansatz, nach welchem seit gewisser Zeit die hafnæ berechnet wurden, im L. C. nicht verzeichnet steht.

Allein diese ganze Relation selbst ist nicht so alt, als man meist angenommen hat. So wenig besteht in älterer Zeit zwischen Heeresfolge und Bodencensus ein nothwendiger Zusammenhang, dass z. B., während in England die Kriegspflicht nach Hufen (hẏdas) bemessen wurde, das Domesdaybook die Ländereien nach Pfunden und Mark Goldes schätzt. Wenn aber in einigen Fragmenten des sog. L. C. jene Relation bereits angedeutet sein mag, so fehlt es in andern Fragmenten nicht nur an jeder Spur von ihr, sondern es finden sich positive Merkmale, wie sie dort nichts gegolten habe. Eine solche Stelle liest man p. 9, wo der Ertrag der Ländereien nach Mark Goldes geschätzt wird und es dann heisst:

«Harzhaeret cum IIII^{or} nauibus tenetur nos transducere, quia in qualibet hafnae habet IIII^{or} homines» und sofort geht das Verzeichniss nach dem unterbrochenen Schema weiter: «Gylling. XII marce auri. Saeby. VII. marce auri ff. ff.». Also nach der Zahl der «homines», nicht nach dem Markwerth des Landes wurde die Leistung bemessen und doch war die Abschätzung nach Mark altherkömmlich; cf. p. 16: «In Braethaeböe. VI. marce argenti. Sic antiquitus est appreciata»; p. 22: «Patrimonium nostrum in feonia circa 400 marcas auri secundum antiquam estimationem; — — Wordburgh nalet XXI. marcas auri secundum antiquam estimacionem». Wenn nun überdies von einer der besten dänischen Autoritäten in dieser Frage, von J. M. Velschow. De institutis militaribus Danorum, regnante Valdemaro secundo. 1831. § 35 mit grosser Wahrscheinlichkeit nachgewiesen wird, wie man in Dänemark die Betheiligung der Einzelnen an der expeditio nach der Zahl der von ihnen bebauten Hufen gesetzlich abzumessen begonnen habe erst nach der Zeit der Abfassung des L. C. D., so wird auch die estnische Landrolle schwerlich entworfen sein, um mit ihren Hakenzahlen das Maass der Heeresfolge zu geben.

Denn dass bei Lehnsverhältnissen, soweit sie von dänischer Seite normirt wurden, gewisse allgemeine Namen auf Estland ausgedehnt wurden, das ergibt sich wenigstens beispielsweise aus Huitfeld I, 321, wo König Erich Menved im J. 1303 seinen Bruder Christoph auf sechs Jahre (paa 6 Aars tid) mit dem Herzogthum Estland belehnt und für Zeiten der Noth eine Heeresfolge von 50 Mann jenseits der Grenzen in Anspruch nimmt. Die gleiche summarische Bedingung stellt im Jahre 1323 König Christoph dem mit Rostock etc. belehnten Heinrich von Meklenburg; dieser leistet das «homagium fidelitatis» und übernimmt die Verpflichtung zur Kriegsfolge jenseits des Meeres «cum 50 bominibus dextrariis et armatis, sufficienter expeditis» (die Urkunde bei Huitfeld I, 421); Huitfeld übersetzt: «50 Reysener met beste oc Harnisk vel fardige». Es ist dann nicht zu übersehen, wie derselbe stereotype Ansatz schon um 1225 vorkommt. So nämlich erkläre ich eine der Stipulationen, welche der gefangne Waldemar um seine Freilassung eingehen muss (Thorkelin I, 293 ff.): «Centum equos dabit Rex in Pascha proximo, quinquaginta dextarios et totidem palefridos, unumquemque dextarium X marcas nalentem. palefridum quinque». Die 50 dextarii nämlich werden an den comes Heinricus, die 50 palefridi an den comes Adolphus gekommen sein als Rückerstattung nach aufgehobenem Lehnsbande.

Für die Lehnspflichten der unteren in Estland angesessenen Vasallen ist damit freilich nicht viel bewiesen; allein man sieht doch, wie wenigstens im Grossen fixe Leistungen ohne Abmessung nach gewissen Landsätzen gefordert wurden und, dass im Kleinen die Heeresfolge schon damals durchgehends nach der Hakenzahl bemessen wurde, dafür liegt wenigstens kein Beweis vor. Der Verfasser zwar meint S. 206 Anm. 1, in der Heeresfolge seien für das XIII. und XIV. Jahrhundert nicht grosse Veränderungen vorauszusetzen und bezieht daher einen Ansatz des J. 1350, der überdies nicht mehr vom dänischen König ausging, auf die Zeit des L. C., allein, auch wenn man das zugestehen wollte, so bestätigt diese

Norm nur den oben behaupteten stereotypen Character solcher Ansätze. Die Normirung nach je 100 Haken setzt überdies eine interne Repartition voraus, die nur bei gut geordnetem Gemeinwesen durchführbar ist, und zudem beweist sie, wie der Lehnsherr sich um die Zumessung der Leistungen im Einzelnen nicht kümmerte. Man lernt vielmehr, wie selbst die Normirung der Heeresfolge nach Haken für den König das Bedürfniss einer detaillirten Landrolle nicht bedingte. Und auf gleich fixe Normirung treffen wir durchgängig, soweit uns die Urkunden des XIV. Jahrhunderts Aufschluss geben. Selbst wo bei der Belehnung dies Maass der Rüstung ausdrücklich bedungen wird, da ist sie in keine deutliche Relation zur Hakenzahl gesetzt: einen Beleg gibt der Lehnbrief von 1280 für Andreas Knorring (Livl. Urk. 466). Ja, gegen die Relation spricht selbst der L. C. Fol. 47a.

<table>
<tr><td>Johannes</td><td>Pikæuækæ. VIII.</td><td></td></tr>
<tr><td>lator</td><td>Vbbianes. IX.</td><td>Expulsus Henricus odbrictae</td></tr>
<tr><td>piscium</td><td>Vrwas. V.</td><td>cum duobus dextrariis.</td></tr>
</table>

Nach der graphischen Anordnung bezieht die Notiz sich nur auf Vbbianes. IX. Allein gehörte sie auch zu den gesammten 22 Haken: eine Relation wäre auch dann undenkbar. Der Verfasser selbst verlangt auf den L. C. die Norm von 1350 angewendet. Nach ihr aber (Livl. Urk. 900) stellten je 100 Haken einen schwerbewaffneten und zwei leichtbewaffnete (dazu nicht ausdrücklich berittene) Deutsche. Ueberdies konnte ihn Livl. Urk. 362, a. 1261 warnen. Es bietet da der Statthalter des Ordensmeisters in Livland, Georg, deutschen Kriegern, wenn sie ins Land kämen, und zwar: «feodum militi vel honesto burgensi, qui ibi esse voluerit cum dextrario cooperto LX mansos saxonicos; item probo famulo cum dextrario cooperto XL mansos, item servo cum equo et platea X mansos»; die sächsischen Hufen aber betrugen wenigstens doppelt so viel, als die estnischen Haken. So lässt sich in der Stelle des L. C. eine rationelle Beziehung zwischen der Kriegsleistung und der Hakenzahl durchaus nicht erkennen. Nun könnte zwar Henricus Odbrictae der Dienende eines Belehnten und von diesem auf 22 Haken gesetzt sein; allein warum erwähnt dann das «officielle Aktenstück» als «expulsus» den Diener, statt des Herrn? Und liegt nicht vollends in der isolirten Notiz selbst, — es findet sich keine andre derart wieder — der einfachste Beweis, dass es bei Abfassung des L. C. auch nicht nebenbei um Normirung des Heerbannes zu thun war?

———————

Wir haben gesehen, wie die Gesichtspunkte des Verfassers zur Beurtheilung des L. C. nicht ausreichen. Weder war das dänische Lehnswesen so entwickelt, wie es in den «Studien» erscheint, noch gab es so ausschliesslich nur Lehnsbesitz in Harrien und Wirland; noch endlich lässt sich für jene Zeit eine Normirung des Heerdienstes nach detaillirten Hakenzahlen erweisen. Bildet nun auch der Vertrag von Stenby mit der dänischen Restauration im Geleite jedenfalls einen bedeutsamen Abschnitt für die Geschichte auch des Landbesitzes in Estland und hat darum der Verfasser im Allgemeinen Recht mit der

Behauptung S. 75: «Prüft man nun die Geschichte der beiden Landschaften vor dem Vertrage von Stenby und bis zum Schlusse der sechziger Jahre des Jahrhunderts, über die
hinaus man die Landrolle doch unmöglich ansetzen kann, so findet sich durchaus keine
andre Begebenheit, die uns den Schlüssel zu jenen Besitzveränderungen geben könnte, als
dieser Vertrag selbst»; — so frägt sich doch immer, ob nicht noch andre Parteien, ausser
dem König, ein Interesse haben mochten an der Aufzeichnung der Besitzverhältnisse, wie
sie sich in irgend einem Zeitabschnitte nach jener Restauration gestalteten, und diese Frage
hat der Verfasser selbst aufzuwerfen unterlassen.

Ich werde zum Schluss meiner Erörterungen die Momente andeuten, welche Antwort
versprechen auf solch eine Frage.

Der Verfasser ist bei seiner «officiellen Landrolle» in einen eigenthümlichen Widerspruch gerathen mit der Stellung der dänischen Krone zur Kirche. Die «sich aus der
Landrolle ergebenden Zustände des Landes beweisen, S. 86, eine völlige Nichtachtung der
Rechte der Kirche». Und nicht etwa nur bis zum Vertrage von Stenby. «Nach Wiederherstellung der dänischen Herrschaft machen sich, S. 88, die vornehmen Dänen (man über-
sehe nicht: es sind zum Theil die Besitzer des «Lehnhofs»!) das Beispiel der Deutschen
ganz besonders zu Nutzen»; «das Kirchengut bleibt in Händen Privater», und der König
lässt S. 86 «die Vasallen, welche sich Kirchengut zugeeignet, in deren Besitze und stattet
die Kirche mit andern Gütern aus». In diesen Satz hat sich eine Anticipirung eingeschli-
chen. Die Abfassung des L. C. weiss jedenfalls noch nichts von diesem Ersatz — wenigstens in der Auffassung des Verfassers, — er ist erst aus Urkunden bekannt Der L. C.
verzeichnet einfach die traurige Lage der Kirche. Woher dann zugleich, nicht etwa in
königlichen Urkunden, sondern im nämlichen L. C. die zärtliche Rücksicht, mit welcher
Fol. 48b. bei Lateis. IIII. verzeichnet steht: «ubi aptus locus ecclesie est et cimiterii»?
Lag es bei Abfassung des L. C. bereits im Mandat der Beauftragten, die Organisation
der kirchlichen Verhältnisse vorzubereiten, woher dann, ausser halbversteckten Klagen, nur
diese eine kümmerliche Andeutung, wie etwa mochte geholfen werden?

Diese Bedenken dagegen und die meisten übrigen schwinden, sobald man die «Landrolle» des königlich-officiellen Characters entkleidet und aufzeichnen lässt von geistlicher
Hand. Dann erscheinen alle Notizen erklärlich, die einen aus Interesse an den Dingen,
die anderen aus Interessen an den Personen. Die Inconsequenzen des officiellen Documents
gleichen sich aus; wir haben nur Notata eines Mönchs, eines Capitelgeistlichen, mit priva-
tem Character. Das Verzeichniss konnte entworfen sein zur Orientirung, vielleicht um
darauf gewisse Anliegen zu begründen, vielleicht um die Tragweite eines bereits zugestand-
pen Rechts zu ermessen.

Der Verfasser freilich weiss nichts von Geistlichen im L. C., etwa nur der Eilardus
Presbiter wird ihn zur Anerkennung zwingen. Allein die «Landrolle» zählt Domini genug
auf und sind Domini etwa nur ritterbürtige Vasallen? Wie würde der Verfasser nach seinem Princip folgende Personenreihe vom J. 1253 deuten: D^{us} Heinricus de Weisen-

berg, D^us Wixbertus de Revalia, D^us Hermannus de Terevestevere, D^us Ame-
lungus de Ampele, D^us Fridericus de Keitingen, D^us Lutherns de Embere und
ferner Henricus Holtzatus, Heinricus Swevus, Mathias Rysebit? Offenbar die
ersten sechs als ritterbürtige Vasallen, die drei letzten als Knappen. In diesem Fall freilich ist
Urk. 258 erhalten, den Missgriff zu corrigiren; sie zeigt uns die drei als Ordensbrüder,
jene sechs aber als sacerdotes. Man trage jeden Namen an irgend eine Stelle des L. C.
und sehe, ob er sich nicht grade so stattlich ausnimmt, als irgend ein Dominus Tuno,
Tuko, Saxo, Henricus de Bixhöuaeth und ein andrer. Oder woran unterscheiden
sich die beiden Herren: der D^us Hermannus de Hertel und der D^us Borkardus de
Oerten? Und doch lehrt uns Urk. 474, der eine war canonicus, der andre vasallus. Ich
setze jetzt das Verzeichniss der Parochialdörfer, so weit sie feststehn oder zu vermuthen
sind, aus dem L. C. hierher:

Hariae.	Par. Hakriz.	D^us Haelf. Hakriz. VI. Exp. ff.
	» Koskis.	Jan de Hamel. Cosins. IX (?). Exp. ff.
		(in Par. Juriz verzeichnet).
	» Juriz.	Henricus de Helde. Juriz VII.
		(in Par. Koskis verzeichnet).
Uoment.	» Keykel.	D^us Tuco. Heukael XX (?). Remoti etc.
Repel	» Jeelleth.	D^us Saxo. Jeelleth. XIIII. Expp. ff.
	ø Kusala.	D^us Saxi. Kusala. XXV. Expp. ff.
Ocrielae	» Waskael.	D^us Rex. Waskael. XXI.
Repel Wir.	» Toruestaeuaerae.	Hermannus. Torpius. XX.
	» Halelae.	Herman Spring. Halela. XIIII. ecclesie.
Maum	› Maum.	
Alentakae ohne Parochie.		
Askaelae ohne Parochie.		Eilardus presbyter mit 4 Grundstücken und 30
		Haken (31).
Laemund	» Vov.	Lydgerus. Vov. XX. emptos de Will. de Ke-
		ting. prius dos eccl.
Lemmun.	» Kactaekylae.	Will. Kething. Katinkylae. III. ff.

An welchen Merkmalen wird jetzt der Verfasser die Parochialgeistlichen erkennen?
Eilardus presbiter freilich ist kenntlich genug; er hat unterschieden werden sollen vom
D^us Eilardus, der bei der Abfassung des L. C. in erster Reihe betheiligt war; es ist daher
aus seiner Bezeichnung durchaus nicht zu schliessen, kein nicht so Bezeichneter wäre presbyter gewesen. Den D^us Fridericus de Keitingen lehrt Urk. 258 als Priester kennen.
Worin unterscheidet sich von ihm der D^us Wilhelmus de Kething? Etwa, dass er das
Kirchdorf Vov verkauft hat? In Zeiten grosser Unordnung wäre das doch nicht so auffallend. Als ob nicht Bischöfe ihr Kirchengut hundertfach verkauften, verpfändeten, allen
canones zum Trotz! Warum nicht ein Presbyter während tumultuarischer Sedisvacanz,

unter totalem Wechsel der Landesherren? — Warum soll Herman Spring im Kirchdorf Halela ein Knappe sein, warum nicht der Parochialgeistliche oder sein Vertreter? Die Urk. 258 verzeichnet als Sacerdos den D^{us} Hermannus de Terevestevere. Im L. C. hat im Kirchspiel Toruestaeuaerae auch ein Hermann das Dorf Torpius inne mit XX Haken. Ist es nicht sehr wahrscheinlich derselbe? Liegt nicht eine Namensverwandtschaft in Torpius und Toruestaeuaerae? und bilden nicht grade 20 Haken die herkömmliche Parochialdotation? Warum soll der D^{us} Tuco mit seinen 20 Haken zu Heukael in der Parochie Keykel ein ritterbürtiger Vasall sein und nicht der Geistliche des Kirchspiels? Sein übriger Landbesitz kann nicht befremden. Waren denn Geistliche stets nur arm und niedriger Herkunft? Hatten sie nie Land ausser ihrer Widme? Eilardus presbiter erscheint im Besitz eines Gütchens mit dem ausdrücklichen Zusatz «non a rege». Dasselbe gilt vom D^{us} Saxo. Zwar er sitzt in zwei Parochien in den Kirchdörfern; allein es ist ja die Zeit der Umwälzung und der Zerrüttung aller Verhältnisse, und während andrerseits in der Parochie Maum, isolirt für sich, ein Kirchdorf nicht nachweisbar scheint, verzeichnet der L. C. im Kyl. Askaelae zwar keine Parochie, allein den Eilardus presbiter, so dass man vermuthen darf, Maum, Alentakae, Askaelae gehörten einer Parochie an.

Es kommt mir nicht bei zu behaupten: alle oder die meisten Obengenannten wären Presbyter gewesen: vielmehr geht deutlich hervor: die Verhältnisse waren noch nicht durchweg geordnet. Allein, wenn ich die Folgerungen zugeben soll, die daraus gezogen werden, dass man jene Domini für ritterbürtige Vasallen ausgibt, so frage ich zuvor nach dem Beweise. Es gibt keinen. Im einen Falle lässt es sich vielleicht plausibel machen, im andern ist das Gegentheil nicht weniger plausibel.

Gleich zweideutig sind andre Angaben der «Landrolle». So heisst es:

Fol. 57a. Ernestus. Rai. XII. cum relicta Willelmi.

Fol. 49a. Walterus. Salda. VIII. post Bernardum cum relicta eius.

Es hindert nichts, Ernestus und Walterus als Verwalter eines Capitels, eines Klosters, auch eines einzelnen Geistlichen, oder selbst als Geistliche anzusehen, welche die Früchte einer frommen Stiftung anfangs mit der Wittwe zu gleichen Hälften theilen, um erst nach deren Tode in den Vollgenuss zu treten. Frommer Vermächtnisse unter ähnlichen Bedingungen hat es zahllose gegeben; ich führe als Beispiel an die Schenkung des Dominus Bernardus de Ullesen an das mecklenburgische Kloster in Campo Solis (Lisch, Mecklenb. Urkk. II, 6, a. 1233): «descendente ipso Bernardo dimidia pars eorundem bonorum ad usum ecclesiae et dimidia pars uxori sue Bye proueniat, moriente autem ea prouentus et redditus totaliter conventui manebunt. Insuper prepositus redditus pronunciatos in festo Martini Bernardo uel uxori sue Bie Lubeke presentabit. Sumptus et alia necessaria ad prefata bona pertinencia ad prepositum et ad conventum respectum habent». Das Kloster also hatte noch bei Lebzeiten der Donatoren die Verwaltung und theilte sich mit ihnen in die erzielten Früchte.

Allein neben zwiedeutigen Momenten enthält der L. C. andere, die wol nur auf Geistliche schliessen lassen. Von einigen habe ich bereits gelegentlich gesprochen und erwähne sie nur in Kürze. Wird man es schon am ehsten doch einem Geistlichen zutrauen, dass er, vom Klang des Namens getroffen, Fol. 48b. vor das Dorf Moises. XVI. ein Kreuzchen (†) setzte, so verräth sich der Geistliche vollends in der Betitelung eines Collegen oder Vorgesetzten als «auarissimus Eilardus»; Fol. 46a. Ferner wird er erkannt an der Theilnahme für oder wider Alles, was Seinesgleichen angeht; Fol. 46b. heisst es: Conradus iuuenis. Kogael. X. ibi est molendinum; es ist sicher nicht die einzige Mühle gewesen in Harrien und Wirland: allein nur diese wird verzeichnet, denn unter den expulsi war auch Lambertus, cuius erat molendinum, und mit derselben Theilnahme wird Fol. 47a. bemerkt: Huith, cognatus Lamberti. Køhoy. XV. qui et in Pirsø V. habuit. Einem Geistlichen doch am nächsten stand Fol. 51 der lucus sanctus mit dem unverständlichen Zusatz, der nur allgemein auf eine Gewaltthat schliessen lässt, und wiederum einen Geistlichen am meisten interessirt Fol. 48b. der Ort, ubi fuit ecclesia et cimiterium adhuc est, und der andere, ubi aptus locus ecclesie est et cimiterii.

Die Beweisreihe endlich findet ihren entscheidenden Aufschluss (so dass der Ausweg, jene Notizen dem Abschreiber aufzubürden, versagt) Fol. 47a., 47b.:

Richard
gener leonis   Saunøy. VIII. et monachi. XVII.

Dñs rex nobis.   Uianra. VII.

     Jærgækylæ——XX.   Wilbrand expttit.
     Heckelae

Von Fol. 46b. mit der Notiz «dos ecclesie» bis Fol. 47b. mit der Angabe «Dñs rex nobis» manifestirt sich in auffallender Weise das Interesse eines Geistlichen. Auf diesen Raum kommen die meisten der besprochenen Notata; sie fallen sämmtlich in eine Gegend, zum Theil nach Repel kyl., zum Theil nach Ocrielae kyl. in Harrien; sie schliessen endlich mit 6 freigelassenen Zeilen, als sollte für künftige Landerwerbungen des Besitzers, der sich mit «nos» bezeichnet, ein Raum offenstehen. Den Geistlichen kennzeichnet dann noch vielleicht die kurze Bezeichnung «monachi», die wenigstens beitragen mag, auf die Spur der «nos» zu verhelfen. Leider sind grade die Ortsnamen nicht sicher nachzuweisen. Nur Vermuthungen sind gestattet. Hat Knüpffer Jaergaekylae richtig identificirt mit Jerküll am oberen See, so sind wir in die Nähe von Reval verwiesen und könnten versucht werden, in den «nos» die Predigerbrüder zu erkennen, welche nach Livl. Urk. 382, a. 1264 Besitzungen hatten iuxta «stagnum regis». Allein ein Predigerbruder hätte die Cistercienser von Dünamünde schwerlich einfach als «monachi» bezeichnet und dass diese gemeint sind, ergibt sich aus Urk. 399a., da König Erich Glipping im J. 1266 ihnen den Besitz von Pongete, Raseke, Pandis (Padis) und Sanne (im L. C. Saunøy) bestätigt. Auch die Cistercienser von Gothland werden die Cistercienser von Dünamünde schwerlich kurzweg Mönche genannt haben. Es bleibt, scheint mir, nur zwei Annahmen. Entweder die

Bezeichnung monachi kommt aus dem Munde von Nonnen und man dürfte an das Michaeliskloster denken; nur dass in späteren Urkunden unter den Besitzungen dieses Klosters
keine Güter ähnlichen Namens sich wiederfinden.   Oder es könnte ein Geistlicher des Capitels von Reval die vielfach befreundeten Cistercienser gemeint haben.   Dafür spräche
dann auch, wenn Pauckers Identificirung des Orts adoptirt werden darf, die Verlehnung
von Wärne (im L. C. Uianra) durch Bischof Friedrich im J. 1553; ferner die kurze Bezeichnung Infirmi. Patrickae. V., womit das Spital S. Johannis zu Reval gemeint ist, das
noch im J. 1370 (Livl. Urk. 1076) Patteke besass und für welches und zwar in einer
Sedisvacanz das Revaler Domcapitel Almosen erbat (Bunges Archiv III, 309).

Freilich steht man auch so noch auf unsicherm Boden. Wir haben gesehen, wie eine
Beziehung jener 27 Haken zum «Dominus Eilardus» nicht zu verkennen ist, wenn ihm die
Randbemerkung von Fol. 50a. in Haria XXVII zuschreibt, in ganz Harrien aber ein zwei-
ter Gütercomplex von 27 Haken nicht vorkommt. Ob der Dominus Eilardus selbst Geist-
licher des Capitels gewesen, Propst vielleicht, wer wollte darüber entscheiden? Und selbst
dann noch bleibt eine Frage zu lösen. Wie liest man «Wilbrand expttit»? Aus graphischen
Gründen am ehsten doch expellitur? Wer war dieser Wilbrand? Ein Landherr auf eigne
Faust, der entfernt wird um den «nos» Platz zu machen, oder selbst einer der «nos» und
Verwalter in ihrem Namen? Und was bedeutet das anomale Präsens?

Und welches geistliche Interesse verlangt ein so detaillirtes Verzeichniss von Gütern
nach Hakenzahl nebst ihren Besitzern? Denn dem König, so wenig er darnach den Heer-
dienst im Einzelnen zu ordnen, so wenig er jeden Besitz zu bestätigen oder zu widerrufen
hatte, ihm mochte doch wol auch sonst daran liegen, den Stand der Provinz zu kennen,
ihre Ansiedler und Landherren und Vasallen zu mustern und sich zu orientiren. Was aber
gewann aus dieser Uebersicht ein Geistlicher?

Die vorläufige Antwort liegt in einer ganzen Reihe von Copialbüchern, von Matrikeln
der Klöster, von Güterverzeichnissen, von Zehentregistern. So eigenthümlich für sich der
L. C. dasteht, die Einsicht auch nur in die Traditiones et antiquitates Fuldenses, ed.
Dronke. 1844. und in das Zehntregister des Bisthums Ratzeburg, ed. Arndt. 1833. hätten dem Verfasser die Frage aufgedrängt und zur Antwort verholfen.

Allein, auch abgesehen von allen Analogien: der flüchtigste Rückblick gibt die Antwort. Der Zehnte vom Zehnten wurde vom Haken berechnet. Der Bischof und sein Capitel controlirten einen Theil ihrer Einkünfte, indem sie die Haken controlirten; sie wussten,
an wen sie sich zu halten hatten, wenn die Besitzer verzeichnet waren; sie hatten vom
König die Zusicherung dieser Einnahme seit Altem und ein Besitzwechsel im Grossen,
wie im Kleinen konnte ihnen nicht gleichgültig bleiben.

Nun ist vielleicht auch neues Licht gewonnen für das Vorblatt, Fol. 41b. Zwar auch
jetzt noch erscheint es zum Theil nur als Notizensammlung; allein es hat auch eine weiter-
gehende Bedeutung. Wohin die Herrschaft des dänischen Königs nicht mehr reichte, dahin ging noch der Anspruch des Bischofs von Reval auf die geistlichen Zehnten. Der

Streit über mehrere der Landschaften, welche Fol. 41b. verzeichnet, war mit dem Vertrage von Stenby nicht beendet. Es bezeichnet offenbar das Verlangen des Ordens, sich gegen geistliche Einreden zu sichern, wenn er noch im J. 1282 (Livl. Urk. 482) den Besitz von «Gerwia et Alempois, Normekunde, Moke et Weigel, in Estonia Tharbatensis et Revaliensis dioecesis» vom Papste sich gleichsam bestätigen lässt; und die Notiz von Fol. 41b. «Alempos, una Kiligunda, in qua sunt CCCC unci. Hanc habent fratres militie sibi inuste uindicatam, cum a nullo dinoscuntur certo titulo habuisse» ist noch um die Mitte des XIII. Jahrhunderts vom geistlichen Standpunkte verständlich, auch nachdem die weltliche Abtretung an den Orden ergangen war. Der künftigen Forschung empfehle ich eine Angabe des Vorblatts zu genauer Prüfung. Im zweiten Absatz liest man: «hec sunt terre ex una parte fluuii qui uocatur lipz. Ex altera parte eiusdem. Zambia. Scalwo. Lammato. Curlandia. Semigallia». Mit Unrecht will Paucker für Lammato Sammato lesen und von Samaiten verstanden wissen. Der Name ist uns auch sonst nur aus Urkunden bekannt; allein erst nach dem J. 1250. Für diejenigen, welche aus Livl. Urk. 103, a. 1229 den Lammechinus rex, was sonst wol anginge, auf dieselbe Landschaft beziehen wollten, bemerke ich, dass sein Gebiet an der untern Windau lag, das Land Lammato oder Lammethin dagegen im äussersten Südwesten von Kurland, zum Theil nach Schemaiten hinein, in der Nähe von Memel. Ich setze die bezüglichen Stellen hierher: Livl. Urk. 236, a. 1252. Vereinigung zwischen dem Statthalter des Hochmeisters, Eberhard von Seyne, und dem Bischof Heinrich von Kurland über Erbauung von Burg und Stadt Memel: «Praeterea quidquid profitui nobis potest prouenire insto modo de Lammethin et aliis terris nondum subiugatis, ad episcopatum Curoniae spectantibus, ad praedictos V anuos in nostram cedet utilitatem», und ebenso in der Gegenurkunde des Bischofs, Livl. Urk. 237: «de Lammentin et aliis terris» ff. Ferner heisst es im lateinischen Gegentext der von Bunge Livl. Urk. 247 nur in deutscher Uebertragung aufgenommenen Urk. (Eberhards von Seyne) dd. Goldingen. 1253. II. Non. April.: «Sciendum est, quod postquam D. Episcopus uenit ad partem Curoniae, fratrem predictum Nicolaum in terra quae Lammetyn dicitur sine praeiuditio dicti Episcopi infeudarunt» ff. Und eben darauf wol bezieht sich Livl. Urk. 540 vom J. 1291: «terra quae vocatur Samentie (eine Var. liest Lamenan, eine andre nach meinen Excerpten aus der Popen'schen Brieflade: Samentin), quantum ad episcopatum spectat, manet domino episcopo et canonicis indivisa». Man sieht, das Land Lammethin (Lammato) ging zunächst und namentlich um die Mitte des XIII. Jahrhunderts den Bischof von Kurland an; es wird, so viel mir bekannt, sonst nirgends erwähnt. Die Kunde davon beim Schreiber von Fol. 41b. dürfte dessen geistlichen Stand noch wahrscheinlicher machen und ihn vielleicht in Beziehung setzen zu Verhältnissen oder Personen in Kurland. Dass dorthin noch im XIII. Jahrhundert die Aufmerksamkeit der Dänen gerichtet war, beweist anscheinend die Zusicherung Balduins v. Alna an den König Lammechinus und die heidnischen Kuren (Livl. Urk. 103, a. 129): «Ad ea vero iura, quae persolvere tenentur indigenae de Gothlandia, per omnia perpetuo tenebuntur episcopo suo, suisque

praelatis annuatim persolvenda, ita quod nec regno Daciae, nec Sueciae subiicien-
tur». Es sind in dieser Richtung noch manche historische Fäden zu verfolgen.

Freilich ist zunächst nur ein neuer Standpunkt gewonnen. Erledigt ist die Frage noch
nicht. Sofort drängen sich die Bedenken. Der L. C. verzeichnet nirgends deutlich eine
Dotation des Stifts; handelte es sich nur um die Controle des Zehnten vom Zehnten, so
ist das begreiflich; allein wozu dann die Erwähnung der 27 Haken? Waren sie etwa zwar
einem Gliede des Capitels, nicht aber diesem selbst verliehen? Auch die Widersprüche, die
oben unter dem Titel Ulricus Balistarius und Robert de Sluter besprochen wurden,
sind nicht eigentlich gelöst. Allein die Lösung auch selbst unscheinbarer Probleme darf sich
nicht überstürzen. Vielleicht hilft eine neu aufzufindende Urkunde unerwartet und gründlich.
Noch wissen wir fast nichts von der Geschichte des Revaler Stifts; weder wann Thorchill
ins Land kam, noch wie er in seine Dotation eingewiesen wurde. Vielleicht ist die Aufzeichnung gleichzeitig mit seiner Ernennung und begegnet der Zeit nach den älteren Zehenturkunden. Vor Allem müssen wir klar sehen in die Dauer und in die Ereignisse der
Sedisvacanzen, und das nächste Desideratum ist eine Geschichte der kirchlichen Verhältnisse von Harrien und Wirland.

Es hat die vorstehende Erörterung den reichhaltigen, ersten Band der Studien bei weitem nicht erschöpft; sie hat sich nur bemüht, die Basis zu prüfen, auf welcher die Geschichte Harriens und Wirlands vom Verfasser ist aufgerichtet worden. Die Consequenzen der Prüfung, so weit sie nicht angedeutet, liegen in der einleitenden Betrachtung über des Verfassers Methode, mögen sich selbst vollziehen. Der Maassstab wenigstens ist gegeben.

Allein so abweichend in Vielem die Resultate: so nahe berühren sie sich andrerseits. Der Beweis vom Alter des L. C. ist angestritten; alles Einzelne ist unsicher: jedoch die Masse halber Zeugnisse ersetzt mit ihrer Wirkung fast eine vollendete Beweisreihe. Die Auffassung vom dänisch-estnischen Lehnssystem ist wesentlich modificirt worden: des Richtigen und Giltigen ist genug noch geblieben. Der officielle Character der «Landrolle» lässt sich nicht aufrechthalten; aber es fehlt ihr nicht an Momenten, welche eine Beziehung zum Stenbyer Vertrage verrathen. Ganze Fragen hat der Verfasser unerledigt gelassen; manche, und nicht unwichtige, hat er völlig übersehen: dennoch hat er mit Umsicht, nicht selten mit Sicherheit erwiesen, was vor ihm kaum vermuthet war oder des Beweises ermangelte.

Nach Ausscheidung einiger unglücklicher Hypothesen bleibt ein gut geführtes, obschon mitunter gekünsteltes, Ganze. Die Geschichte Harriens und Wirlands ist bleibend begründet von ihren zwiespältigen Ansätzen bis an die Anzeichen vom Sieg des deutschen Elements. Der inneren Entwickelung ist ihr Gang vorgezeichnet, der äusseren Stellung ihr Gewicht gemessen. Die eigenthümliche Bedeutung der Landschaften für die deutsche Conföderation mit ihrer feudalen Grundlage ist überzeugend, obzwar nicht durchweg ohne Ueberspannung, erläutert. Die concurrirenden Aussengewalten müssen, eine nach der andern, zurücktreten. Der weltliche Streit zwischen König und Orden wird vom Papst geschlichtet nur mit dem Erfolge, die Macht Beider über Estland zu brechen. Als Dänemark die Herrschaft wieder antritt, da hat mittlerweile die harrisch-wirische Ritterschaft sich consolidirt, so dass der Schwerpunkt der Verwaltung frühe in ihre Mitte rückt. Sie weiss ihn zu behaupten nach innen und aussen. Die Unterjochung des Landvolks ist dann entschieden. Mag sie erst später sich vollenden, schon in den ältesten Verhältnissen ist Nichts, das mächtig wäre, sie abzuwenden. Wie sie beginnt, schildert der Verfasser (S. 278—283) meist treffend und in lebhafter Skizze. Und ehe die Darstellung abbricht, prägt sich ihr Bild noch einmal aus in einigen gedrängten Zügen.

«Wohl wird, sagt der Verfasser S. 5, diese Studie manchen gerechten Ansprüchen nicht genügen. Doch wird es mir vielleicht gelungen sein, einige neue Gesichtspunkte aufzustellen für die Erforschung der ersten Anfänge deutschen Lebens in Estland». Wenn nun am wahren Werth eines Werks die Ansprüche seines Urhebers sich richten, so besteht dieses Mal die mässige Prätension in Ehren vor der Leistung. Es sind nicht einige neue Gesichtspunkte gefunden: Kern und Halt hat der Verfasser geschaffen für jene Geschichte. Es ist mein Bestreben gewesen, einen Maassstab zu gewinnen, nach welchem die Extreme der «Studien» abzuscheiden wären: um so sicherer vermag ich den Werth des Restes zu schätzen. Und wenn meine Prüfung damit begann, die Mängel zu verfolgen, dort, wo sie am nächsten an die Vorzüge rühren, so darf sie auch schliessen zurückgekehrt an diese Grenze. Denn eben was die Schwäche der «Studien» bildet, wird andererseits zu ihrer Stärke. Einen Widerspruch kann darin finden nur, wer in der Werkstatt der Wissenschaft nicht zu scheiden gelernt hat absoluten Erfolg und methodischen, den Erfolg selbst und seine Vorbereitung. Es herrscht ein gewisses Gesetz in den Uebergängen vom Möglichen zum Wahrscheinlichen, vom Wahrscheinlichen zum Wirklichen. Es ist nicht in die Willkür gegeben, durcheinander das Wirkliche zu erkennen und das Mögliche erst zu überschauen. Ans Ziel führt nur eine methodische Reihe von Combinationen und in der grenzenlosen Welt der Möglichkeiten ist es weniger gefährlich, einseitig zu irren, als nach allen Seiten. Der Verfasser hat die dadurch bedingte Aufgabe — nicht völlig verstanden — aber nahe getroffen. Es ist ihm gelungen, zwar nicht einmal immer das Unwahrscheinliche zu ver- meiden, aber sich streng in der Sphäre des historisch Möglichen zu halten, so dass er nicht selten das Wahrscheinliche trifft, dem Wirklichen sich nähert. Am meisten hat er das dem Schematismus seiner Grundanschauung zu danken; er hat dabei geirrt, aber der Irrthum ist zu messen und leicht zu heilen.

Zwar neben die Mängel der Methode treten Mängel der Vorbereitung. So sorgsam die Benutzung der Quellen, — ihre Prüfung ist nicht immer gründlich vollzogen: das Docu- ment selbst, von welchem die Untersuchung ausgeht, zu dem sie zurückkehrt, ist nicht an allen Merkmalen sorgsam betrachtet: die Folgen habe ich versucht zu messen.

Und dazu kommen dann noch gelegentliche Fehler: missverstandene termini, über- sehene Daten, übereilte Schlüsse; ich habe sie gelegentlich verzeichnet.

Mitunter selbst ist nichts gewonnen, als Täuschung. Die unglaublich kühne Characte- ristik von Männern, deren jeder ein Leben durchlebt hat, wie wir, und von denen wir kaum mehr haben, als eine armselige Kunde; — der einem nicht ganz homogenen Stoff ge- genüber unsicher fixirte Standpunkt; — die Neigung, unter gleichberechtigten Daten zu bevorzugen nur, was in das System passt; — das halbunbewusste Bestreben, Widersprüche zu schwächen, Gegensätze zu übersehen, Unklares unklar zu motiviren und wiederum die Tendenz, Intentionen zu überspannen und Zufälliges mit der Beweiskraft von Nothwendi- gem auszustatten, — das sind unleugbare Mängel, die aufgewogen werden nur durch gleich unleugbare Vorzüge und in fast organischem Zusammenhange mit diesen. Je rücksichtsloser ich sie verfolgt habe, um so energischer habe ich schon darin den Werth bekundet, den mir das Buch hat: ihm die Anerkennung entziehen, ist unmöglich. Selbst über das Maass der Anerkennung vermag ich nicht zu schwanken; je tiefer ich mich hineingearbeitet, um so mehr fand ich Anlass zum Urtheil: es ist nicht eine Arbeit, die Ermunterung verlangt und Ermunterung grade verdient hat. Der Verfasser hat nicht einen fremden Stoff mit ungeübtem Eifer ergriffen; der Ansatz zu seinen Studien liegt mehr als 15 Jahre zurück; er hat seit den ersten Versuchen seinen Blick geschärft, sein Urtheil versucht, sein Material gesammelt und besonnen geordnet; er hat die Quellen nicht flüchtig durchmustert: er hat sie gelesen mit der Liebe und der Reife des Forschers; er hat sich vertieft in sie und Aufschlüsse in ihnen gefunden, die Zeugniss geben von feinem Bedacht und scharfsinniger Durchdringung. Es ist mir ein oft ungetrübter Genuss gewesen, ihm zu folgen in seinen Deductionen, mich überraschen zu lassen von seiner feinen Berechnung. Mitunter, wo ich ihn auf Irrwegen glaubte, sah ich ihn rüstig den rechten Weg wiedergewinnen: es war nur ein Umweg gewesen, ein Hinderniss zu umgehen, das mir nicht sofort war sichtbar geworden. Mitunter, wo er ein wichtiges Zeichen zu übersehen schien, das ihn zurechtweisen konnte, hatte er es von anderm Standpunkte erblickt und rasch sich von Neuem orientirt; mitunter auch hatte er es absichtlich verschwiegen und zeigte es dann mitten in einer Oede, wo vor allem Noth war an Wegweisern.

Allein auch ein realer Gewinn ist bleibend gesichert. Der Liber Census ist lange nur eine Fundgrube gewesen vereinzelter Notizen. Der Verfasser hat zuerst das Verdienst, ihn systematisch — wo nicht bezwungen, — doch angegriffen zu haben. Er hat ihm eine Deutung gegeben mit scharfen Merkmalen; die alte Unbestimmtheit hat er ihm genommen: sein grösster Fehler ist einseitige Consequenz. Wer die herkömmliche Behandlung livländischer Geschichte kennt, wird diese Einseitigkeit sich gern gefallen lassen. Man kann seine Auffassung angreifen — und ohne Zweifel behält er sich vor, sich gegen manchen Angriff zu wehren — man vermag sie nicht zu umgehen. Sie erzwingt Beachtung und hat einen Kern gesetzt, um welchen eine lange unterschiedslos schwankende Masse von Thatsachen sich ansetzen mag zu krystallischer Gliederung. So wirkt sie hinaus über ihre enge Sphäre und wird wahrhaft fördernd.

In Betracht darum der überwiegenden Vorzüge der «Studien», die nicht Ermunterung, sondern Anerkennung verlangen, — in Betracht der Liebe und Reife der Forschung, — in Betracht namentlich des methodischen Erfolgs, der über die nächste Wirkung hinausgeht, — erlaube ich mir, in kraft des mir gewordenen Auftrags und nach reiflicher Erwägung, für den Verfasser der Studien zur Geschichte Liv-, Esth- und Kurlands, Band I, auf Ertheilung eines vollen Demidowschen Preises anzutragen.

Dorpat, 26. März 1859.

Tab. I. Uebersicht des Grundbesitzes in Harrien und Wirland nach dem Liber Census.

Tab. II. Uebersicht der Relationen, des grossen, mittleren und kleinen Grundbesitzes in Harrien und Wirland nach dem Liber Census.

Die Kylaegunden des Liber Census	Gesammter Grundbesitz			Grundstücke von 20 u. mehr Haken				Grundstücke von 10-19 Haken				Grundstücke von 9 u. weniger Haken			
	Absol. Zahl d. Grundstücke	Haken	Wie viel Haken im Mittel auf 1 Grundstück	Abs. Zahl d. Grundstücke	Haken	Wie viel Haken im Mittel auf 1 Grundstück	Procentantheil am gesammten Grundbesitz	Absol. Zahl d. Grundstücke	Haken	Wie viel Haken im Mittel auf 1 Grundstück	Procentantheil am gesammten Grundbesitz	Absol. Zahl d. Grundstücke	Haken	Wie viel Haken im Mittel auf 1 Grundstück	Procentantheil am gesammten Grundbesitz
Hariae Die 3 ersten Parochien.	141	1090	7,73	4	101	25,25	9,2%	38	478	12,58	43,8%	99	511	5,16	46,8%
Upmentakae Kyl.	66	486	7,36	4	80	20,00	16,4	18	219	12,16	45,0	44	187	4,25	38,4
Repel Kyl. (Har.).	68	629	9,25	7	175	25,00	27,8	15	190	12,66	30,2	46	264	5,74	42,0
Ocrielao Kyl.	32	269	8,40	2	44	22,00	16,3	10	131	13,10	48,7	20	94	4,70	35,0
Repel Kyl. (Wiron.)	80	1276	15,95	26	777	29,88	60,9	24	307	12,79	24,0	30	192	6,40	15,0
Maum Kyl.	37	560	15,14	11	315	28,63	56,2	13	171	13,15	30,5	13	74	5,69	13,3
Kyl. Alentakae.	37	324	8,75	4	87	21,75	26,8	7	101	14,43	31,1	26	136	5,23	42,0
Kyl. Askælae.	19	218	11,47	4	123	30,75	56,4	3	36	12,00	16,5	12	59	4,91	27,0
Laemund Kyl.	27	394	14,60	9	222	24,66	56,3	8	112	14,00	28,4	10	60	6,00	15,2
Lemmun Kyl.	19	164	8,63	0	0	0,00	0,0	8	98	12,25	59,7	11	66	6,00	40,2
Harrien u. Wirland zus.	526	5410	10,28	71	1924	27,10	35,5%	144	1843	12,80	34,0%	313	1643	5,25	30,4%

Tab. III. Uebersicht des Grundbesitzes der Besitzer, der Vertriebenen, des Königs und Thiderics de Kyuael nach dem Liber Census.

Die Kylaegrunden des Liber Census.	Die Besitzer des Liber Census.						Auf pr. Besitzer			Die Vertriebenen des Liber Census.					Prozentanth. a. gesammten Grundbesitz		Dominus Rex.		Prozentanth. a. gesammten Grundbesitz		Thideric de Kyuael.		Prozentanth. a. gesammten Grundbesitz	
	Zahl der Besitzer.	Zahl der priv. Besitzer.	Güter.	priv. Güter.	Haken.	priv. Haken.		Wieviel Güter.	Wieviel Haken.	Expulsi.	Remoti.	Summe der Expulsi u. Remoti.	Zahl der Güter.	Zahl der Haken.	Güter.	Haken.	Zahl der Güter.	Zahl der Haken.	Güter.	Haken.	Zahl der Güter.	Zahl der Haken.	Güter.	Haken.
Hariae Die 3 ersten Paroch.	33	32	141	101	1090	765	1	3,15	c.24	16	1	17	16	194	11,3%	17,8%	40	325	28,3%	29,8%	0	0	0%	0%
Uomentakae Kyl.	28	26	66	59	486	446	1	2,27	c.17	4	22	26	25	222	36,3	45,6	2	11	8,0	5,0	0	0	0	0
Repel Kyl. (Har.)	26	23	68	58	629	507	1	2,52	c.22	19	2	21	21	199	30,8	31,6	0	0	0	0	2	18	2,9	2,8
Ocrielae Kyl.	6	3	32	12	269	28	1	(1)	(5)	0	0	0	0	0	0	0	24	227	75	80,6	0	0	0	0
Repel Kyl. (Wir.)	30	28	80	77	1276	1288	1	2,75	c.44?	5	1	6	6	141	7,5	11,0	1	20	1,3	1,3	12	292	15,0	22,0
Maum Kyl.	21	20	37	34	560	455	1	1,70	c.23	5	0	5	5	71	13,5	12,6	3	105	8,0	18,7	1	25	2,7	4,4
Kyl. Alentakae.	5	4	37	8	334	54	1	2,00	c.13	0	0	0	0	0	0	0	29	269½	78,4	83,3	3	40	8,1	12,3
Kyl. Askelm.	11	10	19	15	218	196	1	1,50	c.20	0	0	0	0	0	0	0	4	32	21,0	10,0	0	0	0	0
Laemund Kyl.	16	15	27	23	394	342	1	1,55	c.23	1	0	1	1	18	3,7	4,5	4	52	14,8	13,2	1	10	3,7	2,5
Lemmum Kyl.	10	9	19	15	164	147	1	1,66	c.16	0	0	0	0	0	0	0	4	17	21,0	10,3	3	27	15,7	16,4
Harrien u. Wirland zns.	127	121	526	393	5410	4172	1	3,23	c.34,5	40?	202?	66?	74	845	14 %	15,6%	111	1148½	21,0%	19 %	22	402	4,0%	7,4%

Anm. Die priv. Besitzer, Güter und Haken sind gefunden durch Abzug des Königs, der Klöster, der Infirmi und der «Nos» sammt deren Gütern von der Gesammtzahl.

Tab. IV[a]. Uebersicht der Expulsi und Remoti des Liber Census in Bezug zu den Besitzern ihres Landes.

Expulsi.	Kylaegunden.	Besitzer.	Remoti.	Kylaegunden.	Besitzer.
Albernus, fr. Godefrit	Maum	Dus tuui Palnis			
Albertus	Maum	Dus henric. de bix-höuet	Albert de Osilia	Repel II.	Dus tuui Palnis
			Albrict	Uoment.	Dus Tuco
Arnold	Hariae	{ Dus Iwarus / Dus Haelf }	Alexander	Uoment.	Herman. Osilianus
Bertaldus	Repel Har.	Dus Saxi			
Bertram	Hariae	Dus Odwardus	Conrad	Uoment.	Herman. Osilianus
			Efrardus	Uoment.	Herman. Osilianus
Engelardus, Dus	Maum	Thideric de Equaest	Engælard, miles	Uoment.	Thideric de Ekrist
Fretric	Repel Har.	Dus Saxo	Friedericus	Hariae	Bertoldus de Swa-vae
Gerard	{ Repel Har. / Repel Wir. }	{ Dus Saxo / Dus Saxi }			
Gerlacus	Repel Har.	Dus Saxi			
Godefrith	Hariae	Dus Haelf			
Godefrit	Repel Har.	Dus Saxi			
Halworth	Hariae	Dus Haelf			
Henric	{ Repel Har. / Repel Wir. }	{ Dus Saxo / Dus Saxi }	Hellinger lang	Uoment.	Dus Elf
Henricus Albus	Repel Har.	Dus Saxi			
Henric de Athenthorp	Hariae	Jan de Hamel			
Henric Batael	{ Repel Har. / Repel Wir. }	{ Dus Saxi / Heidenricus de bix-höuet }			
Henric Carbom	{ Hariae / Uomentakae }	{ Dus Odwardus / Odwardus }			
Henric Odbrictae	Repel Har.	Johannes lator pis-cium	Henric Morsael	Uomentakae	Mattil Risbit
Haerborth	{ Hariae / Uomentakae }	{ Dus Odwardus / Odwardus }			
Haerborth lang	Hariae	Dominus Odwardus	Herbart halfpa-pae	{ Uomentakae / Repel Wir. }	Thideric de Co-kaenhus
Hermannus	Hariae	Haelf	Hermann Aland	Hariae	Henric de Libaec
			Hermann Foot	Uomentakae	Dus Iwarus
Hilward	Hariae	Thideric	Hermann Wisae	Uomentakae	Mattil Risbit
Johannes	{ Hariae / Repel Wir. }	{ Dus Haelf / Dus Saxi }	Jacob	Uomentakae	Herman. Osilianus
			Johannes	Uomentakae	Dus Tuco
Jan stockfisk	Uomentakae	Odwardus	Jon Crusae	Uomentakae	Dus Elf
Lambert	Repel Har.	Conradus iuvenis	Jon Morae	Repel Hariae	Dus tuui Palnis
Laendaer	Hariae	Dus Iwarus			
			Libertus	Repel Wir.	Thid. de Kyuael
Lidulf	Repel Har.	{ Dus Saxo / Conradus iuvenis }	Lybroc	Uomentakae	Dus Iwarus
			Lycgyaer	Uomentakae	Dus Iwarus
Lidulf lang	Repel Har.	Dus Saxi			
Lidulf litlae	Repel Har.	Dus Saxi			
Ölricus	Repel Har.	Conradus iuvénis	Martinus	Uomentakae	Herman. Osilianus
Rigbob	Repel Har.	Dus Saxi	Marwar	Uomentakae	Dus Tuco
Sifrith Puster	{ Repel Har. / Repel Wir. }	Dus Saxi	Rimbolt	Uomentakae	Dus Iwarus
Simon	Maum	Maeinardus			
Thideric Nogat	Repel Har.	Tuui leös	Simon	Uomentakae	Dus Tuco
Thideric swort	Laemund	Bernard de bixhöuet			
Thomas	{ Uomentakae / Hariae }	{ Odwardus / Thideric }	Thideric de sturae	Uomentakae	Dus Elf
Waezelin	Hariae	Dus Haelf			
Widid	Maum	Johannes	Waeszelin	Uomentakae	Dus Iwarus
(Wilbrand)?	(Repel Har.)	(Nos)			
Winric	Repel Har.	Dus Saxo			
heredes di Willelmi	Repel Har.	Dus Tuki Wrang			

Anm. Es sind nur die vom L. C. ausdrücklich als Expulsi oder Remoti Bezeichneten berücksichtigt.

Tab. IVᵇ. Uebersicht der Expulsi und Remoti des Liber Census in Bezug zu den Besitzern ihres Landes.

Besitzer.	Kylaegunden.	Expulsi.	Besitzer.	Kylaegunden.	Remoti.
Bernard de bixhõuet Couradus juvenis	Laemund Repel Har.	Thideric Swort { Lambert { Lidulf { Olricus	Bertoldus de Swavae	Hariae	{ Fridricus { Hermann Aland
Dᵘˢ Haelf	Hariae	Arnold Godefrith Halworth Hermannus Johannes Waezelin	Dᵘˢ Haelf (Elf)	Uomentakae	{ Hellinger lang { Jon Crusae { Thideric de sturae
Henricus de bixhõuet Heidenricus de bix- hõuet Henric de libaec	Maum Repel Wir. Hariae	Albertus Henric Batae Henric de Athenthorp	Herman. Osilianus	Uomentakae	{ Alexander { Conrad { Efrardus { Jacob { Martinus
Johannes Johannes lator pisc. Dᵘˢ Iwarus	Maum Repel Har. Hariae	Widid Henricus Odbrictae Arnold Laendaer	Dᵘˢ Iwarus	Uomentakae	{ Herman Foot { Lybroe { Lycgyaer { Marwar { Rimbolt
Maeinardus Dᵘˢ Odwardus	Maum Hariae	Simon { Bertram { Henric Carbom { Haerborth { Haerborth lang	Mattil Risbit	Uomentakae	{ Henric Morsael { Herman Wisae
	Uomentakae	{ Henric Carbom { Herborth { Jan Stockfisk { Thomas			
Dᵘˢ Saxo (Saxi)	Repel Har.	{ Fretric { Bertaldus { Gerard { Gerlacus { Godefrit { Henric { Henric. Albus { Henric Batae { Lidulf { Lidulf lang { Lidulf litlae { Sifrith			
	Repel Wir.	{ Gerard { Henric { Johannes { Sinerth Puster			
Thideric	Hariae	Hilward Thomas			
Thideric de Equaest	Maum	Engelard miles	Thideric de Ekrist Thider. de Kyuael Thideric de Co- kaenhus	Uomentakae Repel Wir. Uomentakae Repel Wir.	Dᵘˢ Engelardus Libertus Herborth half- papae
Dᵘˢ Tuki Wrang	Repel Har.	heredes dᵢ Willelmi	Dᵘˢ Tuco	Uomentakae	{ Albrict { Johannes { Marwar { Simon
Dᵘˢ Tuui Palnis Tuui Leõs	Maum Repel Har.	Albernus, fr. Godefrit Thideric Nogat	Dᵘˢ Tuui Palnis	Repel Har.	{ Albert de Osilia { Jon Morae

Anm. Es sind nur die vom L. C. ausdrücklich als Expulsi oder Remoti Bezeichneten berücksichtigt.

Arnald litla

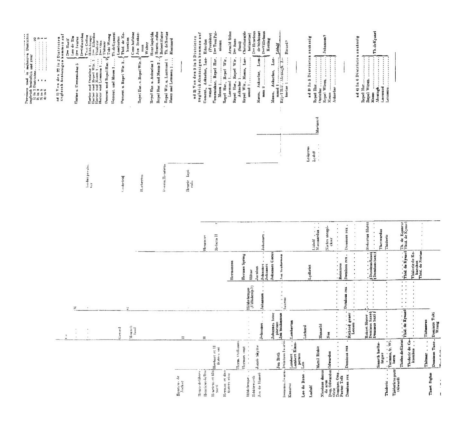

MÉMOIRES

DE

L'ACADÉMIE IMPÉRIALE DES SCIENCES DE ST.-PÉTERSBOURG, VIIᵉ SÉRIE.
Tome II, Nᵒ 4.

BEITRAG ZUR FESTSTELLUNG

DES

VERHÄLTNISSES VON KEPPLER ZU WALLENSTEIN

VON

Otto Struve,
Mitgliede der Akademie.

———

Gelesen am 8. April 1859.

St. PETERSBURG, 1860.

Commissionäre der Kaiserlichen Akademie der Wissenschaften:

in St. Petersburg	in Riga	in Leipzig
Eggers et Comp.,	Samuel Schmidt,	Leopold Voss.

———

Preis: 30 Kop. = 10 Ngr.

Gedruckt auf Verfügung der Kaiserlichen Akademie der Wissenschaften.

K. Vesselofski, beständiger Secretar.

Im Januar 1860.

Buchdruckerei der Kaiserlichen Akademie der Wissenschaften.

BEITRAG ZUR FESTSTELLUNG

DES

VERHÄLTNISSES VON KEPPLER ZU WALLENSTEIN.

Von

Otto Struve.

In Nr. 1178 der *Astronomischen Nachrichten* befindet sich ein von Humboldt durch Vermittelung des Herrn Dr. Bruhns in Berlin zur Veröffentlichung eingesandtes, an ihn gerichtetes Schreiben des Gymnasiallehrers Dr. Michael in Sagan, in welchem letzterer, gestützt auf ein in Sagan aufgefundenes Actenstück, nachzuweisen sucht, dass Keppler nie eigentlich in Diensten Wallenstein's gestanden habe, wie es doch von Breitschwert dem Biographen Keppler's behauptet wird. Durch diesen Aufsatz wurde ich veranlasst die in Pulkowa befindliche Sammlung Keppler'scher Manuscripte etwas näher in Bezug auf diesen Gegenstand zu untersuchen.

Über diese Manuscripte ist schon vielerlei von Hevel, Hansch, Kaestner, Murr u. A. geschrieben worden. Die Geschichte ihrer Wanderungen lässt sich folgendermassen zusammenfassen. Nach dem Tode Keppler's (1630 Nov. 15) verblieb sein ganzer literärischer Nachlass seinen Erben und zwar zunächst in den Händen seines Schwiegersohnes und letzten Gehülfen Jac. Bartsch. Später scheinen die Manuscripte durch Keppler's einzigen ihn überlebenden Sohn Ludwig, nach Königsberg gebracht zu sein, wo letzterer als Arzt bis zum Jahre 1663 lebte. Von ihm, oder seinen Erben, gelangten sie durch Kauf in den Besitz des berühmten und begüterten Danziger Astronomen und Bürgermeister's Joh. Hevel, der über ihren Inhalt in den *Philosophical Transactions* 1674, in einem an Oldenburg gerichteten Briefe berichtet. Nach Hevel's Tode erhielt sie, wie es scheint als Geschenk vom Schwiegersohne Hevel's, dem Bürgermeister Lange in Danzig, der Mathematiker Hansch, welcher die Absicht hatte alles werthvolle aus diesem Nachlasse zu veröffentlichen. Obgleich anfangs von Kaiser Carl VI liberal zu diesem Unternehmen unterstützt, hat Hansch jedoch nur einen Band Briefe unter dem Titel: *Joh. Keppleri aliorumque epistolae mutuae* 1718 publicirt. Geldverlegenheiten hinderten ihn an der Fortsetzung seines Unternehmens, ja er sah sich sogar genöthigt, nachdem er die Manuscripte vergeblich verschiedenen Akademien und gelehrten Gesellschaften zum Kauf angeboten hatte, dieselben für eine geringe Summe in Frankfurt am Main zu versetzen, wo sie verschiedene Besitzer wechselten, weil Hansch nicht wieder in den Stand gesetzt war sie auszulösen. In den Händen von Leuten, die ihre Bedeutung nicht ahndeten, blieben sie unbeachtet bis endlich der bekannte Bibliophile C. v. Murr sie ungefähr 1760 aufstöberte[1]) und, nachdem verschiedene andere Anträge missglückt waren, durch Stähelin's Vermittelung die Kaiserin Catherina II im Jahre 1774 zu ihrem Ankauf bewog. Von dieser aufgeklärten Monarchin wurden die Manuscripte unserer Akademie geschenkt und letzterer der Auftrag ertheilt aus denselben das Interessante zu veröffentlichen. Nach Murr's Zeugniss wurden die beiden Euler, Lexell und Krafft mit der Untersuchung der Manuscripte für diesen Zweck betraut und speciell stand von Lexell ein ausführlicher Bericht über dieselben zu erwarten. Ob dieser Bericht je angefertigt, ist mir nicht bekannt, veröffentlicht ist er gewiss nicht. So lagen die Manuscripte auch in unserer Akademischen Bibliothek nahezu 70 Jahre ganz unbenutzt, bis sie, bald nach der Gründung von Pulkowa, durch Beschluss der Akademie unserer Sternwartsbibliothek einverleibt wurden. In der Einleitung zur ersten Ausgabe des systematischen Catalogs unserer Bibliothek, vom Jahre 1845, machte mein Vater das wissenschaftliche Publikum wieder auf diesen Schatz aufmerksam und jetzt nach $2\frac{1}{3}$ Jahrhunderten steht endlich eine geeignete und umfassende Benutzung der wissenschaftlichen Hinterlassenschaft eines der grössten Astronomen und scharfsinnigsten Denker aller Zeiten in naher Aussicht. Wie der Akademie bekannt, hat Professor Frisch in Stuttgardt die Herausgabe sämmtlicher Keppler'schen Schriften sich zur Lebensaufgabe gestellt. Auf seine Bitte werden ihm zu dem Zweck durch die Akademie nach einander die verschiedenen Bände unserer Sammlung zur Benutzung anheimgestellt und noch jüngst sind die Bände XVI und XVII an ihn abgesandt. Bei seiner beabsichtigten und zum Theil schon ins Werk gesetzten Publikation benutzt Herr Prof. Frisch ausser den von Keppler selbst veröffentlichten Werken nicht allein die Pulkowaer Sammlung, sondern es ist seinen Bemühungen geglückt in den Archiven und Sammlungen Deutschlands, besonders in Stuttgardt, Wien und München manches Keppler betreffende aufzufinden und namentlich seinen Briefwechsel durch aufgefundene Antworten zu ergänzen. Es steht daher zu erwarten, dass Herrn Frisch's Arbeit in vielfacher Beziehung Interessantes bieten wird, wie auch schon die beiden ersten erschienenen Bände bezeugen, in denen unter anderem auch bereits mehrere inedita aus der Pulkowaer Sammlung aufgenommen sind. Von Herzen wünschen wir ihm einen glücklichen Fortgang seines Unternehmens und die Kräfte dasselbe seinem Plane gemäss bis zu Ende durchzuführen.

    Diesem Plane nach soll die Lebensbeschreibung Keppler's erst in den letzten Band aufgenommen werden. Offenbar liegt dieser Absicht der Wunsch zu Grunde noch so viel wie möglich Data für dieselbe während der Publikation der andern Bände zu sammeln und die Ansichten über ihn durch fortschreitendes eingehendes Studium seiner Schriften noch

---

1) Zach, *Monatliche Correspondenz* 1810.

schärfer festzustellen. Bis zum Erscheinen dieses letzten Bandes werden aber wahrscheinlich noch einige Jahre vergehen. Inzwischen glaube ich einen gelegentlichen Fund, durch die eingehends erwähnten Umstände veranlasst, dem wissenschaftlichen Publiko nicht vorenthalten zu dürfen, indem ich hoffe dass die gegenwärtige Mittheilung selbst noch dazu beitragen wird auf das Verdienstvolle der Arbeit des Prof. Frisch aufmerksam zu machen und ihre literar-historische Bedeutung noch mehr hervorzuheben.

Die vollständige Sammlung der Keppler'schen Manuscripte, wie sie in dem Besitze Hevel's gewesen und von dessen Erben oder von Hansch, dessen Namensinitiale (D. M. G. H.) der letzten Seite des Einbandes in goldenen Lettern aufgedruckt sind, in starken Lederbänden gebunden ist, scheint aus 20 Folio und 2 Quartbänden bestanden zu haben[1]). Zu diesen kamen noch einige nicht eingebundene Convolute hinzu, von denen Pulkowa nur eine Mappe besitzt. Die in dieser Mappe enthaltenen Manuscripte sind meist von Bartsch's Handschrift, indessen finden sich darin doch auch noch einige eigentliche Keppleriana. Von den genannten 22 Bänden besitzt Pulkowa 18. Von den 4 fehlenden, welche die Nummern VI, VII, VIII und XII tragen, sollen nach Murr's Angaben, wenigstens die 3 ersten sich in der K. K. Bibliothek zu Wien befinden und sind nie nach Russland gekommen, sondern fehlten schon als die Kaiserin Catharina die übrigen Manuscripte ankaufte. Mein Vater spricht in der erwähnten Einleitung zum Catalog der Sternwartsbibliothek die Meinung aus, dass jene 4 fehlenden Bände die Briefe enthalten, welche von Hansch publicirt sind und dass sie von letzterem als Original-Documente seiner Publication in der K. K. Bibliothek in Wien deponirt seien. Diese Ansicht ist wohl nur theilweise richtig, denn auch in den hier befindlichen Bänden finden sich mehrere Briefe, die in Hansch's Werke aufgenommen sind. Eine Vergleichung des von Hevel angegebenen Inhalts der von ihm besessenen Manuscripte, mit der Pulkowaer Sammlung, lehrt ausserdem, dass hier einige grössere Schriften fehlen und es steht wohl zu vermuthen, dass auch diese sich in jenen 4 Wiener Bänden finden[2]).

Hansch's Publication ist nur eine sehr unvollständige gewesen. Er hat sich offenbar nur auf die lateinische Correspondenz beschränkt, während die deutsche fast ebenso zahlreich in den Manuscripten vertreten ist und auch erstere ist nur sehr lückenhaft von ihm wiedergegeben. So fehlt z. B. der Inhalt des ganzen zehnten Bandes, welcher den so höchst interessanten durchweg lateinisch geführten Briefwechsel Keppler's mit David Fabricius enthält[3]). Desgleichen enthalten auch die Bände XVIII und XIX noch viele Corresponden-

---

1) Hevel selbst giebt 1674 29 Fascicula an. Der Einband datirt aber erst von 1712 und die Nummern der jetzigen Bände entsprechen nicht den Nummern der Hevel'schen Fascicula, so dass hieraus allein kein Urtheil über die Vollständigkeit der Sammlung, wie sie im Besitz Hevel's war, abzunehmen ist.

2) Leider haben wir in unserer Sammlung vergeblich nach der von Ludwig Keppler abgefassten *Synopsis vitae parentis* gesucht, die freilich Hevel, wie er selbst bezeugt, nicht gekannt hat, die aber später als Manuscript in Hansch's Händen gewesen und von ihm vielfach zur Zusammenstellung seiner vita Keppleri, die die Einleitung zu seinem Werke bildet, benutzt worden ist.

3) Dieser Band wurde von der Pulkowaer Sternwarte dem Prof. Apelt in Jena behufs einer von ihm un-

zen, die aber, weil sie sich meist auf astrologische Fragen beziehen, von Hansch unberücksichtigt gelassen sind. Da es sich aber voraussetzen liess dass Wallenstein's Beziehungen zu Keppler vorwiegend die Astrologie betroffen haben, so untersuchte ich gerade
diese beiden Bände mit besonderer Aufmerksamkeit und es gelang mir in dem XVIIIten
drei Schreiben Wallenstein's aufzufinden, die ich in der Abschrift folgen lasse. Dass die
Briefe von Wallenstein eigenhändig geschrieben seien, will ich nicht bestimmt behaupten, da mir seine Handschrift nicht bekannt ist; aber es spricht dafür theils der Inhalt
der Briefe, den er wohl schwerlich einem Dritten, wenn nicht sehr Vertrauten, würde
mitgetheilt haben, theils die unceremonielle Form und die Nachlässigkeit der im übrigen
sehr leserlichen Schreiben, wie auch schon die Adresse andeutet, welche einfach lautet:
«Herrn Keplero zuzustellen». Jedenfalls stammt der unterschriebene Namenszug von
Wallenstein's eigener Hand; er ist vollkommen übereinstimmend mit dem Fascimile seiner
Unterschrift, die sich auf dem von Dr. Michael publicirten Actenstücke findet.

I.

Ich zweifl nicht das sich der Herr wirdt erinnern können das ich zu unterschiedlichen mahlen mitt ihm geredt hab wegen der direccion MC ad $\square$ δ nun weis
ich mich auch zu erinnern das mir der Herr in seinem diseurs gemeldt hatt das
zwischen unsers Künigs aus Ungern auch meiner nativitet sich nicht gar gutte con-
figuraciones sehen lassen nun hab ich sie gegen einander calculiren lassen undt be-
fündt sich das gleich umb dieselbige Zeit wenn mein direccion MC ad $\square$ δ wirdt kommen das zugleich wirdt auch mein MC ad δ $\hbar$ in radice des Künigs nativitet kommen
bitt derowegen den Herrn ganz fleissig er wolle dies aus beyden nativiteten zusammen calculiren undt sein judicium drüber sagen. Vorm jahr ist des Künigs aus De-
nemarck Ascn: ad δ meines δ in radice meiner nativitet kommen wies ihm ist kregen
weis der Herr gar wol bitt auch der Herr wolle desselbigen jahrs reducion consi-
deriren undt mir sein meinung drüber zukommen lassen ich aber verbleibe

des Herrn guttwilliger
W.

Küstrin den 3d Jan:
    Ao 1629.

II.

Ich habe den Herrn Fortegierra angesprochen Ihr Matt: undt dero söhn
themata zu erigiren wie auch des Künigs aus Hiespanien neben diesen auch derselbigen Potentaten so nicht Ihre confidenten sein undts meins, auf das wenn ich in
führfallenden ocasionen den einen, wie mein pflicht undt schuldickeit mitt bringt,

---

ternommenen Arbeit über Keppler zugesandt. In seiner Schrift: *Die Reformation der Sternkunde*, Jena 1852,
hat derselbe Bruchstücke aus dieser Correspondenz abgedruckt.

werde dienen wieder die anderen oder wens die noth erfordern solte müste kriegen, wessen ich mich gegen einen undt den andern, Astrologica mente, zu versehen hette nun bitte ich den Herrn ganz fleissig, dieweil er den Ruf des pre unter den mathematicis hatt er wolle dies alles obs also die aspecti zutreffen calculiren auch obs umb dieselbige Zeitt vor oder nacher fallen undt mir das judicium drüber schicken insonderheitt aber in dem den Künig aus Hungern betrefendt denn mitt derselbigen nativitet fünde ich die meiste ungelegenheit das meine loca helegratia zu seinen maleficis kommen zu unterschiedlichen mahlen bitt der Herr wolle mir sein diseurs, aber nicht obscure, drüber schicken er wirdt mich höchlich obligiren ich aber verbleibe hiemitt

des Herrn guttwilliger
W.

Küstrin den 1d Feb:
  Ao 1629.

III.

♄ undt ♃ ♂ so Ao 1643 in ♓ geschehen soll man wolle mich berichten in wie vieltem grad der ♓ geschehen wirdt auch obs im selbigem jahr gewis vndt in welchem monat vndt tag geschehen wirdt.

Dies dritte kurze Schreiben ist nicht unterzeichnet, es ist aber von derselben Handschrift wie die andern und trägt die Adresse: «Des Herrn Keplers guttachten drüber». Gleich darauf folgt in demselben Bande die in diesem Schreiben verlangte Berechnung von Keppler's eigener Handschrift unter der Überschrift: Ad jussum Ecel^{mi} Ducis Fridlandiae computanda est ex Tabb. Rudolphi Conjunctio Magna ♄ ♃ proxime instans.

Durch diese Briefe[1], die auch vielleicht ein anderweitiges Interesse haben dürften durch die Andeutungen, die sie enthalten über den Ursprung des Misstrauens Wallenstein's gegen den König von Ungarn, den spätern Kaiser Ferdinand III, bestätigt sich im Allgemeinen die Ansicht des Dr. Michael, dass nämlich Keppler nicht geradezu in des Herzogs von Fridland Diensten gestanden habe. Es wäre in der That wohl kaum anzunehmen dass letzterer so höflich gebeten haben würde, wie er das namentlich im zweiten Briefe thut, wenn er ohne Umstände hätte befehlen können. Dass Keppler selbst das Wort «jussum» gebraucht, könnte wohl einfach als Höflichkeitsformel dem gefürchteten Feldherrn gegenüber, dessen Wünsche ihm Befehle waren, besonders da er unter seinem Schutze stand und von

---

1) Breitschwert führt p. 167 seiner Schrift in einer Note zwei Schreiben Keppler's an Wallenstein vom 10. und 24. Febr. desselben Jahres (1629) an, die in der Schrift Fried. Förster's: *Albr. v. Wallensteins ungedruckte Briefe*, Berlin 1829, publicirt sein sollen. Vermuthlich sind dieselben die Antworten auf vorstehende Briefe Wallenstein's und es wäre gewiss interessant sie zu vergleichen. Leider habe ich jene Förster'sche Schrift nicht zu sehn Gelegenheit gehabt, da sie sich weder auf der Kaiserlichen öffentlichen Bibliothek noch in derjenigen der Kais. Akademie der Wissenschaften finden soll.

ihm seinen Unterhalt bezog, gedeutet werden. Dass aber Keppler diesen Unterhalt nicht ohne gewisse stipulirte Gegenleistungen, wenn sie auch nicht gerade den Character eines Dienstverhältnisses hatten, bezogen hat, lässt sich andererseits ebenso wohl voraussetzen. Welcher Art aber diese Gegenleistungen waren, lässt sich aus dem mir bekannten Materiale nicht sicher bestimmen, sondern wir können darüber nur einige naheliegende Vermuthungen aufstellen. In Hansch's historischer Einleitung zu den *Epistolis* findet sich über Keppler's Beziehungen zu Wallenstein nur folgende Stelle:

> Huc (sc. Pragae) delatus non tantum ab Augustissimo Imperatore Ferdinando II summam quatuor mille florenorum, sed licentiam quoque impetravit, transeundi in patrocinium Principis Fridlandiae Alberti, Mathematum et maxime Astrologiae amantissimi; apud quem Caesar illi assignaverat stipendiorum residua, quae ad duodecim millia florenorum monetae Caesareae excreverant, testibus supplicibus literis Filii Lud. Keppleri ad Caesar. Maj. Ferdinandum II . . . . . ˙ Quo eodem (anno) etiam ex mandato Ducis Fridlandiae, qui ducatum Megalburgicum, et per consequens jus Patronatus Academiae Rostochiensis jam in propriis reputabat, ab Academiae Rectore D. Thoma Lindemanno ad professionem Mathematum sub iisdem conditionibus, quibus Sagani sustentabatur, a Duce praestandis, vocabatur. Impletis autem sequentibus demum conditionibus, Kepplerus sequi paratus erat. I. Si Princeps a Caesare ipsi veniam impetraret. II. Si quod ante annum Princeps illi ex Ducatu Mechelburgensi promiserat, se repraesentaturum: id nunc Rostochii repraesentaret; solutionem scilicet omnium praetensionum suarum aulicarum ad XII millia florenorum excurrentium, ut ei mandatum esset a Caesare.

Diese Stelle giebt freilich nur im Allgemeinen die Bedingungen an, die Wallenstein Keppler gegenüber zu erfüllen hatte, schliesst aber doch indirect eine Verpflichtung zu Gegenleistungen in sich. Wie hätte sonst Keppler so ohne weiteres sich bereit erklärt, «sub iisdem conditionibus quibus Sagani sustentabatur» die Professur der Mathematik in Rostock zu übernehmen, die doch gewiss ein onus für ihn gewesen wäre, wenn er nicht dadurch zugleich von andern Verpflichtungen befreit worden wäre.

Keppler selbst sagt in den Marginalnoten zur Revolutio Anni 1628[1]) (solche revolutiones hatte er, wie es scheint schon im Jahre 1595, für jedes Jahr seines Lebens voraus berechnet und fügte später Noten hinzu um den eventus mit der astrologischen Verkündigung zu vergleichen): «Praga in patrocinium pr. Fridlandiae transivi, Caesar dd. 4000, Assignata mihi ap. Fridland. Summa 12000.» Letztere Summe bezeichnet er selbst in seinen Briefen als Forderung, die er an die Staatscasse aus der Regierungszeit der Kaiser Rudolph II und Matthias hatte und die ihm von Ferdinand II auf die Einkünfte des

---

1) Diese Randnoten sind offenbar eine Hauptquelle aus der Hansch für die Zusammenstellung seiner Vita Keppleri geschöpft hat. Wesentliches habe ich in denselben nicht gefunden, das nicht von Hansch schon benutzt wäre.

Herzogthums Mecklenburg angewiesen waren. Ausserdem bezog er auch Sold vom Friedländer, den er in seinen während seines Aufenthalts in Sagan (1628—1630) erschienenen Schriften durchweg «patronus» und sich im Gegensatz «cliens» nennt. Hierüber spricht er sich in einem Briefe (Pragae $\frac{5}{15}$ Aprilis 1628) an seinen intimen Freund Bernegger in Strassburg[2]) folgendermassen aus: «De Saganensi mea commoratione, ad edendas observationes Tychonis Brahe nihil habebam solidi, nihil tutum aut admodum expetibile, quo te exhilararem. Si fortuna ista patroni hujus duraverit, perfacile tu poteris recipi Rostochium, affectat enim gloriam ex promotione literarum, sine discrimine Religionis: sin versa fuerit facilius ego Argentinam ad te potero pervenire. . . . . Quod autem Fridlandius haec alimenta mihi decrevit, causa est, quia ante triennium me impedivit, ut ad observationes Tychonicas imprimendas, Noribergenses a Caesare compellati, quatuor millia mihi non solverent.» Hieraus dürfte man mit Recht schliessen dass Wallenstein nur der Mäcen war, der es sich zur Ehre anrechnete den ersten Astronomen seiner Zeit bei sich aufzunehmen und gewissermassen als Zierde seines Hofs um sich zu haben. Indessen mögen doch wohl auch Nebenabsichten dabei im Spiel gewesen sein und die Proposition der Rostocker Professur, die von Wallenstein direct ausging, deutet wenigstens darauf hin dass es nicht ein blosser Ehrengehalt war, den Keppler in Sagan bezog. Die Vermuthung scheint mir nicht zu gewagt dass Keppler es geradezu übernommen hatte Wallenstein in seinen astrologischen Speculationen zu unterstützen oder ihm durch seine Rechnungen die astronomische Grundlage zu jenen zu liefern. Berücksichtigt man dass die in den vorstehend mitgetheilten Briefen geforderten Rechnungen nicht wenig Zeit und Mühe erforderten, und dass für die Ausführung derselben keine anderweitige Remuneration in Aussicht gestellt wird, wie es sonst durchweg geschieht, so gewinnt jene Vermuthung durch diese Briefe selbst eine wesentliche Bestätigung. Dass Keppler selbst einer solchen Verpflichtung, falls sie überhaupt formell existirt hat, in seinen Briefen keine Erwähnung thut, möchte wohl daraus zu erklären sein dass er selbst, der sich in seiner spätern Lebensperiode als ein Vorkämpfer gegen die Irrwege der Astrologie gezeigt hat, sich einer solchen Stellung nicht rühmen mochte, obgleich sie ihm andrerseits den Vortheil brachte dass er in jenen unruhigen Zeiten sorgenfrei seinen eigentlich astronomischen Studien nachgehen konnte. Auf diese Weise that die Stellung bei Wallenstein nicht bloss keinen Eintrag den Arbeiten, die Keppler als Kaiserlicher Mathematicus auszuführen übernommen hatte, sondern beförderte dieselben noch und dabei konnte es dem Kaiser ganz lieb sein dass er seinen Gehalt von Wallenstein bezog und nicht aus der erschöpften Staatskasse. In gleicher Weise behielt Keppler auch früher seinen Titel und die Verpflichtungen als Kaiserlicher Mathematicus während seines langjährigen Aufenthalts in Linz bei, wo er zugleich, als Remuneration für

---

2) Die Correspondenz Bernegger's mit Keppler fehlt auch bei Hansch. Das ist aber erklärlich weil dieselbe schon früher selbständig erschienen war unter dem Titel: *Epistolae J. Keppleri et M. Berneggeri mutuae.* Argentorati 1672. Diese für die Lebensgeschichte Keppler's wichtige Schrift, die sehr selten geworden zu sein scheint, fehlt leider noch in der Pulkowaer Bibliothek. Ich habe sie aber aus der Kaiserlichen öffentlichen Bibliothek durch die freundliche Vermittelung des Herrn G. Berkholz zur Ansicht und Benutzung erhalten.

eine Professur am dortigen Gymnasio, einen Gehalt von den Landständen in Oestreich ob
der Ens bezog.

Keppler's Beziehungen zu Wallenstein datiren übrigens nicht erst vom Jahre 1628,
in welchem er nach Sagan zog. Bereits 1608, also 20 Jahr früher, hatte er, aufgefordert
durch einen Dr. Stromayr in Prag, die Nativität für einen vornehmen Mann aus Böhmen
gestellt, von dem er angeblich damals weiter nichts erfuhr als dass er 1583 Sept. 14 um
$4^h 30^m$ unter der Polhöhe 51° geboren sei. Diese von ihm selbst verfasste Geburtserklärung
wurde ihm im December 1624 unter Zusage ansehnlicher Belohnung, durch Vermittelung
des Herrn Gerard von Taxis, Oberstlieutnant und Landeshauptmann im Herzogthum
Fridland, mit der Bitte wieder zugesandt seinen Diseurs über die Nativität «latins et par-
ticularius» zu diffundiren. Zugleich liess ihn der betreffende Geborene darauf aufmerksam
machen dass zwar im allgemeinen die im früheren Prognostico verkündeten Eventus ein-
getroffen seien, dass aber der Zeitpunkt verschiedener Begebenheiten um ein Paar Jahre
von den angekündigten differirt habe, wie solches von dem Geborenen in Randnoten bemerkt sei. Auch jetzt wurde der Name des Geborenen nicht genannt, aber es hätte wohl
keiner besonderen Divinationsgabe von Seiten Keppler's bedurft, um den Einsender zu
erkennen, besonders da, abgesehen von dem Vermittler und den Versprechungen, die in den
Randnoten angeführten Particularitäten ihn auf die Spur helfen und die Bestätigung seiner
betreffenden Conjecturen haben verschaffen können. Indem Keppler dem Wunsche entsprach, beobachtete er auch die gleiche Discretion und nennt den Namen des Geborenen
nicht, aber es geht klar aus dem ganzen Discurse hervor, dass er jetzt wohl wusste, mit
wem er es zu thun hatte.

Sowohl die erste Nativitätsstellung von 1608, wie auch der 1625 gelieferte Nachtrag
findet sich im XIX. Bande der Keppler'schen Manuscripte. Sie sind nicht von Keppler's
eigener Handschrift, sondern sorgfältig copirt, aber doch hin und wieder von ihm eigenhändig
corrigirt, so dass also über ihre Authenticität gar kein Zweifel obwalten kann. Ausserdem
aber finden sich auch noch an andern Stellen jenes und anderer Bände, Fragmente beider
Prognostica von Keppler's eigener Hand. Mit der zweiten im Januar 1625 abgegebenen Erklärung hat sich Wallenstein auch noch nicht begnügt, sondern es findet sich in der Sammlung noch ein Brief desselben Herrn von Taxis an Keppler, vom September des Jahres
1625, durch welchen ihn Wallenstein, jetzt mit Nennung seines Namens, noch um mehr
Ausführlichkeit bitten lässt. In wie weit Keppler ihm auch hierin gewillfahret habe, lässt
sich aus den hier vorhandenen Manuscripten nicht ersehn; aber dass er sich mit der Aufgabe gelegentlich beschäftigt habe, geht aus einem Zusatze zu den auf Wallenstein's Nativität bezüglichen Rechnungen hervor, indem sich dort die Himmelsfigur: «Pro Revolutione anni 44 ineuntis» angegeben vorfindet. Diese Rechnung musste, da Wallenstein im
September 1583 geboren war, im Herbst 1626 ausgeführt sein, also ungefähr ein Jahr nach
Empfang jenes Schreibens, aber doch jedenfalls vor seiner Berufung nach Sagan.

Ausser den beiden genannten Schriftstücken, finden sich unter den hiesigen Manuscripten, auch noch die Rechnungen, die Keppler behufs der verbesserten Nativitätsstellung Wallenstein's ausgeführt hat, so wie eine bedeutende Anzahl die Geburt anderer Potentaten oder sonst hervorragender Persönlichkeiten betreffender Rechnungen, die er offenbar auf den Wunsch oder vielmehr im Auftrage Wallenstein's gemacht hat. Dann findet sich aber auch noch in der Sammlung der sich auf Astrologie beziehenden Papiere, unter vielen anderen Geburtsfiguren, diejenige Wallenstein's, auf welche Keppler seine erste Erklärung vom Jahre 1608 begründet hat. Sie ist durch die nachfolgenden von ihm selbst vorgenommenen Verbesserungen, so bekritzelt, dass die einzelnen Zahlen und Zeichen nicht mehr alle deutlich erkannt werden können, bietet aber doch einiges Interesse, weil sie darthut dass Keppler schon bei Aufstellung der ersten Erklärung, wahrscheinlich unter der Hand, den Namen des Geborenen, für den dieselbe galt, erfahren hatte. Im mittleren Felde der Figur findet sich nämlich an der Stelle, wo sonst in der Regel der Name des Geborenen neben Ort und Stunde der Geburt angegeben wird, in diesem Falle, statt des deutlich geschriebenen Namens, eine Chiffre $\div / | \dashv \triangle \dashv \backslash \top \,$—, mit dem Zusatze a Stromero, dem Namen des Mannes, von dem Keppler, wie Eingangs der zweiten Erklärung erwähnt wird, die betreffende Aufgabe erhalten hatte. Solcher Chiffren finden sich noch mehrere in den Keppler'schen Manuscripten, besonders in dem Astrologischen Theile derselben. Er wandte sie an, wie es scheint, um Neugierigen, denen vielleicht seine Papiere zu Gesicht kommen könnten, das Verständniss von Umständen zu erschweren, die er nicht gern weiter bekannt wissen wollte. Durch Vergleichung einiger dieser Chiffren unter einander gelang es bald zu erkennen dass hier nur gewisse einfache Zeichen statt der gewöhnlichen Buchstaben gebraucht waren. Nachdem auf solche Weise das ganze Alphabet zusammengesetzt war, übersetzten sich die oben angeführten Zeichen in das Wort: Waltstein. Somit ist nicht zu verwundern dass Keppler schon in der ersten Geburtserklärung den Character Wallenstein's nahezu so darstellt, wie wir ihn aus der Geschichte kennen.

Für die Beurtheilung von Keppler's Ansichten über Astrologie bieten die beiden Prognostica interessante Vergleichspunkte. Ziehen wir dazu was sich sonst in seinen Papieren über diesen Gegenstand findet, so ergiebt sich dass Keppler in seiner Jugend noch sehr den astrologischen Träumereien nachgehangen und die Geschicke der einzelnen Menschen so wie ihre Charactere, als durch die Stellung der Planeten (besonders zur Zeit der Geburt) bedingt betrachtet habe. Tausende von Themata, die, nach der Handschrift zu urtheilen, meist aus einer frühern Zeit datiren, und die offenbar, in Erwägung der betreffenden Persönlichkeiten, nicht der Bezahlung wegen angefertigt waren und noch weniger etwa als kurzweilige Beschäftigung, da die vielfachen damit verknüpften Rechnungen ihm sehr viel Zeit und Mühe gekostet haben müssen, zeigen deutlich dass er sich noch viele Jahre damit abgequält hat eine Übereinstimmung zwischen den Erlebnissen der einzelnen Menschen, den Stellungen der Gestirne zur Zeit ihrer Geburt und den spätern Directionen derselben unter Berücksichtigung der Geburtsthemata, aufzufinden. Je mehr er aber mit den Jahren in der Erkenntniss der astronomischen Wahrheiten vorrückte, um so

mehr sehen wir ihn den Glauben an die Astrologie aufgeben. Schon in dem Wallenstein
1608 ausgestellten Prognostico ersehen wir dass Keppler das Bestimmen der Ereignisse
im menschlichen Leben nach planetarischen Stellungen für der Vernunft widrig ansieht,
indessen gesteht er doch noch den Planeten eine gewisse allgemeinere Einwirkung auf das
einzelne Individuum, speciell aber auf dessen Characterbildung zu, indem er dort ausdrücklich sagt: dass unsere verborgenen Kräffte der Seele eine grosse Neigung zu den himmlischen
Configurationen haben, von denselben aufgemuntert und in des Menschen Geburt formirt und
gearttet werden. Dieser Periode entspricht was Prof. Frisch im ersten Bande der Keppler'schen Werke pag. 292 über Keppler's astrologische Ansichten als das Resultat seiner
bisherigen Studien über diesen Gegenstand, nahezu übereinstimmend giebt. Aber auch diese
Concession, die Keppler noch 1608 der Astrologie machte, scheint er später zum grössten
Theil aufgegeben zu haben. In dem verbesserten Prognostico von 1625 spricht sich
Keppler offen und frei über das trügliche aller astrologischen Lehren aus und warnt
Wallenstein sich durch die Verkündigungen in seinen Handlungen leiten zu lassen. Vielleicht könnte man es Schwäche nennen dass Keppler, trotz dieser Erkenntniss, des Er-
werbs willen sich dazu hergegeben hat nicht bloss in diesem einzigen Falle, sondern
auch sonst noch häufig die Astrologische Kunst zu practisiren, aber der Vorwurf verschwindet durchaus, wenn, wie es hier geschieht, das Prognosticum selbst dazu benutzt
wird um durch augenscheinliches Beispiel das Irrige der Astrologischen Lehren darzuthun.
Die Freimüthigkeit, mit der sich Keppler dem gefürchteten Machthaber gegenüber ausspricht und ihm seinen Aberglauben vorhält, ist vollkommen des grossen Gelehrten würdig.

Es steht jedoch sehr zu bezweifeln dass selbst Keppler's bestimmter Ausspruch den
gewünschten Eindruck auf den abergläubischen Feldherrn gemacht habe. Ja es dürfte
sogar als nicht unwahrscheinlich erscheinen dass, trotz aller Warnungen, Wallenstein
sich auch bei manchen Unternehmungen seines spätern Lebens durch die für ihn von
Keppler selbst vorausberechneten Stellungen der Gestirne hat bestimmen lassen, wie sich
solches auch insbesondere in den oben mitgetheilten Briefen deutlich ausspricht. Wer
möchte wohl noch zweifeln dass astrologische Bedenken wesentlich seine Handlungsweise
dirigirt haben, wenn man sieht dass Keppler ihn schon Anfangs 1625, auf den Monat März
des Jahres 1634 als auf eine nach den astrologischen Lehren für sein Schicksal bedeutsame
Epoche aufmerksam macht. Man wäre in der That berechtigt Wallenstein's bekanntes
Zaudern in der letzten Lebensperiode durch den Wunsch die gefährliche ihm von Keppler
verkündete astrologische Epoche vorübergehn zu lassen, zu erklären. Dass ihn sein Schicksal
wenige Tage vor dem Anfange jenes Monats (den 25. Febr. 1634) ereilt hat, dürfte dem-
zufolge nicht als eine Erfüllung der astrologischen Verkündigungen, sondern als eine Folge
derselben angesehen werden.

Welchen Einfluss die Astrologie auf die Handlungsweise der Fürsten in jener Zeit
ausübte, davon legt Keppler selbst Zeugniss ab in einem Briefe, den er 1611 an eine
dem Kaiser Rudolph II nahestehende Person richtete. Das Concept dieses Briefes, von

Keppler's eigener Hand, findet sich im XXI. Bande der Manuscripte. Da derselbe zugleich den deutlichsten Beweis von dem biedern und freimüthigen Wesen des Verfassers, so wie seiner loyalen Gesinnungen gegen seinen rechtmässigen Herrscher, liefert, so wird seine Veröffentlichung gewiss gern von den Verehrern des unsterblichen Reformators der Astronomie gesehn werden. Den Namen des Mannes, an den der Brief gerichtet ist, habe ich nicht ermitteln können und Keppler selbst hat ihn geheim halten wollen, wie die Überschrift zeigt:

Anno 1611. Fest. Pascha.

Apage Caeremonias et titulos
debitos quidem, sed arcanorum proditores.

Confido te hominem fide Germanicâ cogniturum. Caesaris stipendia mereo, a Bohemis Austriacisque sum incorruptus; eorumque conversatione post unum et alterum congressum consultò abstineo. Ad te liberius scribo, qui Caesarianus es: quod non fama tantum, sed oculi auresque meae tuo beneficio mihi loquuntur.

Inter caetera hesterni colloquii, dixi uno verbo Astrologiam ingentia damna afferre Monarchis si catus aliquis astrologus illudere velit hominum credulitati. Jd ne Caesari nostro eveniat, operam mihi dandam puto. Caesar credulus est. Si audierit de Galli illius prognostico multum illi tribuet. Tuum igitur est, qui Caesari consulis, dispicere, an hoc sit ex usu Caesaris. Nam opinor te videre, si fundamenta desint rerum bene gerendarum, vanam esse et perniciosam omnem confidentiam. Ego prope certum jam habeo, rumorem Prognostici Gallici ad aures Caesaris perlatum.

Astrologia vulgaris, crede mihi, cothurnus est, potestque facili opera adduci, ut placentia dicat partibus utrisque. Ego non tantum vulgarem sed et illam astrologiam quam consentaneam deprehendo rebus naturalibus, plane censeo seponendam a delibirationibus hisce tam arduis. Non quidem hoc moneo ac si necessarium hoc tibi sit in solennibus consessibus: scio in illis nihil ex hoc fundamento disputari solere. Sed insidiatur haec vulpecula multo latentius, domi in cubiculo, super strato, intus in animo; instillatque interdum, quod quis ab illa corruptus in senatum inferat suppresso anthore.

Ego rogatus a partibus, quas Caesari scio adversas, super astrorum decretis, respondi, non quae per se alicujus momenti esse censeam, sed quae credulos percellant: nimirum longaevam Caesaris aetatem, directiones malas nullas, Revolutiones quidem malas et Eclipses, sed illas jam praeteritas ante annum biennium et triennium: Contra Matthiae turbas imminentes, quia Saturnus ad Solem ipsius accedit, et quia fiet oppositio magna Saturni et Jovis, in loco Solis ipsius. Haec dico hostibus Caesaris, quia si metäm jllis non incutiunt, certe confidentes non reddunt. Caesari ipsi nohm ista dicere quia non tanti sunt momenti, ut iis fidendum putem: et vero metuo ut Caesarem praeter rationem obfirment, ut negligat media me-

diocria, quae Principum fidelium intercessionibus habere fortasse potest: quo pacto
Astrologia illum in multo majus malum conjiceret, atque nunc est.

Vicissem tibi quia Caesari fidus es, dicam ingenue, quod Matthiae et Bohemis nunquam sum dicturus, quid nimirum mihi super cooperatione siderum in
his turbis ex saniori astrologia serio videatur: etsi interim nolim quemquam iis inniti, posthabitis circumstantiis rerum proximis et planetis terrestribus.

Matthias directiones aliquot jam transmisit mehercule laboriosissimas, anno
1566, Lunae ad ☐ ♄; anno 1595 Solis ad Saturnum; respondit fortuna. Nam anno
1594 (satis praecise ista, plus ab astris non est expectandum) rem male gessit ad
Strigonium Jaurinumque, in insula. Sic anno 1589, Medium Coeli ad oppositum
Saturni, sic anno 1605, 1606, Solis ad oppositum Martis, quando Ungaricae tur-
bae fuerunt, et Archiduces Pragam venientes, Matthiamque Caesari proponentes
Caesarem illi multo magis reddiderunt offensum. Ab hoc tempore bonae fuerunt
directiones et revolutiones, anno 1606 Lunae ad trinum Martis, anno 1607 Lunae
ad sextilem Jovis et jam hoc anno Medii Coeli ad corpus Martis, quae turbulenta
quidem est directio sed cum potestate, ut est in propatulo. Sequitur anno proximo
directio Medii Coeli ad sextilem Jovis, postea Ascendentis ad sextilem Martis (fe-
brilis sed interim foelix constitutio) et denique Ascendentis ad corpus Jovis). Hic
ego (astrologice quidem) externa omnia foelicia eventura puto et honorata, et transi-
tum fortunae Caesaris in ipsum: quia uterque habet sextilem Jovis et Martis et
.Caesar quidem per easdem revolutiones ad regna sua provectus est. Solum et uni-
cum ipsi nocentissimum bostem puto Destillationes futuras. Etsi vero Saturnus ad
Solem accedit et fit in loco Solis oppositio magna: tamen eadem anno 1593. 1594
etiam Caesari contigerunt. Quare, uti Caesari tunc natum est bellum quidem hor-
ribile, sed foelici tamen successu, quo ille bello evasit magnus; sic idem etiam Matthias sperare potest, cum Jovis applicatio ad ortum omnia faustissima polliceatur.

Caesar contra habet directiones adversas, Medii Coeli ad oppositos radios
Veneris et Mercurii, ubi Matthias habet Lunam, Ascendentis vero ad quadratum
radium Solis proxime, qui est oppositum Martis in genesi Matthiae.

Haec si astrologus aliquis videret et perpenderet, et si penes ipsum simul es-
set alterutri consulere: Matthiam quidem redderet confidentissimum, Caesarem
vero formidolosum. Ego, ut dictum, nihil puto inedificandum. Scripsi autem et
scrutatus sum omnia hoc proposito, ut ex eo conjecturam caperes, quantum Prognostico Gallico sit tribuendum: nimirum plane nihil.

Breviter, censeo Astrologiam exire debere non tantum e senatu, set etiam
ex animis ipsis eorum, qui hodie Caesari optima suadere volunt, adeoque arcendam
penitus a conspectu Caesaris.

Was hier Keppler unter dem Ausdruck «sanior astrologia» meint, ist wohl nur zu
verstehn als strengere Anwendung der Astrologischen Regeln, und nicht implicite als ein

Bekenntniss seines Glaubens an ihre Richtigkeit. Ihrer Zuverlässigkeit widerspricht er sogleich, indem er hinzufügt «interim nolim quemquam iis inniti». Aber falls er noch in jener Zeit an die Möglichkeit oder Wahrscheinlichkeit eines Einflusses der Gestirne auf die Geschicke der Menschen geglaubt hätte, dürfte das verwundern? Zwar war Keppler von Jugend auf durch seinen Lehrer Moestlin für die Copernicanische Lehre gewonnen und bekanntlich verdankt letztere seinem Genius und unermüdlichen Forschen, ihren vollständigen Triumpf. Aber die Copernicanische Lehre war es nicht allein, die den Glauben an die Astrologie vernichtete. Obgleich jene die Erde gleich den anderen Planeten um die Sonne kreisen lässt, so war damit allein noch nicht dargethan dass jene Planeten und selbst die Sonne unsrer Erde ebenbürtige Weltkörper seien. Hiezu bedurfte es zunächst der Erfindung des Fernrohrs. Erst nachdem durch dieses die andern Planeten als der Erde an Grösse und Gestalt analoge Körper erkannt waren, ausserdem durch das dritte Kepplersche Gesetz die relativen Entfernungen der Planeten festgestellt waren, endlich die Beobachtung die unermessliche Ausdehnung des Fixsternhimmels erwiesen und die Fixsterne selbst als unserer Sonne ähnliche Körper zu betrachten gelehrt hatte, war der Astrologie der Todesstoss versetzt. In der That so lange die Erde als Hauptkörper der Welt und das ganze übrige Universum als für sie, speciell also für das intelligente Wesen auf derselben, für den Menschen geschaffen angesehen werden durfte und in Ermangelung entgegenstehender Thatsachen angesehn werden musste, so lange war die Astrologie ein Bedürfniss des denkenden Geistes.

Nachdem ich vorstehenden Vortrag in der Akademie gehalten hatte, wurde von mehreren Seiten der Wunsch ausgesprochen, dass ich mit demselben auch die beiden von Keppler für Wallenstein ausgestellten Prognostica publiciren möchte. Indem ich diesem Wunsche entspreche, bemerke ich dass das kürzere erste bereits bekannt ist und sich auch schon im ersten Bande der von Prof. Frisch besorgten Ausgabe der Keppler'schen Werke abgedruckt vorfindet. Ich halte es jedoch für geeignet hier dasselbe wieder aufzunehmen, theils weil sich in unserem Manuscripte einige kleine Varianten finden, die zum Theil von Keppler selbst herstammen, theils weil die zweite ausführlichere Erklärung sich durchweg auf diese frühere bezieht und ohne deren Hinzuziehung ganz unverständlich wäre. Das Original zu dem von Frisch publicirten Prognostico soll sich, gleichfalls nicht von Keppler's eigner Hand geschrieben, im Königlich Sächsischen Archive befinden. Die kurzen Vorbemerkungen zu demselben über Tag und Stunde der Geburt des Herzogs von Fridland fehlen in der hiesigen Abschrift, stammen aber auch wahrscheinlich nicht von Keppler selbst her. Besonders auffallend ist es dass die jener Abschrift beigegebene und von Frisch veröffentlichte Himmelsfigur weder mit der unter den Keppler'schen Papieren aufgefundenen Himmelsfigur, noch mit den strengeren Rechnungen, wie sie behufs der zweiten Erklärung ausgeführt sind, genau übereinstimmt, indem sich fast durchweg Abweichungen in den Minuten, mehrfach aber auch um einige Grade zeigen. Es hat daher fast den Anschein, als ob jene Figur von einem anderen Astrologen herstamme, dessen Rechnungen auf andere Weise durchgeführt sind und auf anderen Tafeln beruhen, als die Keppler'schen. Auch stimmt das dort angeführte Geburtsmoment 1583 Sept. 14 Nachmittags 4 Uhr $1\frac{1}{2}$ Min. nicht streng mit dem von Keppler zu Grunde gelegten überein. Letzterer nimmt nämlich bei dem ersten Prognostico für jenes Moment 4 Uhr 30 Min. desselben Tages an und ändert es, bei der zweiten Erklärung, a posteriori in 4 Uhr $36\frac{1}{2}$ Min., indem er aus einem bestimmten Ereignisse in Wallenstein's Leben, nämlich aus seiner Erkrankung an der Pest im Januar 1605, auf das Moment der Geburt nach Astrologischen Regeln zurückschliesst. Dieses verbesserte Geburtsmoment ist der Ausgangspunkt für die Rechnungen und Betrachtungen, die wir in der zweiten Erklärung finden.

Die nun folgenden Prognostica sind von mir mit grösster Strenge nach dem hiesigen Manuscripte copirt, an dessen Orthographie ich selbst nichts geändert habe, obgleich dieselbe nicht in allen Stücken mit den früher erwähnten Fragmenten derselben Prognostica von Keppler's eigener Hand übereinstimmt. Nur an sehr wenigen Stellen sind mir Zweifel an der richtigen Leseart aufgestossen und diese mit einem Fragezeichen angedeutet. Die, wie früher erwähnt, von Wallenstein selbst herstammenden Randnoten zum ersten Prognostico sind hier von derselben Hand geschrieben wie die ganze übrige Abschrift. Dagegen sind die Randnoten zu den im zweiten Prognostico angegebenen Stellungen der Planeten in den einzelnen Jahren, von einer andern Handschrift, die mit der der Wallensteinschen vorstehend mitgetheilten Briefe einige Ähnlichkeit hat.

Kurze Erklärung der abgesezten Himmels Figur,

Demnach in der Astronomia von 7 Planeten und deroselben Weg, den sie stettigs laufen (in 12 Zaichen abgetheilt) gelehrt würdt, die Astrologi aber den Himmel in 12 Häuszer ausztheilen, aus iedem deroselben etwas gewisses zuevrtheilen,

Also befindet sich allhie der zehendte gradt des ♒ in Ersten Hausz des lebens uud folgt ♄ vnd ♃ die zween höchste Planeten in Zeichen der ♓ vereinigt.

Im andern Hausz der Wider,

Im dritten Hausz der Stier,

Im virtten der Zwilling, vnd deme des Mondts Creuzweg, so mann den Drachenschwanz pflegt zuenennen,

Im fünfften auch der Zwilling,

Im 6. der Krebs.

Im 7. Hausz daraus mann von Heuraths Sachen pflegt zuerathen, stehet der 10. gradt des Löwens, vnd folgt drauff Mercurius in der Jungfrauen, in gegenschein Saturni vnd Jovis, nach ihme stehet die Sonne im anfang der Wag, da tag vnd Nacht gleich werden, auch nit fern vom gegenschein Jovis.

Im 8. Hausz des Todts findet sich auch die Wag, vnd dann Mars, sehr weidt von der
Erden nebanstehendt, dem volgt Venus im Scorpion, im Triangul Saturni vnd
Jovis.

Im 9. lossiert der Scorpion,

Im 10. Hausz ist der 8° des Schüzens, vnd dabey das Caput Draconis, oder Creuzweg
des Mondes,

Im 11. auch der Schüz,

Im eingang des 12. Hauszes, so mann von der Gefenckhnus tittulirt, findet sich der Mondt
im 7° des Steinbockhs im geviertten Schein der Sonnen, vnd Sextilschein Veneris
von weithem hero,

disz ist also die Astronomische Beschreibung dieser Himlischen Figur und auszle-
gung deroselben Characterum.

De Domino Geniturae.

Wann ich nicht auch von den herschenden Planeten über diese Geburth etwas meldung thätte, durffte mann woll meinen, ich währe vnfleiszig gewest, so doch ich nit hierauf
gehe, wie andere Astrologi.

Doch ist ein Wunderbahrlich Ding, das in dieser Geburth, 3 gar vngleiche Weg von
eines ieden Planeten sterckh zuurtheilen, zuesamen vnd übereinstimen,

Der Erste Weg ist der Chaldaeer vnd Arabier, vnd hat kheinen grundt. Nach demselben soll es Saturni tag, vnd der Sonnenstundt gewest sein,

Der ander Weg beliebet dem mehrern theill der Astrologorum, wiewoll ich auch wenig
glaubens darauf habe, dann weill der Auffgang, Sonne vnd Mondt sich in den 3 Zaichen
Wassermann, Waag vnd Stainpòckh, so mann alle dem Saturno zuevrtheillet, befindet, demnach machen die Astrologi allhie Saturnum zum Domino Geniturae, geben ihme zue einem
gehülfen Jovem, weill er in Fischen stehet, welche wie auch der Schüz im zehendten für-
nembsten ortt des Himmels, nemblich mitten am Himmel Jovis aigne Zaichen gehalten
werden,

Der dritte Weg sagt nit mehr denn darvon, welche Planeten der Stundt nach woll
stehen, vnd sich in den Sitten vnd Natur des Menschen am meisten sehen lassen, Weill
dann Saturnus vnd Jupiter im ersten Hausz stehen, darauff ich sonderlich sehe, demnach
bleibt es darbey das Saturnus vnd Jupiter das maiste thuen,

Von der General bedeuttung dieszer Himlischen Figur.

So nun dieser Herr gebohren ist zue ermelter Zeidt, tag vnd stundt, so mag mit
Warheidt gesagt werden, das es nit ein schlechte Nativitet seye, sondern hochwüchtige
Zaichen habe, Als erstlich Conjunctionem magnam Saturni et Jovis in domo prima.

Fürs ander, Mercurium vnd Solem in domo septima angulari,

Fürs dritte, die Sonne in puncto Cardinali aequinoctii Autumnalis,

Furs virtte, Martem in aller höch vnd gefertschafft der Sonnen,

Fürs Fünffte, Vier Planeten mit Conjunctionibus, Oppositionibus, Sextilibus vnd Tri-
angulis in einander verckhnüpfet, nemlich Saturnum, Jovem, Mercurium, Venerem.

Fürs Sechste, Locus Conjunctionis Magnae A^i 1603, quae fuit 8° Sagittarii in medio
Coeli: Locus venturae Conjunctionis Magnae A^i 1623 in Occasu.

Doch hat sie nebens einem grossen fähl, das der Mondt in das 12. Hausz verworffen,
zue dem werden andere Astrologi sezen, das er im Stainpockh in seinem Detrimento oder
schädtlichem Hausz stehe,

Von Vnderschidtlichen Bedeuttungen,

Die Astrologi haben eben darumb die anfangs gemeldete ausztheilung der 12
Häuszer erdacht, damit sie auf alles das ienige, so der Mensch zue wissen begehrt,
vnderschidtlich andtwortten möchten, Jch aber halt diese weisz für vnmüglich, aber-
A glaubisch, waarsagerisch, vnd einen anhang des Arabischen Sortilegii, da mann auf
iede Frag, so den menschen einfält, zue derselbigen Stundt, auch ohne wissenschaft
seiner Geburthstundt Ja oder Nein andtwortten, vnd also aus der Astrologia ein Ora-
culum machen, vnd consequenter sich auf eingebung der Himlischen (villmehr helli-
schen) Gaister verlassen will,

Weil dann ich sonsten nit im brauch habe, also durch alle Häuszer zuegehn,
B vnd Specialfragen zuerördtern, als würdt mier auch iezo drumb khein vnfleisz, Sindemall ichs mit guettem bedacht vnderlasze, zuezuemessen sein,

Ob auch etwas in folgender Erklärung dergleichen lautten möchte, als begebe
ich mich auf Glückhfähl, vnd fortuita oder contingentia zuerrathen, soll solches nicht
C anderst verstandten werden, dann die izige Ercklärung vermag: nemlich nach dieszer
Regul, das welcher Astrologus einige Sach blosz vnd allein aus dem Himmel vor-
sagt, vnd sich nicht fundirt auf das Gemüeth, Seel, Vernunfft, Crafft oder Leibsge-
stalt des Jenigen Menschens, dem es begegnen soll, der gehe auf kheinen rechten
grundt, vnd so es ihme schon gerathe, seye es Glückh schuldt, Sindemall alles, was
der Mensch vom Himmel zuehoffen hat, da ist der Himmel nur Vatter, sein aigne
Seel aber ist die Mutter darzue, vnd wie khein Kindt auszerhalb seiner Mutterleib
D gezeugt wierdt, wann schon der Vätter zehen währen, Also hoffet mann vergeblich
ein Glückh von oben herab, dessen mann kheine anleitung in des Menschen Seel vnd
Gemüeth findet, vnd hingegen, so grosse Correspondenz ist zwischen der gebär Mutter vnd dem Mänlichen Saamen, noch vill ein grössere naigung haben Vnszere ver-
borgne Cräfften der Seelen zue den Himlischen erscheinenden Configurationibus, vnd
werden von denselbigen aufgemundert, vnd in des Menschen Geburth gar formirt
vnd gearttet.

E   Solchergestalt mag ich von diesem Herrn in Warheidt schreiben, das er ein
wachendes, auffgemundertes, embsiges, vnruhiges gemüeth habe, allerhandt neurungen

begührig, dem gemeines menschliches weszen vnd händel nicht gefallen, sondern der nach neuen vnversuchten, oder doch sonsten selzamen mitteln trachte, doch villmehr in gedanckhen habe, dann er euszerlich sehen vnd spüren lasset, dann Saturnus im Auffgang machet tüffsinnige, Melancholische, allezeidt wachende gedanckhen, bringt

F naigung zuer Alchymiam, Magiam, Zauberey, gemeinschafft zue den Gaistern, Verach-
G tung vnd nicht achtung menschlicher Gebott vnd Sittung auch aller Religionen, macht alles argwöhnisch vnd verdächtig, was Gott oder die Menschen handtlen, als wann es alles lautter betrug vnd vill ein anders darhünder währe, dann mann fürgibet,

Vnd weill der Mondt verworffen stehet, würdt ihme diese seine Natur zue einem merckhlichen nachtail vnd verachtung bey denen, mit welchen er zueconversirn hatt,
H gedeyen, das er für einen einsamen, lichtscheuhen Vnmenschen würdt gehalten wer-
I den, Gestaltsam er auch sein würdt Vnbarmherzig, ohne Brüederliche oder Eheliche lieb, niemandt achtend, nur ihme vnd seinen Wollusten ergeben, hardt über die Vn-
K derthanen, an sich zihendt, geizig, betrüglich, Vngleich im verhalten, maist stillschwei-
L gendt, offt vngestümb, auch streitbar, Vnverzagt, weill ☉ vnd Mars beysamen, wie-
M woll Saturnus die einbildungen verderbt, das er offt vergeblich forcht hatt,

Es ist aber das beste an dieser Geburth, das Jupiter darauff folget, vnd hoffnung
N machet mit reiffem alter werden sich die meisten Vntugendten abwezen, vnd also diese seine vngewöhnliche Natur zue hohen wüchtigen Sachen zueverrichten taugt-lich werden,

O   Dann sich nebens auch bey ihme sehen lasset grosser Ehrendurst, vnd streben
P nach zeittlichen Digniteten, vnd Macht, dardurch er ihme vill groszer, schädtlicher,
Q offendtlicher vnd haimblicher feindt machen, aber denselben meisten theils obligen vnd obsigen würdt, das diese Nativitet vill gmains hatt mit des gewesten Canzlers in Polln, der Königin in Engellandt, vnd anderer dergleichen, die auch vill Planeten in auff- vnd nidergang vmb den Horizontem herumber stehen haben, derohalben khein
R Zweiffel ist, wofern er nur der Weltlauff in acht nemen würdt, würdt er zue hohen
S Digniteten, Reichtumb vnd nachdem er sich zue einer höffligkheidt schickhen würde, auch zue stattlicher Heurath gelangen,

Vnd weill Mercurius so genaw in opposito Jovis stehet, will es das ansehen ge-
T winnen, als werdt er einen besondern aberglauben haben, vnd durch mittel desselbigen
V ein grosse menige Volckhs an sich zihen, oder sich etwa einmall von einer Rott so
X malcontent zue einem haubt und Rädtlführer aufwerffen lassen, dann Conjunctio mag-na Saturni et Jovis in Ascendente loco Conjunctionum in Angulis, et Sol in loco Op-
Y positionis magnae A° 1613 wollen auf daszelbige vnd die vor vnd nachgehende Jahr,
Z so er lebt, allerlay grauszame, erschreckhliche Verwührungen mit seiner Person ver-einbahren, wie hernach weitter vnd auszführlicher berichtet werden solle,

Von Vnderschidtlichen Zeitten,

Die Doctrinam Directionum führ ich auf mein aigne doch vernünfftige weisz, die ausz allen andern gebreuchigen gezogen, vnd mit denen vermengt ist, Vnd befindet sich nach fleissiger calculierung (die schlechte Directiones auf das 3. 7. vnd 9. Jahr lasz ich fahren).

Im 11. 12. vnd 13. Jahr des Alters soll es vnruhig vnd widerwärttig zuegegangen sein, dann Ascendens in trino Martis bedeutt raiszen, Luna in Sextili Saturni euszerliche gebrechen, doch gunst alter leuth, Medium Coeli in Quadrato Saturni ein Vnglückh, vnd villeicht ein Miszhandtlung,

Von 15. bisz in 20. seindt meist guette bedeuttungen, vnd Directiones Lunae ad Trinum Mercurii, Sextilem Jovis, Medii Coeli ad Quadratum Mercurii et Jovis (welcher etwas widerwärttig vnd zänckhisch mit Gelährten vnd Doctoribus) Ascend. ad Trinum Veneris fürhanden,

Aa

Im 21. Jahr begibt sich ein sehr gefehrliche Directio Ascendentis ad Corpus Saturni, vnd zuemahl Lunae ad Quadratum Martis, da soll er mit

Im 22 Jahr hab ich die Ungrisch Kranckheidt und die Pest gehabt. Ao 1605. im Januario.

dem leben gar khummerlich darvon khomen sein, So ist auch damahlen gewest ein Conjunctio magna Saturni et Jovis in Medio Coeli hujus Geneseos, die würdt diese Person zue villen verwührten geschäfften, so auch das gemeine weszen betroffen, disponirt vnd angereizet haben,

Bb

Im 23. 24. Jahr des Alters hatt er gehabt Directionis Ascendentis ad corpus Jovis et oppositum Mercurii, Lunae ad Trinum Solis, Medii Coeli ad Sextilem Martis, das soll die gesundtheit wider verbessert, das Gemüeth schwaiffig, vnd zueraiszen disponirt, auch zänckhisch vnd endtlich verliebt gemacht haben, Ist ein gar schöne gelägenheidt zue einer raichen stattlichen Heurath.

Cc

Disz iezige und khünfftige Jahr seindt nit sonderlich guett, denn der hizige Planet Mars gehet diesen Sommer 3 mahl durch den Gradum Ascendentis, vnd bringt vill vnruhige, zornige gedanckhen,

Dd

So würdt es Saturnus im khünfftigen Jahr auch nicht sparen, sonderlich im Martio, Julio vnd Decembri, zuemahl weill ein Directio ist Medii

Ee

Coeli ad Quadratum Solis Ascendentis ad Oppositum Solis. Das würdt diesen Herrn aigensinnig, streittig, truzig, hochmüettig vnd verwegen machen, durch welche Vntugenden er leichtlich mit seiner Obrigkheit in gefährlichen streitt erwachszen khan, oder sonst mit hohen Potentaten.

Ff

Ao 1611 bin ich nicht kranckh gewest, auch zue kheinem Krigsbevelch erhoben, aber würdt er vermuettlich zue einen Kriegszbevelch oder sonst Politischer Dignelegenheidten hab ich Vollauf ge-

Im 28 Jahr, Ao 1611. begibt sich ein Directio der Sonnen zum Marte, vnd gehen die starckhe Oppositiones Saturni et Jovis baldt drauff. Da nitet befürdert werden, Er mag aber zuesehen, das er nicht zue hizig oder

habt, Ao 1615 im Sept. droz seye, das ers nicht mit der hautt bezahlen muesz, Oder felt er sonsten
bin ich kranckh wor-
den, und gar khüm- etwa in ein hize Kranckheidt.
merlich mit dem le-
ben darvon khomen,   Vom Jahr 1613 ist droben meldung beschehen, allda er ein bösze
in diesen Jahr etlich
wenig Monat vor mei- doch der anfänglichen Nativitet gleichförmige Revolution hatt, vnd in
ner Kranckheidt bin
ich zue einem grosze Verwührung gerathen würdt, zuemahl auch flüssig vnd schwürmig
Kriegszbevelch pro-
movirt worden, sein würdt, propter Directionem Lunae Quadrati ad Ascendens.

Hh

Ii   Im 33. Jahr ist Directio Medii Coeli ad Lunae Corpus, das möcht

Ao 1609 in Majo hab ein glegenheidt geben zue einer stattlichen Henrath, wann mann sich deren
ich diese Heurath ge-
than, mit einer Wittib, gebrauchen wolte, die Astrologi pflegen hinzuezuesetzen, das es ein Wittib,
wie daher ad vivum
describirt wierdt, Ao vnd nit Schön, aber an Herschafften, gebäw, Vieh vnd baarem Geldt reich
1614. den 23. Martii
ist sie gestorben vnd sein werde, Ich zwar bin der mainung, Er werde ihme ein solche vor allen
ich mit einer Jung-
frau Ao 1623. den 9. andern belieben lassen, obs woll Himmels halber nicht also specificirt wer-
Junii widerumb ge-
heuret, den khan, dann sein Natur vnd naigung gilt bey mier mehr, dann khein
Stern.

Kk   Im 37. Jahr gibt es wider Weibergunst Directio Solis ad Sextilem
Lunae.

Ao 1620 in Julio bin   Im 39. 40. Jahr khombt ein sehr gefährliche Directio Ascendentis ad
ich auf den Todt
kranckh gewest, vnd Oppositum Martis, vnd zuemahl ein Conjunctio magna Saturni et Jovis in
die Kranckheit ver-
mein ich, das ich cuspide Domus Septimae. Wann die Astrologi diese Direction sehen sol-
miers mit Trinckhen
causirt hab, hatt ten, Marte in domo 8. Mortis versante, würdten sie alle ohn Zweiffel auff
auch sollen die Vn-
gerisch Kranckheidt einen Todtfall votirn, Ich aber nimb nichts darausz ab, als disz, das er zue
werden, aber die Ex-
perienz vnd Fleisz derselben Zeidt, gäch vnd vnbesonnen sein werde, vnd leichtlich in ein
des Medici ist dem
halt bevorkhomen, gefahr, es sey mit fallen, springen, Kempfen, oder auch mit überflusz an
essen vnd trinckhen, nach begirdt, vnd also in gefahr der Ruhr oder Ve-

Ll   nerischen Kranckheidt gerathen möge,

Hüettet er sich nicht, so khombt er desto schwährlicher hindurch, ob
er sich aber schon hüettet, so würdt es doch anmahnen,

Mm   Im 42. 44. 46. gebet es gar lieblich und weibisch zue, seindt guette
gelinde Directiones, Ascendentis ad Trinum Lunae, Medii Coeli ad Sextilem Veneris, Solis ad Venerem.

Nn   Vom 47. bis ins 52. wollen wier anfahen an Güettern, Authoritet und
ansehen trefflich zuezuenemen, weill Ascendens, Medium Coeli, Sol ad
faustos radios Saturni, Jovis et Mercurii khomen, und also ein Aspecte in

Das Podagra hab ich so khurzen Jahren abgeben, zue denen stost der zehendte Lunae ad Trinum
Ao 1620. im April be-
khomen, aber gehet Martis. Doch möcht er darneben das Podagra (weill er sonsten starckher
bisz dato noch gar
gnedig darmit zue, Complexion, vnd nicht villen Kranckheitten vnderworffen) zuer zuebuesz
vnd schier ohne
schmerzen, bekhomen,

Oo　　　　Im 57 stosset das Glückh sich ein wenig wegen gächheidt, zue deren raizet Directio Medii Coeli ad Quadratum Martis, doch ist darbey auch Directio Asc. ad Trinum Solis, raizet zue stattlichen verhalten vnd verschwendung,

Pp　　　　Im 59. 60. gibt es widerumb schöne ansehliche Directiones Medii Coeli ad Trinum Solis, Lunae et Solis ad suos Sextiles.

Qq　　　　Im 67. khombt Cauda Draconis in Ortum bringt flüsse, Vnd obwoll im 69. der Mondt zum Triangulo Veneris khombt, vnd die Natur erquickhet, so ist doch balt Ào 70. die Directio Ascendentis ad Quadratum Saturni für der thür, vnd nahet auch der Mondt zum Saturno, darausz ich vermuethe ihme werdt ein Viertäglich Fieber anstossen, oder ein kalter fluss, wölchen er bey diesem Alter schwährlich überwinden wierdt, wann er anderst im 28. oder 40. nit darauff gebet, wie droben vermeldet.

Gen. I.

Vidit Deus omnia, quae fecit, et ecce erant valde bona.

Anderte Ercklärung dieszer Geburthsfigur

gestelt Ao 1625 im Januario.

　　　Demnach ich die vorige Geburths Ercklärung vor villen Jahren im Königreich Böhaimb verfertigt, vnd aber mich dessen ganz richtig zuebesinnen habe, das ich selbiger Zeidt sowoll als seidthero mich nit habe bewegen lassen, einige Nativitet auszzuelegen, ich seye dann von denen, so es in ihrem oder andern Nahmen begehret, dessen versichert worden, das mein arbeidt für einen gehörig, welcher die Philosophiam verstehe, vnd mit kheinen deroselben zuewiderlauffenden Aberglauben behafftet, als solte ein Astrologus khünfftige Particular Sachen, vnd futura contigentia aus dem Himmel vorsehen khönen, Inmassen ich mich denn guetter massen zuerinnern habe, das D. Stromair, der ein gelehrter Medicus gewest, diese Geburths Ercklärung bey mier sollicirte, vnd disz ortts mich versichert: Als bette ich mier warlich nit draumen lassen, das diesze meine Arbeidt mier vmb willen dieselbige mehr specifice auszzueführen, wider zue meinen händten solte khomen sein,

　　　Will derohalben gleich eingangs höchst fleiszig gebetten haben, wann ich den Gebornen von seinem gefasten, vnd durch Herrn Gerhardt von Taxis ganz offentlich an tag gegebenen Irrigen Wahn abmahnen, vnd hiermit meinen guetten Nahmen vnd Philosophische Profession in acht nemen werde, wolle solches der Geborne mier zue kheinem vnfleisz oder verachtung an: vnd aufnemen, Allweill er befinden würdt, das ich sonsten in auszrechnung des Thematis, item Directionum et Revolutionum für die ienige, die den Gebornen mit ihren aignen Opinionibus Astrologicis etwas mehr secundirn, vnd aber mit der Wahren Rechnung nit gevolgen möchten (denselben also die notturfft zue den begehrten Special vorsagungen, vnder die händt zuebefürdern) kheine mühe nit gesparret; sowol auch des Gebornen Hail und Wollfarth durch andere Vernünfftige, aus der Natur vnd Politica hergenomene, vnd den Astrologicis Signis Generalibus zuegesellete Vermuttungen zuebefürdern, mich nach gelegenheid der Arbeith euszerst beflíszen habe, Vnd will es gleich eingans ein Notturfft sein, das ieztermelden Herrn von Taxis schreiben, zue examiniren, vnd also das bessere, vnd gewiszere hinwider zueberichten,

Anfangs schreibt er de dato Wien 16. Decembr. der Geborne habe ad marginem meines vorigen Judicii ezliche Accidentia gesezet, so ihme widerfahren, ich auch ihme solche praedicirt, aber etwa vmb ein Jahr spätter oder früer geschehen, aus denselben die rechte Zeidt der Geburth vnd Minuten der Stundt zue colligirn, also das Thema zuerectificirn vnd seinen Discurs darüber desto baasz zuemachen,

Nun ist zwar nit ohn, das mier hiermidt der rechte vnd eigendtliche Process fürgeschrieben wordten, welcher sonsten von allen Astrologis in Corrigirung der Rechten Wahren Geburdt Stundt, wo müglich, gehalten, vnd zum wenigsten erfordert würdt; welches Processes auch ich mich in abgang anderer mehrer gewiszheid iezueweillen halte, dann ich befinde auch dieszen Weg der Natur nit vngemäsz, sofern ein Gebohrner derley Accidentia anzuezeigen, welche einig und allein aus der Natur selber verursacht werden, vnd nit etwa durch des Gebornen WillChurliches Zuethuen befürdert oder verspättet werden mögen,

Dieweill aber disz ein solcher fahl ist, welcher sich selten begibt, dann welcher mensch ist so eingezogen, der nit alle Stundt vnd augenblickh seiner angebornen Natur vnd Leibstemperament mit vnordtenlichem Essen vnd trinckhen, mit Hiz vnd Kält, mit arbeitten, raiszen, Zorn, vnd mit allerhandt übermassen, villfältig einschlag gibet, vnd sich also an seiner gesundtheidt, oder natürlicher weisse herzue nahenden Kranckheidten hindert, oder die Zeidt deroselben befürdert, Also ist es nit allein für sich selber der Vernunfft gemäsz, sondern ich hoffe auch so vill ansehens bey den Gebornen, mit meiner langwühriger Experienz erhalten zue haben, das er hierüber meiner, als eines alten erfahrung mehr zuelegen werde, als eines ieden iungen Studentens, oder auch alten doch auff gemeiner Junggefaster Persuasion, als gleich auf den alten trapp, unbesonnen vnd ohnvorsichtig hinauszgehenden Practicantens blöszigen Jawordts vnd Vertröstung auf das ienig, was ein Gebohrner ohne das gern hette oder glaubet, Nemblich das dieser Weg das Thema zuecorrigirn durch Accidentia, als Purlautter natürlich, die doch villfältig wider vnd übernatürlich sein, ie einmahl den Stich nit allemahl halten, oder den Astrologum versichern khönden,

Hie will ich nun einen Puncten ausz dem vorigen Judicio nemlich literam Aa angreiffen, vnd nach ercklärung desselben widerumb zue Herrn von Taxis schreiben khomen.

Dann weill der Geborne mit eigner handt bey litera *Aa*. verzeichnet hatt, das er Ao aetatis 22, nemblich Ao 1605 im Januario die Ungerische Kranckheidt vnd Pest gehabt, Gesezet, es sey disz allein ein natürlicher trieb gewest, oder doch meistentheils ein natürlicher Trib, das die Natur des Leibs sich begehret habe deren böszen feuchtigkheidt zuentladen, aus welchen ausztrib ein Ungerische Kranckheidt worden, so ist gar vermuetlich, die Directio Ascendentis ad Corpus Saturni hab ihr hierzue anleittung geben: dann die Natur nimmet ihre modos vnd leges aus den Directionibus. Hie muesz nun Ascensio Obliqua Saturni gesucht werden sub Altitudine Poli 51°. Oriente circiter 22° ♓ est Angulus Orientis 15° 36′, Latitudo ♄ Meridiana est 2° 27′. Differentia igitur coorientaria 8° 47′ et Saturnus oritus cum 27° 47′ ♓ circiter. Laboriosius igitur limando hunc coorientem, Angulus apud illum est 15° 29′. Itaque Differentia coorientaria 8° 50′. Ita ♄ oritur cum 27° 50′ ♓.

Et quia Jovis latitudo Meridiana est 1° 37′ eodem angulo. Ergo Differentia coorientaria fit 5° 50′, et Jupiter oritur cum 28° 33′ ♓. Sic etiam, quia opposita Mercurio puncti latitudo est 1° 46′ angulo eodem, Differentia ejus coorientaria fit 6° 23′ quare occidit Mercurius cum 28° 58′ ♏.

Jam Ascensiones Obliquae sunt

Saturni . . . . 359° 5′
Jovis 359 30
Oppositi Mercurii 359 34

Hiemit fallen alle drey Directiones innerhalb eines halben Jahrs, vnd die Virtte Ascendentis ad Oppositum Solis auf das nechste Jahr hernach, das ist woll ein selzames. Saturnus zwar schicket sich woll auf die Vngerisch Kranckheidt. Mercurius aber auch sehr woll auf die Pest, vnd Jupiter gibt beider ortten einen guetten mitlern nach der Astrologorum lehr,

Wann dann nun das mittlere genommen wierdt 359. 30. vnd Ascensio recta Medii Coeli 269. 20. culminavit ergo 29° 22′ ♐. Wann nun der lauff der Sonnen von 21⅓ tagen, das ist 21° 7′ gesezt würdt, zue dem Loco Solis auf den Geburtstag vnd Minuten 0. 44″₂ ♎ so würdt locus Directionis Solis 21° 52′ ♎. Ascensio ejus recta 200° 12′ disz von 269° 20′ abgenomen, gibt die Corrigirte Geburtstund 69° 8′. Das ist 4. Stundt 36½ Minuten. Also währe die Geburtsminuten nahendt vmb ein Virttel Stundt zuefrüe angezeigt, vnd das war Medium Coeli in der Geburths Figur (Additis 69° 8′ ad 180° 44′ ut fiat Ɽ MC 249° 52′) khäme 11° 25′ ♐, das wahre Ascendens (Asc. Obliqua 339° 52′) wurde 17° 0′ ♒ Locus Lunae Radicis 7° 10′ ♑ Ascendens geradt in Quadrato Veneris.

Was nun iezo die erckhlärung der Corrigirten Geburts Figur anlanget, würdt dieselbige nach meiner Philosophischen Manier nichts anderst, als die vorige, allein, das die Zaichen noch vill stärckher werden, als zuevor, dieweill 3 Planeten zuemahl ad Horoscopum khommen, adque ejus Oppositum Saturnus, Jupiter et Mercurius, Item dieweill sie dem Angulo

Orientis vnd Occidentis näher stehen, dardurch dann alle von mier in voriger Ercklärung gesezte Decreta confirmirt werden,

Allein was bey litera *H* von dem Mondt in's 12. Hausz verworffen, vnd von des Gebornen dannenhero gemuett masseten absurdis moribus gesezet worden, das leidet aniezo ein zimliche milderung. Dann es khombt nun der Mondt aus dem 12. Hausz herauf in das 11. vnd Venus stellet sich hingegen ad Cor coeli, quadrato illustrans Horoscopum, dardurch die Sitten, vnd das verhalten, oder die manir in Conversationibus gebessert werden,

Damit aber wider auf des Herrn von Taxis schreiben khome, so schreibt zwar derselbe, ich habe die ad marginem verzeichnete Accidentia praedicirt: das khan aber nit verstanden werden, von dem iezt examinirten Zuestandt vnd Kranckheidten im 22. Jahrs des Alters. Dann wie bey litera *Cc* abzuenemen, so hab ich diese Ercklärung allererst Ao 1608. gestelt, welches ist das 25. Jahrs des Alters gewest, derohalben disz Accidens schon zuevor fürüber gewest,

Wann ich aber schon zuevor, vnd lang vor dem 1605 geschriben hette, wann ich auch schon eben diese Wordt gebraucht hette wie bey lra *Aa.* so hette es darumben nit den Verstandt, das ich eben die Vngerische Kranckheidt, vnd die Pest in specie vorgesagt haben wurdte, Vrsach, ich hab nur generaliter geschriben, der Zuestandt aber ist mit Vmbständten specificirt, auf welche Vmbständt ich nit eigentlich hette votiren dürffen, Woll lesset es sich iezo nach bescheener Sachen fein applicirn, inmassen ich droben gethan, die Vngerische Kranckheidt auf Saturnum, die Pest auf Mercurium. Aber vor bescheener Sach ist es kheine notturfft gewest, das es eben hette müssen die Vngerische Kranckheidt vnd die Pest sein, dann es werden dem Saturno auch sonsten andere mehr Kranckheidten zuegeschriben, als da ist Quartana, dem Mercurio auch scharffe Flüsz, der vermüschung Jovis vnd Mercurii auch corruptio humorum, putredines, Lungsucht oder auch Morbus Galliens.

Disz alles melde ich allein zue dem endt, auf das ich dem Gebornen den Wahn beneme, als ob so gar die Particularia aus dem Himmel vorzuesagen seyen, Einmall ist disz wahr, das aus dem Himmel zwar woll Himlische Particularia folgen, nit aber Irdische weder specialia noch individua: sondern alle Irdische Eventus nennen ihren formb vnd gestalt aus Irdischen Vrsachen, alda ein iedes Particular sein Particular vrsach hatt,

Das nun iezo Herr von Taxis meldet, die vorgesagte Accidentia seyen umb ein Jahr Spätter oder früer erschinen, vnd vermaindt, die Vrsach seye allein an dem, das das Thema nit recht corrigirt gewest, das hab ich zwar bey dem hievorgehandelten Accidente des 22. Jahrs also guett müssen sein lassen, das aber eben diesze weisz, das Thema zuecorrigirn so inst vnd gerecht sey, als inst vnd künstlich mann die Rechnung anstellen khan; oder auch gesezt die Correction sey ganz inst vnd gereeht, das darumb hernach alle Accidentia ganz genau auf die vorgesagte Jahr zuetreffen werden khönden, das währe abermals der Kunst zuevill aufgelegt, dann obwoll gewisse Zeitten ein Himlische Particularitet seindt, vnd ausz dem Himmel herzuenemen seindt, verstehe zue dem ienigen, was der Himel für sich allein thuet: so ist doch droben angemeldet, das der Himmel gar selten.

vnd fast niemahlen allein seye, sondern das der Geborne, vnd andere, mit welchen er zuethuen hatt, vill thuen vnd anfahen ausz freyer WillChur, das sie auch woll hetten vnder-
lassen khöuen, vnd vom Himmel darzue nicht gezwungen worden, dardurch sie aber die
nattürliche Zuefähl befürderu oder verhindern, das sie ihre Himlische Zeidt, Masz, vnd
Particularitet nicht erraichen mögen,

Ein augenscheinlich Exempel ist an der Geburth selber, mit derselben ist es so ein
wunderbahrlich ding, das die Natur der Muetter ihre gewisse Zeidt, zu gebähren ganz
genaw aus dem Himmel, vnd aus der Muetter aignen Nativitet suchet, wann derselben ihr
gang vnd Ruhe gelassen würdt, Wann aber die Mutter die stigen einfallet, oder von einem
Stier gestossen wierdt, so mag das Kindt dannoch gebohren werden, wann sehon die Himlische Zeitt vnd Particularitet nicht fürhanden ist. Darumb ist es ein irriger Wahn, das
mann mainen will, es sollen solcherley Accidentia, welche meisten theills aus der Menschen willChurlichen werckhen herfolgen, auf gewisse aufgerechnete Himlische Vertagun-
gen ganz richtig vnd genau eintroffen, vnd also vorgesagt werden, die Exempla, welche
mann einführet, lasz ich mich nit Irren, es seindt wenig bedachtsame Philosophi, auch vndern Hohen Potentaten, vnd vndern Historieis, welcher Exempla mann pflegt einzueführen,

Ferner schreibt Herr von Taxis, bittendt, ich solle die Nativitet latius et particula-
rius, si possibile est, diffundirn, Item, wann ichs werde rectificirt haben, soll ich alszdann
meinen Diseurs etwas weidtleufftiger drüber machen,

Disz begehren aber hab ich, sovill die Irdischen Particulariteten anlanget, allberaith
zueruckh getriben, zwar mangelt den Astrologis gar nit an Materien den Leuthen ihren
fürwiz zuebüssen: Wann ich aber auf solche Regulas nach Philosophischen examine ganz
nichts halte; so frag ich, ob dann an mich begehret werde, das ich mich nichts desto weniger als einen Comedianten, Spiller oder sonst einen Plazspiller solle brauchen lassen?
Es seind der Jungen Astrologen vill, die lust vnd glauben zue einem solchen Spill haben,
wer gern mit sehenden augen will betrogen werden, der mag ihrer mühe vnd Kurzweill
sich betragen, die Philosophia vnd also auch die wahre Astrologia ist ein Zeugnus von
Gottes werckhen, vnd also ein heilig, vnd gar nit ein leichtferdig ding, das will ich meines theils nit entunehren,

Jedoch anlangendt die Himlische Particulariteten, will ich deroselben als nemblich die
Revolutionem Directionum vnd Transituum auf die khünfftige Jahr nit vergessen, vnd also
disz ortts die begehrte mehrere Particularitet praestirn vnd einwenden,

Es folgt in des Herrn von Taxis schreiben, ein ganz Register von lautter Particular-
fragen, dahero verursachet, weill andere Astrologi allberaith ihren auszschlag über dieselbige, oder villeicht die erste anleitungen auf solche fragen zuegedenckhen gegeben haben,
Nemblich 1. ob der Geborne Applexiâ sterben werdte, 2. Extra Patriam 3. auch extra Patriam Officia und Güetter erlangen 4. Wie lang er Kriegszweszen continuirn soll. 5. In
was Landen er in Kriegsdiensten continuirn werde, 6. Ob er Glückh oder Vnglückh darbey zuegewartten, 7. Ob er feindt haben werde, 8. Was es für feindt sein werden, 6. Vn-

der was für einen Zeichen sie wohnen, 10. Ob anderer Astrologorum Vrtheil war, das seine Landtszleuth die Böheimen seine gröste feindt sein werden,

Ich andtwortte auf diese vnd alle dergleichen fragen erstlich haubtsächlich, wie biszhero: Welcher Mensch glehrt, oder Vnglehrt, Astrologus oder Philosophus in erörtterung dieser fragen die augen von des Gebornen eignen WillChur abwendet, oder sonsten von seinem Verhalten vnd Qualiteten gegen den Politischen Vmbständen betrachtet, vnd will disz alles blosz allein aus dem Himmel haben, es sey gleich iezo Zwangs oder nur Inclinations vnd Naigungs weisz, der ist wahrlich noch nie recht in die Schnell gangen, vnd hatt das Licht der Vernunft, das ihme Gott angezündt, noch nie recht gepuzet; vnd wann er der Sachen nur mit Vleisz nachsinnet, würdt er befinden, das diese fragen baides zuerörttern, vnd auch fürzuelegen eine rechte vnsinnige weisz seyen, Ich meins theills sage Gott danckh, das ich die Astrologiam so vill gestudirt, das ich nunmehr vor diesen Fantaseyen, welche in der Astrologorum Bücher heuffig zuefinden, gesichert bin, Wann der Himmel dergleichen vermöchte, so würde er Ja alle vnd iede menschen, welche zue eines Gebornen Glückh concurrirn, ieden für sich selber durch sein eigne Nativitet regieren müszen, vnd nit durch die einige Nativitet des Gebornen, welche der Astrologus ansihet, vnd die andere anderer leuth eigne nit wissen khan,

Dann was anlangt die erste frag de genere mortis, die sihet zwar der Natur am allergleichesten vnd allen andern, wie villfältig aber ein Natürliche Disposition durch vnderschidtliche Diaetas vnd verhaltungen verendert, vnd verstellet werden möge, ist droben gesagt, vnd dahero offenbahr, das einem ieden Planeten gar vnderschidtliche und offt in Medicina widerwärttige Kranckheitten zuegeschriben werden, die Astrologi haben allhie ihr aufsehen auf Martem in Octava, vnd Venerem ejus Dominam in eadem, et receptionem eorum mutuam, Weill nun Mars bedeuttet violentam Mortem, vnd Venus Naturalem, so mischen sie es, vnd machen ein Apoplexiam darausz, das ist halb Natural, vnd halb Violent, darmit seindt sie nun zuefriden, vnd haben genug daran, das sie Ihrer Patriarchen Regulis gefolget, Wann ich aber frag, warumb dann Domus Octava Domus Mortis gehalten werde, so khombt die Vrsach auf Directionem Planetarum in Octava ad Occasum, So lasset vns nun Directionem Martis ad Septimam suchen, so fallet sie nach corrigirtem Themate auf das 32 Jahr Alters Ao 1615, Wann nun Mars hette den Schlag bedeuttet, so müste damahlen der Effect erfolgt sein, Weill dann der Geborne annotirt, das er eben disz 1615. Jahr im Septembri kranckh worden, vnd mit dem leben gar khümmerlich darvon khomen, also würdt er nun selber sich wissen zuebesinnen, was es für ein Kranckheith gewest, die Natur des Planetens deuttet auf hiz vnd die Gallen,

Marginal notes:
Vid. Lit. A. B. C. D.

Wie bey Lra Ll. gemeldet.

Im vorigen Themate ist disz gesezt auf das 39. Jahr bey Litera Ll.
Lit. F. f.

Sonsten wann es diszmals allein Nattürlich zuegangen, vnd nit etwa
die bösze Diaet, die Natürliche Zeidt zuer Kranckheidt merckhlich verruckhet,
So währe disz das ander Zeugnus, das diese Nativitet recht vnd woll von mier
corrigirt worden,

Woll ist nit ohn, wann andere praeparatoria vorhergegangen währen,
vnd wann auch ein zimliches hohes Alter fürhanden gewest währe, so hätte
diese Directio Martis ad Septimam gar woll zue einem Schlag verhelffen
khöndten, Aber für sich allein gibet Mars kheinen solchen Special auszschlag,

Der ander Significator Mortis Venus, ist kalter vnd feuchtter artt, der
solte Catarrhos suffocativos bedeutten, auch nachdem die Diaet angestelt gewest, vnd es seindt Exempla fürhanden, das 16. Jährige Knaben, ia gar Junge
2. Jährige Kinder von der Directione Horoscopi ad corpus Veneris mit dergleichen Catarrhis überfallen, vnd als gleich von einem Schlag gestorben
seindt, Es ist aber auch diese Directio allberaith in verschienen 1624 Jahr
Lit. *Nn.* fürüber, dann es fählt auf das 40½ Jahr. In der vorigen Figur bey lra *Nn.*
ist diese Directio vmb das 50 Jahr gefallen, die hab ich allein von andern
Zueständen auszgelegt, vnd nit auf die Leibs Constitution gezogen gehabt,
wie ich woll sollen, Ob sich nun im verschienen 1624. Jahr eine sonderliche
feuchte flüssige Constitution erzaigt habe, findt ich nicht am randt gezaichnet,

Sonsten wann das Podagra ansezet, vnd bey den Menschen überhandt
nimmet, so folget gewöhnlich mit hohem Alter die Apoplexia drauff, auch
ohne des Himmels anlaittung, vnd so vill sey gesagt von der Ersten Frag,
welche am allermeisten Natürlich: nemblich seindt die Directiones Significa-
torum Mortis fürüber, vnd die Nativitet gibt fürder durch die Directiones
kheinen Auszschlag mehr. Von den Revolutionibus wollen wier hernach
handtlen,

Die anderte Frag, Ob er in der frembdt sterben werde?, ist meines erachtens nur allein durch andere Astrologos verursachet worden, die haben
gefunden Martem et Venerem Significatores Mortis peregrinos, et in detrimento suo. Es ist aber disz Wordt Peregrinus bey der Astrologia ein bloszes
lahres Wordt, vnd wann mann argumentirt, Significator Mortis est peregrinus. E. Significatur Mors in terra peregrina: so ist es gleich der handel, als
wann einer ausz der Grammatic argumentirte, Elephas est generis Masculini.
E. in hoc genere nulla est foemina. Es ist auch der Astrologorum intent nit,
anzuezeigen, ob einer eben an dem ortt sterben solle, da er geboren ist, dann
disz widerfahrt niemandt leichtlich, als Weibern vnd Bauren, oder Leibaig-
nen, sondern wann der ortt eine Vnglückhseligkhaidt auf sich hatt, das achten
sie nachforschens würdig, Kayszer Carl ist zue Gendt in Flandern gebohren,
vnd zue Escurial oder St. Justi Closter in Hispania gestorben, der ist vmb
dieszes ortts willen nichts desto Vnglückhseliger, Es währe auch khein son-

derlich grosses, wann einer schon ihme vorgesagt hette, Er wurde ausser seines Vatterlandts sterben; dann es halt müssen deren zweyen eins sein, innerhalb oder auszerhalb. Wann das rathen also auf ia vnd nein gerichtet ist,
so trifft man allwegen vngefehrlich den halben theill, vnd fählet auf den halben theill. Das treffen behalt mann nach der Weiber art, das fählen aber ver-
gisset mann, weill es nichts besunders ist, damit bleibt der Astrologus bey
ehren. Ich achte einmall diese Frag kheiner solchen importanz, das sie mit
grosser mühe zuerörttern seye, dann was währ es auf oder ab, wann der Geborne zue Budtweisz, oder zue Freystatt stürbe, weill es dorten innerhalb
Böhaimb währe, da auszerhab.

Fast gleiche meinung hatt es fürs dritte, mit den Güettern vnd Officiis
inner vnd auszer des Vatterlandts. Da hatt der Himmel oder die Nativitet nit
vill bey zuethuen. Sondern wer ein guetter Patriot ist, der wierdt sich hie
nach seines Herrn vnd Königes gelegenheidt vnd willen richten müszen, ist
derselbig auszer des Königreichs (welches ie aus des Gebornen Nativitet nicht
mag ersehen werden) so mag sich leichtlich zuetragen, das ein fürnehmer
Staudt des Königsreichs dem Hoff beywohnen mues. Sonderlich weill der Geborne dieser Zeit beym Kriegszweszen helt, da ligt vill an, ob mann des
Kriegszvolckhs inner oder auszer Böhaimb bedürfftig, damit dann auch die
Fünffte Frag erörttert ist. Wie lang aber zum Virtten er in Kriegszweszen
continuirn soll, da khan abermahlen aus der Nativitet nit gesagt werden,
wie lang der Krieg währen soll, würdt fridt, so ist die Raittung schon gemacht,
ein ieder wierdt abgedanckhet, troz das der Himmel oder der Astrologus dem
Gebornen ein anders sage, Ferners vnd wann auch schon der Krieg continuirt,
so ligt es hernach an des Gebornen WillChur, ob er heym Kriegszweszen len-
ger zuesezen wolle, oder nit, Vnd weill die wissenschaft des fürsazes bey dem
Gebornen selber ist, so geschicht dem Astrologo vngüetlich das er mit dieser
Frag versucht wierdt, Etwas formlicher ist die 6. Frag, Ob ein continuirliches
Glückh im Kriegszweszen zuehoffen? Dann hie sihet es einer Deliberation
gleich, da mann allerhandt motiven zuegemüeth führet, vnd darumb nit eben
an eine allein gebunden ist. Ich khan aber auch bey diesem Punete anderst
nit dann generaliter andtwortten, nemblich das Glückhliche Directiones Medii
Coeli ad Sextilem Veneris, Sextilem Saturni, Sextilem Jovis, Trinum Mercurii zwischen dem 40. und 45. Jahr des Alters fürhanden (die seind in der Vorigen Beschreibung bey Lra *Nn* zwischen das 47. vnd 52. gesezt gewest)
dahero Ich vernünfftiglich zuerachten habe, der Geborne werde seine Dexte-
ritet vnd vernunfft brauchen, es seye inn: oder auszer des Kriegszweszen. Dann
ob schon diese Planeten nit eben die KriegszGötter seindt, so ist doch bekhandtlich, das heuttigs tags das Kriegszweszen eine ganze neue Welt worden,

Nn.

in welchen allerley negociirt würdt, vnd also ein ieder Planet seiner art vnd Natur darbey findet,

    Die übrige 4. Puncten seind von Feinden. Hie würt mier zuegemessen,

P.   das ichs gar woll errathen habe, ich verstehe bey L r̄a *P.* Mir aber gebet zue

F. et M.   Gemüeth, ich hab es bey L r̄s *F* und *M.* noch genauer getroffen, dann ich verspüre aus allen Fragen, das der Geborne voller Aberglauben seye, vnd ein Ding nit, wie es vorgesagt wahr, sondern nur wie es vngefähr gerathen, auf-

P.   neme vnd auszdeute. Ich hab bey Litera *P.* nit vom blinden Glückh geschrieben, wie daszelbige ihme vill Feindtschafften übern hals bringen werde, sondern ich hab des Gebornen Natur beschrieben, vnd was ich vermaine, was er für Vntugenden oder tugenden an ihme haben werden, Auf dieses fundament hab ich eben das ienige gebauet, was in der Politica die tägliche Erfahrung

E.   mit sich bringt, dann es ist bekhandtlich, das die Qualiteten bey L r̄a *E.* allgemeine feindtschafft erweckhen, bey *G.* stund die Gaistliche vnd Justitiarii

I.   malcontent. Bey L r̄a *I.* werden die gleiches Standes verfortheilet vnd vnder-

O.   gedruckhet, vnd zue Feinden gemacht, wie auch bey *O.* die Grandes, vnd

X.   entliehen bey *X.* die hohen Potentaten selber. Mit beschreibung der Natur des Gebornen würdt er selber am besten wüssen wie ichs getroffen, mit vorsagung aber der Feinden, begehr ich mich nit herfür zuebrechen, wann es gerathen ist, ohne mitfolgung der gesezten fundament, vnd Natur, Ich besorge derohalben, ich habe der Vorigen beschreibung mehr Schandt dann Ehr, dann was

X.   ich bey L r̄a *X.* gesezet, dessen würdt ohn Zweiffel das lauttere Gegenspill erfolgt sein, dann mit den Malcontenten in Böhaimb hatt es einen kläglichen Auszgang genomen, derohalben dann der Geborne, als ein Gebohrner Böhaimb, der noch im Kriegszweszen versirt, nit mit: sondern wider dieselbe malcontenten sich gebrauchen haben lassen mues. Allweill nun es an diesem fundament ermangelt, wierdt ohn Zweiffel auch khein Feindtschafft oder Vngnadt von dem Höchsten Haubt in Böhaimb nit zuebefaren sein,

    Das die Böhemb selber seine Feindt sein sollen, ist ohne noth, das es von einem Astrologo vorgesagt wierdt, dann wer ein Böhaimb ist, vnd inner-

E. G. I. O.   halb des Königreichs sich also verhelt, wie ich bey L r̄s *E. G. I. O.* gesezet, den wierdt mann sonder Zweiffel nirgendt anderst, woe besser kheinen oder mehr hassen, als eben in Böheimb, der Geborne bespigelt sich aber woll bey

O.   Litera *O.* ob ichs getroffen, vnd so daszelbige wahr, so khöndte ich ihme nit guett darfür sein, das nit die starckhe competenzen durch übels angeben ihme auch auszerhalb Böhaimb, vnd gar die Hohe Potentaten zue feinden machen werden,

    Was andere Astrologos bey diesen Puncten dahin vermöcht, das sie dem Gebohrnen seine Landtszleuth zue feinden geben, das achte ich daher khomen

sein, die weill sie das Signum Bohemiae ist der Lew, in domo Septima Hostilitatis gefunden, dann es haben die alten Astrologi das Königreich Böhem vndern Lewen gesezt. Vnd auf diese blosse auszteilung der Länder vnder die Zaichen, will der Gebohrne wie Herr von Taxis schreibet, sonderlich vill halten, Ich trag aber lautter sorg, sie haben des khein stärckher Vrsach gehabt, dann allein, das sie auf die Insignia, vnd auf den Lewen mit dem doppelten Schwanz gesehen, Wiewoll Nagelius vnd andere aberglaubige Leuth lautter Göttliche Hieroglyphica drausz machen wollen, denen musz mann nur ihre weisz lassen,

Sonsten haben die Astrologi woll ein zimlich gueth Principium von Natürlicher Zuenaigung oder widerwillen der Gemüether, aus Gegenhaltung zwoer Nativiteten hergenomen. Wann ich nun der Kayl. Maitt als Königs in Böhem Nativitet gegen dieser betrachte, findte ich hie Lunam von dorten per Quadratos Martis et Jovis verlezet, So auch Solem per oppositum Martis. Hingegen dorten Solem von hie per Quadratum Martis, Item Lunam et imum Coeli von hie per Oppositum Saturni: doch Gradus Ascendentes haider ortthen vnversehret, Also wurdte nun hierausz abzuenemen sein, das zwischen beeden Gebohrnen nit sonderliche Affection vnd Zuenaigung, aber woll allerhandt laesiones zuerwartten sein wurdten, Es hatt sich der Gebohrne vernünfftiglich zuebesinnen, das eine bösze Zeit vnd gewonhaidt aufkhomen, die zwar sonsten bey Soldaten breuchig, vnd er villeicht selber auch practicirt haben mag: Nämblich das mann schlechte Würth gibt, vnd zehret allweill mann hatt, wann es zerrindt, so sucht mann ein Vrsach zue dem der etwas behalten oder erobert, vnd ropfet denselben auch. So nun der Gebohrne sich vnder den beguetterten befindet: mag er ihm woll einbilden, das er ein Böhemb, vnd das dieszer Zeidt die verachtung auf der Nation lige, ohne vnderscheidt des Schuldigen vnd Vnschuldigen bey dergleichen Raubvögeln vnd Angäbern, Mag derowegen neben verhüttung allerhandt verbrechens, sich auch wider dergleichen verwahren, so guett er khan vnd wol in acht nemen, wie er iederzeit bey seinem König angegeben werde,

Dergleichen widerwärttige Configurationes finden sich auch zwischen des Gebornen, vnd zwischen Ihrer Durchleucht Herrn Ferdinand Ernstens Nativitet: allda auch die Ascendentes mit Quadratis einander ansehen, Sein Mars allhie in Ascendente, Sein Luna vnd Saturnus, auch theills Sol allhie in Quadrato Martis. Wer nun des Gebohrnen gelegenheitten mehrere vnd gnugsame wissenschafft bette, der funde aus diesen Comparationibus vnzweiffelich Vrsachen überflüssig gung, sich drüber in weittlauffige Politische Discursus einzuelassen, nach dem ein ieder in der Politica fundirt: sonderlich wann er ihme fürnembe die Geneses Principum selbsten zuepropalirn, welches doch nit einem ieden guett gehaiszen werden möchte, disz allein darumb gemeldet, damit der Gebohrne sehe, wann auch schon aus dem Himmel allein allerhandt Particulariteten herzuenemen währen, das doch daszelbige aus einer einzelhen Nativitet nit vollkhomlich verrichtet werden khöndte, sondern das solche Geneses Principum Reipub. bey allen deroselben Gliedern einer sehr groszer Importanz als welche mehr Generales vnd Vniversales seindt, vnd auch nach der Astrologorum lehr den Vorzug haben, das hatt der Gebohrne leichtlich da-

hero zuerachten, wann er bedenckhet, das wann ihr Mutt. im verführten Böhmischen Krieg vnderglegen währen, oder noch, Es alszdann mit dero getreue
Landtleuthen vnd Obristen, darunder auch mit ihme selber vill ein andere gelegenheidt gehabt haben wurde, vnd also sein ieziger Wollstandt (der aus des
Herrn von Taxis in seinen Namen vnd gehaisz beschehenen stattlichen Ver-
heiszungen guetter massen erscheindt) khainswegs einig vnd allein auf sein
aigne Nativitet fundirt seye,

　　　Vnd seindt hiermit die fürgelegte zehen Fragen nach notturfft erörttert,
auch das Thema vermuetlich woll corrigirt. Hernach will ich etlicher Parti-
cnlar Jahr, Directiones, Revolutiones vnd Transitus begehrter maszen für
augen stellen, nit zwar das aus diesen Himlischen Particulariteten, drum auch
Irdische Particularissima, so des Menschen WillChur vnderworffen, herzuenemen, vnd vorzuesagen seyen, in massen ich mich zuevor hierwider verwahret: Sondern allein meinen Vleisz zuerweiszen, vnd andere so sich dergleichen vnderwinden, auf ihr verandtworttung zuebedienen,

　　　Anfangs soll ich nit vngeandtet lassen, das vngeacht der beschehenen Correction der Geburthszminuten, dannoch die Directio Solis ad corpus Martis auf
das 28. Jahr falle nach meinem modo dirrigendi, welches der Natur am ehnlich

Ff. 　 sten ist. Das nun bey L̄ra *Ff* ad marginem gesezet worden, Ao 1611. sey der
Geborne nit kranckh gewest, aber Vngleigenheitten hab er voll auf gehabt, sey
auch nicht zue Kriegszbevelch erhoben worden, darmit erweisze ich, wie noth

B. et C. 　 es sey gewest, das ich mich bey L̄ra *B.* vnd *C.* verwahret, vnd angezaigt habe,
Welcher gestalt ich dergleichen Particularia vorgesagt haben wölle. Es folgt ein
Kriegszbevelch, so auch ein Kranckheidt, nit aus dem Himmel allein, wie bey

C. 　 *C.* gemeldet, darumb ist nit wunder, das der Geborne in Ao 1611. kheinen
Krigszbevelch bedienet, dann damahlen ist auch khein offentlicher Krieg in
Böhaimb nicht vorher gegangen gewest, in welchem der Gebohrne bette
Krigszbrauch lehrnen khöndten, Vnd obschon Ao 1611. das Paszauische Volckh
naher Prag verrückhet, so ist es doch noch khein glegenheidt zue Kriegszbe-
vehlen gewest; dann in solcher Landtsznotturfft gebraucht mann sich nit deren die am begüristen, sondern deren, die am erfahrnesten, Sonsten wie die

Bb. Dd. 　 Directiones Medii Coeli vnd Ascendentis bey *Bb. Dd.* fallen zuesamen, nach
beschehener Correction ins 22. 23 Jahr, wie droben ad marginem gemeldet.

Hh. Ii. 　 Bey L̄ra *Hh. Ii.* seindt zwo Directiones Lunae gesezt, welche ich auf
B. 　 Heyratszgedanckhen (nit eben auf Henrath selbsten mich ad L̄ram *B.* referirendt)
aufgelegt. Nun schreibt der Gebohrne ad marginem Er hab Ao 9. geheura-
thet. Ich begehre mich nicht dahin zuestreckhen, das ich diese WillChur-
liche, oder doch an vill Irdische Politische Umbständt gebundtene sach per
forza an die himlische gezeitten restringirn möge: aber doch schickhet sich

diese Directio nach beschehener Correction besser zue den verzeichneten
1609. Jahr dann zuevor. Dann es scindt verflossen gewest $25\frac{2}{3}$ Jahr, Nemb
ich nun den motum Solis von so vill tagen, das ist 25° 26'. vnd seze es zue
dem loco Solis 0° 44' ♎ so khombt Locus Directionis Solis 26° 10' ♎ vnd ne-
hert sich die Sonn dem Corpori ☌. Ejus Ascensio recta 204° 16' mit 69° 8'
vermehrt, macht 273° 24' das zeiget 3° 8' ♄. das ist zwischen Quadrato Solis
et Corpore Lunae, Ascensio Obliqua vero 3° 24' zeiget 8 ♈ das ist ipse Quadratus Lunae Ao 1609 zue anfang des Jahrs, das Medium Coeli aber khombt
Ao 1606. zue endt ad Quadratum Solis vnd Ao 1612 ad Corpus Lunae.

Ii.   Das der Geborne bey Līā *Ii.* rühmet, ich habe ihme sein damahlig erworben Gemahel ad vivum describirt, dieszen Lob überlasz ich den andern Astrologis, in massen ich mich bey gezaichneten Ortt lautter bedinget, War ists,
sofern er sich selber mit einer solchen glegenheidt woll befunden, so hab ich
es getroffen: sofern aber solches ihme auch gerathen, da ist es nit an seiner
Nativitet, auch nit an seiner WillChur allein gelegen, sondern hieher ist auch
gehörig gewest, der Gegenbarth Nativitet, vnd WillChur, die hab ich warlich nit wissen noch sehen khönen, derohalben es mier ein Glückszfall ist, das
ichs mit dem Eventu auch getroffen, vnd lesset sich von dieszem auf andere
dergleichen particular Eventus nit exemplificirn,

Kk.   Das bey Līā *Kk.* ad marginem gemeldet würdt, der Geborne sey Ao 1620
auf den Todt kranckh gewest, da findt ich auf dieses Jahr nichts, auch nit
nach corrigirung des Thematis. Sondern auf das Jahr 1624., wie oben ge-
melt, würdt allererst die Directio Asc. ad oppositum Veneris vollkhomen.
Mag derhalben der Geborno woll glauben, das allermassen, wie er meldet,
diszmals der Bacchus sein Planet gewest, vnd die aufs folgende 1624. Jahr
zielende ergieszung der Überflüssigen Feuchtigkheidten vmb so vill Jahr anti-
cipirt habe. Was sonders solte es aber sein, wann schon der Irdische Planet
Mars, Vnzweiffel auch die Irdische Venus darzue verholffen hetten, angesehen
der Geborne damahlen, als er schreibt, wittiber gewest, auch die lohe Flamme
des Böhmischen Kriegs damahlen in alle höhe aufgeschlagen, vnd den Gebohrnen etwa wider gewonheidt vnder freyem Himmel in hiz, Kält, Furcht
vnd Widerwertig Diaet aufgehalten hatt. Zuemall sihet der Gebohrne hierausz,
das es wahr sey, was ich anfangs gemeldet, das die Himlische Gezeitten, sich
nit also genau in den Irdischen Zufällen erzaigen khönen, wann die Irdische
Vrsachen darzueschlahen,

Ll.   Sonsten ist die bey Līā *Ll.* gesezte Directionis Ascendentis ad Oppositum Martis im corrigirten Themate droben auf das 32. Jahr gefallen,

Ii.   Bey Līā *Ii.* verzaichnet der Gebohrne sein anderte Heurath: Ist aber-
mall ein WillChur, da werden die Irdische Planeten Pluto, weill mann einen

guetten einträglichen Krig gehabt, Vnd Fraw Pax mit Ihren betrüglichen Vertröstungen, die Heuraths Planeten gewest sein,

Wiewoll Directio Asc. ad Oppositum Veneris, so auf das 1624 Jahr eigentlich fället, sich nit übel hierzue reimet, vnd noch mehr Ao 1623. Directio Ascendentis ad Trinum Lunae, die ist in Vorigen allzuefrüen Schemate bey Lra *Mm.* auf das nachfolgende 42. Jahr gesezt.

Mm.

Hernach folget nun erstlich Revolutio Ao 1624.

im Septembri angegangen,

Diese Revolutio ist fürnem. Als ich von etlicher Zeidt hero gesehen, das der König in Franckhreich, welcher auch im Septembri den $^{15}/_{25}$ gebohren, dis Jahr ein solche Revolution gehabt, hab ichs etlichen Kay: vnd Chur-Bayr: Räthen zuer nachrichtung vnd warnung angezaigt. Alle Planeten seind in Satellitio Solis auszer des Mondts. Die Conjunctionem Jovis vnd Martis hab ich in meinem Prognostico auch für wichtig angesehen, vnd auf starckhe eigensinnige Resolutiones nebens auf verursachung grossen Abfals gezogen, das ein ist zimlich erfolgt mit einstellung des Hernalszerischen(?) Auszlauffens, wais nicht was in Reichszachen dergleichen mehrers geschehen sein mag. Das andere beruhet meines wissens bisz dato noch auf feindtliche fürbrechen der widerigen Liga: Ob aber ein abfall in Reich oder in Erblanden, auch darhinder steckhe, dessen hab vnd begehr ich kheine Wissenschaft. Ein schöne abwechszlung gibt es in comparatione cum Radice, cum Locis Lunae et Graduum Ascendentium, ist aber nur ein geradt woll, vnd zuescharf nachgesucht. Directio Medii Coeli ad Sextilem Veneris ist nebens auch schön: Item Luna occupat in Revolutione suum locum Directionis. Ein Potentat der so vill von der Astrologia hälte, als der Gebohrne, vnd disz alles wuste, der wurdte ohnzweiffel einen solchen Obristen mit einer so stattlichen Revolution, wann er auch seiner treu versichert, wider iezige auszländische Feindt schickhen,

Ist bey Lra *Mm.* in vncorrigirten Themate vmb 4. Jahr spätter gesezt.

Ao 1625.

Den 30. Januarii ♂ in *M. C.*

Den 24. Februarii ☐. ♃. ♂. prope ☐. ☉.

Den 2. Aprilis. △ ♃. ♂. in ☍ Radicis.

Vmb den 7. Maji ♂ in Ascendente.

Vmb den 16. Junii ♂ in ☐. *M. C.*

Vmb den 15. Julii ☍ ♃. ♂.

Den 2. Augusti. ♂ in ☍. ☉

Den 15. Augusti. ♃. per locum ☉.

Diesen Monat bleibt Mars Stationarius in opposito Solis, da wierdt not sein ihme abzuebrechen, vnd vor vngestalter Verenderung der gefaszeten Resolution sich zuehütten, Summa das Krigszweszen ist in Schwung, das Eiszen hausz: da liesze es sich mehr als zue fridtlichen Jahren Politico zuediscurrirn, währ ein guetter Politicus währe,

Revolutio in Septembri 1625.

Noch seindt Saturnus vnd Jupiter in Satellitio Solis, Mars aber in opposito inque loco Jovis Radicis, Luna in suae Radicis opposito, Venus in Occasu Radicis. Ist also auch diese Revolutio fürnemb, disponirt gleichszfals zue wichtigen händel, disponirt aber zueverdrüszlichen hinderungen, als ob einen das Podagra arrestirte, das er nit fordt khöndte,

Im October ♄ in □. *M. C.* Radicis
Vmb Andreae ♂. in ☍. ☉.

Ao 1626.

Im Januario ☍. ♃. et ♂. in ☍. ♂. Radicis.
Den 20. Februarii. ♂. in □. Asc. et ♀ in Asc.
Im Martio. ♄ in □. *M. C.*
4. Aprilis ♂ in l *C.* ♃. in loeo ♂. Radicis.
Junio □. ♃. ♂

Im Augusto Denemark geschlagen.   17 Julii ♄. in Quadratro *M. C.* ♂. ♀ in Occasu

Revolutio im Septembri 1626

Nn,   Die guette Directiones bey L̄r̄a *Nn.* gemeldet, nemen mit dem Vollkhomenen 43 Jahr (nach ieziger Corrigirter Nativitet) ihren anfang, diese Revolution stimmet auch zimlicher maszen mit ein. Dann es finden sich abermahlen alle Planeten nahendt vmb die Sonne, Jupiter, Venus vnd Luna nechst beysamen. Saturnus ante Solem, Mars junctus Soli exacte! Ist ein Revolution des Gebornen Natur ehnlich, dann gelinget es ihm mit erhöbung seiner Authoritet, vnd Macht an Geldt vnd Güttern, so geschieht es ohne Zweifel mit der Welt vnd viller Leuth schaden, derohalben disz auch ihme feindtschafft, widerstandt, hinderung, vnd durch verbitterung ohn Zweiffel auch das Podagra erweckhen wierdt,

5. Septembris ♂ ♄. ♂. in ☍. ♄. Radicis.
14. Septembris ♂. ☉. ♂. in loco ☉ Radicis.
Im Herbst in Vngarn.   3. Decembris. ♂. ♃. ♂. in □ Ascend. Radicis.

Ao 1627.

Januario ♄ fit Stationarius prope locum ☉
8. Januarii. ♂. in *M. C.* Radicis.
3. Februarii. ♂ in □. ☉. Radicis.
Martio ♃ in ✳ ☉ Radicis in □. ☉. Stationarius.

7. Aprilis. ♂ in Ascend. Radicis.

11. Maji. ♂. in ☐. *M. C.* Radicis.

5. Junii. ♂ in ☍. ☉. Radicis.

14. Augusti. ♂ in ☐. Asc. Radicis.

Est etiam 11. Augusti Ecclipsis Solis in Occasu Radicis.

Denemarckh ausz
Holstein, Jütland
Mechelburg vertriben.

Rev. Sept. 27.

Abermahlen die Sonne in Conjunctione Saturni, Sextili Jovis platico (?), Trino Martis, et oppositio platica ♃. ♂. et Luna in loco ♄. Radicis. Ob es woll mit den Directionibus stehet, wie droben gemeldet, so ist doch diese Revolutio mehr bösz als guetth. Wann dem Gebohrnen gleich alles glückhete, wurde er sich doch nit vergnügen, sondern sich selber freszen, zuegeschweigen das er ihme auszerhalb seiner auch Opponenten erweckhet. Doch disz vngehindert ist diese Revolutio fürbrechendt vnd obsigendt,

16. Septembris. ♄. in loco ☉ Radicis in △. ♂.

11. Octobris ♃. in ⚹. ☉. Radicis.

Saganisch lehen
Mechelburgisch possesz. Stralsund belagert.

Initio Decembris ♃. in *M. C.* Radicis.

Ao 1628.

12. Martii. ♃ in ☐. ☉. Radicis.

5. Martii. ♂ in *J. C.* Radicis.

9. Aprilis ♂ in ☐. ☉. in ☍. ♃. `

1. Junii. ♃. in ☐. ☉. ♂. ⚹. ☉. Radicis.

Eo mense ♄ fit Stationarius circa ☉. Radicem.

27. Junii. ♂. in Occasu Radicis.

4. Septembris. ♂ in loco ☉. Radicis.

Rev. Septembri 28.

Es nebert sich die guette Directio Medii Coeli ad ⚹. ♃. Aber doch scheinet diese Revolutio nit zum besten sein, dann ob woll die beede scharffe Planeten Saturnus vnd Mars in Satellitio seindt, so machen sie doch eine widerwährtige Conjunctionem, vnd seindt Occidentales sub radiis separati a Jove. Das Thema Accidentarium währe halb vnd halb, Jupiter in Ortu, sonst aber alle Planeten vnd Luna in Octava et Nona.

Den 30. Octobris. ♃ in ☐. ☉. Radicis.

Den 12. Novembris. ♂ in ☐. Asc. Radicis.

Den 2. Decembris. ♃. in loco ☉. Radicis.

Den 17. Decembris. ♂. in *M. C.* Radicis.

Ao 1629.

Magdeburg belagert
Volckh in die Vekau (?) Den 12. Januarii. ♂ in □. ☉. Radicis.
Volckh in Preussen
Volckh in Italien Den 12. Februarii. ♃. ♂. ☌. in □. ♄.
Den 14. Martii. ♂. in Asc. Radicis.
Den 21. Martii. ♃ in △. ☉. Radicis.
Den 15. Aprilis. ♂ in □. *M. C.* Radicis.
Mechelburgischlehn Den 10. Maji. ♂ in ☍. ☉. Radicis.
Den 11. Julii. ♂ in □. Asc. Radicis.
Den 1. Augusti. △. ♃. ♂. in △. ☉. Radicis.
Den 17. Augusti. ♂ in *J. C.* Radicis.

Diese Revolution ist mittelmessig, Sol in □. ♂. continuirt das Podagra, in △ Platico bringt Ehren, so auch ☽. in ✶. ♃. □. ♄. ♃. bringt straidt, das Accidentarium Thema ist glückhlich. ♃. in *M. C.* Asc. idem quod Directionis circa faustos radios ♃. ♀. Radicis.

Den 9. Novembis. ♃. in △. ☉. Radicis. zuemahl ♄. in loco ♂. Radicis in □. ♃.

Mechelb. Huldigung

Ao 1630.

Den 29. Januarii. ♃. in Ortu Radicis.
Den 5. Junii. ♂. in Occasu Radicis.
Den 14. Junii. ♃. in □. *M. C.* Radicis.
Den 20. Julii. ☍. ♃. ♂ et ☍. ♀. ☽. alle Vier in configuratione cum *M. C.* Radicis, vnd Mercurius circa Occasum Radicis Stationarius.
Den 16. Augusti. ♂ in loco ☉. Radicis.

Wann ich den Revolutionibus etlicher nechstfolgenden Jahren, überhaubt nachschlahe, findt ich kheine sonderliche Evidentiam, da doch die Directiones nach dem corrigirten Themate auf die nachfolgende Jahr trefflich gueth seindt, Vermuethe also es werde der Effect auch Himmels halber (der Irdischen Vrsachen zuegeschweigen) sich verweillen, bisz zu den fünff Oppositionibus Saturni vnd Jovis Ao 1632. 1633. 1634. Welche anfangs ad loca Directionum in 23. ♉. ♏. zihlen, Ao 1634. aber ad Quadrata loca Saturni, Jovis, Mercurii Radicis sich einstellen, da im Martio Mars in utriusque Quadrato, inque Opposito Solis, Veneris et Mercurii ein wunderliches Creuz macht, damit es
Z. also wider auf mein bey Lrā *Z.* Prognosticum khomen, vnd die auf selbige Zeitt androeten, schröckhlichen Landverwirrungen mit des Gebohrnen Glückh vereinbaaren möchte,

Weill dann so weidt hinauszreichende Jahr de praesenti kheine sonderliche bewegung des Gemüeths verursachen: Ichs auch für diszmall an der Zeidt nit habe, so mühesambe vnd weittlauffige Particulariteten zuecontinuirn, Also will ichs hierbey bewenden lassen,

Vnd weill der Gebohrne nit allein sonderliche grosze lust zue der Astronomia ·ver-
spühren lasset, sondern auch aus den fürgelegten fragen erscheinet, das er des müheseligen
Landtverderblichen Kriegszweszen zimlich satt, vnd dannoch auch auf ein auszsezung von
denselben bedacht: zue welchem fall der Mensch Natürlicher weisz sich vmb die Astronomische vnd Philosophische Recreationes anzuenemen pfleget, sonderlich wånn das kizelige
Podagra Bettriszen macht, vnd mann anderwegs nichts fürnemen khan: Als wolte ich ihme
von Gott gewünschet haben, einen rechten, eigentlichen, mit aberglauben vnbefleckhten,
vnd vnverbitterten Verstandt, der Astronomia, vnd von demselben meiner darbey haben-
der Recreation, freudt vnd lust einen theill, mier aber dargegen sovill seines gelts, wann
es ohne seufftzen der Armen sein möchte: vnd ausz hoffnung, das die Kunst dem Gebohrnen ie mehr vnd mehr belieben werde, derohalben meine Avisi ihme nit vnannehmlich sein
sollen: so berichte denselben ich, das ich gleich iezo wegfertig eine Raisz ins Reich zuethuen, dann weill ich mit der verbeszerten Astronomischen Rechnung zue Endt khomen,
nach welcher mann in ganz Europa, Ja gar in India vill langer Jahr gefragt: also haben
Ihr Kayl. Maitt auf viller verständiger theils auch Fürstlicher Personen Commendationes
mier zuetruckung etlicher solcher Operum meinen Alt Rudolphischen Auszstandt von
6200 fl. zueraichen bewilligt, vnd auf etliche Reichszstätten, allda ich die druckher notturfft erhandtlen vnd naher Linz herunder bringen soll, durch Kayl. Cammerschreiben ange-
wiszen, welcher ich ehester tagen selber praesentirn, vnd deszhalben iezo hinauff raiszen
soll,

Demnach aber neue Kriegszunruhen auszkhómen, dahero ich zuebefahren habe, mein
geringe Praesenz möchte bey iezigen Zuestandt den Reichszstätten villeicht zuewenig sein,
das sie vmb derenwillen ihr Maitt mit auffthuung ihres Beuttels parirn wollen werden, vnd
möchte ich also Zeitt vnd Vnckhosten, dessen ich kheinen Überflusz habe, mit dieser
Raisz vergeblich anwenden, vnd dannoch zue kheinen druckh nit gelangen, Also hab ich
mier zuevor nit vergeblich des Gebohrnen Vermögens einen theill gewüntschet, vnd zue
besserer Ercklärung desselben, das dis nicht für einen Geiz angesehen werde, seze ich noch
disz hinzue, das, weill Ihr Kayl. Maitt. so fleissig mich gefragt, wie balt ich mier getraue,
einen Anfang zuemachen, Ich derohalben deren gewiszlichen meinung seye, wann iemandt
pro Reputatione mier die beyhandten habende Kayl. Schreiben an Memmingen vnd Kemb-
ten P. 2200 fl. an Nürnberg P. 4000 fl. mit sovill baarem Gelt auszwechselte, vnd hernach etwa im durchzug, oder wie er sonsten die gelegenheidt haben möcht, diese Summa
an den besagten Ortten an meiner Statt wieder einfordern liesz: so wurdte ein solche
Kunst befürderliche Liberalitet Ihrer Kayl. Maitt. allergnedigst wollgefallen: Ich würde
auch die Zeitt gewinnen, vnd verhoffentlich desto schleuniger zue endt khomen, vnd Vrsach haben, diese ganze Fürstliche vnd Königliche handtreichung gegen den Gelehrten vnd
der Posteritet zuerühmen: mich aber khünfftig mit meiner Kunst vnd arbeidt eines solchen
Patroni wollgefallen desto fleisziger zueaccommodiren schuldig sein, Hiemit geschloszen,

21. Januarii. Ao 1625.

MÉMOIRES

DE

L'ACADÉMIE IMPÉRIALE DES SCIENCES DE ST.-PÉTERSBOURG, VII° SÉRIE.

Tome II, N° 5.

ANHANG ZU DER ABHANDLUNG

„ÜBER DIE RUSSISCHEN TOPASE".

(Mémoires de l'Académie, VI° Série, Sciences mathématiques et physiques, T. VI).

Von

N. v. Kokscharow,

Mitgliede der Akademie.

Mit 4 Tafeln.

Gelesen am 14. October 1859.

St. PETERSBURG, 1860.

Commissionäre der Kaiserlichen Akademie der Wissenschaften:

In St. Petersburg	in Riga	In Leipzig
Eggers et Comp.,	Samuel Schmidt,	Leopold Voss.

Preis: 50 Kop. = 17 Ngr.

Gedruckt auf Verfügung der Kaiserlichen Akademie der Wissenschaften.

K. Vesselofski, beständiger Secretär.

Im Februar 1860.

Buchdruckerei der Kaiserlichen Akademie der Wissenschaften.

„ÜBER DIE RUSSISCHEN TOPASE".

(Mémoires de l'Académie, sixième Série, Sciences mathématiques et physiques, T. VI).

Von

N. v. Kokscharow.

––––––––

1) Zu den in meiner Abhandlung über die russischen Topase gegebenen Tafeln füge ich jetzt noch vier hinzu, um die ganze Reihe der verschiedenen Combinationen der russischen Topaskrystalle zu vervollständigen. Die auf den neuen Tafeln dargestellten Combinationen sind folgende:

Fig. 58 und 58 bis) oP. $\frac{1}{3}$P. $\frac{1}{2}$P. P. ∞P. $\infty\breve{P}\frac{3}{2}$. $\infty\breve{P}2$. $\frac{2}{3}\breve{P}\infty$. $\breve{P}\infty$. $2\breve{P}\infty$. $\frac{1}{3}\breve{P}\infty$. $\bar{P}\infty$.

$\quad$ P$\quad$ i$\quad$ u$\quad$ o$\quad$ M$\quad$ m$\quad\quad$ l$\quad\quad$ a$\quad\quad$ f$\quad\quad$ y$\quad\quad$ h$\quad\quad$ d

Fig. 59 und 59 bis) oP. $\frac{1}{3}$P. $\frac{1}{2}$P. ∞P. $\infty\breve{P}\frac{3}{2}$. $\infty\breve{P}2$. $\frac{2}{3}\breve{P}\infty$. $\breve{P}\infty$. $2\breve{P}\infty$. $\frac{1}{3}\breve{P}\infty$.

$\quad$ P$\quad$ i$\quad$ u$\quad$ M$\quad$ m$\quad\quad$ l$\quad\quad$ a$\quad\quad$ f$\quad\quad$ y$\quad\quad$ h

Fig. 60 und 60 bis) oP. $\frac{1}{3}$P. $\frac{1}{2}$P. P. $\breve{P}2$. $\frac{7}{4}\breve{P}2$. $2\breve{P}2$. ∞P. $\infty\breve{P}\frac{3}{2}$. $\infty\breve{P}2$. $\breve{P}\infty$. $\frac{8}{7}\breve{P}\infty$. $2\breve{P}\infty$.

$\quad$ P$\quad$ i$\quad$ u$\quad$ o$\quad$ v$\quad$ $\acute{\sigma}$$\quad$ r$\quad$ M$\quad$ m$\quad$ l$\quad$ f$\quad\quad$ $\gamma$$\quad\quad$ y

$\qquad\qquad$ $4\breve{P}\infty$. $\frac{1}{3}\breve{P}\infty$. $\bar{P}\infty$.

$\qquad\qquad$ w$\qquad$ h$\qquad$ d

Fig. 61 und 61 bis) oP. $\frac{1}{3}$P. $\frac{1}{2}$P. P. ∞P. $\infty\breve{P}\frac{3}{2}$. $\infty\breve{P}2$. $\infty\breve{P}\infty$. $\frac{2}{3}\breve{P}\infty$. $\breve{P}\infty$. $2\breve{P}\infty$. $\frac{1}{3}\breve{P}\infty$. $\bar{P}\infty$.

$\quad$ P$\quad$ i$\quad$ u$\quad$ o$\quad$ M$\quad$ m$\quad\quad$ l$\quad\quad$ c$\quad\quad$ a$\quad\quad$ f$\quad\quad$ y$\quad\quad$ h$\quad\quad$ d

Fig. 62 und 62 bis) oP. $\frac{1}{3}$P. $\frac{1}{2}$P. 2P. $\frac{2}{3}\breve{P}2$. $\breve{P}2$. ∞P. $\infty\breve{P}\frac{3}{2}$. $\infty\breve{P}2$. $\infty\breve{P}3$. $\infty\breve{P}4$. $\infty\breve{P}\infty$. $\bar{P}\infty$.

$\quad$ P$\quad$ i$\quad$ u$\quad$ o$\quad$ e$\quad$ x$\quad$ v$\quad$ M$\quad$ m$\quad$ l$\quad$ g$\quad$ n$\quad$ c$\quad$ f

$\qquad\qquad$ $2\breve{P}\infty$. $\frac{1}{3}\breve{P}\infty$. $\bar{P}\infty$.

$\qquad\qquad$ y$\qquad$ h$\qquad$ d

Fig. 63 und 63 bis) oP. $\frac{1}{3}$P. $\frac{1}{2}$P. ∞P. $\infty\breve{P}2$. $\breve{P}\infty$. $2\breve{P}\infty$. $\bar{P}\infty$.

$\quad$ P$\quad$ i$\quad$ u$\quad$ M$\quad$ l$\quad$ f$\quad$ y$\quad$ d

Fig. 64 und 64 bis) oP. $\frac{1}{3}$P. $\frac{1}{2}$P. ∞P. $\infty\breve{P}2$. $\frac{2}{3}\breve{P}\infty$. $\breve{P}\infty$. $2\breve{P}\infty$. $\infty\breve{P}\infty$. $\frac{1}{3}\bar{P}\infty$.

                P   i   u   M   l   a   f   y   c   h

Fig. 65 und 65 bis) oP. $\frac{1}{3}$P. ∞P. $\infty\breve{P}2$. $\breve{P}\infty$. $2\breve{P}\infty$. $\bar{P}\infty$.

                P   i   M   l   f   y   d

Fig. 66 und 66 bis) oP. $\frac{1}{3}$P. $\frac{1}{2}$P. P. $\frac{7}{15}\bar{P}\frac{7}{4}$. $\frac{5}{9}\bar{P}\frac{5}{4}$. ∞P. $\infty\breve{P}2$. $\breve{P}\infty$. $2\breve{P}\infty$. $\frac{1}{3}\bar{P}\infty$. $\bar{P}\infty$.

                P   i   u   o   z ζ M   l   f   y   h   d

Fig. 67 und 67 bis) oP. $\frac{1}{3}$P. $\frac{1}{2}$P. P. $\frac{1}{2}\bar{P}2$. ∞P. $\infty\breve{P}2$. $\breve{P}\infty$. $2\breve{P}\infty$. $\frac{1}{3}\bar{P}\infty$. $\bar{P}\infty$.

                P   i   u   o α M   l   f   y   h   d

Fig. 68 und 68 bis) $\frac{1}{3}$P. $\frac{1}{2}$P. $\frac{2}{3}\breve{P}2$. ∞P. $\infty\breve{P}2$. $\breve{P}\infty$.

                i   u   x   M   l   f

Fig. 69 und 69 bis) oP. $\frac{1}{3}$P. $\frac{1}{2}$P. $\frac{2}{3}\breve{P}2$. ∞P. $\infty\breve{P}2$. $\breve{P}\infty$.

                P   i   u   x   M   l   f

2) Im Laufe meiner früheren Abhandlung erwähnte ich, dass an den Topaskrystallen von Mursinka (Ural), obgleich höchst selten, ganz ungewöhnliche Flächen für die Topaskrystallisation vorkommen, die die Combinationskanten $\frac{o}{M}$ abstumpfen. Damals bezeichnete ich diese Flächen durch e [1]), ohne jedoch das krystallographische Zeichen für dieselben zu berechnen. Ganz neuerdings babe ich nun einen grossen Topaskrystall aus Mursinka im Museum des Berg-Instituts zu St. Petersburg gefunden, an welchem auf einer der Kanten $\frac{o}{M}$ die Fläche e ganz deutlich ausgebildet ist, und dabei so breit ist, dass ich mit grosser Leichtigkeit ihre Neigung zu den benachbarten Flächen mit dem Anlegegoniometer messen konnte. Dieser schöne Krystall ist auf Fig. 62, Taf. 2 in seiner natürlichen Grösse und mit allen seinen natürlichen Details abgebildet. Er hat eine bläulichweisse Farbe und besteht eigentlich aus zwei grossen und mehreren kleinen Individuen, die in paralleler Stellung verwachsen sind, was aber am Besten aus der Figur zu ersehen ist. Der Krystall ist bloss an einigen wenigen Stellen halbdurchsichtig, grösstentheils aber bloss durchscheinend. Seine Flächen besitzen folgende Eigenschaften: die Fläche des basischen Pinakoids P = oP ist matt, die Flächen der rhombischen Pyramiden o = P, v = $\breve{P}2$, der Makrodomen h = $\frac{1}{3}\bar{P}\infty$, d = $\bar{P}\infty$ und des Brachydomas f = $\breve{P}\infty$ sind schwach glänzend, die Flächen der rhombischen Pyramiden i = $\frac{1}{3}$P, u = $\frac{1}{2}$P, x = $\frac{2}{3}\breve{P}2$, des Brachydomas y = $2\breve{P}\infty$ und der Prismen m = $\infty\breve{P}\frac{3}{2}$, l = $\infty\breve{P}2$, g = $\infty\breve{P}3$ und n = $\infty\breve{P}4$ sind ziemlich glänzend, und endlich die Flächen der rhombischen Pyramide e = 2P, des Prismas M = ∞P und des Brachypinakoids c = $\infty\breve{P}\infty$ sind sehr glänzend.

---

[1]) Vgl. Fig. 10, Taf. II zu unserer fruheren Abhandlung.

Für die Neigungen der Fläche e zu den anliegenden Flächen, habe ich durch Messung mit Hilfe des Anlegegoniometers gefunden: $e : M =$ ungefähr $166\frac{1}{2}°$, also der Fläche e entspricht ohne Zweifel der krystallographische Ausdruck $(2a : b : c) = 2P$.

Folgende Winkel lassen sich berechnen:

Für $e = 2P$.

$$\tfrac{1}{2}X = 30°\ 49'\ 35'' \qquad\qquad X = \ \ 61°\ 39'\ 10''$$
$$\tfrac{1}{2}Y = 63°\ \ 0'\ 27'' \qquad\qquad Y = 126°\ \ 0'\ 54''$$
$$\tfrac{1}{2}Z = 76°\ 14'\ 17'' \qquad\qquad Z = 152°\ 28'\ 34''$$

$$\alpha = \ \ 27°\ 39'\ 38''$$
$$\beta = \ \ 15°\ 29'\ \ 3''$$
$$\gamma = \ \ 27°\ 51'\ 30''$$
$$e : P = 103°\ 45'\ 43''$$
$$e : M = 166°\ 14'\ 17''$$

3) Auf einem kleinen farblosen Topaskrystalle aus dem Ilmengebirge, in meiner Sammlung, befinden sich zwei neue rhombische Makropyramiden, welche ich auf Fig. 66, Taf. 3 mit den Buchstaben z und ζ bezeichnet habe, und denen folgende krystallographische Zeichen zukommen:

Nach Weiss. $\qquad\qquad\qquad$ Nach Naumann.

$$\zeta = (\tfrac{1}{9}a : \tfrac{1}{4}b : \tfrac{1}{5}c)\ldots\ldots\ldots\ldots\ldots\ldots \tfrac{5}{9}\bar{P}\tfrac{5}{4}$$
$$z = (\tfrac{1}{15}a : \tfrac{1}{4}b : \tfrac{1}{7}c)\ldots\ldots\ldots\ldots\ldots \tfrac{7}{15}\bar{P}\tfrac{7}{4}$$

Die Flächen der Pyramide $\zeta = \tfrac{5}{9}\bar{P}\tfrac{5}{4}$ stumpfen die Combinationskanten zwischen den Flächen des Makrodomas $d = \bar{P}\infty$ und der rhombischen Pyramide $u = \tfrac{1}{4}P$ ab, dabei fallen sie in die Zone, die durch die Durchschneidung der Flächen $h = \tfrac{1}{3}\bar{P}\infty$ und $l = \infty\bar{P}2$ bestimmt ist. Die Flächen der Pyramide z stumpfen die Combinationskanten zwischen den Flächen des Makrodomas $d = \bar{P}\infty$ und der rhombischen Pyramide $i = \tfrac{1}{8}P$, und die Combinationskanten zwischen den Flächen des Makrodomas $h = \tfrac{1}{3}\bar{P}\infty$ und der rhombischen Pyramide $\zeta = \tfrac{5}{9}\bar{P}\tfrac{5}{4}$ ab. Diese beiden Formen lassen sich eben so gut vermittelst der erwähnten Zonenverhältnisse, als vermittelst der unmittelbaren Messungen bestimmen. Auf diese Weise habe ich mich ganz genau überzeugt, dass den Formen ζ und z wirklich die oben angeführten krystallographischen Zeichen (ungeachtet ihrer Complicität) zukommen.

Die Messungen wurden mit Hilfe des gewöhnlichen Wollaston'schen Reflexionsgoniometers vollzogen, und dieselben sind keineswegs als ganz genau, sondern bloss als annähernd zu betrachten. Wenn wir also die angegebene Bezeichnung annehmen, so erhalten wir:

Durch Rechnung. $\qquad\qquad\qquad$ Durch Messung.

$$\zeta : h = 158°\ 20'\ \ 0'' \qquad\qquad \text{ungefähr } 158°\ 14'$$
$$\zeta : o = 163°\ \ 2'\ 22'' \qquad\qquad \text{»}\qquad 163°\ \ 4'$$

Durch Rechnung.

$\zeta : u = 175° 58' 20''$
$\zeta : d = 157° 6' 0''$
$\left.\begin{array}{c}\zeta_1 : M_2 \\ \text{(d. h. über d)}\end{array}\right\} = 117° 45' 15''$
$\zeta : P = 132° 34' 10''$
$\left.\begin{array}{c}\zeta : \zeta \\ \text{in Y}\end{array}\right\} = 146° 39' 56''$
$z : u = 171° 18' 14''$
$z : d = 156° 29' 20''$
$z : h = 165° 46' 6''$
$z : l = 124° 58' 50''$
$z : P = 138° 39' 26''$

Durch Messung.

ungefähr 176° 9'
«   156° 52'

117° 34'

132° 50'

147° 0'

171° 27'
157° 30'
165° 13'
«   125° 17'
«   138° 3'

Hieraus ersieht man, dass die durch Messung erhaltenen Werthe nicht ganz gut mit den berechneten übereinstimmen, man muss indessen nicht vergessen, dass die Messungen, wie schon oben erwähnt wurde, bloss als annähernd zu betrachten sind, weil die Flächen ζ und z ziemlich klein waren, und das Licht bloss in dem Grade reflectirten, welcher gewöhnlich genügend ist, um die krystallographischen Zeichen zu finden [2]).

Ferner lassen sich folgende Winkel berechnen:

Für $\zeta = \frac{5}{9}\bar{P}\frac{5}{4}$.

$\frac{1}{2}X = 47° 17' 17''$
$\frac{1}{2}Y = 73° 19' 58''$
$\frac{1}{2}Z = 47° 25' 50''$

$X = 94° 34' 34''$
$Y = 146° 39' 56''$
$Z = 94° 51' 40''$

$\alpha = 67° 1' 27''$
$\beta = 44° 55' 21''$
$\gamma = 22° 55' 13''$

Für $z = \frac{7}{15}\bar{P}\frac{7}{4}$.

$\frac{1}{2}X = 50° 46' 34''$
$\frac{1}{2}Y = 78° 59' 23''$
$\frac{1}{2}Z = 41° 20' 34''$

$X = 101° 33' 8''$
$Y = 157° 58' 46''$
$Z = 82° 41' 8''$

---

[2]) Auf dem ersten Blick könnte man sich veranlasst sehen, zu glauben, dass den Flächen ζ und z eher die krystallographischen Zeichen $\frac{1}{3}\bar{P}\frac{1}{3}$ und $\frac{1}{4}\bar{P}2$, als die Zeichen $\frac{5}{9}\bar{P}\frac{5}{4}$ und $\frac{7}{15}\bar{P}\frac{7}{4}$ zukommen; dieses erscheint um so wahrscheinlicher, weil die Flächen z (da die Zahl $\frac{7}{15}$ sehr nahe an $\frac{1}{2}$ kommt) sehr nahe solchen Flächen liegen, welche Zuschärfungen der brachydiagonalen Polkanten der rhombischen Pyramide $u = \frac{1}{2}P$ bilden müssten. Die Resultate der Messungen zeigen indessen gleich, dass eine solche Vermuthung ganz unanwendbar ist. In der That, bei einer solchen Voraussetzung wäre die Neigung $\zeta : u = 172° 56' 58''$, welche hingegen nach Messung $= 176° 9'$ ist, eben so $\zeta : d$ wäre $= 160° 7' 20''$, welche aber nach Messung $= 156° 52'$ ist, $\zeta_1 : M_2$ (über d) wäre $= 120° 46' 36''$, welche aber nach Messung $= 117° 34'$ ist, $z : d$ wäre $= 158° 38' 40''$, welche aber nach Messung $= 157° 30'$ ist, $z : P$ wäre $= 136° 58' 20''$, welche aber nach Messung $= 138° 3'$ ist, $z : u$ wäre $= 170° 32' 28''$, welche aber nach Messung $= 171° 27'$ ist u. s. w.

$$\alpha = 75° \ 43' \ 39''$$
$$\beta = 49° \ 53' \ 36''$$
$$\gamma = 16° \ 48' \ 20''$$

Ausser den oben beschriebenen Formen lässt sich noch auf einigen Topaskrystallen aus dem Ilmengebirge eine rhombische Pyramide bemerken, deren Flächen die Combinationskanten zwischen den Flächen o = P und d = P̆∞ abstumpfen. Diese Abstumpfungsflächen waren aber an den Exemplaren, die durch meine Hände gegangen sind, so schmal, dass ich an denselben keine Messungen anstellen konnte, und daher auch nicht im Stande war das krystallographische Zeichen für die neue Pyramide zu bestimmen.

4) An einem kleinen Krystalle aus der Umgegend des Flusses Urulga (Borschtschowotschnoi Gebirgszug in Transbaikalien), aus meiner Sammlung, der auf Fig. 60 Taf. 1, in seiner natürlichen Grösse und mit allen seinen natürlichen Details abgebildet ist, bemerkt man eine Fläche σ, die die Combinationskante zwischen den Flächen v = P̆2 und r = 2P̆2 abstumpft. Vermittelst der, mit Hilfe des Wollaston'schen Reflexionsgoniometers vollzogenen Messung, habe ich für diese Fläche (die zu einer Brachypyramide gehört) folgendes krystallographisches Zeichen gefunden:

Nach Weiss.   Nach Naumann.

$$\sigma = (7a : 4b : 8c) \dots\dots\dots\dots\dots \tfrac{7}{4}\breve{P}2$$

Und ferner folgende Winkel erhalten:

Durch Rechnung.   Durch Messung.

$$\sigma : v = 166° \ 13' \ 36'' \qquad \text{ungefähr } 166° \ 20'$$
$$\sigma : r = 177° \ 19' \ 42'' \qquad\quad \text{«} \quad 177° \ 0'$$
$$\sigma : l = 156° \ 29' \ 1'' \qquad\qquad 156° \ 20'$$

Für $\sigma = \tfrac{7}{4}\breve{P}2$.

$$\tfrac{1}{2}X = 50° \ 56' \ 21'' \qquad X = 101° \ 52' \ 42''$$
$$\tfrac{1}{2}Y = 48° \ 13' \ 56'' \qquad Y = 96° \ 27' \ 52''$$
$$\tfrac{1}{2}Z = 66° \ 29' \ 1'' \qquad Z = 132° \ 58' \ 2''$$

$$\alpha = 30° \ 55' \ 20''$$
$$\beta = 32° \ 20' \ 32''$$
$$\gamma = 46° \ 35' \ 22''$$

Der beschriebene Krystall ist ganz farblos, vollkommen durchsichtig und besitzt sehr glänzende Flächen.

5) Neuerdings erhielt ich zwei kleine Topaskrystalle aus den Goldseifen der Umgegend des Flusses Sanarka (Gouvernement Orenburg), aus dieser interessanten Gegend, die in mineralogischer Hinsicht so viel Aehnlichkeit mit dem Diamantendistricte Brasiliens hat. Diese beiden Krystalle bieten schon complicirtere Combinationen als die früher von mir beschriebenen dar, und sie haben wieder eine so auffallende Aehnlichkeit mit den bra-

silianischen Topaskrystallen, dass es eine Unmöglichkeit ist, sie von denselben zu unterscheiden. Einen dieser Krystalle verdanke ich der Güte des General-Majors vom Berg-
Corps W. v. Raschet. Dieser Krystall (ungefähr 18 Millimeter in der Richtung der Vertikalaxe und ungefähr 5 Millimeter in der Richtung der Makrodiagonalaxe) hat eine sehr
angenehme rosenrothe Farbe und ist vollkommen durchsichtig. Seine Combination ist auf
Fig. 68 Taf. 4 dargestellt. Den andern Krystall verdanke ich der Güte des Stabskapitains
vom Berg-Corps N. Barbot de Marni. Dieser letztere Krystall (ungefähr 7 Millimeter in
der Richtung der Vertikalaxe und ungefähr $2\frac{1}{2}$ Millimeter in der Richtung der Makrodiagonalaxe) hat eine blass röthlichweisse Farbe und ist auch vollkommen durchsichtig. Seine
Combination ist auf Fig. 69 Taf. 4 dargestellt. Da die krystallographischen Verhältnisse
der beiden Exemplare aus den Figuren am Besten zu ersehen sind, so übergehe ich hier
die specielle Beschreibung derselben. An letzterem Krystalle habe ich einige Messungen
mit Hilfe des Mitscherlich'schen Reflexionsgoniometers, welches mit einem Fernrohre
versehen war, vollzogen. Da bisher die Topaskrystalle vom Flusse Sanarka noch von Niemand gemessen worden sind, so gebe ich hier die von mir erhaltenen Resultate [3]).

Für die Neigung der Flächen der rhombischen Pyramide $i = \frac{1}{3}P$ in den makrodiago-
nalen Polkanten.
$$i_1 : i_4 = 120° \ 30' \ 0''$$
(Durch Rechnung ist dieser Winkel $= 120° \ 20' \ 44''$).

Für die Neigung der rhombischen Pyramide $i = \frac{1}{3}P$ in den **brachydiagonalen** Polkanten.
$$i_1 : i_2 = 149° \ 40' \ 0''$$
(Durch Rechnung ist dieser Winkel $= 149° \ 31' \ 0''$).

Für die Neigung der rhombischen Pyramide $i = \frac{1}{3}P$ an der Spitze.
$$i_1 : i_3 = 111° \ 31' \ 30''$$
$$111° \ 30' \ 15''$$
$$\overline{\text{Mittel} = 111° \ 30' \ 53''}$$
$$i_2 : i_4 = 111° \ 29' \ 30''$$
$$111° \ 30' \ 0''$$
$$\overline{\text{Mittel} = 111° \ 29' \ 45''}$$

Also **der** mittelste Werth aus diesen beiden Rechnungen ist $= 111° \ 30' \ 19''$.

(Durch Rechnung ist dieser Winkel $= 111° \ 31' \ 50''$).

Für die Neigung der benachbarten Flächen $u = \frac{1}{2}P$ und $i = \frac{1}{3}P$.
$$u_1 : i_1 = 168° \ 37' \ 0''$$
$$168° \ 38' \ 30''$$
$$\overline{\text{Mittel} = 168° \ 37' \ 45''}$$

---

[3]) Hier wird wie früher, jede einzelne Fläche durch eine besondere Zahl bezeichnet werden.

$$u_2 : i_2 = 168° \ 44' \ 0''$$
$$168° \ 41' \ 0''$$

Mittel $= 168° \ 42' \ 30''$

$$u_4 : i_4 = 168° \ 44' \ 0''$$

Also der mittelste Werth aus diesen drei Winkeln ist $= 168° \ 41' \ 25''$.

(Durch Rechnung ist dieser Winkel $= 168° \ 38' \ 50''$).

Für die Neigung der Flächen $u = \frac{1}{2}P$ und $i = \frac{1}{3}P$ über die Fläche des basischen Pinakoids $P = oP$.

$$u_1 : i_3 = 100° \ 8' \ 30''$$
$$u_2 : i_4 = 100° \ 12' \ 30''$$
$$100° \ 11' \ 0''$$

Mittel $= 100° \ 11' \ 45''$

$$u_4 : i_2 = 100° \ 8' \ 45''$$
$$100° \ 8' \ 0''$$

Mittel $= 100° \ 8' \ 23''$

Also der mittelste Werth aus diesen drei Messungen ist $= 100° \ 9' \ 33''$.

(Durch Rechnung ist dieser Winkel $= 100° \ 10' \ 40''$).

Für die Neigung der Flächen der rhombischen Pyramide $u = \frac{1}{2}P$, über die Fläche des basischen Pinakoids $P = oP$.

$$u_2 : u_4 = 88° \ 52' \ 0''$$
$$88° \ 53' \ 0''$$

Mittel $= 88° \ 52' \ 30''$

(Durch Rechnung ist dieser Winkel $= 88° \ 49' \ 30''$).

Für die Neigung der Flächen der rhombischen Pyramide $u = \frac{1}{2}P$ in den brachydiagoualen Polkanten:

$$u_1 : u_2 = 141° \ 17' \ 30''$$

(Durch Rechnung ist dieser Winkel $= 141° \ 0' \ 6''$).

Für die Neigung der Fläche des Brachydomas $f = \breve{P}\infty$ zu den anliegenden Flächen der rhombischen Pyramide $u = \frac{1}{2}P$.

$$f_1 : u_1 = 137° \ 37' \ 45''$$
$$f_1 : u_4 = 137° \ 32' \ 45''$$

Mittel $= 137° \ 35' \ 15''$

(Durch Rechnung ist dieser Winkel $= 137° \ 27' \ 22''$).

Für die Neigung der Flächen des Brachydomas $f = \breve{P}\infty$, über die Fläche des basischen Pinakoids $P = oP$.

$$f_1 : f_2 = 92° \ 31' \ 30''$$

(Durch Rechnung ist dieser Winkel $= 92° \ 42' \ 0''$).

Einige dieser Messungen sind hinreichend genug, um zu beweisen, dass die Winkel
der Topaskrystalle aus der Umgegend des Flusses Sanarka gleich denen der Topaskrystalle aus anderen Localitäten sind. Wenn man aber unter diesen Messungen einige an-
trifft, die ziemlich grosse Abweichungen von den berechneten Winkeln zeigen, so ist die
Schuld eher in dem gemessenen Krystalle, als in den Messungen selbst zu suchen, die, obgleich nicht ganz genau, doch noch immer gut genug sind, um solche Abweichungen zu
vermeiden.

6) Es scheint mir, dass es nicht ohne Interesse für den geehrten Leser sein wird,
wenn ich hier eine kurze Beschreibung einiger prachtvoller Exemplare von Topaskrystallen gebe, die neuerdings aus Sibirien nach Petersburg gebracht sind. Dieselben sind
auf Fig. 58 und 59 Taf. 1, Fig. 61 und 63 Taf. 2, Fig. 64 und 65 Tafel 3, Fig. 67
Taf. 4 dargestellt. Auf den erwähnten Figuren sind die Krystalle in ihrer natürlichen
Grösse in schiefer und horizontaler Projection, mit allen ihren natürlichen Details abgebildet, sie stammen alle aus Nertschinsk, und wahrscheinlich aus der Umgegend des Flusses
Urulga. Da die Figuren die krystallographischen Verhältnisse und die Grösse der Krystalle vollkommen verdeutlichen, so werde ich eine weitere Beschreibung dieser beiden
Gegenstände übergehen, und mich bloss auf die Beschreibung der anderen Eigenschaften
der Krystalle beschränken.

Der auf Fig. 58 dargestellte Krystall zeichnet sich durch seine Durchsichtigkeit und
Schönheit seiner Bildung aus. Bloss auf der Hälfte desselben bemerkt man im Innern eine
Spalte, die von der vollkommensten Spaltbarkeit abhängig ist, und die jedoch nicht durch
den ganzen Krystall geht, sondern bloss bis in die Mitte desselben, sonst ist er vollkommen durchsichtig. Seine Farbe ist ziemlich dunkel weingelb. Die Flächen des basischen
Pinakoids $P = oP$ und der Brachydomen $a = \frac{2}{3}\breve{P}\infty$ und $f = \breve{P}\infty$ sind eben, aber sehr
schwach glänzend, fast rauh; die Flächen der rhombischen Pyramide $i = \frac{1}{4}P$ und des Brachydomas $y = 2\breve{P}\infty$ sind sehr glänzend; die Flächen der rhombischen Pyramiden $u = \frac{1}{2}P$
und $o = P$ und der Makrodomen $d = \bar{P}\infty$ und $h = \frac{1}{3}\bar{P}\infty$ sind ganz matt; die Flächen der
Prismen $M = \infty P$, $m = \infty\breve{P}\frac{3}{2}$ und $l = \infty\breve{P}2$ sind sehr glänzend und schwach vertical gestreift.

Das auf Fig. 59 dargestellte Exemplar zeichnet sich durch seine Grösse aus, die für
einen vollkommen durchsichtigen Topaskrystall gewiss auffallend ist. Dieser Krystall
schliesst in seinem Inneren in horizontaler Richtung (ungefähr in der Mitte, oben und unten) drei Spalten ein, die von seiner vollkommensten Spaltbarkeit abhängig sind, und von
denen die oberste bloss bis in die Mitte geht, sonst ist er durchsichtig, fast ohne die geringsten Risse. Seine Farbe ist ziemlich dunkel weingelb in das Honiggelbe ziehend. Das
obere Ende ist ganz vollkommen auskrystallisirt, was aber das untere anbelangt, so zeigt
es bloss eine ziemlich ebene Fläche, die nichts Anderes, als eine, von einer weissen, schwach

drüsenartigen Topaskruste bedeckte Spaltungsfläche ist[4]). Auf der vorderen Seite des unteren Theiles des Krystalls bemerkt man einige Blättchen von weissem Glimmer und verwittertem Feldspath. Der Krystall wiegt 4 Pfund (russisch) und 7 Zolotnik. Die Flächen des basischen Pinakoids $P = oP$, der Brachydomen $a = \frac{2}{3}\breve{P}\infty$ und $f = \breve{P}\infty$ sind eben und etwas rauh; die Flächen der rhombischen Pyramide $i = \frac{1}{3}P$ sind glänzend und schwach warzenförmig; die Flächen der rhombischen Pyramide $u = \frac{1}{2}P$ und des Makrodomas $h = \frac{1}{3}\bar{P}\infty$ sind ganz matt; die Flächen des Brachydomas $y = 2\breve{P}\infty$ sind glänzend und von sehr schwachen Unebenheiten bedeckt; die Flächen der Prismen $M = \infty P$, $m = \infty\breve{P}\frac{3}{2}$ und $l = \infty\breve{P}2$ sind glänzend und etwas vertical gestreift.

Der auf Fig. 61 dargestellte Krystall ist auch, mit Ausnahme einer Spalte in seinem unteren Theile, vollkommen durchsichtig und von weingelber Farbe. Er zeichnet sich vorzüglich durch seine schöne Bildung aus. Die nähere Beschreibung der Beschaffenheiten seiner Flächen kann ich jetzt nicht geben, weil der Krystall in diesem Augenblick sich nicht in meinen Händen befindet.

Der auf Fig. 63 dargestellte Krystall ist, mit Ausnahme einiger unbedeutenden Risse im oberen Theile, fast vollkommen durchsichtig, aber seine Farbe ist viel heller als die der Vorhergehenden. Die Flächen des basischen Pinakoids $P = oP$, der rhombischen Pyramiden $i = \frac{1}{3}P$ und $u = \frac{1}{2}P$, und des Makrodomas $d = \bar{P}\infty$ sind rauh und zum Theil, vorzüglichst die des ersteren, mit ganz kleinen Eisenglanzschüppchen bedeckt; die Flächen des Brachydomas $y = 2\breve{P}\infty$ sind ziemlich glänzend und eben; die Flächen des Brachydomas $f = \breve{P}\infty$ sind schwach glänzend und fast rauh; die Flächen der Prismen $M = \infty P$ und $l = \infty\breve{P}2$ sind glänzend und schwach vertical gestreift.

Der auf Fig. 64 dargestellte Krystall ist von sehr angenehmer, fast honiggelber Farbe und, mit Ausnahme einiger Risse in seinem unteren Theile, vollkommen durchsichtig. Die Flächen des basischen Pinakoids $P = oP$, der Brachydomen $a = \frac{2}{3}\breve{P}\infty$ und $f = \breve{P}\infty$ sind wenig glänzend und fast ganz matt; die Flächen der rhombischen Pyramide $i = \frac{1}{3}P$ sind sehr glänzend und sehr schwach warzenförmig; die Flächen der rhombischen Pyramide $u = \frac{1}{2}P$ und des Makrodomas $h = \frac{1}{3}\bar{P}\infty$ sind ganz matt; die Flächen des Brachydomas $y = 2\breve{P}\infty$ sind ziemlich glatt und sehr glänzend; die Flächen der Prismen $M = \infty P$ und $l = \infty\breve{P}2$ sind sehr glänzend und schwach vertical gestreift.

Der auf Fig. 65 dargestellte Krystall ist von weingelber Farbe und ganz durchsichtig. Alle Flächen, die sich am oberen Ende des Krystalls befinden, d. h. die Flächen $P = oP$, $i = \frac{1}{3}P$, $f = \breve{P}\infty$, $y = 2\breve{P}\infty$ und $d = \bar{P}\infty$ sind fast ganz matt; dagegen die Flächen der Prismen $M = \infty P$ und $l = \infty\breve{P}2$ sehr glänzend sind und wie gewöhnlich vertical gestreift.

Der auf Fig. 67 dargestellte Krystall zeichnet sich durch seine besondere Schönheit

---

[4]) Ueber diesen Gegenstand wird weiter unten Paragraph 7 ausführlich die Rede sein.

aus. Er ist von angenehmer honiggelber Farbe und in einem solchen Grade durchsichtig, dass man auch nicht den geringsten Riss in seiner ganzen Masse trifft, dabei ist er sehr scharfkantig und sehr gut erhalten. Die Flächen des basischen Pinakoids P = oP und des Brachydomas f = $\breve{\text{P}}\infty$ sind kaum glänzend, fast rauh; die Flächen der rhombischen Pyramide i = $\frac{1}{3}$P sind sehr glänzend und schwach warzenförmig; die Flächen des Brachydomas y = 2$\breve{\text{P}}\infty$ sind sehr glänzend, obgleich nicht ganz eben; die Flächen der rhombischen Pyramiden u = $\frac{1}{2}$P, o = P, α = $\frac{1}{2}$P2 und des Makrodomas d = $\bar{\text{P}}\infty$ sind ganz matt; die Flächen der Prismen M = ∞P und l = $\infty\bar{\text{P}}$2 sind sehr glänzend und wie gewöhnlich etwas vertical gestreift. In diesem Krystalle trifft man eine Fläche α an, die zu einer neuen rhombischen Makropyramide gehört. Da diese Fläche von einer Seite die Combinationskante zwischen den Flächen d = $\bar{\text{P}}\infty$ und i = $\frac{1}{3}$P abstumpft und von der anderen Seite die Flächen i$_1$ = $\frac{1}{3}$P und i$_2$ = $\frac{1}{3}$P in den parallelen Kanten durchschneidet, so erhält sie folgendes krystallographisches Zeichen :

Nach Weiss.   Nach Naumann.

α = ($\frac{1}{4}$a : b : $\frac{1}{2}$c) . . . . $\frac{1}{2}\bar{\text{P}}$2

Und ferner lassen sich folgende Winkel berechnen:

Für α = $\frac{1}{2}\bar{\text{P}}$2.

$\frac{1}{2}$X = 48° 43′ 21″	X = 97° 26′ 42″
$\frac{1}{2}$Y = 79° 57′ 35″	Y = 159° 55′ 10″
$\frac{1}{2}$Z = 43° 1′ 40″	Z = 86° 3′ 22″

α = 76° 35′ 10″

β = 47° 56′ 8″

γ = 14° 48′ 11″

α : P = 136° 58′ 20″

α : u = 170° 32′ 28″

α : h = 165° 7′ 30″

α : l = 125° 27′ 4″

α : i = 168° 2′ 58″

α : d = 158° 38′ 40″

Die auf Fig. 58, 59, 63, 64, 65 und 67 abgebildeten Krystalle befinden sich in meiner Sammlung, was aber den Krystall Fig. 61 anbelangt, so sah ich mich genöthigt ihn nach Sibirien zurückzusenden, wegen seines ziemlich hohen Preises (600 Rbl. S., d. h. ungefähr 2400 Francs).

7) Es wird nicht überflüssig sein, hier einiger Eigenthümlichkeiten zu erwähnen, welche dem grössten Theil der Topaskrystalle aus der Umgegend des Flusses Urulga eigen sind[5]), nämlich: viele Krystalle, die an ihrem oberen Ende vollkommen ausgebildet sind

---

[5]) Aehnliche Eigenthümlichkeiten habe ich auch an einem Topaskrystalle aus Brasilien beobachtet.

und mehrere Flächen zeigen, bieten dagegen an ihrem unteren Ende eine einzige mehr oder weniger drüsenartige Querfläche dar, welche man auf den ersten Blick für eine wirkliche Krystallfläche, d. h. für die nicht ganz gut ausgebildete P = oP halten könnte. Es erscheint jedoch gleich sehr auffallend: weshalb die Krystallisationskraft, die am oberen Ende des Krystalls mit so grosser Regelmässigkeit gewirkt hat, den unteren Theil desselben so plötzlich verlassen hat? Man erklärt sich die Sache gewöhnlich ganz einfach, dass die Topaskrystalle in einer Höhle entstanden sind, woher das obere Ende derselben in leeren Zwischenräumen keinen Hindernissen zur vollkommenen Ausbildung begegnete, während das untere Ende der Felsart zugewandt war, und daher nicht mit derselben Regelmässigkeit auskrystallisirt werden konnte [6]). Eine etwas gründlichere Untersuchung zeigt indessen, dass eine solche Erklärung unpassend ist. Die oben erwähnte Eigenthümlichkeit der Topaskrystalle hängt von ganz anderen, zum Theil geologischen Ursachen ab, nämlich: die Topaskrystalle wurden noch in den Bergen in zwei, drei oder mehreren Theilen in der Richtung ihrer vollkommensten Spaltbarkeit zerbrochen, wahrscheinlich in Folge der geologischen Dislocationen, die in den Bergen fast in demselben Augenblicke oder nach der Bildung der Topaskrystalle Statt gefunden hatten. Oft blieben die gebrochenen Theile fast auf ihrem Platz und der Krystall erhielt in diesem Falle mehr oder weniger breite Risse. Nun ist es sichtbar, dass das erste, auf diese Art entstandene Bruchstück an seinem oberen Ende alle Zuspitzungsflächen beibehalten muss, während es an seinem unteren Ende durch eine Spaltungsfläche begränzt wird; die folgenden Bruchstücke müssen an ihren beiden Enden von Spaltungsflächen begränzt werden, und endlich das letzte Bruchstück muss an seinem oberen Ende eine Spaltungsfläche und an seinem unteren Ende (mit welchem es mit der Felsart verwachsen war) eine unregelmässige wurzelförmige Oberfläche zeigen. Wenn jetzt in den Rissen der gebrochenen Topaskrystalle die Auflösung des Topasstoffes hineindringt, so bedecken sich alle entblössten Spaltungsflächen mit einer krystallinischen Topaskruste. Also die untere Fläche des grössten Theils der Topaskrystalle, die ein drüsenartiges Ansehen hat, und die man mit einer Krystallfläche leicht verwechseln kann, ist ein ganz fremdes Element für das Individuum, und nichts anderes, als die oben erwähnte Kruste [7]). Den Grund der eben gegebenen Erklärung habe ich an einem Exemplare aus der Sammlung meines verehrten Freundes P. v. Kotschubey gefunden. Dies Exemplar besteht aus einem Granitstück, auf welchem sich ein Topaskrystall befindet, der in der Richtung seiner vollkommensten Spaltbarkeit in drei Theile gebrochen ist, und dessen entblösste Spaltungsflächen mit einer krystallinischen Topaskruste bedeckt sind.

---

[6]) Eine solche Erklärung findet schon gleich darin folgenden Wiederspruch: wenn das untere Ende des Krystalls Hindernissen seitens der Felsart bei seiner Bildung begegnete, so konnte es auch keine Regelmässigkeit empfangen, während dasselbe an den Exemplaren, von welchen die Rede geht, wenn nicht ganz, doch noch immer regelmässig genug ist.

[7]) In diese Kattegorie von Krystallen gehört auch die von P. v. Kotschubey (auf Seite 349 und 350 Bd. II. Mat. z. Min. Russl.) beschriebene Combination eines Topaskrystalls vom Flusse Urulga.

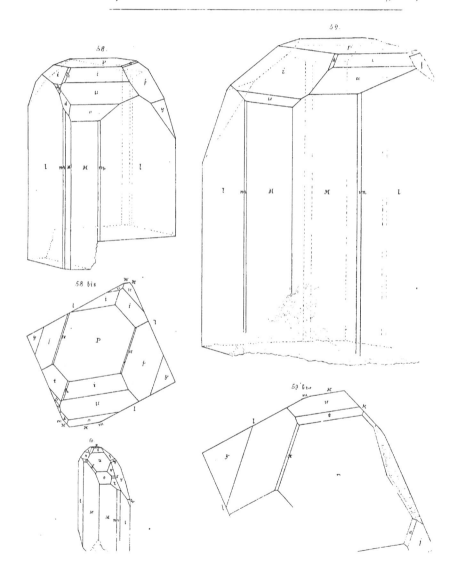

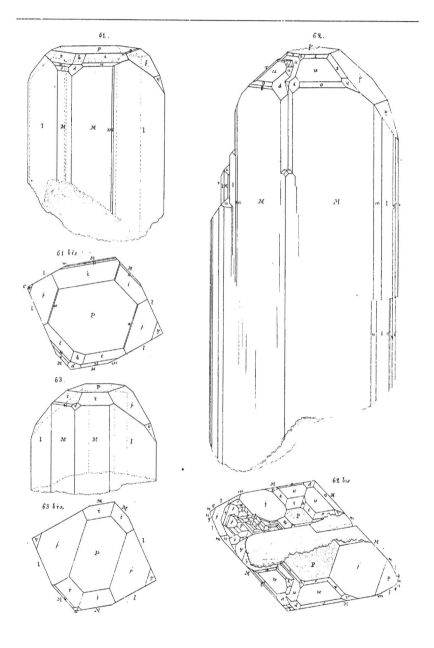

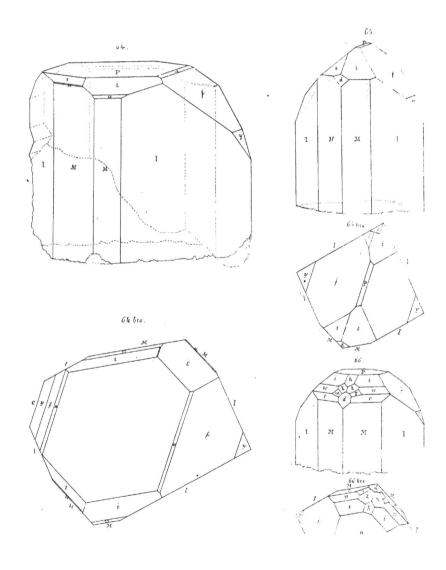

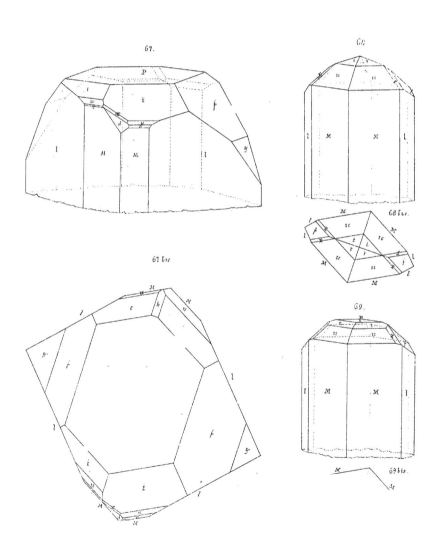

67.

68.

67 bis

68 bis.

69.

69 bis.

MÉMOIRES

DE

L'ACADÉMIE IMPÉRIALE DES SCIENCES DE ST.-PÉTERSBOURG, VIIᵉ SÉRIE.

Tome II, Nᵒ 6.

DIE MAKROKEPHALEN

IM

BODEN DER KRYM UND ÖSTERREICHS,

verglichen mit der Bildungs-Abweichung,

welche Blúmenbach **Macrocephalus** genannt hat.

Von

K. E. v. Baer,

Mitgliede der Akademie.

Mit 3 Tafeln.

Gelesen am 9. December 1859.

Sᴛ. PETERSBURG, 1860.

Commissionäre der Kaiserlichen Akademie der Wissenschaften:

in St. Petersburg	in Riga	in Leipzig
Eggers et Comp.,	Samuel Schmidt,	Leopold Voss.

Preis: 90 Kop. = 1 Thlr.

Gedruckt auf Verfügung der Kaiserlichen Akademie der Wissenschaften.

K. Vesselofski, beständiger Secretär.

Im Mai 1860.

Buchdruckerei der Kaiserlichen Akademie der Wissenschaften.

DIE MAKROKEPHALEN

IM BODEN DER KRYM UND OESTERREICHS,

verglichen

mit der Bildungs-Abweichung, welche Blumenbach MACROCEPHALUS genannt hat.

Von

dem Akademiker **K. E. v. Baer.**

---

§. 1. Historischer Bericht.

Das Geschenk, welches der General Graf Boriss Alexejewitsch Perowsky mit einem vollständigen Schädel eines sogenannten Makrokephalen der Krym unserer Akademie gemacht hat, veranlasst mich, diesen Schädel abbilden zu lassen (Taf. I, nach der ursprünglichen Aufstellung, Taf. II, Fig. 1 und Taf. III, Fig. 6 verkleinert in richtiger Stellung) zu beschreiben, und einen historischen Bericht über ähnliche oder für ähnlich gehaltene Formen voranzuschicken.

Blumenbach hatte schon in der ersten Zeit der Anlegung seiner anthropologischen Sammlung durch den eifrigsten Förderer und Mehrer derselben, den Baron Asch, aus Russland einen Schädel erhalten, der durch seine langgezogene Form mit kielförmig vortretendem Scheitel sehr auffiel. Baron Asch kannte die Herkunft dieses Schädels nicht genau, glaubte aber, dass er Tatarischen Ursprungs sei. Blumenbach bemerkte wohl, dass die Pfeilnath gänzlich fehlte, obgleich die übrigen Näthe noch vollständig erhalten waren und die Zähne ein jugendliches Alter nachwiesen, denn die hintersten Backenzähne (*dentes sapientiae*) waren nur eben hervorgetreten, und auch die übrigen Mahlzähne hatten noch unversehrte, garnicht abgeriebene Spitzen (*molarium coronae apicibus perfectis et integerrimis, nihilum detritis*). Weil er aber den Schädel, ungeachtet seiner Länge und des kielförmig vorspringenden Scheitels, seitlich ganz symmetrisch gebaut fand, war er überzeugt, dass er weder eine krankhafte Umbildung, noch einen ursprünglichen Bildungsfehler vor sich hätte. Dass er sich in der letzteren Ueberzeugung irrte, werden wir weiter unten sehen. Indem er sich erinnerte, dass bei mehreren alten Schriftstellern Langköpfe (*Makrokephaloi*) als Volk erwähnt werden, so beschrieb er diesen Schädel unter dem Namen *Macrocephalus Asiaticus* in seiner *Decas craniorum* (1790) und liess ihn abbilden, aber nur in der Ansicht von vorn [1].

---

[1] Blum. *Decas craniorum* (prima), Tab. III.

Mémoires de l'Acad. Imp. des sciences, VIIe Série.

Lange war nichts zu hören, in welchen Gegenden Russlands Köpfe dieser Art oder von irgend einer anderen ungewöhnlichen Form vorkämen. Als man jedoch Nachgrabungen für archaeologische Zwecke in der Krym und namentlich in der klassischen Umgebung der Stadt Kertsch begann, fand man nicht selten Skelette mit künstlich verbildeten, hochaufgethürmten Köpfen, gewöhnlich vereinzelt, zuweilen aber auch mehrere neben einander, immer aber ohne Särge und ohne die Kunstwerke, welche den begrabenen Griechen beigegeben waren. Die Köpfe der letzteren hatten immer ihre natürliche Form, und wurden mit griechischen Kunstwerken in grösseren oder kleineren Hügeln gefunden, jene *Makrokephalen* aber, wie man sie nannte, im flachen Boden, entweder in Lehmboden oder in Gruben, die in Felsschichten gehauen waren. In welchem Jahre man zuerst die verbildeten fand, weiss ich nicht anzugeben, da einige Zeit hinging, bevor die Funde allgemein bekannt wurden. Allerdings hatte man an der Nordküste des Schwarzen Meeres schon im vorigen Jahrhundert zufällig einige griechische Inschriften entdeckt. Die wissenschaftliche Aufmerksamkeit war aber mehr auf die Dnjepr-Gegend und namentlich auf das alte Olbia gerichtet, während die Gegend um Kertsch noch gewinnsüchtigen Goldgräbern Preis gegeben war. Nach den *Antiquités du Bosphore Cimmérien*[1]) scheinen die Ausgrabungen, welche der Maecen der Russischen Geschichte, der Graf Rumänzow, zu archaeologischen Zwecken im Jahre 1816 und den folgenden auf seine Kosten machen liess, die ersten zu sein, welche allgemein der wissenschaftlichen Welt bekannt wurden. Die Gegenstände gelangten an den Grafen Rumänzow. Ihm folgten verschiedene Privatpersonen, die bald in der Umgedend von Kertsch und Jenikale, bald auf der gegenüberliegenden Seite der Halbinsel Taman Ausgrabungen machen liessen. Die gefundenen Gegenstände zerstreuten sich und gingen zum Theil in's Ausland, wurden aber meistens doch mehr oder weniger vollständig in der wissenschaftlichen Welt bekannt. Diese Dispersion ging einige Jahre fort, bis der Graf (spätere Fürst) Woronzow im Jahre 1823, auf den Wunsch der Bewohner von Kertsch, von denen Einige Liebhaber und Sammler von Alterthümern geworden waren, dem Kaiser den Antrag stellte, in Kertsch selbst ein Museum für die dortigen Alterthümer zu stiften. Dieser Antrag erhielt bald die Genehmigung, und im Jahre 1826 wurde das archäologische Museum schon eröffnet, nachdem die dortigen Sammler ihre Acquisitionen patriotisch geopfert hatten. Die Folge hiervon war, dass die Funde weniger zerstreut wurden und in Kertsch selbst Archäologen allmälig sich sammelten und ausbildeten. Die Ausgrabungen wurden nun systematischer fortgesetzt und gaben so reichliche Ausbeute, dass die werthvollsten und am leichtesten zu verführenden Gegenstände nach St. Petersburg gebracht werden konnten, wo sie eine besondere Abtheilung unter den Kunstschätzen der Kaiserlichen Eremitage bilden, und doch in Kertsch noch ein Museum zurückblieb, das neuerlich freilich durch den Vandalismus der Türken und ihrer Civilisatoren sehr gelitten hat. In dieser Sammlung hatte

---

[1]) *Antiquités du Bosphore Cimmérien conservées au Musée Impérial de l'Ermitage. St.-Pétersb. 1854 Fol. Introduction historique p. 7.*

man nun auch bald einige künstlich sehr stark verbildete Schädel aufgestellt, welche die Archäologen des Ortes mit dem bei den alten Schriftstellern vorkommenden Namen der *Makrokephalen* belegten. Dubrux, ein emigrirter Franzose, der dem Zoll-Amte von Kertsch vorstand und eifriger Liebhaber von Alterthümern wurde, soll diese Benennung aufgebracht haben. Hier wurden sie unter derselben von wissenschaftlichen Reisenden, namentlich im Jahre 1832 von Dubois de Montpéreux und im Jahre 1833 von Professor Rathke vorgefunden. Der erstere, welcher diese Köpfe im 5. Bande seiner Reisebeschreibung erwähnt [1]), und bemerkt, dass bei seinem späteren Besuche (im Jahre 1834) der einzige vollständige Kopf gefehlt habe, wurde von dem damaligen Director, Herrn Aschik, öffentlich angeklagt [2]), den Verlust selbst veranlasst zu haben, da ihm allein der Schlüssel

---

[1]) Dubois de Montpéreux: *Voyage autour du Caucase*. Vol. V. (A. 1843), p. 229.

[2]) Воспорское царство. Соч. Антона Ашика, Ч. III. Одесса, 1849. 4⁰. стр. 229. Wir haben im Texte nur so viel erwähnt, als nöthig war um zu zeigen, dass bisher kein vollständiger Schädel zur allgemeinen Kenntniss gekommen ist. Weil aber das Werk des Herrn Aschik in russischer Sprache geschrieben ist, und die *Rossica* noch weniger im Auslande gelesen werden als die *Graeca*, und die grösste Publicität das einzige Mittel scheint, gegen ähnliche Spoliationen zu schützen, so halte ich es nicht für überflüssig, den betreffenden Abschnitt aus dem Werke des Herrn Aschik, damaligen Directors des Museums in Kertsch, hier vollständig in der Uebersetzung mitzutheilen.

«Herr Dubois erwähnt im 5. Bande seines Werkes «(*Voyage autour du Caucase* p. 228) dieser Schädel und «meint, dass sie Kimmerische seien. Ich kann nicht umhin, «eine Episode über die Makrokephalen-Schädel in dem «genannten Werke zu beleuchten. Herr Dubois schreibt, «dass er im Jahre 1832 im Museum zu Kertsch drei Schä-«del von nicht gewöhnlicher Form sah, dass der beste «von ihnen sich nicht mehr im Museum befand, als er «später Kertsch wieder besuchte und dass ein Augen-«zeuge ihm erzählt habe, gewisse Reisende hätten ihn «von dem Conservator des Museums, Herrn Dubrux *), «erhalten und dass einer von ihnen denselben an das «Museum in München gesendet habe. Zuletzt erzählt «Herr Dubois, dass der neue Conservator, Nachfolger «von Herrn Dubrux, die vollständigen Schädels «nur Bruchstucke fand, und dass er (Dubois) alle diese «Umstände mittheile, damit der neue Conservator wisse, «wo sich das vermisste Object befindet, und nicht Un-«schuldige anklage.»

«Herr Dubois hätte über diese Schädel nicht spre-

«chen sollen», fahrt unser Verfasser fort, «aber wenn «er sich doch entschloss, daruber zu sprechen, so hätte «er die reine Wahrheit und nicht ein ersonnenes Mär-«chen, vorbringen sollen. Der verstorbene Dubrux «war nie Conservator des Museums, und konnte des-«halb den Schädel nicht Reisenden verkaufen; und «wenn das auch geschehen wäre, wie hätte der neue «Conservator davon wissen können? Schmerzlich ist es, «dass Herr Dubois das Andenken von Dubrux be-«fleckt, der durch seine Ehrenhaftigkeit und seine «Liebe fur Alterthümer bekannt war**). Wollen wir lie-«ber die Wahrheit sagen! Herr Dubois befand sich in «Kertsch in den Jahren 1832 und 1834; wir waren fast «immer zusammen; einige Zeit hindurch wohnte Herr «Dubois in meinem Hause. Ich liebte ihn aufrichtig «als einen unterrichteten und wohlwollenden Mann und «vertraute ihm sogar den Schlussel vom Museum an. «Nachdem Herr Dubois nach dem Kaukasus abgereist «war (d. i. 1832) correspondirte er beständig mit mir. «Seine Briefe bezeugen den Nutzen. den ihm meine Be-«kanntschaft gebracht hat. Als ich bemerkte, dass ein «Schädel fehlte, erlaubte ich mir, da der Schlussel kei-«nem Andern anvertraut gewesen war, Herrn Dubois «wegen des Verlustes des Schädels anzuklagen. Es fan-«den sich Dienstfertige, welche das von mir Gehörte «Herrn Dubois hinterbrachten; wie man erwarten «konnte, behandelte er dieses als eine Verletzung sei-«ner Ehre, und schrieb (1843) eine Rechtfertigung in «seinem Werke, in welcher er meinen Namen nicht er-«wähnt. Diese Einbusse ist fur mich allerdings nicht «allzu gross; bedauerlich ist es jedoch, dass ein Mann. «der durch seine Bildung höher als der grosse Haufe «steht, so leicht die Dienste vergisst, die man ihm ge-«leistet hat.»

So weit Herr Aschik. Ich füge nur noch hinzu, dass in der öffentlichen Sammlung in Munchen sich kein Schädel von *Makrokephalen* aus Kertsch findet, denn Herr

---

*) Dass Dubrux Conservator war, sagt Dubois eigentlich nicht direct. Er lässt es nur errathen, indem er den neuen Conservator einen Nachfolger von Dubrux nennt. Dagegen giebt er sogar die Summe an, für welche der Schädel verkauft sein soll, nämlich 100 Rbl. B- Assign.

**) Dubrux war gestorben, bevor der 5 Band von Dubois Reise erschien.

zum Museum anvertraut gewesen sei. Wir erwähnen dieses Umstandes, um darauf aufmerksam zu machen, dass Rathke den vollständigen Schädel schon nicht mehr vorfand,
und weil der Kopf, den Dubois vielleicht zur näheren Untersuchung mitgenommen oder
Andern mitgetheilt haben mag, wohl sich in irgend einer Sammlung wieder finden dürfte.
Blumenbach hatte für seine Sammlung im J. 1833 einen *Makrokephalus* aus der Kyrm
durch Herrn Dr. Stephan erhalten, über den er in den Göttinger gel. Anzeigen einige
Worte veröffentlichte [1]). Das könnte wohl der vermisste sein.

    Herr Prof. Rathke beschrieb 10 Jahre später eins der von ihm gesehenen Schädel-
fragmente [2]). Er behielt den in Kertsch bereits gebrauchten Namen *Macrocephalus* bei, ver-
wies auf die sehr bezeichnende Stelle in Hippokrates Schrift: *De aëre, aquis et locis*, wo
er von einem Volke, *Makrokephalen* genannt, spricht, das östlich von Griechenland ansässig,
die Köpfe der Neugeborenen zu verbilden die Sitte habe, in deren Folge die langgestreckte
Form des Kopfes bleibend geworden sei, und sich auch ohne Kunsthülfe in den neuen Ge-
nerationen von selbst finde. Rathke führt noch einige andere Stellen aus alten Schriftstellern, namentlich aus Pomponius Mela, Plinius und Strabo an, wo von *Makrokephalen*
oder von künstlicher Verbildung der Köpfe die Rede ist. Wir kommen weiter unten auf
diese Nachrichten zurück. Prof. Rathke vergleicht sehr richtig die in der Krym gefundenen Schädel mit manchen künstlich verbildeten aus Amerika, doch weniger mit den von
Pentland mitgebrachten Köpfen aus der Umgegend des Titicaca Sees, als mit anderen
sehr hohen, von Blumenbach abgebildeten. Er war nämlich durch den sehr defecten
Zustand des von ihm gesehenen und gezeichneten Schädels veranlasst, die stärkste Wölbung der Scheitelbeine als gerade nach oben stehend sich zu denken und so zu zeichnen,
wodurch diese Schädel zwar sehr hoch, aber gar nicht lang, sondern im Gegentheil sehr
kurz erscheinen würden. Sie hätten bei dieser Stellung mehr den Namen *Hypsikephaloi* als
Makrokephaloi verdient. Wir werden an unserem vollständigen Schädel zeigen, dass die
stärkste Wölbung zwar nach oben, aber zugleich nach hinten vorragt, wodurch der Schädel sich als ein langer und nur nach hinten hoher erweist. Zugleich wurde derselbe berühmte Anatom durch den Umstand, dass Blumenbach seinen *Macrocephalus asiaticus*
nur von vorn zeichnen liess, bei welcher Ansicht der hohe Scheitel scharf hervortritt, veranlasst, ihn für ganz ähnlich zu halten. Hätte Blumenbach eine Seiten-Ansicht gegeben,
so würde der grosse Unterschied, den wir ausführlich nachweisen werden, gleich auffällig

---

Prof. Andr. Wagner spricht in seiner Geschichte der
Urwelt II, S. 43 nur nach Andern. Wäre ein vollständiger Schädel in München, so hätte Prof. A. Wagner
sich wohl lieber auf diesen bezogen, als auf das von
Prof. Rathke beschriebene Fragment. Auch habe ich
von Herrn Prof. A. Wagner auf directe Anfrage die
bestimmte Erklärung erhalten, dass in der Sammlung zu
München kein Schädel dieser Art vorhanden ist. Wohl
aber erinnere ich mich, in Göttingen einen Krymschen

Makrokephalus gesehen zu haben, und dieser soll einige
Zeit in München in Privatbesitz gewesen sein. — Man
sieht, es sind nicht die freundlichsten Erinnerungen an
den Westen, die sich an das archäologische Museum in
Kertsch knüpfen!

[1]) Göttingische gelehrte Anzeigen 1833, Stück 177
S. 1761.
[2]) Müller's Archiv für Anatomie, Physiologie u. s. w.
1843 p. 148 et seq.

gewesen sein. Prof. Rathhe fand auch, dass der *Macrocephalus Asiaticus*, nach der Zeichnung zu urtheilen, nicht ganz symmetrisch zu sein scheint. Das liegt aber wohl nur darin, dass der Zeichner ihn etwas von der Seite und nicht ganz von vorn gezeichnet hat. Der Kopf ist in der That sehr symmetrisch, wie ich nach längerer Betrachtung des Originals versichern kann.

Dagegen hatte man schon im Jahre 1820 in Nieder-Oesterreich zu Feuersbrunn, bei der Herrschaft Grafenegg, eine Meile östlich von Krems, nicht fern von der Ausmündung des Flusses Kamp in die Donau, bei der Bearbeitung eines Feldes, in sehr geringer Tiefe einen Schädel gefunden, welcher ganz in derselben Weise, wie die Krymschen sich verbildet zeigte [1]. Dieser Kopf kam in die naturhistorische Sammlung des Grafen August Brenner, des Besitzers der Herrschaft Grafenegg, und wurde hier viele Jahre den Besuchenden gezeigt, ohne dass man Anknüpfungspunkte finden konnte, da die Nachrichten von den Krymschen Schädeln noch wenig verbreitet waren [2]. Indessen scheint man schon damals vermuthet zu haben, dass der sonderbare Schädel einem Awaren angehört haben möge. Es war historisch sicher gestellt, dass die Awaren des Mittelalters bis in diese Gegenden vorgedrungen waren und hier sich aufgehalten hatten, bis sie von Karl dem Grossen im Jahre 791 besiegt und bis an die Ausmündung der Raab in die Donau vertrieben wurden. Es wird auch als historisch erwiesen betrachtet, dass eine der ringförmigen Umwallungen — Awaren-Ringe [3] genannt — mit denen dieses Volk sich verschanzte, am Ausfluss des Kamp-Flusses in die Donau, und ein anderer gegenüber auf der anderen Seite der Donau gewesen sei [4]. Da nun der Schädel ganz in der Nähe des ersten Ringes gefunden war, so hatte Graf Brenner Veranlassung genug, ihn den Awaren zuzuschreiben. Dazu kommt noch, dass schon damals ganz nahe bei diesem merkwürdigen Schädel ein zweiter sehr ähnlicher gefunden sein soll, der aber zerfiel bevor man ihn aufheben konnte. Um noch mehr Aufmerksamkeit zu erregen und dadurch vielleicht mehrseitige Nachrichten einzuziehen, liess sich Graf Brenner bestimmen, von diesem Schädel Abgüsse machen zu lassen, und sie an verschiedene anatomische Sammlungen von Oesterreich, Deutschland, Frankreich, England und Schweden unter der Benennung «Awaren-Schädel» versenden zu lassen.

Dieses geschah im Jahre 1843, und dadurch wurde der aufgefundene Schädel erst allgemeiner bekannt, so dass auch Prof. Rathke bei Abfassung seiner oben genannten Abhandlung nichts von ihm wusste. Jetzt gaben die versendeten Abgüsse Veranlassung zu mehrfachen Vergleichungen. Besonders musste die Aehnlichkeit mit den aus Ober-Peru von Pentland gebrachten Schädeln des *Huanka* genannten Volkes auffallen, von denen Tie-

---

[1] Siehe unsere Tafel II, Fig. 2.

[2] Dieser Schädel, der erste der in Oesterreich gefunden ist, auch unter den Namen Breunerscher oder Grafenegger bekannt, ist später in den Besitz des Herrn Pareyss gekommen und von diesem für die

anthropologische Sammlung der Akademie gewonnen.

[3] *Hringe* oder *Hrink* im Alt-Deutschen.

[4] Fitzinger in der weiterhin zu nennenden Abhandlung S. 22.

demann eine Abbildung und Beschreibung gegeben hatte [1]) und die von Tschudi wieder mitgebracht und beschrieben wurden.

Prof. Retzius war der Erste, der den bei Grafenegg gefundenen Schädel nach dem Gyps-Abguss öffentlich besprach, und zwar in den Schriften der Königl. Akademie zu Stockholm im J. 1844 [2]). Er erkennt die Aehnlichkeit in der Verbildung zwischen dem Grafeneggschen Schädel und denen der *Huanka* in Ober-Peru an, findet aber, dass ursprünglich beide Formen ziemlich verschieden waren, indem er die *Huanka*-Schädel zu den *Dolichocephalis prognathis*, den Grafenegger Schädel aber zu den *Brachycephalis orthognathis* rechnet. Auch W. B. Wilde in Dublin veröffentlichte eine Abhandlung über den Grafenegger Schädel, von dem er einen Abguss erhalten hatte, und gab zuerst eine Abbildung. Mir ist jedoch diese Abhandlung nicht zu Gesicht gekommen und ich kenne sie nur durch die Anführung in der sogleich zu nennenden Abhandlung von Herrn Fitzinger.

Im folgenden Jahre (d. h. 1845) erschien aber von dem vieljährigen Erforscher Süd-Amerikas Tschudi, der dem Schädelbau der Peruaner eine besondere Aufmerksamkeit gewidmet, viele Schädel derselben mitgebracht und eine ausführliche Abhandlung über die Hauptformen derselben bereits im J. 1844 herausgegeben hatte [3]), ein kleiner Aufsatz in Müller's Archiv für Anatomie u. s. w. unter dem Titel: «Ein Awaren-Schädel» [4]). In diesem Aufsatze berichtet er, dass er, in Göttingen aufmerksam gemacht auf die grosse Aehnlichkeit seiner Zeichnung vom *Huanka*-Schädel mit dem Abguss des sogenannten Awaren-Schädels, nach Wien gereist sei, um eine genaue Vergleichung anzustellen, und zu diesem Zwecke seinen *Huanka*-Schädel mitgenommen habe. Er fand keinen anderen Unterschied, als dass der Awaren-Schädel ihm grösser und massiger erschien. «Alle Verhältnisse der einzelnen Kopfknochen zu einander, alle Eindrücke, Abplattungen und Erhabenheiten sind bei beiden ganz gleich». Er spricht daher die Ueberzeugung aus, dass der vermeintliche Awaren-Schädel nichts anderes sei als ein *Huanka*-Schädel, der vielleicht schon zur Zeit der *Conquistadores* nach Spanien und von dort nach Oesterreich gebracht sein möge, da beide Länder Einem Scepter (unter Karl V.) gehorchten, was vielfache Verbindungen erzeugen musste. Von Wien könnte diese Merkwürdigkeit leicht in die Curiositäten-Sammlung eines Besitzers von Grafenegg gekommen und später einmal weggeworfen sein, da das Geschlecht der Grafenenegg ausgestorben sei. Tschudi konnte sich auf einen ähnlichen Fall berufen, da einige Wochen vorher der Baron C. v. Hügel bei einem Trödler Wiens sehr seltene und characteristische Alterthümer aus Peru gefunden hatte, von denen, trotz der sorgfältigsten Nachforschungen, sich nicht ermitteln liess, wann und wie sie nach Wien gekommen waren.

---

[1]) Zeitschrift für Physiologie von Tiedemann, G. R. Treviranus und L. Ch. Treviranus Bd. V, Heft I, S. 107.

[2]) Eine Uebersetzung dieser Abhandlung ist erschienen in Hornschuch's Archiv scandinavischer Beiträge zur Naturgeschichte Bd. I. S. 145, und ein Auszug des anatomischen Theils in Müller's Archiv für Anatomie, Physiologie u. s. w., 1845 S. 128.

[3]) Müller's Archiv für Anatomie, Physiologie u. s. w. 1844 S. 98.

[4]) Müller's Archiv 1845, S. 277.

Eine solche Vermuthung, von einem Manne wie Tschudi nach sorgfältiger Untersuchung aufgestellt, müsste sehr in's Gewicht fallen, wenn nicht später noch ein ähnlich verbildeter Schädel in Oesterreich aufgefunden wäre, und wenn nicht auch die Krymschen *Makrokephalen* eben so verbildet wären. Ja man hat sogar in den Umgebungen des Genfer-Sees, wie wir hören werden, Köpfe gefunden, die denen der *Huankas* noch ähnlicher sind als die Oesterreichischen.

Man fand nämlich im Jahre 1846 zu Atzgersdorf in Nieder-Oesterreich, nur 1$\frac{1}{4}$ Meile von Wien, «bei Bearbeitung eines gegen Liesing zu gelegenen Steinbruchs in den kleinen Hügeln jener Ebene und in der obersten Erdschichte» einen Schädel mit Unterkiefer, der von dem von Grafenegg nur wenig abwich [1]. Er war nämlich ebenfalls künstlich verbildet, die Stirn stark niedergedrückt, das Gewölbe des Scheitels dadurch nach hinten übergebogen, und das ganze Hinterhauptsbein nach unten gedrückt. Der Uebergang vom Scheitel in die Hinterhauptsfläche ist — nach dem Gypsabguss zu schliessen, den ich der Güte des Prof. Hyrtl verdanke — mehr gerundet als in dem Grafenegger Schädel, wo dieser Uebergang einen schärferen Bogen bildet. In beiden nimmt aber das zurückgedrängte Scheitelbein einen bedeutenden Antheil an der Bildung der Hinterhauptsfläche. Im Atzgersdorfschen Schädel ist das Gesicht mit dem Unterkiefer fast vollständig erhalten. Deshalb kann man über die natürliche Stellung nicht in Zweifel sein, und diese lehrt, dass die Stirn und die Scheitelhöhe sehr zurückgedrängt sind. Leider ist die Basis des Schädels stark verletzt, so dass über die ursprüngliche Gestaltung derselben sich wenig urtheilen lässt.

Herr Fitzinger hat diesen Schädel zugleich mit dem von Grafenegg in den Denkschriften der Wiener Akademie vollständig und gründlich beschrieben und abgebildet [2]. Er erklärt beide für übereinstimmend und bezweifelt nicht, dass sie von den Awaren kommen. Zugleich erkennt er die Unterschiede an, welche Retzius zwischen den *Huankas* und dem Grafeneggschen Schädel bemerkt hatte. Herr Fitzinger spricht sich zwar für die künstliche Formung dieser Köpfe aus, aber doch, wie es scheint, mit einiger Unentschiedenheit, worauf wir später zurückkommen werden. In derselben Abhandlung werden noch andere im Boden Oesterreichs aufgefundene Schädel von Slavischem Typus vollständig abgebildet und beschrieben, was wir hier, als nicht zu unserem Thema gehörig, ganz bei Seite lassen.

Bevor die Abhandlung des Herrn Fitzinger erschienen war (1853), welche die Meinung festsetzen musste, dass diese Schädel von einem Volke kommen dürften, das in Oesterreich gelebt hat, war aber auch für die Kenntniss der *Makrokephalen* der Krym das Material vermehrt worden. Anton Aschik, Director des archäol. Museums in Kertsch, bildete 1849 [3] im dritten Bande des oben genannten Werkes über die Alterthümer des

---

[1] Unsere Taf. II, Fig. 2.

[2] Denkschriften der Kaiserlichen Akademie der Wissenschaftdn, mathematisch - naturwissenschaftliche Classe, Band V. (1853) S. 21.

[3] Воспорское царство съ его палеографическими и надгробными памятниками, соч. Ашика Том. III.(1849) стр. 88. Die Abbildung auf der letzten Tafel, Fig. 213.

Bosporischen Reiches einen Schädel ab, der bei Jenikale in einem sehr alten aus dem Fels ausgehauenen Grabe gefunden war. Das Gesicht fehlt vollständig, und auf einer Seite auch der untere Rand des Stirnbeins. Dieses Schädelfragment, das nicht näher beschrieben wird, hat ausnehmende Aehnlichkeit mit dem von Rathke beschriebenen, und ist eben so gestellt, — mit der stärksten Wölbung des Scheitelbeins nach oben. Es ist aber nicht das von Rathke abgebildete Exemplar, denn in dem von Aschik ist die Stirnnath vollständig erhalten, bei Rathke dagegen ist keine Stirnnath. Auch sind die Bruchränder ganz andere. Dr. Karl Meyer beschrieb 1850 [1]) ein Stirnbein, das im anatomischen Museum zu Berlin sich befindet, und von Rathke als aus der Krym stammend mitgetheilt war. Dr. Meyer fand dieses Stirnbein unter allen Stirnbeinen, die er im Berliner Museum vergleichen konnte, nur mit dem entsprechenden Theile des Wachs-Modells von dem von Tschudi als *Huanka* abgebildeten und beschriebenen Schädel ähnlich. Die grosse Uebereinstimmung ist durch genaue Abbildung augenscheinlich gemacht. Es steigt nämlich das Stirnbein in beiden ohne Wölbung vom Supraorbitalrande gegen die Scheitelbeine auf, ist aber stark nach hinten geneigt. Ich wundere mich, dass Dr. Meyer in Zweifel blieb, ob die Verflachung des Stirnbeins als Folge eines anhaltenden Druckes zu betrachten sei. Der Höcker oder besser Querwulst, der sich im obersten Theile dieses Stirnbeins zeigt, und den Dr. Meyer besonders bemerkt, hätte wenigstens darüber nicht in Zweifel lassen sollen. Dieses Stirnbein ist ziemlich richtig in der Zeichnung gestellt, allein noch nicht genug zurückgeneigt. «Noch einer Abweichung ist zu erwähnen, auf die auch Rathke schon aufmerksam machte ohne sie zu erklären», sagt Dr. Meyer. «Die *pars orbitalis ossis frontis* ist nämlich nicht, wie beim kaukasischen Schädel, eine horizontale Knochenplatte, sondern sie ist von oben und hinten nach unten und vorn geneigt». Hätte der Verfasser das Stirnbein noch mehr zurückgeneigt, so würde diese Richtung der Orbitalfläche mehr horizontal geworden sein.

Dass viel früher ein *Makrokephalus* aus der Krym durch Dr. Stephan in die Blumenbach'sche Sammlung gelangt war, ist oben schon bemerkt. Es ist mir aber nicht bekannt, ob ausser der ersten Anzeige etwas über ihn öffentlich gesagt ist. Blumenbach, der schon im hohen Alter war, musste wohl erkennen, dass diese Form gar sehr von jener natürlichen Verbildung verschieden war, die er 40 Jahre früher als *Macrocephalus* beschrieben hatte. Er hat aber versäumt das Publikum darüber zu belehren. Dagegen wird in den Auszügen aus dem Briefe des Dr. Stephan bemerkt, dass der überschickte Schädel den übrigen dort gefundenen ganz gleich gewesen sei [2]). Man hat also um die Zeit der Anwesenheit des Dr. Stephan mehrere so gebildete Schädel gefunden, ein Umstand, der für uns wichtig wird, da es darauf ankommt nachzuweisen, dass hier ein ganzes Volk oder ein Volksstamm die Sitte hatte, die Köpfe zu verbilden.

In der Kaiserlichen Eremitage zu St. Petersburg finden sich jetzt 2 Schädelfragmente

---

[1]) Müller's Archiv für Anat., Physiol. und w. Med., 1850, p. 510, Taf. XIV und XV.

[2]) Götting. gelehrte Anzeigen, 1833, S. 1762.

aus der Krym vor. Das eine ist unbezweifelt dasselbe, welches Aschik abbilden liess, denn es ist auch hier eine vollständige Stirnnath und die ganze Form des Fragments, dem die Schädel-Basis und das ganze Gesicht fehlt, ist dieselbe. Ich habe dieses Stück in Umrissen, von der Seite gesehen, in Fig. 4 der II. Tafel auch zeichnen lassen, weil es tiefere Eindrücke an den Stellen zeigt, wo die Binden sich vermuthen lassen. Ein zweites Fragment hat Aehnlichkeit mit dem von Rathke abgebildeten. Indessen ist die Scheitelhöhe entschieden stumpfer oder gerundeter als in Rathke's Abbildung, weshalb ich über die Identität in Zweifel bin. Nach der Richtung des Jochfortsatzes vom Schläfenbein zu urtheilen, ist aber die stärkste Wölbung des Scheitels in der That weniger nach hinten gedrängt gewesen als in unserem vollständigen Makrokephalus. Es würde nämlich, wenn wir die stärkste Wölbung ganz eben so stellten wie in unserem Schädel, der Jochfortsatz zu sehr aufsteigen.

Ungeachtet der Abgabe dieser zwei Makrokephalen an die Sammlung der Eremitage, sind doch noch andere Schädel dieser Art in Kertsch zurückgeblieben oder später gefunden, wo man sie Reisenden zu zeigen pflegt. So schrieb mir noch im vorigen Jahre der Magister v. Seidlitz, dass er daselbst welche gesehen habe. Andere sind, wie ich höre, im Besitze von Privat-Personen. Ich erwähne dieses Umstandes nur, um darauf aufmerksam zu machen, dass die Zahl der ausgegrabenen Makrokephalen nicht ganz gering sein kann, besonders wenn man bedenkt, dass viele zu hinfällig sind, um sie aufbewahren zu können.

Vor einigen Jahren haben viele Bewohner St. Petersburgs bei dem damaligen Minister des Innern, Grafen Lew Alexejewitsch Perowski ein vollständiges Exemplar von einem Makrokephalen der Krym gesehen. Es ist dasselbe, welches jetzt der Bruder des genannten Ministers der Akademie überschickt hat, und welches in § 2 ausführlich beschrieben werden wird.

Die Krym und Oesterreich sind aber nicht die einzigen Gegenden von Europa, in denen man verunstaltete Köpfe findet, ja es giebt in den civilisirtesten Ländern Europas Gegenden, in denen diese Sitte der Verbildung des Kopfes noch im Schwange ist. So fand Herr Troyon zu Chesaux bei Lausanne 2 alte Köpfe von Männern mit niedergedrückter Stirn, und Herr Hippolyte Gosse andere in einem alten Kirchhofe zu Villy bei Reignier in Savoyen [1]. In diesen Köpfen hat die Stirngegend eine grosse Aehnlichkeit mit demselben Theile in den Krymschen Makrokephalen, doch ist das übrige Schädelgewölbe viel weniger zurückgedrängt. Deswegen habe ich den von Herrn Troyon gefundenen Kopf hier nach Dr. L. A. Gosse's Essai sur les déformations du crâne zur Vergleichung in unserer Taf. II, Fig. 7 copiren lassen [2]. Die Köpfe stammen aus alter Zeit. Man ist geneigt sie in die Zeit der arabischen Invasion zu setzen.

In manchen Gegenden Frankreichs, namentlich an der unteren Seine, so wie an der

---

[1] *Mémoires de la société d'histoire et d'archéologie de Genève*, Tome IX, 1855.

[2] *Essai sur les déformations artificielles du crâne, par* Mémoires de l'Acad. Imp. des sciences, VIIe Série.

L. A. Gosse de Genève, Dr. etc. Paris 1855. 8. avec 7 planches.

oberen Garonne, um Toulouse und im Departement de l'Aude, das sich von der oberen Garonne bis zum Mittelländischen Meere hinzieht, werden noch jetzt die Köpfe der Kinder
häufig verbildet durch Bänder, die um Stirn und Nacken, oder Scheitel und Kinn gebunden
und eng angezogen werden. Ich habe in Paris Verbildungen aus der Umgegend von Toulouse gesehen, welche sich den *Makrokephalen* der Krym durch Hervordrängen des Scheitels
über das Hinterhaupt näherten. Gewöhnlich ist die Verbildung eine geringere, und zuweilen zeigt sich nur eine schwache Einschnürung. Ausführlicheres findet sich hierüber in dem
so eben angeführten Werke von Gosse. In früheren Zeiten scheinen Verbildungen des
Kopfes von sehr verschiedener Art und meistens wohl viel geringer als die hier besprochenen, sehr häufig gewesen zu sein. Blumenbach beruft sich auf dergleichen Gewohnheiten
in einigen Gegenden Deutschlands, Frankreichs, Italiens, bei den Griechen des Archipela-
gus, den Türken, den alten Sigunnen und Makrokephalen, den Sumatranern, Nicobaren und
besonders den Amerikanern [1]). Ueber die extremen Verbildungen bei den Amerikanern hat
besonders Morton viel gesammelt [2]). Dr. L. A. Gosse in Genf hat vor wenigen Jahren
eine sehr werthvolle Uebersicht der bekannt gewordenen Erfahrungen über künstliche Verbildungen des Kopfes gegeben. Unsere *Makrokephalen* fehlen dort aber, um so mehr Grund
sie umständlich zu beschreiben.

§ 2. Beschreibung der verbildeten Schädel aus der Krym.

Das vollständige Exemplar eines *Makrokephalus* der Krym, das wir empfangen haben,
wollen wir nun einer näheren Betrachtung unterwerfen, mit Berücksichtigung der Fragmente, welche bisher beschrieben oder in der Kaiserl. Eremitage befindlich sind.

Wir erhielten diesen Schädel auf einem Untersatz, vermittelst einer Stange und eines
in das *Foramen magn.* eingesetzten Pfropfens so aufgestellt, wie die erste Tafel ihn abbildet. Es springt in die Augen, dass diese Stellung nicht die normale ist, indem die Axe
der Augenhöhle und die Mundspalte nach unten gerichtet sind. Eine solche Stellung
konnte der Kopf am lebenden Individuum nur dann haben, wenn dieses nach unten blickte.
In der ersten Figur der zweiten Tafel ist derselbe Kopf, auf $\frac{1}{3}$ seiner Grösse reducirt, so
gestellt, wie man gewöhnlich menschliche Schädel im Profil zu zeichnen pflegt, so nämlich,
dass die Mitte der Ohröffnung und die Basis des Nasenstachels in einer horizontalen Linie
liegen. Ich habe diese Stellung beibehalten, weil man seit Camper gewohnt ist, die Ebene,
welche durch die Mitte der äusseren Ohröffnung und den Boden der Nase, oder die Basis
des Nasenstachels geht, als eine horizontale anzunehmen und die Richtung des Gesichtes
nach dem Winkel zu bestimmen, den die Gesichtslinie mit dieser Ebene bildet. Genau
genommen ist aber auch jene Ebene und die Linie, die ihre Mitte durchläuft, nicht horizontal bei dem Blicke gerade vorwärts. Bei den meisten Menschen wenigstens, die in auf-
rechter Stellung gerade nach vorn sehen, trifft die horizontale Ebene, welche durch die
Ohröffnungen geht, auf das untere Drittheil oder die Mitte der äusseren Nase. Man kann

---

[1]) *De generis humani var. nat. 5. edit. p. 247.* | [2]) *Morton: Crania americana* Fol. an vielen Orten.

sich leicht davon überzeugen, wenn man vor einen senkrecht gestellten Spiegel tritt und gerade in die Pupille vom Bilde des eigenen Auges blickt, oder Andere diese Stellung annehmen lässt.

Wir haben die erste Figur der zweiten Tafel der leichteren Vergleichung wegen in die angenommene Stellung gebracht, die ohnehin von der wahren des gerade vorwärts Schauenden wenig abweicht. Man sieht sogleich, dass in dieser Stellung der Schädel nur nach hinten hoch, dass er aber zugleich lang ist, besonders für die seitliche Ansicht. Es hat nämlich die Hirnschale, das *Cranium* im engeren Sinne, einige Aehnlichkeit mit einem stark geneigten Kegel, dessen Spitze aber sehr abgerundet wäre. Wegen dieser starken Abrundung, die sich nicht nur bei der Ansicht von der Seite, sondern noch etwas mehr bei der Ansicht von hinten oder von vorn zeigt, ist es viel richtiger, das gesammte Kopfgerüst mit einem Ellipsoid zu vergleichen, dessen obere Hälfte von der Hirnschale und die untere von dem Gesichte gebildet würde. Die obere Hälfte, die Hirnschale nämlich, entspricht der einen Hälfte eines Ellipsoids besonders genau, die untere, vom Gesichte eingenommene, weniger gut, da das Kinn vorsteht und hinter den Aesten des Unterkiefers eine Lücke bleibt, oder das Ellipsoid nicht ganz angefüllt wird. Die Theilungs-Ebene beider Hälften, die Basis der Hirnschale nämlich, geht auch nicht durch die kleine Axe des Ellipsoids, sondern liegt vorn über und hinten unter ihr. Die stärkste Wölbung dieses Ellipsoids wird durch die Scheitelbeine gebildet, so dass die grosse Axe in die Pfeilnath, etwas vor ihrer Mitte auslaufen würde. Die Scheitelbeine sind also ungemein stark gewölbt, dagegen ist das Stirnbein in senkrechter Richtung sehr flach, und auch das Hinterhauptsbein, besonders in seiner oberen Hälfte, dem Stücke oberhalb der Querleiste (*linea transversa occipitis s. lineae semicirculares superiores*). Von den Augenbraunenbogen und den Stirnhügeln ist kaum eine Spur zu bemerken, dagegen tritt die Mittellinie der Stirn wie ein stumpfer Rücken hervor. Im oberen Theile der Stirn zeigt sich aber ein quer verlanfender Wulst als entschiedenes Zeichen, dass auf den unteren Theil der Stirn während des ersten Lebensjahres ein anhaltender Druck ausgeübt ist. Es mag Köpfe geben, welche durch künstliche Mittel eine Umformung erhalten haben, an denen dieser quere Stirnwulst fehlt, wie ich z. B. den sehr kurzen Kopf eines Türken, den Blumenbach Taf. 2 abgebildet hat, für künstlich geformt halte [1]), allein wo dieser Querwulst sich findet, da kann man, wie ich glaube, auf frühzeitigen Druck einer Binde oder eines biegsamen Brettchens auf die Stirn schliessen, denn in dem Hirne selbst liegt wohl kein Grund hier einen Querwulst hervorzutreiben. Kein Thier hat ihn, so viel ich weiss auch kein Menschen-Stamm in ungestörter Bildung [2]). Wenn aber die Hirnschale durch Binden beengt wird, so drängt

---

[1]) Ich habe diesen Schädel immer für verbildet gehalten, obgleich man ihn gewöhnlich als characteristisch für den Türkischen Typus betrachtet. Als solchen hat ihn noch Meigs in seinem *Catalogue of human crania* wieder im Holzschnitt gegeben. Ich freue mich daher, zu sehen, dass Gosse ihn geradezu unter den verbilde-ten aufführt. Diese Verbildung hatte schon Blumenbach angedeutet.

[2]) Eine seichte Vertiefung hinter der Kranznath ist dagegen in dolichocephalischen Köpfen nicht selten und mag von starker Ausbildung des vorderen und des hinteren Kniees des *Corpus callosum* abhängen.

das wachsende Hirn nothwendig gegen die Gegend über der Binde, und der oberste Rand
der noch zarten Stirnbeine wird dadurch hervorgedrängt. Wahrscheinlich wird auch der
Anschluss der Stirnbeine an die Scheitelbeine in der Kranznath länger zurückgehalten.
Ueber diesem Querwulst sieht man, da wo das Stirnbein spitzig endet, eine flache Vertiefung oder Einschnürung. Sie ist in dem vollständigen Kopfe, den wir vor uns haben, nur
seicht und lässt zweifelhaft, ob sie nicht ein Theil der allgemeinen Wölbung des Kopfes
ist, der nur wegen des angränzenden Wulstes vertieft scheint. Allein in dem Bruchstück
der Eremitage (Taf. II, Fig. 4) ist diese Vertiefung so stark ausgebildet, dass ich nicht
in Zweifel bin, sie für die Spur einer höher geführten *tour* der Binde zu halten. Zwei
solcher Gänge oder *touren* hat man ja auch an anderen Verbildungen erkannt. An amerikanischen Köpfen glaubt man sogar drei von einander getrennte Gänge oder *touren* der
Binden erkannt zu haben. Vergl. Morton *Cran. Am.*, Gosse *Déformation artif. du crâne*,
Tab. I, Fig. 3b.

Auf der Rückseite sieht man eine breite Einsenkung über der Querleiste des Hinter-
haupts verlaufen[1]). Sie nimmt den grössten Theil der Schuppe über dieser Querleiste ein.
Die Querleiste selbst tritt mässig vor mit schwachem Hinterhaupts-Höcker (*Protub. occipit*).
Unter dieser Leiste ist die Profil-Ansicht des Kopfes nochmals ausgeschweift bis zu der
Leiste für den Ansatz der tieferen Nacken-Muskeln, der *Lin. semicircular. inferior.*

Durch die Einschnürungen, von welchen die so eben bezeichneten Vertiefungen die
Spuren sind, ist die Gesammtform des Kopfes sehr verändert und verunstaltet. Die Stirn
ist zurückgedrückt und bildet also mit der Basis des Schädels einen kleineren Winkel als
in irgend einem Menschen-Stamme im natürlichen Zustande. Durch die Verengerung über
der Basis des Schädels ist der Scheitel bei fortgehender Entwickelung des Hirns zwar
nach oben gedrängt, aber wegen der niedergedrückten Stellung der Stirn zugleich nach
hinten gedrückt, so dass er in der gewöhnlichen Stellung, bei dem Blicke nach vorn, ziemlich stark überhängt. Die Kuppe, welche die Scheitelbeine bilden, ist in der Seiten-Ansicht
abgerundet, doch ist sie in der Mittelebene etwas mehr vorragend, so dass sie in der Ansicht von vorn oder von hinten etwas dachförmig erscheint. Vergl. Taf. III, Fig. 6. Die
Hinterhauptsfläche ist stark überhängend, indem sie von der Spitze des Hinterhauptsbeines
an nicht einmal senkrecht, sondern bedeutend nach vorn geneigt ist. Eine senkrechte
Linie, bei normaler Stellung des Kopfes, aus der Mitte der äusseren Gehöröffnung nach
oben gezogen, trifft nur den unteren Theil der Kranznath und lässt das obere Drittheil des
Stirnbeins hinter sich. Eine senkrechte Ebene durch beide Ohröffnungen gelegt, würde nur
einen sehr kleinen Theil des Schädels vor sich, und einen sehr viel grösseren hinter sich

---

[1]) Querleiste des Hinterhauptes (*crista transversa occipitis*) habe ich schon früher die sogenannten *Lineae semicircul. superiores* umzubenennen vorgeschlagen, theils
weil diese Linien nicht nur bei den meisten Thieren,
sondern auch bei einigen Menschen-Stämmen, eine einzige, in der Mitte schwach oder gar nicht eingekerbte
Leiste bilden, theils weil noch andere *Lineae semicirculares* am Kopfe sind.

haben. Eine Ebene senkrecht durch die Mitte des *Foramen magnum* gelegt, würde aber das Hirn in zwei ziemlich gleiche Hälften theilen.

Von den Näthen ist die Pfeilnath ganz unkenntlich geworden, und die Kranznath in ihrer Mitte auch. Dass die Mitte dieser Nath einen stark vorspringenden Bogen gebildet hat, ist aus den noch vorhandenen Seitentheilen deutlich zu erkennen, so dass man in Bezug auf die Gränze des Stirnbeins nicht sehr irren kann. Dieses ist in seiner Gestalt sehr verändert, denn es ist schmal, aber lang, so dass es in Form einer langgezogenen Ellipse sich zwischen die Scheitelbeine erhebt, die es vor sich her geschoben hat. Die Breite der Stirn über den Augenhöhlen, wo die Schläfenleisten am meisten sich nähern, ist nur 3,4″ Engl., die grösste Breite, die sich an diesem Knochen ziemlich tief unten findet, ist 4″; die Länge aber in gerader Linie gemessen 5,36″; die Länge im Bogen beträgt auch nicht viel mehr, da, wie gesagt, das Stirnbein in der senkrechten Richtung sehr wenig gewölbt ist. Eben so ist das Hinterhauptsbein verlängert, verschmälert und verflacht, und da die Lambdanath schon im normalen Zustande einen Winkel bildet, so schiebt sich das Hinterhauptsbein in Form eines spitzen Dreiecks zwischen die Scheitelbeine. Seine grösste Breite ist 3,5″, seine Länge aber vom hinteren Rande des *Foramen magnum* bis zur Spitze in gerader Linie gemessen 4,6″, und im Bogen 4,8″. Am meisten sind jedoch die Scheitelbeine entstellt, da sie in der Längsrichtung verkürzt und dafür in der Höhe sehr vergrössert sind. Sie sind also sehr viel mehr hoch (bei der glockenförmigen Form, welche die beiden Scheitelbeine mit einander bilden, kann man diese Dimension nicht füglich die Breite nennen) als lang. Die Länge ist durchschnittlich nur 3,5″ und wächst nur an einer Stelle auf 4 Zoll, die Höhe aber beträgt auf der linken Seite, wo das Scheitelbein den grossen Flügel erreicht, 6″ und. im Bogen gemessen 7,2″. Der Zapfentheil des Hinterhauptsbeines ist breit und in seiner ganzen Breite mit dem Keilbeine fest verwachsen. Die *Processus condyloidei* sind auffallend kurz, hoch und stark gewölbt, was wohl mit der Difformität des Kopfes und der nothwendig gewordenen Umänderung der Unterstützungs-Fläche zusammenhängen mag. Dagegen ist es wohl eine von der Umbildung ganz unabhängige Eigenthümlichkeit dieses Kopfes oder des Volkes zu dem er gehörte, dass aus der Ecke der *Pars condyloidea*, die nach hinten und aussen vom *Foramen jugulare* liegt, und die bei Hufthieren den langen Fortsatz trägt, welchen man unpassend *Processus mastoideus* oder *styloideus* zu nennen pflegt, auf der rechten Seite einen deutlich vortretenden warzenförmigen Fortsatz und auf der linken auch eine, jedoch viel flachere Erhebung hat. Das Schläfenbein hat wenig Eigenthümliches. Es nimmt an der Erhöhung des Kopfes keinen Antheil, sondern ist eher niedrig als hoch zu nennen. Die Linie aus der Mitte einer Ohröffnung in die Mitte der anderen verläuft vor dem *Foramen magnum* ohne dasselbe zu berühren, was nur bei entschiedener Brachycephalie vorzukommen pflegt. Auch ist nicht zu zweifeln, dass dieser Schädel vor der Verbildung zu den entschiedenen Brachycephalen gehört hat, das heisst, dass der Hirnstamm sich stark nach vorn und nur wenig nach hinten zu entwickeln die Anlage hatte. Durch den Druck ist die Entwickelung nach hinten im unteren Theile der Schädelhöhle noch mehr gehemmt, es ist sogar die Ebene des *Foramen magnum* im Verhältniss zur Basis des Schädels stark nach hinten aufsteigend, und nur der Scheitel ist nach hinten hinüber getrieben.

Das Gesicht ist stark vorspringend, was bei solchen Verbildungen, durch welche die Stirn niedergedrückt und der Scheitel zurückgeschoben wird, nicht nur Regel, sondern auch eine nothwendige Folge statischer Verhältnisse ist. Da der grösste Theil der Schädelhöhle mit dem Hirne hinter das *Hypomochlium* des Atlas-Gelenkes gerückt ist, so muss das Gesicht mit seinem Inhalte hervortreten, um dem hinteren Hebelarme mit seiner Last das Gleichgewicht halten zu können. In der That würde man dieses Gesicht, auch wenn die Stirn senkrecht aufstiege, ein stark prognathes nennen müssen, aber freilich würde das Gesicht gar nicht so vorspringen können, wenn die Stirn senkrecht sich erhöbe. Der Gesichtswinkel beträgt ungefähr 65°, wenn man auf gewöhnliche Weise die Gesichtslinie durch den vorspringenden Theil des Oberkieferrandes und den vorragendsten Theile der Stirn, die Augenbraunen-Bogen, bestimmt, und den Winkel abmisst, den sie mit einer Ebene, die durch den Boden der Nase und die Ohröffnungen geht, bildet. Allein es springt in die Augen, dass man damit die Neigung der Stirn nicht erhält. Um diesen Winkel zu messen, ziehe ich eine gerade Linie, welche der Mitte der Stirnfläche möglichst parallel läuft, und verlängere dieselbe nach vorn und unten, bis sie diese Ebene schneidet. Ich erhalte dann einen Winkel, der nur 35 — 40° beträgt.

Der Rücken der Nase springt nicht vor im Verhältuiss zur Stirnlinie, sondern läuft mit dieser ziemlich parallel. Das ist auch als Wirkung der künstlichen Niederdrückung der Stirn zu betrachten, da man dieselbe Richtung des Nasenrückens und der *Spina nasalis*, an welche die Nasenbeine sich anlegen, als Regel bei den auf diese Weise verbildeten Köpfen bemerkt. Auch scheint aus demselben Grunde die Nath zwischen dem Stirnbein einerseits und den Nasen- und Kieferbeinen andererseits tiefer herabgerückt als gewöhnlich, nämlich bis auf die Mitte des inneren Augenhöhlenrandes. Die Nase ist doch nur in Bezug auf das Stirnbein sehr flach zu nennen, nach den Seiten gegen die Augenhöhlen hat sie eine Abdachung, welche fast mittelmässig zu nennen ist und die Nasenbeine sind keineswegs flach. Sie sind übrigens ziemlich lang. Die Nasenöffnung ist weit, aber entschieden mehr hoch als breit.

Ganz eigenthümlich ist der Umfang der Augenhöhlen gestaltet. Da die Stirn durch Binden eine künstliche Schmalheit erhalten hat, dieser Druck aber weiter unten nicht gewirkt hat, so treten die Jochbogen seitlich bedeutend hervor und die Augenhöhlen sind nicht nur oben viel enger als unten, sondern ihr querer Durchmesser ist auch etwas geringer als der senkrechte [1]).

Im Verhältniss zu der schmalen Stirn springen die Wangenbeine stark zur Seite vor,

---

[1]) Der letztere Umstand ist nicht kenntlich in unserer Fig. 6 der Taf. III, weil bei der angenommenen Stellung die Ebene des Augenhöhlen-Randes geneigt ist.

und sind auch nach aussen geneigt, so dass sie unten viel mehr vorspringen als oben, und zwei gerade Linien, die man sie äusserlich anlegt, schneiden sich über der Stirn in einem Winkel von 40°, der allerdings eine recht merkliche Neigung andeutet. Dies Vorspringen der Wangenbeine und die Neigung derselben geben dem Gesichte deswegen ein etwas Mongolisches Ansehen. Allein dass wir nicht einen Kopf von Mongolischem Typus vor uns haben, lehren die Zahnreihe und die Nasenöffnung bestimmt. Jene bildet eine schmälere und längere Ellipse als bei irgend einem Mongolischen Volke, und die Zähne, besonders die Vorder- und Eckzähne sind viel grösser als sie bei Mongolischen Völkern zu sein pflegen. Das Breiterwerden des Gesichtes in der Wangengegend ist also lediglich dem Umstande zuzuschreiben, dass das Knochengerüste seinen ursprünglichen Typus anstrebt, wo das mechanische Hinderniss aufhört, die natürliche, d. h. typisch bedingte Breite aber doch erst allmälig erreichen kann, indem es von der engeren Stirn zur breiteren Wangengegend übergeht. Auch ist diese Gegend in der That nur im Verhältniss zur Stirn breit, denn der grösste Abstand in beiden Jochbogen beträgt in unserem *Makrokephalus* doch kaum 5″. Die mittlere Zahl für dieselbe Distanz, die ich durch Messung von 12 Kalmücken-Köpfen fand, betrug 5,63 Zoll E. Die Nasenöffnung ist bei allen Mongolischen Völkern breiter, und der untere Rand derselben ist nach vorn und unten abschüssig, was hier sich nicht zeigt.

Dem Unterkiefer fehlen die Gelenkhöcker, so dass man ihn nicht unmittelbar in die Gelenkhöhlen einpassen kann. Allein ich bin doch nicht in Zweifel darüber, dass er zu diesem Kopfe nicht passt. Die Kronenfortsätze stehen nämlich so weit auseinander, dass sie fast die innere Fläche der Wangenbeine berühren. Auch entsprechen sich die Zähne nicht; sie sind im Unterkiefer mehr abgerieben als im Oberkiefer und die Ungleichheiten in den Zahnreihen passen nicht zu einander. Farbe und Verwitterungs-Zustand der Knochen sind aber sehr gleich. Auch gehört zu diesem Kopfe ein Unterkiefer mit so geneigten Aesten. Ich glaube daher nicht, dass man zu unserem Kopfe einen Unterkiefer von einem fremden Volke gefügt, sondern dass man in derselben Localität mehrere *Makrokephalen* gefunden hat, und da der Unterkiefer des sonst vollständig erhaltenen Schädels vielleicht zerfiel oder gar nicht gefunden wurde, den Unterkiefer eines anderen zerfallenen Kopfes nahm, um dem Herrn Minister einmal einen vollständigen Schädel zu präsentiren. Ich glaube daher auch das vorspringende Kinn, das bei verbildeten Köpfen dieser Art selten ist, als zu deisem Volke gehörig betrachten zu können.

Der Grafenegger, ehemals Breunersche Schädel Taf. II, Fig. 2, ist dem beschriebenen ungemein ähnlich, doch ist die Wirkung der Binden im Allgemeinen eine geringere gewesen, oder der Kopf war ursprünglich in seiner Basis breiter. Die grösste Breite des Schädels etwas über dem Ohr ist hier 5,3″ Engl. Maass, in unserem *Makrokephalus* nur 4,6″. Die Jochbogen stehen auch hier 5″ auseinander, sie stechen weniger gegen den Schädel ab und die Neigung ihrer äusseren Ränder ist nur 18°. Der Querwulst der oberen Stirngegend tritt stärker hervor als in unserem *Makrokephalus* und lässt keinen Zweifel, dass hinter ihm die

Binde einen zweiten Gang macht. Das Hinterhauptsbein erhebt sich auch gleich vom *For.
magnum* aus, so dass auch dieses etwas aufsteigt, aber weniger als im Krymschen Kopfe.
Die obere Spitze der Schuppe hebt sich mehr aus der allgemeinen Wölbung hervor, die
Stirn ist weniger schmal und der ganze Kopf weniger hoch und schmal. Die Scheitelbeine
sind auch hier viel mehr hoch als lang. Der Zapfentheil ist noch nicht mit dem Keilbeine
verwachsen, auch zeigen sie Zähne nur mittleres Alter an. Leider fehlen die vorderen.
Auch hier sind die Querfortsätze des Hinterhauptsbeines merklich entwickelt.

Der dritte, bei Atzgersdorf gefundene Schädel, Taf. II, Fig. 3, ist, nach dem Gyps-
Abgusse zu urtheilen, noch weniger entstellt. Das Scheitelgewölbe ist breiter und weniger
zurückgeschoben, also natürlicher. Die Bindengänge sind weniger markirt und die Stirn
ist weniger zurückgedrückt.

Von den Schädel-Fragmenten in der Eremitage ist an dem einen, welcher zwei getrennte Stirnbeine behalten hat, Taf. II, Fig. 4, durch die Vertiefung hinter dem queren Stirnwulst eine starke Einwirkung des oberen Binden-Ganges deutlich. Das andere Fragment möchte dasjenige sein, bei welchem der Scheitel am meisten nach oben
und am wenigsten nach hinten getrieben ist. So darf man wenigstens nach dem Wangen-
fortsatze des Schläfenbeines urtheilen, da dieser von der horizontalen Linie nie bedeutend
abweicht.

Die im Kanton Genf und in Savoyen gefundenen verbildeten Schädel kenne ich nur
aus der sehr kurzen Beschreibung in den *Mém. de la société d'histoire et d'archéol. de Genève*
und den Abbildungen. Vergl. unsere Taf. II, Fig. 7. Die Stirn ist zwar auch stark zurückgedrückt, aber der Scheitel keineswegs in dem Maasse zurückgeschoben. Die Hinterhauptsfläche
steigt beinahe senkrecht hinab bis zur Querleiste, und ist keineswegs überhängend. Der
Grund hiervon mag weniger in der Anwendung der Binden als darin liegen, dass ursprünglich schon die Entwickelung des Hirnstammes nach hinten durch das kleine Hirn und die hinteren Lappen des grossen Hirns stärker war als in unserem *Makrokephalus*, die Ebene des *Foramen magnum* also nicht nach hinten aufsteigend sondern niedersteigend wurde, indem die untere
Schuppe, sonenne ich die gewölbte Fläche zwischen der Leiste des Hinterhauptsbeines und
dem *Foramen magnum*, nach unten vorgetrieben wurde. Es ist mit einem Worte eine langköpfige Form, die durch die spätere Verkünstelung in der vollen Entwickelung gehemmt wurde.

Die andere Form aber, zu der auch unsere *Makrokephalen* gehören, war eine kurz-
köpfige, bei der die Querleiste des Hinterhaupts schon ursprünglich hoch lag, so dass die
Binden nicht nur sehr mächtig auf die obere Schuppe, (den Raum über dieser Leiste), sondern auch auf die Gegend der Leiste selbst wirken konnten und in der Gegend der *lin. semicircular infer.* die stärkste Wölbung sich bildete. Stand die Querseite schon bei der Geburt
etwas hoch, ohne doch stark nach hinten vorzuragen, so war es auch möglich einen Binden-
gang unter dieser Leiste anzubringen, da die oberflächlichen Nackenmuskeln bei ihrer Insertion doch nur dünn sind, und einen zweiten Binden-Gang über der Querleiste. In der
That scheint es, besonders nach dem Fragment der Eremitage, Taf. II, Fig. 4, dass zwei

Binden sich kreuzten, die eine unter dem Stirnwulste und über der Hinterhauptsleiste, die andere über dem Stirnwulste und unter der Hinterhauptsleiste verlief.

§ 3. Zwecke und Folgen der künstlichen Verbildung der Köpfe.

Ueber die Zwecke, die man bei diesen künstlichen Verbildungen hatte und am Columbia-Flusse noch hat, wissen wir immer noch sehr wenig. Man nimmt gewöhnlich an, dass ein Volk, welches mit einem anderen, für schöner und vornehmer geltenden, in Berührung kam, sich bemühte, die eigenen Kinder diesem ähnlich zu machen. Das mag für einige Fälle richtig sein, gilt aber gewiss nicht von allen. Die Nordamerikanischen Stämme hielten kein Volk für vornehmer als sich selbst, und waren doch eifrige Kopf-Former. Dagegen ist das Künsteln am eigenen Körper bei rohen Völkern sehr allgemein, gleichsam natürlich, und muss daher einen tieferen Grund haben. Aus den Künsteleien am eigenen Körper bilden sich leicht Stammes-Unterscheidungen hervor, und dann werden sie mit grosser Strenge festgehalten. Einige Stämme von Neuholländern schlagen sich in einem bestimmten Alter und mit einer gewissen Feierlichkeit zwei Vorderzähne aus, andere nur einen, noch andere gar keinen; diese beschneiden sich dafür aber die Vorhaut, und alle erkennen sich nach diesen Verstümmelungen. Dahin gehört das Durchbohren und Verlängern der Ohrläppchen, das Durchbohren der Nasenscheidewand oder gar der Nasenflügel, der Unterlippe, das Tätowiren, die künstliche Narbenbildung und viele andere Unterscheidungen. Für die künstliche Kopfbildung muss freilich schon die Mutter sorgen. Vielleicht hat hier die Form der Wiege und die Art das Kind darin zu befestigen die erste Besonderheit veranlasst, welche man später mit künstlichen Mitteln noch vermehrt hat. Jedenfalls scheint Dr. Gosse's Vermuthung, dass man sich durch die künstliche Kopfbildung habe kriegerischer und muthiger machen wollen, aller Begründung zu entbehren [1]).

In Bezug auf die Folgen der künstlichen Verbildung des Kopfes hat man lange behauptet, sie fehlten ganz. Indem man Nordamerikanische Wilde mit auffallend verbildeten Köpfen sah, und fand, dass sie wie andere Menschen denken und fühlen, schloss man etwas voreilig, die Umgestaltung des Hirns, die eine nothwendige Folge von der Verunstaltung des Schädels ist, habe gar keinen Einfluss. Jetzt weiss man aber, dass, wenn auch der Gedankengang derselbe sein mag, denn die Faserung des Hirns wird ja nicht geändert, sondern die einzelnen Theile werden nur verschoben und die äussere Gestalt des Hirns wird umgeformt, dass doch die Gesundheit und namentlich die Verrichtungen des Hirns gefährdet sind. Dr. Lunier und Foville haben berichtet, dass die Zahl der Geisteskranken in denjenigen Gegenden Frankreichs, in denen die Köpfe in Folge der unzweckmässigen Hauben und Haubenbänder häufig verbildet werden, namentlich um Toulouse, viel grösser ist als in anderen, und dass Geistesstörungen und Epilepsie besonders bei Perso-

---

[1]) Gosse, *Deformation artif. du crâne*, p. 124 *et alibi*.
Mémoires de l'Acad. Imp. des sciences, VIIᵉ Série.

nen mit auffallend verbildeten Köpfen häufig sind und unheilbar zu sein pflegen [1]). Das konnte nicht anders erwartet werden, seitdem man weiss, namentlich durch die schönen Untersuchungen Virchow's, dass eine frühzeitige Verwachsung der Schädelknochen die Entwickelung des Hirns hemmt, Blödsinn und Cretinismus erzeugt. Es ist ein wahres Glück, dass die mechanischen Verbildungs-Mittel, auf die der Mensch in den verschiedensten Gegenden gefallen ist, so wenig auf die Basis des Schädels unmittelbar zu wirken im Stande sind. Die Verbildungen, auf welche die verschiedenen Völker gefallen sind, erlauben dem Hirn gewöhnlich, wenn es in einer Richtung gehemmt wird, in einer anderen sich auszudehnen. Doch will man bemerkt haben, dass in den Grabkammern von Hoch-Peru unverhältnissmässig viele Kinder sich finden, und glaubt, dass manche derselben durch die Verbildung getödtet sind, und diejenigen Amerikanischen Stämme, welche den Kopf flach drücken, wie die *Flat-heads*, sind vielfach als die stupidesten beschrieben worden (Duflot de Mofras).

§ 4. Welchem Volke die verbildeten Köpfe der Krym angehört haben mögen.

Es wäre vor allen Dingen wünschenswerth, bestimmen zu können, welchem Volke diese verbildeten Köpfe der Krym angehörten. Ich habe die darüber laut gewordenen Vermuthungen verfolgt, es haben sich auch noch neue Wege der Vergleichung und Vermuthung eröffnet. Dennoch muss ich bekennen, dass ich zu einem sicheren Resultate, für welches ein überzeugender Beweis gegeben werden könnte, noch nicht gelangt bin. Von der einen Seite finden wir aus früherer Zeit sehr wenige Nachrichten über künstliche Verbildung des Kopfes bei denjenigen Völkern aufgezeichnet, welche in den Gränzen Europas aufgetreten sind. Von der anderen Seite wissen wir aber auch noch nicht, wie weit verbreitet diese verbildeten Köpfe aus der Vorzeit sich noch im Erdboden finden lassen. Wir kennen sie aus der Krym, und wissen, dass in Oesterreich, von Krems bis Wien sehr ähnliche gefunden sind, etwas verschiedene in Savoyen und in der Schweiz. Sollten sie in dem weiten Zwischenraume zwischen der mittleren Donau und dem östlichen Vorgebirge der Krym niemals gefunden, oder vielleicht unbeachtet wieder der Verwitterung hingegeben sein? Kennten wir den Verbreitungsbezirk dieser verbildeten Köpfe genauer, so würden wir doch vielleicht aus den Nachrichten über die Wanderungen der Völker, welche die Geschichte uns aufbewahrt hat, das Volk mit einiger Sicherheit bestimmen können, auch wenn diese Sitte der künstlichen Verbildung von den Geschichtschreibern gar nicht erwähnt wird. Umgekehrt würde eine sehr positive und unbestreitbare Nachweisung aus der Geschichte von einem Europäisch-Asiatischen Volke, das die Sitte hatte, die Köpfe der Neugeborenen künstlich zu formen, zu der Frage führen, ob dieses Volk oder ein Zweig desselben nicht einige Zeit in der Krym sich aufgehalten habe. Eben weil hier die

---

[1]) Gosse, *Déformation art. du crâne* p. 85 et 153.

mangelnde Kenntniss von einer Seite durch einen glücklichen Fund von der anderen ergänzt werden kann, scheint es mir Pflicht, die Fingerzeige, welche durch die Vermuthungen Anderer gegeben oder durch eigene Vergleichungen erhalten sind, zu verfolgen und anzudeuten, wohin sie wohl führen könnten, wenn das Material reicher wird. Vor allen Dingen aber wäre zu wünschen, dass durch die interessante und lehrreiche Arbeit von Herrn Fitzinger die wissenschaftlichen Männer Ungarns und der Wallachei — ich würde hinzusetzen Bulgariens, wenn dort solche Männer zu erwarten wären — aufmerksam gemacht würden, um in vorkommenden Fällen eine ausgegrabene verbildete Kopfform nicht blos anzustaunen, sondern davon eine öffentliche Nachricht zu geben. Um meinerseits im südlichen Russland dieselbe Aufmerksamkeit zu erregen, habe ich mich entschlossen, den erhaltenen vollständigen *Makrokephalus* der Krym so bald als möglich abbilden zu lassen, obgleich gerade eine solche Untersuchung, bei der man selbst noch in seiner Ueberzeugung schwankt, am meisten dazu auffordert, auf sie das Horazische *in nonum prematur annum* anzuwenden.

.Man hat die verbildeten Köpfe der Krym am Fundorte selbst schon *Makrokephalen* genannt. Dieser Fingerzeig wird also vor allen Dingen zu verfolgen sein.

Man hat ferner von den Hunnen behauptet, dass sie die Sitte hatten, die Köpfe ihrer Kinder zu verbilden, und es sind Männer von Gewicht und von ernsten Studien in *rebus Hunnicis*, die das behauptet haben. Wir werden ihren Wegen nachgehen müssen.

Die in Oesterreich gefundenen Köpfe hat man den Awaren des Mittelalters zugeschrieben. Es sind aber auch Nachrichten aufgefunden, dass die Sarazenen die Köpfe ihrer Kinder verbildeten und dass diese Sitte auf die Genueser übergegangen ist. Alles dieses ist zu beachten.

§ 5. Die *Makrokephalen* der Alten.

Ueber die Sitte der künstlichen Verbildung des Kopfes bei den *Makrokephalen* spricht Hippokrates nicht nur ziemlich ausführlich, sondern er ist auch der einzige Schriftsteller, welcher bestimmt der Sitte erwähnt; viele andere nennen nur den Namen, oder führen den Wohnsitz der Völker an. — Strabo erwähnt einer künstlichen Verbildung, die aber eine andere Form erzeugt haben soll als die wir vor uns haben, ohne das Volk zu benennen, und behandelt zugleich die *Makrokephalen*, die er bei alten Schriftstellern erwähnt findet, als Fabeln.

Doch hören wir die Zeugnisse selbst ab und fangen wir mit dem wichtigsten, dem des Hippokrates an. Bei jedem historischen Zeugnisse ist es nöthig zu wissen, wann es ausgestellt ist. In dieser Beziehung kommt man aber mit Hippokrates in Verlegenheit. Man setzt sein Leben gewöhnlich in die Jahre 460 — 372 oder bis 360 vor Chr. Geb. Sein Name kommt als der eines gefeierten Arztes mehrmals in Plato's Schriften vor. Ob aber von diesem Hippokrates die Schriften stammen, die wir unter seinem Namen besitzen,

ist sehr fraglich. Einige sind unbezweifelt unächt und vielleicht nur dem berühmten
Namen zugeschrieben, um ihnen einen höheren Preis zu geben. Aber auch die für ächt
geltenden enthalten so viele Widersprüche und Wiederholungen, so viele Abschnitte, die
nicht in den Zusammenhang zu passen scheinen, dass schon Galen, ein eifriger Verehrer
und Commentator des Hippokrates, über die vielen Einschiebsel klagt. Einige Stellen,
auf deren Inhalt man in Plato's *Phaedros* sich beruft, kann man so nicht wiederfinden,
wie sie angeführt werden. Noch sonderbarer ist, dass Aristoteles den Hippokrates
nirgends erwähnt, in seiner Zoologie aber ein Citat aus dem Polybus vorkommt[1]), das
wörtlich in Hippokrates Schrift *de natura hominis* sich findet. Polybus war ein Schwiegersohn des Hippokrates. Vor allen Dingen ist es auffallend, dass das Aristotelische
System von den vier Elementen und den ihnen entsprechenden organischen Stoffen oder
Bestandtheilen des Körpers in den Hippokratischen Schriften vielfach hervortritt, aber
als etwas Gegebenes oder Ueberkommenes, während in den Schriften des Aristoteles
das System folgerecht im Zusammenhange entwickelt wird. Galen freilich bemüht sich
aus diesem Umstande zu erweisen, dass die Grundzüge der Aristotelisschen Philosophie
von den Aerzten und namentlich von Hippokrates erfunden, und von Plato und Aristoteles nur ausgebildet seien.

Der berühmte Naturforscher Link, von dem Erfahrungssatze ausgehend, dass die
Aerzte aller Zeiten mehr geneigt waren, das herrschende philosophische System auf ihre
Beobachtungen, denen die wissenschaftliche Basis fehlt, anzuwenden, als ein neues zu entwickeln, ist geneigt, alle solche Hippokratische Schriften, welche die Grundansichten der
Platonisch-Aristotelischen Philosophie wiederspiegeln, für später zu halten, als der berühmte Praktiker Hippokrates, der ein Zeitgenosse Plato's war. Ueberhaupt hat er in
einer geistvollen Abhandlung «Ueber die Theorien in den Hippokratischen Schriften nebst
Bemerkungen über die Aechtheit derselben»[2]), gestützt auf die sehr verschiedenen Grundansichten in den Hippokratischen Schriften und die sehr verschiedene Art der Behandlung
des Stoffes, indem in einigen der reinste Empirismus mit vorurtheilsfreier Beobachtung, in
anderen der Drang zum Theoretisiren, in einigen ermüdende Breite, in anderen gedrängte
Kürze bis zur Dunkelheit vorherrscht, die Ansicht entwickelt: dass aus dem historischen
Hippokrates bald ein mythischer geworden ist, dem man die verschiedensten medicini-
schen Schriften zugeschrieben hat, als man in Alexandrien die grosse Bibliothek zu sammeln begann. Kein Wunder, dass später jeder Arzt, der speculative wie der empirische,
sein Ideal im Hippokrates finden konnte. Link glaubt sechs verschiedene Theorien in den
Schriften, die Hippokrates Namen tragen, zu erkennen. Es braucht kaum bemerkt zu
werden, dass die späteren Bearbeiter der Hippokratischen Schriften die Ansichten Link's
nicht in allen Einzelheiten theilten, aber einen grossen Einfluss haben sie doch auf die all-

---

1) Aristot. *hist. animal.* III, 3. Scalig., III. 1 Sehneid. | Preuss. Akademie der Wissenschaften aus dem Jahre
2) Abhandlungen der physikalischen Klasse der kön. | 1814 — 15, S. 223 — 240.

gemeine Ansicht von diesen Schriften gehabt. So hat der gelehrte Littré bei seiner Herausgabe des Hippokrates [1]), von welcher beinahe der ganze erste Band der allgemeinen Kritik dieser Schriften gewidmet ist, eine ausserordentliche Mühe darauf verwendet, aus einzelnen Aeusserungen der Hippokratischen und Vor-Hippokratischen Zeit nachzuweisen, dass die Vorstellung von den vier Grundstoffen und Grundkräften vor Aristoteles in den allgemeinen Ansichten der Zeit lag. Dennoch kommt auch er zu dem Resultate, die Hippokratischen Schriften in 9 Klassen zu theilen, von denen er nur die erste dem historischen Hippokrates, die zweite seinem Schwiegersohne Polybus zuschreibt, andere aber für Vor-Hippokratisch, und noch andere als unter der Einwirkung der Aristotelischen Lehre geschrieben erklärt. Prof. Christ. Petersen hat, von Link's Ansichten ausgehend, sogar versucht, die Hippokratischen Schriften nach den Jahren und vermuthlichen Verfassern zu vertheilen. Sie würden nach ihm von 550 bis 340 v. Chr. reichen, und alle Männer, welche den Namen Hippokrates führten — die Geschichte weist aber wenigsten 4 Hippokrates unter den Asklepiaden nach — so wie der Schwiegersohn des grossen Hippokrates werden in Anspruch genommen, um den verschiedenen Schriften ihre Verfasser zuzuweisen [2]).

Uns interessirt zunächst nur die Schrift, welche unter dem lateinischen Titel: *de aëre aquis et locis* bekannt ist. Diese setzt Petersen in das Jahr 424. Auch Littré und die meisten Herausgeber, wenn nicht alle, halten sie für ächt. Darnach kann dennoch nicht behauptet werden, dass die Stelle, welche wir zu besprechen haben, damals geschrieben ist, denn sie nimmt sich etwas sonderbar im Zusammenhange aus, und die Hippokratischen Schriften enthalten, ausserdem dass sie einer langen Periode und vielen Verfassern angehören, auch eine Menge fremder Einschwärzungen.

Diese Stelle aber findet sich in einer Discussion über die Verschiedenheit der Völker, und lautet in deutscher Uebersetzung etwa so :

«Die Völker, welche nur wenig von einander verschieden sind, will ich bei Seite
«lassen; aber wie es bei denen sich verhält, welche durch Natur (körperliche Bildung) oder
«Sitte sehr abweichen, will ich sagen. Zuerst soll von den *Makrokephalen* die Rede sein.
«Es giebt kein anderes Volk, das ähnlich gebildete Köpfe hat. Zuerst scheint mir der Ge-
«brauch (der künstlichen Verbildung) die Länge der Köpfe erzeugt zu haben, jetzt aber
«kommt auch die Natur dem Gebrauche zu Hülfe. Sie halten nämlich diejenigen, welche
«die längsten Köpfe haben, für die adligsten [3]). Ihr Gebrauch ist aber folgender : Sobald
«ein Kind geboren ist und während der Kopf noch zart (nachgebend) und weich ist, for-
«men sie ihn und zwingen ihn in die Länge auszuwachsen, indem sie Binden herumführen
«und passende Kunstmittel (τεχνήματα) anwenden, dass die rundliche (sphaeroidische) Ge-

---

[1]) *Oevves complètes d'Hippocrate, traduction nou-velle avec le texte Grec en regard. Par E. Littré.* Paris 8º 1839... (noch unbeendet).

[2]) *Hippocratis nomine quae circum feruntur scripta*

ad temporis rationes disposuit *Christ. Petersen.* Gymn. Hamb. philol. prof.

[3]) Γενναιοτάτους, die wohlgeboreusten, (davon abgeleitet aber auch) die edelsten, die tapfersten.

«stalt des Kopfes geändert und die Länge vergrössert wird. So hat zuerst der Gebrauch
«den Anfang gemacht auf die Natur einzuwirken; im Laufe der Zeit aber gewöhnte sich
«die Natur so sehr an die aufgezwungene Form, dass sie des Zwanges nicht mehr bedurfte.
«Der Zeugungsstoff kommt ja von allen Theilen (und leidet den Einfluss ihrer Zustände),
«gesund kommt er von den gesunden und krank von den kranken». (Man glaubt Buffon
zu hören, und möchte fragen, ob für die Milchzähne der Kinder auch der Zeugungsstoff
aus den Milchzähnen der Aeltern kommt?) «Wenn von Kahlköpfigen Kahlköpfige erzeugt
«werden, von Blauäugigen Blauäugige, von Krüppeligen gewöhnlich Krüppel, und in Bezug
«auf andere Formen eben so; warum nicht auch von Langköpfigen Langköpfige? Jetzt
«erfolgt das nicht so (in dem Maasse) wie früher, denn die Sitte ist nicht mehr in Kraft,
«wegen Sorglosigkeit der Menschen [1]). Das ist meine Meinung über diese Sache».

Lassen wir die Frage, ob eine künstliche Verbildung erblich werden könne, auch ganz
bei Seite, so können wir doch nicht umhin, einzugestehen, dass es zweifelhaft scheint, wie
der letzte Satz zu verstehen ist. Hat die lange Form der Köpfe aufgehört? Sie sollte ja
erblich geworden sein. Dann hätte diese Erblichkeit wenigstens nicht lange vorgehalten.
Oder hat sich die Eigenthümlichkeit nur gemindert? Vielleicht liegt das Unverständliche
oder Unlogische nur in fehlerhaften Abschriften. Die meisten Codd. haben nämlich διὰ
τὴν ἀμέλειαν (durch Sorglosigkeit), einer aber διὰ τὴν ὁμιλίην (per concursum) das heisst durch
Vermischung der Menschen. Littré hat die letztere Lesart angenommen, (Vol. II, p. 60),
welche allein Hippokrates nicht mit sich selbst in Widerspruch setzt. Der neueste Herausgeber des Hippokrates, Ermerins, dessen Werk ich erst kennen lernte, als diese kleine
Abhandlung in den Druck gehen sollte, hat wieder die frühere Lesart angenommen. Die
Meinung des alten Autors (nicht seine theoretische Ansicht,) mit Sicherheit zu kennen,
wäre nicht unwichtig, da in anderen Griechischen Schriftstellern der Name Makrokephaloi
mehrfach vorkommt, keiner aber, so viel ich bisher habe finden können, von der Sitte der
künstlichen Verbildung spricht.

Wo sind nun nach Hippokrates die Makrokephalen zu suchen?

Rathke glaubt aus dem genannten Buche des berühmten Arztes entnehmen zu können,
«dass in dem Lande, welches sich rechts von den Gegenden, wo im Sommer die Sonne
«aufgeht, bis zu dem Palus Maeotis erstreckt, unter anderen ein Volk vorkommt, dessen Indi-
«viduen Macrocephali genannt werden» [2]). Fitzinger spricht dieselbe Meinung aus [3]). Beide
Naturforscher finden nun, dass andere Griechische Autoren, welche der Makrokephalen erwähnen, sie in eine andere Localität versetzen, nämlich in die Gegend von Trapezus (Trapezunt). Ich wünschte, ich könnte die Ueberzeugung meiner geehrten Collegen theilen,
was ich leider nicht kann. Wohnten die Hippokratischen Makrokephalen in dem Landstriche,
welcher vom Sommer-Sonnenaufgang nach dem Palus Maeotis sich erstreckt, also etwa in

---

[1]) *Hippocratis et aliorum medicorum reliquiae. Ed.
Franc. Zach. Ermerins.* Vol. I. Trajecti ad Rhen. 1859.
4⁰ p. 268.

[2]) Müller's Archiv 1843. S. 146.

[3]) Denkschriften der Wiener Akademie der Wissenschaften, V. S. 25.

der Kaspisch-Pontischen Steppe, so wäre ihr Uebergang in die Krym durch die Ta-
mansche Halbinsel auch ein sehr natürlicher, d. h. durch die Naturverhältnisse veranlasster.
Da wir überdies durch einen Schriftsteller, der nichts von Hippokrates wissen konnte,
von einem Chinesen nämlich, Namens Hiuen-Thsang [1]), der im 7. Jahrhundert nach Chr.
grosse Reisen in Asien machte, erfahren, dass damals im nordwestlichen Winkel von Hoch-
asien, in dem Lande *Chascha*, dem jetzigen *Kaschgar*, die Sitte noch bestand, die Köpfe zu
verbilden, so liesse sich eine Wanderung der *Makrokephalen* aus *Kaschgar* durch das Tura-
nische Flachland und die Kaspischen Steppen bis in die Krym mit Wahrscheinlichkeit vermuthen. Ein Theil des Volkes könnte dann in den Ursitzen zurückgeblieben sein, um dem
Chinesen Hinen-Thsang nach mehr als 1000 Jahren noch dieselbe Sitte zu zeigen. Aber
auch die *Aorsen* könnten durch diese Localität angedeutet sein, und das würde, wie sich
zeigen wird, noch besser zu anderen Conjecturen passen.

In der angeführten Stelle der Hippokratischen Schrift wird der Wohnsitz der *Makrokephalen* gar nicht bestimmt. Wenn ich aber den ganzen Zusammenhang überblicke, so
scheint es mir, dass der Verfasser ihn sich nicht nördlich vom Kaukasus dachte.

Das ganze Buch über «die Luft, das Wasser und die Localitäten», welches den Namen des Hippokrates trägt, verfolgt die Aufgabe, die Wirkung der äusseren Einflüsse
auf den Menschen zu würdigen. Wer die ärztliche Kunst gründlich treiben will, soll die
klimatischen Verhältnisse nach den Jahreszeiten, die Beschaffenheit des Wassers, die Beschaffenheit des Bodens und die Lebensart der Bewohner seines Ortes in Bezug auf Diät
beobachten. Der Verfasser legt so viel Gewicht auf die klimatischen Verhältnisse, dass
er nicht allein die Krankheits-Constitution, sondern auch die Beschaffenheit des Wassers
von der Lage gegen die Weltgegenden und also gegen die vorherrschenden Winde ableitet.
Mit diesen Betrachtungen ist die erste Hälfte des Buches, 11 Capitel nach der von den
Neueren angenommenen Eintheilung, ausgefüllt. Die zweite Hälfte enthält Betrachtungen
über den Unterschied zwischen Asien und Europa in Bezug auf die Producte und die
Menschen, welche Unterschiede ebenfalls vorherrschend vom Klima abgeleitet werden.
Diese Unterschiede sind sehr gross, sagt der Verfasser, Alles was aus Asien kommt ist
viel grösser und schöner, das Klima ist besser und die Völker haben einen sanfteren und
gelehrigeren Character. Der Grund davon liegt in dem gehörigen Gleichgewicht der Jahreszeiten. Gegen den mittleren Aufgang der Sonne (d. h. gegen Osten) gelegen ist Asien
u. s. w. Hier hat der Verfasser doch offenbar Klein-Asien, als die ihm zunächst liegende
Section dieses Welttheils vor Augen. Das unmittelbar folgende kann immer nur auf Klein-
Asien und gar nicht auf die Gegend am Asowschen Meere bezogen werden. «Was das
Gedeihen und die Güte der Früchte bedingt, ist ein Klima wo weder Frost noch Hitze
excessiv sind. Zwar ist Asien auch nicht in allen Theilen gleich, aber in den Gegenden,

---

[1]) Hiuen-Thsang machte sehr grosse Reisen durch
Mittelasien nach Indien, vom J. 629—645 n. Chr. Ausserdem beschrieb er Länder, welche er nicht gesehen hatte.
Von den Berichten dieses Vorgängers von Marco Polo
haben wir eine Uebersetzung durch Stan. Julien: *Histoire de la vie de Hiouen-Thsang et de ses voyager dans
l'Inde*. Par. 1853. 8. Die oben gegebene Nachricht findet sich p. 396.

die von Frost und Hitze gleich weit abstehen sind die Früchte die reichsten, die Luft am reinsten, das Wasser das beste». Man sieht, der Verfasser hat immer noch das ihm nach Osten liegende Klein-Asien [1]) im Auge, das er aber durch eine gangbare Collectivbenennung vom übrigen Asien nicht zu unterscheiden weiss. Er lobt den reichlichen Regen, die Grösse und Fruchtbarkeit der Hausthiere, das Gedeihen der Cultur-Pflanzen und Baumfrüchte, die Schönheit und Grösse der Menschen, die aber wenig ausdauernd oder energisch sind, und mehr dem Vergnügen ergeben. Das Klima lässt sich einem anhaltenden Frühling vergleichen. Alles dieses ist offenbar im Gegensatz zu dem dürren, baumarmen gegenüberliegenden Griechenland gesagt, und passt auf die Kaspisch-Pontische Steppe gar nicht. Diese dachte sich der Verfasser dieser Schrift, wie die späteren Capitel zeigen, noch viel kälter als sie wirklich ist.

Nun kommt der entscheidende Punkt. Das 12. Kapitel hebt so an, dass man deutlich sieht, der Verfasser geht nun auf eine andere Gegend über. «Was aber die Bewohner der Gegenden anlangt, die zur Rechten des Sommer-Sonnenaufgangs [2]) bis zum Mäotischen Sumpf (welcher die Gränze zwischen Asien und Europa ist) liegen, so sind sie einander weniger gleich als die früher erwähnten. Der Grund liegt in der grösseren Verschiedenheit der Jahreszeiten». Nachdem im Sinne dieser Ansicht einige übertriebene Behauptungen vorgebracht sind, nach denen es scheint, als wolle der Verfasser selbst die Unebenheiten des Bodens von der Verschiedenheit der Jahreszeiten ableiten, heisst es weiter, er wolle die weniger abweichenden Völker bei Seite lassen, und von den *Makrokephalen* zuerst sprechen — nach dem Bruchstücke das wir oben mitgetheilt haben. Von den *Makrokephalen* geht er über zu den Bewohnern am *Phasis* (den *Kolchiern*). Wir finden hier eine treffliche medicinische Schilderung des wasserreichen Mingreliens. «So ist es mit Asien», schliesst der Verfasser das 16. Capitel. Das 17. Capitel beginnt so: «In Europa ist ein Skythisches Volk, das am Mäotischen Sumpf wohnt, die Sauromaten», von denen Einiges berichtet wird, was man sonst von den Amazonen zu erzählen pflegte. Die Capitel 15 — 22 sprechen ausführlich von den eigentlichen Skythen, ihrer Constitution und ihren Krankheiten. Das 23. und 24. Capitel besprechen die Körperconstitution der Völker und das Klima im übrigen Europa.

Ist es nicht offenbar, dass der Verfasser eine Rundschau hält, im Osten beginnt und allmälig durch Nord nach Westen übergeht? [3]). Ist es so, wie ich nicht zweifeln kann, so finden sich die *Makrokephalen* zwischen Klein-Asien und den Kolchiern (im weiteren Sinne).

---

[1]) Hippokrates war aus der Insel *Kos* gebürtig, und brachte einen Theil seines Lebens in Griechenland zu.

[2]) Περὶ δὲ τῶν ἐν δεξιῇ τοῦ ἡλίου τῶν ἀνατολέων τῶν θερινῶν μέχρι Μαιώτιδος λίμνης. Die meisten Handschriften haben allerdings nicht θερινῶν, sondern χειμερινῶν. Koray hat in seiner Ausgabe des Buches *de aëre*, *aquis et locis* mit Entschiedenheit die gewöhnliche Lesart verworfen und die viel seltenere angenommen (im J.

1800), und es scheint, dass man ihm darin allgemein gefolgt ist. Der Sonnenaufgang fällt in den längsten Sommertagen für Kos und Griechenland auf ONO, in den kürzesten Wintertagen auf OSO.

[3]) Es sind auch ein Paar Worte über Libyer und Aegypter an ganz unpassender Stelle eingestreut, und deswegen ganz unverständlich. Wahrscheinlich ein späterer Zusatz.

Gerade dahin versetzen auch andere Griechische Schriftsteller die *Makrokephalen*, aber auch die *Makronen*.

Ich kann, bevor ich Hippokrates verlasse, die Bemerkung nicht unterdrücken, dass die Nachricht von der Sitte der *Makrokephalen*, die Köpfe der Neugeborenen zu verbilden, in das Buch «Von der Luft, dem Wasser und den Localitäten» gar nicht zu passen scheint. Die ganze Tendenz dieses Buches ist offenbar die, den grossen Einfluss zu zeigen, den die klimatischen und überhaupt die äusseren physischen Verhältnisse auf die allgemeine Constitution und die Krankheiten des Menschen ausüben. Allerdings ist von den Neigungen und Sitten der Völker mitunter auch die Rede, namentlich im zweiten Theile, aber immer nur als geistige Constitution und als Folge der physischen Einflüsse. Eine Ausnahme macht nur der Bericht über die *Makrokephalen*, von denen erzählt wird, dass sie die Köpfe ihrer Kinder umformten, weil diese Form ihnen die edelste, die wünschenswertheste schien. Soll man annehmen, dass der Verfasser, auf irgend eine Weise zur Kenntniss dieser Sitte gelangt, dem Reize nicht widerstehen konnte, auch über diesen Punkt belehrend sich hören zu lassen, obgleich er ganz andere Belehrung im Eingange der Schrift verkündet und im Verlaufe derselben, selbst mit übertriebenem Theoretisiren, durchführt? Bei Herodot, der allerlei *Curiosa* zu berichten weiss, hätte man dergleichen erwarten können, nicht aber in einer Schrift, die eine einzige medicinische Lehre mit Nachdruck durchführt. Oder soll man annehmen, dass dieser Abschnitt später eingeschoben ist? Ziemlich gut ist er jedoch mit dem Vorhergehenden und Folgenden verbunden.

Die Nachrichten, welche wir in der übrigen Griechischen und in der Römischen Literatur von den *Makrokephalen* finden, sind sehr dürftig.

Aus Strabo lernen wir, dass dieses Wort schon in den Gedichten Hesiod's vorkam, wohl in den verlorenen, denn in den erhaltenen scheint es zu fehlen. Strabo behandelt die *Makrokephalen* des Hesiod mit den *Pygmaeen* und Halbhunden zusammen als Märchen [1]), was anzudeuten scheint, dass um seine Zeit die Bezeichnung eines Volkes, das die Köpfe seiner Kinder künstlich verbildete, mit diesem Namen wenigstens, nicht gebräuchlich war. Das Wort *Makrokephalen* kommt im Strabo, ausser jenen Berufungen auf Hesiod, gar nicht vor, wohl aber nennt er *Makropogonen* (Langbärte) an der Ostküste des Schwarzen Meeres [2]). Doch spricht Strabo an einer anderen Stelle selbst von einem Volke, von dem man sage, es habe die Sitte die Köpfe zu verbilden und zwar so, dass sie möglichst lang gezogen (μαχροχεφαλώτατοι) würden und die Stirn hervortrete und über das Gesicht (τα γενεία) vorrage [3]). Das wäre also seinen Worten nach eine ganz andere Verbildung als die uns vorliegende, bei welcher die Stirn im Gegentheil sehr zurückgedrückt ist. Eine solche künstliche Verbildung, wie sie hier beschrieben wird, ist allerdings nicht unmöglich.

---

[1]) Strabo I, p. 43 und VII, p. 299, an welcher letzteren Stelle sie aber *Megalokephalen* genannt werden.

[2]) Strabo XI, p. 492.

[3]) Der ganze Satz, den wir zu besprechen haben,

heisst: τινὰς δ᾽ ἐπιτηδεύειν φάσιν, ὅπως ὡς μαχροχεφαλώτατοι φανοῦνται, καί προπεπτωχότες τοῖς μετώποις, ὥσϑ᾽ ὑπερχύπτειν τῶν γενείων. Strabo XI. p. 520.

aber doch selten. Obgleich man aus Amerika sehr mannichfaltige — fast unglaubliche —
Entstellungen kennen gelernt hat, ist doch keine solche aus diesem Welttheile bekannt.
Ein langer Kopf mit übergebogener Stirn findet sich bei den weiter unten zu besprechen-
den *Scaphocephalen*, die auf unserer Tab. III abgebildet sind. Das aber ist eine Verbildung
durch abweichende Entwickelung, und es würde sehr schwer sein, sie künstlich hervorzu-
bringen, weil die Mittellinie des Scheitels kielförmig hervorgetrieben werden müsste, was
man durch Binden nicht erreichen wird. Aber in Frankreich kommt eine Verbildung vor,
die an die Angaben von Strabo erinnert. Man führt um den Kopf der Kinder, besonders
der Mädchen, ein Band oder ein Tuch vom Scheitel nach dem Unterkiefer, kreuzt es hier
und knüpft die Enden eng angezogen auf dem Scheitel zusammen. Diese Compresse (das
Band oder Tuch) wird also über die Gegend der vorderen Fontanelle geführt, und der Kopf,
in der Mitte beengt, entwickelt sich in einen vorderen und einen hinteren Abschnitt und
behält in der Mitte eine Einschnürung. Gosse nennt einen solchen Kopf *une tête bilobée*.
Geht die Binde mehr über das Stirnbein, so drückt sie dieses nieder, geht sie aber hinter
der Kranznath über den vorderen Theil' der Scheitelbeine, so wird die Stirnwölbung nach
vorn getrieben [1]). Doch ist dieses Vortreten des Stirnbeins nach der Abbildung von Gosse
nicht sehr auffallend.

Aber nahe liegt hier die Vermuthung, dass Strabo, der nur durch Gerüchte von
diesem Volke gehört hatte, und seinen Namen nicht anzuführen weiss, die Nachrichten
entstellt erhalten oder falsch aufgefasst hat, und dann wäre es wohl möglich, dass er dasselbe Volk im Sinne hatte, von dem Hippokrates spricht. Es scheint mir nämlich irrig,
wenn man meint, Strabo erzähle diese Sitte von den *Derbiken* und den *Siginnen* [2]). Der
Zusammenhang spricht dagegen. Strabo geht nämlich den ihm bekannten Theil von
Asien nach parallelen Zonen durch, mit der nördlichsten beginnend und mit der südlichsten endigend. In jeder einzelnen Zone folgen aber die Länder von Westen nach Osten
aufeinander. Die Zonen sind nicht genau nach der Breite, sondern mehr nach natürlichen
Gränzen bestimmt. So folgen in einer Zone die Länder an der Mäotis, der Kaukasus, Kolchis, Iberien, Albanien, das Kaspische Meer, Hyrkánien, die Länder östlich vom Kaspischen Meere bis Bactrien. Bevor Strabo nun zum Taurus übergeht, welcher eine mehr
südliche Reihe von Ländern (Medien, Armenien) von der nördlichen scheidet, theilt er noch
zerstreute Nachrichten über Völker mit, von denen er Einiges gehört hat, und deren Sitze
ihm nicht völlig bekannt sind, die aber, seiner Meinung nach, in diese Zone gehören. Von
einigen weist er es besonders nach, z. B. den *Tapyren*, die nördlich von den *Hyrkanern* ihre
Sitze haben, und den *Kaspiern*,. deren Sitz früher angedeutet war. Im Allgemeinen sagt er
aber beim Beginn dieses Kapitels: Er müsse noch einige Sonderbarkeiten erwähnen, die
man von den völlig barbarischen Völkern, wie von jenen um den Kaukasus und die an-

---

[1]) So nach Gosse: *Essai sur les déformations artifi-*
cielles du crâne p. 66 et Tab. II. Fig. 5. Die Original-Ab-

handlung von Dr. Lunier habe ich nicht Gelegenheit
zu vergleichen.
[2]) Wie Gosse p. 13., auch Fitzinger a. a. O.

deren Gebirge, erzählt. Es folgen nun allerlei heterogene Nachrichten von verschiedenen Völkern. Darunter auch einige von den Gewohnheiten der *Derbiken*, andere von den *Siginnen*. Darauf heisst es weiter: «Von einigen sagt man, dass sie sich bemühen möglichst lange Köpfe sich zu erkünsteln». Es ist nicht wahrscheinlich, dass mit diesem τινὲς einige von den *Siginnen* gemeint sind, sondern es steht wohl in der Bedeutung von *sunt qui...* es giebt auch Leute, welche... Groskurd übersetzt geradezu, nachdem er den Satz von den *Siginnen* durch einen Punkt geschlossen hat: «Andere Völker sollen sich bemühen, eine möglichst langköpfige Bildung zu erkünsteln» [1]). Wenn sie nun andere waren als die vorhergenannten, so bleiben sie unbenannt. Ihre Sitze werden auch nicht bezeichnet, und sie liessen sich von den Hippokratischen Langköpfen nur unterscheiden, wenn die Form der letzteren näher angegeben wäre.

Im *Periplus* des Mittelländischen Meeres von Skylax, dessen Abfassung sehr alt sein soll, älter als Herodot, der aber spätere Umarbeitungen und Zusätze erfahren hat, oder nicht vom alten Skylax ist, kommt nicht nur der Name der *Makrokephalen* vor, sondern der Sitz des Volkes wird genau angegeben. Von dem Ursprunge des Namens oder der Sitte der Kopf-Formung wird nichts gesagt, da das Ganze überhaupt nur eine summarische Uebersicht der Küsten-Landschaften ist. Der Verfasser beginnt mit Europa. Vom Tanais geht er über nach Asien und nennt die *Sauromaten, Maioten, Sinden, Melanchlaenen*, die nach Herodot mehr westlich sassen, die *Kolchier*, bei denen er verweilt und mehrere Flüsse und Städte, sowohl Griechische als Barbarische, aufzählt. Es folgen noch einige Völkerschaften, die *Byzeren, Ekecheirier, Bechiren* und dann das Volk der *Makrokephalen*, der Hafen *Psorón* (der Krätzigen) und die Griechische Stadt *Trapezus*. Wir sind somit schon an der Südküste des Pontus angekommen [2]). In jenem Winkel, wo die Ostküste des Pontus in die Südküste ausläuft, wohnte nach anderen Zeugnissen ein Volk, das meistens *Makrones* genannt wird. Das wichtigste ist das von Xenophon, der auf dem Rückzuge mit seinen 10000 Griechen durch das Land der *Makronen* zog, nachdem er vorher weiter nach Nordosten gewesen war. Zuletzt hatte er noch mit den *Kolchiern* (im weiteren Sinne) an ihrer Gränze ein Handgemenge gehabt. Auch die *Makronen* waren zuvörderst zum Widerstande bereit, da sie sahen, dass die Griechen sich einen Weg durch den Wald bahnten, um ihr Kriegsgeräthe durchzubringen. Als man ihnen aber durch einen Mann aus dem Heere, der ihre Sprache verstand, bedeutet hatte, dass man keine andere Absicht habe, als die See zu erreichen, wurde Freundschaft geschlossen, und die *Makronen* begleiteten das Griechische Heer drei Tage lang durch ihr Land [3]). Offenbar wohnten die *Makronen*, die auch sonst häufig genannt werden, in derselben Gegend, in welche die wenigen Schriftsteller, die den Sitz der *Makrokephalen* geographisch bestimmen, diese versetzen. Es liegt daher sehr nahe, beide Völker für identisch zu halten. Diese Meinung ist auch, so viel ich weiss, die allgemeine bei den Graecologen unserer Zeit. Es giebt auch ein bestimmtes Zeugniss dafür in einem

---

[1]) Strabo's Erdbeschreibung verdeutscht von Groskurd, II, S. 415.

[2]) Skylacis *Periplus ponti Eux.* §. 72—85.

[3]) Xenophon's *Anabasis* IV, c. 8.

ziemlich alten Schriftsteller, im *Periplus* des Pseudo-Arrian, einer Rundreise, welche
aus mehreren anderen Schriften im 5. Jahrhundert nach Chr. zusammengetragen ist. Hier
heisst es, dass nahe von Trapezunt ein Volk wohnte, das man *Makrones* oder *Makrokephaloi*
nannte [1]. Es ist daher wohl von geringer Bedeutung, dass Plinius die *Macrones* und *Ma-
crócephali* neben einander neunt [2]. Dergleichen kommt bei den Compilatoren oft vor. Es
bestand auch der Name der *Makronen* damals (nach der Mitte des 1. Jahrhunderts n. Chr.)
nicht mehr. Strabo nämlich, der zwei Menschenalter vor Plinius schrieb [3] und die Gegend sehr viel besser kennen musste als der Römische Polyhistor, da er aus der Geogra-
phie ein besonderes Studium machte, und überdies ganz nahe von dieser Gegend, aus
Amisus gebürtig war, Strabo sagt sehr bestimmt, dass das Volk, welches zu seiner Zeit *Sannoi* genannt wurde, früher den Namen *Makrones* geführt habe. Strabo beschreibt alle diese
Bergvölker, denn er nennt deren noch mehre, als sehr roh und wild. Die *Makronen* müssen
vor Strabo's Zeit ein viel genanntes Volk gewesen sein. So kommen sie bei Herodot
mehrmals vor [4], als Nachbarn der Kolchier, als Tributpflichtige der Perser, als Truppen
im Heere des Xerxes, immer aber mit denselben Nachbarn. Sie erscheinen hier aber nicht
als blosse Räuber-Völker, da sie auf regelmässigen Tribut gesetzt waren und im Heere
Dienste leisteten. Da scheint es denn möglich, dass die *Sanner* nicht wirklich die alten
Makronen waren, sondern dass diese sich fortgezogen hatten. Auffallend ist, wie schon
Rathke bemerkt, dass Xenophon, der doch so anhaltend mit den *Makronen* verkehrte [5],
zu einer Zeit, wo eben die alten *Makronen* noch da waren, mit keiner Sylbe der Sitte der
künstlichen Kopfverbildung oder einer Besonderheit der Köpfe erwähnt. Aber freilich
Hippokrates sagt, die Sitte habe zu seiner Zeit schon aufgehört. Es scheint sogar, dass
die Wiederholung derselben Form durch die Natur, wie er sie behauptet, aufgehört hatte.

Noch erwähnt der *Makrokephalen* Pomponius Mela, der aus Spanien gebürtig war
und um die Mitte des ersten Jahrhunderts n. Chr. lebte. Fitzinger sagt von ihm, er
versetze dieses Volk in die Nähe des Thrakischen Bosporus oder die Meerenge von Konstantinopel. Ich kann dieser Meinung durchaus nicht beistimmen. Vielmehr setzt er die
Makrokephalen gerade in dieselbe Gegend wie Skylax, wo wir aber auch die *Makronen* zu
Xenophon's Zeit finden. Pomponius Mela entwirft nämlich ein Handbuch der Geogra-
phie unter dem Titel: *De situ orbis*. Nachdem er die Welt in drei Theile: Afrika, Asien
und Europa abgetheilt und von jedem Welttheile eine ganz kurze Skizze gegeben hat
(Cap. 1 — 4), geht er zuvörderst Afrika ausführlicher durch (Cap. 5 — 8) und wendet sich
dann nach Asien. Zu diesem Welttheile wird, wie so häufig bei den Alten, Aegypten gerechnet (Cap. 9); es folgen Arabien, Syrien, Phönicien, Cilicien, Pamphylien, Lycien, Ca-

---

[1] *Anonymi Periplus Ponti Euxini* § 37 in *Geogr. Graec. Minores* Ed. Con. Müller Vol. p. 410.

[2] Plin. *hist. nat.* VI, 4.

[3] Strabo XII, p. 548.

[4] Herodot II, Cap. 104; III, Cap. 94; VII, Cap. 78.

[5] Das Griechische Heer hatte die *Makronen* nicht allein bei dem Marsche durch ihr Land kennen gelernt, sondern als es längere Zeit an der Küste lagerte, wurde es von den *Makronen* mit Lebensmitteln versorgt. *Ana-basis* V, Cap. 5.

rien, Ionien, Aeolien (Cap. 10 — 18). Man sieht, der Geograph steigt auf gegen den Hellespont. Das 19. Capitel fängt an mit Abydos am Hellespont, es folgt die Propontis und
der Thracische Bosporus. Nachdem Einiges vom Schwarzen Meere gesagt ist, verfolgt der
Autor dessen Südküste, nennt Heraklea und viele kleinere Ortschaften, es folgen Sinope,
Amisus, der Fluss Halys. Dann kommt eine Gegend, wo wilde Völker wohnen und die
Städte selten sind. Es werden genannt die *Chalyben*, die *Tibarenen*, weiterhin die *Mossynen*,
die ihre Könige sehr streng halten sollen; *ceterum* aber sind sie *asperi, inculti, pernoxii appul-
sis.* Unmittelbar darauf folgt die gesuchte Stelle: *Deinde minus feri (verum et hi inconditis
moribus) Macrocephali, Insochi et Buzeri. Rarae urbes: Cerasus et Trapezus maxime illustres
Inde is locus est, ubi finem ductus a Bosporo tractus accipit, atque inde se in sinu adversi litoris
flexus attollens angustissimum Ponti facit angulum* [1]). Hieraus ist deutlich, dass die *Makrokephalen* hinter dem *Halys*, und auch hinter den *Chalyben, Tibarenen* und *Mossynen* lebten.
Die beiden Städte *Cerasus* und *Trapezus* werden zwar einen Augenblick später aufgezählt,
aber offenbar nur, weil zuerst die wilden Völker und dann die Griechischen Pflanzstädte
genannt werden sollen. Es wird auch bestimmt gesagt, dass man nun im östlichen Winkel
des Schwarzen Meeres angekommen ist, und sollte man darüber noch in Zweifel sein können, so müssen die nächstfolgenden Sätze ihn heben: *Hic* (nämlich von diesem Winkel an)
sunt Colchi, hic Phasis erumpit... so geht es fort zu den Kaukasischen Bergen, nach *Pha-
nagoria* u. s. w. Pomponius Mela versetzt also die *Makrokephalen* gerade dahin, wo Skylax sie aufführt, und ich zweifle gar nicht, dass er dem Skylax oder einer späteren aus
diesem fliessenden Quelle folgt, da er die sonst wenig genannten *Buzeri* (*Byzeres*) des Skylax aufführt. Die *Insochi* kommen auch beim Steph. Byzantinus vor [2]). Pomponius
Mela widerspricht also dem Skylax gar nicht, sondern folgt ihm. Da er aber von diesen
Gegenden keine nähere Kenntniss hat, so ist er auch eben so wenig als Plinius eine Autorität dafür, dass der Name der *Makrokephalen* noch gangbar war.

Dass viel spätere Lexicographen, wie Stephanus Byzantinus im fünften Jahrhundert, und Suidas im neunten oder zehnten, die *Makrokephalen* in ihre Wörterbücher aufgenommen haben, beweist natürlich nicht, dass man sie damals kannte, oder etwas anderes
von ihnen wusste, als was sich in Büchern älterer Zeit fand. Stephanus Byzantinus
sagt in seinem geographischen Wörterbuche nur, dass sie den *Kolchiern* benachbart waren.
Er führt auch die *Makronen* besonders auf, mit dem Zusatze, dass sie nach Strabo jetzt
Sannoi hiessen. Suidas Lexicon könnte als ein zu spätes Werk ganz übergangen werden,
wenn es nicht bemerkte, dass Harpokration, auf Autorität eines verlorenen Werkes von
Palaephatus, die *Makrokephalen* in Libyen oberhalb der *Kolchier* angiebt. Diese Angabe
könnte von ganz anderen *Makrokephalen* zu sprechen scheinen; es soll aber mit dem Worte
Libya nicht Afrika, sondern eine Kolchische Gegend bezeichnet werden, wie die gelehrten
Commentatoren nachzuweisen sich bestreben. Der Ausdruck ὑπεράνω Κόλχων «oberhalb der

---

[1]) Nach Gronov's Ausgabe Lugd. Bat. 1722. 8°.   [2]) Es wäre aber auch möglich, dass die *Henochier*
Strabo's gemeint sind.

Kolchier» weist wenigstens nach, dass an Afrika nicht zu denken ist [1]). Man könnte wohl
an ein Volk, das jenseit der *Kolchier* oder nördlich von den *Kolchiern* wohnte, denken, und
das ist für uns, die wir Nachrichten über ein Volk suchen, dessen Reste am Kimmerischen
Bosporus sich finden, nicht ohne Interesse. Wenn aber das Wort ὑπεράνω in seiner ursprünglichen Bedeutung von «oberhalb» genommen werden muss, so kann man, da Kolchis
von allen Seiten, mit Ausnahme der westlichen, von Bergen umgeben ist, die *Makrokephalen* nach Suidas oder vielmehr nach Palaephatus im Norden, Osten und im Süden suchen. Diese Angabe passt also auch auf den Wohnsitz der *Makronen*.

Prof. Karl Koch, der als Naturforscher auf wiederholten Reisen die Pontisch-Kau-
kasischen Gegenden gründlich studirte, hat in einer besonderen Schrift den Zug der 10000
Griechen nach den ihm bekannten Localitäten nachgewiesen. Er sucht auch die Wohnsitze der, von Xenophon viel genannten *Makronen* auf. Sie lebten auf dem Pontischen
Gebirge, das am Süd-Ostwinkel des Pontus sich hinzieht. Noch jetzt führt ein bedeutender nach Norden gerichteter Ausläufer des Gebirges den Namen *Makur-Dagh*, d. h. *Makur*-
Berg, der entweder von den *Makronen* seinen Namen hat, oder wenn die Benennung
der Localität noch älter sein sollte, dem Volke den Namen gab. Der Name *Sannoi*, der
nach Strabo den der *Makronen* verdrängt hatte, scheint in dem heutigen Volksnamen der
Dschanen sich wieder zu finden [2]).

§ 6. Ob die verbildeten Köpfe von den Hunnen stammen?

Ich muss einen besonderen Abschnitt den Hunnen widmen, da Herr Dr. L. A. Gosse,
der einzige Schriftsteller, der es bisher unternommen hat, alle Nachrichten über die Sitte
der künstlichen Kopf-Verbildungen zusammen zu stellen und übersichtlich zu ordnen, und
Amédée Thierry, der die gründlichsten Studien in der Geschichte der Hunnen gemacht
hat, der Meinung sind, dieses Volk habe die genannte Sitte gehabt. Man glaubt sogar auf
einer Denkmünze, die zur Erinnerung an Attila geprägt oder gegossen ist, diese Verbildung zu erkennen, und zwar eine solche, wie sie an den von uns beschriebenen Köpfen vorkommt. Wären diese Angaben unzweifelhaft, so wäre auch nicht weiter nach dem Volke
zu suchen, dem die Krymschen *Makrokephalen* angehört haben. Aber so bedeutend auch
die angeführten Autoritäten scheinen, so haben sie mich doch nicht überzeugen können.

Fangen wir zuvörderst mit der Medaille an. Sie ist allerdings nie als Beweismittel
betrachtet und kann als solches durchaus nicht gelten. Indessen hat es doch einiges Aufsehen erregt, und man hat sich darauf berufen, dass Herr Fitzinger seine Abhandlung
über die (Oesterreichischen) Awaren-Schädel mit folgender Bemerkung beendete:

---

[1]) Indessen wird in dem *Onomasticon* von Jul. Pol-
lux, einer Art von Lexicon, das Wort μακροκέφαλος geradezu erklärt als ein Volk περὶ Λιβύην. Jul. Pollucis
Onomasticon. ed. Bekker p. 65. Man hat also später

doch wohl die Langköpfe in das Land der Wunder versetzt.

[2]) Prof. K. Koch. Der Zug der Zehntausend, nach
Xenophon's Anabasis geographisch erläutert, S. 108.

«Zum Schlusse will ich noch auf einen Umstand aufmerksam machen, der, wenn er
«auch nur ein zufälliger sein sollte, mir dennoch einige Beachtung zu verdienen scheint.
«Die meisten numismatischen Sammlungen bewahren eine alte Medaille, welche zum Ge-
«dächtniss der Zerstörung von Aquileja durch den Hunnen-König Attila gegossen wurde.
«Ich kenne solche Güsse von Gold, Silber, Bronze und Eisen. Diese Medaille enthält auf
«der Vorderseite das Brustbild Attila's, auf der Kehrseite die Ruinen der Stadt Aquileja.
«Obgleich der Ursprung derselben nicht bekannt ist, so lässt doch die rohe Arbeit und über-
«haupt der ganze Charakter denselben mit grosser Wahrscheinlichkeit auf den Anfang
« oder die Mitte des 16. Jahrhunderts festtellen. Das ganze Fabrikat deutet auf ein italie-
«nisches, vielleicht auf ein aquilegisches. So viel mir bekannt, giebt es von dieser Me-
«daille zwei Varianten, wovon die eine die Jahreszahl 441, die zweite die Jahreszahl 451
«zeigt. Auf beiden gewahrt man in dem Umrisse des Kopfes Attila's eine so grosse Aehn-
«lichkeit mit der Gestalt der Köpfe der Awaren, dass man unwillkührlich zur Vermuthung
«hingezogen wird, irgend ein Awaren-Schädel habe dem Formschneider hierbei als Vorbild
«zu seinem Attila gedient. Ein bloss zufälliges Zusammentreffen der Phantasie des Künst-
«lers ist bei einer so auffallenden Uebereinstimmung nicht denkbar».

Ein Zeugniss für die künstliche Gestaltung von Attila's Kopf wird hier also nicht
im Entferntesten behauptet, aber dadurch, dass der Verfasser eine auffallende Aehnlichkeit mit seinen Awaren-Köpfen zu finden glaubte, hat er Aufmerksamkeit erregt, die vielleicht nicht ohne Einfluss auf die Versuche geblieben ist, die künstliche Verbildung des
Kopfes als eine Sitte der Hunnen darzustellen, vielleicht ohne die angezogene Stelle oder
die Denkmünze selbst genau angesehen zu haben. Man konnte etwa glauben, dass am
Orte, in dem die Münze verfertigt wurde, noch eine Sage von der sonderbaren Gestaltung
von Attila's Kopf sich erhalten haben möge.

Wir werden bald hören, dass man gleichzeitige Beschreibungen von Attila's Persönlichkeit besitzt, dass aber keine derselben auf einen nach hinten übergebogenen Scheitel
deutet.

Aber was sagt diese Denkmünze denn aus? Ich habe die Münze selbst leider bis
jetzt nicht zur Ansicht bekommen können. In der sehr reichen Sammlung der Kaiserl.
Eremitage soll sie sich nicht finden, vielleicht weil man sie als ein zu schlechtes Mach-
werk neuerer Zeit gar nicht aufgenommen hat. Es ist aber wahrscheinlich dieselbe, welche
auf dem Titelblatte einer Dissertation des 17. Jahrhunderts: *Attila Hunnorum rex... Prae-
side Rudolpho Roht, Ulmensi, respondente J. Christ. Papa, Westhusio-Thuringo*, 1679 4°, (ohne
Druckort) in Kupfer gestochen ist. Auf dem Revers dieser Medaille sieht man die Ruinen
einer Stadt mit der Legende *Aquileia*, auf der Vorderseite ein Brustbild im Harnisch mit
der Legende *Attila-Rex*. Sie war *ex Museo* Dr. J. And. Bosii, wie der Kupferstich besagt.
Wenn nicht mehrere Denkmünzen auf die Zerstörung von Aquileja geprägt sind, so ist
das die gemeinte. Auch ist die Stirn von Attila in der That stark zurückweichend, aber
diesem Verhältniss entspricht auch das stark vortretende Gesicht mit scharf erhobener

Nase. Nicht im geringsten ist das Vortreten und Ueberhängen des Scheitels nach hinten ausgedrückt. Dagegen hat der Künstler den Kopf mit zwei Hörnern bedacht, die regelrecht aus dem oberen Theile des Stirnbeins herausgewachsen scheinen. In dieser Medaille wenigstens kann ich nichts von der *makrokephalen* Form erkennen. Dagegen passt was Pierquin de Gembloux von einem Bildniss Attila's in der 22. Lieferung der *Galérie Historique* sagt: man habe den Kopf eines Fauns genommen und ihm auch seine Hörner gelassen, so sehr auf unsere Denkmünze, dass ich glaube, der Zeichner habe diesen copirt. Es ist ein wahrer Fauns-Kopf, denn auch das Ohr ist thierisch zugespitzt, wie man es den Faunen zu geben pflegt. Wie wenig überhaupt solche Artefacte von Künstlern, die aller Studien entbehren, Werth haben, tritt uns sehr auffallend durch eine andere Denkmünze auf Attila entgegen, die auf demselben Titelblatte neben der ersten im Kupferstich zu sehen ist. Hier hat Attila eine senkrecht aufsteigende Stirn und ist sehr dolichocephal, während auf der anderen der Kopf übertrieben kurz erscheint. Um den Beschauer nicht in Zweifel zu lassen, liest er in der Legende *Attila Rex. Flagellum Deus* (*sic!*) Auf der Rückseite ist ein jämmerlich verzeichneter Löwe, der einen eben so jammervollen alten nackten Mann trägt, mit Schwert und Geissel in den Händen, welcher wohl die Zeit oder Saturn bedeuten soll.

Ob es noch eine andere Denkmünze geben mag, welche die Ruinen von Aquileja auf der Rückseite darstellt, weiss ich nicht, scheint mir auch sehr überflüssig zu erforschen, da eine gleichzeitige Münze mit Attila's Bildniss nicht bekannt ist [1]). Ich habe überhaupt jener Denkmünze nur aus einem besonderen Grunde Erwähnung gethan, der sogleich hervortreten wird.

Dr. Gosse sagt ganz kurz, die Hunnen hätten nach Jornandes und Ammianus Marcellinus die Sitte gehabt, die Köpfe zu verbilden [2]). Von dem ersten Schriftsteller führt er nur das bekannte Werk ohne nähere Nachweisung der Stelle, von dem letzteren aber die Seite an. In keinem von beiden finde ich eine Beschreibung dieser Art, und keiner von den vielen Schriftstellern, die nach ihnen über die Hunnen geschrieben haben, scheint sie gefunden zu haben. Beide geben allerdings Schilderungen von den Hunnen,

---

[1]) Man hat früher eine Menge Münzen mit den Legenden *Ateula, Ativla, Athil, Atil, Attila* für Münzen des Hunnen-Königs Attila gehalten, diese Deutung ist aber von den strengeren Numismatikern verworfen und es giebt, wie mir unser College Stephani sagt, keine anerkannte Münze mit Attila's Bildniss. Jene Münzen werden für Gallische gehalten. Ich habe von diesen *Ateula-* etc. Münzen mehrere kleine in der Eremitage gesehen. Mir schienen die Köpfe so ungeschickt ausgeführt, dass, selbst wenn sie Attila darstellen sollten, man doch seine Bildung nicht erkennen würde. — Indessen giebt es doch vielleicht ein authentisches Bild, obgleich von ungeschickter Hand ausgeführt — nicht auf einer Münze, sondern auf einem *Camee*. In diesem hat man sich offenbar bemüht, eine bei uns nicht gewöhn-

liche Gesichtsbildung ohne Bart, mit flacher Nase, schmaler Augenlider-Spalte und sehr starkem Nacken darzustellen. Abgesehen von der Ungeschicklichkeit des Künstlers, die z. B. den Hals gar zu dick und den Schädel zu lang gemacht hat, kann man die Mongolische Physiognomie doch kaum verkennen. Beschrieben und abgebildet ist dieser *Camee* in einer Schrift, deren Kenntniss ich der Gefälligkeit meines verehrten Collegen Kunik verdanke. Sie führt den Titel: Attila *sous le rapport iconographique. Lettre à M. le Vicomte de Santarem, par Pierquin de Gembloux. Paris 1843.* 8⁰. Der hier abgebildete Kopf ist gar nicht aufsteigend, wie in unseren *Makrokephalen*.

[2]) Gosse, l. c. p. 14.

welche alle wesentliche Charaktere des Mongolischen Menschen-Stammes enthalten. Ich wiederhole diese Schilderung so weit sie das Körperliche der Hunnen betrifft, vollständig, und von dem Gemälde der Sitten das Wesentliche, theils um die Ueberzeugung, dass sie Mongolisches Ansehen hatten, nochmals zu begründen, theils aber auch um zu zeigen, dass die genannten Schriftsteller kein Wort sagen, welches auf künstliche Kopfbildung gedeutet werden könnte.

Fangen wir an mit Ammianus Marcellinus als dem ältesten Zeugen. Er war aus Antiochien gebürtig, lebte später in Rom und war Zeitgenosse vom ersten Auftreten der Hunnen. Dass unser Autor einzelne Glieder dieses Volkes gesehen habe, ist zwar nicht gewiss, aber doch sehr möglich, ja wahrscheinlich, denn Theodosius verwendete schon Hunnen zu Kriegsdiensten (in den Jahren 388 und 391) und Ammianus lebte um diese Zeit noch. Früher hatte er selbst Kriegsdienste gethan. Jedenfalls wird seine Schilderung von späteren Schriftstellern bestätigt, theilweise sogar wörtlich wiederholt.

Sie ist folgende [1]):

Hunnorum gens, monumentis veteribus leviter nota, ultra paludes Maeoticas glacialem Oceanum accolens, omnem modum feritatis excedit. Ubi quoniam ab ipsis nascendi primitiis infantum ferro sulcantur altius genae, ut pilorum vigor tempestivus emergens corrugatis cicatricibus hebetetur, senescunt imberbes absque ulla venustate, spadonibus similes: compactis omnes firmisque membris et opimis cervicibus: prodigiosae formae et pandi ut bipedes existimes bestias, vel quales in commarginandis pontibus effigiati stipites dolantur incompte. In hominum autem figura licet insuavi ita visi sunt asperi, ut neque igni, neque saporatis indigeant cibis, sed radicibus herbarum agrestium (!) et semicruda cujusvis pecoris carne vescantur, quam inter femora sua et equorum terga subsertam, fotu calefaciunt brevi. Aedificiis nullis unquam tecti: sed haec velut ab usu communi discreta sepulcra declinant. Nec enim apud eos vel arundine fastigatum reperiri tugurium potest. Sed vagi montes peragrantes et silvas, pruinas, famem, sitimque perferre ab incunabulis assuescunt. Peregre tecta nisi adigente maxima necessitate non subeunt: nec enim apud eos securos existimant esse sub tectis. Indumentis operiuntur linteis, vel ex pellibus silvestrium murium consarcinatis: nec alia illis domestica vestis est, alia forensis. Sed semel obsoleti coloris tunica collo inserta non ante deponitur aut mutatur, quam diuturna carie in pannulos defluxerit defrustata. Galeris incurvis capita tegunt; hirsuta crura coriis munientes haedinis: eorumque calcei formulis nullis aptati, retant incedere gressibus liberis. Qua causa ad pedestres parum accomodati sunt pugnas; verum equis prope affixi duris quidem, sed deformibus, et muliebriter, funguntur muneribus consuetis. Ex ipsis quivis in hac natione pernox et perdius emit et vendit, cibumque sumit et potum, et inclinatus cervici angustae jumenti, in altum soporem adusque varietatem effunditur somniorum. Et deliberatione super rebus proposita seriis, hoc habitu omnes in commune consultant. In dem ferneren Gemälde der Sitten, welches vollständig mitzutheilen überflüssig scheint, ist noch besonders charak-

---

[1]) Amm. Marcellini, *rerum gestarum libri qui supersunt. Lib.* XXXI, c. 2.

teristisch das Wanderleben auf Wagen für Weiber und Kinder, der Mangel jeder bestimmten Religion und die tumultuarische Art der Kriegführung.

Jene Körper-Schilderung bestätigt schon, dass die Hunnen ein ganz ungewohntes
Ansehen gehabt haben müssen, wie denn auch ihr erstes Erscheinen an der Nordküste
des Pontus so allgemeines Entsetzen verbreitete, dass das kriegerische Volk der Westgothen, ohne den Widerstand auch nur zu versuchen, floh, und der grösste Theil desselben an die Donau eilte, ein neues Vaterland an der Ostseite dieses Flusses von dem Kaiser
Valens sich zu erbitten. Dass die Mongolische Gesichtsbildung dieses Grauen erregt
hatte, lässt sich kaum bezweifeln, da schon dieser erste Bericht-Erstatter (Amm. Marc.)
einige Züge derselben anführt, den dicken Hals, den gedrungenen Körperbau und die fast
völlige Bartlosigkeit. Dass letztere eine Folge künstlicher Vernarbung sei, war wohl nur
eine Vermuthung, durch welche sich die Römer und Germanen die Bartlosigkeit bei einem
Volke erklärten, das nichts weniger als weibisch auftrat. So darf man wohl mit Zuversicht
annehmen. Dass man aus Erguss der Leidenschaft sich selbst verwundet, ist häufig bei
rohen Völkern, und von den Hunnen haben wir Beweise davon bei verschiedenen Gelegenheiten. Dass Verwundungen zur Sitte werden um Leidenschaften auszudrücken, selbst
wo sie nicht heftig sein mag, ist auch nicht selten, aber eine künstliche schon mit den
Kindern vorgenommene Vernarbung, um den Bartwuchs zu unterdrücken, ist mir von keinem Volke bekannt. Der Bart ist eine zu natürliche Auszeichnung des stärkeren Geschlechtes, als dass dieses das Zeichen seines Vorzuges bei einem rohen Volke vernichten
sollte, wo es kräftig hervortritt. Von einer anderen Verunstaltung ist hier gar nicht die
Rede.

Der andere Zeuge, auf den sich Dr. Gosse beruft, ist Jornandes, ein geborener
Gothe[1] des 6. Jahrhunderts, der vollkommen Römische Bildung hatte. Er lebte unter
dem Kaiser Justinian (um 560), zu einer Zeit, als längst die Blüthe der Hunnischen
Macht gebrochen war, ein Theil der versprengten Hunnischen Schaaren aber sich im Byzantinischen Reiche, südlich von der Donau, besonders in dem Landstriche niedergelassen
hatte, der nördlich von den Mündungen der Donau, westlich von der unteren Donau und
östlich von der Küste des Schwarzen Meeres begränzt wird, der Dobrudscha unserer Zeit.
Diese Trümmer des Hunnen-Volkes, welche Byzantinische Unterthanen geworden waren,
wurden als willfährige Kriegsvölker verwendet und konnten in Konstantinopel nicht unbekannt sein. Ueberdies schrieb Jornandes die Geschichte seines Volkes, musste also
die Berichte früherer Zeiten, in denen die Gothen theils freundlichen, theils feindlichen
Verkehr mit den Hunnen hatten, wohl kennen. Auch sind in der That in seinem eben
bezeichneten Buche *de rebus Geticis* die vollständigsten Nachrichten über die Geschichte
der Hunnen enthalten. Der erblich gewordene Volkshass macht aber, dass der Gothe die
Farben etwas stark aufträgt.

---

[1] Vielleicht auch Alane. Sein Vater und Grossvater waren Secretaire bei einem Alanen-Häuptlinge gewesen.

Die Hunnen sind ihm *fortissimarum gentium foecundissimus cespes* [1]). Später sagt er, die Alanen seien von den Hunnen besiegt, weniger durch die Tapferkeit der letzteren, als durch das schreckliche Ansehen, das von dem der Alanen sehr verschieden sei. *Nam et quos (Alanos) bello forsitan minime superabant, vultus sui terrore nimium pavorem ingerentes terribilitate fugabant, eo quod erat eis species pavenda nigredine, vel velut quaedam (si dici fas est) deformis offa, non facies, habensque magis puncta quam lumina. Quorum animi fiduciam torvus prodit adspectus, qui etiam in pignora sua primo die nata desaeviunt. Nam maribus ferro genas secant, ut antequam lactis nutrimenta percipiant, vulneris cogantur subire tolerantiam. Hinc imberbes senescunt, et sine venustate ephebi sunt; quia facies ferro sulcata, tempestivam pilorum gratiam per cicatrices absumit. Exigui quidem forma, sed arguti, motibus expediti et ad equitandum promptissimi: scapulis latis et ad arcus sagittasque parati: firmis cervicibus et in superbia semper erecti. Hi vero sub hominum figura vivunt belluina saevitia* [2]). Die dunkle Hautfarbe, die auffallen könnte, wird auch in anderen Schilderungen und namentlich auch in Bezug auf Attila selbst von Augenzeugen behauptet. Die Sage vom Zerfleischen der Wangen kommt hier freilich wieder vor, aber fast ganz mit den Worten von Ammianus Marcellinus, so dass man nicht zweifeln kann, sie sei aus diesem Schriftsteller unmittelbar geschöpft. Jornandes, der überall die Uebertreibungen liebt und gewaltsam Effect zu machen geneigt ist, lässt sogar den Neugeborenen die Wangen zerfleischen, bevor die Mütter ihnen die Brust reichen, und zwar als Abhärtungsmittel.

Aber gesetzt auch, diese künstliche Narbenbildung wäre Sitte gewesen, woran ich nicht glaube, so sprechen doch beide Schriftsteller, auf die Dr. Gosse sich beruft, kein Wort von einer künstlichen Verbildung des Kopfes. Nun war aber Herr Dr. Gosse zu derselben Zeit in Paris (1855) um die Materialien zu seinem Buche über die künstliche Verbildung der Köpfe bei verschiedenen Völkern zu vervollständigen, als Amadée Thierry seine Geschichte des Attila und seiner Nachfolger, die schon in einzelnen Abschnitten in der *Revue des deux mondes* erschienen war, neu umarbeitete, um sie als selbstständiges Werk erscheinen zu lassen. In diesem Werke, das im folgenden Jahre (1856) in zwei Bänden erschien, erklärt sich der Verfasser auch für die Meinung, dass die Hunnen die Sitte gehabt hätten, die Köpfe ihrer Kinder künstlich zu gestalten. Muss man nicht glauben, dass Herr Dr. Gosse hiervon gehört habe, entweder von Thierry selbst oder durch Vermittelung Anderer, und nun glaubte, auf den betretensten Pfaden für die Kenntniss der Geschichte der Hunnen müssten sich die Beweise wohl finden? Dass dem nicht so ist, haben wir umständlich besprochen.

Um so mehr Gewicht wird man auf die Meinung eines Mannes wie Thierry legen müssen, der anhaltende und gründliche Studien der Geschichte Galliens, der früheren Abschnitte des Mittelalters und der Geschichte der Hunnen insbesondere gewidmet hat. Er

---

[1]) Jornandes: *De Getarum s. Gothorum origine et rebus gestis, c. 5.*   [2]) l. c. Cap. 24.

spricht diese Meinung in zwei Anmerkungen zum ersten Bande seines Attila aus, beruft
sich aber weder auf Amm. Marcellinus, noch auf Jornandes, noch auf irgend einen der
vielen anderen Historiker, welche er für die Geschichte Attila's und seiner Nachfolger
benutzt und häufig citirt hat, sondern nur auf einen lateinischen Dichter, Sidonius Apollinaris, einen gelehrten und elegant gebildeten Mann aus der Auvergne, der *haute volée*
damaliger Zeit angehörig und deren Urbild; in der Jugend ein wenig Krieger, doch bald
und lieber Hofmann, wenn es bei Hofe etwas behaglich hergeht, dann wieder, wenn es
dort miserabel wird, beredter Lobredner des Landlebens und seines romantischen Schlosses
Avitacum, immer aber fertiger Improvisator, dem der Olymp und alle Nymphenhaine nicht
Namen genug geben, der vielmehr die ganze Weltgeschichte zu Hülfe rufen muss, um seine
Verse gehörig mit Schwulst und Ziererei zu versehen, Vertrauter des Gothenkönigs Theo-
dorich und Schwiegersohn des ephemeren Römischen Kaisers Avitus, endlich als Bischof
von Clermont Verkünder des ewigen Heils. Von diesem Allerwelts-Manne besitzen wir
eine Reihe Briefe und Gedichte. Unter den letzteren ist ein *Panegyrius* auf Anthemius,
der im Jahre 566 einen Haufen Hunnen, die eingebrochen waren, zurückgetrieben hatte,
und im Jahre darauf zum Kaiser im Occident ernannt wurde. In diesem Lobgedichte kommt
nun folgende Schilderung der Hunnen vor:

> *Gens animis membrisque minax: ita vultibus ipsis*
> *Infantum suus horror inest. Consurgit in arctum*
> *Massa rotunda caput: gemini sub fronte cavernis*
> *Visus adest oculis absentibus: arcta cerebri*
> *In cameram vix ad refugos lux pervenit orbes,*
> *Non tamen et clausos: nam fornice non spatioso,*
> *Magna vident spatia, et majoris luminis usum*
> *Perspicua in puteis compensant puncta profundis.*
> *Tum ne per malas excrescat fistula duplex,*
> *Obtundit teneras circumdata fascia nares,*
> *Ut galeis cedant. Sic propter praelia natos*
> *Maternus deformat amor, quia tensa genarum*
> *Non interjecto fit latior area naso* [1]).

Ich kann aus diesen Versen nur entnehmen, dass die Hunnen flache Nasen und ein
breites Gesicht mit seitlich vortretenden Wangenbeinen (*lata area genarum*) hatten, wodurch
die Schilderung der Mongolischen Gesichtsform noch mehr vervollständigt wird. Dass die
Nasen künstlich flach gedrückt wurden, ist wieder nur eine Präsumtion, wie man auch in
neueren Zeiten häufig mit grosser Zuversicht hat behaupten hören, dass die flachen Nasen
gewisser Völker niedergepresst seien, wie z. B. der Hottentotten. Die vermeinte Absicht
des Niederpressens, damit die Nase dem Helm nicht hinderlich werde, scheint mir gera-

---

[1]) C. Sollii Apollinaris Sidonii, Opera. Panegyr. in Anthemium.

dezu albern erfunden, denn der Helm sollte doch nicht über die Augen reichen, und in der Höhe der Augen liegt erst die Nasenwurzel. Dass aber die Hunnen einen auch das Gesicht überdeckenden Helm gehabt hätten, wie er in einigen Jahrhunderten des Mittelalters gebraucht wurde, wird nirgends angedeutet, und würde doch wohl kaum unbemerkt geblieben sein. Es kommt aber vorzüglich darauf an, was es heisst: *Consurgit in arctum massa rotunda caput.* Thierry übersetzt: *une masse ronde qui se termine en pointe.* Mir scheint der ganze Ausdruck ein so geschraubter, dass ein bestimmter Sinn ganz verloren geht, und wenigstens ein historischer Nachweis einer künstlichen Verbildung hierin nicht gesucht werden darf. Man sieht, der Verfasser wollte recht Schreckliches mit den übertriebensten Ausdrücken schildern, denn die Schmeichelei damaliger Zeit musste bis zum Unsinn gehen, um sich fühlbar zu machen [1]). Was heisst es z. B., dass die Hunnen wohl sahen, aber ohne Augen (*Visus adest oculis absentibus*), dass aber das Licht durch Punkte in tiefe Brunnen drang? Auch die obige Stelle ist nach der gangbaren Lesart jedenfalls sehr unklar, würde aber verständlicher werden, wenn wir einen Fehler des Abschreibers vermuthen, und statt *arctum, arcum* oder *arcem* lesen. Dass man die Worte *massa rotunda* nicht als *ablat.* nehmen darf, lehrt der Versbau. Sie müssen also eine Art Apposition bilden und der Satz wird sich so construiren lassen: *Caput, massa rotunda, consurgit in . . . arctum,* was allerdings so verstanden werden kann, dass der Kopf sich nach oben verengt. Es ist aber doch im höchsten Grade geschraubt und deswegen unklar, wenn der Kopf doch zugleich als runde Masse bezeichnet wird. Lese ich aber: *Caput, massa rotunda, consurgit in arcum,* so habe ich eine ganz einfache Schilderung der Mongolischen Kopfbildung, nur mit versetzter Wortfolge, wie sie dem Dichter erlaubt ist, von dem besprochenen aber ganz besonders geübt und geliebt wird. *Arcem* wäre vielleicht noch richtiger, denn *arx capitis* heisst oft der Scheitel.

Diese Verse des Sidon. Apollinaris werden von Thierry zweimal in Anmerkungen angeführt. Sehr wichtig für uns ist eine Bemerkung des gelehrten Verfassers bei der zweiten Gelegenheit: *On voit par ce qui précède que les Huns exerçaient sur la tête de leurs enfants nouveau-nés deux espèces particulières de déformations. La première regardait la face. Au moyen de linges fortement serrés, ils obtenaient l'aplatissement du nez et la dilatation des pommettes des joues.* Allerdings behauptet der Dichter, dass die Mutter den Kindern die Nase durch Binden niederdrückt, allein ich habe schon erklärt, dass ich hierin nur eine falsche Präsumtion der Römer vermuthe. Betrachten wir doch diese Sache einmal genauer! Wollte

---

[1]) Im Schmeicheln liess sich unser Sidonius von Niemand überbieten. Als sein Schwiegervater Avitus zum Kaiser des Occidents ausgerufen war, musste natürlich der dichterische Eidam ihm einen Panegyricus widmen, worin er verkündet, dass Phöbus jetzt seines Gleichen auf der Erde sehen werde, und dem neuen Kaiser die glänzendsten Thaten voraussagt. Nachdem Avitus aber schon nach einem Jahre vom Senat als unfähig abgesetzt und Majoranus zum Cäsar gewählt war, forderte die Klugheit auch dieses neue Gestirn anzusingen, und als nach einigen Jahren Anthemius den Thron bestieg und Anstalt machte Gallien zu besuchen, was konnte da Sidonius weniger thun, als auch ihn in einem Lobgedichte zu verherrlichen. Die Hunnen, die er besiegt hatte, mussten also recht schrecklich gemacht werden. Sie waren ohne Augen und ohne Nase (*non interjecto naso*).

[2]) Thierry: *Histoire d'Attila et de ses successeurs.* Vol. I, p. 8 et p. 272.

man eine etwas breite Binde über die ganze Nase des Neugeborenen fest anlegen, so würde der untere Abschnitt derselben, der keine Knochen enthält, doch sicher ganz niederge-drückt werden und das Kind nicht mehr durch die Nase athmen können. «Es kann ja durch den Mund athmen», wird man bemerken. Gewiss, aber beim Sangen an der Mutter-brust, wird es da gar nicht athmen? oder soll man lieber annehmen, dass die Kinder der Hunnen gar nicht an der Mutterbrust saugten? Wollte man sich aber denken, dass die Hunnen-Weiber sehr sorgsam mit einem schmalen Bande nur den knöchernen Theil der Nase umwickelten, so würde dieses allerdings die fernere Erhebung des Nasenrückens ver-hindern, aber es würde, wenn auch das Knochengerüst so nachgiebig wie *Gutta percha* wäre, in Bezug auf die Jochbeine gerade die entgegengesetzte Wirkung von dem hier erwarteten Erfolge haben. Diese schmale Binde, ganz abgesehen davon, dass sie sehr tief in die wei-chen Theile einschneiden müsste, könnte nur über die Jochbeine geführt werden, würde diese in ihrer Entwickelung hemmen und könnte nur eine vermehrte Entwickelung des Alveolarrandes der Kieferbeine bewirken, nicht eine Breite der Wangen. Man sieht leicht, was man sich bei der Präsumtion gedacht hat; nämlich, dass mit dem Niederdrücken der Nase diese breiter werden und die Wangen hervortreiben müsse, wie bei einer *Kautschuk*-Puppe das Gesicht breiter wird, wenn man mit dem Finger gegen die Nase drückt. *Nota bene* diesen Erfolg hat ein Druck von einem Punkte oder von einer begränzten kleinen Fläche aus, nicht der Druck durch eine Binde! Die ganze Erklärungsart, weshalb die Hunnen flache, breite Nasen und ein breites Gesicht hatten, was auch durch andere posi-tive Nachrichten ohne Erklärungsgrund angegeben wird, ist eine falsche. So glauben wir deutlich gemacht zu haben, dass Sidonius Apollinaris auch in Bezug auf das künstliche Niederdrücken der Nase keine Autorität ist, sondern nur einem albernen Gerüchte folgte. Thierry meint, unser Dichter werde wohl selbst die Hunnen gesehen haben. Ich muss auch das bezweifeln. Sid. Apollinaris war in der Gegend von Lyon geboren und lebte später in der Auvergne, wenn er nicht in Rom war. Der Zug der Hunnen kam in diese Gegenden gar nicht, sondern ging durch die Champagne, dann die Seine hinab, aus der Gegend von Paris gerade nach Orleans, und von hier, nachdem die Belagerung dieser Stadt aufgegeben war, fast denselben Weg wieder zurück. Dass unser Dichter sie aufgesucht habe, ist nicht sehr wahrscheinlich, da kein Panegyricus zu halten, sondern Plünderung zu befürchten war. Freilich ersieht man aus seinen Briefen, dass er auch in Kriegs-Diensten gestanden hat, aber das scheint erst nach dem Hunnen-Zuge (551) gewesen zu sein, und man sieht überhaupt nicht, dass er sich sehr in Gefahr begeben habe. Er würde wohl sich darauf berufen haben. Bei Botschaften und ähnlichen Dingen war er aber gern dabei.

Aber fahren wir fort in der Anmerkung Thierry's, so werden wir sogleich finden, warum er so viel Gewicht auf unsern Dichter legen zu müssen glaubt: *La seconde (espèce de déformation) s'appliquait au crâne, que l'on pétrissait en quelque sorte de manière à l'allonger en pain de sucre: «Consurgit in arctum massa rotunda caput».* Hier spricht der Dichter nicht von der künstlichen Verbildung, sondern der Historiker schliesst sie, wie wir gesehen haben, nur aus dem Worte *arctum*. Er fährt fort: *Un savant naturaliste étranger, qui a pris pour objet de ses recherches anthropologiques les races du nord et de l'Europe*, (offenbar Herr Prof Retzius) *avait été frappé du grand nombre de crânes déformés, que présentent les anciennes sépultures dans les localités occupées autrefois par les nations finno-hunniques* [1]). Ich zweifle sehr, dass der *Savant naturaliste étranger* sich so ausgedrückt hat, da er sehr wohl wusste, dass nur in der Krym, in Nieder-Oesterreich und der Umgegend des Genfer Sees die stark verbildeten Köpfe gefunden waren. *Il me fit l'honneur de me consulter à ce sujet. Je suis heureux de pouvoir fournir un texte précis* (?) *qui réponde au besoin des sciences naturelles, et non moins heureux que celles-ci viennent appuyer d'une démonstration sans réplique les probabilités de l'histoire.* Diese Erklärung scheint mir sehr wichtig. Amadée Thierry, der so anhaltend, so gründlich und vollständig alle historischen Quellen der ersten Hälfte des Mittelalters studirt, und der namentlich mit der Geschichte der Hunnen sich ganz speciell beschäftigt hatte, konnte nur diese Stelle des Dichters als Beweis anführen, dass die Hunnen die Köpfe ihrer Kinder künstlich verbildeten! Schon früher hatte derselbe Gelehrte diese Sitte einem Theile der Hunnen zugeschrieben (*Revue des deux mondes* 1852 p. 533), jetzt weist er auf eingetretene Veranlassung die Autorität nach.

Man muss sich billig fragen, ob es wahrscheinlich ist, dass, wenn eine solche Sitte bei den Hunnen bestand, sie nicht von Lateinischen und Griechischen Schriftstellern mit unzweideutigeren Worten erwähnt wäre? Man könnte denken, die Hunnen standen an der Gränze, die Kriegsleute, welche mit ihnen in Berührung kamen, schrieben keine Memoiren, und die Schriftsteller, theils in Rom und Byzanz, theils aber in anderen Städten der alten Provinzen lebend, mochten wenig von der sonderbaren Kopfform der Hunnen erfahren. Um mir diesen Einwurf zu beantworten, habe ich versucht, allen Verkehr der Hunnen mit den Römern und Griechen mir zu vergegenwärtigen. Mir scheint, die Gelegenheit sie zu sehen, war so mannigfach, dass es kaum glaublich bleibt, dass die Kenntniss einer solchen Sitte, wenn sie bestand, nicht allgemein sich verbreitet hätte, zumal alle Schriftsteller dieser Zeit bemüht sind, den Hunnen ein schreckliches Ansehen und rohe Sitten zuzuschreiben.

Um das Jahr 375 n. Chr. erschienen die Hunnen an der unteren Donau und schon 388 und 391 soll Theodosius II. Hunnische Haufen als Hülfstruppen gebraucht haben [2]). Nachdem die Hunnen rasch bis zu der mittleren Donau vorgedrungen waren, entwickelte sich auch schnell mit dem westlichen Römerreiche ein Verkehr, während der mit dem östlichen fortbestand. Aëtius, derselbe Held, der später die blutige Schlacht gegen Attila schlug, brachte einige Jahre seiner Jugend als Geissel im Hunnischen Lager zu, das damals unter dem Führer Rua stand. Er wurde hier ein Spielkamerad Attila's, schloss

---

[1]) Die Hunnen gehörten nämlich nach Thierry zu den uralischen Finnen. Er folgt darin Schafarik, giebt aber an verschiedenen Stellen doch zu, dass die herr- | schende Familie wohl Mongolen gewesen sein mögen, weil Attila ganz wie ein Kalmuk geschildert wird.

[2]) Deguignes: *Histoire générale des Huns, des Turks cet. T. I, p. 2.*

Verbindungen mit vielen Häuptlingen, die er während seines ganzen Lebens unterhielt,
und lernte deren Sprache. Ein Hunnischer Häuptling, Uldin, stand mit einem
Haufen seiner Landsleute in Weströmischem Solde und nahm Theil an der Schlacht bei
Florenz gegen Radagais, den Führer Germanischer Völker im Jahre 405 [1]). Als nach
dem Tode des Kaisers Honorius ein Prätendent, Johannes, den Thron einzunehmen
sich bemühte und Placidia, Honorius Schwester, von Konstantinopel aus sich bemühte,
die Ansprüche ihres noch ganz jungen Sohnes, Valentinian's, geltend zu machen, eilte
Aëtius zu seinen befreundeten Hunnen und kam mit einem Heere von 60000 derselben
dem Anmasser zu Hülfe. Dieses drang zwar nicht weit vor, denn als es die Alpenpässe
forcirt hatte, erfuhr es, dass drei Tage vorher Jahannes in Aquileja geköpft war, und
Aëtius fand für gut, seine Hunnen wieder zu entlassen. Indessen musste doch die Bekanntschaft des Römischen Heeres mit den Hunnen durch solche Züge eine mannigfache
werden. Während Oktar, einer von Attila's Oheimen, verwüstend bis zu den Burgun-
dern vordrag, liess sich der andere, Rua, zum Feldherrn des Oströmischen Reiches für
350 Pfd. Goldes jährlich unter der Bedingung ernennen, im Oströmischen Reiche nicht zu
plündern. Diese Verbindungen konnten nicht eingeleitet und unterhalten werden, ohne
dass Botschafter hin- und hergingen, wobei man in Konstantinopel und in Rom, mehr noch
im Hunnischen Lager Gelegenheit haben musste, die Köpfe der Hunnen zu sehen. Als
nun Attila zur Herrschaft kam (444), befolgte er die Politik, diese Verbindungen noch
mehr zu unterhalten, um immer gut unterrichtet zu sein und Vorwände zu Drohungen
und zum Angriffe zu haben. Er ermüdete beide Höfe mit jährlichen Botschaften, die auf
sein nachdrückliches Verlangen immer glänzender werden mussten, und mit deren Hülfe
er seinen Gehalt als Römischer Feldherr gleich Anfangs verdoppelte und endlich ver-
sechsfachte, d. h. von 350 Pfd. auf 700, und zuletzt auf 2100 Pfd. brachte, gelegentlich
auch wohl die Griechischen Kaiser zwang, seine Gesandten mit reichen Römischen Er-
binnen zu vermählen. Eine von diesen Gesandtschaften an Attila ist uns besonders wichtig, weil ihr der Rhetor Priscus mitgegeben war, als eine Art Secretär, und dieser uns
die schätzenswerthesten Nachrichten hinterlassen hat, die um so mehr Beachtung verdienen, da die Gesandtschaft viele Monate bei den Hunnen verblieb.

Wir sehen aus dem Berichte von Priscus mehr als aus irgend einem anderen, wie
mannigfach der Verkehr der Hunnen mit beiden Hälften des Römischen Reiches war.
Nicht nur weilte gleichzeitig mit dieser Gesandtschaft aus Konstantinopel eine andere aus
Rom im Hunnischen Lager, sondern Attila's oberster Beamter in Staatsangelegenheiten,
sein Kanzler, wenn man so sagen darf, war ein geborener Grieche, Onogesios. Orestes,
ein reicher Römer, lebte lange an Attila's Hofe als Secretär in höheren Geschäften, so
dass man ihn etwa Staats-Secretär nennen könnte. Dass er später wieder nach Rom überging und sein Sohn, Romulus Augustulus, es war, der zuletzt die Römische Kaiserwürde

---

[1]) Orosins, VII, 40.

bekleidete, bemerken wir nur, um darauf aufmerksam zu machen, dass in Rom Gelegenheit genug war, die Sitten und Gewohnheiten der Hunnen kennen zu lernen. Wir hören gelegentlich von einem anderen Secretär Attila's, der Constantius hiess und ihm von der Gesandtschaft aus Rom zugeführt wurde. Priscus fand nicht nur einen Römischen Baumeister im Lager, den die Hunnen aus einer geplünderten Stadt mitgenommen hatten, um ihnen Römische Bäder einzurichten, sondern er war höchlich erstaunt, am ersten Morgen, bei dem ersten Gange durch das Lager, bevor er noch irgend Jemand in Geschäften hatte sprechen können, Griechisch angeredet zu werden. Es war ein Kaufmann, der der Vexationen der Byzantinischen Beamten müde, bei den Hunnen sich niederglassen hatte und sich glücklich pries, es gethan zu haben. Es sind dieses Erwähnungen, die bei Priscus nur ganz zufällig vorkommen, und eine Menge anderer Römer und Griechen voraussetzen lassen, die ihr Glück bei den Hunnen versuchten. So entschloss sich 448 ein berühmter, in Gallien ansässiger Arzt, Eudoxus, um den dortigen Wirren zu entgehen, zu Attila zu ziehen, ja eine Römische Kaisertochter, Honoria, die Schwester Valentinian's III., die man dem Klosterleben gewidmet hatte und die wenig Beruf dazu in sich fühlte, trug sich sogar Attila als Gemahlin an, obgleich er deren genug schon besass, und überschickte ihm einen Trauring (um d. J. 436). Man sieht, viele, die sich gedrängt und gedrückt im Römischen Reiche fühlten, suchten Hülfe bei den Hunnen. So begab sich auch Aëtius zum dritten Male zu seinen Freunden, den Hunnen, als er im Kampfe gegen Bonifacius diesen zwar tödtlich verwundet hatte, sein Heer aber völlig in die Flucht geschlagen war. Dagegen hielten sich auch viele Hunnen im Römischen Reiche auf, besonders im östlichen Theile, und Attila suchte fortwährenden Stoff zu Beschwerden in ihnen, da er die Auslieferung derselben bei jeder Gelegenheit verlangte.

Dieser vielfache Verkehr und dieser Aufenthalt in den gegenseitigen Lagern hatte aber nicht etwa mit Attila begonnen, sondern muss schon früher bestanden haben, da es weder in Rom noch in Byzanz an Dolmetschern fehlte, und Attila selbst sich in Lateinischer Sprache, wenn auch in gebrochener, verständlich machen konnte. Auch haben wir ja von früheren Besuchen und Geisseln gesprochen. Noch viel weniger konnte der Verkehr aufhören, nachdem Attila's Macht gebrochen war. Nach vergeblichen Versuchen, die Herrschaft über die Germanischen Völker wieder zu gewinnen, suchten und erhielten einige Stämme der Hunnen Sitze im Oströmischen Reiche. Hernach, Attila's Lieblings-Sohn und der friedlichste von Allen, erhielt als Römischer Vasall die Dobrudscha, damals Klein-Skythien genannt, zum Aufenthalt gemeinschaftlich mit dem Alanen-Häuptling Candax. Andere Hunnen wurden in Illyrien angesiedelt. Hernach's Beispiel folgten Andere; seine Brüder siedelten sich in Moesien, Dacien, Pannonien und bis an die Norischen Alpen an. Denghisich, der kriegerischste von Attila's Söhnen, will die nomadische Unabhängigkeit bewahren. Bei ihm bleiben die meisten Hunnen. Sie widerstehen aber dem Gelüste nicht, wenn die Donau mit einer festen Eisdecke überbrückt ist, in das Ost-Römische Reich einzufallen, entweder gegen die dortigen Gothen (462), oder gegen

die Römer selbst (466). Der Consul Anthemius schlägt die letzte Invasion siegreich zurück. Bald bricht aber Denghisich selbst ein, zuerst glücklich, bei einer zweiten Invasion aber wird er gefangen, getödtet und sein Kopf, nach Konstantinopel geschickt, wird
dort öffentlich im Circus ausgestellt. Damit hört alle politische Selbstständigkeit der Hunnen auf. Die Nomaden sowohl, als die Ansässigen erkannten die Oberherrschaft des Byzantinischen Kaisers an, zwar unter der Botmässigkeit eigener Häuptlinge stehend, diese
aber den Römischen Oberbeamten und Feldherren untergeben. Die Hunnen nahmen langsam zwar, aber doch allmählich Römische Sitten an, während Byzantinische *Elegants* mit
Hunnischer Tracht affectirten und diese selbst am Hofe Justinian's und in den Feldla-
gern Belisars und Narses sich zeigte [1]. Viele Hunnen nahmen Kriegsdienste im Römischen Heere, und Thierry zählt viele Hunnen auf, die bis zu hohem Range gelangten.
Mundo, ein Enkel Attila's wird besonders merkwürdig. Von seinen Hunnen und Ge-
piden nicht so anerkannt wie er erwartet, verlässt er das Nomaden-Lager, geht über die
Donau, wird Haupt einer Bande Raubgesindel aus allerlei Volk. Diese Bande, *Scamari*
genannt, macht auf eigene Faust Eroberungen im Byzantinischen Reiche. Hart gedrängt
in der belagerten Burg, erklärt er sich zum Vasallen des Ostgothen Theoderich, begleitet ihn in seinem Eroberungs-Zuge. Nach dessen Tode erklärt er sich für Justinian,
der kürzlich den Byzantinischen Thron bestiegen hat. Ein Haufen Heruler folgt ihm.
Justinian findet Gefallen an dem Abenteurer, er nimmt ihn in seinen Dienst und will ihn
bei der Armee unter Belisar verwenden. Da bricht 532 der grosse Aufstand im Circus
aus, der nahe daran war, Justinian Thron und Leben zu nehmen und vielleicht dem Byzantinischen Reiche ein Ende gemacht hätte. Der Kaiser braucht einen unverzagten De-
gen, der das eine Thor stürmt, während er selbst im anderen vordringt. Da erinnert er
sich des erprobten Abenteurers, und ein Enkel Attila's rettet dem Byzantinischen Kaiser
den Thron. Er nennt sich nun Mundus, um ganz Römer zu sein. Als solcher ficht er
unter Belisar mit derselben Tapferkeit gegen die Ostgothen, wie er früher für sie ge-
fochten hat. Er reinigt Dalmatien von ihnen und erobert Salona. Die Gothen kehren mit
verstärkter Macht zurück um Salona wieder zu nehmen. Mundus schickt ihnen seinen
Sohn Mauritius entgegen, um sie zu beobachten. Der junge Mann will aber auch kriegerischen Ruhm für sich, und greift mit kleinem Haufen das Heer der Gothen an, wird
umringt und bleibt, wie Max Piccolomini im Drama, mit allen Seinigen auf der Wahl-
statt. Bei dieser Nachricht wird der Vater wüthend, dringt nun selbst mit seinen Sebaa-
ren gegen die Gothen an, bringt diese zum Weichen; da erkennt ein erbitterter, schon auf
der Flucht begriffener Gothe den neuen, oder vielmehr den ersten Roland an seinem wü-
thenden Vordringen und ersticht ihn.

Damit endet die Geschichte der Attiliden, und auch wir müssen hier abbrechen,
selbst wenn sich die Geschichte des Hunnischen Verkehrs mit den Römern weiter verfol-

---

[1] Thierry: Att. I, p. 285.

gen liesse, denn wir haben Stoff genug zur Beantwortung unserer Frage. Ist es glaublich, dass bei so vielfachen Berührungspunkten im Verlaufe von mehr als anderthalb Jahrhunderten keine bestimmte Nachricht über die Sitte der Hunnen, die Köpfe zu verbilden, zu uns gekommen ist, wenn diese Sitte wirklich bestand? Jornandes, der uns die Hunnen so rednerisch schildert, war in Klein-Skythien geboren, wo sein Grossvater und sein Vater Notarien oder Secretäre bei dem Alanen-Häuptling Candax waren. In demselben Klein-Skythien lebten auch die zuerst angesiedelten Hunnen. Jornandes musste nothwendig mit ihnen in vielfache Berührung kommen. Bestand die Sitte der künstlichen Verbildung zu seiner Zeit (um die Mitte des 6. Jahrhunderts) nicht mehr, so muss doch die Erinnerung bestanden haben, und Jornandes schildert ja eben die Hunnen von ehemals. Man könnte einwenden, dass er vorzüglich aus anderen Werken excerpirt habe. Mag sein, aber er findet doch Gelegenheit, indem er von der Vertheilung der Hunnen und ihren Verbündeten spricht, von der persönlichen Stellung seines Grossvaters und Vaters zu sprechen. Sollte er, indem er die in Europa einbrechenden Hunnen schildert, nicht auch Gelegenheit gefunden haben, von der besprochenen Sitte ein Wort fallen zu lassen, wenn er von ihr gehört hätte? Von dieser Sitte sollte uns überhaupt kein anderer Beweis geblieben sein, als einige unverständliche Worte des unverständlichen Sidonius Apollinaris? Worte, die diesen Sinn verlieren, wenn ich ein t wegstreiche. Allerdings spricht derselbe Dichter deutlich vom Niederdrücken der Nase durch Binden, wodurch die Wangen breiter geworden sein sollen. Doch, dass das eine blosse Präsumtion war, und zwar eine sehr falsche, glaube ich deutlich nachgewiesen zu haben.

Allerdings hat auch Herr Dr. Gosse einen ganzen Abschnitt über künstlich niedergedrückte Nasen [1]. Allein auch hier beruhen einige der gesammelten Angaben auf falschen Präsumtionen, und die positiven Nachrichten sprechen vom (einmaligen) Zerdrücken der Nasenwurzel mittelst des Daumens, mit Einbrüchen der zarten Knochen. Das sind keine Unmöglichkeiten!

Das folgende Kapitel in Gosse's Buch [2] gehört recht eigentlich hierher. Es wird ein eigenes Kapitel der künstlichen Hervorbringung der Mongolen-Form gewidmet. Er nimmt nämlich die künstliche Verbildung des Kopfes bei den Hunnen, nach Thierry, als erwiesen an, und zugleich, dass die Hunnen so beschrieben werden, dass die Beschreibung auf Mongolen passt, folgert also sehr kühn, dass die Mongolische Form künstlich erzeugt sei. Selbst die Enge der Augenlider-Spalte sei erzeugt durch das seitliche Niederdrücken des Schädels (p. 51). In der Hitze des Erklärens lässt er die Scheitelbeine niederdrücken (p. 49). Nun diese stehen gewiss in unseren *Makrokephalen* sehr hoch und sind dabei stark gewölbt. Man sieht, Thierry glaubte in den Worten des Panegyrikus von Sidonius Apollinaris den Beweis zu finden, dass die Hunnen den Kopf in eine Spitze verlänger-

---

[1] Gosse: *Déformations artificielles*, p. 46 — 49. | [2] Gosse, l. c. p. 49 — 53.

ten oder erhöhten, Herr Gosse dagegen findet, dass die Hunnen den Kopf flach und breit machten. Vernichten sich diese beiden Autoritäten nicht gegenseitig?

Man erlaube uns aus diesen entgegengesetzten Meinungen die Bestätigung unserer Ansicht zu finden, und zwar:

1) Dass die Schilderung von Sidonius Apollinaris gar nichts lehrt, sondern eine affectirte, von Uebertreibungen strotzende Beschreibung von der Hässlichkeit der Hunnen ist.

2) Dass Thierry, da er sich nur auf diese Beschreibung beruft, um die künstliche Kopf-Verbildung als Sitte der Hunnen zu erweisen, andere Beweise nicht gefunden haben muss.

3) Dass es deshalb auch gegen alle Wahrscheinlichkeit ist, die Gewohnheit der künstlichen Kopfbildung bei den Hunnen anzunehmen. Eine den Römern und Griechen so auffallende Sitte würde doch schwerlich ohne Erwähnung geblieben sein.

4) Dass die Hunnen Mongolische Kopf- und Gesichtsbildung hatten, und dass Thierry keinen Grund hatte, ihnen Uralisch-Finnischen Ursprung zuzuschreiben. Um das leichter zu können, giebt er den Finnen dunkle Gesichtsfarbe, platte Nasen! schiefe Augenschlitze [1])! An anderen Stellen erklärt Thierry allerdings, dass ein herrschender Stamm von Mongolischer Abkunft den Asiatischen Charakter viel mehr ausgedrückt habe, denn Attila werde wie ein Kalmuk beschrieben. In der That zeichnet ihn Jornandes, wahrscheinlich nach Priscus [2]), der sich lange am Hofe Attila's aufhielt, von ihm zur Tafel gezogen wurde und mit ihm persönlich zu verhandeln hatte, mit solchen Zügen, dass der Mongolische Typus nicht zu verkennen ist. Er war kurz an Gestalt, hatte eine breite Brust, sehr grossen Kopf, kleine Augen, schwachen Bart, grau werdendes Haar, flache Nase, dunkle Gesichtsfarbe, so dass er seines Ursprungs Spuren nachwies [3]). Es ist kaum möglich, die Mongolische Gesichtsbildung prägnanter zu bezeichnen. Aber auch sein stolzes Auftreten und sein Charakter entsprachen der Mongolischen Gesichtsbildung. Immer hochmüthig gegen die Gesandten des zaghaften Theodosius II., war er nur aufbrausend, wenn er schrecken wollte, nie, wie es scheint, aus Leidenschaft, überhaupt verschlossen.

Es ist aber auch sehr möglich, ja wahrscheinlich, dass nur der herrschende Stamm tief aus Asien eingewandert war und dass der grosse Haufe, auf welchen der Name der Hunnen überging, ein ganz anderer war, oder aus mehreren Völkern bestand. Dadurch würde es verständlich, dass das Volk der Hunnen fast verschwunden scheint, nachdem Attila's Söhne nicht nur unter sich in Fehde gerathen, sondern auch von den Gothen, bei den Versuchen nochmals die Herrschaft über sie zu gewinnen, in wiederholten Schlachten gründlich besiegt waren. Es liegt sehr nahe, dabei an die alten Bewohner der Steppe,

---

[1]) *Au contraire, le Finnois trapu, au teint basané, au nez plat, aux pommettes saillantes, aux yeux obliques, portait le type des races de l'Asie septentrionale,* Attila I, p. 5.

[2]) Jetzt findet sich eine Stelle in den Schriften von Priscus nicht, allein wir besitzen diese nicht mehr in ihrer ursprünglichen Form, sondern nur in Exerpten.

[3]) *Forma brevis, lato pectore, capite grandiore, minutis oculis, rarus barba, canis adspersus, simo naso, teter colore, originis suae signa restituens.* Jornandes, Cap. 35.

die Skythen, zu denken, auf die ja die von Osten kommenden Hunnen zuerst stossen mussten. In der That nennt auch Priscus das Volk unter Attila viel häufiger Skythen als
Hunnen. Die Skythen aber, wie sie Herodot schildert, kann ich nicht für ein Mongolisches Volk halten, weil die Köpfe, die man aus alten Skythischen Königsgräbern ausge-
graben hat, den constantesten Character des Mongolischen Volkes, den eigenthümlichen
Bau der Nase, gar nicht zeigen. Die Skythen kann man nach diesen Köpfen eher für ein
Türkisches Volk halten, oder für ein Volk, das zwischen Türkischer und Finnischer Bildung in der Mitte steht, möge diese Mittelbildung als Folge gleichmässiger Mischung
beider Typen oder als Ausgangspunkt (Indifferenz) der später erst entwickelten Verschiedenheit beider Typen betrachtet werden. Am liebsten möchte ich die Skythen für einen
Stamm halten, der als ein eigener, von Finnen, Türken und Mongolen verschiedener, zu
betrachten ist. Ich glaube bald darüber mich ausführlicher aussprechen zu können. Es
ist daher nicht nöthig, diese Frage hier näher zu erörtern. Es kam nur darauf an, bemerklich zu machen, dass die herrschende Familie, zu welcher Attila gehörte, als entschieden von Mongolischer Bildung beschrieben wird. Die Masse des Volkes oder der
verschiedenen Völker mag von ganz anderem Körperbau gewesen sein.

Wir wissen ja, dass mehrere Germanische Völker mit den Hunnen gemeinschaftliche
Sache machten. Einem Germanischen Volke gehören die verbildeten Schädel der Krym
aber nicht an.

Welcher Bildung die Alanen und andere Völker waren, wissen wir nicht. Doch davon ein Wort zum Schluss.

§ 7. Ob die verbildeten Köpfe von den Awaren des Mittelalters herstammen?

Die in Nieder-Oesterreich gefundenen verbildeten Köpfe hat man den Awaren des
Mittelalters zuschreiben zu müssen geglaubt, weil der erste ganz in der Nähe eines anerkannten sogenannten Awaren-Ringes gefunden worden ist. Die Art der Verbildung dieser
Köpfe, besonders des ersten, gerade desjenigen, der bei Grafenegg in der Nähe des Awaren-
Ringes gefunden wurde, und den ich jetzt im Original vor mir habe, ist der Verbildung
unseres Krymischen *Makrokephalen* vollkommen gleich, die ursprüngliche Form desselben,
so weit sie sich noch erkennen lässt, scheint auch sehr ähnlich gewesen zu sein, und weicht
nur so wenig ab, als bei verschiedenen Individuen Eines und desselben und zwar unge-
mischten Volkes sehr gewöhnlich ist. Es liegt also die Frage sehr nahe, ob nicht die *Makrokephalen* der Krym auch von den Awaren des Mittelalters stammen?

Wir fühlen uns daher genöthigt, über diese historischen Awaren Belehrung zu suchen. Leider werden aber unsere Wünsche von den Schriftstellern des Mittelalters sehr
wenig befriedigt, so oft auch der Awaren und ihrer verwüstenden Züge Erwähnung geschieht. Es ist mir nicht gelungen, eine etwas belehrende Schilderung der Körperbildung
zu finden, das lange in Flechten herabhängende Haar ausgenommen. Von einer Sitte, die

Köpfe der Kinder künstlich zu verbilden, ist nirgends eine Anzeige zu finden, ja so viel ich weiss, auch kein Wink. Auf die Schilderung der Sitten und des Charakters auch nur eine Vermuthung zu gründen, scheint mehr als gewagt. Im Umfange des ehemaligen Römischen Reiches war die christliche Religion schon allgemein geworden als die Awaren-Züge begannen. Grund genug, die Angreifenden abscheulich zu finden, besonders in den Ländern, welche das westliche Römerreich bildeten, da dort die Berichte über die späteren Raubzüge der Awaren meist von Geistlichen gegeben wurden. Damit wollen wir nicht im Entferntesten die Awaren gegen die Anklage der Zeitgenossen in Schutz nehmen. Die Thatsachen selbst zeigen die grosse Neigung zu List, Betrug und Verrath, so dass die Fürsten selbst die feierlichsten Eidschwüre öffentlich abzulegen sich nicht scheuen, in der Absicht, einen lange vorbereiteten Betrug durchzuführen. Bajan, ihr grösster Führer, für das Byzantinische Reich eben so furchtbar wie Attila, aber viel unwahrer, hatte, unter steten Freundschafts-Versicherungen, sich Römische Arbeiter verschafft, um sich eine Anzahl Böte machen zu lassen, aus denen er dann eine Brücke über die Sau schlagen liess. Jetzt erst erkannte die Besatzung von Sirmium, dass es auf Eroberung dieses festen Platzes, des Schlüssels des Römischen Pannoniens, abgesehen war. Aber Bajan versicherte fortwährend, dass er den alten Kessel (Sirmium) gar nicht wolle, dass er nur für den Verkehr und mehr zum Vortheil der Römer, als zu dem seinigen, die Brücke habe schlagen lassen. Er erbot sich zu den grössten Eidschwüren. Wirklich schwor er in Begleitung der vornehmsten Awaren, so wie der wichtigsten Personen der Römischen Besatzung, in feierlichster Form, das Schwert gegen den Himmel gerichtet, seine Götter anrufend, dass er bei Anlage der Brücke nichts habe thun wollen, was den Römern schaden könne, wenn er diese Absicht gehabt habe, möge Er und alle Awaren bis auf den letzten Mann untergehen; der Himmel möge auf sie fallen, das Feuer des Himmels sie verzehren, die Berge und Wälder auf sie stürzen, der Sau-Strom sie ersäufen. Er erbot sich auch auf Römische Weise zu schwören, so wie die Römer (Byzantiner) meinten, dass er am meisten der Rache ihres Gottes Preis gegeben sei. Man gab ihm ein offenes Evangelium in die Hand und kniend schwor er auf das Evangelium, dass er in keiner Beziehung Täuschung oder Lüge im Sinne habe. Während dieser Verhandlung betrieb er den Brückenbau mit grösstem Eifer. Nach dem Schwur schickte Bajan eine Gesandtschaft nach Konstantinopel, die eigentlich nichts vorzubringen hatte, als dort wegen des Brückenbaus die beruhigendsten Versicherungen zu geben und für die Zukunft gemeinschaftliche Operationspläne gegen die Slaven zu verabreden. Der Kaiser Tiber war durch die Leerheit dieser Gesandtschaft so in Verlegenheit gesetzt, dass er nur evasive Antworten zu geben wusste, doch schien er wegen des befürchteten Angriffs auf Sirmium ganz beruhigt. Es wurde kein Kriegsvolk zur Verstärkung von Sirmium aufgeboten. Ohne Zweifel war aber der wahre Zweck dieser Gesandtschaft, zu erfahren, ob eine Verstärkung nicht schon im Anzuge sei, da Bajan sehr wohl wusste, dass die Hauptmacht des Kaisers in weiter Entfernung gegen die Perser im Felde lag, und eine Absendung dieser Art, wenn sie nicht

schon erfolgt war, zu verhindern.. Diese erste, nur auf Verzögerung berechnete Gesandtschaft, hatte erst seit wenigen Tagen Konstantinopel verlassen, als eine zweite erschien,
welche gleich nach Vollendung der Brücke ausgerüstet war und in einem ganz anderen Tone
sprach. «Du weisst», sprach unverschämt der Gesandte, Solach, zum Kaiser, «dass eine
Brücke über die Sau geschlagen ist, Sirmium ist dir verloren. Die Zufuhr durch den Fluss
ist abgeschnitten und es fehlt dort an Lebensmitteln. Nur eine Armee, welche stark genug wäre, die unsrige zu durchbrechen, würde die Festung retten können. Die Deinige
liegt gegen die Perser im Felde. Gieb also die Vertheidigung von Sirmium auf. Der
Kessel (nämlich Sirmium) ist das Blut nicht werth, das die Vertheidigung kosten würde».
Er setzte im ferneren Verlaufe der Rede, die wir nicht so vollständig aufnehmen können,
wie sie der Byzantinische Historiograph mittheilt [1]), auseinander, dass die Awaren Sirmium haben müssten, um in ihrer neuen Heimath sicher zu sein, wenn die Ost-Römer
wieder ihre ganze Heeresmacht disponibel hätten. Der Redner erklärte im Namen Bajan's,
dass weder Geschenke, noch Protestationen, noch Versprechungen, noch Drohungen ihn
bestimmen könnten, Sirmium aufzugeben u. s. w. Tiber, von Zorn und Schmerz ergriffen,
rief aus, «Und ich erkläre bei dem Gotte, den Euer Chakan zum Zeugen angerufen hat,
und der ihn strafen wird, dass er Sirmium nicht haben soll». Man griff also wieder zu den
Waffen. Sirmium vertheidigte sich tapfer mit seiner Besatzung und einigen in der Eile
zum Dienst ausgehobenen Landleuten, aber der Mangel an Lebensmitteln machte, dass die
verzweifelten Bewohner selbst nach der Uebergabe schrieen, bis der Kaiser, der nicht helfen konnte, in diese einwilligte. Nun trat von Neuem die Wortbrüchigkeit der Awaren
hervor. Bajan hatte während der Belagerung oft erklärt, dass es ihm nur auf die Mauern
ankomme, die Einwohner könnten mit ihrem ganzen Besitze abziehen. Er verlangte aber bei
der Uebergabe, dass die Wegziehenden nicht nur alles Hausgeräthe, sondern auch die
nicht nothwendigen Kleider zurück liessen. Ja er trat jetzt plötzlich mit der Forderung
seines seit drei Jahren rückständigen Soldes hervor. Er hatte so gut wie viele Barbaren-
Häuptlinge einen jährlichen Tribut, den man Sold zu nennen beliebte, unter der Bedingung zugesichert erhalten, nicht gegen das Reich, sondern gegen die Feinde des Reiches
zu kämpfen, verlangte ihn jetzt aber auch nach dem Verrathe.

   Wir haben diesen Verlauf einer unverschämten Perfidie mit einiger Umständlichkeit
erzählt, weil er nicht den einzelnen Mann, sondern den Charakter des Volkes kennzeichnet. Bajan würde wohl nicht gewagt haben, in Gegenwart seines Gefolges jene feierlichen
Meineide zu leisten, wenn er nicht sicher gewesen wäre, dass es sein Ansehen in den
Augen seines Volkes nur erhöhen würde, die treulosen Byzantiner durch noch grössere
Treulosigkeit zu betrügen. Die Geschichte der Awaren ist voll dieser Künste. Bajan
hatte durch die Begünstigung der Longobarden, die nach Italien abzuziehen im Begriffe
waren, die Ebene an der Theiss zum Wohnsitz für sein Volk erhalten. Schon sein Nach-

---

[1]) Menander, p. 130. Thierry: *Histoire d'Attila*, I, p. 440.

folger fiel ins Friaul, einen Theil des Landes, welches die Longobarden sich erobert
hatten, ohne irgend eine Veranlassung, verwüstend ein, und belagerte *Forum Julium*, die
befestigte Hauptstadt des Bezirkes. Allein die Belagerung wollte nicht fortschreiten, wie
denn die Barbaren immer in der Kunst, feste Mauern zu zerstören, schwach waren. Da
sendet des gefallenen Herzogs Gisulf Gemahlin Romhilde dem Chakan heimliche Botschaft, sie wolle ihn in die Stadt einlassen, wenn er ihr verspreche, sie nachher zur Gemahlin zu nehmen. Die näheren Bedingungen sind unbekannt, werden aber doch wohl
die geordnete Besitznahme und Erhaltung der Stadt zum Ziele gehabt haben. Aber es
wurde anders. Romhilde hatte, der Verabredung gemäss, Sorge getragen, dass ein Thor
in einer Nacht unverschlossen blieb. Die Awaren drangen, begünstigt von der Dunkelheit, ein, begannen aber sogleich die Stadt zu verbrennen und zu plündern. Der Führer
behandelte Romhilde, um seines Versprechens sich zu entledigen, diese Eine Schreckens-
nacht hindurch als seine Gemahlin, liess sie aber, als er mit reicher Beute beladen abzog,
öffentlich pfählen. Den Einwohnern hatte er versprochen, ihnen jenseit der Donau gute
Länder zu geben. Sie ergriffen alle willig die Auswanderung. 'Allein bald wurden die
Männer sämmtlich getödtet, nur die Weiber und Kinder als Gefangene weggeführt. Zurückgekehrt von diesem Raubzuge empfing der Awaren-Chakan eine Gesandtschaft aus Konstantinopel. Der Kaiser Heraklius, der kürzlich den Thron bestiegen hatte, wünschte
im Westen die Gränzen des Reiches sicher zu stellen, da die Perser in den Asiatischen
Provinzen siegreich vordrangen, und es nothwendig schien, alle Streitkräfte im Osten zu
verwenden, um diese Provinzen nicht bleibend zu verlieren. Die Gesandtschaft war nicht
wenig erstaunt und erfreut, den Awaren-Häuptling ungemein freundlich und willfährig gegen Konstantinopel zu finden. Er sei ein Freund der Römer, versicherte er, und er
wünsche nichts mehr, als mit dem Kaiser Heraklius ein Bündniss bleibender Allianz zu
schliessen. Er schlug vor, dass sie beide, der Kaiser und er, zusammen kommen mögen,
um persönlich dieses Bündniss abzuschliessen, und, damit der Kaiser nicht nöthig habe, sich
weit von seinem Sitze zu entfernen, schlug er Heraklea, das nur drei Meilen von der grossen
Schutzmauer Konstantinopels lag, als Ort der Zusammenkunft vor. Die Botschafter waren
entzückt über den errungenen Erfolg, und Heraklius erklärte auf ihren Bericht, er wolle
seinen Gast würdig empfangen, wie einen König. Auch zog ihm Heraklius zur festge-
setzten Zeit mit grossem Gepränge und grossem Hofstaat, aber wenig Bewaffneten entgegen. Desto mehr waren Schauspieler, Wagenlenker des Circus, Seiltänzer und ähnliche
Künstler aufgeboten, denn man gedachte die Gäste mehrere Tage hinter einander mit
Festspielen aller Art zu unterhalten, und ihnen die Grösse des Reiches dadurch anschaulich zu machen. Drei Tage lang war der Weg nach Heraklea mit diesen abenteuerlichen
Zügen und den ihnen nacheilenden Schaulustigen der Hauptstadt bedeckt. Anders hatte
der Awaren-Häuptling für sich gesorgt. Er kam mit ansehnlicher und gut bewaffneter
Eskorte. Vorher aber hatte er schon bewaffnete Haufen abgesendet, die zur Seite auf Umwegen und in wüsten Gegenden aufgestellt waren, und sich dann zur rechten Zeit vereini-

gen und, ohne Heraklea zu berühren, vor Konstantinopel erscheinen sollten, um in die Stadt einzudringen und sie durch einen Handstreich zn nehmen, während der Kaiser in Heraklea unterhandeln würde. Sie erschienen auch wirklich vor der grossen Mauer, fanden aber das Thor verschlossen, und auf eine Belagerung einer so starken Befestigung gar nicht eingerichtet, hielten sie sich durch Plünderung der Umgebung schadlos. Der Kaiser war nämlich seinem Awarischen Gaste im Purpur-Mantel und mit dem kaiserlichen Diadem auf dem Haupte schon vertrauensvoll entgegen geritten, als er durch andringende Bauern von der mehr als verdächtigen Seitenbewegung bewaffneter Haufen unterrichtet, plötzlich umkehrte, den Purpur-Mantel von sich werfend, das Diadem verbergend, der Stadt zu eilte und das Thor der grossen Mauer hinter sich schliessen liess, sobald er hindurch war. Fast noch im letzten Augenblicke hatte er sich vor einem gut angelegten Ueberfalle gerettet. Sein Gepäck wurde aber geplündert, viele Würdenträger als Gefangene weggeführt. Dass nachher der Aware nichts von böser Absicht wissen wollte, sondern alle Schuld auf seine beutelustigen Unterthanen schob, war natürlich. Er wollte immer noch den Tractat abschliessen. Indessen liess er Thracien doch fortgehend plündern. Es zeigte sich nun, wie gut sein Plan angelegt war, denn obgleich der Hauptschlag, den Kaiser zu fangen und Konstantinopel zu plündern, nicht gelang, war man doch ohne Schwertstreich bis in das Herz des Landes vorgedrungen. — Diese niederträchtige Arglist musste dennoch verziehen werden. Heraklius, der ein sehr eifriger Christ war, hatte ein inbrünstiges Gelübde abgelegt, das heilige Kreuz, das die Perser aus Jerusalem fortgebracht hatten, ihnen abzunehmen und es neu aufzurichten. Alle Einleitungen zu einem grossen mehrjährigen Feldzuge nach Persien waren getroffen. Er nahm also die Miene an, als ob er des Awaren Betheuerungen, dass Alles auf Missverständnissen beruhe, glaube, und schloss mit ihm einen Freundschaftsbund. Um ihn jedoch durch Ehr- und Geldgeiz mehr zu binden, erliess Heraklius ein Schreiben an ihn, worin er ihm, seinem Alliirten, die Sorge für seine Hauptstadt und namentlich für seinen Sohn anvertraute, und sich verpflichtete, nach der Rückkehr für die geleisteten Dienste den Sold oder Tribut bis auf 200,000 Goldstücke zu erhöhen. Wirkte das auf den Barbaren? O ja, denn es zeigte ihm, dass in Konstantinopel doch noch Schätze sein müssten. Er bereitete sich jetzt Jahre lang vor, liess sich Belagerungs-Maschinen in grosser Zahl und in grossem Maassstabe erbauen, und eine Menge Kähne anfertigen. Mit diesem ganzen Apparate und nachdem er mit den Persern ein Bündniss geschlossen hatte, rückte er wieder vor Konstantinopel, während die Perser die Ostseite des Bosporus besetzt hatten, um die Hauptstadt gemeinschaftlich mit den neuen Bundesgenossen zu Wasser und zu Lande zu belagern, nachdem man vorher versucht hatte, durch blosse Drohung die Bewohner zur Räumung der Stadt zu bewegen.

Es wird genug sein an diesen Erzählungen, die wir in kurzen Auszügen nach Thierry mit Vergleichung der Quellen, wo es nöthig schien, gegeben haben, um anschaulich zu machen, dass Betrug ein vorherrschender Zug in allen Verhandlungen mit den Awaren war. Kein Treubruch, kein Schwur hielt sie jemals zurück, ihrer Begierde nach

Plünderung zu folgen. Bündnisse und Schwüre wurden nur angewendet, um die Gegner zu täuschen, bis die Byzantiner nach der Belagerung ihrer Hauptstadt, die sie glücklich im J. 626 abschlugen, einsahen, dass man ihnen nie trauen dürfe. Von diesem Augenblicke an hörten sie auf gefährlich für den Osten zu sein. Man sage nicht, dass die Treulosigkeit allgemeiner Charakter der Barbaren, wenigstens der damaligen war. Schon die Hunnen, die sich eben so furchtbar gemacht hatten, verfuhren auf andere Weise. Sie waren eben so beutelustig, hatten dieselbe Begierde nach Gold und waren nicht weniger grausam, aber sie handelten mehr mit offener, roher Gewalt, weil sie zu viel Stolz und Selbstgefühl für eine weit durchgeführte Lüge hatten. Attila wusste durch Drohung von Invasionen und gelegentliche offene Plünderung den Tribut, den er von Byzanz bezog, höher zu treiben, da er sah, dass Theodosius II. ein Napoleon des Friedens war. Als er aber erfuhr, dass dieser Theodosius in einen Plan, ihn heimlich durch seine eigenen Leute aus dem Wege zu räumen, eingegangen war, wartete er ruhig ab, bis er den vollen Beweis in die Hände bekam. Dann verlangte er ein Lösegeld von 100 Pfd. für den gefangenen Unterhändler Vigilas und schickte eine eigene Gesandtschaft nach Rom, um dem Theodosius seine ganze Verachtung öffentlich zu bezeugen. Es musste ihm der Sack, in dem man das zur Bestechung bestimmte Geld gefunden hatte, in öffentlicher Sitzung mit der Frage vorgewiesen werden: ob er ihn kenne? und dann folgende Anrede gehalten werden: «Attila und Theodosius sind beide Söhne edler Väter. Attila hat den ererbten Adel bewahrt, aber Theodosius hat ihn verloren, weil er, Tribut zahlend, Attila's Knecht geworden ist, und jetzt trifft ihn die Schmach, einem Höheren, den das Schicksal zu seinem Herrn gemacht hatte, heimlich Fallstricke zu legen. Attila wird nicht aufhören ihn anzuklagen, bis er ihm den Eunuchen Chrysaphius (der den ganzen Plan des Mordes angelegt hatte), zur Bestrafung übersendet hat». Zugleich wurden ihm frühere Fälle, in denen er nicht Wort gehalten hatte, vorgeworfen. Mir scheint auch im Auftreten der Söhne Attila's dieselbe Geradheit zu herrschen. Sie waren theils Feinde, theils Freunde der Germanischen Völker und Ostroms, aber ich sehe nicht, dass sie Verhandlungen eingeleitet hätten, nur um zu betrügen. Noch mehr aber spricht für Geradheit und eine gewisse Gerechtigkeits-Achtung bei den Hunnen, dass so viele Römische Bürger aus beiden Hälften des Reiches sich bei den Hunnen aufhielten, und es rühmten, dass sie dort vor allen Plackereien der Beamten und Betrügereien sicher wären. Aëtius, der als Geissel bei den Hunnen gelebt hatte, blieb ihnen sein ganzes Leben hindurch ergeben. Ihn traf ja selbst nach dem Siege in den Catalaunischen Feldern der Vorwurf, dass er absichtlich die Hunnen nicht ganz aufgerieben habe. Ja, um jene Zeit waren es die Byzantiner, welche allerlei Verräthereien im Hunnischen Lager anzuzetteln versuchten, sie konnten aber Niemand verführen. Wird darin nicht eine Verschiedenheit des Charakters zwischen den Awaren und Hunnen anschaulich?

. Noch auffallender wird der Unterschied, wenn wir die Awaren mit den Türken vergleichen. Die erste Bekanntschaft mit einem Volke, das sich *Turk* nannte, machten die

Byzantiner gleichzeitig mit dem ersten Auftreten der Awaren. Schon bei der zweiten Gesandtschaft an diese Turken mussten die Oströmer das stolze Wort hören: «Ihr Byzantiner lügt mit 10 Zungen um eine Unwahrheit zu sagen, ein Türke aber hat nie gelogen»! Was aber sagen die historischen Quellen selbst über die Awaren des Mittelalters? Sie sind sehr unklar und verwirren mehr als sie belehren. Der Awaren geschieht zuerst Erwähnung im Jahre 557. Es war dieses Volk aus dem Innern Asiens vorgedrungen bis zu den Alanen in die Steppe nördlich vom Kaukasus und suchte sich neue Wohnsitze. Der Alanen-Häuptling rieth ihnen, sich nach Konstantinopel zu wenden und von dem Kaiser Justinian I. sich Wohnplätze zu erbitten. Diesem Rathe Folge leistend, ging eine Deputation nach Konstantinopel ab, um neue Wohnsitze und einen Jahrgehalt zu erlangen. Als die Deputation erschien, lief, nach dem Chronisten Theophanes, die ganze Stadt zusammen, weil man niemals ein solches Volk gesehen hatte. Sie trugen nämlich lange mit Bändern gebundene Haarflechten. Uebrigens hatten sie aber Hunnische Tracht, wie der Bericht-Erstatter meint[1]). Thierry fügt noch hinzu, ihre Sprache sei Hunnisch gewesen. Es wäre sehr wichtig, wenn man das beweisen könnte, allein ich habe diese Angabe bis jetzt in keinem Byzantinischen Schriftsteller, der über diese Gesandtschaft spricht, finden können. Ob sie bei anderer Gelegenheit vorkommen mag? Sie nannten sich Awaren, und behaupteten, das Awarische Volk sei sehr zahlreich und mächtig. Es biete sich dem Byzantinischen Herrscher zum Bundesgenossen an, und verlange dafür einen Landstrich zum Bewohnen, jährlichen Sold und gute Geschenke für den Chagan. Justinian suchte sie an der Nordküste des Schwarzen Meeres zu beschäftigen, was für einige Zeit gelang. Bald aber erschien eine Gesandtschaft vom Gross-Chan der Türken, «Beherrscher von 7 Völkern und Herrn der sieben Klimate der Welt», wie er sich nannte, welche sich darüber beschwerte, dass der Kaiser seine (des Gross-Chans) entlaufenen Sklaven aufgenommen habe. Diese Botschaft und eine spätere, welche von Konstantinopel zu dem Gross-Chan abgefertigt wurde, brachten die Nachrichten, welche besonders Theophylactus, freilich ein viel späterer Zeuge, mit grosser Zuversicht so vorträgt: Die Leute, welche sich als Awaren vorgestellt hätten und unter diesem Namen Pannonien bewohnten, wären keine eigentlichen Awaren (Ἄβαροι oder Ἄβαρες). Sie hätten einen falschen Namen angenommen[2]). Die wahren Awaren seien von dem Gross-Chan der Türken un-

---

[1]) εἶχον γὰρ τὰς κόμας ὄπισθεν μακρὰς πάνυ δεδεμένας, πρανδίοις καὶ πεπλεγμένας. ἡ δὲ λοιπὴ φορεσία αὐτῶν ὁμοία τῶν λοιπῶν Οὐννων. Theoph. Chron. p. 196. Es ist sehr zu bedauern, dass diese Zöpfe oder vielmehr Flechten nicht näher beschrieben werden. Sie erinnern sehr an die Steinbilder auf alten Grabhügeln im südlichen Russland, die unter dem Namen Baby(Baba im sing.) bekannt sind. An diesen steigt gewöhnlich von jeder Seite des Hinterhauptes eine lange Flechte hinab, beide nähern sich in der Mitte des Ruckens und sind hier unter sich und mit einem Bande oder Riemen verbunden, der von der Mitte des Hinterhauptes hinabsteigt. Es ist

aber in dem Griechischen Texte nicht gesagt, ob das Haar nur eine oder mehrere Flechten bildete.

[2]) Die Awaren werden also schon im ersten Augenblicke ihrer Erscheinung eines grossen Betruges angeklagt. Ihre erste Gesandtschaft erschien im Jahre 557 vor Justinian. Im Jahre 562 waren sie schon an der Donau und verlangten Land. Sie schickten deshalb eine Botschaft an den neuen Kaiser Justinus, und hatten einen Griechen, der unter sie gerathen war, zum Botschafter gewählt, von dem sie also wohl gute Dienste erwarteten. Dieser aber eröffnete dem Kaiser im vertrau-

terjocht. Die Türken hätten sich eben so das mächtige Volk der Ogor (Ὄγωρ) unterworfen, das östlich von der·Wolga wohnte. Die ältesten Fürsten dieser Ogor hätten die Namen War (Οὐὰρ) und Chuni geführt. Davon hätten auch einige dieser Völkerschaften die Namen *War* und *Chunni* angenommen. Zur Zeit Justinians sei ein kleiner Theil dieses Volkes nach Europa geflohen und habe sich aus Eitelkeit Awaren und seinen Führer Chagan genannt. Theophylactus weiss auch zu erzählen, wie sie gekommen sind. Auf ihrer Flucht oder Wanderung seien nämlich einige Völker vor ihnen geflohen, sie für ächte Awaren haltend. Da hätten sie gefunden, dass es gut sei, diesen Namen anzunehmen, denn unter allen Skythischen Völkern würden die Awaren für die vorzüglichsten gehalten. Die falschen Awaren bestünden noch zu seiner Zeit aus zwei Stämmen, *War* und *Chunni*. Diesen Bericht[1]) hat Thierry als vollständig begründet angenommen. Die *Ogor*, die auch *Ugor* und *Ugur* genannt werden, sind ihm die *Uiguren*, und also die *War* und *Chunni*, oder wie andere Byzantiner, beide Namen zusammenziehend, schreiben, die *Warchonitae*, d. h. die historischen Awaren auch. Zu demselben Resultate war auch schon Zeuss gekommen[2]). Allein, sollte nicht der Doppelname *War* und *Chunni*, oder zusammengezogen *Warchunni* eine Mischung zweier ungleicher Stämme andeuten? Und woher kämen die vielen Elemente des Finnischen in die Ungrische Sprache, wenn nicht wenigstens eine der Wurzeln des Volkes aus Finnischem Boden stammte? Ueberdies wohnten diese *Ogor* (Ὄγωρ) östlich von der Wolga, also in der Ebene, oder im hügeligen Baschkirenlande. Warum sollten sie nicht die *Ugri* der Russischen Annalisten sein? Sind nun jene Byzantinischen Angaben gegründet, so wären die Awaren als eine Verbrüderung eines Theiles dieser *Ugri* mit einem anderen Volksstamme zu betrachten, und die übrigen *Ogern* wären später, nachdem die Macht der Awaren durch Karl den Grossen und seinen Sohn Pipin gebrochen war, ihren Halbbrüdern in das fruchtbare aber verödete Land nachgezogen. Auch Schafarik, der gern die Völker klassificirt, führt die Awaren, allerdings nur kurzweg und ohne nähere Begründung, unter denen auf, welche aus frühzeitiger Mischung Finnischer Völker mit Türkischen oder Mongolischen entstanden sind[3]). Für einen Mongolischen Antheil wüsste ich bei den Awaren nichts anzuführen. Aber für den Finnischen scheint die oben nachgewiesene Anwendung der List in allen Unternehmungen zu sprechen. Klugheit und List, nicht offene Tapferkeit, wird in den Finnischen Volks-Gesängen besonders gepriesen. Die Volks-Gesänge sind der Spiegel des Volks-Charakters. Sie greifen in die Saiten, welche im Herzen des Volkes am lautesten wiederklingen. Ueberschätzung der Klugheit führt leicht zum Betruge. Noch mehr gleicht der Charakter der historischen Awaren dem der östlichen Bergvölker des Kaukasus.

Wir haben schon gesagt, dass wir auch für die Awaren des Mittelalters in den histo-

---

ten Gespräche: Dieses Volk habe Anderes im Herzen und Anderes auf den Lippen. Also eine neue Anklage der Unwahrhaftigkeit.

[1]) Theophylactus Simocatta, VII, c. 7 et 8.

[2]) Zeuss. Die·Deutschen und ihre Nachbarstämme S. 730.

[3]) Schafarik. Slawische Alterthümer. Deutsche Uebers. I, S. 38.

rischen Nachrichten keinen Beweis der Gewohnheit, die Köpfe ihrer Neugeborenen künstlich zu formen, haben finden können. Indessen darf nicht unbemerkt bleiben, dass die Byzantiner mit ihnen lange nicht in so vielfachem Verkehr gewesen zu sein scheinen, als beide Hälften· des Römer-Reiches mit den Hunnen. Die offene Rohheit mit Geradheit verbunden, welche man bei dem letzteren Volke fand, zog die West- und Ost-Römer an. Die Awaren aber, noch viel perfider als die Byzantiner, waren abstossend für beide. Aus diesem Grunde konnte eine auffallende Sitte für die Awaren viel eher unerwähnt bleiben, als für die Hunnen. Man lernte jene auf ihren Raubzügen kennen, aber nicht leicht im häuslichen Leben.

Unbemerkt dürfen wir nicht lassen, dass, welchem grösseren Stamme auch die zuerst auftretenden Awaren angehört haben mögen, in späteren Zeiten das Gemisch von Völkern, die unter dem gemeinschaftlichen Namen der Awaren auftraten, gewiss noch viel grösser war, als bei den Hunnen. Bei diesen hielten sich doch die Germanischen Völker und die Alanen ziemlich gesondert, und lösten sich beim Verfall der Hunnischen Macht bald ab. Nur in Bezug auf die *Kutriguren*, *Utiguren* und ähnliches Gesindel im Nordosten, das als Hunnischen Geblütes bezeichnet wird, lässt sich schwer eine Ansicht begründen, ob man sie für blosse Stämme 'oder für verschiedene Völker anzusehen hat. Bei den Awaren ist aber nach einigen Quellen (Theophylactus) gleich Anfangs Gemisch, und die Quellen selbst geben so abweichende Zeugnisse, dass man zu gar keinem sicher leitenden Faden gelangt[1]). Ohne Zweifel verbanden sich auch die in Pannonien zurückgebliebenen Hunnen mit den Awaren. Daher kommt es auch wohl, dass wir sie so oft in den Schriften des Mittelalters als «*Awaren* oder *Hunnen*», oder schlechtweg als «*Hunnen*» aufgeführt sehen. Paulus Diaconus bezeichnet sie abwechselnd als *Avares, Hunni*, oder *Hunni qui et Avares dicuntur*. Ja, die Fränkischen Historiker (z. B. Gregor von Tours, Eginhart) nennen sie viel öfters Hunnen als Awaren. Auch bei den Byzantinern fehlt die wechselnde Benennung nicht. Ich glaube nicht, dass man daraus auf Stammverwandtschaft der Hunnen und Awaren schliessen darf. Der gewöhnte und berühmt gewordene Name wurde auf ein Volk übertragen, mit welchem ein grosser Theil der eigentlichen Hunnen sich verbunden hatte. Die Ebene Ungarns, in welcher die Hunnen und später die Awaren sich niederliessen, hiess *Hunnia* und behielt diesen Namen.

§ 8. Völker, die in der Krym kürzere oder längere Zeit verweilt haben.

Der Fundort der verbildeten Schädel sollte eigentlich für die Bestimmung des Volkes, dem sie angehört haben, der erste Wegweiser sein. Im vorliegenden Falle ·aber leistet er sehr wenig.

In der Krym, und namentlich um *Kertsch*, und in Nieder-Oesterreich, sind die am

---

[1]) In diese Discussionen einzeln einzugehen, wäre hier sicher ganz am unrechten Orte. Da sollen die Awa- | ren nach Einigen, *Ogern, Ugrer* und also Finnen sein, nach Anderen, *Ogern, Uiguren*, und also Türkischen Stammes.

meisten übereinstimmenden Köpfe gefunden wórden. Niemand aber weiss zu sagen, ob in
dem grossen Zwischenraume zwischen *Kertsch* und dem Einflusse des *Kamp* in die *Donau*
ähnliche Köpfe im Boden liegen, oder vielleicht gelegentlich schon zu Tage gekommen
sind. Bevor man darüber Nachrichten hat, wird man schwerlich zu einem sicheren Abschlusse kommen.

Noch weiss man nicht einmal, ob diese *Makrokephalen* nur in der Gegend von *Kertsch*
oder in der ganzen Krym sich finden.

Eine grosse Anzahl von Völkern nennt uns die Geschichte aus der Krym, aber von
den meisten weiss sie eben nur die Namen zu nennen. Die *Tauren*, nach denen die Halbinsel benannt ist, bewohnten die Berge, als die Cultur hier mit den Griechischen Kolonieen
einwanderte. Diese hatten zunächst *Skythen* zu Nachbarn. Als die Vorgänger der *Skythen*
wurden die *Kimmerier* angesehen, von denen die Meerenge bei *Kertsch* ihren Namen erhalten hat. Es liegt also sehr nahe, zuvörderst in den *Kimmeriern* Herodot's unsere *Makrokephalen* zu vermuthen, wie auch Dubois de Montpéreux thut [1]). Ganz sicher lässt sich
eine solche Meinung wohl nicht widerlegen. Doch gestehe ich, dass ich ihr nicht huldigen
möchte, weil ich Gelegenheit gehabt habe, zwei Köpfe aus einem alten Skythischen Kö-
nigsgrabe zu untersuchen, die von den übrigen — wahrscheinlich Skythischen — sehr
verschieden waren. Diese letzteren waren kurz, ziemlich breit — aber nicht Mongo-
lisch, wie ich schon oben bemerkte. Die beiden anderen Köpfe, einem jungen Weibe und
einem ältlichen Manne angehörend, waren dagegen sehr lang, und besonders der männliche Kopf, der sehr vollständig erhalten ist, sehr hoch, mit etwas dachförmigem Scheitel.
Nicht nur weil das Grab von den Archäologen für sehr alt gehalten wird, sondern auch
wegen des Keltischen Typus, den der männliche Schädel sehr bestimmt auszudrücken
schien, habe ich diese Köpfe den *Kimmeriern* zuschreiben zu müssen geglaubt, und angenommen, dass die *Kimmerier* mit den *Kimri* des Westens nicht allein eine zufällige Aehnlichkeit der Namen hatten, sondern wirklich stammverwandt waren. Vollständigere Beweise liessen sich nicht auftreiben, als dass Schädel von alten *Kelten*, im Breisgau ausge-
graben, diesen praesumtiven *Kimmeriern* sehr ähnlich sind, auch ein Theil der Schädel, die
ich als Keltische in Göttingen und Paris gesehen habe, aber freilich nicht die, welche
Serres *Kimri* genannt hat, sondern die andere Form, die er *Gal* oder *Gaulais* nennt [2]). Die
Britischen *Kimri* kenne ich nicht.

Ich darf diese Deutung des eben erwähnten Schädels aus dem Skythischen Königs-
Grabe allerdings nur als eine Vermuthung ansehen. Wenn sie begründet ist, so können
die künstlich verbildeten Schädel von *Kertsch* nicht von den *Kimmeriern* stammen, da sie vor
der Verbildung brachykephal waren. Sollte jene Vermuthung sich aber als unbegründet

---

[1]) Dubois de Montpéreux: Voyage autour du
Caucase, V, p. 230.

[2]) *Sur le monument et les ossemints Celtiques. Comptes
rendus des séances etc. T. XXI.* Vor Serres hat auch
Edwards (*des caractères physiologiques des races hu-
maines*) die kürzeren Köpfe im Boden Frankreichs *Kimri*
genannt. Ich hoffe bald bei anderer Gelegenheit aus-
fuhrlicher mich hierüber auslassen zu können.

erweisen, so würde der Name *Kimmerier* wieder frei, man hätte keinen Wink, von welcher Art das Volk war, und es stünde nichts entgegen, ihm diese Köpfe zuzuschreiben, wenn man nur dasselbe Volk auch in Oesterreich anzunehmen Grund hätte.

Es würde völlig überflüssig sein, die Geschichte der Krym weiter zu verfolgen, da wir bei der grossen Zahl von Völkern, welche schon vor der Völkerwanderung, während derselben und nach ihr, entweder über die schmale Meerenge von Osten oder durch die schmale Landenge von Norden in die Krym einwanderten, doch von keinem wissen, dass es die Sitte der Formung des Kopfes übte. Den Gothen, die hier lange ansässig waren, gehörten diese Köpfe wohl nicht. Welche Völker kann nicht Mithridates mitgebracht haben, da er sich zum Herrn des Bosporischen Reiches machte und ein neues stiftete, dessen Sitz ja *Panticapaeum* oder das jetzige *Kertsch* war? Wir werden bald hören, dass sein Sohn Pharnakes viele *Aorsen* nach *Panticapaeum* kommen liess. Wer könnte etwas über die *Aspurgianer* sagen, welche, von den Kaukasischen Bergen kommend, kurz vor Chr. Geb. in das Bosporische Reich einfielen, oder von den noch viel älteren Kolonisten, die noch vor der Gründung der Griechischen Ansiedelungen nach einer Sage ein Sohn von Aëtes aus *Kolchis* in die Gegend von *Panticapaeum* geführt haben soll[1]). Diese Sage verdient in sofern Beachtung, als sie andeutet, von wo die Griechen die Menschen, die sie vorfanden, eingewandert sich dachten. *Panticapaeum* war von den Milesiern gegründet schon vor den Zeiten des Kyrus nach Raoul-Rochette, oder nach dem Zuge des Darius, wie Andere glauben. Die Umstände der Gründung und welches Volk man vorfand, ist unbekannt.

Die grosse Völkerbewegung brachte fast alle Stämme, die aus dem fernen Osten kamen, auch in die Krym. Von vielen ist es historisch erwiesen, von anderen wahrscheinlich. Man kann sie aufgezählt finden bei Stan. Siestrzencewicz de Bohusz in seiner *Histoire du royaume de la Chersonèse Taurique.* Hier werden *Hunnen, Ugern, Awaren* nebst vielen anderen genannt. Die *Chasaren* beherrschten das Land lange Zeit, und es wurde nach ihnen benannt. Die *Chasaren* scheinen Türkische Stämme gewesen zu sein. Wir übergehen sie alle, da weitere Schilderungen der Gestalt und der Sitten der Völker fehlen. Während der Kreuzzüge kamen Genueser und Venetianer in die Krym, und besonders die ersteren setzten sich in den Häfen fest. Bei diesen müssen wir einen Augenblick verweilen, weil wir von ihnen erfahren, dass sie einst von den Mauren die Sitte angenommen hatten, die Köpfe ihrer Kinder zu formen, wie Scaliger (*commentarii in libros de causis plantarum p. 287*) berichtet. Allein ich kann ihnen die *Makrokephalen* von Kertsch doch nicht zuschreiben, weil diese wahrscheinlich bedeutend älter sind. Allerdings waren sie der Zerstörung durch äussere Einflüsse viel mehr ausgesetzt, als die unter Hügeln vergrabenen Griechen. Aber, wenn man auch die weit vorgeschrittene Verwitterung[2]) der *Makrokephalen* nicht wollte gelten

---

[1]) Eustath. ad Dionys v. 311. Stephanus Byzantinus unter *Panticapaeum*.

[2]) Alle verbildeten Schädel und Schädel-Fragmente aus der Krym, die ich gesehen habe, auch das Fragment, das Rathke beschreibt, waren sehr leicht, brüchig und hatten den grössten Theil der knorpeligen Grundlage

lassen, müsste man doch anerkennen, dass diese sehr entschieden brachycephal waren, was die Genueser in dem Maasse nicht mehr sein konnten, obgleich sie noch einen Theil alten Ligurischen Blutes haben mochten, und die Ligurier zu den alten brachycephalen Stamm-Völkern Europas gehört zu haben scheinen. Ueberdies hat sich, so viel ich weiss, kein Anzeichen einer christlichen Bestattung bei diesen Gräbern gefunden. Und wie liesse sich die Aehnlichkeit mit den in Oesterreich gefundenen verbildeten Köpfen erklären?

§ 9. Die Kaukasischen Awaren unserer Zeit.

Wir sind die Völker, welche in der Krym kürzere oder längere Zeit verweilt haben, nicht einzeln durchgegangen, weil weitere Anknüpfungspunkte sich nicht gezeigt haben. Diese aber bieten sich von einer anderen Seite dar, nämlich von den *Kaukasischen Awaren* der Jetztzeit. Man findet freilich über dieses Volk häufig die Behauptung mit grosser Entschiedenheit aufgestellt, es habe mit den Awaren des Mittelalters nichts gemein, als eine Namens-Aehnlichkeit [1]. Worauf gründet sich aber diese Behauptung? Auf einen Ausspruch von Zeuss [2], und dieser wieder auf den Ausspruch des Russischen Chronisten Nestor, welcher sagt: «Alle sind weggestorben und kein Awar ist übrig geblieben, daher in Russland noch bis auf diesen Tag das Sprichwort geht: Sie sind untergegangen wie die Awaren, kein Vetter (besser Stamm), kein Erbe ist mehr von ihnen da» [3]. Nun, das Sprichwort lehrt nur, dass das Russische Volk von den Awaren zu Nestor's Zeit nichts mehr wusste, und Nestor selbst konnte zu dieser Kenntniss des Volkes nur hinzufügen, was er in Byzantinischen Annalen fand. Für die Byzantiner hatten die Awaren auch aufgehört, und zwar noch früher als für die Fränkischen Länder. Aus den südlichen Provinzen Russlands waren sie schon lange verschwunden. Daraus folgt nicht, dass auf der anderen Seite des Kaukasus nicht Awaren zurückgeblieben sein konnten, oder dahin sich zurückgezogen hatten, als sie nicht mehr im Stande waren, nördlich von diesem Gebirge sich zu halten.

Wir müssen bei diesen Awaren verweilen, weil ein Schädel, welchen die Sammlung der Akademie von diesem Volke besitzt, in vielen Verhältnissen auffallende Uebereinstimmung mit der Form zeigt, welche bei den verbildeten Köpfen sich als die ursprüngliche erkennen lässt. So sehr ich es sonst vermeide, die Beschreibung eines einzelnen Kopfes eines Volkes zu geben, weil man dabei über die individuellen Abweichungen kein Urtheil hat, so kann ich in dem vorliegenden Falle doch nicht umhin, diesen Awaren-Schädel etwas näher zu vergleichen und ihn in der Seiten-Ansicht abzubilden, in Taf. II, Fig. 6.

Es ist wahr, dieser Schädel ist sehr breit, mit stark vortretenden und weit nach hinten liegenden Scheitelhöckern. Er weicht darin von unseren *Makrokephalen* sehr ab. Allein

---

verloren. Der Grafenegger Schädel ist bedeutend fester und schwerer.

[1] Z. B. Bodenstedt: Die Völker des Kaukasus.

[2] Zeuss: Die Deutschen und ihre ¡Nachbarstämme. S. 741.

[3] Несторъ. Russische Annalen von Schlözer, II, S. 113, 117. *Obri* heissen hier die Awaren.

gerade das Schädelgewölbe ist es ja, was durch Binden umgeformt wird. Wir müssen die Basis des Schädels, und überhaupt diejenigen Theile ins Auge fassen, auf welche die Binden nicht unmittelbar einwirken konnten. Auch im Awaren-Kopf unserer Zeit liegt das *Foramen magnum* ungemein weit nach hinten und ist etwas aufsteigend, obgleich weniger als im verbildeten Kopfe. Auch ist die stärkste Umbiegung des Hinterhauptes in der Gegend des Ansatzes der tieferen Nackenmuskeln, der *Lin. semicircul. inferior*. Die Hinterhauptsleiste ist nur schwach ausgebildet und nach oben gerückt, so dass sie mehr über als hinter jenen unteren Linien sich findet. Die obere Schuppe ist lang, doch nicht so sehr, als bei den verbildeten Köpfen. Auch hier ist die Hinterhauptsfläche bis zu der Querleiste des Hinterhaupts etwas überhängend [1]), was in unverbildeten Köpfen sehr selten vorkommt. Bei einem solchen Kopfe muss diejenige Art der künstlichen Verbildung, die wir beschrieben haben, leicht auszuführen sein, er ladet gleichsam dazu ein. Auch hier ist eine merkliche Entwickelung eines Querfortsatzes am Hinterhauptsbeine, jedoch auf der linken Seite, nicht auf der rechten. Eine Linie, durch beide Ohröffnungen gelegt, geht etwas vor dem ansehnlichen *Foramen magnum* durch. Alle diese Verhältnisse stimmen mit denen in den verbildeten Köpfen. Das Kinn ist ungemein stark vorspringend; im verbildeten Kopfe ist das viel weniger der Fall. Allein, da es in dem letzteren doch merklich vortritt, obgleich es in Köpfen, die auf diese Weise verbildet sind, gewöhnlich zurücksteht, so ist es wahrscheinlich, dass es auch bei unseren *Makrokephalen* ursprünglich die Anlage zu einem stark vortretenden Kinne war. Auch im Awaren des Kaukasus sind die aufsteigenden Aeste des Unterkiefers in einem stumpfen Winkel geneigt. Auch hier ist die Nase gar nicht von Mongolischer Form; sie tritt vielmehr scharf hervor und die Apertur ist viel mehr hoch als breit. Eben so wenig bilden die Zahnreihen den breiten Bogen wie in den Mongolen. Sehr bemerklich ist jedoch der Unterschied, dass im Awaren der Jetztzeit das Gesicht lang ist, in unserem *Makrokephalus*, obgleich er noch alle Zähne beim Tode hatte, etwas kurz; im Grafenegger Schädel fehlt der Unterkiefer, der Oberkiefer ist aber sehr kurz; im Schädel von Atzgersdorf ist das Gesicht fast so lang und das Kinn fast so vortretend als im Kaukasischen Awaren. Auffallend ist, dass im Awaren des Kaukasus die Vorderzähne flach abgerieben sind, obgleich er noch in der Blüthe der Jahre gestanden hat, als ihn der Tod ereilte. In unserem *Makrokephalus* von Kertsch sind die oberen Vorderzähne vollkommen meisselförmig, die unteren aber flach abgerieben, worin ich eine Bestätigung für den Verdacht finde, dass der Unterkiefer nicht diesem Kopfe angehörte. Ganz individuell ist es natürlich für den Awaren unserer Zeit, dass auf beiden Seiten des Oberkiefers die drei letzten Backenzähne fehlen und man nicht einmal die Spuren der Zahnhöhlen sieht.

---

[1]) Ich will mit diesem Ausdrucke anzeigen, dass, wenn man den Kopf so stellt, dass die Ebene, welche durch beide Ohröffnungen und unter der *spina nasal.* fortgeht, horizontal liegt, die oberste Spitze des Hinter- hauptsbeines am meisten nach hinten vorsteht, die ganze Fläche desselben also eine überhängende ist. Bei den künstlich verbildeten Köpfen ist sogar ein Theil der Scheitelbeine überhängend.

Dass der beschriebene Kopf von den Awaren des Kaukasus kommt, ist als sicher zu betrachten. Es wurden drei Awaren, die an einem Raubzuge betheiligt waren, verfolgt und erlegt. Herr v. Seidlitz zu *Nucha* hatte die Güte, von einem derselben den Kopf sich zu verschaffen und ihn an die Akademie einzuschicken. Dieser Kopf ist, noch ehe er präparirt war, für einen der erlegten Räuber anerkannt. Leider aber waren die Versuche, die beiden anderen Köpfe zu erhalten, vergeblich.

Was sind aber die Awaren des Kaukasus für ein Volk? Man weiss noch sehr wenig von ihnen, da nur in der ersten Zeit nach der Besitznahme von Grusien der Chan der Awaren die Russische Oberhoheit anerkannt hat, bald aber seine Haltung sehr zweideutig wurde, und seit einem Viertel-Jahrhundert die Awaren fast ununterbrochen sich in entschiedenster Opposition gehalten und eine nähere Untersuchung ihres Landes und ihrer Lebensverhältnisse unmöglich gemacht haben. Erst jetzt wird, nachdem Schamyl sich unterworfen hat, eine solche vorgenommen werden können. Die Akademie rüstet in diesem Jahre schon eine naturhistorische Expedition in die zugänglich gewordenen Provinzen Dagestans aus. Eine philologisch-ethnographische soll später folgen. Wir müssen uns also mit sehr alten Nachrichten begnügen.

Die Awaren gelten für einen Lesghischen Stamm und ihre Sprache für eine Lesghische. Doch sind die Lesghischen Sprachen noch so wenig untersucht, dass man nicht entscheiden kann, ob die Awarische Sprache mit den anderen Lesghischen Eines Ursprunges ist, oder ob die Awaren nur eine Anzahl Wörter von ihren Nachbaren angenommen haben. Ein grosser Theil des Wort-Schatzes ist sehr verschieden von anderen Lesghischen Sprachen. Die Awarische Sprache ist jedenfalls nicht blosser Dialect der angränzenden, zerfällt aber selbst wieder in mehrere Dialecte [1]). Wäre Reineggs ein kritischer und vorurtheilsfreier Forscher, so wäre die Abstammung der Kaukasischen Awaren von denen des Mittelalters, oder vielmehr der letzteren von jenen, schon erwiesen. Reineggs sagt von dem Stamme der Awaren, den auch er unter den Lesghiern aufführt, er nenne sich selbst *Uar*, werde aber auch von Anderen verschiedentlich *Awar*, *Oar* und *Uoar* genannt [2]). Wir finden also hier die verschiedenen Variationen dieses Namens wieder, welche bei Byzantinischen Schriftstellern vorkommen. Ferner sagt Reineggs, die Awaren hätten Traditionen, dass sie vor Jahrtausenden schon den Kaukasus bewohnt und unumschränkt beherrscht hätten. Bei zunehmender Bevölkerung sei ein Theil des Stammes ausgewandert und habe sich zwischen den Flüssen *Kuban*, *Don* und *Manytsch* festgesetzt; da aber bei wachsender Volksmenge auch dieses Land zu enge geworden, «so hätten sie sich bis an das Innere des *Kuban* (?) [3]) ausgebreitet, wären aber nachher von dort weiter fortgezogen, und endlich gar verloren gegangen». Der Herausgeber Schröder fügt hierzu die Anmerkung: Könnte man diesen Traditionen Glauben schenken, so könnte wohl das Volk der

---

[1]) Klaproth: Kaukasische Sprachen.
[2]) Reineggs: Allg. Beschreibung des Kaukasus, I, S. 204.

[3]) Hier ist offenbar ein Schreibfehler. Sollte das Innere der Steppe oder des Landes gemeint sein?

Aorsi, dessen Strabo am *Don* gedenkt, eben dieser Stamm gewesen sein [1]). In der That bewohnten nach Strabo die *Aorsen* gemeinschaftlich mit den *Siraken* die Gegend zwischen dem Asowschen und Kaspischen Meere, und die *Aorsen* werden namentlich als Anwohner des *Tanais* oder *Don* genannt. Beide Völker, die *Siraken* und die *Aorsen*, scheinen ihm Flüchtlinge oder Auswanderer von den höher Wohnenden, d. h. von den Gebirgsbewohnern [2]). Auch nennt Strabo an einer anderen Stelle [3]) die *Aorsen* als Bewohner vom Nord-Abhange des Kaukasus. Von dem östlichen Theile des Süd-Abhanges des Kaukasus, wo jetzt die *Awaren* wirklich wohnen, hatte Strabo keine bestimmte Vorstellung, wie aus seiner ganzen Schilderung der Kaukasischen Landschaften hervorgeht. Es wäre also wohl möglich, dass die Berg-*Aorsen*, von denen er gehört hatte, eben da sassen, wo die jetzigen *Awaren* leben, und dass Strabo sie an dem Nordabhange glaubte, weil er von den Berg-kesseln zwischen seinem·Albanien und dem Haupt-Rücken des Kaukasus keine richtige Vorstellung hatte. Aber auch wenn sie damals wirklich am Nordabhange wohnten, geht immer aus dem Gesagten hervor, dass die *Aorsen* der Fläche von den Berg-*Aorsen* abge-leitet wurden, und dass unter diesem Namen hier wohl die Vorfahren der *Awaren* ange-deutet werden. Schon der vorsichtige Groskurd findet in einer Anmerkung seiner Ueber-setzung «höchst wahrscheinlich» in den *Aorsen* die Vorfahren der *Awaren* [4]), ohne vielleicht zu wissen, dass noch jetzt ein Volk im Kaukasus sich *Uar* oder *Awar* nennt. Für unsere Aufgabe aber ist es besonders wichtig, dass Strabo, gleichsam zufällig, berichtet, «Ahea-kos, König der *Siraken*, habe dem Pharnakes, (Sohn des Mithrid.), als er den Bospo-rus beherrschte, zwei Myriaden Reiter geschickt; Spadines aber, König der *Aorsen*, wohl 20; die oberen *Aorsen* sogar noch mehr» [5]). Dass von diesen Söldnern viele in der Nähe von *Panticapaeum*, der Residenz des Bosporischen Königs, begraben wurden, ist natürlich.

Da Reineggs raschen Schrittes auf grosse Resultate loszugehen liebt, so könnte man besorgen, dass er die Sage von den früheren Wanderungen mehr in die Mittheilungen des Volkes hineingelegt, als aus ihnen herausgehört habe. Aber wir haben stärkere Beweise von einem Sprachforscher erhalten.

Klaproth hat in dem Anhange zu seiner «Reise in den Kaukasus und nach Geor-gien», welcher die Kaukasischen Sprachen untersucht, auch die Lesghischen Sprachen behandelt. Er findet vier Hauptsprachen, von denen die Awarische eine bildet. Wir lassen das Philologische bei Seite. Aber wichtig ist für uns, dass Klaproth sich dahin aus-spricht: die Awaren im Kaukasus schienen Reste der *Uar-Chunni* der Byzantiner, nament-lich des Theophylaktos (siehe oben S. 52) zu sein, wahrscheinlich aber auch mit den wirklichen *Awaren*, die weiter nach Osten in Asien von den Türken überwunden wurden, verwandt [6]). Die letztere Ueberzeugung gründet sich wohl darauf, dass Klaproth «eine

---

[1]) A. a. O.
[2]) Strabo, p. 506.
[3]) Strabo, p. 492.

[4]) Groskurd: Strabon's Erdbeschreibung, II, S. 387. Anmerkung.
[5]) Strabo, p. 506.
[6]) Klaproth: Kaukasische Sprachen, S. 11 u. 12.

bedeutende Aehnlichkeit Awarischer Wurzelwörter mit denen der Samojedischen, Ostja-
kischen und anderen Sibirischen Sprachen» gefunden zu haben versichert. Was aber den
ersten Theil jener Behauptung anlangt, so versichert Klaproth, dass er die aus der Geschichte der Hunnen bekannten Namen bei den jetzigen Awaren, theils ganz unverändert,
theils sehr wenig geändert, wiederfinden konnte. Er giebt darüber folgendes Register:

Hunnische Namen:	Awarische in *Chunsach:*
Uld, Uldin, Uldes.	Uldin, eine Awarische Familie.
Attila.	Addilla, ein häufiger Mannsname.
Bleda oder Bndach.	Bndach, Familienname. Budach Sultan.
Ellak.	Ellak, Lesghischer Mannsname.
Dingizik.	Dingazik, Familienname.
Eska, Tochter des Attila. •	Eska, ein jetzt veralteter Weibername.
Balamir.	Balamir, Mannesname.
Almus.	Armuss.
Leel.	Leel.
Zolta.	Ssolta.
Geysa.	Gaïssa.
Sarolta.	Sarolta.

Man kann das Gewicht, welches in dieser Uebereinstimmung der Namen liegt, nicht
verkennen, vorausgesetzt dass Klaproth nicht durch falsche Berichte getäuscht ist, denn
er selbst war nie in Awarien. Soll man nun schliessen, dass die Hunnen mit den noch
jetzt im Kaukasus lebenden A'waren eines Stammes waren, etwa nur eine Abzweigung derselben? Ich kann es nicht glauben, wenigstens nicht von dem herrschenden Stamme der
Hunnen, denn diesem wird ja, wie oben ausführlich nachgewiesen ist, Mongolische Bildung gegeben, und namentlich dem König Attila; der Awarische Kopf, den wir vor uns
haben, zeigt aber gar nichts Mongolisches. Die Hunnischen Namen, die Klaproth unter den
Awaren wiederfindet, sind nun gerade vom herrschenden Stamme. Und wie käme es, dass die
Römischen Schriftsteller sowohl die westlichen als die östlichen, die Hunnen als so überaus
hässlich und abschreckend beschreiben, die Awaren aber nicht? Woher der ganz entschieden verschiedene Charakter im Verhalten der Hunnen und der Awaren gegen andere Völker? Jene waren roh und übermüthig, aber gerade; diese im höchsten Grade listig, un-
wahr und perfid.

Ich nehme die Richtigkeit der Namen-Uebereinstimmung an, und leugne ihre Bedeutung nicht, vermuthe aber einen umgekehrten Weg der Entstehung. Die Geschichte lehrt
uns, dass die Awaren, mögen nun ursprünglich Hunnische Stämme unter ihnen gewesen
sein oder nicht, denselben Weg zogen, den die Hunnen gegangen waren, und dass sie sich
der Theiss-Gegend bemächtigten, wo die Hunnische Herrschaft rasch zu Grunde gegangen
war. Sie fanden es vortheilhaft, sich als Erben der Hunnen ansehen zu lassen. Sie for-
derten aus diesem Grunde Unterwerfung von den Völkern, die einige Zeit den Hunnen

sich unterworfen hatten, sie machten Ansprüche an den Byzantinischen Hof, die sich auf Rechte der Hunnen gründeten. Sie selbst scheinen es veranlasst zu haben, dass man sie später gewöhnlich Hunnen nannte, wie sie denn auch unzweifelhaft die Reste der Hunnen in sich aufgenommen haben. Auch hatten die Hunnen ja einen so furchtbaren Ruf sich dadurch erworben, dass die beiden Hälften des Römer-Reiches vor ihnen zitterten. Es konnte den Awaren nur vortheilhaft sein, als deren Erben angesehen zu werden. Wenn die Hunnen sich so viel Achtung erworben hatten, dass, nachdem ihre Furchtbarkeit aufgehört hatte, Byzantinische Zierbengel mit Hunnischer Tracht und Hunnischen Sitten affectirten, war es nicht natürlich, dass die Awaren, die Erben ihres Reiches, auch Hunnische Personen Namen annahmen, besonders von dem Stamme, der geherrscht hatte? Um diese Uebertragung Hunnischer Namen auf die Kaukasischen Awaren vollkommen verständlich und natürlich zu finden, ist nur anzunehmen, dass die nach Westen gezogenen Awaren noch Verbindungen mit den im Kaukasischen Isthmus verbliebenen unterhielten, oder dass nach den schweren Niederlagen im 8. Jahrhunderte einige Reste sich dahin zurückzogen. So erkläre ich es mir auch, dass der Hauptort im Lande der Awaren, der Sitz ihres Chans, *Chunsach* oder *Chunsag* heisst.

Wir besitzen von den eigentlichen Lesghiern auch nur Einen Schädel. Er ist dem Awarischen zwar ähnlich, doch verschieden durch das mehr vortretende Hinterhaupt. Auch hier liegt das *Foramen magnum* weit nach hinten, doch erhebt es sich nur wenig aus der Ebene des Grundbeins. Die Querleiste des Hinterhauptes ist mehr ausgebildet und weniger erhoben; die Mitte der oberen Schuppe tritt am meisten vor, der Scheitel ist weniger breit, in diesem Kopfe sehr schief; die Scheitelhöcker springen wenig vor. Die Nase ist sehr ähnlich, das Kinn fast eben so stark vorspringend, die aufsteigenden Aeste des Unterkiefers eben so geneigt, das Gesicht etwas weniger lang. Der Zahnbogen ist derselbe.

Die Awaren unserer Zeit, etwa 25000 Köpfe stark, gelten für die tapfersten unter den Lesghischen Stämmen. Diese Tapferkeit ist aber, wie bei den Awaren des Mittelalters, mit Treulosigkeit verbunden, es ist die unverschämte Dreistigkeit des Räubers. Man pflegt im westlichen Europa alle Kaukasischen Völker als gleich zu betrachten und als begeisterte Vertheidiger ihrer Unabhängigkeit und ihres Glaubens. Doch ist die Verschiedenheit sehr gross im westlichen und im östlichen Kaukasus. Bei den Tscherkessen im westlichen Kaukasus sind die feudalen Verhältnisse mehr ausgebildet als in irgend einem Volke Europas. Die zahlreichen Fürsten haben einen zahlreichen Adel als Gefolge, der Edelmann seine Knappen oder Knechte, die aber nicht Sklaven sind, sondern Freie. Der Adel bewahrt genau sein Stammregister, so dass es dem Sprössling eines neuen Stammes schwer sein soll, eine Frau aus einem alten Stamme zu erhalten. Wer nicht als Fürst geboren ist, dem ist es unmöglich, Führer eines Stammes oder des ganzen Volkes zu werden. Dagegen ist ein Knabe von fürstlichem Geblüte dem Fremden schon ein sicherer Geleitsmann; er wird in allen Stämmen, die mit dem seinigen nicht in offener Fehde leben, mit Achtung empfangen. Die Tscherkessen erklären sich für Muhammedaner, aber sie dulden keine Priester oder Mullahs unter sich. Ihre traditionelle Religion soll nach dem Urtheil von Personen, die viel mit ihnen verkehrt haben, ein sonderbares Gemisch von uralten Traditionen, Griechischen Mythen, die sie entweder von den Griechen haben, oder wahrscheinlicher aus denselben Quellen schöpften, aus denen die Griechen sie hatten, und von christlichen und muhammedanischen Dogmen sein. — Ganz anders bei den Lesghiern. Das ganze Volk ist demokratisch, nur nach Stämmen und Thälern getheilt, aber dem religiösen Fanatismus zugänglich und durch dieses Mittel vereinbar. Kasi Mullah und Schamyl wurden als neueste Verkünder der reinsten Lehre mächtig. Die Lesghier sind ein Räubervolk, das seit Jahrhunderten, welche Nachbarn es auch hatte, Ueberfälle und Plünderungen nach allen Seiten ausgeübt hat. Beute ist der Zweck derselben, daher auch nach gemachter Beute die schnellste ·Flucht in die unzugänglichen Bergschluchten nicht im geringsten Schande bringt, selbst wenn man vor einem viel schwächeren Gegner flieht. Nur die Beute hat Werth, ob sie durch List, Betrug oder Tapferkeit erreicht· wird, ist gleichgültig, ja, die List ist noch preislicher, weil sie geistige Ueberlegenheit beweist. Die Tscherkessen dagegen haben viel Nobles in ihrem Charakter. · Ihre Raubzüge sind mehr als Kriegszüge zu betrachten, und werden gegen Völker unternommen, zu denen sie in feindlichen Verhältnissen stehen. Vertrauen, das man den Tscherkessen erweist, erweckt auch ihr Vertrauen, und verpflichtet sie, wie man es bei wenigen Europäischen Völkern finden wird. General Roth, Kommandant von *Anapa*, der sie ganz kannte und erkannte, hatte ihr Vertrauen in solchem Grade gewonnen, dass er in Begleitung von wenigen Tscherkessen, aus denen er sich eine Leibwache des Vertrauens gebildet hatte, durch alle Gebirgsschluchten reiten konnte, wo ihm keine Russische Kriegsmacht folgen durfte, und von wo, wenn man ihn getödtet hätte, nicht einmal eine Kunde von der Art seines Todes nach Russland gekommen wäre. Und dieses Vertrauen wurde begründet, als Roth auf einem schmerzlichen Strafzuge ein Tscherkessisches Dorf verbrennen musste, und aus dem Dache eines brennenden Hauses ein Mädchen heraussprang mit dem Rufe: Ist hier ein Edelmann, dem will ich mich anvertrauen! welchem Rufe Roth, wie ein ächter Paladin, entsprach. Genährt wurde das Vertrauen durch den streng soldatischen, d. h. tapferen, aber offenen Charakter Roths. Um die Bedeutung dieses Verhältnisses ganz zu würdigen, muss man wissen, dass es vorzüglich der Kommandant von Anapa ist, der die Raubzüge der Tscherkessen zu überwachen, zurückzutreiben, und wenn sie gelungen sind, zu bestrafen hat. Als nach einigen Jahren Roth in eine auf der östlichen Seite des Kaukasus gelegene Festung, wo Schamyl immer mehr Macht gewann, versetzt wurde, schickten die Tscherkessen eine Deputation an den Statthalter, Fürsten Woronzow, mit dem naiven aber rührenden Vorwurfe: Warum hast du uns Unmündigen die Amme genommen? Auch bewahrt Roth noch jetzt eine schwärmerische Anhänglichkeit für die Tscherkessen, aus denen nach seiner Meinung, bei zweckmässiger Leitung viel zu machen wäre. Aehnliche Urtheile hört man von anderen gebildeten Offizieren der Russischen Armee. Dass aber irgend Jemand für den Charakter der Lesghier schwärmte, ihre Tapferkeit abgerechnet, habe ich weder hier noch in Tiflis gehört. Nur in den Büchern des westlichen Europas kann man ihr Lob finden, wie z. B. bei Bodenstedt [1]), wo aber das ausführlich erzählte Verhör, in welchem ein Mullah den streitigen Gegenstand sich selbst zuspricht, doch wahrlich kein Beweis für Treu und Glauben ist. Das Raubsystem ist bei den Lesghiern so tief begründet, dass es auch schwerlich auf andere Weise, als durch völlige Versetzung überwunden werden kann. Die ganze Existenz der Lesghier in ihren Schluchten ist eine so ärmliche, dass sie ohne Räubereien kaum bestehen, wenigstens nie wohlhabend werden können. Ich habe diesen Unterschied im Volks-Charakter der Kaukasier hervorheben müssen, weil auch darin eine Uebereinstimmung mit den historischen Awaren unverkennbar ist. Doch muss ich bemerken, dass die Awaren der Jetztzeit etwas ritterlicher scheinen, als die übrigen Lesghier und die Tschetschenzen.

§ 10. Rückblick auf die Untersuchungen über den Ursprung der bei Kertsch und in Oesterreich gefundenen verbildeten Köpfe.

Unsere Untersuchungen über die häufig bei Kertsch gefundenen, durch künstliche Mittel verbildeten Schädel, haben uns in so mannigfache Digressionen geführt, dass es räthlich scheint, summarisch zusammen zu fassen, was an einzelnen Resultaten gewonnen ist, um zu einem vorläufigen Abschlusse zu gelangen, so weit die Materialien ihn erlauben.

In dem östlichen Theile der Krym und namentlich in der Umgegend von Kertsch findet man nicht selten Schädel von ganz ungewöhnlicher Form, welche diese Gestalt ohne Zweifel durch künstliche Verbildung im ersten Lebensalter erhalten haben. Die ursprüngliche Form ist eine brachycephale, und zwar eine stark ausgesprochene brachycephale gewesen. Charaktere des Mongolischen Typus lassen sich nicht an ihnen erkennen. (S. 10 bis 16). In Nieder-Oesterreich, namentlich in der Gegend vor der Einmündung des Flusses *Kamp* in die Donau und nicht weit von *Wien* hat man ähnliche Schädel gefunden, die auf dieselbe Weise, durch Binden, und aus derselben ursprünglichen Form hervorgebildet scheinen. (S. 5 — 7).

Von einer künstlichen Verbildung dieser Art hatten die Griechen frühzeitig Nachricht. In der sehr bekannten hippokratischen Schrift: «Ueber Luft, Wasser und die Localitäten» wird über diese Sitte umständlich gesprochen und das Volk wird das der Langköpfigen — *Makrokephaloi* — genannt, eine Benennung, die auf diese Form der Köpfe ganz gut passt, die aber anzudeuten scheint, dass der Verfasser, Hippokrates, oder ein Anderer, den eigentlichen Namen des Volkes nicht kannte. Eben so wenig wird der Wohnsitz desselben bestimmt angegeben. Die gewöhnliche Ansicht der Commentatoren, dass der Verfasser dieses Volk an die Ostseite des *Palus Maeotis* setzt, würde auf die *Aorsen*, auf welche andere Winke führen, sehr gut passen. Allein der Verfasser spricht zuerst

---

[1]) Die Völker des Kaukasus.

von denjenigen Landschaften Asiens, welche im mittleren Sonnen-Aufgang, d. h. gerade
nach Osten von seinem Standpunkte, der Griechischen Küste von Klein-Asien oder Griechenland, liegen, und meint, dass hier die Früchte gut gedeihen und die Menschen sich
ziemlich gleich seien, weil auch die Jahreszeiten gemässigt und unter sich wenig verschieden seien. Dann fährt er aber fort: «Es ist nicht so mit den Völkern, welche rechts vom
Sommer-Sonnenaufgang bis an den *Palus Maeotis* wohnen. Diese sind mehr verschieden
unter sich, was von der grösseren Verschiedenheit der Jahreszeiten abhängt». Der
Sommer-Sonnenaufgang ist für den Verfasser dieser Schrift NO. Rechts von Nordost sind,
da die Griechen bei solchen Beschreibungen das Gesicht nach Norden gerichtet sich denken, wie wir unsere Karten zu zeichnen pflegen, also die Richtungen zwischen O. und NO.
Nach dieser Orientirung spricht der Verfasser zuerst von den *Makrokephalen*, dann von
den *Kolchiern*; er geht dann über nach Europa, spricht von den *Sauromaten*, den *Skythen*,
zuletzt von den übrigen Europäern. Er setzt also die *Makrokephalen* wohl nicht nördlich
vom Kaukasus, sondern in die Nachbarschaft der *Kolchier*, am wahrscheinlichsten zwischen
diesen und den Bewohnern von Kleinasien. In dieselbe Gegend versetzt Herodot, und
noch bestimmter Xenophon die *Makronen*, einige wenige Schriftsteller, wie Skylax, aber
die *Makrokephalen*. Von der Sitte der künstlichen Verbildung der Köpfe spricht aber kein
anderer Schriftsteller, ausser Strabo, der jedoch den Wohnsitz des Volkes eben so wenig
anzugeben weiss, wie seinen Namen. Die *Makrokephalen*, die schon in Hesiod's Gedichten
vorgekommen waren, erklärt er kurzweg für Fabeln. Die Art der künstlichen Verbildung,
wie die Hippokratische Schrift sie angiebt, ist aber offenbar nicht ersonnen, denn sie entspricht den Methoden, die wir von Amerikanischen und anderen Völkern kennen.

Wie sind diese Widersprüche zu lösen? Die einfachste Lösung wird auch wahrscheinlich die richtigste sein. Zuvörderst muss man die Vorstellung ganz aufgeben, als
habe der berühmte Hippokrates weite Reisen gemacht und die Völker, die er beschreibt,
in ihrer Heimath beobachtet. Ein so gefeierter Artzt, wie es Hippokrates war, hat weder Zeit noch Neigung, durch Wüsten lange Reisen zu machen. Auch wenn dieser Hippokrates nicht Verfasser des Buches *de aëre aquis et locis* gewesen sein sollte, so ist doch
wahrscheinlicher, dass der Verfasser mehr die Nachrichten, welche die Griechen aus
ihren Kolonien erhielten, die im ganzen Umfange des *Pontus* lagen, benutzte, um
seine Ansichten über den Einfluss der äusseren Natur auf den Menschen an ihnen zu
erweisen, als dass er diese Nachrichten selbst sammelte. Wäre er in Skythien gewesen,
so würde er diese Ebenen nicht für ansteigende Hochebenen halten, hinter denen nach
Norden zu Berge mit ewigem Schnee liegen, von welchen die kalten Nordwinde kommen.
Er würde nicht seinen theoretischen Ansichten zu Liebe behaupten, die grosse Aehnlichkeit der Skythen unter einander komme daher, dass die Jahreszeiten unter sich sehr gleich
sind, da hier gerade die Jahreszeiten ganz excessiv verschieden sind. Nach dieser Schrift
wären aber Kälte und Feuchtigkeit mit kurzer Unterbrechung auch im Sommer anhaltend.
Die Flüsse sollen zahlreich sein. Mir scheint unzweifelhaft, dass der Verfasser Nachrichten

aus sehr verschiedenen Localitäten zusammengestellt hat, den Wasser-Reichthum von der Südküste der Krym, wo die Griechischen Kolonien lagen, mit den endlosen Ebenen des eigentlichen Skythiens; das Schneegebirge mag der Kaukasus sein, dessen Name sonst hier nicht vorkommt, aber um die eisigen Nordwinde zu erklären, denkt er sich diese Berge im Norden der Ebene. Die Behauptung, dass ein Sauromatisches Mädchen erst heirathen dürfe, nachdem es drei Feinde erlegt hat, gehört ganz in die Reihe der Märchen, die man sich von dem kriegerischen Geiste der Weiber im Norden des Kaukasus lange erzählte.

Wenden wir nun die Ansicht, dass die Nachrichten über fremde Gegenden und Völker, welche in dieser Schrift vorkommen, von Kaufleuten oder Reisenden gesammelt sind, auf unsere Aufgabe an, so darf es nicht auffallen, dass der Wohnsitz der *Makrokephalen* gar nicht näher angegeben ist, als durch die Nennung vor den *Kolchiern*, obgleich die Beschreibung der Methode der Verbildung den Methoden gleicht, die man in ganz anderen Gegenden erfahren hat. Man hatte entweder in Kolchis oder an einem anderen Handelsorte von der Sitte, die Köpfe der Neugeborenen zu verbilden, gehört, die den Griechen sehr auffallen musste, man wusste aber nicht, wo sie geübt wurde und bei welchem Volke. Man belegte dieses also mit dem alten fabelhaften Namen der *Makrokephalen*. Dass man später die *Makronen*, deren Sitz und Namen bekannt waren, für die *Makrokephalen* hielt, mag ganz einfach daher kommen, dass man das Griechische Adjectiv μαχρός darin zu erkennen glaubte, obgleich der Name *Makrones* wohl einer Barbarischen Wurzel, vielleicht dem Namen der Berge entsprossen war. Es ist auch nicht unwahrscheinlich, dass Hippokrates und Strabo's Nachrichten von künstlichen Verbildungen der Köpfe auf dasselbe Volk sich beziehen, dessen Wohnsitz beide nicht kannten (S. 19 — 30).

Vergeblich waren die Versuche, die Spuren dieses Volkes nach der Behauptung, die *Hunnen* hätten dieselbe Sitte gehabt, aufzufinden. Der herrschende Stamm der *Hunnen* wird ganz wie ein Mongolischer beschrieben. Unter der Führung desselben waren allerdings viele andere, allein da die Ansicht von der künstlichen Verbildung nur auf einem einzelnen Worte des schwülstigen Dichters Sidonius Apollinaris beruht, dem es auf ein Dutzend Worte zu viel gar nicht ankommt, und nur durch Einen Buchstaben, in diesem Einen Worte erwiesen werden soll, so kann man wohl mit Zuversicht sagen, dass in den historischen Nachrichten über die Geschichte der Hunnen keine Beweise gefunden sind, dass sie die Köpfe künstlich verbildeten. Dass die Denkmünzen auf Attila keine Beweise liefern können, versteht sich von selbst, sonst müsste man ihm auch Hörner und Eselsohren zuschreiben. (S. 30 — 45).

Ganz andere Anknüpfungspunkte gewähren uns die *Awaren*. Vor allen Dingen hat ein Kopf der jetzt noch im Kaukasus neben den Lesghiern wohnenden *Awaren* auffallende Aehnlichkeit mit der ursprünglichen Grundform der verbildeten Köpfe aus der Krym; beide haben gar nicht Mongolischen Charakter. Auch die *Awaren* des Mittelalters waren wohl nicht Mongolischen Stammes, denn wenigstens die Deputationen, die in Konstanti-

nopel erschienen, trugen lange Haarflechten, und die Gesichter schienen gar nicht aufgefallen zu sein. Dazu kommt, dass die Kaukasischen *Awaren* die Sage bewahrt haben
sollen, Stammgenossen von ihnen seien nach Norden ausgewandert, also in die Gegend,
wo Strabo's *Aorsen* lebten, und dass diese Auswanderer durch Weiterziehen verschwunden seien, wie auch die *Aorsi* nach Strabo's und Ptolemaeus Zeit verschwunden
scheinen. Der letztere hatte sie schon weiter nach Norden gerückt. Von den *Aorsen*
haben sehr viele, nach Strabo's bestimmten Angaben, Kriegsdienste im Bosporischen
Reiche geleistet. *Aor* ist eine sehr einfache Umbildung von *Uar*, wie nach Klaproth die
Kaukasischen *Awaren* sich noch jetzt nennen sollen. Die *Aorsen* der Ebene hält auch
Strabo für Abkömmlinge der Berg-*Aorsen*, die also unsere jetzigen *Awaren* sein könnten.
Zu allem diesem kommt, dass man in Nieder-Oesterreich verbildete Köpfe gleich denen
um Kertsch gefunden hat, einen davon in der Nähe eines Awaren-Ringes, und dass man
sie auf kein anderes Volk, als auf die *Awaren* des Mittelalters, zu deuten weiss. Ihr Charakter, wie ihn die Geschichte zeichnet, scheint auch dem der *Awaren* der Neuzeit ähnlich.
Man könnte die Ableitung der verbildeten Köpfe von den *Awaren* als erwiesen betrachten,
wenn irgend eine Geschichtsquelle damaliger Zeit erwähnte, dass die *Awaren* sich die
Köpfe verbildeten, eine solche Nachricht ist aber nicht aufgefunden. In Ermangelung derselben könnte nur das nicht seltene Vorkommen solcher Köpfe in Ungarn und namentlich in den Gegenden der Theiss den vollen Beweis liefern. Bis dieser Beweis sich findet,
möchte ich doch nicht unbemerkt lassen, dass die *Awaren* lange Haarzöpfe vom Hinterhaupt herabhängen liessen. Diese Sitte könnte wohl Veranlassung gegeben haben, den
Scheitel mit dem Hinterhaupt bei den Neugeborenen zurück zu schieben, damit die Zöpfe
desto besser paradiren könnten. Sehr möglich ist es aber, dass nur gewisse Stämme die
Sitte hatten, die Köpfe ihrer Kinder zu verbilden.

Die Awaren des Mittelalters hatten die Gewohnheit, ihre Lager durch weite Umwallungen zu schützen. In der letzten Zeit, als Karl der Grosse und sein Sohn Pipln den
entscheidenden Vernichtungskrieg gegen sie ausführten, scheinen diese Umwallungen in
sehr grossem Maassstabe bestanden zu haben. Wenigstens wurden sie von dieser Zeit an
unter dem Namen der Awaren-Ringe berühmt. Man hat aber wenig sichere Nachrichten
über sie. Eine Beschreibung ist ziemlich allgemein als richtig und maassgebend angenommen [1]), die zwar sehr bestimmt spricht, aber, wie es mir scheint, handgreiflich irrig ist. Ein
Krieger, Adalbert, der den Feldzug gegen die Awaren mitgemacht hatte, berichtete darüber dem Mönch von St. Gallen, der die Lebensgeschichte Karls des Grossen geschrieben hat [2]) und darin eine Darstellung giebt, als ob das ganze Land der Awaren durch neun
concentrische ringförmige Wälle getheilt sei, von denen einer von dem anderen 10 Deutsche
Meilen abstehe; jeder Wall sei aus Faschinen (? *stipitibus quernis, faginis vel abiegnis*) 20 Fuss hoch

---

[1]) Z. B. von Zeuss: Die Deutschen und ihre Nachbarstämme, S. 737. Aber auch von Thierry: *Attila*, II,
p. 164.

[2]) Pertz: *Monumenta Germ.*, II, p. 748.

und eben so breit aufgebaut, mit Steinen oder Kalk ausgefüllt, mit Rasen bedeckt und mit Gebüsch bewachsen. Man sieht, der gute Mönch hat von Verschanzungen keinen sonderlichen Begriff. Zwischen Faschinen, die nur mit Rasen bedeckt sind, würden die Stecklinge, aus denen das Gebüsch wachsen sollte, schwerlich gedeihen. Es mögen also wohl Erdwälle gewesen sein, denen man zur stärkeren Befestigung Faschinen zur Wandung gab. Aber auch die übrige Beschreibung muss arge Missverständnisse enthalten. Neun concentrische Kreise, von denen jeder 10 Deutsche Meilen[1]) von dem anderen absteht, würden 180 Deutsche Meilen Durchmesser für den äussersten Kreis geben, wofür der Raum in Ungarn fehlt. Die äussersten Wälle, wie der am Fluss Kamp und ein zweiter am Kahlenberge, mögen nichts anderes, als Verbindungen gegenüberstehender Gebirgs-Ausläufer gewesen sein, so dass also eigentlich das Gebirge den Ring bildete, was gerade für Ungarn passt. Dass aber innerhalb der Ebene die Ringe nicht einander einschlossen, sondern neben einander lagen, scheint aus dem Berichte von dem Zuge Pipin's, der einige der inneren Ringe eroberte, hervorzugehen. Auch sagen andere Nachrichten, dass die Ringe wohl 50000 Schritt im Umfange hatten, also nur 4 — 5 D. Meilen. Jedenfalls waren die Umwallungen bestimmt, nicht nur das Lager der Menschen zu umschliessen, sondern auch die Weideplätze für das Vieh.

Es scheint nun sehr beachtungswerth, dass sehr weite Umwallungen aus ganz alter Zeit nur aus den südlichen Provinzen des Russischen Reiches bekannt sind, nicht aber, so viel ich weiss, aus seinen mittleren und nördlichen. Aus diesen kennt man eine sehr grosse Anzahl kleinerer Umwallungen, die als Redouten für Krieger-Haufen gedient zu haben scheinen. Sie erstrecken sich bis nach Finnland, sind aber auch häufig, und zum Theil sehr häufig, in benachbarten Ländern, die einst Slavische Bevölkerung hatten oder noch haben, wie die Mark Brandenburg und die Lausitz. Man nennt einen solchen Platz, der zuweilen mit mehreren Wällen umgeben ist, im Russischen *Gorodischtsche*, und schreibt sie wegen ihres Vorkommens den Slavischen Stämmen zu. Auf der Südseite der Karpathen, der Sudeten und des Erzgebirges soll man sie aber nicht kennen[2]). — Sehr ausgedehnte Umwallungen sind sehr viel seltener, und wie gesagt, nur aus den südlichen Provinzen bekannt, vom Donez bis nach Ungarn. So beschreibt Güldenstädt einen Wall, der auf der rechten Seite des Donez einen Raum von 50 Werst (7$\frac{1}{5}$ D. Meilen) Länge und 10 Werst Breite abgränzt[3]). Güldenstädt meint, diese Umwallung, die auf der einen Seite durch den Fluss geschlossen wird, sei gegen die Krymischen Tataren angelegt, wohl nur weil die Russen jetzt vor allen Dingen an die Tataren denken. Allein in diesen Gegenden lebten die *Aorsen* des Strabo. Es ist hier auch ein *Gorodischtsche* in der Nähe, welcher *Chaganskoe*, Umwallung des Chagan heisst, — Chagan war der Titel der Awarischen Häuptlinge, später auch der Chasarischen. — Weiter westlich, im Wolkowschen

---

[1]) In den gewöhnlichen Handschriften steht sogar 20 D. Meilen, da aber zugleich gesagt ist, dass diese 40 Ital. Meilen betrugen, so sind 10 Meilen gemeint.

[2]) Sresnewski in den Записки Одесскаго Общества Исторіи и Древностей. T. II, стр. 532 — 549.

[3]) Güldenstädt's Reise, II, S. 239 und vorher.

Kreise des Charkowschen Gouvernements, an den oberen Zuflüssen der *Merefa*, 16 Werst
von Walki, ist eine vierseitige Umwallung, deren Umfang über 3 Werst beträgt. Sie kann
sich also an Ausdehnung mit der eben genannten nicht messen, allein sie ist dadurch merkwürdig, dass in ihr, ausser vielen Knochen, Pfeilspitzen aus Kupfer gefunden sind. Auf
den sehr hohen Wällen, die zum Theil dreifach sind, sollen Eichen von 7 bis 8 Arschin
(15 — 18 Fuss P. M.) Umfang stehen. Eine andere Umwallung in demselben Kreise, von
dem Volke Chasaren-Befestigung genannt, mit dreifachen Wällen und Gräben umgeben,
ist ebenfalls mit sehr grossen Bäumen bewachsen [1]. Sie fehlen in Bessarabien nicht, scheinen vielmehr dort häufiger zu werden; doch fehlt es an genügenden Beschreibungen.
In einem Aufsatze über alte Befestigungen in Bessarabien zählt H. Stamati sehr ausführlich Reste von Befestigungen aus Stein auf, erwähnt aber vorübergehend ausgedehnter Be-
festigungs-Arbeiten [2]. Mehr sagt darüber hie und da Kantemir [3] in seiner Beschreibung
der Moldau. So fanden z. B. Leute, die er ausschickte, in den Wäldern am *Pruth* eine
Umwallung, zum Theil aus gebrannten Steinen, in Gestalt eines «länglichen Zirkels», im
Umfange von 5 Ital. Meilen. Ausführlicher spricht Sulzer [4] von Wällen, die er in der
Moldau und Wallachei bis nach Ungarn sah, und für Awaren-Ringe oder deren Reste erklärt, denn oft schien ein solcher Wall gerade oder fast gerade zu verlaufen und dann
abzubrechen. Sulzer ist freilich eine alte Quelle, und ich kann nicht zweifeln, dass dieser
Gegenstand, namentlich in Ungarn, in neuerer Zeit viel vollständiger bearbeitet sein wird,
indessen sind mir solche Arbeiten unbekannt. Auch genügen schon die allerdings noch
dürftigen Nachrichten aus Russland, um das Vorkommen dieser Umwallungen vom Don
bis in das alte Dacien zu erweisen. Oestlich vom *Don* habe ich von keiner grossen Umwallung gehört.

Wenn nun die *Awaren* des Mittelalters die *Aorsen* Strabo's sein sollten, wie ist ihr
Verhältniss zu den eigentlichen *Awaren*, die früher viel weiter nach Osten in Asien
am Altai herrschend gewesen und von den Türken unterworfen sein sollen, zu nehmen? Die Türken behaupteten in einer Gesandtschaft nach Konstantinopel, die entlaufenen *Uar-Chuni* seien den wahren *Awaren*, die jetzt ihnen (den Türken) gehorchten, unterworfen gewesen, und machten daher Vorwürfe, dass man sie in Byzantinischen Schutz
und Sold genommen habe. Wir haben Einiges hierüber oben (S. 51) angedeutet. Ausführlicheres kann man in Theophylactos Simoc. *Lib. VII* lesen, und nach diesen Nachrichten übersichtlich bearbeitet in Thierry's *histoire d'Attila I, partie 2, chap. 6.* Es wäre
allerdings sehr willkommen, wenn man auch diese Frage mit einiger Wahrscheinlichkeit
beantworten könnte. Indessen möchte ich darüber nicht einmal eine Vermuthung aussprechen, weil mir die Materialien gar zu unsicher scheinen. Die Türken konnten die

---

[1] Русск. историческ. сборникъ, Т. III, ст. 201—229.

[2] Записки Одесск. Общества ист. и древн. Т. II, стр. 805 — 815.

[3] Kantemir Beschreibung der Moldau, Büsching's Magazin, Bd. III, S. 555.

[4] Sulzer: Geschichte des transalpinischen Daciens. Bd. I, S. 209 — 225.

Herrschaft über die Entwichenen schon deshalb beanspruchen, weil sie bis an das Wohngebiet derselben vorgedrungen waren, um sie zu bekriegen. Es war sowohl bei den Hunnen als bei den historischen Awaren ganz gewöhnlich, ein Volk, das der Unterjochung auswich, entlaufene Knechte zu nennen, auch wenn es noch gar nicht zu einem Kampfe gekommen war. Es wäre möglich, dass mit den ehemaligen Herren der ausgewichenen *War-Chuni* niemand anderes, als die Berg-*Aorsen* oder die im Kaukasus zurückgebliebenen *Awaren* gemeint waren. Angenommen aber, die Entlaufenen, d. h. die historischen Awaren, wären erst kürzlich aus dem Innern Asiens gekommen, so finden wir hier, nach dem merkwürdigen Zeugnisse des oben (S. 23) genannten Chinesischen Reisenden, im 7. Jahrhundert, also nur ein Jahrhundert nach dem Erscheinen der historischen Awaren, ein Volk, welches die Köpfe der Neugeborenen verbildet, vielleicht ein verwandter Stamm oder Zurückgebliebene desselben Stammes. Dann wären Strabo's *Aorsen* aber aus der Combination ausgeschlossen, dagegen könnte man das Volk, von dem Strabo sagt, dass es die Köpfe verbilde, dessen Wohnsitz und Namen er aber nicht kennt, damit in Verbindung bringen. Strabo nennt bei Gelegenheit dieser Kopf-Former auch ein Volk, *Tapyren*, das östlich vom Kaspischen Meere wohnte. Die Awaren sollen aber auf ihrer Wanderung oder Flucht nach Westen das Volk der *Sabiren* vernichtet oder versprengt haben. Ist das nicht dasselbe, da s und t im Griechischen so ungemein leicht wechseln? Allerdings hätte auch der zweite Vokal gewechselt, aus einem kurzen υ in ein langes ει [1]), und das Volk wäre weiter westlich gezogen. Es scheint aber auch gar nicht unmöglich, dass die *Aorsen* früher weiter östlich in Asien ansässig waren, und dass die Ansprüche der zur Herrschaft gekommenen Türken sich also auf eine schon lange vergangene Zeit bezogen, von der nur eine Erinnerung sich erhalten hatte, die von den neuen Herrschern geltend gemacht wurde. Unter dieser Voraussetzung würden alle bisher erwähnten Andeutungen sich vereinigen lassen.

In welchem Verhältnisse mögen aber die *Makrokephalen* des Hippokrates zu diesen Awarischen Fingerzeigen stehen? Als unzweifelhaft kann man es ansehen, dass das Volk mit verbildeten Köpfen, dessen Reste man jetzt um *Kertsch* findet, nicht zur Zeit der Blüthe der Griechischen Kolonie hier wohnte, weil sonst doch die Nachricht davon allgemeiner sich verbreitet hätte, und nicht nur Hippokrates, sondern besonders Strabo würden ein solches Volk nicht in unbestimmter Ferne suchen. Hätte es in der Nachbarschaft von Griechen gelebt, so würde es doch wohl öfter genannt sein. Der Periplus des Skylax setzt es an eine Stelle, wo notorisch die *Makronen* wohnten. Das sieht gerade aus, wie eine schlechte Verbesserung eines späteren Bearbeiters. Es wäre also auch kein Hinderniss, das Volk weit entfernt, im östlichen Kaukasus etwa, zu suchen. Die Stelle, die es in der Hippokratischen Schrift einnimmt, spricht nicht dagegen. Sie macht es nur unwahrscheinlich, dieses Volk der *Makrokephalen* im Norden des Kaukasus zu finden, nach den Ansich-

---

[1]) *Menander:* Excerpt. legat. p. 101.

ten und Nachrichten, die der Verfasser der Schrift: die *aëre aquis et locis* hat. Bei der
Unkenntniss der Wohnsitze der Hippokratischen *Makrokephalen* darf man es wenigstens
nicht als sicher betrachten, dass sie von den ungenannten Kopf-Formern Strabo's verschieden waren. Diese sucht der eben genannte Geograph ziemlich weit nach Osten, und,
wie es scheint, in Berg-Gegenden. Sie könnten auch in dem Districte *Kaschgar* gewohnt
haben, wo der Chinese Hinen-Thsang im 7. Jahrhundert n. Chr. die besprochene Sitte
noch vorfand. Nun ist diese Gegend gerade die der *Uiguren* oder der östlichsten Türken.
Die Awaren des Mittelalters hatten Völker unterworfen, welche von den Byzantinischen
Schriftstellern Ὀγώρ genannt werden [1]), und die sich mit ihnen vereinten. In späteren
Zeiten wird neben dem Chakan oder Chagan eine bedeutende Person unter dem Titel:
Vigurrus oder *Jugurrus* genannt.

Ohne nun in die Streitfrage weiter einzugehen, ob jenes Volk und die Magistrats-
Person mit den Finnischen *Ugren* oder den Türkischen *Uiguren* in Verbindung zu bringen
ist, was nur durch die anhaltendsten historischen Untersuchungen wird ermittelt werden
können, wenn es überhaupt möglich ist, können wir mit folgenden Sätzen kaum hoffen,
einen Abschluss zu machen, der für jetzt nicht möglich ist, da man noch nicht weiss, ob
in der ausgedehnten Länderstrecke zwischen Kertsch und Nieder-Oesterreich so zahlreiche
verbildete Köpfe im Boden vorkommen, als man in den genannten Gegenden gefunden hat,
und ob ähnlich oder anders verbildete Köpfe im Chinesischen Turkestan, namentlich um
Kaschgar, in alten Gräbern sich finden, auch eine nähere Untersuchung der Sprache der
jetzigen Kaukasischen Awaren noch fehlt, und insbesondere die Bestimmung, welche Elemente, ob Türkische oder Finnische neben den Lesghischen in derselben vorkommen. Die
folgenden Sätze sollen vielmehr Gesichtspunkte eröffnen, die man abschliessen mag, wenn
man über die Verbreitung der verbildeten Köpfe mehr weiss.

Die in Nieder-Oesterreich gefundenen verbildeten Köpfe stammen wahrscheinlich von
der Invasion der Awaren.

Die ganz ähnlichen, welche in der Gegend von *Kertsch* gefunden werden, scheinen
von demselben Volke zu stammen.

Man darf aber nicht behaupten, dass alle Awaren des Mittelalters solche Köpfe hatten.
Es ist höchst wahrscheinlich, dass die Awarischen Horden schon im Anfange ihres Auf-
tretens aus einem Gemisch von mehreren Völkern bestanden. Gar nicht zu bezweifeln ist,
dass sie später, namentlich zur Zeit Karls des Grossen, ungmein gemischt waren. Die
Hunnen waren in sie aufgegangen. Von den *Alanen*, welche Schafarik für identisch mit
den *Osseten* erklärt, hatten sich schon einige Stämme an die *Hunnen* angeschlossen, andere
an die *Awaren*, während doch der Rest des Volkes zurückblieb.

Es ist nicht nur möglich, sondern wahrscheinlich, dass nur eins oder einige der
Völker, aus denen der Awarische Bund bestand, die Sitte hatten, die Köpfe zu verbilden.

---

[1]) Eginhard: *Vita Caroli Magni.*

Da die Kopfform der jetzigen Kaukasischen Awaren, freilich nur nach einem einzigen Exemplare zu urtheilen, mit der Form übereinstimmt, welche die besprochenen verbildeten Köpfe vor der Verbildung gehabt haben müssen, so scheinen diese neueren Awaren nicht wesentlich verschieden von den historischen oder einem Theile derselben. Der Charakter von List und Betrug, verbunden mit Tapferkeit und Grausamkeit scheint auch sehr übereinstimmend.

Wenn es wahr ist, dass diese Kaukasischen Awaren noch jetzt sich *Uar* nennen, wird dadurch ihr Zusammenhang mit den Awaren des Mittelalters noch wahrscheinlicher, zugleich aber auch mit den *Aorsen* Strabo's. Die *Aorsen* Strabo's mögen aber die Sitte, die Köpfe zu verbilden, damals nicht gehabt haben, da Strabo diese Sitte nur von einem Volke anführt, das in einer ihm unbekannten entfernten Gegend weiter nach Osten lebte.

Auch der Sitz von den *Makrokephalen* des Hippokrates war unbekannt, und jedenfalls hatten die späteren Griechen mit ihnen keinen Verkehr. Es scheint also auch kein Grund, sie für verschieden von dem Volke zu halten, dessen Strabo gedenkt, ohne es zu nennen. Zu bemerken ist, dass die früheren Griechen durch den vielfachen Verkehr mit den *Skythen* bestimmtere Nachrichten von den Gegenden nördlich vom Kaspischen Meere hatten, als die späteren, wie schon daraus hervorgeht, das Herodot das Kaspische Meer für ein umschlossenes erklärt, Strabo aber an eine Verbindung desselben mit dem nördlichen Ocean glaubt.

Da wir, freilich aus ganz anderer Quelle, erfahren, dass die *Uiguren* noch im 7. Jahrhundert die Sitte hatten, die Köpfe der Neugeborenen zu verbilden, so wäre es möglich, dass dieser Türkische Stamm unter den Awaren dieselbe Sitte nach Europa verpflanzte. Nicht zu übersehen aber ist, dass Byzantinische Schriftsteller die plötzlich erschienenen Awaren von einem Volke *Ogor* ableiten. Diese beherrschten lange die Krym. Die Charakter-Schilderung, welche der Chinese Hinen-Thsang von den Bewohnern von *Kaschgar* giebt, passt ganz zu dem Verhalten der historischen Awaren. «*Les habitants*», heisst es nach St. Julien's Uebersetzung, «*sont d'un naturel violent et le caractère dominant de leurs moeurs est la ruse et la duplicité. Ils font peu de cas des rites et de la justice, et sont aussi peu versés dans les lettres que dans les arts. Ils ont emprunté leur écriture à l'Inde*». Das Uigurische Alphabet ist nach Klaproth und Abel-Rémusat Syrischen Ursprungs. Das aber konnte der Chinese wohl nicht beurtheilen   Von der Formung des Kopfes heisst es: «*Il existe chez eux une coutume étrange: quand un enfant est né, on lui applatit la téte en la comprimant avec une planchette* [1]).

Ob die jetzigen Kaukasischen Awaren nicht etwa ein Gemisch eines Türkischen Volkes mit einem Lesghischen sind, bliebe näher zu untersuchen, so wie auch zu bestimmen, ob die Uebereinstimmung ihrer Kopfbildung mit der ursprünglichen Form der verbildeten Köpfe eine allgemeine ist, oder nur eine zufällige in dem einen untersuchten Individuum.

---

[1]) Stan. Julien: *Histoire de la vie de Hiouen-Thsang, p. 596,*

Die Form des Hinterhauptes ist in dem beschriebenen Awaren-Kopfe so auffallend, dass man die Vermuthung einer künstlichen Abplattung nicht ganz unterdrücken kann. Wenn man eine solche voraussetzen könnte, so wäre die Uebereinstimmung mit dem Lesghier-Kopfe grösser, als sie jetzt ist.

Die beabsichtigte ethnographische Expedition nach *Dagestan* wird vielleicht auch eine Ueberzeugung sich zu verschaffen wissen, ob das Volk der Kaukasischen Awaren schon lange vor den Zügen der mittelalterlichen Awaren hier ansässig war, oder erst aus den Trümmern derselben sich sammelte. Nach einem Arabischen Manuscripte eines Efendi, der aber nicht näher bezeichnet wird, sollen diese Awaren im 8. Jahrhundert eine ausgedehnte Herrschaft im östlichen Kaukasus ausgeübt haben, und die Awarischen Chane dieser Gegend sollen noch im vorigen Jahrhundert von den Chanen von *Schirwan*, *Derbent*, *Baku*, *Nucha*, von dem Pascha von *Achalzik* und selbst von dem Zar von *Grusien* eine Art Tribut oder Sold unter der Bedingung bezogen haben, ihre Besitzungen nicht zu beunruhigen [1]). Das erinnert ja ganz an das Mittelalter.

§ 11. Verbildete Schädel, die in Savoyen und unweit Lausanne gefunden sind.

Ich habe S. 9 erwähnt, dass Dr. Troyon zu *Chesaux* bei *Lausanne* und Herr Gosse der Jüngere in *Savoyen* verbildete Köpfe in alten Gräbern gefunden haben. Von den ersteren ist auch einer auf unserer Taf. II, Fig. 7 abgebildet. Sie dürfen deswegen hier nicht ganz übergangen werden. Sie mit denen der Krym in nahe Verbindung zu bringen, scheint aber kein Grund vorhanden. Die Entdecker selbst haben sie weder mit Awaren noch mit Hunnen in Beziehung gebracht. Dr. Troyon glaubte ursprünglich, es könnten alte Helvetier sein. Später hat man sie den Sarazenen zugeschrieben, weil in 5 — 6 Minuten Entfernung von solchen Gräbern ein Felsen sich findet, den man *rocher des Sarasins* nennt, und diese Sitte bei manchen Arabischen Stämmen bestand und zum Theil noch besteht. Von einem Algierischen Araber bildet Gosse auf Taf. II, Fig. 7 einen Kopf ab, den er für einen künstlich verbildeten erklärt. Dieser Kopf ist in ganz neuer Zeit in die anthropologische Sammlung von Paris gebracht. Auch ist es historisch erwiesen, dass die Sarazenen sich längere Zeit in der *Provence* festgesetzt hatten und Raubzüge nach *Savoyen*, *Piemont* und in die *Schweiz* machten. Der berühmte Orientalist Reinaud hat darüber ein eigenes Buch geschrieben [2]). Eine Zeit lang sollen die Genueser, wie wir darüber oben das Zeugniss von Scaliger anführten, den Sarazenen oder Mauren die künstliche Verbildung des Kopfes nachgemacht haben. Scaliger ist nicht immer zuverlässig; er nennt sogar die Genueser Nachkommen der Mauren [3]).

---

[1]) Berger im Кавказскій Календарь за 1859, стр. 265.

[2]) Reinaud: *Invasions des Sarrazins en France, et de France en Savois, en Piémont et dans la Suisse.*

[3]) *Sic Genuenses, cum a Mauris progenitoribus accepissent olim morem ut infantibus recens natis tempora comprimerentur, nunc absque ullo compressu, Thersitico capite et animo nascuntur l. c.*

§ 12. Angeborne Missbildung, auf Einem ursprünglich ungetheilten Scheitelbeine
beruhend. (*Macrocephalus* Blum.)[1].

Hierzu Taf. III.

Sehr verschieden, nicht nur von den *Makrokephalen* der Krym, sondern von allen bekannt gewordenen künstlichen Verbildungen des Kopfes, die von Dr. Hippolyte Gosse
aufgezählt und abgebildet werden, ist der Schädel, den Blumenbach unter der Benennung *Macrocephalus Asiaticus* beschrieben und abgebildet hat. Da er Tatarischen Ursprungs
sein sollte, so lag die Vermuthung wohl nahe, in dieser langgezogenen Form die *Makrokephalen* der Alten wiederzufinden. Indessen hätte der Umstand, dass an diesem Schädel
gar keine Spuren von Alterthum zu erkennen waren, wohl bedenklich machen sollen.
Darüber kann aber kein Zweifel sein, dass Blumenbach später, vielleicht um viele Jahre
später, erkennen musste, dass hier weder eine künstliche Verbildung, noch eine erbliche
Eigenthümlichkeit, sondern ein Bildungsfehler sich zeige. Er erhielt nämlich einen zweiten, ganz ähnlichen, nur noch etwas mehr verlängerten Kopf, als den Kopf eines Dänen,
und zwar auch ohne alle Spur von Pfeilnath. Dieser Kopf findet sich noch in der Blumenbachschen Sammlung, mit der Inschrift: *Danus*. Dass Blumenbach, so viel mir bekannt ist, nie über diesen Kopf etwas gesagt hat, kommt wohl daher, dass er überhaupt
mit Missbildungen sich nicht mehr beschäftigt hat, als zur allgemeinsten physiologischen
Kenntnissnahme gehört. Als er aber im J. 1833 durch Dr. Stephan den verbildeten
Kopf aus der Krym erhielt (S. 4) und ihn als ächten Hyppokratischen *Makrokephalos* bezeichnete[2], konnte er über das Irrige der früheren Deutung gar nicht mehr in Zweifel
bleiben. Er würde das auch wohl in einer ausführlichen Erörterung selbst gezeigt haben,
wenn ihn der Tod nicht ereilt hätte. In Göttingen erfuhr ich, dass er eine neue Lieferung
seiner Schädel-Abbildungen eingeleitet hätte, und ich sah daselbst zwei gestochene Schädel, die nie publicirt sind, da der Text dazu fehlte.

Es ist diese Missbildung dadurch charakterisirt, dass der Schädel sehr schmal und
gleichsam von beiden Seiten zusammengedrückt ist. Die Verengerung nimmt nach oben
immer mehr zu, so dass der Scheitel, statt eine mehr oder weniger gewölbte Fläche zu
bilden, einen Kiel darstellt. Da zu gleicher Zeit die Köpfe dieser Art sehr verlängert
sind, aber so, dass der Kiel in einem Bogen nach hinten und unten verläuft, so hat der

---

[1] Wegen ungleicher Schreibart der Griechischen
Wörter finde ich vielleicht Tadel. Ich muss wenigstens
den Grund angeben. Die Russische Sprache behält, wenn
sie ein Griechisches Wort aufnimmt, nicht nur die Aus-
sprache, sondern auch die Schreibart bei. *Makrokephal*
heisst also in der Krym ein so verbildeter Kopf, wie
wir ihn oben beschrieben haben, genau wie im Griechischen, nur mit Weglassung der Endigung. Um die Lo-
calbenennung völlig auszudrücken, glaubte ich die Grie-

chische Schreibart beibehalten zu müssen. Wo aber dasselbe Wort in einer Lateinischen Schrift gebraucht ist,
meinte ich diese nicht ändern zu dürfen.— Unsere technischen Ausdrücke behandeln wir ganz allgemein so,
wie die Römer sie geschrieben haben, oder geschrieben
haben würden. Ich kann daher nicht umhin *Scaphocephalus* zu schreiben, indem ich diesen neuen technischen
Ausdruck vorschlage.

[2] Götting. gelehrte Anzeigen, 1833, S. 1761.

ganze Kopf, von oben betrachtet, eine ungemeine Aehnlichkeit mit einem umgekehrten, stark gekrümmten Boote. Der Hinterkopf steht immer vor, zuweilen aber, wie in Fig. 5 und 8 unserer Taf. III, ist auch die Stirn über die Fläche des Gesichtes hervorgetrieben, aber nicht wie beim *Hydrocephalus* mit bedeutender Breite, sondern es ist eben der Scheitelkiel, der sich auch vorn Raum schafft. Der Schädel sieht mit einem Worte so aus, als ob er eine seitliche, nach oben verstärkte Zusammenpressung erfahren hätte, und als ob das Hirn, in der seitlichen Entwickelung gehindert, dafür mehr als gewöhnlich in der Längenrichtung sich ausgedehnt habe. Dabei pflegt ein solcher Kopf ganz symmetrisch zu sein, wenigstens sind die 3 Fälle, welche ich kenne, sehr symmetrisch. Alle drei haben ferner keine Pfeilnath. Man entdeckt, auch wenn man solche Schädel gegen das Licht hält, auf der inneren Fläche über der in diesen Köpfen ungewöhnlich tiefen Rinne, in welcher der *Sinus falciformis major* befindlich war, keine Spur der Pfeilnath. Auch fehlen die Scheitelhöcker (*Tubera parietalia*) ganz. Es ist sehr auffallend, dass man nicht schon lange in diesem Umstande den Grund der Verbildung gesucht hat. Es hat sich nämlich für beide Ossificationspunkte in der Scheitelgegend nur Einer in der Mitte des Scheitels gebildet und es ist also nur Ein *Os bregmatis* da, nicht etwa zwei, die schon frühzeitig verwachsen sind. Alle drei Schädel, die ich gesehen habe, waren von so jungen Individuen, dass der letzte Backenzahn noch nicht seine ganze Höhe erreicht hatte. Auch verlaufen die kleinen Eindrücke auf der äusseren Tafel des Scheitelbeins, die sonst in jedem Scheitelbein convergirend gegen den Scheitelhöcker gerichtet sind, in den Kielköpfen oder *Scaphocephalen* gegen einen gemeinschaftlichen Mittelpunkt. Da die Verknöcherung in der Mittellinie beginnt, so ist es gleichsam ein sattelförmiger Dornfost, der zuerst da ist, und die beiden Schenkel desselben pressen das Hirn lange vor der Geburt zusammen und erlauben ihm nicht die gehörige Entwickelung zur Seite. Um so mehr wächst es in die Länge, und die Schädeldecke bekommt die Gestalt eines umgestürzten Bootes.

Dr. Humphry Minchin, Inspector eines Kinderhospitals und öffentlicher Lehrer der Anatomie, ist es, der die Entstehungsweise dieser Missbildung ausser Zweifel gesetzt hat. Da seine im *Dublin quaterly journal of medicine, Vol. XXII, p. 350 — 375* befindliche Abhandlung in Deutschland wenig bekannt geworden zu sein scheint, so halte ich es nicht für überflüssig, das Wesentliche aus derselben hier zu wiederholen und einige Abbildungen zu copiren. So scheint auch Herr Prof. Andr. Wagner mit der lehrreichen Abbandlung Minchin's unbekannt geblieben zu sein, denn er erkennt im anthropologischen Abschnitte seiner «Geschichte der Urwelt» an, dass der *Macrocephalus Asiaticus* Blumenbach's von den aus der Krym beschriebenen verbildeten Köpfen wesentlich verschieden sei und eine «angeborene» Form, die sich dadurch auszeichnet, dass der Schädel, von beiden Seiten zusammengedrückt, oben in eine lange gebogene Firste auslaufe [1]), aber den Grund der Verbildung nennt er nicht.

Um das Jahr 1852 hatte Dr. Minchin Gelegenheit ein neunjähriges lebendes Kind

---

[1]) Andr. Wagner: Geschichte der Urwelt, Bd. II, S. 46 (zweite Auflage).

mit verlängertem Schädel zu beobachten, das er zeichnen liess. Wir wiederholen diese
Figur in Taf. III, Fig. 5. Der Knabe war, nachdem er ein Fieber überstanden hatte, (als
Dr. Mitchin vier Jahre später seine Abhandlung schrieb) völlig gesund, lebhaft und ver-
ständig. Seine Geburt war durch keine besonderen Umstände ausgezeichnet, allein die son-
derbare Gestalt des Kopfes wurde sogleich bemerkt; die Köpfe der Aeltern waren wohl-
gebaut; der Neugeborene genoss einer vorzüglichen Gesundheit. — Im Winter 1855 — 56
hatte Dr. Minchin Gelegenheit den ähnlich gebildeten Kopf eines kürzlich verstorbenen
Kindes von $3\frac{1}{2}$ bis 4 Jahren zu untersuchen. Das Kind war an *Phthisis* als Folge von
Masern gestorben. Es hatte sich kein Symptom von Hirnleiden gezeigt, auch war das
Kind munter und nicht ohne Anlagen des Verstandes gewesen. Um jedoch sich zu überzeugen, dass keine Wasseransammlung da sei, wurde durch das *Foramen magnum* ein Scal-
pel gegen die Ventrikel vorgeschoben; es ging keine Flüssigkeit ab. Nach Entfernung der
Hautdecke fand sich nicht eine Spur von der Pfeilnath. An ihrer Stelle verlief ein stumpfer knöcherner Kamm (*a smooth osseous ridge or elevation*) von der Mitte der Kranznath bis
zur Lambdanath. Es fand sich also in diesem Kinde von $3\frac{1}{2}$ Jahren, oder wenig mehr,
schon eine vollständige Verwachsung beider Scheitelbeine, oder richtiger, ein einziges
dachförmiges und gekieltes Scheitelbein. Man sieht diesen Schädel in Taf. III, Fig. 6 von
vorn, Fig. 7 von der Seite und Fig 8 von oben abgebildet. Die Seiten-Ansicht (Fig. 7)
zeigt nicht nur eine bedeutende Höhe an, sondern die Ansicht von vorn (Fig. 6) und die
von oben (Fig. 8) lassen auch die Schmalheit des Kopfes und die kielförmige Scheitelhöhe
erkennen. Am instructivsten ist aber die Ansicht von oben (Fig. 8) darin, dass sie die
deutlichen Spuren der Verknöcherung in strahlig von der Mitte auslaufenden vertieften
Furchen zeigt. Dieser Umstand beweist, dass ursprünglich nur Ein Verknöcherungspunkt
da war, und nicht eine frühzeitige Verwachsung zweier getrennt entstandener Knochen.
Dr. Minchin fand auch einen ausgewachsenen Schädel dieser Form in der anatomischen
Sammlung des *college of surgeons* zu *Dublin*, und einen halben Schädel derselben Form. In
allen waren die Kranz- und die Lambda-Nath vollständig erhalten, (dasselbe können wir
von den beiden Kielköpfen in Blumenbach's Sammlung sagen), weil das Hirn in seinem
Wachsthum, da es seitlich gehemmt wird, um so mehr nach vorn und hinten sich ausdehnte.
Noch ein Umstand, den Dr. Minchin nicht bemerkt hat, scheint allgemein bei dieser
Bildung Eines einzigen dachförmigen Scheitelbeines. Dieses schickt nämlich in der Mittellinie eine Verlängerung gegen das Stirnbein hinein, wahrscheinlich weil das Stirnbein, von
zwei Verknöcherungspunkten ausgehend, diese Gegend der vorderen Fontanelle der Fö-
tusperiode nicht so schnell ausfüllen kann, als das ungetheilte Scheitelbein. So ist es in
beiden Kielköpfen der Blumenbach'schen Sammlung, und, wenn mein Gedächtniss mich
nicht täuscht, in einem ähnlichen Kopfe der Hunterschen Sammlung, so auch in der Schei-
tel-Abbildung von Minchin, und in zwei Abbildungen von Virchow, auf die ich weiter
unten kommen werde. Häufig findet sich auch ein Vorsprung des Scheitelbeins gegen das
Hinterhauptsbein (Tab. III, Fig. 2) doch dieses fehlt in Minchin's Knaben (Tab. III, Fig 8)

und in dem erwachsenen Schädel der Dubliner Sammlung (Fig. 4). Auch in dem von uns abgebildeten Dänischen Kielkopfe der Blumenbachschen Sammlung (Taf. III, Fig. 1 — 3) tritt das Hinterhauptsbein nicht mit einer Spitze, sondern mit einer geraden Linie vor. Zuweilen bleibt, wie Dr. Minchin richtig bemerkt, in der Ossification des Biparietalbeines eine Lücke, die, wenn sie in der Mittellinie, oder dieser nahe liegt, das Ansehen haben kann, als ob ein Theil der Pfeilnath da wäre, wie in dem Dänischen Kielkopfe Tab. III, Fig. 2. Es sind aber dieses nur Lücken der Verknöcherung, wie sie, je jüngere Schädel wir ansehen, um so häufiger vorkommen, am häufigsten und längsten im Hinterhauptsbeine, zu beiden Seiten über der Querleiste dieses Knochens sich zeigen. Die auffallende Symmetrie in diesen Köpfen hebt auch Minchin hervor.

Es wäre möglich, dass zuweilen nur ein Verknöcherungspunkt in der Mitte des Scheitels sich bilde, ohne dass die Seitentheile (die Schenkel dieses Dornfortsatzes) einen scharfen Winkel mit einander bilden. Wenn die Seitentheile rasch auseinander weichen, könnte eine Schädeldecke gebildet werden, welche mehr der gewöhnlichen Form sich nähert, obgleich die Verknöcherung nicht, wie gewöhnlich, von den Seiten, sondern wirklich von der Mittellinie ausgeht. Ich glaube in der That eine solche Form in Bonn gesehen zu haben, und Dr. Minchin vermuthet dasselbe von dem von Sandifort beschriebenen Schädel [1]. Ob nicht auch der Schädel, welchen Herr Prof. Virchow unter Nr. 12 in seiner lehrreichen Abhandlung: «Ueber den Cretinismus, namentlich in Franken, und über pathologische Schädelformen» abgebildet hat, hierher gehört, muss ich unentschieden lassen. Die «Schnebbe» oder spitze Verlängerung des Biparietalbeines gegen das Stirnbein lässt eine ursprüngliche Einheit des ersteren vermuthen, wie auch seine Verlängerung nach hinten; ein deutlicher Kiel ist aber wohl nicht da, da Herr Prof. Virchow diesen Kopf deshalb von dem folgenden unterscheidet. Dagegen zweifle ich nicht, dass der unter 13 abgebildete, mit scharfem Scheitel-Kiel versehene Schädel zu der von uns beschriebenen Missbildung mit ursprünglich einfachem, d. h. aus einem einzelnen Verknöcherungspunkte hervorgegangenem Scheitelbeine, gehört. Die «Schnebbe» oder Verlängerung in das Stirnbein ist sehr bedeutend [2].

Dr. Minchin scheint zu der Annahme geneigt, dass diese Missbildung weder der Entwickelung der geistigen Thätigkeiten, noch überhaupt der Gesundheit nachtheilig sei, weil der Knabe aus seiner Bekanntschaft, der noch lebte als er schrieb, munter und aufgeweckt war. Ich weiss über die Entwickelung der geistigen Anlagen nichts zu sagen, allein der Umstand, dass von den drei Köpfen Erwachsener, die ich gesehen habe, keiner das Zeichen eines vorgeschrittenen Alters hatte, scheint doch eine Disposition zu frühzeitigem Tode anzudeuten. Ob nicht später auch Störungen der geistigen Functionen leicht

---

[1] Sandifort: *Museum anat. I, 4.*

[2] R. Virchow: Gesammelte Abhandlungen zur wissenschaftlichen Medicin, S. 906 u. 907.

auftreten, wie das in den Gegenden Frankreichs bemerkt ist, wo die Köpfe durch unver-
nünftige Behandlung in der Kindheit verbildet werden, bleibt zu untersuchen.

Da diese abweichende Schädelform nicht nur scharf sich von den anderen, durch spätere Verwachsung der Scheitelbeine entstandenen Verbildungen unterscheidet, sondern
auch Folge einer sehr bestimmten ursprünglichen Bildungs-Abweichung ist, so verdient
sie auch mit einem besonderen Namen belegt zu werden. Ich schlage die Benennung *Scaphocephalus* vor, da die Aehnlichkeit mit einem umgestülpten Boote sehr auffallend ist. Die
Benennung *Sphenocephalus*, die Virchow für Difformitäten wegen frühzeitiger Verwachsung zweier ursprünglich getrennter Scheitelbeine gebraucht [1]), würde dann für diese allein
beizubehalten sein. In Deutscher Sprache könnte man das Wort «Kielkopf» gebrauchen,
da Virchow (vielleicht zufällig, durch einen Druckfehler nämlich) S. 907 eine Hirnschaale
kielförmig nennt, die mir zu unserer Form zu gehören scheint, während ihm sonst die Köpfe
mit frühverwachsenen Pfeilnath «keilförmige» heissen. Zu den keilförmigen würde ich z. B.
den Schädel eines 20jährigen Zigeuners rechnen, der sich in der Sammlung zu Bonn befindet, und von dem ich so eben durch die Gefälligkeit des Herrn Prof. Schaafhausen
eine Photographie erhalte. In diesem Schädel sind die Kranznath und die Lambdanath
eben so unkenntlich wie die Pfeilnath, was schon auf eine krankhaft vorgeschrittene Verknöcherung der Nath-Substanz deutet. Dann ist der Scheitel dieses Schädels nur vorn
kielförmig, wird aber nach hinten ganz flach. Das Hinterhaupt ist eben so verlängert wie
bei den Kielköpfen, der ganze Kopf sehr klein.

Sehr ausgebildete Formen von *Microcephalis*, wie deren zwei im Berliner anatomischen Museum und eine im Blumenbachschen vorkommen, haben ganz das Ansehen, als
ob auch nur Ein Ossificationspunkt für ein ungetheiltes Scheitelbein dagewesen wäre, das
in einen Kamm sich erhebt. Indessen wird man darüber nicht früher Sicherheit haben,
als bis man diese Bildung in ganz frühem Zustande beobachtet hat. Wenn die geringe
Entwickelung des Hirns eine ursprüngliche ist, so können auch zwei früher getrennte
Scheitelbeine in einen Kamm zusammen wachsen, wie wir an so vielen Raubthieren und
unter anderen an den stärkeren Racen unseres Haarhundes sehen können. Bei Schweins-
Embryonen habe ich *Microcephalie* recht häufig und frühzeitig beobachtet. Sie waren aber
gewöhnlich auch Cyclopen. Die Cyclopie scheint gewöhnlich mit ursprünglicher Unge-
theiltheit des Stirnbeins verbunden zu sein. Ob die schwächeren Formen, wo nämlich
beide Augäpfel vollständig ausgebildet sind, nicht als unmittelbare Folgen des verengten
Stirnbeins betrachtet werden können? Bei stark ausgebildeter *Cyclopie* ist offenbar der
Grund ein mehr allgemeiner und also tiefer gehender Mangel an seitlicher Entwickelung.

Noch möchte ich mir die Frage erlauben, ob die sogenannten «Thurmköpfe» nicht
dadurch entstehen, dass für Scheitel und Stirnbeine zusammen nur ein Verknöcherungspunkt sich bildet, welcher wie ein Helm von allen Seiten hinabwächst. Allerdings wäre

---

[1]) Virchow: Gesammelte Abhandlungen, S. 901.

hier der Charakter eines breiten Dornfortsatzes ganz verloren, denn ich habe in drei Beispielen dieser Art nichts von einem Kiele bemerkt. An allen diesen habe ich von der Pfeil- und Kranznath keine Spur gesehen, so viel man von aussen erkennen kann. Das eigenthümlich feste Gefüge der Knochen mit starkem Glanze an der äusseren Fläche zeigt sich an den Thurmköpfen wie an den Kielköpfen. Das Hirn scheint nur in seiner äusseren Form, aber nicht in seiner Function gehemmt. Auch können Personen mit dieser Verbildung alt werden. Es ist also nicht Umformung des Hirns, sondern Beengung, was störend und gefährlich ist.

Erklärung der Abbildungen.

Erste Tafel.

Der vollständigste von den aus der Krym hierher gebrachten verbildeten Köpfen, dessen Beschreibung der vorliegenden Abhandlung vorzüglich zu Grunde gelegt ist, wird auf dieser Tafel in natürlicher Grösse dargestellt. Es ist zugleich diejenige Stellung beibehalten, welche dieser Kopf bei seiner früheren Aufstellung erhalten hatte, und welche man bisher nach unvollständigen Bruchstücken für die natürliche gehalten hat.

Zweite Tafel.

Künstlich verbildete Köpfe aus verschiedenen Gegenden sind auf dieser Tafel in verkleinertem Maassstabe in seitlicher Ansicht dargestellt, und ausserdem der Kopf eines Kaukasischen Awaren unserer Zeit.

Fig. 1. Der auf Taf. I abgebildete *Makrokephal* der Krym in mehr natürlicher Stellung; auf ⅓ der wahren Grösse verkleinert.

Fig. 2. Der bei Grafenegg in Nieder-Oesterreich gefundene Schädel, in derselben Verkleinerung.

Fig. 3. Der bei Atzgersdorf, unweit Wien, gefundene Schädel, in derselben Verkleinerung.

Fig. 4. Bruchstück eines verbildeten Schädels aus der Krym, der sich in der Kaiserl. Eremitage befindet, in derselben Verkleinerung.

Fig. 5. *Huanca*-Schädel aus Peru, nach Tschudi in Müller's Archiv. Jahrg. 1844, Taf. V, Fig. 1 verkleinert. Hier zur Vergleichung mit den Krymschen Schädeln mitgetheilt.

Fig. 6. Schädel eines Kaukasischen *Awaren*; auf ⅓ verkleinert.

Fig. 7. Verbildeter Schädel, von Herrn Troyon in alten Gräbern zu Chesaux bei Lausanne gefunden. Nach Gosse's *déformations des crânes*. Soll ⅓ der natürlichen Grösse sein.

Dritte Tafel.

Diese Tafel ist vorzüglich der angeborenen Missbildung des Kopfes bestimmt, welche in der ursprünglichen Einheit des Scheitelbeins besteht, und die wir *Scaphocephalus* oder «Kielkopf» zu nennen vorgeschlagen haben. Ausserdem ist aber auch auf dieser Tafel der *Macrocephalus* der Krym in Fig. 6 in der Ansicht von vorn dargestellt, damit der Unterschied deutlich hervortrete. Vergleiche den Abschnitt: §. 12.

Fig. 1. 2. 3. *Scaphocephalus* eines erwachsenen Dänen aus der Blumenbachschen Sammlung; auf ⅓ der natürlichen Grösse verkleinert. Ansichten von der Seite, von oben und von hinten. Die Originalzeichnungen, in natürlicher Grösse vortrefflich ausgeführt, verdanke ich der zuvorkommenden Güte des Prof. R. Wagner. In dem Kopfe, den Blumeubach *Macrocephalus Asiaticus* genannt hat, ist das Hinterhaupt etwas weniger entwickelt.

Fig. 4. Ein *Scaphocephalus* aus der Sammlung des *College of surgeons* in Dublin, nach Dr. Minchin in *Dublin quaterly journal of medicine, Vol. XXII.*

Fig. 5. Seiten-Ansicht eines lebenden vierjährigen Kindes mit derselben Kopfbildung. Nach Dr. Minchin.

Fig. 6. Ansicht des verbildeten Kopfes aus der Krym von vorn; ⅓ der natürlichen Grösse.

Fig. 7. 8. 9. Schädel eines 3 bis 4 jährigen scaphocephalischen Kindes. Nach Dr. Minchin, doch (etwas zu sehr) verkleinert.

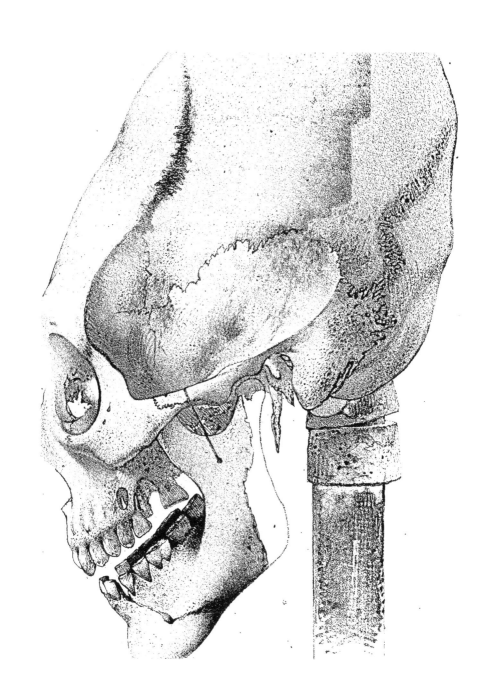

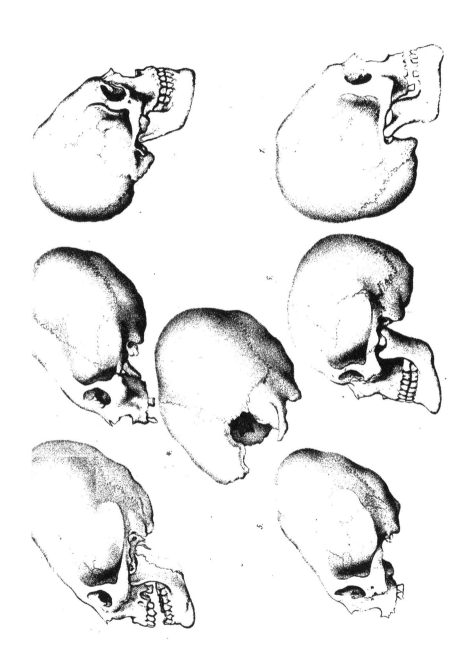

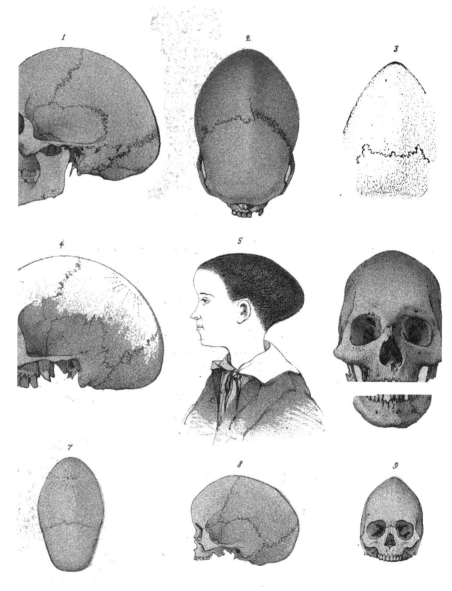

MÉMOIRES

DE

L'ACADÉMIE IMPÉRIALE DES SCIENCES DE ST.-PÉTERSBOURG, VIIᵉ SÉRIE.

TOME II, Nº 7 ET DERNIER.

`BEITRÄGE

ZUR

KENNTNISS DER SEDIMENTÄREN GEBIRGSFORMATIONEN

‚in den Berghauptmannschaften Jekatherinburg, Slatoust und Kuschwa,
sowie den angrenzenden Gegenden des Ural.

Von

Dr. M. v. Grünewaldt.

(Mit 6 Tafeln.)

Der Akademie vorgelegt am 20. Januar 1860.

———◦•◦———

St. PETERSBURG, 1860.

Commissionäre der Kaiserlichen Akademie der Wissenschaften:

In St. Petersburg	In Riga	In Leipzig
Eggers et Comp.,	Samuel Schmidt,	Leopold Voss.

Preis: 1 R. 70 Kop. = 1 Thlr. 27 Ngr.

Gedruckt auf Verfügung der Kaiserlichen Akademie der Wissenschaften.

K. Vesselofьki, beständiger Secretär.

Im Mai 1860.

Buchdruckerei der Kaiserlichen Akademie der Wissenschaften.

Vorwort.

Schon anderen Ortes haben wir berichtet, dass unter der Regierung Sr. Majestät des Kaisers Nikolai I in der Bergverwaltung des Reiches beschlossen wurde, geognostische Uebersichtskarten der Bergdistrikte anfertigen zu lassen, welche die Russische Krone im Ural besitzt. Se. Excellenz der General Hofmann, mit der Ausführung dieser Arbeit beauftragt, schlug mich, unter vier anderen jungen Leuten, die an der Expedition Theil nahmen, in dem Sinne zu seinem Reisebegleiter vor, dass ich die palaeontologischen Arbeiten für dieselbe übernehmen sollte. Dieses wurde die Ursache, dass ich fünf Sommer hindurch unter seiner Leitung den Ural und die Permischen Bergdistrikte durchwandert habe.

Der Plan für diese Arbeit war der Art angelegt, dass wir in einem Sommer je einen der vier Distrikte des eigentlichen Gebirges bereisen sollten, während die beiden kleineren und leichter zugänglichen Berghauptmannschaften Wotkinsk und Yug auf die Untersuchungszeit eines einzigen Sommers veranschlagt waren. So verliessen wir St. Petersburg im Laufe der Jahre 1853—1857 jedes Frühjahr vor der Mitte des Monates Mai und kehrten nach Eintritt der herbstlichen Jahreszeit, gegen Ende des Monates September, von unseren Reisen dorthin zurück. Im Sommer 1853 wurde die Berghauptmannschaft Bogosslowsk, 1854 Wotkinsk und Yug, 1855 Jekaterinburg, 1856 Slatoust und 1857 Kuschwa besucht.

Es lag in der Absicht der Verwaltung, uns topographische Karten jener Berghauptmannschaften zur Verfügung zu stellen, deren Anfertigung mit unseren Untersuchungen Hand in Hand gehen sollte. Verhältnisse, auf welche einzugehen hier nicht am Orte ist, verzögerten diese Aufnahmen der Art, dass wir keinerlei Nutzen aus denselben gezogen haben. Die topographischen Hülfsmittel, auf welche wir während der Dauer unserer Reisen angewiesen waren, und es noch eben bei Ausarbeitung derselben sind, bestehen in allgemeinen Situationsplänen, auf denen die Grenzen der einzelnen Berg- und Hüttendistrikte so wie die hauptsächlichen Flussläufe und Ansiedelungen flüchtig eingetragen sind. Unsere Untersuchungen entbehrten daher jedes kartographischen Anhaltspunktes für die Höhenzüge und Thäler des Gebirges, ein Mangel, der in denjenigen Gebieten besonders fühlbar ist, wo Wald oder hohe Uferfelsen der Ströme den Blick des Reisenden beinahe unausgesetzt auf die allernächste Umgebung einschränken.

Die Berghauptmannschaft Jekaterinburg hat angeblich einen Flächeninhalt von ungefähr einer Million Dissjätinen oder 195 □ Meilen, während die übrigen Distrikte diesem an Grösse ziemlich gleichkommen. Wir machten daher in jedem Sommer innerhalb 4½ Monaten die Reise von St. Petersburg in den Ural und zurück, und hatten dabei die Aufgabe, ein Terrain zu untersuchen, das mehr als zwei Drittheile vom Flächenraume des Königreiches Sachsen beträgt. Berücksichtigt man, dass diese Gegenden zum grösseren Theile mit Urwäldern bedeckt sind, so geben die angeführten Momente an Zeit, Flächeninhalt und Beschaffenheit des jährlich zu untersuchenden Terrains, so wie endlich die topographischen Hülfsmittel, welche uns zu Gebote standen, den Massstab für die Methode, die bei unseren Arbeiten eingeschlagen werden musste.

Diese Methode bestand darin, dass Gen. Hofmann in jedem Berg- und Hüttenwerke, nach Besichtigung der erwähnten Situationspläne, ortskundige Forstbeamte und Jäger über alle Punkte ausforschte, welche zu Lande und zu Wasser erreichbar sind. So wurden die einzelnen Excursionen für den Sommer berathen, und wo möglich in Richtungen ausgeführt, welche die der Gebirgskette und der ihr parallel gelagerten Formationen rechtwinklig durchschneiden.

Es ist bekannt, dass die Uferfelsen der Gebirgsströme, welche vom Kamm des Ural der sibirischen und westrussischen Ebene zueilen, das dankbarste Feld für die Erforschung der geognostischen Beschaffenheit des Bodens darbieten. Die auf dem festen, meist mit üppiger Vegetation bedeckten Lande zu Pferde, zu Wagen und bei Bergbesteigungen auch zu Fusse ausgeführten Excursionen lieferten nur Resultate für die Kenntniss und Verbreitung einzelner Gebirgsarten, ohne über die Lagerungsverhältnisse derselben Aufschluss zu geben. — Was die Erforschung der letzteren anbetrifft, so ist jedem erfahrenen Geognosten bekannt, dass complicirte Lagerungsverhältnisse nur bei sorgfältiger Untersuchung einzelner günstiger Localitäten, und daher bei längerem Aufenthalte in denselben Gegenden, mit Sicherheit beurtheilt werden können. Bei den heftigen Störungen im Schichtenbau des Ural, ergaben unsere raschen geognostischen Recognoscirungen auch auf den Flussfahrten in dieser Beziehung verhältnissmässig nur wenige, meist mangelhafte Resultate.

Bei den bedeutenden Strecken, welche wir auf den unausgesetzten Excursionen jedes Sommers hauptsächlich im Gebiete krystallinischer Gebirgsarten untersucht haben, ist dagegen anzunehmen, dass die Sammlung von Felsarten, welche Gen. Hofmann von unseren Reisen zurückbrachte, einige Ansprüche auf Vollständigkeit hat.

Ganz anders verhält es sich mit den Versteinerungen. — Wir brauchen nicht an den anhaltenden Fleiss, den fortgesetzten Besuch einzelner Fundorte, vor Allem aber an die energische Unterstützung durch andere Sammler zu erinnern, welche die Palaeontologen im westlichen Europa anwenden können, um den überall zugänglichen, durch Erdarbeiten und natürliche Entblössungen aufgeschlossenen Boden auf seine organischen Einschlüsse auszubeuten. Was ist dagegen von einzelnen Männern zu erwarten, die, im raschen Zuge durch unwirthbare Wildnisse, den Hammer beinahe als einziges Hülfsmittel benutzen können? Wenn in civilisirten Gegenden, unter den Augen unermüdlicher Forscher, immerfort neue Quellen des untergegangenen, massenhaft entwickelten organischen Lebens aufgeschlossen werden, so dürfen aus unseren vereinzelten Resultaten vor allen Dingen keine negativen Schlüsse gezogen werden. Was von uns nicht gesehen wurde, kann trotzdem in reichem Masse vorhanden sein, und wird, mit der Zunahme der Cultur in jenen Gegenden, nur im Laufe von Jahrhunderten für die Wissenschaft erobert werden.

Im Frühjahr 1854 erschien in den Memoiren der Akademie der Wissenschaften die Beschreibung unserer in Bogosslowsk gesammelten Versteinerungen. Der Sommer desselben Jahres, den wir mit palaeontologisch erfolglosen Excursionen in den permischen Berghauptmannschaften zubrachten, ergab nur eine geringe Ausbeute von Pflanzenresten des Kupfersandsteins, deren Bearbeitung Botanikern von Fach vorbehalten bleiben mag. Wir haben schon früher mitgetheilt, dass die nicht unbedeutende Ausbeute, besonders an Korallen des Bergkalkes, welche wir im Sommer 1855 im Jekaterinburger Reviere sammelten, durch Schiffbruch auf der Kama verloren ging. Nur eine Kiste Devonischer Versteinerungen wurde aus dem Boden des Stromes herausgeholt, und gelangte wieder in unsere Hände. Im Sommer 1856 vermehrte sich dieses Material durch kleine Sammlungen, welche wir bei Artinsk, Saraninsk, an der Schartimka und am Aï, bei Untersuchung des Slatouster Revieres, anstellen konnten. Im darauf folgenden Winter veröffentlichte ich in besonderer Veranlassung einen allgemeinen Ueberblick über die sedimentären Formationen des Ural und ihre palaeontologischen Documente, so weit sie mir zu Gebote standen. [1] Diese Abhandlung kann als Einleitung für die frühere sowohl als die jetzt darauf folgende Arbeit über den Ural angesehen werden, mit denen sie im innigen Zusammenhange steht. Sie überhebt uns der Nothwendigkeit, in diesem Buche im Detail auf die Beobachtungen von Murchison, Verneuil und Graf Keyserling einzugehen, was dem Zusammenhange unserer eigenen Darstellung schaden würde. Der aufmerksame Leser wird selbst finden, dass letztere mit wenig Ausnahmen eine Bestätigung und weitere Ausdehnung der geognostischen Anschauungen ist, welche diese grossen Forscher zuerst mit bewunderungswürdigem Scharfblick über die Theile des Gebirges verbreitet haben, in denen wir ihren Fussstapfen gefolgt sind. [2] Die von den Verf. der Geol. of Russia gewonnenen, und von uns in jener Abhandlung nach den einzelnen Formationen zusammengefassten allgemeinen Gesichtspunkte, werden auch in nachfolgenden Blättern den Ausgangspunkt für unsere Betrachtungen bilden.

Im Sommer 1857 erhielten unsere Materialien durch einige Ausbeute in der Berghauptmannschaft Kuschwa einen neuen Zuwachs. Die silurischen Kalksteine an der Tura, mehr aber die für den Ural bereits klassischen Ufer der Serebränka und Tschussowaja lie-

---

[1] Notizen über die Versteinerung-führenden Gebirgsformationen des Ural, gesammelt und durch eigene Beobachtungen ergänzt von M. v. Grünewaldt. Mém. des sav. étr. Tome VIII 1857.

[2] Letzteres ist unverhältnissmässig oft der Fall gewesen, da es in der Natur der Sache lag, dass die Bergwerke der Krone mit ihrer Umgebung auch von jenen Reisenden vorzugsweise berücksichtigt wurden.

ferten einige Beiträge; so dass ich nach Abschluss unserer Uralreisen von Sr. Excellenz dem General Samarsky, Chef des Stabes der Bergingenieure, den Auftrag erhielt, durch eine wissenschaftliche Bearbeitung jener Sammlungen meine Untersuchungen abzuschliessen. Diese Sammlungen umfassen, wie aus dem Vorhergehenden ersichtlich, die Ausbeute der Sommer 1856 und 1857, so wie die bei Kadinskoy am Isset gesammelten Versteinerungen.

Wegen der grösseren Leichtigkeit mit der die litterarischen Hülfsmittel zu einem solchen Zwecke in Deutschland zu beschaffen sind, siedelte ich mit meinen Sammlungen nach Berlin über, wo ich mich der freundschaftlichen Unterstützung dortiger Fachgenossen zu erfreuen hatte. Besonderen Dank schulde ich, zum zweiten Male bei einer solchen Veranlassung, meinem verehrten Freunde und Lehrer Professor Beyrich, der mir, als Director des palaeontologischen Museums der Universität, den freien Gebrauch dieser Sammlung zur Verfügung stellte. Den hauptsächlichsten Einfluss auf die Förderung meiner Arbeiten übte aber die Liberalität, mit der die Verwaltung der Königl. Bibliothek mir die Benutzung ihrer kostbaren Werke gestattete. — Da die letzte Hand an die nachfolgenden Blätter zu St. Petersburg gelegt wurde, hoffen wir dieser Arbeit die Vortheile zugewandt zu haben, welche aus der Benutzung des Vergleichungs-Materiales entspringen, das uns an den wissenschaftlichen Mittelpunkten zweier Reiche zur Verfügung stand. Wenn sie trotzdem unverhältnissmässig hinter den Leistungen zurückbleibt, mit denen grosse Meister der Wissenschaft uns in demselben Gebiete vorgeleuchtet haben, so liegt ein Theil der Schuld an äusseren Verhältnissen, welche mich während der Dauer der Expeditionsjahre daran hinderten, einen Theil des Aufenthaltes in Europa sowohl, als auch die Untersuchungen an Ort und Stelle nach Kräften für rein geologische Zwecke auszunutzen.

Ehe wir zur Beschreibung der Versteinerungen übergehen, theilen wir dasjenige von unseren geognostischen Beobachtungen mit, was sich auf sedimentäre Bildungen des Ural bezieht, und zum Verständniss der geologischen Bedeutung des palaeontologischen Theiles erforderlich ist. So bildet dieses Buch, mit unseren Veröffentlichungen von 1854 und 1857, einen Theil der umfassenderen Arbeit über die Geognosie der Berghauptmannschaften des Ural, mit der Gen. Hofmann, als Führer der Expedition, betraut ist.

Aus mehrfachen, zum Theil erwähnten Gründen ist es uns nicht möglich, diese Arbeit durch Beigabe geognostisch kolorirter Karten zu vervollständigen. Für diese verweisen wir auf die Beschreibung von Hofmann, der wir ausserdem durch eine solche Veröffentlichung vorgreifen würden. Die Uralkarte in der Geol. of Russia muss bis dahin zum Lesen dieser Blätter ausreichen.

Die beigefügten Steindrücke sind von Herren Laue in Berlin bis auf einzelne Bleifederzeichnungen nach Photographieen ausgeführt, welche die Herren Riesch und Quidde ebendaselbst von unseren Versteinerungen aufgenommen haben.

GEOGNOSTISCHE BEOBACHTUNGEN.

Bevor wir zu der Mittheilung des geringen Theiles unserer geognostischen Beobachtungen schreiten, welche im Gebiete der sedimentären Ablagerungen des Ural angestellt worden sind, erinnern wir noch ein Mal daran, dass der Gold- und Kupfer- so wie der wichtigste Eisenbergbau der Krone seine Erze aus der mächtigen Zone krystallinischer Gebirgsarten bezieht, die sich, aus der Axe des Gebirges herausgerückt, nach der sibirischen Ebene zu ausdehnt. Eine natürliche Folge dieses Umstandes ist, dass die Grenzen der zu den Bergwerken gehörigen Distrikte hauptsächlich in dieser Zone liegen, und unsere Excursionen uns nur ausnahmsweise in sedimentäre Ablagerungen führten, deren grösste und zusammenhängende Massen bekanntlich am entgegengesetzten, westlichen Abhange des Gebirges entwickelt sind. Mehr als die Hälfte der in diesem Buche angeführten und beschriebenen Versteinerungen, wie die von der Schartimka und Saraninsk, sind die Ausbeute von Expeditionen, welche ich allein in die Grenzen benachbarter Privatbergwerke an freien Tagen unternommen habe.

Schon oben haben wir die Methode, nach der unsere Arbeiten ausgeführt wurden, im Allgemeinen aus den gegebenen Verhältnissen entwickelt. Es bleibt noch übrig hervorzuheben, dass ich diese Reisen auch innerhalb der an Zeit und Raum gesteckten Grenzen nicht nach eigenen Ideen, sondern als Begleiter des Führers der Expedition ausgeführt habe. So sehr mir bei diesem Verhältniss die Erfahrungen des älteren Reisenden zu Statten kamen, so muss doch zwischen der freien Verfolgung des vorschwebenden Zweckes und solchen Untersuchungen unterschieden werden, die sich nach der Anordnung eines Anderen richten. Bei aller Freiheit über meine Zeit zu verfügen, war ich doch nur ausnahmsweise in der Lage kleinere Excursionen selbstständig zu unternehmen, da diese einen doppelten Aufwand an Menschen, Pferden und Flussfahrzeugen erheischten. Diese Umstände reichen hin, um meinen geognostischen Wanderungen durch das Uralgebirge den Charakter eines selbstständigen wissenschaftlichen Unternehmens zu rauben, auf den sie keine Ansprüche haben.

Wir geben den betreffenden Theil unserer geognostischen Beobachtungen in der Reihenfolge wieder, in der sie gemacht worden sind, und verweisen dabei auf unsere Abhandlung von 1857, vor Allem aber auf die Geol. of Russia, um ihre Beziehungen zu dem

Stande der allgemeinen Kenntniss von den sedimentären Gebirgsformationen des Ural darzuthun.

Seit der Beschreibung der Fauna von Bogosslowsk haben wir die silurische Forma-tion und zwar deren obere Abtheilung, der *Faune troisième* von Barrande entsprechend, nur an einzelnen, zum Theil bekannten Punkten in der Umgegend von Kuschwa und am Aï berührt. Von 82 Arten, welche wir in nachfolgenden Blättern anführen, gehören nur 9 der obersilurischen Formation an.

Am Ostabhange des Ural können wir die Devonische Formation jetzt mit Sicherheit am Isset nachweisen. Wir haben bei Kadinskoy 8 Species gefunden, von denen 5 im Eife-ler Kalkstein vorkommen. Eine andere Devonische Localität, deren schön erhaltene und zahlreiche Versteinerungen gleichfalls keine bedeutende Artenzahl umfassen, konnten wir an der Tschussowaja ausbeuten. Sie liegt bei Soulem im Ilinsker Kreise und hat 11 Ar-ten geliefert. Von diesen sind 7 gleichfalls Formen des Eifeler Kalksteins.

Der grösste Theil unserer Versteinerungen rührt aus der Kohlenformation, die 58 Species geliefert hat.

Sedimente in der Berghauptmannschaft Jekaterinburg 1855.

Distrikt von Kamensk. Die Grenzen der Berghauptmannschaft Jekaterinburg deh-nen sich nach Osten über das Gebiet sedimentärer Ablagerungen im Distrikt von Kamensk aus, welches auf der Uralkarte in der Geol. of Russia mit den Farben der drei unteren palaeozoïschen Formationen colorirt ist. Wir haben die Zeit vom 22sten Juni bis zum 27sten Juli obigen Jahres mit geognostischen Excursionen in diesem Distrikte zugebracht, und obgleich ich schon früher Einiges von den Wanderungen in jenen Gegenden mitge-theilt habe, gehe ich der Vollständigkeit wegen hier alle Beobachtungen wieder, welche wir daselbst über Sedimentärformationen anstellen konnten.

Der Distrikt von Kamensk ist zum grössten Theile eine fruchtbare Ebene, deren weite, bebaute Flächen nur durch die Erosionsthäler der Flüsse unterbrochen werden. Der Isset durchströmt den mittleren Theil dieser Ebene in der Richtung von W nach O und wendet sich später etwas nach SO. Er nimmt von Norden die Kamenka auf und ausser-halb des Distriktes die Sinara von Süd, in die sich der Bugaräk ergiesst. Nahe an der Nordgrenze des Distriktes fliesst die Püschma hin, in die von Nord der Reft und von Süd die Kunara fällt. Die Ufer dieser Gewässer, denen wir zu Boote, zu Wagen und zu Pferde, je nach der Beschaffenheit des Terrains, gefolgt sind, haben das hauptsächliche Material zu den nachfolgenden Beobachtungen geliefert. Es sind hier, wie bei allen Strömen des Ural, die wir kennen gelernt haben, weniger die Thalwände, welche die geeignetsten Ent-blössungen bieten, sondern vorzüglich die Felsen der Schlucht oder eigentlichen Wasser-rinne, die sie sich ausgehöhlt haben. Es versteht sich von selbst, dass diese Flüsse oft an die Thalwände anprallen und dieser Unterschied, der im Oberlaufe von Gebirgsströmen meist scharf ausgeprägt zu sein pflegt, nicht immer festzuhalten ist.

Die erste Excursion wurde vom Kirchdorfe Aramil aus zu Boote unternommen, und führte uns in 4 Tagereisen den Isset bis nach Kamensk hinunter.

In den beiden ersten Tagereisen durchschnitten wir das an den Ufern dieses Stromes schön aufgeschlossene Gebiet der krystallinischen Schiefer, welche in jener Gegend beson-ders mannigfaltig entwickelt sind, und häufig mit granitischen Gesteinen, Serpentin und jenen eigenthümlichen Felsarten des Ural wechseln, die zuweilen ganz aus Mineralien, der Familie der Augite und Hornblenden angehörig, bestehen.[1]

Einlagerungen von Thonschiefer in die krystallinischen Gesteine trafen wir unterhalb Aramil bei der Mühle Pinigena. Er steht am linken Ufer dicht unterhalb jener Mühle an, ist weich, von grauer Farbe und fein geschiefert. Das Streichen ist dem oberhalb an-stehenden Chloritschiefer parallel ńach N 20° W, das Einfallen nach O 20° S mit 42° Neigung.

Von diesem Punkte an bis Fomina scheint eine nicht unbedeutende Zone von Thon-schiefer in chloritische und talkige Schiefer eingelagert zu sein. Wir sahen ihn kurz vor der Mühle Brenowka, wo er flasrig und gewunden ist, nach N streicht und mit 70° Nei-gung nach W einfällt. Bei der Mühle selbst ist er von einem granitischen Gesteine durch-brochen, erscheint aber unterhalb wieder mit demselben Streichen, jedoch minder steilem Einfallen von 50°. An der Mühlenstauung von Bobrowskoje steht Thonschiefer vertical mit nördlichem Streichen. Vor der Einfahrt in das Dorf Wiuchina erscheint er in dersel-ben Lagerung wieder, ist aber von grünlicher Farbe und wie es scheint chloritisch. Bei Fomina treten wieder talkige und chloritische Schiefer auf. — Darauf erscheint bei Ka-liutkina Thonschiefer mit Gneiss, Granit und Glimmerschiefer. Letzterer enthält bei der Mühle Dolganowka mächtige Einlagerungen von sehr grobkörnigem, weissem Marmor. Wir brauchen kaum zu bemerken, dass wir in diesen Thonschiefern keine Spur organi-scher Reste gefunden haben.

Von hier fliesst der Isset ununterbrochen zwischen Felsen krystallinischer Gesteine hin, bis man zwischen den Dörfern Temna und Perebor[2] die ersten sedimentären Schichten an-trifft, welche vermuthlich der in der Nähe entwickelten Formation des Bergkalkes angehö-ren. Es sind harte, verkieselte Conglomerate von dunkler Farbe und ebensolche Schiefer, welche von einem Porphyr durchbrochen werden, der am Ufer des Isset hier zum ersten Male auftritt, und sich bei unseren späteren Reisen in mannigfachen Modificationen als der stete Begleiter der Bergkalkformation von Kamensk erwiesen hat.[3] Das Conglomerat ent-

---

[1] Wir bemerken hier ein für alle Mal, dass Gen. Hof-mann mit der Bearbeitung der Felsarten beschäftigt ist, die wir im Ural gesammelt haben. Da wir seine Ver-öffentlichungen weder abwarten können, noch denselben vorgreifen wollen, beschränken wir uns hierin auf die allgemeinsten, unvermeidlichen Angaben.

[2] Bielobor in der Geol. of Russia.

[3] Die Verfasser der Geol. of Russia haben dieses Gestein *intrusive porphyritic greenstone* genannt.

hält Geschiebe des verkieselten Thonschiefers und beide fallen mit 25° Neigung nach NW
gegen die eigenthümlichen Gesteine von Temna und Mamina ein, welche oberhalb das Zwischenglied zwischen den krystallinischen Schiefern und diesen ersten Gliedern der Kohlenformation bilden. Es sind grünliche, undeutlich geschichtete Massen, welche stark mit Säure brausen, und bei Temna hohe Uferfelsen bilden. Murch. Vern. und Keys. haben darin Feldspath
beobachtet, und wir fanden sie häufig mit einem grünen Minerale erfüllt, das wir an Ort und
Stelle für Uralit? hielten. Die Verf. der Geol. of Russia haben diese Felsart mit den Schaal-
steinen des Rheines verglichen. Bei Perebor steht Porphyr in hohen Felsen an, durch welche
der eingeengte Strom in steilen Schnellen hindurch schäumt. An die Klippen sind eine
grosse Anzahl kleiner Wassermühlen, wie Vogelnester, angeklebt. Sie benutzen, ohne eines
Dammes zu bedürfen, das natürliche Gefälle des Stromes. Auf diesen Porphyr folgen hohe
Bergkalkfelsen, deren Schichten mit 45° Neigung nach NW gegen den Porphyr einfallen,
mit dem sie in unmittelbarem Contact sind. Der Kalkstein enthält häufig riesige Exemplare des *Productus giganteus*. Am rechten Ufer, oben an der Schlucht, die zu der sogenannten Höhle des Eremiten hinaufführt, wird Kalkstein gebrochen, der Crinoïdeenstiele
enthält. Der Kalkstein hält flussabwärts nur $^1/_2$ Werst an, und ruht dann auf dünnen kalkigen Schiefern, die hin und wieder einzelne dicke Kalksteinschichten enthalten. Sie streichen nach N und fallen mit 45° Neigung nach W ein. Am rechten Flussufer sieht man
kurz vor dem Dorfe Smolina noch einen einzelnen Kalksteinfelsen aufragen, der keine
Schichtung zeigt, und von Eisen roth gefärbt ist. Am linken hält der Schiefer an, und wird
dem Dorfe gegenüber, an der Mühlenstauung, von Porphyrgängen durchsetzt. Diese bilden,
aus der weicheren Umgebung herausgewittert, einen schroffen, isolirten Kegel am Wasserspiegel. Sie fallen steil nach NW ein, ähnlich wie der Schiefer und Bergkalk, und haben
Lagen von ersterem zwischen sich eingeklemmt, die von kohliger Substanz schwarz gefärbt
sind. Am Mühlendamm selbst steht Conglomerat an. Diese Gesteine sind weicher und von
hellerer Farbe, als die dunkelen, kieseligen Schiefer und das Conglomerat bei Turbanowa.

Von Smolina bis Kliutschki fliesst der Isset zwischen Porphyrfelsen hin. Das Gestein
ist meist sehr zersetzt und von einem feinen, gleichfalls verwitterten Conglomerat, das
mit demselben auftritt, zuweilen kaum zu unterscheiden. Unterhalb Kliutschki besteht das
rechte Ufer aus Porphyr, das linke aus dunkelen kieseligen Schiefern. Dieses Verhältniss
dauert bis Schtscherbakowa. Schwarze, harte Schiefer, seltener Conglomerat, werden von
Porphyr durchsetzt. Oberhalb der Mühle von Schtscherbakowa setzen Gänge reinen Fel-
sites in diesen Schiefern auf. Mit ihnen treten Sandstein mit thonigem Bindemittel und ein
hartes, graues Kieselgestein untergeordnet auf. Sie werden fortwährend von Porphyr
durchsetzt, der die vorragendsten Felsenpartieen des Ufers bildet. Das Dorf Saïmskaja berührten wir auf dieser Tour nicht. Es liegt ungefähr 3 Werst vom linken Ufer des Isset
ab nach N, und ist ein Fundort für Bergkalkversteinerungen. Bei Schtscherbakowa und
unterhalb jenes Ortes wechseln die schwarzen, hier feinblättrigen Schiefer mit einem geschichteten Quarzit von stahlgrauer Farbe und splittrigem Bruch. Dieses Gestein hat so

viel Continuität, dass es hell unter dem Hammer klingt, und bildet häufig grosse, concentrisch schaalige Kugeln. Diese Schichten fallen im Allgemeinen nach W ein, bis auf eine Stelle bei der Mühle zwischen Schtscherbakowa und Kadinskoy, wo wir ein widersinniges Einfallen der Schiefer nach O beobachteten.

Bei diesem Dorfe, über dessen Umgegend wir schon früher eine Mittheilung gemacht haben, betritt man wieder die Region des Kalksteins, der unerwarteter Weise von den oben beschriebenen Gesteinen überlagert wird. Dieser Kalkstein bildet zuerst einen Felsen am rechten Ufer, hart an der Mühlenstauung beim Eingang ins Dorf, und enthält hier Brachiopoden-Arten der Eifel, wie sie bei Paffrath und Gerolstein auftreten. Besonders massenhaft findet sich *Rhynchonella cuboïdes Sow.* in Schichten mit thonigen Zwischenlagen, welche vom Wasserfalle des Mühlendammes bespült werden. — Beinahe ebenso häufig sind *Spirigerina? Duboisi M. V. K.* und *Spirigerina latilinguis Schnur,* welche hier die seltenere *Sp. reticularis L.* zu vertreten scheinen. Mit ihnen kommt *Pentamerus galeatus Dalm., Orthis striatula v. Schloth,* noch eine kleine *Orthis,* die wir mit bekannten Arten nicht vergleichen konnten, und endlich eine *Rhynchonella?* vor, welche ebenfalls einer neuen Art anzugehören scheint. Diese Versteinerungführenden Schichten von devonischem Alter sind durch ein wenige Faden mächtiges Kalksteinlager von hartem Conglomerat und grünlich grauen, dunkelen Schiefern und Sandsteinen getrennt, die zum Theil Pflanzenreste enthalten, und ihrerseits am unteren Ende des Dorfes auf Bergkalk? ruhen, in dem wir grosse Stücke von *Productus* gefunden haben, welche leider mit dem grössten Theile der Ausbeute jenes Sommers verloren gegangen sind. Diese Schichtenreihe, von dem Quarzgesteine oberhalb des Mühlendammes im Hangenden, bis zum Bergkalk? unterhalb desselben im Liegenden, ist auf einer Strecke von wenigen hundert Schritten am hohen rechten Ufer des Isset entblösst. Das gemeinsame Streichen aller dieser Schichten ist nach N 20° O, das Einfallen gegen W 20° N mit einer Neigung von 45°—70°. Die Erklärung dieser Localität muss sorgfältigeren Untersuchungen vorbehalten bleiben, als die sind, welche wir, trotz mehrfachen späteren Besuches des Dorfes Kadinskoy, anstellen konnten. Wenn der Kalkstein im Liegenden der devonischen Schichten wirklich Bergkalk ist, was wir an Ort und Stelle erkannt zu haben glauben, aber durch den Verlust unseres Materiales mit Belegstücken nicht nachweisen können, so muss hier eine Schichtenüberstürzung angenommen werden. — Trotzdem, dass wir während mehrerer Tage durch Arbeiter Nachgrabungen nach Versteinerungen anstellen liessen, und den feinen Schutt am Fusse des devonischen Kalksteinfelsens in grossen Quantitäten ausgeschlemmt haben, fanden wir doch immer nur die oben angeführten Arten, zum Theil in sehr zahlreichen Exemplaren. Ein paar schlechte Reste von *Gasteropoden* haben wir in der Kiste nicht wiedergefunden, welche am Boden der Kama gelegen hat.

Am rechten Ufer, bei der Mühle unterhalb des Dorfes, ist der Kalkstein zu einer hohen, steilen Falte aufgetrieben, deren zusammengepresste und geknickte Schichten den Beweis liefern, dass diese Ablagerungen sehr energische Dislocationen erfahren haben.

Der Kalkstein am gegenüberliegenden, linken Ufer ist von conglomeratischer Beschaffenheit, indem die Umrisse zusammengekitteter Geschiebe im Gesteine kenntlich sind. Gleich unterhalb der Mühle folgt auf diese Gesteine ein Lager feiner Kalksteinschiefer, die schlechte Pflanzenreste enthalten, und unterhalb, weiter nach O, wieder in grob geschichtete Kalksteinmassen übergehen. Sie fallen anfangs flach nach SW, stehen flussabwärts steiler, und wechseln bis zur Mühle Tscherdanzowa noch zwei Mal mit den Kalksteinschiefern und dem Kalksteinconglomerat. Bei dieser Mühle findet sich *Productus giganteus* in mächtigen Bergkalkfelsen, an denen oft keine Schichtung zu erkennen ist.

Eine Werst vor dem Dorfe Brod[1]) gelangt man in graue Sandsteine, Thonschiefer und feines Conglomerat, welche dem Bergkalk eingelagert sind. Diese Gesteine enthalten bei dem Dorfe selbst zahlreiche Pflanzenabdrücke, und sind so stark mit Kohlenstoff imprägnirt, dass sie zu Untersuchungsarbeiten auf Steinkohle Veranlassung gegeben haben, welche indessen an diesem Punkte bisher ohne Erfolg geblieben sind. Die Schichten von Brod haben ein nördliches Streichen und fallen steil nach W.

Bei Brod verliessen wir unsere Böte und fuhren nach Kamensk, um zwei Tage später die Fahrt auf dem Isset bis unterhalb Wolchow fortzusetzen.

Die Conglomerate, Schiefer und Sandsteine von Brod stehen am Flusse bis kurz vor der ersten Mühle an, nach dem damaligen Besitzer Uschkowa genannt. Dann folgt wieder Bergkalk in hohen Felsen, der noch oberhalb der Mühle ein natürliches Felsenthor bildet, dessen auch die Verf. der Geol. of Russia erwähnen. Der Kalkstein enthält Korallen und grosse Productusarten, die wir an Ort und Stelle nicht erkannten, da sie, wie gewöhnlich, nur in Durchschnitten sichtbar, und aus den glatten Felswänden nicht zu befreien sind. Der Sandstein sowohl wie der Bergkalk haben hier ein unregelmässiges Einfallen, doch ist die Richtung nach W vorwaltend. Bei der Mühle selbst sind die Kalksteinfelsen von Eisen roth gefärbt. Sie fassen das Flussbett anhaltend bei Takarewa und bis zur zweiten Mühle unterhalb Brod ein. Erst bei der Mühle vor Bainowa folgt am linken Ufer Porphyr und rothes Conglomerat, während der Kalkstein am rechten bis Bainowa selbst die Uferfelsen bildet. An der Brücke, welche bei diesem Dorfe über den Fluss führt, bildet rother Porphyr den Thalboden und den unteren Theil der linken Thalwand. Er wird zuerst von grobem Conglomerat überlagert, das aus Kalksteingeschieben besteht, welche in einer Masse von der Farbe des Porphyrs liegen. Auf diesem liegt Kalkstein. Diese Schichten streichen nach NW, und fallen an der linken Thalwand nach NO, an der rechten nach SW ein. Das Ganze ist der einfachste Typus einer antiklinen Schichtenerhebung, durch ein zu Tage tretendes eruptives Gestein hervorgebracht.

Hier verschwindet der Kalkstein am Flussufer, und macht dem Porphyr Platz, der zuerst bei Krasnogora von den horizontalen Schichten überlagert wird, welche die Verf. der Geol. of Russia für Glieder der Tertiärformation halten. Wir sahen an einer unbedeu-

---

[1]) Dieser Ort ist in der Geol. of Russia durch ein Missverständniss Swagba genannt worden.

tenden Felsentblössung, ohne uns an dem Orte aufzuhalten, nur lockeren Sand von heller Farbe, in welchem Sandstein in unzusammenhängenden Schollen darin liegt. Von Krasnogora setzten wir unseren Weg zu Lande bis jenseit Wolchow am Flussufer fort. Bei der Mühle unterhalb jenes Dorfes steht Porphyr an, der mit Sand bedeckt ist. Eine Werst unterhalb Wolchow erscheint noch einmal Bergkalk in einzelnen Felsen am Fluss. · Seine Schichten sind steil aufgerichtet, enthalten grosse Productus-Arten und werden, wie der Porphyr, von horizontal gelagertem Sande bedeckt, in dem unzusammenhängende Sandsteinschollen liegen.

Nachdem wir noch eine Farth nach Kadinskoy gemacht hatten, und mehrere Tage in Kamensk mit Ausschlemmen und Verpacken der gesammelten Versteinerungen beschäftigt gewesen waren, wurde eine andere Excursion in den südlichen Theil des Distriktes unternommen.

Unser Weg führte uns zu Wagen von Kamensk über Brod nach Logowskoi, wo ein Tagebau auf Brauneisenstein im Bergkalk angelegt ist. Mit diesem Erz kommt Eisenkiesel als Einlagerung im Kalkstein vor, welcher in einer der verlassenen Gruben Korallen enthält.

Auf den Ebenen, über die wir zwischen Jewsikowa und Ribinskoje hinfuhren, liegen hin und wieder Kalksteinblöcke von röthlicher Farbe, welche scharfkantige Bruchstücke eines grauen Kalksteins einschliessen. Diese röthliche Breccie haben wir in der Bergkalkformation von Kamensk nicht gesehen, und vermuthen daher, dass sie zu dem obersilurischen Kalkstein von Krasnoglasowa gehört, der zuweilen diese Färbung hat. Der Tscherwänoje *Osero* wird von den Landleuten für salzig gehalten, was durch den Geschmack des Wassers nicht mit Sicherheit zu ermitteln war. Es sollte chemisch untersucht werden.

Im Dorfe Schadisch erfuhren wir, dass an einem Flüsschen nach Tscheremiska zu Kalkstein ansteht. Wir fanden ihn auf der Ebene in horizontal gelagerten Schichten, deren Oberfläche hin und wieder von Vegetation entblösst ist. Er enthält ein grosses, gestreiftes Fossil, von dem wir uns nur Splitter verschaffen konnten. Die Streifung gleicht der des *Pentamerus Vogulicus*, woher es wahrscheinlich ist, dass diese Ablagerung zu den horizontal gelagerten silurischen Schichten von Krasnoglasowa gehört, welche wir zuerst beim Dorfe Goschenewa mit mehr Sicherheit an der *Stromatopora concentrica* erkannten.

Der Kalkstein bei Goschenewa ist von grauer und röthlicher Farbe, und liegt in grossen Schollen an dem Ufer des Flüsschens, an welchem der Weg von dort nach Krasnoglasowa hinführt. Bei diesem Dorfe selbst sieht man horizontal gelagerte Schichten des obersilurischen Kalksteins, der hier mit *Pentamerus Vogulicus* erfüllt ist, am Wasser anstehen.

Von hier aus folgten wir dem Ausflusse des Schablisch See's abwärts, und trafen bei dem Dorfe Sipowa ein neues Gestein, das scheinbar Petrefacten der Kohlenformation auf secundärer Lagerstätte einschliesst. Es ist ein Conglomerat, das aus groben Geschieben grauen Kalksteins besteht, die mit röthlichem Kalkstein verkittet sind, und Bruchstücke des *Productus hemisphaericus*, so wie Korallenarten des Bergkalkes enthalten. Dieses Gestein streicht nach N und fällt nach O mit 50° Neigung ein. Wir fanden die nämlichen Schichten bei dem Dorfe Pirogowskoje, an demselben Flüsschen wieder. Hier bildet der röthliche Kalkstein den Hauptbestandtheil des Conglomerates, welches mit 30° Neigung nach W einschiesst, also antiklin zu dem von Sipowa gelagert ist. — Bei Kraitschikowa gelangten wir, dem Laufe desselben Flüsschens folgend, in die Schichten von Krasnogora und Kaltschedansk. Der Sand ist hier mit Quarzconcretionen erfüllt, und schliesst eine horizontale, continuirliche Quarzschicht von hell blaugrauer Farbe ein, welche an die Süsswasserquarze des Pariser Beckens erinnert. Unter und über dieser einzelnen festen Schicht steht lockerer weisser Sand an. — Bei Potoskujewa gelangten wir an die Sinara, deren Lauf wir von hier aus aufwärts bis Kasakowa folgten. $1\frac{1}{2}$ Werst oberhalb des Dorfes Okulewa stehen Bergkalkfelsen an, welche riesige Exemplare des *Productus hemisphaericus* enthalten. Das Einfallen war wegen undeutlicher Schichtung nicht mit Sicherheit zu bestimmen; jedoch schien es westlich zu sein. Bei Kasakowa, am Zusammenfluss des Bugaräk mit der Sinara, trafen wir am linken Sinara-Ufer grobes Conglomerat, welches sich von dem bei Sipowa und Pirogowskoje nur dadurch unterscheidet, dass es auch Geschiebe von Kiesel enthält.

In den Kalksteingeschieben kommen grosse Exemplare des *Productus hemisphaericus* vor, welche indessen auch der Art zwischen den Geschieben erscheinen, dass wir ausserdem auf die Ablagerung dieses Fossils zugleich mit den Geschieben schliessen zu müssen glauben. Die Erhaltung dieses Theiles der Petrefacten deutet nämlich darauf hin, dass sie in den Gewässern gelebt haben müssen, in die jene Bergkalkgerölle transportirt worden sind, ohne dass sie diesen Transport mitmachten. Vielleicht ist das Ganze daher eine Trümmerbildung der Bergkalkperiode, die zu einer Zeit stattgefunden hat, wo bereits Muschelschaalen in neu gebildetem Kalkstein eingeschlossen waren. Diese Annahme hat nichts Künstliches, wenn man erwägt, wie häufig über den Wasserspiegel erhobene, und zu festem Gestein erhärtete Meeres-Ablagerungen der jetzigen Periode von neuem dem Angriff fliessender Gewässer sowohl, als auch der Meereswogen ausgesetzt werden.

Oberhalb Kasakowa, am linken Ufer des Bngaräk, wechseln bunte Thonschiefer von rother und blauer Farbe mit Kalksteinen, in denen eine Korallenbank enthalten ist. Da sämmtliche Schichten, welche wir bei Kasakowa gesehen haben, vertical stehen, so war hier die Lagerung der Conglomerate zu den bunten Schiefern nicht zu beurtheilen. Das Streichen dieser Schichten geht nach N.

Von Kasakowa folgten wir zu Pferde dem Lauf des Bngaräk aufwärts. Eine halbe Werst vor dem nächsten Tatarendorfe Oschmanowa steht am linken Flussufer grobes Conglomerat in hohen Felsen an, das auf seine organischen Einschlüsse nicht untersucht wurde. Es streicht hier nach NO, und fällt steil nach NW ein. Hinter dem Dorfe folgt am rechten Ufer Kalkstein, am linken Porphyr. Eine halbe Werst weiter oberhalb stiessen wir zuerst am rechten Ufer wieder auf Kalksteinfelsen mit vertical aufgerichteter Schichtung. Sie sind von Porphyr begleitet. Dann steht Kalkstein an beiden Ufern an, ist zuweilen dünnschiefrig, streicht nach N und fällt nach W mit 35°—40° Neigung ein. Es kommen darin Schichten vor, die Schwefelkies enthalten. Dieser Kalkstein setzt ununterbrochen bis unterhalb des Dorfes Kolpakowa fort, wo er von einem ähnlichen Porphyr wie bei Oschmanowa durchbrochen wird. Dieser Porphyr hat hier ältere Gesteine zu Tage erhoben; denn es lehnen sich bei dem Dorfe Kolpakowa talkige Chloritschiefer an ihn an, mit denen ein feinschiefriger, violetter Thonschiefer auftritt. Das Dorf selbst liegt zum Theil auf Porphyr, zum Theil auf jenen Schiefern, auf die jenseit desselben die nämlichen schiefrigen Kalksteine folgen, welche den ganzen Morgen über unsere Begleiter waren. Sie stehen am Flussufer auf einer Strecke von einer halben Werst an; dann folgt Porphyr an beiden Ufern bis zur Kadanski Mühle, und oberhalb derselben wieder Kalkstein.

Eine halbe Werst unterhalb Sotina steht Porphyr an, der kurz vor dem Dorfe feines Conglomerat, so wie Thonschiefer und Sandsteine von grauer Farbe, denen von Brod ähnlich, durchbricht. Diese Gesteine enthalten bei Suchoi Log an der Püschma Steinkohlenflötze, und sind von den bunt gefärbten Schiefern und dem Conglomerat bei Kasakowa, Sipowa u. s. w. zu unterscheiden. Darauf folgt wieder Porphyr, auf dem das Dorf liegt, und setzt bis Korolewa fort. Kurz vor diesem Dorfe trafen wir von der Dammerde bedeckten Bergkalk, der reich an *Productus hemisphaericus* und Korallen ist. Darauf folgt bis Schukowa Porphyr; das Dorf selbst aber liegt auf Kalkstein; dann folgt wieder Porphyr, und bei der ersten Mühle oberhalb Schukowa unreiner grauer Kalkstein, der noch vor Lipowka in reinen Kalkstein übergeht. Dieses Dorf hängt mit Bugaräksk zusammen.

Bei Bugaräksk treten am linken Flussufer rothe Schieferthone und grüner Sandstein auf; ein Schichtensystem, das durch seine lebhafte Färbung an ähnliche Gesteine bei Kasakowa erinnert. Unterhalb Bugaräksk, dem Dorfe Tschuprowa gegenüber, das ganz nahe von jenem am rechten Flussufer liegt, steht Bergkalk an. Dieser bildet die Uferfelsen bis jenseits der nächsten Wassermühle. Er schliesst an der ersteren Stelle zahlreiche Exemplare von grossen *Productus* ein, unter denen wir bei der Mühle *Prod. giganteus* erkannten. Die bunten Schichten fallen nach W 20° N gegen den Bergkalk ein. Obgleich auch hier keine unmittelbare Auflagerung von uns beobachtet wurde, ist daher doch anzunehmen, dass der Bergkalk das jüngere Glied in der Reihe ist. Bei der Wassermühle streicht er abweichend nach NW und fällt gegen NO ein.

Bei Briuchanowa fanden wir ein eigenthümliches Gestein, das aus körnigem, hellgrauem Quarz besteht. Es bricht leicht unter dem Hammer, und ist von Sandsteinen und feinem Conglomerat begleitet, die wir anstehend nicht gesehen haben. Oberhalb des Dorfes steht dagegen ein grünes, undeutlich geschichtetes Gestein an, das mit Säure braust, und Kalkspath enthält. Ueber die gegenseitige Lagerung dieser Gebirgsarten wissen wir nichts zu berichten.

Vor dem Dorfe Melnikowa befindet sich eine bedeutende Eisensteingrube, die vermuthlich in Kalkstein angelegt ist, der zwischen der Grube und jenem Dorfe ansteht. Sie liefert ihre Erze nach Syssert. In den Kalkstein, der nach NO streicht und gegen SO einfällt, sind harte Sandsteine von quarzitartiger Beschaffenheit untergeordnet eingelagert. Wir sahen diesen Kalkstein bis jenseit Fadina anstehen. — Zwischen Fadina und Bojewsk liegt die Westgrenze der sedimentären Bildungén, welche wir am Bugaräk kennen gelernt haben. Die Flussufer werden hier flach, und es tritt Glimmerschiefer mit dünnen Lagen eines blauen Thonschiefers auf. Noch weiter flussaufwärts, bei Larina, sahen wir Marmor, auf den am Mühlendamm von Petuchowa Gneiss und Granit folgen.

Eine Fahrt, in der wir zu Wagen so gut als thunlich dem Laufe der Sinara abwärts von Konäwskoje bis Nikitina folgten, brachte weiter keinen Aufschluss über die am Bugaräk beobachteten Sedimente. Porphyr mit grüner Grundmasse, wie wir ihn besonders bei Oschmanowa und Kolpakowa gesehen hatten, bildet den grössten Theil der Uferfelsen an der Sinara. Zwei Werst oberhalb des Baschkirendorfes Zerkowa sahen wir am linken Ufer Kalkstein anstehen. Als wir beim Meschtscheräkendorfe Nova Tatarskoje wieder an den Fluss kamen, fanden wir ihn mit Trümmern aus dem quarzführenden Sande erfüllt, d. h. mit Gesteinen, wie wir sie bei Kraitschikowa beschrieben haben. Bald erreichten wir auch dieses Dorf wieder, indem wir unseren Weg über Potoskujewa nahmen, und besichtigten zwischen Kraitschikowa und Tschernaja Retschka einen verlassenen Mühlsteinbruch, der, wie bei Kaltschedansk, in jenen Schichten angelegt ist. Die Mühlsteine wurden nicht aus continuirlichen Schichten gebrochen, sondern man findet nur einzelne Löcher im Rasen, aus denen grössere Concretionen herausgehoben worden sind.

Am Einfluss der Tschernaja in die Sinara trafen wir in dem Seitenthal, welches durch jenes Flüsschen gebildet wird, eine bedeutende Felsentblössung der Bergkalkformation, mit den öfter beobachteten dunklen Schiefern und Sandstein. Von der Sinara in die Tschernaja Schlucht aufwärts, trifft man zuerst Porphyr. Darauf folgt ein grobes Kalksteinconglomerat, dann die Schiefer- und Sandsteinformation und endlich Bergkalk. Die ganze Schichtenreihe ist steil aufgerichtet. Die Schiefer sind von kohliger Substanz schwarz gefärbt, wie bei Brod, und enthalten hier eine massenhafte Einlagerung harten, dunklen Quarzes, welcher stockförmig in die vom Porphyr durchbrochenen und zerschmetterten Gesteine hineinragt.

Als wir die Sinara-Ufer bei Nikitina verliessen, und auf Kaltschedansk zufuhren, stiessen wir bald auf Sandsteinbrocken, die sich durch Körner eines pelluciden, lebhaft hellgrün gefärbten Quarzes auszeichnen.

Die horizontal gelagerten Schichten von Kaltschedansk sind am Issetufer schön aufgeschlossen. Sie bestehen zum Theil aus einem thonigen Sandstein von hellgelber Farbe, welcher jene grünen Quarzkörner enthält. Dieser Sandstein wechselt mit sehr vorwaltenden Schichten grauen Thones, derbem Quarz, wie wir ihn bei Kraitschikowa gesehen hatten, und anderen Sandsteinen, die mit Quarzausscheidungen erfüllt sind. Aus dem Steinbruch, der bei dem Dorfe, an der Strasse nach Kamensk angelegt ist, werden in grosser Menge die Mühlsteine gewonnen, welche den Bedarf dieser ganzen, überaus fruchtbaren Gegend decken. Diese Mühlsteine bestehen aus einem sehr eigenthümlichen, festen Aggregat durchsichtiger Quarzkörner von verschiedenartiger, sehr lebhafter Färbung, die ohne kenntliches Bindemittel an einander haften. Das Gestein bildet keine continuirliche Schicht, sondern kommt in kleinen ·Nestern, welche gewöhnlich nur das Material zu einem einzigen Steine liefern, in dem Sandsteine vor, der die hellgrünen Quarzkörner enthält, und hier an der Oberfläche liegt.

In den Thonen haben die Verf. der Geol. of Russia in Braunkohle umgewandeltes Holz gefunden, das zuweilen von Bernsteinstückchen begleitet ist. Es ist daher in der That wahrscheinlich, dass diese Ablagerungen, welche wir nur flüchtig gesehen haben, von tertiärem Alter sind. — Von Kaltschedansk kehrten wir nach Kamensk zurück.

Auf einer darauf folgenden kleinen Ausflucht von zwei Tagen berührten wir das Dorf Saïmskaja, wo der Bergkalk ähnliche Einlagerungen enthält wie bei Brod. Er ist dort besonders reich an Korallen und enthält den *Productus hemisphaericus*.

Unausgesetzte Fahrten und Ritte im nördlichen Theile des Distriktes führten uns dann durch ausgedehnte Gegenden, in denen wir vorzüglich die Ufer der Püschma, der Kunara, des Reft und der Kamenka kennen lernten.

Bei dem Dorfe Gräsnucha sieht man viel von den Gesteinen von Kaltschedansk umherliegen; jedoch ohne dass wir anstehende Gebirgsart fanden. Da hier keine steinernen Bauten ausgeführt sind, ist anzunehmen, dass diese Steine nicht aus grösserer Entfernung herrühren, sondern aus dem Boden stammen, auf dem das Dorf liegt. — Bei Tscherdanzowa erheben sich Hügel über der Ebene, welche aus ungeschichtetem, weissem, sehr sandigem Lehm bestehen. Es sind ohne Zweifel diluviale Bildungen. — Als wir auf unseren Zickzackfahrten im flachen Lande bei dem Dorfe Tschernokorowskaja ein Stück auf der Tobolsker Strasse hinfuhren, bemerkten wir, dass sie hier mit Gesteinen in Stand erhalten wird, wie sie bei Kaltschedansk anstehen; ein Zeichen, dass dieses Dorf noch im Gebiete jener Ablagerungen liegt. Von dort gelangten wir nach Troïtzk an der Kalinowka, wo wir wieder Bergkalk am Ufer des Flüsschens anstehen sahen. Er streicht nach NW, fällt mit einer Neigung von 40° nach SW ein, und enthält den *Productus hemisphaericus*. Der Kalkstein ist hier reich an grossen Feuersteinknollen, eine Erscheinung, welche am Westabhange des Gebirges, in den Bergkalkfelsen am Ufer der Tschussowaja, sehr gewöhnlich ist. Nach der Aussage der Dorfbewohner hält der Kalkstein von hier noch 2 Werst flussabwärts bis zum Dorfe Bainowa an, das mit dem gleiches Namens am Isset nicht zu verwechseln ist. Bei den Dörfern Kamennoosersk, Kamennooscrok und Bubnowa trafen wir den bekannten Porphyr wieder, und gelangten bei Nekrassowa in das Gebiet granitischer Gesteine und krystallinischer Schiefer, welches die Püschma bei Jalunina durchströmt.

Von Jalunina folgten wir, in zwei Tagereisen, zu Pferde den felsigen Ufern der Püschma bis Suchoi-Log. Nachdem wir zuletzt auf schön auskrystallisirte Massengesteine gestossen waren, die ich beiläufig als der Familie der Grünsteine angehörend bezeichne, trafen wir 11 Werst oberhalb Suchoi-Log, (nach dem Flusslauf gerechnet), bei der Mühle von Gurin wieder sedimentäre Gesteine. Es sind, wie bei Turbanowa am Isset, veränderte Sandsteine, Thonschiefer und Conglomerate, von Porphyr durchbrochen. Zwischen dieser Mühle und der von Räbtschicha treten neben diesen Gebirgsarten kalkige Gesteine auf,

welche mit Säure brausen. Sie enthalten späthige Durchschnitte von Crinoïdeenstielen, die
sehr unkenntlich sind. Viele von ihnen zeigen indessen einen abgegrenzten Punkt im Centrum, der vermuthlich vom Ernährungskanale herrührt, und kaum eine andere Deutung
jener Reste zulässt. Von dieser Stelle bis Rogalowa bestehen die Uferfelsen aus Gesteinen, die zuweilen conglomeratisch sind, zum Theil mit Säure aufbrausen, und dabei
krystallisirte Silicate enthalten. Sie sind vielfach von Porphyr durchbrochen, und müssen
als Producte der Einwirkung eruptiver Gebirgsarten auf kalkige sedimentäre Bildungen
angesehen werden. Erst bei Namenskaja werden diese Gesteine von unverändertem Kalkstein überlagert. Wir fanden ihn in einem kleinen Einschnitt, den eine Quelle in die
mit Erde bedeckte linke Thalwand hineingewühlt hat. — Von hier bis Suchoi-Log folgt
am linken Thalgehänge vorwaltend Porphyr, und ein Conglomerat, das aus Kalksteingeschieben besteht, welche mit einer grünlichen Masse verbunden sind. Letzeres ist besonders an der Einmündung der Kustinowka aufgeschlossen, und an demselben Abhange
der zum Theil bewachsenen Thalwand liegen Blöcke eines röthlichen Kalksteins, welcher seiner Farbe nach dem von Goschenewa und Krasnoglasowa gleicht. Diese Blöcke sind von
oben herabgestürzt. Oberhalb der Mühle Morewa steht wieder Porphyr an, der bis in die
Nähe von Suchoi-Log anhält. An der Mündung der Schata, am linken Ufer, fand Hofmann Tages darauf Kalkstein- und Quarzitblöcke, welche von oben in den Fluss gerollt
waren.

　Suchoi-Log ist unseres Wissens der einzige Ort, an dem Kohlenflötze am Ostabhange
des Ural abgebaut werden. Wir hatten deshalb diesen Punkt schon auf unserer ersten
Reise in den Ural, im Juni 1853 besucht. Dieses Mal war ich leider verhindert die damals
gewonnenen Ansichten über das Auftreten der Steinkohle bei Suchoi-Log durch nochma-
lige, gründliche Untersuchung der nächsten Umgebung zu bestätigen. Ein Fieberanfall, der
mich schon den Tag vorher so weit angegriffen hatte, dass ich mich mit Mühe im Sattel
erhielt, nöthigte mich den einzigen Tag, den wir in Suchoi-Log zubrachten, so weit
zu meiner Erholung zu benutzen, dass ich nicht an der Fortsetzung der Reise verhindert wurde.

　Ich gebe daher nur einen Ueberblick über die Verhältnisse von Suchoi-Log, wie wir
sie früher kennen gelernt hatten.

　Wir halten mit Herren Grammatschikoff, dem Entdecker dieses Kohlenlagers, die
Schichten von Suchoi-Log für die nördliche Fortsetzung der Conglomerate, Sandsteine
und Schieferthone mit Pflanzenabdrücken, welche bei Brod am Isset anstehen. Diese
Schichten streichen hier ebenfalls mit geringer Abweichung nach N, und schiessen mit
40° Neigung gegen W ein. Nach Aussage des Herren Grammatschikoff liegen 6 Kohlenflötze von verschiedener Mächtigkeit in grauem und grünlichem Schieferthon, der, im
Hangenden sowohl, als auch im Liegenden der Steinkohle nach dem angrenzenden Kalkstein
zu, symmetrisch, durch ähnlich gefärbte Sandsteine in feines Conglomerat übergeht. Diese
Flötze wurden von dem Entdecker der Grube beiläufig auf eine Gesammtmächtigkeit von

32' Steinkohle veranschlagt. Bei unserer zweiten Anwesenheit war nach Aussage des damaligen Verwalters des Bergwerks ein Flötz von 5' Mächtigkeit in Betrieb.

Nach den Schichtenentblössungen am Ufer der Püschma ruhen diese kohlenführenden Schichten auf Bergkalk, welcher von Suchoi-Log flussabwärts, also nach O, hohe
Uferfelsen bildet. Der Kalkstein enthält unmittelbar im Liegenden der kohlenführenden
Ablagerungen *Productus hemisphaericus* und *Pr. striatus*, gehört also der unteren Etage des
Bergkalkes an. Westlich, also im Hangenden der kohlenführenden Schichten, haben wir
bei Suchoi-Log nur Kalkstein- und Quarzit-Blöcke ohne Versteinerungen und Porphyrfelsen, wie an der Schata-Mündung und oberhalb derselben, gesehen. Die Untersuchungsarbeiten zur Ermittelung der Ausdehnung und Mächtigkeit der Kohlenflötze, waren damals
noch nicht abgeschlossen. Das Ausgehende der Schieferthone, Sandsteine und Conglomerate soll südlich von Suchoi-Log einen Flächenraum von 2³/₄ Werst Breitendurchmesser
einnehmen und beiderseits von Kalkstein begrenzt sein. Nach Norden verengert sich die
Formation und steht jenseit der Püschma, nach sehr beiläufiger Schätzung, auf einem Flächenraume von höchstens 1000 Gängen an.

Von Suchoi-Log setzten wir unsere Reise, zuerst dem Laufe das Flusses weiter abwärts folgend, im offenen Fuhrwerk fort.

Der Bergkalk hält am Ufer in hohen Felsen bis an das Dorf Medwedjewa an. Auf
ihn folgen bei Wadoga bunte Thone und röthliches Conglomerat, deren Lagerung nicht
ermittelt wurde. Eine Quelle, die sich bei der Mühle des Dorfes von N in die Püschma
ergiesst, führt massenhaft Bruchstücke der Gesteine von Kaltschedansk, welche wir auch
bald darauf bei Novo Püschminsk antrafen. Es sind hier horizontal gelagerte, bröckelige
Sandsteine. Die Thone bei Wadoga sind darin eigenthümlich, dass sie keine Schichtung
zeigen. Sonst gleichen sie, ebenso wie das Conglomerat, welches auf organische Reste nicht
untersucht wurde, den bunten Schichten bei Kasakowa am Bugaräk. Es ist daher wahrscheinlich, dass diese Schichten zu der in der Nähe entwickelten Bergkalkformation
gehören.

Bei Novo Püschminsk verliessen wir die Püschma und wandten uns nach S, den
Ufern der Kunara zu, denen wir flussaufwärts folgten. Wir erreichten diesen südlichen
Zufluss der Püschma bei dem Dorfe Spask und fanden daselbst Bergkalk anstehend, dessen
Schichten vertical aufgerichtet sind. Sie streichen nach N und werden von den horizon-
talen Lagen der Formation von Kaltschedansk bedeckt. Bei dem Dorfe Kaschina, am rech-
ten Kunaraufer, steht wieder Bergkalk in hohen Felsen an. Hier ist in den Kalkstein ein
Nest von Brauneisenstein eingelagert, der reich genug an sauren Kupfererzen ist, um auf
dieses Metall abgebaut zu werden. Nahe bei der Kupfergrube enthält der Bergkalk eine
Einlagerung von Sandstein und Schiefern, die von kohliger Substanz schwarz gefärbt sind.
Von hier zieht sich der Bergkalk in hohen Felsen flussaufwärts bis Popowa. Eine Werst
hinter Gluchi, nahe bei Kamenka, sieht man Sandstein am Wege. Die darauf folgenden
Dörfer Bukowa und Tügisch liegen auf Porphyr, bei ersterem sahen wir auch Conglomerat.

Bei Prokopowskoje verliessen wir die Kunara, welche weiter aufwärts zwischen flachen Ufern hinfliessen soll, und fuhren nach Mokra an die Püschma zurück, um von hier aus die Ufer des Reft zu untersuchen.

Diesen Fluss, der sich durch dichte Waldungen hinschlängelt, verfolgten wir, bald auf Fusssteigen am Ufer hinreitend, bald das Flussbett selbst als Weg benutzend, bis an die Einmündung der Bruchanowka. Von dort ritten wir an den Okunjewo Osero, wandten wieder nach S, passirten bei Woroni Brod die Püschma und gelangten durch die Urwälder, nach einem angestrengten Ritte von 3 Tagen, bei Obuchewa an die Kamenka, deren Lauf wir auf Rädern bis nach Kamensk verfolgten, wo wir den 25sten Juli eintrafen. Diese Excursion führte uns im Gebiete krystallinischer Gebirgsarten bis in die Nähe der berühmten Smaragdgruben im Jekaterinburger Distrikte, welche wir wenige Wochen später kennen lernten.[1]

Wir erwähnen nur, dass wir am Reft 9 Werst oberhalb der einzigen Mühle, welche an diesem Flusse in der Nähe seiner Mündung liegt, auf steil aufgerichtete, mit Kohlenstoff imprägnirte Schiefer stiessen, die nach N 25° W streichen. Die Stelle befindet sich nahe unterhalb der Mündung der Beresowka und ist durch Porphyr kenntlich, der dicht unterhalb in Felsen ansteht. Die Schiefer selbst streichen quer über den Boden des Flusses hin, ohne eine Erhöhung am Ufer zu bilden.

Das Dorf Obuchewa an der Kamenka liegt noch auf Chloritschiefer. Erst bei Klevakina trafen wir feines Conglomerat mit einem grünen Gestein, das Bestandtheile des Porphyrs enthält und auch oberhalb bei Kostoujowska und Belonossowa ansteht. Bei Muchlinina treten Conglomerate auf, deren Geschiebe mit Porphyrmasse verbunden sind. Mit ihnen erscheint ein grüner Mandelstein, dessen Geoden zuweilen mit Kalkspath gefüllt, zuweilen auch leer sind, und dann dem Gestein ein blasiges Ansehen geben. Wir halten diese Gebirgsart für eine Varietät des Porphyrs, durch Entwickelung von Gasen bedingt, welche die Eruption desselben begleiteten. Er steht in der Nähe mit grüner Grundmasse in seiner charakteristischen Varietät an. Ebendaselbst, bei einem Dorfe vor Tscherumchowsk, erscheinen auch die Conglomerate, Schiefer und Sandsteine der Bergkalkformation, die wie gewöhnlich nach N streichen und gegen W einfallen. In dem Sandsteine liegt, der Schichtung parallel, ein Mandelstein, der sich von dem von Muchlinina durch dunklere, schwärzliche Farbe und auch dadurch unterscheidet, dass die Geoden mit einer grünen, erdigen Substanz gefüllt sind. Diese Bildungen halten bis kurz vor Novosavodskoje an, wo wir Bergkalk trafen, der, mit einer einzigen Unterbrechung durch die Schiefer- und Sandsteinformation beim darauf folgenden Dorfe, bis Kamensk anhält.

---

[1] Die Gabbro- und Serpentinreiche Umgegend des Okunjewo Osero ist von Prof. Grewingk in Dorpat besucht und beschrieben worden: Die Smaragdgruben des Ural und ihre Umgebung von C. Grewingk. 1854.

Nach einem Aufenthalte von einem Tage in Kamensk, kehrten wir nach Jekaterinburg zurück. Ohne an der Strasse sedimentäre Bildungen beobachtet zu haben, trafen wir bei Butirka wieder die ersten Glieder der krystallinischen Schiefer.

Fasst man die Resultate unserer geognostischen Beobachtungen im Distrikte von Kamensk zusammen, so ergiebt sich, dass die sedimentären Ablagerungen, welche den Felsboden dieser Ebene bilden in W, gegen das Gebirge hin, durch krystallinische Gebirgsarten begrenzt sind. Verfolgt man die Westgrenze der sedimentären Zone von S nach N, so bildet sie eine Linie, welche zwischen den Dörfern Fadina und Bojewsk hindurchgeht, bei Turbanowa (zwischen Temna und Perebor) den Isset und bei Klewakina die Kamenka schneidet. Die Püschma trifft sie in der Gegend des Dorfes Brusjäna, das nicht am Flusse selbst liegt, bei einer Wassermühle, nach dem damaligen Besitzer Gurina genannt. Der nördlichste Punkt, an dem wir Sedimente gesehen haben, liegt am Reft an der Mündung der Beresowka. Westlich von dieser Linie finden sich in der Zone krystallinischer Gesteine Einlagerungen von Thonschiefer, die wir am Isset zwischen der Mühle Pinigena und dem Dorfe Wiuchina, so wie bei Kaliutkina angetroffen haben.

Die Masse dieser Ablagerungen, deren Westgrenze wir bestimmt haben, besteht hauptsächlich aus Schichten der Kohlenformation. Nur an drei Punkten innerhalb des Gebietes derselben sind ältere Bildungen nachgewiesen. Dahin gehören, wahrscheinlich als älteste die Chlorit- und Thonschiefer von Kolpakowa am Bugaräk und ein Theil der Kalksteine jener Gegend, welche auf diesen Schiefern ruhen. Die silurischen Kalksteine von Krasnoglasowa sind schon von den Verf. der Geol. of Russia als ein Aequivalent der Wenlokformation in England erkannt worden. Endlich erweisen sich Kalksteine bei Kadinskoy als Ablagerungen, welche dem Eifeler Kalkstein oder der mittleren Etage der devonischen Formation am Rhein analog sind. Schon die Verf. der Geol. of Russia haben die Vermuthung ausgesprochen, dass die dunkelen, harten Schiefer und das Quarzgestein, welche zwischen Kadinskoy und Kliutschky am Isset entwickelt sind, ebenfalls dieser Formation angehören. Diese Vermuthung gewinnt dadurch an Wahrscheinlichkeit, dass wir innerhalb des Gebietes der Kohlenformation von Kamensk nirgends Gesteine von ähnlicher Beschaffenheit so massenhaft auftreten sahen, wie die, welche durch ihre Lagerung mit dem devonischen Kalkstein von Kadinskoy verbunden sind.

Wenden wir uns der Kohlenformation zu, so müssen wir innerhalb derselben petrographisch verschiedene Glieder unterscheiden, die indessen alle dem unteren, pelagischen Theile derselben, dem Bergkalke anzugehören scheinen.

Die herrschende Substanz ist der Kalkstein, von dem wir trotz des Verlustes unserer Sammlungen mit ziemlicher Sicherheit auszusagen wagen, dass wir nur Versteinerungen darin gefunden haben, welche in Russland die untere Etage des Bergkalkes charakterisiren.

Die feineren, dunkel gefärbten Conglomerate, Sandsteine und Schieferthone, welche Pflanzenabdrücke, kohlige Substanz und Steinkohlenlager enthalten, haben wir bei Kadins-koy zwischen Bergkalk und devonischen Schichten anstehend gesehen. Bei Brod haben wir in den Kalksteinen, welche ähnliche Schichten beiderseits begrenzen, Versteinerungen des unteren Bergkalkes gefunden. Bei Kaschina an der Kunara sind kohlige Schieferthone und Sandsteine in Kalkstein eingelagert. Bei Suchoi-Log ruhen die Steinkohlen führenden Schichten auf unterem Bergkalk. Im Hangenden treten eruptive Gesteine massenhaft auf. Mit ihnen kommt Kalkstein vor, in dem wir jedoch keine Versteinerungen gefunden haben. Bei Sotina am Bugaräk fanden wir diese Schichten wieder, und der nächste Kalkstein, welcher, durch Porphyr von diesen Ablagerungen geschieden, bei Korolewa ansteht, ent-hält die charakteristischen Versteinerungen des unteren Bergkalkes. Endlich sind die von Kohle schwarz gefärbten Schiefer und Sandsteine bei Tschernaja Retschka an der Sinara zwischen Porphyr und steil aufgerichteten Bergkalkschichten eingelagert.

Nach diesen Beobachtungen halten wir uns zu der Annahme berechtigt, dass die Conglo-merate, Sandsteine und Schieferthone mit Pflanzenresten und Steinkohle hier wie im flachen europäischen Russland Glieder des unteren Bergkalkes sind.

Ein drittes petrographisch unterschiedenes Glied der Kohlenformation von Kamensk sind die groben Conglomerate von Sipowa, Pirogowskoje, Kasakowa und wahrscheinlich auch von Oschmanowa. Wir haben die Gründe entwickelt, warum wir sie ebenfalls für Glieder des unteren Bergkalkes halten.

Ueber das Alter der bunten Schieferthone bei Kasakowa, die mit jenem Conglomerat auftreten, welches Petrefacten des unteren Bergkalkes enthält, ebenso wie über die bun-ten Schichten bei Bugaräksk, die wahrscheinlich von Bergkalk überlagert werden, wagen wir kein bestimmtes Urtheil auszusprechen. Da petrographisch ähnliche Bildungen bei Wa-doga an der Püschma ebenfalls mit grobem Conglomerat in der Nähe des unteren Bergkalkes vorkommen, welcher zwischen diesem Dorfe und Suchoi-Log entwickelt ist, so lässt sich aus diesen Umständen nur ein Wahrscheinlichkeitsschluss auf Glieder des unteren Berg-kalkes oder devonische Schichten ziehen. Die Gesteine bieten ebenso wenig Analogie mit dem localen petrographischen Charakter, den die eine Formation sowohl als auch die andere in Kamensk zeigt. Bei Kasakowa enthalten diese bunten Schiefer Kalkstein mit einer Koral-lenbank, die uns an Ort und Stelle aus einer Form des Bergkalkes gebildet schien. Wir sind daher geneigt, diese Schichten als Glieder der Bergkalkformation anzusehen, in deren Geleite wir sie an drei Orten angetroffen haben.

Dass die Bergkalkformation in ein und demselben Horizonte mit petrographisch abwei-chenden Bildungen auftritt, darf in einer Gegend nicht befremden, die so reich an eruptiven Gesteinen ist, wie die von Kamensk. Wenn diese auch meist jünger sind als die Schichten der Kohlenformation, so haben wir im Verlauf unserer Schilderung doch mehrere Bei-spiele angeführt, welche beweisen, dass sie sich zur Petrographie derselben nicht neutral ver-halten haben. Jedenfalls walten hier, in Bezug auf das Material der Ablagerungen mannigfaltigere Verhältnisse ob, als in den Ebenen, welche im flachen Russland aus denselben Formationen gebildet sind. .

Fast alle Sedimente, welche den Felsboden der Ebenen von Kamensk zusammensetzen, sind mehr oder weniger steil aufgerichtet und von Massengesteinen durchsetzt, welche an der Sinara, dem Bugaräk und Isset, so wie an der Püschma grössere, zusammenhängende Eruptionsgebiete bedecken. Beim Durchbruch durch die sedimentären Gesteine haben sie zur Entstehung mannigfacher Contactgebilde Veranlassung gegeben. Trotz dieser vielfältigen Störungen in der Lagerung der sedimentären Massen, welche, von zahlreichen synklinen und antiklinen Erhebungslinien durchzogen, an den Ufern der Flüsse in verschiedener Reihenfolge immer wieder erscheinen, ist dennoch eine vorwaltende Streichrichtung derselben nach N, dem Gebirgszuge parallel, und ein vorherrschend westliches Einfallen gegen denselben sehr ausgesprochen. Nur die silurischen Schichten liegen an den wenigen Flecken horizontal, wo sie in der Umgegend von Krasnoglasowa unter der Rasendecke hervorschimmern. Nirgends haben wir Entblössungen dieser Schichten gesehen, welche genügenden Aufschluss über ihre Lagerung geben.

Die palaeozoïschen Bildungen, so wie die Massengesteine welche dieselben durchbrechen, verschwinden nach O unter tertiären? Schichten, die discordant in ungestörter Lagerung auf denselben ruhen. Diese Auflagerungsgrenze bildete zugleich die Ostgrenze unserer Excursionen. Wir ziehen sie von S nach N, von Kraitschikowa an der Einmündung des Ausflusses des Schablisch Sees in die Sinara nach Nikitina, von dort nach Krasnogora am Isset, zwischen Wolchow und Troïtzk an der Tobolsker Strasse hindurch nach Spask an die Kunara, und endlich nach Wadoga an der Püschma. So bedecken die palaeozoïschen Ablagerungen von Kamensk einen Flächenraum, der sich von S nach N verengert und an der Püschma den kleinsten Breitendurchmesser einnimmt.

Es gewährt uns eine besondere Genugthuung, am Ende dieser Betrachtungen darauf aufmerksam zu machen, mit welchem Scharfblick die grossen Geologen, welche vor uns einen Theil dieser Gegenden besuchten, ihre allgemeine geognostische Beschaffenheit im Profil des Isset beurtheilt und dargestellt haben. In Bezug auf das Terrain, auf dessen Studium wir uns durch ihre Untersuchungen vorbereiten konnten, bemerken wir nur, dass wir die östliche Verbreitung der devonischen Formation am Isset bis Kadinskoy einschränken, weil wir den grössten Theil der Ablagerungen nach Brod zu als Glieder des Bergkalkes erkannt haben. Dass unter diesen auch ältere Schichten vorhanden sein können, ist indessen nichts weniger als unmöglich. Sandsteine mit kohligen Substanzen sind, wie wir später sehen werden, an den Ufern der Tschussowaja eine häufige Grenzbildung zwischen devonischen und Bergkalkschichten, und kommen in mehreren Etagen vor, von denen eine, welche an der Kosswa unmittelbar unter Kalkstein mit *Productus hemisphaericus* liegt, an diesem Flusse und der Lunja Steinkohlen führt. Die Schichten mit Pflanzenresten, welche in wahrscheinlich umgekehrter Lagerung unter dem steil aufgerichteten devonischen Kalkstein bei Kadinskoy liegen, können nach Analogie anderer Gegenden ebensowohl dieser Formation

als auch dem Bergkalke zugerechnet werden. Vielleicht ergiebt eine genaue Bestimmung dieser
Pflanzen, dass sie einer anderen Etage angehören, als die bei Brod oder Suchoi-Log, was
uns, so weit wir die Lagerung ermittelt haben, vorläufig nicht wahrscheinlich erscheint.
Sandsteine mit Pflanzenabdrücken sind am Rhein, an der Grenze der devonischen und
Kohlenformation, längst bekannt, und bei Sabero in Leon sind sogar die reichsten Kohlenflötze nach Herren von Verneuil zwischen Schichten intercalirt, welche devonische Versteinerungen enthalten. [1]

Schon früher haben wir auf den Gegensatz aufmerksam gemacht, der in Kamensk
zwischen dem Schichtenbau des Bodens und seiner äusseren Gestaltung herrscht. Wir haben deshalb weniger Neigungswinkel angeführt, weil die Schichten sich so häufig einer
verticalen Stellung nähern, dass das Einfallen darüber verschwindet. Erwägt man, dass
diese in weiter Erstreckung steil aufgerichteten Flötzgebirge von Porphyr zerrissen sind,
der sich auf ausgedehnte Länderstrecken ergossen hat, so ist die ebene Oberflächengestal-
tung der Flächen von Kamensk ein Phänomen, welches ein grossartiges Licht auf die aus-
gleichende Wirkung athmosphärischer Einflüsse wirft. Wenn die Geologie unermessliche
Zeiträume beansprucht, um die Bildung von Ablagerungen zu erklären, welche, mit mee-
rischen Organismen erfüllt, später zu Gebirgen aufgethürmt wurden, so dürfen die in der
That nicht geringer angeschlagen werden, welche verstreichen mussten, um jede Spur
dieser Erhebungen von der Oberfläche der Erde zu verwischen. Nur in den tiefen Wasserrinnen, welche die Ströme ausgewühlt haben, erkennt der Geognost, was dieser Boden er-
lebt hat, auf dem ein Lehmhügel eine bemerkenswerthe Erscheinung ist.

Da die Porphyre und Kalksteine in dieser steilen Lagerung unter den horizontalen
Schichten des tertiären? Sandsteines verschwinden, so ist anzunehmen, dass Schichtenstö-
rungen, welche mit der Erhebung der Uralkette zusammenhängen, sich viel weiter in die
sibirische Ebene ausdehnen, als das Auge des Beobachters sie da verfolgen kann, wo die
Gewässer nur noch in die obere Decke einschneiden. Ein Gleiches mag mit alten Ablagerungen nach Westen zu unter den permischen Schichten stattfinden, und so lange die
Grenzen der Erhebung des Ural nach O und W nicht festgestellt sind, kann von einem
Verhältniss der gegenwärtigen Höhe des Gebirges zu seiner Basis lediglich im Sinne der
Oberfläche die Rede sein. Der Geognost findet in diesen Gebirgsruinen der Erdoberfläche nur
spärliche Ueberreste, welche an sich betrachtet, einen falschen Massstab der Wirkungen geben, durch die sie hervorgebracht worden sind. Denkt man an die Grossartigkeit der Erosions-
phänomene in Gebirgen, deren Aufrichtung, wie die der Alpen, in eine viel spätere Periode
fällt als die Erhebung der Uralkette, so treten dergleichen Wirkungen, wie sie in der
Ebene von Kamensk stattgefunden haben, in vollständige Harmonie mit den Vorstellungen, welche wir uns theoretisch von den Erfolgen eines durch ungemessene Zeiträume an-
dauernden atmosphärischen Zerstörungsprozesses machen müssen. Es ist ein unzweifel-

---

[1] Bulletin de la société géologique de France, 2e Série, Tome VII, p. 175. 1850.

haftes Verdienst meines verehrten Lehrers Dr. Bernhard Cotta, diesem Momente bei der Classification der Gebirge Geltung vindicirt zu haben. — In je fernere Zeiten eine Gebirgserhebung fällt, desto weiter muss die Abtragung fortgeschritten sein. — Es ist bisher eine wenig beachtete Aufgabe der Geognosie gewesen, der Wahrheit dieses einfachen theoretischen Satzes in der Wirklichkeit nachzuspüren.

· Fahrt auf der Tschussowaja von Bilimbajewsk bis Kurji. Die Berghauptmannschaft Jekaterinburg unterhält an der Tschussowaja einen Stapelplatz für die Verschiffung bergmännischer Produkte, so wie der Erzeugnisse anderer industrieller Anstalten, welche in ihrem Bezirk von der Krone verwaltet werden. Dieser Hafen heisst Utkinsk; ein Name, den mehrere Häfen an der Tschussowaja führen, und der von den kleinen Nebenflüssen herrührt, an deren Mündungen sie liegen. [1] Er darf daher mit zwei anderen Häfen gleichen Namens weiter unterhalb an der Tschussowaja, die zu den Bergwerken des Fürsten Demidof gehören, nicht verwechselt werden.

Nachdem wir die geognostischen Untersuchungen in dem zusammenhängenden Gebiete der Jekaterinburger Berghauptmannschaft am Ostabhange der Gebirgskette abgeschlossen hatten, erhielt ich den Auftrag, die Landparcelle zu untersuchen, welche zum Utkinsker Hafen gehört. Da die Tschussowaja sich in vielfachen Krümmungen durch die ganze Länge dieses waldigen Landstriches hinschlängelt, wurde beschlossen, dass ich sie von Bilimbajewsk an abwärts befahren sollte. Dieses Hüttenwerk des Grafen Stroganof liegt an der grossen sibirischen Strasse, oberhalb der Südgrenze des Utkinsker Distriktes. Auf einer Flussfahrt, welche 3 Tage, vom 22sten bis 24sten August desselben Jahres dauerte, überschritt ich auch die Nordgrenze von Utkinsk, und dehnte meine Untersuchung der Flussufer bis zum Dorfe Kurji, nahe oberhalb des ersten Utkinsk aus, welches dem Fürsten Demidof gehört.   .

Bilimbajewsk liegt noch im Gebiete der krystallinischen Schiefer, die mit Serpentin auf dem Passe des Ural anstehen, welchen die sibirische Strasse überschreitet. Das nächste Dorf, Kanawalowa liegt auf dunklem Kalkstein. Jenseit desselben zieht sich am rechten Ufer eine Bergwand hin, die oberhalb aus demselben Kalkstein, flussabwärts aber aus hartem grünem Schiefer besteht, der mit violettem Thonschiefer wechsellagert. Diese Schiefer scheinen nach NW zu streichen, und gegen SW einzufallen. Da die Schieferung der Schichtung nicht parallel geht, blieb diese Beobachtung bei dem unvollständig aufgeschlossenen Terrain unzuverlässig. $1\frac{1}{2}$ Werst weiter bestehen die Uferfelsen wieder aus Kalkstein, der, wie der vorige, ein verkieseltes Ansehen hat. [2] Bei dem Dorfe Krilassowa, an der Südgrenze des Distriktes von Utkinsk, steht ähnlicher Kalkstein an, der nach N 22°

---

[1] Diese mögen wegen ihres Reichthums an wilden Enten von den Einwohnern Utka genannt worden sein.
[2] Alle Angaben von Entfernungen, sind wie oben, nach dem Flusslauf gemacht, ohne Berücksichtigung der wirklichen Distancen, welche die angeführten Localitäten von einander trennen.

O streicht, und steil gegen O 22° S einfällt. Der Medwedjewsky Kamen, ein Felsen 2 Werst unterhalb des Dorfes, besteht aus dunklem Kieselschiefer, wie die meisten Steinblöcke, welche oberhalb desselben im Flusse liegen. 2 Werst oberhalb einer Stelle, auf der früher ein Dorf Namens Tscherkow gestanden haben soll, steht am rechten Ufer ein Quarzitfelsen an. Dieses Gestein gehört zu dem nach N etwas O gerichteten Zuge quarzreicher Sandsteine, welche in verschiedenen Steinbrüchen nördlich und südlich von hier gebrochen und zum Hüttenbedarf benutzt werden. Bei Tscherkow selbst, d. h. der Stelle, die noch gegenwärtig den Namen führt, steht undeutlich geschichteter Kalkstein an, welcher späthige Durchschnitte von Crinoïdeenstielen enthält. Etwas unterhalb streicht dieser Kalkstein nach N und fällt mit 30° Neigung gegen O ein. Von hier bis in die Nähe von Utkinsk fuhren wir zwischen Kalksteinfelsen hin, in denen wir keine Spuren organischer Reste gefunden haben. Die Richtung des Streichens und Einfallens der Schichten bleibt sehr regelmässig dieselbe, nur die Neigung wechselt und steigt bis 70°.

Utkinsky Pristan liegt auf einer langen, schmalen, von O nach W gerichteten Halbinsel, welche die Tschussowaja in S, W und N umströmt. In den Kalksteinfelsen dieser Landzunge, kurz vor den ersten Häusern des Dorfes fand ich Ueberreste des *Productus striatus* und *Prod. hemisphaericus*. Somit befand ich mich hier am Westabhange des Ural wieder in der Formation des unteren Bergkalkes, welche wir vor einem Monate in Kamensk verlassen hatten. Bei einer späteren Untersuchung der Felsufer, welche die Halbinsel umgeben, ergab sich, dass diese von einer antiklinen nach N 25° O gerichteten Erhebungslinie durchsetzt wird. Die Schichten des Bergkalkes fallen beiderseits nach W 25° N und nach O 25° S mit einer Neigung von 55°—70° ein. Der Querschnitt dieser Falte ist besonders schön an dem Südufer der Halbinsel, bei der Kirche des Dorfes entblösst, und wurde von mir am gegenüberliegenden Nordufer wiedergefunden. Die inneren, also tiefer liegenden Schichten dieser dachförmigen Erhebung sind mit Productus-Arten erfüllt, während die äusseren, welche sie beiderseits symmetrisch bedecken, ganz aus Stielgliedern von Crinoïdeen bestehen. Es sind vollständige Crinoïdeenbänke, wie wir sie später in ähnlicher Lagerung bei Saraninsk an der Ufa wiedergefunden haben. Da auch die im Utkinsker Bezirke gesammelten Versteinerungen mit der Ausbeute dieses Jahres verloren gegangen sind, müssen wir uns mit diesen Angaben begnügen.

Bei dem Tempelchen, welches unterhalb des Dorfes auf einem Felsen errichtet ist, beobachteten wir nordwestliches Streichen mit nordöstlichem Einfallen. Drei Werst vor der grossen Sägemühle beim Dorfe Kamenka sieht man an den Felswänden dünn geschichteten Kalkstein, der wellenförmige Krümmungen zeigt. An der Stauung des Flüsschens Kamenka streicht der Bergkalk N 20° W und fällt mit 80° Neigung nach O 20° N ein. Hier ist er reich an Versteinerungen, von denen wir einige Arten an Ort und Stelle erkannten, ohne jedoch Notizen darüber in unseren Tagebüchern gemacht zu haben. Wir erinnern uns des *Spirifer glaber Mart.*, so wie mehrerer Arten von *Spirifer*, *Productus*, *Chonetes* und *Orthis*. Die Localität ist anderen Sammlern empfohlen.

1¼ Werst vor Nijnaja streicht der Kalkstein nach NW und fällt mit 45° Neigung nach NO ein. Ebenso bei Nijnaja selbst, wo der Bergkalk Arten von *Productus* und *Spirifer* enthält. Dem Dorfe gegenüber stehen die Schichten bei demselben Streichen vertical, während sie weiter unterhalb mit 45° Neigung nach S einschiessen. 4 Werst unterhalb Nijnaja enthält der Bergkalk Durchschnitte grosser Productus-Arten. Hier streicht er wieder nach N 20° O und fällt mit 46° Neigung nach W 20° N ein. 2 Werst oberhalb des Dorfes Treki wird das Streichen W 25°N, das Einfallen S 25° W, und unmittelbar vor demselben ersteres N 25°W, letzteres O 25°N mit 72° Neigung. An dem schmalen Kalksteinrücken, welcher das Thal der Treka von dem der Tschussowaja scheidet, streichen die Schichten wieder abweichend nach O 10° N, und fallen nach S 10° O ein. Unterhalb Treki beginnt am linken Ufer der sogenannte Sibirsky Uwal, ein Bergkalkrücken, der das Thal der Sibirka von dem der Tschussowaja scheidet. Der Hauptstrom verlässt diesen Rücken öfter und prallt an andere Felswände an, bis er ihn an der Einmündung der Sibirka wieder trifft. Am Anfange dieses Rückens schiessen die Bergkalkschichten nach SO mit 55° Neigung ein. 3 Werst unterhalb Treki trafen wir in demselben eine Einlagerung von Schieferthon, welcher durch kohlige Substanzen schwarz gefärbt ist und undeutliche Pflanzenabdrücke enthält. Er streicht nach N bis NW und fällt gegen O bis NO mit 45° Neigung ein. Diese Schiefereinlagerung ist von geringer Mächtigkeit, im Hangenden und Liegenden von Bergkalk eingeschlossen, und von einzelnen Kalksteinschichten unterbrochen, die, wie der angrenzende Kalkstein, *Productus giganteus* enthalten. Diese Einlagerung gehört daher, wie die analogen Schichten von Kamensk, der unteren Etage des Bergkalkes an. Das Streichen und Einfallen ist weiterhin unregelmässig, ersteres aber vorwaltend NO, letzteres SO. An der Einmündung der Sibirka stehen die Schichten vertical. Eine dieser senkrechten Kalksteinschichten ist in der Höhe des Felsens isolirt stehen geblieben und ragt aus der Wand, wie ein einfaches Blatt Papier, weit in die freie Luft hinaus. Unmittelbar unterhalb der Einmündung der Sibirka ist die vom Wasser abgeschliffene Felswand des rechten Tschussowaja-Ufers mit Durchschnitten grosser Productus-Arten erfüllt. Sie zeigt, so weit sie vom Strome bespült wird, schöne Riesentöpfe, und ist an ihren Abhängen von Wasserrinnen gefurcht, welche uns an die sogenannten Karrenfelder im Kalksteine der Salzburger Alpen erinnerten. Auch hier stehen die Schichten vertical, streichen nach NW und fallen unmittelbar unterhalb steil nach NO ein. Nahe unterhalb der Sibirka fällt die Sopronicha in die Tschussowaja, ein Flüsschen, das die Nordwestgrenze des Utkinsker Revieres bildet. Von diesem Grenzfluss abwärts hält das nordwestliche Streichen so wie das Einfallen nach NO, auf einer Entfernung von etwa 2½ Werst regelmässig in den hohen, steilen Kalksteinfelsen an. Darauf fliesst der Fluss 1½ Werst zwischen flachen Ufern hin, worauf er wieder von hohen Felsen mit stark verbogenen Kalksteinschichten eingefasst wird.

7 Werst vor dem Dorfe Kurji (zu Lande 3) steht am rechten Ufer ein isolirter Felsen an, der aus gemischten Schichten von Kalkstein, hartem Sandstein und Schiefer be-

steht. Auch der Sandstein zeigt Schieferung quer über seine Schichtflächen. Etwas weiter unterhalb bilden diese Schichten am linken Ufer eine zusammenhängende Bergwand.

4 Werst von Kurji folgen wieder hohe Kalksteinfelsen, deren Schichten nach W 25° N streichen und gegen S 25° W einfallen. Sie halten von hier bis Kurji am Flussufer an und bilden eigenthümliche Formen, die zum Theil durch sehr ungewöhnliche Schichtenbrüche bedingt sind. Vor dem Dorfe streichen sie wieder nach NW und fallen mit 70° Neigung nach SW ein.

———

Die Strecke, welche die Tschussowaja von Bilimbajewsk bis Kurji durchströmt, ist besonders deshalb interessant, weil sie einen Durchschnitt der Schichten von den krystallinischen Schiefern, welche die Axe des Gebirges bilden, bis tief in die Region des Bergkalkes giebt. Es ist bemerkenswerth, dass hier weder die mächtige Zone dunkler Thonschiefer, noch die rothen Schiefer mit Zwischenlagen grünlichen Sandsteins auftreten, welche bei Oslansky Pristan an der unteren Tschussowaja, so wie an den Ufern der Serebränka und Silviza auf weite Strecken entwickelt sind, und dort von Kalkstein mit devonischen Versteinerungen überlagert werden. Ebenso scheint die mächtige Kalksteinzone der obersilurischen Periode zu fehlen, die der Aï von der Einmündung der Arscha (in der Nähe von Kussa) an, bis weit unterhalb Satkinsky Pristan durchschneidet. Wenn ein Theil dieser Ablagerungen, ohne dass es uns geglückt ist sie durch organische Reste nachzuweisen, durch die sporadischen Thonschiefer, die dunklen Kalksteine und quarzreichen Schichten zwischen Bilimbajewsk und Tscherkow repräsentirt sind, so treten sie hier jedenfalls mit petrographisch abweichenden Charakteren auf und bedecken einen geringeren Flächenraum, als in den genannten Gegenden.

Der Kalkstein zwischen Tscherkow und Utkinsk bleibt ebenfalls unbestimmt. Er gehört vielleicht in die Reihe mächtig entwickelter Kalksteine, welche an der unteren Tschussowaja zwischen Schichten mit devonischen Versteinerungen und dem unteren Bergkalk anstehen, und ebenfalls arm an organischen Resten sind.

Der Bergkalk ist an diesem Theil der Tschussowaja, wie trotz der verloren gegangenen Sammlungen ersichtlich, in mehr Etagen repräsentirt, als es am gegenüberliegenden Ostabhange der Gebirgskette, im Reviere von Kamensk der Fall zu sein scheint. Darauf weisen die Crinoïdeenbänke bei Utkinsk, so wie die artenreicheren Kalksteine bei den Dörfern Kamenka und Nijnaja. Der untere Bergkalk scheint indessen auch hier vorzuwalten. Er enthält bei Treki ebenso wie im Distrikt von Kamensk Schiefer, welche Pflanzenreste führen, und von Kohle schwarz gefärbt sind. Die Sandsteine und Schiefer oberhalb Kurji dürften einer mächtigeren Ablagerung angehören, welche am Flussufer nur theilweise aufgeschlossen ist.

Obgleich im Distrikt von Utkinsk keine Massengesteine zu Tage treten, zeigt sich die Schichtung des Bergkalkes kaum minder gestört als im Revier von Kamensk. Das Streichen und Einfallen wechselt so häufig, dass vorherrschende Richtungen mit Vorsicht anzudeuten sind. Dennoch ergiebt eine Zusammenstellung unserer Notizen, dass die Streichungslinie viel mehr um die Richtung des Meridianes, als um die der Breiten schwankt. Ebenso ist die Schichtenneigung häufiger und anhaltender nach O gegen das Gebirge gerichtet als nach W.

Sedimente in der Berghauptmannschaft Slatoust. 1856.

Distrikt von Artinsk. Dieser Distrikt, bekannt durch die Cephalopoden des Kohlensandsteins, oder *milstone grit*, welcher den Bergkalk in England überlagert, wird in seiner ganzen Breite von der Ufa durchströmt. Gen. Hofmann ordnete daher eine Excursion an, die uns von Artinsk durch den südlichen, unbewaldeten Theil des Revieres nach dem Baschkirendorfe Schigiri an die Ufa, und von dort zu Wasser den Strom hinunter bis in die Nähe des Hauptortes zurückführte. Artinsk selbst liegt an der Artja, einem südlichen Nebenflusse der Ufa. Diese Excursion hat uns nicht über die Grenzen der Formation des Kohlensandsteins hinaus geführt, und liefert daher nur einen Beitrag zur Kenntniss dieser in der geognostischen Litteratur des Ural häufig beschriebenen Schichten.

Unser Weg führte uns über das Tscheremissendorf Pantelejew, wo wir an einen Steinbruch geleitet wurden, der in feinkörnigem, grauem bis grünlichem und bräunlichem, nicht sehr hartem Sandstein angelegt ist, welcher mit Säure braust. Wie alle weicheren Gesteine zerfällt er in kleine Brocken, welche an den Abhängen der aus denselben bestehenden Anhöhen umherliegen. Calamitenreste, so wie jene rundlichen Körper vegetabilischen Ursprungs, welche Murchison für fossile Früchte hält, sind häufige Einschlüsse des Sandsteins. Ausserdem kommen harte Concretionen darin vor. Von dort gelangten wir über Stari Artinsk nach dem Dorfe Sennaja, an dem Flüsschen gleichen Namens. Hier wird ein äbulicher Sandstein gebrochen wie bei Pantelejew. Es fand sich darin ein Bruchstück des *Goniatites Jossae M. V. K.* An beiden Orten liegt der Sandstein durchaus horizontal. Wir setzten unsere Fahrt über Werch-Artinsk fort. Bei Potaschinsk, an der Brücke über die Artja steht ein bläulicher, bröckeliger Sandstein an. In einem Haufen als Baumaterial angeführten Sandsteins von der Beschaffenheit des Gesteins bei Sennaja fand sich ein anderes Bruchstück des *Goniatites Jossae.* Zwischen Potaschinsk und Arabeschewo, wo wieder Sandstein mit Calamitenresten ansteht, fährt man über steppenartige Flächen, auf denen kein Gestein zu beobachten ist. Nur 25 Werst von Potaschinsk, an einer Stelle, die in diesen welligen Grasflächen unmöglich näher zu bezeichnen ist, fanden wir am Wege einzelne Stücke eines weissen, leicht brechenden Kalksteins, von denen sich nicht mit Sicherheit bestimmen lässt, ob sie aus dem Boden stammen, auf dem wir sie auflasen. In einem dieser Stücke fanden wir schöne Exemplare eines *Spirifer*, der einer neuen Art angehört, und den wir *Spirifer conularis* genannt haben. Er kommt mit einem kleinen *Productus* aus der Gruppe der *semireticulati* zusammen vor, und ist daher ohne Zweifel eine Form des Bergkalkes, welcher in dieser Gegend bei Michailowsky Sawod ansteht.

Bei Schigiri ist der Boden am linken Ufer der Ufa in einer bedeutenden Felsent-blössung aufgeschlossen. Zu oberst liegt fester Sandstein von bräunlicher Farbe, in dem grosse, kugelförmige Concretionen enthalten sind, die eine concentrisch schalige Structur haben. Der Sandstein geht durch gröberes Korn in Conglomerat über, welches an dieser Stelle besonders in seinem Liegenden entwickelt ist. Es besteht aus Geschieben verschiedenartig gefärbter, meist dunkler Quarz-Gesteine, die mit Sandstein verkittet sind. Diese Schichten liegen hier nicht horizontal, sondern streichen nach N, und schiessen mit einer Neigung von 20°—25° gegen O ein. — Die Baschkiren veranlassten uns zu einem Ritte nach dem Flüsschen Barandasch, 6—8 Werst in S von Schigiri, an dem nach Erzen geschurft worden sein sollte. Wir fanden nur eine kleine Grube, aus der einige Stücke des «pfefferfarbigen» Sandsteins ausgeworfen worden waren.

Die Ufer der Ufa bilden steile, schön bewachsene Abhänge, welche häufig Entblössun-gen der Formation des Kohlensandsteins zeigen, wie wir sie bei Schigiri beschrieben ha-ben. So am rechten Ufer, unterhalb der Einmündung des Flüsschens Kutalga, wo diese Schichten sanft nach O, wie bei Schigiri einschiessen. Gleich darauf stellt sich zuerst ein sanftes und dann ein steileres Einfallen nach W ein. Es geht hier eine antikline, nach N gerichtete Erhebungslinie durch, deren Axe den Strom schneidet, ehe er die grosse Biegung nach N macht. Das Gestein ist vorwaltend Conglomerat, welches von Sand-stein überlagert wird. Bei Kursik fallen die Schichten beinahe nach NW ein. Auch hier liegt das Conglomerat zu unterst. — Wir erhielten an diesem Ort Backenzähne des *Elephas primigenius*, die ein Bauer in der Umgegend gefunden hatte; ein Beweis, dass die dem Kohlensandstein aufgelagerten Anschwemmungen zum Theil der Diluvialperiode an-gehören. Wir erwähnen bei dieser Gelegenheit, dass derartige Bildungen im Distrikt von Artinsk auf Goldgehalt untersucht worden sind, und auf 100 Pud 10 Doli jenes Metalls enthalten sollen.[1] 4 Werst unterhalb Kursik fallen die Schichten sanft nach SW. Hier schiesst der Sandstein unter das Conglomerat ein, ein Zeichen dass beide, nur durch die Grösse der Geschiebe unterschiedene Gebirgsarten keine bestimmte Lage gegen ein-ander behaupten. Beim Gorschni Kamen (Kala-tasch der Baschkiren) wechsellagert Con-glomerat mit Sandstein. Hier finden sich im ersteren Kalksteingeschiebe, welche ihre Abstammung aus dem unteren Bergkalke dadurch documentiren, dass sie Bruchstücke des *Productus striatus* enthalten. Diese Schichten zeigen nur noch ein unmerkliches Einfal-len nach SW. Erst unterhalb der Einmündung des Flüsschens Baskisch liegen die Schich-ten des Sandsteins ganz horizontal, und von hier aus abwärts bleiben die Verhältnisse an den Ufern der Ufa unverändert bis zur Einmündung der Artja.

---

[1] Геогностическое написаніе девятаго участка дачъ Златоустовскихъ, поручика Вагнера. Горный жур-налъ 1840. No. 10.

Der grosse Schleifsteinbruch des Berges Kaschkabasch, den wir am folgenden Tage besuchten, ist durch die Schilderung in der Geol. of Russia hinreichend bekannt. Wir sahen ausschliesslich Sandstein von grauer, gelblicher und grünlicher Farbe, mit sehr untergeordneten Lagen von Schieferthon. Die härtesten Schichten des Sandsteins vom feinsten Korne werden zum Schleifen gebrochen, und unter diesen werden noch gröbere und feinere Schleifsteine unterschieden, welche den Bedarf der Sensenfabrik von Artinsk, so wie den der grossen Klingenfabrik von Slatoust decken. Die Cephalopoden kommen vorzugsweise in diesen harten Schichten vor, sind jedoch so selten, dass der Verwalter von Artinsk nur hin und wieder ein Exemplar erhält, obgleich zahlreiche Arbeiter den ganzen Tag über im Steinbruch beschäftigt werden, und alle Versteinerungen abzuliefern gehalten sind. Unter ihnen ist *Goniatites Jossae* durchaus das häufigste Fossil und die einzige Art, welche wir von dieser Localität mitgebracht haben. Auf der Reise nach Jekaterinburg erhielten wir in Werch-Artinsk mehrere Bruchstücke einer neuen Goniatitenart des Kohlensandsteins, die wir nach dem Fundorte *Goniatites Artiensis* genannt haben.

Das durch seine Bergkalkversteinerungen bekannte Hüttenwerk Saraninsk liegt nur eine halbe Tagereise in W von Artinsk, und ich machte mich noch denselben Tag dorthin auf den Weg, in der Hoffnung meine Sammlungen zu bereichern. Der Weg führt über offene, zum Theil bebaute Ebenen, in denen ich keine Auflagerung des Kohlensandsteins auf den Bergkalk gesehen habe. Noch ehe man Saraninsk erreicht, bemerkte ich Kalkstein auf den Feldern, und beim Eintritt in das Thal der Ufa fallen steile Kalksteinfelsen, welche die Ufer des Stromes bilden, sogleich ins Auge.

Der Verwalter des Ortes liess mich an eine Stelle am Fluss geleiten, wo die Ufa, ein Paar Werst oberhalb des Sawods, das Ufer unterwühlt, und die herabgestürzten Felsmassen reich an organischen Resten von selten schöner Erhaltung sind. Die oberen Schichten des hier wenig geneigten Kalksteins bestehen aus Anhäufungen von Crinoideenstielen, während die unteren vorzüglich *Productus semireticulatus Mart.* enthalten. — Am Nachmittage sammelte ich 3 Werst unterhalb des Sawods, ebenfalls am Ufer des Flusses. Auch hier habe ich nur wenig geneigten Kalkstein gesehen. Wir haben von Saraninsk folgende Arten mitgebracht: *Spirifer crassus de Kon. Sp. striatus Mart. Sp. fasciger Keys. Sp. Saranae M. V. K. Athyris de Roissyi. Lev. Camarophoria Schlotheimii v. Buch. Productus porrectus Kut. Pr. semireticulatus Mart. Pr. Flemingii Sow. var. lobatus* und das Abdomen einer *Phillipsia*. Ausserdem gehören mehrere Arten von Bryozoen zu der Ausbeute des einzigen Tages, den wir in Saraninsk zubringen konnten. Letztere sind schon früher von Herren Eichwald bestimmt und 1857 in unseren Tabellen angeführt worden.

Nach Artinsk zurückgekehrt erfuhren wir vom Gen. Hofmann, dass er zwischen den beiden Dörfern Berdym und Petuchowsky, auf dem Wege nach Krasno-Ufimsk horizontal gelagerten Kalkstein und Sandstein an zwei verschiedenen Hügeln nahe von einander beobachtet hatte, ohne jedoch eine Auflagerung der beiden Gesteine gesehen zu haben. Bei längerem Aufenthalte in dieser Gegend dürfte eine solche hier ausfindig zu machen sein.

Sedimente in den Distrikten Slatoust und Miask am Ostabhange der Gebirgskette. — Schon Alexander von Humboldt hat auf die Theilung des Uralrückens
aufmerksam gemacht, welche an dem Knoten des Jurma beginnt, von wo das Gebirge sich
nach Süden zu fächerförmig ausbreitet. Gerade an jenem Gebirgsknoten liegt die Nordgrenze der Berghauptmannschaft Slatoust. Diese umfasst somit den Theil des Gebirges
unmittelbar südlich von dem Beginn jener fächerförmigen Ausbreitung, in der wir mehr
als die drei Züge unterscheiden, von denen die *Asie centrale* handelt.

Von dem Jurma, der ein Granaten führender Glimmerschieferrücken ist, ziehen sich
zwei centrale Bergzüge von gleicher geognostischer Beschaffenheit ziemlich gerade nach
S. Diese sind: der hohe gezackte Taganaï mit seiner südlichen Fortsetzung, dem Urenga
in W, und das niedrigere, lang gestreckte, in gleicher Höhe ununterbrochen fortlaufende
Glimmerschieferjoch in O, welches in dieser Gegend vorzugsweise den Namen Ural, d. h.
Wasserscheide führt. [1]) Diese beiden Glimmerschieferrücken bilden durch ihre geognostische Beschaffenheit die südliche Fortsetzung des Jurma.

Westlich vom Taganaï und Urenga liegen die Berge von Kussa und Satka, von denen letztere, wie der Nurgusch, die beiden centralen Züge zum Theil an Höhe überragen.
Jene Berge bestehen vorzugsweise aus sedimentären Gebirgsarten.

Der östlichste Gebirgszug der Theilung ist das Ilmengebirge, welches aus Granit, Gneiss
und Miaskit besteht, und daher ein granitischer Rücken genannt werden muss. Er ist der
niedrigste von allen und verliert schon südlich von Miask seinen Charakter als fortlaufen-
der Gebirgskamm.

Wir haben in der Nähe von Slatoust, welches am Durchbruch des Aï durch die westliche Centralkette liegt, an der Tesninskaja Gora und der Tschernaja schiefrigen Kalkstein getroffen, der in Glimmer führenden Marmor übergeht. Diese Gesteine sind eine
Einlagerung im Glimmerschiefer, und stehen in der unmittelbaren Nähe des Tesninski-
schen Bergwerkes an, dort wo die Strasse von Slatoust nach Miask bereits zum Ural-
rücken aufsteigt.

Schon Gustav Rose bemerkte das Auftreten von Kalkstein an derselben Strasse bei
der Station Sirostan. Brüche in diesem Kalkstein sind an dem Wege von Sirostan nach
Turgojak angelegt. [2]) Er ist von grauer Farbe, unebenem, splittrigem Bruch, und in ein
grünes, schiefriges Gestein eingelagert, welches Uralit enthält, und durch sein massenhaftes
Auftreten eine wesentliche Rolle in der geognostischen Zusammensetzung des Miasker
Distriktes spielt. Bei der Brücke über den Fluss Sirostan, auf demselben Wege, steht
auch dünnblättriger, grüner Thonschiefer an. Ebenso finden sich Lager von schwarzem
Thonschiefer, der ein nordwestliches Streichen hat zwischen Turgojak und Kuschtumga.
Auf dem halben Wege zwischen beiden Dörfern stösst Granit an dieses Gestein, und 5

---

[1]) Der höhere Zug des Taganaï und Urenga wird bekanntlich vom Aï durchbrochen, und hat daher keine
Ansprüche auf diese Bezeichnung.

[2]) Die Verfasser der Geol. of Russia führen an, dass
dieser Kalkstein Crinoïdeenstiele enthält.

Werst vor Kuschtumga grenzt es an grobkörnigen weissen Marmor, auf den noch weiter Glimmerschiefer folgt.

Häufiger als im Gebiete des Glimmerschiefers der Centralketten treten Züge sedimentärer Gebirgsarten in den eigenthümlichen, zum grossen Theile geschichteten krystallinischen Gesteinen auf, welche zwischen dem Ilmengebirge und dem Ural im engeren Sinne dort am massenhaftesten entwickelt sind, wo diese beiden Rücken sich nach S immer mehr von einander entfernen. Diese Gesteine wechseln mit Granit, Grünsteinporphyren und Serpentin. Sie müssen metamorphische genannt werden, weil ihr petrographischer Charakter durchaus den Stempel von Veränderungen trägt, welche nach ihrer Ablagerung mit ihnen vorgegangen sind. Es ist dieses das Terrain der berühmten Goldwäschen von Miask, bereits bekannt durch die gründlichen Arbeiten von Gustav Rose sowohl, als auch durch die Schilderungen der Verfasser der Geol. of Russia. Wir wollen so kurz und übersichtlich wie möglich die Localitäten anführen, an denen wir innerhalb dieses Gebietes sedimentäre Bildungen unzweifelhaften Ursprungs angetroffen haben.

Auf der Strasse von Slatoust nach Miask, $4\frac{1}{2}$ Werst vor diesem Orte, steht regelmässig geschichteter Kalkstein von weisser Farbe mit Serpentin und Uralit führenden Schiefern an. Er streicht nach NW, fällt gegen SW ein und bildet eine schmale Zone, die nur auf einer Strecke von beiläufig 200 Gängen am Wege sichtbar ist. — An dem linken Ufer des Hüttenteiches von Miask, am Südwestende des Sawods, tritt im Glimmerschiefer Thonschiefer auf, der nach N 20° W streicht und steil aufgerichtet ist. Weiterhin, wenn man den Weg verfolgt, der von dort zur Tschernoretschinskischen Goldwäsche führt, stösst man auf chloritische Gesteine, geschichteten? Serpentin und endlich auf einen veränderten Kalkstein, welcher schwach mit Säure braust und violett und grün gefärbte Substanzen enthält, die näher zu untersuchen sind. Er geht in reinen, geschichteten Kalkstein über, der streng nach N streicht und hier ganz von Serpentin eingeschlossen ist, welcher ihn auch auf der entgegengesetzten Seite begrenzt. Darauf folgt Porphyr am See. — Bei den verlassenen Goldgruben, an die man auf demselben Wege jenseits der Tschernoretschenskischen Wäsche gelangt, geht der Uralit führende grüne Schiefer in Thonschiefer von ähnlicher Färbung über, der nach N 25° O streicht und beim Anschlagen in dünne Blätter zerfällt.

Wenn man aus dem Sawod von Miask nach dem Dorfe Tschernaja hinausfährt, stösst man auf senkrecht stehenden schwarzen Thonschiefer, der nach N streicht und mit dem grünen Uralitschiefer in Contact ist.

Auf dem Wege von Miask nach Werchni Miask, 11 Werst von ersterem Orte, bildet knolliger Kalkstein, der nach N 20° O streicht, niedrige Rücken. Es glückte uns nicht Versteinerungen darin zu finden. Dagegen haben die Verfasser der Geol. of Russia Crinoïdeenstiele in dem Kalkstein bei Werchni Miask selbst gesehen, der nach NW streicht. Zwischen diesen beiden Punkten trafen wir chloritische Schiefer und Serpentin.

Auf einer späteren Fahrt lernten wir die Kalksteine bei der Goldwäsche Zarewo-
Alexandrowsk kennen, welche durch das Vorkommen der grossen Goldklumpen berühmt ist.
Diese Localität ist ausführlich von G. Rose beschrieben worden. Von Zarewo-Alexan-
drowsk bis an den Miass hält unausgesetzt der grüne, Uralit führende Schiefer an, und
wechselt jenseits Zarewo-Nikolajewsk mehrere Male mit Serpentin. Am Fluss kommt man
an den oben erwähnten knolligen Kalkstein, welcher von hier bis in die Nähe von Tschernaja
am Wege ansteht und auch häufig eine feinschiefrige, beinahe fasrige Structur zeigt.

Auf den Fahrten, welche wir im südlichen Theile des Distriktes von Muldakajewa aus
unternahmen, haben wir an mehreren Punkten sedimentäre Gesteine gesehen, deren petrographischer Charakter wenig verändert ist. — Beim Swätoi-Iwanowski Priisk kommt
dünnblättriger, grüner Thonschiefer, der nach N 20° O streicht und steil gegen O 20° S
einfällt, mit Serpentin und feinkörnigem Grünstein vor, während die Ufer des Flusses
Ubali in der Nähe aus Kalkstein bestehen, welcher von späthigen Adern durchschwärmt ist.
Vom Ala-Kull See bis an den nordöstlichen Fuss des Berges Auschkull zieht sich eine
Zone weissen, geschichteten Kalksteins hin, der nach N 20° O streicht und steil aufgerichtet ist. Zwischen der Porphyrkuppe des Auschkull und dem See gleichen Namens, so
wie an der nahe liegenden Goldwäsche, steht ebenfalls Kalkstein an, der bei letzterer
nach NO streicht.[1]) In dem Berge selbst, welcher nach Rose aus Dioritporphyr besteht, fanden wir an einer Stelle auch anstehenden Granit, so wie Jaspisartige Gesteine nahe dem
Gipfel. Letztere verdanken vielleicht ihren Ursprung dem bei der Eruption mit emporgerisse-
nen Kalkstein? In der ganzen Umgegend sind Uralit führende Schiefer, Porphyr und Serpentin die vorherrschenden Gesteine. Letzterer bildet den langen, schroffen Rücken des
Narali, welcher durch seine dachförmige Gestalt das Auge fesselt.

Auf dem Wege von Muldakajewa nach Scharipowa, dort wo er über den Ausfluss des
Auschkull See's führt, beim Kasal-Tasch der Baschkiren, gelangt man aus Porphyr in
Kalkstein, welcher am Fluss niedrige Felsen bildet. Zwischen diesem Punkt und dem Uï
wechseln die grünen Schiefer mit Serpentin und Diorit? Das Dorf Scharipowa liegt auf
Kalkstein. An dem Wege, der von hier nach dem Uï-Tasch führt, welchen wir erstiegen,
streicht der Kalkstein nach N. Er hat eine dünnschiefrige bis fasrige Structur und auf
den Bruchflächen einen seidenartigen Glanz.

Diese breite Zone von eruptiven Massen durchbrochener metamorphischer Gesteine,
in die hin und wieder Kalkstein und Thonschiefer eingelagert sind, wird in W von den
Talk- und Glimmerschieferrücken des Uï-Tasch, Siratur und des mittleren und kleinen
Jremel begrenzt, deren Gipfel aus Quarzfels bestehen. — Wir haben in diesen Gesteinen
nirgends organische Reste gefunden, und nur bei der Goldwäsche von Werchni-Miask
sind Spuren davon im Kalkstein beobachtet worden.

---

[1]) Dieser Kalkstein soll bei der Goldwäsche von Granit durchsetzt werden; es glückte uns jedoch nicht die
Stelle aufzufinden.

Im Süden dieser Gegenden und weiter nach Ost aus der Streichungslinie der eben betrachteten Sedimente herausgerückt, liegt eine Goldwäsche an der Schartimka, einem südlichen Zuflusse des Uï. Sie ist unter dem Namen Kosatschi-Datschi durch die Verfasser der Geol. of Russia als der reichste Fundort für Bergkalkversteinerungen im Ural bekannt geworden. Diese Geologen geben eine Schilderung jener Localität, deren hohe Bedeutung für die richtige Beurtheilung der sedimentären Bildungen im Distrikte von Miask sie zuerst erkannt haben. Es findet sich hier in ähnlichen metamorphischen Gesteinen, wie die welche im Distrikte von Miask entwickelt sind, Kalkstein mit Bergkalkversteinerungen. Die Lagerung ist dieselbe wie die der Kalksteine, welche näher zur Axe des Gebirges meist fein zerklüftete Massen bilden, und häufig eine fasrige Structur so wie Seidenglanz auf ihren Spaltungsflächen angenommen haben.

Mein erster Ausflug von Poläkowa aus an die Schartimka missglückte durch so heftiges und anhaltendes Regenwetter, dass ich gar keine Beobachtungen anstellen konnte. Auf einer zweiten Excursion von demselben Dorfe aus traf ich bei Tungatarowa, an der rasse nach Werch Uralsk, einen schönen Porphyr, in 6seitige Säulen regelmässig abgesondert. Es ist dasselbe Gestein, welches den Auschkull und die Kruglaja Sopka bildet und von Rose Dioritporphyr genannt worden ist. Zwischen den Dörfern Tungatarowa und Bolschaja Mainikowa streicht dünnschiefriger grüner Thonschiefer nach N 20° O und wird von eruptiven Gesteinen durchbrochen. Zwischen letzterem Dorfe und Mandsurowa ist dasselbe Gestein sehr hart und verkieselt. Man erkennt darin körnige Ausscheidungen von Quarz. Wo es weniger hart ist, geht es in einen grünen Schiefer über, der dem Uralit führenden im Distrikte von Miask gleicht; ohne dass wir jedoch auf unserer flüchtigen Fahrt Krystalle dieses Minerals darin beobachtet hätten. Das Streichen ist wie oben, das Einfallen gegen W 20° N. Bevor man an den Abweg gelangt, der an die Schartimka führt, erscheinen an einer Quelle roth und grün gefärbte kieselige Gesteine. Auf einer Höhe, welche schon zur linken Thalwand der Schartimka gehört, finden sich wieder grüne Schiefer mit Quarzkörnern. Dicht dabei stehen Schichten derben weissen Quarzes an. Bei demselben Streichen und Einfallen wie oben gesellt sich in der Nähe der Goldwäsche ein Conglomerat zu diesen Gesteinen, welches in einem harten, grünen Bindemittel Geschiebe gefärbten Quarzes enthält.

Das Thal der Schartimka ist im Verhältniss zur Gebirgskette ein Längenthal, liegt aber schon weit ab nach O in den waldlosen, mit Gras bewachsenen, niedrigen Höhenzügen, welche den Uebergang des Gebirges in die asiatische Steppe vermitteln. Der Boden des Thales wird von den oben beschriebenen Gesteinen gebildet, zwischen die eine Kalksteinzone eingelagert ist, welche nur bei der Goldwäsche selbst Versteinerungen enthält. — An der Furth durch die Schartimka trifft man zuerst den Kalkstein, und zwar unmittelbar im Liegenden der beschriebenen grünen Schiefer. Beide Gesteine streichen nach N 25° O und fallen nach W 25° N ein. Der Weg führt von NW auf die Goldwäsche zu, geht also in der Richtung vom Hangenden in's Liegende der ganzen Schichtenreihe, welche im Allgemeinen die herrschende Lagerung theilt. Nur der Kalkstein ist, da wo er die Versteinerungen führt, so wie an einigen anderen Punkten in der nächsten Umgebung der Goldwäsche unregelmässig gelagert. — Der Weg, welcher von der Goldwäsche nach Agir führt, durchschneidet die wenig aufgeschlossenen Gesteine im Liegenden des Kalksteins. Wir fanden an diesem Wege Conglomerat, welches ähnlich gelagert ist wie die Gesteine im Hangenden. Es streicht nach N, fällt nach W ein und bildet kleine Erhöhungen am Boden des Thales. Die Farbe des Bindemittels ist hier grau. — Noch ist zu bemerken, dass oberhalb der Goldwäsche im Hangenden des Kalksteins, dicht am Fluss und in der Nähe einer kleinen Wasserleitung grauer und rother Thonschiefer ansteht, der nach N streicht.

Der goldhaltige Sand, welcher am Ufer des Flüsschens gegraben wird, ist reich an Schutt der beschriebenen, in der Umgegend anstehenden Gesteine.

Die rechte Wand des breiten Thales wird zum Theil von der Schartimskaja Gora, der bedeutendsten Höhe in der Umgebung der Goldwäsche gebildet. Bei der Besteigung dieses Berges trafen wir unweit vom Fusse desselben noch Kalkstein, jedoch ohne Versteinerungen. Der Berg selbst besteht weiterhin an der Seite, von der wir ihn bestiegen, aus einem ähnlichen Jaspisartigen Gesteine, wie ein Theil des Gipfels des Auschkull. Die Schichten desselben stehen auf den Köpfen, und streichen nach N 25° O in der vorherrschenden Richtung der ganzen Umgegend. Der Gipfel, auf dem wir diese Beobachtung anstellten, mag gegen 3 Werst von der Goldwäsche entfernt sein, liegt aber ungefähr in der Streichungslinie des Kalksteins. Nach Lagerung, Farbe und Bruch ist man unwillkürlich versucht, dieses Jaspisartige Gestein für veränderten Kalkstein zu halten. — In diesen Gegenden, wo dieselben Schichten auf weite Strecken hin in dem offenen, bergigen Steppenboden entblösst sind, würde eine sorgfältige Untersuchung der petrographischen Beschaffenheit derselben an verschiedenen Punkten ihrer Erstreckung vorzüglich dazu geeignet sein, einiges Licht auf die Erscheinungen des Metamorphismus zu werfen. — Dem Reisenden, der einer solchen Localität kaum einen Tag widmen kann, ist die Verfolgung derartiger Aufgaben versagt. Er muss sich auf Andeutungen beschränken, welche keinen· anderen Werth haben, als die Aufmerksamkeit späterer Forscher auf gewisse Punkte zu richten.

Zu 56 Arten des Bergkalkes, die wir 1857 in unseren Uebersichtslisten uralischer Versteinerungen von der Schartimka angeführt haben, fügen wir folgende 15 hinzu, welche wir mit vielen anderen daselbst sammelten: *Spirifer Mosquensis Fischer. Sp. duplicicosta Phill. Sp. lineatus Mart. Sp. indeterminatus. Athyris paradoxa McCoy. Productus undatus Defr. Pr. Flemingii Sow. Pr. tesselatus? Phill. Aviculopecten granosus Sow. Aviculopecten? mactatus de Kon. Aviculopecten? indeterminatus. Orthoceratites ovalis Phill. Orthoceratites calamus de Kon. Gyroceras Uralicus n. sp. Phillipsia Derbyensis Mart.*

Da wir an allen anderen Punkten im Distrikte von Miask nur flüchtige Nachforschungen nach organischen Resten anstellen konnten, so ist es nicht unmöglich, dass sich auch in jenen Ablagerungen mit der Zeit hinreichende Documente über ihr relatives Alter finden werden. Jedenfalls ist es mehr als wahrscheinlich, dass noch zur Zeit der Kohlenperiode Gold führende Massengesteine die Sedimente aufgerichtet haben, und dass diese Vorgänge während der ganzen Dauer der älteren palaeozoïschen Zeit im Ural anhielten. Durch mündliche Mittheilung erfuhren wir, dass viele Goldsande in noch östlicheren Gegenden auf Kalkstein abgelagert sind, und wie an der Schartimka aus dem Schutt der Gesteine bestehen, die ihn begleiten.

Sedimente in den Distrikten von Kussa und Satka am Westabhange der Gebirgskette. Rückkehr über Wesselowsk nach Slatoust. — Auf der Strasse von Slatoust nach Kussa stiessen wir zwischen der Ueberfahrt über den Aï und dem Dorfe Medwedjewa zuerst auf Kalkstein, der mit Chloritschiefer auftritt, und fuhren von diesem Dorfe bis in die Nähe von Kussa meist über reinen Quarzfels. 2$\frac{1}{2}$ Werst vor Kussa betritt man eine ausgedehnte Zone von Kalkstein, in den Thonschiefer und Quarzfels eingelagert sind. In diesen Kalksteinen kommen grüngebänderte Varietäten vor, welche in Slatoust zu Messerstielen verschliffen werden. — Der Kalksteinberg, welcher die linke Thalwand der Kussa bildet hat einen Gipfel von Quarzfels. Seine Schichten streichen nach NO, fallen gegen SO ein und sind von Grünstein (Diorit?) durchbrochen, der indessen wenig zu Tage tritt. Bei einem Steinbruch, der im Sawod selbst an einem Wege angelegt ist, welcher am Ufer der Kussa hinführt, beträgt die Schichtenneigung 25°. Der Kalkstein enthält hier zahlreiche Quarzkörner und braust nur schwach mit Säure.

Auf dem Wege von Kussa nach der Achmatowschen Mineraliengrube fährt man bei den letzten Häusern des Sawods über geschichtete Quarzgesteine, die öfter mit Kalkstein wechseln. 7 Werst vom Sawod steht quarzreicher Sandstein und 8 Werst davon schiefriger Quarz an. Die Lipowaja Gora dagegen besteht aus dunklem Thonschiefer, der näher zum Gipfel Chlorit aufnimmt, auf dem Kamm nach O 20° N streicht und gegen S 20° O einfällt.

Auf dem Wege von Kussa zur Achteschen Eisengrube fährt man 1$\frac{1}{2}$ Werst in graublauem Kalkstein und gelangt auf der dritten Werst in Quarz. Darauf folgen Gesteine welche Kalkspath enthalten und auf der 6ten Werst dunkelgrauer, feingebänderter Kalkstein. Dieser hält bis zur 9ten Werst an, worauf schwarzer Thonschiefer mit quarzreichem Sandstein wechsellagert und dann wieder Kalkstein folgt. 1$\frac{1}{2}$ Werst vor der Grube betritt man das Gebiet des Glimmerschiefers. Die Grube selbst ist ein Tagebau auf Brauneisenstein, der in Thonschiefer der krystallinischen Zone eingelagert ist, welche wir von hier bis zum Jurma durchschnitten haben. Das Erzlager streicht mit dem Schiefer nach N 10° O, fällt gegen O 10° S ein und wird durch taube Schieferlagen getheilt. Von diesem Punkte bis zu den sumpfigen Abhängen des Jurma sind Hornblende und Glimmerschiefer die vorwaltenden Gesteine.

Auf dem Wege von Kussa nach dem Kossiganskischen Bergwerke durchschneidet man bis zur 3ten Werst die Kalksteinschichten, auf denen der Sawod liegt. Sie enthalten auf dieser Strecke häufig Schwefelkies. Darauf folgt eisenschüssiger, auf seinen Kluftflächen dendritischer Thonschiefer. Der Berg Jugatan, auf der 4ten Werst, ist ein Quarzrücken.

Dieses Gestein hält bis zur Grube, ebenfalls einem Tagebau auf Brauneisenstein, an. Das Erz liegt in einem weichen, weissen Thone, der aus zersetztem Thonschiefer entstanden ist.

Mehr Aufschluss über die geognostische Beschaffenheit dieser Gebirgsgegend gab eine Bootfahrt den Aï von Kussa hinab bis nach Wokli, einem Dorfe, welches 17 Werst unterhalb Satkinsky Pristan an diesem Strome gelegen ist und von dem Tatarenstamme der Tipturen bewohnt wird. [1]

Von Kussa bis zur Einmündung der Arscha [2] fliesst der Aï nach W und durchbricht die Schichtgesteine quer auf ihrer Streichrichtung. Von dort bis unterhalb Satkinsky Pristan schlängelt sich der Strom nach SW in der Streichungslinie hin, und nimmt dann wieder eine westliche Richtung an, in der er das Gebirge verlässt.

Von Kussa bis etwa 5 Werst unterhalb des Sawods, nach dem Flusslauf gerechnet, fliesst der Aï zwischen Felsen von Kalkstein hin, welcher nach N bis NO streicht und gegen O bis SO mit 30°—40° Neigung einschiesst. Die Schichten des Kalksteins sind oft gewunden und enthalten zuweilen dünne Lagen grauen und schwarzen Thonschiefers, die am Arbus genannten Felsen nur $1'$—$_2'$ mächtig sind. Hierauf folgt geschichteter Quarzfels, der $\frac{1}{2}$ Werst vor der Einmündung des Flüsschens Waülina wieder Kalkstein Platz macht. Dieser theilt das allgemeine Einfallen nach SO und enthält einen schmalen Gang eines feinkörnigen intrusiven Gesteins (Aphanit?) welcher der Schichtung parallel aufsetzt. $1\frac{1}{2}$ Werst unterhalb der Mündung der Waülina bis $\frac{1}{2}$ Werst vor der Einmündung des Bagrusch steht wieder Quarzfels an. An diesem Punkte treten am rechten Ufer roth und hellgrün gefärbte Thonschiefer auf, die von Kalkspathadern durchschwärmt sind, und bis an den Bagrusch anhalten. Von hier bis an die Arscha oder die grosse Biegung des Aï nach SW ist am Fluss nur Quarzfels sichtbar.

An der Mündung der Arscha steht Kalkstein an, welcher auf der ganzen Strecke von hier bis nach Wokli ausschliesslich die hohen, steilen Uferfelsen des Aï bildet. Zugleich fanden wir an diesem Punkte die ersten organischen Reste in demselben. Es sind *Spirigerina aspera v. Schloth.* und unbestimmbare Stücke eines kleinen glatten *Spirifer.* Jene Form beweist nur, dass diese Schichten älter als der Bergkalk und jünger als der untere Theil der Silurformation sind. Von dieser Stelle macht der Strom eine grosse schlingenförmige Krümmung nach W und fliesst dann wieder bis $1\frac{1}{2}$ Werst in die Nähe der Arscha-Mündung zurück, wo der Kalkstein eine $4'$ mächtige Korallenbank enthält, welche von einer schlecht erhaltenen Form gebildet wird. — Die Halbinsel, welche durch diese Krümmung hervorgebracht wird, ist von einer nach NO gerichteten Erhebungslinie schräg durchsetzt. Beiderseits von derselben schiessen die Schichten nach SO und NW ein. Erst 2 Werst oberhalb der Einmündung der Terechta fanden wir neben der *Spirigerina aspera* und der schon früher beobachteten Koralle den *Pentamerus Baschkiricus M. V. K.* im Kalkstein des rechten Ufers, und

---

[1] Die hauptsächlichen Resultate dieser Fahrt haben wir schon früher mitgetheilt. Mém. des sav. étr. T. VIII, p. 191—193. 1857.

[2] Dieser Fluss ist auf der Karte von Kussa fälschlich Urgala genannt.

erlangten somit die Gewissheit, dass er der obersilurischen Formation angehört. Er streicht an dieser Stelle nach N, schiesst nach W ein und ruht auf weichem, braunem Thonschiefer, der nur wenig über den Spiegel des Flusses hervorragt. Später erfuhr ich von Gen. Hofmann, dass er oberhalb der Einmündung der Terechta in den Aï am linken Ufer noch Quarzfels gesehen hat. Zwischen den Einmündungen der Bidia und Terechta streicht der Kalkstein nach NO und fällt mit 15° Neigung gegen NW ein. Unterhalb des sogenannten Cordons, einer Forstwache, ist die Schichtung vielfach gestört. Durchschnitte eines grossen zweischaligen Fossils, die in den Kalksteinfelsen sichtbar sind, gehören vermuthlich dem *P. Baschkiricus* an. Weiterhin wird das Streichen wieder NO, während das Einfallen nach NW gerichtet ist. Nur an zwei Stellen, von denen die eine dicht unterhalb der Einmündung der Kalajelga liegt, haben wir am Aï horizontal liegende Schichten gesehen. Hier sind es plumpe Kalksteinbänke von 4'—8' Mächtigkeit.

Vor der Einmündung der Satka zeigen die Felsen des rechten Ufers starke Schichtenkrümmungen. An der Mündung selbst streichen die Schichten nach N 25° O und fallen gegen O 25° S ein. Aehnlich ist das Streichen und Einfallen bei Kulbajewa. Unterhalb dieses Dorfes stehen die Schichten vertical und streichen nach NO, bis sich 4 Werst weiter wieder ein Einfallen gegen NW einstellt.

10 Werst unterhalb Kulbajewa fanden wir wieder *Pentamerus Baschkiricus* und *Stromatopora concentrica* in Kalkstein, welcher mit 35° Neigung nach NW einfällt. Hier macht der Fluss eine scharfe Biegung nach S und fliesst so nahe an dieselbe Stelle zurück, dass das obere und untere Flussbett nur von einem schmalen Felsrücken getrennt sind. Dieser Rücken obersilurischen Kalksteins ruht auf einem feinen Conglomerat, welches an anderen Orten hin und wieder in festen quarzreichen Sandstein übergeht und zu Mühlsteinen verarbeitet wird. Dieses Gestein, welches vom Landvolke gornowoi Kamen genannt wird, besteht aus kleinen pelluciden, ohne sichtbares Bindemittel an einander haftenden Quarzgeschieben, mit denen grössere Geschiebe gefärbten Quarzes und einzelne abgeschliffene Stücke weissen Kalkspathes vorkommen. Eine Werst unterhalb dieser Stelle fällt die Siulga in den Aï. — 1½ Werst unterhalb Ragojnikowa streicht der Kalkstein nach NO und fällt nach SO ein, während er auf der halben Strecke zwischen diesem Dorf und Satkinsky Pristan in plumpen Schichten horizontal liegt, wie an der Mündung der Kalajelga.

Dem Dorfe Wanäschkina gegenüber besteht die linke Thalwand aus Kalksteinfelsen, die sich ununterbrochen bis Satkinsky Pristan hinziehen und auf dem oben beschriebenen Conglomerat ruhen, welches am rechten Ufer eine Höhe bildet, auf der das Dorf liegt. Hier wird das Gestein zu Mühlsteinen verarbeitet und geht durch feines Korn in quarzreichen Sandstein über.

Bei Satkinsky Pristan enthält der Kalkstein *Stromatopora concentrica* und ist stellenweise so mit Schalen des *Pentamerus Baschkiricus* erfüllt, dass das Gestein nur aus Anhäufungen dieser Conchylie besteht. An einem Steinbruch, dem Dorfe gegenüber, fanden wir das Streichen N 25° O und das Einfallen W 25° N mit 20° Neigung. An der Einmündung der Kamenka liegen die Kalksteinschichten beinahe horizontal und zeigen nur ein unmerkliches Einfallen nach NW. Dieses Verhältniss hält sehr gleichmässig bis Rasboinikowa an, wo sich bei dem ähnlichen herrschenden Streichen nach N 20° O, und Einschiessen gegen W 20° N wieder eine Schichtenneigung von 50° einstellt. Hier enthält der Kalkstein Exemplare des *Pentamerus Baschkiricus*.

Etwa auf halbem Wege zwischen Rasboinikowa und Wokli und näher zu letzterem Dorfe ruht der Kalkstein in plumpen, ungeschichteten Massen auf einem Sandstein von feinem Korn und gelblich grauer Farbe. Dieser braust nicht mit Säure, ist sehr deutlich geschichtet, spaltet nach den Schichtflächen leicht in dünne Platten und bildet am Flussufer einen Abhang von 35'—40' Höhe, den der Kalksteinfelsen krönt. — Der Sandstein fällt nach O 20° N mit 20° Neigung ein, streicht also nach N 20° W und ist ebenso gelagert wie deutlich geschichteter Kalkstein, der ihn unmittelbar unterhalb bedeckt. In keinem dieser Gesteine gelang es uns organische Reste aufzufinden; jedoch fanden sich am Ufer von der Höhe der Felsen herabgestürzte Blöcke, die *Spirigerina aspera* enthalten. Diese Kalksteine gehören daher aller Wahrscheinlichkeit nach ebenfalls der obersilurischen Formation an, und der Sandstein ist trotz seiner abweichenden Beschaffenheit das Aequivalent des gornowoi Kamen genannten Gesteines. Eine Werst vor Wokli bildet der Kalkstein Felsen mit beinahe vertical stehenden Schichten, die nach N—NO streichen.

Bei Wokli verliessen wir den Strom und fuhren über Kidi nach Alina, einem Dorfe, das etwa 3 Werst in NW von Wanäschkina und Satkinsky Pristan am Flüsschen Bia gelegen ist. Die Verfasser der Geol. of Russia, welche das Auftreten von *Pentamerus Baschkiricus* bei Alina nicht kannten, haben die Vermuthung aufgestellt, dass dieses Dorf auf devonischen Schichten liegt. — Eine Untersuchung des Thales der Bia, und die Fahrt von hier nach Satkinsky Pristan erwiesen, dass zwischen letzterem Orte, Alina und Wanäschkina der gornowoi Kamen unter dem obersilurischen Kalkstein hervortritt, und eine ansehnliche Höhe bildet. Dieser Berg trennt das Thal des Aï von dem der Bia, und der silurische Kalkstein fällt beiderseits von demselben ab.

Die obersten Schichten des Kalksteins bei Alina bestehen aus schwarzem, bituminösem Stinkstein und enthalten in zahlreichen Exemplaren die kleine *Spirigerina Alinensis M. V. K.* Steigt man vom Dorf in das Thal der Bia hinab, so gelangt man in tiefere Kalksteinschichten, welche wie bei Satkinsky Pristan von Myriaden des *Pentamerus Baschkiricus* erfüllt sind, mit dem eine grosse *Leperditia* vorkommt. Unten auf dem Thalboden stösst man auf den gornowoi Kamen, der jenseit des Flusses zu jener Anhöhe anschwillt, auf welcher weiter in O das Dorf Wanäschkina am Aï gelegen ist. Wir haben schon gesehen, dass bei jenem Dorfe am linken Ufer des Aï wieder obersilurischer Kalkstein dieses feine Conglomerat überlagert. Die Versteinerung führenden Kalksteine bei Alina fallen nach NW mit 15°—20° Neigung ein, streichen also nach NO.

Die grosse Gleichförmigkeit mit welcher Kalksteinschichten ohne jede Zwischenbildung von der Mündung der Arscha an bis Wokli an den Ufern des Aï anstehen, weist darauf hin, dass sie einer Formation angehören. Alina ist der einzige Punkt an dem drei numittelbar auf einander folgende Etagen in den Ablagerungen am Aï nachzuweisen sind: oben bituminöser Kalkstein mit *Spirigerina Alinensis*, darunter die Schichten mit *Pentamerus Baschkiricus* und *Leperditia Biensis n. sp.* und als Basis der ganzen Ablagerung feines, in Sandstein übergehendes, quarzreiches Conglomerat. Da die *Spirigerina Alinensis* nur von diesem Orte her bekannt und nirgends in devonischen Schichten des Ural beobachtet worden ist, sehen wir vorläufig keinen Grund, zwischen dem oberen und unteren Kalkstein von Alina eine Formationsgrenze anzunehmen.

Von Alina nach Satkinsky Pristan fährt man Wanäschkina in S vorbei. Auch hier beobachteten wir die Ueberlagerung des feinen Conglomerates durch den Kalkstein, welcher ersteres weiter nach S ganz zu bedecken scheint.

Von Satkinsky Pristan nach Satka führt die Strasse gerade nach O, so dass wir auf dieser Strecke über die südliche Fortsetzung der Schichten hinfuhren, welche der Aï zwischen Kussa und der Mündung der Arscha durchbricht. Die Kalksteinfelsen stehen an der Strasse noch 1½ Werst vom Pristan an, worauf man eine grasreiche Ebene passirt, in der kein Gestein zu sehen ist. Erst 6 Werst vom Pristan, am Flüsschen Ischelka, steht an einer Bergwand wieder Kalkstein von stark röthlicher Farbe an. 8 Werst von Satkinsky Pristan fährt man über den Rücken der Sulia, welcher von quarzigen Gesteinen gebildet wird, die denen von Wanäschkina und Alina gleichen. 7 Werst vor Satka grenzen diese Gesteine an schwarzen, dünnblättrigen Thonschiefer, auf den bunte Schiefer folgen. Beim 6ten Werstpfahl vor Satka steht Quarzit an und noch vor dem 5ten schwarzer Thonschiefer, auf den abermals bunte folgen. Diese Gesteine streichen nach NO und fallen gegen NW ein. Hierauf erscheint, immer noch vor dem 5ten Werstpfahl, hell- und dunkelgrau gebänderter Quarzfels, der die Karaganskaja Gora bildet. Dieses Gestein ist ebenso gelagert wie die Thonschiefer, an die es grenzt. — Drei Werst vor Satka gelangt man in den dünn geschichteten grauen Marmor, auf welchem der Sawod liegt. Dieser krystallinische Kalkstein streicht nach NO, fällt gegen SO ein und wird bei Satka selbst von zahlreichen Gängen eines feinkörnigen Grünsteins (Diorit?) durchsetzt.

Da wir im Distrikte von Satka später nirgends organische Reste gefunden haben, überlassen wir es unserem älteren Reisegefährten im Detail über die Besteigung der öden Gipfel des Siratkullberges, des hohen, wilden Nurgusch, des Uwan und der Suka zu berichten. Dasselbe gilt von der Fahrt über den Urenga nach Wesselowsk im äussersten Süden des Distriktes von Slatoust. Das Detail dieser weiten, zum Theil beschwerlichen Excursionen bringt keinen Aufschluss über die palaeozoïschen Ablagerungen in jenem Theile des Uralgebirges, deren Entwickelung nachzuspüren eine Haupttriebfeder meiner Wanderungen war.

Wir bemerken im Allgemeinen, dass die hohen Berge zwischen dem Aï und dem Glimmerschiefer der westlichen Centralkette aus sedimentären Gesteinen bestehen, und

Thonschiefer, so wie mehr oder weniger krystallinischer Kalkstein auch zwischen den beiden Centralketten um Wesselowsk erscheinen.

Thonschiefer, der nach NO streicht, bildet den Fuss und einen Theil der Abhänge
des Siratkullberges, während sein Gipfel aus Quarzfels besteht. — Von Satkinsk bis zum
Grünsteinrücken des Matkal, ritten wir in Kalkstein, Thonschiefern und quarzreichen
Sandsteinen. Diese Gesteine sind vorzüglich an dem Flüsschen Kamenka und beim Korels-
kischen Bergwerke aufgeschlossen..

Nächst dem grossen Jremel ist der Nurgusch der höchste Berg des Ural im Süden
von Slatoust. Er wurde bei unserer Besteigung barometrisch gemessen. [1] — Dieser Berg
besteht aus Quarzfels, der mit hartem Thonschiefer, an seinem nördlichen Ausläufer (von
den Eingeborenen Lugasch genannt) auch mit Chloritschiefer wechsellagert. Seine Schichten sind steil aufgerichtet, und die harten Quarzmassen überragen in steilen Graten das
Ausgehende der weicheren Schiefer. Diese Quarzmauern, die überall längs dem langge-
streckten, öden Rücken in parallelen Wänden hinstreichen, zerfallen allmälig in Trümmer,
welche die Abhänge des Berges bedecken. Sie bilden dann ausgedehnte Trümmerfelder,
welche von den Russen Rossipi genannt werden, und aus grossen scharfkantigen Blöcken
bestehend, der Besteigung dieser Berge mit Pferden die Hauptschwierigkeit entgegensetzen.
Am Lugasch streichen die Schichten dem ganzen Rücken parallel nach N 20° O, auf dem
höchsten Gipfel nach NO, und zeigen hier trotz der nahe verticalen Stellung noch ein bemerk-
liches Einschiessen nach SO. — Auf diesem hohen Gipfel bilden die Schichtenköpfe
graphithaltiger Thonschiefer ein kleines Plateau, welches mit Gras und Moos bewachsen
und beiderseits von niedrigen Quarzmauern wie mit Ballustraden eingefasst ist. Die Win-
terstürme sind die Ursache, dass sich auf dieser freien Stelle keine grossen Schneemassen
ablagern können, und das kaum bedeckte Futter lockt dann zahlreiche Rennthierheerden,
die Bewohner dieser Einöde an, welche aus der Ferne wie dunkle Flecke auf dem Schnee
des winterlichen Gipfels erscheinen sollen.

Den Uwan und die Suka erstiegen wir von Kutiukowa aus, wohin wir uns vom Nurgusch durch das wilde Waldthal der Kalagasa durchgearbeitet hatten, Die spitzen Gipfel
dieser beiden Berge bestehen ebenfalls aus steil aufgerichteten Schichten von Thonschiefer
und Quarzfels, dessen Trümmer im Sonnenlicht weiss über die dunklen Nadelwälder her-
überschimmern.

Ebenso bilden Thonschiefer und Quarzfels die Umgegend der Bokalskischen Bergwerke, zu denen wir von dem Rücken der Suka hinabstiegen. Zwischen diesen und Satkinsk ritten wir ausschliesslich in der Streichungslinie einer Thonschieferzone hin. Kalkstein haben wir auf dieser Excursion nur an zwei Stellen, auf dem Wege von Wereh-Bo-
kalsk nach Satkinsk, eine Werst von jenem Bergwerke entfernt, und an der Brücke über
die kleine Satka angetroffen.

---

[1] Die Resultate dieser und vieler anderer Höhenmessungen werden ihrer Zeit von Gen. Hofmann veröffentlicht werden.

Als wir uns von Satkinsk aus über den Urenga nach Wesselowsk begaben, einem Dorf das im Thal des Aï zwischen den beiden Centralketten belegen ist, sahen wir, dass die Zone zum Theil krystallinischer Kalksteine, in der Satkinsk liegt, sich von dort gegen 4 Werst nach Ost bis zum Magnitnaja Gora ausdehnt. Das Gebiet des Glimmerschiefers, mit dem hier auch Gneiss auftritt, betraten wir an der Kapanka, einem Nebenflusse des Kuwasch. Die Stelle ist noch 11 Werst von der Furth durch den Kuwasch entfernt, an dessen jenseitigem rechten Ufer erst der Rücken des Urenga aufsteigt, welcher das Thal dieses Flusses von dem des Aï scheidet. Die krystallinischen Schiefer der westlichen Centralkette nehmen also nach Süden zu ebenso an der fächerförmigen Ausbreitung des ganzen Gebirges Theil wie die seitlichen Züge, da hier der Rücken zwischen der Kapanka und dem Kuwasch dieselbe geognostische Beschaffenheit hat, wie der Urenga. Als wir am Ostabhange des Urenga nach Wesselowsk an den Aï hinabstiegen, stiessen wir im Glimmerschiefer auf Thonschiefer- und Quarzlagen, die sich bis zu jenem Dorfe ausdehnen. — Zwischen Wesselowsk und dem verlassenen Semibratskischen Bergwerke, dem südlichsten Punkt bis zu dem wir im Thal des Aï zwischen Ural und Urenga vorgedrungen sind, findet sich, 12 Werst von jenem Dorfe, ein Lager von Kalkstein in der Glimmerschieferzone. Endlich sahen wir krystallinischen weissen Marmor auf dem Wege von Wesselowsk nach Slatoust, am Fusse des Medwedjewa Gora beim Flüsschen Iswesdnaja, das diesem Gesteine seinen Namen verdankt. Es tritt hier mit grauem Quarzfels, Glimmerschiefer und Granit auf.

Im Distrikte von Satkinsk treten an mehreren Punkten eruptive Gesteine zu Tage, die meist der Familie der Grünsteine angehören und von Rose als Diorite bestimmt worden sind. — Ihr Auftreten ist dem der geschichteten Gesteine gegenüber sporadisch, und nur ausnahmsweise bilden sie ganze Berge wie z. B. den südlichen Gipfel des Matkall. Meistens erscheinen sie gangförmig in Kalkstein, der in ihrer Nähe eine krystallinische Beschaffenheit zu haben pflegt. Dasselbe findet auch zwischen den Centralketten in der Gegend der Semibratskischen Eisengruben statt. Nirgends haben wir eruptive Gesteine in den Ablagerungen kennen gelernt, die durch ihre Versteinerungen als obersilurische Schichten charakterisirt sind. Sie scheinen sich hier auf eine gewisse Zone zu beschränken, die näher zur Axe des Gebirges liegt als die Schichten, welche organische Reste enthalten.

Was die Erzlager in den besprochenen Gegenden anbetrifft, so gehören sie in die Reihe der geschichteten Gesteine. Die Eisenerze im Achteschen Bergwerke bei Kussa sind eine Einlagerung im alten Thonschiefer an der Grenze des Glimmerschiefers. Die Eisensteine von Kossigansk liegen in den Quarz- und Thonschieferschichten, welche wir zuerst im Süden von Kussa kennen lernten. Die südliche Fortsetzung dieser Zone von Quarz und Thonschiefer, die wir nur als Zwischenbildungen zwischen dem Glimmerschiefer der Centralkette und dem obersilurischen Kalkstein am Aï bezeichnen können, enthält die Eisensteinlagen des Kovelskischen Bergwerkes und der Bokalskischen Gruben. Die verlassenen

Eisengruben von **Semibratsk** liegen in einer Gegend der **Centralkette**, die reich an Kalkstein und Diorit? ist, scheinen aber selbst in quarzreichem Glimmerschiefer enthalten zu sein. Die grosse Orlowskische Eisengrube bei Slatoust endlich ist ganz im **Glimmerschiefer** am Ostabhange des Rückens angelegt, welcher den nördlichen Ausläufer des **Urenga** bildet. Alle diese Gruben sind grosse, meist in der Streichungslinie der Schichten lang gestreckte Tagebaue und gehören in die Periode der krystallinischen Schiefer, so wie der ältesten sedimentären Ablagerungen dieser Gegenden.

Wirft man einen Blick auf den Zusammenhang in welchem die angeführten Beobachtungen in den Distrikten von Kussa und Satka untereinander sowohl als zu der Geognosie der ganzen Gebirgskette stehen, so stellt sich vor Allem die Wahrscheinlichkeit heraus, dass die Sedimente zwischen den Versteinerungführenden Kalksteinen am Aï in O und dem Glimmerschiefer der Centralkette in W den unteren Theil der Silurformation repräsentiren. Vielleicht sind sie zum Theil eine Wiederholung der Sandsteine und des Thonschiefers, welche unter dem obersilurischen Kalkstein an der Terechta, bei Wanäschkina und Alina, so wie zwischen Rasboinikowa und Wokli nur wenig zu Tage treten. Dafür, dass sie keine Wiederholung der ganzen Ablagerung sind, welche wir am Aï zwischen der Mündung der Arscha und dem Dorfe Wokli kennen lernten, spricht ausser dem Mangel organischer Reste der Umstand, dass der Kalkstein, welcher am Aï massenhaft auftritt, im Süden von Satka verschwindet und an den Rücken des Siratkull, des Nurgusch, des Uwan und der Suka, so wie auch westlich von Satka auf dem grössten Theile der Strecke fehlt, welche die Strasse von Satkinsky Pristan durchschneidet. — Die Kalksteine bei Satkinsky Pristan selbst sind meist krystallinisch, die bei Kussa hin und wieder bunt gebändert und von anderer Beschaffenheit als die obersilurischen Kalksteine am Aï. Wir glauben daher, dass auch diese Kalksteine älteren Ablagerungen angehören und ausserdem durch den Contact mit eruptiven Gesteinen, welche in dieser Zone häufig zu Tage treten, Veränderungen in ihrer Beschaffenheit erlitten haben. Auch in diesen muthmasslich älteren Schichten in der nächsten Umgebung von Kussa und Satka selbst schwindet das kalkige Material südlich von Satka und fehlt in den oben genannten Bergen sowohl als in der Umgegend von Kutiukowa und der Bokalskischen Bergwerke beinahe gänzlich. Dort walten auf ungeheure Strecken ausschliesslich steil aufgerichtete Thonschiefer und Quarzmassen.

Wenn zwischen den krystallinischen Schiefern des Uï Tasch und Siratur in W und der Bergkalkformation der Schartimka in O die schmalen sporadischen Zonen von Thonschiefer und Kalkstein, so wie die grünen Schiefer mehr oder weniger veränderte Schichten der palaeozoïschen Formationen sind, worauf die Spuren organischer Reste hindeuten, welche der Kalkstein von Werchni-Miask enthält,[1]) so spielt das Material des Kalksteins am Ostabhange der Gebirgskette in denselben Ablagerungen eine untergeordnetere Rolle, als auf dem gegenüberliegenden Westabhange. Dasselbe gilt von der Kieselerde, da wir quarzreiche Schichten im Distrikt von Miask ausserhalb der Glimmerschieferzone fast gar nicht angetroffen haben. Darf dieser Unterschied in dem Material der palaeozoïschen Schichten zu beiden Seiten des Gebirges darauf gedeutet werden, dass der Ural schon vor ihrer Ablagerung eine Scheide in jenen Meeren gebildet hat, und der Granaten führende Glimmerschiefer mit untergeordnetem Thonschiefer und Marmor in den Centralketten schon aufgerichtet war, als diese Schichten sich zu beiden Seiten in getrennten Meeresbecken absetzten? Jedenfalls ist nicht zu übersehen, dass hier in jedem dieser Gebiete besondere Massengesteine nicht nur vorherrschen, sondern sich beinahe auszuschliessen scheinen. — Wir meinen den Granit im Glimmerschiefer und Gneiss der Centralketten und die Grünsteine in der sedimentären Zone. Die Grünsteine bei den Semibratskischen Bergwerken treten zwar im Centrum des Gebirges, aber im Boden einer tiefen Thalspalte und mit ausgedehnten Kalksteinlagern auf. — Nur an einem Punkte, 9 Werst südlich von Wesselowsk haben wir an der Popereschnaja Gora einen Diorit? Gang im Glimmerschiefer aufsetzen sehen; in den Kalksteinen aber unendlich viele.

Noch sind die Grenzen der geschichteten Gebirgsarten viel zu wenig gesondert, das Verhalten der Massengesteine zu einander ist zu wenig erkannt, als dass man sich allgemeine Schlüsse dieser Art erlauben dürfte. Nichts desto weniger halten wir es für unsere Schuldigkeit Wahrscheinlichkeiten nirgends mit Stillschweigen zu übergehen, wo sie durch eine noch so kleine Reihe von Thatsachen angedeutet sind; denn nur so kann die Aufmerksamkeit auf diese Fragen gerichtet werden.

Vielleicht ist es späteren Forschern vorbehalten in den Thonschiefern, Sandsteinen und Quarziten südlich und westlich von Satka organische Reste zu entdecken, die Parallelen mit den alten Ablagerungen Böhmens und Skandinaviens gestatten, welche durch die detaillirten Untersuchungen der Herren Barrande und Angelin neuerdings so schöne Ausgangspunkte der Vergleichung eröffnet haben. Jedenfalls sprechen viele Wahrscheinlichkeiten dafür, dass die Verfasser der Geol. of Russia sich nicht getäuscht haben, wenn sie dieses Terrain als ein silurisches ansehen.

Sedimente in der Berghauptmannschaft Kuschwa. 1853.

Steinkohlenlager von Kiselowsk und Alexandrowsk. — Am Anfange des Jahres 1857, als unsere «Notizen über die Versteinerungführenden Gebirgsformationen

---

[1]) Gustav Rose beobachtete Aehnliches bei Koëlskaja zwischen Troïtzk und Miask: «wir trafen einen weissen, feinkörnigen Kalkstein, der aber ungeachtet seiner körnigen Textur, was mir sehr merkwürdig scheint, grosse blättrige Enkrinitenstiele enthält.» Reise nach dem Ural, dem Altaï u. s. w. Band II, p. 18. 1842.

des Ural u. s. w.» erschienen, war ich aus eigener Anschauung nur mit der Lagerung der Steinkohlenflötze bei Suchoi-Log am Ostabhange der Gebirgskette bekannt. Für die Lagerung der Steinkohlen am Westabhange hatte ich mich auf eine Bemerkung in der Geol. of Russia bezogen. Bei Gelegenheit der Schilderung eines Kohlenflötzes, welches die Verfasser dieses Werkes bei Kalino an der Tschussowaja besuchten, erklären sie es nämlich für wahrscheinlich, dass die Steinkohlen am Westabhange des Ural in den Sandsteinen vorkommen, die sie für das Aequivalent des *milstone grit* halten, welcher in England den Bergkalk überlagert und am Ural vorzüglich in den Ebenen von Artinsk entwickelt ist. [1] Wir bedauern, während unserer Reisen in der Berghauptmannschaft Kuschwa, keine Gelegenheit gefunden zu haben, das Steinkohlenflötz bei Kalino aus eigener Anschauung kennen zu lernen. — Dagegen begleitete ich den Gen. Hofmann auf einer Excursion, welche er von Perm aus nach den Kohlengruben an der Kosswa und Lunja unternahm, [2] und sehe mich in Folge dessen veranlasst obige Vermuthung, welche ich in meiner Abhandlung citirt habe, [3] vorläufig einzuschränken.

Diese Bergwerke gehören den Herren Lasarew und Wsewolotzki und liegen gegen 200 Werst nördlich von Perm im Ssolikamsker Kreise. — Nachdem wir auf der Fahrt dorthin die Wilwa, einen Nebenfluss der Jaiwa, welche in die Kama fällt, passirt hatten, gelangten wir aus den permischen Ablagerungen in die Region des Bergkalkes. Die Stelle liegt an dem Wege, der vom Pristan an der Jaiwa nach Ost auf Kiselowsk zuführt, einer Eisenhütte der Herren Lasarew, zu welcher die südlicher gelegenen Steinkohlen an der Kosswa gehören. 7 Werst vor Kiselowsk trifft man den ersten Bergkalk. Er enthält *Productus semireticulatus Mart.* so wie schlecht erhaltene Bryozoen, streicht nach N 20° O und fällt gegen W 20° N mit 22° Neigung ein.

Kiselowsk selbst liegt auf einem harten, sehr quarzreichen Sandstein von so feinem Korn, dass er in Quarzit übergeht. Er hat an der Oberfläche eine gelbe bis rothgelbe Farbe, ist aber auf dem frischen Bruch weiss. Durch den Verwalter des Hüttenwerkes, Herren Tschernow, erfuhren wir, dass dieser Sandstein das Muttergestein der Steinkohle ist, welche neuerdings auch in der unmittelbaren Nähe des Sawods entdeckt worden. war. Er enthält zugleich die okrigen Brauneisenerze, welche in jenen Gegenden besonders verschmolzen werden und ohne Zweifel die Ursache seiner gelben Färbung sind.

Die Kohlengrube liegt gerade in S von Kiselowsk, 20 Werst von diesem Orte entfernt. Wir fuhren einen Theil des Weges auf dem Sandstein hin, der zuweilen von Kalksteinfelsen überragt wird. An der Kosswa angelangt, schifften wir uns ein und wurden noch 4 Werst flussabwärts bis an die Steinkohlengrube gerudert. Der Strom windet sich auf der ganzen Strecke durch Kalksteinfelsen hin, deren Schichten steil aufgerichtet sind.

---

[1] Geol. of Russia ect. Vol. II, p. 126 und 127.
[2] Für die Anregung zu dieser Excursion, welche für uusere Auffassung der palaeozoïschen Ablagerungen an der Tschussowaja von Bedeutung geworden ist, sind wir Sr. Excellenz dem General Jossa zu aufrichtigem Dank verpflichtet.
[3] Mém. d. sav. étr. T. VIII, p. 209.

Das Kohlenflötz streicht an einem bewaldeten Berge, der im Hangenden aus Kalkstein, im Liegenden aber aus demselben Sandstein besteht, den wir schon von Kiselowsk her kannten, an das linke Ufer des Flusses aus. — Die Lagerungsverhältnisse sind durch die Betriebs- und Untersuchungsarbeiten des Herren Tschernow, welcher uns begleitete, vollkommen aufgeschlossen und im Detail auf eine Grubenkarte eingetragen, die er uns vorzeigte. Das Flötz liegt im Sandstein und hat die bedeutende Mächtigkeit von 6 Arschin, die wir übrigens an Ort und Stelle nicht übersehen konnten, da zur Zeit nur die eine Hälfte desselben im Betrieb war. Mitten im Flötz findet sich eine dünne Lettenlage von $1/2'$ Durchmesser. Alles übrige ist Steinkohle, die ohne Zwischenbildungen scharf an dem harten quarzitartigen Sandstein abschneidet. Sie ist von guter Beschaffenheit, bricht aber nicht in grossen Stücken, obgleich sie auch nicht zerfällt. Beim Brennen soll sie zusammensintern und Coak geben. — Da das Flötz steil steht, denn es fällt mit 52° Neigung nach W ein, so ist anzunehmen dass Tagewässer der Beschaffenheit der Kohle nachtheilig gewesen sind und sie nach der Tiefe an Qualität zunehmen wird.

Nachdem wir den Stollen besichtigt hatten, welcher vom Flussufer aus in das Flötz hineingetrieben wird und bei Kienholzbeleuchtung vor Ort gewesen waren, verfügten wir uns zu dem Kalkstein im Hangenden. Er wird von dem Kohlenflötz durch eine Sandsteinlage von 50 Faden Mächtigkeit getrennt. Nach längerem Suchen gelang es uns beim Zerschlagen des Kalksteins ein grosses Exemplar des *Productus hemisphaericus* zu finden. Wir verfolgten nun das Flötz den Berg hinauf in der Linie der Untersuchungsarbeiten, welche im Streichen angelegt sind und die Kohle an mehreren Punkten zu Tage gefördert haben. Rechtwinkelig auf diese Linie zieht sich eine andere Reihe von Schurfen hin, längs der wir wieder an den Fluss hinabstiegen und ihn oberhalb des Stollens erreichten. — Diese Schurfe zeigen, dass im Liegenden des Hauptflötzes noch ein kleineres ansteht, dessen Mächtigkeit nach den Angaben des Herren Tschernow $2\frac{1}{4}$ Arschin beträgt. Es ist von dem Hauptflötz durch den Sandstein getrennt. Noch weiter im Liegenden wechselt der Sandstein mit Schieferthon, welcher auf einer Stelle mit Kohlenstoff imprägnirt nnd schwarz gefärbt ist. Zuletzt gelangten wir im äussersten Liegenden wieder in Kalkstein. In diesem fand sich eine einzige Koralle, die noch nicht bestimmt werden konnte.

Die ganze Kohlenführende Schichtenreihe ist also eine Einlagerung in Kalkstein, der im Hangenden des Flötzes *Productus hemisphaericus* enthält. Folglich liegt diese Steinkohle im untersten Bergkalk, wie im flachen Russland und auch bei Suchol-Log am Ostabhange der Gebirgskette, wo die Lagerungsverhältnisse durch die in der Nähe hervorgebrochenen Porphyre besonders gestört sind. — An dem Fluss angelangt begaben wir uns bei anbrechender Dämmerung dem Laufe desselben folgend zu Fusse nach dem Einschiffungsplatze zurück. Die Kalksteinfelsen, deren wir bei Gelegenheit der Flussfahrt erwähnten, enthalten schlecht erhaltene Korallen und *Productus* in Exemplaren, die aus dem Gestein nicht zu befreien waren. Letztere lassen trotzdem keinen Zweifel darüber aufkommen, dass auch dieser Kalkstein Bergkalk ist.

Den folgenden Morgen fuhren wir nach Alexandrowsk, einer Hütte des Herren Wsewolotzki, zu der das Steinkohlenlager an der Lunja gehört. Alexandrowsk liegt 20 Werst
in NW von Kiselowsk auf einem dünn geschichteten pfefferfarbigen Sandstein, welcher sich
von dem bei Kiselowsk und an der Kosswa ausserdem durch geringere Härte und deutli-
cheres Korn unterscheidet. Er bricht in Scherben, welche die Abhänge bei Alexandrowsk
bedecken, während der quarzitähnliche gelbe Sandstein bei Kiselowsk in grossen Schollen
an der Oberfläche liegt, welche dicken Schichten angehören und der Verwitterung Trotz
bieten.

Wir ritten in Begleitung des Verwalters, Herren Kaselow, von der Hütte nach O
in die Streichungslinie der Schichten von Kiselowsk zurück. Erst an der Lunja, dem Koh-
lenstollen gegenüber, trafen wir Bergkalk, der am rechten Flussufer in Felsen ansteht. —
Er enthält Hornsteinknollen und es gelang darin schlechte Reste von *Spirifer* und einen
grossen *Productus* zu entdecken, der indessen so verdrückt und seiner Oberfläche entkleidet ist, dass ich ihn in Berlin nicht bestimmen konnte. Er genügt um den Kalkstein als
Bergkalk wieder zu erkennen, dessen Schichten hier nach N 25° W bis NW mit 25° Neigung einschiessen, also nach N 25° O bis NO streichen. Das Kohlenflötz befindet sich am
gegenüberliegenden Ufer der Lunja in der Richtung des Liegenden vom Bergkalk aus und
ist in eben solchen harten, quarzitähnlichen, gelben Sandstein eingelagert, wie an der
Kosswa. Es fällt ebenso wie der Bergkalk nach NW ein und hat nach dem Nivellement
eine Neigung von ungefähr 17°. — Seine Mächtigkeit wird auf 7 Arschin veranschlagt;
dabei ist es durchaus ohne thonige Mittel und die Kohle grenzt scharf an den harten
Sandstein wie an der Kosswa. Zwei Proben derselben sind von dem Capitain der Bergingenieure Herren Wagner zu Perm untersucht worden, der über ihre Nutzbarkeit ein sehr
günstiges Urtheil ausspricht und sie als Glanzkohle bestimmt.[1] Es genügt im Allgemeinen
zu bemerken, dass das Auftreten der Steinkohle an der Lunja dem an der Kosswa durchaus entspricht.

Nach den wenigen Beobachtungen, welche wir in der kurzen Zeit an diesen beiden
wichtigen Localitäten anstellen konnten ist es nicht unmöglich, dass das Steinkohlenflötz
an der Lunja die nördliche Fortsetzung des Flötzes an der Kosswa ist. Dafür spricht einmal die grosse Uebereinstimmung in dem Auftreten der Kohle an beiden Orten, dann der
Umstand, dass sie zwischen ihnen bei Kiselowsk in denselben Schichten aufgefunden worden ist, und endlich die Lage dieser drei Punkte in einer Linie, welche mit dem allgemeinen Streichen der Formationen in dieser Gegend zu coïncidiren scheint. In diesem Falle
würde hier ein Kohlenflötz von 12'—14' Mächtigkeit in gleicher Beschaffenheit auf einem
Flächenraum von 30—40 Werst Länge fortsetzen. Ohne den Waldreichthum dieser an
Eisenerzen nicht sehr reichen Gegend, zwei Umstände welche das Interesse an dem Abbau

---

[1] Näheres darüber findet sich im Bulletin de la Société Impériale des naturalistes de Moscou, année
1854. No. 1.

der Steinkohle schmälern, würde diese Frage längst durch bergmännische Untersuchungen entschieden sein. — Als wir unsere Rückreise von Alexandrowsk nach Perm zuerst nach der Wilwa zu in westlicher Richtung antraten, trafen wir 6 Werst von jenem Ort noch den pfefferfarbigen Sandstein, auf dem der Sawod liegt. Er streicht hier nach N 8° W und fällt sanft gegen O 8° N ein. Bergkalk haben wir nicht mehr gesehen. — Das macht es wahrscheinlich, dass jenes Gestein, welches eine durchaus abweichende Beschaffenheit von dem hat, in welchem die Steinkohlen eingelagert sind, in diesen Gegenden den *milstone grit* repräsentirt, wie die Verf. der Geol. of Russia annehmen.

Da wir kaum 4 Tage von Perm abwesend waren und innerhalb dieser Zeit 4—500 Werst zurückgelegt wurden, müssen wir unsere Mittheilung auf das Vorliegende beschränken.

———

Die Berghauptmannschaft Kuschwa besteht aus mehreren Distrikten, welche an beiden Seiten des Gebirges eine lang gestreckte von SW nach NO gerichtete Ländermasse zusammensetzen. Der von Serebränsk bildet den südlichsten Theil derselben, und liegt am Westabhange der Gebirgskette in dem Gebiete palaeozoïscher Ablagerungen, das von der Tschussowaja und ihren Nebenflüssen der Silviza, Serebränka und Utka durchströmt wird. Es sind die Ufer dieser Ströme über die wir vorzüglich zu berichten haben. — Sie sind für die palaeozoïschen Formationen des Ural durch die Verf. der Geol. of Russia zum Theil klassisch geworden, und geleitet durch ihre Darstellung der Geognosie jener Gegenden wurde es uns leichter die entscheidenden Punkte aufzusuchen und das Material von Beobachtungen zu vermehren, welches über diesen Theil des Gebirges vorlag. — Nicht wenig trug zu einer richtigen Beurtheilung der Verhältnisse die oben mitgetheilte Excursion an die Kosswa und Lunja bei, da sie uns über einen Theil der Schichten an der Tschussowaja einen neuen Ausgangspunkt der Vergleichung eröffnet hat.

Von Kuschwa an die Silviza und diese hinab bis zu ihrer Mündung. — Die Silviza fällt unterhalb Oslansky Pristan in die Tschussowaja, und wurde von uns von der Einmündung der Lekaja an befahren. — Um an die Silviza zu gelangen, wählte Gen. Hofmann einen Weg oder vielmehr eine Richtung, in der wir von Kuschwa aus am Fusse des Sokolnï Kamen hin, gerade über den Gebirgskamm nach den verlassenen Goldwäschen von Kliutschewskoi gelangten. Von dort ritten wir nach Kedrowka, einem Dorf an der Strasse von Kuschwa nach Serebränsk, folgten dieser bis Lukowa, und ritten dann an die Silviza.

Der Kamm des Ural besteht hier aus Chloritschiefer. Steigt man nach W in das Thal der Serebränka hinab, an deren Quellen die verlassenen Goldwäschen von Kliutschewskoi gelegen sind, so trifft man bei denselben geschieferten Marmor, der Glimmerblätter enthält, nach N streicht und gegen O einschiesst. Auf dem Wege von dort nach Kedrowka erscheint dieses Gestein noch mehrere Male, hat zuweilen eine kieselige Beschaffenheit und braust schwach mit Säuren.

An der Strasse zwischen Kedrowka und Lukowa wechselt Thonschiefer mit Quarzgesteinen und Glimmerschiefer, die an zwei Punkten von Grünstein durchbrochen werden.

Auf der ersten Anhöhe, die man jenseit Kedrowka passirt, liegen Blöcke eines Gesteines, welches aus pelluciden, fest an einander haftenden Quarzkörnern besteht; dagegen wird vor dem Dorfe Suchoi-Log ein feinschiefriger grauer Thonschiefer mit braunen Schieferungsflächen gebrochen, auf den, noch ehe man das Dorf erreicht, weisser Quarz folgt, in dem Glimmerblätter liegen. Dieser geht auf der 8ten Werst, von Kedrowka an gerechnet, in Glimmerschiefer über, in den Thonschiefer eingelagert ist. — Auf dem Berge kurz vor dem Dorfe Jurawlik ist im Glimmerschiefer ein Tagebau auf Brauneisenstein angelegt. An der Kamennaja Gora ist der Glimmerschiefer sehr quarzreich und unmittelbar hinter dem Dorfe Pestschanka setzt Grünstein darin auf. Auf der 9ten Werst von Kedrowka findet sich wieder grauer Thonschiefer, der zwei Werst vor Lukowa mit demselben aus pelluciden Quarzkörnern bestehenden Gesteine wechselt, welches wir bei Kedrowka kennen lernten. Lukowa selbst liegt auf Glimmerschiefer, der hier nach N 25° W streicht und gegen O 25° N steil einfällt. Eine Werst vor dem Dorfe steht am Flüsschen Marina Grünstein an.

Von Lukowa ritten wir 8 Werst nach NW an die Silviza, welche wir an der Einmündung der Lekaja trafen. Der schmale Weg führt durch üppigen Wald, in dem wir hin und wieder Scherben von Glimmerschiefer liegen sahen. Auch unterhalb der Einmündung der Lekaja bestehen die Uferfelsen der Silviza aus diesem Gestein, im Flusse aber liegen grosse Grünsteinblöcke, welche zeigen, dass diese Gebirgsart mehr oberhalb anstehen muss. — Nachdem wir 4 Werst gefahren waren, stiessen wir auf dunkelgrauen Thonschiefer mit untergeordneten Lagen weissen Quarzes. Er streicht nach N und fällt mit 50° Neigung gegen O ein. An der Mündung des Kaban steht Grünstein an, oberhalb der Einmündung der Saraika aber harter grüner Schiefer, der Zwischenlagen von weissem Quarz enthält. Darauf folgen wieder dunkle Thonschieferfelsen.

Von der Mündung des Buton an fährt man anhaltend zwischen Uferfelsen von schwarzem Thonschiefer hin, der vorwaltend nach N streicht und gegen O einschiesst. — Eine Werst oberhalb der Einmündung der Bobrowka stiessen wir auf ein Quarzgestein, welches wie jenes von Kedrowka aus grossen pelluciden Quarzkörnern besteht, die ohne kenntliches Bindemittel fest an einander haften. Die dicken Schichten dieses Gesteines, welche nach W 20° N streichen und gegen N 20° O mit 20°—30° Neigung einschiessen, bilden hier das Liegende des Thonschiefers. Dieser ist in der Nähe jenes Gesteines sehr hart und quarzreich, weiterhin aber weicher, dünn geschiefert und vielfach verbogen. Etwas mehr unterhalb findet sich eine zweite Ueberlagerung des Quarzgesteins durch Thonschiefer. Ersteres fällt steil nach O ein. — An der Mündung der Bobrowka steht wieder schwarzer Thonschiefer an, der nach NW streicht und gegen NO einfällt. 2 Werst unterhalb steht das Quarzgestein beinahe vertical mit kaum merklichem Einschiessen nach O 20° S. In Bezug auf die gegenseitige Lagerung ist es daher von wenig Bedeutung, dass sich hier Thonschiefer im Liegenden jenes Gesteines befindet. — $1\frac{1}{2}$ Werst oberhalb der Einmündung der Kerna treten mit dem Thonschiefer und in demselben Quarzschichten auf, die vertical stehen und nach NW streichen. Der Thonschiefer ist an diesen festeren Massen in sich zusammengesunken und verbogen, wodurch eine scheinbare Discordanz in der Lagerung des Schiefers zu jenen Schichten entsteht, welche durch den Eindruck der Schieferung noch erhöht wird. $2\frac{1}{2}$ und 4 Werst unterhalb der Einmündung der Kerna treten zum ersten Male roth nnd grün gefärbte Thonschiefer auf, welche anfänglich mit den schwarzen am Flussufer wechseln. Diese Schiefer enthalten Zwischenlagen einzelner, meist harter Sandsteinschichten. — Oberhalb der Gorewaja sind sie steil aufgerichtet und fallen bald nach W, bald nach O mit einer Neigung von 54° ein, streichen also nach N. Die eingelagerten Sandsteinschichten sind hier weich. — Die rothen Thonschiefer mit mehr oder weniger gefärbten sandsteinartigen Zwischenlagen halten von hier unausgesetzt bis an die Einmündung der Silviza in die Tschussowaja und von dort aufwärts bis jenseits Oslansky Pristan an. — An den rechten Uferfelsen der Tschussowaja zwischen der Mündung der Silviza, Kopschik und Oslansky Pristan, auf die wir später zurückkommen werden, sind diese Schichten vielfach gewunden, gefaltet und zum Theil steil aufgerichtet. Die Richtung der Schieferung durchschneidet die der Schichtung oft rechtwinkelig. Der Wechsel des Materiales ist hier ein sehr rascher, und oft liegen die dicken Sandsteinschichten so nahe über einander, dass sie nur durch Zwischenlagen des rothen Thonschiefers von einander getrennt sind. Dieser Unterschied ist bezeichnend gegenüber den rothen Thonschiefern an der oberen Silviza, in denen die einzelnen Sandsteinschichten untergeordneter auftreten. —

Wir bemerken vorläufig, dass hier am linken Ufer der Tschussowaja Kalksteine anstehen, so dass dieser Fluss eine Strecke an der Gesteinsgrenze hinströmt.

Die Serebränka von Serebränsk hinab bis an ihre Einmündung in die Tschussowaja. — Serebränsk liegt in dem Gebiete rother Thonschiefer, das wir an den Ufern der Silviza und Tschussowaja kennen gelernt haben. Auch hier treten in diesen Schiefern einzelne Schichten von Sandstein und auch mächtigere Lagen von Quarz auf, die am Hüttenteich in Felsen anstehen. — Die Stelle an der die Verf. der Geol. of Russia in einem Streifen unreinen Kalksteins am Hüttenteich devonische Versteinerungen entdeckt haben, konnten wir nicht auffinden. Sie ist leider nicht näher bezeichnet worden; und da wir auch auf unseren weiteren Streifereien im Herzen der Thonschieferzone nichts Achuliches gesehen haben, schliessen wir auf die grosse Seltenheit von dergleichen Einlagerungen im Thonschiefer, welche sonst unserer Aufmerksamkeit nicht entgangen wären.

Diese Schiefer streichen vorwaltend nach NW mit wechselndem Einfallen und bilden die Ufer des Flusses von Serebränsk bis an die Einmündung des Schurisch oder der Schuroska. Dort trifft man zuerst einen schwarzen, wenig geschichteten, bituminösen Kalkstein, in dem wir nur einen unbestimmbaren Abdruck einer ziemlich grossen zweischaligen

Muschel fanden. — Dieses Gestein wird eine Werst unterhalb am linken Ufer von thonigem Kalkstein überlagert, der von *Spirigerina reticularis Lin.* und *Spirifer Pachyrinchus M. V. K.* erfüllt ist. Eine halbe Werst weiter steht derselbe Kalkstein, und dicht nebenbei Sandstein von der Beschaffenheit an, wie er dem Thonschiefer eingelagert zu sein pflegt. — Nachdem wir noch eine halbe Werst weiter unterhalb auf versteinerungsleeren Kalkstein gestossen waren, der mit 30° Neigung nach O einschiesst, trafen wir 5 Werst unterhalb der Mündung der Schuroska eine Entblössung des Terrains, an der eine unmittelbare Ueberlagerung der verschiedenen Schichten aufgeschlossen ist. Der thonige Kalkstein mit *Spirig. reticularis* ruht auf den rothen Schiefern, welche durch eine Sandsteinbank von dem unmittelbaren Contact mit dem Kalkstein getrennt sind. — 8 Werst vor der Ausmündung der Serebränka in die Tschussowaja beobachtet man an einer ausgedehnten Felsentblössung ähnliche Verhältnisse. Hier finden sich auch im thonigen Kalkstein mit *Spirig. reticularis* und *Spirifer Pachyrinchus* untergeordnete Lagen von Sandstein und Thonschiefer. — Von dieser Stelle an bis zur Mündung der Serebränka haben wir nur versteinerungsleere zum Theil dünn geschichtete und in Zickzackform geknickte, zum Theil plumpe Kalksteinmassen in hohen Felsen anstehen sehen. Bei Ust-Serebränsk streichen sie nach N bis NW und fallen mit 30° Neigung gegen N bis NO ein.

Fahrt die Tschussowaja hinab von Martianowa bis Tschisma. — Der Landweg, welchen wir von Serebränsk nach Martianowa einschlugen, führte uns über die Aschkinskischen Goldwäschen nach Wisimo-Utkinsk, von dort an die Tschussowaja nach Utkinsky-Pristan, dem Hafen von Tagil und endlich über Soulem und Ilinsk nach Martianowa.

Die Aschkinskischen Goldwäschen liegen in quarzreichem Chloritschiefer, der in der Umgegend von Grünstein durchbrochen wird. Bei Wisimo Utkinsk dagegen trafen wir wieder die Zone rother Thonschiefer, welche an den Ufern der unteren Silviza und der Serebränka entwickelt sind. Diese Zone wird von der Utka, gleichfalls einem rechten Zufluss der Tschussowaja, in ähnlicher Richtung durchschnitten wie von den beiden anderen. Wir bemerken nur, dass eine Werst unterhalb Wisimo-Utkinsk am Ufer der Utka Kalkstein ansteht, der in den rothen Schiefer eingelagert ist. Bei unserer flüchtigen Untersuchung desselben gelang es nicht organische Reste darin zu finden, was von besonderem Interesse gewesen wäre, da wir anderswo keine Kalksteinlager mitten in der Region der rothen Schiefer angetroffen haben. — Der Landweg von Wisimo-Utkinsk bis Utkinsky Pristan an der Einmündung der Utka in die Tschussowaja führt im Thonschiefer hin. 5 Werst vor dem Hafen tritt in den Schiefern ein quarziges Gestein auf, welches zum Hochofenbedarf gebrochen wird, und 2½ Werst vor Utkinsky Pristan gelangt man in die Region der Kalksteine, deren Verhältniss zum rothen Thonschiefer wir weiter unterhalb im Zusammenhange mit der Untersuchung der Tschussowaja-Ufer betrachten werden.

Die Tschussowaja fliesst von Martianowa bis Oslansky Pristan mit vielfachen Schlingungen in nordwestlicher Richtung längs dem Gebirge hin und biegt dann nach West der

Kama zu. Die Untersuchungen ·auf dieser Fahrt beginnen· nördlicher als die im Jahre 1855 abgeschlossen worden waren, so dass wir den ganzen Lauf des Stromes von Bilim-bajewsk bis Tschisma auf unseren Uralreisen nicht kennen gelernt haben.

Bei Martianowa trafen wir wieder den Bergkalk, den wir bei Kurji verlassen hatten. Er ist hier von grauer Farbe, enthält Hornsteinknollen, zuweilen auch ganze Schichten dieser Substanz und streicht nach NO bis NW mit einem Einschiessen gegen SO bis SW. Von Martianowa bis in die Nähe des Dorfes Wolegobowa enthält er zahlreiche Durch-schnitte des *Spirifer Mosquensis Fischer*, dessen stark entwickelte Unterstützungsla-mellen der Zähne («Zahnplatten») diesen Resten so täuschende Aehnlichkeit mit den Durchschnitten des *Pentamerus Vogulicus* verleihen, dass wir uns anfänglich in silurische Schichten versetzt wähnten. Das Einfallen ist unbeständig bald nach NW bald nach NO bis O. Das Streichen schwankt also um den Meridian. 4 Werst oberhalb des Dorfes Wo-legobowa treten im harten Kalkstein thonige Lagen derselben Gebirgsart auf. Sie enthal-ten *Spirifer Mosquensis Fischer*, *Productus semireticulatus Mart.*, *Chonetes lobata n. sp.* und *Orthisina arachnoidea Phill.* Die beiden ersteren Arten deuten auf eine mittlere Etage des Bergkalkes, welche zwischen Martianowa und diesem Dorfe vorzugsweise aufgeschlossen ist. Scharfkantige Kalksteintrümmer, die wir im Flussbett auflasen, enthalten *Productus punctatus Mart.* der einer tieferen Etage anzugehören pflegt. Wolegobowa gegenüber steht unterer Bergkalk an. Wir fanden hier *Productus hemisphaericus* im Kalkstein des Lissi Ka-men. — 3 Werst unterhalb Wolegobowa führen die Kalksteinfelsen Durchschnitte eines kleinen *Productus* und 6 Werst vor Ilinsk beobachteten wir eben solche Reste einer *Nau-tilus*-Art. Dabei enthält der Bergkalk häufig Hornsteinknollen. Ebenso enthalten die vom Strome geglätteten Kalksteinfelsen $3\frac{1}{2}$ Werst vor Ilinsk Durchschnitte von *Productus* und *Nautilus*. — Bei Ilinsk selbst fällt der Bergkalk gegen SW bis SO ein, streicht also nach NW bis NO. Die untersten Schichten der hohen Kalksteinfelsen am Flusspiegel der Tschussowaja und Ilinka sind besonders hart und von grauer Farbe. Sie sind reich an Ausscheidungen von Hornstein, enthalten aber an Petrefacten nur Polyparien. Der Kalk-stein in den oberen Etagen ist leichter zu zerschlagen und erfüllt mit *Chonetes papilionacea Phill.*. Ausserdem fanden wir in denselben Schichten *Productus giganteus Mart. Productus striatus Fischer*, *Pr. Cora d'Orb. Terebratula sacculus Mart.* Diese Versteinerungen gehören der unteren Etage des Bergkalkes an. Mit ihnen kommen Reste von *Nautilus* und *Bellero-phon* vor, von denen wir uns keine bestimmbaren Exemplare verschaffen konnten.

3 Werst unterhalb Ilinsk schiessen Schichten harten grauen Kalksteins mit Horn-steinknollen gegen N 20° O ein, streichen also nach W 20° N. 2 Werst oberhalb Pe-trowsky Pristan ist ähnlicher Kalkstein, der ebenso gelagert ist mit den weissen späthigen Durchschnitten eines grossen *Productus*, eines grossen *Nautilus* und einer grossen *Gastero-pode* mit spitz zulaufenden Windungen erfüllt. Diese selteneren Reste erscheinen auf den vom Wasser glatt geschliffenen Flächen grosser Blöcke des harten dunkelgrauen Kalkstei-

nes, ohne dass es möglich ist sie aus demselben zu befreien, da· sie mit dem umhüllenden Gesteine brechen.

Bei dem Dorfe Soulem, das seinen Namen einem rechten Zuflusse der Tschussowaja verdankt, nähert sich diese der Formation der rothen Schiefer, welche hier wie an der Serebränka von Kalkstein mit devonischen Versteinerûngen überlagert werden. Das rechte Ufergehänge des Soulem wird in der unmittelbaren Nähe seiner Ausmündung von rothem Thonschiefer gebildet, der dicke Lagen von Sandstein enthält. Oben am Berge werden diese Schichten von thonigem Kalkstein überlagert, dessen überaus zahlreiche und wohl erhaltene Versteinerungen, vom Wasser losgespült, im Schutte des Abhanges umherliegen. Diese Ablagerungen schiessen gegen SW ein. Gegenüber, am linken Ufer des Soulem, steht dünn geschichteter, harter Kalkstein an, der Hornsteinknollen enthält und sich bis an das Ufer der Tschussowaja erstreckt. Er theilt das Einschiessen der Schiefer und devonischen Kalksteine, und da er, nur von dem schmalen Flussbett geschieden, in SW von denselben liegt, bildet er das Hangende der Ablagerungen, welche bei Soulem aufgeschlossen sind. Wir haben keine organischen Reste in diesem Kalkstein gefunden. Die devonischen Schichten dagegen enthalten: *Spirifer Glinkanus M. V. K. Sp. Pachyrinchus M. V. K.* und eine kleine Varietät des *Spirifer glaber Mart. Cyrthia Murchisoniana de Kon? Athyris concentrica v. Buch, Spirigerina reticularis Lin., Sp. aspera v. Schloth. Sp. Duboisi M. V. K., Rhynchonella formosa Schnur, Orthis striatula v. Schloth.* und *Productus Murchisonianus de Kon.* — Wir haben schon in der Einleitung bemerkt, dass von diesen 11 Arten 7 im Eifeler Kalkstein vorkommen. Sie schliessen sich durchaus der devonischen Fauna an der Serebränka und der von Kinowsk an, welche die Verfasser der Geol. of Russia beschreiben.

2 Werst unterhalb Soulem steht am rechten Ufer der Tschussowaja gelber Sandstein an, der mit Ausscheidungen und ganzen Schichten von Hornstein so erfüllt ist, dass dieses Material in der Ablagerung beinahe vorwaltet. Diese Schichten streichen nach NW und fallen gegen NO ein. $\frac{1}{2}$ Werst weiter schiesst harter, grauer Kalkstein, der Hornsteinknollen enthält, gegen S 20° W ein, streicht also nach W 20° N. Es finden sich darin schlecht erhaltene Korallen und unbestimmbare Abdrücke von *Spirifer.* — Bei Romanowa fällt bleigrauer Kalkstein nach SW ein und streicht nach NW. 2 Werst unterhalb jenes Dorfes ist der Kalkstein des linken Ufers mit Durchschnitten von *Productus* erfüllt. 3 Werst weiter unterhalb enthält er Hornsteinknollen, streicht nach NW und fällt gegen SW ein. — Hierauf folgen $\frac{1}{4}$ Werst weiter dünn geschichtete, vielfach gewundene und geknickte Kalksteine, und dann erscheinen nach einem mit Vegetation bedeckten Abhange die rothen Thonschiefer, welche durch eine Lage harten Sandsteins vom Kalkstein geschieden sind.

Bis 2 Werst vor Utkinsky Pristan fliesst die Tschussowaja in den rothen Schiefern hin, und wendet sich dann wieder in die Kalksteinablagerungen zurück. An dieser Stelle ist das ganze Schichtprofil an der Grenze der Thonschiefer und Kalksteine aufgeschlossen. Wir geben diese Schichten in der Reihe von unten nach oben wieder, wie sie am linken

Ufer des Flusses erscheinen, der sie vom Liegenden ins Hangende quer durchbricht. Das Einfallen der ganzen Ablagerung ist durchaus gleichmässig gegen SW, das Streichen nach NW gerichtet. Unsere Zeit erlaubte nicht die Mächtigkeit der einzelnen Schichtengruppen zu messen, eine Operation, die immer nur annähernde Resultate giebt, da der Querschnitt durch die Schichten fast nie ein ganz verticaler ist.

Auf die mächtige Zone rother Thonschiefer folgt:

1. Harter, gelber Sandstein, mit Zwischenlagen von kohliger Substanz gefärbten Schieferthones.

2. Gut geschichteter Kalkstein von grauer Farbe.

3. Plumper schwarzer Kalkstein wie an der Einmündung der Schuroska in die Tschussowaja.

4. Dunkler, geschichteter Kalkstein mit Zwischenlagen schwarzen, von Kohle gefärbten Schieferthones.

5. Dünne Lage thonigen Kalksteins, erfüllt mit *Spirigerina reticularis.*

6. Harter, blaugrauer Sandstein von heller Farbe.

7. Schwarze Thonschicht.

8. Dünne Lage Kalkstein wie in 5 mit *Spirigerina reticularis.*

9. Dunkelgrauer, schwärzlicher Sandstein.

10. Dünne Lage Kalkstein wie in 5 und 8 mit *Sp. reticularis.*

11. Dunkler, blaugrauer, gut geschichteter Kalkstein von grosser Mächtigkeit. — Setzt wahrscheinlich bis Utkinsky Pristan ununterbrochen fort.

Die aufgezählten Schichten, mit Ausnahme von 11, nehmen am Flussufer eine Strecke von etwa 4—500 Gängen ein. Von hier bis Utkinsk fliesst die Tschussowaja vorwaltend nach W, also ins Hangende, und bei diesem Orte erscheint der blaugraue Kalkstein in N. 11 wieder, nachdem das Ufer auf einer unbedeutenden Strecke mit Vegetation bedeckt war. Vor dem Dorfe fanden wir nach längerem Suchen in diesem Kalkstein das Bruchstück einer feingestreiften *Chonetes*-Art, so wie einen schlechten Abdruck, der von *Orthisina arachnoïdea Phill.* herzurühren scheint. Es ist daher wahrscheinlich dass der Kalkstein in 11 dem Bergkalk zuzurechnen ist. — Dem Dorfe gegenüber wird er von hartem, gelbem Sandstein überlagert, der am linken Ufer ansteht und ebenso wie N. 1 dem Kohlenführenden Gesteine an der Kosswa und Lunja gleicht. Er enthält aber Zwischenlagen von schwarzem Hornstein, wie der ähnliche Sandstein 2 Werst unterhalb Soulem und ausserdem mehrere Fuss mächtige Einlagerungen weichen, stark mit Kohlenstoff imprägnirten Schieferthones. In einzelnen Schichten dieses Schieferthones wurde von Kuschwa aus auf Steinkohle geschürft.[1] Es fanden sich indessen nur härtere Kohlenstoffreiche Massen, die, ohne zu verbrennen, im Feuer glühen und sich mit weisser Asche überziehen. Ueber die-

---

[1] Die Tschussowaja macht hier die Grenze zwischen den Besitzungen des Fürsten Demidof auf der rechten und dem Terrain der Krone auf der linken Seite.

ser Sandstein-Ablagerung liegt wieder Kalkstein, in dem wir den Durchschnitt eines *Nautilus* und zwei Bruchstücke von *Productus* fanden, welche, wenn gleich schlecht erhalten, doch deutliche Spuren der eigenthümlichen Faltung des *Productus giganteus* zeigen. — Hier ist also der untere Bergkalk sicher nachgewiesen. — In gerader Linie steht der rothe Thonschiefer etwa 2 Werst von der Stelle an, wo der Bergkalk mit *Prod. giganteus* den gelben Sandstein überlagert. Es kann dieser daher als 12 und jener als 13 zum obigen Schichtenprofil, dem vollständigsten, das wir an der Tschussowaja beobachtet haben, hinzugefügt werden.

Von Utkinsk verfolgten wir die Utka zu Pferde aufwärts, und fanden, dass sie in einem weiten Bogen die Grenze der rothen Schiefer und der Kalksteine zwei Mal durchschneidet, bevor sie in die Tschussowaja fällt. An keinem dieser beiden Profile fanden wir Versteinerungen. Das obere besteht aus folgenden Schichten. Zu unterst über den rothen Schiefern liegt:

1. Harter gelber Sandstein.
2. Rothe und grüne Schiefer.
3. Harter gelber Sandstein.
4. Thoniger Kalkstein.
5. Harter Kalkstein von dunkler Farbe.

An dem unteren wird der rothe Schiefer gleichfalls zuerst von hartem, gelbem Sandstein überlagert, der eine geringe Mächtigkeit hat, und hier von kohliger Substanz schwarz gefärbte Schieferletten enthält. Darauf folgt Kalkstein, der von einem mächtigeren Lager ähnlichen Sandsteins bedeckt wird, in dem die Beamten des Fürsten Demidof vergebliche Nachforschungen nach Steinkohle angestellt haben.

Obgleich wir an der Utka keine Versteinerungen gefunden haben, so reichen die analogen Verhältnisse bei Soulem und oberhalb Utkinsk an der Tschussowaja, so wie die an der Serebränka hin, um die nächsten Ablagerungen über dem rothen Schiefer für devonische zu erklären. An der Utka ist das Einfallen der Schichten ähnlich wie an der Tschussowaja gegen W 20° S mit 30°—40° Neigung, das Streichen also nach N 20° W.

Es wäre ermüdend die Beobachtungen im Detail wiederzugeben, welche wir in unseren Tagebüchern über die bereits bekannten Schichten auf der weiten Strecke notirt haben, welche die Tschussowaja zwischen Utkinsk und Oslansky Pristan durchströmt. Wir bemerken nur, dass sie auf dieser ganzen Strecke nirgends die Grenze der Thonschiefer und Kalksteine berührt, bis sie beim Dorfe Simnäkowa unmittelbar oberhalb Oslansky Pristan wieder in die Zone der rothen Schiefer einbricht. Hohe Kalksteinfelsen mit steiler Schichtung von bald dunkler, bald hellerer Färbung, welche häufig Ausscheidungen von Hornstein enthalten, schliessen überall das enge Flussbett ein. Nirgends haben wir in denselben, die Umgegend von Kinowsk ausgenommen, organische Reste gefunden, und glauben daher dass der grösste Theil dieser mächtigen Ablagerungen zu den Versteinerungsarmen Kalksteinen gehört, welche zwischen den Schichten mit devonischen Versteinerungen

und dem unteren Bergkalk mit *Productus giganteus* entwickelt sind. In dieser Voraussetzung befestigte uns besonders die Untersuchung der Umgegend von Kinowsk.

Gleich nach unserem Eintreffen in Serebränsk hatte ich eine Excursion nach Kinowsk in der Absicht unternommen die devonischen Schichten kennen zu lernen, welche
die Verf. der Geol. of Russia von diesem Orte beschrieben haben. Trotz einer Anwesenheit von zwei Tagen, während der ich die Felsentblössungen in der nächsten Umgebung
des Ortes untersucht habe, gelang es mir nicht jene Schichten mit devonischen Versteinerungen wiederzufinden. Der Verwalter des Sawods zeigte uns einige devonische Arten,
welche im sogenannten Museum des Hüttenwerkes aufbewahrt werden; aber Niemand in
dem Fabrikorte kannte den Fundort derselben.

Bei der Untersuchung der Kalksteinfelsen an den Ufern des Kin und der Tschussowaja, die ich zu Fusse unternahm, stellte es sich heraus, dass der Sawod selbst auf den
ältesten Schichten der Umgegend liegt. — Sie zeigen über der Sägemühle, an der linken
Thalwand des Kin den Durchschnitt einer sattelförmigen Erhebung, von welcher aus man
nach allen Richtungen ins Hangende der nach N 20° W streichenden Kalksteinschichten
gelangt. Diese fallen beiderseits von dieser nach N 20° W gerichteten Erhebungslinie im
Allgemeinen nach NO und SW ein. Diese Beobachtung stimmt mit den Angaben der Verf.
der Geol. of Russia überein, nach welchen der Ort selbst auf devonischen Schichten liegt.
Die rothen Thonschiefer treten hier indessen nicht zu Tage, wie schon aus der obigen Bemerkung über ihre Verbreitung hervorgeht. — Die Tschussowaja, welche die Grenze zwischen dem Gebiete der Krone und dem von Kinowsk macht, fliesst an der östlichen Seite
des Sattels hin, woher die Schichten an ihren Ufern sowohl oberhalb als unterhalb des
Sawods nach NO einschiessen. Das Querthal des Kin erstreckt sich dagegen mehr nach
W und durchschneidet die Schichten, welche auf der entgegengetetzten Seite des Sattels
nach SW einfallen.

Ich verfolgte zuerst das linke Tschussowaja-Ufer von Kinowsk abwärts, und über
Dolgii-Lug immer weiter ins Hangende der regelmässig an den Fluss ausstreichenden
Kalksteinschichten vordringend, traf ich den unteren Bergkalk beim sogenannten Multik
Kamen, dessen auch die Verf. der Geol. of Russia erwähnen. Er enthält Hornsteinknollen und grosse Exemplare des *Productus giganteus*. Die ganze Schichtenreihe von Kinowsk
an, mit Inbegriff des Multik Kamen, fällt gleichmässig nach O 20° N mit etwa 50° Neigung ein und wird von grauem Kalkstein gebildet, der Hornstein enthält und den Gesteinen gleicht, welche vorwaltend die Uferfelsen der Tschussowaja auf der ganzen Strecke
zwischen dem Hafen von Tagil und Simnäkowa zusammensetzen.

Unmittelbar vor dem Multik Kamen macht der Fluss eine scharfe Biegung nach
rechts und bildet an derselben auf wenige Gänge hin ein sandiges Gestade, dem eine Vertiefung zwischen den Kalksteinfelsen des linken Ufers entspricht. Ich entdeckte die Ursache
davon in einer Ablagerung harten, gelben, auf dem frischen Bruche weissen Sandsteins,
dessen Aehnlichkeit mit den Steinkohlenführenden Schichten an der Kosswa und Lunja

mir auffiel. Er wird wie diese von dem unteren Bergkalk des Multik Kamen überlagert. Auf eine Bemerkung gegen die Beamten des Grafen Stroganof, welche mich begleiteten, dass diese Schichten in anderen Gegenden des Gebirges Steinkohle führen, erhielt ich zur Antwort, dass ein Paar Werst in S von Kinowsk, gerade in der entgegengesetzten Richtung in der wir uns befanden, ebenfalls Steinkohle aufgefunden worden sei.

Ich begab mich in den Sawod zurück und ritt an die Kohlengrube. Der Waldweg führt in südlicher Richtung zwischen der Schlucht des Kin und der oberen Tschussowaja auf Kalkstein hin, bis man vor der Grube in den gelben Sandstein gelangt, welcher dem am Multik Kamen durchaus gleicht. Die Kohle ist hier in weichem Schieferthon, der dem Sandstein eingelagert und zum Theil mit Kohlenstoff imprägnirt ist, beim Suchen nach Eisenerz aufgefunden worden. Sie ist von geringer Mächtigkeit und durch starken Gehalt an Schwefelkies unbrauchbar. Ob neben diesem Flötz noch andere von besserer Beschaffenheit vorhanden sind, ist nicht ermittelt worden. Der mit Vegetation bedeckte ebene Boden in der Umgegend der Kohlengrube verhinderte weitere geognostische Nachforschungen. Wir bemerken nur, dass hier wie bei Kiselowsk der gelbe Sandstein einen Theil der okrigen Braueisensteine enthält, welche in der Hütte von Kinowsk verschmolzen werden. Ein solches Erzlager wird in der Nähe der Kohlengrube von Tage abgebaut.

Etwa eine Werst oberhalb der Mündung des Kin streicht eben solcher Sandstein am linken Ufer der Tschussowaja aus. Er enthält 8—10, mehrere Fuss mächtige Lagen mit Kohlenstoff imprägnirten und vom Wasser aufgelösten Schieferthones, der so schwarz ist, dass wir einzelne festere Stücke vor der Untersuchung für unreine Steinkohle hielten. Diese Ablagerung streicht an das rechte Flussufer hinüber, durchschneidet eine kleine Landzunge, welche die Tschussowaja Kinowsk gegenüber bildet, und setzt dicht unterhalb der Mündung des Kin wieder durch die Tschussowaja, wo wir sie bei unserer ersten Wanderung nach dem Multik Kamen übersehen hatten, da sie vorzüglich am rechten Tschussowajaufer aufgeschlossen ist, während wir sie unter den Häusern des Sawods am linken nicht bemerkt hatten.

Diese Sandsteinablagerung liegt somit viel tiefer in der ganzen Schichtenreihe zwischen der Mündung des Kin und dem Multik Kamen, als der Sandstein, welcher bei letzterem unmittelbar unter dem Bergkalk mit *Productus giganteus* ansteht. — Im Profil von der Mündung des Kin bis zum Multik Kamen erscheint sie nahe der Basis der Kalksteine und unweit des Schichtenbruches am innersten Sattel, der über der Sägemühle in antikliner Schichtenstellung aufgeschlossen ist. Die ganze Kalksteinmasse, welche die Tschussowaja allerdings in sehr schräger Richtung von den letzten Häusern des Sawods an ihrem linken Ufer bis zum Multik Kamen durchbricht, trennt diese beiden Sandsteinablagerungen von einander. [1])

---

[1]) Die tiefere Sandsteinablagerung, welche oberhalb Kinowsk am Ufer der Tschussowaja nicht zu übersehen | ist, hat einen Platz in dem Profil der devonischen Schichten, welche die Verf. der Geol. of Russia bei Ki-

Verfolgt man die Schlucht des Kin von dem Centrum des Sattels über der Sägemühle aufwärts, so gelangt man aus dem Versteinerungsleeren, an dieser Seite der Erhebungslinie nach SW einschiessenden Kalkstein, beim Hochofen zuerst in Bergkalk, in dem wir *Productus hemisphaericus* fanden. An dieser Seite sind wir, bevor wir in den Bergkalk gelangten, auf keine Sandsteinablagerung gestossen, was bei unserer Auffassung der Lagerung zwei Mal zu erwarten war.[1]) Dagegen steht der harte gelbe Sandstein an dem Wege, der vom Hochofen zum obersten Wasserreservoir des Hüttenwerkes führt, erst jenseits der Kalksteinhöhe an, deren Schichten den *Productus hemisphaericus* enthalten. — Oberhalb jener obersten Stauung von Kinowsk, (der Kin ist hier mehrere Male aufgedämmt worden) stiessen wir auf Sandstein, der weicher und weisser ist als der Steinkohlenführende.

Wir hatten in dem kurzen Zeitraum zweier Tage nicht die Mittel genauere Profile in einer Gegend aufzunehmen, deren allgemeines geognostisches Bild zu entwerfen wir deshalb für unsere Schuldigkeit halten, weil es die einzige ist, in der wir an den Grenzen der Berghauptmannschaft Kuschwa schlagende Analogieen mit den Lagerungsverhältnissen der Steinkohlenführenden Schichten an der Kosswa und Lunja nachweisen können. — Die Umgegend der Kohlengrube selbst ist zu wenig aufgeschlossen, als dass wir bei unserem kurzen Aufenthalte ermitteln konnten, ob diese Steinkohle der tieferen oder höheren von den beiden Sandsteinablagerungen angehört, welche wir bei Kinowsk unterschieden haben. Noch während unserer Anwesenheit wurden von der Bergverwaltung in Kuschwa Untersuchungsarbeiten auf Steinkohle am Ausgehenden der tieferen Sandsteinablagerung des rechten Tschussowajaufers, gegenüber der Mündung des Kin, angeordnet. Dazu veranlassten besonders die stark mit Kohlenstoff imprägnirten Schieferthone, welche an jener Stelle ausstreichen und zugleich mit dem Kohlenflötz bei Kinowsk vorkommen. Wir bemerken, dass der Sandstein am Multik Kamen derjenige ist, welcher geognostisch am genauesten mit der Lagerung der Kohlenführenden Schichten an der Kosswa übereinstimmt, und daher theoretisch zu den meisten Erwartungen auf Steinkohle berechtigt. Da diese Sandsteinablagerung vom Flusse wenig entblösst wird, kann kein Gewicht darauf gelegt werden, dass hier keine kohligen Substanzen zu Tage treten.

Es bleibt noch übrig anzuführen, dass die Tschussowaja in der weiteren Umgebung von Kinowsk zwischen den Dörfern Kisseli und Kirpitschi, ungefähr 2 Werst oberhalb des letzteren, eine andere Ablagerung gelben harten Sandsteins durchbricht, in dem Zwischenlagen von kohliger Substanz gefärbten Schieferlettens enthalten sind. Diese Schichten streichen nach NO und fallen gegen SO ein. In dem Kalkstein im Hangenden derselben haben wir vergeblich nach Petrefacten gesucht. Er enthält Hornstein und hin und wieder späthige

---

nowsk aufzählen. Zwischen dem Sawod und jener Stelle fanden wir auch den weichen, sandigen Kalkstein mit grossen Krystallen von Kalkspath von dem in demselben Profile die Rede ist. — Des Sandsteins am Multik Kamen erwähnen sie indessen nicht.

[1]) Es braucht kaum bemerkt zu werden, dass eine solche Anomalie in localen Störungen eine Erklärung findet, ohne die bis zu einem gewissen Grade allgemeine Anordnung der Schichten umzustossen, welche wir bei Kinowsk angedeutet haben.

Streifen, die ihre Gestaltung möglicher Weise Durchschnitten von *Productus* verdanken
können. — Ein Platzregen hinderte uns unsere Beobachtungen an dieser Stelle weiter
auszudehnen. — Endlich bemerken wir, dass dicht unterhalb Kaschkinsk heller Kalkstein
auf Schichten eines weichen Sandsteins mit kalkigem Bindemittel ruht.

Wir beschliessen unsere Schilderung der Tschussowaja-Ufer mit einigen Bemerkungen
über ihre geognostische Beschaffenheit zwischen Oslansky Pristan und Tschisma, bis wohin diese Flussfahrt ausgedehnt wurde.

Die rothen Schiefer mit Einlagerungen harter Sandsteinschichten fallen zwischen Oslansky Pristan und Nishne Oslansk nach W bis SW ein. — Diese harten Zwischenlagen
brausen nicht mit Säure. Nach Murchison, Verneuil und Keyserling kommen hier
indessen kalkige Einlagerungen im Schiefer vor. $3\frac{1}{2}$ Werst vor dem Dorfe Kopschik, wo
der Fluss nach der grossen östlichen Biegung bei Oslansk wieder eine nördlichere Richtung einschlägt, fliesst er an der Grenze der rothen Schiefer, die am rechten Ufer vorwal-
ten und eines dunklen Kalksteins hin, der hier am linken ansteht. Mit diesem Kalkstein
kommt, wie bei Utkinsk, an der Grenze der rothen Schiefer gelber quarzitartiger Sandstein
vor, der ebenfalls von kohliger Substanz gefärbte Lettenlagen enthält. Das Ganze ist wenig
aufgeschlossen. — Unterhalb Kopschik liegen Kalksteintrümmer am linken Ufer, am rechten stehen die Schiefer an, welche der Mündung der Silviza gegenüber beide Gehänge bilden und nach O bis SO einschiessen. — Unterhalb der Mündung der Silviza betritt der
Fluss wieder die Zone der Kalksteine, welche die Schiefer überlagern. Am Jermakfelsen
fallen sie nach O 20° S ein. — Eine Werst unterhalb dieses Felsens besteht der untere
Theil der rechten Uferwand aus Sandstein von dunkelgrauer Farbe mit einem Stich in's
Röthliche. Er braust schwach mit Säure, was auf ein kalkiges Bindemittel schliessen lässt,
fällt nach NO in den Berg hinein und wird von Kalkstein bedeckt, der den oberen Theil
des Felsens bildet. $\frac{1}{2}$ Werst weiter unterhalb senkt sich dieser Kalkstein an das Niveau
des Wasserspiegels herab; wir fanden aber keine Versteinerungen darin. Er bildet in steil
aufgerichteten, oft scharf umgebogenen und geknickten Schichten die Uferfelsen, bis 2
Werst oberhalb Poläkowa wieder jener Sandstein im Liegenden des Kalksteins zum Vorschein kommt. Hier ist er von grünlicher Farbe und muss als ein echter Grauwackensand-
stein bezeichnet werden, da er Brocken von Thonschiefer einschliesst. Dieses Sandsteinla-
ger entspricht ohne Zweifel einem Gliede der devonischen Schichtenreihe, welche oberhalb
Utkinsky Pristan an der Tschussowaja aufgeschlossen ist. — Von hier steht Kalkstein
bis Tschisma an. — Unmittelbar vor diesem Dorfe besteht ein Felsen aus weichem Kalkstein, der Sand enthält. Er wird von festem Kalkstein überlagert, in dem wir *Stromatopora concentrica* fanden, ein Beweis dass diese Schichten älter als der Bergkalk sind.

Wirft man einen Rückblick auf die Summe der Beobachtungen, welche wir von den
Ufern der Silviza, Serebränka, Utka und Tschussowaja mitgetheilt haben, und sucht

daraus ein Profil der Formationen zu gewinnen, wie sie in diesem Theile des Gebirges am Westabhange desselben auf einander folgen, so beginnt die Reihe mit den krystallinischen Schiefern, welche den Kamm der Kette zusammensetzen. Hierauf folgen die dunklen, meist schwarzen Schiefer, welche wir an den Ufern der Silviza kennen lernten. Auch in diesen erscheinen quarzige Schichten; jedoch untergeordneter als in den Bergen von Kussa und Satka. Die rothen Schiefer an der unteren Silviza, der Serebränka und Utka, so wie bei Soulem, Utkinsky Pristan und zwischen Simnäkowa und der Mündung der Silviza an der Tschussowaja, müssen als ein jüngeres Glied in der Reihe angesehen werden, da sie die mächtige Basis bilden, auf welcher die ersten Schichten mit organischen Resten ruhen. Diese sind devonischen Alters und entsprechen dem Eifeler Kalkstein, welcher am Rhein das Centrum dieser Formation einnimmt. — Auf die devonische Formation folgt die des Bergkalkes, welche wir in diesem Theile des Gebirges nur in ihrer unteren und mittleren Etage erkannt haben. Erstere waltet durchaus vor, während letztere nur in der Gegend von **Martianowa** und **Wolegobowa** an den Ufern der Tschussowaja aufgeschlossen zu sein scheint.

Wie die Schichtenreihe zwischen den krystallinischen Schiefern und der devonischen Formation sich durch massenhaft vorwaltendes thoniges Material auszeichnet, so erscheint mit den devonischen Versteinerungen der Kalkstein als herrschende Substanz und nimmt mit dem Auftreten des Bergkalkes an Mächtigkeit zu.

Die Grenze zwischen den devonischen Kalksteinen und dem Bergkalke haben wir in der ungeheuren Kalksteinablagerung bisher nicht mit Sicherheit bestimmen können. Devonische Versteinerungen fanden wir nur in den Schichten, welche im Verhältniss zu der totalen Mächtigkeit der ganzen Kalksteinablagerung sehr nahe über dem rothen Schiefer liegen, und an der Serebränka so wie bei Soulem unmittelbar auf demselben ruhen, oder nur durch dünne Sandsteinlagen, wie sie in den Schiefern selbst vorzukommen pflegen, von demselben getrennt sind. — In dem Profil devonischer Schichten oberhalb Utkinsk am linken Ufer der Tschussowaja erscheinen die sich wiederholenden Lagen thonigen Kalksteins mit *Spirigerina reticularis* am weitesten vom unmittelbaren Contact mit den rothen Schiefern. Nur bei Kinowsk kommen devonische Versteinerungen, deren Lagerstätte wir selbst nicht aufgefunden haben, nach den Verfassern der Geol. of Russia in Kalksteinen vor, ohne dass ebendaselbst die rothen Schiefer zu Tage treten.

Jedenfalls muss angenommen werden, dass eine überaus mächtige Ablagerung von festem, meist grau gefärbtem und häufig Hornstein führendem Kalkstein, der arm an organischen Resten ist, die Schichten mit devonischen Versteinerungen von denen trennt, welche den *Productus giganteus* enthalten. Ob dieser Theil der Kalksteine der devonischen oder der Kohlenformation zuzuzählen ist, wagen wir nicht mit Sicherheit zu bestimmen. Nur bei Utkinsky Pristan haben wir in diesem Horizonte schlechte Petrefacten gefunden, welche letzteres wahrscheinlicher erscheinen lassen. So wenig wir sonst geneigt sind Gesteinsanalogieen bei der Classification sedimentärer Bildungen eine allgemeine Bedeutung zuzusprechen, so dürfte doch das Auftreten des Hornsteins in diesen Schichten, eine weit verbreitete Eigenthümlichkeit des uralischen Bergkalkes, als zweite Wahrscheinlichkeit für dieselbe Annahme in die Waagschale fallen.

Sandsteine sind, wie wir überall beim Erscheinen der Schichten mit devonischen Versteinerungen gesehen haben, wenngleich im Gefolge derselben untergeordnet, so doch an der Grenze der rothen Schiefer und des Kalksteins am häufigsten. Wir haben an der Basis der Kalksteine Sandsteinablagerungen von verschiedenartiger Zusammensetzung, Härte, Färbung und Mächtigkeit kennen gelernt.

Unter ihnen ist der harte, an der Oberfläche gelbe, auf dem frischen Bruche weisse, durch sehr feines Korn und Mangel jeglichen fremden Bindemittels in Quarzit übergehende Sandstein auch dadurch ausgezeichnet, dass er meistentheils mit Zwischenlagen von kohliger Substanz schwarz gefärbter Schieferletten erscheint. Er tritt zwischen dem rothen Thonschiefer und dem unteren Bergkalk mit *Productus giganteus* in mehreren, wahrscheinlich drei verschiedenen Etagen auf. — Bei Utkinsky Pristan an der Utka und Tschussowaja, so wie an letzterer bei Kopschik, erscheint dieser gelbe Sandstein mit kohligen Letten als erste Schichtengruppe zwischen dem rothen Thonschiefer und den darüber liegenden Kalksteinen an allen Stellen wo diese Auflagerung entblösst ist. An der Utka kehrt er in dem darüber liegenden Kalkstein wieder und an der Tschussowaja liegt er, dem Dorfe Utkinsk gegenüber, unter den ersten Schichten mit *Productus giganteus*. Hier ebenso wie 2 Werst unterhalb Soulem enthält er Ausscheidungen und Zwischenlagen von Hornstein. Zwischen Kisseli und Kirpitschi haben wir ihn in den Versteinerungsarmen Kalksteinen getroffen, welche wir vorläufig als ein Zwischenglied der devonischen und Bergkalkformation bezeichnet haben. Bei Kinowsk erscheinen zwei Etagen dieses Sandsteins. Die eine in demselben Versteinerungsarmen Kalkstein, die andere unmittelbar unter Bergkalk mit *Productus giganteus*. Eine von ihnen enthält im Schieferletten ein Steinkohlenflötz von schlechter Beschaffenheit. An der Kosswa enthält dieser Sandstein unmittelbar unter Bergkalk mit *Productus giganteus* neben solchen Lettenlagen ein mächtiges Kohlenflötz, das vielleicht bis an die Lunja fortsetzt. Genau dasselbe Gestein wurde uns endlich von Kalino an der Tschussowaja gebracht, wo es gleichfalls das Muttergestein eines bauwürdigen Steinkohlenflötzes bildet.

Es ist daher anzunehmen, dass geringere Ablagerungen dieses eigenthümlichen Sandsteins mit Zwischenlagen weichen Schieferlettens und kohliger Substanz an der Grenze der Thonschiefer und devonischen Kalksteine beginnen, nach oben zu mächtiger wiederkehren und an, oder wahrscheinlicher in der Basis der Kohlenformation, unter Schichten mit *Productus giganteus* bauwürdige Kohlenflötze enthalten. Die grosse Härte dieses Sandsteins, das kaum kenntliche Korn ohne Bindemittel, so wie die gleichmässige Färbung unterscheiden diese Ablagerungen in oryktognostischer Beziehung sehr wesentlich von den Schichten, welche im Revier von Kamensk am Ostabhange des Gebirges Steinkohle und Pflanzenabdrücke enthalten. Dass in geognostischer Beziehung am Ostabhange ähnliche Verhältnisse obwalten, beweisen unsere Beobachtungen bei Kadinskoy am Isset, wo Schichten mit Pflanzenabdrücken in inniger Verbindung mit solchen auftreten, die Eifeler Petrefacten führen; während die Steinkohle bei Suchoi Log an der Püschma mit Kalkstein erscheint, der *Productus giganteus* enthält. — Weiter nach Süden und schon an der oberen Tschussowaja scheinen die Einlagerungen im Bergkalk, wie bei Treki, in ihrem petrographischen Habitus mehr Analogie mit denen am Ostabhange zu zeigen.

Das Streichen der Schichten an der Tschussowaja ist zwischen Martianowa und Tschisma von bemerkenswerther Regelmässigkeit. Von 52 Localitäten, an denen wir in unseren Tagebüchern Notizen darüber gemacht haben, fällt das Streichen an 40 Punkten zwischen die nördliche und nordwestliche Richtung. Von den 12 übrigen, an denen es zwischen N und NO liegt, fallen 7 Beobachtungen auf die kurze Strecke zwischen Martianowa und Wolegobowa. — Das Einfallen ist in gewissen Gegenden constant, schwankt aber im Grossen zwischen NO und SW, ohne dass eine dieser Richtungen vorwaltend wäre. Es scheint daher dass die Schichten hier in antiklinen Linien, die eine vorwaltend nördliche bis nordwestliche Richtung haben, dem Gebirge parallel gehoben worden sind. Die Tschussowaja durchbricht in vielfachen Windungen diese Sättel an verschiedenen Punkten, und daher rührt das constante Streichen nach der erwähnten Himmelsgegend, während das Einfallen in den rechtwinkelig darauf liegenden Richtungen wechselt.

Schliesslich machen wir darauf aufmerksam, dass wir Durchbrüche eruptiver Gesteine in diesem Theile des Gebirges nicht weiter von der krystallinischen Axe desselben entfernt, als in der Region der schwarzen Schiefer an der Silviza angetroffen haben. In den devonischen Schichten und der Formation des Bergkalkes scheinen sie hier ebenso wenig stattgefunden zu haben, wie in der Region der obersilurischen Kalksteine am Aï. Letztere fehlen in dieser Reihe palaeozoïscher Formationen ebenso wie zwischen den krystallinischen Schiefern von Bilimbajewsk und dem Bergkalke des oberen Utkinsk. — Wir finden sie dagegen am gegenüberliegenden Ostabhange mehr gegen Norden wieder.

S e d i m e n t e a m O s t a b h a n g e d e r G e b i r g s k e t t e. — Der östlichste Theil der Berghauptmannschaft Kuschwa, besonders in dem Distrikte welcher ausschliesslich diesen Namen führt, besteht aus zusammenhängenden Waldsümpfen. In diesen erheben sich Anhöhen, welche ohne Ausnahme aus krystallinischen, meist aus Massengesteinen, besonders aber Porphyren und granitischen Felsarten bestehen. Ob die ausgedehnten Niederungen eine gleiche Felsbeschaffenheit haben, ist nicht zu ermitteln. Nach dem allgemeinen Gesetz, dass härtere Gebirgsarten die Höhen bilden, während weichere in denjenigen Gegenden die Niederungen zusammenzusetzen pflegen, wo beide nebeneinander vorkommen, ist mit einiger Wahrscheinlichkeit anzunehmen, dass auch in diesen waldigen Sümpfen, welche wir in Ermangelung grösserer, mit Böten befahrbarer Gewässer nach allen Richtungen zu Pferde durchwandert haben, leichter zerstörbare Gebirgsarten anstehen. Nur an wenigen Punkten sind uns in dem von üppiger Vegetation bedeckten Boden sedimentäre Gesteine zu Gesicht gekommen.

Einer derselben liegt an dem Wege, welcher vom Dorfe Ieswa am Tagil über die Flüsschen Winowka, Utka, Ieswa und Serebrennaja nach der Wyssokaja Gora und von dort an den Saldinskischen Weg führt. Wo dieser Pfad das Flüsschen Ieswa überschreitet, trafen wir Kalkstein, der hier als Baumaterial gebrochen wird. Seine Schichten fallen sanft gegen O ein. Er ist von dunkler Farbe und zerspringt unter dem Hammer leicht in feine Splitter. Nach längerem Suchen entdeckten wir in demselben ein Paar kaum kenntliche Korallenreste. Der eine scheint von *Stromatopora concentrica* herzurühren, was diesem Kalkstein ein höheres Alter als das des Bergkalkes vindiciren würde. Die Lagerung ist durcháus verdeckt.

7 Werst von Kuschwa, auf der Strasse nach Tagil, führt ein Weg nach O in den Wald zu einem Kalksteinbruch, der etwa $2\frac{1}{2}$ Werst von der Strasse entfernt liegt und den Hauptbedarf dieses Materiales für das Hüttenwerk liefert. Dieser Kalkstein enthält weder Versteinerungen, noch ist irgend etwas über seine Lagerung zu beobachten. Die ganze Umgegend ist reich an Porphyr. Nur an der Stelle wo man die Strasse verlässt, um an den Steinbruch zu gelangen, findet sich ein Conglomerat, das aus kleinen Geschieben weissen Quarzes besteht, die von einer spärlichen, grünen Masse verbunden werden.

An der Strasse von Werch Tura nach Nishne Tura ist ein verlassener Bruch in Versteinerungführendem Kalkstein angelegt, dessen silurisches Alter die Verf. der Geol. of Russia nachgewiesen haben. Die Stelle ist nur noch alten Leuten im Dorfe Imennaja, am Flusse gleichen Namens bekannt, der sich hier in die Tura ergiesst. 5 Werst südlich von demselben, an der Strasse nach Werch Tura muss man den Steinbruch am Flüsschen Isvestka suchen, welches im Walde westlich von der Strasse hinfliesst. Der Kalkstein besteht fast nur aus Schalen der *Leptaena Uralensis M. V. K.*, mit denen *Pentamerus Vogulicus* vorkommt. — Wahrscheinlich gehört der Versteinerungsleere Kalkstein, welcher beim Dorfe Imennaja am Flusse ansteht, derselben Ablagerung an. An der Brücke über die Imennaja kommt mit ihm ein Conglomerat vor, das aus Kalksteingeschieben und Stücken von Porphyr besteht, welche durch eine grüne Masse verbunden sind.

Mehr aufgeschlossen sind silurische Ablagerungen an der Tura, welche wir von Nishne Tura aus in zwei Tagereisen bis an die Stelle befuhren, wo die Strasse nach Bogosslowsk den Fluss schneidet. — 4 Werst oberhalb des Dorfes Jolkina trafen wir am linken Flussufer den ersten Kalkstein, nachdem wir anhaltend zwischen Porphyrfelsen hingefahren waren. Er ist von weisser Farbe und an den Kluftflächen oft röthlich angeflogen. Beim Dorfe selbst und in den umliegenden Steinbrüchen fanden wir *Pentamerus Vogulicus M. V. K., Spirifer Uralo-altaïcus Grünew.* und eine schlecht erhaltene *Leptaena.* Diese Versteinerungen erweisen das obersilurische Alter des Kalksteins, welcher unterhalb an den Ufern der Tura bis an die Mündung der Wüja ansteht. Nachdem wir in Porphyr hingefahren waren, der $2\frac{1}{2}$ Werst oberhalb der Mündung des Is Marmorblöcke einschliesst, die ohne Zweifel vom silurischen Kalksteine herrühren, trafen wir unterhalb der Mündung des Is wieder Kalkstein von grauer Farbe, der Crinoïdeenstiele enthält. Mit ihm kommt grün gebänderter Kalkstein und ein Conglomerat vor, dessen Geschiebe und Bindemittel aus Kalkstein bestehen. Der Kalkstein fällt hier sanft gegen SO ein. — Von einer Stelle, 4 Werst unterhalb der Mündung des Is bis an die Mündung der ersten Taliza wechseln feine Conglomerate und grobe Porphyrbreccien mit einander ab. Darauf bilden Porphyr und Breccie die vorwaltenden Gesteine, bis $3\frac{1}{2}$ Werst unterhalb des sogenannten Pissanni Kamen, eines Felsens der eine alte Inschrift trägt, harte graue Schiefer und endlich Kalkstein auftreten. Letzterer hat eine schiefrige Structur und steht beinahe senkrecht mit kaum merklichem Einfallen nach NO. Er hält von hier bis an die Einmündung der zweiten Taliza an, worauf wieder Porphyr und grauer Schiefer folgen.

In Verbindung mit diesen Ablagerungen steht wahrscheinlich der silurische Kalkstein am Is, dessen auch die Verfasser der Geol. of Russia erwähnen. Die Stelle liegt 12 Werst von dem Dorfe Jolkina entfernt an dem Wege nach den Gawrinskischen Gruben. Wenn man die Furth durch den Is passirt hat, reitet man eine halbe Werst flussabwärts und trifft dann bei einem verlassenen Bergwerk, von den Bauern Jurawlik genannt, niedrige Kalksteinklippen am Fluss, die mit *Pentamerus Vogulicus* erfüllt sind. Ich konnte ausser diesem Petrefact bei anhaltendem Zerschlagen des Gesteines nur unbestimmbare Reste einer *Gasteropode* entdecken.

Ebenso wahrscheinlich gehören die sedimentären Gesteine zu diesen Ablagerungen, welche in der Umgegend des Dorfes Taliza anstehen. Auf dem Wege von Mostowaja nach Taliza stösst man zwei Werst von diesem Dorfe an dem Flüsschen Imennaja auf weissen Kalkstein, der Stielglieder von Crinoïdeen enthält und zum Theil eine Kalksteinbreccie ist. Unmittelbar vor dem Dorfe findet sich ein grünes wackenartiges Gestein, welches kleine Geschiebe und Drusen von Kalkspath enthält. Eine Werst hinter demselben stiessen wir auf ein hartes, graues, geschichtetes Gestein, das mit echter Grauwacke, d. h. einem Sandstein mit thonigem Bindemittel vorkommt.

Diese scheinbar sporadischen Ablagerungen gebören vermuthlich alle der obersilurischen Periode an, und sind vielleicht eine südliche Fortsetzung der Kalksteine von Bogosslowsk. Bei dem mit sumpfigen Wäldern bedeckten Boden ist es nicht unmöglich, dass sie unter einander zusammenhängen und eine weitere Verbreitung haben, als wir ermitteln konnten. Ueberall wo wir diese Sedimente gesehen haben, sind sie von Porphyr umgeben und haben mit diesem zu verschiedenen Contactbildungen Veranlassung gegeben.

Schliesslich müssen wir eines eigenthümlichen Vorkommens fossiler Kohle erwähnen. In der Nähe des erwähnten Steinbruches an der Isvestka, auf der gegenüberliegenden Seite der Strasse sind Nachgrabungen nach derselben angestellt worden. Diese kleinen Gruben liegen an den Flüsschen Medwedjewka und Maximowka und sind bald verlassen worden, weil das Brennmaterial sich nicht als bauwürdig erwies. Die flache Grube an der Medwedjewka, zu der wir uns führen liessen, fanden wir mit Wasser gefüllt. Aus der Grube ist

eine geringe Menge des am Ufer des Flüsschens abgesetzten grünen Sandes ausgeworfen
worden, welcher aus grösseren und kleineren Porphyrgeschieben besteht, neben denen Geschiebe weissen Quarzes häufig sind. — In diesem Sande lagen viele kleine Stücke der
mit ihm ausgeworfenen Kohle umher, die von dunkler Farbe ist und das Ansehen sehr bituminöser Braunkohle hat. Sie liegt ganz nahe der Oberfläche, ist recenter Entstehung
und vermuthlich von gleichem Alter mit kohligen Substanzen, die sich hin und wieder im
Sande einiger Goldwäschen in der Umgegend von Bogosslowsk finden. Was die Ursache
einer so vollständigen Umbildung der Holzsubstanz ist, wird vielleicht die chemische Untersuchung des Materiales lehren. [1] — Da wir nirgends tertiäre oder gar ältere Kohlenführende Ablagerungen in diesen Gegenden angetroffen haben, ist es unwahrscheinlich dass
diese Kohle, aus ihrem ursprünglichen Lager herausgespült, hier auf secundärer Stätte
ruhen sollte.

———

Um ein Bild von der Zeit zu geben, welche den mitgetheilten Beobachtungen zugemessen war, hatten wir die Absicht das Datum eines jeden Tages an den Rand unseres kurzen geognostischen Reiseberichtes zu setzen. — Da es hin und wieder zweckmässig erschien
nicht zu streng an dem historischen Faden dieses Berichtes festzuhalten, bemerken wir
statt dessen am Schlusse desselben, dass wir in jenen drei Sommern nur an 67 Reiseta-
gen zum Theil sehr vereinzelte Bemerkungen über sedimentäre Schichten in unseren Tagebüchern niedergeschrieben haben. Davon fallen 24 auf die Reisen in der Berghauptmannschaft Jekaterinburg, 22 auf die Berghauptmannschaft Slatoust und 21 auf Kuschwa.

---

[1] Eine Erwähnung dieser Kohle findet sich im Горный Журналъ, часть II, книжка IV, стр. 87, 1855.

PALAEONTOLOGISCHER THEIL.

SILURFORMATION.

BRACHIOPODA.

Da Herr Davidson alle Momente, welchen bisher bei der Classification der Brachiopoden mehr oder weniger physiologisch begründete Ansprüche auf Berücksichtigung zugesprochen werden mussten, mit bewunderungswürdigem Fleisse gesammelt, durch eigene
Untersuchungen vermehrt und endlich angewandt hat, so ordnen wir uns mit anderen Palaeontologen dem von ihm aufgestellten Systeme so weit unter, als es beim Erhaltungszustande der zu bestimmenden Exemplare möglich war. — Wir haben schon früher ausgesprochen, dass diese Möglichkeit nur in beschränktem Masse stattfindet, da die innere Organisation der meisten fossilen Brachiopodenarten bisher nicht beobachtet worden ist.
Wenn daraus einerseits der Nachtheil entspringt, dass einem grossen Theile von Formen
gegenwärtig nur eine provisorische Stelle in diesem Systeme angewiesen werden kann, so
muss andrerseits auch angenommen werden, dass die angewandten Grundsätze selbst, in
Bezug auf ihre classificatorische Bedeutung, bei wachsender Kenntniss der inneren Organisation dieser Thiere noch wesentliche Modificationen erleiden werden. Dennoch ist es an
der Zeit einen Weg zu betreten, der durch so anerkennenswerthe Arbeiten angebahnt
worden ist.

Da das auf unseren Reisen gesammelte Material nicht von der Beschaffenheit ist, um
die bereits gewonnenen zoologischen Gesichtspunkte für die Classification der palaeozoïschen Brachiopoden zu erweitern oder gar zu modifiziren, so halten wir es für angemessen,
uns hierin lediglich auf die Arbeiten des Herren Davidson zu beziehen. Eine historische
Uebersicht der Synonymie wird dazu beitragen, die benutzten Gattungsbegriffe zu fixiren,
deren Diagnosen wir nicht wiederholen werden.

Genus *Spirifer Sowerby.* 1855.

Anomites Mart. Petref. Derbiensia. T. 23. 1809.

Spirifer Sow. Miner. Concbol. Vol. II, p. 42. 1818.

Choristites Fischer. Programme sur la Choristite. Moscou 1825.
Delthyris Dalmann. Vet. Akad. Handl. p. 99. 1828.
Delthyris Hisinger. Lethaea suecica. p. 72. 1837.
Trigonotreta Koenig in King. Monogr. of the Permian foss. of England. p. 126. 1850.
Spirifer Davidson. Brit. foss. Brachiopoda Vol. I, p. 79. 1851—1854.
Spirifer. Idem. Classif. der Brachiopoden unter Mitwirkung des Verf. deutsch bear-
beitet von Ed. Suess. p. 74. 1856.
Spirifera Davidson. Monogr. of Brit. Permian and Carb. Brachiopoda. 1857.
Spirifer und *Spirifera* der meisten Autoren.

Unter diese Gattung gehören die Formen des alten Genus *Spirifer*, welche wir beschreiben, mit Ausnahme einer einzigen Art, deren Stellung in der Untergattung *Cyrtia*
noch zweifelhaft ist.

Spirifer Uralo-Altaïcus Grünew.

Versteinerungen der silurischen Kalksteine von Bogosslowsk. p. 32. Tab. VI, F. 20
a—f. 1854.

Ein Bruchstück dieser Art fanden wir bei dem Dorfe Jolkina an der Tura. Ihm fehlt
die Falte, welche an unseren Exemplaren von Bogosslowsk den Sinus, so wie auch die
Furche welche den Wulst derselben theilt. — Wir dürfen jenes Merkmal, das bei dem l. c.
von Bogosslowsk abgebildeten Stücke sehr scharf ausgeprägt ist, daher nicht als wesentlich für die Species ansehen.

Gedrungene, wenig geflügelte und gefaltete Varietäten des *Spirifer togatus Barrande* [1]) aus dem schwarzen Kalkstein von St. Iwan, welche im Museum der Berliner Universität aufbewahrt werden, zeigen viel Aehnlichkeit mit dieser Art; aber abgesehen davon, dass *Spir. Uralo-Altaïcus* nicht ohne Falten gefunden worden ist, während *Sp. togatus*
so selten gefaltet ist, dass der Autor ihn unter den glatten Spiriferen beschrieben hat, unterscheidet die uralische Species sich durch die Art der Faltung wesentlich von der böhmischen. Die Falten sind an jener, wie wir in unserer Beschreibung hervorgehoben haben,
in der Wirbelgegend besonders hoch und scharf und verflachen nach dem Stirn- und Seitenrande zu. Die flachen Falten des *Spirifer togatus* verlaufen hingegen, wo sie vorhanden
sind, durchaus gleichmässig über die ganze Schale. Endlich wurden an der bereits in zahlreichen Exemplaren aufgefundenen böhmischen Art jene Charaktere des Sinus und der
Wulst bisher nicht beobachtet, die an den wenigen Individuen der asiatischen Form, wie
es scheint, selten zu fehlen pflegen.

Als wir die Art aufstellten, wurde zugleich die Möglichkeit angedeutet, dass wir es
mit dem von Leopold von Buch 1840 in den «Beiträgen zur Bestimmung der Gebirgsformationen in Russland» cursorisch beschriebenen und später nicht wieder aufgefundenen

---

[1]) Naturwissenschaftliche Abhandlungen Band II p. 167. Tab. XV, Fig. 2. 1848.

Spirifer vetulus Eichwald von der Jolwa bei Bogosslowsk zu thun haben könnten. — Eine Musterung der Sammlungen L. von Buch's, welche ich mit Herren Prof. Beyrich in Berlin zu dem Zwecke anstellte, mir hierüber Gewissheit zu verschaffen, erwies, dass Buch den *Sp. Uralo-Altaïcus* nicht zugeschickt erhalten hat. Unter den Petrefacten, welche in den «Beiträgen zur Bestimmung der Gebirgsformationen in Russland» beschrieben worden sind, fanden sich auch Originaletiketten des Herren Eichwald, nach denen dieser zwei Orthisschalen von der Läla (nicht von der Jolwa) mit dem Namen *Spirifer vetulus Eichw.* bezeichnet hat. — Leopold von Buch's Beschreibung ist indessen, wie Prof. Beyrich ermittelte, auf schlecht erhaltene Schalen von der Jolwa zu beziehen, die ich in den «Verst. der sil. Kalksteine von Bogosslowsk» nicht bestimmt, und vorläufig mit *Pentamerus Sieberi v. Buch*[1]) verglichen habe.[2]) Der verschiedene Fundort allein beweist, dass Buch den Namen *Spirifer vetulus*, vielleicht weil er einer *Orthis* zugedacht war, gar nicht im Sinne des Herren Eichwald verwandt hat. Dieser Name ist somit aus der Litteratur zu verbannen, oder auf jenen böhmischen *Pentamerus* anzuwenden, der später von Buch selbst benannt und von Herren Barrande beschrieben worden ist. Nachdem wir zahlreiche Suiten des böhmischen *Pentamerus Sieberi v. Buch* gesehen haben, scheint uns seine Identität mit dem von Bogosslowsk erwiesen. Eine neuere Bemerkung des Herren Eichwald, «*Spirifer Uralo-Altaïcus* sei allerdings dasselbe wie *Spirifer vetulus*[3]),» wissen wir mit dem Vorhergehenden nicht in Einklang zu bringen.

Spirifer? sp. indeterminata.

An der Einmündung der Arscha in den Aï kommen unvollständige Reste, die von einem kleinen glatten *Spirifer* herzurühren scheinen, mit *Spirigerina aspera* zusammen vor.

Genus *Spirigerina A. d'Orbigny*. 1847.

Atrypa Dalmann. Vetensk. Akad. Handlingar. p. 102. 1828.

Atrypa Hisinger Lethaea Suecica p. 75. 1837.

Spirigerina d'Orbigny Prodrome de palaeontologie stratigraphique Vol. I, p. 42. 1849.

Atrypa King Mon. of the Perm. foss. of England p. 151. 1850.

Atrypa Davidson Brit. foss. Brachiopoda. Vol. I, p. 90. 1851—1854.

Spirigerina M^c-Coy. Brit. pal. foss. in the mus. of Cambridge p. 197. 1855.

Spirigerina Gebr. Sandberger. Versteinerungen des Rheinischen Schiefersystems in Nassau p. 346. 1850—1856.

Spirigerina Davidson. Classif. der Brachiopoden unter Mitw. des Verf. deutsch bearbeitet von Ed. Suess. p. 90. 1856.

---

[1]) Naturwissenschaftliche Abhandlungen Band I, p. 465. Tab. XXI, fig. 2.

[2]) Die Stücke v. Buch's zeigen nichts von der inneren Organisation dieser Schalen und konnten daher sehr leicht für *Spirifer* gehalten werden. Verwechselung der Namen ist nicht möglich, da die Petrefacten mit Nummern beklebt und diese in dem Katalog sowohl als auf die Etiketten eingetragen sind.

[3]) Bulletin de Moscou Tome XXIX, No. II. p. 414. 1856.

Terebratula der meisten Autoren.

Wir stellen vorläufig *Terebratula Duboisi M. V. K.* in diese Gattung, weil sie mit der *Spirigerina reticularis L.* und *Sp. aspera v. Schloth.*, den Typen derselben, in allen äusseren Merkmalen die grösste Aehnlichkeit hat. Sie unterscheidet sich aber von diesen Eormen durch die Sinus-artige Depression auf der kleinen Schale,[1]) welche bei den Spirigerinen gewölbt zu sein pflegt. — Da die Wölbung dieser Klappe wahrscheinlich damit zusammenhängt, dass bei *Spirigerina* die Spitzen der Spiren gegen die Mitte derselben gerichtet sind, so ist es nicht unwahrscheinlich, dass der Sinus, welchen *Ter. Duboisi* auf derselben Klappe zu haben pflegt, mit einer anderen Lage des bisher unbekannten Brachialgerüstes zusammenhängt.

Vielleicht wird bei genauerer Kenntniss der inneren Organisation für alle jene Formen eine neue Gattung aufgestellt werden müssen, welche sich, bei schlagender Analogie der äusseren Charaktere, von *Sp. reticularis* durch den Sinus der kleinen Schale unterscheiden. Von den uralischen Formen gehören ausserdem *Ter. sublepida M. V. K.*, *Ter. Muenieri Grünew.* und wahrscheinlich auch *Ter. Arimaspus Eichw.* hierher, deren wenn auch gewölbte kleine Klappe in der Regel einen deutlichen Sinus hat. *Retzia ovalis Sandberger*[2]) gehört wohl derselben Gruppe von Formen an, und ist von diesem Auctor nur vorläufig zu den Retzien gestellt worden, da sie keine punktirte Schale hat.

Spirigerina aspera v. Schloth.

Terebratulites asper v. Schloth. Mineralog. Taschenbuch Jahrg. VII, Tab. I. fig. 7. a b c. 1813.

Mangelhafte Exemplare dieser Art, auf die wir weiter unten zurückkommen werden, finden sich an der Einmündung der Arscha in den Aï und weiter unterhalb an der Einmündung der Terechta in denselben Strom, wo sie mit *Pentamerus Baschkiricus* auftreten. In der obersilurischen Formation des Ural kennt man sie ausserdem von Petropawlowsk und Bogosslowsk.

Spirigerina? Alinensis M. V. K.

Geol. de la Russie. Vol. II, p. 95. Pl. X, fig. 15 a b. 1845.

Diese kleine Art, für deren genauere Beschreibung wir auf das citirte Werk verweisen, ist wegen ihrer ungemein feinen radialen Streifung und der Wölbung der grösseren Schale von *Sp. reticularis* unterschieden worden. Durch letzteres Merkmal, so wie durch den ganzen Umriss hat sie Aehnlichkeit mit jungen Individuen der *Spirigerina latilinguis Schnur.*, wenn diesen, wie gewöhnlich, die concentrisch schuppige oberste Schalenschicht fehlt. Auch dann bleibt die feine Streifung der *Sp. Alinensis* ein sicheres Unterscheidungszeichen.

---

[1]) Wir erinnern daran, dass dieses nach Davidson | uns fernerhin bedienen werden.
die Rückenschale ist, eine Bezeichnungsweise der wir | [2]) o. c, p. 332.

⸱ Sie ist bisher nur bei Alina gefunden worden, wo sie in den obersten bituminösen Schichten des silurischen Kalksteins sehr häufig ist.

Genus *Pentamerus Sow.* 1813.

Pentamerus Sow. Min. Couch. Vol. I, p. 73. 1812.

Gypidia und *Atrypa Dalm.* Vet. Akad. Handl. p. 100 und 102. 1828.

Terebratula (galeata) v. Buch über Terebratula p. 121. 1834. ⸱

Gypidia und *Atrypa Hisinger* Lethea Suecica p. 74 und 76. 1837.

Terebratula (galeata) F. A. Roemer. Versteinerungen des Harzgebirges p. 19. 1843.

Pentamerus Davidson Brit. foss. Brachiopoda p. 77. 1851—1854 und Classif. der Brachiopoden p. 103. 1856.

Pentamerus aller neueren Auctoren.

Pentamerus Vogulicus M. V. K.

Geol. de la Russie Vol. II, p. 113. pl. VII, fig. 2 a b c d e. 1845.

Ausser den bereits bekannten und schon früher von uns angeführten Punkten, haben wir den *Pentamerus Vogulicus* seitdem in den Kalksteinbrüchen auf dem Wege von Nishne Tura nach Jolkina, 3 Werst vor jenem Dorfe aufgefunden. — In Bezug auf das muthmassliche Vorkommen des *Pentamerus Vogulicus* in Böhmen[1]) ging uns von Herren Barrande folgende Mittheilung zu: «Il me semble que la distinction des éspèces voisines par leurs cloisons laisse encore quelque chose à désirer, et je n'ai pas réussi à trouver des individus entiers. Il est donc possible que *P. Vogulicus* se trouve ici, et je crois en avoir un morceau indubitable.»

Pentamerus Baschkiricus M. V. K.

Geol. de la Russie Vol. II, p. 117. fig. a b c d e. 1845.

Bei Satkinsky Pristan findet sich diese Art massenhaft in verhältnissmässig kleinen Individuen, welche den bekannten dreieckigen, breiteren und flacheren Umriss haben, welcher den *Pent. Baschkiricus* auch äusserlich vom *P. Vogulicus* unterscheidet.

Anders ist es bei *Alina*, wo er gleichfalls die Kalksteinfelsen ⸱in zahllosen Individuen erfüllt. Dort finden sich Exemplare, welche die Grösse der grössten Individuen des *P. Vogulicus* erreichen. Ein mangelhaftes Exemplar, welches wir dort sammelten und dem der ganze Wirbel der grösseren Schale fehlt, misst vom Stirnrand bis zum Wirbel der kleineren Klappe 100 mm., was, wenn man sich den Schnabel der anderen ergänzt denkt, auf eine Länge von 115—120 mm. schliessen lässt.

⸱ Ausserdem fanden wir den *Pentamerus Baschkiricus* am Aï, 10 Werst unterhalb des Dorfes Kulbajewa, zwei Werst oberhalb der Einmündung der Terechta und bei Rasboini-

---

[1]) Verst. der silur. Kalksteine von Bogosslowsk p. 26.

kowa an demselben Strome. — An den letzteren Fundorten kommen grosse Exemplare vor, deren äusserer Umriss, dadurch dass er lang und schmal und tiefer als breit ist, von dem des *Pentamerus Vogulicus* nicht unterschieden werden kann. Während es aber bei der grössten Vorsicht kaum möglich ist ein Exemplar des *Pentamerus Vogulicus* aus hartem Kalkstein zu befreien, ohne dass durch die mit dieser Operation verbundene Erschütterung eine Spaltung nach den bis an den Stirnrand hinabreichenden Scheidewänden einträte, werden Individuen des *Pent. Baschkiricus*, wie schon die Verf. der Geol. of Russia bemerken, nach den verschiedensten Richtungen zerbrochen, ohne dass eine Trennung nach jenen inneren Schalentheilen stattfindet. Dieser Umstand allein erhält uns in der Ansicht, dass die südliche Form des Ural sich allgemein durch kürzer entwickelte Septa von der nördlichen unterscheidet, und die beiden Arten vorläufig nicht vereinigt werden dürfen.

Genus *Leptaena Dalm.* 1828.

Leptaena Dalmann. Vetensk. Ak. Handlingar p. 94. 1828.

Plectambonites Pander. Beiträge zur Geognosie Russlands p. 90. 1830.

Leptaena Davidson. Brit. foss. Brachiopoda Vol. I, p. 109. 1851—1854.

Leptaena Idem. Classif. der Brachiopoden unter Mitw. des Verf. deutsch bearbeitet von Ed. Suess. p. 118. 1856.

Leptaena der meisten Auctoren.

Da Herr Davidson die Unterscheidung der Gattungen *Leptaena* und *Strophomena* hauptsächlich auf die Gestalt der Muskeleindrücke und des Schlossfortsatzes gründet, diese aber bei der nachfolgenden Art unbekannt sind, lassen wir sie in der Gattung stehen, unter der sie in die Literatur eingeführt worden ist.

Leptaena Uralensis M. V. K.

Leptaena Uralensis. Géol. de la Russie Vol. II, p. 220. Pl. XIV, fig. 1. a b c d. 1845.

Leptaena Uralensis Mᶜ-Coy. Brit. pal. foss. in the mus. of Cambridge p. 236. 1855.

Für die Beschreibung dieser durch ihre ungewöhnliche Grösse ausgezeichneten Art verweisen wir auf die Géologie de la Russie.

Die Schichten in welchen die Verf. dieses Werkes sie bei Serebränsk entdeckt haben, konnten wir nicht wiederfinden. Der Kalkstein an der Isvestka ist mit *Leptaena Uralensis* so erfüllt, dass die Masse der in einander geschobenen und verkitteten Individuen zum Haupthindernisse wird, sich vollständige Exemplare zu verschaffen. Wir haben schon bemerkt, dass sie dort mit einem *Pentamerus* vorkommt, den wir deshalb für den *P. Vogulicus* halten, weil dieser den ähnlichen *P. Baschkiricus* in den nächsten silurischen Ablagerungen vertritt. *Leptaena Uralensis* ist seitdem in England im Kalkstein zwischen Old Radnor und Presteign in Radnorshire aufgefunden worden. Diese Schichten gehören zum Wenlock, und entsprechen dem Horizonte der Kalksteine an der Isvestka.

Leptaena sp. indeterminata.

Bei dem Dorfe Jolkina an der Tura fanden wir ein im Kalkstein haftendes Schalenstück von *Leptaena*. Man sieht, dass der geradlinige Schlossrand die grösste Breite der Muschel überragt. Die Innenseite der Schale zeigt Ueberreste einer netzförmigen Zeichnung, wie an Bruchstücken der *Leptaena Stephani*. Hier ist diese Zeichnung indessen feiner, als wir sie bei jener Art im Ural beobachtet haben. Die Länge des nicht vollständig erhaltenen Cardinalrandes misst gegen 32 mm. Die Entfernung von der Wirbelstelle bis zur knieförmigen Umbiegung der Schalen, an welchen der untere Theil abgebrochen ist, beträgt 13 mm.

CRUSTACEA.

Genus *Leperditia Rouault.* 1851.[1])

Leperditia Biensis. n. sp.

Taf. V, fig. 11 a b.

Die Steinkerne dieser Art, welche wir bei *Alina* gefunden haben, zeigen eine hohe und zwar centrale Wölbung der Schalen. Das hintere Ende ist breiter als das vordere und an diesem ist auf beiden Schalen ein von der Oberfläche derselben durch eine Furche getrennter, schmaler Saum deutlich abgesetzt. Gegen den Dorsal- und Ventralrand verliert sich der Abdruck jenes peripherischen Schalentheiles und ist auch an dem vorderen Rande nicht kenntlich. Ein Kern der rechten Schale zeigt eine vollkommen glatte, wie polirte Oberfläche, auf welcher der vordere «kleine Höcker» scharf ausgeprägt ist. Von der «mittleren Anschwellung» ist er durch eine flache Einsenkung getrennt. Diese Anschwellung ist gegen die Oberfläche des Steinkernes nur nach vorne durch die erwähnte flache Einsenkung abgegrenzt, nach oben, hinten und unten erscheint sie nur als der Culminationspunkt der Schale. — Gefässabdrücke sind nicht mit Sicherheit zu erkennen; jedoch lässt eine undeutlich netzförmig gezeichnete Stelle am vorderen und unteren Theile der Anschwellung eine solche Deutung zu. An einem vollständigen Steinkerne ist kein Unterschied in der Grösse der beiden Schalen bemerkbar. Die Sutur, welche nur an dem hinteren Theile des Ventralrandes nicht abgedrückt ist, läuft von den Enden der Schlosslinie an symmetrisch zwischen den Rändern hin. Der Erhaltungszustand unserer Exemplare gestattet keine Beobachtung der eingebogenen und übergreifenden Schalentheile, welche auf der rauhen Oberfläche des einzigen vollständigen Steinkernes keine Spuren zurückgelassen haben. — Die Länge desselben beträgt 18 mm., die grösste Breite 11$\frac{1}{2}$ mm. und der Durchmesser der höchsten Wölbung 10 mm.

Von allen Exemplaren der *Leperditia baltica* aus Gothland, mit denen wir vergleichen konnten, unterscheidet diese Art sich durch die beträchtlich höhere Wölbung der Schalen.

---

[1]) Bulletin de la société géologique de France 2e Série, Tome VIII, p. 377. 1851.

An dem Vergleich mit *Lep. marginata Keyserl.* hindert ein Mal der Saum, welcher bei unserer Art nur am hinteren Theile der Muschel ausgeprägt ist, während er bei jener Art um den ganzen Rand bis an die Schlosslinie herumläuft, und dann hebt Jones besonders hervor, dass bei *Lep. marginata* die höchste Wölbung der Schalen nach vorne und unten liegt,[1] bei *Lep. Biensis* aber ist sie central.

Lep. Biensis findet sich in den unteren Kalksteinen bei Alina mit *Pentamerus Baschki-ricus.* Wir haben die Art nach dem Flüsschen Bia benannt, an welchem das Dorf liegt.

DEVONISCHE FORMATION.

BRACHIOPODA.

Genus *Spirifer.*

Spirifer Glinkanus M. V. K.

Geol. de la Russie Vol. II, p. 170. Pl. III, fig 8 a—f. 1845.

Diese Art ist der *Cyrtia Murchisoniana* so ähnlich, dass sie nur bei guter Erhaltung von einander unterschieden werden können. Für *Spirifer Glinkanus* ist der glatte Sinus charakteristisch. Unter zahlreichen Individuen der beiden Arten, welche sich durch den gleichen Umriss, den hoch aufgekrümmten, bis in die Spitze gespaltenen Schnabel, die zahlreichen, platten, durch enge Furchen von einander getrennten Falten durchaus gleichen, fanden wir nur eins, das einen glatten, mit feinen concentrischen Anwachsringen gezierten Sinus hat. Da die Schalenoberfläche häufig zerstört ist, können viele Exemplare weder der einen noch der anderen Art mit Sicherheit zugezählt werden.

Die Verfasser der Géol. de la Russie, auf deren Beschreibung wir verweisen, entdeckten den *Sp. Glinkanus* an der Serebränka, 25 Werst oberhalb ihrer Einmündung in die Tschussowaja und in den Kalksteinen an der Mündung der Schuroska in die Serebränka. Wir haben ihn bei Soulem an der Tschussowaja gefunden, wo er mit der häufigeren *Cyrtia Murchisoniana?* vorkommt.

Spirifer Pachyrinchus M. V. K.

Géol. de la Russie Vol. II, p. 142. Pl. III, fig. 6 a b c d e f. 1845.

Wir haben diesen *Spirifer*, welcher mit der *Spirigerina reticularis* und *aspera* das häufigste Fossil in den devonischen Kalksteinen an der Serebränka ist, zum Theil an denselben .

---

[1] Annals and magazine of natural history. Vol. XVII, second series p. 91. 1856.

Fundorten angetroffen, wie die Verf. der Géol. de la Russie. Unsere Exemplare erfordern eine kleine Erweiterung der von diesen Auctoren aufgestellten Diagnose, indem die kurze Area, wenn sie auch charakteristisch ist, doch nicht als specifisches Merkmal der Art gelten kann. Sie übersteigt zuweilen bedeutend «die Hälfte der Breite» der ganzen Muschel. Ebenso bemerken wir, dass wenn auch gedrungene und breite Formen unter jungen Individuen gewöhnlicher und ovale bei ausgewachsenen häufiger sein mögen, doch auch das Umgekehrte stattfindet. Das abgebildete Individuum (Taf. II, fig. 5 a—d) fanden wir bei Soulem. Es übertrifft das grösste in der Géol. de la Russie wiedergegebene in seinen Dimensionen und hat dennoch mehr einen breiten als ovalen Umriss. Es ist zugleich das einzige unserer Stücke, an dem von der Mitte der Bauchschale an ein flacher, breiter Sinus kenntlich ist.

Sp. Pachyrinchus ist an der Serebränka häufig. Wir fanden ihn an diesem Fluss an drei verschiedenen Orten, die 1, 5 und 8 Werst unterhalb der Einmündung der Schuroska liegen. Bei Soulem ist er selten. Murchison, Verneuil und Keyserling führen ihn ausserdem von einer Stelle an, welche zwischen den Dörfern Kopschik und Tchisma an der Tschussowaja und etwa 13 Werst oberhalb des letzteren Dorfes liegt. Da Gen. Hofmann ihn auch im hohen Norden des Gebirges an der Petschora, bei der Einmündung der Poroschnaja in jenen Strom gefunden hat, muss er als eine leitende Form in den devonischen Schichten des Ural angesehen werden.

Spirifer glaber Mart.
- (S. unten.)

Wir haben nur wenige winzige Exemplare dieser Art, welche durchaus mit den kleinen Individuen des *Spirifer glaber* von der Schartimka übereinstimmen, in devonischen Schichten bei Soulem aufgefunden. Die grosse Schale ist viel gewölbter als die kleinere. Der kurze Schnabel biegt sich wenig gegen die Area um, welche kürzer ist als die grösste Breite der Muschel. Sinus und Wulst fehlen, und ersterer ist nur durch eine flache Aufbiegung des Stirnrandes gegen die Rückenschale angedeutet.

Sub-genus *Cyrtia Dalmann.* 1828.

Gen. *Cyrtia Dalmann.* Vetensk. Akad. Handlingar. p. 97. 1828.
Cyrtia Hisinger. Leth. suec. p. 72. 1837.
Cyrthia A. d'Orbigny. Prodrome de pal. strat. Vol. I, p. 41. 1849.
Sub-genus *Cyrtia Davidson.* Brit. foss. Brachiopoda. Vol. I, p. 83. 1851—54.
Cyrtia M^c-Coy. Descript. of Brit. pal. foss. in the mus. of Cambridge p. 191. 1855.
Sub-genus *Cyrtia Davidson.* Classif. der Brachiopoden, unter Mitw. des Verfassers deutsch bearbeitet von Ed. Suess. p. 79. 1856.
Spirifer der meisten Auctoren.

Cyrtia Murchisoniana? de Kon.

Spirifer Murchisonianus de Kon. Précis élémentaire de géologie par M. Omalius d'Halloy p. 523. 1843.?

Spirifer Murchisonianus M. V. K. Géologie de la Russie. Vol. II, p. 160. Pl. IV, fig. 1. a b c d. 1845.

Cyrtia Murchisoniana Davidson on some fossil Brachiopods of the Devonian age from China. Quart. Journ. Vol. IX, p. 355. 1853?

Wir haben der citirten Beschreibung der Verf. der Géol. de la Russie nur beizufügen, dass wir an dieser Art kein durchbohrtes Pseudo-Deltidium gesehen haben, was an dem Erhaltungszustande unserer Exemplare liegt, an denen die Heftmuskelöffnung nicht frei ist. So lange dieser Charakter nicht nachgewiesen ist, bleibt, wie Herr Davidson l. c. bemerkt, die Identität der uralischen Form mit der belgischen und chinesischen zweifelhaft.

Die Verf. der Geol. de la Russie citiren diese Art von Kinowsk und einer Stelle, welche 10 Werst oberhalb Tschisma an der Tschussowaja liegt. Die ächte Cyrtia Murchisoniana kommt bei Chimay in Belgien und in den devonischen Schichten von Kwang-si in China vor.

Genus *Athyris* M^c-Coy 1844.

Spirifer Lev. Mém. de la soc. géol. de France Tome II, p. 39. 1835.

Athyris M^c-Coy. Synopsis of Carb. foss. of Ireland p. 149. partim und Actynoconchus ibid. 1844.

Spirigera A. d'Orbigny. Pal. française, terr. crét. Vol. IV, p. 357. 1847. Idem Prodrome p. 43 und 98. 1849. partim.

Cleiothyris King. Monogr. of Perm. foss. of England p. 137. (non Phill.) 1850.

Spirigera Davidson. Brit. foss. Brachiopoda p. 87. 1851—1854.

Spirigera Semenow. Zeitschr. der deutschen Geol. Gesellschaft Bd. VI, p. 337. 1854.

Athyris M^c-Coy. Brit. pal. foss. in the mus. of Cambridge. p. 196. 1855. partim.

Spirigera Davidson. Classif. der Brachiop. unter Mitw. des Verf. deutsch bearb. von E. Suess. p. 82. 1856.

Spirigera Gebr. Sandberger. Verst. des Rhein. Schiefersystems in Nassau. p. 326. 1856.

Athyris Davidson. Monogr. of Brit. Perm. Brachiopoda of England. p. 20. 1857.

Terebratula der meisten Auctoren.

Athyris concentrica v. Buch.

Terebratula concentrica v. Buch über *Terebratula.* p. 103. 1834.

Atrypa decussata Sow. Geol. trans. 2d. series tab. 54. fig. 5. und *Atr. hispida* id. ibid. fig. 4. 1837 [1]).

Terebratula concentrica Murchison. Bullet. de la société géol. de France. Première série. Tome XI, p. 251. Tab. III. 1840.

Terebratula concentrica d'Archiac et de Vern. Descript. of the foss. in the older dep. of Rhen. provinces p. 364. 1842. (Géol. trans.)

Terebratula concentrica F. A. Roemer. Verst. des Harzgebirges. p. 20. Tab. V, fig. 22 u. 23. 1843.

Terebratula Ezquerra de Vern. et d'Arch. Bullet. de la soc. géol. de France. 2. série. Tome II (extr. p. 28) 1845.

Terebratula concentrica M. V. K. Geol. de la Russie etc. Vol. II, p. 53. Pl. VIII, fig. 10. a b et fig. 11. 1845.

Terebratula concentrica Keyserl. Petschoraland p. 237. 1846.

Terebratula concentrica Steininger. Geogn. Beschr. der Eifel. p. 66. 1853.

Terebratula concentrica Geinitz. Verst. der Grauwackenform. in Sachsen u. s. w. p. 59. Taf. 14. fig. 30 u. 31. 1853.

Terebratula concentrica Schnur, Meyer und Dunker. Palaeontographica. Band III, p. 192 und 241. Tab. XLIV, fig. 8 a b c, 9 a b c, 10 a b und 11. Tab. XVII, fig. 3 a—k. 1853.

Athyris concentrica Mc Coy. Brit. pal. foss. in the mus. of Cambridge. p. 378. 1855.

Terebratula concentrica de Vern. et Barrande. Fossils d'Almaden etc. p. 77. Extr. du bullet. de la soc. géol. de France. 2. série. Tome XII. 1856.

Spirigera concentrica Gebr. Sandberger. Verst. des Rhein. Schiefersyst. in Nassau. p. 327. Tab. XXX, fig. 11, 11 a b c. 1856.

Terebratula concentrica Pacht: Beiträge zur Kenntniss des Russischen Reiches und der angrenzenden Länder Asiens. Herausgegeben von K. v. Baer und Gr. v. Helmersen. Band 21. p. 95. 1858.

Terebratula concentrica Abich. Vergl. Geol. Grundzüge der Kauk., Arm. und Nordpers. Geb. p. 78. 1858.

Für die ausführliche Beschreibung dieser, wie die angeführte Litteratur beweist, in den devonischen Schichten des alten Continents weit verbreiteten Art, verweisen wir auf die Géol. de la Russie. Wir haben sie in zahlreichen Exemplaren bei Soulem an der Tschussowaja gefunden, wo beide Varietäten vorkommen, welche die Verf. der Géol. de la Russie vom Don und von der Serebränka beschrieben und abgebildet haben. Die eine hat einen breiteren, die andere einen mehr länglichen Umriss, zwischen welchen Extremen die Zwischenglieder nicht fehlen. Bei beiden Abarten erkennen wir den Sinus nur von der

---

[1]) Mc-Coy führt auch *Atrypa oblonga Sow.* ibid. Tab. | abgebildete Steinkern ist von dem sehr verschieden, den 53, fig. 6. als Synonyme auf. Der unter diesem Namen | Schnur o. c. Tab. XLIV, fig. 11 wiedergegeben hat.

*

Mitte der grösseren Schale an. Eine Theilung des Buckels der anderen durch eine mittlere Furche kommt bei keinem unserer Exemplare vor [1]). — Die längliche Form entspricht der von Schnur mit γ bezeichneten und Tab. XXVII, fig. 3 a b c abgebildeten. Die breitere hat die Contouren seiner Varietät α, aber keines unserer Exemplare erreicht nur entfernt die Grösse der von ihm Tab. XXVII, fig. 3 h i k oder gar Tab. XLIX, fig. 9 a b c abgebildeten Individuen. — Auch die von Graf Keyserling im Timangebirge an der Uchta aufgefundene Form ist klein, und es scheint daher in der That, wie dieser Auctor bemerkt, dass die grossen Varietäten, welche in Frankreich und der Eifel einheimisch sind, den devonischen Schichten Russlands fehlen. — Unser grösstes Exemplar misst $14\frac{1}{2}$ mm. von der Schnabelspitze bis zum Stirnrand und 18 mm. in der Breite, während die grösste Tiefe der Schalen 5 mm. beträgt [2]).

Genus *Spirigerina*.

Spirigerina reticularis L.

Anomia reticularis L. Systema naturae, éditio XII, Tome I, pars II, p. 1152. 1767.

Bei Kadinskoy am Isset kommen ausschliesslich kleine und fein gestreifte Exemplare dieser Art vor. Durch die schwach entwickelten Ohren haben sie einen gerundeten Umriss. Die fadenförmigen Falten dichotomiren ausgezeichnet, sind aber selten von concentrischen Anwachsringen durchschnitten. Sie entsprechen der Varietät, welche Barrande *Verneuiliana* genannt hat [3]) und die von Schnur in der Eifel als *Terebratula zonata* unterschieden worden ist [4]). Wir besitzen nur ein Exemplar, das die Grösse der Eifeler Abart erreicht.

Dieselbe Varietät in grossen Individuen mit stark entwickelten Ohren, flacher Bauchschale und aufgetriebener Rückenschale ist in den devonischen Schichten an der Tschussowaja und Serebränka das häufigste Fossil. Sie fehlt nie in denselben und erfüllt ganze Schichten.

An der Serebränka fanden wir *Spir. reticularis* an mehreren Punkten, von denen zwei nach der Schätzung unserer Steuerleute 1 und 5 Werst unterhalb der Einmündung der

---

[1]) Herr von Verneuil und d'Archiac unterscheiden l. c. nach diesem Charakter die *Ter. Ezquerra* aus den devonischen Schichten von Asturien, und führen sie auch von der Serebränka an. Da in der unmittelbar darauf erschienenen Géol. de la Russie dieser Art keine Erwähnung geschieht, schliessen wir, dass Herr von Verneuil sie fallen lässt.

[2]) Niemals sind Varietäten der *Ath. concentrica* beschrieben worden, die auf der kleineren Schale einen Sinus und auf der grösseren den Wulst haben, wie unsere *Ter. Muenieri* von Bogoslowsk. Eine solche Anomalie innerhalb der Grenzen ein und derselben Art,

dürfte nicht leicht zu statuiren sein. Da *Ath. concentrica* ausserdem in silurischen Schichten bisher nicht beobachtet worden ist, so wäre es wünschenswerth, dass Herr Eichwald (Bullet. de Moscou Tome XXIX, No. II, p. 422. 1856) die Gründe näher bezeichnet hätte, welche ihn veranlasst, zwei auch sonst sehr wesentlich unterschiedene Formen für Individuen derselben Art zu erklären. — Zu diesen Unterschieden rechnen wir unter anderen die Charaktere der Area und des Deltidiums.

[3]) Naturw. Abhandl. Band I, p. 95. Tab. XIX, fig. 8.

[4]) Meyer und Dunker, Palaeontographica. Band III, p. 182. Tab. XXIV, fig. 6.

Schuroska in diesen Fluss, drei andere 8, 6 und 5 Werst oberhalb der Ausmündung desselben in die Tschussowaja liegen.

An der Tschussowaja kommt sie bei Soulem, $2\frac{1}{2}$ Werst oberhalb Demid. Utkinsky
Pristan (dem Haupthafen von Tagil) und nach M. V. u. K. auch bei Kinowsk vor.

Spirigerina aspera v. Schloth.

(S. oben.)

Bei der Frage nach der Unterscheidung ähnlicher, durch Uebergänge in der Form
und Verzierung nahe stehender Arten ist die geographische Verbreitung und das gegenseitige Verhalten an ein und demselben Fundorte in verschiedenen Gegenden der Erde in
Betracht zu ziehen. Wir haben uns der Unterscheidung der *Sp. aspera* von *Sp. reticularis*
nach dem Beispiele der Verf. der Géol. de la Russie vorzüglich deshalb angeschlossen,
weil wir erstere Art in den devonischen Schichten von Kadinskoy gar nicht[1]) und an der
Tschussowaja nur an zwei Punkten gefunden haben, wo diese Formen durch keine Uebergänge verbunden scheinen.

In den silurischen Schichten des Ural erschienen beide Arten bisher gleichfalls getrennt. Bei Soulem allein haben wir sie häufig neben einander angetroffen. Dort fehlen
vermittelnde Abstufungen zwischen der feinen fadenförmigen Faltung der einen und der
groben der anderen. Ebenso zeigt *Sp. reticularis* bei Soulem nur wenige fortlaufende
Anwachsringe, während die gröberen Falten der *Sp. aspera* in ihrer ganzen Länge mit
dicht gedrängten hohen Anwachsschuppen besetzt sind. Ein einziges Exemplar fand
sich bei Utkinsk, dem Hafen von Tagil, $2\frac{1}{2}$ Werst oberhalb jenes Ortes in Schichten, wo
Sp. reticularis sehr häufig ist.

Spirigerina latilinguis Schnur.

Taf. I, fig. 1—17.

Terebratula latilinguis Schnur, *Meyer und Dunker*. Palaeontographica Band III,
p. 183. Tab. XXV, fig. 1. a b c d e f. 1853.

Eine grosse Form, von kreisförmigem bis ovalem Umriss. Die Schalen ausgewachsener Exemplare sind hoch gewölbt. An grossen Individuen wie fig. 1 fällt der starke
Schnabel der Bauchschale auf, der sich an den Cardinalrand hinabbiegt und weder Area
noch Heftmuskelöffnung frei lässt[2]). Diese Schale ist in der Cardinalgegend so ange-
schwollen, dass der grösste Durchmesser derselben zuweilen wenig unterhalb eines Quer-

---

[1]) S. unten *Sp. Duboisi.*
[2]) Herr Schnur führt an, dass der Schnabel durchbohrt ist. Wir haben keine Heftmuskelöffnung gesehen.
An unseren kleinen Exemplaren kann sie trotzdem vorhanden sein, da diese weniger vollständig erhaltene
Wirbel haben, und innere Anzeichen, auf die wir unten
zurückkommen werden, darauf deuten, dass zu Zeiten
eine Oeffnung da war.

schnittes liegt, den man sich in der Höhe des Schlosses durch dieselbe gelegt denkt. Bei ausgewachsenen Individuen pflegt diese Schale die kleinere oft um das Doppelte an Tiefe zu übertreffen. Der Stirnrand ist in einem breiten Bogen gegen die Dorsalschale aufgebogen, ohne dass für gewöhnlich ein Sinus auf der anderen zu erkennen wäre (fig. 5). Eine breite flache Depression, oft mit abgesetzten Rändern wie in fig. 6 und 9 ist indessen häufig auf dem unteren Theile der Bauchschale ausgeprägt. — Die Rückenschale hat ihre höchste Wölbung gewöhnlich näher zum Schlossrande zu, was besonders bei ausgewachsenen Individuen stattfindet; seltener und meist bei kleineren Exemplaren ist sie nahe central. Nur ausnahmsweise schwillt diese Schale in der Mitte so an, dass von einem Wulst die Rede sein kann, der indessen gegen die übrigen Theile derselben nicht abgesetzt ist. Cardinal- und Seitenränder bilden flache Bogen, die in einander zu verlaufen pflegen und selten in stumpfen Winkeln zusammenstossen; dasselbe gilt von dem Stirnrand, so dass die Linie der Sutur sich der Kreisform nähert.

Bei jungen Individuen überragt der Schnabel der Bauchschale den Cardinalrand nur wenig und ist überhaupt schwach entwickelt (fig. 3 u. 4). Die geringere, mehr centrale Wölbung ist an beiden Klappen nahe gleich gross und flacht sich allmählig nach den Rändern ab; so dass die Muschel nicht die aufgetriebene Form des späteren Alters hat, und sich bei rundem Umriss der Linsengestalt nähert. Noch kleinere Individuen pflegen länglich zu sein. Ein Sinus ist in diesem Alter nie vorhanden.

Gewöhnlich findet man die Muschel, wie Schnur sie beschrieben und abgebildet hat, mit feinen, fadenförmigen, radialen Falten verziert, die einen regelmässigen Verlauf vom Wirbel bis an die Ränder nehmen und sehr selten dichotomiren. Unter der Loupe erkennt man, dass sie gerundet, und durch ebenso breite Furchen von einander getrennt sind. In der Mitte einer grossen Schale gehen etwa 16 auf den Raum von 10 mm. Unter nahe 200 Exemplaren, welche wir bei Kadinskoy gesammelt haben, befinden sich nur 12, an denen auf dieser gestreiften Oberfläche grosse Bruchstücke einer zweiten, dünneren Bedeckung haften, wie in fig. 10. Diese löst sich so leicht ab, dass sie in der Regel ganz zu fehlen pflegt. Die obere Schalenschicht unterscheidet sich dadurch von der unteren, dass die radialen Falten gröber sind und von dicht gedrängten concentrischen Anwachsringen durchschnitten werden, welche auf dem Rücken derselben, wie bei *Sp. aspera*, als feine Schuppen erscheinen. Diese Anwachsringe sind zuweilen auf der unteren Schalenschicht in schwachen, nur durch die Loupe kenntlichen Spuren angedeutet, welche von Eindrücken der oberen herrühren [1].

Durch Anschleifen einiger 30 Exemplare gelang es, so viel Beobachtungen über innere Theile dieser Form anzustellen, als mit Anwendung dieses Hülfsmittels erreichbar

---

[1] Der Auctor hat diese Eindrücke auf der unteren Schalenschicht beobachtet, ohne die eigentliche Oberfläche zu kennen. Dagegen erfuhren wir durch mündliche Mittheilung des Herrn F. Römer, dass er diese Bedeckung auch an deutschen Exemplaren beobachtet hat.

scheint. Die Zeichnungen [1]) von fig. 12 bis fig. 17 stellen solche in der Richtung von der Schnabelspitze nach innen abgeschliffene Exemplare dar, und sind in der Reihenfolge geordnet wie die Organe, beim Vorrücken des symmetrischen Querschnittes nach innen, in die abgeschliffene Fläche eintreten. Jedes Organ ist überall mit denselben Buchstaben bezeichnet, und die Stellung der Muschel ist, fig. 12 ausgenommen, wie in fig. 8, so dass die Rückenschale nach oben liegt.

Die beiden Zähne haften mit ihrer starken, breiten Basis in einer Verdickung der Bauchschale (fig. 13 a) und greifen mit ihren keilförmig zugeschärften Spitzen nach innen in den aufnehmenden Apparat der kleineren Schale ein (fig. 14 a). Dieser besteht aus zwei Platten, welche sich nahe bei einander (fig. 13 b) in der Mitte des Schlossrandes der Rückenschale erheben und auf der angeschliffenen Fläche im Durchschnitte als zwei Bogen erscheinen, deren äussere Enden sich nahe an die Innenwandung der grösseren Klappe anlegen (fig. 14. b). Die concave Seite jedes dieser Bogen zeigt an seiner Basis, die zur Articulation dient, einen Zacken, den Durchschnitt der Platte, welche die Zahngrube nach oben schliesst. In dieser Grube sieht man die beiden Zähne der Bauchklappe enden. Der äussere Theil der Schlossplatten, welcher sich, wie gesagt, bis an die Innenwandung der Bauchklappe umbiegt, dient nicht mehr zur Articulation, sondern hängt, wie wir sehen werden, mit der Befestigung der kalkigen, spiralen Lippenfortsätze zusammen.

Die beschriebenen Theile, sowie zwei andere symmetrische, von denen unten die Rede ist, fanden wir bei jedem angeschliffenen Exemplare erhalten, woher sie leicht zu beobachten waren. Schwieriger wurde es, die Lage der Spiralen zu ermitteln, welche beim Anschleifen des Petrefactes in unsymmetrischer Stellung an irgend eine Schalenwand angelehnt, und daher abgebrochen, oder auch ganz zertrümmert zu erscheinen pflegten. Erst nach vielen vergeblichen Versuchen entdeckten wir sie bei zwei Exemplaren an ihrem Ort. Sie haben dieselbe Lage wie bei *Sp. reticularis*, indem ihre Basis an der Wölbung der grösseren Klappe und derselben parallel liegt, während die Spitzen gegen den Scheitel der kleinen gerichtet sind (fig. 17). — Dadurch, dass bei *Sp. latilinguis* die Bauchschale hoch gewölbt ist, und ihre Seiten steil nach den Rändern abfallen, wird die Lage der bei *Sp. reticularis* in demselben Querschnitt vertical stehenden Spiren-Axen insofern modificirt, dass die Spiren bei unserer Art mehr nach innen gerichtet sind, und ihre Spitzen beinahe auf einander zulaufen.

Wenn wir auch ermitteln konnten, dass die Enden der Schlossplatten mit dem Brachialgerüst, wie bei *Sp. reticularis* zusammenhängen, so tritt beim Weiterschleifen unserer Art doch noch ein Theil des inneren Kalkgerüstes in der Nähe der Schlossplatten hervor, welcher jener Art fehlt. — Bei *Sp. reticularis* verlängert sich der obere Theil der Schlossplatten einfach in den grössten Bogen der Brachialspiren, wovon man sich bei einem Blicke auf die Abbildung, welche Herr Davidson von diesem Organe giebt, leicht überzeugen

---

[1]) Da die inneren Theile nur ·bei Anfeuchtung des Kalksteins deutlich hervortreten, konnten diese Schliff-flächen nicht photographirt werden.

kann [1]). Schleift man die *Sp. latilinguis* von dem Durchschnitt in fig. 14 weiter, so verschwinden die Querschnitte der Schlossplatten allmählig aus dem Gesichtsfelde und bleiben in den Ecken der Schalen nur noch in kurzen Durchschnitten sichtbar, die wir nach Analogie der *Sp. reticularis* sogleich für die Durchschnitte der ersten Spirenwindungen hielten, was sich bei der endlichen Entdeckung der Spiren auch als richtig erwies. Während wir aber beim Fortschleifen erwarteten, die rückkehrenden Spiralen in unserer Zeichnung (fig. 15) nach oben und innen von jenen noch übrigen Querschnitten der Schlossplatten (b) erscheinen zu sehen, zeigten sich statt dessen hart unterhalb derselben zwei Schalenstücke (c), die sich bei noch weiterem Schleifen als convexe Seiten zweier Bogen erwiesen, welche von jenem Punkte dem Schlossrande beinahe parallel nach innen verlaufen. Ihre inneren Enden nähern sich beim Fortschleifen immer mehr und berühren sich zuletzt im Mittelpunkte der abgeschliffenen Fläche (fig. 16 c). Die sehr viel später erscheinenden Bogen der Spiren schneiden jene beiden horizontal liegenden Theile, wie fig. 16 andeutet, beinahe im rechten Winkel, in einer Richtung, welche der Basis der Spiren und der steilen Seitenwandung der Schalen, an die sie sich anlegen, parallel ist. Berücksichtigt man ferner, dass diese horizontal liegenden, gebogenen, kalkigen Bänder (c), ebenso wie die oben beschriebenen Theile der Articulation immer erhalten sind, die Spiren aber gewöhnlich abgebrochen zu sein pflegen, so dürfte es als erwiesen anzusehen sein, dass *Sp. latilinguis* ein besonderes Schalenstück besitzt, welches der *Sp. reticularis* fehlt und dessen Bedeutung wir durch Anschleifen des Fossiles nicht ermitteln können.

Kehren wir zu der grossen Klappe zurück, so zeigt sich, dass die starke Anschwellung derselben in der Cardinalgegend durch eine eigenthümliche Verdickung dieser Schale hervorgebracht wird, welche an der Basis der Zähne am stärksten ist, daher wahrscheinlich zu ihrer Befestigung dient und sich von dort nach der Wölbung des Schnabels hinzieht, den sie zum Theil ausfüllt (fig. 13). Sie lässt einen Canal frei, der sich bis in die Spitze des Wirbels verlängert (fig. 12) und vermuthlich zur Aufnahme des Heftmuskels, der in der Jugend wahrscheinlich angehefteten Muschel gedient hat. — Von der Basis der Zähne nach innen nimmt diese Schale, wie unsere Abbildungen zeigen, schnell an Dicke ab. Fig. 13 zeigt ausserdem, dass diese Verdickung von der übrigen Schalensubstanz zuweilen durch eine nicht vollständig verwachsene Sutur geschieden ist.

Endlich ziehen sich in der Richtung vom Schnabel an den Stirnrand zwei nach unten zu schwach divergirende Leisten an der Innenwandung der grossen Schale hinab. Sie haben auf dem die Muschel ausfüllenden Kalkstein mehrerer Exemplare scharf ausgeprägte Abdrücke, wie in fig. 11, hinterlassen.

Die Lage der Brachialspiren, die nicht zu verkennende Aehnlichkeit in der Verzierung sowohl, als auch in der Form jüngerer Individuen mit *Sp. reticularis*, veranlassen uns, diese Art vorläufig in die Gattung *Spirigerina* zu stellen. Nach den Grundsätzen, denen Herr Davidson bei der Classification der Brachiopoden gefolgt ist, dürfte die Entdeckung

---

[1] Classif. der *Brachiopoden*. Tab. III, fig. 24 b.

der vollständig erhaltenen inneren Theile dieser Art zur Begründung einer neuen Gattung Veranlassung geben.

Grosse Exemplare der *Sp. latilinguis* messen 41 mm. vom Wirbel bis zum Stirnrand und ebenso viel in der Breite, während der Durchmesser beider Schalen 25 mm. beträgt.

Bei Kadinskoy am Isset, der einzigen Stelle, an der devonische Schichten am Ostabhange des Ural nachgewiesen sind, ist diese Art ungemein häufig und scheint gewissermassen die sehr viel seltenere *Spir. reticularis* zu vertreten. Sie kommt mit *Spirigerina Duboisi*, *Rhynchonella cuboïdes* u. A. zusammen vor.

Das Berliner Museum bewahrt Exemplare aus den devonischen Schichten von Ober-Kunzendorf in Schlesien auf, die ebenfalls mit *Rh. cuboïdes* zusammen gefunden worden sind. In der Eifel bei Gerolstein ist sie selten und mit demselben Fossil vergesellschaftet.

Sperigerina Duboisi M. V. K.

Taf. II, fig. 1. a—e.

Terebratula Duboisi. Geol. de la Russie. Vol. II, p. 97. Tab. V, fig. 16. a b c. 1845.

Terebratula Duboisi Keyserl. Hofmann: der nördliche Ural und das Küstengebirge Pae-Choi, Band II, p. 211 und 229. 1856.

Der Umriss ist je nach dem Cardinalwinkel, welcher sehr stumpf zu sein pflegt, aber vom Rechten bis zur nahe geraden Schlosslinie schwankt, rund oder länglich oval. Die Cardinalränder sind gewöhnlich kurz und gehen mit einem sanften Bogen in die Seitenränder über. Der Stirnrand ist je nach dem Sinus der kleinen Schale wenig oder gar nicht ausgeschweift. Die Bauchschale überragt die kleine wenig. Ihr zarter, spitzer Schnabel biegt sich nicht um, sondern ist, wie bei *Sp. reticularis*, zum Schlossrande zu durch eine Ebene abgestumpft. Die Heftmuskelöffnung auf derselben ist schwer zu beobachten, da die feine Spitze gewöhnlich abgebrochen ist. Graf Keyserling l. c. sah «den Schnabel durchbohrt von einem kleinen, aber unversehrten Loche.» Diese Schale ist etwas gewölbt und dadurch leicht gekielt, dass auf der convexesten Stelle zwei erhöhte Falten von dem Wirbel an den Stirnrand verlaufen[1]). Die kleine oder Rückenschale trägt einen leichten Sinus, der oft bis zum Verschwinden undeutlich wird. Die Schalen sind mit gerundeten Falten bedeckt, welche gewöhnlich und zuweilen mit grosser Regelmässigkeit dichotomiren. Am Wirbel der kleinen Schale zählten wir, wie die Verf. der Geol. de la Russie 9 Falten, d. h. eine im Sinus und jederseits 4. Die Exemplare von Kadinskoy, deren Falten weniger dichotomiren, pflegen an der Peripherie nur 14—16 zu haben. Bei Soulem beobachteten wir die von den Verf. der Geol. de la Russie angegebene Zahl von 22—24 Falten an der Peripherie.

---

[1]) Herr von Pander zeigte uns schöne Exemplare dieser Art von der Windau, bei denen 3 Falten diese Anschwellung zu bilden pflegen.

Bei Kadinskoy kommen Exemplare vor, welche zeigen, dass die Schale aus zwei Lagen besteht (fig. 1. c). Die oberste Schicht ist fast immer abgelöst, wie in d und e. Nur einige Reste derselben pflegen bei diesem Erhaltungszustande an den glatten Falten als weisse, fasrige Masse sichtbar zu sein. Solche Exemplare sind von den Auctoren der Art beschrieben worden [1]. Von 150 Exemplaren, die wir sammelten, haben nur 10 bis 12 eine vollständig erhaltene Oberschale. Sie ist ganz mit Anwachsringen bedeckt, welche, wie bei *Spir. aspera*, auf den einzelnen Falten als Schuppen hervortreten (fig. 1. b).

Unsere zahlreichen Exemplare der *Spirigerina Duboisi* weichen in der Grösse sehr wenig von einander ab. Die mittleren Dimensionen sind: 11 mm. vom Wirbel bis zum Stirnrand und ebenso viel in der Breite bei einem gerundeten Exemplare. Der Tiefendurchmesser beträgt 6 mm.

Spirigerina Duboisi wurde in den silurischen Kalksteinen an der Windau in Litthauen entdeckt. Ebenso wird sie aus dem silurischen Kalkstein von Bogosslowsk angeführt. Hofmann hat sie aus dem hohen Norden des Ural von Kliutschi an der Petschora aus devonischen Schichten mitgebracht, und wir fanden sie mit Arten, die in der Eifel gemein sind, bei Kadinskoy am Isset und bei Soulem an der Tschussowaja.

Genus *Rhynchonella Fischer*. 1809.

Rhynchonella Fischer. Notice sur les fossiles du gouvernement de Moscou servant de programme pour inviter les membres de la société Impériale à la séance publique du 29. Oct. Moscou 1809.

Atrypa Dalm. Vetensk. Akad. Handl. p. 102. 1828. Partim.

Hemithyris und *Rhynchonella A. d'Orbigny*. Pal. franc. terr. crét. Tome IV, p. 12. u. 13. 1847.

Hypothyris Phill. in: King Monogr. of the Perm. foss. of England, p. 111. 1850.

Rhynchonella Davidson. Brit. foss. Brachiop. Vol. I, p. 93 und Vol. III, p. 65. 1851—1854.

Rhynchonella Semen. Zeitschr. der deutsch. geol. Gesellsch. Band VI, p. 338. 1854.

Hemithyris M^c-Coy. Brit. pal. foss. in the mus. of Cambridge p. 199. 1855.

Rhynchonella Gebr. Sandberger. Verst. des rhein. Schiefers. in Nassau. p. 335. 1856.

Rhynchonella Davidson. Classif. der Brachiopoden. Unter Mitw. d. Verf. deutsch bearb. von Ed. Suess. p. 97. 1856.

Terebratula der meisten Auctoren.

---

[1] Dieser Umstand veranlasste uns die vollständig erhaltenen Individuen an Ort und Stelle für kleine Exemplare der *Spir. aspera* zu halten. Daher ist diese Art 1857 vorläufig von Kadinskoy angeführt worden, und wir beeilen uns jetzt, nach Wiedererlangung des verlorenen Materials von diesem Orte, eine Angabe zu berichtigen, welche wir damals mit Vorsicht aufzunehmen baten.

Rhynchonella cuboïdes Sow.

Taf. II, fig. 3. a—e.

Atrypa cuboïdes Sow. in Sedwick and Murchison on the physic. struct. of Devonshire Geol. Trans. 2nd. ser. Vol. V, p. 704. Pl. 56. fig. 24.

Atrypa crenulata id. ibid. fig. 17.

Terebratula cuboïdes Phill. Cornwall, Devon and West-Sommerset p. 84. Pl. 34. fig. 150. 1841.

Atrypa cuboides Sedg. and *Murch.* Pal. dep. of the north of Germ. and Belg. p. 393. 1842.

Terebratala cuboïdes F. A. Römer. Versteinerungen des Harzgebirges p. 16. Tab. V, fig. 27. 1843.

Terebratula cuboïdes de Kon. Descript. des anim. foss. qui se trouvent dans le terr. carb. de Belgique. p. 285. Tab. XIX, fig. 3. a—e. 1842—44.

Térebratula cuboïdes Ferd. Römer. Rheinisches Uebergangsgebirge p. 65. 1844.

Terebratula cuboïdes Pacht. Dimerocrinites oligoptilus p. 26. 1852.?

Terebratula cuboïdes Geinitz. Verst. der Grauwackenf. in Sachsen und den angrenz. Länderabth. p. 56. Tab. 14. fig. 28 u. 29. 1853.

Terebratula cuboïdes Steininger. Geogn. Beschr. der Eifel. p. 60. 1853.

Terebratula cuboïdes Schnur, Meyer und *Dunker.* Palaeontogr. Band III, p. 239. Tab. XLV, fig. 4. 1853.

Hemithyris cuboïdes M^c-Coy. Brit. pal. foss. in the mus. of Cambr. p. 381. 1855.

Terebratula cuboïdes Abich. Vergl. Geol. Grundzüge der kauk., armen. und nordpers. Gebirge. p. 78. 1858.?

Eine gewölbte, kugelige Form, welche nach den Linien der Schloss- und Seitenkanten, so wie des Stirnrandes einen nahebei fünfeckigen Umriss hat. Der Schlosskantenwinkel ist sehr stumpf.

Die Bauchschale biegt sich nach dem Stirnrande in einer hohen Zunge derartig im rechten Winkel um, dass man sie wie aus einem horizontalen und einem verticalen Theile gebildet ansehen kann. Sie trägt einen flachen, breiten Sinus, der auf der halben Entfernung zwischen dem Wirbel und jener Biegung beginnt, den verticalen Theil der Schale bildet, und als aufrechtes Rechteck bis an den Gipfel der hoch bombirten Rückenschale eingreift. Der Schnabel ragt wenig über den Wirbel der anderen Schale herüber. Obgleich er klein ist, pflegt er doch die Heftmuskelöffnung zu verbergen. Von den citirten Auctoren ist diese nur von Adolph Römer, de Koninck, Geinitz und M^c-Coy beobachtet worden. Nach M^c-Coy ist es eine kleine dreieckige Oeffnung, an der Geinitz ein Deltidium sah. Letzterer erwähnt auch einer kleinen Area, welche mit scharfen Kanten an die Rückenschale angrenzt. Diese ist hoch gewölbt. Im Profil gesehen steigt der Umriss der Rückenschale vom Wirbel senkrecht bis nahe zur grössten Höhe der Muschel an, bildet dann eine halbkreisförmige Krümmung und erhebt sich noch etwas zum Stirnrande zu. Der Wulst ist nicht vom Wirbel an sichtbar. Zum Stirnrande zu erhöht und erweitert er sich rasch, und ist in der Nähe desselben gegen die anderen Theile der Schale scharf abgesetzt. Die Seitenwandungen der Rückenschale fallen sehr steil gegen die Ränder ab.

Die ganze Muschel ist mit breiten, platten Falten geziert, welche nur auf dem Wulst als scharfe Rippen erscheinen. Nach den Angaben der verschiedenen Schriftsteller schwankt die Zahl der Falten auf dem Sinus zwischen 6 und 20, wobei wir bemerken, dass die deutschen Varietäten breitere und daher weniger zahlreiche Falten zu haben pflegen als die englischen. M^c-Coy führt in seiner Diagnose 15—20 Falten auf dem Sinus an, während die Angaben von Schnur, Steininger, A. Römer und de Koninck für Deutschland und Belgien nur 7—15 ergeben. Hierin schliesst die uralische Varietät sich der deutschen an, indem unsere überaus zahlreichen Exemplare nur 6—11 Falten auf dem Sinus haben. Auf den Seiten der gewölbten Schale bilden die Falten gebogene Linien. Wir zählten 11 bis 18 zu jeder Seite des Wulst, während de Koninck 22—25 angiebt.

Diese Art erreicht im Ural eine beträchtliche Grösse. Unser grösstes Exemplar misst 23 mm. vom Wirbel an den Stirnrand, 34 mm. in der Breite und hat einen Tiefendurchmesser von 22 mm.

Rhynchonella cuboïdes ist mit *Spirigerina latilinguis* und *Duboisi* das häufigste Fossil in den devonischen Kalksteinen von Kadinskoy am Isset, und einzelne Kalksteinplatten sind mit dieser Art erfüllt.

Im westlichen Europa ist diese Species, wie die angeführte Litteratur beweist, devonisch, mit alleiniger Ausnahme von Belgien, wo sie in den devonischen Schichten von Chimay, aber auch im Bergkalke von Visé gefunden worden ist. An letzterem Orte ist sie mit *Productus substriatus, Rh. acuminata* und *Euomphalus bifrons* zusammen vorgekommen.

In England findet sich *Rhynchonella cuboïdes* in Süd-Devon bei Plymouth, Hope und Barton bei Torquay. In Deutschland bei Gerolstein, Gres und Schönecken und im Eisenstein des Enkeberges bei Boedeler im rheinischen Uebergangsgebirge; bei Grund im Harz; im sächsischen Vogtlande bei der Magwitzer Ziegelei und endlich bei Oberkunzendorf in Schlesien.

Pacht führt diese Art auch vom Schelon im Gouvernement Pskow an, ein Vorkommen, das uns noch zweifelhaft erscheint, da trotz der «unzählbaren Menge», in der *Rhyn. cuboïdes* daselbst auftreten soll, bisher nur flache Formen gefunden worden sind, wie de Koninck sie als Jugendzustände beschrieben und abgebildet hat.

Rhynchonella formosa Schnur.

Taf. II, fig. 4. a—c.

Terebratula formosa Schnur, Meyer und *Dunker.* Palaeontogr. Band III, p. 173. Tab. XXII, fig. 4. a b. 1853.

Diese Muschel pflegt einen flachen quer verlängerten Umriss zu haben und wird durch eine stärkere Wölbung der beiden Schalen selten annähernd kugelig. Der stumpfe Schlosskantenwinkel schwankt zwischen 140^0 und einer geraden Linie. Die Durchmesser der beiden Schalen sind sich nahe gleich; jedoch pflegt die Rückenschale etwas gewölbter zu sein. Der Schnabel der Bauchschale ist kurz und lässt an unseren Exemplaren weder Heftmuskelöffnung noch Area frei. Der Sinus dieser Schale ist für die Form besonders charakteristisch. Er beginnt erst jenseit der Mitte derselben, biegt sich aber bei der Entstehung sogleich mit einer nahe rechtwinkligen Krümmung so weit gegen die andere Schale um, dass er den Stirnrand derselben häufig ausschneidet. Der Wulst der Rückenschale beginnt erst nahe dem Stirnrande und wird, wenn dieser durch die Zunge der anderen Schale ausgeschnitten ist, ungemein kurz. Der Boden des Sinus und der Rücken des Wulst sind flach und treffen sich in einer geraden Linie, welche häufig, wie bei *Rhynchonella cuboïdes*, die obere Seite eines von der Zunge des Sinus hervorgebrachten, jedoch kurzen Rechteckes bildet. — Die Muschel ist an den Wirbeln glatt. Nur an den Rändern finden sich flache Falten. Wir zählten 3—6 im Sinus und auf dem Wulst; an den Rändern jederseits 8—9 wie Herr Schnur.

Das abgebildete Exemplar misst 19 mm. vom Wirbel bis an den Stirnraud und 25 in der Breite, während der Tiefendurchmesser beider Schalen 12 mm. beträgt.

Von den Rhynchonellen des Bergkalkes wie *Rh. acuminata*, *puynus* und *pleurodon* unterscheidet diese Form sich u. a. durch die beinahe gleiche Wölbung beider Schalen, während bei jener die Rückenschale sich hoch über der flachen Bauchschale aufthürmt. Dagegen steht *Terebratula tarda Barrande* [1]), nach der Beschreibung dieses Auctors der von Schnur aufgestellten Art sehr nahe. Ihre Falten erscheinen jedoch gewölbter und breiter als die der *Rh. formosa*.

Rhynchonella formosa ist bei Soulem an der Tschussowaja nicht selten. Ausserdem ist sie bisher im Eifeler Kalkstein gefunden worden.

Rhynchonella indeterminata.

Taf. II, fig. 2.

Eine scharf gerippte *Rhynchonella*, von der wir uns bei Kadinskoy am Isset nur 4 schlechte Bruchstücke verschaffen konnten, ist bei der grossen Menge ähnlicher Formen in den palaeozoïschen Formationen nicht mit Sicherheit zu bestimmen.

Bei dem grössten Exemplare ist der Umriss rundlich, bei den kleineren Bruchstücken durch den spitzeren Schlosskantenwinkel, der zwischen 100° und 90° schwankt, dreieckig. Die mässige Wölbung beider Schalen ist ziemlich gleich. Die kleineren Individuen sind flacher. Der Sinus der Bauchschale und der Wulst der anderen sind schwach entwickelt;

---

[1]) Naturwissenschaftliche Abhandlungen Band I, p. 85. Tab. XX, fig. 12. 1847.

jedoch in der Nähe des Stirnrandes vollkommen kenntlich. Letzterer wird durch den Sinus in einem flachen, breiten Bogen erhoben. Die Muschel ist mit dicht gedrängten, scharfen Rippen bedeckt, welche zuweilen sehr ausgezeichnet dichotomiren und an der Sutur einen ausgezackten Rand bilden. Wir zählten 33 auf der Rückenschale des abgebildeten Exemplares, von denen 13 im Sinus und 10 zu jeder Seite desselben liegen.

Durch ihren Umriss gleichen unsere Bruchstücke der *Terebratula crispata Sow.*[1]) aus dem Wenlock-Kalkstein von Radnorshire, einer Form, welche Bronn ebenso wie *Ter. plicatella Dalm.* mit *Ter. borealis v. Buch* vereinigt[2]). Sie unterscheiden sich von diesen Arten durch die dichtere Faltung. *Ter. crispata* hat nur 18 Rippen und *Ter. plicatella* nach Dalm. nur 13 auf einer Schale. Auch die Abbildungen grösserer Individuen letzterer Art von Hisinger[3]) und J. Hall[4]) zeigen gröbere Falten.

Genus *Pentamerus.*

Pentamerus galeatus Dalm.[5])

Taf. II, fig. 8.

Atrypa galeata Dalm. Vet. Akad. Handl..p. 130. Tab. V, fig. 4. 1828.

Pentamerus galeatus Ferd. Römer. Rhein. Uebergangsgebirge. p. 76. 1844.

Pentamerus galeatus Vern. Notes sur les foss. Dev. du district de Sabero. Bullet. de la soc. géol. de France. 2. série. Tome VII, p. 155. 1850.

Pentamerus galeatus Schnur, Meyer und *Dunker.* Palaeontogr. Band III, p. 196. Tab. XXIX, fig. 2. a—d. 1853.

Pentamerus galeatus A. Römer, M. und *D.* Palaeontogr. 1854. p. 106, und 1855. Tab. XX, fig. 5.

' Bei Kadinskoy am Isset kommt die gewöhnliche in den obersilurischen und devonischen Schichten aller Länder verbreitete Varietät vor, welche vorzugsweise im Sinus und auch an den Rändern gefaltet ist, während die Wirbelgegend glatt bleibt. Ihre Grösse nähert sich der von Schnur aus der Eifel abgebildeten Form. Wir massen 21 mm. vom Wirbel bis zum Stirnrand und 26 mm. in der Breite. Ein Exemplar wurde abgebildet, um die Varietät dieser wechselnden Form zu bezeichnen.

Genus *Orthis Dalm.* 1828.

Orthis Dalm. Vetensk. Akad. Handl. p. 96. 1828.

Orthambonites Pander. Beitr. zur Geogn. Russl. p. 81. 1830.

---

[1]) Murchis, Sil. syst. p. 624. Pl. XII, fig. 11. 1839.
[2]) Index p. 1231.
[3]) Lethea suecica p. 80. Tab. XIII. fig. 4.

[4]) Pal. of New-York Vol. II, p. 279. Pl. 58. fig. 3 u. 4.
[5]) Siehe: die Litt. der Art in den Verst. von Bogoslowsk p. 28.

Spirifer M. V. K. Geol. de la Russie. Vol. II, p. 135—139. 1845. (biforatus.)

Schizophoria King. Monogr. of the Perm. foss. of England. p. 106. 1850.

Dicoelosia id. ibid. p. 106.

Plathystrophia id. ibid. p. 106.

Orthis Davidson. Brit. foss. Brachiop. Vol. I, p. 101. 1851—1854.

Orthis Davidson. Classif. der Brachiop. unter Mitw. des Verf. deutsch bearb. von Ed. Suess. p. 107. 1856.

Orthis der meisten Auctoren.

Orthis striatula v. Schloth.

Taf. II, fig. 6 a—d.

Terebratulites striatulus v. Schloth. Leonh. mineral. Taschenbuch VII, Pl. 1, fig. 6. 1813. und Petrefactenkunde p. 254. 1820.

Ter. vestitus id ibid. p. 253.

Delthyris excisa v. Schloth in Pusch Polens Palaeontologie p. 28. 1837.

Spirifer striatulus A. Römer. Verst. des Harzgebirges p. 14. Tab. V, fig. 14. 1843.

Spirifer striatulus F. Römer. Rhein. Ueberg. geb. p. 73. Tab. I, fig. 2. a b c. 1844.

Orthis striatula de Kon. Descr. des anim. foss. qui se trouvent d. le terr. carb. de Belgique p. 224. Pl. XIII, fig. 11. a b und XIII bis fig. 6. 1844. partim.

Orthis resupinata var. striatula M. V. K. Geol. de la Russie. Vol. II, p. 193. Pl. XII, fig. 6. a b. 1845.

Orthis striatula Keyserling. Petschoraland. p. 223. 1846.

Orthis resupinata var. striatula Barr. Naturwiss. Abhandl. Band II, p. 39. Tab. XIX, fig. 3. 1848.

Orthis striatula Steininger. Geogn. Beschr. der Eifel. p. 81. 1853.

Spirifer striatulus Geinitz. Die Grauwackenf. in Sachsen und den angr. Länderabth. p. 61. Tab. XV, fig. 10—20. 1853.

Orthis striatula Schnur, Meyer u. Dunker. Palaeontogr. Bd. III, p. 215. Tab. XXXVIII, fig. 1. a—i. 1853.

Orthis striatula Gebr. Sandberger. Verst. des rhein. Schiefersystems in Nassau. p. 355, Tab. XXXIV, fig. 4, 1856.

Orthis striatula de Verneuil et Barrande. Foss. d'Almaden ect. Extr. du bullet. de la soc. geol. de France. 2. série. Tome XII. p. 77. 1856.

Orthis striatula Abich. Vergl. Grundz. der kaukas., armen. und nordpers. Gebirge. p. 78. 1858.

Nachdem die *Orthis striatula* von verschiedenen Auctoren entweder als Varietät der *Orthis resupinata Mart.* aus der Kohlenformation angeführt, oder als selbstständige Art beschrieben worden war, machte Graf Keyserling l. c. den Versuch, die devonische Art von der des Bergkalkes nach äusseren Merkmalen genau zu unterscheiden. Diese Unterscheidung erhält noch mehr Gewicht, nachdem Davidson das Innere der kleinen Klappe von *Orthis resupinata* neben anderen der *Orthis striatula* abgebildet hat [1]). Diese Abbildungen ergeben wesentliche Unterschiede in der Lage der Schliessmuskeln jener Klappe, welche bei *Orthis striatula* bekanntlich nur durch die Mittelleiste getrennt, nahe bei einander liegen und durch zwei Queräste derselben jederseits in einen oberen und einen unteren Muskel-abdruck getheilt werden. Bei *Orthis resupinata* dagegen erhebt sich zu beiden Seiten jener Mittelleiste ein Wulst, welcher die symmetrischen Muskelpaare weit auseinander drängt. Dabei fehlen die beiden Queräste der Mittelleiste, so dass die Abdrücke der oberen und unteren Schliessmuskelpaare nicht getrennt sind. — In wie weit die von Graf Keyserling aufgestellten äusseren Merkmale der beiden Arten mit den erwähnten Unterschieden der Schliessmuskelabdrücke Hand in Hand gehen, ob die eine Art nur devonisch, die andere nur im Bergkalk vorkommt, bleibt noch durch ausgedehnte Untersuchungen zu er-mitteln.

Bei Soulem an der Tschussowaja kommt *Orthis striatula* massenhaft vor, und da wir das Glück hatten, freie Schalen sowohl als schön erhaltene Steinkerne zu sammeln, können wir für diese Localität eine vollkommene Uebereinstimmung der äusseren und inneren Merkmale nachweisen, welche die *Orthis striatula* nach den Untersuchungen von Graf Key-serling und Davidson auszeichnen.

Was die äusseren anbetrifft, so sind die feinen Falten selten von Anschwellungen un-terbrochen und werden unterhalb derselben nicht dünner. Die Falten, welche beim Wir-bel beginnen, ebenso wie die eingeschobenen, lassen sich bis an den Rand verfolgen und verlieren sich nicht in der Mitte. Die kleine Schale ist der Quere nach ohne Unter-brechung in derselben Curve gekrümmt und zeigt an keinem unserer zahlreichen Exemplare eine Abflachung, geschweige denn eine mittlere Einsenkung [2]). Der Schnabel der Ventral-schale (Dorsalschale Keyserl.) ist dagegen gewöhnlich etwas grösser als der der ent-gegengesetzten, so dass wir auch darin Graf Keyserling beistimmen, dass er die häufige Abnormität in den Dimensionen der Schnäbel beider Schalen nicht unter die specifisch unterscheidenden Merkmale von *Orthis resupinata* aufgenommen hat.

Die Haftstellen der Schliessmuskel in der kleinen Klappe entsprechen durchaus den Abbildungen des Herrn Davidson. Die jederseitigen Paare liegen dicht an der Mittel-leiste, und die oberen und unteren Muskel sind durch die schräg nach unten gerichteten Queräste derselben von einander geschieden. Die entsprechenden Muskel der grossen Klappe lagen in der oft abgebildeten, durch die verlängerte Basis der Zahnplatten hervor-gebrachten länglichen Mulde, welche die Mittelleiste in zwei gleiche Theile theilt. Auf unseren Steinkernen bildet sie den als «*Hystherolithes vulvarius*» bekannten Abdruck.

---

[1]) Brit. foss. Brachiopoda. Vol. I, Pl. VII, fig. 128—133. | der *Orthis resupinata* aus dem belgischen Bergkalk zu
[2]) Dieser Charakter ist dagegen an allen Exemplaren | beobachten, welche das Berliner Museum aufbewahrt.

Die Verfasser der Géol. de la Russie beobachteten Durchbohrungen der Falten-An-
schwellungen, und vermuthen, dass diese Anheftungspunkte für kleine Stacheln geboten
haben [1]). Aehnliches führt Schnur an [2]). — Eines unserer Exemplare, welches diese Erscheinung besonders deutlich zeigt, macht durchaus den Eindruck, als bildete jede einzelne
Falte in ihrem ganzen Verlauf eine hohle Röhre. Wo nämlich eine Falte verletzt oder
stellenweise ganz zerstört ist, erscheint sie an der Bruchstelle hohl. Durch künstliche
Verletzung gelang es nicht, die Höhlung nach Belieben an verschiedenen Punkten nachzuweisen, was daher rühren mag, dass die natürliche Zerstörung der Falten an diesem Exemplare bereits da stattgefunden hat, wo hohle, noch nicht durch Gesteinsmasse ausgefüllte
Stellen weniger Widerstand leisteten.

Unsere grossen Exemplare messen 27 mm. vom Schnabel bis zum Stirnrand und
32 mm. in der Breite, während der Durchmesser beider Schalen 19—22 mm. beträgt.

Diese, wie die angeführte Litteratur zeigt, in der devonischen Formation weit verbreitete Art ist von Barrande auch in den obersilurischen Schichten Böhmens gefunden
worden. Die Gebrüder Sandberger, welche *Orthis striatula* von *O. resupinata* unterscheiden, führen erstere ebenso wie de Konink auch aus dem Bergkalke an.

Bei Soulem an der Tschussowaja ist *Orthis striatula* das häufigste Fossil. Bei Kadinskoy am Isset fanden wir nur wenige Exemplare. Die Verfasser der Géol. de la Russie citiren sie von Kinowsk und fanden an der Serebränka ein Exemplar, das sie «der Varietät
resupinata» zuzählen.

Orthis indeterminata.

Taf. II, fig. 7 a b.

Eine sehr kleine *Orthis*, welche sich durch einen quer verlängerten Umriss auszeichnet. Die Area ist kürzer als die grösste Breite der Muschel. Die kleine Schale trägt einen
Sinus, welcher, vom Wirbel an gerechnet, am zweiten Drittheil derselben beginnt und sich
zum Stirnrande zu erweitert [3]). Die grosse Schale ist gewölbter als die andere und besonders in der Linie vom Schnabel zum Stirnrande erhöht. Die Muschel ist mit radialen
Falten geziert, deren wir 50 auf der grossen Schale zählten. Sie misst $5\frac{1}{2}$ mm. in der
Breite und $3\frac{1}{2}$ mm. von der Spitze des Schnabels bis an den Stirnrand.

Diese Art ist sehr selten bei Kadinskoy. Nach mehrtägigem Ausschlemmen der thonigen Lagen zwischen den devonischen Kalksteinschichten fanden wir nur zwei gleich
grosse Exemplare dieser Form. Wir haben sie vergrössert und in natürlicher Grösse abgebildet.

---

[1]) Ces renflements sont souvent percés, et paraissent
avoir donné attache à des épines.

[2]) «Die Falten sind auf dem Rücken hin und wieder
wie mit einer Nadel aufgestochen und dabei an dersel-

ben Stelle etwas ihrer Länge nach aufgeschlitzt.»

[3]) Dieser Charakter ist auf der vergrösserten Abbildung 7 b., einer Bleifederzeichnung, nicht correct wiedergegeben.

Genus *Productus Sowerby* 1812.

Productus Sow. Mineral Conchology, Vol. I, p. 153. 1812.

Productus Davidson. Brit. foss. Brachiopoda, p. 115. 1851—1854 und Classif. der Brachiop. unter Mitw. d. Verf. deutsch bearb. von Ed. Suess, p. 128. 1856.

Productus der meisten Auctoren.

Für die ausführliche Litteratur und Synonymie dieser von allen neueren Auctoren angenommenen Gattung verweisen wir auf de Koninks: Monographie des genres *Productus* et *Chonetes*. 1847. Davidson hat die meisten Formen von *Productus*, welche eine Area haben, zu der Gattung *Strophalosia* gestellt. Diese sind daher zum grössten Theil auszunehmen.

Productus Murchisonianus de Kon.[1]

Taf. II, fig. 9. a b.

Orthis productoïdes Murch. Bullet. de la soc. geol. de France. Vol. XI, p. 254. Pl. 2, fig. 7. a—c. 1840.

Leptaena caperata Sow. Trans. of the geol. soc. of London. 2nd. ser. Vol. V, p. 704, Pl. 53, fig. 4. 1840?

Productus productoïdes M. V. K. Géol. de la Russie. Vol. II, p. 283. Pl. XVIII, fig. 4 a—f. 1845.

Productus subaculeatus Keyserl. Petschoraland, p. 199. 1846. partim.

Productus Murchisonianus de Kon. Monogr. d. genres Prod. et Chon., p. 138. Pl. XVI, fig. 3 a—f. 1847.

Productus Murchisonianus Schnur, Meyer und *Dunker.* Palaeontogr. Band III, p. 228. Taf. XLIII, fig. 4 c. 1853.?

Productus Murchisonianus de Vern. et Barr. Foss. d. Almaden ect. Extr. du bullet. de la soc. géol. de France 2de. série. Tome XII, p. 78. 1856.

Productus productoïdes Pacht. Beitr. zur Kenntniss des Russ. Reiches u. s. w. herausgegeben von K. v. Baer und Gr. v. Helmersen. Bd. 21. p. 96. 1858. partim?

---

[1] Obgleich diese Form eine doppelte Area hat, so haben wir sie vorläufig noch nicht aus der Gattung *Productus* ausgeschieden, bis die Entdeckung anderer Merkmale ihre definitive Stellung im System sichert. Die eigentlichen Strophalosien des permischen Systems haben so viel Eigenthumliches in ihrer äusseren Gestaltung, dass diese Vorsicht gerechtfertigt erscheint. — Mᶜ-Coy hat in seinem 1855 erschienenen Werke nur *Prod. membranaceus* aus der Geol. de la Russie als Synonyme der *Stropholasia caperata* citirt.

Obgleich der Name *Prod. Murchisonianus* jünger ist als *Prod. caperatus Sow.*, haben wir uns dennoch de Koninks Nomenclatur angeschlossen, weil es, wie dieser Auctor bemerkt, kaum mit Sicherheit zu ermitteln ist, welche der nahestehenden Formen die älteren Schriftsteller beschrieben haben. Wird *Prod. Murchisonianus* den Strophalosien definitiv einverleibt, so fällt der Grund weg, warum der Name *Productus productoïdes Murch.* (ursprünglich eine *Productus* ähnliche *Orthis* bezeichnend) von de Koninck geändert wurde, und es dürfte dann angemessen sein, die Art *Strophalosia productoïdes Murch.* zu benennen.

Productus Murchisonianus Abich. Vergl. geol. Grundzüge der kauk., arm. u. nordpers. Geb. p. 78. 1858.

Trotz der von vielen Auctoren anerkannten Schwierigkeit, diese Art mit Sicherheit von dem ähnlichen *Prod. (Strophal.) subaculeatus Murch.* zu unterscheiden, glauben wir, dass das Auftreten derselben bei Soulem an der Tschussowaja eine neue Bestätigung für die von Herrn de Konink 1847 mit so viel Genauigkeit durchgeführte Unterscheidung der beiden Arten bietet. Wir haben an diesem Fundorte gegen 70 Exemplare des *Pr. Murchi.sonianus* gesammelt, welche sich alle durch eine übereinstimmende Entwickelung der specifischen Merkmale dieser Form auszeichnen. Kein einziges Exemplar bildet einen Uebergang zu dem gewölbteren und mit grossen vereinzelten Stachelnarben besetzten *Pr. subaculeatus*, wie ihn de Konink l. c. fig. 4 c und d abgebildet hat.

Die Individuen von Soulem haben einen halbkreisförmigen Umriss mit deutlich abgesetzten Ohren. Die doppelte Area ist sehr schmal, aber immer kenntlich. Die Anwachsstreifen geben der Schale ein runzliges Ansehen, was dadurch entsteht, dass diese feinen Ringe sich zu fasrigen Gruppen vereinigen, welche in einander geschlungene Wellenlinien bilden[1]. Die Stachelreste sind als kleine spitze Tuberkeln vorzugsweise auf den Ohren erhalten, während sie auf dem übrigen Theil der Schalen häufig fehlen, was an der Erhaltung liegen kann. Beachtenswerth sind die engen Grenzen, zwischen denen die Grösse dieser Art bei Soulem schwankt. Der grösste Durchmesser aller unserer Exemplare, welcher der der Breite ist, liegt ohne Ausnahme zwischen 15 und 21 mm.

Diese in den devonischen Schichten Englands und Belgiens gemeine Art kommt nach M., V. u. K. im flachen Russland in den devonischen Kalksteinen des Volkow, des Ilmensees, in Woronesh bei Zadonsk und am Don vor. Graf Keyserling fand sie an der Uchta, einem Zufluss der Ischma und am Wol. Er hat *Prod. subaculeatus* 1846, unterstützt durch die damaligen Ansichten des Herrn de Koninck, von *Prod. productoïdes (Murchisonianus de Kon.* 1847) nicht unterschieden, ebenso wie Pacht, der diese Formen von Jeletz und Sadonsk anführt.

Da Herr de Konink die Verbreitung des *Productus Murchisonianus* auf die devonischen Schichten Deutschlands ausgedehnt hat, und sie von Paffrath und Gerolstein in der Eifel citirt, bemerken wir, dass die Gebrüder Sandberger, Steininger, Schnur und A. Römer später nur den *Pr. subaculeatus* mit Bestimmtheit aus dem Nassauischen, der Eifel und dem Harz angeführt haben. Schnur allein erwähnt eines zweifelhaften Vorkommens des *Pr. Murchisonianus* bei Blankenheim.

---

[1] Dieser Charakter tritt bei unserer Abbildung nicht genügeud hervor.

KOHLENFORMATION.

BRACHIOPODA.

Genus *Terebratula Lhwyd*. 1696.

Seminula M^c-Coy. Syn. of Carb. limest. foss. of Ireland, p. 158. 1844.
Terebratula A. d'Orbigny. Prodr. de pal. strat. Vol. I, p. 151. 1849.
Epithyris Phill. in King Monogr. of the Perm. foss. of England. p. 146. 1850.
Terabratula Davidson. Brit. foss. Brachiopoda. Vol. I, p. 62. 1851—1854.
Terebratula Semenow. Zeitschrift der deutschen. geolog. Gesellschaft. Band VI,
p. 326. 1854.
Terebratula Davidson. Classif. der Brachiopoden u. Mitw. des Verf. deutsch bearb.
von E. Suess. p. 36. 1856.
Terebratula Gebr. Sandberger. Verstein. des rheinischen Schiefersystems in Nassau,
p. 306. 1856.
Terebratula der meisten Auctoren. partim.

Terebratula sacculus Martin.

Anomites sacculus Mart. Petr. Derb. Vol. I, Pl. 46, fig. 1 u. 2. 1809.

Wir haben nur ein einziges Bruchstück bei Ilinsk an der Tschussowaja gefunden,
das wahrscheinlich dieser Art angehört. Der Schnabel der grösseren Klappe fehlt.

Der Umriss ist länglich oval mit beinahe parallelen Seitenrändern. Diese, so wie der
Stirnrand sind sehr stumpf, weil die ganze Form so aufgetrieben ist, dass die grösste Tiefe
und Breite der Muschel sich gleich sind. Sie betragen je 7 mm. Der tiefe Einschnitt in den
Stirnrand dringt bis in die Mitte der grösseren Schale vor, während er an der kleineren nur
in der Nähe jenes Randes sichtbar ist. — Dem Umriss nach gleicht unsere Form mehr der
Originalabbildung von Martin, als den herzförmigen Exemplaren, welche de Konink wie-
dergegeben und verschiedenen Museen übersandt hat. — Es ist nach den angeführten
Merkmalen daher wahrscheinlich, dass uns die echte *Terebratula sacculus* vorliegt, welche
zuerst von Herrn v. Buch mit *Ter. hastata Sow*. vereinigt wurde, während neuerdings
M^c-Coy[1]) und Davidson[2]) beide Formen wieder als besondere Arten beschrieben haben.

Sehr ähnlich unserem Bruchstücke ist die in der Géol. de la Russie Vol. II, Pl. V.
fig. 11 a b abgebildete *Terebratula canalis* aus dem Bergkalke von Zaraïsk in Räsan. Herr

---

[1]) Descr. of the Brit. pal. foss. in the mus. of Cambridge p. 411 (Seminula).
[2]) Brit. carbonif. Brachiop. p. 14.

von Semenow hat diese, unter dem Namen einer ursprünglich silurischen Art beschriebene Form mit einem Fragezeichen bei *Terebratula sacculus* angeführt[1]).

Bisher ist von den Verf. der Géol. de la Russie nur die *Ter. hastata* von der Schartimka keschrieben worden, welche auch Graf. Keyserling aus dem Bergkalk an der Soiwa mitgebracht hat.

Genus *Spirifer Sow.*
Spirifer Mosquensis Fischer.
Taf. V, fig. 2.

Choristites Mosquensis Fisch. Programme sur la Choristite p. 8. No. 1. 1825.[2])

Choristites Mosquensis id. Orykt. du gouv. de Moscou. p. 140. Pl. XXIV, fig. 1—4. 1837.

Choristites Sowerbyi id. ibid. Pl. XXIV, fig. 5, 6, 7. Pl. XXV, fig. 1.

Chor. Kleinii id. ibid. Pl. XXIV, fig. 8, 9.?

Spirifer Choristites v. Buch über Delthyris, p. 45. 1837.

Spirifer Sowerbyi de Kon. Descr. des an. foss. qui se trouv. d. l. terr. carb. de Belgique, p. 252. Pl. XVI, fig. 1. a b c. 1842—44.

Spir. Mosquensis Vern. et d'Arch. Bullet. de la soc. géol. de France. 2de. série. Vol. II, extr. p. 25. 1845.

Spirifer Mosquensis. Murch. Vern. Keyserl. Géol. de la Russie Vol. II, p. 161. Pl. V, fig. 2 a—f. 1845.

Spir. crassus. ibid. p. 165. Pl. VI, fig. 2.?

Spirifer Mosquensis Keys. Wiss. Beob. auf einer Reise in das Petschoraland, p. 230. 1846.

Spir. Mosquensis Keys. In Hofmann der nördl. Ural und das Küstengebirge Pae Choi, p. 209. 1856.

Spirifera Mosquensis Davidson. Mon. of Brit. carb. *Brachiopoda*, p. 22. Pl. IV, fig. 13. 14. 1857.

Dieser Spirifer liegt uns von der Schartimka und der Tschussowaja vor, an deren Ufern wir ihn 4 Werst oberhalb des Dorfes Wolegobowa, im Revier von Ilinsk gesammelt haben. Zwischen dem Dorfe Martianowa und jenem Punkte sind die Kalksteine mit Durchschnitten jenes Fossiles erfüllt, an denen die stark entwickelten Zahnplatten dergestalt hervortreten, dass wir längere Zeit in dem Irrthum befangen blieben, diese Reste von dem *Pentamerus Vogulicus* herzuleiten, welcher silurische Schichten angezeigt hätte.

Nach Murchison, Verneuil und Keyserling findet sich *Spir. Mosquensis* auch weiter unterhalb an der Tschussowaja bei Kamisch und Kalino, so wie im südlichen Ural auf der Strasse von Uziansk nach Sterlitamak. Im hohen Norden des Gebirges sammelte ihn Capt. Strajewsky an der Wischera. — Während *Sp. Mosquensis* im flachen Russland

---

[1]) Zeitschr. der deutschen geol. Gesellsch. Band VI. p. 327.

[2]) Nach Murch. Vern. Keys. l. c.

die mittleren Etagen des Bergkalkes charakterisirt, bemerkt Graf Keyserling, dass er im Timangebirge bis in die untersten Schichten des Bergkalkes verbreitet ist, welche den devonischen auflagern. Er fand ihn am Wol, der Soiwa, Uchta und an der Indiga. In wie weit er im Ural für gewisse Etagen des Bergkalkes bezeichnend ist, bleibt durch detaillirtere Untersuchungen zu ermitteln als die sind, welche ich in Begleitung des Gen. Hofmann anstellen konnte. Mit Arten des unteren Bergkalkes ist er von uns nicht gefunden worden.

Wir haben ein Exemplar von der Schartimka abgebildet, wo diese Art vielleicht mit *Spir. crassus* verwechselt worden ist.

Spirifer crassus de Kon.

Tafel IV, fig. 1.

Spirifer crassus de Kon. Déscr. des an. foss. qui se trouv. dans le terr. carb. de Belgique, p. 262. Pl. XV bis fig. 5. 1842—44.

Spirifer duplicicosta M^c-Coy. Descr. of the Brit. pal. foss. in the mus. of Cambridge, p. 415. 1855. partim.

Spirifera crassa Davidson. Monogr. of. Brit. carbon. *Brachiopoda*, p. 25. Pl. VI, fig. 20—22. Pl. VII, fig. 1, 2, 3. 1857.

Nur eine einzige Ventralschale wurde bisher aus Russland unter diesem Namen beschrieben. Die Verf. der Géol. de la Russie fanden sie an der Schartimka.

Wir sammelten ebendaselbst 6 Ventralklappen und eine Rückenklappe, welche ohne Zweifel demselben *Spirifer* angehören, den Murchison, Verneuil und Keyserling mit *Spirifer crassus* verglichen haben. — Es scheint die einzige Art mit ziemlich breiten, rundlichen Falten zu sein, die an der Schartimka vorkommt. 4—7 zählt man am Rande des flachen Sinus und 8—12 zu jeder Seite desselben. Bei den meisten Exemplaren ist der Umriss mehr in die Länge gezogen und nicht so quer verlängert, wie das auf Pl. VI, fig. 2 der Géol. de la Russie abgebildete Exemplar. — Die einzige Dorsalklappe, welche wir besitzen, zeichnet sich durch einen Wulst aus, der durch zwei Furchen scharf gegen die Seiten der Schale abgesetzt ist. Die Falten auf demselben sind ganz obsolet. Zu jeder Seite des Wulstes zählt man 9 deutliche Falten, wie an den Seiten des Sinus der Ventralklappen. — Diese Charaktere der Dorsalschale, welche die Verf. der Geol. of Russia nicht besassen, so wie die scharf vertical gestreifte Area, ein Charakter, welchen wir an einer Ventralschale beobachteten, und der beim *Spirifer Mosquensis* besonders entwickelt zu sein pflegt, weisen darauf hin, dass diese Schalen wahrscheinlich nicht dem *Spirifer crassus*, sondern einer gröber gefalteten Varietät des *Spirifer Mosquensis* angehören. — Unsere Exemplare von der Schartimka entsprechen der Beschreibung und den Abbildungen, welche Fischer von dem *Spirifer Kleinii* giebt, der von späteren Auctoren bekanntlich als Varietät des *Spirifer Mosquensis* citirt wird. [1])

Dagegen rechnen wir die abgebildete Ventralklappe, welche wir in Saraninsk fanden, zu *Spirifer crassus*. Bei gleichem Charakter der Faltung und des flachen Sinus, zeichnet sie sich durch bedeutende Grösse aus. Die Falten werden nach dem Cardinalrande zu so schnell obsolet, dass ein grosser Theil jener Schalengegend beinahe glatt ist. Auf der Mitte der Schale zählt man noch 12 Falten zu jeder Seite des Sinus. Der Stirnrand ist ausgebrochen, der quer verlängerte Umriss aber, wie unsere Abbildung zeigt, auf dem Steine deutlich abgedrückt. Diese Schale misst 83 mm. in der Breite und 53 von der Spitze des Wirbels bis zum aufgebogenen Stirnrand, wie das grösste von de Konink beobachtete Exemplar.

M^c-Coy hat l. c. vorgeschlagen, *Spirifer crassus* mit *Sp. duplicicosta* zu vereinigen. Da wir an unserem geringen Materiale im Ural keine Uebergänge zwischen diesen Arten beobachtet haben, und Davidson die Unterscheidung in England neuerdings aufrecht erhalten hat, schliessen wir uns vorläufig letzterem an.

Spirifer striatus Mart.

Anomites striatus Mart. Petr. Derbiensia. Pl. 23, fig. 1 u. 2. 1809.

Terebratula striata Sow. Linn. trans. XII, part. 2, p. 515. Tab. 28. 12.[2]).

Spirifer striatus Sow. Min. conch. Vol. III, p. 125. Tab. 270. 1821.

Spirifer atteanatus Sow. Min. conch. Vol. V, p. 151. Pl. 493, fig. 3, 4, 5. 1825.

Spirifera striata Phill. Géol. of Yorksh. Part. II, p. 217. 1836.

Spir. attenuata id. ibid. p. 218. Pl. IX, fig. 13.

Spirifer striatus v. Buch über Delthyris, p. 47. 1837.

Spir. Condor A. d'Orb. Voy. dans l'Am. mérid. Tome III, p. 46. Pl. V, fig. 11—12. 1842?

Spir. striatus de Kon. Deser. des an. foss. qui se trouv. d. l. terr. carb. de Belgique, p. 256. Pl. XV bis, fig. 4. a b. 1842—44.

Spirifera striata M^c-Coy. Syn. of the char. of the carb. limest. foss. of Ireland, p. 135. 1844.

Sp. attenuata id. ibid., p. 129.

Spirifer striatus Vern. et d'Arch. Bullet. de la soç. géol. de France. 2de. sér. Tome II, extr. p. 25. 1845.

---

[1]) Die grobe Faltung des kleinen *Spir. Kleinii* contrastirt sehr gegen die fein gefalteten, stark geflügelten Spiriferen, welche de Konink als Jugendzustande des *Spir. Sowerbyi (Mosquensis)* ansieht. Wir konnten mit belgischen Originalexemplaren der Berliner Sammlung Vergleiche anstellen, nach denen es unwahrscheinlich wird, dass diese, in Russland sowohl wie in Belgien constanten, und unter sich sehr verschiedenen Formen als Jugendzustände derselben Art angesehen werden dürfen.

[2]) Nach Broun: Index, p. 1182.

Spir. striatus M. V. K. Géol. de la Russie. Vol. II, p. 167. Pl. VI, fig. 4 a b c. 1845.

Spir. striatus Semen. Zeitschrift der deutschen geolog. Gesellsch. Band VI, p. 335. 1854.

Spir. striatus Keys. In Hofmann: der nördliche Ural und das Küstengeb. Pae-Choi p. 209. 1856.

Spir. striata Davidson. Brit. carb. Brachiopoda p. 19. Pl. II, fig. 12—21. Pl. III, fig. 2—6. 1857.

Diese Art sammelten wir in mehreren Exemplaren an der Schartimka und bei Saraninsk. Sie stimmen alle mit der Beschreibung überein, welche die Verf. der Géol. de la Russie von dem Vorkommen dieses Spirifer an der Schartimka geben. Durch den scharf begrenzten Sinus und die feinen, wenig dichotomirenden Falten entsprechen sie der Varietät *attenuatus Sow.*, welche alle neueren Auctoren mit *Sp. striatus* identificiren. Bei Saraninsk erreicht dieser Spirifer eine beträchtliche Grösse, und zeigt einen stark gegen die andere Schale aufgebogenen Sinus. Eines unserer Individuen ist über 100 mm. breit, so dass der *Sp. attenuatus* hiernach kaum als kleinere Varietät des *Sp. striatus* anzusehen sein dürfte.

Ausser an den erwähnten Orten wurde dieser Spirifer von Cap Strajewsky im hohen Norden des Gebirges an der Wischera gefunden.

Spirifer duplicicosta Phill.

Taf. V, fig. 3 a b.

Spirifera duplicicosta Phill. Géol. of Yorkshire. Part II, p. 218. Pl. X, fig. 1. 1836?

Spirifer duplicicosta de Kon. Descr. d. anim. foss. qui se trouv. d. l. terr. carb. de Belgique, p. 259. Pl. XVI, fig. 2 a—f. 1842—44.

Brachytheris planicicosta Mᶜ-Coy. Synop. of the char. of carb. lim. foss. of Ireland. Tab. 21, fig. 5. 1844?

Brachytheris duplicicosta id. ibid. p. 144. und *furcata?* p. 131.

Spirifer duplicicosta Semen. Zeitschr. der deutsch. geol. Gesellsch. p. 335. 1854.

Spirifera duplicicosta Mᶜ-Coy. Descr. of Brit. pal. foss. in the mus. of Cambridge, p. 415. 1855. partim.

Spirifera duplicicosta Davidson. Brit. carb. Brachiopoda, p. 24. Pl. III. fig. 7—10 und Pl. IV, fig. 3 und 5—11. 1857.

Dieser Spirifer unterscheidet sich von der vorhergehenden Art sogleich durch seine stärkere Faltung. Der Umriss ist transversal. Die grösste Breite liegt etwas unterhalb des Cardinalrandes, an den die Bogen der Seitenränder in stumpfem Winkel anstossen. Sinus und Wulst sind scharf abgegrenzt. Die gerundeten, durch wenig schmälere, tiefe Furchen geschiedenen Falten dichotomiren häufig. Sie tragen an unseren Exemplaren kleine unregelmässige Anschwellungen, ein Charakter, den wir auch an einigen belgischen und schlesischen Individuen bemerkten. Es scheint dieses durch einen gewissen Grad von

Decortisation hervorgebracht, und hängt vielleicht mit der Zerstörung concentrischer Anwachsringe zusammen, die an der Oberfläche unserer Schalen nicht sichtbar sind. Die Faltung auf dem Wulst und im Sinus ist um ein Geringes gedrängter als auf den Seitenrändern. An unseren grössten Exemplaren zählten wir 7 Falten auf der Mitte des Sinus. (Nach dem Rande zu sind sie hier zerstört.) Jederseits liegen an den Rändern 15—17.

Dieses Exemplar misst 36 mm. in der Breite und etwa 35 vom Wirbel bis an den Stirnrand.

Im flachen Russland wurde diese Art bisher nicht beobachtet. Eichwald führt sie von Saraninsk an (duplicosta)?

Spirifer fasciger Keys.

Taf. V, fig. 1.

Spirifer fasciger Keys. Petschor. p. 231. Tab. VIII, fig. 3, 3 a, 3 b. 1846.

Wir glauben nicht, dass diese ungewöhnliche Form mit *Spirifer duplicicosta* und *crassus* vereinigt werden kann, wie M°-Coy vorschlägt. Das kantige Wesen des scharf dachförmigen Wulstes und der ebenso dachförmigen, grossen Rippen, die an ihren Abhängen mit feinen Streifen verziert sind, verleihen der Oberfläche eines grossen Bruchstückes des *Spirifer fasciger*, welches wir bei Saraninsk fanden, eine sehr in die Augen springende Zickzackform. Die Streifen, welche die Abhänge des Wulstes und der breiten, scharfkantigen Rippen verzieren, die ihn jederseits begleiten, sind ausserdem bedeutend feiner wie die des *Spir. duplicicosta*, und eher mit der Faltung des *Spir. striatus, var. attenuatus* zu vergleichen. Sie sind durch ebenso schmale, leichte Furchen getrennt, und verlaufen auf unserem Bruchstück regelmässiger, als Graf Keyserling es beobachtet zu haben scheint. — An jedem Abhange der grössten Rippe liegen 3 Falten, die siebente ziert den Scheitel. Nach dem erhaltenen Theile zu schliessen, muss die ganze Schale am Rande des 55 mm. breiten Bruchstückes mit 60—70 feinen Falten bedeckt gewesen sein, welche sich jederseits des Sinus zu drei dachförmigen Rippen gruppiren, die sich nach aussen zu verflachen. Der Umriss ist transversal, der Stirnrand durch den Sinus hoch aufgebogen. Die Seitenränder stossen im stumpfen Winkel an den Cardinalrand, woher die grösste Breite der Muschel unterhalb desselben liegt.

Graf Keyserling entdeckte diese Art im Bergkalke an der Soiwa. Die besten Exemplare von der Tsilma erhielt er zu spät, um sie abbilden lassen zu können. Eine Abbildung unseres einzigen Bruchstückes wird daher zur Kenntniss dieser Form nicht unwillkommen sein.

Spirifer Saranae M. V. K.

Taf. IV, fig. 3 a b c.

Spirifer Saranae M. V. K. Géologie de la Russie Vol. II, p. 169. Pl. VI, fig. 15 a b.
1845.

Spirifer Saranae Keys. Petschor. p. 232. Tab. VIII, fig. 4, 4 a. 5, 5, a b. Tab X,
fig. 3. a—d. 1846.

Spir. Saranae Keys. A. Schrenk, Reise nach dem Nordosten des europäischen Russlands u. s. w. p. 82. 1854.

Spir. Saranae Keys. Hofmann, der nördliche Ural und das Küstengeb. Pae - Choi.
p. 209, 212 und 214. 1856.

Mehrere Ventralschalen dieser schönen Art sammelten wir bei Saraninsk selbst. An
der grössten abgebildeten Schale (fig. 3 a) ist der breite Sinus in der Mitte durch eine
Grenzfurche zweier Falten getheilt, ein Charakter der nicht constant ist, da zuweilen auch
eine zierliche Leiste im Grunde des Sinus verläuft. Die beiden grossen Falten, welche
den Sinus einfassen, dichotomiren nach innen zu so, dass die 8 schmalen Falten, welche
man am Boden desselben zählt, als Verzweigungen der inneren Hälften jener beiden
grossen Falten zu verfolgen sind, deren äussere Hälften ungetheilt an den Rand der
Muschel verlaufen. Dasselbe Exemplar trägt zu jeder Seite des Sinus 8 einfache, breite
und flache Falten, die durch tiefe, schmale Furchen von einander geschieden sind. Diese
längliche Schale misst 30 mm. in der Breite und 42 vom Wirbel bis zum Stirnrand. —

An anderen Exemplaren dichotomiren auch die seitlichen Falten, behalten aber eine
gewisse Gruppirung nach der Mutterfalte bei, so dass sie nach den Rändern zu häufig ca-
nelirt erscheinen.

Kleinere Schalen mit nur 8—10 einfachen, runden Falten auf der ganzen Oberfläche,
wie Graf Keyserling sie auf Tab. X, fig. 3 u. 4 abgebildet hat, haben wir von Alexandrowsk mitgebracht.

Nur in dem Sinus eines einzigen unserer Bruchstücke von Saraninsk ist die oberste Schalenschicht erhalten, und zeigt dort die zuerst von Graf Keyserling beobachtete, elegante
Verzierung. Die zierlichen, radialen Linien feiner Tuberkeln sind mit unbewaffnetem Auge
kaum kenntlich und in unserer fig. 3, c. vergrössert dargestellt. Sie bedecken gleichmässig die Oberfläche der Falten, und werden mitten im Sinus durch eine parallel laufende
gröbere Schnur unterbrochen, deren Knötchen eine eckige Form haben. Auf den Seitenfalten erkennt man zugleich eine concentrisch lineare Stellung der Tuberkeln. — Im Uebrigen verweisen wir auf die ausführliche Beschreibung des *Spirifer Saranae* in den citirten
Werken.

Ausser an den erwähnten Fundorten kommt *Spir. Saranae* im hohen Norden des
Ural an der Wischera vor, bei dem Dorfe Wetlan an der Kolwa, Kyrta-Warta am Potscherem und bei Jomasch-Kyrta und Chlapun-Jama-Kyrta am Schtschugor, von wo Hof-

mann ihn mitgebracht hat. Endlich ist er von A. Schrenk in dem Bergkalke an der Dwina, unterhalb Ust-Pinega gesammelt worden.

Spirifer indeterminatus.

Taf. V, fig. 4.

Wir fanden bei Alexandrowsk an der Lunja die kleine Klappe eines stark geflügelten Spirifer, den wir nicht bestimmen können. Der Umriss ist stark quer verlängert. Die Seitenränder stossen im spitzen Winkel an den Cardinalrand. Ein starker Wulst erhebt sich auf der Mitte der Schale. Jederseits von demselben zählt man 10 Falten, von denen die 6 ersten, je zwei zu zwei nahe bei einander liegen, nnd so drei paarige Gruppen bilden. Diese Paare entstehen dadurch, dass eine Falte sehr nahe am Wirbel dichotomirt. Die Falten sind gerundet, durch ebenso breite Zwischenräume getrennt und ungefähr von der Stärke, wie die des *Sp. duplicicosta* von der Schartimka. — Ausser durch die eigenthümliche Gruppirung der Falten unterscheidet sich dieser Spirifer auch dadurch von jener Art, das er stark geflügelt ist. — Die Schale misst 30 mm. in der grössten Breite und etwa 15 vom Wirbel bis zum Stirnrand. Wir entdeckten sie mit einem gleichfalls unbestimmbaren, grossen Productusfragment in einem Bergkalkfelsen an der Lunja, der nahe von dem dortigen Kohlenflötze und zwar in der Richtung des Hangenden ansteht.

Spirifer indeterminatus.

Taf. V, fig. 5 a b c.

Ein kleiner Spirifer von der Schartimka liegt uns in einem einzigen Exemplare vor, das seiner obersten Schalenschicht beraubt ist. Wir können ihn nicht mit bekannten Arten vergleichen, und wagen es ebenso wenig, auf so geringes Material hin eine neue Species zu begründen.

Der Umriss ist wenig queroval, nahe halbkreisförmig, die Area kurz und die grösste Breite liegt unterhalb des Cardinalrandes. Der Schnabel der Ventralschale ist klein und kaum über die Area herübergebogen. Sie trägt von der Spitze des Schnabels an einen Sinus, der den Stirnrand gegen den Wulst der anderen Schale aufbiegt. Der Sinus wird von ebenen Flächen gebildet, welche im einspringenden Winkel zusammenstossen und dadurch am Boden desselben eine einspringende Kante hervorbringen. Der Wulst der kleinen Klappe ist nur von ihrer Mitte an kenntlich. — Zu jeder Seite des Sinus so wie des Wulstes liegen 3—4 obsolete Falten, die nur am Rande sichtbar sind. Der übrige Theil der Schale ist glatt.

Die Charaktere des Sinus und der Faltung, so wie die geringe Grösse nähern diese Form dem *Spir. quadriradiatus M. V. K.* von Sterlitamak [1]. Unsere Art ist aber durch

---

[1] Géol. de la Russie Vol. II, p. 150. Pl. VI, fig. 7 a—e.

ihren mehr transversalen Umriss, die flacheren Wirbel beider Klappen, vor allem aber durch die viel geringere Tiefe der ganzen Muschel von jener stark aufgetriebenen Form zu sehr ünterschieden, um ohne Kenntniss vermittelnder Zwischenglieder mit *Spir. quadriradiatus* identificirt werden zu können.

Dieses Exemplar misst 7½ mm. vom Wirbel bis zum Stirnrand und 9½ in der grössten Breite. Der Tiefendurchmesser beider Schalen beträgt 5 mm.

Spirifer glaber Mart.

Anomites glaber Mart. Petref. Derb. Pl. 48, fig. 9 u. 10. 1809.

Spirifer oblatus Sow. Min. Conch. Vol. III, p. 123. Tab. 268. 1821.

Spir. glaber. id. ibid. Tab. 269.

Spir. obtusus. id. ibid. p. 124. Tab. 269.

Spirifera glabra Phill. Géol. of Yorksh. Part. II, p. 219. Pl. X, fig. 10, 11, 12. 1836.

Spir. symmetrica id. ibid. p. 219. Pl. X, fig. 13.

Spir. mesoloba id. ibid. p. 219. Pl. X, fig. 14.

Spirifer laevigatus v. Buch über Delthyris. p. 51. 1837.

Delthyris laevigata Pusch. Polens Palaeont. p. 28. 1837.

Spirifera oblata Phill. Pal. foss. of Dev., Cornw. and Westsomm. p. 68. Pl. 27, fig. 117 und Pl. 28. fig. 117. 1841.

Spir. protensa id. ibid. p. 69. Pl. 28. fig. 118.

Spir. plebeja id. ibid. p. 70. Pl. 28. fig. 121.

Spirifer laevigatus A. Römer. Verst. des Harzgeb. p. 15. 1843.

Spir. laevigatus F, Römer. Rhein. Uebarg. p. 71. 1844.

Spir. glaber de Kon. Deser. des anim. foss. qui se trouv. d. l. terr. carb. de Belgique, p. 267. Pl. VIII, fig. 1. a—f. 1842—44.

Martinia glabra M^c-Coy. Synops. of the char. of carb. limest. foss. of Ireland, p. 139. 1844.

Mart. mesoloba, oblata, obtusa id. ibid. p. 140.

Mart. symmetrica id. ibid. p. 142.

Spirifer glaber Murch., Vern., Keys. Géol. de la Russie. Vol. II, p. 145. Pl. VI, fig. 5. a b. 1845.

Spir. glaber Semen. Zeitschr. der deutsch. geol. Gesellsch. Band VI, p. 335. 1854.

Spirifera (Martinia) glabra M^c-Coy. Descr. of Brit. pal. foss. in the mus. of Cambridge, p. 428. 1855.

Spirifer glaber Keys. Hofmann der nördliche Ural und das Küstengeb. Pae-Choi. p. 209, 210, 213. 1856.

Spirifer glaber liegt uns von der Schartimka vor, von wo ihn auch die Verf. der Géol. of Russia mitgebracht haben. Er kommt dort in der kleinen Varietät mit kreisrundem bis quer verlängertem Umriss vor. Sinus und Wulst sind schwach angedeutet, die Area ist kurz und wird nur wenig von dem Schnabel der grösseren Klappe überragt. Unsere grössten Exemplare messen nicht mehr als 16 mm. vom Wirbel bis zum Stirnrand und 19 mm. in der Breite. Er ist der häufigste Spirifer im Bergkalk an der Schartimka.

Man kennt *Spirifer glaber* im Ural ausschliesslich aus dem Bergkalk bis auf das einzige oben angeführte Auftreten dieser Art in den devonischen Schichten bei Soulem an der Tschussowaja.

Wir haben *Spir. glaber* auch in den Bergkalkfelsen der Tschussowaja bei der zu Jekatherinburg gehörigen Sägemühle des Utkinsker Distriktes gesehen. — Ausserdem wird er aus dem Ural angeführt: von Sterlitamak, dem Isset bei Kamensk, von Andrejewsk westlich von Nikitinsk an der Strasse von diesem Ort nach Preobrajensk, von der Wischera, Wetlan an der Kolwa, Kyrta- Warta und der Syränka-Mündung am Potscherem, sowie von Owin-Parma und Jörd-Ju am Schtschugor.

Spirifer lineatus Mart.

Anomites lineatus Mart. Petref. Derb. Pl. 36, fig. 3. 1809.

Terebratula lineata Sow. Miner. Conch. Vol. IV, p. 39. Tab. 334, fig. 1 u. 2. 1823 (non *Spir. lineatus* id. ibid. Vol. V, p. 151. Pl. 493. fig. 1.)

Terebratula imbricata id. ibid. p. 40. Tab. 343, fig. 3 u. 4.

Spirifera lineata Phill. Géol. of Yorksh. Part. II, p. 219. Tab. X, fig. 14. 1836.

Spir. imbricata id ibid. p. 220. Tab. X, fig. 20.

Delthyris lineata Pusch. Polens Pal. p. 48. 1837.

Spirifer lineatus v. Buch über Delthyris. p. 51. 1857.

Spirifera lineata Phill. Pal. foss. of Cornw., Devon. et Westsomm. p. 70. Pl. 28, fig. 120 a. Pl. 58, fig. 120. 1841.

Spirifer corculum und *rostratus Kutorga.* Verb. der Kaiserl. miner. Gesellsch. zu St. Petersb. p. 25. Tab. 5, fig. 9 und 10. 1842.

Reticularia imbricata, reticulata, microgemma, lineata M^c-Coy. Synops. of the char. of carb. limest of Ireland, p. 143. 1844.

Spirifer lineatus de Kon. Descr. des an. foss. qui se trouv. d. l. terr. carb. de Belgique, p. 270. Pl. VI, fig. 5 a b c, et Pl. XVII, fig. 8 a—e. 1842—44.

Spir. lineatus M. V. K. Géol. de la Russie. Vol. II, p. 147. Pl. VI, fig. 5. a b. 1845.

Spir. lineatus Keyserl. Petschor. p. 233. 1846.

Spir. lineatus Semen. Zeitschr. der deutschen geol. Gesellsch. Bd. VI, p. 336. 1854.

Spirifera (Martinia) lineata M^c-Coy. Descr. of Brit. pal. foss. in the mus. of Cambridge, p. 430. 1855.

Spir. lineatus Keys. Hofmann der nördl. Ural und das Küstengeb. Pae-Choi, p. 208. 1856.

Wir haben den *Spir. lineatus* an der Schartimka gefunden, wo er in der länglichen, kleinen Varietät vorkommt, welche nach Murch. Vern. und Keys. in Russland vorwaltet. Sinus und Wulst sind kaum angedeutet, die concentrischen Streifen dicht, fein und regelmässig. Das grösste Exemplar misst nur 14 mm. vom Wirbel bis zum Stirnrand, und 12 in der grössten Breite.

Die stark transversale Varietät mit deutlich entwickeltem Sinus und Wulst ist bisher nur an der Soiwa von Graf Keyserling gefunden worden. *Spir. lineatus* ist im Ural ausserdem von Sterlitamak und Saranink, so wie von der Wischera bekannt.

Spirifer conularis n. sp.

Tafel IV, Fig. 2 a—g.

Diese ausgezeichnete Art unterscheidet sich von allen glatten Spiriferen durch die ungewöhnliche Länge des Schnabels der Bauchklappe und die grosse Ungleichheit in der Grösse beider Schalen. Der Totalumriss ist spitz oval, beinahe kegelförmig [1]), besonders von hinten gesehen. Die grösste Breite liegt unterhalb der Area, die grösste Tiefe aber, wegen des aufgetriebenen Halses in der Cardinalgegend.

Die grosse Klappe unseres ausgewachsenen Exemplares übertrifft die kleinere beinahe drei Mal an Tiefe. Die Seitenränder desselben sind nahe parallel, so dass die Breite der Muschel sich zwischen Stirn- und Cardinalrand ziemlich gleich bleibt. Ueber letzterem erhebt sich, von hinten gesehen, der Schnabel wie ein hoher Kegel. Seine gewölbte Spitze krümmt sich nach vorn tief über die Area herab. Ein Sinus ist von der äussersten Spitze des Schnabels an als Furche sichtbar. Nach unten wird er flach und so breit, dass er am Stirnrande, den er stark gegen die kleinere Schale aufbiegt, beinahe die ganze Breite der Muschel einnimmt. Trotz dieser Verflachung ist er gegen die Seitentheile der Schale scharf abgesetzt, und in seinem Boden bleibt die Furche, welche den Wirbel spaltet, bis unten sichtbar. — Die verhältnissmässig flache Dorsalklappe trägt einen breiten Wulst, der nur in der Nähe des Stirnrandes aufragt. Ihr Wirbel ist gleichfalls stark entwickelt und erhebt sich etwas über den Cardinalrand, so dass die beiden Wirbel sich beinahe berühren, und nur wenig von der kurzen, dreieckigen, concaven Area sichtbar bleibt. Die Heftmuskelöffnung ist von einer zwischen den Wirbeln haftenden Gesteinsmasse verdeckt.

An dem kleinen Exemplare ist der Sinus flacher und nur von der Mitte der Schale an sichtbar. Der Stirnrand ist wenig ausgeschweift und bildet mit den Seitenrändern zusammen einen Halbkreis. Beide Exemplare sind, wie die meisten glatten Spiriferen mit Anwachsringen bedeckt, welche an dem grossen grob und unregelmässig sind, an dem

---

[1]) De Verneuil führt (Bull. de la soc. géol. de France, deuxième Série. Tome III, p. 457) einen neuen, glatten und sehr lang gezogenen Spirifer aus dem Bergkalk von | Pola und Lena an. Es ist uns nicht bekannt, ob diese Art ausführlich beschrieben worden ist.

kleinen aber eine sehr feine und ganz regelmässige concentrische Streifung bilden, wie beim *Spirifer lineatus.*

Das grosse Exemplar misst 49 mm. von der Höhe des Schnabels bis an den Stirnrand, und 33 mm. in der Breite, während der grösste Tiefendurchmesser beider Schalen 25 mm. beträgt.

Anderen Sammlern muss es vorbehalten bleiben, die constanten Merkmale einer Form festzustellen, von der wir nur zwei, wenn auch vollständig erhaltene Exemplare, in sehr verschiedenen Stadien des Wachsthums, beschreiben können.

Wir fanden beide Individuen beim Zerschlagen eines Kalksteinblockes, den wir in der Steppe östlich von Artinsk, an dem Wege auflasen, der von Potaschinsk nach dem Baschkirendorfe Schigiri führt. Die Stelle liegt etwa 25 Werst von ersterem entfernt, und ist in diesen einförmigen Flächen nicht näher zu bezeichnen. Da in jener Gegend bei Michaelowsky Sawod Bergkalk ansteht, und in demselben Steinblocke ein kleiner Productus aus der Gruppe der *semireticulati* enthalten war, den wir nicht genauer bestimmen können, ist es mehr als wahrscheinlich, dass wir es mit einem Spirifer des Bergkalkes zu thun haben.

Genus *Athyris* M^c-*Coy.*

Athyris de Roissyi. Lev.

Taf. III, Fig. 7.

Spirifer de Roissyi Leveillé. Mém. de la soc. géol. de France. Tome II, p. 39. Pl. II, Fig. 18, 19, 20. 1835.

Spirifera fimbriata Phill. Geol. of Yorksh. Part. II, p. 220. 1836?

Spir. planosulcata id. ibid. p. 220, tab. 10, Fig. 18?

Terebratula prisca Fischer. Orykt. du gouv. de Moscou, p. 37. Tab. XLVI, Fig. 4 a b. 1837.

Atrypa pectinifera J. Sow. Min. conch. Vol. VII, p. 14. pl. 616. 1840?

Spirifera Roissyi A. d'Orb. Voyage dans l'Amérique méridionale. Tome III, quatr. part. p. 46. Pl. III, Fig. 17 — 19. 1842.

Terebratula Royssii de Kon. deser. des anim. foss. qui se tr. d. la terr. carb. de Belgique p. 300. Pl. XX, Fig. 1a—d et Pl. XI, Fig. 1a—d, g und h (excl. e, f, i) 1842—44.

Athyris depressa M^c-Coy. Synops. of the char. of carb. limest. foss. of Ireland p. 147. t. 18, Fig. 7. 1844.

Athyris decussata id. ibid. p. 147.

Terebratula Roissyi M. V. K. Géol. de la Russie. Vol. II, p. 55. pl. IX, Fig. 2 a b. 1845?

Terebratula pectinifera ibid. Vol. II, p. 57. Pl. VIII, Fig. 12 a b?

Terebratula Royssiana Keys. Petschor. p. 237?

Ter. pectinifera id. ibid. p. 238?

Ter. pectinifera Geinitz. Verst. des deutschen Zechsteingeb. p. 11. Tab. IV, Fig. 37 — 40. 1848?

Spirigera Roissyi Semen. Zeitschr. d. Deutschen geol. Gesellsch. Bd. VI, p. 337. 1854.

Terebratula Royssiana Keys. in A. Schrenk, Reisen in den Nordosten des Europ. Russland u. s. w. p. 109. Taf. IV, Fig. 31.— 33. 1854?

Athyris de Roissyi M^c-Coy. Descr. of Brit. pal. foss. in the mus. of Cambridge p. 433. 1855.

Terebratula Royssii Keyserl. in Hofm. der nördl. Ural und das Küstengeb. Pae-Choi, p. 212. 1856.

Athyris pectinifera Davids. Monogr. of Perm foss. Brachiop. of England p. 21. Pl. I, Fig. 50 — 56. Pl. II, Fig. 1 — 5. 1857?

Nur ein einziges Exemplar dieser Art fanden wir im Bergkalk von Saraninsk. Es gewinnt dadurch an Interesse, dass diese in denselben Schichten Belgiens so häufige Species, zur Zeit der Herausgabe der Géol. de la Russie im Bergkalk des flachen Russland unbekannt, später nur von Hofmann in uralischem Bergkalk am Potscherem gefunden worden ist. — Unser einziges Individuum steht mit seinem stumpfen Apicialwinkel von 125° hart an der Grenze (130°), welche Keyserling als unterscheidend für die stumpfere *Ath. Royssiana* der permischen Schichten feststellt, und überschreitet um 15° den durchschnittlichen Winkel, welchen er für die echte *Ath. de Roissyi* des Bergkalks annimmt[1]).

Den flachen, transversen Varietäten der belgischen *Ath. de Roissyi* mit dichten Anwachslamellen, welche das Berliner Museum aufbewahrt, gleicht das Exemplar von Saraninsk zum Verwechseln. Die Heftmuskelöffnung ist klein, aber nicht kleiner wie an jenen belgischen Individuen, woraus wir entnehmen, dass de Konink vorzugsweise Exemplare mit sehr grosser Heftmuskelöffnung abgebildet hat. — Der Sinus der Dorsalklappe ist nur am Stirnrande zu erkennen, welchen er kaum merklich aufbiegt. Auf der kleineren Schale ist die eigenthümliche Behaarung stellenweise erhalten, die, wie schon andere Schriftsteller beobachteten, aus der Franzung der concentrischen Lamellen entsteht, welche die Oberfläche der Muschel bedecken. — Die Länge derselben beträgt 15, die Breite 18mm.

Noch neuerdings führt Davidson den *Sinus* der *Ath. de Roissyi* als unterscheidend von der *Ath. pectinifera* des permischen Systems an, welche keinen haben soll. Keyserling, der im permischen System zwei Arten *Ath. Royssiana* und *pectinifera* unterscheidet, schreibt letzterer «kaum eine Spur von Sinus zu», während Geinitz bei Beschreibung derselben Form nur von einem «oft undeutlichen Sinus» spricht. Wir bemerken, dass sich in der erwähnten Formensuite von *Ath. Roissyi* aus Belgien Varietäten finden, an denen kein *Sinus* kenntlich ist. — Hieraus geht hervor, dass diese Gestalten in beiden Formationen mit und ohne *Sinus* auftreten.

---

[1]) Siehe Petschoraland und Schrenk's Reisen l. c.

Nach Geinitz schwankt der Apicialwinkel der *Ath. pectinifera* zwischen ähnlichen Gränzen wie der der *Ath. de Roissyi*, wenn man die überaus spitzen Exemplare der letzteren Art in Betracht zieht, welche A. d'Orbigny aus amerikanischem Bergkalke mitgebracht· hat. — Endlich bildet Davidson neuerdings fein gefranzte (behaarte) Individuen der *Ath. pectinifera* aus dem Zechstein ab, und eben solche Exemplare beschreibt Graf Keyserling vom Wol und Wym, während die von Geinitz abgebildeten Franzen haben, welche beinahe so grob sind, wie die des *Spirifer lamellosus* Lev.

Nach diesen Erwägungen wird die Unterscheidung der *Ath. de Roissyi* von *Ath. pectinifera* ungemein schwierig, und es scheint uns wahrscheinlich, dass spätere Schriftsteller, in Anbetracht der ohnehin nahen Verwandtschaft der permischen *Fauna* mit der des Bergkalkes, diese beiden Formen nur als Varietäten einer Art gelten lassen dürften. Wir begnügen uns damit, die permischen Formen mit einem Fragezeichen in unserer Synonymie aufzuführen.

Schliesslich fügen wir hinzu, dass eine Schale, welche wir an der Schartimka fanden, ebenfalls der *Ath. de Roissyi* anzugehören scheint.

Athyris paradoxa Mᶜ-Coy.

Terebratula Royssii de Vern. Bull. de la soc. géol. de France, T. XI, p. 259 Pl. III, Fig. 1 a et e. 1840.

Actynoconchus paradoxus Mᶜ-Coy. Synops. of the char. of carb. lim foss. of Ireland, p. 149, tab. 21, Fig. 6. 1844.

Terebratula planosulcata de Kon. Descr. des anim. foss. qui se trouv. dans le terr. carb. de Belgique, p. 301. Pl. XXI, Fig. 1 e f i et Fig. 2 a — g. 1842 — 44. (non Phill.)

Spirigera planosulcata Semen. Zeitschr. der Deutschen geol. Gesellschaft, Band VI, p. 337. 1854.

Terebratula planosulcata Keys. in A. Schrenck's Reise nach dem Nordosten des Eur. Russlands u. s. w., p. 91. 1854.

Athyris paradoxa Mᶜ-Coy. Descr. of Brit. pal. foss. in the mus. of Cambridge p. 436. 1855.

An der Schartimka fanden wir schlechte Exemplare einer kleinen Brachiopode von linsenförmiger Gestalt, mit kurzem, spitzem Schnabel. Sie ist mit regelmässigen Anwachsringen concentrisch gestreift und vollkommen identisch mit den kleinen Exemplaren der *Ter. planosulcata de Kon.* aus belgischem Bergkalk, welche das Berliner Museum aufbewahrt. Die Muschel hat keine Spur von *Sinus*, die Ränder der Schale liegen in einer Ebene, und ihre grösste Höhe befindet sich ungefähr in der Mitte.

Mᶜ-Coy reclamirt in der Descr. of Brit. pal. foss. u. s. w., seinen Namen für diese Art, da *Ter. planosulcata. Phill.*, wie aus der Abbildung dieses Schriftstellers erhellt, mit einem deutlichen Sinus versehen ist, worauf schon Graf Keyserling l. c. hingewiesen hat.

Da diese Art zu einer Zeit aufgestellt worden ist, zu der die zerbrechlichen, lamellösen Schalenverlängerungen der Brachiopoden, welche Barrande «Schleppen» nennt, erst an sehr wenigen Formen beobachtet waren, und daher wie etwas Besonderes angesehen wurden, ist es nicht unmöglich, dass auch diese Species späterhin mit verwandten Gestalten vereinigt werden dürfte. Herr v. Verneuil hat sie bei der ersten Entdeckung von *Ath. de Roissyi* nicht unterschieden.

Genus *Rhynchonella. Fischer.*

Rhynchonella Verneuilana. n. sp.

Terebratula rhomboïdea. Géol. de la Russie Vol. II, p. 72. Pl. IX, Fig. 13 a b. 1845.

Für die ausführliche Beschreibung dieser Form verweisen wir auf die Géol. de la Russie. Wir haben sie, wie die Verf. dieses Werkes, an der Schartimka gefunden; glauben aber, dass ihre Identität mit der Art von Phillips nicht erwiesen ist. Schon die Verf. der Géol. de la Russie bemerken, dass ihre Exemplare ganz glatt sind, während die westeuropäische *Rh. rhomboïdea* im Sinus gefaltet zu sein pflegt. 12 Exemplare, welche wir fanden, sind gleichfalls durchaus glatt, und erreichen den westeuropäischen gegenüber auch eine beträchtlichere Grösse, wie aus den citirten Abbildungen der Géol. de la Russie hinreichend ersichtlich. Sie messen 20 mm. in der Breite und 16 vom Wirbel bis zum Stirnrand. In England und Belgien tragen die ausgewachsenen Individuen, welche kleiner und spitzer sind als die uralischen, eine starke Falte im Sinus. Nur ganz kleine sind glatt. Diese Regel scheint gar keine Ausnahme zu erleiden, was wir besonders an zahlreichen belgischen Exemplaren beobachten konnten. Hat die uralische *Rhynchonella* niemals eine Falte im Sinus, was jetzt mehr als wahrscheinlich ist, und erreicht dabei eine beträchtlichere Grösse als *Rhynchonella rhomboïdea*, so muss sie in Zukunft, bei so constanten Unterschieden, als eine grössere und stets glatte Form von letzterer unterschieden werden. Sie ist der *Terebratula nuda v. Buch.* nahe verwandt. Wir schlagen vor, sie nach ihrem Entdecker zu benennen.

Rhynchonella pugnus. Mart.

Anomites pugnus Mart. petref. Derb. T. 22, Fig. 4 und 5. 1809.

Terebratula pugnus. Géol. de la Russie Vol. II, p. 78. Pl. X, Fig. 1 a b. 1845.

Terebratula pugnus Keyserl. in Hofm. der nördliche Ural und das Küstengebirge Pae-Choi, p. 211. 1856.

Schlechte Bruchstücke von der Schartimka glauben wir um so sicherer mit dieser Art vergleichen zu können, da sie schon von den Verf. der Géol. de la Russie eben daselbst gefunden worden ist. Sie ist von Hofmann an der Petschora, bei Kliutschi auch in devonischen Schichten gesammelt worden.

Rhynchonella pleurodon. Phill.

Terebratula pleurodon Phill. Géol. of Yorkshire Part. II, p. 222. Tab. XII, Fig. 25—
30. 1836.

Ter. pleurodon. M. V. K. Géol. de la Russie. Vol. II, p. 79. Tab. X, Fig. 2a b. 1845.

Ter. pleurodon Keyserl. in Hofmann: der nördliche Ural und das Küstengebirge
Pae-Choi, p. 211. 1856.

Auch diese Art haben wir von der Schartimka mitgebracht, wo sie schon früher von
den Verf. der Géol. de la Russie gefunden worden ist. Hofmann entdeckte sie im hohen
Norden des Gebirges bei Wetlan, an einem Wasserfalle, den die Kolwa 1 Werst oberhalb
jenes Dorfes bildet.

Rhynchonella acuminata Mart.

Anomites acuminatus Mart. petr. Derb. Tab. 32, Fig. 7 u. 8. Tab. 33, Fig. 5 u. 6. 1809.

Terebratula acuminata. Géol. de la Russie Vol. II, p. 76. Pl. IX, Fig. 14a b. 1845.

Nur ein Exemplar dieser Art fanden wir an der Schartimka. Es gehört derselben
Varietät an, welche die Verf. der Géol. de la Russie von ebendaher beschrieben haben.
Bekannt ist, dass einige neuere Auctoren die beiden letzteren Arten, von denen wir uns
nur schlechte Bruchstücke verschaffen konnten, als Varietäten der *Rh. acuminata* ansehen.

Genus *Camarophoria King. 1844.*

Camarophoria King. ann. and mag. of nat. history. Vol. XIV, p. 313. 1846.

Camarophoria Davidson. Brit. foss. Brachiopoda, Vol. I, p. 96. 1851 — 54 und
Classif. der Brachiopoden u. Mitw. d. Verf. deutsch bearb. von E. Suess, p. 101. 1856.

Terebratula der meisten Auctoren.

Camarophoria Schlotheimi v. Buch.

Terebratula lacunosa Schloth. Schrift. der Münch. Acad. Vol. VI, pl. 8, Fig. 15 —
20. 1817.

Ter. lacunosa idem. Petrefactenkunde, p. 267. 1820. part.

Ter. Schlotheimi v. Buch über *Terebratula,* p. 39. Tab. II, Fig. 32. 1834.

Ter. lacunosa und *Schlotheimii Gein.* Gaea von Sachsen, p. 96. 1843.

Ter. Schlotheimi M. V. K. Géol. de la Russie, Vol. II, p. 101. Pl. VIII, Fig. 4 a-d. 1845.

Camarophoria Schlotheimi King. Ann. and mag. of nat. hist. Vol. XVIII, p 28. 1846.

Terebratula Schlotheimi Gein. Verst. des Deutsch. Zechsteingeb. p. 12. Tab. IV, Fig.
43 — 50. 1848.

Camarophoria Schlotheimi King. Mon. of the Perm. foss. of England p. 118. 1850.

Camarophoria Schlotheimi M^c-Coy. Descr. of Brit. pal. foss. in the mus. of Cambridge, p. 445. 1855.

Camarophoria Schlotheimi Davids. Mon. of Brit. Perm. Brachiopoda, p. 25. 1857.

Wir haben diese Art in mehreren Exemplaren bei Saraninsk an der Ufa gefunden, und verweisen für dieselbe auf die ausführliche Beschreibung der Verf. der Géol. de la Russie, welche sie von demselben Fundorte mitgebracht haben. Unsere Individuen zeigen im Sinus 2 — 3 Falten, welche gewöhnlich bis in die Mitte der Schale, bei einem Exemplare sogar bis an den Wirbel vordringen. Die Seitenfalten sind nur am Rande sichtbar. Das grösste Exemplar misst 24 mm. in der Breite und 25 mm. in der Länge. Gebrochene Individuen zeigen, dass das *Septum* vom Wirbel abwärts, bis zu einem Drittheil der Länge der grossen Klappe vordringt.

Diese ursprüngliche Form des Zechsteins ist aus uralischem Bergkalk auch von Sterlitamak und von der Schartimka bekannt.

Genus *Orthis Dalm.*

Orthis Michelini. Lev.

Terebratula de Michelin Lev. Mém. de la société géol. de France, Vol. II, p. 39, Pl. I, Fig. 14 — 16. 1835.

Spirifera filaria Phill. Geol. of Yorksh. Part. II, p. 220, Pl. XI, Fig. 3. 1836.

Orthis filaria v. Buch. über Delthyris, p. 61. 1837.

Orthis filaria Portl.. Rep. on the Géol. of Londond etc., p. 458. 1843.

Orthis filaria und *divaricata.* M^c-Coy Synops. of the char. of carb. limest. foss. of Ireland p. 123. 1844.

Orthis Michelini de Kon. Descr. des an. foss. qui se trouv. d. l. terr. carb. de Belgique, p. 228, Pl. XIII, Fig. 8 a b et Fig. 10 c d. 1842 — 44.

Orthis Michelini M. V. K. Géol. de la Russie, Vol. II, p. 185, Pl. XII, Fig. 7 a b, Pl. XIII, Fig. 1 a b c. 1845.

Orthis Michelini Semen. Zeitschr. der Deutschen geol. Gesellschaft, Band VI, p. 342. 1854.

Orthis Michelini M^c-Coy. Descr. of Brit. pal. foss in the mus. of Cambridge, p. 448. 1855.

Diese Art fanden wir an der Schartimka, von wo sie auch Murch., Vern. und Keys. erhalten haben. Wir fügen zu der Beschreibung dieser Auctoren hinzu, dass zwei unserer Dorsalschalen einen leichten, bei der einen schon von dem Wirbel an deutlichen Sinus zeigen, wie die von Phillips abgebildete *Orthis filaria.* Von M^c-Coy wurde dieser Charakter an englischen Exemplaren gleichfalls nachgewiesen. Andere unserer Schalen zeigen nur die gewöhnliche Abflachung der mittleren Wölbung. Ein verdrücktes Exemplar, das wahrscheinlich dieser Art angehört, fanden wir an der Tschussowaja, 4 Werst oberhalb des Dorfes Wolegobowa, mit *Spirifer Mosquensis*, *Productus semireticulatus*, *Orthisina arachnoïdea* und einer neuen Chonetes-Art.

Subgenus *Orthisina A. d'Orbigny 1849.*

Hemipronites Pander. Beiträge zur Geognosie Russlands, p. 75. 1830.

Pronites id. ibid. p. 72.

Subg. *Orthisina A. d'Orb.* Prodr. de pal. strat. Vol. I, p. 16. 1849.

Orthisina King. Monogr. of the Perm. foss. of England, p. 81 u. p. 105. 1850.

Orthisina Davids. Brit. foss. Brachiop. p. 104. 1851 — 1854.

Orthisina Semenow. Zeitschr. der Deutschen geol. Gesellsch. Band VI, p. 342. 1854.

Orthisina M^c-Coy. Descr. of Brit. pal. foss. in the mus. of Cambridge, p. 231. 1855.

Orthisina Davidson. Classif. der Brachiop. u. Mitw. d. Verf. deutsch bearb. von E. Suess, p. 101. 1856.

Orthisina Gebr. Sandberger. Verst. des Rhein. Schiefers. in Nassau, p. 356. 1856.

Orthis der meisten Auctoren.

Orthisina? arachnoïdea. Phill.

Spirifera arachnoïdea Phill. Geol. of Yorksh. Part II, p. 220, Pl. XI, Fig. 4. 1836.

Orthis pecten v. Buch, über Delthyris, p. 69. 1837. part. (non Dalm.).

Orthotetes Fischer. Orykt. du gouv. de Moscou, p. 133. Pl. XX, Fig. 4 a b c. 1837.

Strophomena pecten. id. ibid. p. 145. Pl. XX, Fig. 56.

Orthis arachnoïdea M^c-Coy. Synops. of the char. of carb. lim. foss. of Ireland, p. 121, Tab. 22, Fig. 6. 1844.

Orthis Bechei. id. ibid. p. 122.

Orthis arachnoïdea M. V. K. Géol. de la Russie, Vol. II, p. 196, Pl. X, Fig. 18 a b et Pl. XI, Fig. 1 a b. 1845.

Orthis arachnoïdea Keyserl. Petschor. p. 220. 1846.

Orthis arachnoïdea F. Römer. Kreideb. von Texas. Anhang p. 89. Tab. XI, Fig. 9 a b. 1852?

Orthisina arachnoïdea Semen. Zeitschr. der Deutschen geol. Gesellschaft, Band VI, p. 343. 1854.

Strophomena arachnoïdea M^c-Coy. Descr. of Brit. pal. foss. in the mus. of Cambridge, p. 385. 1855.

Orthis arachnoïdea Keyserl. in Hofm. der nördliche Ural und das Küstengeb. Pae-Choi, p. 209 u. 212. 1857.

Eine Ventralklappe dieser Art fanden wir an der Tschussowaja, 4 Werst oberhalb des

Dorfes Wolegobowa. Die Area ist nicht erhalten, aber die halbkreisförmige, in der Mitte flache, am Wirbel erhobene Schale, deren Oberfläche mit undichten, runden, radialen Falten bedeckt ist, zwischen die sich dünnere einschalten, macht die Bestimmung sehr wahrscheinlich.

Von Usiansky Sawod erhielten wir eine Dorsalschale. Sie ist gewölbt, wie Phillips ausdrücklich hervorhebt, und zeigt den scharf in den Natis einschneidenden Sinus, wie Graf Keyserling ihn beschreibt. Nach unten erweitert er sich fächerförmig. An diesem Stücke sind feine concentrische Anwachsstreifen sehr deutlich zwischen den radialen Falten sichtbar.

Endlich fanden wir bei Utkinsky Pristan, am Hafen von Tagil, Abdrücke, welche wir dieser Art zuschreiben. Sie kommen mit einem Chonetes zusammen in der mächtigen Ablagerung graublauen Kalksteins vor, welche zwischen den Schichten mit devonischen Versteinerungen im Liegenden und dem gelben Sandstein mit kohligen Schieferletten im Hangenden eingelagert und in jener Schichtenreihe mit Nr. 11 bezeichnet ist. Da bei Utkinsk *Prod. giganteus* im Hangenden jener Sandsteinetage auftritt, weist diese *Orthis* darauf hin, dass noch mächtige Bergkalkmassen unter den Schichten liegen, welche jene für die untere Etage der Formation charakteristische Versteinerung enthalten.

Orthisina? arachnoïdea ist im Ural ausserdem bei Sterlitamak, an der Soiwa, der Wisebera, dem Potscherem, an der Syränka-Mündung und wahrscheinlich am Ylytsch vorgekommen.

Genus *Chonetes Fischer 1837*.

Chonetes Fischer. Orykt. du gouv. de Moscou, p. 134. 1837.

Chonetes Davidson. Brit. foss. Brachiopoda, Vol. I, p. 113. 1851—54 und Class. der Brachiopod. unter Mitw. des Verf. deutsch bearb. von Ed. Suess, p. 125. 1856.

Chonetes aller neueren Auctoren.

Für die ausführliche Litteratur und Synonymie dieser Gattung verweisen wir auf die schöne Monographie derselben von de Koninck.

Chonetes papilionacea Phill.

Spirifera papilionacea Phill. Geol. of Yorksh. Part II, p. 221. Pl. XI, Fig. 6. 1836.

Chonetes papilionacea de Kon. Descr. des an. foss. qui se tr. d. l. terr. carb. de Belgique p. 212. Pl. XIII, fig. 5 a b und Pl. XIII bis fig. 1 a b 1842—44.

Orthis papilionacea M^c-Coy. Synops. of the char. of carb. limest. foss. of Ireland, p. 125. 1844.

Chonetes papilionacea de Kon. Monogr. des genres. Productus et Chonetes, p. 187. Pl. XIX, fig. 2 a b c d. 1847.

Chonetes papilionacea Semen. Zeitschr. der Deutschen geol. Gesellsch. Band VI, p. 346. 1854.

Leptaena papilionacea M^c-Coy. Descr. of Brit. pal. foss. in the mus. of Cambridge, p. 455. 1855.

Der Umriss ist nahe halbkreisförmig, die grosse Klappe wenig gewölbt. Der beinahe geradlinige Cardinalrand bildet mit den Seitenrändern nahebei einen rechten Winkel und bezeichnet die grösste Breite der Muschel. Man erkennt auf demselben eine Reihe in gleiche Entfernung von einander gestellter kurzer Stacheln, welche bei ausgewachsenen Exemplaren gegen 2 mm. aus einander zu liegen pflegen. Die radialen Streifen sind fein. Sie erscheinen unter der Loupe gerundet und sind durch schmälere Furchen von einander getrennt. In der Mitte der grossen Klappe zählen wir 45—47 auf einem Raume von 10 mm. Die Totalanzahl beträgt 2—300 auf einer Schale. Unser grösstes Exemplar hat einen Cardinalrand von 50 mm. Länge. Ein anderes misst 32 mm. in der Breite und 18 vom Wirbel bis zum Stirnrand.

Diese Art, welche bisher aus dem Ural nicht angeführt worden ist, kommt bei Ilinsk an der Tschussowaja so häufig vor, dass einzelne Schichten damit erfüllt sind. In Belgien ist *Chonetes papilionacea* nach de Koninck eine Form des unteren Bergkalkes.

Die bereits erwähnte Chonetesschale, welche wir mit *Orthis arachnoïdea* in den oben besprochenen Kalksteinen bei Demid. Utkinsky pristan gefunden haben, ist nicht mit Sicherheit zu bestimmen. Nach Umriss und Streifung gleicht sie der *Chonetes papilionacea;* das einzige Exemplar, welches wir besitzen, ist aber sehr viel kleiner, als die meisten, welche wir von Ilinsk mitgebracht haben.

Chonetes variolaris Keyserl. (Petschoraland p. 215. Tab. VI, Fig. 2 a—d) wird von einigen Schriftstellern mit Unrecht als Synonyme der *Chonetes papilionacea* angeführt. Die länglichen Tuberkeln auf den feinen Falten sind ein ausgezeichnetes Merkmal jener Art, wovon wir uns durch Besichtigung der vom Grafen Keyserling mitgebrachten Original-Exemplare überzeugen konnten.

Chonetes lobata n. sp.

Tafel III, Fig. 6.

Der Umriss ist einem liegenden Rechtecke vergleichbar. Der Cardinalrand ist kürzer als die ausgebogenen Seitenränder, und der Stirnrand bildet mit ersterem nahebei eine Parallellinie, was dieser Art, so wie der *Chonetes Koninckiana Semen.* jenen von den meisten Chonetes-Arten unterschiedenen Umriss verleiht. Ein flacher Sinus schweift den Stirnrand leicht aus und ist schon am Wirbel kenntlich. Dieser ist gegen die Ohren der grossen Klappe, von welcher allein wir zwei Exemplare besitzen, zugleich deutlich abgesetzt. Die Stacheln auf dem Cardinalrande sind spitz, kurz und schief nach aussen gerichtet. Nach der Entfernung, in welcher die erhaltenen Stacheln auseinanderliegen, hätten 7—8 auf jeder Seite des Wirbels Platz. Davon sind jederseits nur drei ührig, welche so symmetrisch vertheilt sind, dass man auch annehmen kann, dass überhaupt nicht mehr vorhanden waren. — Narben konnten wir nicht erkennen. — Die radiale Streifung ist ungemein fein. Da sie auf der Photographie nicht erschien, konnte sie auf unserer Abbildung nur, mit der Bleifeder angedeutet werden. Mit Hülfe der Loupe zählten wir in der Mitte der Schale 60 Falten auf einem Raume von 10 mm. Die radialen Streifen werden auf der abgebildeten Schale von zwei unregelmässigen, breiten Querrunzeln geschnitten.

Die abgebildete Schale misst 25 mm. in der grössten Breite und 12 mm. vom Wirbel bis zum Stirnrand. Die Länge des Cardinalrandes beträgt 21 mm [1]).

Unseres Wissens sind bisher nur drei Chonetes-Arten beschrieben worden, welche eine sinusartige Vertiefung auf der grösseren Schale haben. Da wir sie an unserer·Art auf 2 Exemplaren in gleichem Maasse und durchaus symmetrisch beobachteten, ist nicht anzunehmen, dass dieser Sinus von einer Verdrückung der Muschel herrührt. Die anderen Formen sind: *Leptaena (Chonetes) variolata A. d'Orb.* aus südamerikanischem Bergkalke[2]), *Chonetes Koninckiana Semenow* aus dem schlesischen Kohlenkalkstein[3]) und *Chonetes Burgeniana Zeiler*, aus der unteren rheinischen Grauwacke[4]). *Chonetes lobata* untscheidet sich von den beiden letzteren glatten Arten durch die radiale Streifung. Mit *Chonetes variolata d'Orb.* hat sie nach der Beschreibung und Abbildung dieses Auctors am meisten Aehnlichkeit; es fehlen ihr aber die Tuberkeln auf der Schale. Ausserdem überragt bei *Chonetes variolata* der Cardinalrand die Seitenränder bedeutend. Wir fanden diese Art an der bereits öfter erwähnten Stelle am rechten Ufer der Tschussowaja, 4 Werst oberhalb des Dorfes Wolegobowa.

Genus *Productus. Sow.*

Productus striatus Fischer.

Mytilus striatus Fisch. Orykt. du gouv. de Moscou, p. 181. Tab. XIX, Fig. 4. 1830—37.

Pinna inflata Phill. Geol. of Yorkshire, Part II, p. 211. Pl. VI, Fig. 1. 1836.

Pileopsis striatus id. ibid. p. 224. Pl. XIV, Fig. 15.

Productus limaeformis v. Buch über Productus oder Leptaena, p. 22. T. I, Fig. 4—6. 1842.

Productus striatus de Kon. Descr. des amin. foss. qui se trouvent dans le terr. carb. de Belgique, p. 169. Pl. VI, Fig. 10 a—d und Pl. VII, bis Fig. 4 a b. 1842—44.

---

[1]) Diese Dimensionen sind auf der Photographie um 0,12 vergrössert, eine ausnahmsweise Abweichung von der natürlichen Grösse, welche schon zu den bedeutendsten Fehlern gehört, und daher rührt, dass es uns nicht immer gelungen ist, die abzubildenden Objecte genau in dieselbe Ebene zu bringen.

[2]) Voy. dans l'Amer. mérid. Tome III, quatrième partie p. 49. Pl. IV, Fig. 10. 1842.

[3]) Zeitschr. der deutschen geol. Gesellsch. Band VI, p. 352. Tab. I, Fig. 9 a b c. 1854.

[4]) Verhandl. des naturh. Vereins der Preuss. Rheinl. u. Westphal. 14. Jahrg., p. 51, Taf. IV, Fig. 18 — 20. 1857.

Producta striata M^c-Coy. Synops. of the char. of carb. limest. foss. of Ireland, p. 115. 1844.

Leptaena striata Fahrenk. Bullet. de la soc. imp. des nat. de Moscou, Vol. XVII, p. 184. 1844.

Productus striatus M. V. K. Géol. de la Russ. p. 254. Pl. XVII, Fig. 1 a b. 1845.

Prod. striatus Keys Petschor. p. 212. Tab. IV, Fig. 8, 8 a, 8 b, Tab. V, Fig. 1. 1846.

Prod. striatus de Kon. Monogr. des genres Productus et Chonetes, p. 30. Pl. I, Fig. 1 a—d; 1847.

Prod. striatus Semen. Zeitschr. d. deutschen geol. Gesellsch. Band VI, p. 355. 1854.

Producta striata M^c-Coy. Descr. of the Brit. pal. foss. in the mus. of Cambridge, p. 437. 1855.

Productus striatus Keyserl. in Hofm. der nördl. Ural und das Küstengeb. Pae-Choi, p. 209. 1856.

Diesen Productus haben wir von Ilinsk an der Tschussowaja mitgebracht, wo er mit dem folgenden zusammen vorkommt. Ebenso haben wir ihn im Bergkalk von Kamensk und bei Utkinsky pristan, dem Hafen von Jekaterinburg, gefunden; jedoch liegt er uns von letzteren Orten nicht vor, da die dort gesammelten Petrefacten verloren gegangen sind.

Ausserdem ist jene in den Bergkalkschichten aller Länder verbreitete Art bisher von folgenden Punkten des Ural angeführt worden: Der Wischera, einem Nebenflusse der Kolwa, welche in die Kama fällt. Dem Schleifsteinberge an der Soiwa. Von Soulem und Kalino an der Tschussowaja. Von Grobowo an der Strasse von Perm nach Jekaterinburg, westlich von Ust.-Katawsk, zwischen diesem Orte und Simsk. Westlich von Andrejewskoi, und endlich von der Strasse nach Preobrajensk, etwas vor Tschemazino. Eichwald citirt ihn von der Schartimka.

Productus giganteus Mart.

Anomites giganteus Mart. Petref. Derb. Pl. 15. 1809.

Bei der grossen Häufigkeit in der sich *Prod. giganteus* in den Bergkalkschichten des Ural findet, und von uns besonders im Distrikt von Kamensk beobachtet worden ist, wäre hier ein Urtheil darüber zu erwarten, auf bedeutendes Material gestützt, wie sich das Auftreten dieser Form im Ural zu den noch immer schwankenden Ansichten über ihre Synonymie verhält [1]. Der Verlust unserer Sammlungen von 1855 ist die Ursache, dass

---

[1] Nachdem de Koninck 1847 in seiner Monographie von Productus ausser dem *Prod. latissimus* sämmtliche nahe verwandte Formen, wie *Pr. hemisphaericus, Scoticus. Edelburgensis, comoïdes* u. s. w. mit *Prod. giganteus Mart.* vereinigt hatte, hat Graf Keyserling noch 1856 an der Unterscheidung des *Prod. hemisphaericus* festgehalten. Ebenso M^c-Coy 1855, der auch darin von der Synonymie de Konincks abweicht, dass er *Prod. latissimus* für dieselbe Art hält, wie *giganteus.*

wir uns auf die Synonymie garnicht einlassen können, und vorläufig unter diesem Namen alle Formen aufführen, welche de Koninck in seiner Monographie unter demselben vereinigt hat.

Es liegen uns Stücke vor, welche wir von Ilinsk an der Tschussowaja mitgebracht haben. Durch die «eingerollten», zur Area steil abfallenden Ohren gehören sie der ursprünglichen Form an, auf welche Martin die Art gegründet hat. Die übrigen Angaben über Verbreitung des *Prod. giganteus* im Ural stützen sich auf Notizen, welche an Ort und Stelle in unseren Tagebüchern aufgezeichnet worden sind, und geschehen daher ohne Berücksichtigung der von den verschiedenen Auctoren für nothwendig oder unhaltbar erachteten Unterscheidung der angeführten Arten und Varietäten.

Im Bergrevier von Kamensk sahen wir *Productus giganteus* in den Bergkalkfelsen am Isset: bei den Mühlen von Perebor, dem Dorfe Saïmskaja, welches nicht hart am Flusse liegt, bei Kadinskoy?, der Mühle Tscherdanzowa, bei Brod?, Kamensk und eine Werst unterhalb Wolchow? Im südlichen Theile des Distriktes: bei Sipowa am Ausflusse des Schablisch-Sees, bei Potoskujewa an der Sinara, bei Kasakowa am Zusammenfluss des Bngaräk und der Sinara; endlich bei den Dörfern Korolewa, Bugaräksk und bei einer Wassermühle unterhalb des Dorfes Tschuprowa am Bngaräk. Im nördlichen Theile des Distriktes: bei Troïtzk an der Kalinowka, an der Kamenka und bei Suchoi-Log an der Püschma.

Zwischen Bilimbajewsk und Kurji an der Tschussowaja beobachteten wir den *Prod. giganteus* bei Utkinsky Pristan, 4 Werst unterhalb Nishnaja und 3 Werst unterhalb des Dorfes Treki, wo der Bergkalk mit *Productus giganteus* Einlagerungen schwarzer, von Kohlenstoff gefärbter Schieferthone enthält. Endlich ist eine Felswand an der Einmündung der Sibirka mit grossen Durchschnitten von *Productus* erfüllt, welche vermuthlich dieser Art angehören. Im Hüttenbezirk von Serebränsk kommt *Prod. giganteus* in den Uferfelsen der Tschussowaja beim Dorfe Wolegobowa, bei Ilinsk, Dem. Utkinsky Pristan, im Thale des Kin und am Multik Kamen bei Kinowsk vor. Endlich fanden wir diesen Productus an der Kosswa, 20 Werst südlich von Kiselowsk, unmittelbar im Hangenden des dortigen Steinkohlenflötzes.

Die Verfasser der Géol. de la Russie citiren ihn ausserdem von Grobowo und von der Schartimka. Den *Prod. hemisphaericus* fand Graf Keyserling bei Potscher an der Petschora, so wie am Ylytsch. Nach demselben Auctor gehören Stücke zu dieser Art, welche Hofmann von der Wischera, von Oschka Kyrta am Potscherem, von Chlapun-Jama-Kyrta, Owin-Parma und Jomasch-Kyrta am Schtschugor mitgebracht hat. Den echten *Productus giganteus* fand er am Idsched-Jemel-Kyrta am Flusse Potscherem.

Productus Cora A. d'Orbigny.

Productus Cora A d'Orbigny. Voy. dans l'Am. mérid. Tome III. Pal., p. 55. Pl. V, Fig. 8 und 9. 1842.

Productus comoïdes de Kon. Déscr. des anim. foss. qui se tr. dans le terr. carb. de Belgique, p. 172, Tab. XI, Fig. 2 a b und Fig. 5 a b. 1842 — 44.

Producta corrugata M^c-Coy. Synops of the char. of carb. lim. foss. of Ireland p. 107. pl. 26, Fig. 13. 1844.

Productus tenuistriatus de Vern. et d'Arch. bull. de la soc. géol. de France, 2. série, Tome II, extr. p. 25. 1845.

Productus tenuistriatus M. V. K. Géol. de la Russie, Vol. II, p. 260. Pl. XVI, Fig. 6. 1845.

Productus Neffediewi M. V. K. Géol. de la Russie Vol. II, p. 259, Pl. XVIII, Fig. 2. 1845?

Productus Cora de Kon. Monogr. des genres Prod. et Chonetes p. 50. Pl. IV, Fig. 4 a b et Pl. V, Fig. 2 a b c d. 1847.

Productus Cora F. Römer. Die Kreidebild. von Texas u. s. w. Anhang p. 90. 1852.

Productus Neffediewi Keys. in A. Schrenk, Reise nach dem Nordosten des eur. Russland u. s. w. p. 93. 1854?

Productus Cora Sem. Zeitschr. der Deutschen geol. Gesellsch. Band VI, p. 354. 1854.

Producta corrugata M^c-Coy. Descr. of Brit. pal. foss. in the mus. of Cambridge p. 459. 1855.

Productus Cora Keys. in Hofm. der nördl. Ural und das Küstengeb. Pae-Choi, p. 209, 211 und 212. 1856.

Uns liegen zwei Ventralklappen dieser Art vor. Die eine von Ilinsk ist sehr hoch und gleichmässig gewölbt, beinahe halbkugelförmig, und zeigt keine Spur einer sinusartigen Depression. Das eine erhaltene Ohr ist scharf gegen den breiten, hoch gewölbten Wirbel abgesetzt. Die Schlosslinie ist dem grössten Breitendurchmesser der Schale ungefähr gleich und daher für diese Art lang. Die an den Ohren beginnenden Querrunzeln sind stark ausgeprägt und am Wirbel über die ganze Wölbung hin sichtbar. Von Stachelnarben ist nirgends eine Spur auf der wohl erhaltenen Oberfläche der Schale wahrzunehmen. Nur auf dem äussersten Rande des Ohres läuft eine dichte Reihe sehr kleiner Stacheln, wie bei Chonetes, hin. Die Streifung ist sehr fein. In der Mitte der Schale zählen wir 14 Falten auf einem Raume von 5 mm. Sie vermehren sich durch Intercalation dünnerer Falten und verlaufen sehr gleichmässig über die ganze Schale bis an den Rand. Durch die Feinheit der Streifung entspricht diese Varietät dem *Prod. tenuistriatus M. V. K.* und gleicht durch den gewölbten Wirbel sowohl, als auch durch die Stachelreihe am Rande des Ohres de Koninck's Abbildung in der Monographie auf Pl. IV, Fig. 4 a und auf Pl. V, Fig. 2 a. Durch den beinahe halbkugelförmigen Umriss aber unterscheidet sie sich im Allgemeinen von den gestreckten Gestalten, welche wir vorzüglich aus belgischem Bergkalk gesehen haben.

Ein anderes Exemplar, welches ich bei Saraninsk fand, entspricht durch die weniger dichte Streifung, sowie eine sinusartige Depression auf der Mitte der grossen Schale dem

Prod. Neffediewi M. V. K., welchen de Koninck mit *Prod. Cora* vereinigt. Die gröbere Streifung, es gehen nur 7 Streifen auf einen Raum von 5 mm., ist auch an unserem Exemplare durch einen gewissen Grad von Decortisation bedingt. Ob *Prod. Neffediewi* ein «Steinkern» des *Prod. Cora* oder gar des *Prod. Carbonarius* ist, wie Graf Keyserling vermuthet, bleibt dahingestellt. Die «durchgehenden Querfalten», welche dieser Auctor an einem Exemplare von der Pinega beobachtete, lassen auf beide Formen deuten, während die beträchtliche Grösse des *Prod. Neffediewi* mehr für seine Identität mit *Prod. Cora* spricht.

Mᶜ-Coy hat sich 1855 in seinem citirten Werke der von de Koninck 1847 aufgestellten Synonymie nicht angeschlossen, sondern seinen Namen *Producta corrugata* von 1844 wieder geltend gemacht. Er stützt sich dabei auf die grosse Unähnlichkeit der Abbildungen d'Orbigny's mit den belgischen und englischen Exemplaren, und erklärt auf diese Abbildungen hin die amerikanische Art für verschieden von der europäischen. Da de Koninck, welcher Vergleiche mit d'Orbigny's Originalexemplaren anstellen konnte, jene Abbildungen ausdrücklich desavouirt [1], so finden wir keinen Grund, von seiner bereits üblich gewordenen Nomenclatur abzugehen.

Ausser bei Saraninsk und Ilinsk kommt *Prod. Cora (tenuistriatus)* nach Murch., Vern. und Keys. auch bei Sterlitamak vor. Hofmann brachte ihn aus dem hohen Norden des Ural von einem Wasserfalle mit, den die Kolwa bildet, und fand ihn am Potscherem bei der Einmündung der Syränka und bei Kyrta-Warta.

Productus undatus Defrance.

Productus undatus Defr. Dict. des sc. nat. Vol. XLIII, p. 354. 1826.

Productus undatus de Kon. Descr. des anim. foss. qui se trouvent d. le terr. carb. de Belgique, p. 156. Pl. 12, Fig. 2 a b c. 1842 — 44.

Producta tortilis Mᶜ-Coy. Syn. of the char. of carb. lim. foss. of Ireland, p. 116. Tab. 20, Fig. 14. 1844.

Productus undatus M. V. K. Géol. de la Russie. Vol. II, p. 261. Pl. XV, Fig. 15. 1845.

Prod. undatus de Kon. Mon. d. genr. Prod. et Chon. p. 59. Tab. V, Fig. 3 a b c. 1847.

Producta tortilis Mᶜ-Coy. Descr. of Brit. pal. foss. in the mus. of Cambridge, p. 474. 1855.

Wir fanden eine kleine Ventralschale dieser Art an der Schartimka. Die feinen radialen Falten, auf der ganzen Oberfläche der Schale von starken concentrischen Furchen durchkreuzt, welche ihr jenes charakteristische, beinahe terrassenförmige Ansehen geben, lassen kaum einen Zweifel über diese Bestimmung zu. Der Cardinalrand ist kürzer als die grösste Breite der Schale, die weniger hoch gewölbt ist als die meisten Stücke von Visé,

---

[1] . . . . «identité qu'il eut été bien difficile d'établir d'une manière positive d'après la figure que ce savant en a publiée» l. c.

welche de Koninck dem Berliner Museum übersandt hat. Letzterer Umstand kann von
einer leichten Verdrückung der uralischen Schale herrühren, welche besonders am Wirbel
kenntlich ist. Sie misst 20 mm. vom Wirbel bis zum Stirnrand und 17 mm. in der grössten Breite.

M^c-Coy hat 1855 seinen Namen *Producta tortilis* aufrecht zu erhalten gesucht, indem
er die ursprüngliche Diagnose von Defrance auf *Productus caperatus.(Murchisonianus?)* bezieht. Er stützt sich darauf, dass Defrance einen devonischen Fundort, Chimay, für seine
Art angiebt. Da aber Defrance auch Visé nennt, können unseres Erachtens die Fundorte überhaupt bei der Ermittelung nicht in Betracht kommen, welche Species Defrance
in seiner Beschreibung gemeint haben kann; denn die eine ist ebenso ausschliesslich in
devonischen Schichten gefunden worden, wie die andere im Bergkalk. Dagegen glauben
wir, dass die Beschreibung von Defrance deshalb nicht auf *Prod. caperatus* bezogen werden
kann, weil keine devonische Art radiale Streifen hat und die feinen Anwachslamellen jener
Formen nicht zu der Stärke anwachsen, um Furchen zwischen sich zu lassen. Defrance
sagt aber: «elles (les valves) sont couvertes de sillons concentriques très marqués et de
légères stries longitudinales.» Wir haben uns daher an die Nomenclatur von de Koninck
gehalten.

Productus undatus ist in Russland bisher nur im Bergkalk bei Kosimof gefunden
worden.

Productus porrectus Kutorga.

Productus porrectus Kutorga. Verh. der russ. mineral. Gesellsch. zu St. Petersburg
von 1844. p. 96. Tab. X. fig. 3 a b. [1])

Wir fanden ein einziges Exemplar dieser wie es scheint seltenen Art bei Saraninsk
an der Ufa. Es entspricht im Umriss sowohl als auch den Verzierungen durchaus der
Diagnose von Kutorga und ist ungefähr von derselben Grösse, wie das von diesem Auctor
abgebildete Exemplar von Sterlitamak. Der schmale, dicke Schnabel ist zerbrochen, und
man sieht den langen «Schlossfortsatz» der kleineren Klappe tief in die Höhlung desselben
eindringen.

Der kurze Cardinalrand und der schmale Wirbel des *Productus Peruvianus A. d'Orb.*
(Voyage dans l'Am. mérid. Tome III. Palaeont. p. 52. Pl. IV, fig. 4) ebenso wie die über
die ganze Schale verlaufenden Querrunzeln jener Form scheinen dem *Productus porrectus*
verwandter als dem *Prod. semireticulatus*, mit dem sie nach de Koninck synonym sein soll.
Es ist uns leider unbekannt, ob de Koninck sich bei dieser Ansicht auf Vergleichung mit
Originalexemplaren stützt, was die Bedeutung von d'Orbigny's Abbildung ebenso aufheben
würde, wie bei *Prod. Cora.*

Productus porrectus war bisher nur bei Sterlitamak gefunden worden.

---

[1]) Die Beschreibung in de Konincks Monographie ist nach Kutorga wiedergegeben.

Productus indeterminatus.

Taf. III, fig. 5.

Productus margaritaceus Keyserl. Petschoraland, p. 210. Tab. IV, fig. 7. 1846. (non de Koninck et Semenow.)

Ventralklappen eines *Productus* von Ilinsk zeichnen sich durch feine, fadenförmige radiale Streifung, einen halbkreisförmigen bis schwach quer verlängerten Umriss, gleichmässige Wölbung ohne abgesetzten Discus und dadurch aus, dass sie keinen Sinus haben. Die Area bildet die grösste Breite der Muschel und die Ohren sind kaum gegen den Wirbel abgesetzt. An zweien unserer Exemplare werden die radialen Streifen über die ganze Länge der Schale hin von ebensolchen Querstreifen geschnitten, welche an den Ohren zu schwachen Runzeln anschwellen. An einem dritten Exemplare ist der untere Theil der Muschel frei von Querstreifen. In der Mitte der Schale gehen 22 radiale Streifen auf einen Raum von 10 mm. Sie vermehren sich durch Intercalation neuer Streifen. — Der Mangel an Tuben, der nicht abgesetzte Discus, so wie die über die ganze Schale reichende Quergitterung verhindern den Vergleich mit *Productus carbonarius* aufzunehmen, mit dem diese Form durch die Feinheit der Streifung, den Mangel des Sinus und die Gestalt der Ohren Aehnlichkeit hat. Die Länge der abgebildeten Schale misst 18 mm. bei einer Breite von 28 mm., welche der Länge der Area entspricht.

Die fadenförmigen, feinen Falten, sowie die concentrische Verzierung und die Gestalt dieser *Productus*schalen stimmen genau mit dem *Productus* vom Ylytsch überein, welchen Graf Keyserling l. c. als *Productus margaritaceus Phill.* beschrieben hat. Wir gewannen diese Ueberzeugung in Berlin und konnten sie in St. Petersburg durch Vergleich mit dem Originalexemplare bestätigen, welches jener Beschreibung zu Grunde gelegen hat. — Dagegen sind unsere Schalen durchaus verschieden von dem *Productus*, welchen de Koninck und nach ihm Semenow als *Productus margaritaceus* beschrieben haben. Das Berliner Museum bewahrt zahlreiche belgische und schlesische Exemplare auf, welche von diesen Auctoren bestimmt sind und beweisen, dass sie *Prod. margaritaceus Keyserl.* mit Unrecht als Synonym citirt haben.

Die Abbildung und Beschreibung, welche Phillips von seiner Species giebt, sind der Art, dass sie von mehreren Auctoren verschiedenartig aufgefasst worden sind. Ohne uns ein Urtheil über jene Interpretationen zu erlauben, stellen wir sie nebeneinander, um diese Verschiedenheiten hervorzuheben.

1. Nach von Buch (über *Productus* oder *Leptaena* p. 25. 1842.) ist *Productus margaritaceus Phill.* synonym mit *Prod. scoticus (giganteus)*.

2. Keyserling schliesst sich der Auffassung v. Buchs nahe an, was aus folgender Bemerkung hervorgeht. «Sowerby's Ansicht ist der wahren Verwandschaft dieser Art angemessen, denn sie kann fast für eine Zwergform des *Prod. hemisphaericus* (nach vielen Auctoren synonym mit *giganteus*) gelten.» — Die Hauptmomente der Diagnose von Keyserling sind: Umriss halbkreisförmig, mit etwas vortretenden Ohren. Feine runde

Längsstreifen 25 auf 10 mm. Vermehrung durch Zwischenschiebung neuer Streifen. Ungewöhnlich gedrängte Anwachsstreifen schneiden die radialen auf der ganzen
Schale und bilden den Hauptcharakter der Art.

3. De Koninck beschreibt in seiner Monographie eine andere Form. Umriss kreisförmig. Schlossrand kürzer als die grösste Breite. Rippen breit und platt. Je nach
der Entfernung vom Schnabel 9—15 auf 10 mm. Sie wachsen zum Rande zu schnell an
Breite und spalten sich vordem sie ihn erreichen, in 2, 3 oder 4 dünnere. Nur bei sehr
vollständig erhaltenen Exemplaren sind schmale und sehr leichte Anwachsringe bemerkbar («minces et très fugaces»). — Wir haben sie an zahlreichen belgischen und schlesischen
Exemplaren kaum bemerkt; dagegen ist die Zertheilung der flachen Rippen am Rande
sehr charakteristisch und eine seltene Erscheinung bei *Productus*.

4. M^c-Coy (1855) stimmt mit de Koninck nahe überein, bemerkt aber, dass die
grosse Schale zuweilen sehr gewölbt ist. (*Productus flexistria de Kon. non M^c-Coy*, eine
Form, die nach den von de Koninck etikettirten Exemplaren des Berliner Museums dem
Prod. Martini ähnlicher ist als dem *Prod. margaritaceus*.)

Die belgische und schlesische Form ist jedenfalls eine wohl begründete, in sehr zahlreichen Exemplaren bekannte Art. Da sie von neueren Auctoren, wie de Koninck, Semenow und wie es scheint auch von M^c-Coy in die Litteratur als *Prod. margaritaceus Phill.*
eingeführt worden ist, dürfte, bei einer sonst gleich berechtigten Interpretation der Diagnose
von Phillips, dieser Auffassung ein praktischer Vorzug zustehen, da Buch die Art überhaupt nicht als selbstständig anerkannt, und Keyserling nur ein einziges Exemplar der
von ihm beschriebenen Form zu seiner Disposition gehabt hat. Auch in Gemeinschaft
mit únseren Bruchstücken von Ilinsk bietet letzteres keinen sicheren Vergleich mit bekannten Arten. Trotzdem scheuen wir uns, bei geringem Materiale, auf eine so wenig
eigenthümliche Form hin, welche später vielleicht auf Jugendzustände bekannter Arten
zurückzuführen sein dürfte, eine neue Species zu begründen.

Productus semireticulatus Mart.

Taf. III, fig. 1 a b und 2 a b c.

Anomites semireticulatus Mart. Petr. Derb. Pl. 32. Fig. 1, 2, 3 und Pl. 33, Fig. 4. 1809.
Productus Martini Sow. Min. Conch. Vol. IV, p. 15. Pl. 317, Fig. 2, 3, 4. 1823?
Prod. antiquatus id. ibid. Fig. 1, 5 u. 6.
Prod. concinnus id. ibid. p. 16. Pl. 318, Fig. 1.
Prod. sulcatus id. ibid. p. 17. Pl. 319, Fig. 2?[1])
Prod. Martini Phill. Geol. of Yorksh. Part. II, p. 213. Pl. VII, Fig. 1 u. Pl. VIII,
Fig. 19. 1836?

---

[1]) Nach M^c-Coy synonym mit *Productus Flemingii Sow*

Producta costata ibid. p. 213. Pl. VII, Fig. 2.

Prod. antiquata ibid. p. 213. Pl. VII, Fig. 3.

Prod. concinna ibid. p. 214. Pl. VII, Fig. 9.

Leptaena antiquata Fischer. Orykt. du gouvern. de Moscou, p. 142. Tab. XXVI, Fig. 4. 1837.

Leptaena tubulifera id. ibid. Tab. XXVI, Fig. 1.

Productus antiquatus v. Buch über Productus oder Leptaena, p. 28. Tab. II, Fig. 7, 8, 9, 12. 1842.

Prod. Martini ibid. p. 30.?

Productus Inca A. d'Orb. Voy. dans l'Amer. mérid. Tome III, Pal. p. 51. Pl. IV, Fig. 1—3. 1843.

Prod. Martini de Kon. Descr. des anim. foss. qui se trouvent d. le terr. carb. de Belgique p. 160. Pl. VII, Fig. 2 a—d et Fig. 6 a b. Pl. VIII, Fig. 2 a b und Pl. VIII bis, Fig. 1 u· 2. 1842—44. partim?

Prod. costatus id. ibid. p. 164. Pl. VIII, Fig. 2. c. und Fig. 3. a b c d. Pl. VIII bis, Fig. 3.

Producta antiquata M^c-Coy. Synops. of the carb. limest. foss. of Ireland, p. 106. 1844.

Prod. concinna id. ibid. p. 107.

Prod. Martini id. ibid. p. 111?

Prod. sulcata id. ibid. p. 116?

Prod. costellata id. ibid. p. 108. Tab. 20, Fig. 15.

Productus semireticulatus de Vern. et d'Arch. Bull. de la soc. géol. de France. 2nd. sér. Tome II. extr. p. 25. 1845.

Productus semireticulatus M. V. K. Géol. de la Russie. Vol. II, p. 262. Pl. XVI, Fig. 1 et Pl. VIII, Fig. 10 a b. 1845.

Prod. semireticulatus Keys. Petschoraland, p. 208. 1846.

Productus tubarius id. ibid. p. 208. Tab. IV, fig. 6.? (Siehe Hofm. der nördl. Ural und das Küstengeb. Pae-Choi. p. 212.)

Prod. semireticulatus de Kon. Monogr. des genres Prod. et Chon. p. 84. Pl. VIII, Fig. 1 a—h. Pl. IX, Fig. a—m. und Pl. X, Fig. 1 a—d. 1847. part.?

Productus semireticulatus Semen. Zeitschr. der deutschen geolog. Gesellsch. Band VI, p. 356. 1854.

Productus semireticulatus de Verneuil et Barrande. Mém. sur la géol. d'Almaden ect. Extr. du bullet. de la soc. geol. de France. 2. série. Tome XII. extr. p. 85. 1855.

Producta semireticulàta M^c-Coy. Descr. of Brit. pal. foss. in the mus. of Cambridge, p. 471. 1855.

Productus semireticulatus Keys. In Hofmann: der nördl. Ural und das Küstengebirge Pae Choi, p. 210, 212, 213. 1856.

Productus semireticulatus **P a c h t.** Beiträge zur Kenntniss des Russischen Reiches u. s. w. Herausgegeben von K. v. B a e r und Gr. v. H e l m e r s e n. Band 21, p. 179. 1858.

Bei Saraninsk ist die grosse Varietät des eigentlichen *Productus semireticulatus* so häufig, dass wir in kurzer Zeit eine bedeutende Suite schön erhaltener Exemplare dieser Art am Ufer der Ufa sammeln konnten. Sie zeichnen sich durch ihre Grösse aus und entsprechen den Abbildungen, welche de K o n i n c k auf Pl. VIII, Fig. 1 und Pl. IX, Fig. 1 seiner Monographie von Productus gegeben hat. Der Sinus pflegt indessen tiefer eingesenkt zu sein, als auf jenen Zeichnungen und ist bis an den Stirnrand stark ausgeprägt. Einzelne grosse Stachelnarben zeigen sich auf dem herabhängenden Theile der Bauchklappe, dagegen haben wir keine so dichten Gruppen derselben gesehen, wie de K o n i n c k sie an der Stelle häufig beobachtet und abgebildet hat, wo der Wirbel sich über den Ohren erhebt.

Sehr bemerkenswerth ist, dass dieser grosse *Productus* bei Saraninsk, dadurch dass er zuweilen weit abstehende, scharf abgesetzte und ausgeschnittene Ohren hat, etwas was nach ausdrücklichen Bemerkungen der Auctoren, welche den *Productus semireticulatus* beschrieben haben, bei dieser Art sonst nicht vorkommt, in eine Form übergeht, welche wir ohne Bedenken mit *Prod. Boliviensis A. d'Orb.* verglichen hätten[1]), wenn durch die zahlreichen Zwischenformen an demselben Fundorte ihre Identität mit dem echten *Productus semireticulatus* nicht zu augenscheinlich wäre. — Unsere Figuren 1 a b geben zwei Ansichten solcher Individuen. — Der Wirbel der grösseren Schale ist hoch gewölbt, fällt gewöhnlich steil gegen die Ohren ab, und greift über die Area herüber. Durch die gleichmässige Wölbung dieser Schale sind unsere Exemplare, im Profil gesehen, ebenso halbkugelförmig wie die amerikanischen. Ein tief eingesenkter Sinus dringt bis nahe an die Spitze des Schnabels vor und verliert sich nicht gegen den Stirnrand. Die weit abstehenden, gegen die Seitenränder stark ausgeschnittenen Ohren sind «aufgeblasen» wie die des *Productus giganteus* und erheben sich hoch über der Area. Sie tragen eine undichte Reihe von 3—4 Stacheln, welche an einem unserer Exemplare doppelt ist. Die Grösse und Verzierung dieser Abart weicht durchaus nicht von der anderer Individuen mit kurzen, nicht ausgeschnittenen Ohren von demselben Fundorte ab und entspricht ebenso sehr dem *Productus Boliviensis*, welcher den *Productus semireticulatus* im Bergkalk von Bolivia vertreten soll.

Das eine der abgebildeten Exemplare misst 42 mm. von der höchsten Wölbung der Schale bis an den Stirnrand und 81 mm. in der Länge des Cardinalrandes.

Auf Taf. III, Fig. 2 a b c sind Ventralschalen von Saraninsk abgebildet, welche eine verletzte Oberfläche haben, dabei aber so viel Abweichendes zeigen, dass wir geneigt waren, sie für eine neue Art zu halten. Wir beschreiben sie hier, ohne von ihrer Identität mit *Productus semireticulatus* vollkommen überzeugt zu sein. — Diese Schalen sind gewölbt,

---

[1]) A. d'O r b i g n y voyage dans l'Amérique méridionale | *Gaudryi* 1842 und *Prod. Boliviensis de Kon.* Monogr. Tome III, p. 52. Pl. IV, Fig. 5 — 9. *Prod. Boliviensis et* | p. 77. Pl. VIII, Fig. 2 a—c. 1847.

jedoch nur in dem Maasse, dass der Discus durch eine bemerkbare Kante gegen den übrigen Theil derselben abgesetzt bleibt. Die Schleppe biegt sich zuweilen so stark nach innen zurück, dass der unterste Theil derselben dem Discus beinahe parallel wird. Ein starker, jedoch nicht immer gleich tiefer Sinus dringt beinahe bis in die äusserste Spitze des Wirbels vor und theilt die Schale in gleiche Hälften. Die Länge der Area überragt die grösste Breite der Muschel nur wenig. Die flachen Ohren sind kurz und begegnen der Wölbung des Wirbels in stumpfem bis nahe rechtem Winkel. Sie tragen nahe am Rande eine Reihe von 3—4 Stachelnarben. Andere Stacheln erscheinen vereinzelt auf dem übrigen Theile der Schalen. Einige sind ganz frei davon. Je nach der Stärke der Production ändert der Umriss sich vom quer verlängerten zum nahe länglichen.

Die Abtragung dieser Schalen ist an den Wirbeln am weitesten vorgeschritten. Dort zeigen sie eine Faltung und Quergitterung, welche der Verzierung des *Productus semireticulatus* entspricht; nur dass diese Charaktere kaum erhalten und weniger stark ausgeprägt sind, als unsere Figuren sie zeigen. Ein gewisser Grad von Silification, welche nur an den Wirbeln bemerkbar ist, hat dazu beigetragen, sie zu verlöschen. — Auffallend ist, dass diese leichten Rippen und Querfalten von einer höheren Schalenschicht bedeckt werden, welche auf dem unteren Theile unserer Figuren wiedergegeben ist. Diese hat meist einen lebhaften Seidenglanz und ist mit feinen, nicht sehr dichten Längsstreifen bedeckt, welche leicht auf der glatten Oberfläche aufliegen, ohne durch sehr ausgesprochene Furchen von einander getrennt zu sein. Mitten auf der Schale zählten wir 19 Streifen auf einem Raum von 10 mm. Wo diese Falten nur leicht verletzt sind, erscheinen entsprechende Reihen feiner Grübchen, welche mit unbewaffnetem Auge kaum kenntlich sind und auf den Abbildungen nicht wiedergegeben werden konnten. Sie sind Nadelstichen vergleichbar, wie de Koninck sich bei der Beschreibung einer ähnlichen Erscheinung am *Productus sublaevis* ausdrückt. Unser grösstes Exemplar misst gegen 40 mm. von der knieförmigen Biegung am Discus bis an den Stirnrand. Dieses Maass drückt daher die Länge der Schleppe aus. In der Breite misst es 50—60 mm., was sich nicht ganz genau ermitteln lässt, weil die Spitzen der Ohren abgebrochen sind. Ein schwach producirtes Exemplar misst 37 mm. von der höchsten Wölbung der Schale bis an den Stirnrand und über 60 mm. von einem Ohr zum andern. — Da die natürliche Oberfläche auf keiner unserer Schalen erhalten scheint, müssen wir es vorläufig bei dieser Beschreibung bewenden lassen. •

Ausser bei Saraninsk haben wir den echten *Productus semireticulatus* an der Schartimka gefunden und ebenso an der Tschussowaja, an der häufig erwähnten Stelle, 4 Werst oberhalb des Dorfes Wolegobowa.

Productus Martini Sow., den viele Auctoren für eine Zwergform dieser Species ansehen, wurde unseres Wissens im Ural bisher nicht angetroffen. Die feinere Streifung, besonders aber die kegelförmige Gestalt, welche *Productus Martini* durch die starke Production der grossen Klappe erhält, geben den belgischen Exemplaren, mit denen wir vergleichen konnten, ein sehr charakteristisches Ansehen. Vielleicht hält M^c-Coy in seinem neuesten Werke nicht mit Unrecht an der Unterscheidung der beiden Arten fest.

Nach Murch., Vern. und Keys. findet sich *Prod. semireticulatus* auch an der Tschussowaja bei Kalino, Ilinsk und Soulem. Ebenso bei Simsk und Sterlitamak. Hofmann brachte ihn von der Wischera mit und fand ihn an der Kolva bei den Dörfern Wetlan und Bojez; am Potscherem bei der Syränka-Mündung und bei Kyrta-Warta; am Schtschugor bei Jomasch-Kyrta.

Productus Flemingii Sow.

Taf. III, Fig. 4 a b.

Productus Flemingii Sow. Min. Conch. Tome I, p. 155. Tab. 68. Fig. 2. 1812.

Prod. longispinus id. ibid. p. 154. Tab. 68. Fig. 1.

Prod. spinosus id. ibid. p. 157. Tab. 69. Fig. 2.

Prod. lobatus id. Tome IV, p. 16. Tab. 318. 1823.

Producta lobata Phill. Geol. of Yorksh. Part. II, p. 214. Pl, VIII, Fig. 7. 1836.

Productus lobatus v. Buch über Prod. oder Lept. p. 32. Tab. II, Fig. 17. 1842.

Productus Capacii A. d'Orb. Voyage dans l'Am. mérid. Tome III. Pal. p. 50. Pl. III, Fig. 24—26. 1842.

Prod. longispinus de Kon. Deser. des an. foss. qui se trouv. dans le terr. carb. de Belgique, p. 187. Pl. XII, Fig. 11 a b et XIIbis, Fig. 2 a—d. 1842—44.

Producta lobata M^c-Coy. Synopsis of the char. of carb. lim. foss. of Ireland, p. 111. 1844.

Producta longispina ibid. p. 111.

Productus lobatus M. V. K. Géol. de la Russie. Vol. II, p. 266. Pl. XVI, Fig. 3 a b et Pl. VIII, Fig. 8. 1845.

Productus lobatus Keyserl. Petschoraland, p. 206. 1846.

Prod. Flemingii de Kon. Monogr. des genr. Prod. et Chon. p. 95. Pl. X, Fig. 2 a—l et Fig. 3 h. 1847.

Prod. Flemingii F. Römer. Die Kreidebild. von Texas u. s. w. Anhang p. 89. Tab. XI, Fig. 8 a b. 1852.

Productus Flemingii Semen. Zeitschrift der deutschen Geol. Gesellschaft. Bd. VI, p. 356. 1854.

Prod. Flemingii M^c-Coy. Descr. of the Brit. pal. foss. in the mus. of Cambridge, p. 461. 1855.

Nach der verallgemeinernden Auffassung neuerer Auctoren beschreiben wir zwei unter sich verschiedene Formen des Ural, welche wir unvermischt an der Schartimka und bei Saraninsk gefunden haben als *Productus Flemingii*.

Die von der Schartimka (Fig. 4 a) gleicht durch ihre Kleinheit, den meist ganz abso-leten Sinus, zuweilen starke Production des unteren Schalentheiles so wie Mangel von Stachelnarben zum Verwechseln der Varietät des *Prod. Flemingii* von Visé, welche de Koninck dem Berliner Museum übersandt hat. Die concentrische Streifung des visce-ralen Theiles besteht in flachen Runzeln, welche, wie gewöhnlich, in der Ohrengegend am stärksten ausgeprägt sind. Die feinen radialen Streifen sind, durch die Loupe betrachtet, platt und durch viel engere Furchen von einander geschieden. An dem mittleren Theile der Schale gehen etwa 16 auf einen Raum von 10 mm. Die selten erhaltenen Ohren sind klein, spitz und scharf gegen den gewölbten Wirbel abgesetzt. Zahlreiche Individuen von der Schartimka sind nur mit Verlust der obersten Schalenschicht aus dem Gestein zu be-freien. Sie sehen dann glatt aus, das Knie pflegt mehr hervorzutreten und die Ohren er-scheinen noch schärfer gegen den Wirbel abgesetzt.

Diese Varietät des *Prod. Flemingii* ist kleinen Exemplaren des *Prod. Martini* so ähn-lich, dass wir in den belgischen Sammlungen oft nicht zu ermitteln vermochten, warum viele Stücke der einen oder der anderen Art zugerechnet worden sind.

Bei Saraninsk ist der eigentliche *Productus lobatus*, wie Sowerby ihn beschreibt und abbildet, häufig (Fig. 4 b). Ein tiefer Sinus theilt die grosse Klappe in zwei Hälften. Der Wirbel ist hoch und gleichmässig gewölbt und fällt steil zu den spitzen Ohren ab. Die Seitenränder sind sich ziemlich parallel, und der allgemeine Umriss ist länglich. Die Streifung erscheint etwas feiner und leichter als bei der Varietät von der Schartimka. Nur ein einziges unserer Stücke bildet durch verschwindenden Sinus einen Uebergang zu jener Abart.

Bei wenigen Arten tritt so sehr wie bei dieser das Bestreben der verschiedenen Auctoren hervor, den unmittelbaren Eindruck der Form mit einem abstrahirten Begriff der Species in Einklang zu bringen. Trotzdem ist die Synonymie noch immer eine schwan-kende. *Prod. tubarius Keys.* ist von de Koninck mit *Prod. Flemingii* vereinigt worden, während Keyserling selbst ihn neuerdings für eine muthmassliche Varietät des *Prod. sulcatus Sow.* erklärt hat. (Hofmann, der nördliche Ural und das Küstengebirge Pae Choi p. 212.) *Prod. sulcatus* dagegen, von Keyserling und de Koninck für eine Varietät des *Prod. semireticulatus* gehalten, wird von Mᶜ-Coy zu *Prod. Flemingii* gestellt. — *Prod. pu-gilis Phill.* ist nach Mᶜ-Coy synonym mit *Prod. Flemingii*, nach de Koninck aber mit *Productus giganteus.*

Die Varietät *lobatus* hat Keyserling von der Soiwa mitgebracht und Eichwald führt den *Prod. lobatus* von Saraninsk und Sterlitamak an.

Productus tesselatus de Kon.?

Productus muricatus de Kon. Descr. des an. foss. qui se tr. dans le terr. carb. de Bel-gique, p. 192, Pl. IX, Fig. 2 a b c et Pl. XIIIᵇⁱˢ, Fig. 5 a b. 1842—44.

Productus tesselatus de Kon. Monogr. des genres Prod. et Chon.   p. 110, Pl. XIV, Fig. a—h. 1847.

Productus tesselatus Sem. Zeitschrift der deutsch. geolog. Gesellschaft.   Band IV, p. 357. 1854.

Wir haben nur drei winzige Schalen eines *Productus* an der Schartimka gefunden, welche vermuthlich dieser Art angehören.   Ihr Umriss ist mehr halbkreisförmig und der Cardinalrand ein wenig kürzer als die grösste Breite der Muschel.   Sie sind nicht so stark gewölbt wie die von de Koninck beschriebenen und gleichen in der Verzierung den Figuren 2 a b c auf Pl. IX des Werkes von 1844.   Wir zählten über 20 gerundete zum Rande zu breiter werdende Rippen, welche auf der ganzen Schale von undeutlichen concentrischen Falten geschnitten werden.   Diese treten besonders dadurch hervor, dass sie auf ihren Durchschneidungspunkten mit den radialen Rippen Höcker bilden.   Die grösste Schale misst nur 7 mm. in der Länge.   Wir haben es daher wahrscheinlich mit etwas abweichenden Charakteren von Jugendzuständen dieser Art zu thun, und stützen unsere noch zweifelhafte Bestimmung weniger auf die Diagnose von de Koninck als auf die Uebereinstimmung mit ebenso kleinen belgischen Originalexemplaren.

Diese Art ist zur Stunde nur von Visé in Belgien und Glätzisch-Falkenberg in Seblesien bekannt.

Productus punctatus Mart.

Anomites punctatus Mart. Petref. Derb. p. 37, Fig. 6. 1809.

Productus punctatus Sow. Min. Conch. Vol. IV, p. 22, Pl. 323. 1823.

Producta punctata Phill. Geol. of Yorksh. Part. II, p. 215, Pl. VIII, Fig. 10. 1836.

Leptaena sulcata Fischer. Orykt. du gouvern. de Moscou. p. 143, Pl. XXII, Fig. 2. 1837?

Productus punctatus v. Buch über Prod. oder Lept. p. 34. Tab. II, Fig. 10 und 11. 1842.

Prod. punctatus de Kon. Deser. des an. foss. qui se tr. d. l. terr. carb. de Belgique, p. 196, Pl. VIII, Fig. 4 et Pl. X, Fig. 2 a—c. 1842—44.

Producta punctata M^c-Coy. Synops. of the char. of carb. limest. foss. of Ireland, p. 113. 1844.

Productus punctatus M. V. K. Géol. de la Russie. Vol. II, p. 276, Pl. XVIII, Fig. 3.

Productus punctatus de Kon. Monogr. des genres Prod. et Chon. p. 123, Pl. XII, fig. 2. a—k. 1847.

Prod. punctatus Sem. Zeitschrift der deutsch. geolog. Gesellsch. Band VI, p. 358. 1854.

Prod. punctata M^c-Coy. Descript. of Brit. pal. foss. in the mus. of Cambridge, p. 469. 1855.

Productus punctatus Keyserl. Hofm. der nördl. Ural und das Küstengeb. Pae Choi, p. 212. 1856.

Wir haben Steinkerne dieser Art an der Schartimka und zwischen Martianowa und Wolegobowa an der Tschussowaja gefunden. Für ihre Beschreibung verweisen wir auf die Géol. de la Russie. Hofmann hat den *Productus punctatus* aus dem hohen Norden des Ural von Jomaseb-Kyrta am Schtschugor mitgebracht.

Productus indeterminatus.

Ein Bruchstück von *Productus* aus der Gruppe der *fimbriati*, zum Theil von Gestein umhüllt, zeigt, soweit es sichtbar ist, den Umriss der grossen Klappe des *Prod. punctatus*. Die Schale ist durch einen flachen aber deutlichen Sinus getheilt. Dreizehn regelmässige Querbänder laufen, scharf von einander abgesetzt, über die Schale hin, deren ganze Oberfläche, wie bei *Prod. Humboldti*, mit dicht gedrängten, feinen, im Quincunx gestellten Tuberkeln besät ist. Die regelmässigen, zahlreichen Querbänder unterscheiden dieses Bruchstück von *Productus Humboldti*, und der Umstand, dass sich zwischen je zwei Bändern keine glatten tuberkelfreien Zonen befinden, hindert den Vergleich mit *Prod. punctatus*, so wie mit den anderen Arten dieser Gruppe aufzunehmen. Wir fanden das Stück an der Ufa bei Saraninsk. Es misst 28 mm. vom Wirbel bis an den Stirnrand.

Productus aculeatus Mart.

Anomites aculeatus Mart. Petref. Derb. Pl. 37, Fig. 9 u. 10, 1809.

Productus aculeatus Sow. Min. Conch. Tome I, p. 156, Pl. 68, Fig. 4. 1812.

Producta spinolusa Phill. Geol. of Yorksh. Part. II, p. 216, Pl. VII, Fig. 14. 1836.

Prod. fimbriata var. laxispina id. ibid. p. 215, Pl. VIII, Fig. 13.

Productus aculeatus v. Buch über Prod. oder Leptaena p. 27. 1842.

Prod. gryphoïdes de Kon. Descript. des an. foss. qui se trouv. d. l. terr. carb. de Belgique, p. 182. Pl. VIIbis, Fig. 2 a b. Pl. IX, Fig. 1 a b c. Pl. XII, Fig. 12 a b c. 1842—44.

Producta aculeata M^c-Coy. Synops. of the char. of carb. limest. foss. of Ireland, p. 106. 1844.

Prod. laxispina id. ibid. p. 111.

Productus gryphoïdes M. V. K. Géol. de la Russie. Vol. II, p. 275, Pl. XVI, Fig. 7. 1845.

Productus aculeatus de Kon. Monogr. des genres Prod. et Chon. p. 144. Pl. XVI, Fig. 6 a—d. 1847.

Productus aculeatus Sem. Zeitschrift der deutschen geolog. Gesellschaft. Band VI, p. 359. 1854.

Producta aculeata M^c - Coy. Descr. of Brit. pal. foss. in the mus. of Cambridge, p. 458. 1855.

Wenige und mangelhafte Exemplare dieser Art haben wir an der Schartimka gefunden. Wir verweisen für dieselben auf die Beschreibung in der Géol. de la Russie, der wir wenig hinzuzufügen haben. Leichte concentrische Anwachsringe sind besonders in der Nähe des Wirbels sichtbar. Die Tuberkeln gruppiren sich zu Längsfalten, eine Erscheinung, welche Herrn v. Buch unbekannt gewesen zu sein scheint, aber von den meisten neueren Auctoren hervorgehoben wird. Unser bestes Exemplar hat keinen so weit über die Area hervorragenden Schnabel wie die von Visé. Bei letzteren steht der Schnabel, von der Schale abgelöst, meist ganz frei da; ein Charakter, der auf den Abbildungen des Herrn de Koninck weniger hervortritt als in der Natur.

Prod. aculeatus ist weder im europäischen Russland, noch im Ural bisher anderswo gefunden worden als an der Schartimka. In Belgien kommt er in den unteren und mittleren Etagen des Bergkalkes vor.

Productus pustulatus Keys. n. sp.

Tafel III, Fig. 3.

Productus pustulosus M. V. K. Géol. de la Russie Vol. II, p. 276. Pl. XVI, Fig. 11 a b. 1845? non Phill.

Prod. pustulatus Keys. Bull. de la soc. géol. de France 2. série tome X, p. 247. 1853.

Professor Beyrich zeigte uns diesen Productus in einer Sammlung von Petrefacten aus Sterlitamak, welche Wangenheim von Qualen nach Berlin gesandt hatte, und wir liessen ihn als eine neue Form des Ural abbilden. Nach St. Petersburg zurückgekehrt sah ich bei Herrn v. Pander eine andere Sammlung von Sterlitamak, über welche Graf Keyserling eine briefliche Mittheilung an Herrn v. Verneuil gerichtet hat, die l. c. im bullet. de la soc. géol. de France veröffentlicht worden ist. Diese Sammlung enthält noch drei Exemplare der abgebildeten Art.

Sie hat einen quer verlängerten Umriss. Ein mehr oder weniger ausgesprochener, in der Jugend verschwindender Sinus bildet eine Depression in der Mitte der grossen Klappe, welche allein bekannt ist. An keinem der vier Exemplare dringt er bis in die Spitze des Wirbels vor. Die Wölbung der Schalen ist nicht hoch, aber gleichmässig; so dass der Discus gegen die Schleppe nicht abgesetzt erscheint. Das Auszeichnende dieser Species sind grobe, nicht sehr regelmässig gestellte Tuberkeln von meist kreisförmigem Umriss, welche ihre Oberfläche bedecken, am Wirbel klein sind und von dort nach den Rändern zu grösser werden. Je kleiner die Schale, desto feiner und dichter sind diese Tuberkeln. Sie scheinen bei einem gewissen Wachsthumsstadium der Muschel unverhältnissmässig an Grösse zu- und an Dichtigkeit abzunehmen. Das grösste Exemplar in der Sammlung des Grafen Keyserling hat kaum $\frac{1}{3}$ der Anzahl runder Höcker auf seiner

Oberfläche wie ein nur sehr wenig kleineres. Zwischen ihnen steht das von uns abgebildete aus dem Berliner Museum. Spuren feiner, unregelmässiger Anwachsringe sind zwischen den Tuberkeln nur so weit kenntlich, als sie auf der Oberfläche glatter Muscheln überhaupt nicht zu fehlen pflegen. Das grösste Exemplar misst 20 mm. vom Wirbel bis zum Stirnrand, und 31 mm. in der Breite; während die höchste Wölbung 9 mm. beträgt.

Diese auffallende Form ist mit anderen nicht leicht zu verwechseln, wenn sie in typischen Individuen vorliegt.

Nach Keyserling ist dieses derselbe Productus, der in der Géol. de la Russie vorläufig als *Productus pustulosus Phill.* von Sterlitamak l. c. beschrieben und abgebildet worden ist. Erst durch die späterhin aufgefundenen Exemplare stellte es sich heraus, dass es eine neue Art ist, welche sich von *Prod. pustulosus Phill.* dadurch unterscheidet, dass ihr die Querrunzeln fehlen, auf denen die Tuberkeln jener Form aufgereiht sind. Herr v. Verneuil hat diesen Unterschied erkannt und hervorgehoben, damals aber die Aufstellung einer neuen Art vermieden, weil er in dem Wachsthumsstadium des einzigen kleinen Exemplares begründet sein konnte, welches er besass. Aus der Abbildung und Beschreibung in der Géol. de la Russie geht die Identität des *Prod. pustulatus Keys.* mit dem dort abgebildeten kleinen Exemplare nicht hervor, da jenes einen länglichen Umriss und längliche Tuberkeln hat. Es bedurfte dazu der ausdrücklichen Erklärung des Grafen Keyserling, der für die neue Art den von uns angenommenen Namen vorschlägt. Er hebt hervor, dass das erste Exemplar, welches damals von derselben gefunden wurde, zufällig jene Anomalien zeigt. Wir fügen hinzu, dass einige längliche Höcker auch auf einem der 4 Exemplare zu beobachten sind, welche wir gesehen haben, und dass das kleinste einen weniger quer verlängerten Umriss hat als die anderen. Diese Form ist bisher nur bei Sterlitamak vorgekommen.

ACEPHALA.

Genus *Aviculopecten* M^c-Coy 1855.

Descr. of Brit. pal. foss. in the mus. of Cambridge, p. 392. 1855.

Nach M^c-Coy gehören die bisher als Pecten beschriebenen palaeozoïschen Formen, deren Schlosscharaktere vor ihm kaum von anderen Auctoren beobachtet worden sind, einer besonderen Gruppe von Acephalen an, welche mit den äusseren Merkmalen der Gattung Pecten die Articulation von Avicula verbinden. Er schlägt für diese Formen den Gattungsnamen *Aviculopecten* vor.

An keiner einzigen der nachfolgend beschriebenen Arten ist die Ligamentgrube zu beobachten, welche bei diesen palaeozoïscheu Pectenformen eine schmale Fläche längs dem Schlossrande bilden soll. *«Ligament confined to a narrow facet along the hinge margin».*

Wir schliessen uns vorläufig der neuen Gattung des Herrn M^c-Coy an, und sehen ferneren Bestätigungen darüber entgegen, ob sie die Gattung Pecten in der palaeozoïschen
Periode durchgehend vertritt.

Aviculopecten granosus Sow.?

Tafel V, Fig. 9.

Pecten granosus Sow. Min. Conch. Vol. VI, p. 144. Tab. 574, Fig. 2. 1829.
Pecten granosus Phill. Geol. of Yorksh. Part. II, p. 213. Pl. VI, Fig. 7. 1836.
Pecten granosus Portl. Rep. on the geol. of Lond. etc. p. 436 und 437. 1843.
Avicula granosa A. d'Orb. Prodr. Vol. I, p. 135. 1849.
Aviculopecten granosus M^c-Coy. Descr. of Brit. pal. foss. in the mus. of Cambridge,
p. 392 und p. 486. 1855.

Schalen von der Schartimka gehören nach dem Contour, besonders aber der charakteristischen Verzierung, muthmasslich dieser Art an, welche wir in Originalexemplaren
nicht gesehen haben. Es sind mässig gewölbte, ziemlich symmetrische Schalen mit nahe
halbkreisförmigem Umriss und langem Cardinalrand. Sie sind mit 40 bis 50 radialen
Rippen geziert, welche starke Anschwellungen tragen. Zwischen die stärkeren Rippen
fügen sich vom Rande aus hin und wieder schmälere ein, welche den Wirbel nicht erreichen.

Im Museum des Bergkorps zu St. Petersburg wird ein Exemplar der *Avicula Dumon-
tiana de Kon.* von Visé aufbewahrt, welches mit den beschriebenen Bruchstücken sehr
nahe übereinstimmt. Unser Material ist nicht ausreichend, um über die Synonymie dieser
Form Untersuchungen anzustellen. Wir haben uns daher vorläufig des älteren Namens
bedient, wobei uns die Abbildungen von Sowerby weniger geleitet haben, als seine Beschreibung, noch mehr aber die Diagnosen der citirten späteren Schriftsteller.

M^c-Coy führt diese Art nicht nur aus dem Bergkalke, sondern auch aus den devonischen Schichten von Petherwin an.

Aviculopecten mactatus de Kon.

Tafel V, Fig. 6.

Pecten mactatus de Kon. Descr. des an. foss. qui se tr. d. le terr. carb. de Belgique,
p. 146. Pl. V, Fig. 5 a b. 1842 — 44.
Aviculopecten mactatus McCoy. Descr. of Brit. pal. foss. in the mus. of Cambridge,
p. 487. 1855.

Eine rechte Klappe dieser seltenen Art fanden wir an der Schartimka. Sie ist flach
gewölbt, von nahe kreisförmigem, etwas länglichem Umriss und mit undichten, fadenförmigen, radialen Streifen verziert. Diese werden von eben solchen concentrischen so regel-

mässig durchschnitten, dass die Oberfläche der Schale mit jenem in scharfe Quadrate getheilten Gitterwerke bedeckt ist, welches diese Art leicht von anderen unterscheidet. Am
Rande erheben sich die concentrischen Streifen und laufen längs dem äussersten Saume
desselben zum Ohre zu zusammen. Dieses wird dadurch mit dicht gedrängten Anwachsringen bedeckt, welche hier von radialen Falten nicht geschnitten werden. Die Schale
misst 11 mm. vom Wirbel bis zum unteren Rande und ungefähr ebenso viel in der Breite.

Diese Art ist sonst nur im Kohlen führenden Thon von Tournay in Belgien und im
Bergkalk von Derbyshire in England gefunden worden.

Aviculopecten? indeterminatus.

Tafel V, Fig. 7.

An der Schartimka fanden wir Bruchstücke kleiner pectenförmiger Schalen mit länglichem bis nahe kreisförmigem Umriss. Sie sind flach gewölbt und mit einigen 20 einfachen, gerundeten, radialen Rippen geziert, welche zum Rande zu breiter werden und
ebenso breite Furchen zwischen sich lassen. Wir müssen auf eine nähere Bestimmung
derselben verzichten. Das abgebildete Bruchstück misst 14 mm. in der Länge und 13 in
der Breite.

Aviculopecten? ellipticus Phill.

Pecten ellipticus Phill. Geol. of Yorksh. Part. II, p. 212. Pl. VI, Fig. 15. 1836.
Pecten ellipticus Portl. Rep. on the geol. of Lond. etc. p. 436. 1843?
Pecten ellipticus M. V. K. Géol. de la Russie, Vol. II, p. 329. Pl. XXI, Fig. 8. 1845.

Wir haben diese Art gleichfalls von der Schartimka mitgebracht und verweisen für
ihre ausführliche Beschreibung auf die Géol. de la Russie.

Genus *Avicula Lam.*

Avicula indeterminata.

Tafel V, Fig. 8.

Mehrere unvollständige Bruchstücke von der Schartimka, deren schlecht erhaltener
Umriss es wahrscheinlich macht, dass sie einer Avicula angehören, zeigen keine Aehnlichkeit mit bekannten Arten dieser Gattung aus der Kohlenformation. Der Umriss scheint
nahe kreisförmig zu sein und die Schalen sind fast ganz flach. Die ganze Oberfläche, mit
Einschluss der Ohren, ist gleichmässig mit dichten, feinen, radialen Rippen bedeckt,
welche von breiteren concentrischen Runzeln geschnitten werden. Für genauere Kenntniss dieser Form verweisen wir auf unsere Abbildung.

Genus *Edmondia de Kon.*

Edmondia Unioniformis Phill.

Isocardia Unioniformis Phill. Geol. of Yorksh. Part. II, p. 209. Pl. V, Fig. 18. 1836.

Edmondia Unioniformis de Kon. Descr. des an. foss. qui se tr. d. le terr. carb. de Belgique, p. 67. Pl. I, Fig. 4 a b c. 1842—44.

Edmondia Unioniformis M. V. K. Géol. de la Russie, Vol. II, p. 299. Pl. XIX, Fig. 18. 1845.

Edmondia Unioniformis M^c-Coy. Descr. of Brit. pal. foss. in the mus. of Cambridge, p. 503. 1855.

Die Verf. der Géol. de la Russie haben Schalen von der Schartimka beschrieben und abgebildet, welche sie mit dieser Art von Phill. identificiren. Dasselbe hatte schon früher de Koninck mit Stücken von Visé gethan, welche er mit englischen Originalexemplaren aus der Sammlung des Herrn v. Verneuil vergleichen konnte. Ihre vollständige Erhaltung setzte ihn in den Stand, zu erkennen, dass diese Art keine Isocardia ist, und er begründete auf dieselbe seine neue Gattung *Edmondia.* Neuerdings hat M^c-Coy die Identität der belgischen und englischen Form in Zweifel gezogen.

Wir können die Charaktere des Schlosses nicht beobachten und müssen uns überhaupt damit begnügen, auf die Beschreibung in der Géol. de la Russie zu verweisen. Unsere Exemplare stammen ebenfalls von der Schartimka.

Genus *Amphidesma Lam.*

Amphidesma? pristina M. V. K.

Amphidesma pristina. Géol. de la Russie Vol. II, p. 300. Pl. XX, Fig. 5. 1845.

Es liegen uns nur schlechte Bruchstücke dieser Art von der Schartimka vor, demselben Fundorte, an dem sie von Murch., Vern. und Keys. zuerst entdeckt wurde. Wir verweisen daher auf die Beschreibung dieser Auctoren.

Genus *Cardiomorpha de Kon.*

Cardiomorpha? sulcata de Kon.

Cardiomorpha sulcata de Kon. Descr. des an. foss. qui se tr. d. le terr. carb. de Belgique, p. 109. Pl. II, Fig. 18 a b. 1842—44.

Cardiomorpha sulcata M. V. K. Géol. de la Russie, Vol. II, p. 303. Pl. XX, Fig. 2 a b. 1845.

Wir haben an der Schartimka dieselbe Art gesammelt, welche Murch., Vern. und Keys. unter obigem Gattungsnamen beschreiben. Es ist uns ebenso wenig wie den citirten Auctoren geglückt, die Charaktere des Schlosses zu beobachten, und so bleibt es immer noch dahingestellt, welcher Gattung diese Art mit Sicherheit unterzuordnen ist. Da die Cardiomorphen sich durch nach vorn umgebogene Wirbel auszuzeichnen pflegen, ein Charakter, den M^c-Coy in seinem Werke von 1855 besonders hervorhebt[1]), die Wirbel der *Cardiomorpha sulcata* aber klein und flach, an den uralischen Exemplaren sogar noch weniger entwickelt sind als auf den Abbildungen von de Koninck, so macht dieser Umstand die Bestimmung der Gattung noch zweifelhafter. Wir verweisen im Uebrigen auf die Beschreibung und Abbildung in der Géol. de la Russie.

CEPHALOPODA.

Genus *Orthoceratites Breyn.*

Orthoceratites ovalis Phill.?

Tafel VI, Fig. 4 a b.

Orthoceras ovale Phill. Geol. of Yorksh. Part. II, p. 238. 1836.

Orthoceratites ovalis. Géol. de la Russie Vol. II, p. 354. Pl. XXV, Fig. 1 a b. 1845.

Orthoceras ovale M^c-Coy. Descr. of Brit. pal. foss. in the mus. of Cambridge, p. 572. 1855.

Mehrere Bruchstücke eines Orthoceratiten mit elliptischem bis nahe rundem Querschnitt und leicht excentrischem Sipho entsprechen, so weit zu ermitteln, der citirten Beschreibung in der Géol. de la Russie, auf welche wir verweisen. Da die Oberschale nicht erhalten ist, und keines unserer Bruchstücke die letzte Kammer des Thieres zeigt, bedarf diese Bestimmung einer Bestätigung.

Wir sammelten unsere Stücke an der Schartimka, und die Verf. der Géol. de la Russie führen *Orthoceratites ovalis* von Artinsk an.

Orthoceratites calamus de Kon.

Tafel VI, Fig. 2 a b.

Orthoceras calamus de Kon. d'Omalius Préc. élem. de Géol. p. 516. 1843.

Orthoceratites calamus de Kon. Descr. des an. foss. qui se tr. d. le terr. carb. de Belgique, p. 509. 1842 — 44.

Id. ibid. suppl. p. 703. Pl. LIX, Fig. 2 a—d. 1851.

M. V. K. Géol. de la Russie Vol. II, p. 356. (S. *Orth. Frearsi*) 1845.

Wir haben an der Schartimka Bruchstücke eines ungemein schlanken, glatten, in Frag-

---

[1]) «Beaks very tumid, produced, spirally involved to the anterior side».

menten beinahe cylinderförmigen Orthoceratiten gefunden, der einen centralen Sipho hat, und, so weit zu ermitteln, mit der Beschreibung und Abbildung übereinstimmt, welche de Koninck von *Orth. calamus* giebt. Die Zwischenräume zwischen den flachen Kammern sind ungleich gross; jedoch gehen 3 — 4 auf den Raum eines Durchmessers. Ein Bruchstück von 38 mm. Länge hat am breiten Ende einen Durchmesser von $4\frac{1}{2}$ mm., am schmalen einen von 3 mm. Diese Bestimmung bedarf gleichfalls der Bestätigung.

Die Verfasser der Géol. de la Russie vermuthen, dass Orthoceratiten-Bruchstücke von Artinsk dieser Art angehören. Auch wir besitzen Fragmente aus dem dortigen Kohlensandstein, welche denen von der Schartimka durchaus gleichen. *Orthoceratites calamus* ist bisher nur im Bergkalke von Visé und Tournay vorgekommen.

Genus *Cyrtoceratites Goldf.*

Cyrtoceratites novemangulatus M. V. K.

Tafel VI, Fig. 6 a b.

Cyrtoceratites novemangulatus M. V. K. Géol. de la Russie Vol. II, p. 358. Pl. XXIV, Fig. 10 a b. 1845.

Wir haben zu der citirten Beschreibung dieses Cyrtoceratiten, den wir ebenso wie die Verf. der Géol. de la Russie an der Schartimka gefunden haben, nur hinzuzufügen, dass die 9 regelmässigen Kanten, welche diese Form zu zieren pflegen, zuweilen durch eine zehnte vermehrt werden. In diesem Falle, den wir an einem einzigen Bruchstücke beobachteten, bilden 3 Kanten an der Seite des Individuums dadurch, dass sie näher beisammen liegen, eine Gruppe, welche, wie unsere Abbildung zeigt, ungefähr denselben Raum einnimmt, wie die Zwischenräume zwischen je zwei der 7 anderen, regelmässigen Kanten.

Genus *Gyroceras v. Meyer.*

Gyroceras Uralicus n. sp.

Tafel VI, Fig. 5 a—e.

Die Schale dieser kleinen Art ist vollkommen cylindrisch und wächst sehr langsam an Dicke an. Unsere grössten Bruchstücke sind halbe Windungen von 19 mm. Durchmesser. Auf einer solchen halben Windung ist der Durchmesser der Kammern von 4 mm. zu 6 mm. angewachsen; woher anzunehmen ist, dass er sich in einer vollen Windung nur verdoppelt. Der Sipho liegt sehr wenig excentrisch nach dem Rücken zu. Die Kammerwände folgen sich dicht. An der Seite eines Bruchstückes von dem mittleren Theile der Schale gehen 6 Kammern auf einen Raum von 8 mm. Sie zeigen einen unmerklichen Ausschnitt nach hinten, als Ansatz zum Dorsallobus. An einem Bruchstück des untersten, spitz zulaufenden Endes erkennt man, dass die Oberfläche der Schale mit feinen Ringstreifen bedeckt gewesen ist. (fig. 5 e). Diese Art schliesst sich den wenigen glatten Gyrocerasformen an, welche de Koninck aus älteren Formationen beschreibt. Wir haben sie an der Schartimka gefunden.

Genus *Nautilus* **Breyn.**

Nautilus quadratus Flem. 1828.

Nautilus quadratus Flem. Brit. an. p. 231. 1828 [1]).

Nautilus subsulcatus Phill. Geol. of Yorksh. Part. II, p. 233. Pl. XVII, Fig. 18 und 25. 1836.

Nautilus quadratus Portl. Rep. on the Geol. of Lond. etc. p. 404. Pl. XXIX, A. Fig. 10. 1843.

Nautilus subsulcatus id ibid. p. 405.

Nautilus subsulcatus de Kon. Descr. des an. foss. qui se tr. dans le terr. carb. de Belgique, p. 548. Pl. XXX, Fig. 6 a—d. P. XLVII, Fig. 9 a b et Pl. XLIX, Fig. 4 a b. 1842—44.

Nautilus bicarinatus M. V. K. Géol. de la Russie Vol. II, p. 364. Pl. XXV, Fig. 10 a b. 1845.

Nautilus Verneuilanus A. d'Orb. Prodr. Vol. I, p. 110. 1849. (Pal. univ. I, p. 94, Fig. 4 und 5).

Nautilus (Discites) quadratus M^c-Coy. Descr. of Brit. pal. foss. in the mus. of Cambridge, p. 560. 1855.

Wir haben an der Schartimka mehrere Bruchstücke eines Nautilus gefunden, die mit der citirten Beschreibung und Abbildung übereinstimmen, welche Murch., Vern. und Keys. von einem Nautilus geben, den sie von derselben Localität mitgebracht haben. Auch wir besitzen zwei Formen, welche von den Verf. der Géol. de la Russie für verschiedene Arten gehalten werden. Die eine von ihnen trägt an der Grenze der Rücken- und Seitenfläche zwei von vier Kielen eingefasste Furchen, d. h. jederseits eine Furche und zwei Kiele. Die andere trägt jederseits zwei Furchen, die von 4 Kielen eingefasst werden. Diesen Nautilus (bicarinatus) haben die Verf. der Géol. de la Russie von *Nautilus subsulcatus Phill.* unterschieden und ihm einen Namen gegeben, den de Koninck zuerst vorgeschlagen und später l. c. wieder aufgegeben hatte. Mc Coy hat in seinem letzten Werke die von den Verf. der Géol. de la Russie vorgeschlagene Unterscheidung des *Nautilus bicarinatus* von *Nautilus subsulcatus* nicht anerkannt und beide Species auf die ursprüngliche Art, *Nautilus quadratus Flem.*, zurückgeführt. Wir führen die von ihm vorgeschlagene Synonymie hierbei an, weil unsere Exemplare eine grosse Uebereinstimmung mit den Beschreibungen und Abbildungen der citirten Auctoren zeigen und sich dabei der von M^c-Coy vorgeschlagenen Erweiterung der Art unterordnen. Nach den Beobachtungen von M^c-Coy

---

[1]) Nach M^c-Coy l. c.

treten nämlich bei *Nautilus quadratus* jederseits bis 5 ungleiche Furchen an der Grenze von Rücken und Seiten auf, von denen 3 breiter und tiefer zu sein pflegen als die beiden anderen. Diese Anomalie ändert die Breitenverhältnisse von Rücken und Seiten, auf welche demnach kein Gewicht als specifisches Merkmal gelegt werden kann, wie es bisher von einigen Auctoren angenommen war.

Nautilus Tcheffkini M. V. K.

Nautilus Tscheffkini M. V. K. Géolog. de la Russie. Vol. II, p. 363. Pl. XXV, Fig. 9 a b. 1845.

Schlechte Exemplare dieser Art fanden wir an demselben Fundorte wie die Verfasser der Géol. de la Russie, auf deren ausführliche Beschreibung wir verweisen. Unsere Exemplare sind der Oberschale entkleidet und zeigen, auch ein kleines Individuum nicht ausgenommen, keine Spur von Tuberkeln, wie sie an jüngeren Exemplaren vorkommen sollen. *Nautilus Tcheffkini* ist nur von der Schartimka bekannt.

Genus *Goniatites de Haan.*[1])

Goniatites diadema Goldf.

Goniatites diadema Goldf. Museum in Bonn.
Goniatites striolatus Phill. Géol. of Yorksh. Part. II, Pl. XIX, Fig. 14—19. 1836.?
Ammonites diadema Beyrich. Beiträge zur Kenntn. des rhein. Uebergangsgeb. p. 41, Tab. II, fig. 8—10. 1837.
Goniatites striolatus Portl. Rep. on the geol. of Lond. etc. p. 407. 1843.?
Goniatites diadema de Kon. Descr. des an. foss. qui se tr. dans le terr. carb. de Belgique, p. 574. Pl. L, Fig. 1 a b c d f und Fig. 2 a b. 1842—44.
Goniatites diadema M. V. K. Géolog. de la Russie. Vol. II, p. 367. Pl. XVII, Fig. 1 a—d. 1845.
Aganides diadema Mc-Coy. Deser. of the Brit. pal. foss. in the mus. of Cambridge, p. 163. 1855.

Diese verbreitete Form des Bergkalkes ist die vorwaltende Goniatiten-Art an der Schartimka, wo sie vor uns von den Verf. der Géol. de la Russie gefunden wurde. Fast alle unsere Exemplare zeigen die Einschnürungen, welche den Streifen parallel gehen und nach abgeriebener Schale hervortreten. Es ist zu bemerken, dass der spitze Laterallobus an den obersten Kammerwänden ausgewachsener Exemplare zuweilen geradliniger be-

---

[1]) Mc-Coy hat neuerdings den alten Namen *Aganides* (Monf. Conch. I, 31, 1809) für diese Gattung wieder in Vorschlag gebracht.

grenzt ist, als es an den unteren der Fall zu sein pflegt. Die geraden Linien dieses Lobus
können zu falschen Bestimmungen verleiten, wenn die unteren Kammerwände nicht sichtbar sind.

Goniatites Marianus M. V. K.

Goniatites Marianus. Géol. de la Russie, Vol. II, p. 369. Pl. XXVII, Fig. 2 a — c.
1845.

Diese Art ist von Murch., Vern. und Keys. bei gleicher Gestaltung der Loben
wegen des offenen Nabels und der von oben nach unten zusammengedrückten Windungen,
welche am Nabelrande mit kurzen, tuberkelartigen Falten geziert sind, von *Goniatites diadema* unterschieden worden. — Nach der Diagnose der Art, so wie den Abbildungen welche
die Herren Beyrich, de Koninck und M.ᶜ-Coy von Individuen des *Goniatites diadema*
im mittleren Wachsthumsstadium geben, dürfte es nicht immer möglich sein, jene Art mit
Sicherheit von dem *Goniatites Marianus* zu unterscheiden. Die geraderen Streifen, die von
oben nach unten platten Windungen, so wie der tuberkulirte Rand des offenen Nabels, in
welchem oft die Innenränder von 5 Windungen zu sehen sind, kommen nach den genannten
Auctoren auch bei dem *Goniatites diadema* im mittleren Wachthumsstadium vor. — Die
Auctoren der vorliegenden Art weisen selbst auf diese Aehnlichkeiten hin, welche uns bedeutend genug erscheinen, um zu ferneren Untersuchungen über ihre Selbstständigkeit auf-
zufordern. Wir besitzen einzelne Exemplare, die auch im Ural als Mittelglieder der beiden
Formen angesehen werden können, welche, wie schon bekannt, zusammen an der Schartimka vorkommen.

Goniatites Barbotanus M. V. K.

Goniatites Barbotanus M. V. K. Géol. de la Russie, Vol. II, p. 369. Pl. XXVII,
Fig, 3 a—c. 1845.

Aganides Barbotanus Mᶜ - Coy. Descr. of Brit. Pal. foss. in the mus. of Cambridge,
p. 453. 1855.

Auch diese Art kann, wenn sie überhaupt selbstständig ist, nur bei einer grösseren
Reihe von Exemplaren von *Goniatites diadema* unterschieden werden, mit dem sie ebenfalls
gleiche Loben und gleiche Verzierung hat. Einschnürungen scheinen bei dieser Form
nicht vorzukommen. — Die Verf. der Géol. de la Russie haben unter diesem Namen kugelige und vollkommen involute Formen von *Gon. diadema* unterschieden. Dieser Unterscheidung hat Mᶜ-Coy sich angeschlossen, führt aber an, dass die englische Varietät einen
viel breiteren Nabel hat als die ganz involute uralische. — De Koninck hatte schon
früher eine kuglige, aufgeblasene Varietät des *Gon. diadema* als *Gon. Beyrichianus* unterschieden, die Unterscheidung später aber als unhaltbar fallen lassen. Er führt an, dass

Jugendformen des *Gon. diadema* vollkommen kugelig sind; wonach diese Art in ihren verschiedenen Wachsthumsstadien zuerst an *Gon. Barbotanus*, dann an *Gon. Marianus* streift,
und endlich, wenn sie ausgewachsen ist, dem *Gon. Barbotanus* wieder sehr ähnlich werden
kann. Hiernach bliebe als Unterscheidungsmittel des *Gon. Barbotanus* von *diadema* nur
das mittlere Wachsthumsstadium der letzteren Art stehen, welches die Form des *Gon. Marianus* ist.

Wir rechnen vorläufig grössere und kleinere Goniatiten hierher, welche durch ihre
kugelige Form und den verschwindenden Nabel mit der Beschreibung und Abbildung in
der Géol. de la Russie übereinstimmen. Unsere Exemplare fanden wir gleichfalls an der
Schartimka mit den beiden vorhergehenden Goniatitenformen. Für die sichere Unterscheidung dieser drei Arten sind ausgedehntere Untersuchungen wünschenswerth.

Goniatites cyclolobus Phill.

Goniatites cyclolobus Phill. Géol. of Yorksh. Part. II, p. 237, Pl. XX, Fig. 40—42.
1836.

Goniatites cyclolobus M. V. K. Géol. de la Russie. Vol. II, p. 370. Pl. XXVII,
Fig. 4 a—c. 1845.

Wir haben diese Art ebenfalls an der Schartimka gefunden, wie die Verf. der Géol.
de la Russie, deren Beschreibung wir nichts hinzuzufügen haben.

Goniatites Jossae M. V. K.

Taf. VI, Fig. 1.

Goniatites Jossae M. V. K. Géol. de la Russie, Vol. II, p. 371. Pl. XXVI, Fig. 2 a—e,
Fig. 3 a b. 1845.

Zu der Beschreibung, welche die Verf. der Géol. de la Russie von diesem Goniatiten
geben, fügen wir die der Bauchloben und Bauchsättel hinzu, welche im Allgemeinen dieselbe Gestalt haben wie die bekannten Loben und Sättel des Rückens und der Seiten. Die
Dorsallinie ist mit D bezeichnet. Die Linien S drücken die Suturen der oberen und unteren
Windung des Goniatiten und zugleich die Lage der ausspringenden Winkel aus, welche
durch den Eindruck der unteren Windung auf die Bauchseite V der darüber liegenden
hervorgebracht werden. An den bekannten zweiten Lateralsattel schliesst sich noch vor der
Linie S ein gleicher, flacher und breiter erster Bauchsattel an. Darauf folgen drei zugespitzte Bauchloben, deren mittelster etwas tiefer hinabreicht als die beiden seitlichen. Sie
sind durch zwei Bauchsättel von einander getrennt, deren runde Bogen gleich hoch liegen
und schliessen auf der entgegengesetzten Seite mit dem vierten Bauchsattel wieder symmetrisch an den zweiten Lateralsattel an.

Nach den Beobachtungen des Herrn Prof. Beyrich pflegt bei mehr involuten Goniatitenformen die Linie S durch die Spitze der Winkel zu gehen, welche die äussersten Bauchsättel mit den beiden angrenzenden Lateralen bilden. Dieses ist der Grund, warum er jene Winkel nicht wie echte Loben, sondern als Ausbuchtungen der Kammerwände ansieht, welche mit der Eindrückung an der Bauchseite des Ammoniten zusammenhängen.

Ammonites Jossae ist die häufigste Art in den Schleifsteinbrüchen des Berges Kaschkabasch bei Artinsk. Wir haben ihn ebenso wie die Verf. der Géol. de la Russie von dieser Localität mitgebracht und verdanken unsere besten Exemplare der Güte des Herrn Nikolaï Romanowsky, damaligen Verwalters von Artinsk. Ausserdem fanden wir den *Goniatites Jossae* im Distrikt von Artinsk am Flüsschen Sennaja bei dem Dorfe gleichen Namens und bei Potaschinsk an der Artja.

Goniatites Artiensis n. sp.

Taf. VI, Fig. 3 a b.

Wir erhielten in Wereh-Artinsk drei Bruchstücke eines grossen Goniatiten, welcher in den Sandsteinen der nächsten Umgegend gefunden worden ist. Die Loben sind nicht erhalten, aber die flache, scheibenförmige Windung und der in der Mitte eingesenkte schmale Rücken deuten auf Lobenformen aus der Gruppe des *Goniatites d'Orbignyanus*, welcher durch jene Merkmale sowohl, als auch durch seine complicirten Loben einen Uebergang zu den Ammonitenformen jüngerer Formationen bildet. Starke Falten, die sich nach dem Rücken zu verdicken, laufen quer über die Seiten hin und sind vom Bauch zum Rücken zu schräg nach vorne gerichtet. Sie ziehen sich nicht über den Rücken herüber, sondern endigen an der tief eingesenkten Furche, welche denselben aushöhlt und bilden an den scharfen Rückenkanten zwei Reihen gerundeter Tuberkeln, welche jene Ränder, im Profil gesehen, stumpf gezähnelt erscheinen lassen. Denkt man sich den Kreisbogen unseres abgebildeten Bruchstückes geschlossen, so hat er einen Durchmesser von mehr als einem Decimeter, etwa 105 mm. Länge. Diese Art gehört daher zu den grössten Goniatiten der Kohlenformation.

Von *Goniatites d'Orbignyanus* aus dem Sandstein des Kaschkabasch unterscheidet diese ausgezeichnete Art sich durch die grobe Faltung. Das in der Géol. de la Russie vom *Gon. d'Orbignyanus* abgebildete Schalenstück hat undichte, feine, fadenförmige Rippen, die keine Erhöhungen an dem Rande des Rückens bilden. Ausser diesen beiden Arten sind unseres Wissens keine palaeozoïschen Goniatiten bekannt, welche so sehr den Stempel von Ammonitenformen aus der secundären Periode tragen.

Nach der Aussage des Forstbeamten, von dem wir diesen Goniatiten erhielten, kommt er an zwei Localitäten in der Nähe von Werch-Artinsk vor, was durch den verschiedenartigen Sandstein bestätigt wird, in dem unsere Bruchstücke enthalten sind. Die eine soll in der Steppe, 4 Werst von Werch-Artinsk entfernt liegen. Der Sandstein entspricht an zwei Stücken dem Gestein des Kaschkabasch. — An dem abgebildeten ist er dunkler und mit kleinen Splittern von Muschelschalen durchaus erfüllt. Darunter finden sich Orthoceratitenfragmente, die von *Orthoceratites calamus* herzurühren scheinen.

CRUSTACEA.

Genus *Phillipsia Portl.*

Phillipsia Derbyensis Mart.?

Taf. V, Fig. 12 a b.

Onicites Derbyensis Mart. Petr. Derb. Vol. I, Pl. 45, Fig. 1 und Pl. 45, Fig. 1 u. 2. partim. 1809?

Asaphus granuliferus Phill. Géol. of Yorkshire, p. 239. Pl. XXII, Fig. 7. 1836?

Asaphus seminiferus id ibid. p. 240. Pl. XII, Fig. 3, 8 10.?

Asaphus raniceps id. ibid. p. 240. Pl. XXII, Fig. 14 u. 15,

Phillipsia Jonesii var. seminifera. Phill. in Portl. Rep. on the geol. of Lond. etc., p. 308. Pl. XI, Fig. 5. 1843.

Phillipsia Derbyensis de Kon. Descr. des an. foss. qui se tr. d. l. terr. carb. de Belgique, p. 601. Pl. LIII, Fig. 2. 1842—44.?

Phillipsia seminifera M^c-Coy. Descr. of Brit. pal. foss. in the mus. of Cambridge, p. 183. 1855.?

In dem Bergkalke an der Schartimka haben wir zwei wohl erhaltene Kopfschilder eines Trilobiten gefunden, die durchaus mit der Beschreibung und Abbildung übereinstimmen, welche Portlok von *Phillipsia Jonesii var. seminifera Phill.* giebt. — Der Umriss des hierbei in natürlicher Grösse abgebildeten Kopfes ist, ebenso wie auf der Figur von Portlok, etwas länglicher als auf der vergrösserten Abbildung, welche de Koninck von *Phillipsia Derbyensis* (nach ihm synonym mit *Phill. seminifera*) giebt; eine Synonymie, der wir uns nicht ohne Zweifel anschliessen können.

Der hintere Rand des Kopfschildes ist von zwei Furchen eingefasst. Die Enden dieses Randes sind kaum merklich nach hinten gebogen und bilden daher eine viel kürzere Spitze als bei den meisten anderen Arten dieser Gattung. Auf dem Seitenrande erkennt man die Streifung, wie Portlok sie abbildet. Sie tritt hervor, wenn die oberste Schalenschicht, wie bei unseren Exemplaren, fehlt. Die Glabella ist an der Basis von der Breite des ersten Thoraxringes, während sie an der Figur von Martin hinten ganz schmal und daher keulenförmig gezeichnet ist, wie bei den Arten, welche Portlok als *Griffithides* beschrieben hat. Die Gesichtsnäthe verlaufen von den Augen ziemlich gerade nach hinten und theilen den hinteren Rand des Kopfschildes in drei Theile. Das Mittelstück ist von der Länge des ersten Thoraxringes. Die vorderen Gesichtnäthe verlaufen von den Augen ziemlich

gerade bis an den Rand, scheinen sich aber auf dem breiten Rande selbst nach innen zu
biegen, statt ihn gerade zu durchschneiden, wie auf Portloks sonst vollkommen überein-
stimmender Zeichnung[1]). Von der vorderen Hälfte eines jeden Auges ziehen sich drei
Glabellarfurchen nach innen.

Mehrere Abdomen, welche wir in demselben Stücke Kalkstein fanden, welches die
Köpfe enthielt, zeigen den glatten Rand des Schwanzschildes, wie de Koninck ihn abbildet, sind aber zu unvollständig, um die Zahl der Ringe erkennen zu lassen.

Wir wiederholen, dass uns bei dieser Bestimmung die Beschreibung sowie die Abbildungen von Portlok maassgebend waren. Von Phillips Figuren finden wir die des *Asaphus
raniceps* unserer Art entsprechender als die Original-Abbildung des *Asaphus seminiferus*.
Die Synonymie von de Koninck führen wir mit Vorbehalt an, da wir, nach dem was wir
gesehen haben, mit derselben nicht übereinstimmen können, andererseits aber voraussetzen
müssen, dass diesem ausgezeichneten Palaeontologen ein viel umfangreicheres Material zu
Gebote stand, als das ist, mit welchem wir in Berlin vergleichen konnten. Mc-Coy ist
von de Koninck's Synonymie abgewichen, und Bronn hat in seinem Index *Phillipsia Jonesii
var. seminifera Portlok* (non Phill.) sowie *Asaphus granuliferus Phill.* mit einem Fragezeichen als Synonyme der *Phill. Derbyensis* angeführt.

Phillipsia indeterminata.

Tafel V, Fig. 10.

Im Bergkalke von Saraninsk fanden wir das Abdomen eines Trilobiten, an dem noch
5 Segmente des Thorax haften. Bei grosser Aehnlichkeit mit dem Abdomen der *Phillipsia
Derbyensis* unterscheidet das Schwanzschild sich von jener Art, sowie von allen beschriebenen Trilobiten des Bergkalkes durch die geringste Anzahl von Segmenten auf den Seitenlappen des Abdomens, welche unseres Wissens bisher bei Phillipsia beobachtet worden ist.

Abdomen und Thorax sind gross, gewölbt und bestehen aus starken Gliedern. Der
Umriss des Schwanzschildes ist halbkreisförmig. Er ist von einem glatten Rande umgeben,
welcher an dem ersten Segmente des Thorax absetzt. Die Spindel des Schwanzschildes
ist breiter als die Seitenlappen ohne den glatten Rand. Auf ihr zählt man 11 Segmente;
das von den Auctoren angegebene Minimum der Gattung Phillipsia. Die Seitenlappen des
Schwanzschildes bestehen jeder nur aus 6—7 Gliedern, von denen das siebente nur rudimentär
und kaum mehr kenntlich ist. Die einzelnen Glieder sind breiter als auf der Spindel und
nur die beiden obersten an ihren Enden gespalten. Die geringe Anzahl dieser Glieder ist
bemerkenswerth, da de Koninck 8 Glieder auf den Seitenlappen des Schwanzschildes als
Minimum für die Gattung Phillipsia festsetzt.

---

[1]) Auch auf unserer Abbildung ist dieser Charakter vernachlässigt.

Die Spindel des Thorax ist ebenso wie die des Abdomen stark gewölbt. Die Seitenlappen sind an diesem Körpertheile in ihrer Mitte dadurch gekielt, dass die einzelnen Segmente sich in einem stumpfen Winkel nach oben krümmen.

Ausser den angeführten Merkmalen scheint die Art, der diese Theile angehören, sich
auch durch ihre Grösse von *Phill. Derbyensis* zu unterscheiden. Das Schwanzschild misst
11 mm. in der Länge und ist 22 mm. breit. Von dem Abdomen der *Phill. Brognarti*, das
ebenfalls einen glatten Rand hat, unterscheidet dieser Trilobit sich ausser der geringeren
Anzahl der Segmente auf den Seitenlappen des Schwanzschildes auch dadurch, dass die
einzelnen Glieder schmal und hoch sind und über die Oberfläche des Krebses hervortreten,
während die Segmente von *Phill. Brognarti* platt und breit sind.

Verzeichniss der beschriebenen Arten.

Erklärung der Tafeln.

Tafel I.

1—4. Spirigerina latilinguis von Kadinskoy. Dorsalseite von Individuen verschiedener Grösse.

5. Ventralschale ohne Sinus.

6. Ventralschale mit flachem Sinus.

7. Seitenansicht des Individuums in Fig. 2 u. 6.

8. Wirbelansicht desselben.

9. Stirnansicht desselben.

10. Individuum mit einem Fragment der Oberschale.

11. Ansicht der Leistenabdrücke im Innern einer zerbrochenen Ventralklappe.

12.*) Angeschliffener Schnabel mit dem Durchschnitt des Heftmuskelkanals.

13. Erster Querschnitt eines bis an den Cardinalrand abgeschliffenen Individuums.
   a. Basis der Zähne der grossen Klappe.
   b. Basis der Schlossplatten der kleinen Klappe.

14. Zweiter Querschnitt.
   a. Zähne.
   b. Schlossplatten.

15. Dritter Querschnitt.
   b. Schlossplatten in ihrer Verlängerung zum Basalringe der spiralförmigen Lippenfortsätze.
   c. Ringförmiges, kalkiges Band (welches der Spirigerina reticularis fehlt).

16. Vierter Querschnitt.
   b. Ein tieferer Durchschnitt der zur Brachialspire verlängerten Schlossplatten.
   c. Zeigt die Lage des Ringes gegen die Spiren. Die Verbindung der durchgeschliffenen Organe ist mit punktirten Linien so angedeutet, wie sie beim Weiterschleifen aus dem Gesichtsfelde verschwunden sind.

*) Fig. 12—17 sind Bleifederzeichnungen.

17. Fünfter Querschnitt geht durch die Axen der Spiren.

Tafel II.

1. Spirigerina Duboisi.
   a. Individuum von Soulem mit erhaltener Oberschale, von der Ventralseite.
   b. Ein eben solches von Kadinskoy.
   c. Ind. von Kadinskoy von der Dorsalseite mit zum Theil erhaltener Oberschale.
   d. Dorsalseite ⎱ Individuen von Kadinskoy im gewöhnlichen Erhaltungszustande, ohne Oberschale.
   e. Ventralseite ⎰

2. Rhynchonella indeterminata von Kadinskoy.

3. » cuboïdes von Kadinskoy.

4. » formosa von Kadinskoy.

5. Spirifer Pachyrinchus von Soulem.

6. Orthis striatula von Soulem.

7. Orthis indeterminata von Kadinskoy.

8. Pentamerus galeatus von Kadinskoy.

9. Productus Murchisonianus von Soulem.

Tafel III.

1. Productus semireticulatus von Saraninsk mit ungewöhnlich entwickelten Ohren (Productus Boliviensis).

2. Stücke von Saraninsk, welche vielleicht derselben Art angehören, mit unvollständig erhaltener Oberschale.

3. Productus pustulatus von Sterlitamak.

4. a. Prod. Flemingii var. lobatus von Saraninsk.

4. b. Prod. Flemingii von der Schartimka.

5. Prod. indeterminatus (margaritaceus Keys. non de Kon.) von Ilinsk.

6. Chonetes lobata von der Tschussowaja bei Wolegobowa.

7. Athyris de Roissyi von Saraninsk.

Tafel IV.

1. Spirifer crassus von Saraninsk.
2. Spirifer conularis.
   a—d. ausgewachsenes ⎰Rev. von Artinsk vom
       Individuum   ⎱Wege zwischen Pota-
   e—g. kleines Ind.   ʼschinsk und Schigiri.
3. Spirifer Saranae von Saraninsk.
   c. vergrösserte Bleifederzeichnung · eines
      Bruchstückes mit zum Theil erhaltener
      Oberschale.

Tafel V.

1. Spirifer fasciger von Saraninsk.
2. Sp. Mosquensis von der Schartimka (Kleinii?)
3. Sp. duplicicosta von der Schartimka.
4. Sp. indeterminatus von der Lunja.
5. Sp. indeterminatus von der Schartimka.
6. Aviculopecten mactatus von der Schartimka.
7. Aviculop. indeterminatus von der Schartimka.
8. Avicula indeterminata von der Schartimka.
9. Aviculopecten granosus von der Schartimka.
10. Phillipsia indeterminata von Saraninsk.
11. Leperditia Biensis von Alina (Bleifederzeichn.)
12. Phillipsia Derbyensis (seminifera) von der
      Schartimka (Bleifederzeichnung).

Tafel VI.

1. Loben des Goniatites Jossae.
   D. Dorsallinien.
   S. Suturen der oberen u. unteren Windung.
   V. Ventralseite.
2. Orthoceratites calamus von der Schartimka.
3. Goniatites Artiensis von Werch-Artinsk.
4 Orthoceratites ovalis von der Schartimka.
5. Gyroceras Uralicus von der Schartimka (Bleifederzeichnung).
   a. Eine halbe Windung mit der Wohn-
      kammer.
   b. Ein Fragment, welches Kammerwände
      mit dem rudimentären Dorsallobus zeigt.
   d. Fragment von der Nähe der Spitze.
   e. Spitze mit erhaltener Oberschale.
   c. Sipho.
6. Cyrtoceratites novemangulatus (Bleifederzeichnung).

Lightning Source UK Ltd.
Milton Keynes UK
UKHW011516230219
337728UK00007B/533/P